AVIATION

UN SIÈCLE DE CONQUÊTES

AVIATION

UN SIÈCLE DE CONQUÊTES

R.G. GRANT

Sélection
READER'S DIGEST

Un livre Dorling Kindersley

Aviation – Un siècle de conquêtes
est l'adaptation française de *Flight, 100 Years Of Aviation*
réalisé par Dorling Kindersley Limited
www.dk.com

ÉDITION ORIGINALE
DK Publishing
Édition : David Summers, Nigel Ritchie,
David Tombesi-Walton
Direction artistique : Tony Foo et Kirsten Cashman
Maquette : Ian Midson, David Ball, Jörn Kröger,
Jamie Hanson, Becky Painter, Hugh Schermuly
Fabrication : Elizabeth Cherry

CONSULTANTS
Smithsonian Institution : Dominick A. Pisano
Duxford Imperial War Museum : Steve Woolford

ADAPTATION FRANÇAISE
BOOKMAKER
Traduction : Jean-Pierre Dauliac et Patrick Facon
Consultant : Michel Bénichou
Mise en pages : Béatrice Leroy
Préparation de copie : Marie-Gabrielle Houriez
Coordination : Magali Yassini

Mise à jour de la dernière édition : Céline de Quéral

Sous la direction de l'équipe éditoriale
de Sélection du Reader's Digest
Responsable éditoriale : Anne Grégoire
Directeur artistique : Didier Pavois
Correction : Béatrice Argentier

TROISIÈME ÉDITION

ISBN : 978-2-7098-2247-3

Achevé d'imprimer : avril 2011
Dépôt légal en France : mai 2011
Dépôt légal en Belgique : D-2011-0621-61

Imprimé à Singapour
Printed in Singapore

SOMMAIRE

PRÉFACE

Il y a un siècle, le monde présente un visage bien différent. Les États-Unis s'imposent peu à peu comme une puissance économique mondiale, mais sans avoir encore réalisé l'intégralité de leur potentiel. L'Europe vit dans une paix précaire, tandis que la situation troublée de la Russie annonce la guerre et la révolution prochaines. La majorité du reste du monde dépend des puissances dominantes, sous le statut de colonies économiques ou politiques.

Si le transport international est déjà très développé, d'une manière générale, les populations se déplacent peu, sauf lors de vastes migrations, notamment vers les États-Unis. Le voyage reste le privilège des classes aisées.

Toutefois, en Europe, puis aux États-Unis, la mise au point de la machine à vapeur a modifié les habitudes. Elle accélère le trafic maritime dont la croissance multiplie les paquebots, de plus en plus grands. Sur terre, elle donne naissance au train, qui devient le seul moyen de transport couvrant de longues distances : il va dix ou quinze fois plus vite que les diligences et les remplace peu à peu. Les transports en sont alors à leurs balbutiements, mais bientôt ils modifieront à jamais la face du monde.

Avec l'invention du moteur à combustion interne à la fin du XIXe siècle, une nouvelle forme de force motrice apporte des possibilités inédites. En 1903, il devient évident que l'automobile est capable de supplanter le cheval et que les transports vont bientôt se transformer de façon encore plus radicale en raison d'une invention nouvelle : l'aéroplane. Au cours du XXe siècle, l'humanité prend possession des airs, derrière les pionniers Clément Ader et Wilbur et Orville Wright. D'abord aux commandes de fragiles machines, puis dans des avions fiables et solides, les deux frères font vite tomber les barrières immémoriales du temps et de l'espace. Au milieu du siècle, le transport aérien se banalise rapidement : à la fin des années 1950, il a remplacé le train et le navire à vapeur comme principal mode de transport à grande distance, et dans le dernier quart du XXe siècle, grâce aux avions gros porteurs à réaction, le voyage par air devient courant et accessible au plus grand nombre. Voler est devenu une seconde nature pour des

UNE VISION CAPTIVANTE

S'efforçant de voir par-dessus les barrières, les spectateurs s'émerveillent à la vue des aéroplanes en démonstration sur l'aérodrome de Hendon (Londres) en 1911. En enflammant l'imagination du grand public, les premiers aviateurs suscitent un enthousiasme pour le vol qui se poursuivra bien au-delà du siècle.

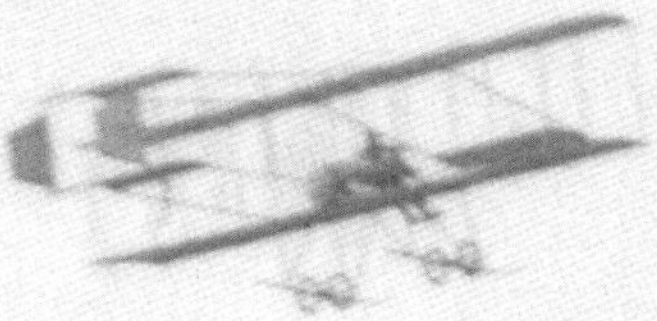

centaines de millions d'êtres humains, et cette possibilité est tellement intégrée à la société humaine qu'il est désormais impossible d'imaginer un monde sans avion.

L'aéroplane s'est aussi très vite développé sous la forme d'une machine de guerre. Très utilisée dès la Première Guerre mondiale, durant laquelle les techniques au service de la puissance aérienne ont été définies, l'aviation militaire devient une force armée à part entière lors de la Seconde Guerre mondiale. Avec l'arrivée de la propulsion par réaction et les perfectionnements de l'électronique acquis pendant et après la guerre froide, l'avion est l'arme la plus redoutable sur les champs de bataille du XXIe siècle.

Aujourd'hui, cent ans après le premier envol des frères Wright à bord d'une machine-plus-lourde-que-l'air propulsée et contrôlée, les défis politiques, sociaux et économiques sont différents quoique comparables sur bien des points. Désormais, l'aviation et l'espace sont des outils essentiels à l'amélioration de la condition de l'humanité et de puissants instruments au service d'une évolution bénéfique à tous.

Cet ouvrage raconte l'histoire de la réussite la plus remarquable du XXe siècle : le vol. Des images d'archives et des photographies exceptionnelles illustrent un texte documenté, qui souhaite rendre un juste hommage au courage et aux efforts des pionniers et des entreprises qui ont inauguré ce premier siècle d'aviation.

J. R. DAILEY
DIRECTEUR
NATIONAL AIR AND SPACE MUSEUM
SMITHSONIAN INSTITUTION

L'ÈRE DES PIONNIERS

1

Après avoir admiré et envié les oiseaux pendant des millénaires, l'homme ne réussit à quitter le sol qu'à la fin du XVIIIe siècle, à bord d'un ballon et sans ailes. Néanmoins, le désir de s'élancer dans les airs comme un oiseau le poursuit. Tout au long du XIXe siècle, des inventeurs et des savants expérimentent des planeurs et des machines volantes à vapeur parfois bizarres. Mais les efforts obstinés des frères Wright, entre 1899 et 1905, finissent par mener au vol propulsé et piloté. La période qui précède la guerre de 1914 connaît des progrès spectaculaires. Le public se passionne pour les compétitions d'avions de distance et les exhibitions acrobatiques, tandis que les records d'altitude et de vitesse sont sans cesse battus, non sans que de nombreux pionniers y sacrifient leur vie.

ESSAI EN VOL
À Kitty Hawk, le 13 octobre 1902, les assistants d'Octave Chanute, pionnier franco-américain du vol humain, essaient un planeur à ailes pivotantes. À la suite de ces expériences, Chanute produit l'un des planeurs les plus achevés de la période qui précède celle des frères Wright.

« Le désir de voler est une idée héritée de nos ancêtres qui regardaient avec envie les oiseaux libres de s'élancer vers les espaces infinis du ciel… »

Wilbur Wright

LA PRÉHISTOIRE DE L'AVIATION

BRAVANT LES RAILLERIES AUTANT QUE LES RISQUES PHYSIQUES, RÊVEURS ET INVENTEURS FARFELUS DÉFRICHENT LE CHEMIN QUI MÈNERA AU VOL PROPULSÉ.

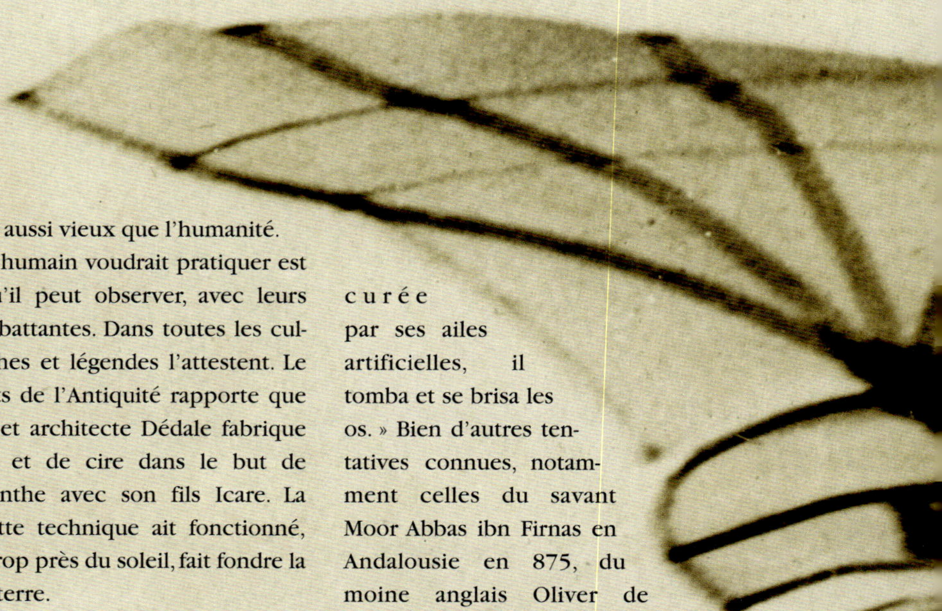

Voler est un rêve aussi vieux que l'humanité. Le vol que l'être humain voudrait pratiquer est celui des oiseaux qu'il peut observer, avec leurs plumes et leurs ailes battantes. Dans toutes les cultures du monde, mythes et légendes l'attestent. Le plus célèbre des récits de l'Antiquité rapporte que l'habile constructeur et architecte Dédale fabrique des ailes de plumes et de cire dans le but de s'échapper du labyrinthe avec son fils Icare. La légende veut que cette technique ait fonctionné, mais Icare, en volant trop près du soleil, fait fondre la cire et s'écrase sur la terre.

Cette illusion qu'un homme peut voler comme un oiseau ou une chauve-souris va coûter la vie ou quelques membres à beaucoup de chercheurs courageux et parfois fantaisistes. Les archives sont remplies de ces histoires d'« hommes volants » s'élançant du haut des tours ou des clochers, poussés par une foi naïve et à peine soutenus par des ailes rudimentaires. En 1178, un musulman de Constantinople, voulant faire une démonstration de sa capacité à voler, saute d'un bâtiment élevé vêtu d'une ample robe blanche étayée par des tiges de saule. Un pionnier du vol écrira longtemps après : « Le poids de son corps attiré vers le sol représentant une force supérieure à la force de sustentation procurée par ses ailes artificielles, il tomba et se brisa les os. » Bien d'autres tentatives connues, notamment celles du savant Moor Abbas ibn Firnas en Andalousie en 875, du moine anglais Oliver de Malmesbury au XIe siècle, de Giovanni Battista Danti à Pérouse, en Italie en 1499, se sont soldées par des échecs.

« Les instruments à voler »

Les contes et légendes regorgent de récits d'engins volants susceptibles de porter le poids d'un être humain, depuis les « chariots des dieux » jusqu'aux balais des sorcières. Au XIIIe siècle, le franciscain philosophe Roger Bacon, considéré comme l'un des fondateurs du raisonnement scientifique moderne, imagine une « machine volante » ; il se déclare même certain que les hommes pourraient construire « des instruments à voler » comprenant un mécanisme à ailes battantes. Ce type de machine, ou ornithoptère, ne laisse pas indifférent l'esprit de ce génie italien de la Renaissance, Léonard de Vinci. « L'homme possède [la capacité] de se soulever au moyen d'ailes battantes », écrit-il. Mais il se trompe. Parmi les nombreux dessins de machines volantes retrouvés dans les carnets de croquis de de Vinci, la seule idée intéressante concerne une hélice en forme de vis qu'il croit capable de s'élever dans l'air, une lointaine préfiguration de l'hélicoptère.

LA VISION DE DE VINCI
Léonard de Vinci est persuadé que le secret du vol sera découvert par l'observation des oiseaux. Son idée de machine volante (dont on voit ici un modèle) à base d'ailes battantes mues par la force musculaire est peu réaliste.

ZOOMORPHISME

*L'industriel des téléphones Clément Ader s'inspire de la chauve-souris pour construire l'*Avion III*. Comme celles de l'animal, les ailes sont repliables pour faciliter le garage. Mais cette machine, construite en partie sur fonds publics, ne décolle pas franchement lors de l'essai de 1897 et est emportée par le vent.*

HOMME-OISEAU

Dans les années 1890, l'ingénieur allemand Otto Lilienthal réalise plus de 2 000 vols planés avec ses appareils. Auteur d'un ouvrage fondamental sur le vol des oiseaux, Lilienthal reconnaît qu'une « approche correcte de la pratique du vol » ne peut être obtenue que « par une véritable expérience de vol ».

Si personne n'est encore capable de construire une machine susceptible de voler, on entrevoit cependant des raisons d'y parvenir, notamment dans les sphères militaires d'une Europe divisée en États sans cesse en conflit. En 1670, le père jésuite italien Francesco de Lana propose de réfléchir à un vaisseau aérien soutenu par des sphères dans lesquelles on aurait fait le vide. D'après lui, un tel engin pourrait débarquer des troupes afin d'attaquer et de prendre une ville par surprise, ou détruire demeures et fortifications en lâchant des « globes de feu et des bombes ».

Les « plus-légers-que-l'air »

Le but de de Lana avait été de créer une machine « plus légère que l'air lui-même ». Ce résultat, qui ne peut être obtenu avec des sphères sous vide, devient possible avec des globes légers remplis d'air chaud ou de gaz hydrogène. Comme souvent dans l'histoire des inventions, la solution d'un problème s'impose à plusieurs inventeurs en même temps. Au moment où les frères Joseph et Étienne de Montgolfier, fabricants de papier à Annonay en Ardèche, viennent à Paris en 1783 pour montrer au roi leur ballon à air chaud, ils sont déjà en concurrence avec le physicien Jacques Charles, lui-même sur le point de faire voler un ballon rempli d'hydrogène.

PREMIERS HOMMES VOLANTS

En juin 1783, les frères de Montgolfier font voler en public un ballon libre gonflé d'air chaud, et, en novembre, à Paris, François Pilâtre de Rozier et le marquis d'Arlandes effectuent la première ascension humaine. Ces premiers aéronautes français réalisent des exploits. En février 1784, Jean-Pierre Blanchard atteint l'altitude de 3 800 m avec un ballon gonflé à l'hydrogène.

PROMOTEUR GÉNIAL
En 1843, William Henson fonde l'Aerial Steam Transit Company, mais malgré la diffusion d'images optimistes, son « char à vapeur volant » ne verra jamais le jour.

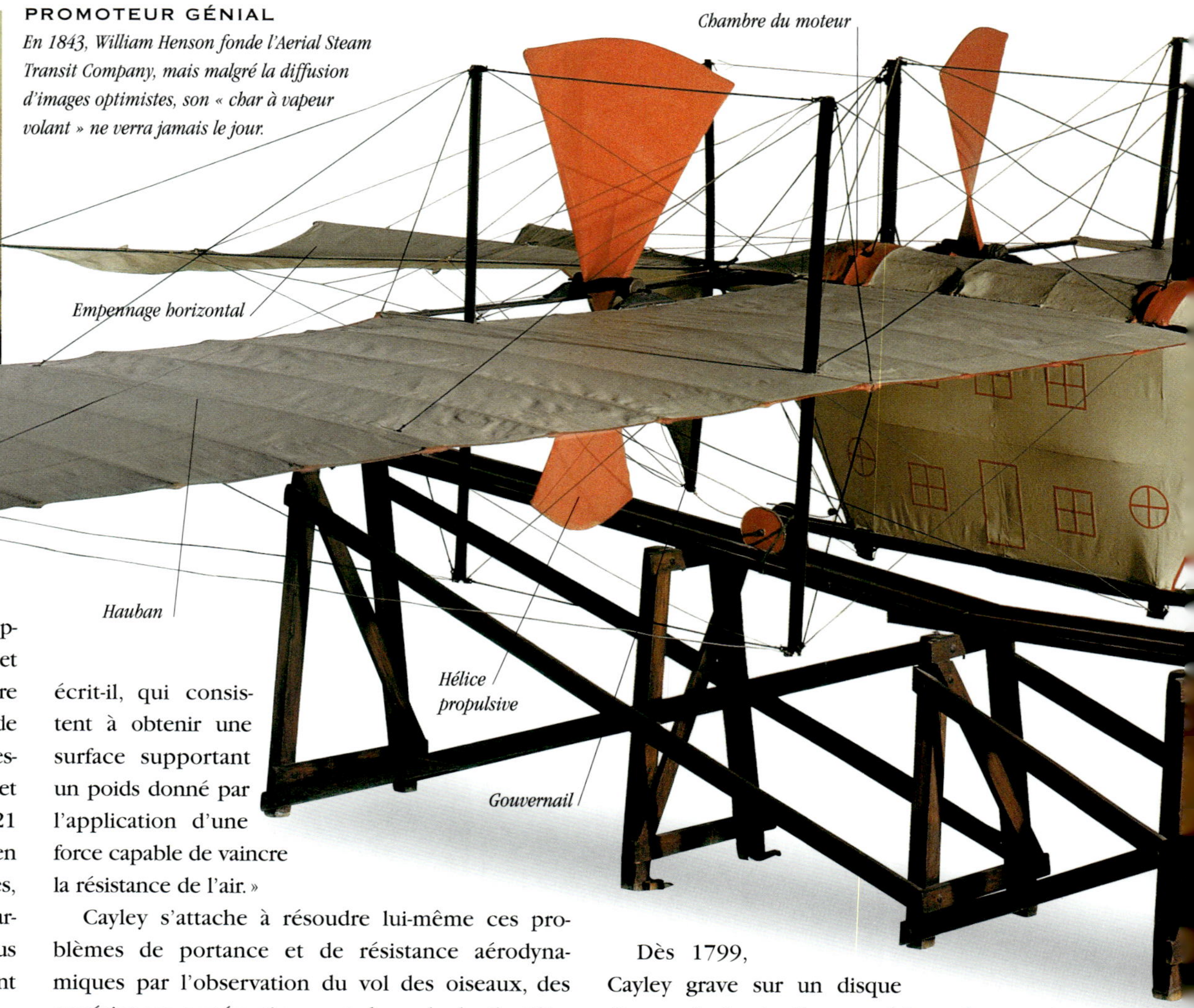

Mais ce sont les frères de Montgolfier qui entrent les premiers dans l'histoire du vol humain. Le 19 septembre 1783, des animaux (un canard, un mouton et un poulet) sont envoyés dans le ciel pour une première ascension expérimentale captive – on procédera de même deux siècles plus tard lors de la conquête de l'espace. Les trois cobayes sont ramenés sur terre sains et saufs. Le premier vol humain libre a lieu le 21 novembre de la même année : le jeune physicien François Pilâtre de Rozier et le marquis d'Arlandes, major d'infanterie, s'élèvent au-dessus de Paris et parcourent environ 8 km en 25 minutes. Dix jours plus tard, Jacques Charles et Nicolas Robert accomplissent 40 km avec un ballon gonflé à l'hydrogène.

L'aérostation captive les foules comme l'aviation au début du XXe siècle. Le public se précipite pour voir les ascensions et fête les aéronautes comme de vrais héros. L'aéronaute français Jean-Pierre Blanchard accompagné d'un Américain vivant en Angleterre, John Jeffries, traverse la Manche d'Angleterre en France en janvier 1785, 124 ans avant Louis Blériot (voir p. 40).

Des progrès plus scientifiques

Parmi les nombreux personnages fascinés et inspirés par les récits des premières ascensions en ballon, George Cayley est un jeune et riche adolescent vivant sur les domaines de son père dans le Yorkshire en Angleterre. C'est à lui que l'on doit les premiers progrès réels à la fois théoriques et pratiques vers le vol du plus-lourd-que-l'air. Cayley pourrait être considéré comme un oisif excentrique, car ce riche propriétaire consacre ses loisirs à la poursuite d'un but chimérique. En réalité, il travaille en scientifique averti et définit avec précision la question du vol d'un engin plus lourd que l'air : « Tout le problème est contenu dans ces limites, écrit-il, qui consistent à obtenir une surface supportant un poids donné par l'application d'une force capable de vaincre la résistance de l'air. »

Cayley s'attache à résoudre lui-même ces problèmes de portance et de résistance aérodynamiques par l'observation du vol des oiseaux, des expériences systématiques et des calculs. Il utilise même un appareil ingénieux appelé « bras rotatif », une sorte de manège précurseur de la soufflerie aérodynamiques, pour mesurer la résistance de divers profils d'aile en fonction de leur incidence.

VISION DU FUTUR
Sir George Cayley grave une image de machine volante sur un disque d'argent dès 1799. Le concept de Cayley est le premier dont la configuration est proche de celle d'un aéroplane moderne.

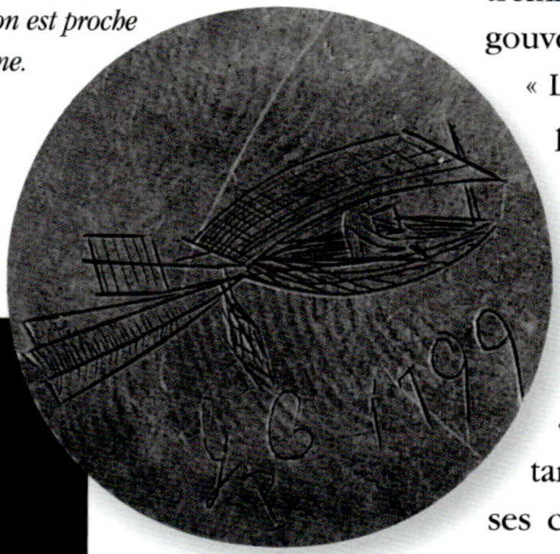

SIR GEORGE CAYLEY
Cayley (1773-1857) défriche le chemin de la conquête de l'air grâce à ses travaux sur l'aéronautique.

Dès 1799, Cayley grave sur un disque d'argent le dessin d'une machine volante, qui marque une avancée significative sur les ornithoptères tels que Léonard de Vinci les avait imaginés, car les ailes ne sont plus des organes de propulsion, mais uniquement des systèmes destinés à créer une force portante. Pendant des dizaines d'années, il construit quelques modèles et trois planeurs en vraie grandeur. L'un d'eux est muni d'une aile fixée à l'extrémité avant d'une perche dont l'arrière porte un gouvernail vertical et un empennage horizontal. « Lorsqu'une personne court avec cet appareil le plus vite possible, note Cayley, profitant d'un vent debout, il arrive souvent qu'il se soulève et qu'il transporte en même temps la personne sur plusieurs yards de longueur. » En 1809-1810, Cayley publie les résultats de ses études dans un article en trois parties intitulé « De la navigation aérienne ». Ses calculs de portance et de résistance aérodynamiques, ainsi que ses commentaires sur la façon dont un aéroplane peut être stabilisé et contrôlé, constituent une base solide à l'évolution de la machine volante plus lourde que l'air. Malheureusement, les écrits de Cayley passent inaperçus.

Une trentaine d'années s'écoulent avant que ne se manifeste à nouveau un intérêt plus marqué envers le vol d'un plus-lourd-que-l'air. Ce réveil est provoqué par le succès de la machine à vapeur appliquée à la

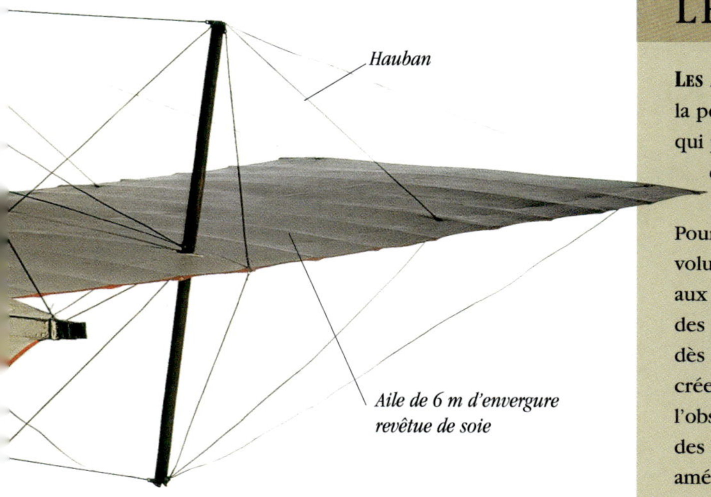

UN CHAR AÉRIEN
La construction ultérieure de l'Aerial Steam Carriage imaginé par William Henson n'est pas vraiment futuriste. Son aspect est très fidèle aux préceptes de sir George Cayley. Mais son moteur de 30 ch et ses ailes plates n'auraient pu le faire voler.

locomotion. Dans les années 1840, la construction des lignes ferroviaires connaît une expansion considérable lorsque les trains bouleversent la durée des trajets sur terre. En mer, les navires à vapeur menacent la domination des grands voiliers. Profitant de ces progrès, un ambitieux inventeur anglais, William Samuel Henson, dépose un brevet couvrant un char aérien à vapeur pour le « transport du courrier, des marchandises et des passagers d'un endroit à un autre ».

L'avion à vapeur

S'inspirant des idées de Cayley, Henson imagine un monoplan doté d'une plate, d'un gouvernail et d'un empennage pour le contrôle, de deux hélices propulsives à six pales, d'une machine à vapeur de 30 ch dans le fuselage. Le programme grandiose de Henson, qui prévoit la création d'une compagnie de navigation aérienne, l'Aerial Steam Transit Company, attire un temps l'intérêt de financiers, car l'offre de vols avec passagers parcourant le monde entier est crédibilisée par de fantastiques illustrations montrant le char à vapeur survolant des paysages exotiques. Mais le doute et le ridicule ne tardent pas à l'emporter. Henson finit par construire un petit modèle de son appareil, qui ne parvient pas à voler.

LES BALLONS

LES ASCENSIONS EN BALLON de la fin du XVIIIe siècle inaugurent la période de l'aérostation, ou vol des plus-légers-que-l'air, qui précède longtemps, puis accompagne les premières expériences menées avec des appareils plus lourds que l'air. Les inconvénients du ballon sont évidents. Pour soulever une charge minime, une enveloppe volumineuse est nécessaire, et celle-ci, trop soumise aux caprices du vent, reste peu manœuvrable. Pourtant, des applications pratiques sérieuses sont entreprises dès avril 1794, quand la jeune République française crée une compagnie d'aérostiers militaires pour l'observation du champ de bataille. Au XIXe siècle, des ballons sont utilisés dans la guerre de Sécession américaine, puis lors du siège de Paris en 1870-1871.

Le premier ballon propulsé, appelé ballon dirigeable, est réalisé par le Français Henri Giffard, en 1852. À bord d'un aéronat en forme de cigare, gonflé au gaz de ville et muni d'une machine à vapeur et d'une hélice, il parcourt 27 km à près de 10 km/h, mais sans parvenir à lutter contre le vent. Dans les années 1880, le moteur électrique apparaît comme un progrès, et, grâce à lui, le dirigeable *La France,* de Charles Renard et Arthur Krebs, réussit à Paris le premier vol en circuit fermé à près de 20 km/h.

L'apparition du moteur à combustion interne constitue un autre progrès. En 1898, Alberto Santos-Dumont, richissime Brésilien de Paris, fils d'un planteur de caféiers, entame une longue série de vols contrôlés. Il n'a peur de rien – il fait notamment une chute sur le toit d'un hôtel parisien. Il construit quatorze dirigeables avant de s'intéresser au plus-lourd-que-l'air. Entre-temps, les Allemands développent aussi le dirigeable, et le comte von Zeppelin crée son premier grand rigide, le LZ 1, en 1900 (voir p. 57).

PREMIERS AÉRONAUTES
Le premier vol humain a lieu à Paris le 21 novembre 1783, à bord d'une montgolfière (ballon à air chaud), mais l'aérostation montre vite ses limites. Le ballon ne peut être utilisé comme système de transport viable.

AUTOUR DE LA TOUR
En 1901, Santos-Dumont pilote son dirigeable depuis Saint-Cloud jusqu'à la tour Eiffel, qu'il contourne pour revenir à son point de départ. Ces 30 minutes de vol lui rapportent un prix de 100 000 francs.

UN BRÉSILIEN À PARIS
Alberto Santos-Dumont, dilettante fortuné et figure célèbre du tout-Paris, commence par pratiquer l'aérostation en ballon, avant de devenir rapidement un pionnier très compétent du dirigeable puis de l'aéroplane.

De son côté, Cayley entame une nouvelle série d'expérimentations qui aboutissent au vol du premier appareil plus lourd que l'air monté, un planeur essayé en 1853. Le « pilote » n'est autre que le cocher de Cayley, fermement invité à s'installer dans le fuselage en forme de bateau du planeur qui, lâché sur la pente d'une colline, décolle et vole brièvement avant de retomber assez brutalement sur le sol. Le cocher, dit-on, démissionna immédiatement après cet épisode, prétextant « avoir été engagé comme cocher, non pour voler ». Mais le succès de Cayley, obtenu en privé sur son domaine, a moins d'impact public que l'échec de Henson, et l'anecdote du vol du cocher ne sera connue que bien longtemps après le décès de Cayley, survenu en 1857.

Une noble entreprise

Le caractère respectable des recherches sur le vol humain est souligné par la fondation, en 1852, de la Société aérostatique et météorologique de France (qui deviendra Société aéronautique de France), en 1864, de la Société d'encouragement pour la navigation aérienne par le moyen du plus-lourd-que-l'air, et, en 1866, de l'Aeronautical Society of Great Britain à Londres. Cette association d'aristocrates, de savants et d'ingénieurs organise en 1868 la première grande exposition internationale de machines volantes (des modèles réduits qui ne volent pas) au Crystal Palace de Londres. Tous ces efforts concourent à mieux faire comprendre la toute jeune aéronautique.

Francis Wenham, ingénieur de la marine britannique et membre fondateur de l'Aeronautical Society, construit la première soufflerie et publie les premiers résultats confirmés sur la résistance générée par différentes surfaces planes. Dans les années 1870, le brillant ingénieur français Alphonse Pénaud introduit d'importants progrès dans la conception des ailes et des empennages grâce au calcul et à des expériences effectuées avec des modèles à moteur à caoutchouc. En 1881, Louis-Pierre Mouillard publie *L'Empire de l'air,* essai d'ornithologie appliquée à l'aviation, qui s'avère une source d'inspiration pour ces hommes clés que seront Chanute et les frères Wright. Perfectionnant la machine de Wenham, Horatio Philips brevette les premiers profils d'aile vers 1880.

LE PREMIER BOND

*Dans les années 1890, l'ingénieur Clément Ader construit deux appareils volants à vapeur dont les ailes sont copiées sur celles des chauves-souris. Si le premier, l'*Éole *(en bas), décolle sur 50 m, l'*Avion III *(ci-dessus) échoue lors des essais officiels.*

> « Donnez-nous un moteur et nous vous ferons aussitôt une bonne machine volante. »
>
> **Hiram Maxim, 1892**

À la fin du XIXe siècle, les réalisations pratiques génératrices de progrès dans le vol contrôlé d'appareils plus lourds que l'air se divisent en deux grands courants de pensée. L'un se concentre sur la force motrice : est-il possible de disposer d'un moteur assez puissant ou, *a minima*, d'un rapport puissance-masse favorable, afin de sustenter une machine et un homme ? L'autre s'attache à l'étude du vol non propulsé ou plané comme moyen d'appréhender le secret du vol des oiseaux. La réussite ne naîtra que de la synthèse de ces deux méthodes par les frères Wright.

La force nécessaire

Les premiers expérimentateurs du vol propulsé sont handicapés par le fait que le seul moteur dont ils disposent est la machine à vapeur. Le premier chercheur sérieux dans le domaine de la vapeur appliquée à l'aviation est l'officier de marine français Félix du Temple de la Croix. Dans les années 1850, avec son frère Louis, il conçoit un modèle d'aéroplane actionné par un moteur à ressort qui réussit à quitter le sol. Il prend alors un brevet pour un appareil en vraie grandeur doté d'une machine à vapeur légère et, suprême raffinement, d'un train d'atterrissage repliable en vol.

En 1884, l'ingénieur russe Alexandre Mozhaiskii essaie à Krasnoïé-Selo, aux portes de Saint-Pétersbourg, un modèle de monoplan bimoteur à vapeur. Crachant la fumée par sa haute cheminée, l'appareil, lancé d'une petite hauteur, se sustente brièvement et s'écrase.

Le premier décollage réussi obtenu par la seule force d'un moteur revient à l'ingénieur et inventeur français Clément Ader. Après un essai de son appareil à ailes de chauve-souris et moteur à vapeur baptisé *Éole*, en 1890, près de Paris, il déclare :

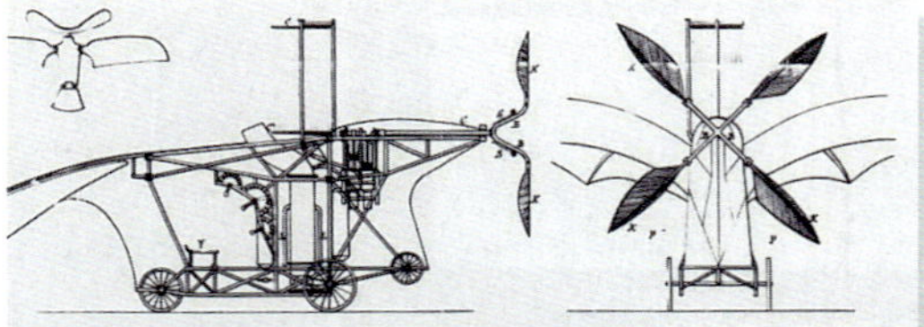

DESSINS DE L'*ÉOLE* D'ADER

OISEAU ÉTRANGE

*L'*Éole *d'Ader, baptisée du nom du dieu grec des vents, est animé par un moteur à vapeur puissant et une chaudière très légère, surmontée par un grand condenseur. S'il n'est pas un appareil pratique, l'*Éole *peut néanmoins être considéré comme le premier aéroplane piloté ayant quitté le sol.*

« J'ai résolu le problème après beaucoup d'efforts, de fatigue et d'argent. »

En fait, il décolla du sol de 20 cm sur une longueur de 50 m. S'il ne s'agit pas véritablement d'un vol contrôlé et entretenu, c'est un progrès, car il a vaincu la pesanteur sans l'utiliser pour se mouvoir. Pour financer ses travaux, Ader s'adresse au ministère de la Guerre, intéressé alors par toute « arme secrète » capable de donner une avance à la France face à l'Allemagne, devenue depuis 1870 son ennemi juré. Bénéficiant du premier budget militaire jamais consacré au développement d'un aéroplane, Ader réalise l'*Avion III*, doté de deux moteurs. Mais, en octobre 1897, lors d'un essai devant une commission militaire, un vol incontrôlé s'achève aussitôt sous l'effet d'une rafale de vent. Privé de financement, Ader interrompt ses travaux.

À la même époque, un autre pionnier de premier plan, partisan du vol propulsé, sir Hiram Maxim, inventeur américain de la mitrailleuse portant son nom, passe à la réalisation pratique. Il déclare qu'il « n'est pas nécessaire, ni réaliste, d'imiter les oiseaux [...] Donnez-nous un moteur et nous vous ferons aussitôt une bonne machine volante ». Dans les années 1890, Maxim consacre une partie de son immense fortune au développement d'un grand biplan construit dans sa propriété du Kent (Angleterre). Maxim ne cherche pas, à proprement parler, à faire voler cet appareil qu'il installe sur une piste d'essai constituée de deux jeux de rails en bois superposés. L'aéroplane doit rouler sur les rails inférieurs pour décoller du fait de sa vitesse, tandis que les rails supérieurs l'empêcheront de s'élever trop haut, le vol étant prévu pour se terminer inévitablement par une chute. En juillet 1894, après avoir atteint 67 km/h, la machine arrache les rails supérieurs et subit de lourds dégâts, mettant ainsi un terme aux expériences de Maxim.

GRAND ET FORT

Ce banc d'essai volant construit par l'Américain Hiram Maxim dans les années 1890 est un très grand appareil. D'une envergure de 33 m et d'un poids de plus de 3,6 t, il possède deux machines à vapeur de 180 ch chacune et deux hélices de 5,5 m de diamètre.

HAUTE SOCIÉTÉ

Hiram Maxim (assis au centre) pose avec les membres de la British Aeronautical Society devant son gigantesque aéroplane à vapeur dans le parc de Baldwyns, dans le Kent, en Angleterre.

OTTO LILIENTHAL

Né en Poméranie en 1848, Otto Lilienthal se passionne dès son enfance pour le vol des oiseaux. Après des études d'ingénieur, il dirige une fabrique de machines à vapeur. Pour lui, la clé du vol humain se trouve dans l'ornithologie, thèse défendue dans son ouvrage de 1889, *Le Vol des oiseaux comme base de l'aviation*. S'il devient célèbre avec ce que l'on appellera plus tard des planeurs pendulaires, le premier datant de 1891, il n'abandonnera jamais l'idée des ailes battantes comme système de propulsion. Par ses travaux rigoureux sur les profils d'aile, Lilienthal fait preuve d'un caractère vraiment scientifique, outre un talent de vulgarisateur qui lui permet de communiquer sa passion de l'aviation. Il montre aussi un grand courage physique, qui concourt largement au développement du vol. Lilienthal meurt le 10 août 1896 des suites d'une chute.

LE PREMIER HOMME-OISEAU
Lilienthal inspirera les plus sérieux pionniers de l'aviation, qui sauront tirer parti de son approche rigoureuse et intelligente.

Maxim, Ader et les autres partisans du vol propulsé ne se sont quasiment pas intéressés à la façon de piloter leur appareil, lorsque celui-ci parvient à décoller. En revanche, les expérimentateurs contemporains partisans du vol libre ou plané espèrent progresser en accumulant les essais. Leur maître à penser universellement reconnu est l'Allemand Otto Lilienthal.

L'homme-oiseau

Lilienthal est l'héritier direct des « hommes volants » antiques et médiévaux qui se jetaient du haut des tours. Il s'élance du haut d'un tertre artificiel face au vent, avec des ailes inspirées de celles des oiseaux qui permettent des vols planés à une certaine hauteur au-dessus du sol. À l'époque, les planements de Lilienthal sont impressionnants, mais ne s'inscrivent guère dans la notion de progrès telle que l'entend le XIXe siècle finissant. Il est facile de comprendre pourquoi Hiram Maxim, promoteur d'un appareil puissant et à la pointe du progrès et d'une coûteuse piste d'essai, dénigre Lilienthal en le surnommant « l'écureuil volant ». Or, si Lilienthal semble apparemment marginal, il est en fait bien plus scientifique et pragmatique dans sa démarche exploratoire du vol que Maxim. Partant d'une étude scrupuleuse du vol et de l'anatomie des oiseaux, il conclut qu'une aile courbe ou cambrée est indispensable à la sustentation. Il procède alors à des expériences afin de mesurer précisément la portance selon l'incidence.

Lilienthal s'occupe lui-même des essais pratiques d'aérodynamique en effectuant vol sur vol. Entre 1891 et 1896, il conçoit et construit seize planeurs différents, en majorité monoplans, plus rarement biplans. Structurellement, ces appareils sont fins et légers, faits de toile de coton tendue sur des nervures de bambou, de saule et d'osier. Mais, contrairement à la pesante machine de Maxim, ils volent vraiment.

Au total, Lilienthal effectue plus de 2 000 vols, le plus long atteignant 350 m. Ces expériences fournissent une donnée essentielle : l'air peut être un milieu imprévisible. Du fait que les planeurs de Lilienthal ne possèdent pas de gouvernes, le pilote doit déplacer brusquement son corps pour rétablir et maintenir l'équilibre au gré des courants aériens instables. Un journaliste américain qui assiste à ces vols très physiques les décrit ainsi : « Il passa au-dessus de moi à une vitesse effrayante, à une hauteur d'environ 15 m [...] L'appareil s'inclina sur le côté, comme si une bourrasque soudaine avait soulevé l'aile gauche [...], puis, en lançant puissamment ses jambes de côté, [Lilienthal] ramena la machine de nouveau à l'horizontale et plana au-dessus des champs au bas de la pente. »

L'ultime sacrifice

Ces vols effectués sur des machines d'une telle instabilité impliquent d'énormes risques. Lilienthal va même jusqu'à imaginer un amortisseur de chocs pour se protéger en cas de chute, mais il ne l'utilise que rarement. Le 9 août 1896, pris par une rafale, son planeur se cabre et s'écrase. Lilienthal meurt de ses blessures le lendemain. À cette date, il est déjà célèbre. Les photos de ses vols ont soulevé l'intérêt du public, et ses écrits ont été traduits dans plusieurs langues. Son planeur le plus réussi, le monoplan classique n° 11 qui a été vendu à d'autres passionnés, est donc le premier appareil produit à plusieurs exemplaires.

Inspirés par son exemple, d'autres expérimentateurs, dont l'Anglais Percy Pilcher et les Américains Octave Chanute et les frères Wright, poursuivent leurs recherches sur le vol plané dans les dernières années du siècle.

UN SPECTACLE GRANDIOSE
Les expériences de planement d'Otto Lilienthal attirent les foules et lui valent une réputation internationale d'homme volant. La plupart de ses essais ont lieu près de Berlin, à Lichterfelde, où il érige une colline artificielle conique d'où il peut s'élancer face au vent.

Néanmoins, les travaux de Lilienthal montrent vite leurs limites. Si ces expériences de vol plané ont prouvé la nécessité de prévoir un système de gouvernes sur n'importe quel type de machine volante, il n'a pas dépassé le stade du contrôle par déplacement de la masse du corps du pilote. En outre, ses planeurs ne conviennent qu'aux activités sportives. Si l'aviation est susceptible d'applications pratiques, elle devra faire appel à des machines propulsées. Or, quand Lilienthal se tourne enfin vers le vol propulsé, il revient à ce concept stérile qui consiste à utiliser un moteur pour animer des ailes battantes.

LES PLANEURS EXPÉRIMENTAUX DE CHANUTE

Américain de Chicago d'origine française, le quinquagénaire Octave Chanute est un riche et réputé ingénieur civil et ferroviaire, lorsque le virus de l'aviation s'empare de lui dans les années 1880. Infatigable communicateur, il entretient une copieuse correspondance avec les pionniers de l'aviation de son temps et accumule des connaissances sur le sujet qui nourrissent son ouvrage *Les Progrès des machines volantes*, publié en 1884.

Inévitablement, Chanute est amené à effectuer ses propres expériences. Travaillant avec des collaborateurs plus jeunes, notamment un New-Yorkais passionné d'aviation, Augustus Herring, il développe une série de planeurs. À l'automne 1896, il se rend avec son équipe sur les dunes du rivage méridional du lac Michigan. Le site n'est qu'à 50 km de Chicago si bien que les activités de cette bande d'originaux attirent bientôt curieux, journalistes et photographes.

Les expérimentateurs vont de difficulté en difficulté. Les vents violents sont imprévisibles : dès leur arrivée dans les dunes, leur tente est arrachée et détruite par une tempête. Le planeur type Lilienthal qu'ils ont commencé à essayer et qui s'avère impilotable est vite abandonné, décision précipitée par la mort du pionnier allemand.

En quête d'un planeur plus sûr et plus stable qui ne demanderait pas de mouvements correctifs du corps du pilote, Chanute essaie un appareil pourvu de douze ailes mobiles. Son principe veut que « les ailes doivent bouger, pas l'homme ». Mais le planeur multiplan n'est pas apprécié par ses jeunes collaborateurs chargés de le piloter.

À la fin de l'été, le succès attend un planeur biplan conçu à la fois par Chanute et Herring, qui réalise des vols jusqu'à 110 m de hauteur. Les deux plans sont réunis au moyen de mâts et de fils de fer, selon la formule de la structure en poutre des ponts conçus par Pratt. Ce mode de fabrication des biplans sera universellement adopté. Un empennage cruciforme améliore la stabilité. La machine semble si sûre et si facile à piloter que des visiteurs sont invités à goûter aux joies du vol sur les pentes des dunes.

« Tous s'accordent à dire que la sensation de glisser dans l'air est merveilleuse. »

Octave Chanute,
à propos de la réaction des visiteurs autorisés à essayer ses planeurs

SAUT DE DUNES
Un biplan Chanute-Herring plane sur les pentes sablonneuses des dunes du lac Michigan en 1896. Chanute, âgé alors de 64 ans, ne vole pas lui-même.

LES ESPOIRS DU GREAT AERODROME

RÊVE GÂCHÉ

Le premier essai en vol du Great Aerodrome *a lieu en octobre 1903. Catapultée par un chariot roulant sur une plate-forme posée sur le toit d'une péniche-hangar, la machine pique et plonge directement dans l'eau du Potomac. Le « pilote » est sauf, et l'Aerodrome est repêché pour être réparé.*

Le 7 octobre 1903, l'ingénieur Charles Manly s'installe à bord d'une grande machine volante perchée au-dessus d'une péniche-hangar ancrée dans un bras du Potomac, à 65 km au sud de la ville de Washington. La machine, appelée *The Great Aerodrome*, conçue par Samuel Pierpont Langley, résulte d'un coûteux programme financé par l'État, étalé sur quatre ans et visant à produire un plus-lourd-que-l'air. Journalistes, militaires et observateurs scientifiques sont invités à assister au premier décollage.

Manly est un sorcier de la mécanique, auteur d'un nouveau et puissant moteur à essence de 52 ch. Il est davantage considéré comme un passager que comme un pilote, car Langley a conçu la machine pour qu'elle soit très stable et puisse voler toute seule. Lorsque le moteur tourne, Manly lève un bras et un ouvrier coupe d'un coup de hache un filin d'arrêt. Le chariot de la catapulte propulse l'Aerodrome jusqu'au bout de son tremplin. Langley a relaté le fiasco qui s'ensuit : « Juste au moment où la machine quitte la piste, les personnes présentes [...] remarquent que la machine bascule brutalement sur l'avant [...] et sous la pleine puissance de son moteur plonge dans l'eau avec son ingénieur. » Manly réussit à s'en sortir.

Langley est alors pressé d'honorer sa promesse de réussir un vol piloté. Lorsque l'Aerodrome est enfin réparé, c'est l'hiver. L'après-midi du 8 décembre 1903, les conditions sont loin d'être favorables, mais comme l'écrit Langley,« les fonds affectés à la continuation du projet étaient épuisés, ce qui rendait impossible tout report de l'essai au

EN TRAVAUX
Des ouvriers installent le Great Aerodrome *de Langley sur la piste de lancement aménagée sur le toit d'une péniche-hangar en vue du premier essai de vol. Un mécanisme complexe de catapultage a été construit pour propulser la machine volante jusqu'à sa vitesse de sustentation.*

printemps ». Cette fois, la tentative a lieu à Anacostia, près de Washington, où des groupes de curieux attendent sur les rives du Potomac. Le courageux Manly s'élance encore une fois sur le rail de la catapulte, et, un bref instant, l'énorme machine se soulève avant que l'empennage ne se replie et casse. De nouveau plongé dans l'eau glacée, Manly est coincé sous l'épave, mais il parvient à en réchapper. Conscient du ridicule qui le menace, Langley attribue l'échec à une défectuosité du système de lancement et affirme que l'Aerodrome aurait pu voler.

Lorsque le rideau tombe sur le XIXe siècle, l'installation d'un moteur sur une cellule de planeur devient soudainement envisageable grâce au développement du moteur à combustion interne dont la capacité de générer davantage de puissance massique (par rapport à son poids) est supérieure à celle de la machine à vapeur. Le Britannique Percy Pilcher, élève de Lilienthal, est le premier de ceux qu'on nommera bientôt « aviateurs » à adapter un moteur à essence à un aéroplane. Il essaie d'utiliser un moteur de 4 ch pour entraîner une hélice montée sur l'un de ses planeurs. Mais, en septembre 1899, alors que la machine motorisée est en cours d'assemblage, son planeur se brise au cours d'un vol de démonstration, et Pilcher se tue.

Les disparitions de Lilienthal et de Pilcher portent un rude coup aux partisans du planeur. La route vers le succès semble s'ouvrir aux tenants du vol propulsé grâce aux efforts du scientifique américain Samuel Pierpont Langley. Opposé à Lilienthal et à ses élèves, ce dernier estime que l'application d'une force suffisante à une machine aérodynamiquement stable doit résoudre le problème du vol. En 1896, il pense l'avoir démontré en faisant voler des modèles réduits d'aéroplanes mus par la vapeur et catapultés depuis le toit d'une péniche-hangar ancrée sur le Potomac à Washington. Ces modèles, qu'il baptise Aerodrome (du grec signifiant coureur aérien), ont une envergure d'environ 4,25 m. L'un vole pendant 1 minute et 30 secondes, l'autre pendant 1 minute et 45 secondes.

Si Langley avait interrompu ses travaux à ce stade, sa contribution à l'histoire de l'aviation aurait été considérable. Mais la tentation de parvenir au vol piloté était trop forte. En 1898, les États-Unis entrent en guerre avec l'Espagne. Le ministère américain de la Guerre propose à Langley de subvenir financièrement à la construction d'une machine volante considérée comme une arme potentielle. Disposant d'un budget de 50 000 dollars et des ressources de la Smithsonian Institution, il prévoit avec optimisme de réussir un vol piloté dès la fin 1899. Mais les retards s'accumulent. Langley compte sur un moteur à essence pour propulser son aéroplane, mais sa mise au point demande des mois, puis des années pour obtenir le rapport puissance-poids escompté. La construction d'une version grandeur nature de son Aerodrome pose des problèmes aux ateliers de la Smithsonian. Le budget explose, le projet s'achève avec quatre ans de retard, et l'énorme machine ne vole pas. Mal conçue d'un point de vue structurel et aérodynamique, dépourvue d'un système de gouvernes adéquat, elle se brise et plonge deux fois directement dans la rivière, entraînant avec elle la réputation de Langley (voir ci-contre).

L'échec de ce projet, financé par le gouvernement et dirigé par le plus grand scientifique américain de l'époque, incite beaucoup de gens à penser que le plus-lourd-que-l'air est une chimère. Neuf jours après l'échec définitif du *Great Aerodrome* de Langley, le 8 décembre 1903, deux fabricants de bicyclettes de Dayton, dans l'Ohio, démontrent le contraire.

SAMUEL PIERPONT LANGLEY

Samuel Pierpont Langley (1834-1906), connu comme astrophysicien, travaille à l'observatoire d'Allegheny en Pennsylvanie. Considéré comme l'un des plus grands savants américains, il est recruté en 1887 pour occuper le prestigieux poste de secrétaire général de la Smithsonian Institution à Washington DC.

Langley aborde le problème du vol dans les années 1880 et poursuit ses expériences à la Smithsonian, dont il exploite les ressources. Il passe de la construction de petits modèles propulsés par des moteurs à caoutchouc à ses Aerodrome mus par la vapeur. Contrairement aux frères Wright, il n'effectue aucune expérimentation lui-même, ni en matière de construction, ni en matière de pilotage. Pour construire et essayer son *Great Aerodrome*, il bénéficie de toute une organisation financée par l'État. L'échec public de 1903 marquera à jamais cet homme fier et compétent.

TROP SAVANT
Homme public respecté et scientifique d'une très grande réputation, Langley est irrémédiablement humilié par l'échec de l'Aerodrome.

ÉMULE ANGLAIS
Le pionnier britannique Percy Pilcher exhibe son planeur Bat *(chauve-souris), développé sous l'influence de Lilienthal. Peu avant sa mort, en 1899, il tente d'adapter un moteur sur un planeur : le vol propulsé des Wright n'est plus très loin.*

« Depuis des années, j'ai été possédé par la croyance selon laquelle l'homme peut voler. Mon mal s'est aggravé et je pense qu'il va me coûter de plus en plus d'argent, sinon ma vie-même. »

Wilbur Wright, 1900

LA CLÉ DU CIEL

EN 1900, LE RÊVE DU VOL PROPULSÉ EST BIEN PRÈS DE SE RÉALISER. MAIS LA GRANDE QUESTION DEMEURE : QUI SERA LE PREMIER ?

Vers la fin de l'après-midi du samedi 8 août 1908, sur l'hippodrome des Hunaudières près du Mans, Wilbur Wright s'installe calmement aux commandes d'une machine volante. Habillé d'un complet gris, portant un haut faux-col et une casquette, cet homme flegmatique se prépare pour son premier vol en Europe. Il espère prouver que lui et son frère Orville ont été les premiers à faire voler un plus-lourd-que-l'air.

FROID ET RÉSERVÉ

Malgré un air empreint d'austérité et un comportement réservé, Wilbur Wright fait preuve dans sa correspondance privée d'un humour caustique allié à une intelligence pénétrante.

Regroupés dans les tribunes, quelques passionnés d'aviation observent la scène, la majorité d'entre eux ayant l'espoir et la quasi-certitude que l'Américain va échouer. Ils savent tous que les Wright se targuent d'avoir volé dès 1903, mais cette prétendue conquête de l'air en laisse sceptique plus d'un. La France possède ses propres prétendants au titre du « premier homme à avoir volé », dont Santos-Dumont, qui a brièvement décollé en ligne droite avec une machine plus lourde que l'air en 1906, et Henri Farman, qui a parcouru le premier kilomètre en circuit fermé en janvier 1908.

Depuis son arrivée en France, Wilbur Wright est qualifié de façon unanime par la presse de menteur. Il n'est pas même sûr de faire taire ses détracteurs, car l'appareil qu'il montre ce jour-là, le type A, n'a jamais volé. Les préparatifs traînent en longueur, la foule s'impatiente jusqu'au moment où il annonce : « Messieurs, maintenant je vais voler. » Les assistants de Wright embrayent les deux hélices, les poids tombent du chevalet de la catapulte et la machine volante accélère sur ses rails de lancement avant de prendre un peu de hauteur. Volant à une dizaine de mètres, Wright approche de l'extrémité du champ de courses et amorce un élégant virage incliné pour revenir au-dessus des spectateurs. Après avoir effectué un autre tour au-dessus de la piste, il pose doucement la machine sur ses patins. Une clameur s'élève. Applaudissant et criant leur enthousiasme, les spectateurs se ruent vers le pilote pour le féliciter. D'une durée de 1 minute et 45 secondes, ce vol dépasse tous ceux que les Français ont pu observer jusque-là.

Depuis cet événement, les frères Wright sont considérés comme les vrais créateurs de la première machine plus lourde que l'air capable de réaliser des vols propulsés, soutenus et contrôlés. Cet exploit, après lequel ont vainement couru des savants reconnus comme de riches passionnés,

LE FLYER DES FRÈRES WRIGHT

Le 17 décembre 1903, Orville Wright effectue le premier vol piloté et propulsé d'un plus-lourd-que-l'air à Kill Devil Hills, près de Kitty Hawk, en Caroline-du-Nord. Le Flyer vole pendant 12 secondes sur une distance de 37 m. Lors du quatrième et dernier vol, Wilbur, alors aux commandes, vole pendant 59 secondes sur 260 m.

UNE RECONNAISSANCE MÉRITÉE

Wilbur Wright démontre les qualités du Flyer type A lors d'une série de vols de présentation effectués en Europe en 1908. Ces vols suscitent l'enthousiasme populaire et achèvent de convaincre les sceptiques que les Wright ont bien été les premiers à voler. Un journaliste français souligne « la maîtrise, l'assurance et l'incomparable élégance » des exhibitions en vol de Wilbur.

a été finalement réalisé par deux frères propriétaires d'un atelier de cycles de Dayton, dans l'Ohio.

Des hommes dans le vent

Orville et Wilbur Wright, quoique vivant loin d'un grand centre d'activités et de décision, ont cependant grandi au contact des courants de pensée et de progrès de l'époque, au moment où se développent les grandes inventions modernes : le téléphone, l'automobile, l'éclairage électrique, la télégraphie sans fil et le cinéma. Des inventeurs comme Thomas Edison et Alexander Graham Bell sont les héros du moment. Les Wright sont intéressés par les tentatives de vol alors portées à la connaissance du public dans les années 1890. Leur intérêt s'est mué en recherche active lorsque, semble-t-il, on considéra que le vol mécanique était, comme Wilbur l'écrivit, « le dernier – ou presque – grand problème… qui n'a pas été encore porté à un point au-delà duquel le progrès est très difficile ». Les Wright associent la théorie à la pratique, ce qui est caractéristique de leur démarche. Ils commencent par se documenter et consultent tout ce qui a déjà été écrit sur le vol. En mai 1899, Wilbur adresse une lettre à la Smithsonian Institution afin qu'elle lui dresse une liste de tous les articles parus et d'ouvrages sur le sujet. Il reçoit très rapidement une réponse qui l'encourage dans ses recherches.

Lorsque les Wright ont assimilé les travaux de Cayley, Pénaud, Chanute, Lilienthal et Langley, entre autres pionniers, ils repèrent un domaine qui leur paraît avoir été négligé : le contrôle, ou pilotage. Des hommes comme Langley ont cru qu'une machine volante se comporterait un peu comme une automobile : une machine intrinsèquement stable qui démarre et qu'on dirige. Mais instinctivement, les Wright sentent qu'une machine volante est un peu comme une bicyclette qu'il faut piloter en corrigeant constamment son équilibre. Ils posent donc, dès le début, le problème non seulement du point de vue de sa construction, mais aussi de son pilotage.

> « … J'ai quelques idées très personnelles sur la façon de fabriquer une machine volante… »
>
> **Wilbur Wright,** lettre de 1899 à la Smithsonian Institution

L'aile et le vent

Leur première découverte naît de l'observation du planement des rapaces : Wilbur est frappé par les mouvements des rémiges qui semblent contrôler l'équilibre latéral des oiseaux. Les deux frères s'interrogent longtemps sur le moyen d'obtenir un effet identique sur l'aile d'un aéroplane, lorsque Wilbur a une inspiration soudaine. En tordant machinalement les extrémités d'une feuille de carton dans des sens opposés, il devine qu'on peut de la même façon déformer une aile. Il vient d'inventer le « gauchissement ».

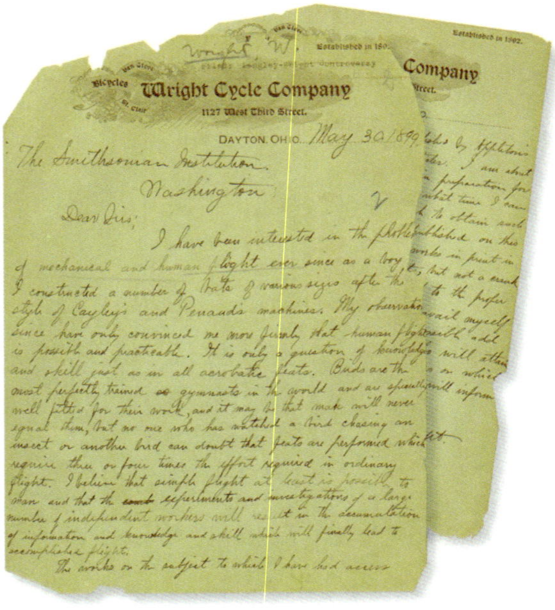

Wright Cycle Company
1127 West Third Street.
DAYTON, OHIO. May 30/1899

The Smithsonian Institution
Washington

Dear Sirs;

I have been interested in the problem of mechanical and human flight ever since as a boy I constructed a number of bats of various sizes after the style of Cayley's and Penaud's machines. My observations since have only convinced me more firmly that human flight is possible and practicable. It is only a question of knowledge and skill just as in all acrobatic feats. Birds are the most perfectly trained gymnasts in the world and are specially well fitted for their work, and it may be that man will never equal them, but no one who has watched a bird chasing an insect or another bird can doubt that feats are performed which require three or four times the effort required in ordinary flight. I believe that simple flight at least is possible to man and that the experiments and investigations of a large number of independent workers will result in the accumulation of information and knowledge and skill which will finally lead to accomplished flight.

The works on the subject to which I have had access

LETTRE À LA SMITHSONIAN

En 1899, Wilbur Wright écrit à la Smithsonian pour lui faire part de son intérêt envers l'aviation : « Je souhaiterais me servir de tout ce qui est déjà connu et, si possible, ajouter ma pierre à l'édifice afin d'aider les futurs travailleurs qui parviendront enfin au succès. »

En 1900, les Wright sont prêts à commencer leurs essais avec un planeur qu'ils construisent eux-mêmes dans leur atelier de cycles. Les essais de planement nécessitant du vent, ils contactent le Bureau météorologique américain, et choisissent Kitty Hawk, une petite station située sur une plage de la côte de la Caroline du Nord. En septembre 1900, les frères Wright y établissent leur campement et assemblent leur premier planeur.

Premières machines

Par bien des aspects, ce biplan ressemble à la machine qui effectuera plus tard les premiers vols contrôlés. Le pilote est en position couchée dans un berceau au centre de l'aile inférieure,

ESSAIS DE PLANEMENT

Conçu pour supporter le poids d'un pilote, ce planeur cerf-volant (le deuxième) a une envergure de 5,2 m et un stabilisateur à l'avant ; mais les essais effectués à Kill Devil Hills, près de Kitty Hawk, en septembre 1900, montrent aussitôt que la portance générée par les plans est insuffisante pour supporter un homme, sauf par très fort vent.

WILBUR ET ORVILLE WRIGHT

Wilbur (1867-1912) et Orville (1871-1948) sont les troisième et cinquième fils de Milton Wright, évêque de l'Église évangéliste des Frères Unis dans le Christ, et de son épouse, Susan. À la suite d'un accident de sport, Wilbur garde une santé fragile, ce qui l'empêche de fréquenter l'université. Aucun des deux frères n'entreprend donc d'études supérieures. Leur éducation s'effectue au sein même de leur famille. Ils se livrent à diverses activités commerciales avant de se tourner vers le cycle en 1892. Loueurs de bicyclettes à leurs débuts, ils ne tardent pas à devenir fabricants de leurs propres cycles, qu'ils vendent au prix remarquablement bas de 18 dollars, alors qu'Orville avait payé 160 dollars sa première bicyclette en 1892 ! Impressionnés par la mort d'Otto Lilienthal en 1896, les frères Wright commencent, à partir de 1899,

> « Depuis notre plus tendre enfance, mon frère Orville et moi vivons ensemble, jouons en semble, travaillons ensemble et [...] pensons ensemble. »
>
> **Wilbur Wright**

à investir les bénéfices de leur affaire dans l'aéronautique. Ils ont calculé que la résolution du problème du vol contrôlé leur avait coûté 1 000 dollars. Leur expérience de la bicyclette, à la stabilité précaire, et leur compétence pour marier légèreté et robustesse leur ont beaucoup servi pour construire leur machine et apprendre à piloter.

Inventifs et ne comptant que sur eux-mêmes, les frères ont non seulement les moyens de fabriquer leurs propres outillages et leurs moteurs, mais aussi un appétit de lecture insatiable et la capacité intellectuelle d'appréhender des questions théoriques complexes. Leur ingéniosité et leur patience d'expérimentateurs méthodiques n'ont d'égal que leur courage physique. Néanmoins, ils sont prudents, notamment Wilbur, qui ne pilote qu'en cas d'absolue nécessité à des fins expérimentales ou démonstratives.

Aucun des deux frères n'a le goût du luxe ; ils ne boivent pas, ne fument pas et sont rarement vus en compagnie de femmes autres que leur sœur. Lorsque Wilbur vient en France en 1908 pour y présenter en vol son appareil, il est acclamé par des foules enthousiastes et courtisé par des princes et des hommes d'affaires, mais il prépare lui-même ses repas et dort dans un hangar à côté de son aéroplane qu'il surveille jalousement.

Les frères Wright cultivent une grande confiance en eux-mêmes en même temps qu'une profonde défiance envers toute personne étrangère au cercle familial. Hommes d'affaires entêtés et durs, ils se montrent intransigeants lors des procès intentés contre ceux qu'ils estiment coupables de plagiat. Mais ils perdent. Fondamentalement réservés, ils assument parfaitement leur immense notoriété. Wilbur décède brutalement de la typhoïde en 1912. Orville, qui connaîtra l'avion à réaction, décédera en 1948.

CYCLES WRIGHT
La bicyclette est très à la mode au début des années 1890 et les frères Wright associent leur goût d'entreprendre à leur savoir technique pour fonder leur propre firme, la « Wright Cycle Co. » à Dayton, Ohio, en 1892.

L'EUROPE ET LA GLOIRE
Wilbur (à gauche) et Orville enthousiasment l'Europe en 1909 où rois, gouvernants et généraux les couvrent d'honneurs en France, en Italie, en Angleterre et en Allemagne.

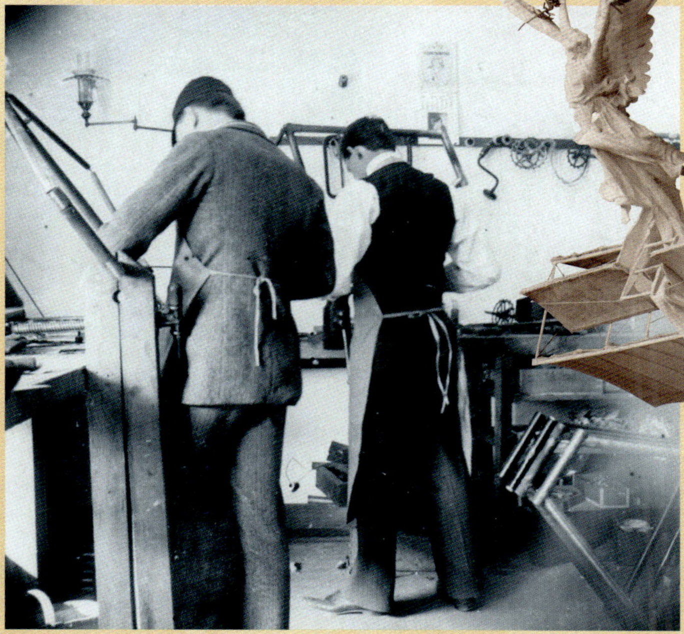

À L'ATELIER
Orville (à droite) et l'un de ses ouvriers de la Wright Cycle Company en 1897. La possibilité de disposer de matières premières et d'outillage dans cet atelier bien équipé aide beaucoup les frères Wright dans leurs recherches sur le vol.

LA COUPE MICHELIN
Wilbur Wright remporte ce trophée offert pour la plus grande distance parcourue en avion en France en décembre 1908, après avoir effectué un vol de plus de 2 heures et couvert plus de 100 km.

position qui réduit la résistance aérodynamique. Devant lui se projette un plan stabilisateur mobile qui permet, au moyen d'un levier manuel, de contrôler la hauteur. Le système de gauchissement des ailes est commandé par les pieds du pilote. Lorsque le temps est propice au vol, l'appareil est hissé au sommet d'une dune élevée. Wilbur ou Orville s'installe à bord, tandis que l'autre frère et un aide recruté localement, généralement un des dévoués Dan et Bill Tate, tiennent chacun une extrémité des plans. Lorsque le pilote est prêt, ils courent en descendant la dune face au vent jusqu'à ce que la machine se sustente et vole en rasant la pente. À leur grande satisfaction, les frères Wright découvrent que les commandes fonctionnent bien, permettant de conserver l'équilibre et d'effectuer des atterrissages en douceur.

De retour à Dayton, pendant l'hiver 1900-1901, ils travaillent sur un nouveau planeur, qui sera le plus grand qui ait jamais volé. Sur l'appareil de 1900, la portance avait été bien inférieure à ce qu'ils en attendaient. Les Wright avaient calculé la dimension et la forme des ailes – et la valeur de la courbure, facteur déterminant – en fonction des calculs de portance et de traînée publiés par Lilienthal. Reprenant les mêmes chiffres, ils doublent quasiment la surface des ailes et augmentent leur courbure.

Pendant l'été 1901, les Wright retournent dans les dunes de la Caroline du Nord. Pour ce second séjour plus long, ils s'installent à Kill Devil Hills, situé à quelques kilomètres de Kitty Hawk. À cette époque, ils deviennent membres à part entière de la petite communauté très dispersée des passionnés de vol et correspondent régulièrement avec leur doyen, le vétéran Octave Chanute, qui vient observer leur nouvelle série d'expériences. Les progrès ne sont pas évidents. Il faut effectuer de nombreuses tentatives pour que le planeur consente à voler, et, quand il consent à quitter le sol, son nez est dangereusement prompt à piquer ou à se relever. D'importantes modifications apportées à la forme des ailes restaurent le contrôle. Mais, peu à peu, les risques sont de plus en plus présents. Un jour, Wilbur subit un cabrage brutal rappelant celui qui avait coûté la vie à Lilienthal. Il sort indemne de cet accident, mais sans comprendre ce qui s'est produit. Il donne cependant à cette perte de portance le nom qui la désigne toujours en anglais : *stall*.

> « Nous ne pouvions pas admettre qu'il n'y avait rien dans un oiseau que nous ne pouvions construire à une plus grande échelle. »
>
> **Orville Wright**

L'un des objectifs des Wright lors de ces vols de l'année 1901 consiste à essayer des virages inclinés contrôlés en utilisant le système de gauchissement, mais ces essais se traduisent par un dérapage et une chute dans laquelle Wilbur se blesse. Les frères tentent désespérément de comprendre la raison pour laquelle leurs tentatives de virage échouent. Ils en concluent que le gauchissement génère une traînée qui perturbe l'équilibre aérodynamique de la machine. « Lorsque nous avons quitté Kitty Hawk à la fin de 1901, nous considérions nos expériences comme un échec », écrira plus tard Wilbur. Mais les deux frères n'abandonnent pas, bien au contraire.

Persuadés que « les calculs sur lesquels toutes les machines volantes ont été réalisées sont erronés », ils entreprennent de créer leurs propres données concernant la portance générée par divers profils d'aile en fonction de la vitesse de déplacement et de l'incidence. Les résultats de ces expériences effectuées au moyen d'une sorte de soufflerie maison sont alors appliqués à un tout nouveau planeur préparé pour la saison de vols 1902.

INSTABLE MAIS OBÉISSANT
Wilbur (à gauche) et Orville (aux commandes) lancent leur planeur n° 3 sur lequel ils essaient et perfectionnent leur système de contrôle en 1902. Un gouvernail de direction associé au gauchissement permet d'effectuer des virages inclinés contrôlés.

UN VISITEUR DE MARQUE
Cette photo, qui montre le camp des Wright à Kill Devil Hills, a été prise lors d'une visite d'Octave Chanute (assis et deuxième à partir de la gauche) en août 1901. Pionnier du vol plané, Chanute suit de très près les réalisations des Wright (à droite).

LA MÉTHODE EXPÉRIMENTALE DES WRIGHT

PENDANT L'HIVER 1901-1902, les frères Wright effectuent une remarquable série d'expériences qui bousculent les idées reçues sur les profils sustentateurs. Leur but consiste à essayer un certain nombre de formes d'ailes en vue d'en déterminer leurs caractéristiques aérodynamiques.

Ils commencent par des essais assez simples avec une bicyclette. En roulant pour créer un certain vent relatif, l'un des frères règle l'angle d'attaque d'un plan profilé jusqu'à ce qu'il équilibre la pression du vent sur une surface plane (à droite).

Si ces expériences sur bicyclette montrent que les calculs antérieurs réalisés (par Lilienthal et d'autres chercheurs) sont erronés, elles manquent toutefois de précision. Elles poursuivent un but précis : produire un flux d'air parfaitement contrôlé et enregistrer exactement la performance obtenue. À cette fin, les Wright construisent une soufflerie pour essayer des plans porteurs pendant deux mois dans des conditions mesurées avec précision. Ils obtiennent ainsi une série de résultats très fiables qu'ils peuvent ensuite appliquer à la conception des ailes.

SURFACES PORTANTES
Les Wright fabriquent environ 200 surfaces portantes avec des profils différents, à partir de morceaux de tôle, et notent les résultats obtenus par chaque profil passé dans la soufflerie. Le système installé sur la bicyclette supporte deux types de surfaces : un plan profilé expérimental et une surface de référence plane.

LE PREMIER VOL PROPULSÉ DE L'HISTOIRE

LEVER DE RIDEAU

Le Wright Flyer est garé près des hangars improvisés au camp de Kill Devil Hills (à gauche). Ci-dessous, les aides et les spectateurs des Wright sont photographiés auprès du Flyer installé enfin sur son rail en bois juste avant le vol de Wilbur du 14 décembre 1903.

LE 17 DÉCEMBRE 1903 au matin, le vent qui souffle sur Kill Devil Hills atteint 48 km/h. Mais cette force qui suffit pour faire décoller le Wright Flyer va certainement poser des problèmes pour contrôler cet appareil piloté pour la première fois. Si la première brève envolée de Wilbur Wright s'est achevée trois jours avant par un atterrissage immédiat et peu glorieux, les Wright sont certains que leur appareil à moteur peut voler.

Les deux frères se sont entendus pour piloter à tour de rôle, et c'est donc au tour d'Orville de prendre les commandes. À 10 heures du matin, un pavillon est agité pour prévenir les très coopératifs employés de la station de sauvetage en mer de Kill Devil Hills qui ont accepté d'aider et de témoigner. Les frères entreprennent alors de monter une piste en bois pour lancer leur appareil non loin de leur campement. Le Flyer est trop lourd pour être lancé comme un planeur, avec deux assistants tenant les plans, car les roues se seraient enfoncées dans le sable fin. L'appareil doit donc être lancé sur un chariot roulant sur un rail en bois.

Wilbur et Orville se tiennent près de la machine, tandis que le moteur chauffe. « Ils se sont serré la main et nous n'avons pas pu ne pas remarquer qu'ils s'étreignaient comme des gens qui se quittent sans être sûrs de se revoir », racontera par la suite l'un des sauveteurs, John Daniels. Un appareil photographique a été installé pour immortaliser la scène, et Daniels est chargé de déclencher l'obturateur. Orville s'installe dans la machine, couché sur le ventre. Puis, sur fond de bruit de moteur et de clameurs des spectateurs, l'appareil libéré par la corde qui le retenait glisse sur le rail. Au moment où il s'élève dans l'air, Daniels prend la photo reproduite ci-dessous.

Comme son frère trois jours avant, Orville peine à contrôler le Flyer qui, après un vol de 12 secondes, se pose assez brutalement. La question de savoir si cette première tentative ou les deux suivantes sont les premiers vols propulsés de l'Histoire ne se pose plus pour la quatrième envolée. Orville, spectateur cette fois, écrira dans son journal : « À midi juste, Will s'élance pour le quatrième et dernier essai. L'appareil commence par monter et descendre comme avant, mais après un parcours de 100 à 130 m, il constate que le contrôle est

> « Ce n'était qu'une envolée de 12 secondes et une sorte de vol incertain, instable, rampant […] mais un vrai vol enfin, pas un planement. »
>
> **ORVILLE WRIGHT,**
> À PROPOS DU PREMIER VOL PROPULSÉ

UN CLICHÉ HISTORIQUE

Le 17 décembre 1903, le Wright Flyer décolle sur les dunes pour le tout premier vol propulsé de l'Histoire. Orville est aux commandes et Wilbur, qui a couru à ses côtés, observe le vol avec attention. Cette photo, prise par John Daniels, est l'une des plus célèbres du XXe siècle.

meilleur et que le vol est plus stable. » Wilbur vole pendant 59 secondes et parcourt une distance de 260 m, avant que le Flyer ne pique brusquement et ne heurte le sol en cassant les supports de son stabilisateur. Le Flyer a tenu l'air pendant moins de 1 minute, mais il s'agit bien d'un vol soutenu, propulsé et contrôlé.

Peu après cet événement capital, le Flyer est ramené vers le camp, mais, pris par une rafale de vent, il se retourne en renversant Daniels, qui termine sa journée couvert de bleus et de contusions. Bien que la machine volante soit en partie détruite, les frères Wright savourent pleinement leur réussite malgré cet incident. Après le déjeuner, les deux frères gagnent la station météorologique de Kitty Hawk pour télégraphier la nouvelle de leur succès et annoncer leur retour prochain à Dayton.

À LA SECONDE

Ce chronomètre a servi à mesurer la durée des quatre vols effectués par les Wright le 17 décembre 1903. Ci-dessous : le télégramme assez modeste expédié par Orville à leur père le chargeant d'informer la presse du succès de leurs tentatives.

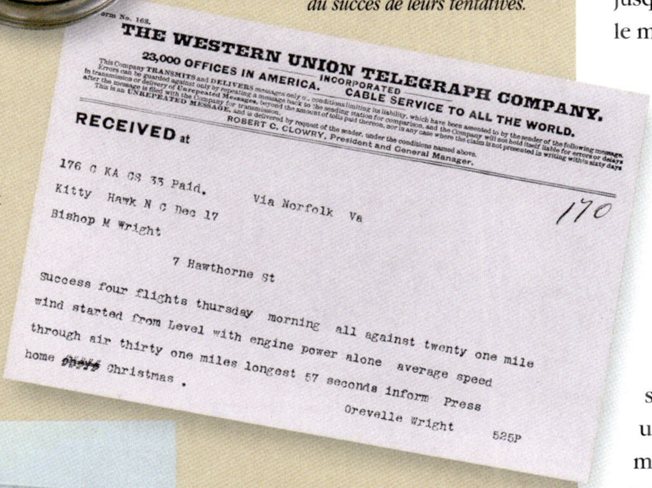

orm No. 168.
THE WESTERN UNION TELEGRAPH COMPANY.
23,000 OFFICES IN AMERICA. INCORPORATED CABLE SERVICE TO ALL THE WORLD.
This Company TRANSMITS and DELIVERS messages only on conditions limiting its liability, which have been assented to by the sender of the following message. Errors can be guarded against only by repeating a message back to the sending station for comparison, and the Company will not hold itself liable for errors or delays in transmission or delivery of Unrepeated Messages, beyond the amount of tolls paid thereon, nor in any case where the claim is not presented in writing within sixty days after the message is filed with the Company for transmission.
This is an UNREPEATED MESSAGE, and is delivered by request of the sender, under the conditions named above.
ROBERT C. CLOWRY, President and General Manager.

RECEIVED at

176 C KA CS 33 Paid. Via Norfolk Va
Kitty Hawk N C Dec 17
Bishop M Wright 170
7 Hawthorne St
Success four flights thursday morning all against twenty one mile wind started from Level with engine power alone average speed through air thirty one miles longest 57 seconds inform Press home Christmas .
Orevelle Wright 525P

DURE RÉALITÉ

À la fin du quatrième vol long de près de 1 minute, Wilbur rejoint le sol assez durement et casse les supports du stabilisateur du Flyer. L'appareil est ramené au camp des Wright pour y être réparé.

Les Wright conçoivent alors une aile plus longue, plus étroite et moins cambrée. Pour la première fois, ils ajoutent un empennage arrière : deux dérives verticales fixes qui, espèrent-ils, empêcheront la machine d'échapper au contrôle dans les virages inclinés.

Le planeur n° 3 de 1902 démontre que les calculs des Wright sont corrects. Du point de vue aérodynamique, il s'agit de la meilleure machine construite jusque-là, mais elle s'avère plus délicate à piloter que le modèle précédent. Les coupables semblent être les dérives verticales. Il faut les rendre mobiles de façon à pouvoir les faire pivoter pour contrer la traînée. Avec l'ingéniosité qui les caractérise, les frères inventent un système de contrôle qui conjugue le gouvernail au mécanisme de gauchissement des ailes. À la fin de l'été, ils parviennent à faire des vols planés contrôlés jusqu'à 200 m, en restant sustentés pendant 26 secondes.

Dès lors, les Wright sont prêts à passer au stade critique du vol motorisé. Il leur faut donc un moteur et une hélice. Lorsque les firmes automobiles s'avèrent incapables de leur fournir un moteur convenable, ils font fabriquer par leur assistant, Charlie Taylor, un moteur de 12 ch pesant 82 kg. En revanche, le problème de l'hélice, qui se révèle extrêmement compliqué, contraint les deux frères à aborder des questions complexes relevant de la physique théorique et des mathématiques.

Les Wright retournent à Kill Devil Hills à la fin septembre 1903, sachant pertinemment qu'à ce moment précis, Samuel Pierpont Langley se prépare à faire voler son *Great Aerodrome* pour la première fois. Lorsqu'ils apprennent que la première tentative a été un échec, Wilbur écrit : « Il semble que ce soit à notre tour de nous lancer et je me demande ce qu'il va nous arriver. »

Pendant un moment, le sort paraît leur être contraire. Aux essais statiques, le moteur se montre capricieux et endommage même les arbres des hélices. Ces pièces sont renvoyées pour réparation, mais lorsque les essais reprennent en novembre, l'un des arbres réparés se révèle fêlé. Orville repart à Dayton pour faire construire des arbres neufs en acier.

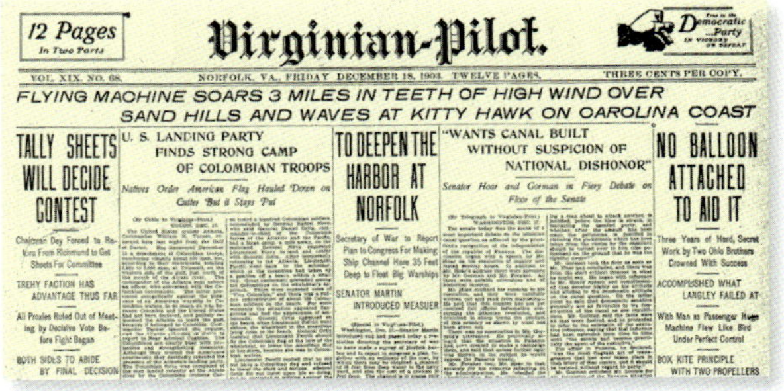

12 Pages In Two Parts
Virginian-Pilot.
Democratic Party
VOL. XIX. NO. 68. NORFOLK, VA., FRIDAY DECEMBER 18, 1903. TWELVE PAGES. THREE CENTS PER COPY.
FLYING MACHINE SOARS 3 MILES IN TEETH OF HIGH WIND OVER SAND HILLS AND WAVES AT KITTY HAWK ON CAROLINA COAST
TALLY SHEETS WILL DECIDE CONTEST
U. S. LANDING PARTY FINDS STRONG CAMP OF COLOMBIAN TROOPS
Natives Order American Flag Hauled Down on Gutter But it Stays Put
TO DEEPEN THE HARBOR AT NORFOLK
Secretary of War to Report Plan to Congress For Making Ship Channel Here 35 Feet Deep to Float Big Warships
SENATOR MARTIN INTRODUCED MEASUER
"WANTS CANAL BUILT WITHOUT SUSPICION OF NATIONAL DISHONOR"
Senator Hoar and Gorman in Fiery Debate on Floor of the Senate
NO BALLOON ATTACHED TO AID IT
Three Years of Hard, Secret Work by Two Ohio Brothers Crowned With Success
ACCOMPLISHED WHAT LANGLEY FAILED AT
With Man as Passenger Huge Machine Flew Like Bird Under Perfect Control
BOX KITE PRINCIPLE WITH TWO PROPELLERS
TREHY FACTION HAS ADVANTAGE THUS FAR
BOTH SIDES TO ABIDE BY FINAL DECISION

EXCÈS D'ENTHOUSIASME

« À Kitty Hawk, malgré un vent violent, une machine volante parcourt 5 km au-dessus des dunes et des vagues de la côte de Caroline. » Ce titre mensonger incite les deux frères à produire un communiqué de presse contenant les détails exacts de l'événement.

Le 8 décembre 1903, la deuxième tentative de Langley de faire décoller l'Aerodrome est un nouvel échec et la route est libre pour les Wright. Lors de leur premier essai, le 14 décembre, Wilbur perd le contrôle de l'appareil, qui s'abat presque immédiatement après le décollage. Mais le jeudi 17 décembre, le but dont tant d'hommes ont rêvé est enfin atteint (voir pp. 26-27).

Bien que l'événement n'ait pas été ignoré (les Wright ayant eux-mêmes diffusé un communiqué de presse), le public demeure indifférent. Après le fiasco de l'Aerodrome de Langley, la plupart des journalistes trouvent suspecte toute affirmation concernant le vol éventuellement réussi d'un plus-lourd-que-l'air. Le comportement des frères Wright n'arrange rien, puisque, dans leur communiqué de janvier 1904, ils concluent : « Nous ne sommes pas prêts pour le moment à divulguer aucune photo, ni aucune description détaillée de notre machine. » À leurs débuts, les Wright n'ont pas cultivé délibérément le secret, mais dès lors qu'ils ont réussi des vols propulsés, ils sont déterminés à attaquer quiconque leur volerait leur invention avant qu'ils n'en aient éventuellement tiré profit.

Après le 17 décembre 1903, les Wright sont confrontés à un nouveau défi d'ordre technique. Après le transfert de leurs activités à Dayton, ils travaillent à la construction et aux essais de modèles améliorés de leur appareil. Le Flyer II de 1904 peine à décoller dans les conditions météorologiques différentes de celles de l'Ohio. Avec l'assistance d'une sorte de catapulte, le Flyer II se révèle capable de tenir l'air pendant plus de 5 minutes. Mais, entre juin et octobre 1905, avec le Flyer III, plus perfectionné, les Wright effectuent des vols d'une durée pouvant atteindre 38 minutes sur des parcours couvrant jusqu'à 30 km sans interruption.

ASSISTANCE AU DÉCOLLAGE
À partir de 1904, en raison de la faible puissance de leur moteur, les frères Wright utilisent le système montré ici pour accélérer les décollages. Un poids attaché à une corde reliée à l'appareil est hissé au sommet d'un chevalet. Moteur lancé et pilote prêt, le poids est lâché et sa chute entraîne l'aéroplane sur le rail.

Le Wright Flyer 1903

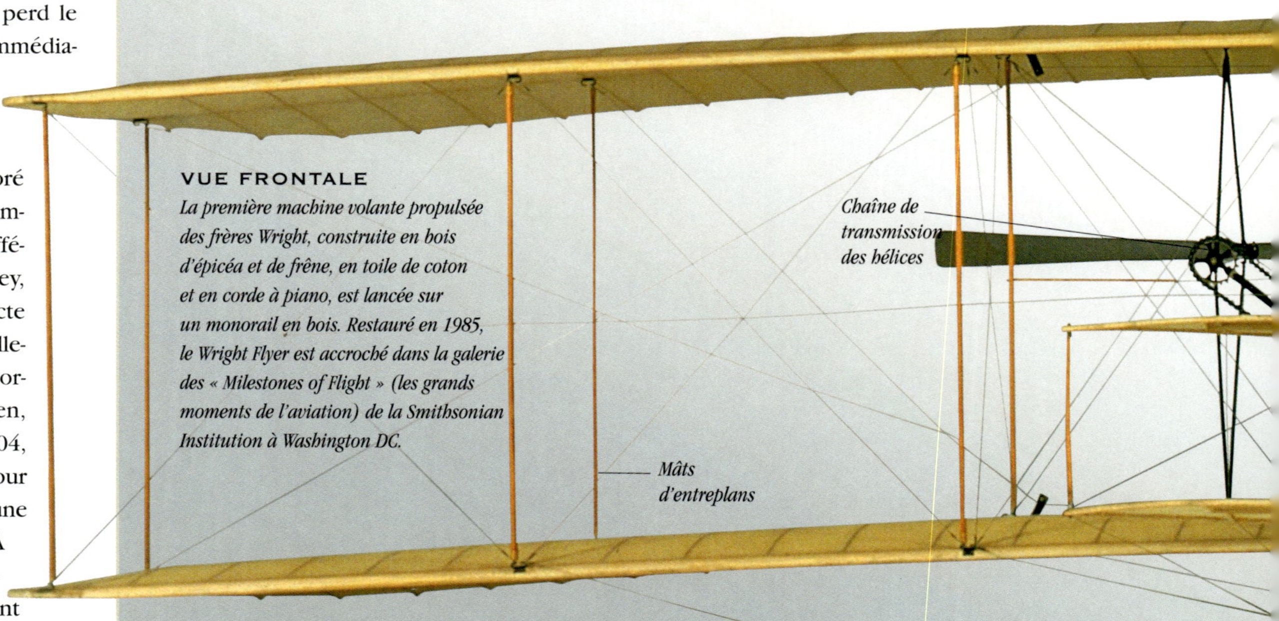

VUE FRONTALE
La première machine volante propulsée des frères Wright, construite en bois d'épicéa et de frêne, en toile de coton et en corde à piano, est lancée sur un monorail en bois. Restauré en 1985, le Wright Flyer est accroché dans la galerie des « Milestones of Flight » (les grands moments de l'aviation) de la Smithsonian Institution à Washington DC.

TOUS LES VOLS EFFECTUÉS par les frères Wright à Kitty Hawk en décembre 1903 sont caractérisés par une constante instabilité, dans la mesure où l'avant tangue lentement. Un atterrissage brutal lors du dernier vol casse le plan stabilisateur avant, mettant fin à cette saison d'essais.

Entre 1903 et 1908, les Wright développent leur Flyer initial pour en faire une machine robuste et puissante, mais ils n'apportent aucune modification à l'architecture, ni aux commandes. Tous les appareils Wright sont contrôlés en tangage par le stabilisateur avant, en lacet par les deux dérives verticales et en roulis par torsion des extrémités d'ailes.

Volant comme les cyclistes roulent, les Wright maintiennent l'équilibre de l'aéroplane par une action constante sur les commandes et l'inclinent pour virer. Cette méthode exige un sens du vol qu'il faut acquérir. Le point le plus délicat se situe dans le stabilisateur frontal, qui apparaît trop sensible. Toute erreur d'estimation de l'effort peut faire dangereusement cabrer ou piquer la machine.

CONSTRUCTEUR ET PILOTE
Orville Wright installe les câbles de gauchissement d'une aile dans le hangar de Kill Devil Hills. Le gauchissement inventé par Wilbur Wright permet le contrôle en roulis du Flyer. En déformant l'aile vers le haut ou vers le bas, on peut voler bien à plat, mais aussi incliner l'appareil sur le côté pour virer.

> « Je crois que le nouvel appareil des Wright est la machine volante la plus prometteuse qui ait jamais été fabriquée. »
>
> OCTAVE CHANUTE, 23 NOVEMBRE 1903

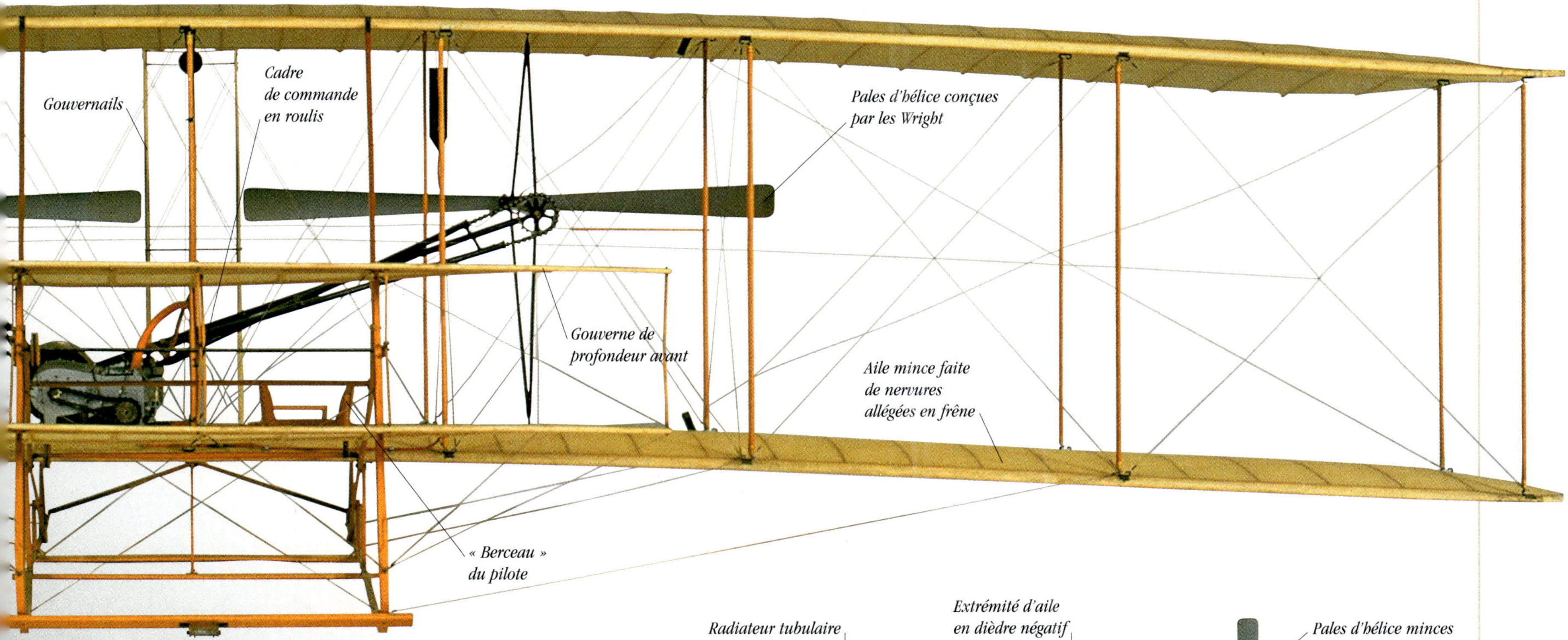

Jusqu'à la fin 1905, les Wright pilotent en position couchée pour réduire la résistance aérodynamique. Cette posture semble aussi adaptée au sens du pilotage instinctif de la machine des Wright, car, selon l'expression ultérieure d'un aviateur, c'est « une extension de votre propre corps qui suit tous vos mouvements ».

Lorsque les Wright commencent à réaliser des vols supérieurs à une demi-heure, en octobre 1905, cette façon de piloter face vers le sol se révèle impraticable, car le pilote doit constamment relever la tête pour voir en avant. Sur le type A ultérieur, le pilote qui est assis bien droit peut aussi emmener un passager à ses côtés.

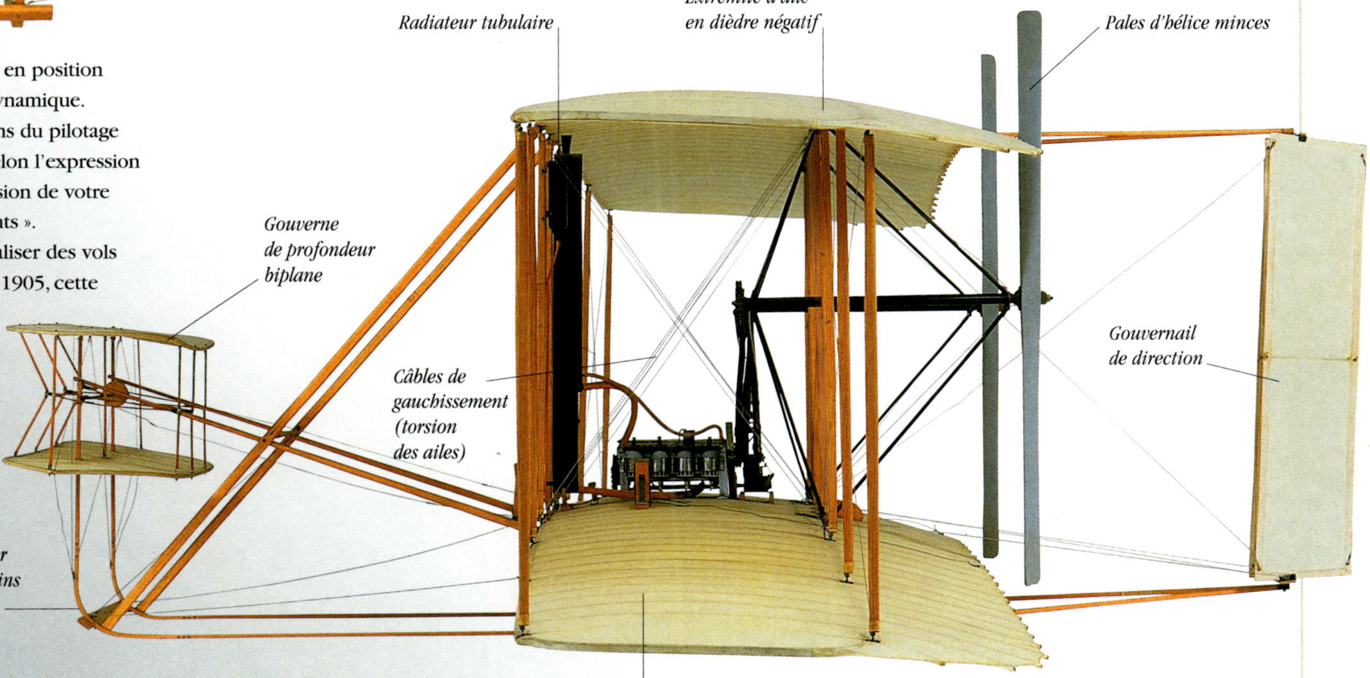

VUE DE PROFIL

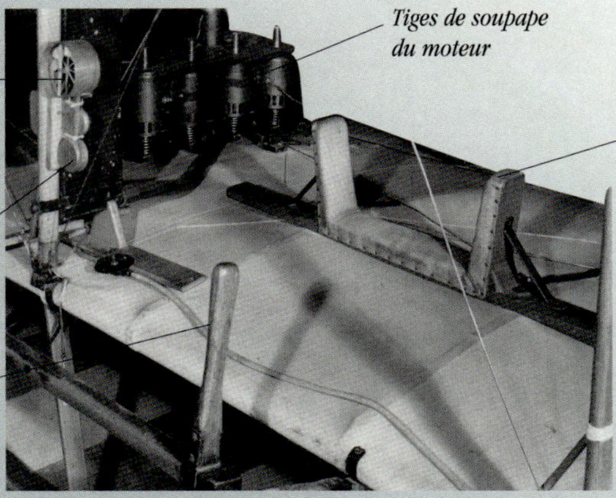

POSTE CENTRAL

Ce gros plan de la partie centrale de l'aile inférieure montre la place occupée par le pilote en position couchée. Les instruments de contrôle du moteur et du vol sont placés à sa droite.

Caractéristiques

Moteur	4-cylindres de 12 ch à essence, refroidi par eau
Envergure	12,3 m
Longueur	6,4 m
Hauteur	4,1 m
Poids	338 kg avec pilote, 274 kg à vide
Vitesse max.	48 km/h

AVION PORTABLE
Le minuscule n° 19 de 1907, qui précède la Demoiselle du pionnier brésilien Alberto Santos-Dumont, d'une envergure de 6 m, est peut-être le premier appareil ultraléger. Conçu comme petit appareil de sport, il est aisément démontable en deux parties pour faciliter son transport.

S'il est permis de se demander si les vols des frères Wright de 1903 méritent d'être considérés comme les « premiers », il ne fait plus aucun doute qu'à la fin de 1905, ils sont les seuls au monde à disposer d'une machine effectivement volante. À cette époque, les deux frères prennent l'extraordinaire décision d'interrompre leurs expérimentations et de consacrer toute leur énergie à la recherche de fructueux contrats commerciaux. À l'évidence, l'acheteur potentiel de cette nouvelle machine volante est l'armée.

Dans une lettre à leur député au Congrès, Robert Nevin, en juin 1905, les Wright font savoir que leur appareil pourrait être utilisé pour « l'observation et la transmission des messages en temps de guerre ». Mais lorsque Nevin soulève la question auprès du ministère de la Guerre américain, la réponse officielle est négative. Confrontés à un rejet dans leur propre pays, les Wright se tournent vers les autorités militaires britanniques et françaises. Une délégation française se rend même à Dayton au printemps 1906 pour discuter avec les Wright, mais aucun accord n'est conclu : d'un côté, les Wright ne veulent faire aucune démonstration de leur machine tant qu'un contrat d'achat n'est pas signé, de l'autre, les acheteurs potentiels rechignent à s'engager sans avoir vu l'appareil en vol.

La décision des Wright d'arrêter les vols n'est pas sans risque. Beaucoup de passionnés d'aviation connaissent déjà en détail la plupart des solutions appliquées. D'autres expérimentateurs ont des chances sérieuses de les rattraper, sinon de les dépasser. En 1907, l'inventeur Alexander Graham Bell fonde l'Aerial Experiment Association à

Hammondsport, à New York, réunissant une talentueuse équipe, dont le constructeur de motocycles Glenn H. Curtiss, qui a pour but avoué de construire « un aéroplane pratique qui emportera un homme et volera sous la seule force de son moteur ».

GLENN H. CURTISS

Glenn Hammond Curtiss (1878-1930), originaire de Hammondsport, New York, compte parmi les pères fondateurs de l'aéronautique américaine. Comme les frères Wright, Curtiss débute dans le commerce des cycles avant de devenir constructeur et pilote de motos de course. Sa compétence dans le domaine des moteurs de moto légers attire l'attention de l'inventeur Alexander Graham Bell, qui l'invite à rejoindre, en 1907, son Aerial Experiment Association. Au sein de cet organisme, il joue un rôle éminent en concevant des appareils contrôlés par ailerons et non par déformation des ailes, comme les Wright. Le 4 juillet 1908, Curtiss effectue en public un vol de plus de 1 km aux commandes de son *June Bug*.

Pilote audacieux, Curtiss participe aux exhibitions d'avions en Amérique et en Europe, où il décroche le record de vitesse en 1909. Il fonde ensuite sa propre firme et se spécialise dans les hydravions à flotteurs et à coque. En 1914, il est devenu le principal constructeur américain.

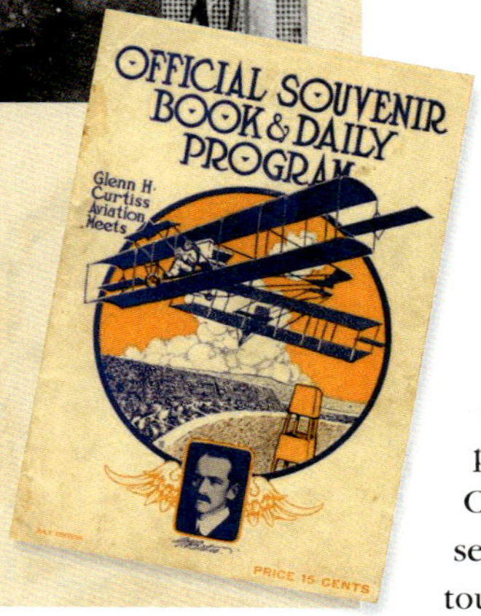

DOUBLE CHAMPION
Pilote et créateur de motos de course, Glenn Curtiss aborde l'aviation en 1907. Il remporte la coupe Gordon Bennett à Reims en 1909. Il organise ensuite ses propres meetings (à droite). Sa seconde carrière est en partie gâchée par un interminable procès intenté par les Wright au sujet de l'utilisation du gauchissement.

Compétition au sommet

C'est en France que les frères Wright devront relever le défi le plus important de leur aventure. Forts d'une tradition qui remonte aux frères de Montgolfier, les Français se considèrent comme les guides naturels du monde de l'aviation. Les échos des réussites des Wright secouent profondément les passionnés réunis dans le très prestigieux Aéro-Club de France (fondé en 1898). Certains réagissent en dénigrant les travaux des Wright, mais tous estiment qu'il est de leur devoir de patriotes

PREMIER VOL EN EUROPE

Célèbre par ses inventions et sa bravoure, le premier héros de l'aviation française est le Brésilien Alberto Santos-Dumont. Il signe le premier vol d'un plus-lourd-que-l'air (un grand bond) en Europe trois ans après les Wright. Debout dans la nacelle modifiée de son dirigeable n° 14, munie d'une voilure cellulaire, Santos-Dumont décolle sur 220 m le 12 novembre 1906 à Bagatelle à Paris.

de prouver que les Français peuvent faire mieux. Heureusement pour les Américains, les prétendants aviateurs de France sont plus enthousiastes que méthodiques. Malgré l'existence de comptes rendus clairs et précis publiés sur le système de gauchissement des Wright, aucun aviateur français ne comprend la nécessité du contrôle du roulis, déjà exprimée, pourtant, au cours du XIXe siècle. Stimulés par de généreux prix en espèces sanctionnant divers « premiers vols » précisément définis, les Français commencent à produire des machines volantes efficaces.

Le premier personnage remportant l'un de ces prix est le Brésilien de Paris Alberto Santos-Dumont, déjà célèbre pour ses exploits à bord de ses dirigeables. En 1906, ce dernier construit son appareil n° 14 bis, un biplan inélégant et peu pratique dont le fuselage et le plan stabilisateur sont placés devant le pilote, qui se tient debout dans une nacelle en osier (en fait celle du dirigeable type n° 14). Son appareil doit beaucoup aux cerfs-volants développés par l'Australien Lawrence Hargrave dans les années 1890, influence qu'on retrouve alors dans de nombreuses machines européennes. Les démonstrations publiques que Santos-Dumont effectue à l'automne 1906 font sensation. Réalisant de petits bonds en septembre, il progresse jusqu'à un « vol » de 50 m en octobre pour finir par un vol triomphal de 220 m le 12 novembre. Quoique négligeables par rapport aux vols des frères Wright réalisés en 1905, les résultats de Santos-Dumont sont salués en Europe comme une avancée majeure. *Le Figaro* claironne : « Quel triomphe !... L'air est vaincu. Santos a volé. Tout le monde volera. »

HISTOIRE DE FAMILLE

Les frères Voisin, Gabriel (à gauche) et Charles, fondent l'une des premières usines de construction d'aéroplanes à Billancourt, près de Paris, en 1906. La production de guerre dépassera 10 000 avions en 1918.

Les pionniers français

Les aviateurs français disposent d'un excellent moteur d'avion, l'Antoinette, développé par l'ingénieur Léon Levavasseur, et de la première usine consacrée à la construction d'aéroplanes, établie par les frères Voisin en 1906. Au cours de l'année 1907, Louis Blériot et Robert Esnault-Pelterie réussissent de courtes envolées avec des appareils monoplans

HENRI FARMAN

Henri Farman (1874-1958), fils d'un journaliste britannique résidant à Paris, naît en France, comme son frère Maurice. S'il orthographie parfois son prénom Henry, il ne parle pas un mot d'anglais. Henri Farman commence par mener une existence de dilettante aventurier. Il est élève aux Beaux-Arts, mais il se passionne très vite pour le sport et la vitesse. Dans les années 1890, il devient coureur cycliste professionnel, puis pilote automobile et négociant prospère. En 1907, il met ses compétences de champion et de mécanicien au service de l'aviation, alors en plein développement. Ses succès avec son appareil Voisin en font un héros et lui rapportent une petite fortune qu'il investit dans une fabrique d'aéroplanes. Ses biplans connaissent un succès immédiat. Son frère Maurice, également constructeur, le rejoint, et, en 1912, les Farman sont numéro un en France. Ils produisent plus de 12 000 avions militaires pendant la Grande Guerre. La société Farman sera nationalisée en 1936.

COURAGEUX PASSAGERS
Henri Farman, aux commandes de son biplan Voisin-Farman, se prépare à décoller avec deux passagers (à gauche). La carte postale ci-dessus commémore le premier vol historique réalisé de ville à ville, entre Bouy et Reims, le 30 octobre 1908.

à hélice tractive (à l'avant), architecture qui va bientôt jouer un rôle déterminant dans les progrès de l'aviation. Néanmoins, les extraordinaires performances françaises de 1908 sont encore réalisées au moyen de biplans Voisin modifiés.

Ces appareils, des biplans à hélice propulsive et plan stabilisateur frontal, ressemblent un peu à la machine des Wright, mais ils s'en distinguent par un empennage de type cellulaire et l'absence de tout contrôle en roulis. En 1907, le sculpteur parisien Léon Delagrange et le champion cycliste et automobile Henri Farman, tous deux clients de l'usine Voisin, mettent au point, chacun de leur côté, des versions modifiées de ce biplan. Ces deux hommes, qui apprennent eux-mêmes à piloter, effectuent des vols de plus en plus impressionnants.

Sportif professionnel, Henri Farman se donne un objectif primordial : remporter le prix Deutsch-Archdeacon de 50 000 francs promis au premier aviateur ayant bouclé 1 km. Le 13 janvier 1908, sur le champ de manœuvres d'Issy-les-Moulineaux, au sud-ouest de Paris, une commission de l'Aéro-Club de France est réunie afin de contrôler la tentative de Farman. Au signal du pilote, les deux assistants qui retiennent les extrémités des plans lâchent l'aéroplane, qui roule et décolle. Avec son seul gouvernail, Farman effectue un large virage à plat autour d'un pylône placé à 500 m du départ et revient se poser à son point d'envolée. Cet exploit est salué dans l'Europe entière comme une première historique,

L'EXPLOIT DU JOUR

Henri Farman entre dans l'histoire de l'aviation le 13 janvier 1908, en remportant le Grand Prix de l'Aéro-Club de France pour avoir parcouru le premier kilomètre en boucle en Europe. Wilbur Wright avait déjà réalisé des vols semblables avec virages inclinés le 20 septembre 1904.

alors que les Wright l'ont déjà accompli, avec des virages inclinés, non dérapés, dès 1904.

En juin 1908, Delagrange se maintient en vol pendant plus de 18 minutes, et, le mois suivant, l'Américain Curtiss remporte le trophée Scientific American qui récompense le premier aviateur ayant volé sur plus de 1 mile (1 609 m). Puis, le 30 octobre 1908, après d'autres modifications, dont l'addition de grands ailerons sur ses ailes, Farman effectue la première liaison aérienne entre deux points distants au lieu d'un circuit fermé, entre Bouy et Reims, soit 27 km au-dessus de la campagne en 20 minutes.

> « C'est Farman qui est incontestablement le premier à avoir maîtrisé le vol d'un aéroplane. »
>
> ERNEST ARCHDEACON,
> MÉCÈNE DE L'AVIATION, 13 JANVIER 1908

Sans contestation

Au cours de l'hiver 1907-1908, relancés dans l'action par les vols de plus en plus nombreux d'autres chercheurs, les frères Wright finissent par conclure des accords commerciaux pour vendre leurs appareils. Aux États-Unis, le contrat est passé avec le Signal Corps de l'armée et, en France, avec un syndicat de financiers. Mais les clients ne sont acheteurs potentiels que dans la mesure où les appareils Wright seront capables de réaliser des performances imposées et en public. Tandis qu'Orville reste en Amérique pour préparer les épreuves militaires, Wilbur part pour la France après avoir expédié un Flyer en pièces détachées. À son arrivée, il s'aperçoit que la machine a souffert du voyage et dans les entrepôts des douanes, et il doit consacrer alors plusieurs semaines à la réparer. Si l'appareil n'avait pas volé le 8 juillet 1908, Wilbur aurait été humilié. Heureusement, sa triomphale démonstration aux Hunaudières lui vaut une célébrité immédiate (voir pp. 20-21). Peu à peu, il allonge la durée des vols pour atteindre le temps extraordinaire de 2 heures et 18 minutes le 31 décembre 1908. Il atteint aussi l'altitude record de 110 m, initie plus de soixante passagers et forme des élèves, prouvant que le vol est devenu aussi simple que sûr.

Aux États-Unis, à Fort Myers en Floride, les expériences d'Orville sont moins convaincantes. Ses vols obtiennent un grand succès jusqu'au 17 septembre 1908, jour où son Flyer s'écrase avec un observateur militaire à bord qui trouve la mort, tandis qu'Orville est blessé gravement (voir p. 34). Néanmoins, en dépit de cet accident, l'armée a pu constater la viabilité de l'appareil et confirmer son intérêt. En France, le scepticisme envers les Wright s'est largement dissipé au vu du pilotage parfait de Wilbur. Considérant ces résultats comme une preuve suffisante à la revendication des Wright sur les premiers vols, le journaliste d'aviation François Peyrey exprime bien l'opinion générale quand il écrit : « Les frères Wright sont les premiers hommes à avoir réussi à imiter les oiseaux. Le nier serait puéril. » Les aviateurs français s'empressent alors d'intégrer la principale solution des Wright, le contrôle du roulis, à leur machine.

Les Wright appartiennent désormais à la lignée des hommes les plus célèbres du monde. En 1909, ils déploient une intense activité en France, en Italie et en Allemagne, démontrant les capacités de leurs appareils devant les sportifs et les gouvernants, traitant les propositions commerciales qui leur arrivent de partout et formant des pilotes, volet essentiel des contrats

TÉMOIN ROYAL

Le roi d'Angleterre Édouard VII (à droite) avec Orville et Wilbur Wright (coiffé de sa traditionnelle casquette) observent un vol en France en mars 1909. « Princes et millionnaires grouillent comme des puces », écrit Wilbur.

ESSAIS MILITAIRES TRAGIQUES

TANDIS QUE WILBUR révèle aux Européens les qualités de vol de son Flyer, Orville reste aux États-Unis pour préparer son appareil en vue des essais exigés par l'armée. Il arrive à Fort Myers, en Floride, le 20 août 1908. En septembre, Orville et son Military Flyer battent neuf records du monde, dont deux d'altitude et un de durée (un peu moins de 1 heure). Mais, le 17 septembre, un drame se produit, alors qu'Orville emmène un observateur officiel, le lieutenant Thomas Selfridge. Au cours de son quatrième circuit, il perçoit une série de claquements, suivie de deux forts craquements dus à une rupture d'hélice. Orville perd le contrôle de l'appareil, qui percute le sol et se brise. Selfridge a la colonne vertébrale fracturée et meurt quelques heures plus tard. Malgré la gravité de ses blessures (fracture du fémur, côtes cassées et plaies profondes au cuir chevelu), Orville survit à l'accident.

LE PREMIER MORT
Thomas Selfridge a le triste privilège d'être le premier mort de l'aviation à moteur. À cette époque, les ceintures de sécurité n'existent pas encore, bien évidemment, et les pilotes comme les passagers doivent se cramponner aux mâts pour se maintenir à bord.

de vente. De retour aux États-Unis à la fin du printemps, ils sont fêtés comme des héros – leur sœur y compris, puisqu'elle les avait rejoints en Europe au début de l'année. Dayton accueille ses enfants avec des feux d'artifice et des parades. Le président les reçoit à la Maison-Blanche, les sénateurs ajournent les séances de leur assemblée pour les voir évoluer à Fort Myers à l'occasion d'épreuves complémentaires effectuées pour l'armée. 1 million de personnes se rassemble pour admirer Wilbur lors d'un vol au-dessus de l'Hudson. Pourtant, au milieu de ce tourbillon d'honneurs et de publicité, les Wright commencent à vouloir s'éloigner du mouvement qu'ils ont déclenché. Ils refusent de participer à des prix dont les récompenses sont alléchantes, notamment pour celui décerné au premier aviateur reliant Londres à Manchester ou pour la première traversée de la Manche. Et, en août 1909, les Wright sont les seuls grands aviateurs absents à la Grande Semaine de Reims, événement qui s'avérera déterminant pour l'avenir de l'aviation (voir pp. 44-45). À cette époque, ils essaient de donner à leur affaire de construction d'avions des bases plus solides.

En 1910, un consortium formé par quelques investisseurs américains parmi les plus riches fonde la société des aéroplanes Wright et crée une usine à Dayton. En Europe, les appareils Wright sont construits sous licence par plusieurs firmes, mais, en

L'AMÉRIQUE EN FÊTE
De retour de sa tournée triomphale européenne, Wilbur Wright effectue, sous les yeux de plus de 1 million de spectateurs, un vol au-dessus de l'Hudson River, le 4 octobre 1909, depuis Governor's Island, située dans le port de New York, jusqu'à la tombe du président Grant.

dépit de quelques modèles réussis comme le Wright Baby de course, les Wright sont rapidement dépassés. Au lieu de porter leurs efforts sur le développement de leurs appareils, les deux frères intentent des procès en contrefaçon à leurs concurrents. Leur action en justice la plus disputée contre Glenn Curtiss traîne jusqu'en 1914. Curtiss réplique en tentant de prouver, avec l'appui de la Smithsonian Institution, que Samuel Pierpont Langley doit être reconnu comme le créateur de la première machine volante viable. Ce litige qui s'éternise mine la santé de Wilbur, qui décède d'une fièvre typhoïde en 1912. Orville poursuit ses études dans le domaine de l'aéronautique après avoir rompu tout lien avec la société Wright dès 1915. Il ne quittera pas Dayton et vivra assez longtemps pour voir la Smithsonian accepter finalement, en 1943, la revendication des Wright sur le premier vol piloté.

À LA MAISON-BLANCHE
Cette photo prise en 1909 montre le président américain William Howard Taft et, à ses côtés, Wilbur, Orville et Katherine Wright, sur le perron de la Maison-Blanche après les cérémonies en l'honneur des deux frères. La même année, ils reçoivent la médaille d'or du Congrès (à droite).

TRAVAIL DE PATIENCE
Les réussites des frères Wright leur valent un flot de commandes pour leurs appareils produits par leur usine de Dayton, dans l'Ohio. On voit ici la construction d'une aile dont les nervures en bois sont recouvertes de toile tendue, un travail long et minutieux.

LES PREMIERS AVIONS

PREMIERS ÉLÈVES
Wilbur Wright initie Paul Tissandier sur un Wright Flyer à l'école de Pau, créée en 1909.

JUSQU'EN 1907, seuls deux expérimentateurs ont réussi ce qu'il est permis d'appeler un vol propulsé plutôt qu'un simple bond avec un appareil plus lourd que l'air. Entre 1903 et 1905 (époque où ils suspendent provisoirement leurs expériences), les frères Wright effectuent 124 vols, dont le plus long dure 38 minutes. En comparaison, l'*Éole* d'Ader, l'un des nombreux engins ailés munis d'une machine à vapeur construits au XIXe siècle, n'a décollé que pendant quelques secondes, tandis que l'Aerodrome A de Langley ne s'est même pas sustenté avec son pilote à bord. Après le vol remarquable, mais très limité, de Santos-Dumont sur le 14 bis à l'automne 1906, les Européens commencent à construire des appareils capables de devenir de vrais aéroplanes comme la série des R.E.P. d'Esnault-Pelterie, les monoplans de Blériot et les biplans des frères Voisin. Début 1908, ces pionniers, comme Curtiss aux États-Unis, rejoignent les performances des Wright, mais plus de quatre ans ont passé.

Ader (Clément) L'*Éole*

Conçu et construit par un éminent ingénieur autodidacte et inventeur, Clément Ader, l'*Éole*, inspiré par la chauve-souris et propulsé par la vapeur, est le premier aéroplane à s'être soulevé sous l'effet de son propre moteur. Mais le « vol » du 9 octobre 1890 dans le parc du château d'Armainvilliers, en Seine-et-Marne, qui ne dure qu'une cinquantaine de mètres, ne peut être considéré comme un vol soutenu et contrôlé. Néanmoins, ce succès déclenche en 1892 une aide gouvernementale en vue de la construction d'un appareil plus ambitieux, l'Avion III, qui ne volera pas mieux.

MOTEUR 18 à 20 ch	
ENVERGURE 14 m	**LONGUEUR** 6,5m
VITESSE MAX. inconnue	**ÉQUIPAGE** 1
PASSAGERS 0	

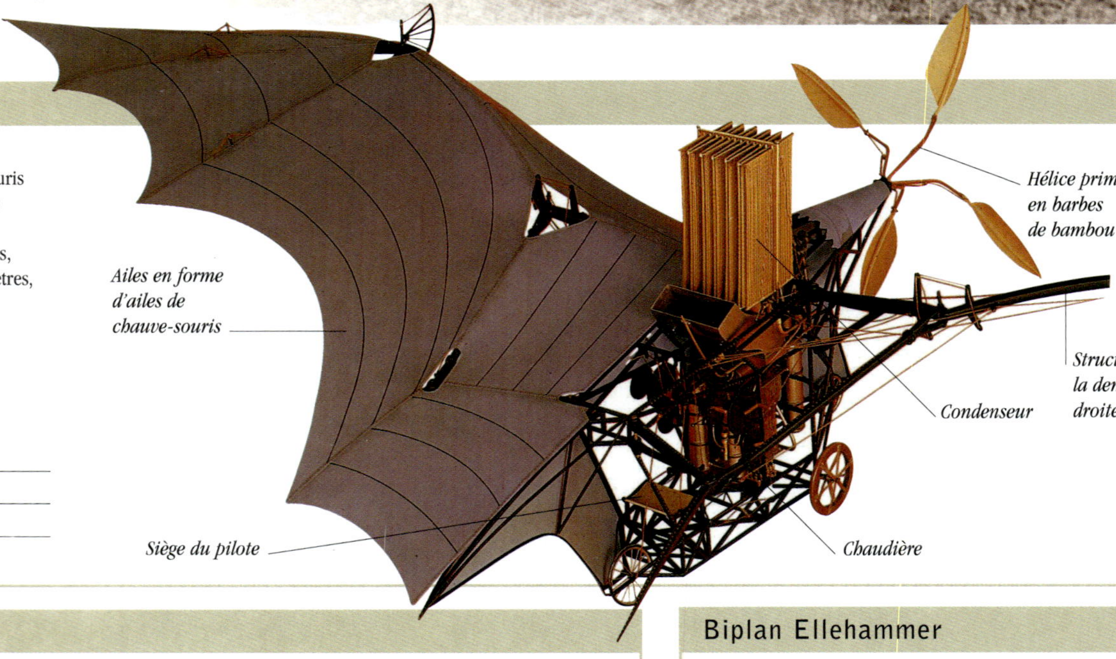

British Army Aeroplane n° 1

MOTEUR V8 Antoinette de 50 ch, refroidi par eau	
ENVERGURE 15,8 m environ	**LONGUEUR** 12 m environ
VITESSE MAX. inconnue	**ÉQUIPAGE** 1
PASSAGERS 0	

Le 16 octobre 1908, le British Army Aeroplane n° 1 effectue le premier vol propulsé officiellement reconnu en Grande-Bretagne. Son concepteur est l'organisateur de spectacles américain Samuel F. Cody, qui a commencé par fabriquer des cerfs-volants montés. Essayé à la Balloon Factory de Farnborough, ce grand biplan décolle sur 424 m pendant 27 secondes avant de retomber sur le sol.

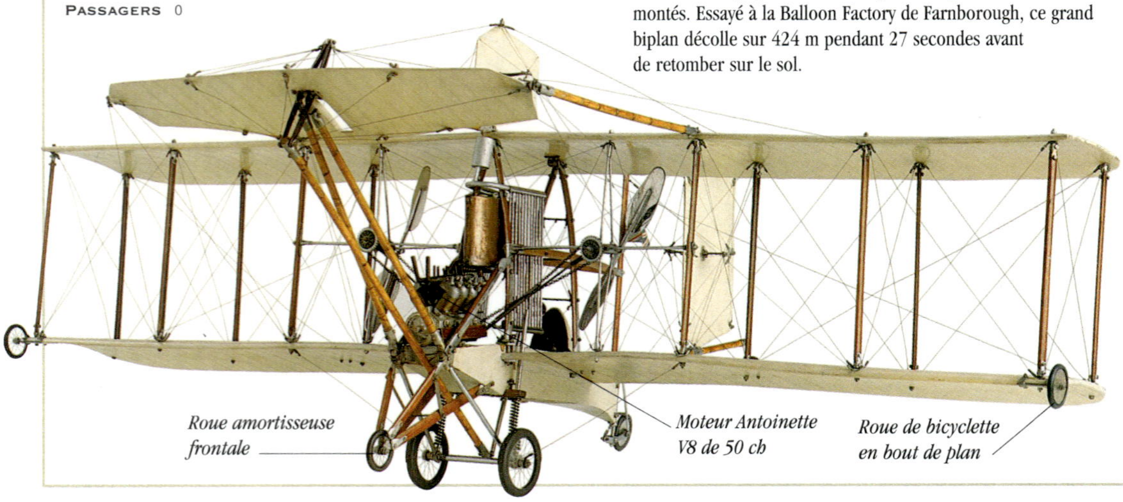

Biplan Ellehammer

Le 12 septembre 1906, un étrange biplan muni d'un excellent moteur refroidi par air, deux machines construites par l'ingénieur danois Jacob C. H. Ellehammer, effectue un vol circulaire captif de 42 m autour d'un mât sur l'île de Lindholm. Cette expérience ne peut être considérée comme le premier vol européen du fait que l'appareil n'a aucune gouverne.

MOTEUR Ellehammer 3-cylindres en étoile de 18 ch, refroidi par air	
ENVERGURE 12 m	**LONGUEUR** inconnue
VITESSE MAX. inconnue	**ÉQUIPAGE** 1
PASSAGERS 0	

Langley *Aerodrome A*

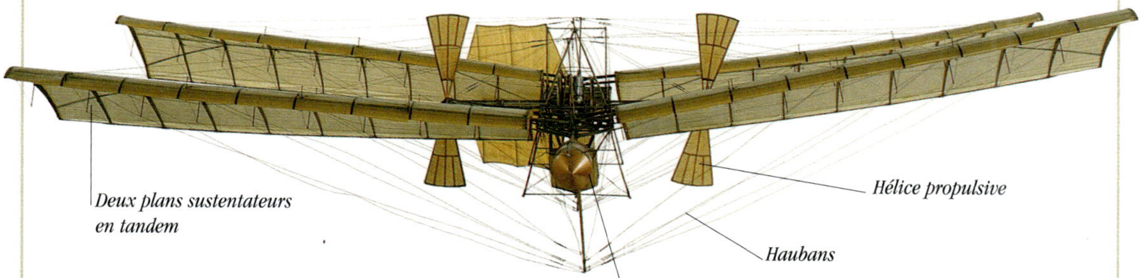

En décembre 1898, le ministère américain de la Guerre charge le directeur de la Smithsonian Institution, Samuel Langley, de construire un aéroplane capable de porter un homme. Cinq ans plus tard, l'Aerodrome A est prêt pour les essais. Ce grand appareil à ailes en tandem doit être catapulté d'un hangar flottant ancré sur le fleuve Potomac. Par deux fois, en octobre et en décembre, l'appareil plonge directement dans la rivière sans blesser son pilote. Le projet est abandonné et l'on estime que la machine n'aurait jamais pu voler.

Moteur 5-cylindres en étoile à essence de 52 ch	
Envergure 14,6 m	**Longueur** 19 m
Vitesse max. inconnue	**Équipage** 1
Passagers 0	

R.E.P. 1 1907

En 1904, l'ingénieur français Robert Esnault-Pelterie construit un planeur biplan type Wright contrôlé pour la première fois par des ailerons. Quand le constructeur aborde les appareils propulsés, son R.E.P. 1, monoplan en forme d'oiseau avec des ailes de largeur décroissante, est contrôlé par gauchissement mais au moyen d'un nouveau système, le premier manche à balai. Le moteur est dû aussi à Esnault-Pelterie. L'avion fait une série de vols courts à Buc, en région parisienne, en novembre et décembre 1907. Les appareils suivants seront plus réussis.

Moteur R.E.P. 7-cylindres en étoile de 30-35 ch, refroidi par air	
Envergure 9,6 m	**Longueur** 6,9 m
Vitesse max. inconnue	**Équipage** 1
Passagers 0	

Santos-Dumont 14 bis

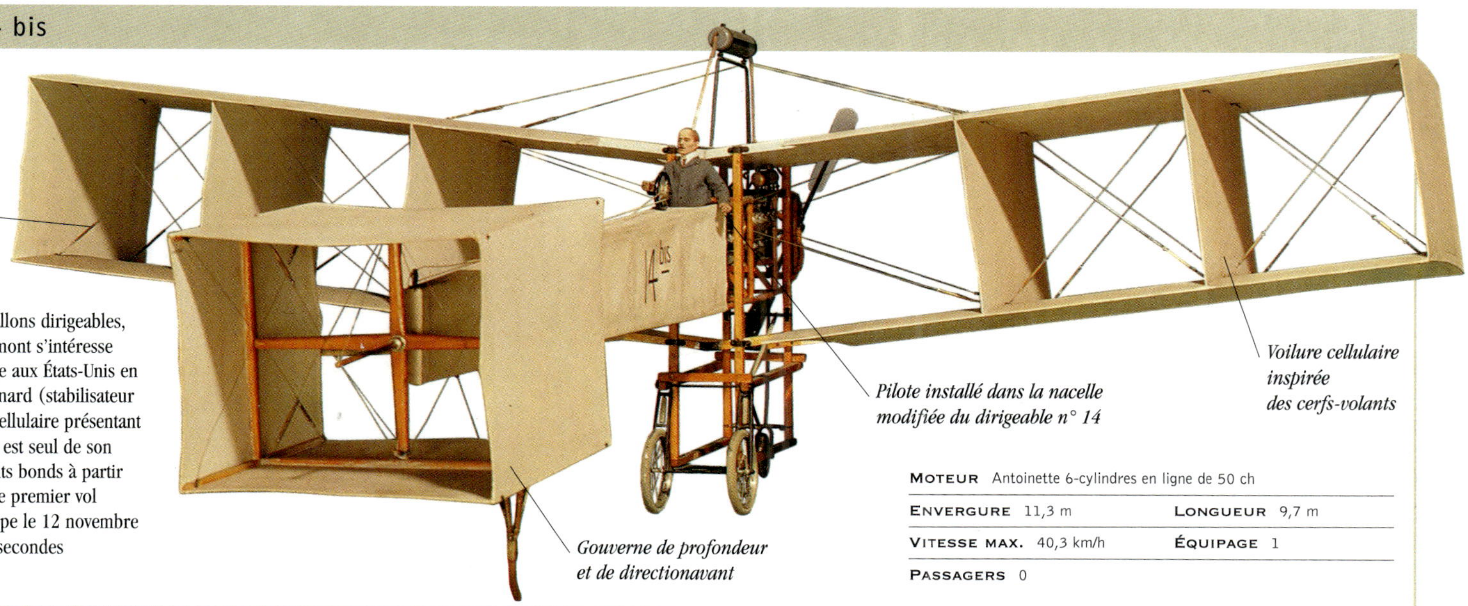

Célèbre en Europe pour ses ballons dirigeables, le Brésilien Alberto Santos-Dumont s'intéresse aux aéroplanes après un voyage aux États-Unis en 1904. Avec un appareil type canard (stabilisateur en avant) et des ailes de type cellulaire présentant un fort dièdre positif, le 14 bis est seul de son espèce. Après une série de petits bonds à partir de septembre 1906, il réussit le premier vol officiellement constaté en Europe le 12 novembre en décollant sur 220 m en 21 secondes à Bagatelle.

Moteur Antoinette 6-cylindres en ligne de 50 ch	
Envergure 11,3 m	**Longueur** 9,7 m
Vitesse max. 40,3 km/h	**Équipage** 1
Passagers 0	

Biplan Dorand 1910

Le capitaine et polytechnicien Émile Dorand commence ses études sur les plus-lourds-que-l'air pour l'armée en 1894. En 1910, il construit un biplan-laboratoire en reprenant le plan du Maurice-Farman avec une gouverne de profondeur à l'avant, des ailes décalées, une hélice tractive et un empennage biplan. Dorand l'équipe d'appareils enregistrant la vitesse, l'incidence et le roulis, et d'un appareil photographique.

Moteur Renault V8 de 60 ch, refroidi par air	
Envergure 12 m	**Longueur** inconnue
Vitesse max. inconnue	**Équipage** 2
Passagers 0	

Wright Flyer III 1905

Le Wright Flyer III est considéré comme le premier aéroplane propulsé pratique. Les Wright commencent des essais en juin 1905 et leur dernier vol, le 5 octobre, couvre 39 km. En 1908, le Flyer III est modifié en vue des démonstrations en Europe avec un second siège.

Moteur Wright 4-cylindres en ligne de 20 ch, refroidi par eau	
Envergure 12,3 m	**Longueur** 8,5 m
Vitesse max. 56 km/h	**Équipage** 1
Passagers 1 (en 1908)	

Planeur Wright 1902 (n° 3)

Avec leur troisième planeur, les Wright réussissent enfin à effectuer des vols contrôlés. Fin octobre 1902, près de 1 000 vols auront été réalisés à Kill Devil Hills (Caroline du Nord). La plus grande distance couverte est de 190 m sur une durée de 26 secondes.

Moteur aucun	
Envergure 9,8 m	**Longueur** 4,9 m
Vitesse max. inconnue	**Équipage** 1
Passagers 0	

« Jusqu'à maintenant, je n'avais pas vraiment vécu ! [...] C'est dans les airs que l'on ressent la fierté d'être un homme et de conquérir les éléments. Le mouvement est d'une douceur exquise avec la joie de glisser dans l'espace. »

Gabriele D'Annunzio,
poète et romancier italien, 1909

L'ESSOR DE L'AVIATION

ENTRE 1909 ET 1914, L'AVIATION PASSE DE LA CURIOSITÉ SCIENTIFIQUE ET SPORTIVE À UN ENGOUEMENT QUI S'ÉTEND JUSQU'AUX MASSES POPULAIRES.

Les vrais débuts de cette nouvelle période de la conquête de l'air coïncident avec deux événements de l'été 1909 : la traversée de la Manche par Blériot et la grande fête aérienne de Reims.

En juillet 1909, l'attention des grands journaux du monde se concentre sur les falaises de Sangatte, sur la côte du Pas-de-Calais. De cet endroit, par temps clair, on peut apercevoir, au-delà de la Manche, les falaises de la côte anglaise au voisinage de Douvres. Cet étroit bras de mer, qui a joué un rôle important dans l'Histoire en séparant les Britanniques insulaires de l'Europe continentale, est alors sur le point d'être traversé par un aéroplane.

HOMME DU MONDE
Interrogé un jour sur sa profession, Hubert Latham répond : « homme du monde ». Ce riche fils de famille gagne le prix d'altitude lors de la Grande Semaine d'Aviation de la Champagne à bord d'un Antoinette IV.

Il s'agit en réalité d'une manifestation organisée par un journal afin d'augmenter le nombre de ses lecteurs. Lord Northcliffe, propriétaire du *Daily Mail*, est un partisan enthousiaste de l'aviation. Il est convaincu de la nécessité pour les journaux de créer des événements au lieu de se contenter de les rapporter. Profitant de la réussite des vols de Wilbur Wright en Europe en 1909, Northcliffe a fondé un prix de 500 livres sterling (porté ensuite à 1 000 livres, soit 25 000 francs), décerné au premier homme qui traverserait la Manche en avion. Ce défi excite l'imagination du public, et des journaux européens et américains envoient leurs reporters et photographes couvrir l'événement.

Trois aviateurs se sont portés volontaires : Hubert Latham, le comte de Lambert et Louis Blériot. Le comte de Lambert, qui a appris à piloter avec Wilbur Wright, possède deux biplans Wright. Latham et Blériot pilotent de nouveaux monoplans d'une configuration très différente de celle du Wright. L'hélice, unique, est à l'avant, et la gouverne

L'AVION SANS TÊTE
Monture favorite des cascadeurs aériens comme Lincoln Beachey, ce Curtiss type D de 1910 dit « sans tête », à hélice propulsive, présente des caractéristiques intéressantes. Facile à assembler, il possède une queue en bambou, bois résistant et léger. Rapide en son temps, il remporte de nombreux prix.

GRAND MATCH AUTO-AVION

En 1914, le pilote acrobate Lincoln Beachey lutte contre le pilote automobile Barney Oldfield sur l'autodrome de Davenport (Ohio). Ancien aéronaute et spécialiste réputé des boucles, spirales et descentes en piqué, Beachey pilote ici un Curtiss Beachey Special. Ce genre de démonstration confirme pour le grand public le caractère pratique et polyvalent de l'aéroplane.

RIVAL DE BLÉRIOT
L'Antoinette IV de Hubert Latham est poussé sur le champ de Sangatte, près de Calais, d'où son pilote va partir pour tenter de réaliser la première traversée aérienne du Pas-de-Calais, le 19 juillet 1909.

de profondeur, placée à l'arrière, forme, avec le gouvernail, l'empennage. La machine de Latham est un très élégant monoplan appelé Antoinette IV. Conçue par Léon Levavasseur, elle est à la fois belle et parfaitement fonctionnelle. Le Blériot XI est dans l'ensemble moins raffiné et son moteur est bien moins puissant que celui de l'Antoinette (voir pp. 42-43).

Face-à-face

Le favori pour le prix du *Daily Mail* est Hubert Latham, même si son intérêt pour les plus-lourds-que-l'air ne date que de 1908. Passionné jusque-là de chasse, de courses en canots et de voyages en ballon, cet homme du monde s'est attribué au printemps 1909 des records de vitesse et de durée en avion. Premier inscrit pour le prix, il arrive à Calais avec l'ingénieur Levavasseur dès le début de juillet. La Marine nationale accepte de détacher un navire rapide pour l'escorter lors de sa traversée.

Cet été-là ressemble à ce que les résidents des côtes du Nord connaissent trop bien : d'interminables journées de pluie et de vent, de nuages et de brume qui clouent Latham au sol. C'est le 19 juillet que l'aube apporte un petit espoir d'amélioration. Saisissant cette occasion, Latham décolle à 6 heures 42 sous les yeux d'une foule de journalistes et d'admirateurs. Transporté et lyrique, un reporter décrit son « oiseau mécanique [...] plongeant dans la brume légère qui masque la vue d'un horizon incertain », comme un « nouvel Icare ». Or le vol va justement rappeler la légende d'Icare. Latham vient de survoler les cheminées du contre-torpilleur *Harpon* qui l'escorte quand son moteur a des ratés d'allumage, tousse et s'éteint. Il se laisse glisser et se pose sur la mer, effectuant ainsi le premier amerrissage de l'Histoire. Lorsque les marins du *Harpon* le secourent, Latham fume nonchalamment un cigare, assis sur son avion.

L'avion de Blériot arrive à Calais par le même train qui apporte à Latham un monoplan Antoinette de rechange. Blériot (voir ci-contre) s'installe, quant à lui, au lieu-dit Les Baraques, une grosse ferme proche de Sangatte. Son pied ayant été gravement brûlé par l'huile brûlante de son moteur lors d'un vol récent, il doit marcher avec des béquilles. Son appareil semble avoir été endommagé dans le transport, mais à peine déballé, ses mécaniciens s'empressent de le réparer et de le remonter. Entre-temps, le comte de Lambert, qui a chuté près de Wissant en essayant l'un de ses biplans Wright, se trouve hors jeu. Une fois encore, le temps est mauvais, n'offrant aucune visibilité. Mais aux petites heures du matin du dimanche 25 juillet, l'équipe de Blériot constate une amélioration. Avant l'aube, Blériot effectue un vol d'essai autour de Calais et juge sa machine en parfait état de marche. Le navire d'escorte, le contre-torpilleur *Escopette*, est donc alerté, et l'aviateur attend impatiemment l'apparition du soleil pour commencer cette journée épique. « À 4 heures et demie, on voyait bien clair. Le jour était levé. Je ne pensais qu'au vol et j'étais déterminé à l'accomplir ce matin-là. 4 heures 35. Tout est prêt ! En quelques instants, je suis en l'air, mon moteur à 1 200 tours, pratiquement son régime maximum. Dès que je franchis le bord de la falaise, je réduis ma vitesse. Il ne s'agit pas de forcer mon moteur.

LOUIS BLÉRIOT

Louis Blériot (1872-1936), ingénieur de l'École centrale, crée une prospère entreprise de fabrication de phares et de générateurs d'acétylène pour automobiles avant de s'intéresser au vol. À l'âge de 28 ans, il commence sa carrière aéronautique en imaginant une machine volante à ailes battantes. En 1906, il fait partie des pionniers français de l'aviation les plus éminents, même si ses premiers aéroplanes s'avèrent de lamentables échecs. Soutenu par son épouse, il persiste. Il obtient de meilleurs résultats en 1907 avec le Blériot VII, et surtout le VIII, qui aboutit au type XI, avec lequel il traverse la Manche et échappe à la ruine.

Mais Blériot est abonné aux accidents. Aussi, convaincu par sa femme qui craint pour sa vie, il cesse de voler après la Semaine de Reims. Son existence est alors assurée par un flot de commandes de monoplans Blériot XI, que son vol spectaculaire a déclenché. La société Blériot qui produit les chasseurs Spad, largement utilisés par les Alliés pendant la Grande Guerre, devra cesser ses activités en 1936, année de la mort de son fondateur.

SALUT, L'ARTISTE
Les peintres d'avant-garde qui révolutionnent l'art au début du XXe siècle considèrent l'avion comme un symbole de la modernité. Robert Delaunay, auteur de cet Hommage à Blériot *(1914), écrit à l'aviateur pour le féliciter de son vol historique en 1909.*

DERNIÈRE CHANCE
Louis Blériot, né à Cambrai, acquiert une gloire mondiale après avoir réussi le 25 juillet 1909 la première traversée aérienne de la Manche avec son monoplan Blériot XI.

PREMIER À TRAVERSER LA MANCHE

Dans la dernière semaine de juillet 1909, Hubert Latham et Louis Blériot attendent sur les falaises situées près de Calais, dans l'espoir de récolter la gloire et les 1 000 livres du prix du *Daily Mail* promises au premier aviateur qui franchira le Pas-de-Calais en aéroplane. Le samedi 24 juillet, le temps est exécrable. Pendant la nuit, une accalmie se produit. Le matin du 25, Blériot, qui souffre d'une brûlure au pied, est éveillé très tôt et décide de rejoindre sa tente-hangar aux Baraques. Il faut saisir cette éclaircie. Blériot effectue un petit vol d'essai, informe le navire d'escorte de son départ imminent et attend l'aube.

Blériot s'est bien protégé du froid : « Je portais une veste doublée de laine par-dessus mon costume de tweed pour avoir chaud [...] Une coiffure très serrée me couvrait la tête et les oreilles. » Mais la préparation de la navigation est bien moins poussée. La visibilité est médiocre et il n'a ni boussole, ni montre, ni carte.

> « Une anfractuosité de la côte se présente à ma droite, juste avant le château de Douvres. Une joie folle s'empare de moi [...] Je m'y précipite. je suis au-dessus de la terre ! »
>
> **Louis Blériot**

À 4 heures 35 du matin, Blériot décolle et disparaît dans la brume. Le temps avait été si venteux jusque-là que les amis de Latham croient que Blériot n'effectue qu'un vol d'essai, mais quand ils voient le petit monoplan s'enfuir vers la mer, ils comprennent qu'il est trop tard pour le rattraper. Très vite, Blériot dépasse le contre-torpilleur qui doit l'escorter et se retrouve absolument seul pendant une dizaine de minutes : « Je tourne la tête pour voir si je marche dans la bonne direction. Je suis stupéfait. Rien en vue, ni le bateau, ni la France, ni l'Angleterre. Je suis seul et je n'aperçois rien. » Après une autre dizaine de minutes, Blériot aperçoit tout à coup la côte anglaise. Le sillage de bateaux indique qu'il a dérivé vers le nord. Il vire immédiatement vers la gauche. Mais cette manœuvre le place face au vent et il doit batailler pour approcher les falaises. Charles Fontaine, reporter au *Matin*, l'attend près du château de Douvres, et, quand Blériot émerge de la brume, il agite un grand drapeau tricolore pour le guider vers le sol. Pris par des rafales de vent en franchissant le bord de la falaise, Blériot passe un mauvais moment avant, écrit-il, « que je ne coupe mon moteur et immédiatement mon appareil s'abat vers le sol d'une hauteur de 20 m ». Son atterrissage est brutal – les hélice et roues sont cassées –, mais il suffit à le faire entrer dans l'Histoire.

UNE TRAVERSÉE ANGOISSANTE
Cette publicité pour des cigarettes qui commémore la célèbre traversée de Blériot évoque les efforts du pilote et de sa monture luttant dans des conditions atmosphériques défavorables.

ATTERRISSAGE DUR
Blériot pose avec son épouse après son mauvais atterrissage près du château de Douvres. Il vient de franchir le Pas-de-Calais en un peu plus de 36 minutes à la moyenne de 64 km/h.

Le monoplan Blériot XI

« Aucun pilote aujourd'hui, quel que soit son talent, ne pourrait répéter cet exploit [la traversée de la Manche] avec un tel avion et un tel moteur. »

Charles Dollfus,
historien aéronautique, 1932

Le monoplan Blériot XI avec lequel Louis Blériot réussit sa traversée historique de la Manche le 25 juillet 1909 fixe les principales caractéristiques des futurs appareils et inaugure pour la société Blériot une ère de grande prospérité.

L'appareil est équipé à l'avant d'un moteur Anzani de 3 cylindres issu d'un groupe de motocyclette modifié ; le train d'atterrissage a trois roues ; la voilure principale est à l'avant et l'empennage à l'arrière avec gouverne de profondeur et gouvernail. Le fuselage est une poutre en treillis de bois avec raidisseurs en corde à piano, entoilé à l'avant pour apporter au pilote une certaine protection. Des sandows attachés au train avant amortissent les chocs à l'atterrissage, tandis que la roue arrière est suspendue par un ressort hélicoïdal qui remplit la même fonction. Le contrôle en roulis est obtenu par gauchissement du bord de fuite des ailes, au moyen de câbles passant au-dessus et au-dessous du fuselage ; le contrôle en direction (lacet) est donné par l'orientation du gouvernail, et le contrôle de l'assiette (tangage), par les gouvernes de profondeur aux extrémités du stabilisateur. Comme sur tous les aéroplanes primitifs, les ailes du Blériot XI sont minces et résistent aux contraintes subies en vol et à l'atterrissage grâce à des haubans en fil d'acier attachés au fuselage et à la « cabane » en tubes d'acier au-dessus du poste de pilotage.

Après la traversée de la Manche, de riches amateurs commandent des monoplans Blériot bien avant les militaires, qui commencent à étudier les applications à la guerre de l'avion en 1910-1911. Les versions ultérieures du monoplan reçoivent de nombreuses améliorations, dont le remplacement du peu puissant moteur Anzani par un moteur rotatif Gnome de 50 ch. Blériot produit des Blériot XI en plusieurs versions qui, dès 1914, sont dépassées par une nouvelle génération de biplans rapides, solides et plus maniables. Les monoplans Blériot accompliront des missions de reconnaissance au profit des armées française et britannique au début de la Grande Guerre, avant d'être relégués aux tâches d'instruction.

UN CONCEPT DISCUTABLE
L'un des principaux défauts des monoplans, dont le Blériot ci-dessus, est la faiblesse structurelle de son aile ; elle doit être renforcée par des haubans très résistants qui absorbent les efforts subis en vol et à l'atterrissage.

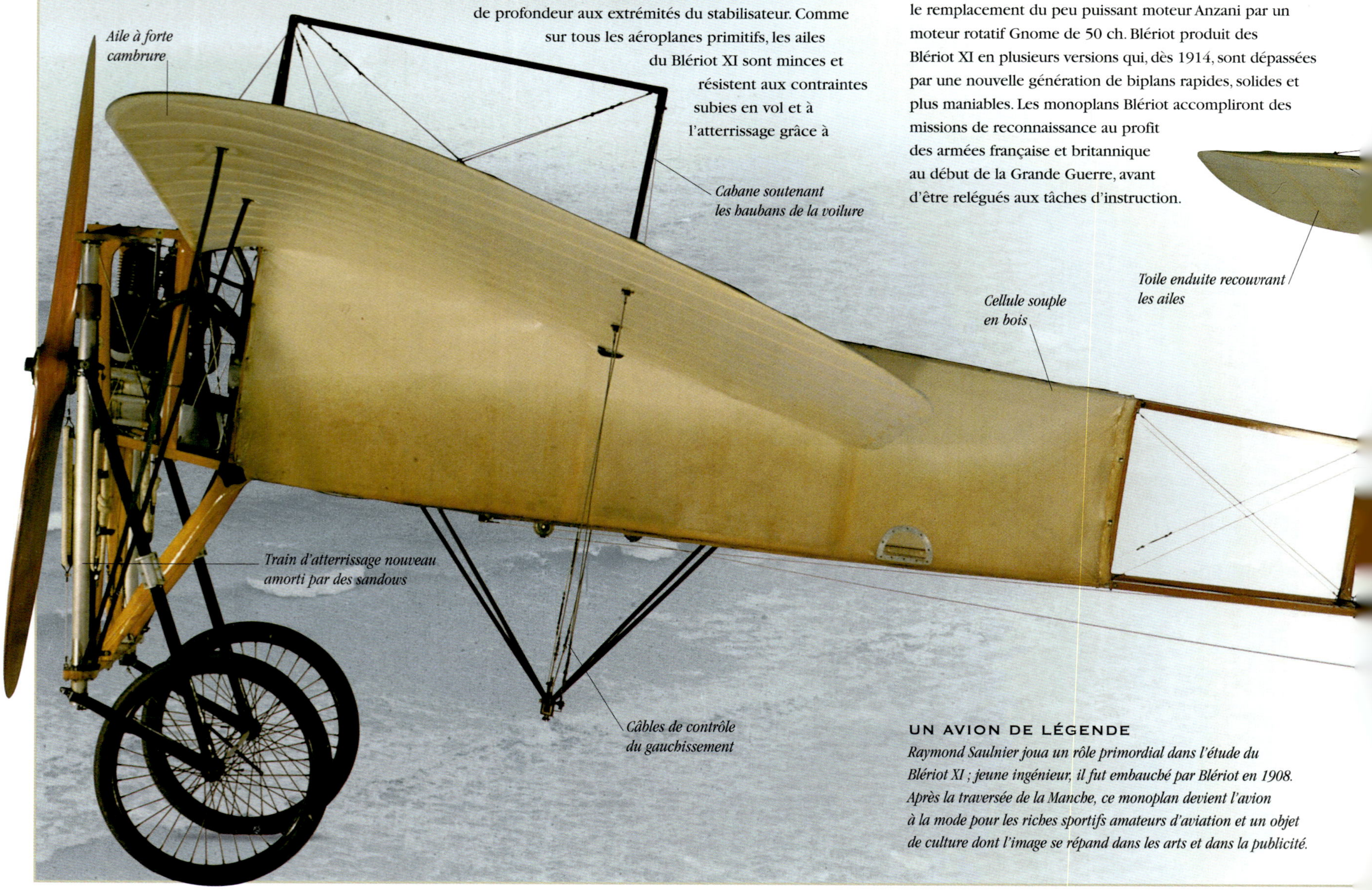

UN AVION DE LÉGENDE
Raymond Saulnier joua un rôle primordial dans l'étude du Blériot XI ; jeune ingénieur, il fut embauché par Blériot en 1908. Après la traversée de la Manche, ce monoplan devient l'avion à la mode pour les riches sportifs amateurs d'aviation et un objet de culture dont l'image se répand dans les arts et dans la publicité.

J'entame mon vol, calme et sûr de moi, vers la côte anglaise… » Le reste appartient à l'Histoire.

Blériot ne peut imaginer les conséquences de son exploit. Après un déjeuner donné en son honneur avec son épouse et ses amis, il retraverse la Manche par bateau, bien décidé à reprendre le cours normal de son existence. Mais les journalistes ont d'autres projets. Sans tarder, Blériot doit repartir pour l'Angleterre, invité à un grand banquet organisé par le *Daily Mail* au Savoy Hotel de Londres. Il revient ensuite à Paris, accaparé par le quotidien *Le Matin* qui accroche son monoplan à la façade de ses bureaux pour l'offrir à l'admiration des passants. Dans les deux capitales, Blériot est acclamé par des foules en délire.

Objectivement, cette traversée n'a rien d'une extraordinaire prouesse technique. L'historien d'aéronautique britannique Charles Giggs-Smith le décrit d'ailleurs comme « un splendide acte d'audace aidé par la chance et accompli avec une machine inadaptée ». Mais le « battage médiatique » est à son comble : pour le *Daily Mail*, ce vol marque « l'aube d'une nouvelle ère de l'humanité » ; *Le Matin* ne craint pas le ridicule en décrivant ce bourgeois français comme une réincarnation de ces « solides défenseurs de la vieille Gaule » en raison de « son air honnête et franc et surtout de ses longues moustaches tombantes ». Cela dit, cette traversée montre deux évidences politico-stratégiques : d'une part, la Grande-Bretagne, la plus grande puissance navale du monde, est obligée d'admettre que sa marine ne peut plus suffire à la défendre contre toutes les futures formes d'agression étrangère ; de l'autre, la France a récupéré sa place de leader dans le domaine de l'aéronautique, place qu'elle estime légitime et qu'elle va s'efforcer de maintenir pendant quelques années.

La Semaine de Reims

Du point de vue publicitaire, aucun autre événement de l'année 1909 ne peut égaler la traversée de la Manche. La manifestation aérienne intitulée la Grande Semaine d'aviation de la Champagne, organisée au mois d'août, bénéficie du brusque intérêt pour l'aéronautique soulevé par Blériot et constitue une vitrine mondiale pour toute l'aviation. Du 22 au 29 août 1909, sur la grande plaine champenoise entourant Bétheny, au nord de Reims, les meilleurs aviateurs du monde se disputent des prix très importants offerts aux vainqueurs par les plus grands producteurs de champagne. De gros investissements et le soutien de personnalités de premier plan font de cette « semaine » un événement des plus prestigieux. Une ligne de chemin de fer est construite pour y amener les spectateurs depuis Reims.

AU GRAND AIR

Avant l'invention des verres de sécurité, les pilotes sont totalement exposés au vent, au froid mordant de l'altitude et à la pluie. Le Blériot possède une commande de gouvernail par palonnier aux pieds, tandis que le manche (« cloche Blériot »), entre les genoux du pilote, contrôle le gauchissement et la profondeur.

Caractéristiques

Moteur Anzani 3-cylindres en éventail de 25 ch, refroidi par air	
Envergure 7,8 m	
Longueur 8 m	
Hauteur 2,7 m	
Poids 300 kg	
Vitesse max. 65 km/h	

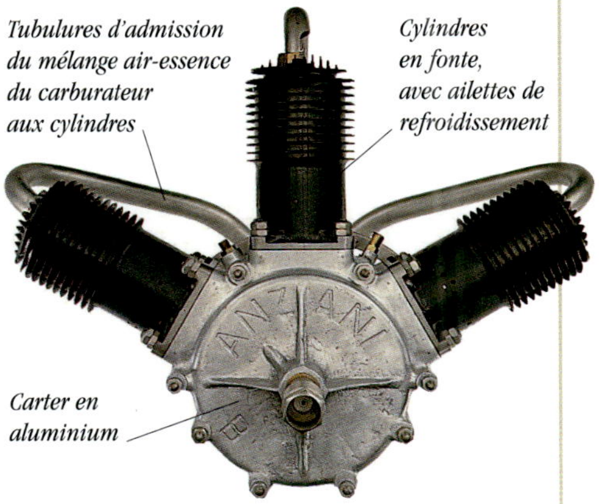

UN MOTEUR DE MOTO

Le trois-cylindres du Blériot XI, développé par Alessandro Anzani, est issu d'un moteur de moto Bucher. Sa puissance est à peine suffisante pour effectuer une traversée de la Manche.

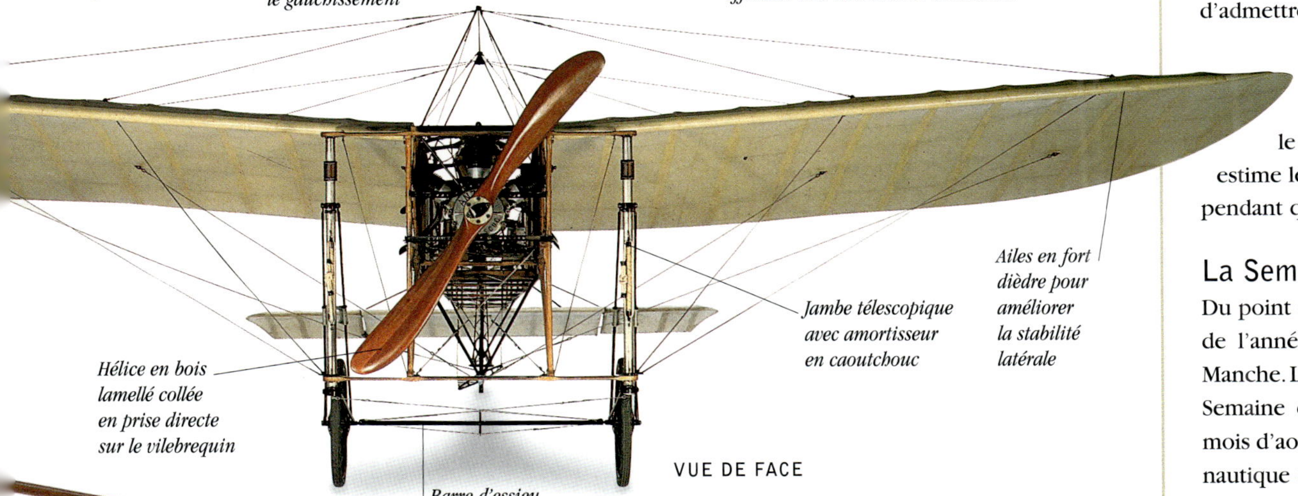

VUE DE FACE

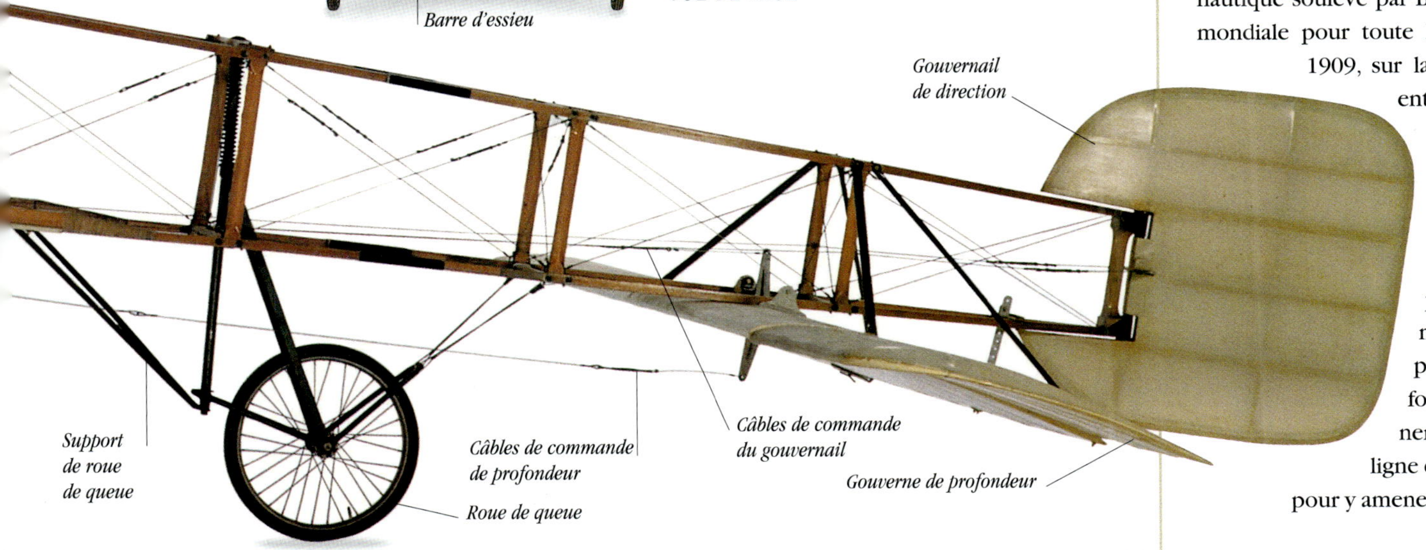

SPORT DE LUXE

À Reims-Bétheny, des tribunes confortables (avec un buffet au premier plan) ont été construites pour la Grande Semaine d'aviation de la Champagne (22-29 août 1909) ; ci-dessous, le Blériot XII vire autour d'un pylône dans une épreuve de vitesse.

De grandes tribunes avec des restaurants sont érigées pour accueillir les plus fortunés, tandis que des billets à prix modiques permettent l'accès au pourtour de la piste. Au total, près de 200 000 personnes assistent aux diverses épreuves organisées pendant une semaine. Parmi elles, le président de la République Armand Fallières, l'homme politique britannique Lloyd George, l'ancien président américain Theodore Roosevelt, ainsi que de nombreux militaires de haut rang venus de tous les pays du monde.

Domination française

Vingt-trois aviateurs évoluent sur neuf types d'avions différents, soit l'ensemble de la production mondiale de l'époque, à l'exception des machines des frères Wright dont l'absence est remarquée. Les Français dominent le monde aéronautique ; seuls deux pilotes sont d'origine étrangère : l'Américain Glenn Curtiss et l'Anglais George Cockburn. Parmi les « héros » français, Louis Blériot, Hubert Latham et Henri Farman, qui attirent le grand public, sont rejoints par un nouveau venu, Louis Paulhan, un mécanicien qui vient de gagner un aéroplane à la suite d'un concours organisé par un journal et qui a appris tout seul à piloter. Les appareils appartiennent à deux types principaux. Le premier groupe, celui des biplans à hélice propulsive, moteur derrière le pilote et gouverne de profondeur à l'avant, comprend les biplans Wright, Voisin et Henri-Farman III, appareil appelé à connaître un grand succès commercial dans les années qui vont suivre. Le second groupe, celui des monoplans à hélice tractive (à l'avant) et gouverne de profondeur à l'arrière, comprend notamment les Blériot et les Antoinette. Le seul type inclassable est un biplan à hélice tractive conçu par le créatif Louis Breguet. S'il obtient à Reims des résultats décevants, il reste néanmoins le précurseur de nombreux appareils classiques produits ultérieurement.

Tant que les conditions atmosphériques restent acceptables, ces fragiles assemblages de bois, de toile et de corde à piano constituent des aéroplanes viables, capables de voler à environ 65 km/h pendant au moins 1 heure ; tous semblent contrôlables au moyen de quelques manœuvres simples permettant des virages et des courses en circuit fermé. Certains, au lieu de déformer l'ensemble du plan porteur, utilisent le gauchissement hérité des Wright pour le contrôle en roulis, tandis que d'autres emploient des ailerons de types divers sous la forme de petites surfaces mobiles spéciales, attachées aux ailes. Seul le biplan Voisin ne possède aucune commande de ce genre.

Toutes ces machines souffrent de la fragilité de leur motorisation, défaut qui demeurera la

UNE SEMAINE D'ÉMOTIONS FORTES

La Grande Semaine d'aviation de Reims d'août 1909 est l'occasion de présenter au public la quasi-totalité des aéroplanes qui commencent à conquérir le ciel. Cette manifestation obtient un succès total, mais les plus grandes émotions sont ressenties par les rares privilégiés qui ont l'occasion de voler comme passagers.

Gertrude Bacon, une Anglaise connue pour ses ascensions en ballon et qui a la chance de voler sur un biplan Farman, a laissé un remarquable récit de ses vols aussi excitants qu'inconfortables. Elle doit d'abord se glisser à quatre pattes sur l'aile inférieure du biplan sur laquelle se trouvent déjà « le moteur avec son hélice propulsive et, devant lui, tout au bord du plan [...] le petit siège en osier du pilote ». Comme « le vol avec passager n'a jamais été envisagé, ni même préparé », la seule possibilité pour Bacon est de s'asseoir derrière le pilote. Lorsqu'il s'installe à son tour, le pilote, « très près devant moi, me coince entre lui et le radiateur brûlant ». Mais tout cet inconfort est oublié dès que « le mécanicien lance l'hélice, le moteur [...] part du premier coup et nous voilà sur la piste. Le sol paraît inégal et dur, et lorsque nous roulons, je m'attends à être secouée et ballottée. Mais le roulage est merveilleusement doux et, soudain, c'est encore bien mieux, une ascension, un allégement, la vie ! »

PUBLICITÉ CRÉATIVE

Cette lithographie en couleurs signée Ernest Montaut annonce avec élégance la première grande manifestation d'aviation du monde organisée à Reims en 1909.

bête noire des aviateurs pendant des années. Mais d'ores et déjà, le progrès s'annonce. Le Henri-Farman III bénéficie d'un moteur rotatif Gnome, conçu et fabriqué par les frères Séguin. Si, dans un moteur en étoile ou en ligne classique, les cylindres sont fixes et le vilebrequin rotatif, dans le moteur rotatif, les cylindres en étoile tournent autour du vilebrequin fixe. Malgré ses défauts, notamment un couple gyroscopique qui complique un peu le pilotage et l'émission de vapeurs d'huile de ricin nauséabondes et de projections d'huile chaude, ce moteur rotatif offre un très bon rapport puissance-poids, et il jouera un rôle essentiel jusqu'à la Grande Guerre.

Mais la Semaine de Reims est en partie gâchée par le temps qui, semblable à celui de la traversée de la Manche, est particulièrement mauvais. Des averses torrentielles et des vents violents maintiennent les avions au sol pendant la plus grande partie du premier jour face à un public aussi mouillé que mécontent. Enfin, une éclaircie s'amorce. Les biplans Wright, pilotés par le comte de Lambert, Eugène Lefebvre et Paul Tissandier, sont lâchés dans le ciel. La foule s'extasie en les voyant évoluer aisément en hauteur et s'incliner pour virer autour des pylônes qui balisent le parcours. Au cours des journées suivantes, il devient évident que les longs temps morts, les conditions atmosphériques défavorables et l'attente pour voir enfin une célébrité du pilotage émerger de son hangar concourent à augmenter la fascination du public.

« Les machines volantes ne sont plus des jouets, ni des rêves, c'est un fait accompli. »

David Lloyd George,
homme politique britannique,
à Reims en 1909

Les jeux du cirque

Émotions et accidents se succèdent. Rares sont à Reims les pilotes vraiment expérimentés ; certains sont même tout à fait novices. Une partie des chutes résulte d'erreurs d'appréciation, une pente de décollage trop forte, un virage trop serré, tandis que d'autres sont dues aux perturbations atmosphériques, surtout vers la fin de la semaine quand les températures remontent. Glenn Curtiss reconnaît s'être fait surprendre comme tant d'autres pilotes : « Je ne suis pas encore habitué à cette sensation qu'un aviateur peut ressentir quand sa machine s'enfonce d'un seul coup. » Louis Blériot, abonné aux chutes, connaît l'accident le plus grave. Son type XII prend feu à la suite de la rupture d'une canalisation d'essence, mais personne n'est gravement blessé. Malgré ces déboires plus ou moins tragiques, les machines volantes ont bien montré leurs capacités : environ 120 vols ont été effectués dans la semaine, dont les trois quarts sont supérieurs à 5 km.

Les trois concours principaux – distance, vitesse et altitude – sont les temps forts de cette manifestation. Le concours de distance, le Grand Prix de la Champagne, est facilement remporté par Henri Farman, qui bat un record en volant 180 km avant d'assécher son réservoir. Le spectacle de son aéroplane tournant en permanence au-dessus de la piste à basse altitude pendant plus de 3 heures a beau n'être pas passionnant, la réaction des Français si patriotes confine au délire. Plusieurs épreuves de

GRAND PRIX DE LA CASSE
Action et émotions ne manquent pas à Reims, où plusieurs épaves d'aéroplanes jonchent parfois les pistes à la suite de mauvaises manœuvres ou de coups de vent brusques.

vitesse sont prévues. Le propriétaire du *Paris Herald*, James Gordon Bennett, a créé un trophée portant son nom pour les aéroplanes comme pour les automobiles et les ballons. Cette épreuve se court sur deux circuits de 10 km. Après l'élimination de quelques prétendants, dont Cockburn, qui percute une meule de foin, l'épreuve de vitesse se réduit à un face-à-face entre Louis Blériot et Glenn Curtiss aux commandes de son Reims Racer. Curtiss, qui l'emporte finalement, écrira plus tard à propos de ce vol périlleux : « Le soleil était haut et l'air perturbé, mais j'avais décidé de garder les gaz grands ouverts. Je coupai le virage au plus près possible et inclinai la machine au maximum [...] Devant les tribunes, l'appareil demeura stable, mais en revenant sur le parcours inverse [...] je rencontrai des perturbations notables. La machine tanguait énormément et, lorsque je passai au-dessus du "cimetière" où tant d'aéroplanes étaient tombés au cours des journées précédentes, j'avais l'impression que l'air disparaissait sous moi. » Il parvient à accomplir la distance imposée à la moyenne de 76,6 km/h. Au grand dam de la foule cocardière, Blériot met six secondes de plus.

Mais le spectacle qui frappe le plus les spectateurs est le concours d'altitude, remporté par Hubert Latham dans son élégant monoplan Antoinette, qui atteint la hauteur inouïe de 155 m. La plupart des pilotes volent encore très près du sol et la vision d'un aéroplane devenant de plus en plus petit dans l'immensité du ciel crée alors une très forte sensation.

Le pactole

Après la traversée du Pas-de-Calais par Blériot et la Semaine de Reims, l'avenir immédiat de l'aéronautique semble tout tracé. Les militaires ne lui portant qu'un intérêt très limité, l'aviation est très peu soutenue financièrement par les autorités officielles, mais la tentation de la gloire et de la fortune, sous la forme de dotations généreuses et de primes diverses, stimule les efforts vers la réalisation de performances nouvelles et d'exploits inédits. L'argent provient surtout des grands propriétaires de groupes de presse, dont les journaux se livrent une guerre commerciale sans merci. Ils récompensent grassement exploits individuels et victoires dans les courses, et soutiennent les grandes manifestations qui se multiplient après le succès de Reims. Avant même que la Semaine ait touché à sa fin, des imprésarios téméraires signent des contrats avec des pilotes qui vont se produire dans des exhibitions hâtivement organisées dans toute l'Europe. Pour des centaines de milliers de personnes, ces événements sont l'occasion de contempler leur premier aéroplane.

La première rencontre a lieu à Brescia, en Italie du Nord, en septembre 1909. Les vedettes sont presque toujours des pilotes français. En 1910, ces manifestations se multiplient en Europe avec quelque trente concours organisés, notamment à Saint-Pétersbourg, Barcelone, Florence, Nice, Munich, Bournemouth, Dublin.

La course, récompensée par la coupe Gordon Bennett, disputée pour la première fois à Reims et désormais annuelle, entraîne des accidents qui font les gros titres des journaux. La horde de pilotes internationaux doit parcourir vingt fois un circuit de 5 km. Seuls deux aviateurs tiennent la distance, car

LA COURSE LONDRES-MANCHESTER

AU MOIS D'AVRIL 1910, le Britannique Claude Grahame-White et le Français Louis Paulhan, tous deux aux commandes de biplans Farman, concourent pour le prix de 10 000 livres offert par lord Northcliffe au premier aviateur qui reliera Londres à Manchester, villes distantes de 296 km.

UNE FIGURE
Claude Grahame-White est l'un des personnages les plus pittoresques du temps des pionniers de l'aviation. Adepte fervent de l'automobile, il assiste à la Semaine de Reims de 1909 et se passionne immédiatement pour l'aviation. Il commande un aéroplane à Blériot et apprend tout seul à piloter.

Profitant d'une accalmie du mauvais temps, au soir du 27 avril, Paulhan décolle le premier, suivi de près par le Britannique. Le pilote français se guide d'après un train spécial lancé sur la ligne qui relie les deux villes. Grahame-White suit aussi la ligne de chemin de fer, et ses supporters l'accompagnent dans une flottille d'automobiles. L'excitation du public est à son comble et des foules, avides de nouvelles, se rassemblent devant le siège des grands journaux de Londres et de Paris, ville où, sur une immense carte déployée place de l'Opéra, de petits avions indiquent le déroulement de la course.

Lorsque la nuit tombe, les deux pilotes se posent près du chemin de fer, car personne n'ose encore voler de nuit au-dessus de la campagne. Saisissant sa seule chance de dépasser le Français, Grahame-White décide de voler au clair de lune en se servant des phares des autos pour illuminer le champ. Mais cette audace sera vaine. Juste à la naissance de l'aube et malgré des rafales de vent, Paulhan atteint Manchester à 5 heures 32, avant l'Anglais qui a dû poser son Farman endommagé par les rafales, très près du but. Paulhan a tenu l'air 4 heures et 18 minutes.

LIGNE DE VOL
Le biplan Farman de Louis Paulhan vole au-dessus de la ligne ferroviaire reliant Londres à Manchester. Comme celui de Grahame-White, il suit la voie ferrée.

LE SPECTACLE CONTINUE
Le succès populaire de l'aviation atteint son apogée en 1911, quand de nombreux records sont battus. Mais rapidement, le public se lasse. L'aviation étonne toujours, mais elle entre dans les mœurs.

une série de chutes, parfois spectaculaires, envoie trois concurrents à l'hôpital. L'Anglais Claude Graham-White, qui pilote un monoplan Blériot équipé d'un moteur rotatif Gnome de 100 ch, est le valeureux vainqueur de la coupe de 1910 avec une moyenne de 98 km/h.

L'engouement pour l'aviation s'empare aussi des États-Unis, même s'il est plus modéré, avec d'importants meetings à Los Angeles, Boston et Belmont Park à Long Island (New York).

La réunion de Belmont Park, organisée en octobre 1910, sert beaucoup la cause de l'aéronautique outre-Atlantique, parvenant à éclipser l'enthousiasme suscité par la coupe Gordon Bennett. Cette épreuve, courue au départ de Belmont Park avec contournement de la statue de la Liberté et retour, attire d'éminents hommes d'affaires, des leaders politiques et des officiers de haut rang, et ses principales épreuves – pimentées de contestations – excitent la curiosité du grand public. Compte tenu du degré de

CAL RODGERS ET LE VIN FIZ

AU MOIS DE SEPTEMBRE 1911, le célèbre ancien joueur universitaire de football, Calbraith Perry Rodgers, s'attaque au prix de 50 000 dollars offert par le magnat de la presse William Randolph Hearst, au premier aviateur qui reliera la côte est à la côte ouest des États-Unis en moins de 30 jours. Rodgers finance son vol grâce à la société Armour de Chicago qui utilise le Wright EX du pilote comme support publicitaire pour sa boisson gazeuse, le Vin Fiz.

Au milieu d'un énorme battage publicitaire, Rodgers décolle de Sheepshead Bay, à Brooklyn, le 17 septembre, en direction de Long Beach, en Californie. Il casse son appareil le lendemain et, à partir de ce jour, sa progression au-dessus des États-Unis – suivie par un train spécial qui transporte, entre autres, sa femme, sa mère et le mécanicien des Wright, Charles Taylor – n'est qu'une suite d'incidents et de pannes. Lorsqu'il arrive à Chicago, il a déjà tellement de retard qu'il ne lui reste aucune chance de remporter le prix. Mais Rodgers n'abandonne pas. Il déclare à un reporter : « Je suis parti pour Los Angeles et la côte du Pacifique [...] et si la toile, l'acier et les câbles ajoutés à un peu de muscle, de tendons et de cervelle ne me lâchent pas, j'ai bien l'intention d'y arriver. »

VOL TRANSCONTINENTAL
Carte de l'itinéraire du Vin Fiz lors de son vol transcontinental parsemé d'incidents. Rodgers doit s'arrêter 69 fois et n'arrive que 84 jours après son départ, avec seulement 82 heures de vol effectif.

Il faut 49 jours à Rodgers pour atteindre la Californie après avoir enduré dix-huit chutes ; à 14 km de Long Beach, il s'écrase encore en se cassant les deux jambes et une clavicule. À l'hôpital, il affirme sa détermination de « terminer ce vol », ce qu'il finit par réaliser en atteignant le Pacifique 84 jours après son départ de New York. De l'avion d'origine, il ne reste que deux mâts et un gouvernail. Rodgers meurt l'année suivante quand un cormoran vient bloquer son gouvernail lors d'une démonstration à Long Beach en avril 1912. Perdant le contrôle de son appareil, Rodgers plonge dans l'océan.

CAL-LA-POISSE
Cal Rodgers, souriant et le cigare aux lèvres, pose aux commandes de son biplan Wright EX Vin Fiz, qui vole au maximum à 88 km/h. Pilote d'automobile et de canot de course réputé, il est victime de plusieurs accidents (ci-dessous) au cours de son raid : dix-neuf chutes finissent par lui causer de graves blessures.

EN ARMURE
Jules Védrines en combinaison de cuir et grand foulard est entouré d'officiels et de journalistes à Saint-Sébastien, en Espagne, après sa victoire dans la deuxième étape de la course Paris-Madrid de 1911. Védrines, vedette de l'époque, sera pendant la Grande Guerre un spécialiste des missions spéciales derrière les lignes ennemies.

sécurité de l'aviation à l'époque, cette course fait naître des interrogations sur la sécurité des vols effectués principalement au-dessus de zones urbaines fortement peuplées et sur le fait qu'elle ait pu être autorisée. Par bonheur, elle ne connaît aucun incident, mais se termine sur des réclamations et des litiges. Grahame-White estime avoir gagné, car le pilote américain John B. Moisant, qui signe un meilleur temps, est parti après l'heure imposée par le règlement. Retardé par la chute de son appareil personnel, Moisant a dû acheter un aéroplane de rechange à un autre pilote. Il revendique la victoire, l'obtient et devient un héros américain, même si son succès fait naître des soupçons qui perdureront des années.

Toujours plus haut

En 1910, le jeune Péruvien (né et résidant à Paris) Georges Chavez fait parler de lui en battant une série de records et en volant de plus en plus haut, atteignant finalement 2 479 m. En septembre, il relève le défi de survoler les Alpes, de la Suisse vers l'Italie ; un vol que l'Auto-Club de Milan promet de récompenser par une forte somme. Aux commandes d'un Blériot XI, Chavez décolle de la petite ville suisse de Brigue, au pied du Simplon, pour franchir ce col à 2 013 m d'altitude. Des autos transportant mécaniciens, médecins et guides de haute montagne l'assistent et le suivent, tandis qu'il s'élève vers une balise allumée au sommet du col. Contre toute attente, Chavez parvient à franchir la montagne avec sa frêle machine et redescend vers la ville italienne de Domodossola, où il compte atterrir. Mais, alors qu'il plane vers son point d'atterrissage, son monoplan plonge vers le sol et se brise en emprisonnant son pilote. Gravement blessé, Chavez meurt à l'hôpital

LÂCHEZ TOUT
Jules Védrines, dans son Deperdussin de course, fait signe à ses assistants de lâcher l'avion qui n'a pas de freins. Cette photo a été prise à Calais lors du Circuit d'Europe disputé entre le 18 juin et le 7 juillet 1911.

quatre jours plus tard, entrant tragiquement dans la légende. Son accident n'a jamais été totalement expliqué : son avion étant découvert, il aurait été paralysé par le froid intense régnant sur les Alpes au point de ne plus pouvoir manipuler les commandes et laisser l'appareil décrocher ; il se peut aussi que la fragile structure du Blériot soumise au gel et aux contraintes du vol à haute altitude ait fini par se rompre.

La rançon des succès

L'acceptation des accidents, blessures et décès survenus dans la première période des débuts de l'aviation peut surprendre un siècle plus tard. En 1911, de nombreux accidents tragiques surviennent lors de longues courses organisées en Europe. Le 21 mai, par exemple, les concurrents de la grande course Paris-Madrid doivent décoller du terrain d'Issy-les-Moulineaux, près de Paris, devant une foule estimée à 300 000 personnes. L'enthousiasme et la curiosité sont tels que plusieurs départs doivent être retardés en raison des curieux qui se promènent sur la piste. Parmi les personnes trop proches des appareils se trouve un groupe d'officiels et de responsables politiques, dont Ernest Monice, président du Conseil, et Maurice Berteaux, ministre de la Guerre. L'un des appareils perd soudain de la puissance au décollage et son pilote, Émile Train, veut se poser. Gêné par un cordon de cavaliers qui lui masque le terrain, il heurte les officiels, tuant le ministre Berteaux et blessant gravement le président du Conseil, ainsi qu'une cinquantaine d'autres spectateurs. Mais cet accident ne perturbe pas la course, dont le départ est reporté au lendemain. Celle-ci se déroule comme prévu. Après une série d'accidents et de pannes, un seul aviateur rallie Madrid, le Français Jules Védrines, qui devient aussitôt une grande vedette.

Au cours d'une autre grande épreuve, le Circuit d'Europe, organisé en juin, trois pilotes sont horriblement touchés au décollage : deux se tuent devant les tribunes, dont un carbonisé avec son appareil ; le troisième perd ses deux jambes. Mais la course, qui n'est pas annulée, se déroule pendant trois semaines sur un circuit de 1 600 km passant par Liège-Spa-Utrecht-Bruxelles-Calais-Londres avant de revenir à Paris. Le vainqueur est un autre Français, Jean Conneau dit Beaumont.

> « Arriba, siempre arriba. »
> (Plus haut,
> toujours plus haut)
>
> GEORGES CHAVEZ,
> DERNIERS MOTS PRONONCÉS AVANT SA MORT
> ET QUI SONT DEVENUS LA DEVISE
> DE LA FORCE AÉRIENNE PÉRUVIENNE

La traversée des États-Unis par Carl Rodgers (épreuve appelée *Vin Fiz*) est aussi ponctuée de nombreux accidents. Et lorsque l'aviateur français Roland Garros dispute la course Paris-Rome en 1911, il décolle aux commandes d'un monoplan Blériot, le brise dans le Midi, achète un appareil à un passionné local, le casse en Italie et doit attendre une troisième machine envoyée de Paris par chemin de fer à grande vitesse pour finir la course.

Ces « merveilleux fous volants dans leurs drôles de machines » déchaînent les foules et les passions. Lorsque, au mois de juillet, le populaire Védrines termine le tour d'Angleterre deuxième derrière Conneau, une souscription publique est alors lancée, rapportant des milliers de francs pour dédommager Védrines d'avoir manqué le prix offert au premier.

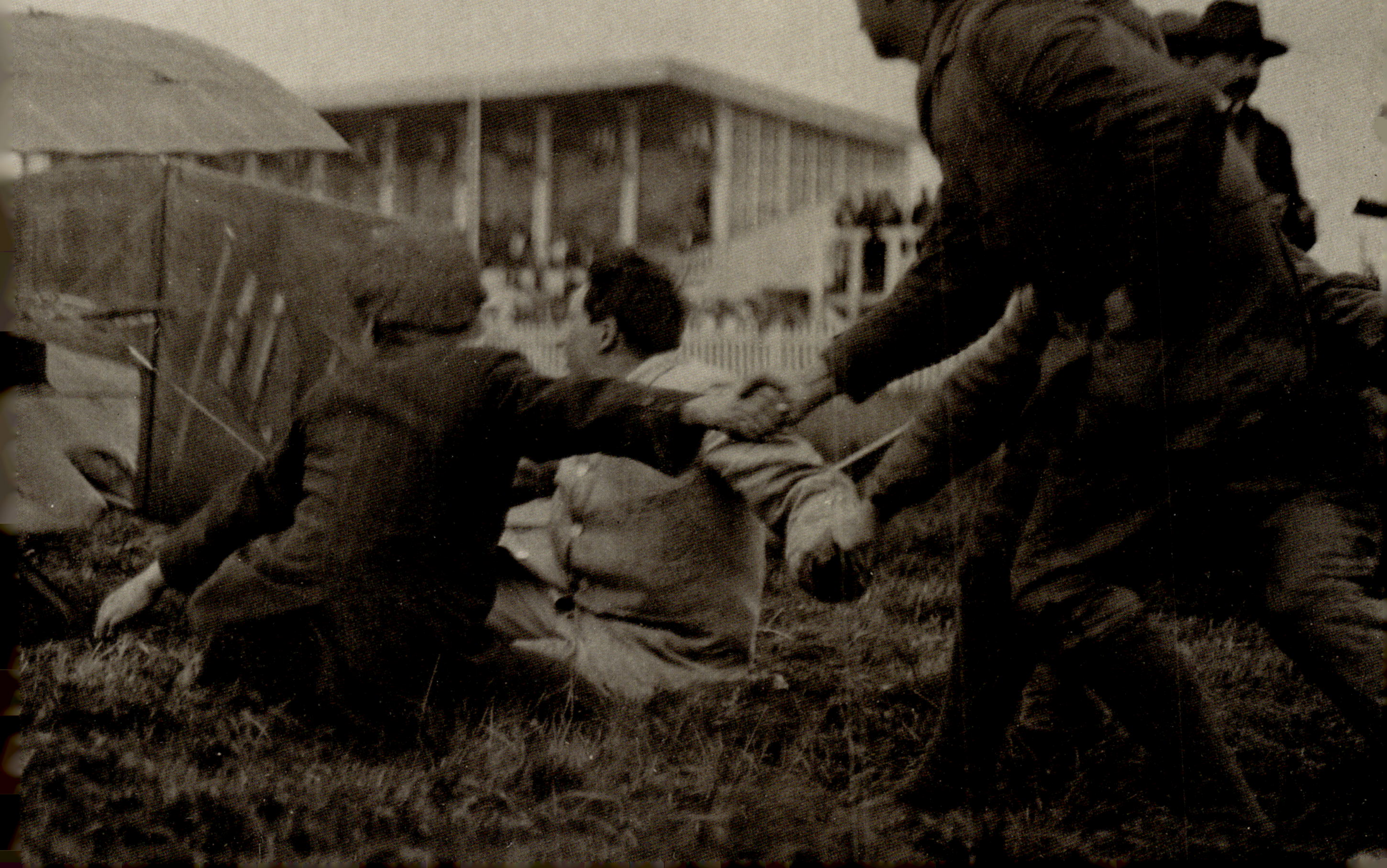

LINCOLN BEACHEY

Au cours de la période précédant la Première Guerre mondiale, les acrobaties aériennes font du pilote californien Lincoln Beachey (1887-1915) l'un des personnages les plus célèbres des États-Unis. À ses débuts, Beachey se fait connaître par ses ascensions en dirigeable avant de devenir pilote d'aéroplane en 1910. Embauché par Curtiss pour assurer la promotion de ses appareils, Beachey se révèle un homme de spectacle et un aviateur compétent, doté de nerfs d'acier. Il est le premier Américain à réussir la boucle et détient brièvement le record du monde d'altitude en 1911, année où il réalise l'une de ses cascades les plus risquées, la traversée des chutes du Niagara. Une série de matchs de vitesse contre le champion automobile Barney Oldfield, organisée en 1914, rencontre un grand succès auprès du public.

Bien que d'un naturel très casse-cou, Beachey apporte toujours à ses spectacles une préparation méticuleuse. Pourtant, en mars 1915, son appareil le trahit et il plonge dans la mer au large de San Francisco. Il n'a que 28 ans.

UN TROMPE-LA-MORT
Lincoln Beachey est ici aux commandes de son appareil Curtiss Beachey Special modifié. Ses acrobaties époustouflantes attirent des centaines de milliers de spectateurs.

Si ces longues et difficiles épreuves ne confirment pas forcément les potentialités de l'avion pour le transport ou la guerre, elles révèlent néanmoins des progrès remarquables, puisque, par exemple, pendant ce circuit, toute une flotte d'aéroplanes traverse deux fois la Manche sans incident. Mais le vol n'est encore possible que par beau temps. Le vent et le brouillard sont particulièrement dangereux, tandis que la pluie et le froid éprouvent particulièrement les pilotes. La multiplication des chutes sans gravité et des pannes de moteur implique également que tout vol sur une longue distance soit secondé d'un vaste système d'assistance au sol – colonnes d'automobiles ou chemin de fer –, de façon à fournir pièces de rechange, carburant et aide technique à intervalles rapprochés.

Même par beau temps et avec une bonne visibilité, les aviateurs ont des difficultés pour naviguer d'un point à un autre. La plupart suivent les routes ou les lignes de chemin de fer. Les gares se révèlent très utiles, car un pilote égaré peut y descendre pour lire le nom de la ville. Certains pilotes savent naviguer avec une carte et une boussole, non sans parfois se perdre. Il n'est pas rare qu'un aviateur égaré n'ait d'autre solution que de se poser dans un champ pour demander sa route à un paysan.

> « Un aéroplane aux mains de Lincoln Beachey est un poème. Sa maîtrise est très belle à observer. C'est le plus merveilleux pilote qui soit. »
>
> **Orville Wright**

Des spectacles sportifs

L'un des événements les plus impressionnants des débuts de l'aviation, la traversée sans escale de la Méditerranée par Roland Garros, entre Fréjus (en Provence) et Bizerte (en Tunisie), a lieu en 1913, l'année de gloire des aviateurs français. Exhibitions et concours sont rapidement devenus « communs ». Des équipes d'aviateurs professionnels organisent des raids aériens internationaux, entrecoupés de démonstrations. Les pilotes se produisent avec plus ou moins de brio presque chaque week-end, quand le temps le permet, sur des « champs d'aviation » à la périphérie des grandes villes européennes.

Le constructeur d'avions Anthony Fokker a rapporté ses souvenirs de jeune pilote sur l'aérodrome de Johannisthal, dans les faubourgs de Berlin, en 1912. Le samedi et le dimanche après-midi, des foules assez nombreuses se rassemblent et payent un modeste droit d'entrée pour regarder les aviateurs en action. Les pilotes locaux se partagent le produit de la recette proportionnellement à leur temps de vol, ce qui signifie qu'un aviateur prêt à prendre le risque d'affronter le mauvais temps quand les autres restent au sol peut gagner beaucoup d'argent.

Les satisfactions des pilotes et des constructeurs ne sont pas seulement d'ordre financier, car « les belles actrices et les demi-mondaines fréquentent l'aérodrome [...] peu avares de faveurs pour les héros du jour », jusqu'aux femmes du meilleur monde qui succombent aux charmes un peu canailles de l'aviation. À Paris, où Port Aviation, à Juvisy, exerce un puissant attrait sur les foules du dimanche, un diplomate dénonce avec acrimonie une duchesse qui se

AU TEMPS DES ACROBATES
Le jeune pilote Adolphe Pégoud est le premier à intégrer la figure appelée boucle (ou looping) dans ses exhibitions. On le voit ici au milieu de cet exercice effectué avec un Blériot XI devant le public autrichien près de Vienne. Le lieutenant russe Pyotr Nesterov, déjà auteur d'une boucle en août 1913 avec un Nieuport, et qui s'attendait à des félicitations, avait en fait été mis aux arrêts pour utilisation dangereuse d'un matériel militaire !

mêle volontiers « à la lie des aérodromes ». Des escrocs se font parfois passer pour des aviateurs afin de tirer profit de leur succès.

Inévitablement, plus le spectacle des avions devient familier, moins les pilotes peuvent se contenter d'effectuer des ronds dans le ciel. Le public exige de nouvelles attractions et des manœuvres plus risquées. En 1913, le pilote français Adolphe Pégoud devient l'as des acrobates aériens. Il est le deuxième aviateur à volontairement « boucler des boucles » (ou loopings) qu'il intègre à ses lucratives exhibitions dans toute l'Europe. Qu'un pilote puisse voler la tête en bas relève du miracle pour le public et même pour la plupart des aviateurs, qui se sanglent rarement à leur siège pour voler. Dès lors que le public se précipite pour voir de pareilles acrobaties, celles-ci deviennent indispensables à ceux qui veulent gagner de l'argent en volant.

Pourtant, au-delà de leur apparente frivolité, ces manœuvres acrobatiques constituent un progrès dans la technique du pilotage et le contrôle des aéroplanes. D'abord acrobaties, les boucles, virages très inclinés, tonneaux piqués à grande vitesse et autres cascades auront bientôt d'autres buts lors des premiers combats aériens.

LA DAME EN VIOLET
Harriet Quimby, première femme brevetée en Amérique (1911) et première aviatrice ayant traversé la Manche (1912), vole habituellement vêtue d'une combinaison violette.

Les risques du métier

Le pilote américain Lincoln Beachey vole toujours en complet-veston afin de souligner la banalité et la facilité du pilotage d'un aéroplane, mais, pour le grand public, l'aviation est dangereuse avec l'angoisse et les frissons provoqués par les courses, les acrobaties et les exhibitions. La multiplication des chutes est un fait que ni les responsables gouvernementaux ni la jeune industrie aéronautique ne peuvent ignorer. 32 pilotes se tuent en 1910 et 30 autres au cours des six

PIONNIÈRE BELGE
Hélène Dutrieu, championne cycliste venue à l'aviation en 1908, se fait remarquer par ses performances aériennes. En août 1910, elle parcourt les 45 km qui séparent Ostende de Bruges en 20 minutes, et, en décembre, elle bat le record du monde de vitesse en volant 3 heures à 80 km/h de moyenne.

premiers mois de 1911 à une période où l'on ne compte probablement pas plus de 600 aviateurs dans le monde. La même année, le gouvernement français crée une commission pour étudier des mesures afin de protéger les aviateurs, mesures qui se traduiront par les premiers règlements, dont l'interdiction de survol des agglomérations et de la foule.

L'opinion générale tend à voir dans les aviateurs des « fous volants » s'adonnant à un sport périlleux. Lorsque Winston Churchill, alors premier lord de l'Amirauté de Grande-Bretagne, commence à piloter juste avant la Première Guerre mondiale, son épouse et ses amis le supplient d'abandonner ce qu'ils considèrent comme une dangereuse manie. Churchill finit par s'y résoudre après que son épouse lui a dit : « Dorénavant, chaque fois que je reçois un télégramme, je m'imagine que c'est pour apprendre que vous vous êtes tué en avion. »

Les pilotes privés se classent grosso modo en deux catégories : les riches dilettantes qui voient dans l'aviation un défi sportif satisfaisant leur goût du risque, et les bricoleurs doués pour la mécanique qui rêvent de faire fortune grâce aux importantes sommes dont sont dotées les exhibitions. Quelques jeunes femmes n'hésitent pas à braver les dangers de ce sport, en même temps que les préjugés d'une société dominée par les hommes. La Belge Hélène Dutrieu, la Française Raymonde de Laroche (brevet n° 36) et l'Américaine Harriet Quimby, première femme brevetée aux États-Unis, acquièrent une réputation enviable pour leurs exploits en avion, même si le public semble plus intéressé par leurs élégants costumes d'aviatrice que par leurs réelles qualités de pilote et leur audace.

RETOUR À LA TERRE
L'erreur humaine est souvent la cause principale des chutes d'aéroplane. Dans les premiers temps, les pilotes évaluent mal les risques qu'ils courent. Volant trop près du sol, ils heurtent des obstacles que leurs appareils peu maniables ne peuvent éviter à temps.

LES PREMIERS PARACHUTISTES

En 1912, les aviateurs commencent à expérimenter des parachutes, déjà largement utilisés par les aéronautes. Le premier saut en parachute effectué depuis un aéroplane est attribué à un Américain, le capitaine Albert Berry, qui saute au-dessus de Jefferson Barracks, dans le Missouri. Il essaie alors un « système parachute portable et utilisable à bord d'un avion » qui sera breveté par la suite aux États-Unis au bénéfice de ses inventeurs, Tom Benoist et Tony Jannus, le pilote. Interrogé sur l'éventualité d'une répétition de son exploit, Berry répond : « Jamais plus ! J'ai dû faire cinq culbutes au cours de ma descente [...] J'ai chuté comme une flèche folle. Je n'étais pas préparé à l'impression violente que j'ai ressentie en quittant l'avion. »

Le saut en parachute est repris par le pilote français Adolphe Pégoud, qui l'intègre à ses spectacles aériens. Mais les parachutes ne font pas toujours partie de l'équipement des pilotes. Ceux-ci les considèrent comme encombrants et, en tout cas, peu utiles, compte tenu du type d'accident auquel ils sont le plus souvent exposés.

Parachute plié dans un coffre conique attaché aux patins de l'appareil

CHUTE LIBRE
Le capitaine Albert Berry (en casquette) effectue le premier saut en parachute d'un aéroplane, le 1er mars 1912. Berry saute d'un biplan Benoist à une hauteur de 460 m au-dessus de Jefferson Barracks, à Saint Louis, dans le Missouri.

L'apprentissage du pilotage

Les écoles de pilotage se multiplient, surtout en France, où les candidats sont de plus en plus nombreux. Si quelques rares appareils sont enfin construits avec des doubles commandes, la plupart des élèves s'installent à côté de leur instructeur sur l'avion. Les leçons commencent par des roulages au sol et l'apprenti pilote parcourt l'aérodrome en tous sens, virant à chaque extrémité avec l'aide

SAVOIR ATTERRIR

La prise de terrain est une manœuvre délicate, plus difficile à maîtriser que le décollage. Un atterrissage en douceur exige du pilote qu'il adopte un angle de descente raisonnable et qu'il coupe le moteur au bon moment pour toucher le sol avec le moins de vitesse possible. (Les pilotes les plus expérimentés savent couper et relancer leur moteur rotatif plusieurs fois pour réduire leur vitesse.) Les anciens s'amusent souvent à observer les novices qui, arrivant trop vite et avec trop de pente, rebondissent brutalement sur le sol, ou perdent leur vitesse trop tôt et s'enfoncent brusquement en causant de gros dégâts au train d'atterrissage.

PATINS D'ATTERRISSEUR
Ces patins recourbés, à l'avant d'un train d'un monoplan Deperdussin de 1909, empêchent l'appareil de se mettre en pylône en cas d'atterrissage sur un terrain trop meuble, cas assez fréquent au début de l'aviation.

d'un mécanicien. Ces roulages permettent de le familiariser avec les bruits, les vibrations du moteur et les projections d'huile de ricin utilisée pour lubrifier les moteurs. Ces séances sont vite suivies par quelques bonds à quelques mètres du sol avant le grand moment du premier vrai décollage. Heureusement, les principaux appareils de cette époque sont assez stables et assez faciles à piloter par temps calme, tant que l'apprenti ne se risque pas à tenter certaines manœuvres. Graham-White décrit en 1911 combien voler à plat par beau temps est un jeu d'enfant : « Les pieds agissent légèrement sur le palonnier du gouvernail. Ces petites corrections en direction suffisent à maintenir la machine en ligne droite. Quant à la gouverne de profondeur, on déplace le manche à balai d'une seule main sur quelques centimètres… »

L'inattention, la maladresse et le mauvais état des terrains sont les causes d'accident les plus communes. Les premiers aéroplanes sont fragiles, et, si les pannes de moteur sont fréquentes, elles ne se traduisent pas forcément par une chute. Les appareils sont de bons planeurs et un pilote expérimenté sait poser un avion, moteur coupé, dans un champ à peu près plat. Mais les problèmes les plus graves résultent des ruptures de structure. Si une aile ou une gouverne se rompt à la suite d'efforts trop importants causés par une manœuvre brutale ou du fait de la répétition des contraintes, le pilote est pratiquement condamné. En juillet 1910, le jeune constructeur d'automobiles Charles Stewart Rolls se tue à Bournemouth, la gouverne de profondeur de son biplan Wright ayant cassé.

> « Le danger ? Mais le danger fait partie des plaisirs du vol. »
>
> **Jean Conneau (dit Beaumont),**
> aviateur français, 1911

Le succès des premières exhibitions publiques vient aussi du goût malsain d'une partie du public pour les accidents. Un journaliste décrit en ces termes la fin du populaire pilote Arch Hoxey, qui perd le contrôle de son avion lors d'une exhibition à Los Angeles en 1910 : « On pouvait entendre le craquement des membrures et le déchirement de la toile, alors que l'appareil […] précipité vers le sol se brisait dans une série de culbutes. Lorsque les assistants se ruèrent vers cet amas de bois et de toile, ils découvrirent le corps du pilote écrasé au point qu'il n'avait plus forme humaine. La foule attendit jusqu'à ce que le commentateur muni d'un mégaphone eût annoncé la fatale nouvelle, puis les gens rentrèrent chez eux. » Avec le sentiment probablement d'en avoir eu pour leur argent…

TRAVAIL ARTISANAL

Au début de l'aviation, la fabrication des aéroplanes n'emploie que quelques ouvriers venant de la menuiserie et de la couture. Les procédés sont lents et laborieux. Après 1911, la production en série introduit davantage de machines dans les ateliers.

LE CANARD VOLANT

Le 28 mars 1910, l'ingénieur Henri Fabre (1882-1984), âgé de 28 ans, pilote autodidacte, réussit le premier décollage d'un hydro-aéroplane à flotteurs de type canard sur l'étang de Berre, près de Martigues. Ce premier « hydravion » était muni d'un moteur Gnome de 50 ch et de trois flotteurs.

À partir de 1909, les appareils s'améliorent. Sous l'impulsion d'Édouard Nieuport, en 1911, ils sont de mieux en mieux profilés. Néanmoins, si certains innovent, la plupart des constructeurs les copient. L'industrie aéronautique est artisanale, même si, peu à peu, elle emploie des ingénieurs de haut niveau. Quoi qu'il en soit, si les fabricants sont très nombreux, la clientèle est très limitée, et les militaires sont les principaux acheteurs.

Naissance d'une industrie

La conquête de l'air étant importante pour sa fierté nationale, la France devient le plus grand producteur d'avions du monde. Dès 1910, les firmes créées par les frères Farman, les frères Voisin, Léon Levavasseur et Louis Blériot occupent le terrain, et la concurrence est déjà vive. À partir de 1911, ces pionniers sont rejoints par d'autres futurs grands noms. Les frères Caudron, Gaston et René, installés en Picardie, sont réputés pour leurs biplans à hélice tractive. Louis Breguet, descendant d'une grande famille d'horlogers parisiens, ouvre une usine à Douai et explore l'utilisation du tube d'acier dans la construction des cellules, de même que Robert Esnault-Pelterie. L'ingénieur et pilote Édouard Nieuport crée une entreprise de construction de monoplans rapides, qui survit à son fondateur, tué en 1911 lors d'une démonstration. L'ingénieur Raymond Saulnier, après avoir travaillé avec Blériot, s'associe aux frères Morane pour fonder la société Morane-Saulnier.

La Grande-Bretagne et l'Allemagne sont les deux seuls autres pays européens qui s'intéressent sérieusement à l'industrie aéronautique avant 1914, même si la plupart de leurs appareils sont des copies des aéroplanes français. Les Britanniques emploient presque exclusivement des moteurs français. En Allemagne, des firmes comme Albatros, Rumpler, Aviatik et Fokker voient le jour alors qu'en Grande-Bretagne, de futurs grands noms émergent comme Short Brothers, Avro, Handley Page, Sopwith et Bristol.

Outre-Atlantique, Wright et Curtiss, liés par un profond litige, demeurent sans concurrence, mais, entre 1910 et 1914, les États-Unis prennent beaucoup de retard sur l'Europe et ils ne reviendront sur le devant de la scène qu'à la fin des années 1920. Si les Américains jouent pourtant un rôle éminent dans le développement de l'avion maritime, ils ne peuvent revendiquer la création du premier hydravion à flotteurs.

Naissance de l'hydraviation

Cet honneur revient à un jeune ingénieur français, Henri Fabre, dont l'hydravion à flotteurs du genre

THOMAS SOPWITH

CONSTRUCTEUR D'AVIONS BRITANNIQUE, Thomas Octave Murdoch (TOM) Sopwith (1888-1989) fait preuve d'un appétit insatiable pour le sport comme pour la mécanique. Apprenant à piloter en 1910, il chute lors de son premier vol en solo, mais devient quand même l'un des meilleurs pilotes sportifs de son pays.

En 1912, il fonde la Sopwith Aviation Company et produit une série d'excellents avions, dont le *Bat Boat* (le premier hydravion anglais réussi), le Tabloid Seaplane (premier hydravion britannique vainqueur de la coupe Schneider) et de nombreux avions de combat utilisés pendant la Première Guerre mondiale.

UN FONDATEUR
La passion de Thomas Sopwith pour l'aérostation et la voile, et ses compétences techniques en automobile et en moto, le mènent directement à la pratique de l'aviation.

« canard » à moteur Gnome réussit les premiers décollages d'un plan d'eau en mars 1910 (voir ci-dessous). Mais le premier hydravion vraiment pratique est essayé par Curtiss en 1911 quand l'« hydroplane » Curtiss-Ellyson décolle de la baie de San Diego, en Californie. Curtiss est aussi à l'origine d'une autre première : en 1912, il conçoit un hydravion à coque, c'est-à-dire un aéroplane flottant comme un bateau grâce à un fuselage-coque en lieu et place de flotteurs. Le Français François Denhaut a la même idée, mais adopte le redan qui facilite le décollage.

Dès cette époque, et pendant plusieurs décennies, les hydravions à coque et à flotteurs présentent quelques avantages concrets par rapport aux avions terrestres. Les mers et les plans d'eau offrent d'immenses espaces pour décoller, alors que les aérodromes terrestres sont limités. Non seulement les hydravions peuvent opérer dans des endroits dépourvus d'aérodromes, mais il est possible de construire des appareils beaucoup plus gros et plus lourds que les avions terrestres.

La poste et les passagers

Les aéroplanes ne peuvent pas encore soulever un poids trop important et encore moins emporter de grands volumes. Mais en transportant de petits paquets de courrier, les aviateurs veulent montrer que l'aéroplane peut être autre chose qu'un engin de sport. En janvier 1911, le Français Pecquet réalise sur biplan Sommer le premier de ce type de vols à Allahabad, en Inde. Cette même année, des vols postaux de démonstration sont autorisés en Grande-Bretagne, en France, en Allemagne et aux États-Unis. En juin 1911, l'Aviation Company de Claude Grahame-White transporte 130 000 lettres et cartes entre Hendon et Windsor, en Angleterre, lors des festivités du couronnement du roi George V. Le mois suivant, Earle L. Ovington achemine du courrier depuis une manifestation aéronautique à Long Island jusqu'à Mineola (New York), en larguant un sac postal attaché au flanc de son monoplan Blériot au-dessus

PREMIER PORTE-AVIONS
Le 14 novembre 1910, la démonstration du pilote américain Eugene Ely éveille l'intérêt de la marine américaine pour l'aviation. Aux commandes d'un Curtiss à hélice propulsive, Ely réussit à décoller d'une plate-forme en bois installée sur le croiseur USS Birmingham, ancré à Hampton Roads, en Virginie.

AMITIÉ FRANCO-RUSSE

En 1909, les producteurs de sucre français Paul et Pierre Lebaudy font construire le dirigeable Lebaudy 6, baptisé La Russie *(ci-dessus), pour acheminer leurs exportations en Russie. C'est une première dans le commerce mondial. Sept ans plus tôt, les Lebaudy avaient financé la construction par Henri Julliot d'un semi-rigide surnommé* Le Jaune *à cause de la couleur de son enveloppe.*

d'un champ près du bureau de poste. Mais avant la Première Guerre mondiale, ces services postaux ne dépassent pas le stade expérimental.

Le premier service aérien régulier de passagers est alors offert par la Saint-Petersburg-Tampa Airboat Line, en Floride, dans les tout premiers mois de l'année 1914. Environ 1 200 passagers paient 5 dollars pour un vol de 23 minutes au-dessus de la baie de Tampa à bord d'un hydravion à coque Benoist, mais ce service ne dure que le temps de la saison touristique. Le potentiel des aéroplanes de l'époque pour transporter des passagers ou du fret est limité par l'incapacité à voler par mauvais temps autant qu'à transporter des charges rentables. Or, quand les avions peinent à décoller avec plus de deux personnes à bord,

« L'époque de faiblesse et d'infériorité allemandes est derrière nous. L'avenir de l'Allemagne est dans les airs ! »

RUDOLF MARTIN,

PARTISAN ALLEMAND DES DIRIGEABLES EN 1910

les dirigeables soulèvent déjà des charges utiles qui se mesurent en tonnes.

Les monstres du ciel

Aux yeux de la majorité des Allemands, le type d'aéronef qui prime avant 1914 est le zeppelin, ainsi désigné du nom de son créateur, le comte Ferdinand von Zeppelin. Si le dirigeable est également expérimenté dans d'autres pays, c'est surtout en Allemagne qu'il atteint le statut de symbole national.

Les zeppelins sont des ballons dirigeables rigides, c'est-à-dire que la forme fuselée de leur enveloppe remplie d'hydrogène est maintenue par une structure rigide plutôt que par la seule pression du gaz. Le LZ 1, premier dirigeable de von Zeppelin, essayé en 1900, est long de 128 m. Par la suite, la taille de ces monstrueux vaisseaux va doubler. Inévitablement, ces dimensions en font des engins très difficiles à manœuvrer au sol et très onéreux à construire : en 1914, un seul zeppelin coûte le prix de trente-quatre aéroplanes.

L'engouement de l'Allemagne pour le zeppelin débute vraiment en 1906, quand le comte réussit pour la première fois un vol de longue durée avec le LZ 3. Après avoir réussi à rester jusqu'à 8 heures en vol, il obtient le soutien officiel des autorités militaires allemandes et de la famille impériale. La ferveur patriotique redouble lorsque le type suivant, le LZ 4, est détruit par une tempête au cours d'un vol de démonstration très médiatisé, au-dessus de la vallée du Rhin, en 1908. Le peuple allemand souscrit alors spontanément une somme de 6 millions de marks pour permettre à von Zeppelin de poursuivre ses travaux. Les dirigeables Zeppelin commencent à assurer des services de passagers en 1910. Sous la direction de l'ingénieur en chef Ludwig Durr, la conception des zeppelins évolue régulièrement. À partir de 1912, la baudruche (une fine membrane de l'intestin des bovins) remplace la toile de coton caoutchoutée pour la confection des ballonnets à gaz disposés dans l'enveloppe principale. Cette matière plus légère élimine le risque d'explosion de l'hydrogène causée par l'électricité statique générée par le frottement des toiles de coton les unes contre les autres.

Quant à la structure, elle est dès le départ en aluminium, métal nouveau, résistant et léger, découvert en Allemagne. Ainsi, en 1914, grâce à des moteurs plus puissants, le LZ 26 peut transporter une charge marchande de 13 tonnes à plus de 80 km/h.

L'arme aérienne

Si, en 1914, les zeppelins ont déjà transporté plus de 37 000 passagers, le transport commercial en aéroplane appartient encore à l'avenir. Les avions vont d'abord trouver des applications pratiques dans la guerre. Durant l'été 1911, la France et l'Allemagne divergent à propos de leurs intérêts au Maroc, plaçant l'Europe à la veille d'une guerre. La crise est finalement résolue, mais un conflit majeur semble toujours possible. Travaillées par une presse va-t-en-guerre, les opinions publiques forcent les gouvernements à soutenir la construction d'avions, considérés à la fois comme des symboles de fierté nationale et des instruments de guerre.

SURVOL DE HAMBOURG

Le LZ 13 Hansa *survole ici le port de Hambourg en 1912 lors de la dernière étape de son vol retour de Scandinavie. À partir de 1910, les zeppelins effectuent des vols réguliers en transportant plus de 37 000 passagers jusqu'en 1914 lors d'ascensions à caractère touristique la plupart du temps.*

BIENVENUE À BORD

Le LZ 11 Viktoria Luise, *construit dans les ateliers Zeppelin de Friedrichshafen, effectue son premier vol avec passagers le 4 mars 1912. Il fera au total 1 000 voyages entre Hambourg, Helgoland et Copenhague.*

LE COMTE FERDINAND VON ZEPPELIN

DEVENU, CONTRE TOUTE ATTENTE, pionnier de l'aéronautique, Ferdinand von Zeppelin (1838-1917) naît dans un milieu aristocratique et militaire, et sert comme officier de cavalerie jusqu'à la cinquantaine. À la suite d'un séjour aux États-Unis pendant la guerre de Sécession, il a l'occasion de voir des ballons captifs utilisés pour l'observation. Son intérêt pour les dirigeables ne le quittera plus. À partir de 1891, il consacre sa fortune personnelle au développement des dirigeables rigides. Malgré les difficultés, le premier, le LZ 1, effectue son voyage inaugural le 2 juillet 1900. En 1908, après la destruction du LZ 4 par une tempête, le public allemand permet à von Zeppelin de reprendre ses travaux. Il vit assez longtemps pour voir ses dirigeables utilisés comme bombardiers pendant la Grande Guerre.

HÉROS NATIONAL

Le succès des dirigeables de von Zeppelin flatte la fierté allemande et fait de lui un héros national.

EXHIBITION

Cette affiche allemande de 1913 montre une foule admirant un zeppelin en vol. Dès 1908, des zeppelins assurent des vols réguliers en Allemagne en transportant du courrier et des passagers.

« L'aviation, c'est très bien comme sport [...] Mais pour la guerre, c'est zéro. »

Général Ferdinand Foch,
professeur de stratégie à l'École supérieure de guerre, 1911

SOUS L'UNIFORME
Le dirigeable militaire anglais Beta *survole les troupes britanniques lors des grandes manœuvres de 1910, où est évaluée la capacité de ces aérostats à reconnaître les positions ennemies. C'est un échec : le dirigeable, trop grand et trop peu maniable, se pose en « territoire ennemi ».*

Les officiers des armées de terre et de mer européens sont plus sceptiques que le grand public quant à l'efficacité des aéroplanes. Le général Ferdinand Foch, grand stratège français qui ne saurait être taxé de conservatisme aveugle, exprime nettement l'opinion selon laquelle l'aviation est un sport magnifique, mais sans valeur pour la guerre. Cela dit, quelques officiers supérieurs embrassent la cause de l'aviation avec enthousiasme. En 1910, le ministre français de la Guerre est informé par l'un de ses généraux que les aéroplanes sont « aussi indispensables aux armées que les canons et les fusils ». Même ceux qui accueillent avec réserves cette technique nouvelle aux aspects révolutionnaires doivent reconnaître que son avènement est inéluctable. L'état-major britannique admet avec regret qu'il est impossible « de freiner ou de retarder les progrès peut-être dérangeants de la navigation aérienne ». Dans l'attente d'un conflit majeur, aucune armée ni aucune marine ne peut se permettre de négliger l'étude des potentialités de l'aviation.

Mais à quoi précisément l'aéronautique militaire peut-elle servir ? L'un des romans d'anticipation les plus populaires de l'époque, *La Guerre dans les airs* de H. G. Wells (1908), met en scène des dirigeables allemands traversant l'Atlantique pour attaquer

New York. La description d'un raid aérien par Wells est apocalyptique : « En survolant la ville, les dirigeables l'écrasèrent [...] Au-dessous, ils ne laissèrent que ruines et explosions et des monceaux de cadavres déchiquetés. » Mais si les Allemands cherchent à créer une flotte de zeppelins de bombardement, les esprits les plus pondérés comprennent que ces appareils ne sont ni fiables ni capables de transporter des charges de bombes suffisantes pour dévaster à ce point les villes ennemies. Malgré des essais de bombardement et d'adaptation d'armes puissantes sur les avions – la plupart conçues pour l'attaque de cibles terrestres –, ces applications de l'aviation à l'offensive font assez peu de progrès avant 1914. Parallèlement, des utilisations plus modestes, mais tout aussi vitales, de l'avion sont favorisées pour la reconnaissance, les liaisons et le réglage d'artillerie, c'est-à-dire la coopération avec les artilleurs de façon à leur faire connaître la précision de leurs tirs. En 1912, des équipages préparés à ce genre de mission sont couramment entraînés lors d'exercices, ce qui donne lieu à des expériences de communication avec le sol (y compris par radio) et de photographie aérienne.

SOLDATS DE L'AIR
Des officiers allemands en formation, parmi les premiers affectés à l'aéronautique, posent auprès d'un Harlan Eindecker, monoplan (vers 1910-1913).

Les besoins de l'armée

Malgré la mise à disposition de quelques dirigeables aux forces navales et terrestres, les aéroplanes sont généralement considérés comme plus utiles, plus fiables et moins coûteux, ce qui est aussi très important. Il n'y a qu'en Allemagne que les partisans du dirigeable exercent une influence déterminante en accaparant une grande partie des budgets dévolus à l'aéronautique.

Entre 1911 et 1914, les services militaires européens sont les plus importants acheteurs et influencent le développement de l'industrie aéronautique. Les concours militaires commencent à fixer des objectifs aux constructeurs, assortis d'intéressants contrats en cas de succès. Ces perspectives de profits attisent la convoitise d'investisseurs capitalistes, mais beaucoup de financiers et d'industriels soutiennent l'aviation de leurs subsides par pur patriotisme. Certaines firmes privées connaissent une croissance spectaculaire. Henri Farman (voir p. 32) emploie 1 000 ouvriers en 1914, tout comme la société Gnome, fabricant de moteurs d'avion. Les gouvernements créent parfois leurs propres arsenaux aéronautiques, comme la Royal Aircraft Factory britannique, à Farnborough.

Aux États-Unis, la situation est tout à fait différente, car la guerre n'est pas imminente. Les forces armées ne subissent aucune pression pour adopter des techniques de pointe, et les politiciens renâclent à voter des crédits en faveur de l'armement. Durant l'été de 1913, alors que les armées européennes comptent déjà plusieurs centaines d'appareils, l'US Army ne possède que quinze avions ! Sans contrats militaires, l'industrie aéronautique américaine végète, n'occupant en 1914 que 168 personnes.

Des types nouveaux

Les contrats militaires ont des répercussions significatives sur les priorités de l'industrie aéronautique européenne. Même si l'éventualité de combats aériens n'est pas sérieusement envisagée, les militaires veulent des appareils robustes, fiables, susceptibles de voler par mauvais temps aux mains de pilotes moyens, et capables d'emporter une charge raisonnable. Si les pilotes sportifs acceptent délibérément de risquer leur vie aux commandes de machines instables hautement performantes, construites pour la vitesse ou l'acrobatie, les militaires exigent des machines stables, endurantes, pouvant fournir un service prolongé et pardonnant beaucoup à l'inexpérience des jeunes pilotes. De légers monoplans sont encore commandés pour les armées – le Taube en Allemagne et le Morane-Saulnier en France, par exemple –, mais il existe un très fort préjugé favorable aux biplans. Le biplace B.E.2 conçu par Geoffrey de Havilland en 1912 pour la Royal Aircraft Factory en est un exemple typique.

PREMIER BOMBARDEMENT

À l'automne 1911, l'Italie déclare la guerre à la Turquie à la suite d'un litige concernant le territoire, alors sous la domination de l'Empire ottoman, qui deviendra la Libye. L'armée italienne possède quelques aéroplanes : des Blériot, Farman et Nieuport français et des Taube allemands. Une escadrille comprenant neuf aéroplanes et onze pilotes accompagne le corps expéditionnaire italien dépêché vers les côtes libyennes. Lors de la courte mais brutale campagne qui suit, les aéroplanes démontrent leur utilité en menant des missions de reconnaissance, de cartographie du désert et de largage de tracts promettant une pièce d'or et un sac de blé à ceux qui se rendraient. Le 1er novembre, le lieutenant Giulio Gavotti lance quatre grenades depuis son Blériot sur un campement turc dans l'oasis de Taguira : c'est le premier bombardement par aéroplane de l'Histoire. Malgré une opposition négligeable, les aviateurs sont salués comme des héros par les Italiens, et, bien que la Convention de La Haye de 1899 ait banni le bombardement par ballons, l'Italie prétend que cette interdiction ne peut être étendue aux avions.

BATAILLE DE DERNA
Cette affiche de propagande montre trois monoplans italiens survolant la bataille de Derna lors du conflit italo-turc (1911-1912).

Le monocoque Deperdussin 1913 de course

La société d'aviation Deperdussin est fondée en 1910 par un homme d'affaires né en Belgique, Armand Deperdussin, qui a fait fortune dans l'importation de la soie et qui ne connaît rien à l'aviation, ni à la mécanique. Il n'y voit qu'une bonne occasion d'investir dans une industrie nouvelle, car, dans le sillage de la réussite de Louis Blériot et de la Semaine de Reims, l'aviation apparaît comme une activité lucrative. Deperdussin finance un jeune ingénieur talentueux, Louis Béchereau, qui développe de nouveaux types d'aéroplanes. Le Deperdussin type C de 1911 est déjà une élégante variante réussie du type de référence, le Blériot XI, mais c'est en 1912 que Béchereau propose son monocoque révolutionnaire, qui deviendra l'avion le plus rapide de son temps.

Si le fuselage des autres aéroplanes comporte une charpente en bois recouverte d'une toile vernissée, le fuselage du Deperdussin consiste en une coque en bois moulé en forme, sans structure interne, très proche du fuselage d'un avion moderne. L'avion est léger, profilé et, par rapport aux critères de l'époque, pourvu d'un puissant moteur. En septembre 1912, Jules Védrines, aux commandes d'un type monocoque, remporte la coupe Gordon Bennett en établissant un nouveau record du monde de vitesse pure à 174 km/h. L'année suivante, Maurice Prévost remporte la première coupe Schneider à Monte-Carlo avec une version à flotteurs, et une version perfectionnée du type terrestre gagne de nouveau la coupe Gordon Bennett en battant encore le record mondial de vitesse avec près de 204 km/h.

Mais Deperdussin est déjà en cessation de paiement et il est arrêté pour actes frauduleux et escroquerie. Sa société, reprise et réorganisée par son concurrent Louis Blériot, produira l'un des chasseurs les plus réputés de la Grande Guerre, le Spad XIII.

LE SYSTÈME « DEP »

Les monoplans de course Deperdussin sont munis d'un système de commandes de vol novateur, comprenant un volant sur une colonne oscillante du genre de ce qu'on retrouve de nos jours sur de nombreux avions. La colonne, déplacée d'avant en arrière, commande la profondeur ; le contrôle latéral est obtenu par la rotation du volant.

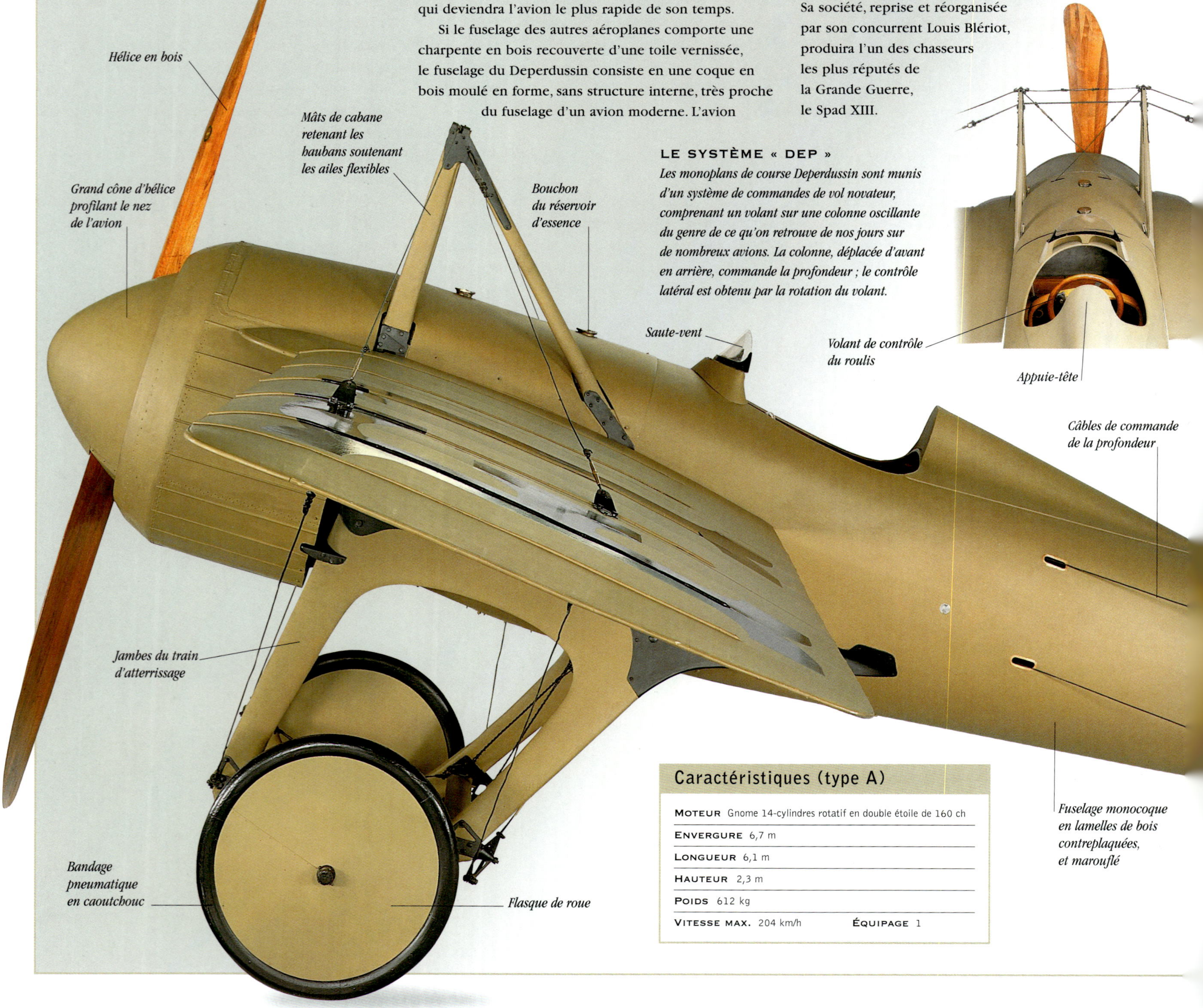

Caractéristiques (type A)

Moteur Gnome 14-cylindres rotatif en double étoile de 160 ch	
Envergure 6,7 m	
Longueur 6,1 m	
Hauteur 2,3 m	
Poids 612 kg	
Vitesse max. 204 km/h	**Équipage** 1

DÉCOLLAGE
Le moteur rotatif du Deperdussin est mis en marche manuellement par lancement de l'hélice (à droite). En attendant que le moteur soit chaud, les assistants retiennent l'appareil jusqu'à ce que le pilote l'estime prêt au décollage (ci-dessus). À son signal, ils lâchent l'avion.

LA FORCE DU GNOME
Le moteur rotatif Gnome présente le meilleur rapport puissance-masse de son temps. Tournant avec l'hélice, il génère un couple tirant l'avion vers la gauche qui rend le décollage plus délicat.

UN ARCHAÏSME
Très moderne sur bien des points, le Deperdussin utilise encore le gauchissement au lieu d'ailerons pour le contrôle en roulis. La fragilité de la voilure haubanée de faible épaisseur est problématique sur ces avions primitifs.

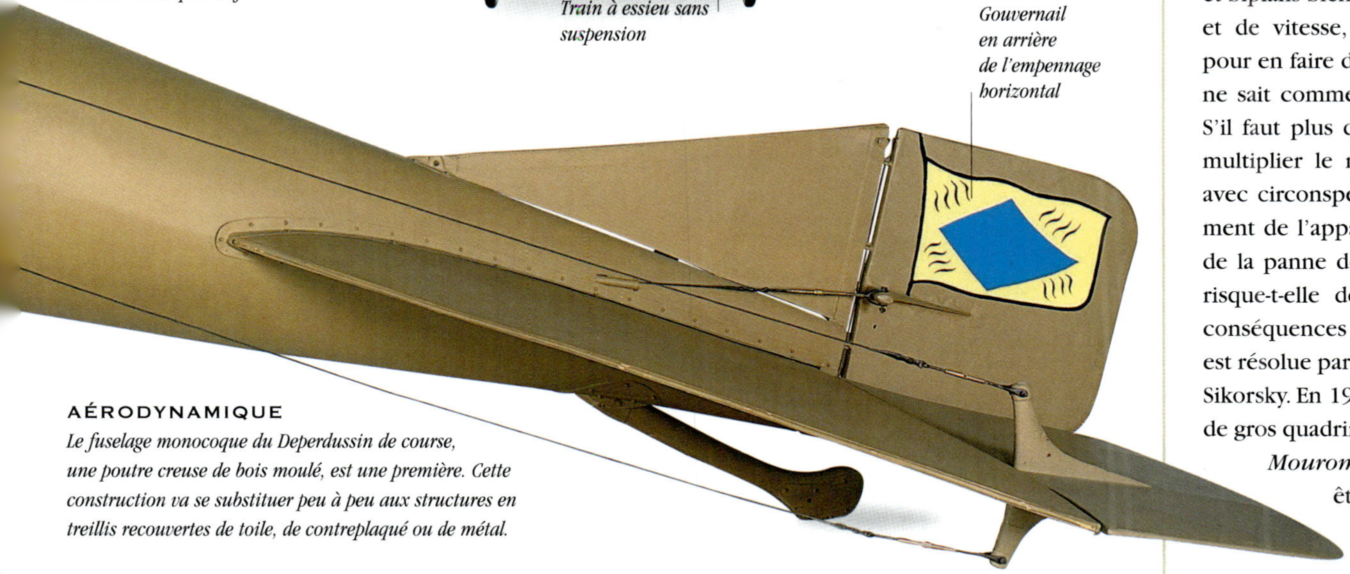

AÉRODYNAMIQUE
Le fuselage monocoque du Deperdussin de course, une poutre creuse de bois moulé, est une première. Cette construction va se substituer peu à peu aux structures en treillis recouvertes de toile, de contreplaqué ou de métal.

Dans les années 1912-1913, les avions qui battent des records de vitesse sont de fins monoplans, créations des français Nieuport, Morane-Saulnier et, surtout, de Louis Béchereau chez Deperdussin (voir ci-contre). Tous s'attachent à réduire la traînée en fermant les fuselages et en carénant les moteurs. En comparaison, un biplan comme le Farman, utilisé pour la formation de pilotes militaires, est décrit sans complaisance par un élève comme « une cage à poules ». Mais, si les monoplans sont rapides, leur aile unique ne fournit pas assez de portance pour soulever des charges lourdes. Elle est aussi plus fragile, même renforcée par des haubans fixés aux membrures du fuselage. L'agilité de ces avions rend aussi leur pilotage plus délicat.

À cette époque, une aile de faible épaisseur est considérée par les ingénieurs comme obligatoire. En fait, la recherche aérodynamique révélera bientôt qu'une aile plus épaisse génère une portance supérieure tout en étant plus solide. En 1910, un Allemand, industriel et professeur d'enseignement supérieur, Hugo Junkers, prend un brevet pour « un aéroplane formé d'une seule aile susceptible de contenir tous les éléments, moteurs, équipage, passagers, carburant et structure de la cellule ». Cette aile volante ne sera jamais construite, mais elle débouche sur l'aile cantilever, assez rigide pour être dépourvue de haubans, que Junkers cherche à faire valoir pendant la Première Guerre mondiale. Mais, en 1913-1914, la machine qui aligne de nouvelles références en matière de performance est un biplan, le Sopwith Tabloid, premier appareil de conception britannique capable de rivaliser avec succès contre les rapides avions français. Le Tabloid influence la conception des appareils de combat de la Grande Guerre.

La taille critique

Avant la Première Guerre mondiale, la découverte technique qui est probablement la plus importante concerne la taille des avions. Si les petits monoplans et biplans bien conçus battent des records d'altitude et de vitesse, leurs dimensions sont insuffisantes pour en faire des appareils utilitaires. Mais personne ne sait comment fabriquer des avions plus grands. S'il faut plus de puissance, la solution consistant à multiplier le nombre des moteurs est considérée avec circonspection. Le problème est le comportement de l'appareil dans le cas hautement probable de la panne de l'un des moteurs. Cette défaillance risque-t-elle de mettre l'avion en vrille avec les conséquences fatales que l'on connaît ? La question est résolue par le jeune ingénieur et pilote russe Igor Sikorsky. En 1913 et 1914, il fait voler régulièrement de gros quadrimoteurs, d'abord *Le Grand*, puis l'*Ilya Mourometz*, démontrant que la stabilité peut être maintenue avec un, voire deux moteurs coupés.

LE VOL SENSATIONNEL DE L'*ILYA MOUROMETZ*

Le 30 juin 1914, l'ingénieur pilote Igor Sikorsky décolle pour accomplir l'un des vols les plus spectaculaires de l'ère des pionniers d'avant 1914. Aux commandes de son quadrimoteur baptisé *Ilya Mourometz*, Sikorsky a l'intention de relier Saint-Pétersbourg à Kiev, puis de regagner Saint-Pétersbourg en survolant les forêts et les marais de la Russie occidentale, c'est-à-dire de couvrir 2 600 km.

Pour son richissime employeur, Mikhail Shidlovski, directeur de l'Usine de constructions ferroviaires russo-baltique de Saint-Pétersbourg, Sikorsky a déjà construit un appareil à quatre moteurs baptisé *Le Grand* (Bolchoi) , en 1913. D'une envergure de 31 m, c'est en son temps un avion géant. Les spécialistes étrangers, persuadés qu'il ne volera pas, le surnomment le « canard de Pétersbourg ».

Or, en mai 1913, il vole et le « canard » fait montre de ses qualités lors d'essais en transportant huit passagers à son bord. Un balcon aménagé à l'avant offre aux passagers de sensationnelles vues aériennes, et les plus braves peuvent profiter d'une plate-forme d'observation extérieure à l'arrière du fuselage.

> « L'aéronautique n'est ni une industrie ni une science, c'est un miracle. »
>
> **Igor Sikorsky**

En octobre 1913, Sikorsky conçoit l'*Ilya Mourometz*, encore plus grand. Son envergure atteint 37 m, son fuselage est long de 27 m, et sa masse totale au décollage dépasse 5 400 kg. Même avec quatre moteurs de 100 ch entraînant quatre hélices tractives, c'est une masse considérable à faire voler. L'avion, qui peut emmener seize personnes équipage compris, offre un niveau de confort remarquable pour l'époque. La cabine des passagers est chauffée et éclairée à l'électricité grâce à une génératrice éolienne ; elle comporte une chambre et des toilettes, une première en aviation.

Le vol de 1914 est destiné à démontrer que, sans aucun doute, Sikorsky a su créer un très grand avion utilisable. Le 30 juin, l'*Ilya* décolle à l'aube, emmenant Sikorsky, trois membres d'équipage et un chargement complet de pièces de rechange, de nourriture et de carburant pour survoler des étendues désertes sans escorte ni assistance au sol.

Après un vol sans histoire de 8 heures, il effectue son premier ravitaillement à Orsha. En revanche, la seconde étape vers Kiev est plus problématique. Un moteur prend feu et deux membres d'équipage doivent monter sur l'aile pour étouffer les flammes avec leur manteau. Sikorsky doit atterrir d'urgence pour réparer. Décollant le lendemain, il entre dans une zone de pluie et de nuages bas. Des turbulences

EN VUE DE KIEV
*Ce tableau montre l'*Ilya Mourometz *au-dessus de Kiev au terme de son vol entre Saint-Pétersbourg et la capitale de l'Ukraine (30 juin-11 juillet 1914). À la fin de juillet, la Russie mobilise en vue d'une guerre qui verra la mise en service des avions géants de Sikorsky comme bombardiers lourds.*

FIN DE LA JOURNÉE
*Sikorsky pose l'*Ilya Mourometz *sur l'aérodrome de Korposnoi, près de Saint-Pétersbourg, le 11 juillet 1914, après un aller et retour réussi jusqu'à Kiev. Deux personnes se tiennent sur la plate-forme-observatoire extérieure.*

violentes l'assaillent jusqu'à déclencher une vrille dont il ne sort qu'après avoir plongé de 350 m. C'est avec un immense soulagement que Sikorsky entame sa descente vers les coupoles dorées de Kiev et se pose devant une foule enthousiaste. Le retour vers Saint-Pétersbourg est beaucoup plus calme, et le temps de vol de ce remarquable raid atteint 26 heures. En plus des honneurs et des récompenses qui pleuvent sur Sikorsky, le tsar Nicolas II lui adresse un message de gratitude personnel.

La route est ouverte pour la construction de grands avions de transport de passagers ou de bombardiers lourds. Le remarquable vol aller-retour de Sikorsky entre Saint-Pétersbourg et Kiev (2 600 km) aux commandes de l'*Ilya Mourometz* (voir ci-contre) clôt magistralement le premier chapitre de l'histoire de l'aviation. Que de chemin parcouru dans les airs depuis les premières tentatives des pionniers du vol humain…

PREMIER GÉANT
*Le Sikorsky Ilya Mourometz n° 27 est ici muni d'un nez totalement vitré. Ce timbre (à droite) a été émis en 1976 par l'Union soviétique pour commémorer le vol historique de l'*Ilya Mourometz.

Le symbole de la modernité

Les machines volantes et les aventuriers qui les pilotent ont conquis la sympathie et l'imagination de millions de gens. Ceux qui ont connu ce que Grahame-White nomme une « immense et curieuse sensation de puissance », apportée par le pilotage d'un aéroplane, ne sont que quelques milliers, mais ceux qui ont été frappés par le rêve de piloter ou de voler sont innombrables. L'aviation est célébrée par des peintres et des poètes qui adoptent l'aéroplane comme symbole d'une modernité à laquelle ils aspirent. Le grand poète italien Gabriele D'Annunzio devient lui-même pilote, après avoir salué dans l'aviateur le « messager d'une vie plus vaste ». Mais cet enthousiasme envers l'aviation ne s'empare pas que des intellectuels. En 1911, un instituteur de l'Angleterre profonde demande à ses élèves d'exprimer la plus grande ambition de leur vie. Le futur romancier, alors âgé de 7 ans, Graham Greene écrit : « M'élever dans un aéroplane. »

En 1914, une période touche à sa fin. L'aéronautique devient alors lentement une science et rapidement une industrie d'armement, ce qui dérange tous ceux qui espéraient que l'aviation transcenderait par sa nature les frontières et réunirait les peuples malgré leurs différences.

IGOR SIKORSKY

NÉ À KIEV, Igor Sikorsky (1889-1972) grandit dans une famille qui cultive la curiosité intellectuelle. Enfant, il se passionne pour l'aviation à travers des romans de Jules Verne et des écrits relatant les travaux de Léonard de Vinci sur l'hélicoptère. Après des études d'ingénieur, il échoue dans ses tentatives de construction d'hélicoptères et se tourne vers les appareils à voilure fixe plus classiques. En 1913, il construit le premier quadrimoteur du monde. Baptisé *Le Grand*, il sert de prototype à l'*Ilya Mourometz*, type adapté ensuite au bombardement à longue distance lors de la Grande Guerre. En 1918, Sikorsky émigre aux États-Unis pour échapper à la révolution d'Octobre. Après quelques années d'enseignement, il fonde son propre bureau d'études qui créera de nombreux hydravions à coque commerciaux. Dans les années 1930, il revient à sa préoccupation initiale et produit en 1939 le prototype du premier hélicoptère moderne construit en série (voir pp. 282-283).

LE PIONNIER RUSSE
Igor Sikorsky pose devant un Ilya Mourometz. Il prouve que les grands appareils multimoteurs sont viables.

LES PIONNIERS DE 1908 À 1914

Dans la période couvrant les toutes premières années de l'aviation, la concurrence est très vive entre les riches sportifs, les constructeurs et les investisseurs qui cherchent tous à produire des aéroplanes efficaces. Cette industrie naissante repose sur les compétences et le savoir-faire d'artisans venant du meuble ou du cycle et sachant travailler le bois, le tube mince, la toile et la corde à piano. Les moteurs découlent de types construits pour l'automobile ou la moto. Le Wright type A influence moins la conception qu'on ne le croit. Les roues sont préférées aux patins et les ailerons s'imposent face au gauchissement des Wright pour le contrôle en roulis. Le Blériot XI favorise le succès d'une autre formule, celle du monoplan. Mais ceux-ci, qui ne sont pas considérés comme suffisamment robustes, semblent réservés aux sportifs les plus audacieux. L'architecture qui va dominer lors de la Grande Guerre, le biplan à hélice tractive, ne s'impose que lentement. Cette formule établie par le Breguet de 1909 évolue sous la forme du très performant Sopwith Tabloid.

LE BLÉRIOT DE LA MANCHE
Un Blériot XI, comme celui avec lequel Louis Blériot traversa la Manche en juillet 1909, survole la plage de Nice.

Antoinette IV

L'élégance du fuselage aux formes marines et la modernité de son moteur léger démontrent le non-conformisme des conceptions et le sens artistique de son créateur, Léon Levavasseur. Le 19 juillet 1909, Hubert Latham tente sans succès la première traversée de la Manche en aéroplane avec cet étonnant monoplan français qui porte le prénom de la fille de son commanditaire.

Moteur Green 4-cylindres de 35 ch, refroidi par eau

Envergure 12,2 m	**Longueur** 11,3 m
Vitesse max. 72 km/h	**Équipage** 1
Passagers 0	

A. V. Roe Avro IV Triplan

En 1910, le pionnier britannique Alliot Verdon Roe fonde la firme Avro. L'Avro IV, présenté en 1911, est le premier triplan réussi. L'avantage principal du triplan par rapport au biplan tient à la possibilité de réduire l'envergure pour obtenir une portance égale. Une envergure raccourcie améliore aussi la manœuvrabilité.

Une copie de cet avion figure dans le film *Ces merveilleux fous volants dans leurs drôles de machines*, de Ken Annakin (1965).

Moteur Green 4-cylindres de 35 ch, refroidi par eau

Envergure 9,8 m	**Longueur** 9,2 m
Vitesse max. inconnue	**Équipage** 1
Passagers 0	

Biplan Breguet à hélice tractive

Après une tentative infructueuse de construction d'un hélicoptère en 1907, Breguet produit son premier biplan en 1909, en utilisant le tube d'acier pour la structure. L'architecture de la version améliorée de 1910 va fixer la configuration « moderne » de tous les biplans ultérieurs à hélice tractive.

Moteur Renault V8 de 50 ch, refroidi par air

Envergure 13 m	**Longueur** 10 m
Vitesse max. 70 km/h	**Équipage** 1
Passagers 0	

Bristol Boxkite

Le premier type réussi de la Bristol Aeroplane Company, le Standard Biplane, plus généralement connu sous le nom de Bristol Boxkite, est une variante améliorée d'un biplan Henri-Farman. Au total, 76 exemplaires sont construits pour des écoles de pilotage militaires et civiles de plusieurs pays.

Moteur Gnome rotatif de 50 ch

Envergure 10,5 m	**Longueur** 11,7 m
Vitesse max. 64 km/h	**Équipage** 1
Passagers 0	

Curtiss Model D

Jusqu'en mars 1909, Glenn H. Curtiss fait partie de l'Aerial Experiment Association (AEA) créée par Alexander Graham Bell, qui construit quatre biplans constamment améliorés. Après la disparition de l'AEA, Curtiss commence à construire le type Curtiss « Pusher » (pousseur) à partir du dernier biplan de l'AEA. Les premiers appareils sont fabriqués sur commande et sur mesures, mais, au milieu de 1911, le volume de production et le niveau de normalisation font adopter les désignations officielles Model D (monoplace) et E (biplace). Les caractéristiques ci-dessous se rapportent au type D-4, vendu au prix de 4 500 dollars.

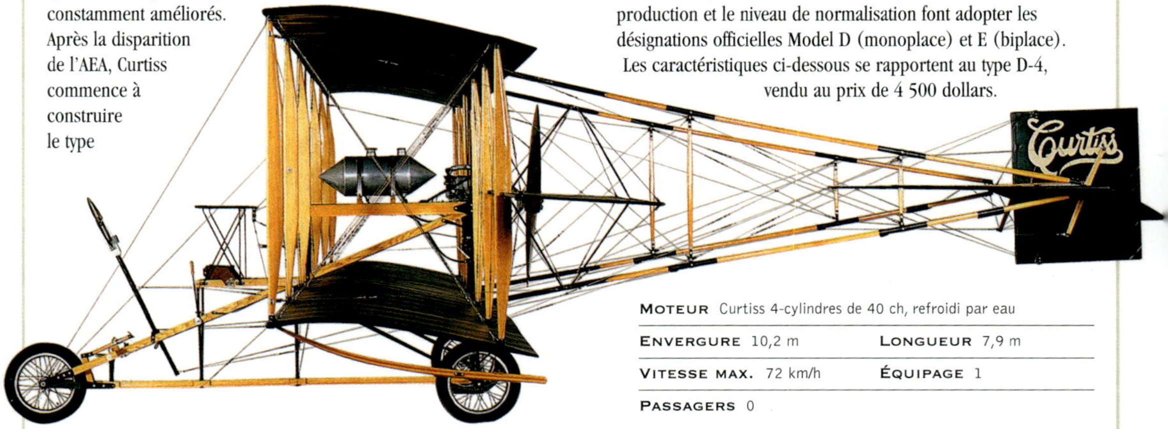

Moteur Curtiss 4-cylindres de 40 ch, refroidi par eau

Envergure 10,2 m	**Longueur** 7,9 m
Vitesse max. 72 km/h	**Équipage** 1
Passagers 0	

Deperdussin type C

Armand Deperdussin est un entrepreneur original qui crée la Société d'aviation Deperdussin en 1910. Les appareils (dont le type C de 1911) sont conçus par un ingénieur de 30 ans, Louis Béchereau. Une série de monoplans d'avant-garde va ensuite battre plusieurs records du monde de vitesse. Le premier au-dessus de 160 km/h est signé par Jules Védrines le 22 février 1912 avec 162 km/h. Lorsqu'en 1913, Deperdussin est emprisonné pour escroquerie, sa firme est reprise par Louis Blériot, qui conserve Béchereau comme ingénieur en chef.

Moteur Clerget 4-cylindres en ligne de 100 ch

Envergure 8,8 m	**Longueur** 5,5 m
Vitesse max. 162 km/h	**Équipage** 1
Passagers 0	

Voisin-Henri-Farman H.F.1

Le Voisin-Henri-Farman H.F.1 est un biplan à voilure cellulaire et gouverne de profondeur frontale. Muni de roues tirées, il réussit à décoller le 30 septembre 1907 et à voler sur 30 m le 7 octobre. Modifié ensuite par Farman, le H.F.1 réapparaît avec un unique plan de profondeur frontal, une nacelle entoilée et un empennage cloisonné. Piloté par Henri Farman, le 13 janvier 1908, le H.F.1 parcourt le premier kilomètre en circuit fermé en Europe à Issy-les-Moulineaux. Cette réussite lui vaut un prix de 50 000 francs et de nombreuses commandes pour son avion.

Moteur Antoinette V8 de 50 ch

Envergure 10,8 m	**Longueur** 13,45
Vitesse max. 60 km/h	**Équipage** 1
Passagers 0	

Maurice Farman type militaire 1912

Les frères Farman, qui s'associent en 1912, produisent auparavant séparément des aéroplanes biplans assez semblables, dérivés du Voisin de 1908. Battu au concours militaire français de 1911, un Maurice Farman remporte au concours militaire britannique de 1912 une importante commande de l'armée britannique pour l'entraînement et la reconnaissance. Cet avion reçoit alors le surnom de « Longhorn » (longues cornes) en raison de ses longs patins d'atterrissage.

Moteur Renault V8 de 80 ch

Envergure 15,5 m	**Longueur** 11,5 m
Vitesse max. 105 km/h	**Équipage** 2
Passagers 0	

Goupy (n° 2) 1909

Sans être très réussi, le Goupy n° 2 est, avec le biplan Breguet, le promoteur de la formule classique de tous les biplans ultérieurs à hélice tractive. Conçu par Ambroise Goupy et le lieutenant A. Calderara, l'appareil, construit aux ateliers Blériot, effectue son premier décollage en mars 1909. Le biplan le plus réussi de l'un des pionniers britanniques, A. V. Roe, est inspiré du Goupy n° 2.

Moteur R.E.P. de 25 ch

Envergure 6 m	**Longueur** 7 m
Vitesse max. 97 km/h	**Équipage** 1
Passagers 0	

Santos-Dumont Demoiselle

Le Santos-Dumont n° 19, dit Demoiselle, effectue son premier vol en novembre 1907, mais c'est la version améliorée n° 20 qui est lancée en production en 1909. Plus petit aéroplane de son temps, c'est l'ancêtre des ultralégers motorisés avec son fuselage de bambou, son aile démontable et son train d'atterrissage tricycle. C'est aussi le premier type proposé aux constructeurs amateurs, car Santos-Dumont autorise sa libre reproduction. Ce poids plume (107 kg) vendu 5 000 francs a davantage de succès auprès du public qu'avec les pilotes.

Moteur Dutheil et Chalmers 2-cylindres de 25 ch

Envergure 5 m	**Longueur** 6 m
Vitesse max. 100 km/h	**Équipage** 1
Passagers 0	

Sopwith Tabloid

Sans être le premier avion monoplace armé de reconnaissance, le Tabloid est le plus performant des avions de course et de chasse britanniques avant la Grande Guerre. Le Tabloid remporte la coupe Schneider en 1914 et sert pendant la guerre avec le Royal Flying Corps et le Royal Naval Air Service.

Moteur Gnome rotatif de 80 ch

Envergure 7,7 m	**Longueur** 6,2 m
Vitesse max. 148 km/h	**Équipage** 1
Passagers 0	

Wright type A

Au Mans, le 8 août 1908, Wilbur Wright effectue une démonstration convaincante sous les yeux d'une assistance étonnée. Sa maîtrise évidente et apparemment aisée, pendant 1 minute et 45 secondes, bouleverse l'aéronautique européenne. Un mois plus tard, le 3 septembre, Orville Wright entame à Fort Meyer, près de Washington DC, une série de démonstrations qui font taire les critiques américains. Une ère nouvelle commence pour l'aviation pratique, et le Wright type A est construit sous licence en France, en Grande-Bretagne et en Allemagne, ainsi que par les frères Wright eux-mêmes.

Moteur Wright 4-cylindres de 30 ch, en ligne refroidi par eau

Envergure 12,5 m	**Longueur** 9,5 m
Vitesse max. 64 km/h	**Équipage** 1
Passagers 0	

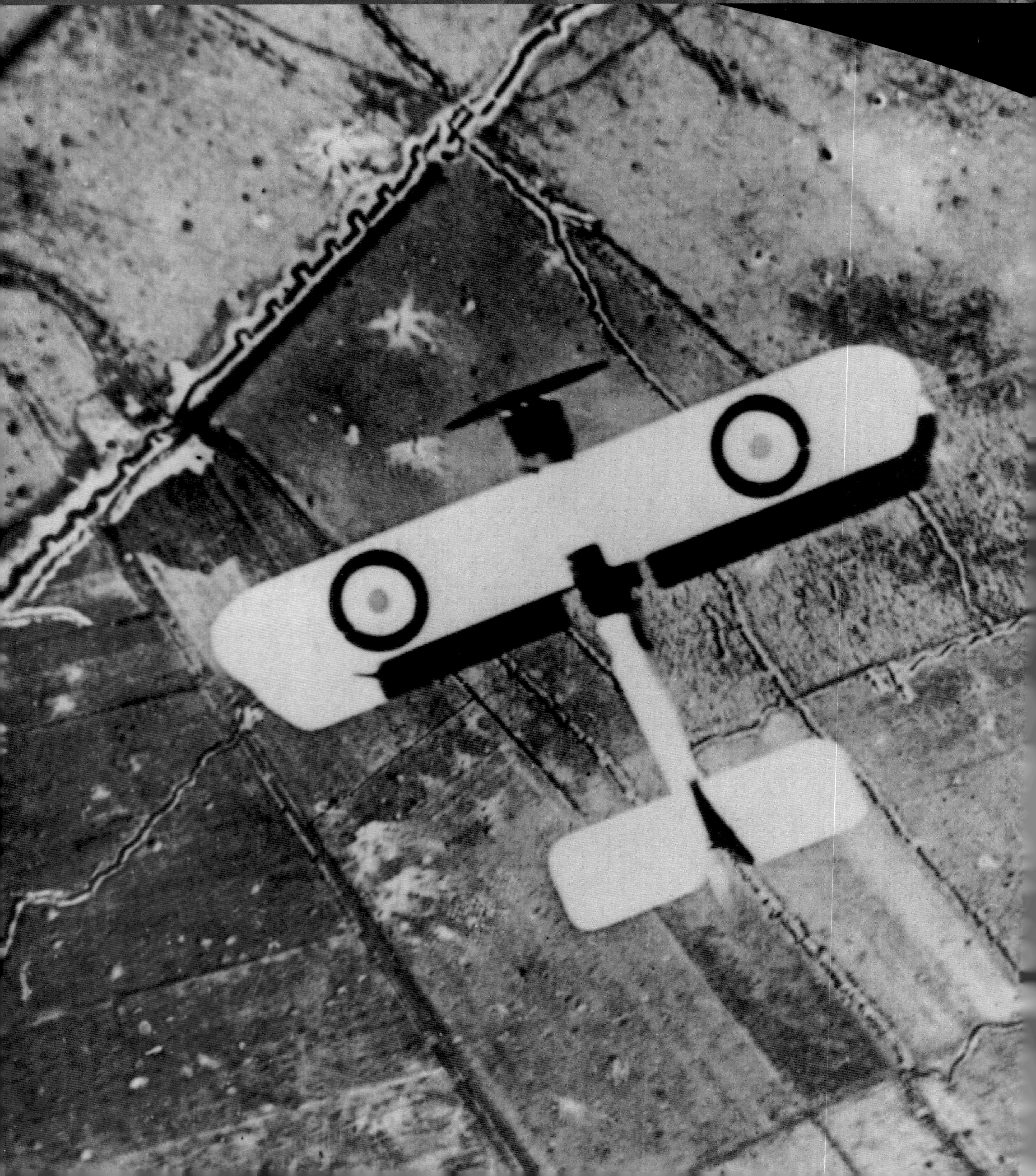

L'AVION DE COMBAT

2

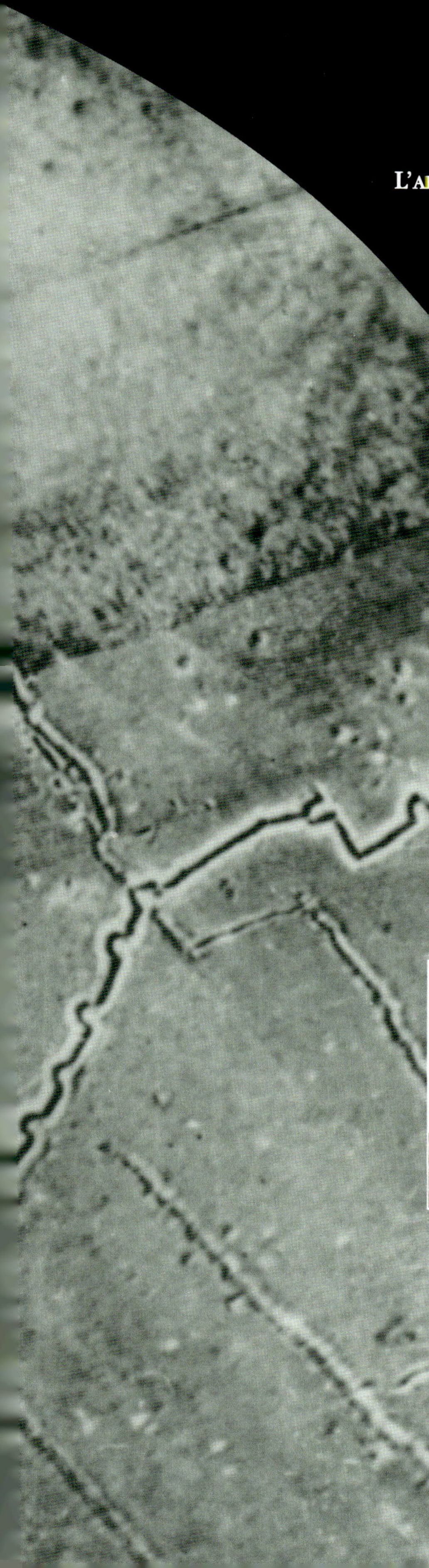

L'AÉROPLANE TROUVE sa première application pratique comme machine de guerre entre 1914 et 1918. L'aviation mûrit dans les épreuves du combat. Pour la première fois, des avions doivent voler tous les jours avec tout ce que cette contrainte implique comme entretien et fiabilité. Moteurs plus puissants et cellules plus robustes sont indispensables à l'accroissement des performances. On assiste aussi à un changement d'échelle : fabriqués avant la guerre à quelques centaines d'exemplaires, les avions sortent maintenant des usines par milliers. Du point de vue militaire, la Grande Guerre est à l'origine de la spécialisation des appareils et de nouveaux concepts apparaissent. Ainsi le bombardier donnera-t-il l'avion de ligne. Les as de la chasse combattant dans le ciel perpétuent la tradition des pilotes héros populaires.

EN PATROUILLE
Un B.E.2 du Royal Flying Corps survole les tranchées sur le front belge pendant la Grande Guerre. Les B.E.2 entrent en service à un moment où le rôle de l'aviation n'est pas encore défini. Par la suite, ils sont employés à la reconnaissance, au bombardement tactique et à la défense aérienne de la Grande-Bretagne contre les dirigeables.

« Les hommes, à présent, allaient mourir dans le ciel comme ils mouraient depuis des siècles sur la terre et sur les eaux, en s'entretuant. »

René Chambe,
dans *Au temps des carabines*,
Flammarion, 1955

LES YEUX DE L'ARMÉE DE TERRE

LORS DE LA PREMIÈRE GUERRE MONDIALE, LE RÔLE PRINCIPAL DE L'AVION EST DE SOUTENIR LES TROUPES TERRESTRES. LES AVIATEURS VONT D'ABORD MOURIR POUR LES FANTASSINS.

Au moment du déclenchement de la guerre, en août 1914, l'aéroplane ne semble pas appelé à jouer un grand rôle dans la bataille. Si les forces terrestres des principales armées européennes rassemblent des millions d'hommes, le total des avions de première ligne déployés par tous les belligérants ne dépasse pas 500 machines, frêles monoplans et biplans non armés. Animés d'un ardent patriotisme que les circonstances portent au paroxysme, les pilotes civils qui s'engagent immédiatement comptent dans leurs rangs des vedettes comme Jules Védrines et Roland Garros. Mais l'autorité militaire dédaigne encore les talents de ces risque-tout sportifs déjà auréolés de gloire et trop connus.

CHASSEUR DE TÊTE
Roland Garros, premier aviateur ayant franchi la Méditerranée en 1913, est le premier pilote de la Grande Guerre à abattre un avion ennemi en tirant à travers le disque de son hélice (voir p. 73).

Les pilotes de l'armée sont tout au plus des « chauffeurs » de l'air. Leur tâche consiste à transporter un observateur – officier supérieur le plus souvent – au-delà du front pour reconnaître les positions et les mouvements de l'ennemi. Au cours des premières semaines de la guerre, les mouvements sont incessants : avances rapides, encerclements et retraites précipitées. À l'ouest, les forces allemandes envahissent la Belgique et avancent vers Paris, tandis qu'à l'est, les Russes pénètrent profondément en Prusse Orientale. Décollant la plupart du temps de terrains improvisés (des prairies) au plus près d'un front constamment mouvant, pilotes et observateurs hantent un ciel presque vide à la recherche de troupes ennemies, notant leur position, leur importance et leur marche en quelques mots succincts accompagnés de croquis. La tâche n'est pas aussi facile qu'il y paraît à bord d'appareils très facilement agités par les mouvements de l'air, et où les vibrations intenses et le froid empêchent l'observateur d'écrire ses notes ! Les nuages bas interdisent l'observation et les pannes sont fréquentes. L'apparition d'un avion déclenche des fusillades des troupes ennemies comme des troupes amies. Et, après avoir pris tous ces risques, les aviateurs voient souvent leurs rapports dédaignés ou ignorés par des généraux encroûtés dans leur routine, qui n'accordent aucune confiance à ces méthodes d'observation trop peu fiables à leurs yeux.

BEAU COMME UN AVION
L'Albatros D.V, dont plus de 3 000 sont construits entre 1917 et 1918, est la monture de nombreux as allemands. Pourtant, malgré son fuselage monocoque profilé et ses lignes élégantes, le D.V est surclassé par les chasseurs alliés. En juillet 1917, un pilote allemand écrit : « Le D.V est si dépassé et si ridiculement inférieur qu'on ne peut rien en faire. »

Preuve et affirmation

La reconnaissance aérienne apporte cependant une contribution décisive aux combats sur les deux fronts. À l'est, les Russes négligent l'utilisation des rares avions dont ils disposent, alors que les Allemands emploient avantageusement leurs Taube. Survolant forêts et lacs de la Prusse Orientale, les aviateurs allemands repèrent l'avance des troupes russes et permettent à leur haut commandement de déplacer à temps des renforts vers le front. Lorsque la bataille se déclenche à Tannenberg, les Allemands, pourtant inférieurs en nombre, peuvent concentrer leurs forces au point le plus crucial au meilleur moment et remporter une grande victoire grâce aux informations fournies par les observateurs aériens.

À l'ouest, les aviateurs français et britanniques suivent la retraite précipitée des Alliés depuis la frontière belge devant des troupes allemandes qui semblent se diriger vers Paris. Le 29 août 1914, un pilote allemand largue une petite bombe sur la capitale. Mais, le 3 septembre, les reconnaissances aériennes françaises signalent et confirment que les armées ennemies infléchissent leur marche vers le sud-est.

LA RELÈVE

Un escadron de cavalerie français observe le passage d'un biplan en 1915. Les avions remplacent vite les cavaliers dans leurs rôles traditionnels de découverte et de reconnaissance grâce à leur vitesse et à leur possibilité d'observer plus de terrain. Un grand nombre de pilotes militaires des deux camps proviennent de la cavalerie, dont l'importance diminue sur le front occidental.

VU DU CIEL

Ce cliché (ci-dessous à droite) a été pris lors d'une mission de reconnaissance au-dessus du front, en France. Dès la fixation du front occidental dans les tranchées fin 1914, les commandants d'armées deviennent totalement dépendants de la reconnaissance aérienne pour obtenir des informations sur ce qui se passe du côté ennemi. La reconnaissance photo est une activité à risques pour les aviateurs, qui doivent voler en ligne droite et à basse vitesse au-dessus des positions ennemies.

NE BOUGEONS PLUS

Un observateur du Royal Flying Corps fait une démonstration avec une chambre photographique pour avion Thorton-Pickard type A (ci-dessus). Au début, les appareils sont tenus à la main avec des dragonnes ou des poignées (à droite), avant d'être fixés sur l'avion.

Cette nouvelle est remarquablement exploitée par le général Joseph Galliéni, commandant du camp retranché de Paris, qui n'hésite pas à lancer une contre-attaque sur le flanc droit, plus exposé, des Allemands en direction de la Marne. Cette bataille change le cours de la guerre. À la fin de l'automne, les Allemands ont reflué et le front occidental s'est figé. La guerre de mouvement s'est arrêtée et les armées s'enterrent dans des tranchées sur une ligne allant de la Manche à la frontière suisse. Cette situation va durer pendant trois ans et demi.

Au cours de cette interminable guerre de tranchées, durant laquelle les gains de terrain resteront misérablement limités malgré les énormes préparations d'artillerie et les masses d'hommes jetés dans des offensives stériles qui feront des centaines de milliers de morts et de blessés, l'aviation va jouer consciencieusement le rôle que lui assignent les grands états-majors des armées. Elle a pour fonction première d'effectuer des reconnaissances et d'être les « yeux » de l'artillerie, à laquelle elle est étroitement associée, ainsi que d'infliger des dommages aux troupes et aux matériels ennemis au moyen de bombardements tactiques et d'attaques au sol.

Voir et renseigner

À partir de 1915, la photographie commence à remplacer les croquis et les notes pour s'imposer comme la meilleure technique de reconnaissance. Des avions munis de chambres photographiques peu maniables sont envoyés chaque jour au-dessus du front, afin de fournir au commandement une image des positions ennemies et des emplacements d'artillerie. Au début, ces appareils sont semblables à ceux utilisés en studio, avec de grandes plaques de verre que l'opérateur doit changer manuellement après chaque prise. C'est une tâche pénible pour l'observateur qui travaille en plein vent dans le froid. Par la suite, des appareils munis d'un système de chargement automatique facilitent les missions, mais la reconnaissance photo demeure une activité aussi ingrate que risquée.

INSTRUCTIONS AVANT LE VOL

Un officier britannique donne ses instructions au pilote d'un B.E.12 sur les secteurs à photographier. La plupart des avions de reconnaissance sont des biplaces emmenant un observateur chargé de déclencher la caméra. Le pilote d'un B.E.12 monoplace doit prendre des clichés et surveiller un ciel hostile.

LES APPAREILS DE RECONNAISSANCE 1914-1918

Au début de la guerre de 1914, le grand état-major allemand précise que « le devoir de l'aviateur est d'observer, pas de combattre ». La reconnaissance et le réglage d'artillerie étant les principales missions de l'aviation militaire, les appareils employés ne sont pas des engins d'exception, à en juger les frêles monoplans comme le Taube, engagé au début du conflit, ou encore les lents et maladroits biplans qui survolent les tranchées. La stabilité est considérée comme la qualité principale des avions de reconnaissance qui doivent fournir les plates-formes nécessaires à l'observation et à la photographie. Mais ils sont donc lents et peu maniables, proies faciles pour les chasseurs ennemis et vulnérables au feu des troupes au sol. Quelques avions comme le Renault A.R. et le RAF R.E.8 ont mauvaise réputation. Après une série d'accidents, le R.E.8 est provisoirement retiré du service jusqu'à ce qu'une enquête révèle que ces accidents sont dus à un entraînement inadapté plutôt qu'à une mauvaise conception du matériel. Par la suite, les Alliés font des progrès en utilisant le chasseur Bristol F.2B pour des missions de reconnaissance. Le perfectionnement du matériel photographique permet aux Allemands d'effectuer les premières missions de reconnaissance à haute altitude hors de portée de la plupart des chasseurs.

MORTELLE TOURTERELLE
Déjà dépassé en août 1914, le Rumpler Taube, qui ne vole qu'à une vitesse maximale de 97 km/h, est très vulnérable en combat.

Caudron type G.IV

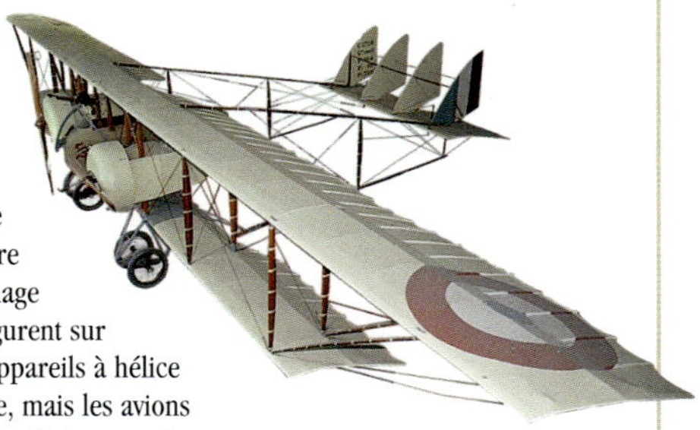

La nacelle et la poutre d'empennage arrière figurent sur tous les appareils à hélice propulsive, mais les avions Caudron se distinguent des autres par un moteur frontal. Le G.IV est capable de jouer plusieurs rôles : reconnaissance, bombardement et entraînement.

Moteurs 2 rotatifs Le Rhône 9-cylindres de 80 ch

Envergure 17,2 m	**Longueur** 7.2m
Vitesse max. 132 km/h	**Équipage** 2

Armement 2 mitrailleuses de 7 mm

Farman H.F.20

Au déclenchement de la guerre, l'usine des frères Farman reçoit de grosses commandes pour les types M.F.7 et M.F.11 conçus par Maurice et pour le type H.F.20 de Henri. En France, leur mission principale est l'observation jusqu'au milieu de 1915, avant de devenir des appareils d'entraînement.

Moteur Gnome rotatif 7A 7-cylindres

Envergure 15,5 m	**Longueur** 8,8 m
Vitesse max. 100 km/h	**Équipage** 2

Armement Aucun ou 1 m traîlleuse

RAF B.E.2c

Le B.E.2 est un appareil d'observation : lent, stable et non armé. Mais il devient vite évident qu'il doit pouvoir se défendre. C'est ainsi que le B.E.2c, introduit en octobre 1914, est équipé d'une mitrailleuse destinée à l'observateur.

Moteur Royal Aircraft Factory 1a V8 de 90 ch, refroidi par air

Envergure 11,29 m	**Longueur** 8,3 m
Vitesse max. 120 km/h	**Équipage** 2

Armement 1 mitrailleuse Lewis de 7,7 mm (et jusqu'à 4 armes) ; 104 kg de bombes (pilote seul)

RAF R.E.8

Le R.E.8 surnommé par ses utilisateurs « Harry Tate » (d'après le nom d'un artiste du music-hall) remplace le démodé B.E.2c. Mis en service en 1916, il devient le plus répandu des avions de reconnaissance et de réglage d'artillerie mis en ligne par le RFC au cours de la Grande Guerre.

Moteur V12 Royal Aircraft Factory 4a de 140 ch, refroidi par air

Envergure 13 m	**Longueur** 8,5 m
Vitesse max. 164 km/h	**Équipage** 2

Armement 1 mitrailleuse Vickers 7,7 mm et 1 mitrailleuse Lewis pour l'observateur ; 100 kg de bombes

Rumpler Taube

Identifiable à ses ailes d'oiseau aux extrémités prolongées vers l'arrière et donnant le gauchissement, le Taube (« pigeon ») autrichien remonte au planeur Etrich-Wels de 1907. La licence de fabrication est cédée d'abord à Rumpler, considéré souvent comme le créateur de l'appareil. Malgré sa conception ancienne, ses succès comme avion de reconnaissance sur le front occidental sont à l'origine de sa construction par Albatros, Gotha et DFW.

Moteur Mercedes D1 6-cylindres en ligne de 100 ch, refroidi par eau

Envergure 14,5 m	**Longueur** 10 m
Vitesse max. 97 km/h	**Équipage** 2

Armement Aucun

ALERTE, FOKKER !

Cette rare vue aérienne montre un Fokker Eindecker (monoplan) en action au-dessus de la France. Cet avion possède une structure en tubules de métal qui lui donne une grande résistance aux efforts lors des piqués à grande vitesse, sans qu'il soit par ailleurs très novateur. C'est même l'un des derniers avions à se servir encore du gauchissement pour le contrôle latéral au lieu des ailerons.

Un avion qui photographie en restant stable sur une trajectoire rectiligne est une cible idéale, et les appareils déjà périmés et sous-motorisés que l'on destine à la reconnaissance sont des proies faciles pour les chasseurs et la DCA. Pourtant, et au prix de pertes élevées, des photomontages très complets des retranchements ennemis permettent de mieux sélectionner les futurs objectifs de l'artillerie.

Lorsque l'artillerie lourde entre en jeu, la mission des avions change. Les artilleurs ont besoin d'observateurs qui leur précisent le point d'impact des obus afin de corriger la portée et l'azimut. Par temps clair, les observateurs aériens voient bien le sol, mais ils n'ont pas de moyen de communication pratique avec le sol avant 1916, avant que de nouveaux avions munis d'un émetteur radiotélégraphique entrent en service. La combinaison de la radio et du « code de la montre » – système à base de lettres et de chiffres servant à préciser le point d'impact par rapport à la cible – procure une méthode de repérage assez précise et efficace. Lors des batailles de la Somme, en 1916, les Britanniques constatent que l'observation aérienne la plus poussée ne peut améliorer l'efficacité des barrages d'artillerie contre les troupes abritées dans des fortifications profondément enterrées. En 1918, les Français recourent au bombardement aérien tactique massif et brisent ainsi deux offensives allemandes.

Vers la fin de la guerre, les Allemands introduisent un appareil de reconnaissance qui offre à ses équipages un certain degré de sécurité. Le Rumpler C.VII, qui peut grimper à 6 000 m, est équipé d'un appareil de prise de vue automatique capable de prendre une série de clichés. Mais l'équipage n'est guère protégé du froid et n'a pas d'oxygène, ce qui réduit ses capacités de défense contre les Spad français qui montent aussi haut.

LE TIR VENANT DU SOL

La défense antiaérienne allemande (« Archie » dans l'argot du Royal Flying Corps, ancêtre de la RAF) entraîne de grosses pertes parmi les avions de reconnaissance très peu manœuvrables. Le lieutenant pilote William Read écrit : « Je me demande combien de temps mes nerfs vont encore supporter ces tirs quasi quotidiens de la DCA allemande […] Je serais moins inquiet si je pilotais un appareil rapide et meilleur grimpeur. Aujourd'hui […] quelques obus ont explosé très près et j'ai entendu siffler les éclats […] Je suppose que la fin sera plutôt brutale et rapide. » La plupart des commandants d'unités de DCA estiment plus efficaces les obus à balles, ou shrapnels, pour abattre un avion. D'autres préfèrent les obus explosifs ou incendiaires.

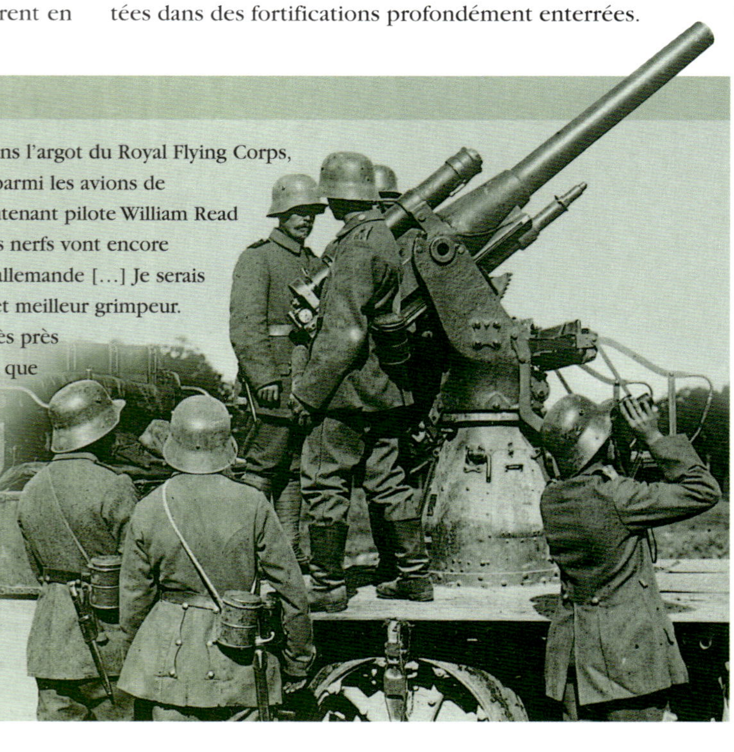

PROBABILITÉ

La DCA allemande a plus de chance d'abattre un avion si celui-ci vole à moins de 110 km/h et au-dessous de 1 500 m.

Les armes du ciel

Pour les généraux, l'armement des avions est nécessaire pour la protection de leurs propres appareils de reconnaissance et l'élimination des observateurs ennemis. Celui-ci sera en fait réalisé par des pilotes et des observateurs qui veulent tout simplement affronter leurs adversaires. Le tir au pistolet ou au mousqueton entre des avions qui se croisent n'a que des effets limités, et les essais de lâcher de grenades sur un appareil volant plus bas s'avèrent sans effet. À l'évidence, il faut des mitrailleuses. Mais le montage d'une arme automatique représente un fardeau considérable pour les frêles machines que sont les avions faiblement motorisés de 1914. En outre, le tireur lui-même risque d'endommager la structure de son propre avion, très encombrée de mâts et de haubans. La première victoire aérienne officielle est attribuée à deux aviateurs français. Le 5 octobre 1914, le pilote Joseph Frantz et l'observateur Louis Quénault abattent un Aviatik avec une mitrailleuse Hotchkiss, installée sur leur lent Voisin à hélice propulsive (à l'arrière). Parce qu'ils offrent un champ de tir dégagé, les appareils à hélice arrière sont alors considérés comme les meilleurs avions de combat. Les Britanniques en sont convaincus et mettent en service le Vickers Gunbus dès 1915 et le F.E.2 et le monoplace D.H.2 à hélice propulsive l'année suivante. Néanmoins, les avions à hélice tractive sont plus rapides, plus manœuvrables et plus solides.

Ce que veulent absolument les pilotes les plus habiles et les plus audacieux est un armement susceptible d'être pointé sur la cible en visant avec l'avion lui-même. Dès avant la guerre, des ingénieurs français et allemands ont étudié le moyen de tirer à travers le disque d'une hélice sans toucher les pales. Raymond Saulnier, concepteur du monoplan Morane-Saulnier, invente la synchronisation, mais la mauvaise qualité des munitions rend son système peu fiable en pratique. La première synchronisation fiable de l'hélice et de l'arme est due au constructeur néerlandais Anthony Fokker, qui redécouvre le système de Saulnier et bénéficie d'une meilleure mitrailleuse. Les Allemands adoptent le principe du tir à travers le disque de l'hélice. Mais la synchronisation limite la cadence de tir des armes automatiques ; aussi les derniers chasseurs allemands, comme l'Albatros D.V et le Fokker D.VII, sont-ils armés avec deux mitrailleuses.

Pour contrer le Fokker Eindecker à mitrailleuse synchronisée, les Alliés installent l'arme au-dessus de l'aile supérieure des biplans de façon que les balles passent au-dessus de l'hélice. Même après qu'ils auront mis au point leurs propres systèmes de synchronisation, ils resteront fidèles à cette disposition. Les excellents Nieuport 17 français et S.E.5a britanniques sont souvent armés des deux manières. Parallèlement à l'introduction de nouvelles armes, de nouvelles tactiques font leur apparition.

Au début du conflit, les chasseurs isolés hantent le ciel à la recherche des appareils ennemis, également solitaires. En 1916, la chasse commence à opérer en escadrilles, dès lors que sont mises au point des tactiques de combat en formation. Au cours des combats singuliers de Verdun et de la Somme, les aviateurs combattent pour obtenir la maîtrise du ciel. Les pertes, qui sont énormes des deux côtés, reflètent les hécatombes terrestres.

NAISSANCE DU PILOTE DE CHASSE

Le 1er avril 1915, le pilote français Roland Garros place son monoplan Morane-Saulnier Parasol derrière un appareil de reconnaissance allemand et tire une salve de balles à travers le disque de l'hélice. Lorsque l'appareil allemand plonge vers le sol, Garros peut revendiquer le fait d'être devenu le premier pilote de chasse en monoplace. Le secret de sa victoire – la capacité de tirer vers l'avant à travers le disque de l'hélice – tient au fait que les pales ont été munies de déflecteurs de balles en acier.

Le 18 avril, Garros a abattu trois appareils allemands quand une panne de moteur le force à atterrir dans les lignes allemandes. Ses exploits sont largement connus et les Allemands se précipitent pour examiner son avion qu'il n'a pas le temps de détruire. L'ingénieur néerlandais Anthony Fokker est appelé à Berlin où on lui demande de copier les déflecteurs métalliques. Peu convaincu par ce système, il installe sur un Eindecker (monoplan) de reconnaissance une mitrailleuse Maxim « Spandau » 08/15 munie d'un système interrompant le tir lorsqu'une pale passe devant le canon de l'arme. Cette synchronisation de l'hélice et du tir permet au pilote de tirer sans risquer de toucher les pales.

Les officiers aviateurs allemands ne comprennent pas tout de suite l'importance du nouveau système dont ils disposent. Les Fokker Eindecker sont introduits à petites doses en unités et, au début, dispersés à raison d'un ou deux appareils par escadrille, en protection des avions de reconnaissance, ce qui limite leur efficacité. Mais quelques pilotes allemands reconnaissent le potentiel de la nouvelle arme. Pendant l'hiver 1915-1916, utilisant une tactique simple, qui consiste à piquer sur les appareils ennemis par l'arrière, les pilotes d'Eindecker abattent un nombre sans précédent d'avions alliés. Les Britanniques surnomment l'avion le « fléau Fokker ». Or l'Eindecker est en réalité plein de défauts. Il est peu puissant, pas vraiment agile et il présente certaines faiblesses structurelles. Bien piloté, il peut être efficace, mais il peut aussi se transformer en piège mortel, même pour un pilote expérimenté, si sa cellule subit trop de contraintes.

Les Alliés répliquent avec leurs propres chasseurs monoplaces : en juillet 1915, les Français introduisent leur petit Nieuport 11, surnommé affectueusement « Bébé ». Conçu initialement pour la course, ce léger biplan est rapide et extrêmement maniable. Sa seule faiblesse importante se situe dans son aile inférieure monolongeron susceptible de se déformer en piqué. Dépourvu de mitrailleuse synchronisée, il emporte une Lewis installée sur le plan supérieur et parvient à chasser les Eindecker du ciel. À son tour, le « fléau » est battu.

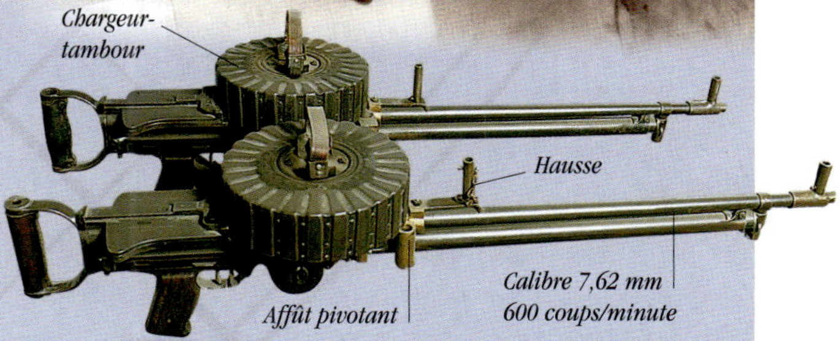

DES ARMES DE VOILURE

Une mitrailleuse légère d'avion Lewis montée au centre du plan supérieur permet au pilote de tirer dans l'axe de l'avion par-dessus l'hélice. L'arme est déclenchée au moyen d'un câble dont l'anneau de traction est dans le cockpit. Le problème que pose ce système au pilote est le changement de chargeur en vol, opération risquée qui oblige à lâcher les commandes.

PING-PONG

Ce monoplace Morane-Saulnier (ci-contre) arbore une hélice munie de déflecteurs en acier. Lorsque l'arme tire, une balle sur dix environ frappe une gouttière qui la dévie. L'affiche montre un as allemand aux commandes d'un Eindecker tirant à travers le cercle de l'hélice. Cette image symbolise l'union de l'homme et de l'avion fondus en une seule machine de combat.

Numériquement inférieurs, les Allemands tendent à demeurer en deçà de la ligne de leurs propres tranchées et à se regrouper en unités de plus en plus nombreuses en vue d'obtenir ponctuellement la supériorité aérienne sur des secteurs clés du front.

Une expansion imprévisible

La bataille de la production s'intensifie avec les opérations sur le front. La croissance en volume de la production d'avions et de moteurs est spectaculaire. Assez tôt, les premiers contrats militaires permettent à de petits constructeurs (Farman, Voisin, Blériot, etc.) d'accéder au stade industriel. La firme française Nieuport est loin d'être atypique, lorsque son chiffre d'affaires passe de 285 000 francs en 1914 à 26,4 millions de francs en 1916. Des constructeurs automobiles comme Renault et Fiat se lancent à leur tour dans la construction de moteurs. L'expansion est encore plus rapide en Grande-Bretagne, pays qui était entré en guerre avec une industrie aéronautique squelettique, dépendante des motoristes français. À la fin de la guerre, la Grande-Bretagne possède l'industrie aéronautique la plus importante du monde avec un effectif estimé à 270 000 personnes.

Handicapée par des pénuries d'ouvriers qualifiés et de matières premières, l'industrie allemande perd pied. En 1917, les Allemands doivent se limiter à produire 1 000 avions par mois, au moment où les Britanniques et les Français ensemble en fabriquent environ 30 000 par an. Mais la quantité ne fait pas la qualité. Les Britanniques subissent de très lourdes pertes en privilégiant les avions à moteur propulsif que les Français ont abandonnés à cause de leur vulnérabilité. Pendant ce temps, la France se dote d'une administration qui organise remarquablement sa production aéronautique.

> « L'aviation s'est révélée d'une importance capitale. [...] Il est indispensable d'avoir la maîtrise du ciel. »
>
> **Général Philippe Pétain, mai 1917**

La nécessité et l'invention

Il existe aussi un conservatisme fondamental qui se traduit par le besoin d'exploiter les ressources existantes et les techniques les mieux éprouvées. Tout au long de la guerre, la plupart des appareils alliés demeurent composés de biplans aux ailes encombrées de mâts et de haubans et d'une cellule en bois recouverte de toile. L'amélioration des performances résulte essentiellement de l'adoption de moteurs plus puissants et plus fiables.

Les Allemands innovent davantage, sur le plan des matériaux notamment, parce qu'ils manquent de bois et ont une superbe industrie métallurgique. Pour leurs appareils entoilés, ils adoptent majoritairement les structures en tube d'acier soudé qui sont à la fois solides, légères et plus rapides à produire. Sur d'autres avions comme le chasseur Albatros D, ils utilisent des bandes de contreplaqué enroulées sur

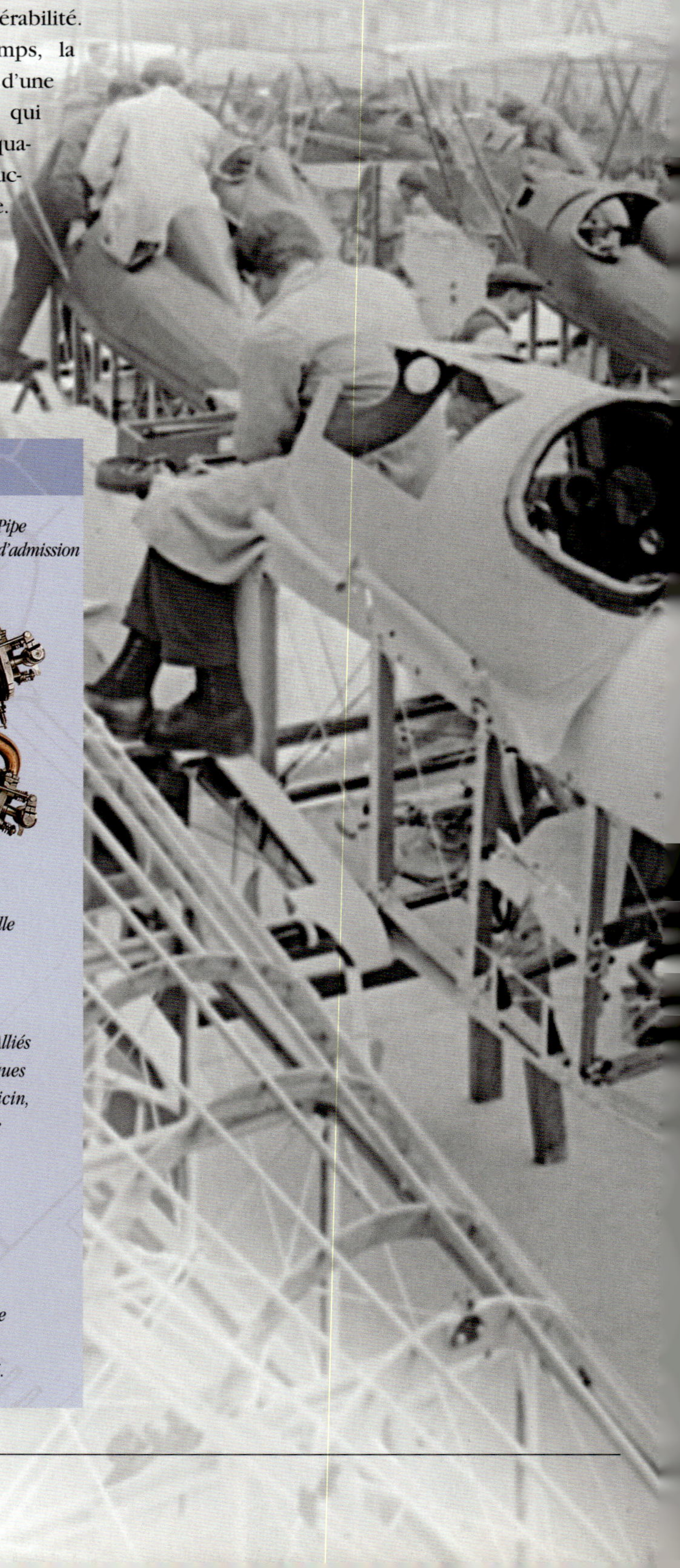

PLUS FORT, PLUS VITE

La puissance des moteurs des avions de combat passe d'environ 80 ch en 1914 à un maximum de 400 ch en 1918. Les deux grands moteurs de la Grande Guerre sont les moteurs en étoile rotatifs à air et les moteurs en ligne refroidis par eau. Les rotatifs sont plus légers et moins encombrants, mais leur puissance pratique plafonne aux alentours de 150 ch. Avec leurs cylindres tournant autour d'un vilebrequin fixe, ils créent un puissant effet gyroscopique qui rend le pilotage plus délicat, mais ils fonctionnent bien sur les avions conçus pour le combat tournoyant, comme le Sopwith Camel et le Fokker Triplane. Les moteurs en ligne (ou en V) équipent des avions plus rapides et plus robustes.

Les Alliés remportent la bataille des moteurs grâce à une base industrielle plus étendue, en majorité française. Les Américains ne sont prêts à produire le moteur le plus puissant de la guerre, le 12-cylindres Liberty, qu'à la fin de 1918.

LE MOTEUR LE RHÔNE 9B ROTATIF

La plupart des moteurs rotatifs mis à la disposition des Alliés proviennent des firmes Gnome et Le Rhône. Malgré quelques inconvénients, dont l'aspersion du pilote par l'huile de ricin, ils sont légers et puissants. Leur qualité est reconnue par les Allemands, qui les copient.

LE V8 HISPANO

Créé par un ingénieur suisse installé en Espagne et en France, le V8 Hispano-Suiza passe pour être le meilleur moteur de la Grande Guerre. Puissant, peu encombrant, endurant et léger pour sa taille, ce moteur équipe les Spad VII et XIII et le S.E.5.

REDOUTABLE ET REDOUTÉ

Lorsque le S.E.5a britannique est mis en service en 1917, il se révèle aussitôt supérieur à tous les appareils allemands. Plus rapide que le Sopwith Camel et plus facile à piloter, il acquiert une très grande réputation, piloté par des as comme Edward Mannock. Conçu par H. P. Folland de la Royal Establishment Factory à Wolseley, il associe une structure solide à d'excellentes performances. Plus de 5 000 exemplaires en sont produits.

DES MAINS EN OR

Dans les ateliers de la Royal Aircraft Factory à Wolseley, des ouvriers construisent des S.E.5 en masse. Malgré les cadences nouvelles, la fabrication des avions requiert beaucoup d'heures de main-d'œuvre comme avant la guerre chez les artisans constructeurs. Les tâches comme le montage des raidisseurs en corde à piano exigent beaucoup de méthode, d'habileté et de temps.

un squelette de tubes pour créer un fuselage semi-monocoque. Malgré leurs qualités, l'évolution des chasseurs Albatros montre les difficultés croissantes que rencontrent les Allemands, coincés entre les exigences de quantité et de qualité. L'objectif étant de 1 000 avions par mois en 1917, l'Allemagne privilégie un seul chasseur, l'Albatros D.V, variante du D.III. Mais, l'été de cette même année, les Albatros sont surclassés par les chasseurs alliés de dernière génération, notamment les S.E.5 et les Spad XIII. Obsédées par le respect des objectifs de production, les usines allemandes continuent à produire massivement les Albatros jusqu'en 1918.

Les cieux du front occidental sont une sorte d'univers darwinien au sein duquel les machines doivent constamment évoluer pour survivre, parfois en ayant recours à la copie pure et simple. Par exemple, lorsque, en 1916, le Nieuport 17 français menace la suprématie du chasseur Albatros D.II allemand, les Allemands n'hésitent pas à copier l'aile inférieure monolongeron du Nieuport – et du même coup sa tendance à se déformer et à se rompre – pour créer l'Albatros D.III. Lorsque le Royal Naval Air Service met son Sopwith Triplane en service, l'état-major allemand, très impressionné, ordonne la fabrication du fameux Fokker Dr 1. Ce triplan se révèle très agile mais peu performant et apparaît quand le Sopwith Triplane est retiré du service pour les mêmes raisons !

Les États-Unis entrent dans le conflit en avril 1917. L'Allemagne essaie alors d'obtenir désespérément une victoire, avant que l'écrasante puissance des effectifs et de l'industrie américaine ne vienne soutenir les Alliés. Le haut commandement allemand élabore les plans d'une ultime offensive prévue sur le front occidental pour le printemps 1918. Des essais comparatifs sont menés pour trouver le meilleur avion. Claudius Dornier et Hugo Junkers présentent des projets radicalement nouveaux aux allures futuristes, avec un revêtement métallique et, chez Junkers, une aile cantilever dépourvue de haubans et de mâts. Les vainqueurs sont des biplans qui rassurent par leur silhouette habituelle, le Pfalz D.XII et le Fokker D.VII. Mais ce dernier est pourvu d'ailes épaisses nouvelles et très efficaces.

Course à la production

Si l'entrée en guerre des États-Unis fait naître l'espoir d'une victoire prochaine chez les Alliés, le niveau de l'aviation américaine est très inférieur à celui de l'Europe. En 1917, le seul appareil de combat valable aux États-Unis est l'hydravion Curtiss. L'armée américaine ne possède alors qu'une cinquantaine d'avions de combat dépassés. Mais si l'Amérique n'a pas d'industrie aéronautique, elle possède bien une industrie automobile qui utilise déjà des méthodes

Le chasseur Bristol F.2B Fighter

Aux côtés du S.E.5A et du Sopwith Camel, le biplace Bristol Fighter appartient à une nouvelle génération d'avions britanniques mis en service en France en 1917. Conçu comme appareil de reconnaissance armé dont le second membre d'équipage assure les fonctions de mitrailleur et d'observateur, il sert également comme bombardier et appareil d'attaque au sol. Il survit à de dramatiques débuts en combat lorsque, le 5 avril 1917, six Bristol Fighter du Squadron 48 du Royal Flying Corps, sous les ordres du capitaine Leefe Robinson VC, entrent en contact avec une formation d'Albatros menée par Manfred von Richthofen. Quatre F.2A Fighter sont abattus, dont celui de Leefe Robinson. Avertis d'une prétendue fragilité structurelle, les pilotes anglais ont manœuvré trop prudemment en combat. Par la suite, les Britanniques vont apprendre à manier le Fighter comme un vrai chasseur, à utiliser l'arme frontale comme armement principal et à adopter les meilleures formations qui permettent au mitrailleur arrière d'intervenir efficacement.

LE BRISTOL DE BARNWELL
Le Bristol Fighter, conçu par le capitaine Frank Sowter Barnwell de la société British Colonial Aeroplane Company, effectue son premier vol en septembre 1916.

UN TABLEAU SOMMAIRE

Le cockpit du Bristol Fighter est caractéristique d'un avion de la Grande Guerre. Le compte-tours reste l'appareil le plus important, mais le pilote contrôle l'avion plus par instinct qu'avec les instruments.

« Si vous n'êtes pas capable de piloter un Bristol Fighter, vous devrez vous résigner à n'être qu'un vulgaire cocher de B.E., de F.E. ou de D.H.6, parce que vous ne serez jamais un pilote digne de ce nom. »

Major G. Allen,
dans *Comment piloter un Bristol Fighter* (1918)

UN « BON CHEVAL »

Les équipages de deux Bristol Fighter discutent tactique avant leur départ en mission. En octobre 1918, plus de 1 500 Bristol F.2B sont en service.

Caractéristiques

Moteur	Rolls-Royce Falcon III V12 de 275 ch, refroidi par eau
Envergure	12 m
Longueur	7,9 m
Hauteur	3 m
Vitesse max.	198 km/h
Armement	2 mitrailleuses Lewis 303 (7,7 mm) ; 12 bombes de 11 kg

VUE DE PROFIL DÉSENTOILÉ

VUE FRONTALE

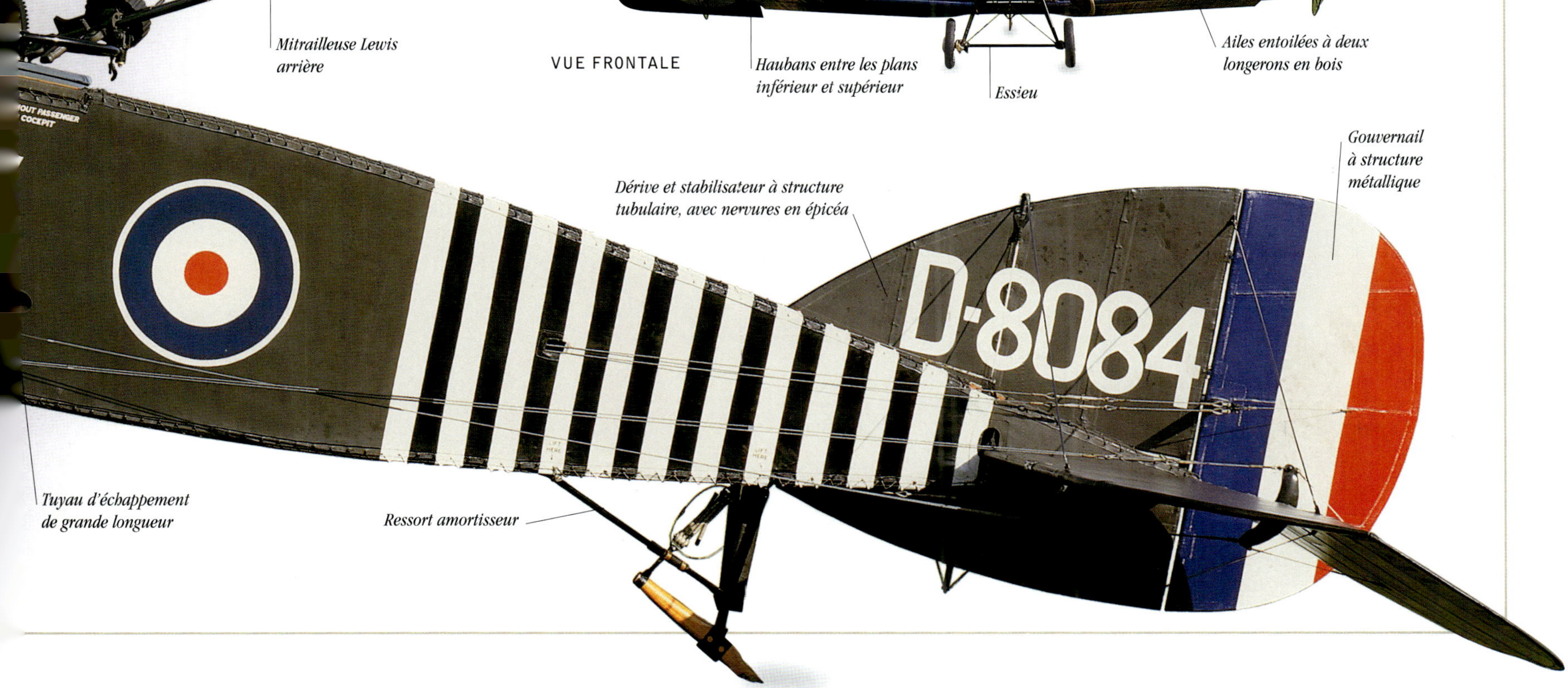

de production en très grande série. Le Parlement américain vote avec enthousiasme les crédits nécessaires à la production d'avions à la chaîne, car, pense-t-il, si l'Amérique sait fabriquer des automobiles, elle saura produire des avions. Des programmes optimistes prévoient que les États-Unis équiperont non seulement leur propre force aérienne, mais aussi celles de la Grande-Bretagne, de la France et de l'Italie. Or rien ne se passe comme prévu. Les méthodes de fabrication à la chaîne se révèlent difficiles à mettre en œuvre, et les différences entre les unités de mesure américaines et européennes posent de gros problèmes. À la fin de la guerre, les usines américaines n'ont produit que 1 400 avions, dont une majorité de bombardiers de Havilland D.H. 4.

La production de moteurs connaît les mêmes problèmes. Sept constructeurs automobiles reçoivent des commandes de moteurs Liberty, mais ce dernier, avec ses 8 cylindres en ligne, apparaît obsolète avant même sa fabrication. Il est remplacé par un 12-cylindres en V. Cela provoque un gros retard et seulement 1 300 Liberty peuvent être fabriqués avant juin 1918. Avec 400 ch, c'est le moteur le plus puissant de la guerre, mais il est en fait trop puissant pour la plupart des cellules existantes. Les pilotes américains qui prennent les commandes de D.H.4 à moteur Liberty affirment que s'ils poussent le moteur à pleins gaz, l'avion risque de se désintégrer.

ANTICIPATION
Lors de la seconde bataille de la Marne en juillet 1918, un biplan allemand patrouille au-dessus des premières lignes, alors qu'un char britannique progresse. La conjugaison du char et de l'avion au cours de la dernière année de la Grande Guerre annonce la guerre de mouvement qui caractérisera le second conflit mondial.

L'ultime effort

Le 21 mars 1918, l'Allemagne lance une offensive qu'elle croit décisive, le *Kaiserschlacht*. Utilisant des appareils d'attaque au sol en appui de petits groupes de troupes de choc, les Allemands percent les lignes alliées et mettent un terme à la guerre de positions. La bataille aérienne est aussi intense qu'au sol. Ils engagent même leurs gros bombardiers Gotha en attaquant les dépôts de munitions en arrière des lignes. L'entrée en lice du magnifique Fokker D.VII à la fin du mois d'avril donne aux pilotes allemands le meilleur chasseur de toute la guerre.

Mais, en face, la réaction alliée est surprenante. Le général Duval a créé une division aérienne dotée de chasseurs Spad et de bombardiers Breguet XIV, le meilleur de toute cette guerre. Avec eux, il met au point une attaque par des groupes compacts de bombardiers qui lâchent leurs projectiles tous en même temps à basse altitude sur les bataillons ennemis et les arrêtent. Pendant ce temps, des groupes aussi compacts de Spad s'en prennent à la chasse allemande et la submergent par leur nombre. L'aviation allemande subit alors des pertes qui lui seront fatales. En juillet 1918, les

> « Quelle est l'utilité de descendre 5 avions sur 50 ? Les 45 autres vont pouvoir bombarder comme ils voudront. La supériorité matérielle de l'ennemi […] nous condamnait à l'échec. »
>
> LIEUTENANT RUDOLF STARK,
> PILOTE ALLEMAND LORS DES BATAILLES DE 1918

Allemands, à bout de ressources, tentent une offensive près de Reims. Mais, une fois de plus, la division Duval anéantit leurs espoirs en bombardant sans répit leurs préparatifs. Très rapides, bien groupés, les Breguet XIV sont des proies bien difficiles pour les chasseurs allemands submergés par les chasseurs français et britanniques. Dans le même temps, la nouvelle Royal Air Force met en service des bombardiers lourds Handley Page et Vickers, très modernes. Renforcés par des vagues d'effectifs américains, les Alliés sont définitivement maîtres du ciel.

Le 11 novembre 1918, l'armistice est effectif, mais les Allemands se rendent sans accepter leur défaite. 9 millions sont morts au combat dont 15 000 seraient des aviateurs. L'aviation est devenue adulte au cours d'une guerre très coûteuse en vies humaines à laquelle la mécanisation permet de mettre fin. Si beaucoup aiment à croire que les aviateurs n'ont fait que survoler cette boucherie aveugle, ils ont été, en réalité, des victimes et des tueurs. L'aviation a perdu son innocence.

TOMBÉES DU CIEL

Le largage de charges explosives sur des troupes est une des premières utilisations de l'aéroplane. Au cours de la Grande Guerre, cette forme de combat rudimentaire se transforme en opérations stratégiques telles que le bombardement d'usines et de villes, en opérations tactiques en arrière du front (voies ferrées ou dépôts de ravitaillement) et en attaques des premières lignes. Les tout premiers bombardements efficaces sont effectués avec des obus largués manuellement par-dessus bord.

En 1917, des avions de bombardement spécialisés plus robustes sont engagés, équipés de porte-bombes, de viseurs de bombardements et de lance-bombes. Les raids sont accomplis de jour, quand la maîtrise de l'air le permet, ou de nuit, mais au prix d'une moindre précision. Lors des phases finales de la guerre, des escadrilles bombardent les routes, les ponts et les aérodromes, et mitraillent les troupes et les convois de véhicules, démontrant l'importance vitale de la supériorité aérienne.

BOMBES ET FLÉCHETTES
Les bombes utilisées au début de la guerre sont de faible puissance. Français et Britanniques utilisent aussi des fléchettes d'acier lâchées par paquets de 500 d'environ 1 500 m avec peu d'efficacité, sur les concentrations de fantassins et de cavaliers.

OISEAUX DE NUIT
Ce tableau représente un bombardement de nuit par un biplan Voisin. Ces opérations nocturnes sont moins précises, mais, de jour, ces avions lents sont des proies faciles pour les chasseurs.

LA FIN D'UN GUERRIER
Des soldats alliés examinent l'épave d'un avion allemand après l'une des dernières grandes batailles de la guerre. Si les pilotes allemands, souvent mieux formés que leurs adversaires, disposent d'appareils légèrement supérieurs, ils ne peuvent rien contre le nombre des machines alliées lancées dans la bataille finale. Certaines attaques mettent en action des flottes de centaines de chasseurs et de bombardiers.

« Je déteste descendre un Boche sans qu'il m'ait vu, parce que même si cette méthode est en accord avec ma doctrine, c'est contraire au peu d'instinct sportif que j'ai conservé. »

James McCudden VC, 1917

LES « CHEVALIERS DU CIEL »

LORSQUE LA GUERRE DES TRANCHÉES ENGLUE LES FANTASSINS, LES PILOTES DE CHASSE COMBLENT ALORS L'OPINION EN MAL DE HÉROS.

L'AS AMÉRICAIN

Ancien champion automobile et chauffeur militaire, le capitaine Eddie Rickenbacker est l'as incontesté de la chasse américaine avec vingt-six victoires.

La Grande Guerre est la première guerre totale dans laquelle toutes les ressources humaines des sociétés industrialisées sont mobilisées. L'immense massacre des tranchées met à rude épreuve la solidarité et le moral de la société. Même si le patriotisme est bien réel, les responsables politiques et militaires doivent reconnaître que l'acceptation de la guerre peut cesser. Il s'agit de relancer l'élan patriotique : les pilotes de chasse deviennent alors les nouveaux héros.

Les Français et les Allemands instituent un système formalisé destiné à conférer le statut d'« as » à un pilote à partir d'un certain nombre de victoires confirmées. Le haut commandement britannique, qui ne reconnaîtra jamais formellement l'existence des as, décerne à quelques rares pilotes au palmarès étoffé la décoration militaire la plus convoitée, la Victoria Cross. Les as sont transformés en célébrités par la propagande patriotique. Leur portrait s'étale à la une des journaux, ils sont filmés pour les actualités cinématographiques. Ils sont couverts d'honneurs et leurs funérailles donnent lieu à des manifestations nationales. Après la disparition de l'as français Georges Guynemer, en combat, en 1917, une plaque portant son nom est apposée en 1922 sur un mur du Panthéon auprès de ceux des grands philosophes et des grands poètes.

Au-dessus des tranchées

La propagande fonctionne, car elle répond à la nostalgie largement partagée de guerres « chevaleresques » plus « propres » et plus « nobles ». L'idéalisme exprimé par certains au début de la guerre – le poète Rupert Brooke décrit l'entrée en guerre « comme celle de nageurs plongeant dans la propreté » – ne peut se satisfaire des pertes désespérantes des tranchées. Les aviateurs, eux, semblent s'élever, dans toutes les acceptions du terme, au-dessus des cratères de boue des Flandres. Ils font la guerre comme on la voudrait, en démontrant des qualités viriles de courage physique, d'habileté, de chevalerie et de noblesse d'âme dans le sacrifice.

LE BARON ROUGE

Anthony Fokker crée son très agile Dr.I Dreidecker (ici une réplique moderne) d'après le Sopwith Triplane britannique, bon grimpeur et facilement manœuvrable, mais lent. Le Dr.I connaît la notoriété aux mains du baron von Richthofen, qui revendique avec lui dix-neuf de ses quatre-vingts victoires.

DUEL SUR LE FRONT OUEST
Ce tableau représente un Bristol F.2 Fighter attaquant un biplan Albatros D.II appartenant peut-être au « Cirque volant » du baron von Richthofen. Traditionnellement, depuis 1917, les avions du « Cirque volant » portent une marque rouge pour montrer leur attachement à leur chef dont l'avion est totalement peint dans cette couleur.

LES PREMIERS AS ALLEMANDS

Max Immelmann (1890-1916) et Oswald Boelcke (1891-1916) font partie du Fliegerabteilung (section d'aviation) 62 stationné à Douai, dans le nord de la France, en août 1915. Ils sont parmi les premiers pilotes équipés du Fokker Eindecker (monoplan), qu'ils pilotent avec une redoutable efficacité. L'augmentation de leur palmarès sert la propagande allemande, qui claironne leurs noms comme des exemples de dévotion à la patrie. Courtisés par l'aristocratie, encensés par les journalistes, ils sont submergés par les lettres de leurs admirateurs.

Immelmann, passionné de gymnastique et prônant la tempérance, est tué en juin 1916 du fait, selon la version officielle, d'un défaut du système d'interruption de tir de son Eindecker qui entraîne la destruction de son hélice. Il laisse son nom à une manœuvre délicate qui consiste à cabrer l'avion après un piqué offensif, à enchaîner une demi-boucle et un demi-tonneau, et à renouveler le piqué.

REGARD PERÇANT
L'intensité du regard de Boelcke marque tous ceux qui le rencontrent. Comme commandant d'escadrille, il forme une grande partie des meilleurs pilotes allemands.

L'AIGLE DE LILLE
La mort de Max Immelmann est commémorée de diverses façons, dont cette marche spécialement composée pour le piano et dédiée à « la mémoire de notre héros du ciel ».

Des deux pilotes, Boelcke est le personnage le plus intéressant et le plus important. Supérieurement intelligent, c'est un chef et un pédagogue né. Il prône avec succès le regroupement de pilotes soigneusement sélectionnés en escadrilles de chasse, ou *Jagdstaffeln*.

En tant que commandant de la première unité de ce type, le Jasta 2, il transmet son savoir aux plus grands pilotes allemands, dont Manfred von Richthofen. Boelcke met alors au point des procédés de combat – connus sous le nom de *Dicta de Boelcke* – qui sont enseignés à tous les pilotes allemands. Entre autres choses, il énonce que les pilotes doivent attaquer par l'arrière et dans le soleil, tirer uniquement à courte distance et, en cas d'attaque venue d'en haut, faire face au lieu de tenter d'échapper. À l'automne 1916, le Jasta 2 est engagé dans de violents combats au-dessus de la Somme. En deux mois, Boelcke abat vingt et un appareils alliés, portant son palmarès à quarante victoires.

Le 28 octobre, au cours d'un combat très difficile, il entre en collision avec un équipier et tombe en vrille jusqu'au sol où il meurt, colonne vertébrale brisée.

LA BLUE MAX
La croix « Pour le Mérite » est la plus haute décoration militaire allemande. Les Anglais la surnomment la Blue Max, *d'après le nom du premier décoré, Max Immelmann.*

SECTION 62
Boelcke (devant, quatrième à partir de la gauche) et Immelmann (devant, troisième à partir de la droite) du Fliegerabteilung 62. Les aviateurs allemands sont soumis à une discipline rigoureuse qui contraste fortement avec l'individualisme des pilotes français.

Le Premier ministre britannique, David Lloyd George, déclare, à l'occasion d'une conférence donnée pendant la guerre, que les aviateurs sont « la chevalerie de la guerre, sans peur et sans reproche ». Les aviateurs méritent dans une large mesure cette considération flatteuse. Il existe de nombreux exemples avérés de comportement chevaleresque délibéré comme ces pilotes qui s'interdisent d'abattre un adversaire brave et expérimenté dont la mitrailleuse s'est enrayée. Des gestes de respect envers l'ennemi sont courants. Lorsque l'as allemand Oswald Boelcke est tué en 1916, des pilotes britanniques larguent sur le lieu de ses funérailles une couronne portant l'inscription « À la mémoire du capitaine Boelcke, adversaire brave et chevaleresque ». Mais ce comportement n'est qu'une façade. Les as ne perdent guère de temps à rechercher des duels avec des opposants expérimentés, choisissant plutôt d'attaquer des avions de reconnaissance solitaires et mal défendus. Au cours des combats tournoyants, ils repèrent les pilotes les plus novices et exploitent leurs erreurs pour les abattre plus facilement. Le grand as britannique Edward « Mick » Mannock, tombant un jour par hasard sur six pilotes allemands en vol d'instruction, commence par descendre l'instructeur avant d'abattre méthodiquement un par un les cinq élèves sans défense.

Chasse aux souvenirs

Mannock est connu pour sa haine absolue des Allemands et son mépris des comportements chevaleresques, comme en témoigne son commentaire sur

IDOLE DES FOULES
Albert Ball, pilote audacieux et excellent tireur, est le premier « as » britannique connu et adulé du grand public. Il n'a que 20 ans quand son appareil s'écrase dans des circonstances mystérieuses en mai 1917.

la mort d'un des plus célèbres as allemands, le baron von Richthofen : « J'espère qu'il a grillé jusqu'au sol. » Mais même ceux qui sont moins féroces trouvent un réel plaisir à signer une victoire. Des pilotes de chasse reviennent observer l'épave de l'avion qu'ils ont descendu au-dessus de leurs propres lignes, pour examiner les corps et ramasser des souvenirs. Richthofen lui-même a la réputation d'être un collectionneur de tels souvenirs. Il ne fait aucun doute que beaucoup aiment et recherchent l'excitation du combat, même si « rire au nez du danger » est une attitude plus présente dans les récits de souvenirs que dans les lettres et les journaux personnels écrits à chaud.

Beaucoup de fantassins englués dans la boue et la saleté des tranchées envient les aviateurs. Les pilotes dorment dans des lits chauds et propres à 15 ou 25 km en arrière du front ; les volontaires ne manquent pas pour « passer dans l'aviation ». Mais la guerre dans le ciel a de tristes similitudes avec le combat terrestre, ce que l'opinion ignore souvent. Le taux de pertes des avions et des pilotes est terrifiant. En 1917, les jeunes pilotes britanniques tout juste formés qui arrivent au front ont une espérance moyenne de vie d'environ deux semaines. Comme l'infanterie, « sonnée par les obus », les aviateurs sont terrorisés par l'intensification de l'angoisse du combat et de l'élévation du nombre de pertes. Chacun des as est d'abord et avant tout un survivant.

Le matériel humain

Les pilotes de chasse proviennent d'horizons différents. Beaucoup, comme Richthofen, viennent de la cavalerie, dont les missions se sont réduites face aux réseaux de barbelés et aux mitrailleuses. D'autres, comme l'as britannique James McCudden ou l'Allemand Werner Voss, attirés par l'aviation en raison de leur intérêt pour les machines, passent du statut de mécanicien à celui de pilote. Quelques-uns des meilleurs, dont l'irréductible as français Charles Nungesser, sont des aventuriers ou des sportifs. En règle générale, les pilotes sont extrêmement jeunes. L'as britannique Albert Ball est commandant à 19 ans. Nombre d'entre eux sont de petite taille, car les postes de pilotage sont étroits et le poids a une grande influence sur les performances des avions. Guynemer en est un exemple célèbre : refusé dans l'infanterie pour sa frêle constitution (moins de 60 kg) et comme pilote au début, il finit par s'engager comme mécanicien.

Nombreux aussi sont les élèves pilotes qui ne voient jamais le front. Les services aéronautiques ne sont guère préparés à assurer la formation et l'entraînement de milliers de nouvelles recrues, ce qui a pour résultat le sacrifice d'un grand nombre de vies. Près de 500 volontaires pour l'American Air Service se tuent en école de pilotage, alors que les morts au combat sont deux fois moins nombreux. L'enseignement du pilotage est très succinct : quelques heures de « rouleur » (appareil spécial qui ne peut voler), puis quelques heures en double commande avec un instructeur souvent mauvais, le tout dans des appareils aux qualités de vol parfois douteuses, avant le « lâcher » sur des avions de combat peu stables. La casse, très fréquente, est considérée comme inévitable.

TIR AU VOL
Un aviateur s'entraîne au tir dans un « faux cockpit » lancé sur des rails pour tenter de recréer les conditions difficiles du combat aérien tournoyant. Nombreux sont les jeunes pilotes qui arrivent au front sans avoir jamais tiré à la mitrailleuse.

CHARLES NUNGESSER

L'AS FRANÇAIS CHARLES NUNGESSER (1892-1927) est un personnage au caractère très indépendant, amoureux du risque et du danger. Pratiquant la boxe et la natation, organisateur de courses automobiles en Amérique du Sud, il rentre en France en 1914 et s'engage dans la cavalerie avant de rejoindre l'aviation. Volant dans l'escadrille N-65 basée à Nancy, sa bravoure et son audace deviennent vite légendaires.

Il obtient dix victoires pendant la bataille de Verdun. Début 1916, il s'était écrasé en essayant un nouvel appareil. Relevé avec deux jambes cassées et le visage ravagé par le manche à balai qui lui avait brisé la mâchoire et perforé le palais, il vole de nouveau deux mois après tout en marchant avec des béquilles. À l'été 1917, épuisé, il faut le porter jusqu'à son avion et il est victime d'un grave accident d'automobile, mais il n'abandonnera jamais la lutte en cherchant à battre le palmarès de Fonck (soixante-quinze victoires). Il termine la guerre décoré, entre autres, de la médaille militaire et de la Légion d'honneur, et titulaire de quarante-cinq victoires. Sa mort en 1927 reste mystérieuse après que son biplan, *L'Oiseau-blanc*, s'est perdu en mer entre Paris et New York lors d'une tentative de traversée de l'Atlantique sans escale.

CRÂNE ET TIBIAS

Nungesser fait décorer ses avions avec des symboles morbides comme un crâne, des tibias croisés, un cercueil et des chandeliers. Rescapé miraculeux de la Grande Guerre, il disparaît avec son avion transatlantique en mai 1927.

Lorsque les pertes se multiplient trop sur le front, les remplaçants sont envoyés aux unités combattantes avec dix heures de vol, voire moins sur leur carnet de vol. C'est quasiment une condamnation à mort formelle. La plupart des avions de cette période sont d'un pilotage difficile. Des erreurs élémentaires à l'atterrissage ou au décollage coûtent des centaines de vies. Ceux qui sont envoyés directement en unités de combat n'ont aucune idée de ce qu'ils vont vivre. Des pilotes avouent avoir engagé leur premier combat tournoyant sans jamais voir l'ennemi, car tout se passe avec une extrême rapidité. L'absence de moyens radio entre avions signifie que tout pilote, même volant en formation, se retrouve toujours seul. Certaines unités protègent les novices, mais d'autres adoptent un comportement brutal envers les nouveaux et les considèrent comme des éléments consommables. Équipés des appareils les plus médiocres du groupe, ils sont laissés à eux-mêmes. On remarque que les plus grands pilotes sont ceux qui, au début de leur carrière, ont eu la chance d'être affectés à des postes peu exposés et qui, naturellement doués, ont eu ainsi l'occasion d'accumuler de l'expérience. Ce fut, par exemple, le cas de René Fonck, qui pilota longtemps des avions d'observation (et fut descendu plusieurs fois) avant de devenir l'as des as français avec soixante-quinze victoires.

Nouvelles tactiques

Avec le temps, tous les belligérants améliorent la préparation des pilotes. Ce sont les Allemands qui accomplissent les plus grands efforts afin de réduire

LICENCE DE PILOTE
Ce brevet de pilote est établi au nom d'un officier britannique par le Royal Aero Club en 1916. Les pilotes à peine instruits arrivant au front ont un taux de survie très bas : au plus fort des combats, leur espérance de vie moyenne est de deux ou trois semaines.

DES MACHINES ET DES HOMMES
Une escadrille de la jeune Royal Air Force est réunie sur son terrain du nord de la France en 1918. Les navigants sont en tenue de vol, l'équipe au sol est comme d'habitude reléguée à l'arrière-plan. Les avions sont des Royal Aircraft Factory S.E.5a, sans doute le meilleur chasseur britannique de la guerre.

MANFRED VON RICHTHOFEN (LE « BARON ROUGE »)

Officier de cavalerie allemand au déclenchement de la guerre, le baron Manfred von Richthofen (1892-1918) est affecté dans l'aéronautique en 1915. Après avoir servi comme observateur et pilote de bombardier sur le front oriental, il est choisi par Oswald Boelcke pour son escadrille de pilotes d'élite basée en France. Il se révèle très tôt comme un excellent élève de Boelcke ; les décès de ce dernier et de Max Immelmann font de Richthofen l'as allemand le plus éminent. Il prend le commandement de l'escadrille à laquelle il appartient, la Jasta 11, puis de la première escadre de chasse (*Jagdgeschwader*) regroupant quatre escadrilles dans un groupe d'environ cinquante avions. Avec ses appareils brillamment décorés, cette formation est baptisée le « Cirque volant de Richthofen ». Celui-ci est un bon meneur d'hommes, mais dépourvu de charme personnel. C'est seulement avec Moritz, son chien berger allemand, qu'il fait preuve d'un comportement chaleureux. Arrogant et sans pitié, il se montre très peu chevaleresque ni respectueux de ses ennemis, et méprise particulièrement les Français. Alors que pour de nombreux pilotes le combat aérien est un sport, Richthofen le considère comme une forme de chasse, son loisir favori. Il avoue même : « Lorsque j'ai descendu un Anglais, ma passion de la chasse est apaisée pour un quart d'heure. »

À l'arrière, Richthofen est une célébrité, proie des photographes et des journalistes, qui dîne avec le kaiser. Il prend même le temps de rédiger ses mémoires. Réchappé d'une blessure à la tête lors d'un combat en juillet 1917, Richthofen est pressé par ses supérieurs d'abandonner le combat, car sa mort serait ressentie comme un coup sévère au moral allemand. Pourtant, lors de l'offensive du printemps 1918, il revient dans la mêlée. Le 21 avril, il est tué d'une balle qui lui traverse le torse au-dessus des tranchées ennemies. Une longue et récente enquête a démontré qu'il a été abattu par des tirs venus du sol.

TOUJOURS PLUS PRÈS

L'un des « trucs » de chasseur employés par Richthofen consiste à tirer une courte rafale à distance de sa cible : « Je cherche moins à le descendre qu'à lui faire peur […] Il commence à évoluer et je peux alors me rapprocher. »

L'AS INCONTESTÉ

En 1917, le « Baron rouge » fait peindre ses avions en rouge vif pour qu'il soit repéré autant pas ses ennemis que par ses compatriotes. Chasseur impitoyable, ses quatre-vingts victoires en font l'as absolu de la Grande Guerre.

HONNEURS MILITAIRES

Le 21 avril 1918, le baron von Richthofen est abattu au-dessus d'un secteur du front tenu par une unité australienne. Lors de ses funérailles, les troupes du Commonwealth rendront à leur ennemi des honneurs militaires.

LES DESTRIERS DU BARON

Communément associé dans la mémoire collective à son triplan Fokker Dr.I rouge sang très agile, Richthofen a davantage piloté des biplans comme les Albatros D.II (à droite) et D.III.

HOMMAGE
Werner Voss, tué en 1917, est décrit par l'as britannique James McCudden comme « le plus brave des aviateurs allemands que j'ai eu le privilège de voir ».

Les combats sont impitoyables. Le 23 novembre 1916, l'as britannique, le major Lanoe Hawker, se retrouve coupé de sa formation et dans la ligne de mire du « Baron rouge », Manfred von Richthofen. L'Allemand pilote un Albatros D.I, Hawker, un D.H.2 à hélice propulsive notoirement inférieur. Les deux appareils, selon les propres termes de Richthofen, « tournent et tournent comme des fous ». Hawker accomplit de petits miracles d'agilité chaque fois que l'Allemand est sur le point de l'avoir dans son viseur. Mais, inévitablement, il perd de l'altitude. À la hauteur de la cime des arbres, Hawker tente désespérément de fuir vers ses lignes en zigzaguant sans cesse. Mais l'avion de Richthofen est plus rapide. Incapable de le semer, Hawker tente un ultime virage pour faire face à son poursuivant, mais Richthofen ouvre le feu dès que l'Anglais amorce sa manœuvre et le touche à la tête. Racontée dans les mémoires de Richthofen, cette histoire n'a rien qui puisse évoquer une quelconque attitude chevaleresque. Dans la réalité, Richthofen s'acharne contre un ennemi qui, en dépit de tout son courage et de son habileté, n'a aucune chance du fait de l'infériorité de son appareil.

Cruauté mentale

As ou pas, tous les pilotes de chasse ont à affronter des événements effroyables. Lorsque ces hommes effectuent trois ou quatre missions quotidiennes et voient mourir sous leurs yeux amis et camarades, souvent dans des conditions horribles, comment leur reprocher d'espérer un jour « sans », quand les conditions atmosphériques interdisent de prendre l'air ? Si les pertes sont élevées, on constate une augmentation soudaine du nombre de pilotes qui abrègent leurs missions sous prétexte de l'enrayage de leurs armes ou d'une défaillance de moteur. Les pilotes ne cessent de faire des cauchemars, multiplient les comportements aberrants et vont parfois jusqu'à craquer nerveusement.

Dans ce contexte, peut-être est-il tout juste permis de comprendre la mentalité des commandants britanniques qui s'opposent au développement de parachutes efficaces pour les pilotes sous prétexte que cet équipement pourrait les inciter à abandonner leur appareil – un genre de désertion devant l'ennemi ? Mais l'absence de parachute est aussi la cause de drames épouvantables, sinon évitables. Il peut arriver qu'un pilote descende en spirale pendant plusieurs minutes, privé de commandes, mais indemne et sans pouvoir rien faire pour éviter l'écrasement. Ou, pire encore, qu'il reste prisonnier d'un avion en flammes sans autre choix que de sauter sans parachute ou se tirer une balle dans la tête avec son revolver.

Les meilleurs pilotes de chasse ne sont pas exempts de cette pression. Avant de mourir, et beaucoup d'as meurent au combat, la plupart de ces hommes sont des soldats épuisés. Certains pilotes vont délibérément au-delà de leurs limites. Guynemer, par exemple, craint que, s'il se retire, l'opinion dise que c'est parce qu'il a « obtenu toutes les récompenses

> « Battez-vous et pilotez jusqu'à la dernière goutte de sang et la dernière goutte d'essence, jusqu'au dernier battement de votre cœur. »
>
> **Manfred von Richthofen,**
> lors d'un toast à ses camarades pilotes

possibles ». C'est ainsi qu'il continue à piloter, alors qu'il est physiquement touché et diminué par la paranoïa et l'insomnie.

Quelques as connaissent une fin de héros, comme le pilote allemand Werner Voss. Le 23 septembre 1917, aux commandes d'un Fokker triplan, il est coiffé par une section de S.E.5 menée par James McCudden. Alors que les S.E.5 piquent dans sa queue, Voss vire pour leur faire face. McCudden raconte : « Le triplan allemand s'est retrouvé alors au milieu de notre formation et son comportement était merveilleux à observer. Le pilote semblait tirer simultanément sur nous tous, et, bien que je me sois trouvé derrière lui une deuxième fois, je n'ai pas pu y rester plus d'une seconde. Ses mouvements étaient si rapides et imprévisibles qu'aucun d'entre nous ne pouvait le garder dans son viseur… » Deux appareils britanniques doivent rompre le combat, touchés par les balles de Voss, mais la chance abandonne l'Allemand. Un pilote, Arthur Rhys Davids, s'accroche à sa queue et tire de brèves rafales dans le triplan. McCudden voit alors l'avion de Voss « percuter le sol et disparaître en mille morceaux […] littéralement pulvérisé ».

Des fins sans gloire

Tous les pilotes ne connaissent pas une fin aussi glorieuse. McCudden se tue dans un accident banal en revenant d'un séjour en Grande-Bretagne pour prendre le commandement d'une esquadrille en France. Guynemer est abattu par un pilote peu expérimenté, puis son corps et son avion sont pulvérisés par un barrage d'artillerie. L'oraison funèbre de Boelcke affirme qu'il n'y avait pour lui « pas de plus belle façon de perdre la vie qu'en pilotant pour la Mère Patrie », formule qui tente de compenser tristement la manière dont il s'est tué, victime d'une collision avec un équipier.

Mais quel que puisse être le contraste bien réel entre la brièveté de leur vie, brutale et éprouvante pour les nerfs, et la vision romantique de la guerre dans les airs, la légende des as, considérés comme des chevaliers du ciel, perdurera et sera source d'inspiration d'une nouvelle génération de pilotes. Charles Lindbergh, célèbre pour son vol solitaire sans escale entre New York et Paris, se rappelle comment, étant enfant pendant la guerre, il avait « scruté les journaux pour lire les reportages sur les combats aériens et les articles sur Fonck, Mannock, Bishop, von Richthofen et Rickenbacker » qui, à ses yeux, représentaient l'équivalent moderne des « chevaliers du roi Arthur dans les contes pour enfants ».

LE N° 1 ALLIÉ
Avec soixante-quinze victoires officielles, le Français René Fonck est le plus grand as allié de la guerre. Par deux fois, il abat six avions allemands le même jour. Individualiste invétéré, Fonck n'atteignit jamais le niveau de popularité des Nungesser et des Guynemer.

LES CHASSEURS DE LA GRANDE GUERRE

La rapide spécialisation des appareils militaires voit l'apparition, dès le début du conflit, de l'avion de reconnaissance armé. Les premiers « vrais » chasseurs, le Morane-Saulnier français et le Fokker Eindecker allemand, sont de légers monoplans encore dotés d'ailes à gauchissement, mais déjà armés de mitrailleuses tirant en chasse malgré leur hélice tractive. Les Britanniques s'en tiennent aux appareils à hélice propulsive avec mitrailleuse frontale sur le monoplace Airco D.H.2 et le biplace Vickers Gunbus. Les hélices tractives offrant un rendement supérieur, les biplans monoplaces à hélice frontale dominent dès 1917. Les deux grandes familles sont d'une part de rapides machines à moteur en ligne comme le Spad XIII efficace en piqué et en chasse, et, d'autre part, des avions plus manœuvrables à moteur rotatif comme le Nieuport 17 et le Sopwith Camel. Plus difficiles à maîtriser, ces derniers peuvent, au combat, virer « sur place ». Les plus agiles sont les triplans à moteur rotatif comme le Fokker Dr.I. Le meilleur chasseur polyvalent de la guerre est probablement le Fokker D.VII à moteur en ligne (voir pp. 88-89) mis en service en 1918.

LE BRISTOL F.2B
Autre avion efficace vers la fin de la guerre, le Bristol F.2B réintroduit le concept du chasseur biplace (voir pp. 76-77).

Airco D.H.2

Introduit en 1915, le D.H.2 peut être armé d'une mitrailleuse frontale grâce à son moteur arrière. Monoplace, il est assez rapide pour ne pas lâcher sa proie, mais son pilote n'a pas la tâche facile, car il doit contrôler l'avion, viser et tirer en même temps.

Moteur Gnome Monosoupape 9-cylindres en étoile de 100 ch	
Envergure 8,6 m	**Longueur** 7,7 m
Vitesse max. 150 km/h	**Équipage** 1
Armement 1 mitrailleuse Lewis 7,7 mm	

Albatros D.III

Les Albatros série D résultent des efforts de l'Allemagne qui vise à reprendre la maîtrise du ciel en 1917 après l'éclipse du Fokker E.III. En avril (l'« avril sanglant »), le D.III inflige de lourdes pertes au RFC, mais le D.V, même amélioré, reste encore inférieur au Spad français et au RAF S.E.5a britannique.

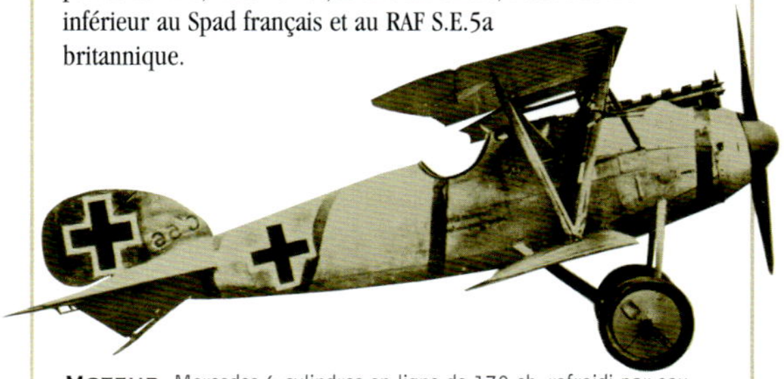

Moteur Mercedes 6-cylindres en ligne de 170 ch, refroidi par eau	
Envergure 9,1 m	**Longueur** 7,3 m
Vitesse max. 175 km/h	**Équipage** 1
Armement 2 mitrailleuses Spandau 7,92 mm	

Brandenburg D.I

Conçu en Allemagne par Ernst Heinkel, le D.I, construit en Autriche, est mis en service par la force aérienne impériale à l'automne 1916. Mais de médiocres qualités de vol et une visibilité limitée entraînent un certain nombre d'accidents et lui valent d'être surnommé « le cercueil » par ses pilotes.

Moteur Austro-Daimler 6-cylindres en ligne de 160 ch, refroidi par eau	
Envergure 8,5 m	**Longueur** 6,4 m
Vitesse max. 187 km/h	**Équipage** 1
Armement 1 mitrailleuse Schwarzlose 8 mm	

Fokker Dr.I triplan

Trois plans principaux augmentant la sustentation pour un encombrement limité donnent au Fokker Dr.I un taux de montée élevé et une grande agilité qui en font un redoutable avion de combat. À la fin de 1917, il est redouté sur le front occidental, surtout aux mains de Manfred von Richthofen.

Moteur Le Rhône rotatif 9-cylindres de 110 ch	
Envergure 7,2 m	**Longueur** 5,8 m
Vitesse max. 165 km/h	**Équipage** 1
Armement 2 mitrailleuses Spandau 7,92 mm	

Fokker E. III Eindecker (monoplan)

Armé d'une mitrailleuse frontale et d'un système de synchronisation du tir avec l'hélice, le monoplan créé avant la guerre par Anton Fokker devient le redoutable E.III (ici, une réplique) qui sème la terreur à l'été 1915 parmi les appareils de reconnaissance alliés. Cette réputation est due à son armement innovateur et aux qualités de ses pilotes, dont les célèbres Boelcke et Immelmann.

Moteur Oberursel rotatif 7-cylindres de 100 ch	
Envergure 9,5 m	**Longueur** 7,2 mm
Vitesse max. 130 km/h	**Équipage** 1
Armement 1 mitrailleuse Spandau 7,92 mm	

Morane-Saulnier type N

Au début de l'année 1915, le pilote français Roland Garros est le premier à monter une mitrailleuse pouvant tirer à travers le cercle de l'hélice dont les pales sont munies de gouttières en acier qui dévient les balles. Après des essais concluants, le constructeur en produit une cinquantaine de type N équipés de ce système. L'avion, l'un des rares chasseurs ainsi armés disponibles, est utilisé par plusieurs escadrilles françaises et britanniques, sans être très apprécié par les pilotes, car il utilise encore le vieux système du gauchissement. Il est déclassé en 1916.

MOTEUR Gnome rotatif 9-cylindres de 80 ch
ENVERGURE 8,1 m **LONGUEUR** 5,8 m
VITESSE MAX. 144 km/h **ÉQUIPAGE** 1
ARMEMENT 1 mitrailleuse Lewis de 7,7 mm

Nieuport type 17

Issu du très agile type 11 dit « Bébé » qui met un terme aux ravages des Fokker en 1916, le type 17 offre des performances supérieures et une mitrailleuse tirant en chasse installée sur le plan supérieur.

MOTEUR Le Rhône 9Ja 9-cylindres de 110 ch
ENVERGURE 8,2 m **LONGUEUR** 5,8 m
VITESSE MAX. 165 km/h **ÉQUIPAGE** 1
ARMEMENT 1 mitrailleuse Lewis 7,7 mm et jusqu'à 8 fusées Le Prieur installées sur les mâts d'entreplans

Pfalz D.III

L'usine Pfalz est située en Bavière, royaume autonome intégré à l'Empire allemand qui tient à conserver un certain degré de contrôle de ses forces armées. C'est pourquoi, dans les premières années de guerre, Pfalz construit sous licence des avions allemands et français qui sont livrés uniquement aux unités bavaroises. En 1917, Pfalz produit un appareil original qui ressemble à l'Albatros sans en être une copie, avec un fuselage monocoque et un moteur Mercedes ; sur certains points, il lui est supérieur.

MOTEUR Mercedes D.III 6-cylindres en ligne de 160 ch, refroidi par eau
ENVERGURE 9,4 m **LONGUEUR** 7 m
VITESSE MAX. 165 km/h **ÉQUIPAGE** 1
ARMEMENT 2 mitrailleuses Spandau 7,92 mm

RAF S.E.5a

Mitrailleuse Vickers sur le plan supérieur

Appuie-tête

Conçu autour du moteur Hispano-Suiza V8, le S.E.5a est moins agile que le Camel, mais plus rapide et plus facile à piloter ; c'est aussi une plate-forme de tir stable. Capable d'encaisser davantage de coups au combat, il est la monture favorite des grands as britanniques comme Ball, Mannock et Bishop. Son seul problème, la fiabilité insuffisante de son moteur, est résolu par l'introduction du V8 Viper.

MOTEUR Wolseley W.4A Viper V8 de 200 ch, refroidi par eau
ENVERGURE 8,1 m **LONGUEUR** 6,4 m
VITESSE MAX. 193 km/h **ÉQUIPAGE** 1
ARMEMENT 1 mitrailleuse Vickers 7,7 mm (tirant à travers l'hélice) et 1 Lewis 7,7 mm ; 4 bombes de 11 kg

Sopwith Camel

Le Camel, un développement du Pup, doit son surnom à la « bosse » de la partie avant qui regroupe le moteur, les armes et le pilote. Redoutable en altitude et notamment dans les virages à droite quand le couple inverse du moteur accélère la manœuvre, il réclame des pilotes expérimentés et assez habiles pour le maîtriser. Les accidents à l'instruction sont fréquents, mais, pendant le conflit, le Camel abat plus d'avions ennemis (environ 1 200) que n'importe quel autre type d'avion.

MOTEUR Clerget 9B rotatif 9-cylindres de 130 ch
ENVERGURE 8,5 m **LONGUEUR** 5,7 m
VITESSE MAX. 182 km/h **ÉQUIPAGE** 1
ARMEMENT 2 mitrailleuses Vickers 7,7 mm

Sopwith Pup

MOTEUR Le Rhône rotatif 9C 9-cylindres de 80 ch
ENVERGURE 8,1 m **LONGUEUR** 6 m
VITESSE MAX. 179 km/h **ÉQUIPAGE** 1
ARMEMENT 1 mitrailleuse Vickers 7,7 mm

Désigné officiellement type 9901 dans le RNAS et Scout dans le RFC, le Pup (petit chien) est appelé par son surnom dans ces deux armes. Ce nom est dû à sa taille inférieure à celle du Sopwith précédent et à son pilotage agréable.

Spad XIII

La grande force de cet avion est son puissant moteur V8 conçu par Marc Birkigt pour Hispano-Suiza, également auteur d'un système de synchronisation du tir. En 1917, cet avion, qui détient le record de production de tous les chasseurs alliés, est le type le plus apprécié par les pilotes de chasse français.

MOTEUR Hispano-Suiza V8 de 235 ch, refroidi par eau
ENVERGURE 8,1 m **LONGUEUR** 6,2 m
VITESSE MAX. 222 km/h **ÉQUIPAGE** 1
ARMEMENT 2 mitrailleuses Vickers ou Marlin

Vickers F.B.5 Gunbus

L'un des premiers avions conçus pour le combat, le F.B.5 retient l'architecture d'un appareil de reconnaissance pour recevoir une mitrailleuse frontale. Son hélice propulsive ajoutée à un moteur peu puissant et à une masse élevée en fait un avion lent et peu maniable.

Mitrailleuse orientable de 7,7 mm

MOTEUR Gnome Monosoupape 9-cylindres rotatif de 100 ch
ENVERGURE 11,1 m **LONGUEUR** 8,3 m
VITESSE MAX. 113 km/h **ÉQUIPAGE** 2
ARMEMENT 1 mitrailleuse Lewis 7,7 mm

« Ces morts ont dû être les plus spectaculaires de toute l'histoire du monde. Ils tombèrent - pyramides de flammes - devant 8 millions de regards ennemis. »

Muriel Dayrell-Browning, témoin oculaire de la destruction du dirigeable SL 11 sur Londres en 1916

ZEPPELINS ET BOMBARDIERS

AVIONS GÉANTS ET DIRIGEABLES TRANSPORTENT LA TERREUR SUR LES VILLES EUROPÉENNES.

COMMANDANT DE DIRIGEABLE
Peter Strasser, commandant de la flotte allemande des zeppelins pendant la Grande Guerre, est un officier ambitieux qui veut faire du dirigeable une arme efficace. Il meurt à bord du L70 abattu au-dessus de l'Angleterre.

Bien avant la Première Guerre mondiale, le dirigeable est perçu par l'imaginaire populaire comme un symbole de terreur. Dans *La Guerre dans les airs* (1908), H. G. Wells décrit un raid de dirigeables sur New York, qui ne laisse pas indifférents quelques responsables militaires. Le capitaine Peter Strasser, commandant la flotte de dirigeables de la marine allemande, est persuadé que la Grande-Bretagne « pourrait être vaincue grâce aux dirigeables [...] par la destruction progressive des villes, des centres industriels, des ports, etc. ».

Les Allemands ne sont pas les seuls à vouloir bombarder les villes et les usines ennemies. Mais ils possèdent une avance certaine dans la technique du dirigeable qui, en 1914, est le seul vaisseau aérien capable de transporter une quantité significative de bombes sur de grandes distances pour frapper des objectifs stratégiques. Pourtant, à ce stade, ils sont encore loin de posséder un pouvoir de destruction massive. Que leur structure soit métallique comme les zeppelins ou en bois lamellé comme les Schütte-Lanze, les dirigeables allemands présentent dès le début de la guerre quelques sérieux défauts. L'armée découvre qu'ils ne peuvent survivre longtemps au-dessus du champ de bataille. Volant à moins de 80 km/h, ils constituent une vaste cible très tentante pour les tireurs au sol. Quatre dirigeables de l'armée sont abattus dès le premier mois de la guerre. Ils sont aussi vulnérables aux accidents, notamment par mauvais temps.

OMBRES SUR LE FRONT
Le Zeppelin Staaken R.IV (vu ici en maquette) apparaît sur le front occidental en 1917 et 1918. Ce monstre à six moteurs a une envergure de 42,2 m et une masse à pleine charge de près de 13 tonnes.

Des agresseurs discrets

La discrétion semble cependant compenser la vulnérabilité du dirigeable au combat. Par une nuit sans lune, malgré leur volume, les zeppelins peuvent échapper au repérage et à la poursuite. La nécessité en fera des agresseurs nocturnes. L'armée et la marine allemandes utilisent les dirigeables pour bombarder à la faveur de la nuit des cibles stratégiques, dont Paris et d'autres villes françaises. Mais leur cible privilégiée est la Grande-Bretagne et surtout Londres. D'ailleurs, les écoliers allemands, nourris de propagande et de rancœur, apprennent à chanter : « Vole, Zeppelin vole ! Vole vers l'Angleterre ! Que l'Angleterre brûle tout entière ! »

OISEAU DE NUIT
Introduit en 1917, le quadrimoteur Zeppelin Staaken R.VI est surtout utilisé pour bombarder Londres de nuit. Il est équipé d'une cabine fermée, ce qui est exceptionnel pour l'époque, mais, durant la mission, son commandant se tient dans le poste d'observation découvert, aménagé dans le nez.

BOMBE INCENDIAIRE

Cette bombe incendiaire est larguée par le Zeppelin LZ 38 lors du premier raid sur Londres, le 31 mai 1915. Au début, les équipages des dirigeables allemands lâchent les bombes manuellement par-dessus le flanc de leur nacelle avant que des lance-bombes automatiques ne soient utilisés. À l'époque, les bombes incendiaires sont trop petites, trop peu fiables et trop faciles à éteindre pour avoir de véritables effets destructeurs.

La présence sporadique des dirigeables au-dessus du territoire britannique à partir de 1915 marque profondément les populations civiles. Tous ceux qui entendent le sinistre martèlement des moteurs Maybach ou qui aperçoivent la sombre silhouette au-dessus de leur tête ne peuvent oublier cette impression. Un Londonien, encore enfant à l'époque, se rappellera plus tard avoir eu « conscience d'une crainte inexprimée autour de moi [...] alors que j'observais ces sinistres formes glissant à travers les faisceaux des projecteurs ». Mais les commandants des dirigeables montent une campagne de bombardements de longue durée qui va au-delà de leurs capacités. Avant même que soient organisées des défenses efficaces, voler depuis une base d'Allemagne du Nord ou de Belgique occupée vers la Grande-Bretagne et en revenir dans la nuit noire est déjà un sérieux défi. Dès lors que les Britanniques mettent en ligne des avions de chasse de nuit et des batteries de canons tirant des munitions incendiaires, voler vers Londres sous un gigantesque réservoir de gaz inflammable devient une opération très risquée.

Les marins du ciel

La situation météorologique est un facteur fondamental de l'emploi des dirigeables. Couche nuageuse continue, vents violents ou tempêtes interdisent tout

EN PATROUILLE

À gauche, des dirigeables de la marine allemande en vol. Les équipages des dirigeables navals patrouillent surtout en mer du Nord. Bien que leur utilité soit limitée par le mauvais temps, les dirigeables sont plus efficaces dans ces missions de reconnaissance maritime que dans celles de bombardements stratégiques.

SOLDATS DU FEU

Des pompiers inondent des ruines après un raid de zeppelins sur Londres en 1917. Guillaume II interdit au début le bombardement des villes, puis l'autorise à condition d'épargner les zones résidentielles et les monuments. En 1915, une nouvelle directive permet le bombardement de n'importe quelle partie de la ville. En pratique, les commandants ne parviennent guère à contrôler la chute de leurs projectiles. Le bombardement des villes entraîne toujours des pertes civiles.

départ en mission. En outre, quand ils quittent leur base, les commandants de dirigeable ne connaissent pas toujours les conditions régnant au-dessus de la Grande-Bretagne. Très souvent, partis avec une météo encourageante, ils rencontrent le brouillard ou de forts vents debout en approchant de leurs objectifs.

Le pilotage de ces énormes machines pose énormément de problèmes, car elles sont plus proches d'un navire de guerre que d'un avion. Le commandant se tient dans sa nacelle de commandement avec ses jumelles au cou, tandis qu'un timonier dirige le vaisseau au moyen d'une roue de barre. Un autre timonier surveille l'altitude et la pression du gaz. Les moteurs sont sous le contrôle des mécaniciens logés dans les nacelles des moteurs, et un spécialiste contrôle les dommages éventuellement causés à l'enveloppe. Le commandant et ses officiers se livrent en permanence à des calculs complexes relatifs à l'altitude du ballon que divers facteurs font monter ou descendre sans cesse. Par exemple, en cas de pluie, l'eau qui s'accumule sur l'immense enveloppe augmente sa masse et lui fait perdre de l'altitude. D'incessantes interventions sur les ballonnets et la pression du gaz permettent de maintenir une altitude à peu près constante.

Les dirigeables sont lancés plus souvent vers l'Angleterre, parce que, jusqu'à leur objectif, ils ne risquent guère d'être interceptés, ce qui n'est pas le cas lorsqu'ils survolent la France vers Paris. Le meilleur système de navigation existant est déjà la localisation par signaux radio : le dirigeable émet un signal vers deux stations au sol et chacune repère la direction de l'émetteur. Les deux relevés permettent de calculer précisément la position du dirigeable par recoupement. Mais les équipages préfèrent en général garder le silence radio par crainte de révéler leur position. Ils naviguent donc à l'estime. Connaissant la vitesse, le temps de vol

MORT D'UN DIRIGEABLE

Vers 2 heures et demie du matin, le 3 septembre 1916, une femme habitant dans le nord de Londres, brusquement réveillée par des explosions, regarde par sa fenêtre et voit très près dans le ciel « un cigare d'argent tout brillant dans les faisceaux lumineux d'une vingtaine de projecteurs ». C'est le Schütte-Lanz SL 11, l'un des seize dirigeables de la marine et de l'armée envoyés sur Londres pour le plus grand raid de la guerre. Mais déjà dans le ciel d'encre rôde un biplan B.E.2c piloté par le lieutenant William Leefe Robinson, appartenant à l'escadrille de défense intérieure affectée à la protection du territoire britannique contre les raids des dirigeables. Leefe Robinson et ses collègues se sont déjà habitués à la tension nerveuse inhérente au vol de nuit. Quand un raid de dirigeables est détecté, ils décollent de terrains éclairés par des fusées et, une fois en vol, tentent de se repérer sur une imperceptible ligne d'horizon afin de maintenir leur stabilité et leur ligne de vol. La recherche des dirigeables dans une obscurité totale est une expérience éprouvante. Leefe Robinson vient de patrouiller pendant trois heures sans rien voir, quand, tout à coup, le SL 11 illuminé apparaît enfin. Disposant de munitions explosives et incendiaires, le pilote pique vers le dirigeable et redresse sous son nez pour l'arroser de la proue à la poupe. Trois chargeurs sont vidés quand soudain une flamme apparaît. « En quelques secondes, toute la partie arrière brûlait, écrit-il, et je dégageai pour éviter la chute du ballon en feu. » L'action est vue à des kilomètres à la ronde, et la chute de l'engin est acclamée par les Londoniens. Le brasier est aussi aperçu avec des sentiments bien différents par le capitaine Ernst Lehmann, commandant d'un dirigeable sur le chemin du retour. « J'ai vu, très loin derrière nous, une boule de feu très brillante, rapporta-t-il. [...] Pauvres camarades, ils furent perdus dès que le ballon s'enflamma. » Le SL 11 est le premier dirigeable abattu au-dessus de Londres. Leefe Robinson, qui reçoit la Victoria Cross pour cette victoire, sera abattu l'année suivante sur le front occidental.

> « J'ai vu, très loin derrière nous, une boule de feu très brillante [...] Pauvres camarades, ils furent perdus dès que le ballon s'enflamma. »
>
> **Capitaine de dirigeable Ernst Lehmann,** rapportant la perte du SL 11

UN BIPLACE À TOUT FAIRE
Le B.E.2c, conçu pour la reconnaissance, remplit très vite d'autres types de mission comme le bombardement tactique malgré son manque de manœuvrabilité. C'est un B.E.2c qui abat le SL 11.

SOUVENIRS MACABRES
Ces pièces provenant du SL 11, premier dirigeable abattu sur Londres, ont été transformées en objets souvenirs, boutons de manchettes ou épingle de sûreté, vendus au profit de la Croix-Rouge.

TUEUSE DE ZEPPELINS
La fléchette Ranken est conçue pour être larguée au-dessus d'un dirigeable et pour exploser après avoir crevé l'enveloppe extérieure. Les munitions explosives et incendiaires finiront par confirmer la grande vulnérabilité des dirigeables aux attaques.

GRANDE CARCASSE
Le Zeppelin L 33 est l'un des deux grands rigides abattus sur la Grande-Bretagne dans la nuit du 23 au 24 septembre 1916. Il a succombé sous les tirs combinés du sol et des chasseurs de défense.

À BORD DES GÉANTS

Les plus grands appareils mis en ligne pendant la Grande Guerre sont les bombardiers lourds appelés par les Allemands *Riesenflugzeug* (avion géant). Le plus célèbre de ces avions « R », le Zeppelin Staaken R.VI, rejoint l'arsenal de l'Allemagne en septembre 1917 pour accompagner les Gotha plus petits lors des raids massifs sur la Grande-Bretagne. Ces énormes machines exigent deux pilotes assis côte à côte qui actionnent des volants semblables à ceux des dirigeables. Elles emportent aussi des mécaniciens chargés d'intervenir sur les moteurs en vol. Arthur Schoeller, commandant de bord d'un R.VI, a laissé un vivant compte rendu d'un raid de nuit sur Londres.

Il décrit comment quarante mécaniciens au sol préparent le « Géant » pour le combat, chargent les soutes à bombes, font le plein des énormes réservoirs et règlent les quatre moteurs de 250 ch. Après un dîner léger, l'équipage de huit hommes se dirige vers l'appareil « dont les moteurs au ralenti expriment toute leur puissance contenue ». Les six avions « R » roulent vers le point de décollage. Leurs moteurs à plein régime émettant un grondement assourdissant, les machines lourdement chargées s'élèvent lentement dans le ciel et pointent vers la mer dans la noirceur du néant. Comptant seulement sur les calculs de temps, de vitesse et de cap pour déterminer leur position, Schoeller et son observateur commencent à se croire perdus, lorsque, à leur grand soulagement, ils aperçoivent des projecteurs qui fouillent la nuit en projetant des cercles brillants sur la fine couche nuageuse. Ils doivent être au-dessus de l'Angleterre. Un terrain, illuminé par des fusées et probablement utilisé par les chasseurs britanniques, apparaît tout brillant au-dessous d'eux. Ils le bombardent en passant, tandis que les mitrailleurs envoient quelques rafales en direction des projecteurs. Puis, par une déchirure des nuages, ils reconnaissent la Tamise. Aussitôt après, l'observateur, qui a gagné le poste extérieur avant, libère les bombes en espérant qu'elles frapperont les docks de Londres quelque part au-dessous. Après avoir largué toute la charge de bombes, ils prennent le cap du retour en suivant la Tamise, poursuivis par les tirs terriblement proches de la DCA. Un éclat déchire la toile du plan supérieur, mais les dégâts n'ont rien de grave. Sur la route du retour au-dessus de la mer, les ennuis sont loin d'être terminés. En vue de la côte belge, les quatre hélices s'arrêtent à cause d'une panne d'alimentation d'essence due à des bouchons de glace. L'avion plane le plus loin possible au-dessus de la terre ferme où ses fusées révèlent une étendue de cratères. Schoeller redresse l'avion au ras du sol et le plaque en écrasant le train et une aile. Mais tout le monde est rentré sain et sauf.

EN VOL
Cette photo prise depuis le poste de pilotage biplace d'un Staaken R.IV montre aussi le balcon extérieur prévu à l'avant des nacelles des moteurs (en haut à gauche), où se tiennent les mécaniciens en vol.

UN VRAI GÉANT
Les dimensions massives des avions « R » sont évidentes sur cette photo d'un R.IV entouré par la foule. Son envergure atteint 42 m et sa masse dépasse 13 tonnes.

MÉCANO ACROBATE
En cas de problèmes avec les moteurs, les mécaniciens peuvent se déplacer sur la structure de l'avion, même en plein vol.

et le cap, il est possible de déterminer sa position sur une carte.

Mais ces calculs peuvent être totalement erronés du fait du vent. Si le navigateur ne comprend pas qu'il s'est écarté de sa route, qu'il a dérivé, il est perdu et sans moyen de revenir dans la bonne direction.

Naturellement, un grand nombre de dirigeables envoyés sur Londres trouvent la ville. L'agglomération est plongée dans l'obscurité totale par un black-out très strict, mais les équipages peuvent utiliser la Tamise comme repère de navigation, car son cours est facilement identifiable. Sur leurs cartes figurent les emplacements des projecteurs et des batteries de défense antiaérienne, non seulement pour les éviter, mais aussi pour s'en servir comme repères d'orientation aux abords de la ville.

Les dirigeables n'arrivent pas sur l'objectif en formation. Chacun d'entre eux suit un cap différent et à certains intervalles de temps. Une fois les défenses extérieures de Londres franchies, la méthode d'attaque est de survoler la ville en ligne droite à la plus grande vitesse possible tout en larguant les bombes explosives et incendiaires.

Les premiers raids de zeppelins sur la Grande-Bretagne sont lancés en janvier 1915 ; le premier bombardement de Londres a lieu en mai. Jusqu'à la fin de l'été 1916, malgré leur caractère sporadique, ces raids peuvent être considérés comme des succès. Le 8 septembre 1915, le L13 du capitaine Heinrich Mathy tue vingt-deux personnes et en blesse quatre-vingt-sept en un seul passage au-dessus de Londres. L'un des raids les plus meurtriers se déroule en janvier 1916 : neuf dirigeables partis pour bombarder Liverpool se perdent dans l'obscurité et parviennent au-dessus des villes des Midlands où le black-out n'est pas obligatoire. Le bombardement fait soixante-dix morts.

Les Britanniques sont contraints de prélever sur le front occidental de précieux moyens en avions et en pilotes, car la population exige davantage de protection. Ces renforts, qui s'accompagnent de la mise en œuvre de munitions explosives et incendiaires, parviennent à renverser la tendance au détriment des zeppelins. À la fin du mois d'août et en septembre 1916, les Allemands déclenchent leur plus intense campagne de bombardements. C'est un échec. Au cours de cette série de raids, quatre dirigeables sont perdus grâce à l'action des défenses au sol ou des appareils de chasse. Parmi les morts se trouve le très expérimenté capitaine Mathy, qui saute de son zeppelin en flammes pour ne pas périr brûlé vif.

Haute sécurité

Les Allemands réagissent à ces échecs en mettant en ligne un nouveau type de dirigeable plus grand mais plus léger que les précédents. Ces appareils, qui volent normalement à plus de 5 600 m, sont hors de portée du feu de l'artillerie antiaérienne et pratiquement hors d'atteinte des avions de chasse. Mais le vol à ces altitudes soumet les malheureux équipages à des épreuves terribles. Pendant des heures interminables, ils doivent supporter un froid intense. Ils respirent mal dans une atmosphère raréfiée et l'utilisation d'un matériel respiratoire sommaire n'est guère évidente : les rapides changements de pression dus aux variations d'altitude leur donnent le mal de l'air. Et, malgré ces souffrances, les résultats sont minimes.

> « Dans le fuselage, la lueur indécise des lampes sous-voltées laisse deviner la table à cartes, la radio et le tableau de bord [...] Au-dessous, c'est la noirceur absolue des abysses. »
>
> **Capitaine Arthur Schoeller,**
> commandant d'un avion « R » décrivant un raid de nuit sur l'Angleterre en mars 1918

Néanmoins, les avancées techniques des dirigeables allemands sont extraordinaires. En novembre 1917, le L 59 effectue un vol sans escale de 6 760 km lors d'une mission avortée en Afrique. La même année, le L 55, en atteignant 8 400 m, établit un record d'altitude qui restera inégalé pendant longtemps.

Mais l'exploitation des performances techniques au profit de l'efficacité militaire se révèle impossible. Jusqu'à la fin, le commandant des dirigeables de la marine, Peter Strasser, qui espère porter un coup décisif en effectuant un raid de dirigeables à travers l'Atlantique pour dévaster New York, est abattu lors d'une ultime mission sans espoir sur la mer du Nord, en août 1918.

L'EMPREINTE
Ce cliché pris avec un appareil stéréoscopique (images en relief) montre des soldats britanniques observant l'empreinte du corps d'un membre de l'équipage d'un zeppelin incendié au-dessus de Billericay, en Angleterre. L'homme a choisi de sauter pour éviter de brûler vif.

Alerte aux Gotha !

Depuis le début de la guerre, les Allemands ont l'intention d'employer les plus-lourds-que-l'air au bombardement stratégique, mais ils ne disposent pas d'un appareil utilisable avant l'apparition du Gotha G.IV bimoteur. Les Gotha commencent leurs raids sur la Grande-Bretagne à l'été 1917 avec des résultats très impressionnants. Les défenses antiaériennes, tout comme les populations civiles, ne sont pas préparées à l'arrivée de formations de bombardiers qui attaquent en plein jour. Lorsque quatorze Gotha survolent Londres pour la première fois le 13 juin, des foules de gens se précipitent dans les rues pour observer les avions. Les bombes qui frappent des civils en dehors des abris tuent 162 personnes.

Les Gotha, qui volent plus vite que les zeppelins, sont plus difficiles à abattre. Lorsqu'ils volent en formation, ils sont susceptibles d'infliger des dommages sévères aux avions de chasse en croisant les feux de leurs mitrailleuses. Cette relative invulnérabilité leur vaut de pouvoir opérer initialement de jour et, par la suite, face à une défense antiaérienne de plus en plus efficace au clair de lune, pendant les nuits sans lune, car leurs objectifs sont plus faciles à localiser. En outre, du fait que leur production est plus rapide et moins chère que celle des dirigeables, ils peuvent être déployés de façon plus massive.

Des attaques nocturnes sont donc menées sporadiquement sur Londres par les Gotha, puis par les avions « R » plus grands (voir p. 98) tout au long de l'hiver 1917-1918 et du printemps suivant. Paris devient aussi une cible habituelle pour les bombardiers allemands. Les Parisiens comme les Londoniens s'habituent aux alertes aériennes et aux fins d'alertes, terrés dans les caves ou dans les stations de métro pendant de longues heures. Ces raids cessent vers le mois de mai 1918, car, à partir de cette période, tous les moyens allemands sont consacrés à la grande offensive désespérée entamée à l'ouest. À cette date, les avions ont démontré leur

> « J'apprécierais beaucoup si vous pouviez déclencher un très grand incendie dans une ville allemande [...]. L'Allemand est sensible au carnage... »
>
> **William Weir,**
> secrétaire d'État à l'Air britannique, 1918

relative efficacité par rapport aux dirigeables : 51 raids de zeppelins sur la Grande-Bretagne ont fait 557 tués et 1 358 blessés, mais 52 attaques menées par les avions ont causé 857 morts et 2 508 blessés.

Retour à l'envoyeur

Les dommages infligés par les zeppelins et les Gotha constituent en réalité un bien faible retour sur l'investissement consenti en hommes et en machines. Mais leur impact psychologique s'étend bien au-delà. Les exigences des populations en faveur d'une défense antiaérienne plus efficace déclenchent une crise à propos de la politique menée par la Grande-Bretagne dans le domaine de la guerre aérienne. Le désir de vengeance à l'égard des Allemands donne un nouvel élan, et des efforts sont entrepris en vue de créer une force de bombardement stratégique alliée.

Tout au long de la guerre, le débat fait rage, parmi les hommes politiques et les commandements militaires des pays alliés, quant aux avantages et aux inconvénients du bombardement des villes et des centres industriels ennemis. L'immobilisation des fronts et les lourdes pertes subies par les belligérants font naturellement naître des hypothèses : les bombardiers pourraient mettre un terme à la guerre de positions, en brisant la volonté de résistance de l'ennemi ou en détruisant sa capacité industrielle.

Mais ceux qui voient dans les tranchées du front de l'ouest le théâtre où la guerre sera gagnée ou perdue combattent toute idée visant à soustraire une partie des moyens aériens au détriment du soutien direct des forces terrestres les plus engagées au combat.

Au début, le débat se place surtout au niveau des concepts, dans la mesure où les Alliés ne possèdent pas les matériels nécessaires à la conduite d'une campagne de bombardement stratégique. Les aviateurs français tentent courageusement d'attaquer le territoire allemand dès 1915, en utilisant les lents et peu manœuvrables biplans Voisin 8, de jour, puis de nuit, mais au prix de lourdes pertes pour des résultats négligeables. Paradoxalement, les pays alliés qui disposent des forces aériennes les moins puissantes possèdent les bombardiers les plus lourds.

GIANNI CAPRONI

Gianni Caproni (1886-1957) est le plus éminent des ingénieurs et constructeurs aéronautiques italiens pendant la Grande Guerre. Après avoir construit son premier aéroplane en 1910, ses tentatives pour décrocher des contrats avec l'armée italienne restent vaines jusqu'à sa rencontre avec le grand théoricien de l'aviation militaire, le colonel Giulio Douhet. En 1914, Caproni a déjà conçu un prototype de chasseur monoplan innovateur, le Ca.20, armé d'une mitrailleuse tirant en chasse montée au-dessus de l'aile. Mais, sous l'influence de Douhet, Caproni se consacre à la production de grands avions de bombardement.

Au moment de l'entrée en guerre de l'Italie, en 1915, les bombardiers biplans trimoteurs Caproni Ca.42 commencent à être mis en service. En 1918, on estime à 70 000 personnes l'effectif occupé à produire des biplans et des triplans Caproni, non seulement en Italie, mais aussi sous licence en France et aux États-Unis.

Caproni soutient Douhet dans sa campagne en faveur d'une offensive aérienne stratégique, mettant en œuvre des milliers de bombardiers lourds qui auraient frappé l'Allemagne jusqu'à sa reddition. Ce projet ne se réalisera pas, mais ses arguments auront une grande influence, surtout auprès d'une partie des aviateurs militaires américains. Après 1919, Caproni construit des appareils civils et militaires.

PORTE-BOMBES
Caproni conçoit plusieurs bombardiers lourds, dont le Ca.33, qui joue un rôle majeur dans les campagnes de bombardement alliées.

CAPRONI CA.42
La famille des triplans Ca.4 est utilisée par les Italiens pour bombarder des objectifs autrichiens. Plus puissants que les biplans Caproni, ils sont pourtant moins nombreux.

BOMBARDIERS LOURDS
Mis en service à la fin de l'été 1918, le bombardier Handley Page O/400 est l'avion de base de la Royal Air Force de création récente. De puissantes formations de O/400 (jusqu'à 40 appareils) mènent des raids de nuit en profondeur sur le territoire allemand. La charge de bombes peut comporter un projectile de 750 kg dit blockbuster *(destructeur d'immeubles).*

La Russie engage les quadrimoteurs Ilya Mourometz de Sikorsky (voir pp. 62-63) comme avions de bombardement et de reconnaissance. L'Italie, qui rejoint le camp allié en 1915, est à cette époque la seule puissance disposant d'un appareil spécifiquement conçu pour le bombardement sous la forme du Caproni Ca.1. L'Italie est aussi la patrie d'un des avocats les plus virulents et les plus écoutés du bombardement stratégique, le colonel Giulio Douhet. Ses arguments péremptoires et son comportement indiscipliné le mettent bientôt en conflit avec sa hiérarchie, et il passe une partie de la guerre en prison. Néanmoins, l'Italie utilise les bombardiers Caproni pour attaquer les villes du pays ennemi le plus proche, l'Autriche-Hongrie.

L'appel à l'action

En 1918, il existe un fort courant d'opinion dans les pays alliés en faveur d'une campagne de bombardements intensifs contre l'Allemagne, mais les responsables politiques émettent des réserves face à cette solution. En avril 1918, la Grande-Bretagne crée la première force aérienne indépendante du monde : c'est la Royal Air Force, appelée à remplacer le Royal Flying Corps et le Royal Naval Air Service de la marine. La RAF est chargée, entre autres choses, de fournir à la Grande-Bretagne une défense aérienne plus efficace et de promouvoir une offensive aérienne contre l'Allemagne. La « Force de bombardement » indépendante est

ENTRE CIEL ET MER

Au début de l'aviation, les marines militaires sont souvent plus conscientes du potentiel de l'aéroplane que les armées de terre. C'est particulièrement vrai de la marine britannique, la Royal Navy, qui se trouve influencée par les idées innovatrices et progressistes du premier lord de l'Amirauté, Winston Churchill. Mais, lorsque la guerre se déclenche, il n'existe encore qu'un seul navire porte-hydravions, le vieux *La Fouche* français. En septembre 1914, la Royal Navy transforme trois paquebots trans-Manche en porte-hydravions. Ces hydravions, mis à flot au moyen d'une grue, décollent de la surface de la mer et sont repris à la grue pour être réembarqués après leur mission. Malgré les apparences, la méthode est tout sauf simple et efficace. Les hydravions ont de grandes difficultés à décoller en mer et à amerrir sinon dans les conditions les plus favorables, et notamment en fonction de la houle.

Avant la guerre, les marines britannique et américaine avaient expérimenté le lancement d'avions depuis une plate-forme installée sur le pont d'un navire. La Royal Navy reprend sérieusement ces essais en 1917. Un croiseur de bataille léger, le *HMS Furious*, débarrassé de son artillerie avant, reçoit un pont d'envol en teck. L'idée consiste à faire décoller et atterrir sur le bateau des appareils terrestres dont les performances sont supérieures à celles des hydravions.

La manœuvre est expérimentée par le commandant E.H. Dunning, aux commandes d'un très agile biplan Sopwith Pup. Le décollage est relativement facile quand le navire est face au vent, mais l'atterrissage se révèle plus délicat. Dunning réussit à se poser deux fois en réglant sa vitesse sur celle du navire de façon à se poser à la manière d'un hélicoptère, avec l'aide d'autres pilotes placés sur le pont, qui saisissent des cordages accrochés aux ailes et retiennent l'avion dès que le pilote coupe le moteur. Mais la troisième tentative tourne au tragique. L'avion se cabre et roule par-dessus bord après l'éclatement d'un pneu, noyant son malheureux pilote. Le *Furious* est alors muni d'un pont d'atterrissage à l'arrière, mais les turbulences créées par la cheminée et les superstructures centrales déséquilibrent trop l'avion en approche. Pourtant, les Sopwith Camel partis du *Furious* réussissent la première mission d'attaque lancée d'un navire porte-avions en bombardant les hangars à dirigeables de Tondern en juillet 1918. Dans les derniers

EN REMORQUE

L'un des premiers systèmes de lancement d'un avion à la mer consiste à l'installer sur une allège (une sorte de péniche) remorquée par un navire léger et rapide (à gauche). À partir d'une certaine vitesse, le vent relatif peut générer une portance et faire décoller l'avion.

PENDU

Les hydravions semblent être la composante aérienne naturelle des flottes. Des appareils comme ce Short à flotteurs, mis à flot avec une grue, décollent et amerrissent à côté du navire-base qui peut les reprendre par le même moyen.

PREMIER APPONTAGE

Le 2 août 1917, le pilote E.H. Dunning réussit le premier appontage sur un navire en marche, aux commandes d'un Sopwith Pup, avion très maniable et d'un pilotage facile. Cinq jours plus tard, un nouvel essai s'achèvera tragiquement.

mois de la guerre, un paquebot transformé devient le *HMS Argus*, premier véritable porte-avions. La cheminée reportée à l'arrière permet d'installer un long pont d'envol débarrassé d'obstacle. Les chefs de la marine britannique prévoient d'utiliser l'*Argus* pour une attaque contre la flotte allemande. L'aéronavale moderne vient de naître.

organisée en juin en vue de conduire cette offensive. Entre-temps, le commandant en chef français, le futur maréchal Philippe Pétain, demande la création d'une flotte de bombardiers lourds chargée de « paralyser l'activité économique de l'Allemagne et ses industries de guerre par des actions méthodiques et répétées contre les principales villes industrielles… ». En 1918, les Alliés disposent de l'Airco D.H.9, conçu par de Havilland, et de l'excellent Breguet XIV comme bombardiers de jour et des biplans et triplans Handley Page O/400 et Caproni comme bombardiers de nuit. Quoique bien plus petit que les avions allemands de type « R », le Handley Page, qui peut emporter une charge de bombes maximale de 900 kg, est l'appareil de base de la Force indépendante. D'autres bombardiers lourds comme le Farman Goliath français et le Vickers Vimy britannique, qui sont en construction en 1918, sortiront trop tard pour être mis en service.

L'école de la terreur

À l'été et à l'automne 1918, des formations comptant jusqu'à quarante bombardiers alliés effectuent des raids sur le territoire allemand. Comme prévu, le mauvais temps et la fragilité du matériel en limitent l'efficacité. Mais les populations civiles de Francfort ou de Mannheim connaissent la terreur qui avait saisi les habitants de Paris et de Londres. Les aviateurs alliés ont reçu l'ordre strict de bombarder des objectifs bien définis, tels que les usines ou les nœuds de communication. Mais les responsables politiques souhaitent frapper le moral des civils. Le secrétaire d'État à l'Air britannique, William Heir, écrit à Hugh Trenchard, commandant en chef de la Force indépendante : « Si j'étais à votre place, je ne serais pas trop regardant en ce qui concerne la précision lors du bombardement des gares situées au centre des villes. L'Allemand est sensible au carnage et je ne serais pas opposé à quelques accidents pouvant résulter de l'imprécision. »

Dans la réalité, les commandants des forces aériennes sont en général plus sceptiques que les hommes politiques sur les effets du bombardement stratégique. Trenchard sait qu'il est censé utiliser cette force pour attaquer les villes et les usines allemandes, mais il la dirige le plus souvent sur des objectifs tactiques comme les aérodromes et les centres de communication en arrière du front. Il en est de même pour le général américain « Billy » Mitchell. Ce dernier, comme Trenchard, deviendra un avocat du bombardement stratégique, mais l'un et l'autre se consacrent dans les derniers mois de la guerre à employer la force aérienne à des fins tactiques.

> « Il est probable que la guerre future sera menée par une classe spéciale, la force aérienne, comme elle le fut par les chevaliers en armure au Moyen Âge. »
>
> **Brigadier-Général William « Billy » Mitchell,** dans *Winged Defense*, 1925

UNE AVIATION INDÉPENDANTE

Cette affiche appelle les volontaires à s'engager dans la Royal Air Force (RAF). Créée en avril 1918 par la fusion des forces aériennes de l'armée et de la marine britanniques, la RAF est chargée d'assurer la défense de la Grande-Bretagne contre les attaques aériennes et de procéder au bombardement stratégique des villes et des usines ennemies.

La Grande Guerre montre à l'évidence que, compte tenu du niveau de la technique de l'époque, le bombardement stratégique est incapable d'affecter sérieusement la production industrielle, ni d'affaiblir la volonté de combattre d'un peuple. Le bombardement est alors coûteux et imprécis, et son effet le plus appréciable consiste à contraindre l'ennemi à détourner une partie de ses moyens de combat en faveur de la défense antiaérienne du territoire. C'est l'une des raisons pour lesquelles les Français s'attachent à développer une aviation tactique puissante. Le général Duval crée ainsi une division aérienne avec des chasseurs Spad et des bombardiers rapides Breguet XIV. Pour la première fois, en 1918, des avions attaquent en groupes compacts, inaugurant la technique du tapis de bombes.

BOMBARDIERS ET AVIONS D'ASSAUT DE LA GRANDE GUERRE

Si les généraux de la guerre de 1914 se félicitent de lancer des raids aériens au-delà des lignes ennemies, l'efficacité du bombardement tactique se trouve limitée par la faiblesse de la charge de bombes que les avions peuvent emporter et par leur vulnérabilité face aux chasseurs qui les obligent à se cantonner aux raids nocturnes, moins précis. Pourtant, en 1918, les bombardiers tactiques, comme le Breguet XIV B2 et l'Airco D.H.4, auront davantage de résultats. Tandis que les Britanniques utilisent des chasseurs pour attaquer les troupes ennemies au sol, les Allemands mettent en œuvre des appareils d'attaque spécifiques, tels les Halberstadt et les Junkers J.4 en métal, capables de subir d'importants dommages, car leurs équipages doivent voler très bas au-dessus des tranchées. Quelques très grands appareils multimoteurs sont développés à des fins stratégiques. Les plus grands sont les avions Zeppelin « R » qui accompagnent les Gotha lors des raids sur l'Angleterre.

LE GÉANT RUSSE

L'Ilya Mourometz de Sikorsky est le premier quadrimoteur de bombardement du monde. Au cours de la Grande Guerre, plus de soixante-quinze Ilya Mourometz sont déployés au sein d'une escadre spéciale sur le front oriental pour remplir des missions de bombardement et de reconnaissance.

A.E.G. G.IV

Plus de 540 avions de la série G de cet excellent bombardier bimoteur moyen sont construits par l'Allegemeine Elektrizitats Gesellschaft à partir de 1915. Le type le plus nombreux (environ 400) est le G.IV, qui entre en service à la fin de 1916 comme bombardier tactique moyen à court rayon d'action avant d'être relégué à des missions de reconnaissance.

Moteurs 2 Mercedes D.IVa 6-cylindres en ligne de 260 ch

Envergure 18,4 m	**Longueur** 9,7 m
Vitesse max. 165 km/h	**Équipage** 3

Armement 2 mitrailleuses ; 400 kg de bombes

Airco D.H.4

Conçu en 1916 comme bombardier diurne rapide, le D.H.4 est mis en service opérationnel sur le front occidental en mars 1917. Il remplit aussi des missions de reconnaissance, de patrouille anti-sous-marins et même de chasseur de nuit.

Moteur V12 Rolls-Royce Eagle VII de 350 ch, refroidi par eau

Envergure 12,9 m	**Longueur** 9,4 m
Vitesse max. 195 km/h	**Équipage** 2

Armement 4 mitrailleuses ; 209 kg de bombes

Breguet XIV B2

Le 21 novembre 1916, Louis Breguet fait voler lui-même le prototype du Breguet XIV, qui sortira à 8 000 exemplaires jusqu'en 1926. Ce bombardier donne lieu à des versions de reconnaissance et d'entraînement. Le Breguet XIV équipera après la guerre de nombreuses aéronautiques étrangères.

Moteur V12 Renault 12F de 300 ch, refroidi par eau

Envergure 14,4 m	**Longueur** 8,9 m
Vitesse max. 195 km/h	**Équipage** 2

Armement 3 mitrailleuses ; 300 kg de bombes

Caproni Ca.42 (Ca.4)

Comme Sikorsky, Caproni aborde très tôt la construction d'avions géants. Le Ca.30 apparaît dès 1913, et la série est développée tout au long de la Grande Guerre avec des variantes monomoteurs à hélice propulsive et bimoteurs à hélices tractives.

Moteurs 3 Isotta Fraschini V-6 de 270 ch, refroidis par eau

Envergure 29,9 m	**Longueur** 13,1 m
Vitesse max. 125 km/h	**Équipage** 4

Armement 4 mitrailleuses ; 1 450 kg de bombes

Gotha G.V

Si, pour les Britanniques et les Français, tout dirigeable est un zeppelin, tout bombardier allemand est un Gotha. Le G.IV inaugure les raids diurnes sur le sud de l'Angleterre en mai 1917 ; il est quasi invulnérable à 4 500 m d'altitude. La version G.V améliorée apparaît en septembre et poursuit ses raids nocturnes jusqu'en mai 1918. Avec une charge moyenne de 300 kg de bombes, les Gotha en largueront au total 85 000 kg pour la perte de vingt-quatre appareils.

Moteurs 2 Mercedes D.IVa 6-cylindres en ligne de 260 ch

Envergure 23,7 m	**Longueur** 12,2 m
Vitesse max. 140 km/h	**Équipage** 3

Armement 2 mitrailleuses ; 500 kg de bombes

Halberstadt CL.II

Conçu comme un chasseur d'escorte, le CL.II est d'abord utilisé comme avion d'appui au sol en septembre 1917 lors de l'attaque d'une division britannique par vingt-quatre avions. Au début de 1918, le CL.II est rejoint par le CL.IV amélioré. Leur emploi comme appareils de soutien rapproché de l'infanterie allemande est souvent déterminant.

MOTEUR Mercedes D.III 6-cylindres en ligne de 160 ch, refroidi par eau

ENVERGURE 10,8 m **LONGUEUR** 7,3 m

VITESSE MAX. 165 km/h **ÉQUIPAGE** 2

ARMEMENT 2 mitrailleuses fixes et 1 orientable ; 50 kg de grenades antipersonnel ou 10 kg de bombes

Handley Page 0/400

Par rapport à la Russie et à l'Italie, la Grande-Bretagne aborde avec retard le problème des bombardiers lourds. Une demande pour un « sacré zinc paralysant » est finalement satisfaite par le HP 0/100, engagé en novembre 1916. Ce type annonce les plus nombreux 0/400 commandés en grande quantité : 550 appareils sont construits en Angleterre et plus de 100 aux États-Unis. Cet avion commence comme bombardier de jour sur le front occidental en avril 1917 et sert dans la RAF comme appareil de transport. Quatre avions seront adaptés au transport civil avec des Farman Goliath pour défricher les nouvelles routes aériennes en Europe et vers les colonies.

MOTEURS 2 Rolls-Royce V12 Eagle VIII de 360 ch, refroidis par eau

ENVERGURE 30,5 m **LONGUEUR** 19,2 m

VITESSE MAX. 156 km/h **ÉQUIPAGE** 4

ARMEMENT 5 mitrailleuses 7,7 mm ; 907 kg de bombes

Junkers J.4 (J.I)

Le J.I, premier aéroplane construit par le Dr Hugo Junkers en 1915, apparaît sous la forme d'un remarquable monoplan d'avant-garde entièrement métallique revêtu de tôle d'acier ultra-mince. Le succès de ce concept moderne et de son successeur, le J.2, suscite une commande pour un biplan blindé conçu spécialement pour la reconnaissance à basse altitude et le soutien aux troupes terrestres.
Le J.I qui en résulte, construit sous la désignation d'usine J.4, conserve une structure entièrement métallique, mais le revêtement est en aluminium ondulé, technique de fabrication qui se poursuivra avec le Ju.52 utilisé pendant la Seconde Guerre mondiale. Le patin de queue en frêne est la seule pièce en bois. Les premiers J.I arrivent en unités en France vers la fin de 1917. Malgré ses dimensions et son comportement délicat au sol, le nouveau Junkers est immédiatement apprécié pour sa robustesse et son blindage. Sur un total de 227 J.I, près de 190 appareils sont engagés sur le front occidental.

MOTEUR Benz Bz.IV 6-cylindres en ligne de 200 ch

ENVERGURE 16 m **LONGUEUR** 9,1

VITESSE MAX. 155 km/h **ÉQUIPAGE** 2

ARMEMENT 2 mitrailleuses fixes et 1 orientable

Sikorsky Ilya Mourometz S-23V

La série des biplans géants Ilya Mourometz est issue du premier quadrimoteur du monde, *Le Grand* (Bolchoi), qui vole pour la première fois en mai 1913. Pendant la guerre, près de quatre-vingts appareils construits en plusieurs versions sont utilisés par les forces aériennes russes.

MOTEUR 4 Sunbeam V8 de 150 ch, refroidis par eau

ENVERGURE 29,8 m **LONGUEUR** 17,1 m

VITESSE MAX. 120 km/h **ÉQUIPAGE** 4–7

ARMEMENT 7 mitrailleuses ; 520 kg de bombes

Zeppelin Staaken R.VI

Les avions les plus remarquables construits par les Allemands pendant la Grande Guerre sont les « R » (*Riesenflugzeug*, avion géant), dotés de quatre à six moteurs. Parmi tous ces bombardiers lourds, les types conçus chez Zeppelin à Staaken sont les plus intéressants. Sans être le plus grand, le R.VI est la seule version raisonnablement produite en nombre. La première attaque sur l'Angleterre, le 17 septembre 1917, soumet les Britanniques à une menace encore plus terrifiante que les Gotha.

MOTEUR 4 Mercedes D.IVa 6-cylindres en ligne de 260 ch

ENVERGURE 42,2 m **LONGUEUR** 22,1 m

VITESSE MAX. 135 km/h **ÉQUIPAGE** 7

ARMEMENT 4 à 7 mitrailleuses Parabellum frontales, ventrales et dorsales ; 2 tonnes de bombes

The TRANSCONTINENTAL Line
TWA

3

L'ÂGE D'OR

Au lendemain de la Première Guerre mondiale, les avionneurs luttent pour leur survie, alors même que diminuent les effectifs des aviations militaires. Pourtant, malgré la récession d'après-guerre et la grande dépression qui s'ensuit, les années 1920-1930 constituent un véritable âge d'or de l'aviation. Les pilotes deviennent des héros et le public frémit aux exploits des aviateurs engagés dans les grandes courses ou les raids tels que ceux de Lindbergh, Amelia Earhart, Costes, Le Brix ou Pelletier-Doisy. Encouragées par des vols exploratoires à longue distance, les compagnies aériennes étendent leurs réseaux au-dessus et entre les continents. Les grands dirigeables confèrent au voyage aérien un luxe sans équivalent, concurrencés seulement par les hydravions à coque. L'avènement des monoplans entièrement métalliques provoque des avancées radicales dans les domaines de la vitesse et de la distance franchissable.

DC-3 SUPERSTAR

Douglas DC-3 de TWA survolant les gratte-ciel de Manhattan. Le DC-3, entré en service au milieu des années 1930, peut transporter 21 personnes ; il marque un tournant essentiel dans l'histoire de l'aviation dans le sens où il oriente l'activité aérienne commerciale vers le transport de passagers.

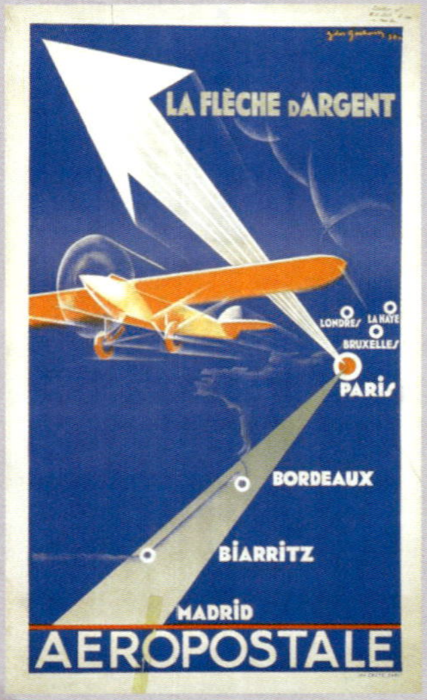

« J'ai fait décoller mon avion peut-être un millier de fois, mais je n'ai jamais senti les roues quitter le sol sans éprouver le sentiment d'incertitude et de griserie d'un nouveau-né ».

Beryl Markham,
pilote au Kenya pendant les années 1930

OUVRIR LA ROUTE

JUSQU'AUX LIMITES DE LEUR AVION, DES PILOTES RISQUENT LEUR VIE POUR EXPLORER LES RÉGIONS LES PLUS RECULÉES DE LA TERRE ET TRAVERSER LES OCÉANS.

La période de l'entre-deux-guerres est souvent considérée comme l'âge d'or de l'aviation. Toutefois, les années qui suivent 1918 ne peuvent être qualifiées ou appréhendées de la sorte, qu'il s'agisse des aviateurs ou des avionneurs. La fin de la Première Guerre mondiale constitue, en effet, presque une catastrophe pour l'industrie aéronautique. Le marché est saturé de surplus militaires, si bien que, en Europe comme aux États-Unis, avions et moteurs sont vendus très bon marché. La demande s'effondrant, l'ensemble de l'industrie d'outre-Atlantique ne sort guère plus de 328 appareils en 1920. En Europe, où les capacités de production se sont accrues de façon massive pendant le conflit, de nombreuses entreprises sombrent dans la faillite ou doivent se reconvertir pour survivre.

UNE PIONNIÈRE
Amelia Earhart fascine l'Amérique après avoir franchi l'Atlantique en solitaire en 1932.

Seuls quelques-uns des dizaines de milliers de pilotes militaires formés au cours de la guerre demeurent dans l'armée ou la marine. Mais, pour ceux qui retournent à la vie civile, dans un tout autre domaine que l'aéronautique, le monde en paix n'offre que des emplois précaires. En Europe, le transport de passagers ou de courrier n'occupe qu'un nombre réduit d'aviateurs. L'inscription de messages dans le ciel marque les débuts de la publicité ; testé pour la première fois par le major britannique Jack Savage en 1922 et imité avec enthousiasme par les Américains, il permet à quelques pilotes de gagner leur vie. D'autres métiers apparaissent : l'épandage au profit de l'agriculture, une autre innovation des années 1920, et la photographie aérienne. Souhaitant satisfaire un public friand d'aventures aériennes, Hollywood a besoin d'un plus grand nombre d'acrobates. Quelques pilotes de la Première Guerre mondiale, parmi lesquels l'as allemand Ernst Udet, reconstituent des combats aériens devant les caméras.

Les « barnstormers »

Aux États-Unis, les exhibitions de champ de foire et les tournées de cascadeurs sont courantes. De petits groupes de pilotes nomades se rendent dans les villes les plus reculées de la campagne américaine, afin de se produire ou de proposer un baptême de l'air pour 1 dollar. Interrogé sur les risques d'une telle activité, l'un de ces aviateurs répond, au début des années 1920, que « le risque de mourir de faim » est bien plus grand. À l'opposé, des pilotes plus doués connaissent la célébrité et des conditions de vie plus

TINGMISSARTOQ
À bord de cet hydravion à flotteurs Lockheed Sirius, Charles Lindbergh et son épouse, Anne Morrow, explorent les routes aériennes de l'Atlantique et du Pacifique. Cet appareil a été baptisé Tingmissartoq *par un Inuit du Groenland, nom qui signifie « l'homme qui vole comme un grand oiseau ».*

favorables. Ils portent l'acrobatie aérienne à de nouveaux sommets, grâce à des démonstrations qui attirent des foules nombreuses.

Aucune règle de sécurité n'ayant été édictée, ces aviateurs acrobates itinérants, connus sous le nom de *barnstormers*, sont téméraires, ajoutant aux cascades habituellement pratiquées de véritables figures de cirque, comme marcher sur l'aile, passer d'un appareil à l'autre en plein vol, se suspendre à un trapèze monté sous un avion ou se précipiter dans le vide dans une sorte de saut de la mort, en n'ouvrant son parachute qu'au dernier moment. Leurs prestations incluent même des atterrissages forcés. Le risque d'être tué ou grièvement blessé fait partie du spectacle.

Toujours plus loin

L'aviation est en mauvais état et, pourtant, le public est toujours fasciné par elle. Comme avant la guerre, des prix sont offerts par des magnats de la presse ou des personnalités passionnés d'aéronautique, afin de doter des vols sur long parcours. Avec la guerre, les avions ont amélioré leurs performances, aussi faut-il pouvoir voler de plus en plus loin. Personne n'est plus impressionné par des liaisons entre des villes d'Europe ou la traversée de la Méditerranée, toutes destinations à être bientôt utilisées pour des services

LES CASSE-COU DU CIEL

Cet homme s'apprête à sauter d'une aile d'un avion sur celle d'un autre lors d'une exhibition en 1926. Au lendemain de la Première Guerre mondiale, de nombreux pilotes sans emploi, dont Charles Lindbergh, parcourent les États-Unis, faisant frissonner les petites villes américaines par leurs cascades audacieuses. Malheureusement, les barnstormers *contribuent à répandre l'idée selon laquelle les avions sont dangereux, freinant les efforts des entrepreneurs qui essaient de développer des lignes commerciales pour passagers.*

BESSIE COLEMAN

Fédération Aéronautique Internationale
FRANCE
Nous soussignés pouvoir sportif reconnu par la Fédération Aéronautique Internationale pour la France certifions que
Mme Bessie Coleman
née à Atlanta Texas
le 20 janvier 1896
ayant rempli toutes les conditions imposées par la F.A.I. a été brevetée
Pilote Aviateur
à la date du 15 Juin 1921
Signature du Titulaire
Bessie Coleman
No du Brevet 18.310.

Aviatrice afro-américaine, Bessie Coleman (1892-1926) grandit dans les champs de coton du Texas avant de gagner Chicago en 1915 et d'y entreprendre des études d'esthéticienne. Elle décide finalement de s'engager dans une carrière d'aviatrice, mais on lui refuse l'accès des écoles de pilotage sous prétexte qu'elle est noire. Nullement découragée, Coleman se rend en France, où il existe des aviatrices et un esprit de tolérance. Elle revient aux États-Unis en 1921 avec un brevet international de pilote.

« Queen Be », comme elle est bientôt surnommée, devient l'un des plus célèbres *barnstormers*, la curiosité qui entoure la nouvelle d'un tel spectacle assuré par une femme de couleur l'aidant sans doute à connaître la gloire. Elle décide alors d'accumuler assez d'argent pour créer une école d'aviation destinée aux Noirs américains, mais elle ne vivra pas assez longtemps pour concrétiser son idée. En 1926, lors d'une exhibition à Jacksonville, en Floride, son avion s'engage dans une vrille et s'écrase. Elle meurt sur le coup.

UNE CHANCE SUR TROIS

Sur les trois hydravions Curtiss Navy, désignés NC-1, NC-3 et NC-4, engagés au-dessus de l'Atlantique, le NC-4 est le seul à parvenir au bout d'un voyage de 6 300 km. À l'amerrissage à Lisbonne, le commandant Albert Read envoie le message radio suivant à sa base : « Nous sommes arrivés sains et saufs de l'autre côté de la mare. Notre travail est fini. »

réguliers. Des continents et des océans entiers attendent d'être explorés, et les aviateurs sont appelés à piloter jusque dans les endroits le plus reculés du monde, en traversant des étendues montagneuses ou des jungles impénétrables.

PREMIÈRE TRAVERSÉE DE L'ATLANTIQUE

Ayant accompli son premier vol le 30 avril 1919, une semaine avant d'effectuer une traversée historique de l'Atlantique, l'hydravion NC-4 de l'US Navy est un quadrimoteur dont l'envergure atteint 38,40 m, la longueur 20,80 m et la masse à vide plus de 7 000 kg. Sa vitesse maximale est de 145 km/h.

Le défi transatlantique

Avant 1914, Glenn Curtiss a déjà projeté de traverser l'Atlantique à bord d'un hydravion. En 1918, la conquête de l'océan est l'objectif à atteindre. Lord Northcliffe offre un prix à celui qui réussira à le franchir sans escale. En mai 1919, trois hydravions à coque de l'US Navy quittent Terre-Neuve à destination de Lisbonne, via les Açores. Seul l'appareil du commandant Read termine le voyage, interrompu à diverses reprises. Le périple s'étend sur 19 jours, dont 42 heures de temps de vol effectif. Le NC-4 de Read est bien le premier plus-lourd-que-l'air à avoir franchi l'Atlantique. Le pilote australien Harry Hawker et son navigateur, Harry Mackenzie-Grieve, tentent leur chance en mai 1919, mais ils tombent en mer ; heureusement, ils sont secourus par un vapeur qui croise dans les environs. Les premiers à traverser l'Atlantique d'une seule traite sont deux aviateurs britanniques, le capitaine John Alcock et le lieutenant Arthur Whitten Brown, à bord d'un bombardier Vickers Vimy modifié.

À l'instar des grandes courses qui se déroulaient avant la Première Guerre mondiale, de tels vols permettent de révéler les potentialités de l'aviation ou d'en souligner les insuffisances. En 1919, le gouvernement australien crée un prix de 10 000 livres, qui récompensera le pilote australien qui parviendrait à relier l'Australie à la Grande-Bretagne en moins de 30 jours. La récompense est attribuée aux frères Ross et Keith Smith qui, avec deux autres membres d'équipage, franchissent une distance de 20 000 km en 27 jours et 20 heures, à bord d'un Vickers Vimy. Les deux hommes sont félicités par Winston Churchill, secrétaire d'État à l'Air, qui leur adresse le télégramme suivant : « Bien joué. Votre magnifique vol montre à l'évidence que le "nouvel élément" a été conquis pour le bien de l'humanité. » Toutefois, des cinq avions qui ont réalisé ce périple, seul celui des frères Smith est parvenu à destination. Quatre aviateurs ont perdu la vie dans l'aventure et trois ont échappé à la mort de peu. Les Smith traversent eux-mêmes de pénibles épreuves, notamment quand leur avion frôle le sommet des arbres à l'issue d'une course de décollage insuffisante à Rangoon, en Birmanie. À l'évidence, le « nouvel élément » semble être encore bien loin d'être maîtrisé, même si le défi a été héroïquement relevé.

Sans doute n'est-il pas surprenant que beaucoup d'observateurs considèrent toujours les dirigeables comme le meilleur moyen de transport de passagers pour les longs parcours. En juillet 1919, par exemple, le dirigeable britannique R 34, copie conforme d'un zeppelin allemand capturé, franchit l'Atlantique entre l'Écosse et Mineola, dans l'État de New York, avec trente et une personnes à bord. Les aérostats conservent une nette avance dans le domaine du transport, sinon dans celui de la vitesse, le voyage du R 34 avec vent debout ayant réclamé quatre jours et demi.

BILLET DE RETOUR
Le 13 juillet 1919, le dirigeable militaire britannique R 34 effectue une traversée aller et retour de l'Atlantique, de l'Écosse à New York, avec 31 personnes à bord.

VOL SANS ESCALE AU-DESSUS DE L'ATLANTIQUE

Le 14 juin 1919, deux aviateurs britanniques, le capitaine John Alcock, pilote, et le lieutenant Arthur Whitten Brown, navigateur, décollent de la piste en herbe de Saint John, à Terre-Neuve, à bord d'un bombardier Vickers Vimy modifié. Leur objectif est de remporter le prix du *Daily Mail*, d'une valeur de 10 000 livres, récompensant celui ou ceux qui traverseraient l'Atlantique sans escale. Environ 3 050 km les séparent de l'Irlande, la terre la plus proche à l'est, et le voyage dans un habitacle à l'air libre, dans le bruit assourdissant des moteurs, avec des instruments peu nombreux et peu fiables, est une expérience nouvelle tant pour les aviateurs que pour leur avion. Manquant de chance, les deux hommes rencontrent un temps exécrable. À un moment, évoluant dans les orages et n'ayant plus aucune visibilité, désorientés et aveuglés par les éclairs, ils se retrouvent à 35 m à peine au-dessus des vagues. Alcock a tout juste le temps de remonter. Une épaisse tempête de neige les frappe ensuite, les frigorifiant et obligeant Brown à grimper sur les ailes afin de dégivrer les moteurs avec un couteau de poche.

Après seize heures de lutte avec les éléments, Alcock et Brown, épuisés et désespérés, distinguent le contour noir d'une côte à travers la brume grise. Ils descendent vers Galway, en Irlande, et atterrissent dans un champ marécageux où leur avion se met en pylône à 9 heures 40 le 15 juin. Les deux aviateurs reçoivent un accueil triomphal à Londres, avant d'être anoblis.

UN ACCUEIL TRIOMPHAL
Alcock et Brown paradant à l'arrière d'une automobile dans les rues de Londres, peu après leur vol transatlantique, entre Terre-Neuve et l'Irlande, d'une durée de 16 heures et 27 minutes. Pour Alcock, le triomphe sera de courte durée ; il se tuera en effet dans un accident aérien six mois plus tard.

UN ATTERRISSAGE RATÉ
Le Vickers Vimy d'Alcock et Brown termine sa traversée épique de l'Atlantique par un atterrissage raté près de Galway, le 15 juin 1919.

LE TOUR DU MONDE EN AVION
Le 28 septembre 1924, deux des quatre Douglas World Cruiser de l'US Army Air Service terminent le premier tour du monde par la voie des airs. Le voyage, de plus de 42 000 km, a réclamé cinq mois. Ici, le DWC New Orleans *est lancé depuis une rampe dans le port de Reykjavik, en Islande. Les deux autres DWC n'ont pas de chance : l'un s'écrase contre une montagne en Alaska, l'autre subit une panne de pompe à huile près des îles Féroé.*

Faire le tour du monde

Au début des années 1920, l'aviation américaine n'est guère en avance ; d'ailleurs, le vol sur long parcours le plus important entrepris jusque-là est destiné à drainer des fonds gouvernementaux vers l'Army Air Service. Le général Billy Mitchell et la société Douglas décident de réaliser une version modifiée d'un hydravion produit pour l'US Navy, le Douglas World Cruiser. Les quatre appareils produits quittent Seattle en avril 1924 afin d'effectuer le premier tour du monde aérien. Le voyage est long et difficile, mais deux des World Cruiser arrivent au bout du voyage, cinq mois plus tard, après avoir passé quelque 15 jours et demi dans les airs.

En Europe, où l'aviation commerciale est plus avancée et où la conquête du ciel est considérée comme une priorité nationale, les vols sur long-courrier des années 1920 défrichent des lignes lointaines, ouvrant la voie à des services de transport de passagers et de courrier destinés à relier les métropoles à leurs colonies. Les aviateurs sont chargés d'établir des cartes des régions les plus reculées, de répertorier les sites d'atterrissage praticables, d'évaluer les conditions atmosphériques et de trouver les routes qui permettront de survoler ou de contourner les obstacles naturels. Les pilotes français effectuent des vols jusqu'à Dakar, en passant par le désert du Sahara, mais aussi jusqu'à Hanoi, en Indochine, en survolant l'Asie. Les Néerlandais gagnent l'Indonésie par le Moyen-Orient et l'Asie du Sud-Est. Les Britanniques relient l'Australie par l'Inde, ou l'Afrique du Sud par Le Caire.

N'ayant pas d'empire colonial, l'Allemagne explore des routes aériennes en direction de l'est, au-dessus de l'Union soviétique, avec laquelle elle entretient des relations étroites du fait de son isolement international. En juillet-août 1926, la compagnie Deutsche Luft Hansa (DLH), récemment formée, envoie deux Junkers G. 24, des monoplans trimoteurs de construction métallique, sommets de l'art, de Berlin à Pékin, via les villes soviétiques de Moscou et d'Omsk, dans un raid de 10 000 km. Ce voyage se révèle aussi périlleux que n'importe quel autre en Afrique ou en Asie du Sud-Est. Les pilotes de DLH qui traversent les grands espaces vides de l'Asie soviétique, au-delà de l'Oural,

LA LUTTE DE BYRD ET AMUNDSEN POUR LA CONQUÊTE DU PÔLE NORD

AU COURS DES ANNÉES 1920, l'explorateur norvégien Roald Amundsen, l'homme qui a devancé le capitaine Scott au pôle Sud en 1911, se donne comme objectif d'être le premier à survoler le pôle Nord. Après une première tentative avortée en 1925, il se retrouve en concurrence avec Richard Byrd qui partage la même ambition. Byrd engage deux pilotes – un dénommé Charles Lindbergh présente sa candidature, mais trop tard… – et fait transporter un prototype du Fokker trimoteur jusqu'à King's Bay, dans l'île de Spitzberg. En mai 1926, Amundsen arrive à son tour, cette fois à bord d'un dirigeable italien, le *Norge*, commandé par Umberto Nobile.

ÉTOILE TRANSPOLAIRE
Le dirigeable Norge *est affrété par l'explorateur norvégien Roald Amundsen pour sa tentative de survol du pôle Nord. Commandé par Umberto Nobile, il effectue un vol de 4 300 km entre la Norvège et l'Alaska en 72 heures.*

VAINQUEUR DU PÔLE NORD ?
Le 9 mai 1926, Richard Byrd effectue un circuit de 2 450 km autour du pôle Nord à bord d'un Fokker F.VII, le Josephine Ford, *piloté par Floyd Bennett. Il prétend avoir atteint son but en 16 heures.*

Le 9 mai, tandis que le *Norge* est encore en pleine préparation, Byrd s'envole sur son Fokker piloté par Floyd Bennett ; il est de retour seize heures plus tard, annonçant qu'il a survolé le pôle. Quelque peu découragés, Amundsen et Nobile prennent l'air deux jours plus tard et atteignent leur objectif.

La controverse va bon train : Byrd a-t-il réellement atteint le pôle Nord. Beaucoup pensent qu'il n'y est jamais parvenu et que, de ce fait, Amundsen est le premier à avoir accompli un vol transpolaire. Byrd est encore crédité du premier survol aérien du pôle Sud et reconnu comme un grand explorateur. L'histoire d'Amundsen et du *Norge* connaît une issue tragique. Deux ans plus tard, le dirigeable italien s'écrase sur la banquise lors d'un autre vol arctique, sous les ordres du même Nobile. Amundsen, avec d'autres, tente de porter secours à l'officier italien et à son équipage, mais lui et son pilote disparaissent sans laisser de traces, tandis que Nobile sera sauvé peu après.

LES DEUX RIVAUX
Richard Byrd (à gauche) serre la main de Roald Amundsen sur l'île de Spitzberg. Bien qu'Amundsen se soit résigné à l'échec, la suite des événements démontrera que Byrd n'a pas atteint le pôle Nord, contrairement à ce qu'il affirme.

D'UNE CÔTE À L'AUTRE
Ce Fokker T-2 propulsé par un moteur Liberty de 420 ch a été conçu au départ comme un avion de transport destiné à servir dans l'US Army Air Service. Équipé de réservoirs de carburant auxiliaires de voilure, il effectue le premier vol sans escale au-dessus des États-Unis, en mai 1923, aux mains des lieutenants John Macready et Oakley Kelly.

sans carte précise, ni pièces de rechange, transitent souvent par des aérodromes de fortune. Ils passent ensuite en Chine, un pays instable et dangereux troublé par des rivalités entre les seigneurs de la guerre, dont le comportement face aux avions étrangers est difficile à prévoir. Après maintes difficultés, ils doivent non seulement atteindre Pékin mais ensuite revenir vers l'Allemagne.

De nouveaux héros

L'aviateur revêtu de son équipement de héros des temps modernes qui suscite l'étonnement des sujets coloniaux est une image très répandue à l'époque. La page de couverture du livre d'un pilote britannique, Alan Cobham, relatant son raid aller et retour entre la Grande-Bretagne et Cape Town en 1926, montre des indigènes armés de lances et de boucliers observant avec stupéfaction son de Havilland D.H.50 en train de les survoler. Les populations locales sont souvent source de danger pour les défricheurs de lignes dans les régions peu explorées du globe. Dans les années 1920, les Français affrontent une insurrection dans le Rif marocain, tandis que les Britanniques sont confrontés à une rébellion en Irak. Comme des avions militaires sont employés pour réprimer ces mouvements aussi bien par les premiers que par les seconds, les indigènes sont évidemment hostiles à l'égard de n'importe quel aviateur se risquant au-dessus de leur territoire.

Lorsque Cobham vole vers l'Australie, son mécanicien est mortellement atteint par une balle tirée du sol, près de Bassora, dans le sud de l'Irak. Les pilotes français qui explorent la route au-dessus des côtes désertiques d'Afrique du Nord, de Casablanca à Dakar, sont fréquemment la cible des nomades montés sur leurs chameaux. En 1926, l'avion de Jean Mermoz est abattu dans le désert ; le futur héros de l'aviation française est alors capturé par les Maures, qui le maintiennent prisonnier jusqu'à ce qu'une rançon soit versée en échange de sa libération. Par la suite, trois de ses camarades ont moins de chance après leur atterrissage forcé : deux sont tués et un autre, bien que libéré après versement d'une rançon, meurt des mauvais traitements subis en captivité.

> Nous avons été témoins de l'écriture d'une page d'histoire ; un rêve est devenu réalité. »
>
> Extrait d'un journal californien à propos du raid de Kelly et Macready au-dessus des États-Unis

BRISEURS DE RECORDS
Les lieutenants John Macready et Oakley Kelly posent à côté des réservoirs de carburant qui ont servi à leur vol sans escale au-dessus des États-Unis. En moins de 27 heures, ils ont franchi une distance de 4 250 km entre Long Island, à New York, et San Diego, en Californie.

UN HÉROS BRITANNIQUE
Le 1er octobre 1926, Le célèbre aviateur britannique, Alan Cobham, vient d'amerrir sur un de Havilland D.H.50J modifié près du Parlement britannique. La foule massée le long de la Tamise applaudit au succès de cet aviateur qui, en trois mois, a couvert 44 000 km aller et retour d'Angleterre en Australie.

Dans les années 1920, les pilotes de l'aviation postale forment une élite qui accomplit des vols réguliers au-dessus des territoires les plus inhospitaliers du globe. Le courrier présente l'avantage de pouvoir être transporté sur des parcours qui ne sont pas assez sûrs pour les passagers. Subventionnée par des gouvernements soucieux de promouvoir l'aviation, la poste aérienne devient une sorte de banc d'essai des services commerciaux. Elle permet d'expérimenter le vol de nuit avec ou sans visibilité, de réaliser de nouvelles techniques de navigation et de développer de nouvelles infrastructures (tels les aérodromes) ou de prévoir la météo. Les pilotes qui servent dans cette spécialité sont mus par un esprit d'équipe et une certaine déontologie. Ils acceptent de courir des risques mais sont conscients de la nécessité d'éviter de perdre trop d'avions ou de courrier, en respectant strictement les horaires.

L'Aéropostale

L'un des premiers services de transport du courrier à opérer dans des conditions aussi hasardeuses est la compagnie au sein de laquelle volent Jean Mermoz et ses camarades, d'abord connue comme la Ligne puis sous le nom d'Aéropostale. Fondée par l'homme d'affaires Pierre Latécoère, installé à Toulouse, la Ligne commence à fonctionner en 1919, survolant l'Espagne jusqu'à Casablanca, au Maroc. En 1925, elle s'étend jusqu'à Dakar, sur la côte d'Afrique Occidentale française. Deux ans plus tard, elle va en Amérique du Sud, où une sévère concurrence oppose les Européens. À partir de mars 1928, un service aérien relie la France à Rio de Janeiro, alors capitale du Brésil ; le courrier franchit l'Atlantique par bateau jusqu'au port de Natal avant d'être transporté par avion à Rio. Dans les années 1930, les pilotes français établissent des liaisons régulières au-dessus de l'océan, ainsi qu'un réseau de routes aériennes au Brésil, en Argentine et au Chili. Les exploits des pilotes de l'Aéropostale, non seulement ceux de Mermoz, mais aussi ceux de l'écrivain Antoine de Saint-Exupéry et d'Henri Guillaumet, entrent dans la légende de l'aviation française. Le récit de quelques-unes de leurs aventures semble relever de la fiction. En mars 1929, par exemple, à la recherche d'une nouvelle route entre l'Argentine et le Chili, par-dessus les Andes, Mermoz et son mécanicien Alexandre Collenot sont contraints d'atterrir à 4 000 m, sur un surplomb rocheux entouré de profondes crevasses. Pendant quatre jours, les deux hommes travaillent par des températures inférieures à 0 °C, afin de réparer leur Laté.26, utilisant des morceaux de caoutchouc, du cuir, de l'entoilage, des câbles et de la colle. Puis ils tentent de décoller depuis une plate-forme pierreuse, espérant prendre assez de vitesse pour s'envoler. Dès qu'ils ont franchi les sommets, leur moteur tombe en panne, mais l'avion peut alors descendre en planant.

L'expérience américaine

Aux États-Unis, la poste aérienne ouvre la route au transport aérien commercial d'une côte à l'autre, non sans avoir connu des débuts incertains. Le 15 mai 1918, en pleine guerre, l'Army Air Service est chargé de créer la première ligne aéropostale régulière au monde, entre Washington et New York, via Philadelphie, en attendant que l'administration des postes fournisse ses propres pilotes et avions. Les aviateurs de l'armée et leurs Curtiss Jenny sont bien mal préparés à cette tâche. Lorsque le premier courrier quitte la capitale américaine, le président Wilson lui-même assiste au départ. Toutefois, faute d'expérience, le lieutenant George Boyle, pilote de l'appareil, termine sa course dans un champ à quelques kilomètres de son point de départ.

JEAN MERMOZ

Jean Mermoz (1901-1936) sert dans l'aviation militaire en Syrie avant de rejoindre, en 1924, les lignes Latécoère comme pilote de l'aviation postale. Après une période aventureuse où il transporte le courrier au-dessus de l'Afrique du Nord, il est chargé, en 1927, de défricher des routes pour l'Aéropostale en Amérique du Sud. L'année suivante, il effectue la première liaison de nuit entre Buenos Aires et Rio de Janeiro. En 1929, il s'engage dans une entreprise hasardeuse et survole les Andes en direction du Chili. Contraint d'atterrir en plein milieu de la Cordillère, il parvient à en repartir. De tels exploits et ses nombreux vols sur l'Atlantique Sud lui valent une célébrité nationale. Le 7 décembre 1936, Mermoz disparaît au large de Dakar à bord de son hydravion *Croix-du-Sud*. Son corps ne sera jamais retrouvé.

UNE LÉGENDE FRANÇAISE
Pendant les années 1930, Mermoz s'engage en politique, mettant son image au service d'une d'association d'anciens de droite, les Croix-de-Feu.

LES AILES DE LA GLOIRE
Ce timbre reproduisant le portrait de Mermoz a été émis pour célébrer le courage et la bravoure de l'aviateur français.

BUREAU DE POSTE
L'Aéropostale, dont l'un des bureaux est représenté ici, est basée à Toulouse. Elle est la première compagnie à établir un service régulier de transport de courrier entre l'Europe et l'Amérique du Sud.

NOUVELLES ROUTES
Le gouvernement français attend de l'Aéropostale qu'elle lui permette de conquérir le marché de l'aviation commerciale. Mermoz devient le pionnier des vols de nuit sur long parcours.

UNE PARADE EN PROVINCE
Un de Havilland D.H.4 richement décoré est garé dans une petite ville américaine qui fête un nouveau service postal transcontinental. Pendant les années 1920, des avions de ce type forment l'essentiel du parc de l'administration postale américaine.

RAMASSAGE DU COURRIER
Ce monoplan Bellanca CM évoluant à basse altitude est sur le point de se saisir d'un sac de courrier à terre, grâce à un dispositif spécial composé d'une longue corde terminée par un crochet.

Après ce début peu encourageant, l'armée crée la surprise en assurant son travail avec efficacité entre les deux villes pendant les trois mois suivants. L'administration des postes est suffisamment impressionnée pour se lancer dans un programme ambitieux visant à établir un service aéropostal transcontinental, en utilisant des pilotes civils et des avions spécialement équipés. En 1919, une première liaison est créée entre New York et Cleveland, puis vers Chicago. L'année suivante, elle est étendue à Omaha, passant au-dessus des montagnes Rocheuses, vers Salt Lake City et, enfin, via Reno, dans le Nevada, jusqu'à San Francisco.

PREMIÈRE LIAISON AÉROPOSTALE
Le 23 septembre 1911, Earle Owington effectue la première liaison aérienne de l'Histoire, transportant 2 000 lettres et cartes postales de Long Island à Mineola.

COURRIER SUR LONG PARCOURS
En septembre 1911, un sac de courrier couvert de signatures a été transporté par Cal Rodgers lors d'un vol de 84 jours entre New York et la Californie.

UN CHEVALIER DU CIEL

En 1921, son budget étant menacé, l'administration des postes américaines décide de tenter un vol spectaculaire de nuit afin de démontrer la viabilité d'un service aéropostal transcontinental. Le 22 février, deux D.H.4 partent de New York vers San Francisco avec du courrier, et un troisième décolle de San Francisco pour New York.

Ils effectuent le parcours entre Cheyenne et Chicago dans l'obscurité, mais un drame se produit : l'un des avions venant de l'est s'écrase, tuant son équipage. L'appareil en provenance de San Francisco ne dépasse pas Chicago où son voyage s'arrête en raison d'une tempête de neige. Au milieu de la nuit, le seul avion encore en course est confié au pilote Jack Knight chargé de l'amener de North Platte, dans le Nevada, à Omaha. Naviguant à l'estime et en se guidant sur les feux allumés par un public qui s'enthousiasme pour cette aventure, Knight atteint Omaha à 1 heure du matin, pour apprendre que l'aviateur qui doit prendre le relais a déclaré forfait. Aussi, après avoir ingurgité du café très fort, reprend-il l'air et parvient-il à Chicago, 725 km plus loin.

Épuisé et mort de froid, parce qu'il est assis dans un habitacle à l'air libre, le pilote se pose à Iowa City à 5 heures pour se ravitailler et repart dans la neige jusqu'à l'aéroport de Maywood, à Chicago, qu'il atteint à 8 heures 40, le 23 février, où il est accueilli en héros. Le courrier parti de l'ouest atteint New York après un voyage de 33 heures et 25 minutes.

TESTER ET ENCORE TESTER
Pour son vol de 1921, Knight dispose d'un microphone et d'un casque à écouteurs qui le maintiennent en liaison avec le sol.

Les pilotes de l'US Air Mail constituent une véritable confrérie. Armés de pistolets afin de protéger le courrier, ils s'emploient à maintenir des liaisons régulières par-dessus les montagnes et les déserts, avec des avions inadaptés et des instruments de vol primitifs. Dépourvus de cartes aériennes et de compas fiables, ils trouvent leur chemin en suivant les voies ferrées ou en se basant sur des points de repère qu'ils ont notés dans un carnet : un clocher d'église, le toit orange d'une grange, un château d'eau. Quand le plafond est bas, ils évoluent près du sol, au risque de s'écraser sur le flanc d'une colline ou même sur des arbres de grande taille. S'ils rencontrent du brouillard ou un orage, ce qui leur arrive fréquemment, ils sont contraints d'atterrir n'importe où. Même en terrain plat et dégagé, un atterrissage forcé peut se révéler dangereux. Une fois posé, le pilote n'a plus qu'à se diriger vers une ferme qui aura peut-être le téléphone ou gagner une ligne de chemin de fer où il pourra embarquer dans un train passant par là. La mort est un risque accepté. « J'aurais été effrayé si j'avais pensé que je pouvais être estropié ou infirme à vie. Il y avait peu de chances que cela arrive. Un pilote de la postale terminait habituellement mort », se souvient un ancien pilote.

Au début, quelques responsables importants de l'administration postale ont tendance à nier l'intérêt de faire transiter le courrier par la voie aérienne. Les avions ne pouvant voler que le jour, il faut les faire travailler en coordination avec les trains. Chargés de lettres et de paquets à proximité de la gare la plus proche dès le matin, ils le transportent tout au long de la journée et le confient au chemin de fer la nuit venue. Ainsi, la totalité du courrier qui traverse les États-Unis effectue, au mieux, une petite partie seulement du parcours en avion, pour un gain de durée d'acheminement négligeable, mais au prix de dépenses considérables pour les services des pistes et au risque de la vie des pilotes.

La seule manière de rendre l'entreprise viable serait de faire des vols de nuit une pratique courante, de sorte que le courrier voyage d'une côte à l'autre exclusivement par air. Pendant la guerre, les pilotes n'ont cessé d'affirmer que voler de nuit était possible. Toutefois, des liaisons nocturnes régulières et fiables sur de longues distances impliquent beaucoup plus que le savoir-faire et l'instinct d'aviateurs expérimentés. Le chemin à suivre est montré par les essais conduits sous la houlette de l'armée, à McCook Field, près de Dayton, dans l'Ohio, en 1923. On a recours à des balises rotatives et à des feux clignotants formant une sorte de route éclairée entre l'aérodrome militaire et Colombus, distants d'environ 110 km, tout en utilisant des pilotes de l'armée suffisamment formés pour accomplir des vols de nuit dans de bonnes conditions de sécurité. L'administration des postes s'emploie dès lors à traduire cette expérience sous la forme d'un système de routes éclairées à l'échelle continentale.

Les premiers services de nuit sur la première de ces routes éclairées, entre Chicago et Cheyenne, se déroulent en juillet 1924. À la même époque en Europe, des projecteurs commencent à baliser les grands aérodromes, tandis que l'on prépare la mise en place d'autres phases tout au long de voies aériennes.

Un réseau de routes aériennes

Le réseau de routes aériennes que l'administration postale offre aux opérateurs commerciaux en 1926-1927 présente, pour l'époque, un niveau de sécurité impressionnant. Des équipes de mécaniciens sont chargées de vérifier l'état de bon fonctionnement des avions, et des terrains de secours sont installés à des intervalles de 50 km. Ils permettent de sauver la vie de nombreux pilotes en difficulté. Toutefois, à ce stade, il n'est guère possible d'éliminer tous les dangers. Les aviateurs doivent encore naviguer à vue et ne disposent d'aucun instrument adapté au vol sans visibilité. L'utilisation de la radio est limitée à la transmission des rapports météorologiques d'aérodrome à aérodrome. Ils permettent au pilote sur le point de s'envoler de savoir s'il partira ou non, mais une fois dans les airs, celui-ci ne reçoit plus aucune information et court le risque d'être pris dans le brouillard ou de violents orages.

Le jeune Charles Lindbergh, pilote de la postale entre Saint Louis et Chicago, l'une des premières routes exploitées par une compagnie civile, en sait quelque chose. En septembre 1926, l'homme est piégé dans un épais rideau de brouillard près de Chicago. Ne pouvant atterrir, il tombe bientôt en panne d'essence et doit sauter en parachute. Incrédule, Lindbergh, tandis qu'il descend dans la brume, entend le moteur de l'appareil abandonné redémarrer, un peu d'essence se trouvant sans doute au fond du carburateur. L'avion s'écrase à moins de 2 km de l'endroit où le pilote a touché terre. Six semaines plus tard, l'aviateur est à nouveau contraint de sauter en parachute, cette fois après avoir été pris dans une tempête de neige et des nuages bas. Ces deux incidents attirent l'attention du responsable de la sécurité de

UN RESCAPÉ
Charles Lindbergh posant en compagnie d'un fermier devant l'épave de son biplan D.H.4B, dans un champ de maïs près d'Ottawa, dans l'Illinois, le 16 septembre 1926. Le pilote a dû sauter en parachute de son avion à court d'essence.

EMBARQUER LE COURRIER
Des manutentionnaires chargent des sacs de courrier dans une soute située devant le poste de pilotage d'un Douglas M-2 Mailplane de la Western Air Express. Cette compagnie commence à opérer sur la ligne postale Los Angeles-Salt Lake City le 17 avril 1926.

DES ROUTES ÉCLAIRÉES

POUR COMPENSER le manque de systèmes d'aides à la navigation ou d'instruments adaptés au vol de nuit, des alignements de phares sont mis en place aux États-Unis, de même qu'en France pendant les années 1920. Ces phares sont des tours d'acier de 15 m de hauteur, au sommet desquelles sont placés une lampe rotative et un miroir qui amplifie considérablement la lumière. Disposés tous les 15 km aux États-Unis, ils permettent aux pilotes de toujours conserver un repère visuel par temps dégagé. La plupart de ces dispositifs sont électriques, mais quelques-uns font appel à l'acétylène. Installer ces phares dans les régions montagneuses, marécageuses ou désertiques d'Amérique constitue un véritable tour de force pour les ingénieurs et les techniciens, car ils doivent être parfois montés à des altitudes très élevées.

PROJECTEUR MOBILE
Des projecteurs de 500 000 bougies sont employés pour illuminer les routes aériennes. En 1933, les États-Unis disposent d'un réseau éclairé long de 29 000 km.

LE NEW YORK-PARIS DE LINDBERGH

« **Un jeune Américain** mince, grand, modeste et souriant se trouve quelque part au-dessus de l'Atlantique, là où aucun être humain ne s'est encore aventuré. S'il n'arrive pas, il figurera parmi les disparus les plus universellement regrettés que nous ne compterons jamais », écrit l'humoriste Will Rogers le 20 mai 1927. Le souriant Américain en question est Charles Lindbergh, âgé de 25 ans, et Rogers exprime l'inquiétude partagée par des millions de personnes aux États-Unis et en Europe. Lindbergh est en train de tenter un vol sans escale entre New York et Paris, un exploit qui a déjà coûté la vie à six aviateurs. Il essaie de franchir une distance de 5 800 km seul à bord de son avion monomoteur. Le calme et le courage de ce pilote lui ont valu une admiration sans borne, mais peu de gens parient sur ses chances de réussite.

SPIRIT OF SAINT LOUIS
Le poste de pilotage exigu du Spirit of Saint Louis *se trouvant derrière un imposant réservoir de carburant, Lindbergh ne dispose d'aucune vue vers l'avant. L'aviateur a acquis le Ryan NYP et son moteur Wright de 223 cb pour la somme de 10 580 dollars, fournie par des hommes d'affaires de Saint Louis.*

Son monoplan, le Ryan NYP, emporte 1 200 litre de carburant dans des réservoirs de voilure et de fuselage, et l'aviateur s'est refusé à prendre avec lui tout ce qui pouvait l'alourdir, notamment un sextant pour la navigation astronomique et une radio. Ses provisions pour le voyage comprennent six sandwiches et deux nourrices d'eau. Il s'est d'abord demandé si le Ryan, aussi lourdement chargé, allait pouvoir prendre l'air. L'aérodrome de Roosevelt Field est boueux et détrempé, et aucun vent de face ne vient l'aider à décoller. Se frayant un chemin à travers la boue, l'avion s'élève et retombe à deux reprises, avant de décoller pour de bon, frôlant au passage des câbles télégraphiques.

Une fois dans les airs, Lindbergh se retrouve confronté à deux problèmes cruciaux. Le premier concerne la navigation : il doit en effet trouver sa route comme il peut, en utilisant une montre et un indicateur de vitesse pour calculer la distance parcourue, et deux compas pour suivre le cap. Une fois au-dessus de l'Océan, il ne dispose plus d'aucun repère visuel pour contrôler la précision de ses calculs. L'autre difficulté majeure est la fatigue. Il n'a pas dormi la nuit précédente et il doit voyager un jour et demi sans pouvoir espérer fermer l'œil. Il a déjà passé onze heures en l'air quand il laisse la côte de Terre-Neuve derrière lui, et n'en peut déjà plus.

Les quinze heures passées au-dessus de l'Atlantique sont une épreuve sévère pour ses qualités d'aviateur

RESTER ÉVEILLÉ
La principale difficulté pour Lindbergh est de rester éveillé pendant les 33 heures et demie de son vol transatlantique. Cette photographie a été prise lors de la tournée effectuée par l'aviateur aux États-Unis après son retour.

et l'instinct de survie qu'il a développé quand il était pilote de nuit de l'aviation postale. Il doit évoluer pendant deux heures dans l'obscurité complète entre le coucher du soleil et le lever de la lune ; il vole à travers des nuages d'orage et affronte un froid qui dépose du givre sur les ailes de son avion ; peu après le crépuscule, il pénètre dans un épais brouillard. Peu de pilotes auraient pu voler aussi longtemps dans d'aussi mauvaises conditions de visibilité, avec si peu

> « Là, tout autour de moi, s'étend l'Atlantique, son immensité, sa profondeur, sa puissance. [...] Si mon avion peut rester en l'air, si le moteur peut continuer à tourner, alors je peux le faire aussi. »
>
> **Charles Lindbergh**

d'instruments, Lindbergh n'ayant qu'un altimètre et un indicateur de pente et de virage. Les routines liées au vol lui permettent de demeurer éveillé : équilibrer l'avion en transférant le carburant d'un réservoir à l'autre, noter les données fournies par ses instruments dans un carnet. L'instabilité de l'appareil, qui n'est pas conçu pour maintenir sa trajectoire si le pilote entend lâcher les commandes, entre aussi en ligne de compte pour le tenir éveillé. Au matin du 21 mai, Lindbergh est victime d'hallucinations et croit distinguer la terre dans le brouillard. Bientôt, la découverte

de bateaux de pêche puis d'une côte le convainc qu'il vient de traverser l'Océan. Il n'a presque pas dévié de sa route, franchissant la côte irlandaise à Dingle Bay. Les derniers 1 000 km du vol s'effectuent pratiquement en ligne droite. Lindbergh entre en France par Cherbourg et suit une route éclairée jusqu'à Paris qui lui semble être « une mer d'étoiles sous un ciel étoilé ».

La nouvelle de l'arrivée imminente de l'aviateur tient la capitale éveillée. De vastes embouteillages se produisent lorsque des milliers de Parisiens se jettent sur les routes en direction de l'aéroport du Bourget. Un Américain expatrié en France, Harry Crosby, décrit cette scène extraordinaire : « Puis, sous la lumière des projecteurs, l'avion, comme un petit faucon blanc, descend et se pose sur la piste. C'est lui, Lindbergh, LINDBERGH ! Il se produit alors comme une ruée d'animaux sauvages vers l'avion. »

À l'issue d'un vol de 33 heures et 30 minutes, Lindbergh émerge de sa solitude pour tomber dans les bras d'une foule hystérique.

LE RETOUR DU HÉROS
Après son vol record, Lindbergh, de retour de Paris, est accueilli en héros. Sa parade dans New York est suivie par 4 millions de personnes. Pour sa performance, l'aviateur passe du grade de capitaine à colonel dans l'US Army Air Corps Reserve ; il reçoit aussi la première Distinguished Flying Cross *et un chèque de 25 000 dollars.*

Raymond Orteig
New York, June 17th, 1927
Bryant Park Bank
Pay to the Order of Charles A. Lindbergh
Twenty-five Thousand no/100 Dollars
Payable in funds current at New York Clearing House
$25,000 no/100
Raymond Orteig

l'aviation, William P. MacCracken, qui déclare : « On ne va pas aider l'aviation commerciale en laissant tomber des avions un peu partout dans la campagne. » Ce dernier a dû être soulagé lorsque Lindbergh quitte l'aviation postale pour s'attaquer à un nouveau défi.

Un défi permanent

Dès 1919, Raymond Orteig, hôtelier américain d'origine française, a promis 25 000 dollars, à celui qui relierait New York à Paris ; mais, c'est seulement au milieu des années 1920 que l'affaire commence à revêtir un certain intérêt pour les aviateurs et les journalistes. En 1926, René Fonck, l'as de guerre français, annonce son intention de s'attaquer au record. L'aviateur dispose d'une version trimoteur d'un bimoteur de transport créé par Igor Sikorsky, le S-35. L'avion, qui doit emporter un équipage de quatre membres au-dessus de l'Atlantique, est doté des derniers équipements radio, de sièges revêtus de cuir rouge et d'un lit. Pressé par l'opinion de tenter l'aventure avant l'hiver, Fonck n'a guère le temps de tester son appareil chargé. Le 21 septembre, en présence d'une foule importante, il tente de décoller de Roosevelt Field, près de New York, pour rejoindre Paris. Le S-35 ne parvient pas à prendre son envol et les spectateurs le voient plonger vers un talus situé au bout de la piste et exploser dans une immense boule de feu. L'as et l'un de ses compagnons parviennent à s'échapper mais les deux autres membres de l'équipage sont tués.

À l'évidence, le drame survenu à Roosevelt Field accroît l'intérêt du public. Au printemps de 1927, des pilotes tout aussi célèbres entrent à leur tour dans la course. Le commandant Richard Byrd envisage de rallier Paris à bord d'un Fokker trimoteur, tandis qu'en France, l'as de guerre Charles Nungesser et son compagnon François Coli annoncent leur intention de gagner New York. Le Fokker de Byrd s'écrase lors de son premier essai en vol en avril, mettant l'aviateur hors compétition. Dix jours plus tard, les pilotes Noel Davis et Stanton Wooster, financés par l'American Legion, trouvent la mort lors de leur dernier vol d'essai avant leur départ prévu pour Paris. Le 8 mai 1927, Nungesser et Coli, qui est borgne, décollent de l'aéroport du Bourget à bord de leur biplan monomoteur Levavasseur, *L'Oiseau-blanc*, caressant le dessein d'atteindre New York le lendemain. Plus personne ne reverra les deux aviateurs après que leur appareil aura franchi la côte française.

Les Français sont particulièrement émus par cette tragédie. Mais, le 21 mai, ils réservent un accueil extraordinaire à Lindbergh, à l'issue de son vol de New York à Paris. Le jeune homme

LE DESTIN TRAGIQUE DE L'OISEAU-BLANC
Charles Nungesser et François Coli tentent de relier Paris à New York à bord de L'Oiseau-blanc, *un biplan monomoteur, deux semaines avant le vol de Lindbergh. L'avion disparaît sans laisser de traces.*

CHARLES A. LINDBERGH

Fils d'un député du Minnesota, Charles Lindbergh (1902-1974) est un enfant timide et solitaire. Il ne ressemble pas à l'image classique de la jeunesse américaine des années folles : il ne fume pas, ne boit pas d'alcool et ne danse pas. Obsédé par le vol, il passe de l'Army Air Corps à la cascade aérienne, puis, en 1926, il devient pilote de poste aérienne.

Son vol transatlantique lui vaut une gloire extraordinaire qu'il parvient à supporter au début. Il se marie avec la talentueuse Anne Morrow et devient l'ambassadeur de l'aviation dans le monde. Toutefois, après l'enlèvement et l'assassinat de son premier fils, survenus en 1932, l'aviateur se préserve, souhaitant échapper au battage qui entoure chacune de ses actions.

À la fin des années 1930, il est attiré par certains aspects de l'Allemagne nazie et mène une campagne isolationniste aux États-Unis. Bien qu'il ait pris une part active dans la lutte contre le Japon après 1941, sa réputation ne se remettra jamais de cette prise de position.

L'AIGLE SOLITAIRE
Son courage, son audace et sa pugnacité aident grandement Lindbergh à devenir le plus grand aviateur de son temps et renforcent la foi du public dans l'aviation. Ici, l'aviateur pose devant le Spirit of Saint Louis.

déchaîne littéralement les foules aussi bien françaises qu'américaines. Avoir franchi seul l'Atlantique Nord constitue assurément un véritable tour de force, même si, une quinzaine de jours plus tard, Clarence Chamberlin et Charles Levine, partis de New York, parviennent à 160 km de Berlin, battant le record établi par Lindbergh en termes de distance et d'endurance. Les deux hommes font la première page des journaux, mais pour quelques jours seulement, car c'est bien Lindbergh qui défraie la chronique, entrant dans les tourbillons de la célébrité.

L'effet Lindbergh

Le vol de Lindbergh est un tournant dans l'histoire de l'aviation américaine, revenue à la première place mondiale depuis les frères Wright. Même si l'aviateur ne s'était pas engagé avec tant d'enthousiasme dans la promotion de l'aviation, « l'effet Lindbergh » aurait tout de même eu des répercussions importantes aussi bien sur le transport commercial que sur l'industrie aéronautique.

Lindbergh se lance dans une tournée des États américains, financée par la fondation Guggenheim, qui aboutit à la construction d'aérodromes sur tout le territoire. Puis il s'intéresse à la promotion du transport de passagers, contribue à fonder la compagnie TAT (Transconstinental Air Transport, plus tard TWA), connue sous le nom de ligne Lindbergh, et effectue des vols d'exploration et de promotion pour le compte de Juan Trippe et de Pan Am.

Cette traversée de l'Atlantique ravive l'intérêt pour les vols transocéaniques. La presse multiplie les articles à sensation, créant une nouvelle génération de célébrités de l'air. Chaque pays possède ses propres héros pour rivaliser avec le pilote américain. En 1927, le Français Dieudonné Costes traverse l'Atlantique Sud, rejoint la côte du Pacifique et longe le littoral américain jusqu'à l'État de Washington. En 1930, il effectue, en compagnie de Maurice Bellonte, la première traversée Paris-New York sur un Breguet 19, *Point-d'Interrogation*. Les Italiens vénèrent Francisco de Pinedo : cet officier de marine survole l'Atlantique à bord d'un hydravion à coque Savoia-Marchetti, s'écrase avec lui, puis regagne l'Europe sur un autre. En 1930, la Britannique Amy Johnson, une ancienne sténodactylographe originaire de Hull, devient l'enfant chérie de la presse après un vol en solitaire reliant l'Angleterre à l'Australie sur un de Havilland Moth. Amelia Earhart comble les Américains qui cherchent désespérément le « Lindbergh féminin », puisqu'elle est la première aviatrice à franchir l'Atlantique, mais comme passagère, dans le Fokker trimoteur de Wilmer Stultz. Quatre ans plus tard, en 1932, à l'occasion du cinquième anniversaire de la traversée de Lindbergh, moment soigneusement choisi par les publicitaires, Earhart vainc l'Atlantique, en solitaire cette fois, sur un Lockheed Vega.

LES AVIONS DE RAID

L'intérêt accordé par le public aux raids sur long parcours pendant l'entre-deux-guerres est proportionnel aux risques que prennent les pilotes en embarquant sur des avions munis le plus souvent de systèmes de navigation rudimentaires. En raison du manque de fiabilité des propulseurs, les appareils multimoteurs ont les faveurs des aviateurs, tout comme les hydravions à coque ou à flotteurs. Dans l'immédiat après-Première Guerre mondiale, les avions de raid sur longue distance sont souvent des appareils militaires transformés. Un fossé profond sépare leurs performances de celles du Lockheed Vega ou du D.H.88 Comet. Aucun appareil ne possède par ailleurs l'allonge des dirigeables.

RÉCEPTION ENTHOUSIASTE

Le 1er octobre 1926, Alan Cobham se prépare à amerrir à bord de son D.H.50J à Londres, près du Parlement, à l'issue de son voyage en Australie.

Breguet 19 *Point-d'Interrogation*

Mis en service en 1922, le Breguet 19 est construit en un plus grand nombre d'exemplaires que n'importe quel autre avion militaire de l'entre-deux-guerres. Son importante capacité en carburant et les vols sur long-courrier qu'il effectue valent à cet appareil une grande célébrité. Le plus connu, le *Point-d'Interrogation*, bat un record du monde de distance en 1929 et relie Paris à New York en 1930.

Moteur Hispano-Suiza 12Lb de 650 ch	
Envergure 14,8 m	**Longueur** 9,50 m
Vitesse max. inconnue	**Équipage** 2
Passagers 0	

Curtiss NC-4

Le 31 mai 1919, un Curtiss NC-4 de l'US Navy piloté par le commandant Read devient le premier avion à traverser l'Atlantique. Un des trois avions spécialement conçus par Curtiss à cette fin, le NC-4 est le seul à parvenir au bout d'un vol épique de 6 320 km, de New York à Plymouth, via Halifax, les Açores et Lisbonne.

Moteurs 4 Liberty 12A de 400 ch	
Envergure 38,4 m	**Longueur** 20,8 m
Vitesse max. 135 km/h	**Équipage** 5
Armement aucun, mais 8 mitrailleuses peuvent être emportées	

De Havilland D.H.88 Comet

En 1934, pour commémorer le centenaire de l'État de Victoria, une course Angleterre-Australie, appelée MacRobertson, est organisée. De Havilland conçoit un biplace de course, dont trois exemplaires sont engagés entre Mildenhall et Melbourne. Celui qui porte le nom de Grosvenor House est le vainqueur, avec un temps de 71 heures seulement.

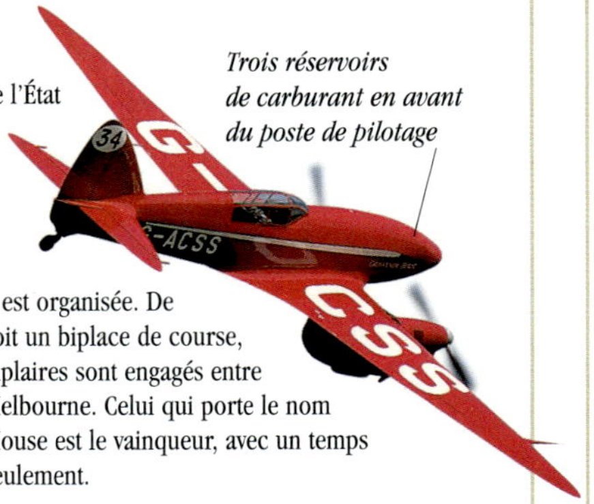

Moteurs 2 de Havilland Gipsy Six R de 230 ch	
Envergure 13,4 m	**Longueur** 8,8 m
Vitesse max. 380 km/h	**Équipage** 2
Passagers 0	

De Havilland D.H.60G Gipsy Moth

Moteur De Havilland Gipsy 14-cylindres de 100 ch	
Envergure 9,1 m	**Longueur** 7,3 m
Vitesse max. 165 km/h	**Équipage** 2
Passagers 0	

Avec le D.H.60 Moth, qui vole en 1925, de Havilland crée l'avion léger polyvalent idéal. Près de 600 exemplaires en ont été construits lorsque la production cesse en 1928. La version la plus réussie est le D.H.60G, qui remporte la King's Cup en 1920 et réussit également de nombreux vols sur long parcours.

Douglas World Cruiser

Le Douglas World Cruiser (DWC) a été spécialement conçu pour l'US Army en vue du premier tour du monde aérien. Une formation de quatre avions quitte Seattle le 6 avril 1924 et, à l'issue d'un périple épique de 175 jours (365 heures de vol) au cours desquels ils couvrent 44 300 km, les DWC *Chicago* et *New Orleans* regagnent Seattle le 28 septembre.

Moteur Liberty 12-cylindres de 420 ch			
Envergure	15,2 m	**Longueur**	10,8 m
Vitesse max.	165 km/h	**Équipage**	2
Passagers	0		

Fokker F.VII/3m *Southern Cross*

L'un des avions de ligne et de raid les mieux réussis des années 1920-1930 est le trimoteur F.VII/3m, produit en Grande-Bretagne, en Belgique, aux États-Unis, en France, en Italie et en Pologne. Équipant des compagnies aériennes et des aviations militaires, cet appareil est utilisé par Richard Byrd, Amelia Earhart, ainsi que le célèbre Kingsford-Smith pour la première traversée aérienne du Pacifique le 9 juin 1928, soit un vol de 12 555 km en 88 heures.

Moteurs 3 Wright J-5 Whirlwind 9-cylindres de 237 ch			
Envergure	21,7 m	**Longueur**	14,5 m
Vitesse max.	185 km/h	**Équipage**	2
Passagers	8–10		

Lockheed Model 5B Vega

Conçu par John Northrop, le Vega apparaît en 1927 et constitue d'emblée une réussite pour la jeune société Lockheed Aircraft. Il donne naissance à une lignée de petits avions de ligne véloces et ramassés et à des avions de raid, 128 exemplaires en sont vendus au milieu des années 1930. L'une des versions les plus populaires est le Vega 5B à 6 places. En juillet 1933, Wiley Post accomplit le premier tour du monde aérien en solitaire à bord du Vega 5C *Winnie Mae*. Amelia Earhart utilise aussi un Vega pour son vol transatlantique en solitaire de 1932.

Moteur Pratt & Whitney Wasp C-1 9-cylindres en étoi e de 450 ch			
Envergure	12,5 m	**Longueur**	8,4 m
Vitesse max.	290 km/h	**Équipage**	1
Passagers	6 en version commerciale		

Ryan NYP *Spirit of Saint Louis*

En février 1927, Charles Lindbergh, pilote de la poste aérienne américaine, soutenu financièrement par des hommes d'affaires de Saint Louis, désire remporter le prix de 25 000 dollars récompensant celui qui effectuera un vol sans escale entre New York et Paris. Il commande à Claude Ryan une version spéciale de son monoplan. Il est décidé que le pilote sera déplacé vers l'arrière afin de permettre l'installation d'un important réservoir de carburant, ainsi que l'accroissement de l'envergure alaire. Lindbergh atteindra Paris le 21 mai 1927 après 33 heures et demie de vol.

Moteur Wright J-5 Whir wind 9-cylindres en étoile de 223 ch			
Envergure	14 m	**Longueur**	8,4 m
Vitesse max.	175 km/h	**Équipage**	1
Passagers	0		

R 34

Le R 34 est la copie presque conforme du Zeppelin L 33, tombé en Angleterre en septembre 1916. Le 2 juillet 1919, il quitte le terrain d'East Fortune, près d'Édimbourg, et atteint New York 108 heures plus tard, ayant réussi le premier voyage d'est en ouest contre les vents dominants. Il repart six jours plus tard et atteint Édimbourg en 75 heures.

Moteurs 5 Sunbeam Maori de 240 ch			
Longueur	196 m	**Diamètre**	23,2 m
Cubage	55 225 m³	**Équipage**	30
Vitesse max.	90 km/h		
Passagers	0		

Vickers Vimy F.B.27

Conçu comme un bombardier à long rayon d'action, le Vimy entre trop tard en service pour prendre part à la Grande Guerre. Toutefois, il acquiert une grande renommée en effectuant des raids sur long parcours, le plus important étant la traversée de l'Atlantique par Alcock et Brown en juin 1919.

Moteurs 2 Rolls-Royce Eagle VIII de 360 ch			
Envergure	20,7 m	**Longueur**	13,3 m
Vitesse max.	165 km/h	**Équipage**	2
Armement possibilité d'emporter 2 mitrailleuses			

LZ 127 *Graf Zeppelin*

L'inventeur du dirigeable rigide, le comte von Zeppelin, est âgé de 76 ans lorsque le LZ 1 vole le 2 juillet 1900. Le LZ 127, datant de 1928, est baptisé *Graf Zeppelin* afin de rendre hommage à la mémoire de son créateur. Pendant dix ans, ce géant des airs transporte des passagers et du fret, traversant l'Atlantique à de nombreuses reprises et effectuant le tour du monde à la vitesse de 115 km/h. Il parcourt 1,6 million de kilomètres dans de parfaites conditions de sécurité, jusqu'à la tragédie du *Hindenburg* en mai 1937.

Moteurs 5 Maybach VL II 12-cylindres de 550 ch			
Longueur	236,6 m	**Diamètre**	30,5 m
Cubage	105 000 m³	**Équipage**	40–45
Vitesse max.	115 km/h		
Passagers	20		

La passion qui entoure ces performances s'explique avant tout par les risques qu'encourent leurs auteurs. Les pilotes jouent leur vie, et la perdent parfois, en s'attaquant à la traversée des vastes étendues océaniques. De brillants inventeurs et ingénieurs se mettent au service de l'aviation afin de réduire ces risques.

Le vol sans visibilité

La difficulté d'évoluer dans les nuages bas ou le brouillard est l'une des causes les plus fréquentes d'accidents, celle qui limite le plus le développement des vols à caractère commercial. L'absence de visibilité pose des problèmes non seulement de navigation mais aussi de contrôle d'un avion en vol. Les aviateurs pilotent habituellement à l'instinct, se fiant sur leurs sens, tels que la vision et l'équilibre. Dans le brouillard ou dans les nuages denses, dépourvus de tout repère visuel, ils se retrouvent très vite désorientés. La plupart du temps, un virage incliné leur apparaît comme un piqué ; aussi, quand ils réagissent en tirant sur le manche, accentuent-ils encore plus leur virage et finissent-ils par s'engager dans une vrille fatale. En principe, l'altimètre et l'indicateur de virage, disponibles depuis la Première Guerre mondiale, permettent aux aviateurs de voler même par visibilité nulle, mais la plupart se méfient de ces instruments, surtout s'ils contredisent leur instinct.

Bien que le développement des instruments de vol ait été poursuivi dans plusieurs pays, notamment en Allemagne, après la guerre, des progrès décisifs ne sont obtenus qu'à la fin des années 1920 par les laboratoires de recherche de la fondation Guggenheim, à Mitchell Field, dans l'État de New York. Travaillant en liaison avec Elmer Sperry, le chef de file mondial des instruments gyroscopiques, cet organisme demande au pilote James Doolittle d'entreprendre des essais de vol sans visibilité. Ce dernier doit décoller, suivre une trajectoire particulière, puis atterrir sans avoir rien vu du monde extérieur. Il est appelé à relever ce défi à bord d'un Consolidated NY-2 modifié et équipé d'instruments de bord d'une nouvelle génération.

Le 24 septembre 1929, l'aviateur américain aborde la piste de Mitchell dans un poste de pilotage enveloppé d'une bâche qui l'isole de tout contact visuel avec le monde extérieur. Pour des questions de sécurité, un second pilote, qui bénéficie d'un champ de vision normal, a pris place dans l'avion, mais avec l'interdiction de toucher aux commandes. Se guidant sur un faisceau radio, Doolittle trouve la bonne trajectoire de décollage, prend l'air et y demeure pendant près d'un quart d'heure, effectuant deux virages à 180° avant de se poser de façon assez rude, mais sain et sauf. Ce premier vol sans visibilité de l'Histoire est immédiatement interprété comme une avancée majeure en matière de sécurité aérienne.

Le pilotage automatique

Peu de temps après, Sperry achève le développement du premier système de pilotage automatique. L'homme possède une riche expérience dans ce domaine. En 1914, son fils Lawrence a expérimenté un gyrostabilisateur lors d'une démonstration aérienne en France. Sans que le pilote ne touche à quoi que ce soit, le biplan a suivi une trajectoire stable en palier, tandis qu'un mécanicien montait sur l'aile et regagnait l'arrière sans provoquer le moindre déséquilibre. Ce dispositif ne se traduit cependant par aucune application pratique, en partie parce que les pilotes n'en expriment pas le besoin, en partie parce que le gyroscope a tendance à perdre son alignement. Dans les années 1930, où les aviateurs sont amenés à parcourir de longues distances à bord d'appareils équipés d'instruments plus complexes et d'équipements radio, l'utilité du gyrostabilisateur redevient d'actualité, au moins pour des périodes d'assez courte durée. Sperry s'applique alors à corriger les défauts de son système en le couplant à un pendule. En 1933, quand le pilote américain borgne Wiley Post effectue le premier tour du monde aérien en solitaire, son Lockheed Vega, le *Winnie Mae*, est équipé d'un prototype de pilote automatique Sperry.

Avancées dans la conception aéronautique

Les progrès en matière d'instruments sont accompagnés par des avancées considérables dans le domaine de la conception des avions. Les appareils employés par les pilotes assoiffés d'aventure après la Première Guerre mondiale, le Vickers Vimy ou le Breguet 14, sont très supérieurs aux aéroplanes d'avant 1914 en termes de distance franchissable, de puissance motrice, de capacité d'emport et de fiabilité. Toutefois, leur structure biplane et leurs haubans semblent dépassés et avoir été adoptés seulement pour accroître leur traînée.

Les cellules les plus innovantes de l'immédiat après-guerre proviennent d'ingénieurs allemands. Hugo Junkers et Reinhold Platz, issu de chez Fokker, développent des avions aux ailes en porte-à-faux. Le premier choisit la construction entièrement métallique et produit des appareils en Duralumin robustes et légers. Le revêtement métallique ondulé de

LES SECRETS DU VOL SANS VISIBILITÉ

Pour le premier vol sans visibilité jamais accompli, le pilote d'essais James Doolittle dispose, dans son biplan, d'un altimètre vingt fois plus précis qu'un instrument standard de l'époque. Elmer Sperry, afin de remplacer l'indicateur de pente et de virage, a développé un horizon artificiel qui combine une ligne figurant l'horizon et un symbole de petites dimensions représentant un avion. Si l'appareil se met à piquer, la barre d'horizon disparaît, et s'il vire, elle monte ou descend en fonction de la manœuvre. Une autre contribution de Sperry concerne le gyrocompas qui, contrairement aux compas traditionnels, conserve sa stabilité lors des virages. Le principal équipement de Doolittle est sa radio qui lui permet de recevoir des instructions du sol et de diriger son avion grâce à un faisceau électromagnétique.

UN HORIZON ARTIFICIEL MODERNE
Conçu par Elmer Sperry en 1929, cet horizon artificiel indique l'angle d'inclinaison et le taux de montée ou de descente en degrés.

JAMES « JIMMY » DOOLITTLE

Né en Californie, James H. Doolittle (1896-1993) apprend à piloter au sein de l'Army Signal Corps pendant la Grande Guerre. En 1922, il devient le premier aviateur à traverser les États-Unis d'une côte à l'autre en moins de 24 heures. Doolittle est aussi l'un des pilotes d'exhibition les plus célèbres des années 1920, connu pour ses cascades et ses victoires dans les courses aériennes : il remporte la coupe Schneider en 1925, le Bendix Trophy en 1931 et le Thompson Trophy en 1932. Pilote d'essais exceptionnel, il est l'un des premiers à décrocher un doctorat en technologie aéronautique en 1925. Pendant la Seconde Guerre mondiale, il effectue un raid célèbre sur Tokyo et devient l'un des grands chefs de l'US Army Air Force.

PILOTE DE HAUTE VOLÉE
Pionnier de l'aviation, sachant calculer les risques à tout moment, Doolittle vit jusqu'à presque 100 ans et reçoit tous les honneurs.

Junkers accroît la résistance mais n'en augmente pas moins la traînée. Platz a recours au bois, mais il se sert de tubes d'acier qui forment la structure du fuselage et adopte des ailes hautes, contrairement à Junkers, qui préfère les voilures basses. Les monoplans Fokker connaissent le succès au cours des années 1930, particulièrement le F.VII/3m, un trimoteur utilisé par des aviateurs comme Kingsford-Smith et Byrd. Toutefois, la construction en bois et les ailes hautes se révèlent dépassées, et, quand les trains escamotables apparaissent dans la décennie 1930-1940, ces dernières n'ont plus aucune raison d'être. Le revêtement ondulé des avions Junkers présente lui aussi certaines limites. Dans les années 1920, un autre ingénieur allemand, Adolf Rohrbach, a étudié les avantages de construire des ailes et des empennages autour de caissons dotés d'un revêtement métallique de faible épaisseur. Ce revêtement dit « travaillant » permet de supporter une partie des efforts jusque-là entièrement absorbés par la structure. Les idées de Rohrbach ne retiennent guère l'attention des constructeurs américains jusqu'en 1926, où elles exercent une immense influence sur Jack Northrop et Boeing, puis sur bien d'autres avionneurs, notamment français.

Réduire la traînée

Les progrès intervenus dans le domaine de l'aérodynamique, soutenus par les recherches effectuées au sein de grands laboratoires tels que le National Advisory Committee for Aeronautics (NACA), en Virginie, commencent également à produire leurs fruits pendant la seconde moitié des années 1920. Les différentes souffleries de cet organisme permettent d'effectuer de grandes avancées dans l'étude des écoulements sur des maquettes d'avions. Quelques-uns de ces essais ont une influence directe sur la conception des appareils. Les moteurs en étoile refroidis par air, avec leur puissance massique si intéressante, connaissent un succès croissant au cours des années 1920, mais leurs cylindres exposés à l'air libre engendrent une traînée non négligeable. En 1928, des essais en soufflerie menés par le NACA sur différentes formes montrent qu'un capot-moteur entièrement clos permet d'éliminer quelque 60 % de la traînée, tout en améliorant le refroidissement. Le capot NACA se retrouve souvent sur des avions équipés de moteurs en étoile, car il permet d'obtenir de meilleures performances.

Le Lockheed Vega, conçu par Jack Northrop, est l'un des premiers appareils à être doté de capot de ce type, à la fin des années 1920. Avec sa voilure haute soutenue par des mâts, dans le style de Fokker, et son fuselage monocoque effilé, le Vega est l'un des avions les plus modernes de son époque, choisi d'ailleurs par Post et Earhart. Son fuselage est constitué de deux éléments préfabriqués, ce qui préfigure l'adoption des méthodes de production en série. Il est néanmoins fabriqué en sapin et son train d'atterrissage est fixe, ce qui ne tardera pas à être dépassé.

Des innovations conséquentes

Dans les années 1930, les monoplans finissent par triompher des biplans à forte traînée, tandis que le revêtement travaillant devient la règle, bénéficiant d'innovations dans le domaine de la métallurgie, avec l'apparition d'alliages en aluminium légers, l'industrie de l'aviation étant le principal utilisateur de ce métal. La puissance massique et la fiabilité des propulseurs connaissent de très nets progrès. Deux types dominent alors : les moteurs en étoile à refroidissement par air, comme le Pratt & Whitney Wasp, employé surtout aux États-Unis, et les moteurs en ligne refroidis par liquide, comme le Rolls-Royce Merlin. La puissance des moteurs en étoile est accrue par l'ajout d'un second rang de cylindres et d'un capot NACA qui les rend plus efficaces.

DOOLITTLE L'AUDACIEUX

James Doolittle, portant une combinaison de vol et un parachute, procède au ravitaillement du réservoir central de voilure de son avion de course Laird Super Solution. *Cet officier entrera dans l'Histoire pour avoir effectué le premier vol sans visibilité, à bord d'un biplan Consolidated NY-2 sur une distance de 25 km.*

JACK NORTHROP

Jack Northrop (1895-1981) est né à Newark, New Jersey. Curieusement, pour un homme qui parvient à pousser la technologie du vol au-delà de ses limites, il n'a aucune formation d'ingénieur, même s'il a étudié la physique au lycée. Il s'intéresse à la conception aéronautique dès 1916, travaillant pour les frères Loughead à Santa Barbara, en Californie. Après un passage chez Douglas, Northrop fonde, en 1926, la Lockheed Aircraft Company avec Allan Loughead. L'année suivante, il dessine le Vega, un avion qui témoigne de son goût pour les solutions aérodynamiques radicales et élégantes. En 1929, il décide de créer sa propre entreprise, la Northrop Aircraft Company, et il produit l'Alpha, un avion considéré comme l'un des meilleurs de son époque. Pendant le quart de siècle suivant, il se passionne pour les ailes volantes, mais son XB-35 n'est pas adopté par l'US Air Force après la guerre, à son plus grand désespoir. Cette configuration révolutionnaire n'en constituera pas moins la base du B-2, un avion furtif des années 1980.

RÉUNION DE TRAVAIL
Au siège de la Northrop Aircraft Company, Jack Northrop (à droite) discute avec le chef adjoint du bureau d'études, Walt Cerny (à gauche), et le chef de projet, Tom Quayle.

Les moteurs en ligne, quant à eux, connaissent des améliorations grâce à l'adoption de liquides de refroidissement à base de glycol-éthylène, dont le point d'ébullition est élevé. La taille des radiateurs diminue, ce qui réduit la masse et la traînée. À la fin des années 1930, les moteurs d'aviation peuvent fournir quelque 1 000 ch et les avions multimoteurs sont devenus de puissantes machines.

Des améliorations en série

Les essais menés dans les souffleries du NACA ayant révélé que les trains d'atterrissage fixes engendrent une traînée impressionnante, représentant 40 % du total, des ingénieurs imaginent de les envelopper dans des pantalons. Mais, au cours des années 1930, les atterrisseurs escamotables sont appelés à devenir la norme. Au début, on craint que l'un d'eux ne parvienne pas à s'abaisser lors de l'atterrissage ; c'est pour cette raison que le Douglas DC-3, l'avion le plus réussi de cette décennie, dispose d'un atterrisseur semi-escamotable dont les roues dépassent quelque peu des nacelles des moteurs : ainsi, si celui-ci ne se déploie pas, l'avion peut néanmoins se poser dans de bonnes conditions.

Parmi les améliorations notables figurent les hélices à pas variable et à vitesse constante. Elles remplacent les hélices à pas fixe optimisées pour une seule phase du vol, au détriment des autres. Par exemple, lors du départ pour son vol transatlantique, à bord du *Spirit of Saint Louis* lourdement chargé, Lindbergh a été gêné, car l'hélice est réglée pour fonctionner de manière optimale en croisière et non au décollage. L'utilisation des volets, qui permettent de modifier temporairement la configuration des ailes, constitue une autre innovation : un avion conçu pour les grandes vitesses dispose désormais d'assez de portance aux basses vitesses, quand il se prépare à atterrir. On gagne aussi en sécurité grâce à l'adoption de systèmes de dégivrage placés sur le bord d'attaque des ailes, au départ de simples bandes en caoutchouc gonflables qui permettent de faire craquer la glace accumulée.

ESSAIS EN SOUFFLERIE
Cette photographie, prise au centre de recherches de Langley (Virginie) en 1932, montre les dimensions imposantes d'une soufflerie subsonique, soit 18 m sur 9. Un hydravion Loening XSL-1 de 9,4 m d'envergure a été monté sur le banc.

U.S.NAVY

Le Lockheed Model 10 Electra

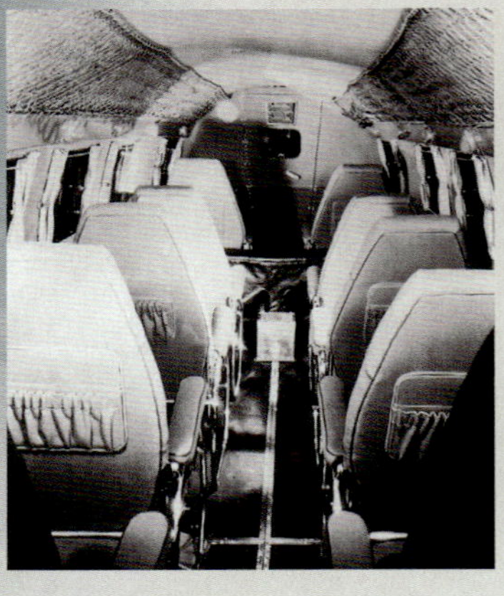

UN INTÉRIEUR STYLÉ
La cabine du Lockheed 10 est réduite mais stylée. Chauffée, dotée de sièges confortables et insonorisée, elle est l'une des plus luxueuses de l'époque.

TRANSPORT DE COURRIER
British Airways est l'une des premières compagnies non américaines à acheter des Electra. L'avion représenté ici est utilisé pour le transport du courrier, tâche idéale pour un appareil rapide mais pénalisé par les faibles tarifs de sa charge payante. Un Electra de British Airways transporte le Premier ministre britannique à Munich afin d'y mener des négociations en septembre 1938.

Datant de 1934, le Lockheed 10 Electra appartient à la même génération que le Boeing 247, ainsi que les Douglas DC-2 et DC-3, des bimoteurs entièrement métalliques, à revêtement travaillant, dotés des derniers perfectionnements qui permettent de réduire la traînée, y compris un train d'atterrissage escamotable. Ces avions peuvent transporter des passagers beaucoup plus loin que leurs prédécesseurs, mais l'Electra est le plus rapide et le mieux aménagé. L'équipe qui a conçu cet appareil est dirigée par Hal Hibbard, bien que l'empennage bidérive résulte d'une initiative d'un jeune ingénieur, Kelly Johnson, qu'une grande carrière attend chez Lockheed. Ainsi naît un avion qui peut transporter dix passagers, du courrier ou du fret à la vitesse moyenne de 305 km/h. Bien que le DC-3 se soit attribué la part la plus importante du marché, parce qu'il peut accueillir plus de passagers, les commandes d'Electra sont assez importantes aux États-Unis et dans d'autres pays pour sauver la compagnie Lockheed de la faillite. Au total, 149 Lockheed 10 sont construits, et le type 14 Super Electra, mis en service en 1937, est capable de croiser à la vitesse remarquable de 370 km/h. En 1938, le milliardaire excentrique Howard Hughes en pilote un pour faire un tour du monde en quatre jours.

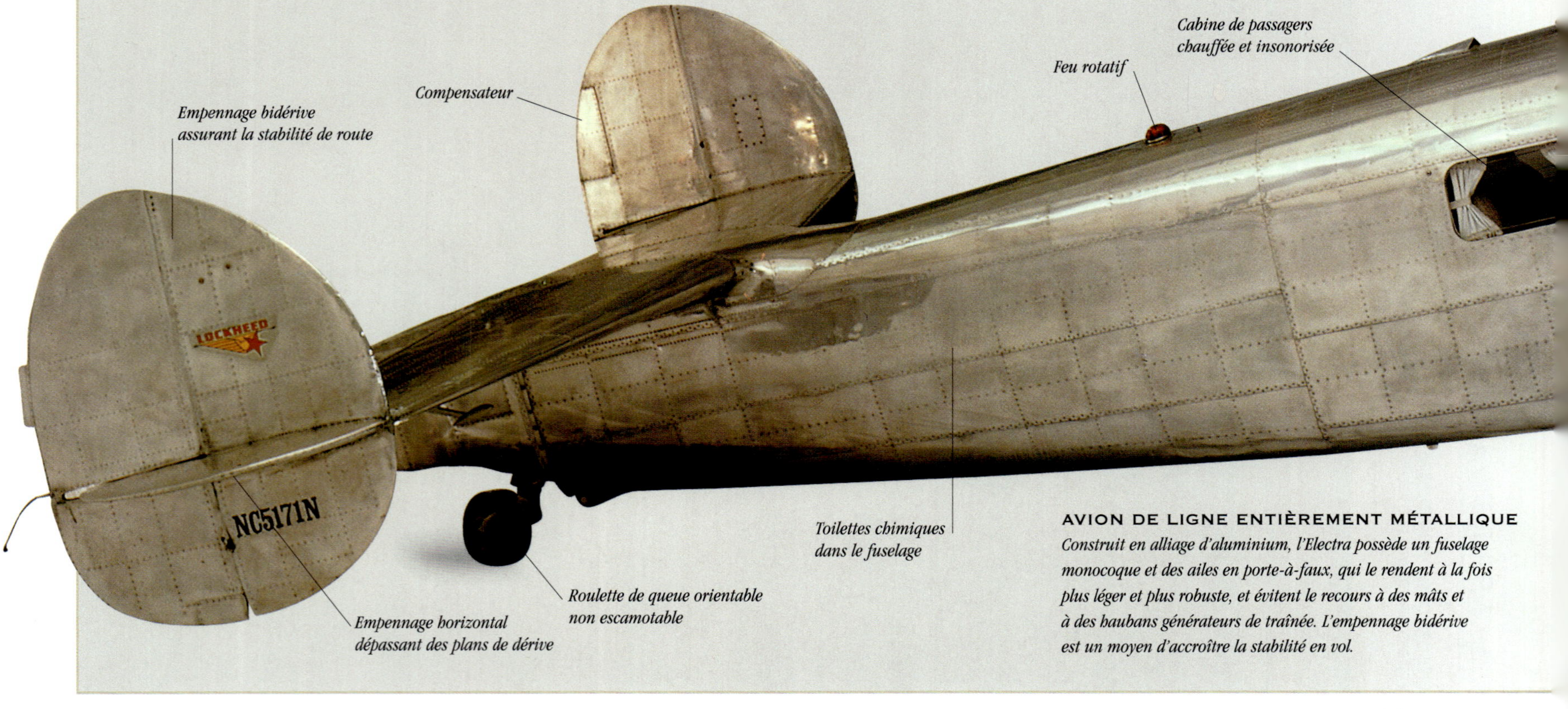

AVION DE LIGNE ENTIÈREMENT MÉTALLIQUE
Construit en alliage d'aluminium, l'Electra possède un fuselage monocoque et des ailes en porte-à-faux, qui le rendent à la fois plus léger et plus robuste, et évitent le recours à des mâts et à des haubans générateurs de traînée. L'empennage bidérive est un moyen d'accroître la stabilité en vol.

VUE DE FACE

Sur le Lockheed 10 représenté ici, les capots moteurs ont été démontés, découvrant les moteurs Pratt & Whitney Wasp Junior. Développant une puissance de 450 ch chacun, ils font de l'Electra un avion très fiable.

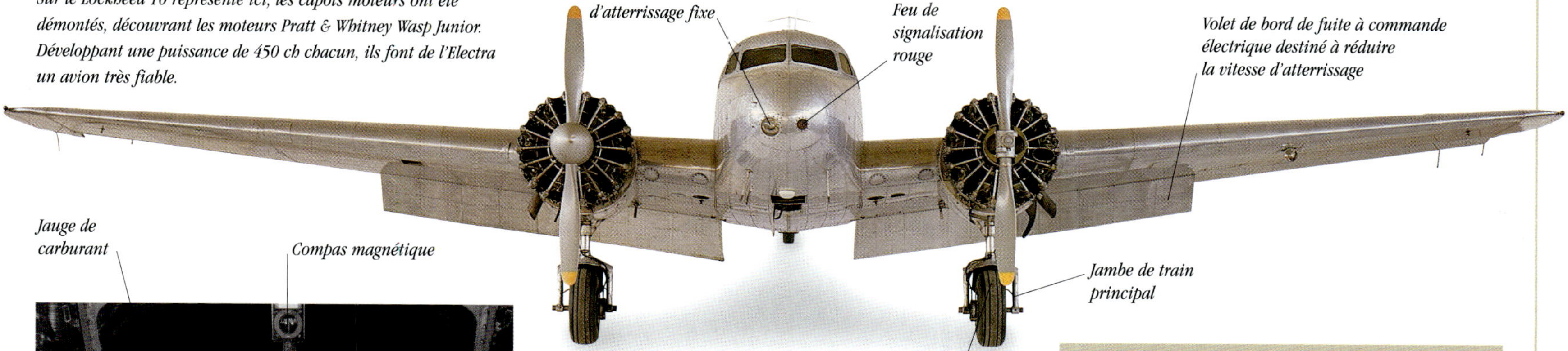

VOL DE NUIT

Le Lockheed 10 Electra est bien équipé pour le vol de nuit, avec de nombreux instruments, dont un gyrocompas net et un horizon artificiel. Le pilote et le copilote sont assis côte à côte, ce qui facilite la communication.

Caractéristiques (Lockheed 10-A)	
Moteurs 2 Pratt & Whitney Wasp Junior en étoile de 450 ch	
Envergure 16,8 m	
Longueur 11,7 m	
Masse 4,425 kg	
Vitesse max. 325 km/h	
Passagers 10	**Équipage** 2

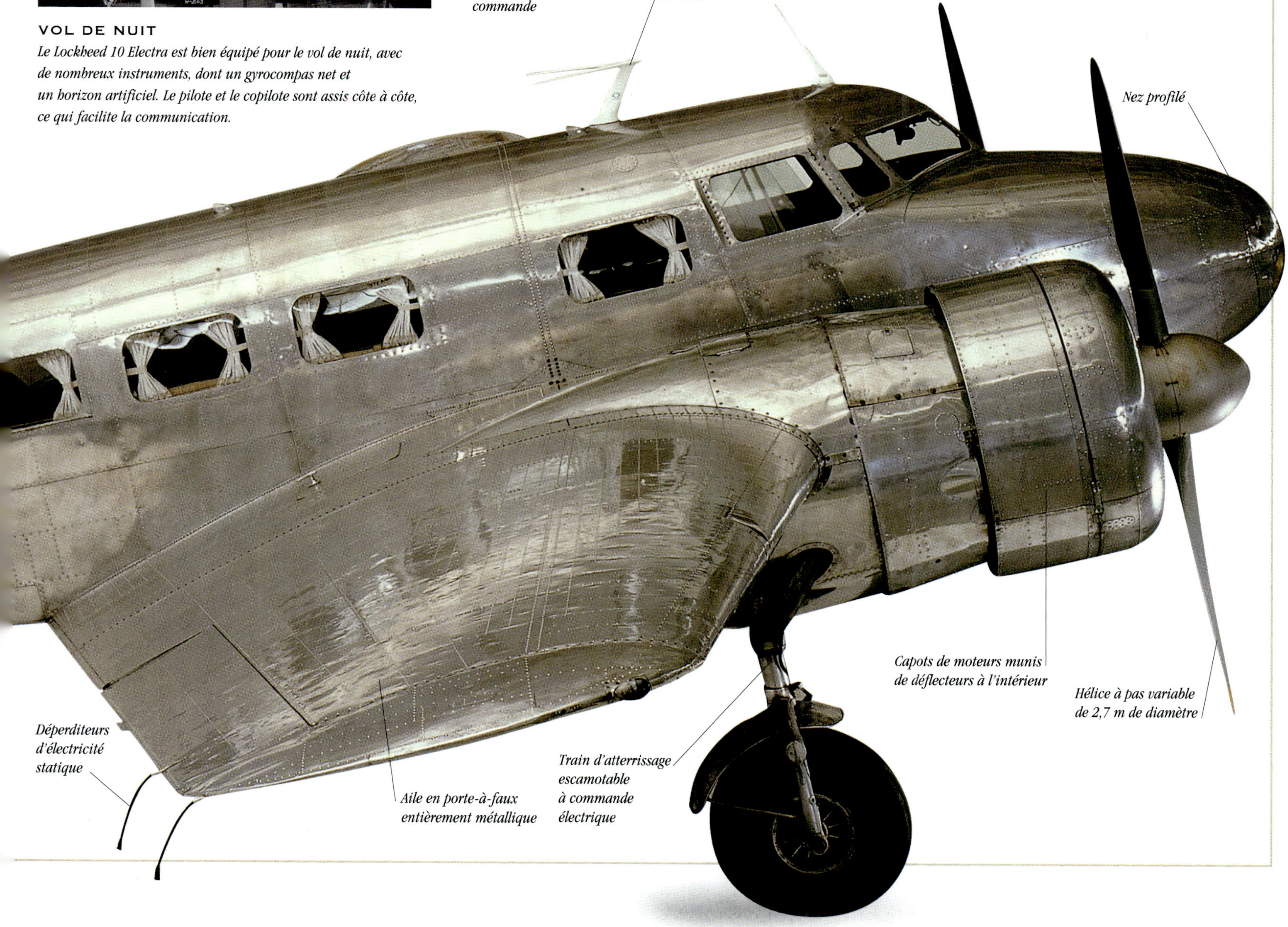

AVIONS DE COURSE DE L'ENTRE-DEUX-GUERRES

Les ingénieurs qui conçoivent les avions de course de l'entre-deux-guerres s'intéressent exclusivement à la vitesse sur de courtes distances et à basse altitude. Des considérations telles que la distance franchissable ou les performances en matière d'altitude sont abandonnées à ceux qui dessinent des avions commerciaux ou militaires. L'essentiel est de disposer de moteurs possédant une puissance massique maximale et de cellules légères engendrant une traînée minimale. Les avions de course servent de bancs d'essais aux carburants à degré d'octane élevé et à l'étude de formes aérodynamiques plus élaborées. La course n'en demeure pas moins un sport, avec son mélange de frissons et de recherche de prestige international. Les avions établissant des records sont très petits, mais plus ils sont puissants, plus ils sont lourds, et, à cause des hélices de l'époque, plus il leur faut une grande distance pour décoller. Seuls les plans d'eau offrent assez d'espace. Aussi, les moteurs les plus puissants ne peuvent être montés que sur des hydravions, bien que la traînée de leurs flotteurs soit élevée. Jusqu'en 1931, la coupe Schneider, où les candidats sont financés par leur gouvernement, est l'occasion de battre des records de vitesse.

SUPER AVION DE COURSE
Un Gee Bee R-1 piloté par Jimmy Doolittle lors des courses de Cleveland en 1932. Cet avion établit un record du monde de vitesse avec 475 km/h.

Caudron C.460

Quoique peu puissants, les Caudron de Marcel Riffard, vainqueur de la coupe Deutsch en France, font sensation. Le C.460 est l'avion le plus rapide du monde avec 505 km/h en 1934. En 1936, il bat tous ses rivaux américains plus puissants.

Moteur Renault Bengali 6-cylindres en ligne de 370 ch	
Envergure 6,7 m	**Longueur** 7,10 m
Vitesse max. 505 km/h	**Équipage** 1
Passagers 0	

Curtiss R3C-2

Pour la saison de 1925, la compagnie Curtiss, qui a produit des hydravions dès 1911, réalise le R3C-2 à flotteurs. Le 25 octobre, Doolittle établit à son bord un nouveau record du monde avec 395 km/h.

Moteur Curtiss V-1400 12-cylindres en V de 565 ch	
Envergure 6,7 m	**Longueur** 6,7 m
Vitesse max. 395 km/h	**Équipage** 1
Passagers 0	

Granville Model R-1 Super Sporter

Les Granville Gee Bee sont les avions de course les plus extraordinaires des années 1930. En 1932, les frères Granville produisent leur appareil le plus élaboré, le Super Sporter, en deux versions : le R-1 et le R-2, à plus grande allonge.

Moteur Pratt & Whitney R-1340 9-cylindres de 745 ch	
Envergure 7,6 m	**Longueur** 5,4 m
Vitesse max. 475 km/h	**Équipage** 1
Passagers 0	

Hughes H-1

Conçu par le milliardaire Howard Hughes, le H-1 promet d'être l'avion terrestre le plus rapide du monde, ce qu'il démontre le 13 septembre 1935 en atteignant 566,7 km/h. Appareil révolutionnaire, le H-1 annonce les chasseurs à moteur en étoile de la guerre mondiale à venir.

Moteur Pratt & Whitney Twin Wasp en étoile de 700 ch	
Envergure 9,6 m	**Longueur** 8,20 m
Vitesse max. 565 km/h	**Équipage** 1
Passagers 0	

Macchi M.39

En novembre 1926, les Italiens remportent la coupe Schneider à Hampton Roads, en Virginie, grâce à leur remarquable monoplan de course M.39. Conçu par Mario Castoldi, cet hydravion à flotteurs atteint 396,6 km/h. Les Américains ont remporté la course deux ans auparavant avec un Curtiss dérivé d'un avion de chasse et espèrent une troisième victoire qui leur permettrait de conserver définitivement la coupe. Toutefois, l'US Navy décide de se retirer de la compétition. Le 17 novembre suivant, Mario de Bernardi, le pilote vainqueur, bat un nouveau record du monde avec l'appareil, à 416,6 km/h.

Moteur Fiat AS-2 12-cylindres en V de 800 ch	
Envergure 9,3 m	**Longueur** 6,7m
Vitesse max. 415 km/h	**Équipage** 1
Passagers 0	

Macchi-Castoldi M.C.72

Le très esthétique Macchi-Castoldi M.C.72 est construit pour la coupe Schneider de 1931, mais il ne peut prendre part à la compétition à cause du couple de renversement de son moteur en tandem qui le rend incontrôlable au-dessus de l'eau. Le problème est résolu par l'adoption d'hélices contrarotatives qui annulent cet effet. En octobre 1934, l'avion bat le record du monde, avec 709,1 km/h.

Moteur Fiat AS-6 24-cylindres en V de 2 800 ch	
Envergure 9,5 m	**Longueur** 8,3 m
Vitesse max. 709 km/h	**Équipage** 1
Passagers 0	

Supermarine S.6B

Le S.6B est le dernier d'une lignée d'hydravions de course Supermarine, lancée en 1925 avec le S.4, peu réussi. En 1927, le S.5 remporte la coupe Schneider en Italie, et le S.6 fait de même en Angleterre en 1929. En 1931, le S.6B termine la course tout seul, donnant définitivement la coupe aux Britanniques après trois victoires successives. Le 29 septembre 1931, il bat un record de vitesse, en dépassant les 650 km/h.

Moteur Rolls-Royce R 12-cylindres en V de 2 350 ch	
Envergure 9,1 m	**Longueur** 8,8 m
Vitesse max. 655 km/h	**Équipage** 1
Passagers 0	

Wedell-Williams 44

Trois W-W 44 sont construits par Jim Wedell entre 1930 et 1932, figurant parmi les avions de course à moteur en étoile les plus réussis du début des années 1930. Ils finissent aux trois premières places dans les Bendix et Thompson Trophy de 1931 à 1935.

Moteur Pratt & Whitney Wasp Junior de 525 ch	
Envergure 7,9 m	**Longueur** 7,1 m
Vitesse max. 490 km/h	**Équipage** 1
Passagers 0	

Ce qui fascine plus particulièrement le public dans les années 1920-1930, c'est la vitesse pure. Les prouesses accomplies dans ce domaine constituent sans doute l'un des témoignages les plus impressionnants des progrès de la technologie aéronautique. Au meeting de Reims, en 1909, la vitesse la plus élevée atteinte par un aéroplane était de 80 km/h. En 1920, le pilote français Sadi-Lecointe bat le record du monde de vitesse avec 275,2 km/h à bord d'un Nieuport. Huit ans plus tard, le major italien Mario de Bernardi parvient à 512,7 km/h sur un hydravion à flotteurs Macchi M.52, et, en 1931, le Supermarine S.6B britannique pulvérise ce record avec 652 km/h. En une décennie, la vitesse a plus que doublé, et, depuis la Semaine de Reims, les vitesses des records ont été multipliées par dix. Toutefois, les performances deviennent moins importantes, car les ingénieurs se heurtent à des obstacles technologiques. En 1939, le capitaine Fritz Wendel atteint les 751,7 km/h sur son Messerschmitt Me 209, vitesse que les moteurs à pistons ne peuvent dépasser.

Des courses à sensation

Sans doute n'est-il guère surprenant, dans un tel contexte, que les courses aériennes deviennent plus populaires qu'elles ne l'ont jamais été. La coupe Schneider, dans laquelle sont engagés des hydravions et dont le rythme est annuel, contribue de façon notable au développement des cellules et des moteurs. Conçue par Jacques Schneider pour permettre le développement d'appareils marins, elle s'inscrit rapidement dans une seule optique : améliorer les performances uniquement dans le domaine de la vitesse. Les hydravions à flotteurs deviennent ainsi les appareils les plus véloces de leur temps, principalement parce qu'ils disposent d'étendues pratiquement illimitées pour prendre l'air et se poser.

De 1920 à 1931, cette compétition est dominée par trois firmes d'aviation : Curtiss pour les États-Unis, Supermarine pour la Grande-Bretagne et Macchi pour l'Italie. Le Curtiss R3C, conduit à la victoire par Doolittle en 1925, est le dernier biplan à remporter cette épreuve. Par la suite, les monoplans Macchi et Supermarine dominent les épreuves, ces derniers donnant définitivement la coupe aux Britanniques lors de la course de 1931, où ils sont les seuls participants. Ces appareils à la fois légers et bien profilés, avec leur moteur en ligne refroidi par liquide, préfigurent les chasseurs de la Seconde Guerre mondiale, même si leur filiation avec ces derniers n'est pas aussi directe que certains le prétendent.

Aux États-Unis, où des particuliers et de petites compagnies construisent et engagent leurs avions dans des compétitions, les courses aériennes ressemblent souvent aux exhibitions des *barnstormers* (pp. 108-109). Roscoe Turner, par exemple, l'un des pilotes de course les plus doués, est aussi un acteur confirmé et célèbre pour ses cascades, dont la plus connue consiste à voler avec un lionceau équipé d'un parachute comme passager. Des événements, tel le National Air Races, attirent des foules importantes avides de sensations fortes. Les principales compétitions des années 1930 sont le Thompson Trophy, une course de vitesse où les avions tournent autour de pylônes, et le Bendix Trophy, qui se déroule d'une côte à l'autre, au-dessus du territoire américain. Parmi les grands vainqueurs figurent James Doolittle, Roscoe Turner, Jacqueline Cochran, James Wedell et le milliardaire Howard Hughes.

LA COUPE SCHNEIDER

Créée en 1912 par Jacques Schneider, industriel prospère et aéronaute, la coupe Schneider, s'adresse à des hydravions et se déroule sur un circuit d'au moins 280 km. Son initiateur s'attend à ce que cette compétition entraîne des progrès dans le domaine des hydravions, mais celle-ci se transformera en une course de vitesse pure.

Des monstres volants

Quelques avions de course présentent une conception originale, et les Gee Bee, imaginés par les frères Granville, à Springfield dans le Massachusetts, n'ont pas leur pareil. Si certains de ces appareils, qui ne sont rien d'autre que des moteurs sur lesquels ont été attachées des ailes, figurent parmi les plus dangereux jamais construits, ils n'en sont pas moins très rapides. Le Gee Bee Model R-1, piloté par Doolittle, remporte le Thompson Trophy en 1932 à la vitesse de 404,8 km/h, et il est capable en ligne droite d'atteindre 480 km/h. Les autres avions victorieux, plus classiques en matière de conception de cellule et de moteur, sont le Northrop Gamma, aux lignes élancées, ou l'avion de course H-1 de Howard Hughes. Toutefois, en dépit de l'ingéniosité et de l'inventivité qui émanent de ces machines, les courses aériennes demeurent des spectacles certes excitants mais assez marginaux, qui n'apportent aucune impulsion décisive au développement de l'aviation américaine, militaire et commerciale.

BILLET DES NATIONAL AIR RACES

Billet d'entrée aux National Air Races de 1929, à Cleveland, dans l'Ohio. Cette course, courue sur un circuit délimité par des pylônes et remportée par Douglas Davis à bord du Travel Air Mystery Ship, *donnera naissance à la Thompson Trophy Race.*

En 1934 se déroule la course la plus longue jamais réalisée. Connue sous le nom de MacRobertson, elle relie Mildenhall, en Grande-Bretagne, à Melbourne, en Australie, soit une distance de 18 100 km survolant dix-neuf pays et sept mers ou océans. Les aviateurs les plus talentueux veulent être de l'aventure, mais, du fait des critères drastiques de sélection, une vingtaine seulement s'envole pour l'Australie. Parmi les avions engagés se trouvent des avions de course tels que le Granville Gee Bee de Jacqueline Cochran et Wesley Smith, et des appareils de transport commercial standard comme le Boeing 247D, piloté par Roscoe Turner et Clyde Pangborn.

La course est remportée par le de Havilland D.H.88 Comet, piloté par C. W. A. Scott et T. Campbell Black. Les performances de cet avion traduisent les progrès accomplis dans les domaines des cellules, des moteurs et des équipements de vol, mais aussi dans ceux des aides à la navigation et de l'aménagement des aérodromes, ces derniers ayant été édifiés tout au long du parcours. Le Comet atteint Darwin, sa première escale en territoire australien, en 2 jours, 4 heures et 38 minutes. Quinze ans auparavant, le même voyage, accompli par les frères Smith, avait exigé 27 jours et 20 heures. Il faut 70 heures et 54 minutes au D.H.88 pour rallier Melbourne, talonné par deux avions commerciaux, un Douglas DC-2 portant les couleurs de la compagnie néerlandaise KLM et le Boeing 247 de Pangborn et Turner. Le premier de ces avions atterrit à Melbourne seulement sept heures après le Comet.

La fin d'une époque

Les avions commerciaux sont alors capables de franchir la moitié du monde en quelques jours, et l'époque des héros de l'aviation est sur le point de s'achever. En 1938, onze années seulement après la traversée de l'Atlantique par Lindbergh, un Focke-Wulf Fw 200 Condor de la compagnie allemande Lufthansa, transportant des passagers, effectue un vol sans escale entre Berlin et New York en à peine 25 heures. Mais le Condor se surpasse encore lorsqu'il atteint Tokyo en

AMELIA EARHART

Née au Kansas, Amelia Earhart (1897-1937) est encore un pilote amateur moyen lorsqu'elle devient la première femme à avoir franchi l'Atlantique. Son agent, devenu plus tard son mari, juge sa personnalité et son apparence physique compatibles avec l'image d'un Lindbergh au féminin. N'ayant aucune expérience de la navigation, elle voyage en tant que troisième membre d'équipage du Fokker trimoteur qui traverse l'Océan en juin 1928, mais n'en devient pas moins célèbre.

Bien qu'elle continue toujours à bénéficier d'une bonne image, grâce à une publicité savamment orchestrée, Earhart décide de s'attaquer à un certain nombre de défis afin de justifier son statut. En mai 1932, à l'occasion du cinquième anniversaire du New York-Paris de Lindbergh, elle franchit l'Océan en solitaire, et, en janvier 1935, elle vole toute seule de Hawaii à la Californie.

« LADY LINDY »
La presse américaine surnomme Amelia Earhart « Lady Lindy », la comparant à Lindbergh. Au cours des années 1930, cette aviatrice ne cesse de collectionner les performances et les records.

Puis elle envisage un tour du monde à bord d'un Lockheed Electra en compagnie d'un ancien navigateur de la Pan Am, Fred Noonan. En mars 1937, elle s'envole d'Oakland, en Californie, mais, accidentée au décollage, elle décide de tenter l'aventure par l'est. Le 2 mai suivant, elle repart et atteint Lae, en Nouvelle-Guinée, fin juin, après un voyage de 35 000 km. Le 2 juillet, très fatiguée, elle s'envole pour rejoindre l'île Howland, 4 000 km plus loin ; elle ne l'atteindra jamais.

BONJOUR D'HAWAII
Amelia Earhart montée sur son Lockheed Vega 5C, après avoir été la première à relier Hawaii à la Californie les 11 et 12 janvier 1935.

décollant d'Allemagne, en deux jours, avec trois escales pour être ravitaillé en carburant. La plupart des vols sur long-courrier se déroulent dans de très bonnes conditions de sécurité. Les traversées transocéaniques et transcontinentales ont cessé d'être des entreprises héroïques.

Beaucoup de jeunes aviateurs ont perdu, ou donné, leur vie. Parmi ceux qui se sont dépassés figurent Jean Mermoz, Wiley Post, Charles Kingsford-Smith, Amelia Earhart, James Wedell, Bert Hinkler, Harry Hawker, Charles Nungesser, et tant d'autres qui qui ne sont pas devenus célèbres. Si de tels risques n'avaient pas été pris, la saga du vol n'aurait jamais suscité un tel intérêt auprès du public et fait entrer les Mermoz, Lindbergh et autres Nungesser dans la légende.

Tandis que ces aviateurs occupent le devant de la scène, les gouvernements et de grandes entreprises s'intéressent aux vols commerciaux, pas seulement par ambition nationale ou volonté de prestige. Ce secteur d'activité est devenu un sujet d'intérêt important tant pour les administrations gouvernementales que pour les instituts officiels de recherche, les forces armées et les firmes commerciales, donnant naissance à un moyen de transport sûr et fiable et à un puissant instrument de combat. À la fin des années 1930, l'image de l'aviation, avec ses pilotes héroïques faisant preuve de courage et d'adresse, est définitivement dépassée.

LA PLUS LONGUE COURSE AÉRIENNE
Clara Johnson, une hôtesse de la United Air Lines, montre le parcours du Boeing 247D engagé dans la course MacRobertson entre Londres et Melbourne, en 1934. Cet avion est arrivé en troisième position, et la compétition a été remportée par le Comet.

LE VOL DU CONDOR
Cet avion de transport quadrimoteur Focke-Wulf Fw 200 est photographié alors qu'il vient de se poser sur l'aéroport de Tempelhof, à Berlin. Son vol Berlin-New York, réalisé le 11 août 1938, est la preuve des capacités d'une industrie aéronautique allemande alors renaissante.

« D'abord l'Europe puis le monde seront reliés par l'avion, et les nations s'en trouveront si soudées qu'elles deviendront des voisins très proches […] Ce que le chemin de fer n'a pas réussi à faire pour les pays du monde, le transport aérien y parviendra. »

Claude Grahame-White, 1914

PRENDRE L'AVION

ENTRE LES DEUX GUERRES, LE TRANSPORT AÉRIEN DE PASSAGERS PASSE RAPIDEMENT D'UNE AVENTURE PRIMITIVE ET DANGEREUSE À UN SERVICE RAFFINÉ QUI PERMET DE GAGNER DU TEMPS.

UN ROI DES AFFAIRES

En 1916, William Boeing fonde la Pacific Aero Product, qui deviendra, l'année suivante, la Boeing Airplane Company. Elle produit des chasseurs pour l'armée et la marine mais aussi des avions de ligne pendant l'entre-deux-guerres.

Les premiers services de passagers permanents se développent en Europe dès la fin de la Première Guerre mondiale. Ils s'adressent à des clients au cœur bien accroché. Lors de la première liaison internationale, entre Hounslow, près de Londres, et Le Bourget, près de Paris, les passagers voyagent dans des habitacles à l'air libre et portent des habits de protection contre le froid. Les avions ne volent pas par mauvais temps, et, souvent, ils ne parviennent pas au bout de ce voyage de trois heures, contraints d'atterrir d'urgence dans un champ afin de subir des réparations ou d'être ravitaillés en carburant. Le prix du billet, prohibitif, représente environ six mois de salaire d'un ouvrier.

Les conditions de vol sur les lignes aériennes européennes s'améliorent au fil des années, même si, dans les cabines fermées, les voyageurs subissent des nuisances sonores, des turbulences qui les rendent malades, des vibrations violentes, et souffrent soit du froid, soit de la chaleur. Bien que les atterrissages forcés soient moins fréquents, les annulations dues aux mauvaises conditions atmosphériques ne diminuent pas. L'avantage des avions en matière de vitesse, qui leur donne une supériorité réelle sur les trains fréquents et ponctuels qui relient les grandes villes européennes, est annulé, dans une large mesure, par le temps nécessaire pour se rendre ou revenir des aérodromes. En fait, l'avion offre surtout à ceux qui l'empruntent des sensations fortes, une nouvelle vision de la Terre, un parfum d'aventure et un sentiment de

PERCÉE COMMERCIALE

Mis en service en 1934, le Douglas DC-2 établit dix-neuf records de vitesse et de distance en six mois. Pour la première fois, des hommes d'affaires américains voyagent d'une côte à l'autre sans perdre une journée.

supériorité dû à l'impression de vivre l'expérience technologique la plus moderne de leur temps. Pendant longtemps, le transport aérien est un moyen de déplacement à la fois inconfortable, coûteux et peu fiable. Il se révèle aussi peu rentable. Aucun avion ne peut emporter, en effet, suffisamment de passagers pour permettre d'amortir les coûts. Le développement des premiers services de passagers résulte moins d'une demande du public que des besoins des avionneurs, confrontés à l'effondrement des marchés militaires et obligés de trouver une autre manière d'écouler leurs appareils. La reconversion dans le transport de passagers s'avère une solution permettant de résister aux menaces de banqueroute. La société française, la Compagnie des messageries aériennes, est née à l'initiative commune des constructeurs tels que Blériot, Farman, Caudron, Morane, Renault et Breguet. De la même façon, en Allemagne, les avionneurs Junkers et Albatros développent les premières lignes aériennes. La disponibilité de nombreux pilotes militaires désœuvrés et le coût peu important des avions provenant des surplus de guerre encouragent des entrepreneurs désireux d'établir des réseaux avec des budgets minimes.

LES JOIES DU VOYAGE AÉRIEN
Équipés de lunettes, de casques de vol et de combinaisons de protection, des passagers se préparent pour un vol sur un Standard J-1 à Long Island, à New York, en 1927. Il y a peu d'Américains qui bénéficient à cette époque de conditions de transport aussi confortables.

Les premiers transporteurs européens, quelle que soit leur nationalité, parviennent à survivre uniquement parce que les gouvernements se montrent disposés à financer l'aviation commerciale. Contrairement au rêve nourri par bon nombre des premiers aviateurs, selon lesquels le vol transcenderait les frontières et ferait disparaître la division du monde en États, la convention de Paris, en date de 1919, s'oppose à la conception universaliste du voyage dans les airs. Cette première tentative, destinée à jeter les bases d'une réglementation du trafic aérien international, conclut, par ailleurs, que chaque État exerce une pleine et entière souveraineté sur son espace aérien. En réalité, le développement de cette activité est entièrement conditionné par des rivalités nationales et coloniales. Les gouvernements européens sont convaincus de la nécessité d'encourager l'aviation commerciale, parce qu'ils y devinent des enjeux liés au prestige national et à la défense. Ils admettent l'obligation de maintenir certaines capacités de production et un bon niveau technologique en vue d'éventuels conflits. Ils discernent enfin, dans l'avion, le moyen de maintenir des liaisons plus ou moins régulières avec leurs lointaines colonies.

Aussi accordent-ils à leurs compagnies aériennes des subventions officielles ou plus discrètes, notamment par le biais de contrats postaux, les aident-ils à améliorer la sécurité. Ils interviennent également pour protéger ces sociétés de la concurrence, en leur accordant des monopoles sur certaines routes et en les contraignant parfois à se concentrer en invoquant les intérêts nationaux.

Le pays qui s'impose comme le chef de file européen du transport des passagers pendant ces années est sans conteste l'Allemagne. Cela est d'autant plus impressionnant que, juste après la Première Guerre mondiale, appliquant les clauses du traité de Versailles, les Alliés imposent des restrictions aux Allemands dans le domaine de l'aviation commerciale et que la fabrication de tout avion militaire est bannie. L'Allemagne n'en montre pas moins une farouche détermination à maintenir en place une industrie aéronautique. Pour contourner ces restrictions, des avionneurs, tels que Junkers ou Dornier, délocalisent leurs bureaux d'études. Fokker, quant à lui, a regagné son pays d'origine dès la fin des hostilités.

COMPAGNIE AÉRIENNE NATIONALE ALLEMANDE

Après l'arrivée au pouvoir des nazis, en 1933, les avions de la Lufthansa arborent la croix gammée. Le Ju 52 représenté ici est utilisé pour le transport aussi bien militaire que civil.

Les premières lignes de passagers

Le premier véritable service de passagers résulte d'une initiative prise par la compagnie allemande Deutsche Luft Rederei, le 5 février 1919, trois jours avant la liaison Paris-Londres de Farman. Le transporteur d'outre-Rhin opère entre Weimar, où se réunit l'assemblée constituante de la nouvelle République allemande, et Berlin, la capitale. Puis, tout au long des années 1920, l'Allemagne développe un important réseau de routes nationales et internationales vers le nord, en direction de la Scandinavie, vers l'est en direction de la Pologne et de l'Union soviétique, et vers le sud, en direction des Balkans et de la Méditerranée. En 1923, ces lignes sont desservies par deux compagnies seulement, la première appartenant à Junkers, la seconde financée par des sociétés d'affrètement et des banques. Trois ans plus tard, le gouvernement allemand contraint ces firmes à former une compagnie nationale, la Deutsche Luft Hansa, qui deviendra en 1934 la Lufthansa.

À l'époque de sa fondation, la Luft Hansa est sans aucun doute le plus grand transporteur du monde, puisqu'elle assure 40 % des services de passagers sur l'ensemble de la planète. Elle possède également les avions et l'infrastructure les plus avancés sur le plan technologique. À l'instar de ce qu'a entrepris la poste aérienne américaine, des routes éclairées sont créées afin de voler de nuit. Elles permettent de développer un service direct entre Berlin et Moscou, avec un trajet de nuit balisé de la capitale allemande à Königsberg. En 1929, les pilotes de la Luft Hansa s'entraînent régulièrement au vol aux instruments et sont reliés par radio à des contrôleurs au sol. Deux ans plus tard, la compagnie est à même d'assurer le transport de passagers jusqu'en Italie, par-dessus l'imposante barrière rocheuse des Alpes.

UN PIONNIER DU TRANSPORT

En 1919, la Deutsche Luft Rederei inaugure ses services de passagers en Europe, notamment avec ce biplan A.E.G J.II. Cette compagnie donnera naissance, en fusionnant avec d'autres à la Lufthansa.

TRAVERSÉE AÉRIENNE DE LA MANCHE
Pendant la grève générale de 1926, alors que les services de ferry-boats sont interrompus, le trafic aérien sur la Manche s'accroît. Imperial Airways tire parti de la situation en reliant Londres à Paris quotidiennement avec ses de Havilland D.H.34.

Percevant la montée en puissance de l'aviation allemande comme une menace directe, le gouvernement français injecte de l'argent dans son propre réseau commercial. En 1920, huit compagnies aériennes françaises opèrent, exerçant chacune un monopole sur une ligne donnée et recevant des subventions. La Grande-Bretagne, restée longtemps à la traîne, après une série d'expériences de transport de passagers qui a tourné court faute de subsides de l'État, s'engage dans cette voie en 1924. La création de l'Imperial Airways, une firme privée, est présentée comme un instrument au service de la nation. La situation évolue logiquement vers la constitution de compagnies nationales, avec d'abord, en France, Air France (1933), puis, en Grande-Bretagne, BOAC (1939).

Même les pays européens de moindre importance se dotent de leur propre société de transport aérien. L'une d'entre elles, reflet d'une volonté nationale bien affirmée, connaît le succès. En 1919, la Koninklijke Luchtwaacht Maatschappij néerlandaise (KLM) est créée par Albert Plesman, pilote militaire. Œuvrant en étroite liaison avec Fokker, qui fournira à KLM quelques-uns de ses meilleurs avions de transport de passagers, Plesman, en dépit d'un réseau intérieur assez peu développé, fera de cette compagnie l'une des premières du monde. En 1929, KLM assure régulièrement une liaison de huit jours entre les Pays-Bas et Batavia (aujourd'hui Djakarta), dans les Indes orientales néerlandaises.

Des avions transformés

Les premiers services de passagers de l'après-guerre font appel à des bombardiers ou des avions de reconnaissance transformés. Ce sont de tels appareils qui proposent aux passagers une expérience du vol quelque peu difficile. Sur le Handley Page O/11, un appareil de bombardement O/400 réaménagé, deux des passagers prennent place dans des sièges à l'air libre, d'où ils ont une vue imprenable sur l'extérieur, mais où ils sont exposés aux intempéries. Les avions de transport commercial, tels qu'ils sont construits en France et en Grande-Bretagne, sont principalement des biplans. En Allemagne et aux Pays-Bas, les compagnies exploitent des appareils aux lignes plus modernes, des monoplans comme le Junkers F.13 et le Fokker F.VII. Tout au long des années 1920, les deux avionneurs font évoluer ces appareils vers des formules multimoteurs qui resteront à la pointe de la technique jusqu'à ce que les États-Unis se décident à développer leur aviation commerciale pendant la décennie suivante.

Tandis que le monde du transport aérien évolue, le voyage à bord d'un avion commercial devient une expérience beaucoup moins éprouvante pour les passagers.

DÉTENTEUR DE RECORDS
Le Fokker F.XVIII, mis en service par KLM en 1932, permet de ramener le temps de vol entre les Pays-Bas et les Indes néerlandaises à 9 jours. Un an plus tard, une liaison aéropostale vers cette colonie mettra à peine 4 jours.

HUGO JUNKERS

Hugo Junkers (1859-1935) a presque 50 ans quand il s'intéresse à l'aviation. Professeur dans une école supérieure à Aix-la-Chapelle, il commence à explorer les possibilités des ailes métalliques en porte-à-faux. En 1910, il fait breveter un projet révolutionnaire d'avion métallique dépourvu d'empennages et de fuselage, dont les moteurs, les passagers et l'équipage sont logés dans une aile. Cette aile volante ne sera jamais construite, mais, pendant la Première Guerre mondiale, d'autres avions métalliques Junkers sont adoptés par l'aviation militaire allemande. À la fin des hostilités, l'ingénieur se tourne vers l'aviation civile.

La Junkers Flugzeugwerke produit des avions remarquables, tels que le F.13 ou le Ju 52. Junkers lui-même crée une compagnie aérienne de qualité, qui aura une courte existence. Quand les nazis arrivent au pouvoir en 1933, l'esprit indépendant qu'est ce grand savant devient leur cible, de sorte qu'ils s'emparent de sa société et de son personnel. Évincé, Hugo Junkers meurt en 1935 à l'âge de 75 ans.

UN INGÉNIEUR INSPIRÉ
En des temps où la plupart des ingénieurs s'intéressent à des avions en bois et toile, Junkers produit des appareils monoplans aux ailes cantilever (en porte-à-faux) qui ouvrent la voie vers l'avenir.

« VOTRE BILLET, S'IL VOUS PLAÎT »
La plus grande compagnie américaine des années 1930 est United Air Lines, qui rassemble quatre transporteurs. Cette société transporte également du courrier, comme le montrent ces billets.

Sur un F.13, par exemple, le voyageur découvre une cabine fermée pour quatre ou cinq passagers, et s'assoit sur un siège, pourvu d'un coussin, donnant sur un hublot. Il se prépare au vol en sachant qu'il a une grande chance de parvenir approximativement à l'heure à la destination choisie. Toutefois, les voyageurs subissent encore les nuisances dues au bruit assourdissant des moteurs, et, une fois dans les airs, ils sont copieusement ballottés dans les montagnes russes où s'engage leur avion soumis à de fortes turbulences. S'ils sont malades, ils disposent toujours d'un sac en papier pour se soulager. Le froid demeure aussi un problème jusqu'à ce qu'apparaissent les cabines chauffées. En 1934, le « Guide international du voyageur » s'applique à rassurer ses lecteurs en leur indiquant qu'aucun vêtement spécial n'est désormais recommandé pour le vol.

La publicité déploie tous les efforts pour présenter le voyage aérien comme une expérience luxueuse, ce qui, après tout, n'est pas faux, vu le prix des billets. Elle insiste sur le fait que des déjeuners au champagne sont servis sur la ligne Paris-Londres. En 1925, un film est projeté pour la première fois à bord d'un avion de la Luft Hansa ; le film est bien sûr muet, de sorte que le bruit produit par les moteurs n'est guère dérangeant. De tels raffinements constituent toutefois l'exception.

La plupart des personnes qui empruntent l'avion, dans cette Europe des années 1920, sont des membres des services officiels ou des hommes d'affaires pressés. Le grand public considère généralement le vol comme beaucoup trop risqué pour les femmes et les enfants, logés le plus souvent à la même enseigne. Le nombre de tués sur les lignes aériennes européennes est remarquablement bas en ces premiers temps de l'aviation commerciale. Toutefois, se retrouver dans un appareil qui évolue au ras de la cime des arbres quand le plafond nuageux est trop bas, ou qui suit le tracé d'une route ou d'une voie de chemin de fer afin de ne pas s'égarer, reste une expérience hors du commun. Cette façon de procéder peut conduire à des collisions en vol, telle celle qui se produit entre un appareil français et un appareil britannique en 1922, près de Beauvais. Le voyage par la voie des airs est donc réservé à une minorité. En 1929, à peine 25 000 Français, soit moins d'une personne sur mille, ont pris l'avion.

L'IMAGE DU LUXE
Les campagnes publicitaires des compagnies aériennes mettent en avant le confort et le luxe. Cette photographie, montrant des femmes qui prennent le café à bord d'un DC-3, entend démentir l'idée selon laquelle le transport aérien est risqué pour le « sexe faible ».

L'hémisphère Sud

Si, pendant la plus grande partie des années 1920, les progrès accomplis dans le domaine du transport de passagers ont lieu en Europe, le voyage aérien intéresse aussi des zones du monde où la densité de population est moins forte et où les autres modes de transport n'ont guère été développés. L'Australie, un territoire plat qui comporte très peu de lignes de chemin de fer et où les distances entre chaque ville sont

CONFORTABLEMENT ASSIS
Ces passagers de la Deutsche Luft Hansa de la fin des années 1920 voyagent sur un Junkers G.24 trimoteur, goûtant un confort raisonnable. La cabine n'étant pas chauffée, ils portent tous un lourd manteau. Les Allemands dominent le marché du transport aérien jusque dans les années 1930.

PREMIÈRE PROJECTION EN VOL
Le 6 avril 1925 a lieu une grande première : des passagers de la Deutsche Luft Hansa regardent un film en plein vol.

considérables, figure en bonne place parmi les initiateurs de cette nouvelle manière de voyager. La Queensland and Northern Territory Aerial Services Ltd (QANTAS) y est fondée en 1920 par deux anciens pilotes de guerre qui se sont battus en Europe, Hudson Fish et Ginty McGinnis. La raison du succès de cette société vient du fait qu'elle dessert deux villes, Charleville et Clocurry, distantes de 1 000 km, qui ne sont reliées par aucun moyen de communication. Toutefois, QANTAS n'aurait pu survivre sans le soutien financier du gouvernement australien, qui lui passe un généreux contrat pour le transport du courrier.

L'Amérique du Sud est une autre région du globe où l'avion réduit de façon radicale la durée du voyage entre les villes entre lesquelles il n'existe pas de véritables moyens de communication. En dépit des difficultés liées à la jungle ou au relief montagneux, l'aviation commerciale progresse plus vite en Amérique latine qu'en Amérique du Nord.

PARIS-LONDRES : L'EXPÉRIENCE D'UN PILOTE

Au début des années 1920, le pilote Frank Courtney décrit de la manière suivante un vol à bord d'un D.H.34 entre Le Bourget, près de Paris, et Croydon, près de Londres : « Tandis que l'avion roule sur la piste, je me sens peu à l'aise et suis mouillé, me trouvant dans un poste de pilotage à l'air libre. Une fois dans les airs, nous volons en dessous des nuages, assez près du sol. Je commence par suivre ma route au compas, mais, après 10 km, je me retrouve face à une colline couverte d'arbres et entourée de traînées de brume. Il m'apparaît dès lors que me guider au compas est impossible, si bien que je me résous à suivre la route nationale de Paris à Boulogne [...] Je suis collé à cette route comme si je conduisais une automobile. Je sais que si je la perdais de vue, je ne saurais plus que faire... » À un moment, l'aviateur doit renoncer à suivre la route de Boulogne, parce qu'elle mène à des collines où des nuages bas cachent les arbres. Ayant décidé de ne pas couper à travers la campagne, il revient en arrière jusqu'à un croisement. Il franchit finalement la Manche, atteint les falaises blanches de l'Angleterre et trouve une route jusqu'à Croydon, qui lui permet d'éviter les collines couvertes de brouillard. Les remarques finales de Courtney ne sont guère rassurantes : « La fin heureuse d'un voyage aérien dépend des risques que le pilote est résolu à prendre. À cela s'ajoute un autre danger : éviter la collision avec un appareil qui avance dans la direction opposée à la vôtre est une question de chance. »

BRAVANT LA MÉTÉO
Alors que les passagers du vol Paris-Londres sont relativement bien installés dans leur cabine, le pilote doit affronter les caprices du temps.

La SCADTA, premier service aérien permanent du continent américain, est fondée en 1919 en Colombie par des Allemands expatriés, et elle commence à fonctionner l'année suivante.

Un lent démarrage aux États-Unis

Pourquoi les États-Unis ont-ils été si lents à prendre leur envol ? Bien qu'il possède un excellent réseau de chemin de fer, le pays est taillé à l'échelle de l'aviation. Ses dimensions mêmes le destinent à être parcouru par des avions qui permettront d'obtenir des gains de temps considérables. Néanmoins, les Américains mettent longtemps à prendre le vol au sérieux. Trompé par les exhibitions des *barnstormers*, le public ne perçoit pas l'avion comme un moyen de relier directement un lieu à un autre. La plupart des services de passagers qui opèrent au lendemain de la Première Guerre mondiale ont pour destination des endroits de détente ou de repos, par exemple ceux qui vont de New York vers certains lieux de villégiature de Long Island ou du New Jersey. Étant synonyme outre-Atlantique de frivolité ou de danger, l'aviation n'attire ni les investisseurs potentiels ni les clients.

Relativement à l'abri des considérations liées à des rivalités internationales ou à la défense du pays, motivations essentielles des gouvernements européens, les autorités fédérales, au moins au début des années 1920, ne soutiennent ni ne tentent de réglementer le transport commercial. Pourtant, en 1925, l'administration postale confie le transport du courrier à des compagnies privées, ce qui constitue un tournant important. De telles sociétés n'existant pas, le gouvernement américain favorise leur création et leur développement. Comme partout ailleurs dans le monde, l'aviation commerciale est moins le résultat d'initiatives prises par des sociétés privées que celui de l'intervention de l'État, qui apporte de l'argent public pour l'édification des infrastructures, définit strictement les standards et s'emploie à protéger les nouvelles lignes aériennes contre les effets de la concurrence.

Le gouvernement fédéral commence par convaincre le public de la très grande sûreté du transport aérien. Selon la loi sur le commerce promulguée en 1926, tous les avions de transport de passagers doivent obtenir la certification du ministère du Commerce, qui vérifie de cette manière leur conformation aux standards officiels. Tous les pilotes et tous les mécaniciens doivent être, par ailleurs, titulaires d'une licence, les premiers étant soumis à un examen de pilotage et à un contrôle médical, et devant fournir la preuve de leurs bonnes qualités morales. Ils peuvent se voir retirer leur brevet s'il s'avère qu'ils se sont comportés de façon dangereuse, qu'ils ont bu ou qu'ils se sont livrés à des acrobaties, à l'occasion d'un meeting.

Le problème de la sécurité des passagers convainc même quelques responsables de préconiser l'équipement en parachutes. Cette idée alimente une polémique, mais sera vite oubliée, dans la mesure où une telle décision aurait mis l'accent sur les dangers liés au vol, ce qui se situe exactement à l'opposé de la politique suivie par les autorités fédérales de l'aviation.

L'électrochoc Lindbergh

Par une coïncidence heureuse, la cession des lignes aéropostales à des opérateurs américains privés survient au moment du vol en solitaire de Lindbergh au-dessus de l'Atlantique. D'un seul coup, les investisseurs et le public se prennent d'une passion sans borne pour l'aviation. Les écoles de pilotage fleurissent un peu partout, l'argent pleut sur les fabricants de cellules, de moteurs, d'hélices et de transport aérien, et les autorités se lancent dans la construction de nouveaux aéroports. Toutefois, cette vague d'investissements, fondée sur une croyance en l'avenir, ne génère pas de dividendes. Les profits rapportés par le transport au poids du courrier ne sont pas intéressants. En dépit de pratiques quelque peu douteuses sur un plan commercial, les compagnies se chargent du transport de sacs de courrier destinés à leurs propres services, qui n'est guère fructueux. Par ailleurs, elles renâclent à développer des services de passagers, les services aéropostaux se révélant plus payants.

L'un des services de passagers les plus efficaces de la fin des années 1920 est assuré par la société Transcontinental Air Transport (TAT), qui s'est attaché Lindbergh comme consultant et se présente comme la « ligne Lindbergh ». Cette compagnie s'est spécialisée dans les liaisons transcontinentales ; mais, en raison des dangers liés au vol de nuit, elle doit recourir conjointement à l'avion et au train. Lors des premiers services, en juillet 1929, les passagers voyagent de nuit par chemin de fer de New York à Colombus, dans l'Ohio, puis embarquent dans un Ford trimoteur pour un parcours de jour jusqu'à Waynoka, en Oklahoma ; de là, ils reprennent un train, qui les amène à Clovis, au Nouveau-Mexique, puis gagnent Los Angeles en avion. Cette solution « mixte », qui dure deux jours, se révèle

LES FOKKER INTERDITS DE VOL

En mars 1931, un Fokker F.10 trimoteur de la TWA s'écrase dans le Kansas, tuant ses passagers et son équipage. Parmi les huit victimes figurent le chef de l'équipe de football de l'université de Notre Dame, Knute Rockne, l'une des plus grandes vedettes sportives aux États-Unis. Sa mort est à la une de tous les journaux et plonge l'industrie aéronautique américaine dans une crise majeure. Les autorités se doivent d'identifier les causes du drame et d'y apporter des solutions. L'attention des enquêteurs s'oriente vers les ailes en bois du F.10, dont les longerons et le revêtement sont collés. Prenant une décision sans précédent, les autorités du transport aérien interdisent de vol tous les avions de ce type aux États-Unis. Anthony Fokker échappe à un procès, mais ses avions sont frappés du sceau de l'infamie. Même plus tard, quand l'interdiction est levée, plus personne ne veut monter à bord de ces appareils. Au prix d'un désastre pour la Fokker Aircraft Corporation, la confiance du public dans la sécurité des avions est restaurée.

UNE VICTIME CÉLÈBRE
Knute Rockne, figure du sport américain, est l'une des personnalités les plus célèbres à mourir dans un accident d'avion.

LA SCÈNE DE L'ACCIDENT
L'épave du Fokker F.10, à bord duquel Knute Rockne et sept autres personnes ont trouvé la mort, gît sur une colline du Kansas. Des témoins ont rapporté qu'ils ont vu une aile se plier avant que l'avion ne tombe.

CHARGEMENT D'UN TRIMOTEUR
Des manutentionnaires procèdent au chargement d'un Ford Trimoteur, surnommé « Tin Goose » (oie de fer-blanc), caractérisé par son revêtement métallique ondulé et ses moteurs en étoile.

AU-DESSUS DE LA SIERRA MADRE
En 1929, la TAT inaugure un service aérien transcontinental de Los Angeles à New York. Charles Lindbergh effectue la première partie de ce vol à bord du City of Los Angeles, *un Ford Trimoteur, survolant notamment la Sierra Madre.*

plus rapide que le train express seul. Toutefois, elle ne permet pas de gagner assez de temps pour attirer suffisamment de clients, surtout après qu'un Ford trimoteur, évoluant au-dessus du mont Taylor, en Arizona, s'est écrasé au sol, tuant tous les passagers à bord. Cette expérience s'achève donc en 1930.

Le vol de nuit

Bientôt, le développement du réseau commercial aérien américain au cours des années 1930 dépasse de très loin les avancées accomplies en Europe. L'une des conditions précisées dans les contrats accordés par l'administration des postes en 1930 est que les lignes aériennes doivent effectuer aussi bien des liaisons de jour que de nuit. En 1933, les routes aériennes éclairées des États-Unis atteignent quelque 29 000 km, et les parcours d'une côte à l'autre n'ont plus besoin du chemin de fer. Dans le cadre du vol de nuit, les stations de radionavigation, qui émettent des faisceaux de guidage, sont établies tous les 320 km. Dès 1929, il devient possible de voler de Boston à Omaha, via New York et Chicago, en suivant un faisceau radio. Tout au long de la décennie suivante, ce système s'étend à travers les États-Unis.

Le Ford trimoteur 5-AT

UNE PUBLICITÉ ADROITE
Ce cliché insiste sur le confort et la douceur d'un vol à bord d'un trimoteur, ce qui ne correspond guère à la réalité. Les passagers sont, en effet, soumis à des vibrations sur tous les avions à moteurs à hélices.

Le fabricant d'automobiles Henry Ford, créateur de la Ford T, a la réputation d'être un homme d'affaires pragmatique. Quand, en 1924, il fait connaître son intention de produire des avions, l'ensemble de la communauté des grands patrons en prend bonne note. Ford déclare notamment que le temps va venir où l'on construira des avions en série, à la manière des automobiles, « par milliers, voire par millions ». Cette démarche est très ambitieuse, mais, avec le trimoteur 5-AT, plus connu sous le surnom affectueux de « Tin Goose », Ford conçoit le premier avion de transport pour passagers susceptible d'être produit en série.

Dans les années 1920, les Européens dominent encore la conception des avions. Pour réussir son appareil, le bureau d'études Ford combine les caractéristiques des Fokker et la stabilité des appareils conçus par Junkers. Il absorbe une petite société dirigée par Bill Stout, spécialisée dans les avions métalliques à revêtement travaillant ondulé, et fait construire le trimoteur en aluminium et en alliages d'aluminium. L'affaire démarre après la tentative de Byrd au-dessus du pôle Nord à bord d'un Fokker, au cours de laquelle l'avion fait escale sur l'aérodrome de Dearborn, appartenant à Ford. Le Fokker est ausculté sous toutes ses coutures par les ingénieurs du constructeur, qui peuvent le copier pour en réaliser leur prototype.

« Donnez-moi un millier de dollars et je puis vous assurer une chose : vous ne reverrez jamais cet argent. »

William Stout, constructeur d'avion, au fils de Henry Ford, Edsel

REPAS EN VOL
À la fin des années 1920, la salade de poulet est le principal plat servi aux passagers. Les premières hôtesses apparaissent au début des années 1930.

Caractéristiques du Ford 5-AT-B

Moteurs	3 Pratt & Whitney Wasp en étoile de 420 ch
Envergure	23,7 m
Longueur	15,2 m
Poids	5 900 kg
Vitesse max.	195 km/h
Passagers	15
Équipage	2

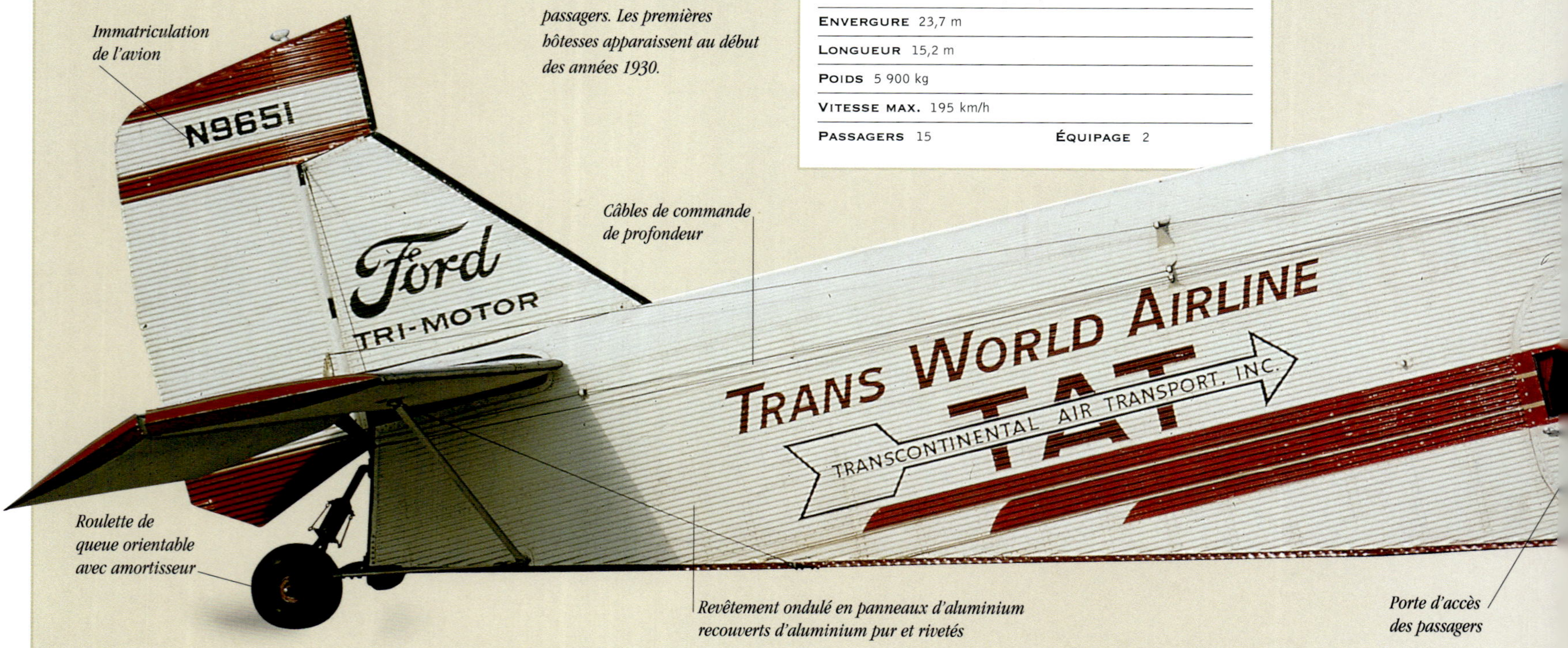

UN AVION ROBUSTE

Le Ford 5-AT trimoteur est un avion robuste et fiable dont la sécurité est renforcée par la présence de trois moteurs. Il peut voler avec un seul d'entre eux, et ses ailes hautes, grandes et épaisses lui assurent sa stabilité.

Le trimoteur 4-AT (Air Transport), mis en service en 1926, est suivi, deux ans plus tard, par le 5-AT, version agrandie, plus puissante, capable d'emporter une quinzaine de passagers. Le « Tin Goose » n'est pas un avion élégant : avec son train d'atterrissage fixe, ses moteurs exposés à l'air libre et ses formes carrées, il montre tous les progrès qui restaient à faire pour connaître tous les facteurs de traînée aérodynamique. Il ne se révèle pas confortable, les passagers étant soumis à d'importantes vibrations et au bruit infernal des moteurs. Toutefois, il est fiable, robuste et sûr, et peut être produit en série.

UNE INSTRUMENTATION RUDIMENTAIRE

Le poste de pilotage du Ford 5-AT apparaît rudimentaire comparé aux standards actuels. Quelques instruments sont logés dans les nacelles des moteurs, que les pilotes consultent en regardant par les fenêtres latérales.

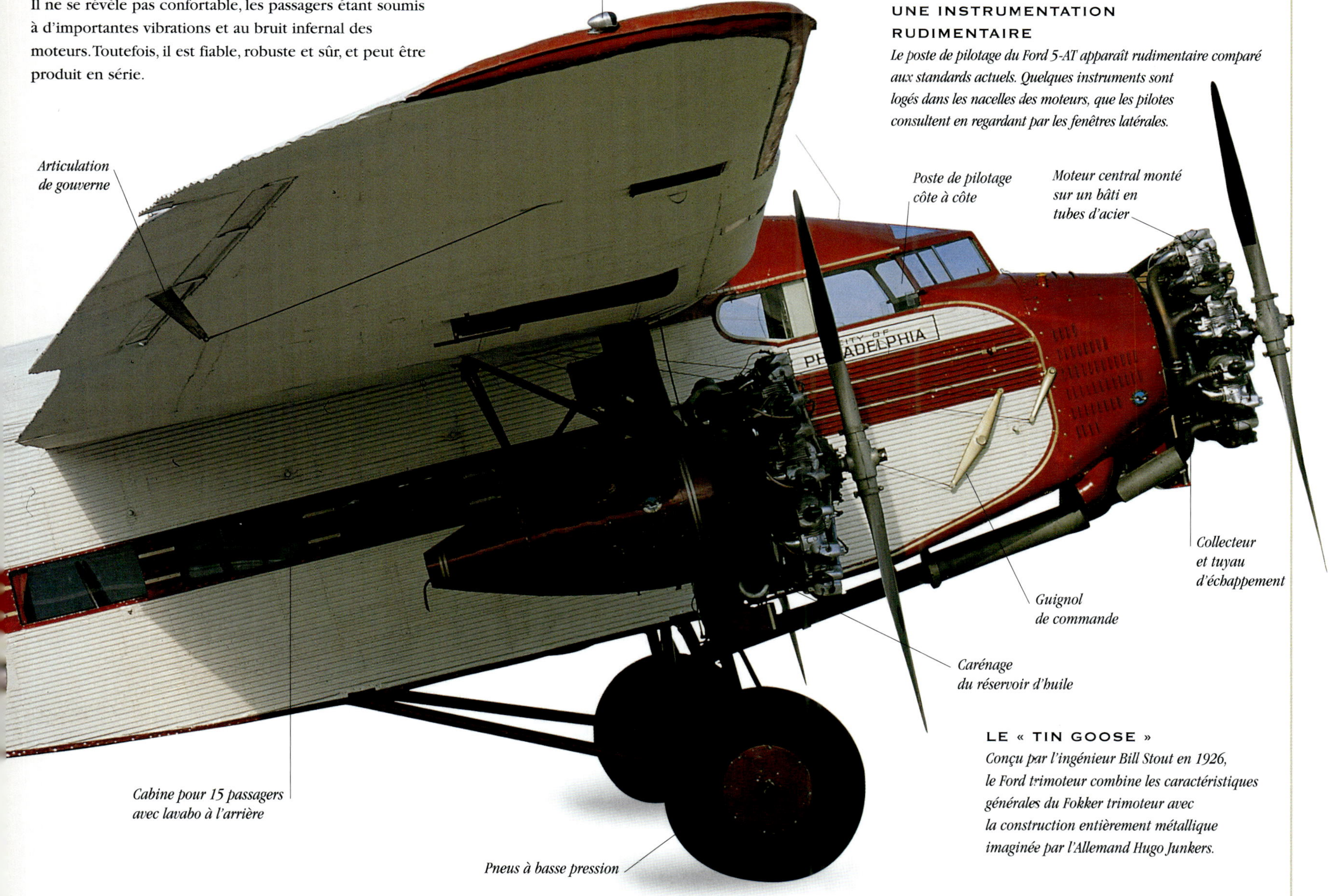

LE « TIN GOOSE »

Conçu par l'ingénieur Bill Stout en 1926, le Ford trimoteur combine les caractéristiques générales du Fokker trimoteur avec la construction entièrement métallique imaginée par l'Allemand Hugo Junkers.

Le vol aux instruments et la navigation au moyen de faisceaux radio sont couramment utilisés dans l'aviation commerciale. Au milieu des années 1930, les avions de transport de passagers sont presque tous équipés d'émetteurs-récepteurs radio qui les maintiennent en contact avec les contrôleurs au sol.

Le contrôle du trafic aérien

Le contrôle du trafic aérien autour des aéroports devient vital au fur et à mesure que le trafic s'accroît. Les systèmes destinés à éviter les collisions en vol sont d'abord des plus rudimentaires. Habituellement, un contrôleur, installé en un endroit très visible d'un aéroport, agite un drapeau vert ou rouge pour indiquer au pilote d'un avion s'il lui est permis de décoller ou d'atterrir. L'étape suivante consiste à remplacer ledit drapeau par un feu lumineux ou à tirer des fusées éclairantes vertes ou rouges, qui ne servent toutefois à rien lorsque le temps est bouché.

En 1930 apparaît, sur l'aéroport de Cleveland, la première tour de contrôle équipée d'une radio. Les avions en approche transmettent leur position, tandis que les contrôleurs reportent ces données sur une carte montrant la situation du trafic aérien à proximité du terrain. La permission de décoller ou d'atterrir est donnée elle aussi par radio. En 1935, une vingtaine d'aéroports, disséminés sur le territoire américain, dispose d'une tour de contrôle.

Le trafic gagne progressivement en intensité, et, au milieu des années 1930, des aéroports importants, tels que Newark ou Chicago, gèrent une soixantaine de décollages et d'atterrissages quotidiens. Les avions voyagent plus rapidement et ont régulièrement recours au vol aux instruments. Aucun contrôle ne pouvant être exercé jusqu'au moment de l'approche, les appareils se présentent, en général, à des altitudes identiques lorsque la visibilité est nulle, mettant à rude épreuve les nerfs des contrôleurs débordés qui s'emploient à éviter la catastrophe. La situation est aggravée par le fait que, sur les aéroports moins bien équipés, lesdits contrôleurs doivent à la fois gérer l'embarquement et le transport des bagages.

SUIVRE LE FAISCEAU RADIO

Transporter des passagers suppose de pouvoir faire voler des avions de jour comme de nuit. Les routes balisées par des phares permettent de guider les appareils par nuit claire, mais elles ne servent à rien par temps nuageux ou s'il y a du brouillard. Il s'agit donc de recourir à des faisceaux radio que des récepteurs disposés dans le poste de pilotage suivent. Toutefois, les émetteurs des années 1920 ne peuvent produire de faisceaux d'après lesquels des avions pourraient se guider. On utilise des antennes cadres qui ne reçoivent qu'un signal émis perpendiculairement à leur anneau. En orientant le cadre, on cherche la direction d'où vient le signal.

Pour mieux se guider sur un signal, ces antennes cadres doubles, en croix, sont employées. Tant que l'avion est convenablement orienté vers la source du signal, le pilote reçoit un son continu. Au-dessus de l'émetteur, il ne reçoit plus rien. Il en déduit ainsi sa position, et peut naviguer jusqu'à l'aérodrome.

Bien sûr, ce système de navigation est loin d'être parfait. Les transmissions peuvent, en effet, être perturbées par des interférences susceptibles de dévier le faisceau, et celui-ci peut être interrompu par l'électricité statique, particulièrement dans de mauvaises conditions atmosphériques, quand les aviateurs en ont le plus besoin ! Mais cette technique n'en constitue pas moins une avancée importante, qui connaîtra un grand avenir dans le transport aérien commercial.

CONTRÔLE RADIO ALLEMAND
L'Allemagne se situe à l'avant-garde des techniques de radionavigation. Ce Ju 52 de la Lufthansa dispose d'une antenne cadre radiogonométrique et d'un émetteur-récepteur pour communiquer avec le sol.

SERVICE DE NUIT
Dans les années 1930, la compagnie britannique Imperial Airways et la société française Air Union assurent des services de passagers de nuit entre Le Bourget et Croydon. La première utilise exclusivement des avions de conception britannique comme le Handley Page H.P.42, à la fois lent et peu esthétique, mais sûr et confortable.

CONSERVER LE CAP
Dans cette salle d'opérations de la United Air Lines de la fin des années 1930, une femme met à jour l'évolution des vols sur un tableau de situation. De cette manière, la compagnie informe par téléphone les contrôleurs sur la position de ses avions.

LES HÔTESSES DE L'AIR ARRIVENT
Une hôtesse de l'air de la United Air Lines portant le nouvel uniforme d'été pose devant un DC-3. Les hôtesses apparaissent en 1930 chez Boeing Air Transport, puis dans la plupart des compagnies américaines. En 1935, la TWA, ayant décidé de remplacer ses stewards, engage des femmes et leur donne le nom d'hôtesses de l'air. Celles-ci deviennent très vite un élément indispensable du voyage en avion.

Le contrôle exercé par les autorités sur les lignes aériennes résout en partie ce problème. À partir de 1936, les avions équipés d'un système de vol aux instruments sont tenus de transmettre un plan de vol aux contrôleurs fédéraux du trafic aérien. Ils doivent leur rendre compte, en des points donnés, de leur itinéraire, afin que leurs positions soient reportées sur une carte. De cette manière, les techniciens chargés du contrôle sont en mesure de programmer l'arrivée et l'atterrissage des avions sur un aéroport à des moments différents.

Les pilotes des années 1930 ne se plient pas forcément à cette discipline de bonne grâce. Il n'est guère facile, en effet, de devoir attendre son tour ou simplement d'avoir l'autorisation de décoller ou d'atterrir. Pourtant, avec le temps, la nécessité de mettre de l'ordre dans le ciel est universellement appréciée, même si une certaine tension existe toujours, tradition oblige, entre pilotes et contrôleurs au sol.

INSTRUCTIONS À LA STEWARDESS

Paru en 1930, ce manuel destiné aux hôtesses de l'air comprend les instructions suivantes.

- Toujours adopter la réserve respectueuse des domestiques bien éduqués.
- Le commandant de bord et l'équipage technique doivent être traités avec tous les égards dus à leur rang quand ils sont en uniforme. Le pilote et le copilote doivent être salués de façon militaire.
- Poinçonner chaque billet.
- Marquer tous les bagages et en contrôler le nombre à bord.
- Nettoyer le plancher avant chaque vol ; contrôler les boulons de fixation des sièges.
- Chasser les mouches après le décollage.
- Avertir les passagers de ne pas jeter de cigarette ou d'autres objets par les fenêtres, particulièrement au-dessus des zones habitées.
- Emporter un horaire des trains dans le cas où l'avion serait contraint de se poser Les hôtesses de l'air devront accompagner les passagers jusqu'à la gare la plus proche.

Les premières hôtesses de l'air

L'amélioration du confort des passagers contribue, au même titre que la réglementation de la sécurité et des mesures prises pour éviter les accidents, à modifier l'image de l'aviation. En 1930, Ellen Church, une jeune infirmière de l'Iowa désireuse de voler, persuade Boeing Air Transport, qui opère à cette époque dans le transport du courrier entre San Francisco et Chicago, de les accepter, elle et sept de ses camarades, comme hôtesses à bord de ses avions.

Church soutient que la présence de femmes sur des appareils aidera les gens à voir le transport aérien d'un autre œil, comme un moyen plus sûr, et qu'une infirmière bien formée est ce dont un voyageur confronté aux difficultés d'un long voyage aérien a besoin. Ces jeunes femmes ne sont pas particulièrement bien accueillies par les pilotes ; l'une de ces « pionnières » les dépeint « comme des hommes rudes et caractériels qui portent des armes pour protéger le courrier ». Toutefois, l'idée de femmes qui prendraient soin des passagers s'impose peu à peu et s'étend aux autres compagnies.

Que les voyageurs aériens recherchent le confort et la sécurité en ce début des années 1930 peut se comprendre. Les premières hôtesses, par exemple, travaillent sur des Boeing 80. Trimoteur très récent, celui-ci est comparable en matière d'agrément au trimoteur Ford inspiré par les Fokker. La cabine des passagers est aménagée de manière à ressembler aux plus luxueux Pullman, avec panneaux en bois de grand style, fauteuils profonds et lumières tamisées. De la salade de poulet et du café sont servis dans une élégante vaisselle en porcelaine. Un indicateur de vitesse et un altimètre, sur la cloison avant, informent les passagers de l'évolution du vol. Les hôtesses signalent les points remarquables du trajet et distribuent des couvertures et des oreillers à la demande.

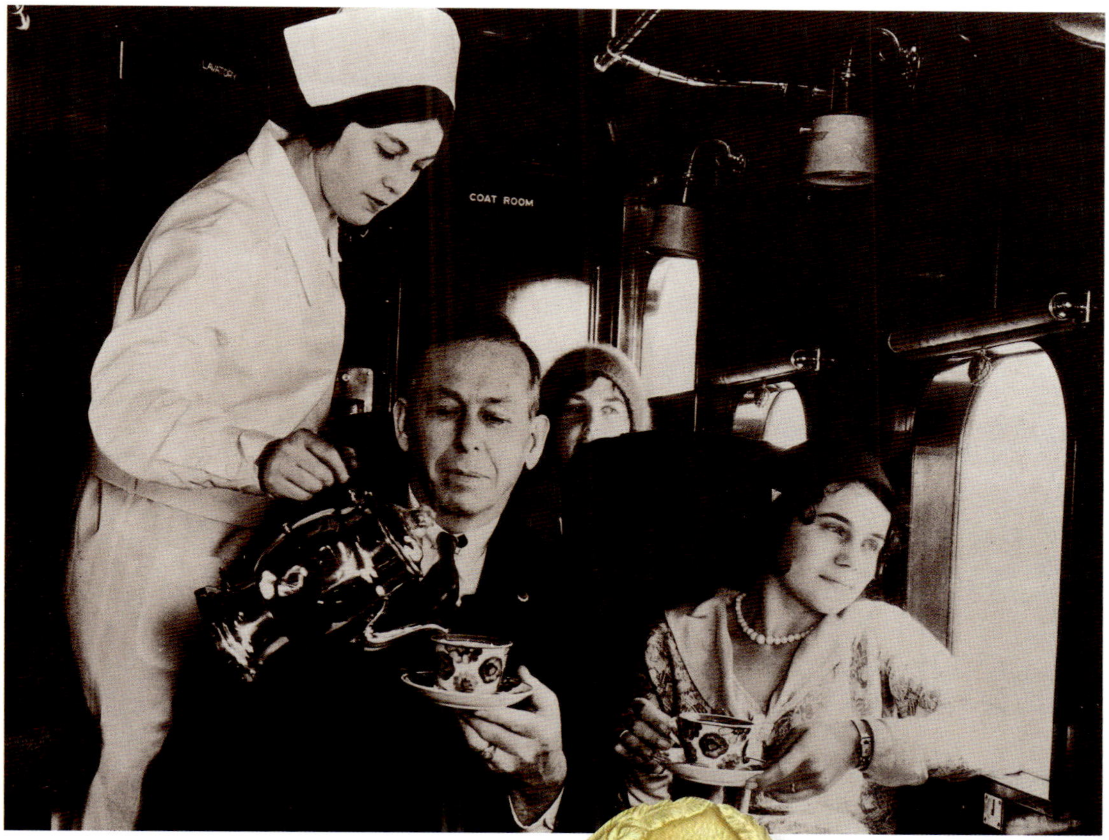

SERVICE À BORD

En 1930, l'une des toutes premières hôtesses sert du café sur un Boeing 80. Le personnel féminin de bord possède son brevet d'infirmière et porte l'uniforme gris clair de ce corps de métier. Les passagers sont réconfortés par cette présence, ne serait-ce que parce que certains d'entre eux souffrent du mal de l'air.

LES AILES DE LA PAN AM

L'emblème de Pan American, qui va jouir d'une notoriété universelle, symbolise à la fois le charme et l'aventure. Pan Am engage ses premiers stewards en 1929 et continue d'employer des hommes en cabine jusqu'en 1944, jusqu'à l'arrivée des femmes.

En dépit de ces apparences, un voyage aérien demeure une expérience éminemment inconfortable. Les moteurs faisant un bruit de chantier assourdissant, chaque passager reçoit de quoi se boucher les oreilles au moment de l'embarquement. Les fauteuils, dépourvus d'amortisseurs, n'offrent aucune protection contre les vibrations. Les cabines sont en principe chauffées, mais les systèmes employés à cette fin sont souvent inefficaces, contraignant les voyageurs à porter des manteaux. Les toilettes sont pour le moins rudimentaires, si l'on se fie à la description d'une hôtesse : « Les toilettes consistaient en une sorte de bidon encarté dans un trou circulaire découpé dans le plancher, de sorte que, quand on en relevait le couvercle, l'air s'engouffrait. »

ÉQUIPE DE CABINE

En 1936, Eastern revient à des équipes de cabine composées d'hommes pour des raisons économiques. Les hôtesses sont contraintes d'abandonner leur travail si elles sont mariées.

Pourtant, tout cela n'est rien à côté des effets produits par le mal de l'air. Ne pouvant évoluer au-dessus des zones de mauvais temps, les avions soumettent le plus souvent leurs passagers à de rudes épreuves. L'une des tâches principales des hôtesses consiste à aider les passagers à vider leur estomac dans les seaux trivialement nommés « bols à vomir ». Parfois, les assiettes et les tasses en porcelaine semblent ne pas avoir leur place à bord. Entre les passagers malades et la vaisselle brisée, un vol qui se passe mal s'apparente à la pire des traversées maritimes. Si le temps devient vraiment mauvais, il n'est pas rare, au début des années 1930, que le pilote soit contraint d'atterrir dans un pré ou sur un terrain de fortune. Les hôtesses doivent dégager cette piste improvisée de tout obstacle afin que l'avion puisse redécoller. Dans l'ordre des priorités fixées par les dirigeants des compagnies de l'époque, elles passent souvent en dernier, après le courrier et les passagers : si un pilote constate que son appareil est trop chargé, il les débarque et continue sans elles.

WILLIAM BOEING

Né à Detroit, William E. Boeing (1891-1956) fait des études d'ingénieur à Yale avant d'aider son père dans le commerce du bois. En 1914, il achète un hydravion à flotteurs mais pense qu'il en construira un meilleur lui-même. Avec l'aide de son ami, Conrad Westerwelt, commandant de l'US Navy, il crée un appareil du même genre, le B & W. En 1916, il fonde la société Pacific Aero Products à Seattle. Comptant sur son métier principal pour assurer sa subsistance, Boeing développe ses activités aéronautiques pendant les années 1920, en construisant non seulement des avions, mais en créant aussi une compagnie aérienne, la Boeing Air Transport Company, qui transporte du courrier et des passagers. L'ensemble important constitué par les usines d'aviation, la société de transport et les compagnies de l'entrepreneur deviennent la cible de l'administration Roosevelt, élu en 1933, partisane d'une loi antitrust. Boeing, plongé dans des querelles politiques, décide de se retirer en 1934 à la suite d'une décision séparant ses usines de sa compagnie aérienne. La Boeing Company n'en continue pas moins à développer des technologies de pointe, tout en restant très bien gérée financièrement.

LE PÈRE FONDATEUR

Boeing fonde une compagnie qui, après son départ, deviendra l'un des plus grands avionneurs du monde.

À partir de 1930, les voyageurs, lassés par l'inconfort des Fokker, Ford et autres Boeing trimoteurs, trouvent quelque repos en empruntant, sur certaines routes, des Curtiss Condor. Mis en service tout d'abord par American Airways, cet appareil, à l'instar de ses équivalents britanniques ou français de l'entre-deux-guerres, sacrifie ses lignes et ses performances au confort des passagers. Biplan en bois et en toile d'allure démodée, il présente une propension certaine au givrage et ses moteurs prennent facilement feu. Aussi n'apparaît-il pas comme un succès technique. Son fuselage d'assez grandes dimensions n'en permet pas moins d'offrir de nouveaux standards en matière de luxe, avec ses douze couchettes destinées aux voyages de nuit. À bord de cet avion, comme le vante la publicité, les passagers disposent d'un appareillage radio qui leur permet d'écouter de la musique et les nouvelles. Le point important n'est pas tellement le fait de diffuser de la musique, mais plutôt de pouvoir l'entendre, le Condor étant un avion beaucoup mieux insonorisé que les trimoteurs. Afin de servir au mieux les passagers qui empruntent les Condor, des hôtesses de l'air sont employées afin de veiller à leur confort. Cette prestation est nouvelle, mais le Condor n'en demeure pas moins un avion du passé.

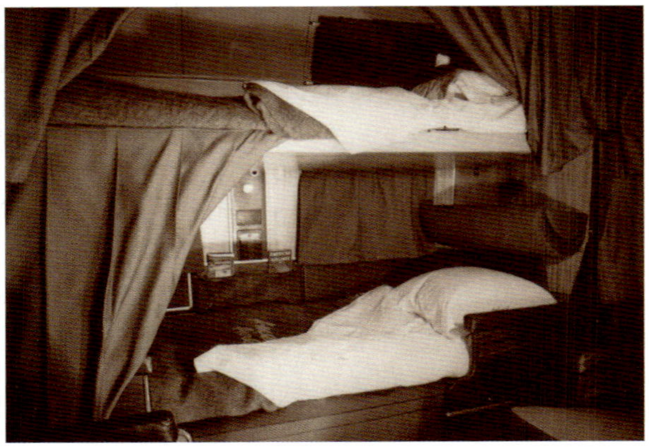

UNE ACTIVITÉ PEU LUCRATIVE

Les compagnies aériennes américaines, désireuses de concurrencer les chemins de fer, offrent un service de couchettes pour les vols intercontinentaux. Mis en service en 1935, le Douglas Sleeper Transport (DST) ne génère pas de profits, car il ne transporte que quatorze passagers. La version dérivée DC-3, à vingt et une places, se révèle beaucoup plus rentable.

Boeing contre Douglas

L'avenir de l'aviation passe par les appareils de construction entièrement métallique à revêtement travaillant, fruit des recherches les plus récentes en matière d'aérodynamique, et propulsés par des moteurs en étoile refroidis par air beaucoup plus efficaces. Au cours des années 1930, la compétition sur le marché des avions de ligne se transforme en un duel entre Douglas et Boeing qui se lancent tous deux dans la production d'avions promis à révolutionner le marché du transport de passagers.

Boeing donne le coup d'envoi en développant son bimoteur B.247 dès 1931. L'appareil, d'une grande finesse aérodynamique, est doté de puissants moteurs qui le propulsent à 250 km/h, et d'une cabine de dix sièges. Son insonorisation permet de réduire notablement les nuisances dues aux propulseurs, et ses sièges bien suspendus diminuent les vibrations.

Comme Boeing est lié à United Air Lines, le nouvel avion est, au départ, exclusivement réservé à cette compagnie aérienne. Cette situation pousse Jack Frye, vice-président de TWA, à s'adresser à Douglas, afin de lui demander de réaliser un concurrent du B.247, le Douglas Commercial DC-1.

En février 1934, pour protester contre la décision de l'administration Roosevelt de restituer le transport aérien du courrier aux autorités militaires, Frye lance le prototype du DC-1 dans un vol entre Burbank, en Californie, et Newark, dans le New Jersey. Malgré des conditions atmosphériques difficiles, l'avion effectue ce parcours en 13 heures. Le type de série, le DC-2, est légèrement plus long que le DC-1. À l'instar du B.247, le DC-2 est un avion racé, de construction entièrement métallique, doté de deux puissants moteurs, de capots NACA et d'un train d'atterrissage escamotable. Il est cependant beaucoup plus rapide que son concurrent, dispose d'une plus grande allonge et, avantage considérable, peut emporter quatorze passagers, offrant à ses utilisateurs 40 % de profit supplémentaire par rapport au B.247. Mis en service en 1933, ce dernier est capable d'effectuer une liaison transcontinentale en 20 heures, au lieu de 27 pour les vieux trimoteurs, avec six escales pour se ravitailler au lieu de quatorze. Opérationnel un an plus tard, le DC-2 réduit la traversée à 18 heures, et le nombre d'escales à trois.

La quête du Graal

La possibilité dont dispose désormais un homme d'affaires de voyager de New York à Los Angeles en 18 heures seulement est un progrès considérable ; mais le DC-2 n'est pas assez spacieux pour permettre l'utilisation de couchettes. Le directeur d'American Airlines, C. R. Smith, est convaincu qu'un avion capable de transporter quatorze passagers couchés ou vingt et un assis fera évoluer l'avia-

PREMIER AVION DE LIGNE MODERNE

Le Boeing 247, conçu pour dix passagers, témoigne des progrès accomplis, au début des années 1930, dans les domaines des moteurs et des cellules. Il se caractérise par un fuselage entièrement métallique, des ailes en porte-à-faux, un train escamotable et un dégivrage pneumatique. Mais il se trouve dépassé, en 1934, par le DC-2.

VOLER À HAUTE ALTITUDE
Un DC-3 de la Pacific Northern Airlines vole au-dessus des montagnes de l'Alaska. Le succès phénoménal du DC-3 propulse Douglas en tête des constructeurs d'avions de ligne et lui confère une avance qu'il ne perdra qu'avec l'avènement du Boeing 707, à la fin des années 1950.

tion commerciale vers l'objectif qu'elle s'est toujours fixé : être rentable dans le transport de passagers. Smith persuade Donald Douglas de produire une version agrandie du DC-2 afin d'atteindre ce but. C'est ainsi que naît le Douglas Sleeper Transport (DST), qui entre en service en décembre 1935 et devient, dans sa version de transport de jour, le DC-3, avion qui connaîtra une grande carrière.

Avec l'avènement du DC-3, le voyage aérien entre dans l'ère de la maturité. Grâce aux progrès dans les domaines des instruments de vol et de la radionavigation, les atterrissages d'urgence et les vols annulés ne sont plus que des mauvais souvenirs, et les voyages de nuit deviennent monnaie courante. Malgré l'abaissement du prix des billets, la possibilité de transporter vingt et un passagers par avion, de jour comme de nuit, engendre des profits. À la fin des années 1930, les lignes aériennes américaines transportent 3 millions de passagers par an, dont 90 % voyagent à bord de DC-2 et de DC-3. L'Europe est loin de connaître un tel succès.

DONALD DOUGLAS

Né à Brooklyn (New York), Donald Douglas (1892-1981) passe deux ans à l'École navale américaine avant de s'orienter vers des études d'ingénieur aéronautique au MIT, où il mène à bien, en deux années, un cycle qui dure habituellement quatre ans. En 1915, à l'âge de 23 ans, il est engagé comme ingénieur en chef chez Martin et participe à la conception du bimoteur de bombardement MB-1. En 1920, Douglas gagne la Californie, espérant y fonder sa propre société. Il travaille dans un bureau situé dans l'arrière-boutique d'un coiffeur avant de recevoir, de la part d'un riche sportif, David Davis, une somme de 40 000 dollars pour construire un avion capable d'effectuer un vol transcontinental. L'appareil, le Cloudster, ne tentera jamais cet exploit, mais, grâce à lui, la Douglas Company est née. Elle commence par produire des avions torpilleurs pour l'US Navy, et sa réputation est définitivement établie, lorsque, en 1924, elle construit les quatre Douglas World Cruiser engagés dans le premier tour du monde aérien. Quatre ans plus tard, cette société emploie les plus grands ingénieurs du pays. Au cours des années 1930, elle produit les meilleurs avions du monde, dont le DC-2 et le DC-3.

UN PATRIARCHE ÉCOSSAIS
D'origine écossaise, Donald Douglas demeurera à la tête de son entreprise de construction aéronautique jusqu'à un âge avancé. En 1967, des difficultés financières l'obligeront à vendre ses parts à McDonnell.

Le Douglas DC-3 ou C-47

UNE RÉVOLUTION
Le DC-3 révolutionne l'aviation commerciale. En 1939, trois passagers américains sur quatre empruntent ce type d'avion. Quelques compagnies, dont Mohawk Airlines, utilisent des DC-3 jusque dans les années 1960.

« Il fut le premier avion qui permit de gagner de l'argent en transportant seulement des passagers. »

C. R. Smith,
Président d'American Airlines

Le Douglas C-47, connu sous l'appellation de Dakota en Grande-Bretagne, est la version de transport militaire du DC-3, l'avion commercial le plus réussi des années 1930. Le DC-3 aurait été conçu lors d'une conversation téléphonique de deux heures entre le président d'American Airlines et Donald Douglas, fondateur de la Douglas Company. Ce dernier est convaincu par son interlocuteur de produire une version agrandie du DC-2, destinée à recevoir quatorze couchettes. Cet avion, le Douglas Sleeper Transport (DST), est très vite supplanté par le DC-3 à vingt et un sièges, dont le premier vol a lieu en 1935.

Les qualités du DC-3 sont légion. Il est à la fois fiable et facile à entretenir – un moteur peut être changé en moins de deux heures. Il peut opérer aussi bien sur des pistes en terre ou en herbe que sur des pistes en dur. Il est considéré comme virtuellement indestructible. Pendant le conflit sino-japonais, un DC-3 endommagé est réparé avec une aile de DC-2 d'un côté et une aile de DC-3 de l'autre. Baptisé « DC-2 et demi », il réussit à échapper aux Japonais. La version militaire de l'appareil, entrée en service en 1942, devient le principal avion de transport allié de la Seconde Guerre mondiale.

UNE CARRIÈRE UNIQUE
À la fin de la Seconde Guerre mondiale, le C-47 et le DC-3 sont dépassés, mais ils continuent à voler. En 1958, à l'orée de l'aviation commerciale à réaction, le DC-3 est encore aux États-Unis l'avion de ligne le plus important en nombre.

Caractéristiques du C-47

Moteurs 2 Pratt & Whitney R-1830 en étoile de 1 200 ch	
Envergure 29 m	
Longueur 19,7 m	
Poids 7 700 kg	
Vitesse de croisière 300 km/h	**Équipage** 3
Passagers 27 soldats	

CONFORT EN VOL

Le DC-3 possède deux caractéristiques essentielles : le confort de sa cabine et sa stabilité qui réjouit équipage et passagers.

UNE BONNE CAPACITÉ D'EMPORT

Pendant la Seconde Guerre mondiale, ce C-47 transporte des soldats, ainsi qu'une Jeep et un obusier. Hormis des parachutistes et du fret, les avions de ce type peuvent tracter des planeurs. L'AC-47 « Spooky » est employé comme hélicoptère Gunship lors de la guerre du Vietnam.

PRODUCTION EN SÉRIE

Le DC-3 et le C-47, bien adaptés à la production en série, sont construits en 10 000 exemplaires, 2 500 étant réalisés au Japon et en Union soviétique. Ici, une chaîne de montage située à Oklahoma City.

PLUS GRAND ET MEILLEUR

Le Douglas C-47 (ci-dessus) est la version militaire du DC-3, dérivé du DC-2. Il est plus large que le DC-2 et dispose d'une voilure à l'envergure accrue. Il peut emporter de plus lourdes charges.

Les passagers de la fin des années 1930 voyagent dans des cabines bien chauffées et bien isolées du bruit occasionné par les moteurs. Installés dans des sièges conçus pour diminuer les vibrations, ils peuvent déguster des déjeuners chauds, grâce à des conteneurs spéciaux embarqués à bord. Pour les occuper, les compagnies mettent à leur disposition des jeux de cartes ou distribuent papier à lettres et cartes postales. Le confort du service de nuit atteint un niveau inégalé. Les couchettes sont substituées aux fauteuils et isolées par des rideaux. Le matin, l'hôtesse apporte le petit déjeuner sur un plateau. Dans la journée, les repas sont servis sur des nappes dans un décor agrémenté de fleurs fraîches.

Dans la stratosphère

Les turbulences n'en restent pas moins un problème récurrent. De nombreux vols tournent au cauchemar pour ceux qui ont l'estomac fragile. La seule solution possible consiste à voler au-dessus des nuages, là où les conditions atmosphériques sont bien meilleures. Boeing tient là sa chance de se démarquer de Douglas. En 1938, le bureau d'études de Boeing développe le quadrimoteur B.307 Stratoliner, premier avion commercial capable de croiser dans la haute atmosphère. Une cabine pressurisée permet de protéger l'équipage et les passagers des effets néfastes de la haute altitude, tandis que des turbocompresseurs sont adjoints aux moteurs de façon à leur permettre de fonctionner dans un environnement où l'air est raréfié. Les performances sont aussi améliorées par l'emploi de carburants à indice d'octane élevé.

Si le Stratoliner ne constitue pas un succès commercial, il montre la voie à suivre pour l'aviation civile, à une époque où les États-Unis s'acheminent vers la guerre. Aucun obstacle technique fondamental ne peut plus empêcher les avions terrestres d'assurer des services transcontinentaux ou transocéaniques sans escale. Le Focke-Wulf Fw 200 Condor l'a amplement prouvé lors de sa tentative réussie de Berlin à New York en 1938. Quand la paix sera revenue, des appareils turbopropulsés emporteront dans les profondeurs bleues des hautes altitudes des voyageurs se rendant d'un bout à l'autre du monde.

LE STRATOLINER

Entré en service en 1940, le Stratoliner, photographié ici lors d'un vol promotionnel, offre un meilleur confort aux passagers et a une vitesse plus élevée.

AVIONS DE LIGNE DE L'ENTRE-DEUX-GUERRES

Les premiers avions de transport de passagers apparaissent en Europe au lendemain de la Première Guerre mondiale. Au départ, il s'agit de bombardiers transformés, même si Junkers et Fokker produisent très vite des avions spécialisés. Parmi les différents appareils réalisés figurent des monoplans et des biplans en bois ou en métal. Pendant la seconde moitié des années 1920, on construit des trimoteurs pour des raisons de sécurité : ainsi, si un moteur tombe en panne, l'avion peut continuer à voler avec les deux autres. Après le lancement du Boeing 247, en 1933, les bimoteurs entièrement métalliques dominent le marché des avions de transport commercial, au moins aux États-Unis, avec notamment le Douglas DC-3, beaucoup plus vendu que n'importe quel autre appareil. À la fin des années 1930, des quadrimoteurs plus puissants font leur apparition, disposant d'une allonge et d'une charge payante supérieures. Le Boeing 307, avec sa cabine pressurisée, représente l'avenir : des avions capables d'évoluer à haute altitude, en s'affranchissant des turbulences dues au mauvais temps.

UN AVION POPULAIRE
Débarquement des bagages d'un DC-3 de United Air Lines. À la fin des années 1930, neuf passagers américains sur dix voyagent sur des DC-2 et DC-3.

Boeing 247

L'ère du transport aérien moderne commence le 8 février 1933 avec le premier vol du Boeing 247 qui, avec sa vitesse supérieure de 70 km/h, rend les avions alors en service dans les compagnies aériennes obsolètes et dépassés. Cet appareil ne connaît toutefois pas un succès commercial important, malgré une commande initiale de United Air Lines de 70 exemplaires.

Les transporteurs se tournent vers Douglas, dont le DC-1 aboutira au DC-3. Cette concurrence limite la production du B.247 à seulement 75 exemplaires.

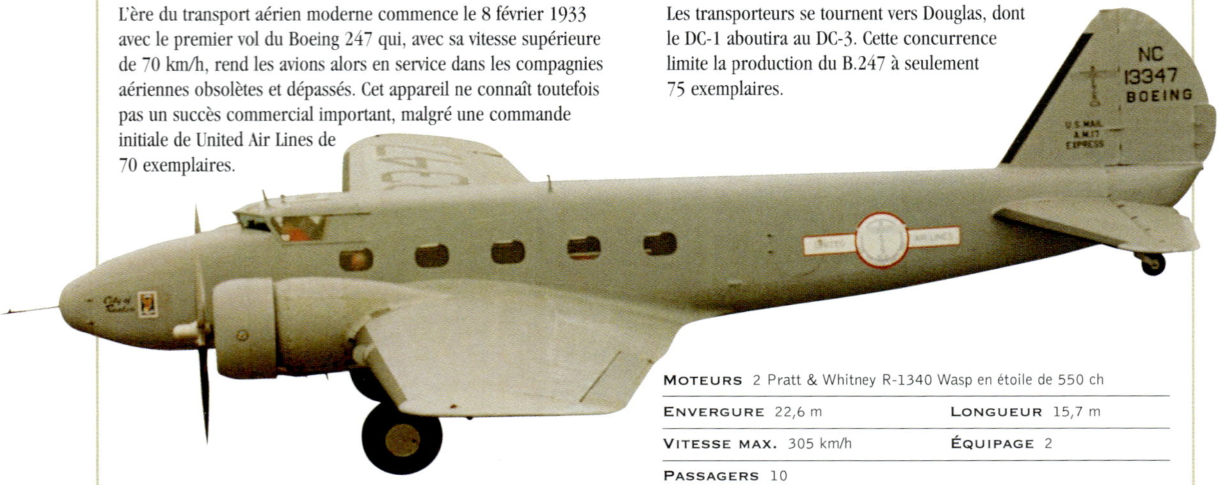

Moteurs 2 Pratt & Whitney R-1340 Wasp en étoile de 550 ch	
Envergure 22,6 m	**Longueur** 15,7 m
Vitesse max. 305 km/h	**Équipage** 2
Passagers 10	

Boeing 307 Stratoliner

Conçu en tant que version commerciale du bombardier B-17 Flying Fortress, le Stratoliner en reprend les ailes et les empennages, mais dispose d'un fuselage nouveau qui, caractéristique unique pour l'époque, est pressurisé. Pour la première fois, les passagers peuvent voyager au-dessus des turbulences dues au mauvais temps. Commandé par TWA et Pan Am, l'avion est livré dès 1940.

Moteurs 4 Wright GR-1820 Cyclone en étoile de 1 100 ch	
Envergure 32,7 m	**Longueur** 22,7 m
Vitesse max. 355 km/h	**Équipage** 5
Passagers 33	

Curtiss Condor T-32 (Condor 2)

Le Curtiss T-32 « Condor » vole pour la première fois en janvier 1933. Il arrive à une époque où les monoplans triomphent et, de ce fait, il paraît anachronique. Parmi ses premiers utilisateurs figurent Eastern Air Transport et American Airways. La version améliorée AT-32 est lancée en 1934.

Moteurs 2 Wright Cyclone SGR-1820 en étoile de 710 ch	
Envergure 25 m	**Longueur** 14,8 m
Vitesse max. 270 km/h	**Équipage** 3
Passagers 12 en version couchette	

De Havilland D.H.34

Quand il entre en service, sur la ligne Londres-Paris, en 1922, au sein de la compagnie Daimler Airways, le D.H.34 offre de nouveaux standards en matière de confort. Des rafraîchissements y sont servis par un steward, et un compartiment à bagages séparé est installé à l'arrière de la cabine. 11 des 12 machines produites sont utilisées par des transporteurs britanniques, la dernière par les Russes.

Moteur Napier Lion 12-cylindres de 450 ch	
Envergure 15,6 m	**Longueur** 11,9 m
Vitesse max. 170 km/h	**Équipage** 2
Passagers 9	

Douglas DC-2

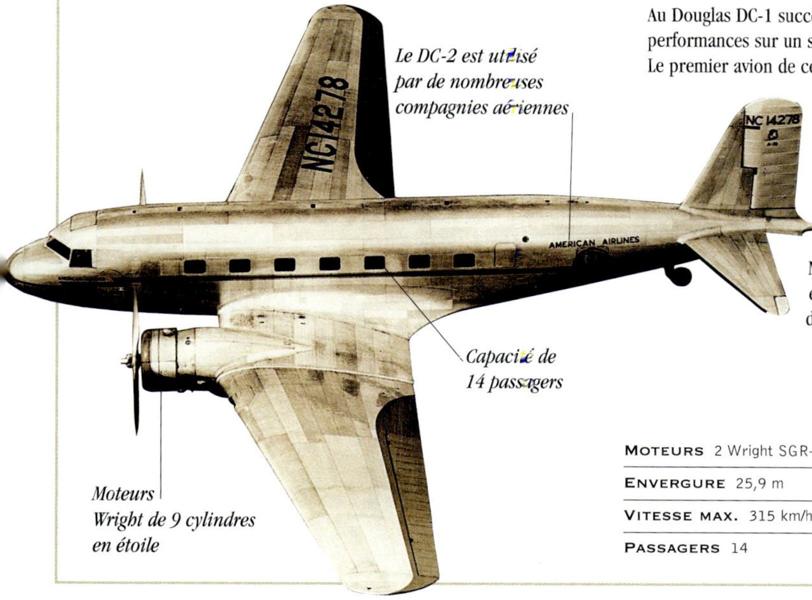

Au Douglas DC-1 succède vite le DC-2, qui affiche de meilleures performances sur un seul moteur que ses concurrents. Le premier avion de ce type est livré à TWA en mai 1934, qui en utilisera 32. L'appareil est employé par de nombreuses compagnies aériennes dans le monde, ainsi que par l'armée et la marine américaines. L'un des premiers clients est KLM, qui engage cette machine dans la course MacRobertson entre Londres et Melbourne, en 1934. Avec 3 passagers et 30 000 lettres à bord, le DC-2 arrive deuxième, derrière le D.H.88 Comet.

Moteurs 2 Wright SGR-1820 en étoile de 720 ch	
Envergure 25,9 m	**Longueur** 18,9 m
Vitesse max. 315 km/h	**Équipage** 2
Passagers 14	

Farman F.60 Goliath

Comme beaucoup d'autres avions commerciaux de première génération, le Goliath est un bombardier transformé, apparu trop tardivement pour être utilisé lors des combats de 1918. Il sert dans de nombreuses compagnies aériennes européennes et les 12 passagers qu'il accueille sont assis dans deux compartiments. En 1919, un Goliath bat un record mondial d'emport en montant à 5 100 m avec 25 passagers.

Moteurs 2 Salmson 9CM-9 en étoile de 260 ch	
Envergure 26,5 m	**Longueur** 14,3 m
Vitesse max. 120 km/h	**Équipage** 2
Passagers 12	

Focke-Wulf Fw 200 Condor

Conçu comme un avion de ligne long-courrier par l'ingénieur Kurt Tank selon des spécifications de la Lufthansa, le prototype Fw 200V-1 est propulsé par 4 moteurs Pratt & Whitney en étoile et vole en juillet 1937. Il est suivi de deux autres prototypes, V-2 et V-3, à moteurs BMW. En août 1938, un V-1, le *Brandenburg*, effectue un vol sans escale de Berlin à New York en 24 heures et 55 minutes, et regagne l'Allemagne en 20 heures. Il est employé par Lufthansa et la compagnie aérienne danoise DDL.

Moteurs 4 BMW 132G-1 en étoile de 720 ch	
Envergure 33 m	**Longueur** 23,9 m
Vitesse max. 325 km/h	**Équipage** 4
Passagers 26	

Fokker F.10

À la fin des années 1920, Fokker est le plus grand constructeur d'avions du monde. Le premier F.10, apparu en 1927, sert dans diverses compagnies aériennes importantes, dont Pan Am et TWA. Le nom de Fokker est synonyme de sécurité et de fiabilité jusqu'à ce qu'un avion s'écrase le 31 mars 1931, tuant le chef d'une équipe de football américaine de grande renommée. Tous les F.10 sont alors interdits de vol et la réputation de Fokker anéantie.

Moteurs 3 Pratt & Whitney Wasp C en étoile de 425 ch	
Envergure 24,1 m	**Longueur** 15,2 m
Vitesse max. 200 km/h	**Équipage** 2
Passagers 14	

Handley Page H.P.42

Un des plus grands biplans jamais construits, le quadrimoteur H.P.42 est déjà dépassé lorsqu'il vole au sein d'Imperial Airways en juin 1931. Comparé aux monoplans de grande finesse aérodynamique, cet appareil offre une traînée considérable. Seuls 8 exemplaires sont produits, mais sa réputation de confort, de fiabilité et de sécurité lui permet de servir jusqu'au déclenchement de la Seconde Guerre mondiale. Les 8 avions mis en service parcourent plus de 10 millions de kilomètres.

Moteurs 4 Bristol Jupiter X en étoile de 550 ch	
Envergure 39,6 m	**Longueur** 27,4 m
Vitesse max. 170 km/h	**Équipage** 3
Passagers 38	

Junkers F.13

Faisant appel à une voilure en porte-à-faux à revêtement travaillant ondulé, le F.13 est un avion d'une conception ultramoderne lorsqu'il effectue son premier vol en juin 1919. Premier appareil commercial dont les sièges soient équipés d'une ceinture de sécurité, il est produit jusqu'en 1932 en 450 exemplaires et une soixantaine de variantes. Il est utilisé par de nombreuses compagnies aériennes du monde entier.

Moteur 1 BMW IIIa en ligne de 185 ch	
Envergure 17,8 m	**Longueur** 9,6 m
Vitesse max. 140 km/h	**Équipage** 2
Passagers 4	

« Moitié bateau, moitié avion, décollant dans une gerbe d'eau, l'hydravion représente le voyage de toute une vie. »

Graham Coster,
dans *Corsairville, The Lost Domain of the Flying Boat*

DIRIGEABLES ET HYDRAVIONS

TANDIS QUE S'ANNONCE L'ÈRE DES AVIONS LONG-COURRIERS, LES DIRIGEABLES ET LES HYDRAVIONS S'AFFRONTENT SUR LES ROUTES TRANSOCÉANIQUES.

En octobre 1928, en des temps où chaque traversée de l'Atlantique s'apparente encore à un périlleux voyage, le dirigeable allemand Graf Zeppelin effectue un vol sans escale entre les Alpes et Lakehurst, aux États-Unis, avec des passagers à son bord. Ces derniers voyagent confortablement dans des cabines particulières avec salle de bains et disposent d'un restaurant de grande classe où ils goûtent des repas gastronomiques, tout en admirant le paysage. Le *Graf Zeppelin* est un vrai vaisseau des airs capable de rivaliser avec les paquebots qui sillonnent l'océan, en dessous de lui. Ses partisans voient dans les dirigeables l'avenir du transport aérien.

BASE AÉRIENNE VOLANTE
Émergeant des nuages, l'USS Akron de l'US Navy (ZRS-4), produit par Goodyear-Zeppelin, peut accueillir des avions à son bord. Sa carrière sera très courte.

Les performances accomplies par les zeppelins au cours de la Première Guerre mondiale, bien qu'inefficaces sur le plan militaire, ont fait de ces engins un objet de crainte et d'envie. Aussi, à la fin des hostilités, les vainqueurs sont-ils déterminés à s'en procurer, tout en interdisant aux Allemands de les utiliser pour leur propre compte. En 1919, alors que ses dirigeants rêvent de la ramener sur le devant de la scène, la société DELAG, qui a fait voler de nombreux engins de ce type en Allemagne avant le conflit mondial, reçoit un coup brutal : ses deux zeppelins sont saisis dans le cadre des dommages de guerre dus aux alliés. Toute production en est désormais interdite et les usines Zeppelin de Friedrichshafen sont promises à la destruction. Dirigée à présent par la forte personnalité qu'est Hugo Eckener, cette compagnie bénéficie d'un sursis lorsque l'US Navy lui passe commande d'un dirigeable. Baptisé USS *Los Angeles*, celui-ci n'est achevé qu'en 1924, époque à laquelle les animosités du temps de guerre se sont apaisées et où la société Zeppelin semble sortie d'affaire.

Cette dernière trouve les moyens de sa survie dans une alliance avec les Américains. En 1923, Goodyear accepte une coopération avec Zeppelin, obtenant une licence de fabrication pour les États-Unis. Ces derniers possèdent un avantage majeur sur l'Allemagne, l'accès à l'hélium. Pendant la guerre, ce gaz est apparu idéalement adapté à la sustentation des dirigeables, dans le sens où, contrairement à l'hydrogène, il n'est pas inflammable. La presque totalité de la production mondiale de l'hélium provient d'Amérique, plus précisément du Texas.

Le seul utilisateur de dirigeables aux États-Unis est l'US Navy, mais les accidents terribles dont elle est victime révèlent que ces engins sont d'une construction trop fragile pour être régulièrement utilisés. En 1925, le *Shenandoah*, une version réalisée pendant les hostilités, est coupé en deux lors d'une tempête, au-dessus de l'Ohio. En 1933, l'Akron, premier produit des usines Goodyear-Zeppelin, s'abîme dans l'océan, au large du New Jersey. Son sistership, le *Macon*, connaît le même destin deux ans plus tard, et seul le *Los Angeles* termine sa carrière opérationnelle sans avoir été victime d'une telle tragédie.

Dirigeables impériaux

L'expérience britannique dans le domaine des dirigeables rigides n'est guère plus heureuse. La période de l'après-guerre s'annonce prometteuse, avec un vol du R 34, copie britannique du L 33 allemand abattu pendant les hostilités au-dessus de l'Angleterre. Avec trente et une personnes à bord, cet engin effectue, en juillet 1919, la première traversée sans escale de l'océan Atlantique, entre l'Écosse et Mineola, aux États-Unis. D'autres tentatives menées pour confir-

LE MAGNIFIQUE SUNDERLAND
Le Short Sunderland, que l'on voit ici hors de l'eau, est une version militaire des hydravions de la classe Empire utilisés par la compagnie Imperial Airways. Il effectue une brillante carrière pendant la Seconde Guerre mondiale.

LE PUISSANT HINDENBURG

Le LZ 129 Hindenburg, dans son hangar de Rhein-Main, à Francfort, en Allemagne. Conçu pour révolutionner le transport aérien, ce puissant dirigeable, avec une longueur de 245 m et un diamètre de 41 m, est le plus grand des objets volants jamais réalisés. Il peut emporter un équipage de 60 membres et 72 passagers. Sa destruction, en mai 1937, marque la fin de l'ère des zeppelins.

QUITTER LE HANGAR

Un groupe d'ouvriers s'affaire autour du LZ 127 Graf Zeppelin *afin de l'extraire de son hangar. Ayant effectué son premier vol le 18 septembre 1928, cette machine se classera, avec 590 vols, parmi les plus célèbres dirigeables commerciaux.*

ENVELOPPER L'ARMATURE

Montage de l'enveloppe du Graf Zeppelin *sur son armature aux usines Zeppelin de Friedrichshafen, en Allemagne. Les ballonnets, bien visibles à l'intérieur de la structure, peuvent accueillir près de 200 000 m³ d'hydrogène.*

mer ce premier succès se soldent de façon désastreuse. En 1931, le R 38 est cassé en deux lors de ses essais en vol, au-dessus du port de Hull. Les deux morceaux s'enflamment et explosent, tuant quarante-quatre personnes. La Grande-Bretagne n'en poursuit pas moins le projet d'utiliser des dirigeables commerciaux pour le transport de passagers ou du courrier, sur les routes impériales, en direction de l'Australie, du Canada et des Indes. Deux engins sont construits à cette fin, le R 100 et le R 101. Le premier, assez bien réussi, rallie le Canada et revient en Angleterre pendant l'été 1930. Le R 101, commandé par le gouvernement, est de plus médiocre conception. Sous-motorisé, sujet à des fuites et manquant de force de sustentation, il n'en est pas moins présenté par le secrétaire d'État à l'Air britannique, lord Thomson, comme aussi « sûr qu'une maison ». Ayant effectué sa première sortie en octobre 1930, il est pressenti pour transporter Thomson ainsi que plusieurs représentants officiels jusqu'aux Indes. Il ne va pourtant pas plus loin que Beauvais. Dans la nuit pluvieuse et venteuse, il échappe au contrôle de son équipage et s'écrase sur une colline, tuant quarante-huit des cinquante-six personnes qui se trouvent à son bord, Thomson compris.

Le fiasco tragique du R 101 met fin au programme des dirigeables britanniques et entraîne le démantèlement du R 100. La France dont les inventeurs et les sportifs ont hissé les plus-légers-que-l'air au premier rang mondial perd, quant à elle, le *Dixmude*, brisé par une tempête au-dessus de la Méditerranée en 1923. L'Italie abandonne elle aussi les dirigeables après que Umberto Nobile a connu une fin dramatique dans l'Arctique, à bord de l'Italia en 1928.

LE TOUR DU MONDE EN 21 JOURS

Pendant l'été de 1927, le président de Zeppelin, Hugo Eckener, donne une démonstration magistrale des capacités du *Graf Zeppelin* en organisant un premier tour du monde avec passagers. L'écrivain français Jules Verne avait imaginé un tour du monde en 80 jours au XIXe siècle, le dirigeable allemand le mènera en trois semaines seulement. Tôt le matin du 8 août 1929, le *Graf Zeppelin* quitte Lakehurst, dans le New Jersey, emportant seize passagers et trente-sept membres d'équipage. Mettant le cap à l'est, le dirigeable atteint Friedrichshafen deux jours plus tard. Après s'être reposés, les voyageurs rembarquent pour un vol sans escale de 11 250 km en direction de Tokyo, traversant la région à la population clairsemée de la Sibérie. Le commandant fait parfois descendre le dirigeable afin de donner une meilleure vue des lieux les plus intéressants. Pour tromper l'ennui dû à la longueur du voyage, les cuisines servent des plats adaptés aux régions survolées : saumon du Rhin au-dessus de l'Allemagne, caviar au-dessus de la Russie.

Après quelques jours passés à Tokyo, où les passagers et l'équipage ont reçu un accueil triomphal, le *Graf Zeppelin* traverse le Pacifique et se pose à Los Angeles. Quelques heures plus tard, il met le cap à l'ouest et atteint Lakehurst au matin du 29 août. Le voyage a duré 21 jours, 5 heures et 31 minutes. Eckener est invité à la Maison-Blanche, où le président Hoover le reçoit, et l'équipage est dignement fêté par New York quelque temps plus tard.

ARRIVÉE AU JAPON
Des visiteurs curieux admirent le Graf Zeppelin *dans son hangar, à Tokyo, à l'issue d'un vol sans escale de 102 heures, représentant 11 250 km.*

Le Graf Zeppelin

Au bout du compte, les Allemands se retrouvent les seuls en Europe à disposer de l'expérience et du savoir nécessaires pour faire voler des dirigeables. Le peuple allemand lui-même y discerne un symbole de fierté nationale et de savoir-faire. En 1925, lorsque Hugo Eckener décide de réaliser un dirigeable capable d'effectuer des vols commerciaux transatlantiques, il lance une souscription publique, en appelant à un réflexe patriotique comme Zeppelin l'a fait après l'accident du LZ 4, en 1908.

GRANDE CUISINE
Les tables du Hindenburg *sont dressées avec des assiettes en porcelaine, des couverts en argent et des verres en cristal. Des plats et des vins de très haute qualité y sont servis aux passagers.*

Le résultat de cette entreprise est le Graf Zeppelin, le plus réussi des dirigeables de tous les temps. Ayant effectué son premier vol en septembre 1928, il est le plus volumineux de tous ces engins à avoir jamais pris l'air, atteignant presque quatre fois la longueur d'un Airbus A310. Il possède les instruments les plus récents, tels qu'un radiogoniomètre, mais sa principale caractéristique réside dans les services qu'il offre à ses vingt passagers. L'espace réservé à ces derniers, dans la gondole, est assez silencieux, raisonnablement important, et la température est supportable. Eckener s'emploie par tous les moyens à améliorer le confort et le luxe du *Graf Zeppelin*. Au printemps de 1929, un petit groupe de personnalités triées sur le volet effectue un voyage magique au-dessus de la Méditerranée et du Moyen-Orient, se régalant des meilleurs vins et de grande cuisine, tout en admirant Rome, Capri, la Crète, Chypre et la Palestine.

L'accent porté sur l'aspect commercial constitue une démarche délibérée visant à dissimuler certaines carences sérieuses. Le *Graf Zeppelin* est, en effet, un immense engin qui

UN BEAU PANORAMA
Cette affiche montre le Hindenburg *survolant les gratte-ciel de Manhattan. Les passagers attendent avec impatience de découvrir des vues aussi magnifiques.*

PRÊT À DÉCOLLER
Le déjaugeage est l'une des expériences les plus excitantes d'un voyage en hydravion. Ici, un Sikorsky S-40 de Pan Am est prêt à s'envoler de Miami, en Floride, afin de rallier Port-au-Prince, à Haïti.

SUPPORTS PUBLICITAIRES
Pan Am fait appel à de nombreux supports publicitaires pour le moins colorés afin de faire connaître les diverses destinations dont elle assure la desserte.

croissement du trafic international des passagers. Avant le drame de Lakehurst, les dirigeables rigides ont surtout été perçus comme des paquebots aériens. Après la tragédie, ils sont devenus une simple curiosité.

L'âge des hydravions à coque

L'incapacité des dirigeables à répondre aux besoins en matière de transport de passagers fait des espaces aériens situés au-dessus des océans le royaume des hydravions à coque. Dans les années 1930, ces machines connaissent un bref âge d'or, lors duquel elles incarnent le transport aérien à longue distance. La domination des hydravions s'explique par le contexte particulier de cette époque. Bien qu'ils ne soient pas entièrement sûrs, ils sont considérés comme beaucoup plus fiables pour les parcours transocéaniques que les avions terrestres. Ils peuvent notamment opérer depuis des endroits reculés, sans qu'il soit besoin de construire des installations aéroportuaires, et leurs coques se révèlent assez spacieuses pour permettre des aménagements luxueux. De cette façon, ils se rapprochent des conditions de confort qu'offrent les paquebots, avec lesquels ils entrent en concurrence. Ce n'est pas par hasard si ces appareils sont pensés comme des bateaux et que les hydravions en service chez Pan American portent l'appellation de clipper, l'un des types de navires les plus véloces.

Comme dans bien d'autres domaines de l'aviation, les États-Unis se situent derrière les pays européens en matière de développement d'hydravions commerciaux, du moins au début des années 1920. En août 1925, deux Dornier Wal de fabrication allemande effectuent un vol de démonstration des Caraïbes à Miami, proposant ensuite un service aéropostal régulier entre la Floride et ces îles. Atteints dans leur fierté nationale, les Américains refusent tout net et prennent conscience de la nécessité de développer un système de la sorte. Ainsi est votée, en 1928, la loi Kelly sur la poste aérienne. Comme pour les lignes intérieures, le gouvernement passe des accords avec des compagnies afin de donner un véritable essor au transport aérien international.

La construction d'un empire

Grâce en partie aux contacts qu'il a noués et à son esprit d'entreprise, le jeune dirigeant de Pan American Airways, Juan Trippe, inaugure un service

CLIPPER DES CARAÏBES
Déchargement de fret et de sacs de courrier d'un S-40 Clipper à Miami. Trois appareils de ce type sont produits. Ils accueillent quarante passagers et opèrent en Amérique du Sud et dans les Caraïbes.

JUAN TRIPPE

Un des grands constructeurs d'empires aéronautiques, visionnaire aussi, Juan Trippe (1899-1981) est issu d'une famille en vue de New York. Après avoir quitté le collège, il entre dans le monde du transport aérien intérieur et travaille pour Long Island Airways, avant de rejoindre Colonial Airways, qui transporte du courrier entre Boston et New York. Les ambitions de Trippe l'amènent à aller encore plus loin. En 1925, il obtient les droits exclusifs d'atterrissage à La Havane de la part du dictateur local, le général Machado. Deux ans plus tard, lorsqu'une compagnie appelée Pan American remporte un contrat qui lui permet d'acheminer du courrier entre Key West et La Havane, Trippe manœuvre pour en devenir le président. Grâce aux contacts qu'il a noués à Wall Street et à Washington, mais aussi à son sens inné de la publicité et à ses talents d'homme d'affaires, l'Américain fait de Pan Am une société à l'échelle mondiale. Pour ouvrir des routes transocéaniques, il encourage le développement d'hydravions à coque sans cesse plus volumineux et aux plus grandes capacités, le plus achevé et le plus massif étant le Boeing 314. L'une des dernières initiatives de Trippe, avant sa retraite, en 1968, consiste à engager sa firme dans le processus de lancement du Boeing 747, une décision courageuse certes, mais qui mènera cette dernière à la faillite quelques années plus tard.

DUO DYNAMIQUE
En 1927, Juan Trippe et Charles Lindbergh (ci-dessus, à droite) défrichent ensemble des routes aériennes en Amérique du Sud et en Amérique centrale. Trippe, un chef d'entreprise doué et dynamique, fait la première page de Time Magazine *en mars 1949.*

aéropostal vers La Havane dans le cadre d'un contrat conclu avec les autorités cubaines en 1927. Ayant obtenu l'aval du gouvernement américain pour l'ensemble des Caraïbes, il utilise des Sikorsky S-38 à huit places afin d'assurer les dessertes. En septembre 1929, Trippe et sa femme, en compagnie du conseiller technique de Pan Am, Charles Lindbergh, et de son épouse, Anne Morrow, accomplissent un périple spectaculaire au-dessus des Caraïbes et de l'Amérique centrale. Cette opération publicitaire vise à ce que l'hydravion soit considéré comme sûr et confortable dans l'esprit du grand public.

Pendant les années qui suivent, acquérant plusieurs compagnies locales et agissant auprès des politiciens de Washington, Trippe étend l'empire de Pan Am le long des côtes d'Amérique centrale et fait de sa société une sorte d'instrument de politique étrangère des États-Unis, en même temps que leur porte-drapeau. Comme le trafic ne cesse de croître, il achète des hydravions capables de franchir de plus longues distances et avec une capacité d'emport plus importante. Le Sikorsky S-40, développé en collaboration avec Pan Am en vue d'accueillir quarante passagers, est le premier des appareils de ce type utilisés par la société de Trippe à porter l'appellation de Clipper. Ces hydravions combinent cette dénomination à la consonance quelque peu romantique avec des lignes élégantes, une cabine spacieuse, des sièges confortables, des tables de backgammon et des repas chauds servis par un steward.

Le premier de ces appareils entre en service en 1931, mais, déjà, Trippe voit encore plus loin et s'intéresse à des liaisons transocéaniques. La logique commerciale commande de se lancer dans le franchissement de l'Atlantique, mais Pan Am se heurte à une forte résistance de la part des gouvernements européens déterminés à protéger leurs compagnies aériennes nationales. Tandis que se déroulent des négociations relatives au partage des droits sur les futures lignes atlantiques, Trippe tourne ses regards vers le Pacifique. En 1931, en compagnie de Charles Lindbergh et d'Anne Morrow, il explore une route

LES PASSAGERS EMBARQUENT
Embarquement de passagers à bord d'un S-42 de Pan Am sur l'aéroport international de Dinner Key, près de Miami, en Floride. Sans doute l'hydravion à coque le plus achevé conçu par Sikorsky, le S-42 est mis en service en 1934. Il est capable de relier Miami à Buenos Aires en cinq jours.

AVENTURE AFRICAINE

L'écrivain australien Alan Moorehead, voyageant comme passager à bord d'un hydravion Empire, à travers l'Afrique orientale, se souvient d'une rencontre quelque peu exotique avec ce continent : « On ne volait pas après la tombée de la nuit et l'hydravion se posait en des lieux fascinants [...] Il n'existait aucune construction aéroportuaire, aucun autre trafic d'aucune sorte, aucune annonce. Seulement cette gerbe d'eau boueuse lorsqu'on amerrissait sur une rivière ou un lac [...] Sur le fleuve Zambèze, il fallut décoller et amerrir pendant plusieurs minutes afin d'éloigner les hippopotames. Je me souviens aussi avec une précision particulière d'un endroit nommé Malakal, sur le Nil Blanc, au Soudan, où des femmes de la tribu des Dinka, marchant gravement le long du fleuve, détournaient leur regard du grand hydravion au-dessus de l'eau... »

DIRECTION LE SUD !
Cette affiche, montrant un Handley Page H.P.42, fait la publicité des services assurés par Imperial Airways à travers l'Afrique et l'Asie. Le voyage en Afrique orientale se déroule à bord d'un hydravion.

vers le Japon et la Chine, via l'Alaska, à bord du Lockheed Sirius *Tingmissartoq*. Bien que Lindbergh estime tout à fait viable sur le plan technique le parcours en question, des considérations d'ordre politique, notamment l'instabilité due à l'invasion de la Mandchourie par le Japon, compromettent le projet. Pan Am doit se contenter d'une route dans le Pacifique central jusqu'à Hong Kong, via les îles Hawaii et les Philippines. La distance entre la Californie et le comptoir britannique en Chine atteint 12 000 km, dont 3 900 sans aucune terre de la côte américaine à Honolulu. Aucun hydravion ne possède une telle allonge.

Dès lors, Trippe commande deux nouveaux appareils : le Sikorsky S-42, chargé d'explorer le parcours, et le Martin 130, qui doit assurer des vols réguliers. Une fois encore, les excellents rapports qu'entretient Pan Am avec les autorités de Washington jouent leur rôle. Non seulement Trippe décroche des contrats aéropostaux transpacifiques, mais encore il obtient de faire passer l'île de Wake sous l'administration de l'US Navy, de sorte qu'elle puisse servir de relais pour ses hydravions, de même que Midway et Guam.

EXPLORATION SUR L'OCÉAN
Des Sikorsky S-42, tels que celui-ci, sont utilisés par Pan Am pour des vols exploratoires au-dessus du Pacifique et de l'Atlantique. En 1935, le Martin 130, à la plus grande allonge, prendra la suite du S-42 pour assurer les vols réguliers sur le Pacifique.

CHINA CLIPPER
Le Martin 130 China Clipper, *de Pan Am, au mouillage, à Manille, dans les Philippines, après avoir effectué son premier vol aéropostal, depuis San Francisco, en novembre 1935.*

Voler au-dessus de l'océan constitue un autre défi. Les techniques de navigation astronomiques ou classiques, faisant le point sur les étoiles grâce à un sextant, se révèlent utiles mais insuffisantes. L'ingénieur en chef des communications de Pan Am, Hugo Leuteritz, conçoit alors un système de radiogoniométrie à longue portée destiné à suppléer les dispositifs plus traditionnels. En vol, l'hydravion transmet un signal qu'une station installée dans une de ces îles utilise pour établir sa position et la communiquer au navigateur de bord.

La traversée du Pacifique

Sur un S-42 équipé du nouveau système de radionavigation, le pilote le plus en vue de Pan Am, Ed Musick, déjauge de San Francisco à la mi-avril 1935 en vue d'effectuer le premier vol expérimental jusqu'à Hawaii. Pour optimiser sa distance franchissable, le S-42 a été délesté de tous les équipements superflus et doté de réservoirs de carburant auxiliaires. En dépit de toutes ces précautions, le désastre est évité de peu. Le vol jusqu'à Honolulu traîne en longueur, durant 18 heures et 37 minutes. Au retour, Musick doit affronter les vents de face, ajoutant cinq heures au temps de vol de l'aller, soit beaucoup plus que l'autonomie théorique du S-42. Par miracle, il reste encore un peu de carburant dans les nourrices lorsque l'hydravion atteint les côtes de Californie. Malgré ces difficultés, les vols exploratoires se terminent par un succès, et, le 25 novembre de la même année, le Martin 130 *China Clipper* s'envole de San Francisco pour la première liaison aéropostale commerciale, en direction de Manille. Le départ se déroule sous les ovations de la foule, tout comme l'arrivée, où près de 300 000 personnes attendent l'appareil.

Les vols de passagers doivent attendre que les pilotes aient acquis une plus grande expérience sur ces parcours et que des hôtels aient été construits sur les îles désignées pour servir d'escales. Finalement, le 31 octobre 1936, le Martin 130 *Philippine Clipper* quitte la Californie, avec quinze passagers payants à son bord, parvenant à Hong Kong trois jours plus tard, là où un voyage demandait habituellement trois semaines.

Les Américains sont en avance, mais n'ont pas le monopole des hydravions. En France, les appareils de ce type conçus par le bureau d'études Latécoère ou ceux qui sortent des ateliers de Breguet opèrent

UN DÎNER FIN
Le Sikorsky S-42 Clipper est équipé d'une cuisine qui permet à Pan Am de servir des plats de haute qualité à ses passagers. Les stewards proposent des rafraîchissements et indiquent aux voyageurs les paysages remarquables qu'ils peuvent admirer à travers les hublots.

DESTINATIONS VARIÉES
Cette affiche de Pan Am décline les nombreuses destinations où peuvent se rendre les voyageurs. Le premier service régulier de passagers se déroule en octobre 1936 et coûte près de 800 dollars pour une distance de 13 200 km.

FAITES DE BEAUX RÊVES
Les passagers qui empruntent des Martin 130 au-dessus du Pacifique peuvent dormir dans des couchettes. Toutefois, Pan Am fait construire des hôtels sur les îles qui servent d'escales à ses hydravions, de sorte que les voyageurs peuvent se reposer sans être gênés par les vibrations ou le bruit des moteurs.

en Méditerranée et dans l'Atlantique Sud. En 1934, les Allemands inaugurent de leur côté un service régulier entre Berlin et Rio de Janeiro, via l'Espagne et l'Afrique occidentale. Les Britanniques emploient des hydravions sur leurs routes impériales vers l'Afrique du Sud et l'Australie. Au départ, ces périples requièrent des avions terrestres, des hydravions et même le train, mais, en 1937, les Imperial Airways britanniques font entrer en service le Short Empire, qui permet d'accomplir le parcours vers Sydney et Le Cap par étapes.

Une image du luxe

Les hydravions Empire rivalisent avec les clippers américains dans le domaine du luxe. Les passagers prennent place dans une cabine dotée de sièges en cuir, et les stewards, recrutés au sein de la compagnie maritime Cunard, servent du homard et du caviar. Les voyageurs qui empruntent la route africaine se voient remettre des fascicules leur indiquant les vues les plus belles, y compris les endroits où vivent des crocodiles ou des hordes d'éléphants. Certaines des escales qui ponctuent le voyage sont situées en des lieux perdus, facilitant des rencontres avec les indigènes et les animaux sauvages.

Les compagnies aériennes ne reculent devant rien pour vanter l'aspect exceptionnel d'un voyage en hydravion. Pan Am, par exemple, propose un billet aller-retour entre San Francisco et Manille pour 1 400 dollars, soit le salaire moyen annuel d'un ouvrier américain. Les appareils qui opèrent au-dessus du Pacifique intéressent particulièrement Hollywood. Un film, dans lequel Humphrey Bogart tient le rôle d'un pilote d'hydravion, sort sous le titre *China Clipper*.

Toutefois, les performances de ces machines ne correspondent en rien au luxe que leur prête la publicité. Comme les avions terrestres des années 1930, aucune d'entre elles ne dispose d'une cabine pressurisée, contraignant les pilotes à évoluer parfois au milieu des pires conditions atmosphériques. Leur vitesse est fort peu élevée, rendant les voyages longs et pénibles – il faut neuf jours à un Short Empire pour relier Londres à Sydney. Les escales de nuit dans des hôtels ne constituent plus un argument commercial, dans le sens où les passagers doivent embarquer

aux premières lueurs de l'aube, quand les conditions atmosphériques sont les meilleures. Une passagère ayant effectué un vol entre Londres et Le Cap note : « La tension nerveuse est considérable, car on peut être réveillé n'importe quand, entre 3 et 4 heures 15 du matin, et voler, voler, voler… »

Par ailleurs, la pleine fiabilité n'est jamais atteinte. Bon nombre de voyages sont interrompus par le mauvais temps, et les erreurs de navigation, très fréquentes, sont une source d'anxiété pour les équipages qui découvrent que les meilleurs systèmes de radionavigation sont faillibles.

Les hydravions ont bien des difficultés à déjauger quand la mer est mauvaise. Les problèmes de sécurité se font plus aigus lorsque, en 1938, deux appareils de Pan Am sont perdus sur les lignes du Pacifique. En janvier de cette année, peu après l'ouverture d'une seconde route en direction de la Nouvelle-Zélande, un S-42B explose en vol près de Pago Pago, tuant Musick et son équipage. Au mois de juillet suivant, un autre hydravion se perd entre Guam et Manille.

UN LUXE IMPÉRIAL
Cette affiche représentant un Short Empire d'Imperial Airways révèle des aménagements intérieurs complexes. Mis en service en 1936, le S.23 de la classe C peut emporter dix-sept passagers jusqu'en Australie, en Afrique du Sud ou aux Indes.

Plus grand et meilleur

Impavide, Juan Trippe continue de s'activer pour faire entrer en service une flotte de six Boeing 314. Deux fois plus volumineux que le Martin 130, cet extraordinaire hydravion à coque reste le plus grand des appareils commerciaux jamais utilisés jusqu'à l'apparition du Boeing 747, et sans doute le plus luxueux avion de ligne jamais construit. Il comporte une salle à manger et sept compartiments pour passagers. L'un d'entre eux, le Deluxe Compartment, situé dans la coque arrière, est présenté dans la littérature de l'époque comme l'équivalent de la suite royale d'un paquebot. Le B.314 peut accueillir soixante-quatorze passagers assis ou quarante en couchettes, en sorte que, en mai 1939, Pan Am peut inaugurer un service commercial, avec le *Yankee Clipper*, entre New York et Marseille, via Lisbonne.

Malheureusement, le Boeing 314 effectue son entrée en service commercial peu de temps avant que n'éclate la guerre en Europe. À cette époque, rien n'indique encore, même chez le visionnaire qu'est Trippe, que l'avenir repose sur les avions terrestres de nouvelle génération. Le Fw 200 de Lufthansa qui a accompli la liaison Berlin-New York ne peut prétendre assurer un service régulier, les Américains ne lui ayant pas accordé d'autorisation d'atterrissage permanente. Pourtant, le Boeing Stratoliner, un avion pressurisé, montre la voie à suivre, avec sa capacité à voler au-dessus des zones de mauvais temps. Après le B.314, l'attention de Trippe se porte sur le Lockheed Constellation, dont il commande quarante exemplaires.

L'élégance altière des hydravions, tout comme le luxe extravagant du *Graf Zeppelin* et du *Hindenburg* appartiennent à une époque du transport aérien réservée aux plus nantis. Vite dépassées, ces machines exercent encore une réelle fascination, teintée de nostalgie, chez de nombreuses personnes qui empruntent l'avion aujourd'hui, serrées les unes contre les autres, regrettant sans doute l'époque où un voyage dans les airs était une expérience unique dont on se souvenait toute sa vie.

LE LUXE À L'ÉTAT PUR
Le Boeing 314 Yankee Clipper *de Pan Am, qui effectue la première liaison commerciale transatlantique en 1939, est le plus spacieux et le plus luxueux des hydravions de tous les temps. Des repas dignes de la plus haute cuisine sont servis dans une très belle salle à manger.*

UNE EXPÉRIENCE ORIGINALE

La complexité des équations à résoudre entre puissance motrice, charge payante et capacité en carburant ne permet pas d'améliorer la distance franchissable des hydravions. Une tentative, avortée d'ailleurs, de parvenir à une solution dans ce domaine débouche sur le projet de Dornier Do X de 1929, propulsé par douze moteurs. Un appareil de ce type prend l'air avec 170 passagers, mais du fait des tares rédhibitoires dont il souffre, ce monstrueux engin volant n'entrera jamais en service.

Une autre idée développée pour résoudre le problème charge payante/puissance massique/capacité d'emport en carburant consiste en l'assistance au décollage. Ainsi, les Allemands expérimentent des catapultes capables de projeter dans les airs leurs hydravions à coque ou à flotteurs. Avec le Short Mayo Composite (ci-dessous), les Britanniques utilisent un hydravion à coque emportant juste ce qu'il faut de carburant pour déjauger et emmener dans les airs un hydravion à flotteurs lourdement chargé. Des essais sont menés en 1938-1939, et le *Mercury*, composante supérieure de cet ensemble, effectue plusieurs vols aéropostaux à longue distance. Comme le Mayo Composite ne se révèle finalement pas assez pratique, il est dès lors considéré comme une curiosité.

UN SYSTÈME COMPOSITE
Imaginé par le directeur technique d'Imperial Airways, le major R. Mayo, le Composite effectue son vol initial en juillet 1938. Il est constitué d'un hydravion à flotteurs Short S.20 Mercury *et d'un hydravion à coque Short S.21* Maia.

LES HYDRAVIONS

Le lent développement des hydravions au cours des années 1920-1930 est dû à l'insuffisance des investissements dans ce secteur de l'aéronautique. La capacité de décoller et de se poser sur l'eau fait pourtant d'eux les appareils les mieux adaptés aux vols exploratoires et aux services commerciaux réguliers dans des régions du monde techniquement avancées, telles que l'Europe et l'Amérique du Nord. Ils représentent aussi une forme de transport rassurante pour les passagers inquiets de devoir survoler les océans. La coque de ces machines offre un espace important, qui leur permet de concurrencer les paquebots. Les grands hydravions multimoteurs qui apparaissent à la fin des années 1930, comme le Boeing 314, le Martin 130, le Laté 521 et le Sikorsky S-42, sont de beaux appareils, même s'ils ne pourront rivaliser avec les avions terrestres de nouvelle génération.

LE SHORT C
Le Cassiopeia*, ici au mouillage à Southampton, assure le premier service de passagers et de courrier d'Angleterre en Afrique du Sud.*

Boeing 314 Clipper

Sans doute l'un des plus beaux hydravions jamais construits, le Boeing 314 Clipper reste, trente années durant, le plus grand appareil commercial du monde. Fondé sur le bombardier XB-15, jamais produit en série, cet hydravion comporte quatre compartiments pour passagers sur deux ponts différents, avec des couchettes, des toilettes et même, à la demande, une suite royale. Avec le 314, symbole du luxe, Pan Am inaugure ses premiers services transatlantiques en mai 1939. Sur les 12 exemplaires sortis d'usine, 3 seront utilisés par British Overseas Airways Corporation (BOAC) et les autres réquisitionnés par les autorités militaires pendant la Seconde Guerre mondiale en vue d'opérer en Afrique du Nord et en Asie du Sud-Est.

Moteurs 4 Wright Double Cyclone 14-cylindres en étoile de 1 200 ch	
Envergure 46,3 m	**Longueur** 32,3 m
Vitesse max. 295 km/h	**Équipage** 6–10
Passagers 40–74	

Caproni Ca.60 Transaero

L'un des appareils les plus extraordinaires jamais construits, le Transaero est conçu en fonction du principe selon lequel plus un avion dispose d'ailes, mieux il vole. Cette machine comporte, en effet, trois ensembles de surfaces portantes triplanes et 8 moteurs tractifs/propulsifs.

Moteurs 8 Liberty 12-cylindres en V de 400 ch	
Envergure 30,5 m	**Longueur** 23,5 m
Vitesse max. 130 km/h	**Équipage** 4
Passagers 100	

Dornier Do 26

Dernier et le plus esthétique d'une longue lignée d'hydravions produite par Dornier, le Do 26 vole en mai 1938. Commandé par la Lufthansa pour assurer des services aéropostaux au-dessus de l'Atlantique Sud avant la guerre, il donne naissance à la version de transport militaire Do 26D.

Moteurs 4 Junkers Jumo 205D Diesel de 880 ch	
Envergure 30 m	**Longueur** 24,6 m
Vitesse max. 325 km/h	**Équipage** 12
Passagers 12 soldats équipés	

Dornier Do J Wal

Le traité de Versailles interdisant à l'Allemagne de produire des avions, le professeur Claudius Dornier se lance dans la construction du Wal en Italie. Le premier de ces hydravions vole en 1922 et quelque 300 exemplaires en seront produits. Le Wal est utilisé pour de nombreux vols exploratoires sur longue distance.

Moteurs 2 Rolls-Royce Eagle IX montés en tandem de 360 ch	
Envergure 22,5 m	**Longueur** 24,6 m
Vitesse max. 325 km/h	**Équipage** 2
Passagers 9–14	

Latécoère Laté 521 *Lieutenant de Vaisseau Paris*

Conçu à l'origine pour effectuer des liaisons transatlantiques, le Laté 521 apparaît en 1935. Des problèmes techniques et diplomatiques retardent sa mise en service, mais en fin de compte cet imposant hydravion de 44 tonnes, baptisé *Lieutenant de Vaisseau Paris*, effectue un vol en direction de New York, depuis les Açores, en août 1938, en 22 heures et 48 minutes. Il bat ensuite de nombreux records d'emport de charge en altitude pour hydravions, mais n'est pas mis en service commercial avant le début des hostilités.

MOTEURS 6 Hispano-Suiza 12Nbr de 650 ch	
ENVERGURE 49,3 m	**LONGUEUR** 31,6 m
VITESSE MAX. 215 km/h	**ÉQUIPAGE** 6
PASSAGERS 30–70	

Coque à la façon d'un bateau

Martin 130 *China Clipper*

Au cours des années 1930, Pan Am se lance dans l'exploration de nouvelles routes aériennes, notamment au-dessus du Pacifique, mais ne dispose pas d'appareils adaptés. Ses besoins sont satisfaits par le 130, dont 3 exemplaires sont produits, le *China Clipper* inaugurant le premier service transpacifique en novembre 1935 avec du courrier à son bord. Viennent ensuite le *Philippine Clipper* et le *Hawaii Clipper*.

MOTEURS 4 Pratt & Whitney R-1830 Twin Wasp de 950 ch	
ENVERGURE 39,7 m	**LONGUEUR** 27,7 m
VITESSE MAX. 290 km/h	**ÉQUIPAGE** 6
PASSAGERS 30–70	

Savoia-Marchetti S.55X

La plus belle réussite du S.55 intervient neuf ans après le premier vol de cet appareil, lorsque, en juillet 1933, le général italien Italo Balbo conduit une formation de 24 S.55X d'Italie à Chicago, où se déroule une exposition internationale, en 48 heures seulement. Avec sa double coque de type catamaran, le S.55 n'est pas d'une conception très orthodoxe, mais 170 exemplaires n'en sont pas moins construits.

MOTEURS 2 Isotta-Fraschini Asso 750R de 750 ch	
ENVERGURE 24 m	**LONGUEUR** 16,8 m
VITESSE MAX. 280 km/h	**ÉQUIPAGE** 5–6
ARMEMENT 4 mitrailleuses, 1 torpille, ou charge de bombes de 2 000 kg	

Short S.23 Class C Empire

La commande sans précédent de 28 hydravions de grandes dimensions, passée par Imperial Airways à Short Brothers, est fondée sur l'idée de développer un important service aéropostal. Le *Canopus*, premier appareil de la classe C, effectue un voyage inaugural en octobre 1936 et l'Empire Postal Service prend son essor en juin 1937, lorsque le *Centurion* transporte 1 600 kg de courrier vers l'Afrique du Sud. En octobre suivant, Imperial Airways est devenu la première compagnie aéropostale du monde.

MOTEURS 4 Bristol Pegasus 9-cylindres en étoile de 900 ch	
ENVERGURE 34,7 m	**LONGUEUR** 26,8 m
VITESSE MAX. 320 km/h	**ÉQUIPAGE** 5
PASSAGERS 17–24	

Sikorsky S-38

Bien que fort peu élégant, le S-38 est le premier succès commercial de la Sikorsky Corporation, une petite société encore inconnue. Possédant des capacités amphibies, cet hydravion polyvalent donne lieu à une production de 12 exemplaires. Pan Am l'utilise avec succès sur les routes des Caraïbes.

MOTEURS 2 Pratt & Whitney Wasp C en étoile de 415 ch	
ENVERGURE 21,9 m	**LONGUEUR** 12,3 m
VITESSE MAX. 175 km/h	**ÉQUIPAGE** 2
PASSAGERS 8	

Sikorsky S-42

Le succès remporté par le S-38 conduit à la conception du S-42, de plus grandes dimensions, appelé à devenir le clipper le plus célèbre de Pan Am. Le premier S-42 vole en mai 1934, battant de nombreux records de distance avant d'entrer en service au sein de la compagnie américaine, deux mois plus tard.

MOTEURS 4 Pratt & Whitney Hornet en étoile de 700 ch	
ENVERGURE 34,8 m	**LONGUEUR** 21,1 m
VITESSE MAX. 275 km/h	**ÉQUIPAGE** 5
PASSAGERS 32	

Supermarine Southampton

Entré en service en août 1925, le Southampton sert dans la RAF pendant douze ans, une durée de vie opérationnelle que seul le Sunderland dépassera. La production, forte de 68 exemplaires, comporte deux versions : le Mk I, avec une coque en bois, et le Mk II, avec une coque en Duralumin et la plus produite des deux. Cet appareil se distingue par des vols en formation à longue distance.

MOTEURS 2 Napier Lion V de 500 ch	
ENVERGURE 22,9 m	**LONGUEUR** 15,6 m
VITESSE MAX. 175 km/h	**ÉQUIPAGE** 5
ARMEMENT 3 mitrailleuses Lewis ; charge de bombes de 500 kg	

MENACES DE GUERRE

AU COURS DES ANNÉES 1920-1930, L'AVIATION DEVIENT UNE ARME POTENTIELLEMENT DÉVASTATRICE, SUSCEPTIBLE DE CHANGER LA NATURE DE LA GUERRE.

« La vue d'un seul avion ennemi ne sera-t-elle pas suffisante pour engendrer une formidable panique ? Sous la menace de la mort et de la destruction imminente, aucune vie normale ne sera plus possible. »

Général Giulio Douhet, dans *La Maîtrise de l'air*, 1921

Les enseignements tirés de la Première Guerre mondiale permettent d'avancer une théorie dont l'influence sur les guerres futures se révélera déterminante, l'idée selon laquelle les conflits peuvent être désormais remportés par la seule application de la puissance aérienne. Les pertes effrayantes subies par l'infanterie lors des interminables combats livrés dans les tranchées constituent un puissant stimulant pour l'invention de nouvelles formes d'affrontements. Les bombardements aériens, spécialement ceux conduits par les dirigeables et les Gotha allemands sur Londres, montrent le chemin à suivre.

LE DUCE
Le dictateur italien Benito Mussolini cherche toujours à identifier son image à la modernité et au dynamisme de l'aviation. Ce portrait de 1933, dû à Gerardo Dottori, est constitué d'avions.

Dans son ouvrage *La Maîtrise de l'air*, le général italien Giulio Douhet explique que, dans les guerres à venir, les armées de terre et les forces navales seront affectées à des missions exclusivement défensives, tandis que des flottes nombreuses de bombardiers lourds procéderont à des attaques massives sur les villes et les centres industriels de l'ennemi. De cette manière, le moral de la population civile s'effondrera et la guerre prendra vite fin, au prix de pertes relativement peu importantes.

Bien qu'elles connaissent une diffusion limitée à l'extérieur de son pays d'origine, les idées de Douhet n'en sont pas moins partagées par de grandes figures de l'aviation militaire. Parmi celles-ci figure le maréchal Hugh Trenchard, chef d'état-major de la Royal Air Force, qui a commandé le corps de bombardement chargé de lancer une offensive majeure sur l'Allemagne en 1919. Pour cet officier de haut rang, l'attaque des villes est le point central de la stratégie aérienne britannique pendant l'entre-deux-guerres. Aux États-Unis, le plus ardent des propagandistes de la puissance aérienne est le général William Billy Mitchell, qui combat sur le front français en 1917-1918 et rencontre Douhet en Italie. Pour Trenchard et Mitchell, le bombardier lourd, qu'il s'agisse d'attaquer les villes de l'ennemi dans le cas du premier, de couler les navires ennemis approchant des côtes américaines pour le second, constitue le fondement d'une puissante aviation indépendante ayant rang égal avec les deux autres armées. Trenchard a la chance d'être placé à la tête de la première force aérienne émancipée, la Royal Air Force, en avril 1918, encore que les années 1920 soient une période de vaches maigres pour lui. Mitchell, de son côté, n'a d'autre choix que de s'engager dans une virulente campagne de promotion de l'arme aérienne qui le conduira à l'affrontement direct avec ses supérieurs et l'amènera devant une cour martiale en 1925.

Des crédits en baisse

Dans la période de l'immédiat après-guerre, le problème principal des aviateurs est de persuader leurs gouvernements respectifs de leur attribuer des crédits suffisants. L'US Army Air Force passe de 190 000 à 10 000 hommes de 1918 à 1920, et la RAF tombe de 300 000 à 40 000 hommes un an après les hostilités. Les Français, préoccupés par l'Allemagne, maintiennent une aviation assez puissante, donnant du grain à moudre à Trenchard pour justifier l'augmentation du budget aérien britannique dans les années 1920.

LA LUFTWAFFE MONTE EN PUISSANCE
Véritable démonstration de puissance, cette formation de Dornier Do 17 participe au Wehrmacht Tag, *en 1938. Le régime nazi profite de toutes les opportunités pour montrer l'importance de sa force de bombardement, dans l'intention d'intimider la France et la Grande-Bretagne.*

UN AVION IMPORTANT
Mis en service en 1937, le Seversky P-35 marque une étape importante dans le développement de la technologie des chasseurs, aux États-Unis. Il est le premier avion monoplan au poste de pilotage fermé, de construction entièrement métallique et au train escamotable utilisé par l'Army Air Corps.

ITALO BALBO

Comme des milliers d'autres jeunes hommes désillusionnés qui se sont battus pour l'Italie pendant la Première Guerre mondiale, Italo Balbo (1896-1940) rejoint le mouvement fasciste de Mussolini, les Chemises noires, au début des années 1920 et joue un rôle prédominant dans la course vers le pouvoir du *Duce*. Placé à la tête de l'aviation en 1929, il apprend tout juste à piloter. Un an plus tôt, il s'est rendu célèbre dans le monde pour un raid de soixante hydravions en Europe du Sud. En 1930, il mène dix appareils jusqu'au Brésil, par-dessus l'Atlantique, puis, en 1933, vingt-quatre autres jusqu'à Chicago. Jaloux de la notoriété de son camarade, Mussolini l'éloigne en Libye. Opposé à l'alliance de l'Italie et de l'Allemagne, il propose un rapprochement avec l'Angleterre. Balbo est tué dans son avion, abattu par erreur par l'artillerie antiaérienne italienne.

UN PIONNIER

Ministre de l'Air de 1929 à 1933, Italo Balbo contribue à la modernisation de l'aviation italienne et lui confère une réputation internationale grâce à ses raids en grandes formations.

UNE GLOIRE ITALIENNE

Cette brochure, publiée à l'issue du vol vers Chicago, est dédiée aux « braves et intrépides aviateurs italiens [...] et à Italo Balbo [...] qui ont fait la gloire de l'aviation italienne ».

Dans l'après-guerre, la Royal Air Force a recours à la puissance aérienne pour mater quelques révoltes coloniales. Confrontés à une rébellion en Afghanistan, les Britanniques bombardent Kaboul et Djalālābād ; ils larguent également des tracts invitant les guerriers afghans à se rendre sous peine de subir un destin cruel. La méthode ne semble pas avoir eu d'effet appréciable, mais l'utilisation de l'aviation contre les insurgés irakiens, de 1922 à 1925, constitue un succès majeur, une preuve que la Royal Air Force est un instrument de police coloniale peu coûteux. La France et l'Espagne procèdent de la même façon lors de la révolte d'Abd el-Krim, au Maroc, pendant les années 1920. Les Français obtiennent des résultats significatifs en utilisant leurs avions en appui de leurs colonnes mobiles formées de véhicules blindés et de camions.

Symboles de puissance

Quelles que soient les implications tactiques de la méthode et nonobstant les succès remportés en ces occasions, le déploiement de l'aviation contre des populations dites primitives revêt une signification psychologique de première importance pour les Européens. En des temps où la supériorité raciale et

CAMARADES FASCISTES

Italo Balbo (à gauche) est l'un des alliés les plus sûrs de Benito Mussolini jusqu'à ce que ses traversées transatlantiques lui attirent la jalousie du Duce. *Cette photographie a été prise en Italie, au milieu des années 1930.*

POLITIQUE IMPÉRIALE

Un soldat indigène monte la garde devant un Hawker Hardy de la RAF, dans le nord de l'Irak, pendant les années 1930. Les avions britanniques dépêchés dans ce pays pour protéger les champs pétrolifères de Kirkuk sont une option moins coûteuse que des forces terrestres.

technologique des Blancs est contestée par les mouvements anticolonialistes, l'avion apparaît comme un symbole de domination des peuples « civilisés » sur les peuples colonisés. Sans surprise aucune, la puissance aérienne interpelle plus spécialement les mouvements nationalistes d'extrême droite qui parviennent au pouvoir dans bon nombre de pays d'Europe entre les deux guerres, en particulier le dictateur Benito Mussolini, chef du parti fasciste italien.

Lorsqu'elles forcent les chemins du pouvoir, en 1922, les Chemises noires comptent dans leurs rangs de nombreux as de la Première Guerre mondiale. Le *Duce* lui-même voue une admiration sans borne à l'aviation, dans laquelle il discerne des symboles de pouvoir et de modernité : « Chaque Italien ne peut ou ne devra voler, déclare-t-il, mais tous les Italiens doivent envier ceux qui le font ou qui le feront, avec le sentiment profond de contribuer à l'essor des escadres italiennes. »

En 1923, une aviation indépendante, la Regia Aeronautica, est constituée, et la puissance aérienne italienne connaît un développement soutenu. La dictature de Mussolini glorifie les exploits qui focalisent l'attention du monde sur l'aéronautique italienne, des exploits accomplis par l'officier de marine Francesco de Pinedo lors de son raid Rome-Tokyo, en 1925, aux spectaculaires vols transocéaniques en grandes formations conduites par Italo Balbo de 1928 à 1933. Les aviateurs italiens mènent leur propre campagne contre les rebelles dans le désert de Libye, et, en 1935, les forces aériennes jouent un rôle de première importance dans la conquête de l'Abyssinie d'Hailé Sélassié.

ITALO BALBO SUR CHICAGO

Dans la soirée du 15 juillet 1933, une formation de vingt-quatre hydravions Savoia-Marchetti S.55X italiens commandés par le général Italo Balbo survole le lac Michigan, en route vers Chicago, à l'issue d'un voyage transatlantique de quinze jours, soit 9 200 km, commencé à Orbetello, en Italie.

Ce mois-là, la population de Chicago se presse au Century of Progress World Fair, initié pour célébrer le premier centenaire de la ville. Des centaines de personnes se rendent sur les bords du lac afin d'accueillir l'escadrille italienne. En parfaite formation de vol, trois par trois, les hydravions bimoteurs tournent autour de la cité puis descendent gracieusement vers le lac, escortés par quarante-trois chasseurs américains qui dessinent le mot « Italie » dans le ciel.

Balbo est fêté en héros lors des dîners et des parades auxquels il est invité. Une avenue reçoit même son nom. Le vol vers Chicago est un coup de propagande sensationnel pour la dictature fasciste italienne à laquelle il confère l'image de la modernité et de la technologie.

L'HYDRAVION À COQUE S.55X

Conçu comme bombardier-torpilleur en 1925, le Savoia-Marchetti S.55X, à l'envergure de 24 m, est employé par la suite pour le transport de passagers. Reconnaissable à ses moteurs tractifs/propulsifs au-dessus de la voilure, il bat quatorze records du monde de distance, d'altitude et d'emport de charge.

TRIOMPHE TRANSATLANTIQUE

Cette carte postale, qui montre des Savoia-Marchetti S.55 approchant des gratte-ciel de New York, commémore le 50e anniversaire du vol d'Italo Balbo au-dessus de l'Atlantique.

FORMATION DE VOL

Les S.55 d'Italo Balbo au-dessus de Jamaica Bay, à New York, pendant leur traversée transatlantique de 48 heures jusqu'à Chicago. Les vingt-quatre S.55 ont accompli leur vol en formation en V rapprochée, connue plus tard sous le nom de « Balbo ».

La renaissance allemande

S'étant vu interdire, en vertu du traité de Versailles, de conserver une quelconque aviation militaire ou aéronautique navale, les militaires allemands s'ingénient, souvent en secret, à continuer d'entraîner leurs pilotes et à se maintenir au niveau dans les domaines des tactiques et de la technologie aéronautiques. Ils y parviennent grâce au développement d'une aviation civile au sein de laquelle les anciens aviateurs et responsables aériens de la Première Guerre mondiale jouent un rôle de premier plan. Placé à la direction de la Deutsche Luft Hansa en 1925, l'ex-commandant d'escadrille Ernst Udet se maintient en contact permanent avec les officiers de haut rang de la Reischswehr, s'assurant qu'ils sont informés des techniques de navigation les plus récentes. Les aéroclubs et les écoles d'aviation tiennent leur part dans cette organisation, permettant la formation des futurs pilotes militaires sous le couvert d'activités sportives.

Un programme aérien militaire majeur est initié en territoire soviétique par les soldats allemands. En 1922, l'Allemagne et l'Union soviétique signent en effet le traité de Rapallo, qui permet le rapprochement de deux États mis au ban de l'Europe de l'après-guerre. En vertu d'accords secrets, la première est autorisée à entraîner ses forces terrestres et aériennes en Russie, en échange d'une aide dans les domaines de l'entraînement et des technologies les plus récentes. Une base importante est établie à Lipetsk, à 350 km de Moscou, où, de 1925 à 1933, des pilotes allemands apprennent à voler sur les avions les plus récents, se formant aux techniques du

CIVIL ET MILITAIRE

Erhard Milch, un pilote de chasse de la Première Guerre mondiale, dirige la Deutsche Luft Hansa de 1925 à 1933 avant d'être chargé de reconstruire la Luftwaffe.

UNE DÉMONSTRATION DE LA PUISSANCE AÉRIENNE

En 1921, le général Billy Mitchell emploie des bombardiers Marin MB.2 (ci-dessus) pour couler le croiseur de bataille Ostfriesland, *livré par les Allemands à la fin des hostilités, en baie de Chesapeake, au large de la Virginie. En septembre, l'apôtre de la puissance aérienne américaine renouvelle cette expérience avec l'USS* Alabama *(ci-dessous).*

bombardement et de la chasse. Junkers et Rohrbach installent des usines de constructions aéronautiques dans le pays afin de produire, en contravention formelle avec les accords de Versailles, des prototypes d'avions militaires. Dans le même temps, les transferts de technologie opérés par les Allemands donnent un essor important à l'aviation militaire soviétique, qui devient particulièrement dépendante des premiers dans le domaine des moteurs.

L'isolationnisme américain

Aux États-Unis, les années 1920 sont une période difficile pour l'aéronautique militaire. En réaction contre l'engagement américain dans la Première Guerre mondiale, l'opinion publique s'enferme dans l'isolationnisme. Déterminés à ne pas se mêler des querelles extérieures, les Américains engagent leurs moyens militaires dans des tâches purement défensives. La seule menace crédible contre l'Amérique du Nord étant une attaque provenant de la mer, l'US Navy s'attribue une part importante des budgets militaires, alors en pleine déliquescence. Les avocats d'une aviation militaire puissante, à statut égal avec la marine et l'armée de terre, doivent livrer un combat difficile, s'opposant aux chefs de ces deux services, qui n'entendent pas lâcher leurs propres forces aériennes, et aux orientations générales de la défense américaine.

Le porte-parole d'une aviation indépendante, le général Billy Mitchell, accomplit, au regard des circonstances de l'époque, un travail efficace qui sert la cause des aviateurs. L'argument selon lequel l'aviation est une arme offensive capable de remporter un conflit majeur a peu d'impact, les États-Unis n'ayant pas l'intention de se laisser entraîner dans une guerre extérieure. Aussi Mitchell s'emploie-t-il à démontrer la capacité de l'aviation à assurer la protection rapprochée et éloignée des côtes américaines. L'idée fait des émules au Congrès, où le général américain a expliqué que la construction d'une force de bombardement coûterait seulement le prix d'un cuirassé. Dès lors, l'US Navy n'a d'autre choix que de lui permettre d'apporter la preuve de sa théorie.

Les démonstrations de Mitchell

En juillet 1921, Mitchell réunit sous son commandement une force de quelques bombardiers Martin MB-2. Sous les yeux d'observateurs de l'US Navy, il entreprend de couler trois navires de guerre allemands livrés aux Américains au lendemain de la Grande Guerre. Armés de bombes de 207 kg, ces appareils ne font qu'une bouchée du destroyer et du croiseur léger. Il en va tout autrement du croiseur de bataille *Ostfriesland*, contre lequel la première tentative échoue. Le lendemain, des attaques entreprises avec des bombes de 500 kg endommagent le navire mais le laissent à flot.

Finalement, une passe menée par sept appareils dotés de bombes de 900 kg permet de l'envoyer enfin par le fond. Mitchell triomphe, et quelques-uns des témoins de la scène, les larmes aux yeux, voient succomber sous les coups de l'aviation un symbole de la domination des océans. D'autres font valoir le fait qu'il n'y a aucune gloire à couler un bâtiment de guerre au mouillage, dépourvu de toute défense, à la troisième tentative.

Les efforts déployés par l'apôtre de la puissance aérienne américaine produisent quelques effets sur la cause de l'aviation navale, mais celle d'une aéronautique indépendante n'avance guère. L'Army Air Corps, qui succède à l'Army Air Service en 1926, demeure sous la houlette de l'armée de terre, et, pendant les années 1930, les forces aériennes américaines sont inférieures à celles de la Pologne ou de la Roumanie.

Les déficiences de l'Air Corps apparaissent au grand jour lorsque les militaires assurent de manière très brève le transport du courrier sur les routes intérieures, pendant l'été de 1934 (voir pp. 114-115). Les avions qu'ils emploient sont des biplans à l'habitacle à l'air libre, de moindres dimensions que ceux de l'aviation civile, et les pilotes de l'armée ont une expérience du vol sans visibilité ou du vol de nuit presque inexistante. En Europe, la crise économique rogne les crédits militaires. De ce fait, en France, les corps traditionnels (armée de terre et marine) voient d'un mauvais œil le développement de l'armée aérienne, qui pourrait, en outre, réduire leurs prérogatives.

> « Pour développer la puissance aérienne, il faut regarder en avant et non en arrière, en devinant ce qui va se passer. »
>
> WILLIAM « BILLY » MITCHELL

L'aviation embarquée

En dépit de lourdes contraintes financières, l'aviation embarquée américaine a accompli de grands progrès. Ceux-ci résultent, si l'on compare la situation des États-Unis à celle de la Grande-Bretagne, de l'inexistence d'une aviation indépendante dans le premier de ces pays. Avant la fin de la Première Guerre mondiale, les Britanniques ont ouvert la voie en construisant le porte-avions *Eagle*, mis en service dans la Royal Navy en 1924. Prototype des bâtiments de ce type, celui-ci comporte une cheminée et un îlot situés sur un côté du pont d'envol. Toutefois, jusqu'en 1937, la Fleet Air

WILLIAM « BILLY » MITCHELL

WILLIAM « BILLY » MITCHELL (1879-1936) connaît une promotion rapide au sein de l'US Signal Corps dans les années précédant la Première Guerre mondiale. En 1912, âgé de 32 ans, il devient le plus jeune officier américain jamais affecté à l'état-major général. Fasciné par l'aviation, il est, en 1917, l'un des responsables de l'aviation américaine sur le front français et noue des liens étroits avec Trenchard. Comme ce dernier, il sera l'un des défenseurs les plus acharnés d'une indépendance des forces aériennes. Infatigable, il fait campagne dans ce sens, alors qu'il est commandant adjoint de l'US Army Air Service, contactant les parlementaires, écrivant des articles et des livres populaires, et se lançant dans des actions de propagande, comme celle qui consiste à couler l'*Ostfriesland* et à promouvoir le premier tour du monde aérien.

La vigueur avec laquelle il se lance dans cette action et les critiques violentes qu'il adresse aux officiers américains de haut rang finissent par lui nuire. En 1925, il est traduit en cour martiale pour avoir accusé ses supérieurs « d'incompétence et de négligence criminelle ». Mitchell reste une personnalité controversée aux États-Unis, où beaucoup le considèrent comme un prophète inspiré de la puissance aérienne.

UNE COLLECTION DE DÉCORATIONS

Les décorations et les médailles du général Billy Mitchell, reconnu comme l'un des grands responsables militaires américains de la Première Guerre mondiale, incluent la Distinguished Service Cross et la très enviée Congressional Medal of Honor, ou médaille d'honneur du Congrès, attribuée à titre posthume.

UN PONT D'ENVOL ENCOMBRÉ
Des Vought O2U-1 Corsair de reconnaissance, des Boeing F2B-1 de chasse et des Martin T4M 1 de torpillage se bousculent sur le pont d'envol de l'USS Saratoga.

Arm demeure sous le contrôle presque direct de la Royal Air Force qui s'attribue les crédits en priorité. En France, pour conserver son aviation, la marine freine la création d'une armée de l'air autonome.

Aux États-Unis, l'essentiel du débat ne porte pas sur l'indépendance de l'arme aérienne et la place de l'aviation navale dans cette problématique ; il concerne plutôt les rôles respectifs des avions embarqués et des navires de bataille. Dès 1921, l'un des grands responsables de l'US Navy, l'amiral Williams Sims, prédit que les « porte-aéronefs équipés de quatre-vingts appareils » pourraient être « les maîtres des mers de l'avenir ». Le bureau de l'aéronautique de la Navy, placé sous la responsabilité de l'amiral William Moffett, s'emploie à affirmer l'importance de l'aviation navale ; mais les grands chefs de la marine, dépourvus d'esprit aéronautique, quoique convaincus de l'utilité des avions, ne les voient pas employés autrement que pour la protection des cuirassés, la reconnaissance ou la défense aérienne. Aussi s'appliquent-ils à minimiser l'idée selon laquelle les appareils embarqués pourraient être utilisés à des fins offensives.

Le premier porte-avions américain, l'USS *Langley*, entré en service en 1922,

L'UN DES PREMIERS PORTE-AVIONS
L'USS Saratoga *a été construit à partir d'une coque de croiseur de bataille et mis en service en 1927. Il affiche une vitesse de 34 nœuds et peut emporter quatre-vingt-un appareils.*

DES AVIONS EMBARQUÉS

Pendant l'entre-deux-guerres, les responsables de l'aviation navale américaine font construire des avions embarqués de divers types, parmi lesquels des chasseurs de défense de la flotte destinés à acquérir la supériorité dans les airs, des bombardiers d'attaque en piqué chargés d'attaquer les navires ennemis et des bombardiers-torpilleurs.

L'aviation embarquée reste à la traîne de l'aviation terrestre dans le passage des biplans aux monoplans, aux performances plus élevées. La Royal Navy fait preuve d'archaïsme en mettant en service, en 1934, le biplan Fairey Swordfish, dont la vitesse atteint 220 km/h. L'US Navy aligne des Boeing F4B biplans pendant la plus grande partie des années 1930. Les raisons qui amènent les aviateurs navals à conserver de tels appareils tiennent au fait que les biplans peuvent apporter à de très basses vitesses et occupent moins de place sur les ponts d'envol. Leur vitesse trop faible les rend cependant vulnérables au feu antiaérien.

UN AVION LÉGENDAIRE

Mis en service en 1934, le Fairey Swordfish *est un bombardier-torpilleur triplace également employé pour la lutte anti-sous-marine. Ce biplan au poste de pilotage à l'air libre se comporte de façon remarquable pendant la Seconde Guerre mondiale.*

n'a rien d'impressionnant. Il s'agit d'un charbonnier transformé croisant à la vitesse maximale de 14 nœuds, mais c'est un début. Les deux suivants sont plus imposants et plus rapides. Le *Lexington* et le *Saratoga* sont à l'origine des croiseurs de bataille, mais, lors de la conférence de Washington, en 1922, les grandes puissances navales acceptent de limiter le nombre de leurs bâtiments de guerre. Les deux croiseurs sont ainsi transformés en deux porte-avions. Le *Saratoga* et le *Lexington*, pouvant embarquer chacun quatre-vingt-un avions, affichent une vitesse maximale de 34 nœuds, soit plus que celle de n'importe quel autre navire de dimensions comparables. Lors des manœuvres de 1929, ils démontrent leur capacité à jouer un rôle offensif en lançant une attaque simulée de la base de Pearl Harbor, obtenant un effet de surprise total ; cette attaque aurait produit des dommages considérables si elle avait été réelle.

Les dirigeables navals

Les porte-avions ne sont pas le seul moyen de déployer la puissance aérienne en mer auquel les États-Unis s'intéressent. Au début des années 1930, des essais sont conduits avec les dirigeables navals *Akron* et *Macon*, conçus pour emporter des avions de chasse qu'ils peuvent larguer et récupérer en vol. Les appareils, au retour de mission, n'ont qu'à réduire leur vitesse et se placer en dessous du dirigeable avant de remonter pour s'accrocher à lui.

Ces porte-avions volants peuvent accompagner les bâtiments de surface de l'US Navy, agissant à la manière de centres de commandement et de contrôle pour leurs avions afin de les engager soit dans des sorties de reconnaissance, soit des tâches de défense aérienne.

Cet étrange concept aurait pu fonctionner si les dirigeables n'avaient pas été si vulnérables non seulement aux actions ennemies mais aussi au mauvais temps. L'*Akron* est perdu en mer en 1933 et le *Macon* connaît une destinée identique deux ans plus tard. Les seuls aérostats que l'US Navy continue dès lors d'utiliser sont des ballons de défense aérienne souples.

Les flottes de porte-avions

En dépit des restrictions financières, la marine américaine poursuit le développement de sa flotte de porte-avions au cours des années 1930, avec la mise en service du *Yorktown* et de l'*Enterprise*, grâce à l'argent issu du programme du New Deal lancé par Roosevelt. Toutefois, le rôle exact de ces bâtiments reste imprécis, bon nombre d'amiraux étant encore convaincus que les cuirassés constituent la clé de la victoire. Les Japonais, qui savent déjà qu'en cas de conflit ils devront affronter les Américains sur mer, s'intéressent eux aussi de près à l'aviation embarquée. Ils pensent qu'elle peut contribuer à affaiblir la puissance navale américaine dans le Pacifique préalablement à leur entrée en guerre. Partant de ce postulat, ils se lancent dans la construction de la plus grande flotte de porte-avions des années 1930 et forment des pilotes et des équipages très supérieurs à ceux de leurs adversaires.

APPONTAGE D'UN BIPLAN

Des marins assistent à l'appontage d'un biplan Aeromarine 39-B de l'US Navy sur le pont du porte-avions Langley, *en octobre 1922.*

AVIONS MILITAIRES DE L'ENTRE-DEUX-GUERRES

La génération d'avions militaires développée entre la fin de la Première Guerre mondiale et le milieu des années 1930 est largement dépassée en 1939. Il s'agit de biplans au poste de pilotage à l'air libre, aux performances supérieures à celles de leurs prédécesseurs de la Grande Guerre, grâce à des moteurs améliorés, mais sans changement technologique majeur. La révolution technique qui conduit aux monoplans profilés à ailes en porte à faux, souvent de construction entièrement métallique, au train d'atterrissage escamotable et à l'habitacle fermé, est déjà sensible au début des années 1930. Certains des biplans décrits précédemment sont utilisés dans des conflits coloniaux et d'autres lors de la guerre d'Espagne, notamment le Fiat CR.32 et le Nieuport NiD.52. Quelques-uns seulement servent encore en 1939.

FORMATION DE HART
Le Hawker Hart est le bombardier léger standard de la RAF au cours des années 1930. Sa vitesse maximale est de 295 km/h.

Arado Ar 68

Dernier biplan destiné à la Luftwaffe, l'Ar 68 entre en service en 1936, remplaçant le He 51. À l'époque où il apparaît, le Messerschmitt Bf 109 a déjà volé.

Moteur Junkers Jumo 210Da de 690 ch
Envergure 11 m — **Longueur** 9,5 m
Vitesse max. 335 km/h — **Équipage** 1
Armement 2 mitrailleuses MG 17 de 7,92 mm ; charge de bombes de 60 kg

Boeing F4B-4

Quatrième et le plus important d'une lignée de biplans de chasse qui trouve ses origines dans le PW-9 de l'US Army Service, le F4B apparaît en 1928 et sert à bord du Lexington. Il donne naissance à diverses variantes et sert jusqu'au début des années 1940.

Moteur Pratt & Whitney en étoile de 550 ch
Envergure 9,1 m — **Longueur** 6,12 m
Vitesse max. 300 km/h — **Équipage** 1
Armement 2 mitrailleuses

Bristol Bulldog IIA

Dans sa version Mk II, le Bulldog entre en service dans la RAF en juin 1929. Plus de 300 exemplaires sont produits, équipant 10 escadrons de chasse et constituant 70 % des moyens de la défense aérienne britannique au début des années 1930. L'avion est exporté au Danemark, en Australie et en Finlande.

Moteur Bristol Jupiter en étoile de 490 ch
Envergure 10,3 m — **Longueur** 7,7 m
Vitesse max. 280 km/h — **Équipage** 1
Armement 2 mitrailleuses ; charge de bombes de 35 kg

Dewoitine D.500

Mis en service dans l'armée de l'air en 1935, le D.500, en dépit de son poste de pilotage ouvert et de son train fixe, est le premier monoplan entièrement métallique français. La production, importante, est partagée entre plusieurs avionneurs et la version D.501 est armée d'un canon. Le D.500 est exporté en Chine, en Lituanie et au Venezuela, le dernier des 308 exemplaires produits étant retiré du service en 1941.

Moteur Hispano-Suiza 12Xbrs de 600 ch
Envergure 12 m — **Longueur** 7,7 m
Vitesse max. 360 km/h — **Équipage** 1
Armement 4 mitrailleuses

Farman F.22

Bombardier quadrimoteur produit dans les années 1930, le Farman F.220 est utilisé pour des attaques de nuit sur l'Allemagne et sert aussi d'avion de transport militaire (ici, une version destinée au transport commercial).

Moteur 4 Gnome-Rhône 14N en étoile de 950 ch
Envergure 36 m — **Longueur** 21,4 m
Vitesse max. 320 km/h — **Équipage** 5
Armement 3 mitrailleuses ; charge de bombes de 4 200 kg

Fiat CR.32

Du CR.1 de 1923, développé par Celestino Rosatelli, est dérivée une lignée d'excellents chasseurs, dont le meilleur est sans doute le CR.32, mis en service en 1934. Principal avion de chasse des forces nationalistes pendant la guerre d'Espagne, le CR.32 est produit tant en Italie qu'en Espagne, dans ce cas avec le moteur Hispano-Suiza. Près de 1 000 exemplaires sortent des chaînes.

Moteur Fiat A30 RA de 600 ch
Envergure 9,5 m — **Longueur** 7,5 m
Vitesse max. 375 km/h — **Équipage** 1
Armement 2 mitrailleuses

Gloster Gladiator

Dernier biplan de chasse de la RAF et premier de ses chasseurs armés de 4 mitrailleuses, le Gladiator entre en service en 1937, moins d'un an avant que le Hurricane ne commence à le remplacer. Jusqu'en 1941, 24 escadrons en sont équipés et 2 sont déployés en France en 1939-1940. En 1941, aucun appareil de ce type n'est encore en ligne.

Moteur Bristol Mercury IX en étoile de 830 ch
Envergure 9,8 m — **Longueur** 8,2 m
Vitesse max. 415 km/h — **Équipage** 1
Armement 4 mitrailleuses Browning de 7,7 mm

Grumman FF-1

L'histoire d'amour entre Grumman et de l'US Navy commence en avril 1931 lorsqu'un contrat est signé entre les deux parties pour la construction d'un biplan doté d'un train escamotable et d'un habitacle fermé. La Navy acquiert le 27 FF-1 et le 33 SF-1 de reconnaissance. Elle se dotera par la suite de Wildcat et de Hellcat.

Moteur Wright Cyclone en étoile de 700 ch
Envergure 10,5 m — **Longueur** 7,5 m
Vitesse max. 335 km/h — **Équipage** 2
Armement 3 mitrailleuses

Hawker Hart

Moteur Rolls-Royce Kestrel 1B de 525 ch
Envergure 11,4 m — **Longueur** 8,9 m
Vitesse max. 295 km/h — **Équipage** 2
Armement 2 mitrailleuses ; charge de bombes de 225 kg

La lignée du Hart, un biplan de chasse et de bombardement bien profilé construit autour du moteur Kestrel, naît pendant les années 1930. La première version, destinée au bombardement léger, vole en juin 1928 et se révèle plus rapide que tous les chasseurs de la RAF alors en service. Près de 500 Hart sont produits et beaucoup sont exportés, l'avion servant en unité jusqu'en 1938.

Heinkel He 51

Conçu et construit en secret, l'Allemagne ne pouvant employer d'avions de combat, le He 51 vole en 1933, les livraisons à la Luftwaffe débutant en 1935. Constamment amélioré, il est produit en 700 exemplaires, la version ultime, le He 51C, étant destinée à l'attaque au sol. Le He 51 est utilisé par les nationalistes et la Légion Condor en Espagne.

Moteur BMW VI de 750 ch
Envergure 11 m — **Longueur** 8,4 m
Vitesse max. 330 km/h — **Équipage** 1
Armement 2 mitrailleuses

Martin B-10 (type 139)

Ayant volé en 1932, à l'issue d'un développement rapide, le B-10 est le premier bombardier entièrement métallique à être construit en série, mais aussi le plus rapide et le premier doté d'une tourelle de mitrailleuse. L'apparition d'avions plus modernes, comme le B-17, en limite le rôle, même s'il s'exporte jusqu'en 1939.

Moteurs 2 Wright R-1820 en étoile de 775 ch
Envergure 21,5 m — **Longueur** 13,6 m
Vitesse max. 345 km/h — **Équipage** 4
Armement 3 mitrailleuses ; charge de bombes de 1 025 kg

Nakajima Ki-27 type 97 « Nate »

En 1929, Nakajima propose un modèle destiné à succéder au Nieuport NiD.29 construit sous licence en tant que Ki-4. L'avion est accepté par l'armée en 1931 sous l'appellation de type 97. Il est le premier chasseur de conception entièrement japonaise à entrer en service opérationnel. Il est utilisé au combat dès l'invasion de la Mandchourie en 1933.

Moteur Nakajima (Bristol Jupiter) en étoile de 500 ch
Envergure 11 m — **Longueur** 7,3 m
Vitesse max. 300 km/h — **Équipage** 1
Armement 2 mitrailleuses

Nieuport NiD.52

Identique au NiD.62C.1, utilisé par l'aéronautique militaire française, le NiD.52 est produit sous licence en Espagne, où il sert de 1929 à 1936. Il opère dans les rangs nationalistes et républicains pendant la guerre civile.

Moteur 1 Hispano-Suiza 12Hb de 580 ch
Envergure 12 m — **Longueur** 7,7 m
Vitesse max. 250 km/h — **Équipage** 1
Armement 2 mitrailleuses

De son côté, après avoir construit le *Béarn* et le *Commandant Teste*, la France prévoit de lancer deux porte-avions, le *Joffre* et le *Painlevé*, qui ne seront jamais achevés.

Au début des années 1930, le monde, sortant d'une période de désarmement, est tout entier tourné vers le réarmement. Pendant la seconde moitié de cette décennie, les gouvernements militaristes au pouvoir en Allemagne et au Japon et leurs ennemis potentiels consacrent des crédits de plus en plus considérables à leur aviation militaire. Les avancées accomplies en matière de moteurs et de cellules par l'aviation commerciale profitent aux forces aériennes, donnant naissance à des appareils nouveaux, tandis que les guerres menées en Chine et en Espagne offrent l'opportunité de les tester en dimension réelle.

« NOTRE LUFTWAFFE »
Reformée secrètement en 1923, en violation du traité de Versailles, la Luftwaffe commence à monter en puissance après l'arrivée au pouvoir des nazis, en 1933, sous l'impulsion de Milch. Deux ans plus tard, son existence est annoncée au monde.

La Luftwaffe sur le devant de la scène

L'arrivée au pouvoir de Hitler, en 1933, donne le signal du réarmement général en Europe. Comme son homologue italien Mussolini, le *Führer* découvre dans l'avion l'image du dynamisme, de la modernité et de la puissance qu'il entend donner à l'État nazi, mais aussi un moyen pratique de réaliser ses ambitions militaires. Il ordonne le lancement immédiat

« L'Allemagne est à nouveau devenue une puissance aérienne mondiale. Son aviation et son industrie sont sorties de l'enfance. Sa pleine capacité en personnel ne sera cependant pas atteinte avant trois ans. »

MAJOR TRUMAN SMITH,
ATTACHÉ MILITAIRE AMÉRICAIN À BERLIN, EN 1936

d'un programme d'expansion de l'aviation militaire allemande, déjà en bonne voie, et annonce au monde entier la création de la Luftwaffe, en mars 1935.

Le commandant en chef de cette dernière est Hermann Göring, mais l'éminence grise, celui qui en est le véritable inspirateur, est Erhard Milch. Tout en s'efforçant de dissimuler d'abord l'existence de cette aviation, Milch est confronté à la tâche titanesque d'en mener à bien l'accroissement réclamé par Hitler. De 1933 à 1936, il augmente la production aéronautique de 800 % et forme une génération entière de pilotes et d'équipages.

Bien que les résultats obtenus soient considérables, avec la réalisation d'avions de qualité, tels que le chasseur Messerschmitt Bf 109 et le bombardier d'attaque en piqué Junkers Ju 87 Stuka, et que les chaînes de fabrication travaillent à une cadence accélérée, dès le milieu des années 1930, la Luftwaffe ne sera jamais aussi puissante que les adversaires de l'Allemagne le pensent. La propagande nazie s'emploie à agir sur l'imagination des populations civiles étrangères, et les chefs de cette aviation militaire sont confrontés à des exigences de plus en plus pressantes de la part de Hitler. Toutefois, après 1936, le processus de développement, malgré la pression constante des plus hautes autorités et faute de ressources suffisantes, tourne à l'inefficacité puis au chaos.

L'ancien as de la Première Guerre mondiale, Ersnt Udet, nommé à la tête de la direction technique de la Luftwaffe, est le maillon faible du système. Parmi les nombreuses décisions erronées qu'il prend, à la grande consternation d'un certain nombre de responsables militaires, figure la transformation en bombardier d'attaque en piqué du Junkers Ju 88, un avion de bombardement moyen très rapide dont la mise en fabrication est prévue pour 1938. Le résultat est que la vitesse de cet appareil chute de 500 à 300 km/h et que son entrée en service est retardée de deux ans. Malgré les erreurs commises par Udet et Milch et la politique erratique de Göring, la Luftwaffe n'en demeure pas moins, à la veille de la guerre, une aviation à la puissance impressionnante, cela grâce au génie des ingénieurs et des scientifiques allemands.

Les initiatives alliées

À partir de 1935, la France et la Grande-Bretagne, inquiètes de la menace que la résurgence de l'aviation militaire allemande fait peser sur elles, découvrent en même temps leur retard dans le domaine aéronautique. La Royal Air Force se hâte de faire produire son nouveau chasseur, le Gloster Gladiator, un biplan ; mais, heureusement pour elle, le prototype du Hurricane monoplan vole la même année, tandis que le Supermarine Spitfire prend forme sur la planche à dessin. Les démocraties occidentales s'engagent dans le même temps dans un processus de développement à long terme de modèles de machines plus avancées et de constitution d'un appareil industriel plus efficace. En 1938, des chasseurs de très bonne facture entrent en service dans l'aviation britannique, et la production commence à prendre de l'ampleur.

Malheureusement pour eux, les Français n'accomplissent que de très lents progrès, même s'ils sont réels, et les avions nouveaux, comme le chasseur Dewoitine D.520 ou le bombardier Lioré-et-Olivier

UN AVION DE PROPAGANDE
Le Tupolev ANT-20 Maxim Gorki *au-dessus de Moscou le 1er mai 1935. Cet avion de propagande emporte des haut-parleurs, une imprimerie, une pharmacie et une salle de projection.*

LeO.451, viennent tout juste d'entrer en service quand l'Allemagne attaque à l'ouest, le 10 mai 1940.

Les innovations soviétiques

Hitler ne s'est jamais privé de dire tout au long de sa carrière politique que la destruction des judéo-bolcheviks constitue son principal objectif. Son arrivée au pouvoir met définitivement fin à la coopération entre les aviations allemande et soviétique, qui se sont bien entendues pendant les années 1920 et le début des années 1930. Au cours de cette période, les Soviétiques consacrent des moyens considérables au développement de leurs forces aériennes et à la création d'une véritable industrie aéronautique Bon nombre de leurs ingénieurs les plus talentueux, les Igor Sikorsky, Alexander Seversky et autres Alexander Kartveli, se sont exilés à la suite de la révolution d'Octobre, contribuant au progrès de la science aéronautique aux États-Unis. Kartveli, par exemple, dessine le Republic P-47, l'un des avions de chasse américains les plus importants de la Seconde Guerre mondiale.

Les recherches dans les domaines de l'aérodynamique, des cellules et des moteurs n'en restent pas moins actives. Andreï Tupolev, un étudiant en aéronautique emprisonné pour son engagement politique sous le régime tsariste, en est l'un des chefs de file des années 1920. D'autres talents émergent parmi lesquels Sergueï Iliouchine, qui se spécialise dans le développement de bombardiers à long rayon d'action, Nikolaï Polikarpov, Alexander Yakovlev et Siemien Lavotchkine, créateur du chasseur La-5.

REGINALD MITCHELL

En 1933, Reginald Mitchell (1895-1937), ingénieur en chef de Supermarine, se rend en convalescence en Europe, après avoir été opéré d'un cancer. Une conversation avec des aviateurs allemands l'ayant convaincu que la guerre est inéluctable, il décide de se consacrer, contre tous les avis médicaux, à la création d'un chasseur qui recevra le nom de Spitfire.

Né à Stoke-on-Trent, dans les Midlands industriels, Mitchell a commencé sa carrière comme apprenti ingénieur dans les chemins de fer, avant de rejoindre la Supermarine Aviation Works, à Southampton, en 1917.

En deux ans, il devient ingénieur en chef de cette entreprise, et, lorsque Vickers rachète Supermarine, en 1928, c'est en grande partie pour s'attacher les services de Mitchell.

Celui-ci se forge une solide réputation en dessinant des hydravions à flotteurs pour la coupe Schneider. Son S.4 de 1925 est un monoplan bien profilé et véloce, le type d'appareil qu'il affectionne. Connu pour sa manie du détail, il conçoit le S.5 et le S.6 pour la même compétition, celui-ci devenant le premier avion à approcher la barre des 650 km/h en 1931. Épuisé par le travail, Mitchell meurt à l'âge de 42 ans, peu avant la mise en production d'un appareil déjà promis au succès et dont il ne regrette que le nom, choisi par Vickers, le Spitfire.

LE SPITFIRE
Caractérisé par sa voilure elliptique, conçue pour lui donner la plus grande efficience aérodynamique, le Spitfire est un avion révolutionnaire. Cet appareil engendre de nombreuses versions très différentes du prototype de 1937, représenté ci-contre.

Pendant les années 1930, ces ingénieurs travaillent dans des conditions difficiles, soumis à la paranoïa du dictateur soviétique Joseph Staline. En 1929, Polikarpov est arrêté pour « sabotage », son bureau d'études ayant échoué dans le développement d'un nouveau chasseur. Lui et son équipe rejoignent le quartier des prisonniers d'une usine d'aviation – le recours à cette pratique n'est pas rare dans l'économie soviétique de cette époque –, où il procède à la conception du chasseur I-5. Tupolev figure parmi les dizaines de milliers d'individus touchés par les purges staliniennes de la seconde moitié de cette décennie. Il passe quelque six ans dans un camp du Goulag, ne le quittant qu'en 1943.

De cet étrange système n'en sortent pas moins des avions innovants et, parfois, d'excellente qualité. Polikarpov, par exemple, conçoit le chasseur I-16, l'un des premiers monoplaces modernes dotés d'une voilure monoplane surbaissée. La cruauté avec laquelle Staline procède à l'industrialisation de l'Union soviétique pendant les années 1930, même si elle se traduit par d'incommensurables souffrances humaines, n'en jette pas moins les bases d'un secteur aéronautique capable de produire en grandes quantités. Toutefois, l'impact des purges sur les forces aériennes de ce pays est dévastateur. Les trois quarts environ du corps des officiers supérieurs sont expédiés dans des camps de travail. Les conséquences se feront sentir de façon catastrophique lors de l'invasion allemande de 1941.

Une nouvelle génération de chasseurs

Au cours des années 1930, la plupart des forces aériennes évoluent des chasseurs biplans inspirés d'une technologie désormais dépassée à des monoplans aux ailes en porte à faux, tels que le Spitfire, le Fiat G.50 Freccia, le Messerschmitt Bf 109, le Morane-Saulnier M.S.406 et le Dewoitine D.520. Ces appareils se caractérisent par leur construction entièrement métallique, même si le Hurricane et le M.S.406 ont un fuselage partiellement entoilé. Ils sont propulsés par des moteurs puissants et comportent des structures allégées conçues afin de réduire la traînée induite. Non seulement, ils ne font plus appel aux mâts et aux haubans des vieux biplans, mais ils sont équipés de trains d'atterrissage escamotables. La transition vers des postes de pilotage fermés dotés d'une instrumentation de plus en plus développée ne s'effectue pas sans heurts. Udet, ayant pris place à bord d'un Messerschmitt Bf 109, estime qu'il « ne sera jamais un avion de combat », parce que le pilote n'y « sent pas l'écoulement de l'air qui lui permet d'en estimer la vitesse ». De tels arguments sont partagés par de nombreux aviateurs de la vieille école qui ont appris à piloter « aux fesses », c'est-à-dire à l'instinct.

Ils ne peuvent toutefois nier les avantages des nouveaux appareils dans le domaine de la vitesse – ils volent entre 480 et 560 km/h –, et de leurs capacités à piquer et à virer qui en font les machines les plus exaltantes jamais produites.

Les bombardiers lourds

Pour la plupart des responsables aériens américains et britanniques, la question cruciale liée à la constitution de leurs forces ne concerne pas les chasseurs mais les bombardiers. L'US Army Air Corps et la Royal Air Force voient dans le bombardement stratégique la martingale de la victoire. En Grande-Bretagne, Trenchard et ses collaborateurs trouvent quelque soutien en avançant que l'existence d'une flotte de bombardiers permettra aux Britanniques de s'engager dans une guerre européenne sans dépêcher de forces terrestres de l'autre côté de la Manche et de retomber dans une logique de guerre de tranchées comme en 1914-1918.

Par ailleurs, la flotte en question constituerait le moyen idéal de maintenir la paix et de préserver l'Angleterre d'une offensive aérienne contre ses cités. Le Premier ministre britannique, Stanley Baldwin, ayant affirmé que les bombardiers parviendraient toujours à franchir les défenses dressées contre eux,

WILLY MESSERSCHMITT

Willy Messerschmitt (1898-1978) commence à construire des planeurs avant la Première Guerre mondiale, en pleine adolescence. Exempté de service militaire en raison de sa trop faible constitution physique, il travaille chez BFW (Bayerische Fluzeugwerke) à partir de 1926 et devient le directeur de cette entreprise. Après l'avènement du régime nazi, il doit compter avec l'hostilité affirmée du tout-puissant secrétaire d'État à l'Air, Erhard Milch, et la rivalité de l'avionneur Ernst Heinkel.

L'adoption du Bf 109 par la Luftwaffe, en 1935, assoit sa réputation et l'amène à transformer le BFW en Messerschmitt AG trois ans plus tard. Par la suite, il conçoit, avec plus ou moins de succès, divers avions avancés, parmi lesquels le Me 163 Komet, à moteur-fusée, et le Me 262 à turboréacteurs. Après la défaite nazie, Messerschmitt trouve refuge en Argentine, mais il revient en Allemagne dans les années 1950 et y poursuit sa carrière.

INGÉNIEUR INSPIRÉ
Malgré son talent, Willy Messerschmitt n'en commet pas moins des erreurs et fait de mauvais calculs.

Le Messerschmitt Bf 109

En 1935, la Luftwaffe choisit le monoplace de chasse Messerschmitt Bf 109, après avoir apprécié sa maniabilité et ses performances lors de démonstrations en vol. Remarquablement avancé pour son temps, ce monoplan de construction entièrement métallique est à la fois compact et léger. Sa voilure de faible épaisseur lui confère de très bonnes caractéristiques de vol, et, par rapport aux chasseurs de la génération précédente, il dispose d'un poste de pilotage fermé et d'un démarreur électrique. Des becs de bord d'attaque et des volets de bord de fuite sont utilisés pour modifier le profil de la voilure, de manière à l'optimiser en fonction des régimes de vol.

Le Bf 109 n'en présente pas moins de sérieuses carences. Son poste de pilotage est étroit et offre au pilote un champ visuel réduit, particulièrement au roulage. La faible épaisseur de ses ailes rend difficile le montage de mitrailleuses et de canons, et fait qu'elles supportent mal la masse de l'appareil. Aussi les jambes du train d'atterrissage principal ont-elles été placées près du fuselage. L'étroitesse de la voie de l'atterrisseur, ainsi que des problèmes de maniabilité aux basses vitesses constituent la cause de nombreux accidents au décollage et à l'atterrissage, notamment lors des opérations conduites depuis des aérodromes de fortune.

Le Bf 109 se distingue pendant la guerre d'Espagne

« Le nouveau Bf 109 est tout simplement fabuleux. Le décollage est quelque peu inhabituel mais [...] ses caractéristiques de vol sont fantastiques. »

Johannes Trautloft,
pilote de la Légion Condor

GILET DE SAUVETAGE OBLIGATOIRE
Pendant la bataille d'Angleterre, les aviateurs allemands portent un gilet de sauvetage. L'allonge limitée du Bf 109 fait que les pilotes de chasse se retrouvent souvent à court de carburant, notamment sur le chemin du retour.

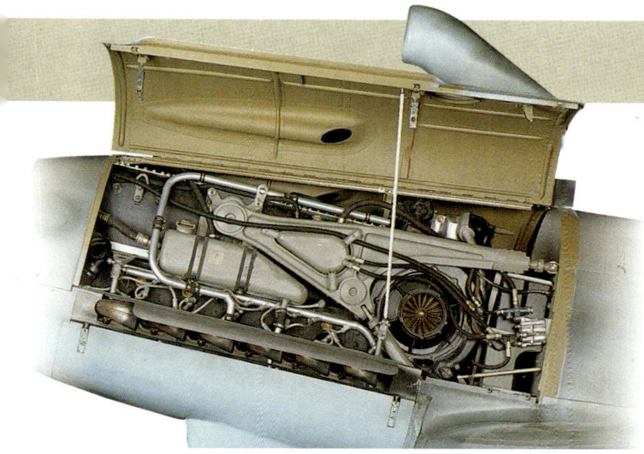

UN MOTEUR PUISSANT

Le moteur Daimler-Benz DB.601Aa à 12 cylindres en V inversé du Bf 109 E-3 dispose de pipes d'échappement placées très bas. Cette configuration permet l'installation de mitrailleuses sur le capot.

où il donne à la Légion Condor la supériorité dans les airs. Le Bf 109E, première version produite en grande série, affronte le Hurricane et le Spitfire lors de la bataille d'Angleterre. Il se révèle rapide et manœuvrable, bien que les commandes deviennent plus dures au-dessus de 480 km/h. Inférieur au Spitfire en matière de rayon de virage, il lui est toutefois supérieur en piqué.

Près de 35 000 Bf 109 ont été produits, un record pour un avion militaire. À la fin de la guerre, le chasseur de Messerschmitt est surclassé, mais bon nombre d'exemplaires servent au sein de diverses forces aériennes jusque dans les années 1950.

TRAIN D'ATTERRISSAGE À VOIE ÉTROITE

Du fait de l'étroitesse de sa voie et d'une tendance à partir sur la gauche, le Bf 109 connaît de nombreux accidents.

POSTE DE PILOTAGE ÉTROIT

Le poste de pilotage du Bf 109 est étroit, limitant de façon importante le champ visuel du pilote.

Caractéristiques (Bf 109E-3)

Moteur Daimler-Benz DB-601Aa en ligne de 1 150 ch	
Envergure 9,8 m	
Longueur 8,6 m	
Vitesse max. 570 km/h	**Équipage** 1
Armement 4 mitrailleuses MG 17 de 7,92 mm, 1 canon MG FF de 20 mm	

UN CHASSEUR ROBUSTE

La guerre progressant, le Bf 109 devient de moins en moins populaire chez les pilotes de chasse allemands. Toutefois, il grimpe beaucoup mieux que les chasseurs de la RAF, se révèle robuste et s'impose comme une bonne plate-forme de tir. Il est compact, léger et aérodynamique.

l'éclatement d'un conflit serait très certainement suivi de la dévastation d'un certain nombre de villes, et la perspective de subir des représailles dissuaderait quiconque de vouloir rompre la paix.

Alors que le concept britannique de bombardement stratégique se présente essentiellement comme une forme de guerre psychologique destinée à semer la terreur chez les civils, celui des Américains est orienté vers une guerre à caractère économique. Par le bombardement de précision des usines et du système de transport, les responsables aériens des États-Unis entendent détruire toute capacité de production chez l'ennemi. L'Army Air Corps n'a d'autre choix que de s'orienter dans cette voie, parce que les politiciens qui lui accordent ses crédits le voient comme un instrument destiné à la défense des côtes nationales. En d'autres termes, il doit être capable de couler les objectifs mobiles d'assez faibles dimensions que sont les navires.

Les prototypes de bombardiers

Pour que les théories sur le bombardement stratégique émises aux États-Unis et en Grande-Bretagne aient une quelconque crédibilité, il faut construire les avions nécessaires à leur application. Ceux-ci doivent afficher un rayon d'action suffisant pour atteindre des objectifs lointains, pouvoir emporter une charge offensive assez importante pour leur infliger des dommages substantiels et afficher une vitesse et une puissance de feu qui leur permettront de franchir les défenses adverses dans les meilleures conditions. Aucune place n'est accordée, ni chez les Américains ni chez les Britanniques, aux escortes de chasse.

Le développement des bombardiers stratégiques s'apparente à un processus rapide. En 1932, l'appareil le plus évolué est le Martin B-10, un monoplan bimoteur capable de voler à la vitesse respectable de 320 km/h. Trois ans plus tard apparaît le quadrimoteur Boeing 299, prototype du B-17 Flying Fortress, dont la destruction dans un accident, en 1935, entraîne presque la faillite du constructeur. Pour autant l'Army Air Corps ne commande pas

BOMBARDIERS EN PIQUÉ

Dans les années 1930, les bombardiers en piqué sont l'objet d'un grand intérêt, dans le sens où ils peuvent délivrer une charge offensive avec une meilleure précision que les bombardiers horizontaux. Ils sont ainsi en mesure d'attaquer dans de bonnes conditions les navires ou d'intervenir au profit des forces terrestres. L'efficacité de ces appareils est démontrée par les pilotes américains à la solde du gouvernement du Nicaragua, engagés contre la rébellion à la fin des années 1920. Les bombardiers d'attaque en piqué deviennent ainsi la composante essentielle de l'aviation embarquée de l'US Navy.

Lors d'une visite aux États-Unis en 1934, Ernst Udet, l'un des responsables de la Luftwaffe, ayant eu la chance de voler à bord d'un bombardier en piqué Curtiss Hawk, devient l'un des grands avocats de cette nouvelle méthode de combat. Il favorise la production du Ju 87 Stuka et entend que tous les bombardiers allemands aient des capacités d'attaque en piqué. Ces derniers se révèlent cependant fort lents et vulnérables par rapport aux autres avions de la même taille ; et ils constituent une proie facile pour les chasseurs. Ils laisseront plus tard la place aux chasseurs-bombardiers.

UN OISEAU DE PROIE

Le Junkers Ju 87 ressemble à un oiseau de proie, avec ses ailes en W inversé et ses sirènes fixées sur son train d'atterrissage. Sa réputation se forge pendant le blitzkrieg mené par les armées allemandes en 1939-1940. Ci-dessus, une version au train pantalonné.

moins quatorze de ces machines capables de voler à 480 km/h et qui sont ses premiers vrais bombardiers stratégiques. De son côté, la Royal Air Force commence la guerre avec des bimoteurs à long rayon d'action avant de passer aux Sterling, Halifax et Lancaster quadrimoteurs.

Le bombardement stratégique

Pour les pays d'Europe continentale et le Japon, le bombardement stratégique n'apparaît pas comme une utilisation intéressante de la puissance aérienne. Chez les nations engagées dans une stratégie défensive, comme la France et l'Union soviétique, ou les États expansionnistes, comme l'Allemagne ou le Japon, la victoire réside encore dans les batailles livrées entre armées terrestres. Même s'ils n'ignorent pas l'impact d'attaques aériennes directes sur les objectifs économiques et les villes, ils n'en estiment pas moins que le rôle essentiel de la puissance aérienne est de contribuer à la décision à terre.

Dans les années 1930, l'Allemagne est en tête des pays qui ont le mieux apprécié l'impact de la puissance aérienne dans les conflits. La Luftwaffe insiste sur la destruction de l'aviation ennemie, dans le ciel, sur ses terrains ou dans ses usines, en prélude à toute opération terrestre. Elle est formée en vue d'appuyer au plus près les chars et l'infanterie motorisée qui pratiquent la guerre éclair, mais elle peut être engagée dans des opérations indépendantes visant la destruction des routes, des ponts, des tunnels, des voies de chemin de fer, des usines et des dépôts de carburant. L'aviation allemande accorde aussi beaucoup d'attention aux troupes aéroportées et au soutien logistique.

Loin d'ignorer le bombardement stratégique, elle lui voue au contraire de l'intérêt, comme le montre le développement des techniques de guidage sur des objectifs lointains, un problème que la Royal Air Force, pourtant obsédée par l'idée d'attaquer les villes ennemies, n'a jamais considéré avec le sérieux nécessaire. Les Allemands ne parviennent pas à développer de bombardier quadrimoteur lourd, surtout en raison de l'incapacité de leur industrie à fabriquer des moteurs assez puissants. Pour ses missions à caractère stratégique, la Luftwaffe ne doit compter que sur ses avions de bombardement moyen, tels que le Do 17 et le He 111. L'Allemagne nazie a l'opportunité de forger sa doctrine aérienne à l'occasion de la guerre d'Espagne. Elle expédie sur place des avions de transport Ju 52, qui transportent

BOMBARDIERS EN FORMATION

Formation de bombardiers Keystone au-dessus de la vallée de l'Hudson. Au début des années 1930, l'Army Air Corps américain ne compte que des biplans surclassés au sein de ses unités de bombardement.

les soldats nationaux du Maroc à Séville, dans le sud du pays. Entre juillet et octobre 1936, quelque 20 000 hommes avec leur équipement, artillerie comprise, sont amenés à pied d'œuvre.

L'armée de l'air française, presque tout entière sous la domination des forces terrestres, a bien tenté de s'équiper d'une force de bombardement cohérente, capable d'attaquer, en cas de conflit, les aérodromes et les usines de construction aéronautiques allemandes. Toutefois, les choix défensifs décidés pendant les années 1930 accordent la prééminence à l'aviation de chasse.

L'artillerie volante

Tandis que les nazis et les fascistes apportent leur aide aux nationalistes, l'Union soviétique expédie des pilotes et des avions aux républicains. À la fin de 1936, les chasseurs I-15 et I-16, ayant acquis la maîtrise de l'air, sont capables d'infliger des pertes sérieuses aux forces terrestres ennemies, comme le montre la destruction d'une colonne motorisée italienne à Guadalajara, en mars 1937. La Luftwaffe répond en dépêchant la Légion Condor, une force constituée d'une centaine d'avions récents et de ses meilleurs équipages, dont le chef d'état-major est Wolfram von Richthofen, cousin de l'as de la Grande Guerre. Partout où des Bf 109 sont engagés, les avions soviétiques disparaissent du ciel. S'étant assurée de la maîtrise du ciel, l'aviation allemande agit dès lors comme une artillerie volante, ouvrant la route aux attaques terrestres et menant des actions d'interdiction contre les réserves et les voies de communication ennemies. Le recours à la puissance aérienne se révèle décisif dans la victoire nationaliste en 1939.

Tandis que la Luftwaffe acquiert une expérience inestimable sur les champs de bataille espagnols, l'attention du monde se focalise sur une facette du conflit : le bombardement de terreur. Cette affaire, marginale au regard des opérations générales, est essentielle pour les habitants de Londres, de Paris et même de New York, qui voient dans ce qui se produit en Espagne une esquisse de ce que leur réserve l'avenir. Les deux adversaires engagés dans le conflit se livrent à des bombardements urbains, mais les Italiens et les Allemands sont de loin les plus impliqués et responsables de la plupart des pertes en vies humaines. Hormis la destruction de la petite ville basque de Guernica, en avril 1937, ils lancent de nombreux raids sur Madrid, à partir de 1936, et sur la cité catalane de Barcelone où, en trois jours du mois de mars 1938, 1 300 personnes sont tuées.

RAID DE TERREUR
Cette affiche républicaine espagnole dénonce le bombardement par la Légion Condor de la ville de Guernica en 1937.

Les réactions des civils

Ces attaques sèment la peur parmi la population. Esmond Romilly, un volontaire britannique qui se bat dans les brigades internationales au sein du camp républicain, décrit la façon dont il s'est retrouvé pris au piège dans le métro lors d'un raid aérien sur Madrid : « Une foule prise de panique empêche tout mouvement… Des femmes crient et des hommes se battent dans l'escalier pour gagner l'abri les premiers. » L'attaché militaire Stephen O. Fuqua, qui se trouve à Barcelone pendant les bombardements de 1938, rapporte que la vie économique et industrielle est « complètement paralysée » et qu'une « semi-panique transpire de toutes les activités humaines de la ville ». Fuqua raconte comment des civils assis dans des autobus ou à la terrasse des cafés sont écrasés par les bombes. Il explique de quelle manière les employés ramassent ensuite les restes humains.

Malgré cette débauche d'horreurs, il apparaît de façon très claire que les civils apprendront bientôt à affronter psychologiquement la crainte des bombardements. Les enseignements sur les effets des attaques aériennes menées sans aucune discrimination par la Légion Condor pendant la guerre d'Espagne montrent que, avec le temps, ils engendrent un raidissement de la résistance des civils plutôt qu'un effondrement de leur moral. Cette conclusion n'est pas partagée par les chefs militaires de tous les pays du monde. Les gens croient ce qu'ils voient, et la tragédie de Guernica semble confirmer que la guerre commencera par des raids dévastateurs sur les grandes cités.

CIVILS À L'AFFÛT
Des habitants de la ville républicaine de Bilbao, au Pays basque, vont à pied dans la crainte d'une attaque aérienne. En avril 1937, ce port est bombardé par des avions de la Légion Condor et de l'Avazione Legionaria qui soutiennent les nationalistes de Franco.

L'AVAZIONE LEGIONARIA

Lors de la guerre d'Espagne, les Italiens envoient des Savoia-Marchetti SM.81 de bombardement assurer le soutien des forces nationalistes de Franco. Celui-ci, en train de larguer ses bombes, est escorté par des chasseurs biplans Fiat CR.32.

Doctrine de guerre

Dès 1937, le Japon envahit la Chine, démontrant l'efficacité et l'impact psychologique de la puissance aérienne. Des villes telles que Shanghai et Nankin sont soumises à des bombardements à grande échelle qui entraînent de vigoureuses protestations de la part de la communauté internationale inquiète de voir la population civile prise pour cible. Le secrétaire d'État américain Cordell Hull, évoquant l'attaque de Barcelone, conclut : « Aucune doctrine de guerre ne peut justifier une telle conduite. » En juin 1938, le Sénat vote une résolution condamnant « le bombardement inhumain des populations civiles ». Dans le même temps, l'administration Roosevelt débloque des crédits pour la

LA DESTRUCTION DE GUERNICA

Le lundi 26 avril 1937 est un jour de marché dans la petite ville basque de Guernica. À 16 heures 30 environ, alors que la cité est noire de monde, quarante-trois avions de la Légion Condor, des bombardiers moyens Heinkel He 111, des chasseurs He 51 et des Ju 52 chargés de bombes, lancent une attaque qui dure trois heures. Larguant des engins explosifs et incendiaires, procédant à des passes de mitraillage aussi, ces appareils détruisent la moitié de l'agglomération.

Un prêtre catholique basque, Alberto Onaindia, décrit des scènes apocalyptiques : « Cinq minutes ne se sont pas écoulées avant que le ciel se remplisse d'avions allemands. Ceux-ci descendent très bas et leurs mitrailleuses arrosent les bois et les routes où se terrent des femmes, des enfants, des vieillards… Le feu enveloppe la cité tout entière. Des cris de lamentation se font entendre un peu partout, et les gens, fous de terreur, à genoux, dressent leurs mains vers le ciel… »

Les journalistes étrangers présents sur les lieux le jour suivant rapportent des scènes de destruction et de carnage. Pendant longtemps, les nationalistes et les Allemands ont nié la réalité même du bombardement. Par la suite, ils ont affirmé que Guernica était un objectif militaire légitime, puisque la ville abritait des réserves républicaines et constituait un carrefour stratégique. Les républicains n'en ont pas moins remporté une victoire dans le domaine de la propagande, en faisant de cette date le symbole de la cruauté nazie et des bombardements de terreur. Le peintre Pablo Picasso, chargé de réaliser une toile pour le pavillon républicain, à l'occasion de l'Exposition universelle de Paris, contribue à enraciner la destruction de Guernica au plus profond de la mémoire collective.

LÉGION CONDOR

Cette carte postale montre les drapeaux de la Légion Condor, alignés lors d'une revue. Dans ce corps aérien chargé d'attaquer Guernica est rassemblée l'élite de la Luftwaffe de Hitler.

SYMBOLE DE DESTRUCTION

Guernica est transformée en un champ de ruines après que des bombardiers allemands ont largué sur la ville près de 45 tonnes d'engins explosifs et incendiaires. Près de 1 600 personnes trouvent la mort dans cette action considérée comme un bombardement de terreur délibéré.

constitution d'une force de bombardement à long rayon d'action dans laquelle elle discerne un instrument de dissuasion, capable d'empêcher un ennemi d'attaquer les États-Unis, grâce à la menace de représailles.

Une autre réponse au danger aérien consiste à développer des défenses destinées à arrêter une offensive et à limiter les pertes parmi la population. Le concept de défense aérienne n'est guère populaire parmi les aviateurs, plutôt intéressés par le bombardement stratégique, encore qu'il soit difficile pour eux d'affirmer que leurs bombardiers passeront à travers tous les obstacles sans accepter que ceux de l'adversaire puissent y parvenir. Lors de la guerre d'Espagne, les Allemands se sont déjà rendu compte à quel point les avions de bombardement sont vulnérables et que, de ce fait, ils doivent disposer d'une escorte de chasseurs. En Grande-Bretagne, le gouvernement donne la priorité, dès le milieu des années 1930, à l'aviation de chasse. En France, où une armée de l'air indépendante a été créée en 1933, les autorités politiques s'engagent dans le même processus en 1936, au détriment de la construction d'une flotte de bombardement.

Mesures défensives

L'une des raisons invoquées par Douhet pour justifier la prééminence des bombardiers dans l'offensive est qu'ils pourraient attaquer par surprise, atteignant leurs objectifs avant que les chasseurs puissent les intercepter. Toutefois, au cours des années 1930, des systèmes de détection fondés sur le radar commencent à être développés dans plusieurs pays, en même temps que des dispositifs IFF (*Identification Friend or Foe*) capables de distinguer un avion ami d'un ennemi. Les techniques de détection et d'interception, s'inscrivant dans le droit fil de celles développées pendant la Première Guerre mondiale, consistent à suivre la progression des appa-

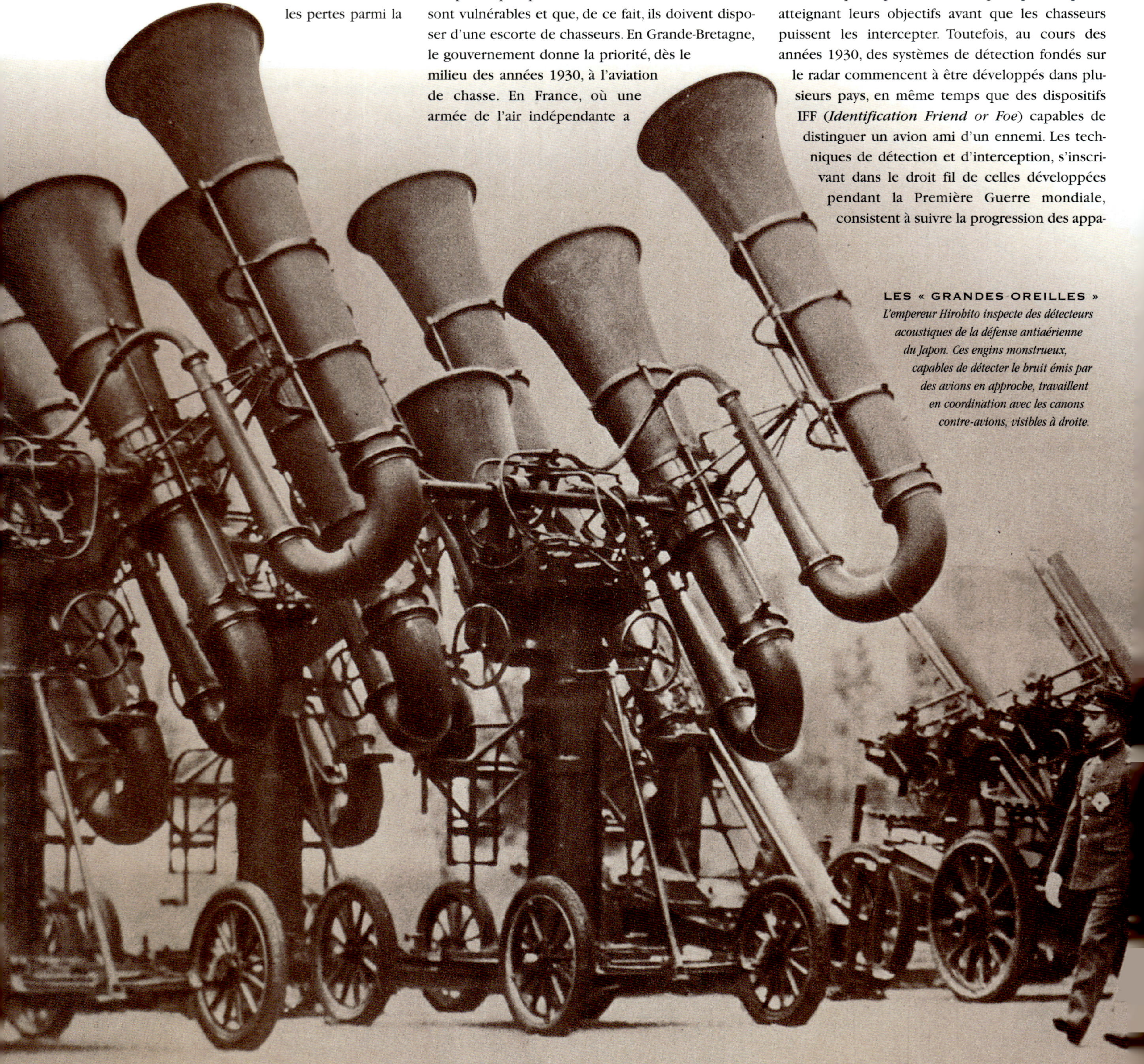

LES « GRANDES OREILLES » *L'empereur Hirobito inspecte des détecteurs acoustiques de la défense antiaérienne du Japon. Ces engins monstrueux, capables de détecter le bruit émis par des avions en approche, travaillent en coordination avec les canons contre-avions, visibles à droite.*

reils, représentés par des cubes de bois que l'on déplace sur une carte, et font appel à des émetteurs-récepteurs radio qui permettent de donner des instructions aux pilotes chargés d'attaquer les bombardiers.

La Grande-Bretagne est particulièrement avantagée dans ce domaine du fait même que sa première ligne de défense est constituée par ses côtes et que le radar travaille avec une plus grande efficacité au-dessus de la mer que de la terre. Les

> « Nous percevions la guerre aérienne en 1938 de la même manière que les gens voient la guerre nucléaire aujourd'hui. »
>
> HAROLD MACMILLAN,
> ANCIEN PREMIER MINISTRE BRITANNIQUE

Britanniques sont également motivés par la crainte d'une grande offensive aérienne menée contre leur territoire. L'avènement du bombardier a suscité, en effet, de plus grandes appréhensions en Angleterre que nulle part ailleurs, parce que, protégé par la Royal Navy, le peuple britannique s'est cru longtemps à l'abri d'une attaque extérieure.

LES PREMIERS AVIONS À RÉACTION

LE 27 AOÛT 1937, quatre jours avant que n'éclate la Seconde Guerre mondiale, le premier avion à réaction prend son envol depuis l'aérodrome de Marienehe, en Allemagne. Le pilote d'essais Erich Warsitz maintient le Heinkel He 178 dans les airs pendant six minutes seulement, mais assez longtemps pour ouvrir une ère nouvelle dans l'histoire de l'aviation. L'avionneur Ernst Heinkel commente l'événement de la façon suivante : « Le feulement hideux du réacteur sonnait comme une musique à nos oreilles. »

Le turboréacteur qui propulse le He 178 est l'œuvre de Hans von Ohain, un ingénieur issu de l'université de Göttingen, le centre de recherches théoriques en aérodynamique le plus célèbre d'Allemagne. Il emploie une turbine à gaz qui engendre la poussée, conformément à une des lois émises par Newton. L'air avalé par le réacteur est comprimé par un compresseur, puis mélangé à du carburant, le mélange étant enflammé. La poussée produite par les gaz chauds expulsés par la tuyère permet à l'avion d'avancer.

Ohain n'est que l'un des nombreux chercheurs qui s'intéressent à la propulsion à réaction. Un autre spécialiste de ces problèmes est le *Flight Lieutenant* de la RAF, Frank Whittle, qui dépose un brevet relatif à un moteur de ce type dès 1930. Toutefois, alors que Whittle peine à trouver des fonds et se heurte à l'indifférence, Ohain et son adjoint, Max Hahn, reçoivent de l'argent de Heinkel et du ministère allemand de l'Air. Lorsque le premier avion à réaction britannique, le Gloster E.28/39, vole en 1941, l'Allemagne dispose déjà d'appareils de ce type presque opérationnels.

MOTEUR À RÉACTION
Le moteur à réaction de Whittle fonctionne en aspirant de l'air qui est compressé et mélangé à du carburant avant d'être enflammé et expulsé pour fournir la poussée. Il est plus économique qu'un moteur à hélice.

LE PREMIER AVION À RÉACTION
En août 1939, Erich Warsitz fait voler le Heinkel He 178, qui atteint 640 km/h.

Le gouvernement a été informé par les responsables aériens qu'il fallait escompter 20 000 pertes civiles le premier jour d'une attaque allemande sur Londres et 150 000 pendant la première semaine. En fait, 295 000 Britanniques seront tués ou blessés du fait de la guerre aérienne entre 1939 et 1945. Confrontées à de si alarmantes prédictions, les démocraties européennes en redoutent à un point tel les conséquences que Hitler exploite la situation à son avantage en 1938. La dernière chose que souhaitent la France et la Grande-Bretagne, aussitôt qu'un conflit aura commencé, est la destruction immédiate de leurs villes avec son corollaire, la mort de centaines de milliers de civils.

Se rappelant cette époque, l'ancien Premier ministre britannique Harold MacMillan déclare : « Nous percevions la guerre aérienne en 1938 de la même manière que les gens voient la guerre nucléaire aujourd'hui. » En d'autres termes, la guerre aérienne pouvait conduire non seulement à un massacre de masse, mais aussi à un effondrement de la civilisation. Un conflit se profilant à l'horizon, des programmes de distribution de masques à gaz, de construction d'abris antiaériens et d'évacuation des enfants sont parachevés en 1939.

L'APOCALYPSE
Image du film The Shape of Things to Come, *tiré d'une nouvelle de H. G. Wells, qui dépeint un monde ravagé par une guerre aérienne longue de vingt ans.*

4

BATAILLE POUR LE CIEL

Bien que les avions à réaction et les missiles aient joué un rôle dans les derniers temps de la Seconde Guerre mondiale, les principales innovations techniques se produisent dans les domaines des radars et des équipements électroniques. La véritable nouveauté réside dans le déploiement opérationnel et la production d'avions sur une échelle encore jamais atteinte, avec parfois 1 000 bombardiers en une seule mission. L'aviation joue un rôle essentiel auprès des troupes au sol qu'elle appuie de ses feux et ravitaille. Dans le Pacifique, les opérations navales évoluent vers des batailles livrées au-delà de l'horizon par des porte-avions. Toutefois, l'utilisation la plus spectaculaire de la puissance aérienne réside dans le bombardement stratégique. Le processus qui vise à détruire les capacités de production et le moral de l'ennemi culmine avec le largage de deux bombes atomiques sur le Japon.

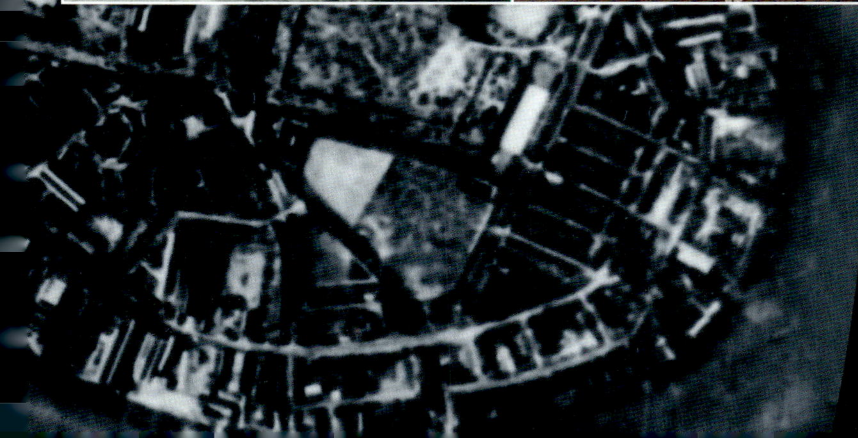

BOMBARDEMENT DE JOUR
Heinkel He 111 de la Luftwaffe survolant les docks de Londres le 7 septembre 1940, le jour du premier bombardement délibéré de la capitale britannique. L'attaque des villes par la voie des airs grandit en intensité, au fur et à mesure que la guerre avance.

« Quiconque a combattu un ennemi qui dispose de la maîtrise de l'air ressemble à un sauvage affrontant une armée européenne moderne, avec aussi peu de chances de succès. »

Feld-maréchal Erwin Rommel, dans *La Guerre sans haine*, 1952

LA MAÎTRISE DE L'AIR

DÈS LE DÉBUT DU CONFLIT, L'AVIATION JOUE UN RÔLE ESSENTIEL DANS LE SUCCÈS DES OPÉRATIONS TERRESTRES EN ATTAQUANT LES TROUPES ENNEMIES AU SOL.

Le 1er septembre 1939, l'Allemagne envahit la Pologne. Quatre semaines plus tard, les forces armées de ce pays, encerclées par les Allemands et les Soviétiques, déposent les armes. Personne ne doute plus de l'importance de la puissance aérienne, révélée par cette première campagne de la guerre. La Luftwaffe a engagé quelque 2 000 avions en Pologne, des moyens beaucoup moins considérables que ceux qui seront mis en œuvre par la suite, mais incomparablement supérieurs à ceux de l'aviation polonaise, forte de quelques centaines d'appareils seulement. Ayant conquis la maîtrise du ciel, l'aviation allemande peut dès lors frapper les troupes terrestres ennemies, ouvrant le chemin aux unités blindées, détruisant les routes et les voies de chemin de fer et semant parfois la terreur chez les civils, comme en témoigne le bombardement de Varsovie, transformée en champ de ruines.

La campagne de Pologne est la première application du blitzkrieg, cette guerre éclair dévastatrice qui permet aux Allemands de prendre le contrôle du Danemark et de la Norvège en avril 1940, celui

CHASSEUR-BOMBARDIER THUNDERBOLT
Le Republic P-47 Thunderbolt est le chasseur américain le plus construit de la Seconde Guerre mondiale. Volumineux et lourd, il se révèle d'une grande efficacité tant en combat aérien que dans l'attaque au sol. L'as américain Gabreski, titulaire de vingt-huit victoires, vole sur cet appareil.

de la France, des Pays-Bas et de la Belgique en mai-juin de la même année, celui de la Yougoslavie et de la Grèce au printemps 1941, avant de parvenir aux portes de Moscou au mois de décembre suivant. Les Allemands remportent ces victoires grâce à leur suprématie aérienne, qui a été un facteur décisif du succès. Ce n'est qu'à la fin du conflit que le bombardement stratégique, dont les théories ont germé pendant les années 1920-1930, est devenu une réalité. Un pays battu dans les airs se retrouve dans une situation difficile tant sur terre que sur mer. Le seul revers qu'essuient les Allemands pendant les deux premières années de la guerre est la bataille d'Angleterre, perdue parce que la Luftwaffe n'est pas capable d'obtenir la maîtrise du ciel au-dessus de la Grande-Bretagne, en 1940.

PILOTE DE STUKA
Pilote de Ju 87 assis dans son habitacle étroit, dos à dos avec son mitrailleur qui assure la défense de l'appareil vers l'arrière.

La domination allemande

La domination exercée dans les airs par les Allemands ne résulte pas simplement de leur supériorité numérique ou de la meilleure qualité de leurs matériels. Certes, les méthodes employées par la Luftwaffe peuvent se révéler rudimentaires. Pendant le bombardement de Varsovie, des Ju 52 de transport larguent des engins incendiaires sur la ville. Lors des premiers jours du conflit, les Messerschmitt Bf 109 ne sont pas équipés de radios, de sorte que les pilotes communiquent entre eux en battant des ailes. C'est également l'entraînement du personnel navigant allemand et son ascendant technique qui lui confèrent un avantage considérable sur l'ennemi. Par-dessus tout, les tactiques employées par les forces aériennes permettent de peser de manière décisive sur le cours de la bataille.

La campagne de France, conduite en mai-juin 1940, constitue un choc profond pour les Français et les Britanniques. Après une longue période de stagnation des opérations, appelée « drôle de guerre », où leurs capacités n'ont pas été prises en défaut, ils sont surclassés et écrasés en quelques semaines. Les Allemands acquièrent la supériorité dans les airs en quelques jours, même si l'armée de l'air française maintient sa cohésion jusqu'au bout et leur inflige des pertes importantes, en attaquant les aérodromes et les batteries antiaériennes et en détruisant les avions ennemis en combat. Rompus au principe de la concentration des moyens, les chefs de la Luftwaffe rassemblent leurs forces en des points donnés où elles pèsent sur l'issue de la bataille, tandis que leurs ennemis emploient leurs appareils, comme leurs chars d'ailleurs, par petits paquets. Les Amiot 143 et les Fairey Battle alliés constituent des cibles faciles pour la Flak et les chasseurs allemands, tandis que les chasseurs Morane-Saulnier M.S.406 et les Hurricane sont infé-

L'AVION DU BLITZKRIEG
Lors des premières batailles de la guerre, le Stuka Ju 87 de bombardement en piqué agit comme une artillerie volante en appui des forces terrestres allemandes. En dépit de la crainte qu'il sème, le Stuka est un avion lent et vulnérable.

rieurs au Bf 109. Les Britanniques n'engagent leurs Spitfire qu'à Dunkerque, et les Français ne disposent pas encore d'un nombre substantiel de Dewoitine D.520, un avion de chasse de nouvelle génération. Par ailleurs, la Royal Air Force hésite à dépêcher en France des avions dont elle sait qu'ils pourront lui être précieux si les Allemands, une fois vainqueurs, décident d'attaquer un jour l'Angleterre.

Alors que l'armée de l'air et la RAF ne sont pas parvenues à se doter d'un système d'opérations sol-air cohérent, la Luftwaffe est parfaitement intégrée dans la tactique de la guerre éclair. S'étant affranchie des disputes stériles relatives à l'indépendance de l'arme aérienne et de sa subordination ou non aux autres forces armées, elle utilise parfois ses avions pour des missions d'appui aux forces terrestres, parfois pour des missions d'interdiction lointaines ou des bombardements à caractère stratégique sur les villes ou les usines.

Le Stuka en action

L'aspect le plus spectaculaire du blitzkrieg est l'utilisation de l'aviation comme artillerie volante, en appui des forces blindées et motorisées. Des officiers de la Luftwaffe affectés aux unités de panzers assurent la coordination des attaques aériennes avec les opérations menées par les forces terrestres. Un système logistique évolué permet de ravitailler en carburant et en munitions les unités aériennes engagées au combat.

Les Allemands apprécient très justement les facteurs psychologiques, notamment les effets de démoralisation provoqués par les attaques aériennes sur les troupes au sol. Le Stuka Ju 87, le plus célèbre des avions du blitzkrieg, est certainement dépassé pour son époque, avec son train d'atterrissage fixe et son armement insuffisant ; le bruit qu'émettent ses sirènes lorsqu'il pique vers sa cible sème cependant la terreur chez l'ennemi. Ses bombardements sont assez précis pour détruire les nœuds de communication tels que les ponts ou les gares de triage. Par ailleurs, il peut accomplir des attaques dévastatrices sur les troupes ou les navires, comme il le fait pendant la campagne de Norvège en avril 1940.

Les pilotes de Stuka, survenant en formations de combat, piquent presque à la verticale derrière leur chef d'escadrille, à des vitesses qui dépassent 480 km/h. À ce moment, les freins de piqué entrent en action pour éviter une désintégration de l'appareil. Les pilotes et les artilleurs antiaériens ennemis comprennent vite que le Ju 87 est particulièrement vulnérable lorsqu'il sort de son piqué. À ce moment, sa vitesse est au plus bas et le pilote est avant tout préoccupé par l'idée de ramener son appareil en palier. Dans tous les cas, le Stuka s'expose aux interceptions de la chasse du fait même de sa lenteur. Peu à peu, la Luftwaffe n'étant plus capable de conserver la maîtrise de l'air, l'utilité de ce bombardier en piqué est moins évidente.

La leçon à retenir de ces premières années de guerre est la vulnérabilité de tous les bombardiers aux attaques des chasseurs. Lors de l'évacuation de Dunkerque, en juin 1940, les Stuka mais aussi les He 111 et les Ju 88 – ce dernier en dépit de son agilité et de sa vitesse – subissent des pertes importantes face aux Hurricane et aux Spitfire de la RAF. Cette leçon est confirmée pendant la bataille d'Angleterre qui montre que les intercepteurs dominent les airs, du moins de jour, et que, comme pendant la Première Guerre mondiale, le succès d'un combat aérien est toujours déterminé par des réactions instantanées des pilotes.

MAINTENANCE
Des mécaniciens allemands vérifient et approvisionnent en carburant un bimoteur Ju 88. La Luftwaffe est en mesure de lancer sans délai des opérations depuis des aérodromes récemment conquis.

UN COMBAT À COUPER LE SOUFFLE

Au cours de la Seconde Guerre mondiale, les combats entre chasseurs se déroulent à des vitesses qui poussent les organismes des pilotes à leurs limites. En 1941, le futur écrivain Roald Dahl sert dans la RAF en Grèce, lorsque les Allemands se présentent en force :

« En cette matinée, au-dessus d'Athènes, je me rappelle notre petite formation de Hurricane disparaissant au milieu de nuées d'avions ennemis. Ils arrivaient au-dessus de nous, mais aussi par-derrière et effectuaient des attaques frontales. Je me jetais parmi eux et pressais la détente toutes les fois qu'un appareil ennemi apparaissait dans mon collimateur. Ce fut sans doute le combat le plus éreintant et le plus excitant que j'eus jamais à livrer. J'aperçus des appareils qui lâchaient un nuage de fumée noire derrière eux. Je vis les lueurs rouges provenant des mitrailleuses des Messerschmitt alors qu'ils tiraient sur moi et un homme dont le Hurricane était en flammes s'extraire avec le plus grand calme de son habitacle et se parachuter… »

Sorti sain et sauf de ce combat, Dahl, après s'être posé, transpire si fortement que sa sueur goutte sur le sol. Ses mains tremblent tant qu'il ne peut même pas allumer une cigarette.

LE HURRICANE

Conçu par Sydney Cam, le Hawker Hurricane est le premier monoplan de chasse pris en compte par la RAF et l'épine dorsale du Fighter Command (le commandement de la chasse de la RAF) pendant la bataille d'Angleterre. Plus lent que le Messerschmitt Bf 109, il vire cependant mieux.

« Je me rappelle notre petite formation de Hurricane disparaissant au milieu de nuées d'avions ennemis… »

Roald Dahl,
pilote de la RAF et écrivain

Les troupes aéroportées

Dans ses missions d'appui au sol, la Luftwaffe expérimente des opérations aéroportées avec des parachutages ou des transports par planeurs de combat. L'une des plus réussies a lieu en mai 1940, lorsque les Allemands lâchent sur les formidables fortifications du fort d'Eben-Emael, à la frontière de la Belgique et des Pays-Bas, une quarantaine de planeurs remorqués par des Ju 52. Aux petites lueurs de l'aube, les planeurs en question se posent entre les casemates du fort et prennent par surprise la garnison de 1 000 hommes, qui dépose les armes.

En mai 1941 se déroule l'assaut aéroporté le plus spectaculaire : l'invasion de la Crète. Première invasion de l'Histoire menée par des parachutistes et des troupes aérotransportées, elle concerne 5 000 hommes largués sur une île tenue par 30 000 soldats britanniques et du Commonwealth. Les Allemands s'emparent de l'aérodrome de Malème, où les appareils de transport de la Luftwaffe se posent, amenant des renforts et des équipements. La plupart des hommes de la première vague sont tués, sans même avoir eu le temps de se débarrasser de leur parachute ou juste après avoir défait leurs harnais. Une action plus déterminée de la part du commandement britannique aurait sans doute permis de repousser l'ennemi, qui subit de très lourdes pertes. Le succès des opérations allemandes en Crète repose également sur l'appui rapproché efficace fourni par les avions de la Luftwaffe et la capacité de ces derniers à transporter sur place les renforts nécessaires.

Le conflit global

À la fin de 1941, la guerre, d'européenne, est devenue un conflit global dans lequel se retrouvent impliqués non seulement l'Union soviétique, mais aussi les États-Unis et le Japon, déjà engagé dans une guerre avec la Chine depuis 1937. Dans les camps en présence, l'approche est différente. L'Allemagne, l'Italie et le Japon encouragent l'esprit guerrier et

LE MARÉCHAL DU REICH GÖRING

Hitler invente cette distinction spéciale pour Göring, un as de la Première Guerre mondiale (ici, en capote gris clair) pendant l'été de 1940. Morphinomane, Göring connaîtra la disgrâce lorsque la Lufttwaffe perdra la maîtrise du ciel.

voient dans la guerre un creuset où l'homme se forgera un tempérament d'acier. Leurs aviateurs sont censés triompher grâce à leurs vertus martiales, telles que le courage physique, l'agressivité, le sens du sacrifice au nom de la patrie. Aux États-Unis, en Grande-Bretagne et même en Union soviétique, la démarche est beaucoup plus pragmatique. Les Soviétiques ne sont pas les derniers à exiger de grands sacrifices de la part de leur peuple, mais, à l'instar de leurs alliés, ils savent que la guerre sera gagnée grâce à l'organisation économique. La victoire dans les airs réclame du courage et de l'adresse chez les équipages, un soutien sans faille parmi le personnel au sol, l'inlassable travail des ingénieurs chargés de la construction des aérodromes et l'esprit inventif des scientifiques et des constructeurs. Toutefois, la guerre est remportée avant tout par un niveau élevé de production industrielle.

La production industrielle

L'énorme différence de productivité entre les principaux adversaires en présence se révèle déterminante dans l'issue du conflit. Le Japon et l'Italie ne possèdent pas les capacités industrielles et le niveau de développement technologique qui leur permettraient de répondre à l'intensification de la guerre dans les airs. Les Allemands disposent en principe des usines et des experts nécessaires, mais ils en font une utilisation plutôt aberrante. La désorganisation ambiante, la mauvaise répartition des ressources et les décisions prises en dépit du bon sens ne permettent à l'Allemagne d'atteindre des seuils de production élevés qu'en 1943-1944, en des temps où les bombardements se sont intensifiés et où le pays manque cruellement de matières premières.

De son côté, l'industrie aéronautique britannique parvient à de remarquables résultats, en montrant une très bonne capacité à combler les pertes subies au combat, notamment pendant la bataille d'Angleterre. Les performances de l'Union soviétique dans ce domaine auraient été considérables, quelles que fussent les circonstances, mais elles sont extraordinaires si l'on considère l'invasion du pays par l'Allemagne, en juin 1941. Travaillant dans des conditions rudimentaires et manquant de personnel qualifié, de machines-outils et de matières premières, les Soviétiques accroissent leurs matériels dans des proportions inouïes.

Aucun de ces pays n'atteint cependant le niveau de production des États-Unis. Au cours de la Seconde Guerre mondiale, l'industrie aéronautique américaine se développe à un rythme effréné et fait preuve d'une rare efficacité. La société Douglas constitue un bon exemple de ce phéno-

Le Junkers Ju 52/3m

Surnommé « Tante Ju », le Ju 52/3m est un avion qui inspire une très grande affection à ceux qui l'ont piloté. Avec son revêtement en tôle ondulée d'aluminium et sa configuration trimoteur dépassée, cet appareil n'a aucune élégance. Par ailleurs, il se révèle très bruyant en vol et désespérément lent. Toutefois, près de 4 800 Ju 52 ont été produits, soit plus que n'importe quel autre avion de transport en Europe. Conçu au départ pour le transport de passagers, le Ju 52 est une machine polyvalente, robuste et fiable dont le rôle principal devient le transport de troupes et de ravitaillement. Au début de la guerre civile espagnole, il est utilisé pour faire passer les troupes de Franco du Maroc en territoire espagnol. Puis il est employé par la Luftwaffe dans toutes les conditions de temps et sur les fronts les plus inhospitaliers, des steppes de Russie à la Tunisie, des fjords de Norvège aux montagnes de Crète. En mai 1941, près de 500 de ces appareils effectuent un assaut aéroporté sur la Crète. Pendant le terrible hiver de 1942-1943, ils évacuent les blessés de Stalingrad dont ils assurent par ailleurs le ravitaillement. Les aviateurs allemands apprécient cet avion, qui sera employé sans discontinuer jusqu'à la fin de la guerre.

UNE CABINE ÉTROITE

La cabine du Ju 52 est étroite et ne peut accueillir que deux rangs de sièges pour dix-huit passagers. Le Ju 52 original, doté d'un seul moteur, était un avion de transport commercial.

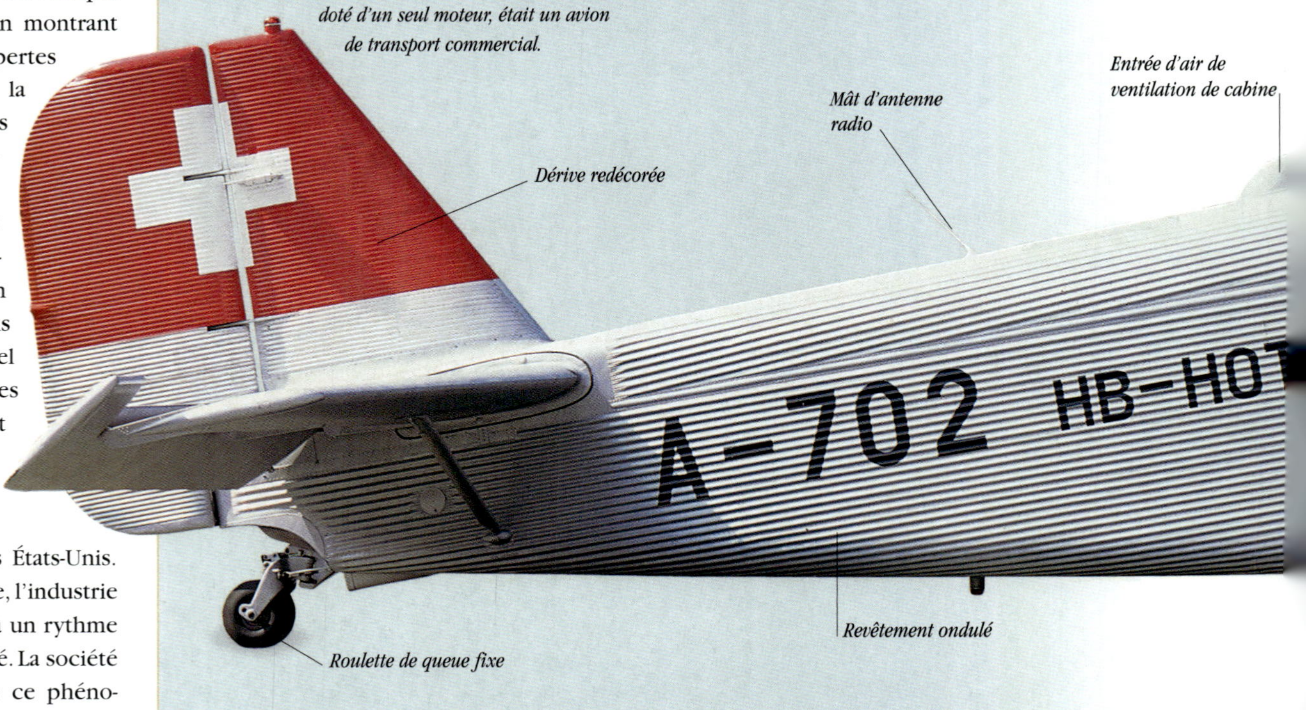

UN AVION BRUYANT
Le Junkers Ju 52/3m est un avion très bruyant non seulement pour les passagers ou les troupes qui prennent place en cabine, mais surtout pour les pilotes situés tout près des moteurs.

AVION DE RAVITAILLEMENT
Junkers Ju 52/3m larguant des vivres par parachute pendant la campagne de Norvège, en avril 1940.

MOTEURS ROBUSTES
Deux mécaniciens suffisent à la maintenance des moteurs BMW en étoile du Ju 52/3m, particulièrement robustes et fiables.

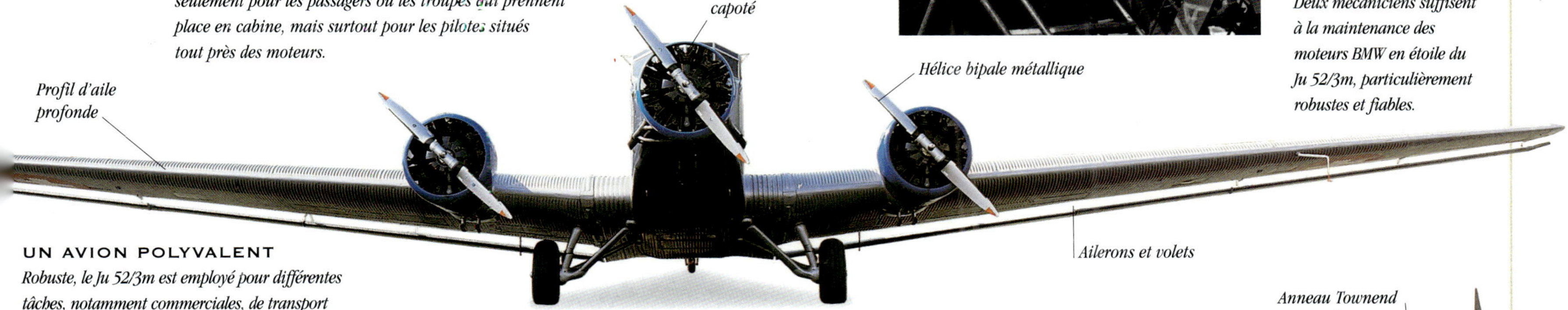

UN AVION POLYVALENT
Robuste, le Ju 52/3m est employé pour différentes tâches, notamment commerciales, de transport de fret et de troupes, de bombardement, d'opérations antimines, de remorquage de planeurs et d'évacuation sanitaire.

CARACTÉRISTIQUES COMMUNES
Ce Ju 52/3m reconditionné est utilisé aujourd'hui pour des voyages aériens à l'ancienne. Il conserve les lignes générales de l'avion, ainsi que son revêtement ondulé, son train fixe et ses ailerons à fente.

Caractéristiques

Moteurs	3 BMW en étoile de 830 ch
Envergure	29,2 m
Longueur	18,9 m
Vitesse de croisière	265 km/h
Équipage	3
Passagers	18

mène. Alors qu'elle a produit 1 000 DC-3 jusqu'en 1941, elle fabrique 10 000 C-47 de transport militaire entre cette dernière année et 1945. En tout, cette firme sortira près de 30 000 appareils de 1941 à 1945. Tout en procédant à l'augmentation de la production dans les usines aéronautiques, les Américains transforment de nombreux ateliers de construction automobile en chaînes d'assemblage d'avions.

Le résultat d'une expansion aussi rapide aurait pu se traduire par une forte baisse de qualité, des dizaines de milliers d'ouvriers non qualifiés ayant été affectés au secteur aéronautique. Toutefois, la conception des appareils est menée de façon intelligente en vue de faciliter leur sortie à grande échelle et de réduire les besoins en main-d'œuvre spécialisée. Les résultats atteints par ce secteur pendant les hostilités ne résultent pas seulement des capacités industrielles des États-Unis, ils proviennent aussi de la qualité de l'organisation.

L'entrée en guerre des Américains, en décembre 1941, condamne l'Allemagne et le Japon à la défaite. Cela dit, amener la productivité et la main-d'œuvre au niveau nécessaire pour permettre la victoire sur le champ de bataille ne se fait pas du jour au lendemain. En général, les Alliés parviennent à améliorer les performances de leurs avions et le niveau de formation de leurs navigants, tandis que leurs ennemis ne réussissent pas à combler leurs pertes et se battent jusqu'à la fin à bord des mêmes avions qu'ils utilisaient au début du conflit. Ils apprennent à dépasser les Allemands dans des domaines aussi divers que l'appui aérien rapproché, l'interdiction et même les opérations aéroportées.

PARACHUTAGE EN BIRMANIE

George MacDonald Fraser, un soldat écossais engagé en 1944 à Meiktila, dans la jungle birmane, décrit un parachutage mené par des C-47 : « Le premier des grands Dakota se présente, vire autour de la zone de largage, juste au-dessus de nous, les opérateurs de largage sikhs bien visibles dans les embrasures des portes. Derrière viennent d'autres avions qui se mettent eux aussi en cercle et s'inclinent légèrement afin que les Sikhs puissent larguer leurs colis. C'est une vision spectaculaire, les avions scintillent sous le soleil et les parachutes n'arrêtent pas de tomber […] La plupart des grands colis sont lâchés sans parachute, atteignant le sol dans un bruit sourd, soulevant un nuage de poussière.

L'un d'entre eux, mal dirigé, tombe tout droit sur une jeep stationnée aux limites de la zone de largage, transformant le véhicule en épave. »

CORDON AÉRIEN
Les forces alliées qui se battent dans la jungle birmane en 1944 ne peuvent être ravitaillées que par la voie des airs. Les chasseurs japonais ayant disparu du ciel, les avions de transport alliés opèrent en toute impunité.

La guerre en Asie

Un autre des aspects de cette mondialisation du conflit réside dans les besoins en personnel et en matériels destinés à opérer dans les régions les plus inhospitalières de la planète. Dans le désert d'Afrique du Nord, les Anglo-Américains découvrent l'emploi de la puissance aérienne en appui des forces de surface, en affrontant notamment l'Afrika Korps de 1942 à 1943. Les conditions de vol se révèlent assez bonnes dans l'ensemble, mais la maintenance des appareils est un vrai casse-tête et repose en partie sur l'ingéniosité des mécaniciens.

Le théâtre de Chine et de Birmanie, encore plus exigeant, est le lieu des combats aériens les plus légendaires de la Seconde Guerre mondiale. Dans cette région se battent les Curtiss P-40 de Claire Lee Chennault, le commandant de l'AVG (American Volunteer Group), plus connu sous le nom de « Tigres volants ». En 1941-1942, les pilotes de cette unité infligent des pertes importantes à une aviation japonaise supérieure sur le plan numérique. Le général Orde Wingate effectue, de son côté, des missions en profondeur derrière les lignes ennemies, avec ses Chindits. Placé sous le commandement du colonel Philip Cochran, l'Air Commando Group américain apporte son soutien à Wingate, avec ses C-47 de transport, ses P-51 Mustang de chasse, ses planeurs et même quelques hélicoptères Sikorsky.

Lors d'une de ces actions, en mars 1944, soixante-sept Dakota remorquent des planeurs transportant des Chindits et des sapeurs, avec tout leur équipement lourd, en pleine Birmanie occupée, afin d'y construire des pistes d'aviation. Pendant les jours qui suivent, des troupes, de l'artillerie, des véhicules légers et des milliers de mulets y sont débarqués. Certes, une bonne partie des planeurs est détruite au début de l'opération, mais cette initiative n'en permet pas moins aux Alliés de frapper au cœur du territoire ennemi.

Les avions de transport britanniques et américains basés au nord de l'Inde doivent ravitailler non seulement les

CONSTRUIT POUR LA VICTOIRE
Plus de 18 000 quadrimoteurs Consolidated B-24 Liberator sortent des usines américaines au cours de la Seconde Guerre mondiale, au rythme de dix par jour. La capacité de produire des avions en série est un avantage certain pour l'acquisition de la maîtrise de l'air sur un ennemi incapable de faire la même chose.

GUEULE DE REQUIN
Gueule de requin peinte sur un P-40 du Squadron 112 de la Royal Air Force engagé en Afrique du Nord pendant la seconde moitié de 1941.

troupes alliées, mais aussi pourvoir aux besoins des armées chinoises nationalistes et soutenir les forces américaines engagées en Chine méridionale. De 1942 à 1945, chaque véhicule, arme, cartouche ou bidon de carburant est livré par-dessus l'Himalaya, de Dinjan, en Assam, à Kunming. Ces missions sont reconnues pour avoir été parmi les plus difficiles et exigeantes de toute la guerre. Les C-47, C-54 et autres appareils qui les assurent doivent franchir des distances de 800 km et des sommets situés au-dessus de 5 000 m.

PAR-DESSUS L'HIMALAYA

C-47 évoluant au-dessus de l'Himalaya, lors d'une mission de ravitaillement entre l'Inde et la Chine. Opérer au-dessus d'un environnement aussi hostile est un véritable défi, qui coûte de nombreuses vies mais permet d'approvisionner les nationalistes chinois en nourriture, carburant et munitions.

S'ils empruntent les vallées, les pilotes sont confrontés à de violentes turbulences ; s'ils évoluent à haute altitude, en utilisant leur masque à oxygène, ils risquent le givrage. Pendant la saison des moussons, des nuages très denses entourent les sommets des montagnes et stagnent dans les vallées, et les aviateurs doivent se guider aux instruments tout au long de leur vol. Passer par-dessus l'Himalaya coûtera, en fin de compte, la vie de centaines d'équipages et d'avions, mais ces sacrifices permettront de livrer quelque 660 000 tonnes de fret jusqu'en 1945.

L'hiver russe

L'environnement le plus inhospitalier dans lequel les aviateurs sont contraints d'opérer est sans doute la Russie. La Luftwaffe, comme l'armée allemande dans son ensemble, est mal préparée à se battre par des températures inférieures à –50 °C. La neige épaisse ne constitue pas une bonne surface d'atterrissage, et la maintenance des appareils est un véritable cauchemar. L'essence et l'huile gèlent, les pompes hydrauliques tombent en panne, les pneus deviennent poreux et se fissurent, les instruments et les postes radio refusent de fonctionner. Souvent, un avion sur quatre seulement est en mesure de prendre l'air.

Malgré ces conditions climatiques effroyables, la Luftwaffe obtient de beaux succès dans le domaine du ravitaillement par la voie des airs. À Demyansk, au cours de l'hiver 1941-1942, elle approvisionne 100 000 soldats encerclés par l'armée rouge pendant trois mois, grâce à ses Ju 52 et à des bombardiers transformés en avions de transport. L'hiver suivant, Hitler lui demande de renouveler cet exploit à Stalingrad, mais la tâche dépasse ses possibilités. Les 250 000 hommes de la VIe armée, commandée par le général Paulus, pris au piège par les forces soviétiques en novembre 1942 ont besoin de 300 tonnes d'approvisionnements par jour. Au mieux, l'aviation est en mesure de leur en fournir à peine le tiers, et, pendant plusieurs jours, ils ne reçoivent parfois rien.

Le pont aérien de Stalingrad

Pour les aviateurs allemands, le pont aérien de Stalingrad constitue à la fois une page d'héroïsme, de souffrances et de chaos sur le plan de l'organisation. En dépit du froid cinglant, les équipages et les équipes au sol vivent dans des abris non chauffés, construits le long des pistes prises sous le feu de l'artillerie ennemie. Ils servent une flotte de transport formée à la hâte de Ju 52 et de He 111, mais comprenant aussi des avions d'entraînement et de liaison, et même dix-huit Focke-Wulf Fw 200 Condor. Travaillant dans le froid et le gel, les équipes au sol s'emploient à maintenir ces machines en état de vol 24 heures sur 24. Les pilotes décollent et atterrissent par visibilité nulle. Lors de leur progression en direction de l'aérodrome de Pitomnik, dans la poche de Stalingrad, ils sont pris à partie par les chasseurs et les canons antiaériens ennemis. Ils se posent souvent sous les tirs de l'artillerie, évitant les cratères et les épaves. Parfois, des avions chargés de blessés s'écrasent au décollage, notamment quand des soldats se sont accrochés à ses empennages alors qu'il entamait sa course d'envol. Lors de l'évacuation d'urgence de l'aérodrome de Tatsinskaia, submergé par les chars soviétiques, près de 180 Ju 52 sont perdus, beaucoup à la suite de collisions avec des appareils amis dans le chaos général. En tout, de novembre 1942 à la reddition de Paulus, fin janvier 1943, la Luftwaffe perd 490 avions, dont 266 Ju 52 et 165 He 111.

GUERRE D'HIVER

Mécaniciens et armuriers soviétiques au travail dans le froid de l'hiver. Si elle ne peut empêcher les avions de décoller ou d'atterrir, la neige peut toutefois compromettre leurs capacités opérationnelles.

PARACHUTES ET PLANEURS

L'un des spectacles les plus impressionnants de la Seconde Guerre mondiale est sans doute le lancement d'une opération aéroportée où des centaines d'avions de transport emportant des parachutistes et remorquant des planeurs envahissent le ciel. Malheureusement, cette vision d'ordre et de puissance a tendance à se transformer en une sorte de chaos au-dessus de la zone de largage. Le pilote de chasse Pierre Clostermann décrit l'assaut aéroporté conduit par les Alliés sur la rive orientale du Rhin en mars 1945 comme « un spectacle apocalyptique. Des milliers de parachutes blancs descendent dans un enfer de tirs d'artillerie lourde, moyenne et légère, tandis que des Dakota s'abîment en flammes et que des planeurs percutent des câbles à haute tension dans une pluie d'étincelles bleues ».

Les Allemands se taillent quelques succès au début de la guerre, convainquant les Américains de la valeur des opérations aéroportées. Celles-ci n'en demeurent pas moins difficiles à planifier. Un homme qui descend au bout d'un parachute est désespérément vulnérable si l'effet de surprise n'est pas obtenu. En dépit d'un entraînement rigoureux, les troupes de parachutistes arrivent souvent dispersées au sol et séparées de leurs équipements. Lorsque l'ennemi réagit, elles doivent soit rejoindre rapidement les forces amies qui avancent, soit être soutenues par des avions de transport et des avions d'appui-feu.

Les planeurs peuvent emporter des équipements tels que des jeeps et des pièces d'artillerie légères, mais aussi des soldats. Le pilote et le copilote, assis côte à côte, communiquent avec le pilote de l'avion remorqueur par un câble téléphonique tiré entre les deux appareils. En cas de turbulences ou si le contrôle du planeur est perdu, le câble de remorquage est sectionné au plus vite. Les planeurs qui atteignent la zone de largage devant se poser à près de 110 km/h en plein champ au milieu d'autres planeurs, les accidents sont inévitables et fréquents.

Les opérations aéroportées alliées, comme celle du débarquement en Normandie ou celle de Hollande, en septembre 1944, ont rarement correspondu aux prévisions ; elles n'en ont pas moins été utiles.

OPÉRATION MARKET-GARDEN
Le 17 septembre 1944, quelque 10 000 parachutistes alliés sont largués sur les Pays-Bas occupés par l'Allemagne afin de s'emparer des ponts sur la Meuse, l'Escaut et le Rhin. Celui d'Arnhem n'ayant pu être pris, l'opération Market-Garden tourne court.

« Des milliers de parachutes blancs descendent dans un enfer de tirs d'artillerie [...], tandis que des Dakota s'abîment en flammes... »

Pierre Clostermann,
Assaut aéroporté sur le Rhin, 1945

EMBARQUEMENT
En 1942, des parachutistes britanniques embarquent à bord d'un planeur Hotspur en vue d'effectuer un exercice. Les troupes aéroportées acquièrent vite une réputation de soldats d'élite, donnant une nouvelle dimension à la guerre en se saisissant d'objectifs (ponts et aérodromes) situés derrière les lignes ennemies.

MOTOCYCLETTE LARGABLE
Pendant la Seconde Guerre mondiale, des conteneurs chargés d'armes, de munitions, de postes radio, de vivres et même de motocyclettes, comme celle-ci, peuvent être parachutés. Des véhicules, tels que des jeeps, sont également largués, freinés par quatre parachutes.

Le front de l'Est

À partir de 1943, l'aviation allemande subit des pertes de plus en plus intolérables, tant sur le front de l'Est qu'au-dessus du Reich, en proie aux attaques des bombardiers alliés. La production aéronautique allemande atteint des sommets grâce à la politique instaurée par le nouveau ministre de l'Armement Albert Speer, ce qui permet à la Luftwaffe de continuer d'infliger des dommages importants à ses adversaires, mais la bataille n'en est pas moins perdue d'avance.

Les Allemands expédient leurs pilotes les moins expérimentés et leurs avions les plus dépassés sur le front de l'Est, en réservant le meilleur de leurs hommes et de leurs matériels à la défense aérienne du Reich. Encore que bon nombre d'aviateurs enregistrent des palmarès étonnants en Russie : l'as des as de la Seconde Guerre mondiale, Erich Hartemann, revendique 352 victoires, et six autres pilotes en réclament plus de 200 chacun. Pourtant, les chasseurs soviétiques constituent une menace de plus en plus conséquente, le Yakovlev Yak-9 faisant bonne figure face aux Messerschmitt et autres Focke-Wulf.

Les tueurs de chars des deux camps en présence, l'Il-2 Stormovik soviétique et les Henschel Hs 129 et Junkers Ju 87 armés de deux canons à obus perforants, jouent un rôle majeur dans la grande bataille entre blindés livrée à Koursk en juillet 1943, et dans d'autres combats opposant l'armée rouge à la Wehrmacht. Un pilote de Stuka, Hans Rudel, détruit à lui seul 500 chars soviétiques, mais les panzers souffrent eux aussi sous les attaques des avions adverses. En tout, la Luftwaffe revendique la destruction de 44 000 appareils soviétiques, encore que les Allemands soient surclassés dans le domaine aérien pendant une grande partie du conflit à l'Est.

Le jour J

À l'ouest, la puissance aérienne joue un rôle central dans la réussite du débarquement en Normandie, le 6 juin 1944, et dans l'avance alliée à travers l'Europe. Au début des hostilités, les forces aériennes britanniques et américaines sont bien mal préparées aux missions d'appui tactique. Si elles reconnaissent la nécessité d'acquérir la supériorité dans les airs, elles sont moins bien disposées à intervenir au profit des forces terrestres. Leurs chefs, qui voient dans cette démarche une façon de se mettre au service des responsables des armées de terre, répugnent à coopérer avec ces dernières. Néanmoins, des tactiques appropriées sont peu à peu mises en œuvre, d'abord dans le désert d'Afrique du Nord, ensuite en Italie, où les Alliés prennent pied en 1943. Ces expériences se révèlent précieuses pour la préparation du jour J.

Le Yakovlev Yak-3

« Évitez le combat en dessous de 5 000 m avec les chasseurs Yakovlev qui n'ont pas de radiateur d'huile sous le nez. »

Directive de la Luftwaffe sur le front de l'Est

Le Yak-3, dû à l'ingénieur soviétique Alexander Yakovlev, forge sa réputation de chasseur en combat tournoyant lors des grandes batailles livrées sur le front de l'Est en 1944-1945. À sa surprise et à son désavantage, la Luftwaffe découvre que cet appareil est supérieur au Messerschmitt Bf 109 et au Focke-Wulf Fw 190 aux altitudes basses. En une occasion, en juillet 1944, une formation de dix-huit Yak-3 opposée à trente chasseurs de la Luftwaffe en abat quinze pour la perte de seulement un d'entre eux.

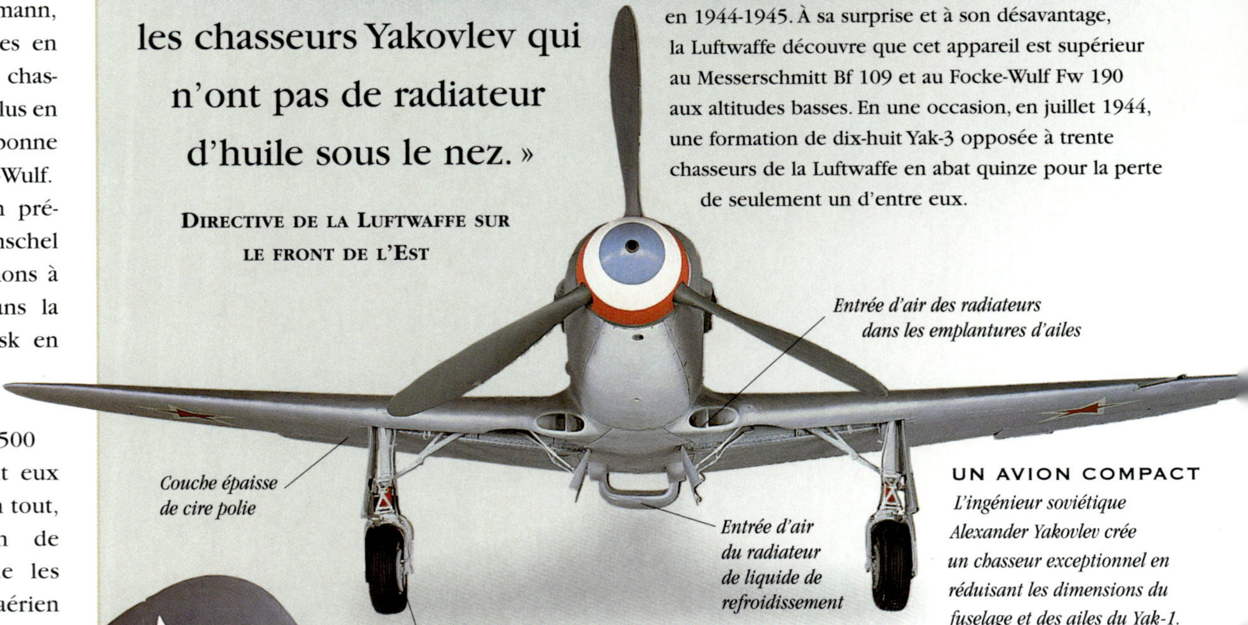

UN AVION COMPACT
L'ingénieur soviétique Alexander Yakovlev crée un chasseur exceptionnel en réduisant les dimensions du fuselage et des ailes du Yak-1.

CHASSEUR DE COMBAT TOURNOYANT
Le Yak-3 est si fin et léger qu'il affiche des performances élevées avec un moteur peu puissant. L'armement et le blindage sont sacrifiés à la réduction des masses. L'avion représenté ici appartient au Normandie-Niémen.

S'inscrivant dans une lignée d'avions qui va du Yak-1 de 1939 à l'impressionnant Yak-9 de l'après-guerre, le Yak-3 est le plus petit des chasseurs alliés de la Seconde Guerre mondiale. Il a été dessiné en s'inspirant du Yak-1 mais de façon à réduire les masses et la traînée, en remplaçant le radiateur d'huile situé en dessous du nez par deux radiateurs montés dans les emplantures d'ailes. L'appareil qui en résulte dispose d'une excellente accélération, d'une très bonne manœuvrabilité et d'une vitesse ascensionnelle élevée. Son seul défaut réside dans son armement trop léger qui l'empêche d'obtenir plus de victoires au combat.

Comme bien d'autres avions soviétiques réussis, le Yak-3 est une machine facile à produire et à maintenir, et capable d'opérer depuis des pistes couvertes de neige au plus fort de l'hiver russe. Près de 4 900 exemplaires en sont construits dans les conditions difficiles et rudimentaires qui caractérisent les usines soviétiques de cette époque, rapatriées dans l'Oural au moment de l'invasion allemande de 1941. Les pilotes du régiment de chasse français libre Normandie-Niémen, qui se battent sur le front de l'Est depuis 1942-1943, et auxquels fut donné le choix de voler sur des chasseurs américains, britanniques ou soviétiques, accordent leur préférence au Yak-3.

UN CHAMP VISUEL DÉGAGÉ
Le poste de pilotage du Yak-3 est assez spacieux pour un chasseur costaud, contribuant à la popularité de l'avion chez les pilotes. Les commandes, légères, répondent bien et le champ visuel est dégagé.

STAR SOVIÉTIQUE
Le Yak-3 prend une part importante dans la victoire soviétique sur l'Allemagne nazie. Il peut opérer dans des conditions beaucoup plus difficiles que n'importe quel chasseur ennemi.

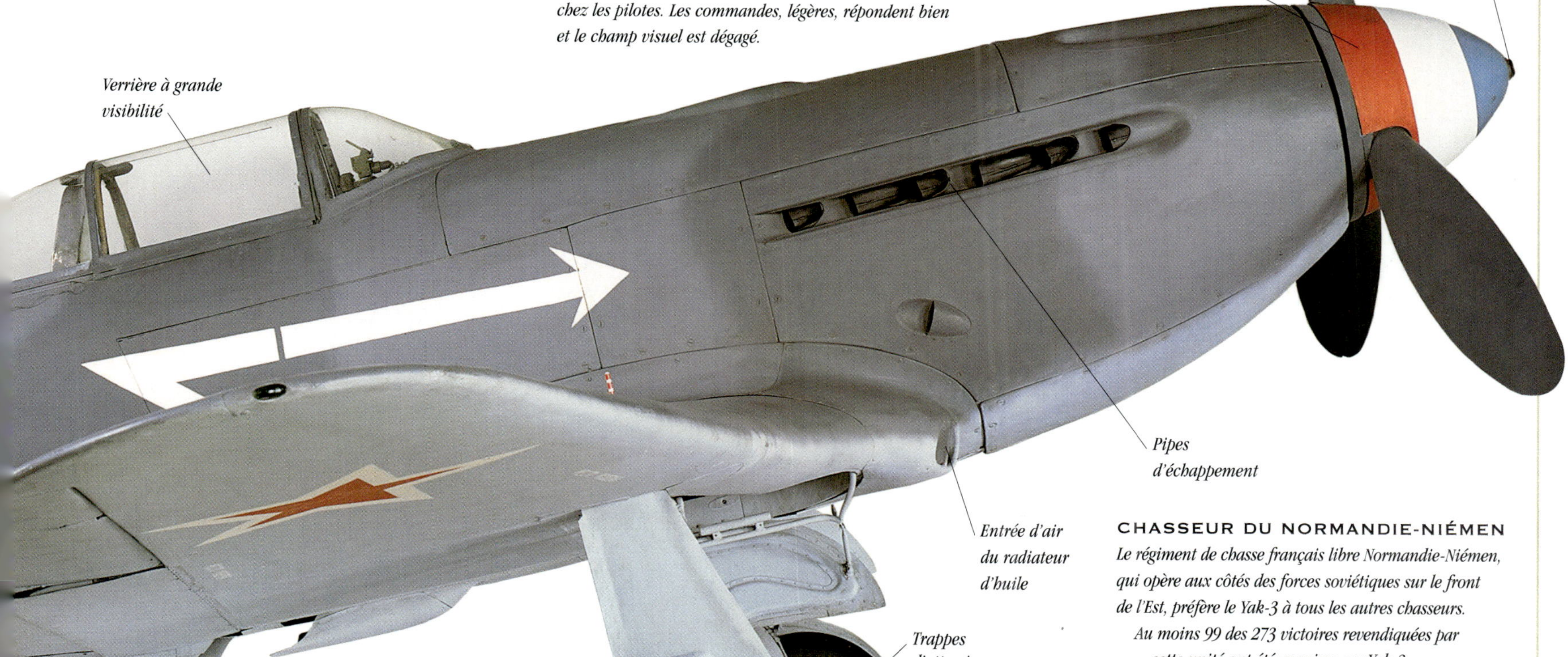

Caractéristiques

Moteur Klimov VK-105PF2 de 1 290 ch	
Envergure 9,2 m	
Longueur 8,5 m	
Poids 2 690 kg	
Vitesse max. 650 km/h	**Équipage** 1
Armement 1 canon ShVAK de 20 mm ; 2 mitrailleuses UBS de 12,7 mm	

CHASSEUR DU NORMANDIE-NIÉMEN
Le régiment de chasse français libre Normandie-Niémen, qui opère aux côtés des forces soviétiques sur le front de l'Est, préfère le Yak-3 à tous les autres chasseurs. Au moins 99 des 273 victoires revendiquées par cette unité ont été acquises sur Yak-3.

Sans la maîtrise de l'air, les chefs militaires alliés n'auraient pu débarquer en Europe. Les chasseurs anglo-américains assurent la protection des forces d'invasion et trois divisions aéroportées sont amenées à pied d'œuvre à bord d'avions de transport et de planeurs. Les chasseurs-bombardiers et les bombardiers détruisent, quant à eux, tous les nœuds de communication du nord-ouest de la France, coupant cette région du reste des territoires occupés par les Allemands. Tous les mouvements des unités ennemies se heurtent à des appareils en maraude qui finissent par les rendre presque impossibles. Sur le front lui-même, les bombardiers lourds, ayant recours à la tactique du tapis de bombes, écrasent les positions défensives de l'adversaire. En 1944, aucun barrage d'artillerie ne peut prétendre atteindre l'efficacité d'un bombardement aérien.

Les missions d'appui rapproché ne vont pas sans poser de problèmes. Des efforts considérables sont développés pour faire porter le poids de la puissance aérienne sur les bons objectifs et au bon moment. Des contrôleurs aériens avancés, au sol ou à bord d'avions qui survolent la ligne de front, peuvent ordonner et diriger des frappes aériennes, et des marqueurs, tels que des fumigènes ou des fusées éclairantes, sont utilisés pour indiquer les objectifs. Toutefois, les délais de réaction sont souvent trop longs et les attaques manquent de précision. De temps à autre, les avions alliés touchent les troupes amies qui ont tendance à ouvrir le feu sur tout appareil qui se présente dans le ciel, qu'il soit ou non de leur camp. Les aviateurs sont même par-

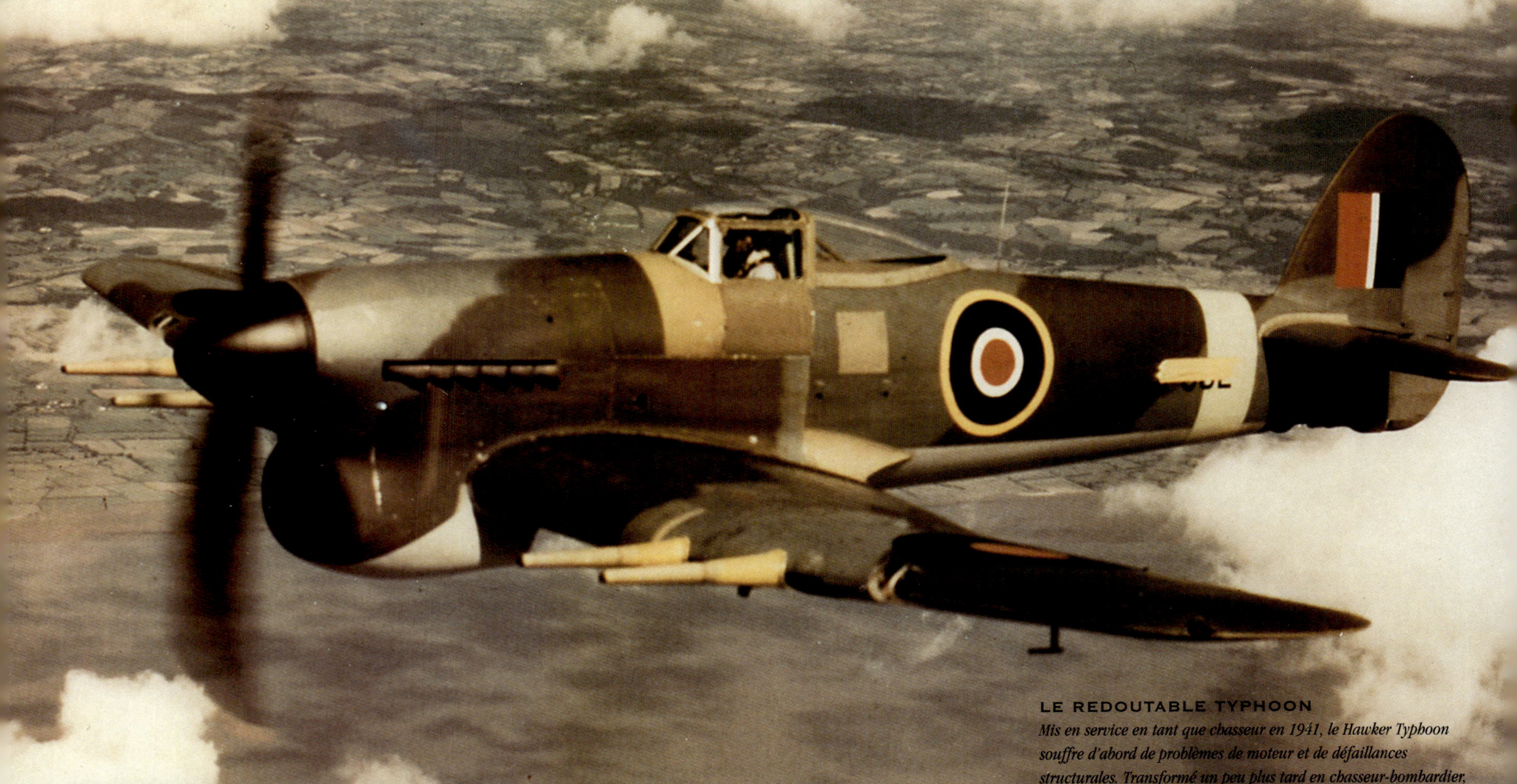

LE REDOUTABLE TYPHOON

Mis en service en tant que chasseur en 1941, le Hawker Typhoon souffre d'abord de problèmes de moteur et de défaillances structurales. Transformé un peu plus tard en chasseur-bombardier, il se révèle d'une efficacité dévastatrice et d'une rare résistance aux tirs antiaériens. Il peut emporter une imposante charge offensive faite de bombes et de roquettes.

DÉBARQUEMENT DE NORMANDIE

Le 6 juin 1944, les troupes américaines débarquent en Normandie. Cette opération amphibie aurait été impossible si les Alliés n'avaient pas eu la maîtrise de l'air et s'ils n'avaient pas attaqué les ponts, les routes et les voies de chemin de fer du nord de la France, empêchant ainsi l'acheminement des renforts ennemis vers le front.

ATTAQUE À LA ROQUETTE

Cette photographie montre une roquette tirée par un Typhoon sur des véhicules allemands en Normandie, en 1944. Le Typhoon acquiert une redoutable réputation de chasseur-bombardier pendant les opérations menées en France, de juin à août 1944, même si la précision de ses attaques est sujette à caution.

fois invités à effectuer des séjours sur la ligne du front, de manière à se rendre compte de la réalité de la situation, mais sans que ces initiatives aient une portée réelle.

Tout cela n'enlève rien à l'impact exercé par la puissance aérienne dans les batailles terrestres menées sur le front européen en 1944-1945. Des chasseurs-bombardiers tels que le Hawker Typhoon et le P-47 Thunderbolt tirent une partie de leur réputation des raids qu'ils ont menés au canon, à la bombe, à la roquette et à la mitrailleuse. Le napalm entre lui aussi dans l'arsenal des moyens utilisés dans la bataille au sol. Sur le front de l'Est, les chars lourds eux-mêmes se révèlent vulnérables aux attaques aériennes. La dernière offensive allemande, conduite dans les Ardennes, en décembre 1944, sans soutien aérien, n'est possible que grâce au mauvais temps qui cloue au sol l'aviation alliée. Les chasseurs et les chasseurs-bombardiers anglo-américains engagés derrière les lignes ennemies afin d'attaquer les trains, les aérodromes et les convois routiers subissent rarement des pertes importantes de la part de la Luftwaffe, largement surclassée. Toutefois, l'artillerie antiaérienne prélève sur eux un sévère tribut. Évoluer à basse altitude pour mitrailler ou bombarder des objectifs protégés par de fortes concentrations de canons antiaériens requiert des nerfs à toute épreuve et de la chance. Hormis les balles et les obus ennemis, les pilotes courent souvent le risque de percuter leur cible, voire un immeuble ou un pylône de plein fouet. Si cette cible explose, par exemple s'il s'agit d'un camion chargé de munitions, le pilote se retrouve au milieu de débris dangereux. Aussi la plupart des aviateurs préfèrent-ils livrer des combats aériens plutôt que de faire face aux dangers d'une attaque au sol.

La victoire de l'aviation alliée

À la fin des hostilités, les défenses aériennes allemande et japonaise ont été totalement submergées par l'aviation alliée qui a mené des opérations gigantesques. Lors de l'offensive aérienne stratégique anglo-américaine sur l'Europe, les raids de 1 000 bombardiers ont été monnaie courante. Le premier jour de l'opération aéroportée d'Arnhem, en septembre 1944, près de 4 000 chasseurs, bombardiers, avions de transport et planeurs ont été engagés. En mars 1945, lors de leur avance finale sur Berlin, les Soviétiques accomplissent jusqu'à 17 500 sorties journalières. Les États-Unis ont produit pendant le conflit quelque 300 000 avions militaires, et des centaines de milliers de navigants ont été formés. Une grande partie des destructions subies par les pays impliqués dans la guerre a été causée par l'aviation.

LE THUNDERBOLT

Mécaniciens américains travaillant sur un P-47 Thunderbolt en Angleterre en 1943. Le réservoir de carburant auxiliaire monté en dessous du fuselage permet d'accroître la distance franchissable. Le capot du moteur est peint en blanc afin d'éviter toute confusion avec le Fw 190 de la Luftwaffe, d'une configuration similaire.

L'ATTAQUE D'UNE LOCOMOTIVE

Le pilote français libre Pierre Clostermann vole au sein de la Royal Air Force pendant la Seconde Guerre mondiale. Il décrit l'attaque d'un train par quatre chasseurs-bombardiers Tempest pendant l'hiver de 1944, une opération dont il dit : « cette tâche inhumaine, nous l'avons accomplie [...] parce que la guerre est la guerre. »

« Les quatre Tempest, poursuit-il, descendent à 3 000 pieds dans l'air froid, et leurs ailes polies reflètent les premières lueurs du crépuscule. Nous virons en direction du train et, instinctivement, quatre mains gantées, engourdies par le froid, amènent déjà le levier de réglage de l'hélice au pas voulu. Nous pouvons à présent distinguer la locomotive, le wagon de l'artillerie antiaérienne devant elle et l'interminable convoi qui se traîne péniblement derrière.

Sans avoir eu besoin de larguer nos réservoirs auxiliaires, nous nous engageons dans un piqué accentué, gaz à fond... 350... 380... 420... 450 mph. Le sang bat dans ma gorge serrée – encore cette vieille peur de l'artillerie. Nous ne sommes plus qu'à 1 mile ou 2 maintenant. J'ajuste ma visée à environ 20 mètres en avant de la locomotive. La première rafale de traçantes, les éclairs saccadés des affûts quadruples de 20 mm montent vers nous, tandis que les roues de la locomotive, tous freins serrés, crissent sur la voie [...] Je survole des champs labourés couverts de neige [...] Mes canons tonnent, tandis que le mécanicien saute de sa machine et roule dans un fossé. Mes obus explosent sur le talus et pénètrent dans l'ombre noire qui grossit dans mon viseur.

Puis la cheminée vomit un torrent de flammes et de cendres et la locomotive est enveloppée de la vapeur qui jaillit des canalisations trouées. Une sollicitation du manche en arrière pour éviter les câbles télégraphiques, un rapide piqué à travers la fumée, puis, à nouveau, le ciel dans mon pare-brise dégoulinant de suie huileuse [...] Un coup d'œil en arrière. La locomotive disparaît dans un nuage de suie et de vapeur. Des gens se ruent par les portes des wagons et sautent le talus comme des fourmis affolées. »

> « Mitrailler des trains [...], cette tâche inhumaine, nous l'avons accomplie [...] parce que la guerre est la guerre. »
>
> Pierre Clostermann, dans *Le Grand Cirque*, 1948

UN AS FRANÇAIS

Pierre Clostermann, pilote français libre, prend place dans l'habitacle de son Hawker Tempest arborant les marques de ses victoires aériennes. L'aviateur considère le Tempest comme le meilleur chasseur allié de la guerre.

CHASSEURS ET CHASSEURS-BOMBARDIERS DE 1939-1945

Les chasseurs de la Seconde Guerre mondiale sont conçus pour des missions diversifiées, comme assurer la supériorité aérienne, en luttant contre l'aviation ennemie, l'interception des bombardiers, l'attaque au sol en appui des armées terrestres, l'escorte des bombardiers amis et la chasse de nuit. Bien que de nombreux appareils excellent dans plusieurs de ces tâches, aucun n'est capable de les assumer toutes. Les meilleurs chasseurs sont des monoplaces légers, rapides et maniables. Les intercepteurs sont des plates-formes de tir stables et dotées d'une grande puissance de feu, telles que le Hurricane. Les chasseurs lourds, emportant un armement conséquent, comme le Hawker Typhoon et le P-47 Thunderbolt, sont idéalement adaptés à l'attaque au sol. Les chasseurs de nuit les plus efficaces sont des biplaces ou des triplaces, parce que le pilote doit être secondé pour mettre en œuvre des équipements radio et radar de plus en plus complexes. Les chasseurs d'escorte ont besoin d'allonge pour accompagner les bombardiers sur l'objectif, l'un des meilleurs étant le P-51 Mustang.

SUPER SPITFIRE
Le Supermarine Spitfire, propulsé par un moteur Rolls-Royce Griffon, est le seul chasseur britannique produit d'un bout à l'autre de la guerre (voir pp. 210-211).

Bell P-39Q Airacobra

L'Airacobra est un avion unique, son moteur étant placé derrière le poste de pilotage afin de fournir l'espace nécessaire au canon qui tire à travers le moyeu de l'hélice. Peu performant à haute altitude, cet appareil ne s'en montre pas moins efficace dans l'attaque au sol et s'affirme un chasseur valable sur le front de l'Est.

Moteur Allison V-1710-83 en ligne de 1 200 ch
Envergure 10,4 m — **Longueur** 9,2 m
Vitesse max. 620 km/h — **Équipage** 1
Armement 1 canon de 37 mm tirant à travers le moyeu de l'hélice ; 2 mitrailleuses de 12,7 mm

Bristol Blenheim IV

Le bombardier Bristol Blenheim entre en service dans la RAF en 1938, mais du fait des avancées accomplies par l'industrie aéronautique, il est déclassé au début de la guerre. Des Blenheim VI bombardent l'Allemagne en 1940, et la version de chasse de l'appareil est la première au monde à emporter un radar. Elle forme le noyau de la chasse de nuit britannique en 1940-1941.

Moteurs 2 Bristol Mercury XV en étoile de 920 ch
Envergure 17,7 m — **Longueur** 13 m
Vitesse max. 428 km/h — **Équipage** 3
Armement 4 mitrailleuses Browning de 7,7 mm ; charge de bombes de 454 kg

Curtiss P-40E Warhawk

Le P-40 est produit dès 1939 afin de répondre aux besoins français et britanniques, mais il se révèle dépassé par les autres chasseurs. Toutefois, la RAF et les US Army Air Forces exploitent ses capacités dans des missions d'appui rapproché.

Moteur Allison V-1710-39 en ligne de 1 150 ch
Envergure 11,4 m — **Longueur** 9,5 m
Vitesse max. 540 km/h — **Équipage** 1
Armement 6 mitrailleuses de 12,7 mm de voilure ; 1 bombe de 227 kg et 2 bombes de 45 kg

Focke-Wulf Fw 190A

Mis en service en 1941, le chasseur Fw 190, aux lignes élancées et au moteur en étoile, est maniable et offre un champ visuel important à son pilote. Supérieur sous de nombreux aspects au Bf 109, il ne le remplace pourtant pas. En fait, à différents moments de la guerre, le Fw 190 est supérieur à bon nombre de chasseurs alliés, tout en étant le meilleur avion de chasse produit par l'Allemagne. Il sert dans des missions de chasse-bombardement, d'attaque au sol, de torpillage, de reconnaissance tactique et de chasse de nuit.

Moteur MW 801 18-cylindres en double étoile de 1 700 ch
Envergure 10,5 m — **Longueur** 8,8 m
Vitesse max. 655 km/h — **Équipage** 1
Armement 2 mitrailleuses de 13 mm, 4 canons de 20 mm ; 1 bombe de 500 kg

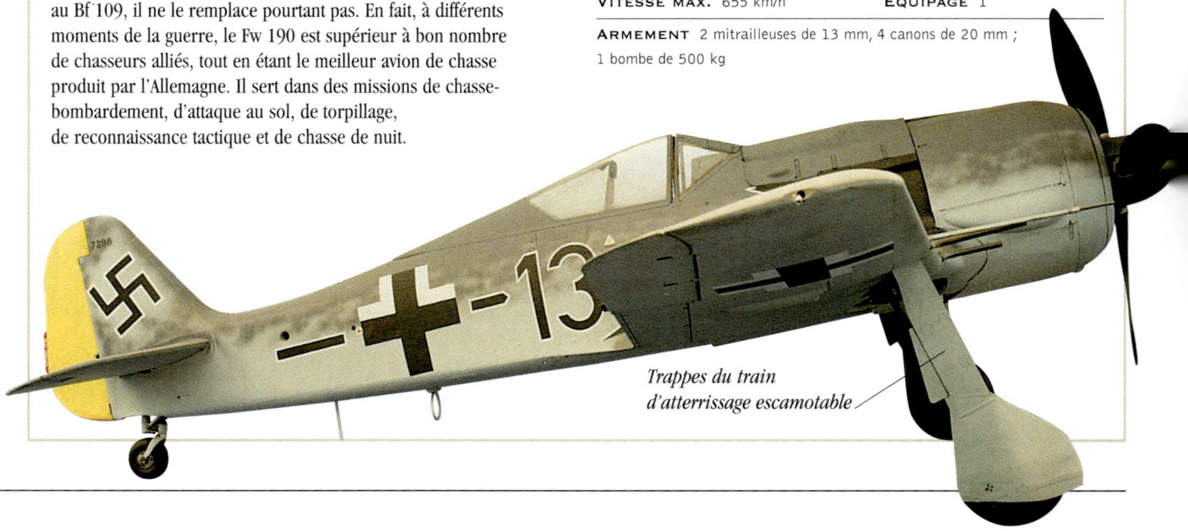

Hawker Hurricane Mk IIB

Premier monoplan de chasse de la RAF, le Hurricane entre en service en 1937. Principal chasseur utilisé par le Fighter Command pendant la bataille d'Angleterre, il sert dans 32 escadrons à cette époque, contre 19 pour le Spitfire. Les Hurricane abattent plus d'appareils ennemis que les autres avions britanniques et même que les défenses antiaériennes. Surclassé par la suite, il est utilisé pour l'attaque au sol et comme chasseur de chars. Certains servent à la protection des convois maritimes.

Moteur Rolls-Royce Merlin en ligne de 1 260 ch

Envergure 12,1 m **Longueur** 9,8 m

Vitesse max. 545 km/h **Équipage** 1

Armement 12 mitrailleuses de 7,7 mm ; 2 bombes de 114 kg ou 8 roquettes, ou charge de bombes de 227 kg

Hawker Typhoon Mk IB

Conçu pour avoir deux fois la puissance motrice de la génération précédente des chasseurs britanniques, le Typhoon entre en production en 1941, mais souffre de problèmes structuraux et de défaillances de son propulseur. Par ailleurs, ses performances à haute altitude sont médiocres. Il est pourtant véloce à basse altitude et se révèle d'une efficacité dévastatrice dans les missions d'attaque au sol, notamment en Normandie, contre les chars allemands, en 1944.

Moteur Napier Sabre II en ligne de 2 180 ch

Envergure 12,7 m **Longueur** 9,7 m

Vitesse max. 665 km/h **Équipage** 1

Armement 4 canons Hispano de 20 mm ; 8 roquettes sous voilure ou 2 bombes de 227 kg

Hawker Tempest Mk V

Mis en service en 1944, le Tempest est l'avion qu'aurait dû être le Typhoon. Utilisant le même moteur, mais doté d'une voilure moins épaisse, il possède de brillantes capacités à haute altitude et se révèle très rapide, puisqu'il peut intercepter des bombes volantes V1 ou abattre des Me 262 au-dessus de l'Allemagne, en 1945.

Moteur Napier Sabre II en ligne de 2 180 ch

Envergure 12,5 m **Longueur** 10,3 m

Vitesse max. 690 km/h **Équipage** 1

Armement 4 canons Hispano de 20 mm ; 8 roquettes ou 2 bombes de 227 kg

Henschel Hs 129B-1/R2

Avion d'attaque au sol doté d'un habitacle blindé et d'un armement lourd conçu pour la destruction des chars, le Hs 129 est sous-motorisé dans ses premières versions, aucun propulseur puissant n'étant disponible. Aussi emploie-t-on des moteurs français fabriqués par l'industrie aéronautique du régime de Vichy, qui se révèlent peu fiables et vulnérables. Le Hs 129 opère avec quelque succès sur le front de l'Est, armé d'un canon de 37 mm et même de 75 mm, contre les blindés soviétiques.

Moteurs 2 Gnome-Rhône 14M 4/5 de 700 ch

Envergure 14,2 m **Longueur** 9,8 m

Vitesse max. 405 km/h **Équipage** 1

Armement 2 mitrailleuses MG 17 de 7,92 mm ; 2 canons MG 151 de 20 mm ; 1 canon MK 101 de 30 mm

Iliouchine Il-2 Stormovik

Avion d'assaut blindé d'une conception unique, l'Il-2 Stormovik joue un rôle décisif sur le front de l'Est. Produit en 37 000 exemplaires, il dispose d'un poste de pilotage, d'un moteur et de réservoirs de carburant blindés qui lui permettent d'attaquer les chars allemands dans d'assez bonnes conditions de sécurité.

Moteur Mikouline AM-38F de 1 750 ch

Envergure 14,6 m **Longueur** 11,6 m

Vitesse max. 405 km/h **Équipage** 2

Armement 2 canons de 23 mm ; 2 mitrailleuses de 7,62 mm, 1 mitrailleuse de 12,7 mm ; 8 roquettes ou charge de bombes de 600 kg

Junkers Ju 87B-2 Stuka

La tactique allemande du blitzkrieg implique le recours à des avions de bombardement en piqué ou Stuka. Le Ju 87, qui répond à ce concept, contribue notablement aux succès remportés par la Wehrmacht en Pologne, en France et en Union soviétique, et s'impose comme une arme remarquable. Il n'en est pas moins lent et vulnérable lorsqu'il attaque un objectif et constitue une proie facile pour les chasseurs. Les Alliés prenant peu à peu l'ascendant sur la Luftwaffe, le Stuka devient de moins en moins efficace.

Moteur Junkers Jumo 211Da de 1 200 ch

Envergure 13,8 m **Longueur** 11 m

Vitesse max. 380 km/h **Équipage** 2

Armement 2 mitrailleuses MG 17 de 7,92 mm, 1 mitrailleuse MG 15 de 7,92 mm à l'arrière ; charge de bombes de 500 kg

Lavotchkine La-5FN

La plupart des avions soviétiques des premières années de la guerre sont construits en bois, les alliages légers étant rares. Le La-5, avec son surcroît de masse, ne peut rivaliser avec le Messerschmitt Bf 109G, mais il se révèle très maniable. Après l'invasion allemande de 1941, l'Union soviétique s'engage dans un immense effort de production et découvre qu'elle doit aussi construire des avions capables de rivaliser avec les matériels de la Luftwaffe. Les chasseurs Yakovlev sont d'abord mieux réussis, le La-5 étant assez lent. En 1942 apparaît le La-5FN remotorisé et dont les performances dépassent même celles du Focke-Wulf Fw 190.

Moteur Chvetsov M-82FN en étoile de 1 700 ch

Envergure 9,8 m	**Longueur** 8,5 m
Vitesse max. 650 km/h	**Équipage** 1

Armement 2 canons ShVAK de 20 mm

Lockheed P-38 Lightning

Conçu pour les missions à long rayon d'action, le Lockheed Lightning est le premier avion de chasse doté de turbocompresseurs et d'un atterrisseur tricycle. Complexe et coûteux à produire, il est d'abord engagé sur le théâtre du Pacifique où des appareils bimoteurs sont nécessaires. Le plus célèbre exploit du P-38 est l'attaque de l'avion de l'amiral japonais Yamamoto, en 1943. Bon nombre de Lightning sont engagés en Europe en 1944 en vue d'effectuer des missions de reconnaissance photographique ou d'attaque au sol.

Moteurs 2 Allison V-1710 de 1 425 ch avec turbocompresseurs

Envergure 15,9 m	**Longueur** 11,5 m
Vitesse max. 665 km/h	**Équipage** 1

Armement 1 canon de 20 mm et 4 mitrailleuses de 12,7 mm ; charge de bombes de 1 450 kg ou 10 roquettes

Macchi M.C.202 Folgore

Le Macchi M.C.200 Saetta est le principal chasseur italien de 1940. Bon avion de combat tournoyant, il se comporte bien face au Hurricane, mais n'en est pas moins sous-motorisé, désavantage rédhibitoire quand il se trouve confronté à des avions alliés plus modernes. Aussi, à partir de 1941, une version dotée d'un moteur allemand, le M.C.202 Folgore, est-elle développée. Ne pouvant rivaliser avec les appareils alliés, le Folgore sert en Afrique du Nord, en Sicile et en Union soviétique jusqu'à la reddition italienne de 1943.

Moteur Daimler-Benz DB 601A de 1 200 ch

Envergure 10,6 m	**Longueur** 8,9 m
Vitesse max. 595 km/h	**Équipage** 1

Armement 2 mitrailleuses de 12,7 mm, 2 mitrailleuses de 7,7 mm

Messerschmitt Bf 110G-4/R3

Conçu comme un chasseur lourd à long rayon d'action destiné à l'escorte des bombardiers, le Messerschmitt Bf 110 se révèle surclassé lors de la bataille d'Angleterre, où même le Hurricane le domine et où le Bf 109 est contraint d'assurer sa protection. Sur les autres théâtres d'opérations, cet appareil se montre d'une véritable efficacité dans les missions d'attaque au sol, tant qu'il ne rencontre aucune opposition de la chasse. Il devient même, équipé d'un radar aéroporté, un très bon chasseur de nuit, infligeant des pertes significatives au Bomber Command (Commandement du bombardement) de la RAF engagé dans des raids sur l'Allemagne.

Moteurs 2 Daimler-Benz DB 605 de 1 475 ch

Envergure 16,2 m	**Longueur** 12,7 m
Vitesse max. 550 km/h	**Équipage** 2–3

Armement 2 canons MK 108 de 30 mm et 2 canons MG 151 de 20 mm dans le nez ; 2 mitrailleuses MG 81 de 7,92 mm à l'arrière de l'habitacle

Mikoyan-Gourevitch MiG-3

L'un des rares chasseurs modernes des forces aériennes soviétiques au début de l'invasion allemande de 1941, le MiG-3 se comporte assez bien face aux avions de la Luftwaffe. Toutefois, des problèmes de masse réduisent l'armement qu'il pourrait emporter et ses performances à basse altitude sont médiocres.

Moteur Mikouline AM-35A de 1 350 ch

Envergure 10,3 m	**Longueur** 8,2 m
Vitesse max. 640 km/h	**Équipage** 1

Armement 1 mitrailleuse de 12,7 mm et 2 de 7,62 mm

Nakajima Ki-84-Ia Hayate (« Frank »)

Les chasseurs japonais sont réputés pour leur maniabilité et leur vitesse, mais leur armement reste insuffisant. L'entrée en service du Ki-84 en 1944 permet aux aviateurs nippons de disposer d'un appareil lourdement armé et robuste capable de surclasser parfois le Mustang et le Hellcat. Heureusement pour les Alliés, les bombardements sur le Japon limitent la production de ce chasseur.

Moteur Nakajima Ha-45 de 1 900 ch

Envergure 11,2 m **Longueur** 9,9 m

Vitesse max. 630 km/h **Équipage** 1

Armement 2 mitrailleuses de 12,7 mm ; 2 canons de 20 mm

Northrop P-61B Black Widow

Premier avion jamais conçu avec un radar en vue d'effectuer des missions de chasse de nuit, le P-61 est commandé par les US Army Air Forces au lendemain de la bataille d'Angleterre. Massif et complexe, cet appareil n'entre en service qu'en mai 1944, et, deux mois plus tard, il obtient sa première victoire. Très agile pour un avion qui atteint les dimensions d'un bombardier moyen, le Black Widow dispose d'un système de commandes de vol innovant et d'une puissance de feu dévastatrice. Il peut aussi emporter une lourde charge de bombes.

Moteurs 2 Pratt & Whitney R-2800-65 Double Wasp de 2 000 ch

Envergure 20,1 m **Longueur** 15,1 m

Vitesse max. 590 km/h **Équipage** 3

Armement 4 canons M2 de 20 mm ; charge de bombes de 2 900 kg

North American P-51D Mustang

Le Mustang, conçu par North American Aviation sur une demande de la RAF, est sans doute le chasseur américain le plus performant de la Seconde Guerre mondiale. Ayant volé en octobre 1940, il est doté au départ d'un moteur Allison, mais ses capacités sont décuplées par l'adoption du Packard Merlin, un peu plus tard. Combiné avec des ailes et un fuselage à faible traînée, ce propulseur en fait un appareil plus véloce que le Spitfire. En octobre 1943, la campagne stratégique américaine sur l'Allemagne est suspendue en raison des pertes. Toutefois, en février 1944, elle peut reprendre grâce aux escortes de Mustang qui, avec des réservoirs de carburant supplémentaires, peuvent voler jusqu'à Berlin. Même à cette distance, le P-51 est encore supérieur aux chasseurs allemands.

Moteur Packard V-1650-7 Merlin de 1 490 ch

Envergure 11,9 m **Longueur** 9,9 m

Vitesse max. 705 km/h **Équipage** 1

Armement 6 mitrailleuses Browning de 12,7 mm ; 2 bombes de 454 kg

Republic P-47 Thunderbolt

Mis en service en 1943, le P-47 est le plus volumineux et le plus lourd des chasseurs monoplaces jamais construits. Conçu au départ pour assurer l'escorte des bombardiers de la 8e Air Force, cet appareil, à la fois robuste et puissamment armé, inflige de lourds dommages aux forces blindées, aux convois et aux aérodromes allemands, en appui des forces terrestres alliées, en 1944-1945.

Moteur Pratt & Whitney R-2800 en étoile de 2 300 ch

Envergure 12,4 m **Longueur** 11 m

Vitesse max. 690 km/h **Équipage** 1

Armement 8 mitrailleuses de 12,7 mm ; charge de bombes de 907 kg

Yakovlev Yak-9

La lignée des chasseurs issue du Yak-1, à laquelle le Yak-9 appartient, a été produite en 37 000 exemplaires, soit presque plus que l'Il-2 Stormovik. Lorsque le biplace d'entraînement, le Yak-7, issu du Yak-1, se révèle d'une manœuvrabilité supérieure à son prédécesseur, Yakovlev en extrapole une version monoplace. Celui-ci ouvre la voie au Yak-9, au milieu de 1942, où des longerons en alliages légers remplacent ceux produits en bois, allégeant l'appareil. Parmi les variantes produites figurent le Yak-9D à long rayon d'action et le Yak-9DD à très long rayon d'action. Le Yak-9 participe à la bataille de Stalingrad en 1942-1943.

Moteur Klimov VK-105PF en ligne de 1 260 ch

Envergure 10 m **Longueur** 8,5 m

Vitesse max. 600 km/h **Équipage** 1

Armement 1 canon ShVAK de 20 mm tirant à travers le moyeu de l'hélice ; 2 mitrailleuses de 12,7 mm sur le dessus du capot-moteur

« Jamais, dans l'Histoire, autant d'hommes n'ont été redevables à si peu d'entre eux. »

WINSTON CHURCHILL, PREMIER MINISTRE BRITANNIQUE, ÉVOQUANT LE FIGHTER COMMAND DE LA RAF EN SEPTEMBRE 1940

LA BATAILLE D'ANGLETERRE

LA BATAILLE D'ANGLETERRE ET LE BLITZ CONSTITUENT DES MOMENTS CRUCIAUX DE LA GUERRE DE 1939-1945.

LA BATAILLE D'ANGLETERRE entre dans la légende avant même d'être livrée. Le 18 juin 1940, le Premier ministre britannique, Winston Churchill, déclare devant la Chambre des communes : « Je pense que la bataille d'Angleterre est sur le point de commencer. De cet affrontement dépend la survie de la civilisation chrétienne [...] La totalité de la puissance et de la fureur de l'ennemi sera bientôt dirigée contre nous [...] Nous ne pouvons compter que sur nous-mêmes pour notre défense. Si l'Empire britannique et le Commonwealth durent encore mille ans, les hommes diront que c'était le plus beau moment de notre Histoire. »

Une telle grandiloquence invite à la méfiance, et nombreux sont ceux qui tentent de détruire le mythe créé par Churchill. Toutefois, plus de soixante ans après, le drame de l'été de 1940 continue toujours d'exciter l'imagination du public. Il est considéré comme la première bataille qui ait jamais été conduite dans les airs, tout comme le blitz est considéré comme la première campagne de bombardement stratégique.

La bataille d'Angleterre est une confrontation aérienne en vue de laquelle les Britanniques se sont préparés, mais pas les Allemands. Depuis le milieu des années 1930, la défense de la Grande-Bretagne contre une offensive allemande par la voie des airs a été le principal sujet de préoccupation des militaires britanniques. Pour les Allemands, elle n'a été qu'une improvisation, la chute de la France les ayant surpris. Hitler est certainement anxieux à l'idée de devoir envahir l'Angleterre, mais quelque chose doit être tenté pour que les Britanniques acceptent d'avoir perdu la guerre. Une offensive aérienne semble présenter de nombreux avantages. Elle forcerait sans doute l'ennemi à négocier sa reddition, spécialement en laissant planer une menace d'invasion qui, si les choses se passaient de la manière escomptée, pourrait fort bien intervenir pour de bon.

UN CHEF DE GUERRE

En juin 1940, le Premier ministre britannique, Winston Churchill, déclare : « La bataille d'Angleterre est sur le point de commencer. »

Depuis le début de juillet, la Royal Air Force et la Luftwaffe s'affrontent quotidiennement au-dessus de la Manche, les convois et les ports britanniques étant la cible des avions allemands. La principale attaque sur l'Angleterre, lancée à la suite d'une directive de Hitler demandant de « détruire les forces aériennes britanniques avec tous les moyens disponibles et dans le laps de temps le plus court », a lieu le 13 août. Des formations de bombardiers escortées par des chasseurs entreprennent des raids de jour en vue de raser les aérodromes, les usines d'aviation et les installations de radar ennemies. La résistance déterminée des Hurricane et des Spitfire de la Royal Air Force conduit la Luftwaffe, dès les premiers jours de l'offensive, à concentrer ses efforts sur les terrains du Fighter Command et à s'appliquer à battre l'ennemi dans le ciel. Puis, le 7 septembre, alors que l'aviation de chasse britannique est sur le point de céder, les Allemands s'engagent dans des bombardements massifs sur Londres. À la fin du mois d'octobre, Goering, ayant abandonné l'idée d'acquérir la supériorité aérienne sur

UN CHASSEUR LÉGENDAIRE

Le Supermarine Spitfire entre dans la légende de l'aviation au cours de la bataille d'Angleterre. Même s'il ne figure pas en plus grand nombre dans le Fighter Command, ce chasseur n'en est pas moins le meilleur. Sans lui, les pilotes de la RAF ne seraient jamais venus à bout du Messerschmitt Bf 109.

UN SYMBOLE DE DÉFI
La cathédrale Saint-Paul, intacte au milieu des immeubles en feu, après un raid de la Luftwaffe sur la ville de Londres. Ce « miracle » permet aux Britanniques de tenir le coup pendant les durs mois du blitz en 1940-1941.

UNE SALLE D'OPÉRATIONS
À partir d'informations fournies par l'Observer Corps, le personnel de la Air Force pousse des cubes et des flèches en bois représentant les formations aériennes ennemies sur une carte d'Angleterre. Les contrôleurs, au-dessus, peuvent suivre la progression de l'adversaire.

DÉCOLLAGE SUR ALERTE
Cette photographie prise à Duxford avant la Seconde Guerre mondiale montre l'entraînement des chasseurs de la RAF. Un tel exercice sert à calculer le temps que mettent les pilotes à atteindre leurs avions après le déclenchement d'une alerte.

l'Angleterre, ordonne des attaques de nuit contre la capitale et d'autres villes du Royaume-Uni.

Alors que les responsables aériens allemands ne savent plus sur quels objectifs appliquer leur effort principal, les Britanniques ne poursuivent qu'un seul but. Le chef du Fighter Command, Hugh Dowding, n'ignore pas que si la Royal Air Force parvient à conserver sa cohésion, alors il remportera la victoire. En évitant d'engager prématurément une trop grande partie de ses forces au combat et en concentrant ses chasseurs au bon endroit pour abattre le plus grand nombre possible de bombardiers ennemis, il mène un combat d'usure difficile mais calculé.

HORLOGES CODÉES
Dans les centres d'opérations, les flèches placées sur la carte utilisent le même code couleur que celui des horloges de façon à savoir quand les positions des avions ont été mises à jour.

Les défenses britanniques

Le système de défense aérienne britannique est le plus sophistiqué du monde, un génie d'organisation et de technologie. En première ligne se trouvent des stations radar chargées de détecter les avions de la Luftwaffe approchant des rivages de l'Angleterre. Les informations provenant des opérateurs radar sont communiquées à des salles de filtrage et adressées aux responsables concernés. Dans les salles d'opérations, des personnels féminins de la Women's Auxiliary Air Force déplacent des cubes de bois sur une grande carte, afin que les contrôleurs voient l'évolution de la situation. Ces derniers interviennent dans chacun des états-majors des quatre groupements de chasse qui quadrillent le territoire britannique, décidant quand, où et combien d'avions seront lancés à l'attaque des formations ennemies. Chaque contrôleur, placé au niveau d'un secteur, dispose de trois ou quatre escadrons de chasse qu'il dirige vers ses objectifs grâce à un système de transmission radio.

Le dispositif en question n'est pas infaillible. Pour distinguer les avions amis des ennemis, les Britanniques ont équipé leurs chasseurs de l'IFF (*Identification Friend or Foe*), qui transmet un signal radar particulier ; toutefois, ces équipements ne sont pas assez nombreux et ils ne fonctionnent pas toujours. Les équipages de Bf 110 de l'Erprobungsgruppe 210 de la Luftwaffe se rendent compte qu'en évoluant à basse altitude, ils peuvent échapper

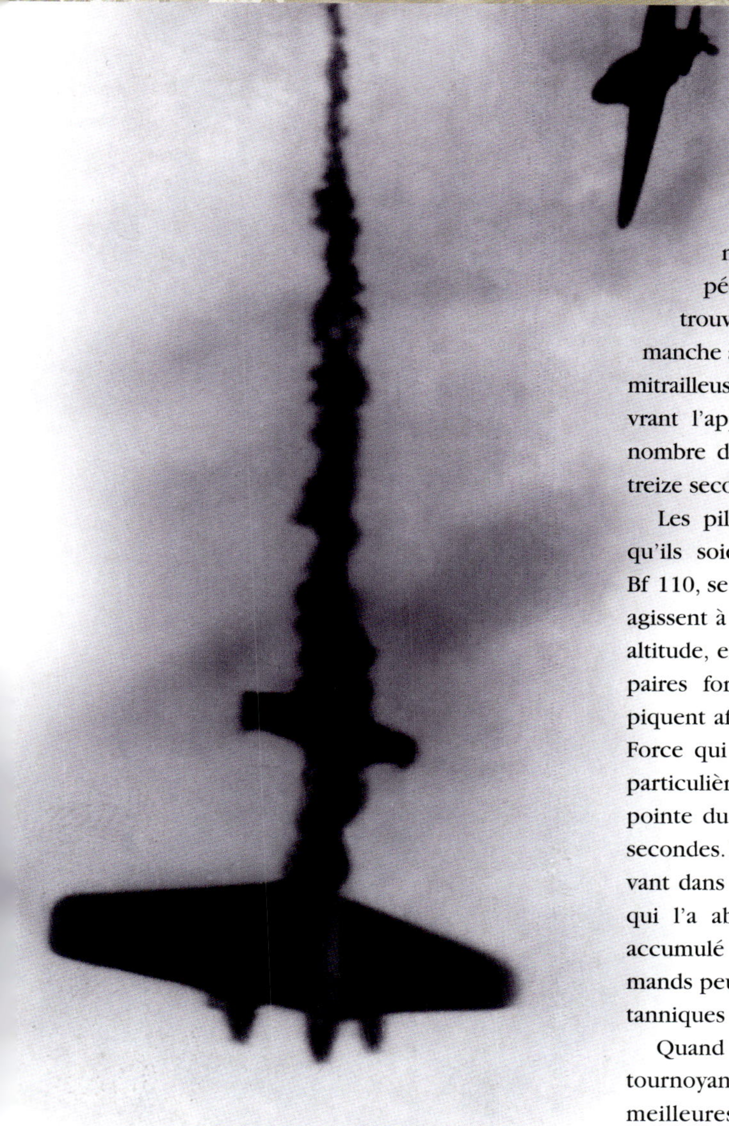

INTERCEPTION RÉUSSIE
Messerschmitt Bf 110 abattu par un Hurricane au-dessus du sud de l'Angleterre. Les chasseurs lourds de la Luftwaffe font pâle figure face aux intercepteurs de la RAF en combat aérien tournoyant.

à la détection des radars ennemis. Le système conçu par Dowding n'en est pas moins efficace et sûr, la plupart des communications dépendant du réseau téléphonique standard impossible à brouiller et facile à réparer.

Le décollage sur alerte

Le système d'alerte radar avancé affranchit le Fighter Command de maintenir en permanence des patrouilles dans les airs - de toute façon, il n'en a pas les moyens. Néanmoins, les délais de réaction sont toujours très réduits. Les pilotes doivent se ruer vers leurs avions dès que l'alarme est donnée, chaque seconde comptant pour gagner de l'altitude avant de fondre sur l'ennemi. Il faut environ cinq minutes à un escadron pour prendre l'air, délai en général insuffisant pour permettre aux aviateurs britanniques de livrer combat à une altitude avantageuse pour eux.

Une fois en vol, les pilotes de Spitfire et de Hurricane, comme ceux de Messerschmitt Bf 109 d'ailleurs, sont parfaitement soudés à leur machine. Attachés à leur siège, dans un poste de pilotage étroit, doté d'une verrière en Plexiglas, un pare-brise blindé et, dans la plupart des cas, une plaque de blindage dorsale, ils ne peuvent guère bouger. De la main droite, ils actionnent le manche à balai, et de la gauche la manette des gaz, leurs pieds reposant sur les pédales des palonniers. Le pouce droit se trouve sur le bouton de tir situé au sommet du manche à balai et qui actionne les mitrailleuses. Ces mitrailleuses étant fixes, la visée s'effectue en manœuvrant l'appareil pour l'amener face à la cible. Le nombre de cartouches disponibles permet environ treize secondes de feu à chaque sortie.

Les pilotes des chasseurs d'escorte allemands, qu'ils soient aux commandes de Bf 109 ou de Bf 110, se servant des bombardiers comme appâts, agissent à la façon de maraudeurs. Évoluant à haute altitude, en formations de quatre appareils - deux paires formées d'un leader et d'un ailier -, ils piquent afin de coiffer les chasseurs de la Royal Air Force qui volent par trois, en V, s'intéressant plus particulièrement à l'avion qui, à l'arrière, forme la pointe du V. Ces combats ne durent que quelques secondes. Le pilote victime d'un Messerschmitt arrivant dans le soleil n'aura sans doute pas vu l'avion qui l'a abattu. Tirant parti du surcroît d'énergie accumulé au cours du piqué, les chasseurs allemands peuvent s'éloigner sans que les aviateurs britanniques ne puissent rien faire.

Quand ils engagent l'ennemi dans des combats tournoyants, les pilotes du Fighter Command ont de meilleures chances. Le Spitfire et même le Hurricane, beaucoup plus lent, sont en mesure de surclasser le Bf 109 dans ce cas de figure et se révèlent également plus agiles que le Bf 110. La manœuvre consiste à effectuer un virage serré afin de se placer dans la queue de l'appareil adverse, ce en quoi les aviateurs de Dowding excellent.

Les ordres donnés par le chef du Fighter Command sont d'abattre en priorité les bombardiers allemands. Une division du travail s'établit entre les Spitfire, chargés de contenir les attaques des chasseurs allemands, et les Hurricane, dont la mission consiste à descendre les Heinkel, Junkers et autres Dornier. Les avions de bombardement ne constituent pas une proie facile. Le He 111, énormément utilisé, est en partie blindé, et le Ju 88 est robuste et rapide. La meilleure façon d'attaquer une formation de bombardiers est de l'aborder de face, tactique qui a le don de provoquer la nervosité parmi les équipages ennemis dont les postes sont situés dans le nez en Plexiglas. Toutefois, peu de pilotes de chasse ont recours à une méthode qui les confronte à un risque réel de collision ; aussi préfèrent-ils arriver par l'arrière, voire par les flancs. Placer ses cartouches dans un bombardier est une affaire relativement aisée, l'abattre en est une autre. Beaucoup d'entre eux parviennent à regagner leurs bases, troués comme des passoires, avec certains de leurs membres d'équipage tués ou blessés.

Les Messerschmitt ne sont pas, quant à eux, réellement adaptés aux missions d'escorte des bombardiers. Le Bf 109 dispose d'une faible allonge qui ne lui confère que quelques minutes d'autonomie de combat sur zone. Le Bf 110 dispose d'une bonne distance franchissable, mais il n'a aucune capacité de combat tournoyant. La décision de faire accompagner au plus près les formations de bombardement, dont les pertes ne cessent de croître, au lieu d'une distance d'environ 3 000 m pratiquée auparavant, se révèle d'une très grande impopularité parmi les pilotes de Messerschmitt. Ceux du Fighter Command ont leurs propres soucis. Certains souffrent de la discipline imposée par les contrôleurs au sol, pestant lorsque leur instinct de chasseur est sacrifié sur l'autel d'une tactique de chasse à plus grande échelle. L'avance technologique telle qu'elle existe en 1940 donne à l'image du pilote de chasse romantique et solitaire, telle qu'elle a toujours été véhiculée, un parfum de passé révolu.

ADOLF GALLAND

As de la Luftwaffe, Adolf Galland (1912-1996) fait ses premières armes pendant la guerre d'Espagne, où il se forge une réputation d'expert. Ne rêvant que d'entrer dans la chasse, il se fait délivrer un faux certificat médical affirmant qu'il ne peut voler dans l'habitacle à l'air libre d'un avion d'assaut. Galland prend part à la bataille d'Angleterre comme commandant d'un groupe de chasse, le JG 26. Personnalité extravertie, il est immédiatement reconnaissable à sa chevelure noire soigneusement peignée, son épaisse moustache et son éternel cigare. Partisan de la chasse libre, il rivalise d'audace et compare chaque jour son palmarès à celui de son principal rival, Werner Mölders. Galland cultive une image romantique du pilote de chasse, qu'il voit comme un guerrier solitaire, et il joue un rôle décisif dans certaines innovations. Il commandera plus tard les chasseurs engagés contre les bombardiers alliés au-dessus de l'Allemagne.

UN AS JOVIAL
Sportif et souriant, Galland a été photographié ici dans un Messerschmitt Bf 109 sur lequel figure l'insigne de Mickey Mouse. Derrière cette façade joviale se cache un redoutable chasseur.

Le Supermarine Spitfire

« **Des hommes tombent amoureux** d'un yacht, raconte le pilote de chasse Bob Stanford-Tuck, d'autres de femmes ou d'automobiles. Je pense, quant à moi, que tout pilote qui a pris place dans l'habitacle d'un Spitfire est tombé amoureux de cet avion. » Répondant à la moindre des sollicitations sur le manche à balai, le Spitfire est un plaisir à piloter pour un aviateur de bon niveau.

Ayant volé en 1936, sous la forme d'un prototype, ce chasseur est produit à partir de 1938. Ses qualités reposent sur la combinaison heureuse d'une cellule originale et d'un superbe moteur d'une conception nouvelle, le Rolls-Royce Merlin. Disposant de toutes les caractéristiques les plus modernes de son temps, telles qu'une hélice à pas variable, un fuselage monocoque de construction métallique, un train d'atterrissage escamotable et un poste de pilotage fermé, le Spitfire est un avion unique avec sa voilure elliptique. Celle-ci permet de résoudre de façon ingénieuse le problème de l'intégration de huit mitrailleuses dans sa structure, ainsi que celui d'un train d'atterrissage rentrant, tout en offrant une excellente résistance aux manœuvres sous facteur de charge élevé.

> « Le Spitfire avait du chien ; il était à l'évidence un tueur. »
>
> **« Sailor » Malan,**
> commandant de l'escadron 47
> et as de la bataille d'Angleterre

Le Spitfire n'a que quelques défauts : ses ailes posent sans doute des problèmes de production en série, le pilote manque de champ visuel vers l'avant au roulage, et le moteur a tendance à se couper lors d'un piqué, du moins sur les versions initiales. Malgré ces petits inconvénients, il restera en première ligne jusqu'à la fin du conflit.

MAINTENANCE AU SOL
Des membres de la WAAf (Women's Auxiliary Air Force) ferment la portière qui permet au pilote de Spitfire d'accéder à son habitacle.

UNE ÉVOLUTION CONTINUE
Plus de 20 000 exemplaires du Spitfire ont été produits en différentes variantes jusqu'à la fin de la Seconde Guerre mondiale. Les dernières versions affichent une puissance motrice, une masse et une puissance de feu presque deux fois supérieures à celles des modèles initiaux. Le Spitfire Mk V, représenté ici, a été mis en service en 1941.

Caractéristiques

Moteur Rolls-Royce Merlin 12-cylindres en V de 1 470 ch, refroidi par liquide	
Envergure 9,8 m	
Longueur 9,1 m	
Vitesse max. 575 km/h	**Équipage** 1
Armement 2 canons Hispano de 20 mm, 4 mitrailleuses Browning de 7,7 mm	

ALERTE
Des pilotes se ruent vers leurs Spitfire pendant une alerte, lors de la bataille d'Angleterre. Aussi vite qu'ils prennent l'air, les chasseurs britanniques ne peuvent cependant atteindre une altitude suffisante pour contrer les Bf 109 qui évoluent au-dessus des bombardiers.

CHARGEMENT DE MUNITIONS
Des armuriers montent des bandes de 250 à 300 cartouches dans les ailes d'un Spitfire. Les chasseurs de ce type, à ailes dites universelles, peuvent être équipés de huit mitrailleuses (quatre dans chaque aile), ou de deux canons et de quatre mitrailleuses, ou de quatre canons.

POSTE DE PILOTAGE COMPACT
Comme tous les postes de pilotage des chasseurs, celui du Spitfire est étroit et inconfortable. Le cœur du tableau de bord est constitué des instruments de vol sans visibilité et des cadres qui indiquent la vitesse, l'altitude, l'attitude, la vitesse verticale et le taux de virage.

HÉLICE À PAS VARIABLE
L'hélice de Havilland à vitesse constante et à pas variable dispose de trois réglages optimisant les performances en croisière, au décollage et à vitesse élevée.

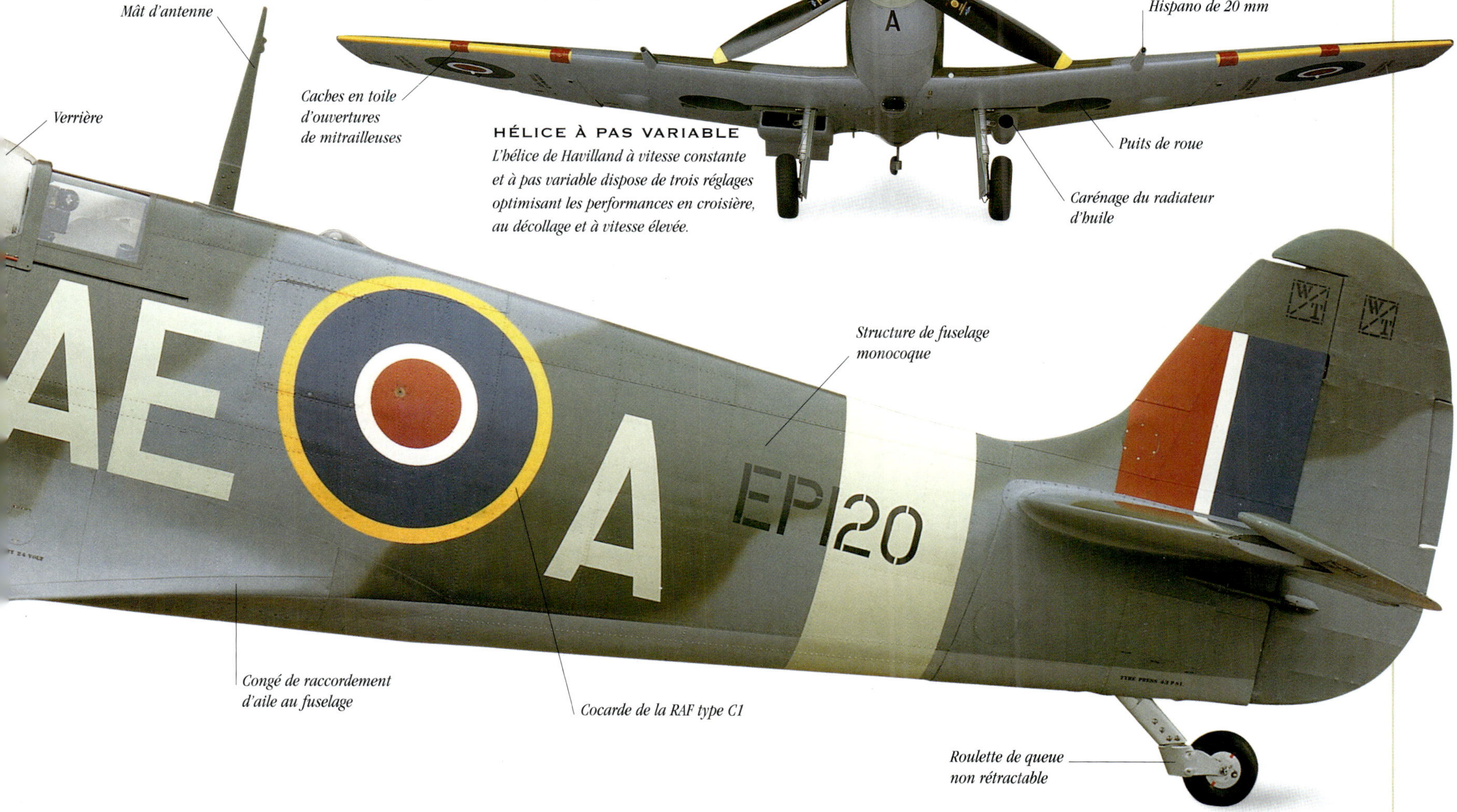

Sur le fil du rasoir

Néanmoins, la victoire ou la défaite dépend avant tout de la qualité et de l'habileté des chasseurs. Grâce aux efforts déployés par les usines britanniques d'aviation, la Royal Air Force n'est jamais à court d'appareils. Toutefois, les pilotes expérimentés étant de plus en plus décimés, le Fighter Command est forcé d'engager au combat des aviateurs insuffisamment formés. Aussi est-ce un miracle quand ils reviennent vivants de leurs premières sorties.

La Grande-Bretagne a cependant la chance de disposer de personnels originaires du Commonwealth ou des pays occupés par l'Allemagne. Le Fighter Command est une force internationale qui comprend des Canadiens, des Néo-Zélandais, des Sud-Africains, des Australiens, des Polonais, des Tchèques, des Belges, des Néerlandais, des Français libres et même une poignée de pilotes américains volontaires. Chaque contingent possède sa propre personnalité. Dowding juge les Polonais à la fois fougueux et totalement indisciplinés, mais ces jeunes hommes n'en font pas moins preuve de courage et bénéficient d'une extraordinaire popularité auprès des femmes.

ADOLF « SAILOR » MALAN

Adolf « Sailor » Malan (1905-1944) est l'un des plus grands as de la RAF. Élevé dans une ferme d'Afrique du Sud, il est formé au tir depuis son enfance, ce qui le rend particulièrement apte à devenir chasseur. En 1935, il s'engage dans la RAF. Commandant du Squadron 74 à partir d'août 1940, il apprend à ses hommes l'esprit d'équipe et les entraîne sans cesse au combat. Il descend les aviateurs allemands de façon méthodique et professionnelle, mais n'est pas obsédé par l'idée d'accroître son palmarès. Tacticien expérimenté, il s'éloigne de la rigide formation en V en usage dans la RAF et applique sa propre règle des dix commandements du combat aérien.

MALAN ET SA MASCOTTE
Malan est surnommé « Sailor », le matelot, parce qu'il a été marin. À 30 ans, c'est l'un des pilotes les plus âgés de la bataille d'Angleterre.

Parmi les pilotes britanniques, les distinctions de classe sont très strictes. Les officiers entrés dans la Royal Air Force par le biais de l'Auxiliary Air Force et des University Air Squadrons du temps de paix – en fait des clubs exclusivement destinés aux jeunes gens de bonne famille – ne se mélangent pas avec les sergents pilotes issus de la Volunteer Reserve, d'origine plus populaire. Ces aviateurs combattent certes ensemble, mais, une fois au sol, ils ne se mélangent pas.

Dans les airs, avoir été abattu est l'une des expériences les plus communément partagées par les pilotes de la Royal Air Force. Les pilotes qui servent dans les secteurs les plus exposés sont contraints de sauter en parachute au moins une fois par mois. Ils portent désormais des parachutes, ce qui n'était pas le cas pendant la Première Guerre mondiale. Mais, malgré cet avantage, ces hommes redoutent tout autant le feu que leurs prédécesseurs des temps héroïques. Aussi s'appliquent-ils à protéger du mieux qu'ils le peuvent le moindre centimètre carré de leur peau, espérant de cette façon gagner le temps nécessaire pour s'extraire de leur habitacle sans subir de trop sévères brûlures.

« ... si peu »

« Jamais tant de gens n'ont dû autant à si peu », W. Churchill. À l'instar de la Première Guerre mondiale, une bonne partie des victoires obtenues lors de la bataille d'Angleterre est le fait de quelques milliers d'individus. Rares sont les aviateurs qui possèdent à la fois l'habileté, le coup d'œil, la capacité de réaction et l'instinct du tueur nécessaires pour gagner en combat aérien. Le plus grand as de la Royal Air Force pour cette période, crédité de dix-sept victoires, est le pilote tchèque Josef Frantisek, qui vole au sein d'un escadron polonais. Le meilleur palmarès britannique est détenu par le sergent Ginger Lacey. Dans la Luftwaffe, les deux as les plus en vue, Werner Mölders et Adolf Galland, se mesurent avec le major Helmut Wick pour savoir lequel des trois obtiendra le score le plus élevé.

Bien que quelques pilotes britanniques aient atteint le sommet de la gloire, la Royal Air Force n'encourage pas de telles compétitions, ni ne cultive l'héroïsme. Même en Allemagne, les as ne fascinent plus autant le public que durant le précédent conflit ; la nécessité de bâtir des héros de l'air pour faire adhérer l'opinion à la guerre ne s'impose plus avec autant de force.

Les pilotes du Fighter Command sont, comme le claironne Winston Churchill, une « petite cohorte » à laquelle beaucoup doivent tant. Au cours de cet épisode, 544 aviateurs britanniques sont tués, soit un sur cinq. La Luftwaffe accuse des pertes beaucoup plus importantes, environ 2 700 hommes. La différence provient essentiellement du lourd tribut payé par les équipages du bombardement. La Royal Air Force revendique la destruction de 1 900 avions ennemis au prix d'à peine 1 000 appareils.

TUEUR DE BOMBARDIERS
Hurricane de la RAF en formation de vol. Au cours de la bataille d'Angleterre, les avions de ce type sont plus particulièrement affectés à la destruction des bombardiers ennemis Dornier et Heinkel, tandis que les Spitfire combattent les Bf 109.

« Si vous êtes un pilote novice et que vous êtes appelé à voler à quelques mètres seulement de votre ailier, alors vous vivrez une expérience dangereuse. »

Roald Dahl,
pilote de Hurricane

Pendant les derniers jours du mois d'août et la première semaine de septembre, le Fighter Command est soumis à rude épreuve. Les équipes au sol et les ouvriers civils déploient de grands efforts pour combler les cratères causés par les bombes sur les aérodromes attaqués et rétablir les communications. Sans cesse sollicités, les pilotes de la Royal Air Force connaissent des moments de démoralisation et d'épuisement. Pour gagner, la Luftwaffe se doit de briser la résistance du Fighter Command, et, malgré tous ses efforts, elle n'atteindra jamais ce but.

Le tournant de la bataille se situe le 15 septembre, célébré depuis comme le *Battle of Britain Day* en Grande-Bretagne. Cette journée est l'une des plus dures : deux vagues allemandes se présentent sur Londres, dont une rassemblant presque 500 avions. Elle est aussi spectaculaire pour les habitants de Londres, une bonne partie des combats aériens se déroulant au-dessus d'eux. La Royal Air Force dit avoir détruit 185 avions ennemis, mais, en réalité, elle en aurait abattu 56, soit le double des pertes britanniques. Autant d'appareils allemands seront abattus le 27 septembre. La capacité démontrée par la Royal Air Force à maintenir en ligne une force de chasseurs constante et efficace et le commencement de l'automne conduisent les Allemands à renoncer à leur plan d'invasion de l'Angleterre. À la fin du mois d'octobre, la Luftwaffe consacre l'ensemble de ses moyens au bombardement de nuit des villes ennemies.

MASQUE À GAZ
Ci-contre, un masque à gaz militaire. Aucune des parties n'utilisent cependant d'armes aérochimiques, de crainte des représailles.

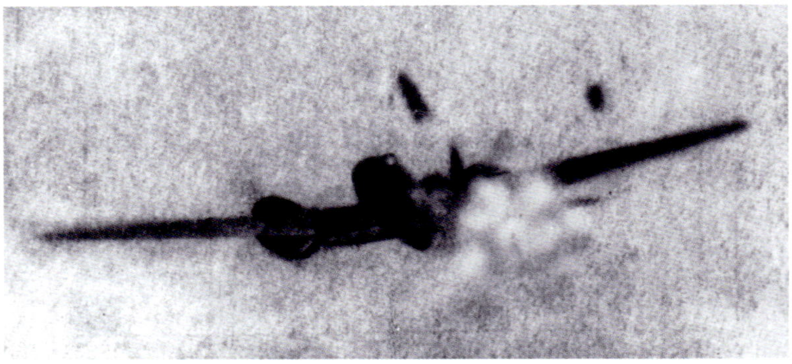

UN PILOTE CHANCEUX
Cette photographie extraite d'un film de cinémitrailleuse montre sans doute un pilote de He 111 en train de sauter en parachute, alors que son avion est en perdition. Les appareils de ce type forment le noyau de l'aviation allemande de bombardement.

Le blitz

De la première attaque majeure de jour sur Londres, le 7 septembre 1940, jusqu'au mois de mai 1941, les villes britanniques sont soumises à des bombardements continus, à une échelle jamais atteinte auparavant. Londres n'est pas la seule agglomération à être bombardée. Les ports de Plymouth, Porstmouth, Cardiff, Liverpool, Glasgow et Belfast, ainsi que les grandes cités industrielles de Birmingham et Coventry, sont attaqués. Pour le peuple britannique, qui joue en quelque sorte le rôle de cobaye, l'expérience est sans précédent. Son moral supportera-t-il l'épreuve, ou bien la cohésion sociale s'étiolera-t-elle sous la pression des bombardements ? Le résultat est connu aujourd'hui, mais, en 1940, l'issue n'était guère évidente.

L'intensité des raids menés pendant le blitz a été largement dépassée lors des attaques aériennes alliées sur l'Allemagne et le Japon. Lors des bombardements

DÉFENSE ANTIAÉRIENNE
Des artilleurs antiaériens, servant un Borofs, traquent un avion ennemi évoluant à basse altitude, au-dessus de la côte britannique.

VISEUR DE BOMBARDEMENT D'UN JU 88
Les systèmes de bombardement allemands se révèlent supérieurs à ceux des Britanniques au début de la guerre. Les bombardiers de la Luftwaffe sont souvent équipés de deux viseurs, un pour le bombardement horizontal, l'autre pour le bombardement en piqué.

les plus importants de 1940-1941, 500 tonnes de bombes sont lâchées, alors que, dès 1943, la Royal Air Force en larguera 2 000 en une seule nuit sur le Reich. Les raids de la Luftwaffe n'en sont pas moins meurtriers. Près de 40 000 civils sont tués au cours du blitz et les dommages occasionnés dans les villes britanniques, notamment les quartiers de l'East End, à Londres, ou Coventry, sont considérables.

L'impact de la campagne menée par l'aviation allemande sur l'Angleterre a sans doute été limité par le manque de bombardiers lourds. Le Heinkel He 111 dispose d'une capacité d'emport de charge d'à peine 2 000 kg, soit la moitié de celle d'un quadrimoteur de la Royal Air Force comme le Halifax. Le Junkers Ju 88, quant à lui, peut emporter 3 000 kg de bombes. Cela dit, la Luftwaffe est aussi bien préparée à une campagne stratégique que l'aviation britannique.

LUTTE CONTRE LE FEU
Affiche sur la Fire Guard, organisation créée en 1941 afin de lutter contre les bombardements incendiaires. Beaucoup de villes sont détruites par le feu pendant le blitz.

LA DESTRUCTION GUIDÉE DE COVENTRY

Dans la soirée du 14 novembre 1940, une douzaine de He 111 décollent de l'aérodrome de Vannes, en Bretagne, et mettent le cap sur la cité industrielle de Coventry, dans les Midlands. Ils font partie du Kampfgruppe 100 de la Luftwaffe, une unité d'éclaireurs chargés de marquer les objectifs. Les équipages de ces avions disposent du système de guidage X-Gerät (voir p. 216).

Trouver la ville elle-même est un jeu d'enfant pour ces aviateurs expérimentés. Se guidant sur un faisceau radio émis par une station située en Bretagne, en direction de Coventry, le pilote ajuste sa trajectoire en fonction des signaux qu'il entend et qui lui indiquent s'il s'éloigne d'un côté ou de l'autre. Derrière les éclaireurs, d'autres signaux dirigent quelque 500 bombardiers vers la ville britannique.

Le faisceau du Knickebein, destiné à diriger le Kampfgruppe 100, est coupé par trois autres émis de l'est, coupant le faisceau principal. Le premier avertit les équipages qu'ils approchent de Coventry, et le second qu'ils se trouvent à une vingtaine de kilomètres de leur cible. À ce moment, les navigateurs activent le système X-Gerät, un calculateur de bombardement rudimentaire. Le dernier faisceau, situé à 15 km de l'objectif, indique qu'il faut déclencher le bouton de largage automatique. Aussi longtemps que le pilote tiendra son cap, son altitude et sa vitesse, le X-Gerät fera partir les bombes.

Avertis de la manière de procéder des Allemands, les Britanniques s'appliquent à les brouiller et à les tromper grâce à des contre-mesures électroniques, mais, en cette occasion, ils n'y parviennent pas. Les He 111, ayant lâché leurs bombes incendiaires au centre de Coventry, marquent l'objectif pour le compte des bombardiers qui arrivent derrière eux. Plus de 500 tonnes d'engins explosifs et incendiaires tombent sur la cité cette nuit-là. Plus de 500 personnes trouvent la mort et 1 000 sont blessées.

> « Les congratulations habituelles qui suivaient un bombardement réussi n'eurent pas lieu. L'équipage naviguait en silence sur une mer de flamme .»
>
> **Un aviateur de la Luftwaffe** se souvenant du raid sur Coventry

LE JOUR D'APRÈS
Le matin qui suit le raid sur Coventry, en novembre 1940, des habitants se rendent à leur travail. Plus de 500 personnes ont trouvé la mort en cette occasion, fort peu en comparaison des pertes subies plus tard par l'Allemagne et le Japon.

Le bombardement commandé à distance

Les Allemands possèdent en particulier une avance considérable dans le domaine de la radionavigation et du bombardement de précision, une affaire à laquelle la Royal Air Force n'a pas accordé toute l'attention nécessaire. L'expérience allemande en Espagne, en démontrant l'importance du vol de nuit, a conduit au développement de systèmes de guidage dérivés des techniques de radionavigation. Contrairement aux dirigeables ou aux avions de bombardement de la Première Guerre mondiale, les bombardiers allemands de 1940 parviennent toujours à trouver leur route, la nuit, au-dessus de l'Angleterre. Tous ont été équipés des systèmes qui leur permettent de suivre un faisceau radio nommé *Knickebein*, afin d'atteindre leur objectif. Le Kampfgruppe 100, une unité d'élite chargée de marquer la cible avec des bombes incendiaires, dispose d'équipements toujours plus sophistiqués, tels que le X-Gerät et le Y-Gerät. Ce dernier, mis en service en décembre 1940, constitue un dispositif de bombardement à distance complet. L'avion qui en est doté suit un faisceau radio précis qu'il renvoie jusqu'à une station au sol qui connaît précisément sa position. Quand il arrive au-dessus de la zone de l'objectif, le bombardier passe en mode de pilotage automatique, et, dès qu'il atteint le point visé, les contrôleurs à terre transmettent le signal qui enclenche le largage des bombes. Cette technique permet d'atteindre une précision de 100 m à une distance de 400 km.

La supériorité de la Luftwaffe

Les systèmes de radionavigation de la Luftwaffe ne sont pas pour autant infaillibles. Les Britanniques apprennent rapidement à les brouiller ou à infléchir les faisceaux radio allemands grâce à des contremesures appropriées. Les équipages de bombardement préfèrent, par ailleurs, attaquer par nuit claire, en se guidant sur les étoiles et sur des points caractéristiques au sol, comme l'estuaire de la Tamise, qui constitue un repère aussi important pour les navigateurs allemands de 1940 que pour ceux de 1916. Aussi la précision des bombardements de nuit demeure-t-elle, au bout du compte, très aléatoire.

La Luftwaffe possède la supériorité aérienne la nuit. Des formations de 100 à 500 bombardiers survolent de façon régulière la Grande-Bretagne presque impunément. Les batteries antiaériennes produisent beaucoup de bruit qui rassure les civils mais n'ont guère de chance d'atteindre la moindre cible en vol. Les escadrons de chasse de nuit de la Royal Air Force n'en remportent pas moins des succès, en utilisant des avions biplaces tels que le Bristol Beaufighter ou le Boulton-Paul Defiant qui attaquent les bombardiers ennemis en aveugle, guidés vers eux par des contrôleurs au sol, ou en employant des radars d'interception aéroportés. Mais les victoires aériennes nocturnes sont rares. L'équipage d'un bombardier allemand Heinkel, Junkers ou Dornier survolant une cité britannique en flammes a de grandes chances de regagner sa base sans avoir été intercepté.

BOMBE ANTIPERSONNELLE
Des milliers de petites bombes antipersonnelles ont été larguées sur l'Angleterre. Les empennages dépliés en ralentissent la chute et permettent d'armer la fusée.

L'instinct de survie

Les attaques menées en avril et en mai 1941 figurent parmi les plus féroces du blitz, mais ce sentiment est trompeur. En fait, les Allemands sont totalement engagés dans la préparation de leur offensive contre l'Union soviétique. Au début de l'été, les bombardiers allemands sont dirigés vers l'est, et le peuple britannique prend progressivement conscience qu'il est sorti d'affaire.

Londres, l'objectif le plus bombardé, a subi cinquante-sept bombardements de nuit, dont certains ont imposé à la population civile et aux services de secours d'urgence des contraintes insupportables. La société britannique ne s'est pas écroulée et aucune pression populaire ne s'est exercée sur le gouvernement pour l'amener à capituler. Pendant le blitz, tout comme lors de la bataille d'Angleterre, l'instinct de survie a constitué la clé de la victoire.

ATTAQUE DE V1
Canons antiaériens britanniques ouvrant le feu contre des bombes volantes V1. Ces engins étaient repérables la nuit en raison de la longue flamme produite par leur système de propulsion.

LES ARMES SECRÈTES

Pendant l'été 1944, la ville de Londres est soumise à un second blitz, cette fois avec des bombes volantes V1. Les Alliés savent depuis quelque temps que les Allemands procèdent au développement d'armes secrètes ; aussi ont-ils entrepris de violentes attaques sur le centre d'expérimentation de Peenemünde et les sites de lancement en cours de construction en France. Toutefois, en juin 1944, l'armée allemande dispose de lanceurs de petites dimensions, que les avions de reconnaissance alliés ne sont pas parvenus à repérer. Peu après le débarquement de Normandie, Hitler donne l'ordre d'attaquer Londres.

Pendant l'été, plusieurs dizaines de bombes volantes franchissent chaque jour la Manche, de jour comme de nuit, quelles que soient les conditions atmosphériques. Cette offensive, menée avec des robots dépourvus de toute escorte, confronte les défenses aériennes alliées à un nouveau défi. Des radars d'alerte, des canons antiaériens et des chasseurs sont déployés face à cette menace, mais les Spitfire, Mustang et autres Typhoon ont fort à faire pour intercepter des cibles aussi véloces et de taille réduite. Seul le nouveau chasseur à hautes performances Hawker Tempest y parvient, tout comme le Gloster Meteor à réaction qui accomplit en cette occasion ses premières missions de guerre. Abattre un V1 est une entreprise pour le moins périlleuse, l'explosion en vol d'un tel engin pouvant détruire l'intercepteur lui-même. Les pilotes de Tempest imaginent donc une tactique qui consiste à venir placer l'extrémité d'une des ailes de leur appareil en dessous de celle d'une bombe volante avant de faire basculer cette dernière vers le sol.

Quand les troupes alliées parviennent à s'emparer des sites de lancement installés en France, en août 1944, les Allemands poursuivent leurs attaques en tirant leurs V1 depuis des bombardiers Heinkel He 111 évoluant à basse altitude sur la mer du Nord. Près de la moitié des 8 000 V1 lancés sur la Grande-Bretagne sont détruits par les intercepteurs et les défenses antiaériennes.

Une autre arme secrète de Hitler est le missile balistique V2 contre lequel n'existe aucune parade et dont l'aviation alliée a tenté en vain d'écraser les sites de production et de lancement. L'Allemagne n'est jamais parvenue, fort heureusement, à développer une arme atomique qu'elle aurait installée sur cette fusée. En 1944-1945, V1 et V2 tuent environ 9 000 Britanniques.

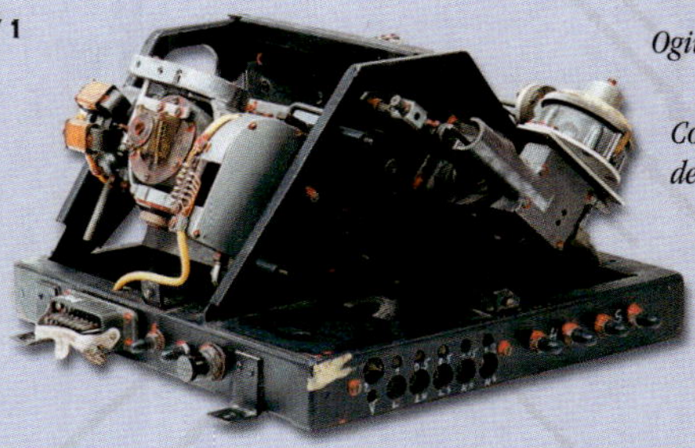

PILOTE AUTOMATIQUE DE V1
Ce pilote automatique permet d'alimenter en données de vol les gouvernes de direction et de profondeur d'un V1. Le piqué final vers la cible est commandé après qu'une distance déterminée a été franchie par le robot volant.

BUTIN DE GUERRE
À l'issue de la guerre, un soldat américain observe un V2 dans l'immense chaîne d'assemblage souterraine allemande de Nordhausen. Les engins de ce type ont été produits dans des conditions abominables par des travailleurs enrôlés de force.

FUSÉE V2
La fusée V2, montrée ici en écorché, est le premier engin balistique jamais utilisé dans un conflit. Évoluant à cinq fois la vitesse du son, elle explose sur sa cible avant même que ses victimes l'aient entendue arriver. Près de 3 200 V2 ont été utilisés pendant les hostilités.

TIR D'UNE BOMBE VOLANTE
Bombe volante V1 capturée par les Alliés à la fin de la guerre et arborant les cocardes américaines lors d'un tir d'essai. Propulsé par un pulsoréacteur, moteur à réaction quelque peu rudimentaire, le V1 évolue à la vitesse de 650 km/h et emporte 1 tonne d'explosifs. L'effet destructeur au sol de cette charge militaire est des plus impressionnants, mais cette arme ne parvient à tuer « que » 5 475 personnes en Grande-Bretagne, soit un tué par robot lancé.

LA GUERRE AÉRONAVALE

LES AVIONS ONT UN RÔLE CLÉ AUSSI BIEN DANS LA GUERRE NAVALE QUE DANS LES OPÉRATIONS TERRESTRES.

« Le destin de notre nation repose sur une bataille décisive dans les mers du Sud où je tomberai comme la fleur d'un cerisier. »

UN OFFICIER AVIATEUR JAPONAIS AVANT UNE MISSION SUICIDE

LE SOIR DU 7 MAI 1942, une formation d'appareils, phares d'appontage allumés, s'approche des porte-avions de l'US Navy Yorktown et Lexington qui croisent en mer de Corail, dans le sud du Pacifique. Lorsqu'un des destroyers d'escorte se met à ouvrir le feu sur eux, un message comminatoire est expédié à son commandant pour lui demander de cesser de tirer contre des avions amis. Aussitôt, le destroyer répond qu'il sait avoir affaire à des Japonais. Sans doute s'agit-il d'avions embarqués ennemis qui, dans l'obscurité naissante, ont pris les bâtiments américains pour les leurs. Tandis que tous les canons américains commencent à cracher le feu, les avions nippons, ayant éteint leurs phares, se fondent dans le noir. Pendant la demi-heure qui suit, les opérateurs radio américains peuvent entendre les pilotes japonais parler entre eux, quelque part au-dessus des étendues sans fin de l'océan.

Ce genre d'incident est appelé à se renouveler de plus en plus fréquemment, les deux marines en présence dans le Pacifique ayant inventé une nouvelle manière de faire la guerre. Les Américains et les Japonais ont été dans l'ignorance de leurs intentions pendant des jours, leurs avions de reconnaissance n'ayant pu sortir en raison des nuages bas. Les porte-avions *Zuikaku* et *Shokaku* ont déjà participé à l'attaque de Pearl Harbor (voir p. 222), mais les Américains ont connu leur première expérience de la guerre aéronavale, lorsque, la veille, des bombardiers-torpilleurs Devastator et des bombardiers d'attaque en piqué Dauntless ont donné l'assaut au léger porte-avions *Shoho*, qu'ils ont envoyé par le fond.

BOMBE PILOTÉE

La bombe pilotée Okha 22 japonaise, larguée depuis un bombardier, est bourrée d'explosifs. Une fois dans les airs, le pilote n'a plus qu'à allumer son moteur-fusée et à foncer sur l'objectif.

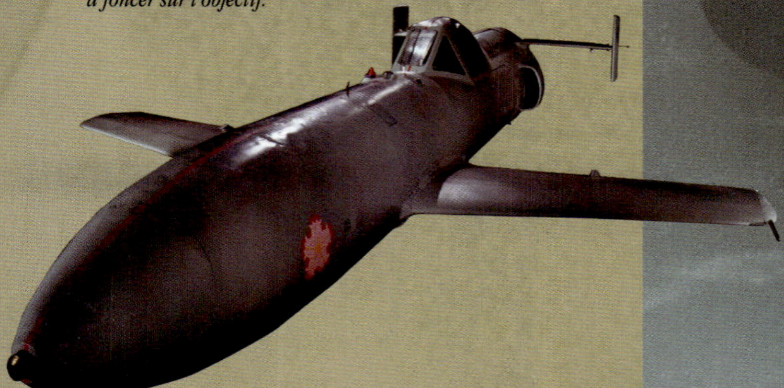

LES AMIRAUX DU PACIFIQUE
L'amiral Chester Nimitz (à droite) commande la zone du Pacifique en 1941. Le vice-amiral Marc Mitscher est, quant à lui, à la tête de la Task Force 58 en 1944, lors de la bataille des Mariannes.

Aux premières lueurs de l'aube du 8 mai, les Américains expédient des patrouilles qui permettent de localiser l'ennemi. Les deux flottes se trouvent à 160 km l'une de l'autre. À 8 heures 30, quatre-vingt-dix avions de l'US Navy décollent et mettent le cap sur l'ennemi, tandis que les appareils japonais se dirigent vers les navires de l'US Navy. Les Américains tombent sur la force navale nippone alors qu'ils essuient un orage tropical. Le *Zuikaku* se perd dans la brume ; le *Shokaku*, touché par les bombardiers en piqué, reste à flot, tout en étant gravement endommagé. Malheureusement pour le *Yorktown* et le *Lexington*, le ciel est dégagé lorsque le commandant Kuichi Takakashi, à la tête de ses Aichi D3A « Val » de bombardement en piqué et de ses Nakajima B5N « Kate » de torpillage, se lance à l'attaque. Confrontés à un imposant barrage antiaérien, les avions japonais sont, pour certains, mis en pièces, mais beaucoup parviennent à passer.

Les bombardiers-torpilleurs de Takakashi se présentent à la hauteur des ponts d'envol des porte-avions américains. Un pilote japonais se souvient des marins ennemis fixant du regard son avion alors qu'il fonce vers l'objectif. Les deux bâtiments subissent de lourds dommages, en particulier le *Lexington*, surnommé « Lady Lex », qui est secoué par des explosions internes et abandonné par son équipage. Le *Yorktown*, quant à lui, parvient à regagner Hawaii en vue d'y être réparé. Si la bataille de la mer de Corail n'est pas une rencontre décisive,

PRÊT À APPONTER
Un Curtiss SB2C Helldiver de l'US Navy s'apprêtant à apponter sur un porte-avions. Pour un pilote de l'aéronautique navale, regagner son bâtiment à l'issue d'une mission est une tâche difficile, surtout à cause des problèmes de carburant.

elle n'en marque pas moins un tournant dans l'histoire des guerres. Pour la première fois, deux forces aéronavales se sont combattues sans se voir, par l'intermédiaire de leur aviation embarquée, au-delà de la portée des plus puissants canons de marine.

Les hydravions à flotteurs et à coque

Les porte-avions ne constituent pas, loin s'en faut, la seule présence aérienne en mer pendant la Seconde Guerre mondiale. Des bâtiments équipés de catapultes emportent des hydravions à coque ou à flotteurs, notamment le Supermarine Walrus, apprécié des équipages britanniques, ou l'Arado Ar 196 allemand. Des appareils de plus grandes dimensions, tels que le Consolidated Catalina et le Martin Marine américains, ou encore le Short Sunderland britannique, une version militaire de l'Empire, patrouillent les océans à la recherche des navires et des sous-marins de l'adversaire, ou pour y recueillir des marins naufragés. Quoique lents même à leur époque, le Sunderland et le Catalina affichent une autonomie considérable, le second pouvant demeurer 24 heures de suite en vol. Ces appareils disposent d'une puissance de feu conséquente, faite notamment de bombes et de charges de profondeur. Le Sunderland se comporte si bien contre les chasseurs de la Luftwaffe dans le golfe de Gascogne qu'il est bientôt surnommé « le porc-épic ».

LE WALRUS

Un hydravion à coque Walrus embarqué à bord d'un bâtiment, ailes repliées. Lancé par catapulte, l'appareil est remonté par une grue à bord du navire après avoir amerri à proximité.

La protection des convois

Les sous-marins et les avions allemands prélèvent un très lourd tribut sur les convois maritimes au départ ou à destination de la Grande-Bretagne. Aussi assurer leur protection s'avère-t-il l'une des missions les plus importantes de l'aviation au cours de ce conflit. Pendant l'été 1940, les Fw 200 Condor basés en France et en Norvège effectuent des raids sur de longues distances contre les bâtiments britanniques qui croisent dans l'Atlantique. Lorsque les convois se trouvent proches des côtes – par exemple ceux qui, de Grande-Bretagne, se rendent en Union soviétique par l'Arctique –, les Ju 88 et les He 111 les attaquent depuis les côtes norvégiennes.

Pour faire face à cette menace mortelle, les Britanniques imaginent d'embarquer des Hurricane sur des navires marchands. Lancés par une catapulte, ces chasseurs n'effectuent qu'une seule mission, le pilote étant recueilli après avoir sauté en parachute. Plus tard, des porte-avions d'escorte sont engagés avec un succès grandissant au combat, mais les Alliés n'en auront jamais assez. De leur côté, les hydravions à long rayon d'action, tels que le Catalina et le Sunderland, sillonnent patiemment l'Océan à la recherche des sous-marins. Au départ, ils empêchent ces derniers de faire surface, mais, en 1942-1943, grâce aux radars et aux charges de profondeur qu'ils emportent, ils se montrent beaucoup plus agressifs et efficaces.

Les responsables alliés n'affectent leurs moyens aériens à la bataille de l'Atlantique qu'avec de grandes réticences ; toutefois, l'apparition, en 1943, des bombardiers Liberator est un tournant décisif. Jusqu'à la fin de la guerre, les avions alliés infligent des pertes si importantes aux U-Boote allemands qu'ils cessent de constituer une vraie menace pour la navigation marchande.

Les défenses antiaériennes

Doter les bâtiments d'armes antiaériennes a posé de grandes difficultés, la densité du feu d'un cuirassé ou d'un croiseur étant forcément limitée. Toutefois, la

LUTTE ANTI-SOUS-MARINE

L'aviation constitue une réponse efficace à la menace sous-marine pendant la bataille de l'Atlantique. Ci-contre, l'équipage d'un Sunderland du Coastal Command de la RAF patrouillant au-dessus de l'Océan. Ci-dessous, un convoi de navires marchands transportant des approvisionnements nécessaires à la survie de l'Angleterre.

AVIONS DE LUTTE ANTI-SOUS-MARINE DE 1939-1945

Les avions jouent un rôle décisif dans la lutte anti-sous-marine lors de la bataille de l'Atlantique, de 1940 à 1943. La protection des navires marchands attaqués par les sous-marins allemands est en effet une question de survie pour l'Angleterre. Bien que les missions de la sorte soient assurées par des avions embarqués, la tâche principale revient aux appareils du Coastal Command basés à terre. L'Angleterre n'accorde pas pour autant la priorité à ce grand commandement de la RAF, responsable des patrouilles anti-sous-marines dans l'Atlantique. Les tenants du bombardement stratégique souhaitent en effet voir affectés à l'offensive aérienne sur l'Allemagne l'essentiel des moyens disponibles en bombardiers. L'une des caractéristiques principale des avions de lutte anti-sous-marine réside dans leur allonge. Jusqu'en 1942, les Alliés ne disposent d'aucun appareil capable d'opérer dans l'Atlantique, carence exploitée à outrance par les submersibles allemands. Ce désavantage est comblé par la mise en service d'appareils à long rayon d'action, tels que le Liberator ou le Consolidated PB4Y-1 Privateer, qui peuvent franchir une distance de quelque 4 500 km. Par ailleurs, l'apparition de nouveaux équipements rend plus efficace le combat mené contre les sous-marins.

CATALINA À LONG RAYON D'ACTION
Le Catalina, qui dispose d'une allonge et d'une capacité d'emport de charge offensive importantes, est souvent employé par les Alliés.

Consolidated PBY Catalina

Premier appareil de patrouille anti-sous-marine de l'US Navy, mis en service en 1936, le Catalina sert également dans le Coastal Command de la RAF, où il épaule le Sunderland. Il a été produit en 4 000 exemplaires, soit plus que n'importe quel autre hydravion. Plus lent et moins bien armé que le Sunderland, il se révèle robuste et polyvalent.

Moteurs 2 Pratt & Whitney Twin Wasp de 1 200 ch
Envergure 31,7 m — **Longueur** 19,5 m
Vitesse max. 315 km/h — **Équipage** 7
Armement 5 mitrailleuses de 12,7 mm ; charge offensive de 1 615 kg (torpille, charges de profondeur ou bombes)

Consolidated PB4Y-1 Privateer

En novembre 1941, la RAF est la première à utiliser des Privateer pour les patrouilles sous-marines lointaines. En novembre 1942, un PB4Y-1 de la marine américaine coule un premier submersible allemand. L'US Navy disposera de près de 1 000 de ces appareils, dont une version commandée à distance pour l'attaque des sites de bombes volantes V1 en France. Le frère de John Kennedy, Joseph, se tue à bord d'un de ces avions en 1944.

Moteurs 4 Pratt & Whitney Twin Wasp de 1 200 ch
Envergure 33,3 m — **Longueur** 20,5 m
Vitesse max. 450 km/h — **Équipage** 9–10
Armement 8 mitrailleuses de 12,7 mm ; charge de bombes de 3 630 kg

Fairey Swordfish

Le Swordfish se révèle d'une si grande efficacité que la Royal Navy continue de l'employer, malgré sa silhouette dépassée, pour des missions d'attaque pendant une partie de la guerre. En novembre 1940, 21 de ces appareils embarqués sur le porte-avions *Illustrious* coulent une partie de la flotte italienne en rade de Tarente, un seul étant détruit. À partir de 1943, des Swordfish Mk III équipés d'un radar assurent l'escorte des convois alliés en mer du Nord et dans l'Atlantique, détruisant quelques sous-marins.

Moteur Bristol Pegasus 30 en étoile de 750 ch
Envergure 13,9 m — **Longueur** 10,9 m
Vitesse max. 225 km/h — **Équipage** 2–3
Armement 2 mitrailleuses Vickers de 7,7 mm ; 1 torpille ou charge offensive de 680 kg (bombes, mines, charges de profondeur ou 8 roquettes de 27 kg)

Lockheed Hudson I (A-28 et A-29)

Moteurs 2 Wright Cyclone R-180 en étoile de 1 200 ch
Envergure 20 m — **Longueur** 13,5 m
Vitesse max. 395 km/h — **Équipage** 5
Armement 5 mitrailleuses ; charge offensive de 340 kg

Développé en 1938 pour la reconnaissance maritime, à partir du Model 14 Super Electra commercial, le Hudson est le premier avion américain utilisé par la RAF pendant la Seconde Guerre mondiale. Il est aussi le premier à détruire un avion allemand et à couler un sous-marin au moyen de roquettes. Près de 3 000 Hudson opèrent dans les forces aériennes alliées.

Marin PBM Mariner

Conçu en 1937, quatre ans après le Catalina, le Martin Mariner, ou Model 162, est un hydravion à coque, aux ailes en W et à l'empennage horizontal incliné. Entré en service en 1941, il est produit en 1 300 exemplaires, la principale version du temps de guerre étant le PBM.

Moteurs 2 Wright Cyclone en étoile de 1 700 ch
Envergure 36 m — **Longueur** 24,4 m
Vitesse max. 320 km/h — **Équipage** 7–8
Armement 7 mitrailleuses ; charge offensive de 1 815 kg

Short S.25 Sunderland

Développé par Short à partir de la lignée des Empire commerciaux, le S.25 Sunderland entre en service dans le Coastal Command de la RAF avec un radar, en vue d'effectuer des missions de patrouille maritime et de lutte anti-sous-marine. Disposant d'une autonomie de vol de 13 heures, il envoie par le fond de nombreux submersibles allemands surpris en train de naviguer en surface.

Moteurs 4 Pratt & Whitney Twin Wasp en étoile de 1 200 ch
Envergure 34,4 m — **Longueur** 26 m
Vitesse max. 345 km/h — **Équipage** 10
Armement 14 mitrailleuses de 12,7 mm ; charge offensive de 2 250 kg consistant en des bombes ou des charges de profondeur

ATTAQUER PEARL HARBOR

LE TEMPS DE L'ACTION
Des marins japonais observent les Mitsubishi « Zero » qui s'apprêtent à décoller d'un porte-avions. Un matelot de l'Akagi, Iki Kuramoti, s'exclame : « Une attaque aérienne sur Hawaii ! Le rêve devient réalité ! »

« CECI N'EST PAS UN EXERCICE »
Ce message informant de l'attaque sur Pearl Harbor est diffusé quelques minutes après le début du raid.

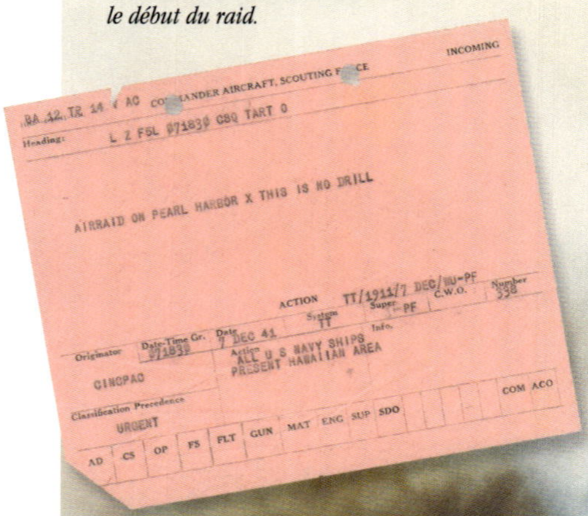

INCOMING
RA 12 TR 14 Y AC COMMANDER AIRCRAFT, SCOUTING FORCE
Heading: L Z FGL 071830 CBQ TART 0

AIRRAID ON PEARL HARBOR X THIS IS NO DRILL

ACTION TT/1911/7 DEC/HU-PF
System TT Super PF C.W.O. Number 338
Originator CINCPAC Date-Time Gr. 071830 Date 7 DEC 41
Action ALL U S NAVY SHIPS PRESENT HAWAIIAN AREA
Info.
Classification Precedence URGENT
AD CS OP FS FLT GUN MAT ENG SUP SDO COM ACO

À L'AUBE DU 7 DÉCEMBRE 1941, les pilotes japonais qui composent la première vague d'attaque sur Pearl Harbor grimpent dans leur habitacle, emportant une ration (riz, chocolat, prunes et excitant) pour la durée du vol. Les hélices tournent et les moteurs démarrent, tandis que le chef de l'attaque, le commandant Mitsuo Fuchida, passe autour de son front le *hachimaki*, le traditionnel bandeau.

Bien que la mer soit quelque peu agitée, les avions décollent sans incident et prennent la direction des îles Hawaii, soumis à un silence radio très strict. Fuchida procède à une correction de cap alors qu'il approche de Pearl Harbor, se calant sur la station de radio locale qui, tout en diffusant de la musique, donne des bulletins météorologiques. Comme les nuages disparaissent, l'officier japonais peut apercevoir l'île toute verte à quelque distance. Puis le port en entier emplit son pare-brise : « Toute la flotte américaine du Pacifique était là, au mouillage, comme je ne l'aurais jamais imaginé dans le plus beau de mes rêves. » En tout, quatre-vingt-dix navires de toutes catégories sont rassemblés à Pearl Harbor, y compris huit cuirassés. Dans l'excitation du moment, Fuchida envoie à l'état-major japonais le signal de victoire « Tora, tora, tora ». Pendant ce temps, les premiers avions torpilleurs foncent à basse altitude vers leurs objectifs et les bombardiers en piqué attaquent depuis 3 500 m. Les explosions éclatent dans le ciel tandis que les bombardiers horizontaux de Fuchida avancent parfaitement alignés au milieu des tirs antiaériens.

> « Le moment est arrivé. L'essor ou la chute de notre empire est en jeu... »
>
> **AMIRAL YAMAMOTO,**
> MESSAGE À LA FLOTTE AVANT PEARL HARBOR

De leur côté, les chasseurs Mitsubishi A6M Reisen, les Zero, mitraillent les aérodromes, détruisant ou endommageant au sol des dizaines d'avions américains. Au milieu de ce charnier, une formation de bombardiers B-17 arrivant des États-Unis est sévèrement étrillée.

Les pilotes japonais ignorent les drames humains qui se déroulent en dessous d'eux, animés par la seule idée d'accomplir leur tâche. Bon nombre reviennent à leur porte-avions, où règne l'euphorie, imprégnés d'un sentiment de honte, convaincus d'avoir raté leur cible. Fuchida, resté au-dessus de Pearl Harbor pendant que la seconde vague de 170 avions frappe à son tour, rapporte à l'amiral Nagumo l'ampleur des dommages infligés à l'ennemi. Celui-ci commente : « Nous pouvons en conclure que les résultats attendus ont été obtenus. »

DES NAVIRES FRAPPÉS À MORT
Des sauveteurs tentent de trouver quelques survivants dans un bâtiment de l'US Navy entouré de mazout. Dix-huit navires sont coulés ou gravement avariés à Pearl Harbor, dont cinq cuirassés.

vulnérabilité des bâtiments de surface aux attaques de l'aviation, en l'absence de couverture aérienne adéquate, est patente. L'un des jours les plus noirs de la Royal Navy est le 10 décembre 1941 : le croiseur de bataille *Repulse* et le cuirassé *Prince of Wales* sont assaillis par des bombardiers moyens japonais Mitsubishi G4M « Betty » et des bombardiers-torpilleurs Nakajima « Kate », au large des côtes de la Malaisie. À lui seul, le *Prince of Wales* dispose de 175 canons antiaériens capables de tirer 175 000 obus antiaériens par minute, et lui et ses destroyers d'escorte se trouvent en eaux ouvertes, avec la possibilité de manœuvrer à leur guise. Pourtant, en moins de deux heures, le *Prince of Wales* et le *Repulse* sont envoyés par le fond, au prix de seulement trois avions nippons détruits.

Même les Britanniques, qui ont perdu l'initiative dans le domaine des porte-avions, remportent de grandes victoires en engageant leurs avions contre des navires de surface. Le cuirassé allemand *Bismarck*, en route vers Brest, en mai 1941, aurait pu échapper à la Royal Navy s'il n'avait été repéré par un Catalina du Coastal Command de la RAF et s'il n'avait été endommagé par des Swordfish de la Fleet Air Arm embarqués sur le porte-avions *Ark Royal*. Que ces biplans démodés et lents, dotés d'un poste de pilotage à l'air libre, soient parvenus à stopper l'un des navires de bataille les plus modernes du monde est un exploit peu ordinaire.

Les Swordfish remportent un autre succès mémorable en lançant un raid contre la flotte italienne mouillée en rade de Tarente, en novembre 1940. Confrontés à de puissantes défenses antiaériennes, vingt et un de ces appareils partis du porte-avions *Illustrious* surgissent en pleine nuit au-dessus du port ennemi pour y couler trois cuirassés et un destroyer. Les experts navals du monde entier, en particulier les Japonais, tireront des enseignements de cette attaque.

SWORDFISH À L'ATTAQUE
Le raid mené par les Swordfish britanniques sur Tarente en novembre 1940 inspirera en partie l'attaque de Pearl Harbor par les Japonais.

« Tora ! Tora ! Tora ! »

Le raid surprise nippon sur Pearl Harbor, le 7 décembre 1941, est un événement considérable dans l'histoire de l'aviation militaire, qu'on le considère comme une traîtrise ou un coup de génie. L'affaire est programmée par des officiers de grade élevé qui redoutent que la politique menée par leur pays en Chine et en Asie du Sud-Est ne débouche un jour sur un conflit avec les États-Unis, dont ils savent qu'ils ne parviendront pas à les vaincre. L'amiral Isoroku Yamamoto, commandant en chef de la marine, espère qu'en procédant à la destruction des forces navales américaines dans le Pacifique, le Japon disposera du temps nécessaire pour asseoir ses conquêtes et en organiser la défense. L'amiral Nagumo, pressenti pour commander l'attaque, s'y oppose et doute qu'elle puisse être positive.

Bien que les Américains aient été piqués au vif, arguant que le raid a coïncidé avec la déclaration de guerre du Japon au lieu d'être suivi par elle, Pearl Harbor est une opération conduite de main de maître tant dans sa préparation que dans son exécution. Les techniciens nippons ont développé une torpille convenant bien aux eaux peu profondes de la rade américaine – des torpilles standard se seraient ensablées – et une bombe, faite d'un obus d'artillerie empenné, capable de percer les épais blindages des navires ennemis. Les pilotes de l'aéronautique navale japonaise, triés sur le volet, ont préparé l'affaire de la façon la plus minutieuse qui soit. Une flotte de trente et un bâtiments comprenant six porte-avions prend la mer et, sans être repérée, gagne les environs des îles Hawaii,

AVIONS UTILISÉS PAR LES JAPONAIS SUR PEARL HARBOR

Aichi D3A « Val »

Principal bombardier en piqué de la marine japonaise, l'Aichi D3A « Val » prend part à l'attaque. Les avions de ce type envoient par le fond plus de bâtiments alliés que n'importe quel autre appareil pendant la guerre.

MOTEUR Mitsubishi Kinsei en étoile de 1 080 ch	
ENVERGURE 14,4 m	**LONGUEUR** 10,2 m
VITESSE MAX. 460 km/h	**ÉQUIPAGE** 2
ARMEMENT 3 mitrailleuses de 7,7 mm ; 1 bombe de 250 kg et 2 bombes de 30 kg sous voilure	

Mitsubishi A6M5 Reisen « Zero »

Emblème du soleil levant

Le plus célèbre des chasseurs japonais, le « Zero » apparaît en 1940 et surclasse d'emblée ses équivalents alliés dans le Pacifique. Cet appareil léger possède une maniabilité exceptionnelle et une allonge incomparable.

MOTEUR Nakajima NK1C Sakae en étoile de 1 300 ch	
ENVERGURE 11 m	**LONGUEUR** 9,1 m
VITESSE MAX. 555 km/h	**ÉQUIPAGE** 1
ARMEMENT 2 canons de 20 mm dans les ailes, 2 mitrailleuses de 7,7 mm ; 2 bombes de 60 kg sous voilure	

Nakajima B5N 2 « Kate »

Alors que les Britanniques utilisent encore le Swordfish, avion dépassé, les Japonais développent des appareils entièrement métalliques et de configuration monoplane, possédant des caractéristiques très modernes. Le « Kate » joue un rôle majeur à Pearl Harbor et contribue à couler ensuite le *Hornet*, le *Lexington* et le *Yorktown*.

MOTEUR Nakajima Sakae 21 en étoile de 1 115 ch	
ENVERGURE 15,5 m	**LONGUEUR** 10,3 m
VITESSE MAX. 380 km/h	**ÉQUIPAGE** 3
ARMEMENT 2 mitrailleuses de 7,7 mm, 1 mitrailleuse de 7,7 mm ; torpille de 800 kg sous fuselage	

BOMBARDIERS SUR LE PONT

En avril 1942, seize bombardiers B-25 ont été montés sur le pont du porte-avions USS Hornet *en vue d'attaquer Tokyo, après avoir traversé une partie du Pacifique. Ces avions sont trop volumineux pour être entreposés dans les hangars.*

après avoir été ravitaillée en pleine mer.

Aidés par l'inefficacité et le laxisme des mesures défensives des Américains, les pilotes japonais partent à l'attaque en deux vagues, faisant preuve d'une adresse et d'une détermination sans bornes. Ils disposent des meilleurs avions embarqués au monde, le chasseur Mitsubishi A6M Reisen, dit « Zero » dans la terminologie américaine, et le bombardier-torpilleur Nakajima « Kate », qui peut être employé pour le bombardement horizontal. Est également engagé dans l'opération l'Aichi « Val » de bombardement en piqué qui possède les mêmes qualités et les mêmes inconvénients que le Stuka.

L'impact stratégique de l'action menée par les Japonais est limité par l'absence fortuite des deux porte-avions de la flotte américaine du Pacifique et l'incapacité de détruire les réserves de carburant ennemies qui permet aux Américains de se remettre plus vite du raid du 7 décembre. Toutefois, 18 bâtiments sont coulés ou gravement avariés et 164 avions détruits au sol, pour la perte de 29 des 353 appareils nippons engagés dans l'attaque.

VENGEANCE AMÉRICAINE

L'attaque de Pearl Harbor suscite un sentiment de vengeance chez les Américains, en partie comblé par le raid sur Tokyo d'avril 1942.

Pearl Harbor convainc les derniers sceptiques de la puissance de l'aviation embarquée et de l'effet décisif qu'elle est en mesure de produire sur la guerre navale. Malgré la destruction d'une partie de leur flotte, les Américains disposent toujours de leurs porte-avions, qui sont la clé de leur survie dans le Pacifique. Au départ, le rôle attribué à ces bâtiments était secondaire. À présent, ils constituent l'épine dorsale des flottes de surface, la tâche des cuirassés et des croiseurs étant désormais d'assurer la protection ce ces unités.

Le raid sur Tokyo

L'attaque de Pearl Harbor et les événements qui s'ensuivent suscitent chez les Américains une soif de vengeance et le besoin de retrouver des forces morales. Cherchant le meilleur moyen de répliquer à l'initiative japonaise, des militaires imaginent d'aller bombarder Tokyo depuis un porte-avions. Aucun de ces bâtiments ne disposant de l'allonge qui lui permet d'accomplir une telle opération, les US Army Air Forces fournissent des North American B-25 Mitchell, mais personne ne croit que ces bombardiers moyens pourront décoller d'un pont d'envol. Pourtant, aucune autre solution n'est possible.

Des équipages constitués de volontaires et placés sous les ordres du lieutenant-colonel Doolittle subissent un entraînement intensif au cours duquel ils apprennent à décoller et à atterrir sur de courtes distances. En avril 1942, ils embarquent sur le *Hornet*,

« Ce raid poursuit un certain nombre de buts, mais [...] le plus important est de remonter le moral du peuple américain. »

CONTRE-AMIRAL HENRY L. MILLER,
À PROPOS DU RAID DE DOOLITTLE

basé à San Francisco, avec seize Mitchell arrimés sur le pont d'envol, leurs dimensions leur interdisant en effet d'être entreposés dans les hangars, en dessous. Le porte-avions *Enterprise* se joint au *Hornet* en vue d'assurer sa protection. Le plan prévoit le décollage des bombardiers dans la soirée du 18 avril, quand la force navale se trouvera à 650 km environ de Tokyo. Après avoir attaqué la capitale japonaise sous le couvert de l'obscurité, les B-25 devront rejoindre l'aérodrome de Chuchow, en Chine, tenu par les forces alliées. Toutefois, au matin du jour prévu, la flotte américaine tombe sur des chalutiers puis des patrouilleurs nippons ; aussi Doolittle décide-t-il de lancer sur l'heure ses bombardiers à l'attaque, alors que Tokyo est encore à plus de 1 000 km.

L'officier supérieur est le premier à prendre l'air dans des conditions peu propices, le porte-avions avançant à travers une mer agitée. Heureusement, une brise de 30 nœuds souffle, ce qui, avec les 20 nœuds du bâtiment, offre aux avions une vitesse de vent bienvenue de 50 nœuds. Sans le moindre incident, les autres Mitchell emboîtent le pas au bimoteur de Doolittle.

Le vol en direction de Tokyo dure quatre heures, et le raid provoque une intense surprise chez l'ennemi. Les B-25 n'emportent pas une charge de bombes suffisante pour provoquer de grands dommages, mais l'opinion nippone est traumatisée. La suite des événements ne correspond guère aux prévisions, tous les bombardiers, à court de carburant, s'écrasant au sol après que leur équipage s'est parachuté. Sur les 80 aviateurs des US Army Air Forces engagés, 73, y compris Doolittle, survivent et regagnent les États-Unis. Le raid sur Tokyo, malgré son infime signification tactique, contrarie toutefois les projets d'expansion japonaise dans le Pacifique.

LA MANŒUVRE DE THACH

AVOIR À COMBATTRE LE ZERO, qui peut être supérieur à leur Grumman F4F Wildcat, cause du souci, même aux meilleurs pilotes de l'US Navy. Heureusement, celle-ci dispose de pilotes d'exception qui élaborent des tactiques nouvelles. Jimmy Thach, le chef du Fighting Squadron 3, décide d'abandonner la formation alors universelle de trois avions en V (un leader et deux ailiers). Il la remplace par la patrouille de deux sections de deux avions déjà adoptée par les pilotes de Messerschmitt dans la Luftwaffe. Avec cette formation, il met au point une manœuvre appelée « l'évasive de Thach », qui est spécifiquement destinée à pallier l'infériorité des performances du Wildcat et à lui rendre théoriquement la supériorité en combat, quelle que soit la situation. Elle se déroule ainsi. Les avions, par deux ou en deux paires, évoluent parallèlement avec assez d'espace entre eux pour qu'un avion ou une paire puisse surveiller les arrières de l'autre et puisse virer vers l'autre. Quand un Zero attaque un avion ou une paire par l'arrière, lorsqu'il arrive à portée de tir, l'avion ou la paire visés virent brutalement vers l'autre en piquant. Si le Zero le ou les suit, il se retrouve face à un ou deux autres adversaires et doit dégager. Thach eut l'occasion de mettre en œuvre cette tactique lors de la bataille de Midway.

PAR QUATRE
Wildcat de l'US Navy volant en formation par quatre selon la tactique élaborée par Jimmy Thach. Chaque formation consiste en deux sections de deux avions, un leader et un ailier.

La bataille de Midway

En 1942, les instructions données à la flotte américaine du Pacifique sont de tenir partout où elles le peuvent et de frapper l'ennemi à la moindre occasion. L'US Navy aligne seulement six porte-avions lorsque débutent les hostilités, et leur nombre diminue au fil des batailles. Les Japonais disposent de la supériorité, tant dans le domaine de la quantité que de la qualité, des équipages et des pilotes navals. La bataille de la mer de Corail est un avertissement pour le Japon, le signe que les Américains sont toujours décidés à se battre. Toutefois, les

EN ROUTE POUR TOKYO
Le 18 avril 1942, l'avion de Doolittle quitte l'USS Hornet. *Chaque B-25 doit décoller au moment où le pont du porte-avions se cabre.*

responsables nippons sont convaincus qu'ils peuvent encore attirer la flotte ennemie dans des combats, détruire ses porte-avions et prendre le contrôle du grand océan. Tel est le postulat sur lequel ils se fondent pour monter l'opération de Midway.

Ses cryptographes ayant cassé les codes japonais, l'US Navy connaît tout du projet d'attaque de Midway et de l'assaut de diversion qui doit avoir lieu contre les îles Aléoutiennes. Incapable de rassembler autant de moyens que l'ennemi, une force d'environ 200 bâtiments, l'amiral Chester Nimitz, nouveau commandant de la flotte du Pacifique, compte sur la combativité de ses aviateurs pour arrêter l'invasion nippone. Grâce aux efforts héroïques des ouvriers de Pearl Harbor, le *Yorktown* est remis en état en trois jours, alors que l'on pensait qu'il en faudrait quatre-vingt-dix, et rejoint l'*Enterprise* et le *Hornet*. Nimitz dispose aussi de bombardiers lourds Boeing B-17 stationnés à Midway, alors que Yamamoto, ne sachant rien de l'état et de la position de l'adversaire, engage quatre porte-avions grâce auxquels il entend s'assurer la maîtrise du ciel, préalable à l'assaut amphibie sur Midway.

Le 4 juin 1942, les Japonais et les Américains entrent en contact au large de Midway. À l'issue de la bataille, les quatre porte-avions nipppons ont été envoyés par le fond, au prix de la perte du *Yorktown*. Cette victoire ne donne pas immédiatement à l'US Navy la supériorité sur la mer et dans les airs. Bien que l'aéronautique navale japonaise ait subi une sévère défaite, elle domine encore assez largement le Pacifique. La perte du *Lexington* en mer de Corail et celle du *Yorktown* à Midway sont suivies par celles du *Wasp* et du *Hornet* lors des combats livrés autour de Guadalcanal, au cours du second semestre de 1942. Pendant cette période, un seul porte-avions américain opère dans tout le Pacifique et des marins aviateurs sans affectation se battent aux côtés des marines pour la conservation de l'aérodrome de Henderson Field, à Guadalcanal.

Les porte-avions de la classe Essex

En 1942-1943, la flotte de porte-avions la plus puissante du monde est en train de prendre forme dans les chantiers navals américains. Dès 1940, l'US Navy a été autorisée à construire une nouvelle génération de porte-avions lourds de la classe Essex. Le premier de ces bâtiments, entré en service en 1943, a été conçu en fonction des enseignements tirés des batailles aéronavales livrées depuis 1941. Une grande attention a été portée au problème de la maintenance des avions dans les espaces réduits qui caractérisent ces navires, et les procédures de lutte contre les incendies et les dommages subis au combat ont été améliorées. Pour toutes ces raisons, les Essex possèdent de meilleures chances de survie face aux attaques aériennes. Par ailleurs, ils représentent une puissance de feu impressionnante. À l'automne de 1943, les Américains alignent dix-neuf

LA BATAILLE DE MIDWAY

BOMBARDIERS-TORPILLEURS

Le Douglas TBD Devastator forme l'épine dorsale de la force de bombardiers-torpilleurs américaine lors de la bataille de Midway (en haut). Une douzaine de Grumman TBF Avenger (ci-dessus) n'en participe pas moins aux combats livrés en juin 1942. Ces deux types d'appareils subissent des pertes très lourdes.

La bataille de Midway commence le 4 juin 1942. Les Japonais attaquent les premiers en bombardant les aérodromes de l'île au petit matin. Leurs chefs préparent déjà un nouvel assaut lorsqu'ils apprennent la présence de porte-avions américains. À ce moment, le *Hornet* et l'*Enterprise* ont fait décoller leurs avions en vue d'attaquer la flotte nippone. Malheureusement pour eux, les pilotes de l'US Navy ne parviennent pas à localiser assez vite l'ennemi et les unités s'éparpillent. Les quinze bombardiers-torpilleurs Devastator du *Hornet* trouvent les bâtiments ennemis les premiers, mais n'ont plus de couverture de chasse. Volant lentement à basse altitude en vue de l'attaque, ils sont très vulnérables. Aucun ne survit aux attaques menées par les Zero. Les avions du *Yorktown* sont lancés bien après ceux des deux autres porte-avions, mais aucun n'arrive sur place en formation cohérente, prêt à mener un assaut coordonné. Les Wildcat, conduits par Jimmy Thach, sont débordés par les Zero. Les bombardiers-torpilleurs combattent bravement en occupant les chasseurs nippons, mais ils sont décimés.

PANORAMA DE LA BATAILLE
Cette photographie montre les bombardiers-torpilleurs du Yorktown *en train d'attaquer les porte-avions japonais* Soryu *et* Akagi *au matin du 4 juin 1942. Évoluant à très basse altitude afin de pouvoir larguer leurs torpilles, ces appareils sont confrontés aux tirs antiaériens et aux chasseurs de l'ennemi.*

En détournant l'attention de l'ennemi vers eux, ils permettent toutefois aux bombardiers en piqué Dauntless du *Yorktown*, mais aussi aux appareils de l'*Enterprise* de se faufiler à basse altitude et d'arriver sur les bâtiments japonais à un moment crucial.

« De nombreux objets noirs se détachèrent soudain de leurs ailes. Des bombes ! Elles se dirigeaient directement sur moi. »

COMMANDANT JAPONAIS MITSUO FUCHIDA, LORS DE L'ATTAQUE DE L'*AKAGI* PAR LES BOMBARDIERS EN PIQUÉ AMÉRICAINS

Comme les avions américains partent à l'attaque, Jimmy Thach note : « Je discerne un scintillement dans le soleil, et aperçois une sorte de bel oiseau argenté en train de descendre. Les bombardiers en piqué partent à l'assaut […] Je n'ai jamais vu un bombardement aussi réussi. Il me semble que chaque bombe a porté […] » En cinq minutes, trois porte-avions japonais, l'*Akagi*, le *Kaga* et le *Soryu*, sont réduits à l'état d'épaves flottantes, lâchant des colonnes de fumée blanche dans le ciel.

En dépit du choc qu'ils viennent de subir, les Japonais disposent encore d'un porte-avions intact, le *Hiryu*. Celui-ci expédie une formation de bombardiers en piqué et de bombardiers-torpilleurs contre le *Yorktown*. Comme ces appareils sont accompagnés par à peine une demi-douzaine de Zero, ils subissent des pertes terribles sous les attaques des chasseurs américains et les défenses antiaériennes.

DAUNTLESS À L'ATTAQUE
L'artiste R. G. Smith a représenté la destruction du porte-avions japonais Akagi *par des bombardiers d'attaque en piqué Douglas Dauntless.*

Ils n'en continuent pas moins d'attaquer sans tenir compte des pertes. Se souvenant d'un avion ennemi en feu qui tarde à larguer sa torpille, Thach raconte : « En ce qui concerne la détermination, il est impossible de faire la moindre différence entre un pilote japonais et un pilote américain. Rien ne peut les arrêter… » Endommagé par les bombardiers en piqué et déchiqueté par les avions-torpilleurs, le *Yorktown* est finalement coulé par les torpilles d'un sous-marin nippon. La journée s'achève avec la destruction du *Hiryu* par les bombardiers en piqué de l'*Enterprise*.

L'invasion de Midway est abandonnée. Les Japonais ont perdu quatre porte-avions et près de 330 appareils, les Américains un porte-avions et 150 avions. Le Japon laisse dans cette bataille une bonne partie de ses équipages les plus expérimentés. Il subit une grave défaite, présentée comme un tournant dans la guerre du Pacifique.

Le Vought F4U Corsair

« Quand ses défauts ont été corrigés, le Corsair est devenu un excellent chasseur. »

Herbert D. Riley,
amiral de l'US Navy

EN ACTION
Des pilotes, basés dans les îles Salomon, se ruent vers leurs Corsair, après avoir reçu l'ordre de décollage. Les Corsair servent au sein de l'US Marine Corps et de la Fleet Air Arm britannique. Ils seront utilisés par l'Aéronautique navale française pendant les années 1950.

Le F4U Corsair est considéré comme le meilleur chasseur embarqué de la Seconde Guerre mondiale. Il est bien adapté au service en mer. Ses ailes en W permettent de dégager du sol sa grande hélice sans allonger les jambes de ses atterrisseurs principaux, afin qu'elles restent courtes et robustes. Cependant, il n'est pas fait pour être utilisé sur porte-avions. Quand les premiers Corsair sont livrés à l'US Navy en octobre 1942, les pilotes doivent regarder sur le côté pour voir où ils vont quand ils se préparent à décoller. Ce défaut est important, surtout lorsqu'il s'agit de prendre l'air depuis le pont d'un porte-avions. Pour cette raison, le F4U est d'abord utilisé depuis des bases terrestres situées dans le Pacifique, principalement par des unités de l'US Marine Corps. Le Corsair n'est déployé sur des porte-avions qu'en avril 1944, après que le siège et la verrière ont été surélevés pour améliorer la visibilité du pilote vers l'avant.

Dès que ces modifications ont été apportées et aussitôt que les pilotes ont appris à dominer ce monstre de puissance, le Corsair se révèle hors du commun. Il convient aussi bien aux missions de supériorité aérienne qu'à l'attaque au sol, emportant en cette occasion des bombes ou des roquettes. En combat aérien contre les Japonais, son rapport pertes/victoires est de onze contre un en sa faveur.

ROQUETTES À BORD
Montage de roquettes sous les ailes d'un Corsair basé à Okinawa, en juin 1945.

UN CHASSEUR EXEMPLAIRE
Le Corsair est aussi performant dans les missions de supériorité aérienne qu'en attaque au sol. Il s'est distingué à maintes reprises dans les combats livrés contre les Japonais.

Caractéristiques (FG-1D, Corsair)

Moteur Pratt & Whitney R-2800-32W 18-cylindres en étoile de 2 300 ch

Envergure 12,5 m

Longueur 10,2 m

Poids 4 390 kg

Vitesse max. 755 km/h **Équipage** 1

Armement 4 canons de voilure de 20 mm ; charge de bombes de 907 kg

MONOPLACE
Le F4U est un monoplace, mais il n'en dispose pas moins d'un moteur exceptionnellement puissant pour un appareil de ce type.

VOILURE REPLIABLE
Pour lui permettre d'être entreposé plus facilement à bord des porte-avions, le Corsair dispose d'une voilure repliable.

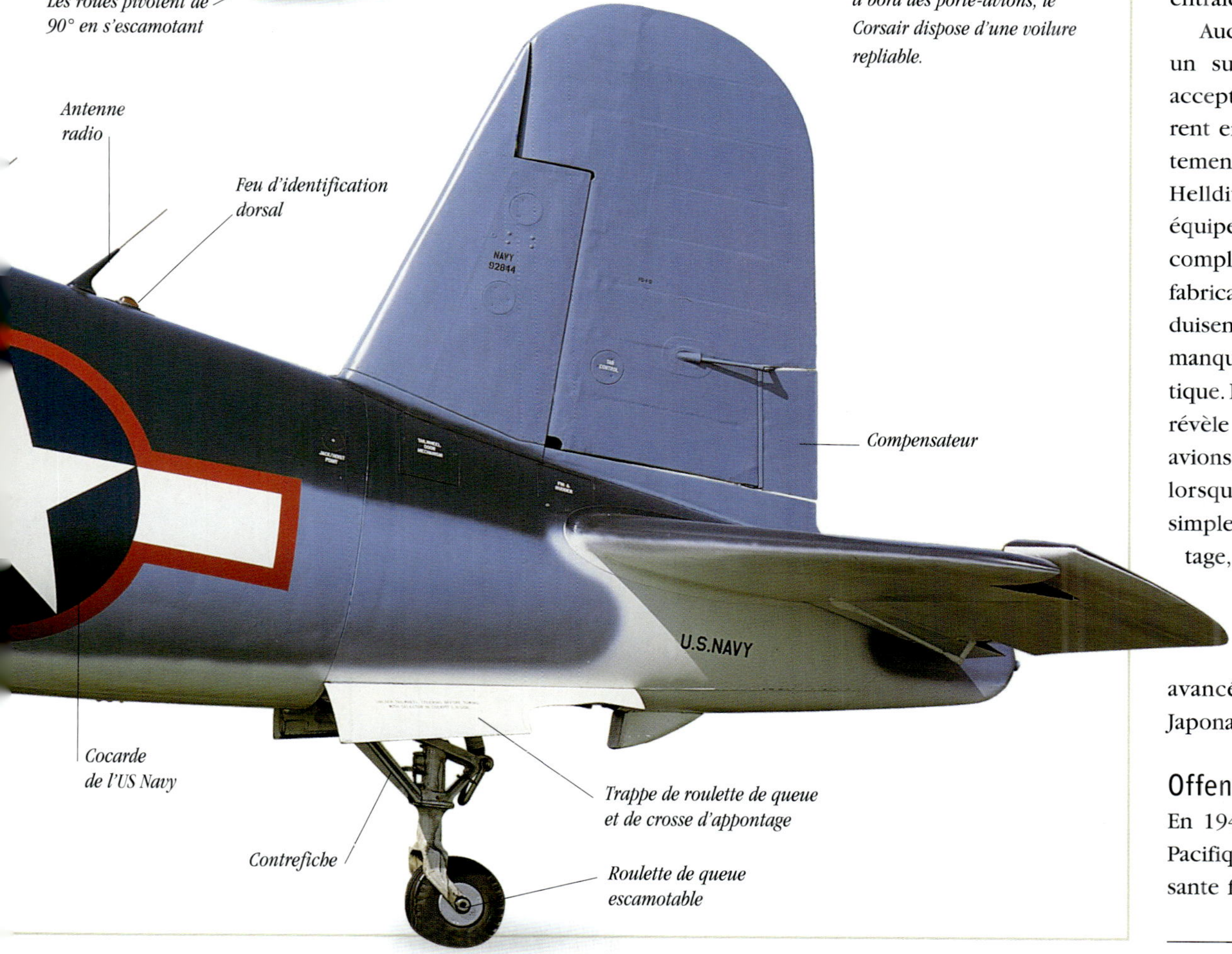

bâtiments de ce type dans le Pacifique et la production d'autres va bon train. Disposer de porte-avions est une chose, avoir des avions embarqués et des pilotes parfaitement entraînés en est une autre. L'ampleur du programme aéronaval initié par l'US Navy est prodigieuse, le nombre d'appareils estimé nécessaire par les planificateurs étant estimé au départ à 2 750. Pour permettre de former des pilotes à un rythme suffisamment soutenu, la marine américaine innove en employant des simulateurs de vol qui peuvent apparaître rudimentaires par rapport aux standards actuels mais n'en permettent pas moins de développer les capacités des élèves dans des domaines aussi divers que les manœuvres d'appontage, le décollage et le vol aux instruments, tout cela dans des conditions de sécurité et de célérité acceptables. La production en masse d'une nouvelle génération d'avions embarqués – tels que le bombardier-torpilleur Grumman TBF Avenger, les chasseurs Vought F4U Corsair et Grumman F6F Hellcat, ainsi que le bombardier en piqué Curtiss SB2C Helldiver, ce dernier destiné à remplacer le Dauntless – réclame fermeté et sens pratique. Un appareil aux performances élevées n'aurait été d'aucune utilité s'il n'avait pu être fabriqué en grande série dans les usines existantes, avec les outillages disponibles. Les Américains, avec leur génie de l'organisation, ont su mettre à la disposition de l'US Navy des avions et des pilotes aussitôt que les nouveaux porte-avions de cette dernière entraient en service.

Aucun des appareils en question ne s'est révélé un succès immédiat. Le Helldiver est fort mal accepté par de nombreux équipages, qui lui préfèrent encore leurs vieux Dauntless dont le comportement à Midway a été au-dessus de tout éloge. Le Helldiver lui-même est un casse-tête pour les équipes de maintenance ; il s'agit d'un avion fort complexe et qui présente de nombreux défauts de fabrication, du fait que nombre des usines qui le produisent appartiennent au secteur de l'automobile et manquent d'expérience dans le domaine aéronautique. La première version du Corsair, quant à elle, se révèle très décevante pour le service sur porte-avions, les pilotes manquant de visibilité vers l'avant lorsqu'ils s'apprêtent à apponter. Une solution simple est trouvée en surélevant le poste de pilotage, ainsi que son siège, de 16 cm, mais l'avion n'est autorisé à opérer depuis des porte-avions qu'en avril 1944. Malgré certaines déficiences, ces appareils marquent une avancée technologique considérable que les Japonais ne peuvent rattraper en aucune manière.

Offensive dans le Pacifique

En 1944, les États-Unis sont prêts à lancer dans le Pacifique une offensive s'appuyant sur une puissante force aéronavale. Leur flotte est organisée en

« Beaucoup de gens me disent que le bombardement ne peut faire gagner la guerre. Ma réponse est qu'une telle méthode n'a jamais encore été tentée… et que nous verrons bien. »

Air Chief Marshal sir Arthur Harris, chef du Bomber Command de la RAF en 1942

LA MORT QUI VIENT DES AIRS

APRÈS UNE LONGUE POLÉMIQUE CONCERNANT LES ATTAQUES CONTRE LES CIVILS, LES BOMBARDIERS ALLIÉS FINISSENT PAR RÉDUIRE LES VILLES ENNEMIES À L'ÉTAT DE RUINE.

Il existe fort peu d'images de la guerre totale aussi significatives que celle de formations de bombardiers en action pendant la Seconde Guerre mondiale, souvent plus d'un millier d'avions qui emplissent le ciel, tandis que la terre, sous eux, est transformée en un enfer de poussière, de fumée et de flammes. Bien qu'un raid aérien, considéré sur une grande échelle, offre un spectacle de puissance et de destruction impersonnel, les hommes qui se trouvent à bord des bombardiers sont loin d'être invulnérables. Les équipages alliés ont plus de risques d'être tués que les civils sur lesquels ils larguent leurs bombes.

Occupant le poste de bombardier dans un avion de la 15e Air Force, Howard Jackson se rappelle ce qu'il ressentait avant un raid sur l'Allemagne : « La terreur commençait dans la nuit qui précédait la mission. Il ne faut pas confondre ce sentiment avec la peur… La peur se produit lorsque vous devez demander à une fille de danser avec vous… La terreur est faite d'anxiété, de maux de tête, d'excuses pour ne pas avoir à voler, de tremblements et de silence. » De tels sentiments sont presque universels et parfaitement compréhensibles. Personne, au sein des forces armées américaines et britanniques, n'a assuré un travail aussi dangereux que les équipages de l'aviation de bombardement. La 8e Air Force américaine, la Mighty Eight, qui a en charge l'essentiel des attaques de jour contre l'Allemagne de 1942 à 1945, perd 26 000 hommes, soit un sur huit, ainsi que 40 000 autres membres d'équipage abattus et capturés. Le Bomber Command de la RAF accuse, quant à lui, la perte de près de 50 000 hommes, qu'ils soient Britanniques ou qu'ils appartiennent au Commonwealth, soit la moitié de ceux qui prennent part à la campagne de bombardements de nuit sur le Reich.

PRÊTS POUR LE COMBAT
Équipage canadien se tenant devant un bombardier Wellington. Les Canadiens servent dans des escadrilles nationales au sein du Bomber Command de la RAF.

À cette époque, les jeunes aviateurs alliés, âgés de 19 à 22 ans, doivent assumer un tour d'opérations qui leur laisse moins d'espoir de revenir vivant qu'un fantassin de la Grande Guerre sur la Somme ou à Verdun. À la fin du mois de juin 1943, le 381e Bomb Group des US Army Air Forces arrive en Angleterre avec trente-six équipages ; il ne lui en reste que dix dans la deuxième semaine d'octobre. Pendant l'hiver 1943-1944, les aviateurs du Bomber Command ont une chance sur cinq de survivre à leur tour de trente missions, ce taux étant encore plus élevé que celui qu'ils ont connu au début des hostilités.

Le bombardement stratégique

Les équipages de l'aviation de bombardement sont soumis à un tel rythme d'usure parce que leurs supérieurs estiment que le bombardement stratégique peut peser d'un poids décisif dans l'issue de la guerre. Des hommes tels qu'Arthur Harris, en charge du Bomber Command, mais aussi le général Carl Spaatz, des US Army Air Forces, sont convaincus que s'ils peuvent disposer de toutes les ressources dont ils ont besoin, ils mettront fin à la guerre sans que les Alliés soient contraints de livrer des batailles terrestres qui coûteront la vie à des dizaines de milliers de soldats.

La campagne de bombardements menée par la RAF connaît des débuts décevants. Avant la guerre, les aviateurs britanniques ont porté l'accent sur l'aspect dissuasif du bombardement stratégique, en insistant sur le fait que la menace d'une destruction de ses villes empêcherait l'ennemi d'attaquer. Quand Hitler envahit la Pologne, personne ne tente de bombarder les cités allemandes pour contraindre

CHASSEUR DE NUIT ALLEMAND
Le Junkers Ju 88 est un bombardier rapide polyvalent qui se révèle d'une redoutable efficacité dans les missions de chasse de nuit au-dessus de l'Allemagne. Les antennes qui dépassent du nez de l'appareil appartiennent au radar aéroporté Lichtenstein.

ATTAQUE SUR PLOIESTI

Un Consolidated B-24 Liberator de la 15e Air Force bombardant les puits de pétrole roumains de Ploiesti, en mai 1944. Près de 3 000 aviateurs américains perdent la vie lors des attaques menées sur ces champs pétrolifères, mais leur sacrifice permet de porter un coup décisif à l'effort de guerre nazi.

l'adversaire à interrompre son offensive. Les hommes politiques britanniques, ne voulant surtout pas s'attirer les représailles des Allemands, s'empressent d'emboîter le pas au président Roosevelt qui a demandé à tous les belligérants de ne pas utiliser l'avion comme une arme de terreur. Jusqu'en mai 1940, les bombardiers de la RAF ne s'en prennent qu'à des objectifs navals ou se contentent de larguer des tracts.

En aucun cas, le Bomber Command, pauvrement équipé, n'est capable de mener une offensive aérienne stratégique. Ses bimoteurs Bristol Blenheim, Handley Page Hampden, Armstrong-Whitworth Whitley et Vickers Wellington ne disposent pas de la capa-

LE WELLINGTON
Conçu par Barnes Wallis, le bimoteur Vickers Wellington est le plus moderne des bombardiers britanniques du début de la guerre. Très vulnérable le jour, il se révèle un appareil de bombardement de nuit assez efficace et prend part à de nombreux raids sur l'Allemagne, avant d'être retiré des premières lignes en 1943.

ÉQUIPEMENT DE NAVIGATION
Les équipages du Bomber Command doivent se contenter d'un compas et d'une carte pour rallier leurs objectifs. La carte est celle de la ville de Berlin, et le compas représenté ici permet aux navigateurs d'utiliser les astres pour trouver leur route jusqu'à la cible.

cité d'emport de charge, de la vitesse et de l'armement nécessaires. Les équipages sont mal formés à cette tâche, et leur système de navigation se réduit à un compas et à une carte. Ils doivent bombarder leurs cibles de jour, sans aucune escorte de chasse, une méthode pour le moins fantaisiste qui coûtera la vie à des centaines de jeunes hommes, les taux de pertes atteignant près de 50 % pour une seule mission. Même s'ils parviennent à atteindre leurs objectifs, les bombardiers ne sont même pas en mesure de les frapper avec toute la précision voulue.

Dès le printemps 1940, le taux insoutenable des pertes subies de jour conduit les Britanniques à s'orienter vers des sorties de nuit, missions pour lesquelles ils sont encore plus mal préparés. Les hommes politiques, répugnant encore à ordonner des attaques contre les civils, n'autorisent que des raids contre les raffineries de pétrole et le réseau ferré. Une enquête officielle menée en 1941 estime toutefois que, lors des missions de nuit sur le territoire adverse, un seul appareil sur trois parvient à larguer ses bombes à moins de 8 km de la cible.

SIR ARTHUR HARRIS

La réputation de l'Air Chief Marshal Harris (1892-1984), chef du Bomber Command de la RAF de 1942 jusqu'à la fin de la guerre en Europe, est le sujet d'une controverse passionnée, même s'il bénéficie du respect de presque de tous ses hommes.

Harris sert en tant que pilote dans le Royal Flying Corps pendant la Première Guerre mondiale. Il se bat pour que les aviateurs aient de meilleurs avions et équipements, une solde plus importante et la reconnaissance officielle des services rendus, même s'il n'hésite pas à sacrifier la vie de plusieurs milliers de ses hommes pour obtenir la victoire. Il ne se départit jamais de la conviction selon laquelle le bombardement des villes doit permettre à son pays de gagner la guerre. Son entêtement conduira au raid sur Dresde, en février 1945, encore que les ordres qui lui ont été donnés viennent en grande partie du cabinet de guerre dirigé par Churchill. À la fin des hostilités, Harris est proprement évincé et accusé de toutes les fautes. Force est de reconnaître que la politique qu'il a menée a bénéficié du soutien des plus hautes autorités de son pays.

UN HOMME POUR UNE MISSION

Harris est un homme à la fois sévère et à certains moments d'une dureté absolue. Sa forte personnalité permet de juguler la crise qui atteint le Bomber Command confronté à des pertes considérables.

Les objectifs civils

Logiquement, la Grande-Bretagne aurait dû abandonner toute idée de poursuivre une telle entreprise, à moins de pouvoir développer un chasseur capable d'assurer l'escorte de ses bombardiers. À ce stade de la guerre, ces attaques restent toutefois le seul moyen dont disposent les Britanniques pour porter des coups à l'Allemagne. Ayant accepté l'idée selon laquelle tenter de détruire des objectifs de dimensions inférieures à celles d'une ville constituait une gageure, le Bomber Command s'engage, en février 1942, dans une offensive contre « le moral de la population civile ennemie, en particulier les travailleurs de l'industrie ». Le bombardement sur zone des grandes cités étant la seule chose que les bombardiers puissent faire, ils le feront.

Les équipages de l'aviation du bombardement britannique répondent à cette inflexion majeure dans la politique militaire de leur pays les uns avec indifférence, les autres avec enthousiasme. Un aviateur se souvient : « Lorsque nous apprîmes que, pour la première fois, nous n'attaquerions aucun objectif militaire mais que nous effectuerions un bombardement sans discrimination sur une ville, un grand cri d'approbation accueillit la nouvelle. Beaucoup d'équipages étaient originaires d'agglomérations qui avaient durement souffert sous les coups des attaques aériennes allemandes. » Plus courante est l'attitude décrite par Jack Currie, pilote de Lancaster : « Je pense que nous savions devoir livrer une bataille pour la survie de notre pays et que nous devions accomplir le travail qui nous était commandé sans état d'âme. »

DÉCOLLAGE AU CRÉPUSCULE

Alors que le crépuscule s'étend, des Short Stirling de la RAF s'apprêtent à décoller pour un raid sur l'Allemagne. Les Stirling n'ayant pas le plafond des Lancaster ou Halifax, ils sont souvent touchés par des bombes tombées de plus haut.

DESTRUCTION D'UNE VILLE

Hambourg est l'une des villes allemandes qui subit le plus de dommages au cours de la guerre. Rares sont les cités du Reich qui ont été autant bombardées.

Le Avro 683 Lancaster

« Nous les vîmes venir comme un répit accordé à une armée bien trop sollicitée. Rien ne semblait pouvoir les arrêter. Le temps des sacrifices trop lourds était terminé. »

Don Charlwood,
navigateur de Lancaster, 1942

Le Lancaster est le meilleur bombardier lourd de la RAF de toute la Seconde Guerre mondiale. Dérivé du bimoteur Avro Manchester, ce quadrimoteur est engagé pour la première fois au combat en avril 1942, suscitant un très grand enthousiasme au sein des équipages. Il aurait pu entrer en service dès le commencement de la guerre si des problèmes de moteurs n'avaient pénalisé son développement. L'adoption du Rolls-Royce Merlin permet de réaliser un bombardier dont la capacité d'emport de charge et la distance franchissable sont supérieures à celles du B-17 et du B-24 américains. Le Lancaster dispose cependant de moins de mitrailleuses que ces derniers en partie parce que son équipage est réduit, une importante crise des effectifs affectant en effet la RAF. Il emporte sept hommes : un pilote, un mécanicien navigant, un navigateur, un opérateur radio, un opérateur de bombardement et deux mitrailleurs. Le pilote, qui assure les fonctions de chef de bord, est habituellement un sergent, alors que les autres membres de l'équipage, en particulier le navigateur, peuvent être des officiers. Les mitrailleurs de queue et de la tourelle dorsale occupent les postes les plus difficiles, subissant le froid, portant des masques à oxygène et n'étant reliés à leurs camarades que par leurs seuls micros et écouteurs.

UN AVION INCOMPARABLEMENT ROBUSTE
Équipé de nombreux systèmes de navigation et radar, le Lancaster est une puissante machine de combat capable d'encaisser d'importants dommages. Près de 7 400 exemplaires de cet appareil sont produits, et le nombre de sorties effectuées atteint 150 000 au cours des hostilités.

VÉRIFICATION DES ÉQUIPEMENTS

Le pilote et le mécanicien navigant, qui fait office de copilote, vérifient les commandes de leur Lancaster avant le décollage.

RECHERCHE DE FRÉQUENCE

Opérateur radio recherchant une fréquence et vérifiant ses équipements avant le décollage. Les communications ont lieu en morse. L'opérateur radio est également responsable du radar défensif qui permet à l'équipage de repérer les chasseurs ennemis.

POSTE DE PILOTAGE

Le Lancaster est bien équipé pour le vol de nuit, avec de nombreux instruments, y compris deux rangées de cadrans pour ses moteurs Rolls-Royce Merlin. Le mécanicien navigant assure également les fonctions de copilote, bien qu'il soit rarement formé pour faire atterrir l'appareil.

Caractéristiques (B Mk IX)

Moteurs 4 Packard Merlin 28 de 1 390 ch	
Envergure 31 m	
Longueur 21 m	
Hauteur 5,9 m	
Poids 30 855 kg	
Vitesse max. 435 km/h	**Équipage** 7
Armement 8 mitrailleuses de 7,7 mm ; charge de bombes de 6 350 kg ou 1 bombe Grand Slam de 9 085 kg	

LE MEILLEUR

Le Lancaster est sans doute l'un des meilleurs bombardiers de la Seconde Guerre mondiale. Ici, chargement d'une bombe de 180 kg.

CHARGE OFFENSIVE IMPRESSIONNANTE
Des armuriers de la RAF vérifient des bombes de 115 kg avant de les charger à bord d'un Stirling. Malgré cet examen minutieux, une bombe sur sept larguées sur l'Allemagne fait long feu.

L'adoption de la tactique du bombardement sur zone coïncide avec l'arrivée d'Arthur Harris à la tête du Bomber Command. Celui-ci voue une foi totale dans les capacités de l'aviation de bombardement à gagner la guerre en attaquant la population civile ennemie. Il donne l'impulsion décisive en organisant trois raids de 1 000 bombardiers sur des cités allemandes en mai-juin 1942. Comme le Bomber Command ne dispose que de 500 appareils de première ligne, Harris racle les fonds de tiroir de manière à atteindre le nombre d'avions voulu, utilisant même des équipages en école. L'une de ces actions, visant Cologne, obtient des résultats spectaculaires, amenant les responsables britanniques à concentrer leurs attaques sur les grandes agglomérations.

Les équipages du bombardement

Au début de la guerre, les équipages du bombardement britannique sont souvent mal entraînés. Hormis les pilotes, ils sont formés la plupart du temps de jeunes hommes qui ont rejoint la RAF pour apprendre un métier et qui volent pour être mieux payés. La formation s'améliorant, les spécialités de mitrailleur, navigateur, opérateur radio et opérateur de bombardement s'ajoutent bientôt à celle de pilote. À leur sortie des écoles, les aviateurs ne sont pas directement affectés à un équipage ; ils vivent quelque temps ensemble afin de choisir les hommes avec lesquels ils souhaitent aller au combat. Jack Currie observe que faire voler « un mitrailleur en compagnie du pilote d'un autre équipage plus d'une

LES RADARS

La guerre menée de nuit sur l'Allemagne accélère le développement de radars aéroportés aux dimensions sans cesse plus compactes. La Luftwaffe équipe ses Bf 110 et ses Ju 88 de chasse de nuit de radars d'interception Lichtenstein qui accroissent l'efficacité de ces avions. Manœuvré par un opérateur radio, ce radar, qui dispose d'une portée de 3 km, est utilisé pour intercepter les appareils approchant de leur objectif. Les bombardiers britanniques emportent le H2S (ci-dessous) qui leur permet d'identifier leur cible. Des systèmes de brouillage sont également employés des deux côtés, de même que des détecteurs de radars qui offrent aux Allemands la possibilité de se guider sur les émissions du H2S.

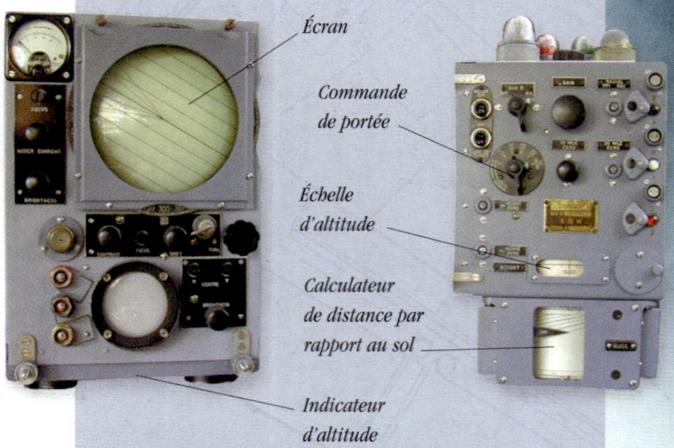

RADAR H2S
Le radar aéroporté britannique H2S permet aux bombardiers d'identifier leur objectif. Il est également utilisé par les Américains pour repérer leur cible à travers les nuages.

fois ou deux serait peu naturel, voire déloyal ». Lors d'une mission, la vie de tous les membres de l'équipage dépend de chacun de ceux qui le composent : « La fraternité qui se forge de cette manière est plus profonde et unique qu'aucune autre fraternité dans le passé et, pour moi, dans le futur », note un autre aviateur britannique.

Les missions de nuit font courir aux équipages de nombreux dangers. En dehors des défenses antiaériennes et des chasseurs ennemis, les aviateurs britanniques n'ignorent en rien la difficulté de faire prendre l'air à un Lancaster ou à un Halifax lourdement chargé. Par ailleurs, atterrir de nuit, lorsque les aérodromes ne peuvent allumer leurs feux de crainte d'une attaque ennemie, n'est pas une mince affaire. Les conditions atmosphériques sont une autre source d'inquiétude. Le givrage est un danger mortel, tout comme les orages, qui constituent un cauchemar pour les pilotes dans le sens où ils peuvent balayer un Lancaster comme une feuille le serait sous l'effet d'un vent violent. Voler au milieu d'une formation de bombardiers constitue également un risque considérable, une collision avec un autre avion étant toujours possible. Au-dessus de l'objectif, les bombes larguées par un appareil évoluant à une altitude supérieure peuvent en atteindre d'autres situés plus bas. Mais les équipages vivent parfois des instants de paix, et même de joie, quand ils se retrouvent au-dessus d'une épaisse couche nuageuse, éclairés par la seule lumière des étoiles. Certains se rappellent des moments de détente lorsque, au-dessus de la mer du Nord, lors du retour, ils peuvent enfin allumer une cigarette et, pilote automatique enclenché et oxygène coupé, penser au bon petit déjeuner qui les attend.

Les aides à la navigation

La montée en puissance de l'offensive aérienne stratégique britannique contre les cités industrielles allemandes en 1942-1943 est grandement facilitée par les progrès accomplis dans les domaines des matériels, des aides à la navigation et des tactiques opérationnelles. Tout d'abord, les équipages disposent, avec leurs quadrimoteurs Halifax et Lancaster, d'avions meilleurs capables d'emporter une charge offensive impressionnante jusqu'au cœur de l'Allemagne. Ils reçoivent également des systèmes d'aide à la navigation qui leur permettent de bombarder avec au moins une précision aussi grande que celle des avions de la Luftwaffe pendant le blitz.

Le premier de ces systèmes est le Gee, constitué d'un ensemble de faisceaux radio émis par des stations au sol situées en territoire britannique et dont les navigateurs situés à bord des avions se servent pour repérer leurs objectifs. Le Gee est suffisamment précis pour qu'un équipage moyen puisse trouver sa cible dans l'obscurité. L'Oboe, qui lui succède, est constitué d'un premier faisceau qui amène l'appareil

RETOUR DE MISSION
Un officier de la RAF G. Dunbar dirige un compte rendu après un raid sur Berlin, à la fin du mois de novembre 1943.

LA BATAILLE DE HAMBOURG

Un nouveau pas est franchi dans le jeu du chat et de la souris que se livrent Allemands et Britanniques lors de la bataille de Hambourg, à la fin du mois de juillet 1943. La Royal Air Force dispose d'une nouvelle arme, le Window, qui consiste en des bandes d'aluminium larguées dans les airs par les bombardiers afin de leurrer les radars ennemis. Sans leurs radars, les canons antiaériens, les chasseurs de nuit et les contrôleurs au sol deviennent aveugles et ne peuvent rien entreprendre contre les avions britanniques. Le court laps de temps nécessaire aux Allemands pour se ressaisir offre à la RAF l'opportunité de détruire la ville de Hambourg.

Dans la nuit du 27 au 28 juillet, 735 bombardiers britanniques larguent 2 326 tonnes de bombes explosives et incendiaires sur la cité hanséatique, y déchaînant des tempêtes de feu et tuant près de 40 000 personnes. La dévastation de Hambourg représente l'objectif auquel aspire le Bomber Command, un acte de destruction d'une telle ampleur qui, répété nuit après nuit sur d'autres villes, amènerait les Allemands à souhaiter la fin de la guerre. Les bombardiers de Harris ne parviendront jamais à un tel résultat ; ils n'en continueront pas moins d'agir dans ce sens jusqu'à la tragédie de Dresde, en février 1945.

OFFENSIVE AÉRIENNE STRATÉGIQUE
Lancaster de la RAF se détachant sur les flammes, la fumée et les explosions d'obus antiaériens lors d'une attaque sur Hambourg en 1943.

PRÉDATEURS NOCTURNES
Ayant échoué dans sa mission d'escorte lors de la bataille d'Angleterre, le biplace Messerschmitt Bf 110 se révèle un très bon intercepteur de nuit et joue un rôle essentiel dans la défense de l'Allemagne.

à proximité de l'objectif, d'un deuxième qui lui indique qu'il en est tout proche et d'un troisième qui lui signale quand larguer ses bombes. En 1943 apparaît le radar H2S, qui offre la possibilité d'une identification de la cible, même dans l'obscurité ou à travers d'épais nuages (voir p. 242).

L'Oboe et le H2S sont principalement utilisés par le corps d'élite que constitue la Pathfinder Force (PFF), qui vole sur des Wellington, des Stirling et qui, plus tard, utilisera des de Havilland Mosquito, avec la mission de marquer les objectifs grâce à des engins incendiaires. Les équipages moins aguerris, se guidant d'après les feux allumés par ces derniers, surgissent en un flot continu au-dessus de la cible, submergeant les défenses allemandes et larguant ensuite leurs bombes. À la fin de l'année 1943, les bombardiers de la RAF reçoivent une radio VHF qui leur permet de communiquer en vol, de sorte qu'un bombardier maître de la PFF peut survoler un objectif pendant toute la durée d'une attaque afin de diriger les opérations.

Les défenses allemandes

Aucune de ces avancées techniques ne peut cependant donner à la RAF une pleine et entière supériorité dans les airs la nuit, au-dessus de l'Allemagne. La chaîne de surveillance radar établie par la Luftwaffe enlève toute chance aux bombardiers de Harris d'obtenir un quelconque effet de surprise. Les objectifs potentiels sont entourés d'une ceinture très dense de projecteurs et de canons antiaériens guidés par radar qui infligent des pertes élevées au Bomber Command.

Pendant les premières années de la guerre, les chasseurs de nuit allemands, guidés vers leur cible par des contrôleurs au sol, doivent intercepter les bombardiers ennemis à vue. La mise en service du radar aéroporté Lichtenstein (voir p. 242) améliore grandement l'efficacité des interceptions de nuit, même si les antennes de ce dispositif, montées dans le nez des avions, accroissent sensiblement la traînée. Plus tard, les intercepteurs de la Luftwaffe seront équipés de détecteurs d'infrarouges capables de repérer les gaz d'échappement des moteurs des Lancaster ou des Halifax.

IDENTIFICATION
De jeunes recrues de la Luftwaffe apprennent à identifier les avions allemands et alliés grâce à des modèles réduits. Des deux côtés, bon nombre d'appareils sont détruits par erreur par les canons antiaériens.

Jusqu'au milieu de 1943, les chasseurs de nuit allemands sont affectés de façon rigide à des secteurs déterminés de la chaîne d'interception, sous la direction des contrôleurs au sol. Lors de la crise suscitée par la bataille de Hambourg, des tactiques plus souples viennent à être adoptées. Le pilote Hajo Herrmann élabore celle dite de la *Wilde Sau*, dans laquelle un intercepteur patrouille librement au-dessus d'un objectif visé par l'ennemi, à haute altitude, en attendant de se ruer sur les bombardiers pris dans les faisceaux des projecteurs amis. Cette tactique se révèle si fructueuse que des groupes de chasse entiers sont constitués en vue de la pratiquer. Vient ensuite la méthode dite de la *Zahme Sau*, où des chasseurs de nuit équipés d'un radar se mélangent au flot des bombardiers ennemis et abattent tous ceux qui passent à portée.

Des avions monomoteurs, tel le Bf 109, employés par les groupes pratiquant la méthode de la *Wilde Sau*, ne sont pas équipés pour les missions de nuit. Aussi préfèrent-ils revenir aux Bf 110 biplaces ou à des bombardiers transformés tels que le Ju 88. Ces appareils disposent, en effet, d'un équipage suffisamment nombreux pour manipuler les équipements radar et radio qui rendent efficaces et fiables

LES BRISEURS DE BARRAGES

Le raid accompli par le Bomber Command de la RAF sur les barrages de la Ruhr, dans la nuit du 16 au 17 mai 1943, est sans doute l'un des plus beaux exploits des équipages de Harris. L'idée d'une telle action naît avec l'invention, par le Dr Barnes Wallis, concepteur du Wellington, d'une bombe de 2 700 kg capable d'ouvrir des brèches dans les ouvrages de la Möhne et de l'Eder. Cette bombe est conçue pour rebondir jusqu'au tablier, avant de s'enfoncer dans les eaux et d'exploser.

Une formation d'élite, l'Escadron 617, est créée spécialement pour cette mission, avec des équipages britanniques, australiens, néo-zélandais, canadiens et même deux Américains, sous les ordres de Guy Gibson, un officier âgé de 25 ans. Ces hommes doivent apprendre à larguer leurs bombes à une altitude et à une distance précises des tabliers, de nuit et sous le feu de l'ennemi. Pour évoluer à l'altitude voulue, de l'ordre de 18,5 m, leurs avions sont équipés de deux projecteurs dont les faisceaux doivent se confondre au moment du largage. Ils emportent également des équipements radio qui permettent à Gibson de contrôler l'opération, innovation qui sera généralisée par la suite.

Sur les dix-neuf Lancaster qui décollent vers la Ruhr le 16 mai à 21 heures, cinq sont atteints par le tir intense de l'artillerie ou contraints de faire demi-tour. Au-dessus de la Möhne, fortement défendue, Gibson effectue la première passe de bombardement, à très basse altitude, tandis que ses mitrailleurs répliquent aux tirs de l'adversaire. La bombe explose contre le barrage sans toutefois y ouvrir la brèche espérée. Le Lancaster suivant est abattu et trois nouvelles attaques sont lancées, pendant que Gibson s'applique à attirer sur lui l'attention des artilleurs antiaériens allemands. Finalement, touché une troisième fois, le tablier cède, laissant échapper un flot en furie dans la vallée en dessous.

Plus tard dans la nuit, le barrage de l'Eder est détruit à son tour et deux autres ouvrages endommagés. Le coût est élevé pour la RAF, avec huit Lancaster perdus, et, bien que cette opération remonte le moral des Britanniques, les effets de l'attaque demeurent limités.

ÉQUIPAGE DE LANCASTER
Le Wing Commander Guy Gibson posant parmi l'équipage de son Lancaster, avec l'opérateur de bombardement Span Spafford à sa gauche et le navigateur Terry Taerun à l'extrême droite.

BARRAGE BRISÉ
Un peintre de guerre, Frank Wooten, a peint ce tableau montrant la destruction du barrage de la Möhne. Ci-dessous, cliché pris par la RAF des flots qui se sont échappés du même ouvrage.

UN INVENTEUR GÉNIAL
L'idée de détruire des barrages au moyen de bombes rebondissantes revient au Dr Barnes Wallis.

BOMBE REBONBISSANTE
Les Lancaster de Gibson sont modifiés afin de pouvoir emporter chacun une bombe rebondissante en dessous de leur fuselage. La bombe en question permet de franchir le filet antitorpille tendu devant les ouvrages allemands. Elle explose après avoir coulé, une fois parvenue au niveau du tablier.

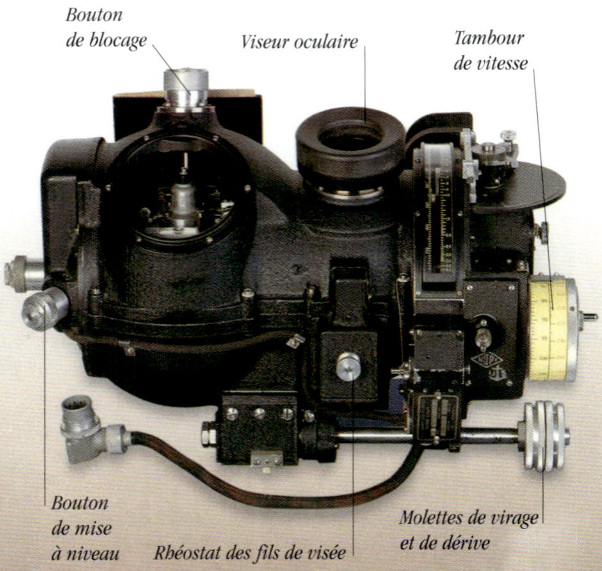

LE VISEUR DE BOMBARDEMENT NORDEN
L'opérateur introduit dans le calculateur du viseur Norden divers paramètres (cap, dérive, vitesse, altitude) jusqu'à environ 7 km de l'objectif. À partir de ce moment, le viseur dirige seul l'avion vers la cible avec le pilote automatique et déclenche le largage des bombes.

les interceptions dans l'obscurité et permettent d'abattre avec plus ou moins de facilité les bombardiers dépourvus d'escorte.

La bataille mortelle menée de nuit dans le ciel allemand est faite à la fois d'innovations technologiques complexes et d'improvisations géniales. Pour tirer parti de l'absence d'armement ventral sur les bombardiers britanniques, les Allemands inventent le *Schräge Musik*, système constitué de canons montés obliquement sur le dessus du fuselage des Bf 110. L'intercepteur, après s'être placé en dessous du quadrimoteur ennemi, n'a plus qu'à ouvrir le feu, de manière à en atteindre les réservoirs de carburant. La Royal Air Force ne parviendra jamais à trouver de parade efficace au *Schräge Musik*, mais elle n'en développera pas moins des systèmes de contre-mesures électroniques qui lui permettront de brouiller ou de tromper les radars et les systèmes radio de l'adversaire, ou de donner aux bombardiers la possibilité de détecter les chasseurs lancés à leur poursuite, avec par exemple le *Monica*.

L'efficacité de la défense antiaérienne allemande peut être mesurée à l'aune des pertes subies par le Bomber Command. Entre août 1943 et mars 1944, période au cours de laquelle l'objectif principal est Berlin, au moins une vingtaine de bombardiers sont abattus à chaque sortie. Aucune amélioration ne surviendra par la suite. À la fin de mars 1944, lors de l'attaque désastreuse menée sur la ville de Nuremberg, 95 des 795 appareils engagés ne rentrent pas à leur base.

L'engagement américain

En 1942, les US Army Air Forces se joignent à la campagne menée par le Bomber Command. Malgré la décevante expérience vécue par les Britanniques au début de la guerre, les Américains restent convaincus que des bombardiers sans escorte peuvent pénétrer de jour en Allemagne afin d'y mener des attaques de précision sur des cibles stratégiques. En théorie, le Boeing B-17 et le B-24 Liberator peuvent voler à des altitudes suffisamment importantes pour éviter les tirs antiaériens ou les chasseurs de l'adversaire.

Ce ne sera pas gagné pour les équipages et les équipes au sol de la 8e Air Force, déployés sur des bases situées dans l'est de l'Angleterre. La réalité de

la guerre en Europe se révèle, en effet, radicalement différente de celle qu'ils ont connue lors de leur entraînement au Texas ou en Arizona. Le temps tout d'abord. Un aviateur américain confie : « J'aime ce pays. Les gens sont combatifs et font leur devoir ; mais le climat est exécrable et voler est un enfer. » L'avantage du bombardement de jour réside dans sa plus grande précision. Toutefois, le temps, souvent nuageux au-dessus de l'Europe, se révèle si imprévisible qu'il finit par annuler cet avantage.

L'instrument qui permet aux US Army Air Forces de mener à bien leurs attaques de précision de jour est le viseur de bombardement Norden, un système fondé sur un calculateur capable de concentrer le tir des bombes sur une surface très réduite. Ce dispositif est l'objet d'un secret si poussé que, entre chaque mission, les Norden sont démontés et placés sous bonne garde. Les opérateurs qui les ont en charge ont reçu pour consigne de les détruire avant de sauter en parachute si leur avion venait à être abattu au-dessus du territoire ennemi. Le Norden se révèle toutefois d'une telle sophistication que seuls quelques opérateurs de bombardement très bien formés sont capables de s'en

CURTIS LEMAY

Le général Curtis LeMay (1906-1990) est connu pour être un des officiers de haut rang des US Army Air Forces les plus exigeants, au point que ceux qui servent sous ses ordres envisagent la captivité dans un camp ennemi comme plus douce que l'idée de se battre à son côté.

Cette dureté se révèle payante. LeMay, issu d'un milieu modeste, progresse dans la hiérarchie militaire à la force du poignet et par sa seule volonté. Ayant pris le commandement du 305e Bomb Group de la 8e Air Force en Angleterre à l'automne de 1942, il en fait une unité efficace qui se distingue par la précision de ses bombardements et un taux de pertes peu élevé. Passé sur le théâtre du Pacifique en 1944, il effectue personnellement plusieurs missions sur le Japon afin de prendre conscience de la difficulté de la tâche. Il élabore la tactique du bombardement incendiaire à basse altitude qui réduit en cendres les agglomérations nippones en 1945. Après les hostilités, LeMay commande le Strategic Air Command de l'US Air Force ; il se distingue en menaçant de ramener le Nord-Vietnam à l'âge de pierre dans les années 1960.

UN HOMME DE POIGNE
Commandant du Strategic Air Command dans les premières années de la guerre froide, LeMay contribue grandement à l'affirmation de la dissuasion nucléaire américaine.

MORT DANS LES AIRS
Un B-24 Liberator explosant dans les airs lors d'un raid sur l'Autriche en 1944. L'homme qui a pris ce cliché avouera plus tard : « Je me sentais coupable d'avoir pris cette photographie, alors que des hommes périssaient dans les flammes à l'intérieur de l'avion. »

Le Boeing B-17 Flying Fortress

Les versions du temps de guerre du Boeing B-17, les B-17C, D, E, F et G, sont d'extraordinaires machines de combat. Connues sous le nom de Flying Fortress, ou Forteresses volantes, elles sont hérissées de mitrailleuses et peuvent voler à l'altitude de 9 000 m. Lorsqu'elles opèrent en formations massives, elles peuvent délivrer une quantité considérable d'explosifs. Par temps clair, son viseur Norden permet au B-17 d'atteindre des objectifs d'assez faibles dimensions, les équipages ayant recours aux techniques du bombardement aveugle dans le cas contraire.

Les conditions de vol à bord de ces appareils sont difficiles, le B-17 n'étant pas pressurisé et le mal de l'air

> « Le B-17 était très robuste, facile à piloter et les dommages qu'il encaissait ne l'empêchaient pas de vous ramener à la maison... »
>
> **Dick Atkins,** pilote des USAAF

MOTEURS TURBOCOMPRESSÉS
Le B-17G est propulsé par quatre moteurs turbocompressés, équipés d'une hélice de 3,5 m de diamètre. Il peut emporter une lourde charge offensive et croiser à haute altitude.

Caractéristiques (B-17G)

Moteurs 4 Wright R-1820 en étoile de 1 200 ch, refroidis par air, avec turbocompresseur General Electric B-22	
Envergure 31,6 m	
Longueur 22,7 m	
Poids 16 391 kg	
Vitesse max. 485 km/h	**Équipage** 10
Armement 13 mitrailleuses Browning de 12,7 mm ; charge offensive de 2 725 kg	

étant une constante. Les équipages doivent aussi rester dans le froid pendant des heures, et les mitrailleurs de queue et de la tourelle ventrale subissent parfois des gelures. Le nez vitré de l'avion n'offre aucune protection, et jusqu'à ce que la tourelle dite de menton apparaisse sur le B-17G, la seule défense vers l'avant consiste en des mitrailleuses installées dans des orifices pratiqués dans le Plexiglas. Heureusement, le Boeing B-17 est un appareil robuste, et nombre de ces avions pourront regagner leur base malgré des pans entiers du fuselage, des empennages ou des ailes arrachés.

Le B-17 étant employé en formations massives, une production continue et importante est nécessaire. Pour chaque appareil abattu, les usines américaines en réaliseront deux. À la fin de la guerre, les US Army Air Forces disposeront de plus de B-17 que jamais.

PRÉPARATIFS DE COMBAT
Des mécaniciens contrôlent un B-17 sur une base d'Angleterre avant un raid. Le B-17 peut emporter une charge de bombes de 2 725 kg à une distance de 3 200 km.

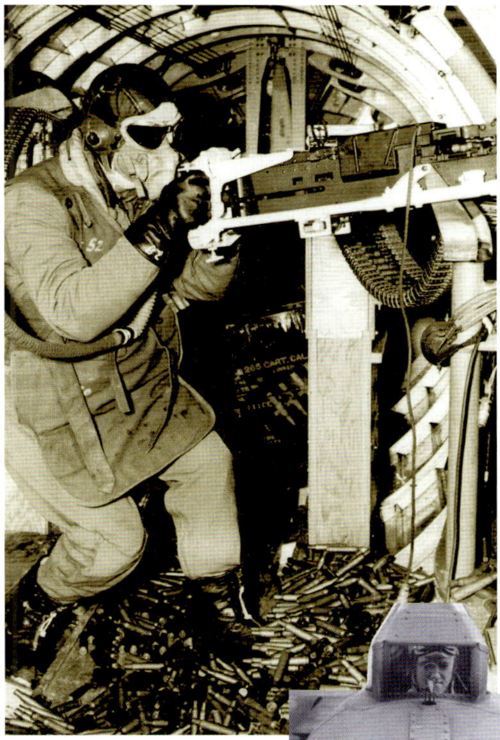

HABITACLE DU B-17
Le pilote et le copilote d'un B-17 disposent d'un excellent champ visuel vers l'avant et sur les côtés. Les instruments de vol les plus importants sont situés entre les deux manches à balai de façon que les deux pilotes puissent les voir.

CONDITIONS DIFFICILES
À bord d'un B-17 en mission, les conditions de vie sont difficiles. Ci-dessus, l'un des mitrailleurs de sabord portant son masque à oxygène et un gilet pare-balles. Ci-contre, la tourelle de queue dont le seul moyen d'accès consiste à ramper.

UNE MACHINE DE COMBAT
Hormis sa soute à bombes, le B-17G comporte treize mitrailleuses Browning de 12,7 mm qui couvrent tous les secteurs de l'avion.

CHARGEMENT D'UNE FORTERESSE
Des armuriers américains procèdent au chargement d'un B-17E Flying Fortress. La charge offensive normale d'un B-17 est de 2 700 kg environ, soit la moitié de celle d'un Lancaster de la RAF.

servir avec efficacité. Les US Army Air Forces adoptent de ce fait une tactique qui consiste à n'en équiper que les avions de tête, les autres appareils larguant leurs bombes tout de suite après le premier. Le meilleur des opérateurs de bombardement doit au moins apercevoir l'objectif pour accomplir son travail. Les nuages, la brume et la fumée réduisent considérablement la précision des attaques.

Tout au long de l'année 1943, l'offensive américaine gagne en puissance, les attaques étant menées depuis l'Angleterre mais aussi à partir de l'Afrique du Nord, puis de l'Italie. Les bombardiers des USAAF n'en reçoivent pas moins de terribles leçons. Le 17 août 1943, par exemple, des raids simultanés sont conduits sur les usines de roulements à bille de Schweinfurt et les centres de constructions aéronautiques de Ratisbonne. Sur les 376 avions engagés, 60 sont abattus et 11 si gravement endommagés qu'ils doivent être ferraillés dès leur retour à leur base. Les équipages américains affrontent ces pertes avec un rare courage.

Une mission de bombardement

Un raid de bombardement type commence tôt le matin, aux environs de 2 heures, lorsque les équipages sont réveillés par un officier d'opérations qui, ayant allumé les lumières des dortoirs, leur annonce qu'ils doivent partir en mission. Dans l'obscurité qui règne encore sur l'East Anglia, les aviateurs rejoignent à pied la salle de briefing où l'objectif de la journée, invariablement situé très loin en Allemagne, leur est dévoilé, suscitant des réactions parfois acerbes. À 4 heures, si leur estomac peut le supporter, ils prennent un petit déjeuner, tandis que les mécaniciens et les armuriers s'affairent pour préparer les B-17 et y charger les bombes. Une heure plus tard, ils se retrouvent dans la tente montée près de leur avion, où ils attendent la fusée rouge tirée depuis la tour de contrôle qui leur donnera l'ordre de démarrer les moteurs. Que chaque membre de l'équipage ait été méticuleusement entraîné pour assurer la tâche qui lui revient à bord de son avion n'empêche pas la superstition de s'exprimer. Beaucoup emportent avec eux soit une pièce de monnaie fétiche, soit une lettre d'amour.

Les Forteresses volantes, lourdement chargées avec leurs cinquante bombes, leurs 9 500 l de carburant et les munitions nécessaires aux mitrailleuses, prennent l'air difficilement, à trente secondes d'intervalle. Puis le mitrailleur chargé de manœuvrer la tourelle ventrale s'installe à son poste, et, à 3 500 m, chacun passe son masque à oxygène. L'avion continue de monter, prenant la place qui lui revient au sein de sa formation. En route pour l'Allemagne, les bombardiers constituent un spectacle impressionnant. Un pilote se rappelle l'enthousiasme et la fierté qu'il en éprouvait : « Les grandes formations de bataille étaient quelque chose qu'il fallait voir. Aussi loin que portait le regard, on pouvait apercevoir des B-17, les uns peints en vert olive, les autres de couleur argent. » Les membres de l'équipage, spécialement le mitrailleur de la tourelle ventrale, à l'étroit, avec les genoux repliés presque sur la poitrine, souffrent du froid.

Face au feu de l'ennemi

Dès que leur escorte de chasseurs les a abandonnés, les bombardiers subissent les attaques des intercepteurs allemands, la plupart du temps des Messerschmitt Bf 109 et des Focke-Wulf Fw 190. Le manque de confort et le froid sont immédiatement oubliés pour être remplacés par la peur et l'excitation du combat. Les pilotes de la Luftwaffe affectés à la défense du Reich figurent parmi les meilleurs ; aussi

RAID DE FORTERESSES VOLANTES

Au début de la guerre, les responsables aériens américains pensent que les formations de B-17 Flying Fortress, du fait de l'altitude à laquelle elles évoluent, de leur vitesse et de leur puissance de feu, sont à l'abri des intercepteurs ennemis. Les chasseurs allemands, ne s'en laissant pas conter, découvrent très vite les points faibles de ces bombardiers. Attaquant de face, ils savent que leur nez en Plexiglas n'offre aucune protection. Avant la mise en service d'une tourelle de menton sur le B-17G, les Forteresses volantes ne disposent d'aucun armement frontal. Les intercepteurs qui arrivent par l'avant parviennent parfois à atteindre le mitrailleur de queue, leurs balles passant à l'intérieur du fuselage. Être soumis à une telle attaque est une expérience faite à la fois de peur et d'excitation. Le lieutenant Robert Morrill, pilote d'un B-17 lors du raid sur Ratisbonne le 17 août 1943, se souvient : « Sous les tirs des mitrailleuses, l'avion ne cessait de tressauter. Le ciel était parcouru de milliers et de milliers de balles traçantes. Je jetai un coup d'œil à l'arrière et vis le mitrailleur de la tourelle dorsale les pieds dans les douilles qui couvraient tout le plancher de l'avion. Dans l'habitacle, mes mains étaient collées au manche et aux manettes des gaz. En dépit du froid, la sueur coulait de mes cheveux, sous mon casque, dans mon masque à oxygène, passant dans ma veste et gelant ensuite. Aucun de nous n'a pourtant jamais pensé à faire demi-tour. »

Heureusement pour les équipages américains, le B-17 est capable d'encaisser des dommages considérables. Robuste et fiable, il peut regagner sa base même après avoir perdu des pans entiers de voilure, de fuselage ou d'empennages. Là réside la clé de la popularité de l'avion auprès des équipages. Un officier américain affirme : « Le B-17 était un avion très robuste, facile à piloter et les dommages qu'il encaissait ne l'empêchaient pas de vous ramener à la maison. »

> « Personne d'entre nous pensait en revenir. »
>
> **Lieutenant Robert Morrill,** pilote de B-17

GILET PARE-BALLES
Pour se protéger des tirs antiaériens, les aviateurs américains portent, dès 1942, des gilets pare-balles.

SE PROTÉGER DU FROID
Comme les autres membres de l'équipage d'un B-17, les mitrailleurs de sabord portent des combinaisons qui les protègent du froid à haute altitude, où la température peut descendre à – 45 °C.

OFFICIERS PILOTES
Le pilote et le copilote d'un bombardier des US Army Air Forces sont toujours des officiers et ont suivi la plupart du temps des études supérieures.

les tirs des mitrailleuses américaines ne les effraient-ils pas. Ils attaquent souvent de front, s'appliquant à disperser les formations de B-17 et tirant avantage de l'absence de blindage et d'armement dans la partie avant des bombardiers. Ils viennent aussi latéralement, arrosant les quadrimoteurs de leurs canons et de leurs mitrailleuses. Les mitrailleurs américains répliquent, ouvrant le feu sur les chasseurs qui tourbillonnent autour des groupes de B-17. Bientôt, des parachutes éclosent dans le ciel, révélant que des hommes ont dû abandonner leurs appareils en flammes. Quelques Forteresses explosent soudainement, ne laissant aucune chance de survie à leurs équipages.

Lorsqu'elles approchent de l'objectif, les formations sont prises à partie par l'artillerie lourde ; puis l'opérateur de bombardement, penché sur son Norden, prend le contrôle de l'appareil. Voler en ligne droite vers l'objectif est une condition essentielle à la précision du bombardement, mais constitue aussi une bénédiction pour les artilleurs allemands. Lorsque les bombes sont lâchées, l'avion, délesté, gagne brusquement de l'altitude. Dès lors se pose la question du retour vers la base. Bon nombre d'appareils sont en effet endommagés plus ou moins gravement, d'autres ont à leur bord des tués ou des blessés. Enfin, vers le milieu de l'après-midi, sous les regards anxieux des équipes au sol qui en comptent le nombre, les B-17 atterrissent sur leur terrain.

Les escortes de chasse

Afin d'augmenter l'efficacité des attaques de jour et de réduire les pertes parmi les équipages américains, des chasseurs accompagnent les expéditions. Le P-38 Lightning et le P-47 Thunderbolt, utilisés à cette fin dès 1943, disposent d'une distance franchissable de seulement 725 km ; aussi ne peuvent-ils suivre les quadrimoteurs américains que jusqu'à la frontière allemande. Les intercepteurs ennemis n'ont qu'à attendre qu'ils fassent demi-tour pour attaquer les bombardiers et en abattre autant qu'ils le souhaitent. Les Américains cherchent désespérément l'avion qui sera capable de franchir 1 500 km et pourra, par ailleurs, engager le combat avec les Bf 109 et autres Fw 190.

Le besoin de disposer de chasseurs d'escorte n'a jamais été envisagé avant la guerre, et, en raison des délais considérables nécessaires à la conception et à la production d'un nouvel avion, les US Army Air Forces doivent faire avec ce dont elles disposent. La solution réside dans un appareil dont le début de carrière a été laborieux, voire raté, le North American P-51 Mustang. Construit aux États-Unis à la suite d'une demande des Britanniques, ce chasseur se comporte d'abord fort médiocrement au combat et est affecté, de ce fait, aux missions d'appui rapproché. Le pilote d'essais de Rolls-Royce Ron Harker propose alors d'en remplacer le moteur Allison par le Merlin, employé sur les Spitfire. Avec sa cellule américaine et son propulseur britannique, le Mustang se révèle le meilleur chasseur de toute la Seconde Guerre mondiale.

Équipé de réservoirs auxiliaires largables, il peut voler jusqu'à Berlin et revenir à ses bases situées en

LES PREMIERS PILOTES DE CHASSE NOIRS

Unique unité aérienne américaine à n'avoir jamais perdu un seul avion en escortant des bombardiers, alors qu'il opère depuis l'Italie, le 332e Fighter Group est aussi le seul des US Army Air Forces à être constitué de pilotes noirs. Ces aviateurs ont acquis le droit de pouvoir se battre dans les airs après une longue bataille judiciaire. Toutefois, les autorités militaires n'en traînent pas moins les pieds et, malgré l'entraînement qu'ils effectuent à Tuskegee, en Alabama, les responsables des USAAF répugnent à les engager au combat, pensant que les Noirs sont tout juste bons à assurer des tâches secondaires. Finalement, sous la pression de certains hommes politiques, l'unité de chasse noire est expédiée en Afrique du Nord en 1943.

Les quatre escadrilles qui composent le 332e Fighter Group accomplissent des missions d'escorte de bombardiers sur Berlin et Ploiesti, à partir du milieu de 1944, sous le commandement du lieutenant-colonel Benjamin O. Davis. Les empennages de leurs avions étant peints en rouge, ce groupement de chasse reçoit le surnom de « Red Tails » (queues rouges), mais aussi celui des « Tuskegee Airmen », les aviateurs de Tuskegee, du nom de la base aérienne où il furent formés. Les pilotes noirs, soumis à une stricte ségrégation, ne peuvent utiliser les mêmes mess et toilettes que leurs homologues blancs.

LE SQUADRON 99
Le Squadron 99, composé de pilotes de chasses noirs, dont l'insigne figure ici, est cité deux fois à l'ordre de la nation par le président des États-Unis.

UNE ESCADRILLE DE PILOTES NOIRS
Des pilotes du 332e Fighter Group posent devant un Mustang, en Italie, en 1944. Ces aviateurs, crédités de 261 victoires, reçoivent 95 Distinguished Flying Cross *pendant les hostilités.*

LE PUISSANT MUSTANG
Le North American P-51 Mustang est le meilleur des chasseurs américains de la Seconde Guerre mondiale. Son allonge et ses performances élevées lui permettent d'accompagner les bombardiers alliés très loin en Allemagne.

Angleterre. Sa vitesse impressionnante, de l'ordre de 700 km/h, son taux de montée et son plafond opérationnel lui permettent de surclasser le Bf 109 et le Fw 190. Mis en service dans des missions d'escorte en décembre 1943, le P-51 fait rapidement pencher la balance en faveur des Américains, ramenant les pertes en bombardiers à un taux acceptable et augmentant celles subies par les intercepteurs ennemis. Au printemps de 1944, les US Army Air Forces sont capables d'envoyer sur l'Allemagne des expéditions de bombardement accompagnées de près de 1 000 chasseurs.

Les succès alliés

En 1944, les Alliés parviennent à acquérir la supériorité dans les airs de jour, au-dessus de l'Allemagne, condition indispensable à la conduite des raids stratégiques. En dépit d'une période de quelques mois où les bombardiers sont affectés à la préparation du débarquement en Europe occidentale, réduisant d'autant la pression sur l'Allemagne elle-même, la libération de la France confronte les nazis à une situation désespérée. Néanmoins, il faut encore des mois et des milliers de tonnes de bombes pour affecter la capacité du Reich à poursuivre la guerre. Les dommages infligés au réseau de transport sont réparés avec célérité et ceux qui touchent les centres industriels sont limités par la dispersion et l'enterrement des usines. Toutefois, la destruction conjointe des

PRÊT À DÉCOLLER
Un mécanicien donne le signal du décollage à un pilote de Mustang. L'adoption du moteur Merlin du Spitfire confère au Mustang une configuration très différente de celle de la plupart des chasseurs américains de la Seconde Guerre mondiale.

CHASSEURS À RÉACTION ET À MOTEUR-FUSÉE ALLEMANDS DE 1939-1945

Bien qu'ils aient fait voler le premier avion à réaction, le Heinkel He 178, une semaine avant les hostilités, les Allemands rencontrent bien des difficultés pour mettre au point des avions de combat avec ce mode de propulsion. Avec l'expérience, ils remplacent l'atterrisseur classique par un train à roulette de nez afin que le flux du réacteur ne touche pas le sol, mais ils ne parviennent pas à réaliser des turboréacteurs produisant une poussée suffisante et fiable. Junkers, ayant conçu le Jumo 004, le fournit à des avionneurs tels que Heinkel, Messerschmitt, dont le Me 262 est le plus connu des avions à réaction de la Seconde Guerre mondiale, et Arado. Ces machines n'ont pas d'influence sur le cours de la guerre.

ARRIVÉ TROP TARD
Mis en service en 1944, le chasseur Me 262 à réaction atteint des vitesses supérieures de 160 km/h à celles des avions conventionnels alliés.

Arado Ar 234B Blitz

Premier bombardier à réaction au monde, l'Ar 234 est d'abord un appareil destiné aux missions de reconnaissance. Quand il entre en service en août 1944, il permet aux Allemands de prendre des photographies aériennes, tâche rendue impossible auparavant par la suprématie alliée dans les airs. Cet avion effectue quelques sorties de combat dans les derniers mois de la guerre.

Moteurs 2 réacteurs Junkers Jumo 004B de 900 kgp	
Envergure 14,2 m	**Longueur** 12,7 m
Vitesse max. 740 km/h	**Équipage** 1
Armement 2 canons MG 151 de 20 mm ; 1 bombe de 500 kg	

Bachem Ba 349B-1 Natter

Intercepteur conçu dans l'urgence à la fin de 1944, le Bachem Ba 349 dispose d'une cellule en bois consommable. Propulsé par un moteur-fusée, il prend son envol depuis une rampe et fonce sur sa cible, contre laquelle il tire des roquettes de 73 mm, le pilote regagnant le sol en sautant en parachute. Le Natter n'a jamais été utilisé au combat.

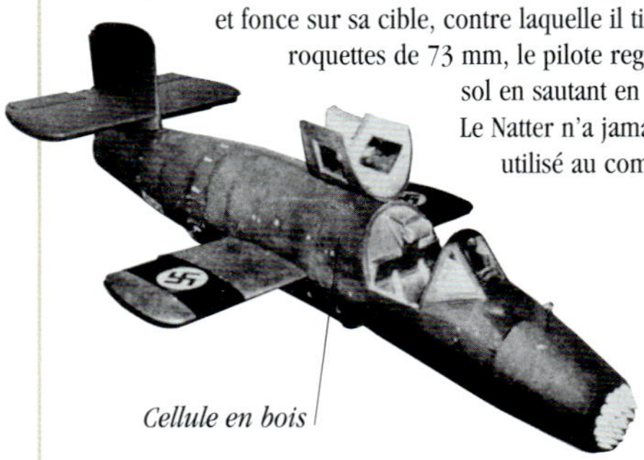

Moteur 1 moteur-fusée Walter 509C à carburant liquide de 2 000 kgp et 4 moteurs-fusées d'appoint Schmidding de 300 kgp	
Envergure 4 m	**Longueur** 6 m
Vitesse max. 1 000 km/h	**Équipage** 1
Armement 24 roquettes Hs 127 Föhn de 73 mm	

Heinkel He 162A-2

Conçu dans le cadre d'un programme d'urgence lancé en septembre 1944 et destiné à permettre la production d'un chasseur avancé, le premier des 46 He 162 produits entre en service en février 1945. Quand l'Allemagne se rend, à peine une douzaine de ces appareils sont opérationnels. Aucun He 162 ne remporte de victoires lors des missions auxquelles il participe.

Moteur réacteur BMW 003-E-2 de 920 kgp	
Envergure 7,2 m	**Longueur** 9 m
Vitesse max. 840 km/h	**Équipage** 1
Armement 2 canons Mauser MG 151 de 20 mm	

Heinkel He 178

Le He 178 est le premier avion à réaction au monde à prendre son envol, le 27 août 1939, près de deux ans avant le Gloster E.28/39 britannique. Son concepteur, le Dr Hans Joachim Pabst von Ohain, commence à travailler sur les turbines à gaz en même temps que le Britannique Frank Whittle et parvient à réaliser un avion expérimental propulsé par de tels moteurs avant ce dernier.

Moteurs 2 réacteurs Heinkel HeS 3b de 380 kgp	
Envergure 7,2 m	**Longueur** 7,5 m
Vitesse max. 600 km/h	**Équipage** 1
Armement aucun	

Messerschmitt Me 163 Komet

Dérivé du « Projekt X », projet révolutionnaire d'intercepteur à moteur-fusée en date de 1938, le Me 163 décolle porté par un petit chariot et grimpe à une vitesse phénoménale pour engager les bombardiers alliés avec ses canons de 30 mm.

Moteur moteur-fusée Walter à carburant liquide de 1 700 kgp	
Envergure 9,3 m	**Longueur** 5,7 m
Vitesse max. 960 km/h	**Équipage** 1
Armement 2 canons Rheinmetal-Borsig MK 108 de 30 mm	

Messerschmitt Me 262A-1a Schwalbe

Premier chasseur à réaction opérationnel de l'Histoire, le Me 262, aux ailes en légère flèche, est prêt en 1941, mais il n'entre pas en service avant juillet 1944 en raison de problèmes de moteurs. À cette époque, il est distancé par le nombre des chasseurs alliés.

Moteurs 2 réacteurs Junkers Jumo 004B de 900 kgp	
Envergure 12,5 m	**Longueur** 10,6 m
Vitesse max. 870 km/h	**Équipage** 1
Armement 4 canons Rheimetal-Borsig MK 108 de 30 mm	

LA DESTRUCTION DE DRESDE
Des survivants du bombardement de Dresde dans les ruines de la ville détruite par les bombardiers alliés en février 1945. Environ 60 000 personnes ont trouvé la mort dans l'attaque de cette cité qui est l'objet de nombreuses et virulentes critiques, même dans les rangs alliés.

champs pétrolifères de Ploiesti et des raffineries allemandes de pétrole synthétique permet de gripper la machine de guerre ennemie.

Avant même que le carburant commence à manquer, la Luftwaffe est devenue l'ombre d'elle-même. Certes, l'industrie aéronautique allemande, malmenée par les raids du printemps 1944, atteint un sommet de production avec 40 000 avions, mais les pertes en pilotes et en appareils sont considérables. La guerre dans les airs prélevant son tribut, la Luftwaffe est contrainte d'engager au combat des pilotes trop peu entraînés. Ni les avions allemands ni ceux qui les pilotent ne peuvent faire face à l'ennemi. Ses aérodromes se retrouvant sous les attaques de l'adversaire et ses réserves en carburant étant épuisées, l'aviation allemande, surclassée et battue, est au bord du gouffre.

Les chasseurs à réaction allemands

L'inspecteur de la chasse, Adolf Galland, a toujours soutenu que l'issue de la guerre aurait été différente si l'Allemagne avait su jouer avec habileté la carte du chasseur à réaction Messerschmitt Me 262. Quand il vole pour la première fois sur un avion de ce type, en mai 1943, Galland se sent porté « comme sur les ailes d'un ange ». Plus rapide de 150 km/h environ qu'un chasseur à hélice, le Me 262 est l'arme défensive dont les Allemands ont besoin, une arme capable de pénétrer à travers n'importe quelle couverture de chasse.

Cet appareil a subi d'importants retards. La cellule est prête en 1941, mais il faut beaucoup de temps pour lui trouver un moteur adapté et résoudre les problèmes de décollage et d'atterrissage auxquels il se trouve confronté. Galland attend à présent que le Me 262 soit produit en masse et déployé de façon à former un bouclier impénétrable autour de l'Allemagne. Contrairement à ses attentes, seuls quelques-uns de ces appareils sont construits et une unité expérimentale est constituée à Lechfeld en vue de les tester au combat. Le Me 262 présente de nombreux défauts. Il se révèle d'un pilotage difficile et dangereux à l'atterrissage, sa vitesse d'approche demeurant élevée. Il lui faut donc de grandes longueurs de piste, et ses pneus ont tendance à s'enflammer. Les décrochages de compresseur sont fréquents, et, bien qu'ils ne puissent rivaliser avec lui dans les airs, les pilotes alliés découvrent qu'il est vulnérable au moment de l'atterrissage et se postent souvent au-dessus des aérodromes qu'il fréquente pour l'abattre à ce moment précis.

Malgré ces carences, le Me 262 prélève un lourd tribut sur les bombardiers alliés. Pendant les derniers mois de la guerre, les avions de ce type survivent, alors que les Bf 109 et Fw 190 sont détruits par centaines par des chasseurs alliés omniprésents. Alors que la fin approche, Galland, tombé en disgrâce, reprend le commandement d'un groupe de chasse et rassemble autour de lui quelques-uns des derniers as vivants de la Luftwaffe. Le Jagdverband 44 se bat avec vaillance, mais le ciel allemand, de jour comme de nuit, est entièrement sous le contrôle de l'aviation alliée. La destruction de Dresde, en février 1945, et la réduction de Berlin à l'état de ruines restituent des visions d'apocalypse que les avocats du bombardement stratégique avaient prédites avant les hostilités.

De nouveaux bombardiers

Le Japon est épargné par les bombardements presque jusqu'à la fin de la guerre, du fait de la distance qui le sépare des bases ennemies. Après le raid audacieux mené par Doolittle en avril 1942 (voir p. 225), aucun autre bombardier américain ne survole le territoire métropolitain nippon avant l'été de 1944. À cette époque, le B-29 Superfortress, qui marque un pas en avant considérable dans l'histoire de l'aviation militaire, commence à entrer en service. Il dispose d'une distance franchissable de 6 400 km, deux fois supérieure à celle du B-17, et d'une vitesse maximale de 560 km/h. Son équipage travaille dans des conditions qui font des bombardiers précédents des instruments presque primitifs. Outre des compartiments pressurisés qui lui permettent d'évoluer à haute altitude, il comporte des tourelles de mitrailleuses commandées à distance. Mais les US Army Air Forces engagent l'appareil au combat dans de mauvaises conditions. À partir de juin 1944, des B-29 basés aux Indes, opérant depuis le territoire contrôlé par les nationalistes chinois, attaquent le Japon. Confrontés à de formidables problèmes logistiques, ils subissent des pertes importantes dues en partie à des défaillances de leurs équipements et de leurs moteurs, en partie aux défenses ennemies.

L'offensive en Extrême-Orient

À la fin de novembre 1944, les B-29 entreprennent une offensive soutenue depuis les Mariannes, dans le Pacifique. Pendant trois mois, ils martèlent le territoire japonais dans le cadre de missions de précision de jour, tactique déjà employée en Allemagne, avec des effets très limités. Évoluant à 9 000 m et confrontés à des vents de plus de 300 km/h, ils trouvent difficilement leurs objectifs, et, comme les nuages recouvrent ces derniers la plupart du temps, ils ne peuvent les toucher avec suffisamment de précision.

En mars 1945, le général LeMay initie une nouvelle méthode, qui consiste à engager ces appareils de nuit, délestés de leur armement mais emportant une charge offensive constituée essentiellement d'engins incendiaires. Dans la nuit du 9 au 10 mars 1945, 279 B-29 créent une tempête de feu dans Tokyo, tuant entre 80 000 et 100 000 personnes selon les estimations. Les bombardiers américains, de

WALTER NOWOTNY

UN AS DE LA LUFTWAFFE
Le major Walter Nowotny est crédité de 258 victoires en combat aérien, la plupart sur le front de l'Est. Il trouve la mort sur son Me 262 en novembre 1944.

L'homme choisi pour assurer le commandement de la première unité de la Luftwaffe équipée de chasseurs à réaction est le major Walter Nowotny (1920-1944). Âgé de 23 ans, ce vétéran du front russe est crédité de 225 victoires et arbore la croix de chevalier avec feuilles de chêne, épées et diamants. En octobre 1944, les Me 262 du Kommando Nowotny sont basés à Achmer et Heseper, près de la frontière néerlandaise, sur le chemin suivi par les bombardiers alliés. Pendant un mois, Nowotny conduit ses pilotes à l'attaque sur des avions assez peu fiables, sujets à des accidents, avant de connaître un destin tragique. Le 8 novembre, lors d'une visite à Achmer de l'inspecteur de la chasse Adolf Galland, Nowotny prend l'air pour la dernière fois en vue d'intercepter des bombardiers escortés par des chasseurs. Il parvient à abattre un B-24 et, peut-être, un Mustang, mais l'un de ses moteurs prend feu et son avion s'écrase au sol, non loin de l'aérodrome.

Pierre Clostermann, se remémorant le jour où il apprend la mort de Nowotny, en parle « presque avec affection », comme d'un adversaire plein de bravoure appartenant à la fraternité des pilotes de chasse, qui ne connaissent « ni les idéologies, ni la haine, ni les frontières ».

retour à leurs bases, sont couverts de suie. Nuit après nuit, d'autres cités nippones subissent le même sort, la production du pays s'effondre et les voies de communication sont coupées. Avant même la destruction de Nagasaki et Hiroshima par la bombe nucléaire, le Japon semble avoir été mis à genoux par le seul recours au bombardement stratégique.

Critiques d'après-guerre

Dans les mois qui suivent la fin de la guerre, le bombardement stratégique est l'objet d'acerbes critiques tant sur le plan des résultats matériels que sur sa justification morale. Beaucoup l'accusent d'avoir été à l'origine d'un gaspillage de ressources qui eussent été plus utiles à d'autres fins militaires. Éthiquement, il est accusé d'avoir été délibérément employé contre des civils, provoquant la mort de centaines de milliers de personnes. Il est certain qu'il a fallu beaucoup de temps pour acquérir la supériorité dans les airs et pour produire les milliers de bombardiers nécessaires à la dévastation des pays ennemis. Sur un plan moral proprement dit, il semble normal pour une nation en guerre d'employer contre ses adversaires tous les moyens en sa possession, et cette vérité explique le recours au bombardement aérien aussi bien à Varsovie et à Rotterdam qu'à Hiroshima et Nagasaki.

> « Dieu merci, la guerre est terminée et je n'aurai plus personne à tuer. Je peux rentrer à la maison. »
>
> **Theordore Van Kirk,**
> navigateur de l'*Enola Gay*

La moralité de la guerre

Les chefs de l'aviation de bombardement sont des hommes durs. Arthur Harris fut arrêté un jour par un policier britannique au volant de sa voiture : « Vous pourriez tuer quelqu'un si vous conduisez de cette façon », lui lança ce dernier. « Je tue des centaines de personnes chaque nuit », répondit le commandant du Bomber Command. Lorsque LeMay fut interrogé sur la moralité des actions menées par les bombardiers, il rétorqua : « S'interroger sur la moralité de ce que nous sommes en train de faire ? Quelle idiotie ! Nous ne faisons que combattre. Si nous accomplissons le travail qui nous est demandé sans perdre trop de nos propres hommes, alors ce sera une belle journée. » Melvin Larsen, qui servit sur B-17, avoue que les bombardements ne lui posèrent aucun problème : « Je savais que toutes les fois que nous larguions nos bombes, je ne faisais que précipiter un peu plus la fin de la guerre. »

RAIDS DE JOUR
Des B-29 Superfortress larguant leurs bombes lors d'une attaque de jour à haute altitude. Les bombardiers américains font preuve de la plus grande efficacité sur le Japon en menant des raids de nuit à basse altitude, avec des engins incendiaires.

LE BOMBARDEMENT DE HIROSHIMA

Le 6 août 1945, à 2 heures 45 locales, un bombardier B-29 s'envole de l'île de Tinian, dans les Mariannes, emportant dans ses flancs la première bombe nucléaire opérationnelle. Aux commandes de l'avion se trouve le colonel Paul Tibbets, commandant du 509e Composite Group, en charge depuis l'année précédente de procéder au largage de la nouvelle arme. Tibbets a donné à son avion le nom de sa mère, *Enola Gay*.

Avec une bombe de 4,4 tonnes, baptisée « Little Boy », le B-29 se retrouve en surcharge et offre quelques moments d'anxiété à son équipage lors du décollage. L'*Enola Gay*, en route vers son objectif, se joint à deux autres B-29 chargés de l'accompagner pour effectuer des observations et des prélèvements.

Tout en effectuant son travail, l'équipage mange des sandwiches au jambon et boit du café. L'avion de reconnaissance fait bientôt savoir que le temps est dégagé au-dessus de la cible choisie, la ville de Hiroshima.

À 8 heures 40, l'*Enola Gay* approche de la cité à l'altitude de 9 000 m. Le major Thomas Ferebee, opérateur de bombardement, prend dès lors l'avion en main par le biais du viseur Norden et largue Little Boy au-dessus du pont d'Aioi. Le bombardier, soudainement allégé, fait un bond dans les airs, puis l'équipage est ébloui par une lumière d'une extraordinaire intensité. La première onde de choc secoue l'avion avec une telle force que Tibbets pense un moment avoir été touché par l'artillerie antiaérienne.

Tandis qu'un champignon de fumée s'élève dans le ciel et que la terre, en bas, semble bouillir, Tibbets annonce : « Mes amis, nous venons de larguer la première bombe atomique de l'Histoire. » L'équipage s'est entraîné durement pour accomplir sa mission et se sent soulagé à présent qu'elle a été menée à bien. Le navigateur Theodore Van Kirk pense : « Dieu merci, la guerre est terminée et je n'aurai plus personne à tuer. Je peux rentrer à la maison. »

LITTLE BOY
La bombe atomique larguée sur Hiroshima a 3 m de longueur et présente une masse de 4 400 kg pour un équivalent en TNT de 12 500 t.

L'ÉQUIPAGE DE L'ENOLA GAY
Les hommes qui ont largué la première bombe atomique de l'Histoire : le chef de la mission, le colonel Paul Tibbets, est le troisième à partir de la droite, au second rang ; le major Ferebee est à sa droite et le capitaine Lewis, à sa gauche.

BOMBARDIERS DE 1939-1945

Les bombardiers de la Seconde Guerre mondiale sont de puissantes machines, capables d'emporter une charge offensive supérieure à celle des avions de 1914-1918. Vulnérables aux tirs venus du sol et aux chasseurs, ils disposent d'une puissance de feu substantielle et doivent être escortés ou opérer de nuit pour survivre. Les États-Unis et la Grande-Bretagne, décidés à utiliser des avions de ce type à des fins stratégiques, produisent des bombardiers lourds destinés à être engagés de jour comme de nuit, en formations massives, afin de briser l'effort de guerre de l'ennemi. L'impact des bombardements alliés sur l'Allemagne n'en reste pas moins limité, mais les attaques sur les voies de communication, l'industrie du pétrole et les villes, aussi coûteuses qu'elles soient, se révèlent payantes. En 1944-1945, le Japon souffre particulièrement des raids américains.

AVRO LANCASTER

Capable d'emporter une charge offensive de 6 350 kg, l'Avro Lancaster est le plus efficace de tous les bombardiers stratégiques britanniques de la Seconde Guerre mondiale. En 1943, il se distingue dans les attaques des barrages allemands *(voir pp. 240-241)**.*

Boeing B-29 Superfortress

Mis en service en 1944, le Boeing B-29 est le plus grand et le plus avancé des bombardiers de la guerre sur un plan technique. Avion à long rayon d'action, il emporte les bombes atomiques larguées sur Hiroshima et Nagasaki, qui contribuent à hâter la fin du conflit. La principale faiblesse de cet appareil réside dans ses moteurs, qui montrent une certaine tendance à prendre feu en vol et à entraîner des accidents.

Moteurs 4 Wright R-3350-23 Double Cyclone en étoile de 2 200 ch

Envergure 30,2 m — **Longueur** 26,6 m

Vitesse max. 605 km/h — **Équipage** 10–14

Armement 12 mitrailleuses de 12,7 mm, 1 canon de 20 mm ; charge offensive de 9 000 kg

Consolidated B-24 Liberator

Cet avion polyvalent est utilisé à la fois comme bombardier, appareil de transport, avion de patrouille maritime et avion de lutte anti-sous-marine. Produit en plus grandes quantités que n'importe quel autre appareil américain, il possède un rayon d'action qui le rend très utile dans le Pacifique.

Moteurs 4 Pratt & Whitney R-1830 Twin Wasp en étoile de 1 200 ch

Envergure 33,5 m — **Longueur** 20,5 m

Vitesse max. 505 km/h — **Équipage** 12

Armement 10 mitrailleuses de 12,7 mm ; charge offensive de 3 990 kg

de Havilland D.H.98 Mosquito (B.XVI)

Le de Havilland Mosquito est un chasseur-bombardier polyvalent et l'un des avions les plus performants de la Seconde Guerre mondiale. Il sert dans de nombreuses missions, telles que le mouillage de mines, la reconnaissance, la lutte antinavire et l'éclairage.

Moteurs 2 Rolls-Royce Merlin 73 de 1 290 ch

Envergure 16,5 m — **Longueur** 26,6 m

Vitesse max. 690 km/h — **Équipage** 2

Armement charge offensive de 1 810 kg

Handley Page Halifax II

D'un pilotage aisé, plus rapide que le Wellington et possédant une bonne distance franchissable et une charge offensive élevée, le Handley Page Halifax est l'un des principaux bombardiers lourds britanniques de la guerre. Son seul défaut est sa faible puissance défensive qui entraîne des pertes importantes dans ses rangs. Les premières versions de l'appareil sont employées dès 1942 pour le mouillage de mines et le torpillage dans le Coastal Command.

Moteurs 4 Rolls-Royce Merlin XII en ligne de 1 390 ch

Envergure 31,8 m — **Longueur** 21,4 m

Vitesse max. 480 km/h — **Équipage** 7

Armement 9 mitrailleuses de 7,7 mm ; charge offensive de 2 630 kg

Junkers Ju 88A-4/R

Conçu en 1935 selon un programme de bombardier rapide (en allemand *Schnellbomber*), le Ju 88 est le principal avion de bombardement allemand de la guerre, avec quelque 15 000 exemplaires produits. Destiné d'abord aux missions de bombardement horizontal ou en piqué, il est employé pour la chasse, la reconnaissance et l'entraînement. Sa polyvalence en fait l'un des meilleurs avions de la guerre et il sert aussi pour le torpillage, le mouillage de mines, l'escorte lointaine, la lutte antinavire, l'attaque au sol et l'éclairage.

MOTEURS 2 Junkers Jumo 211J-1 de 1 410 ch	
ENVERGURE 19,8 m	**LONGUEUR** 15,6 m
VITESSE MAX. 470 km/h	**ÉQUIPAGE** 4
ARMEMENT 1 mitrailleuse MG 131 de 13 mm, 3 mitrailleuses MG 81 de 7,92 mm, 3 canons MG 151 de 20 mm ; charge offensive de 1 800 kg	

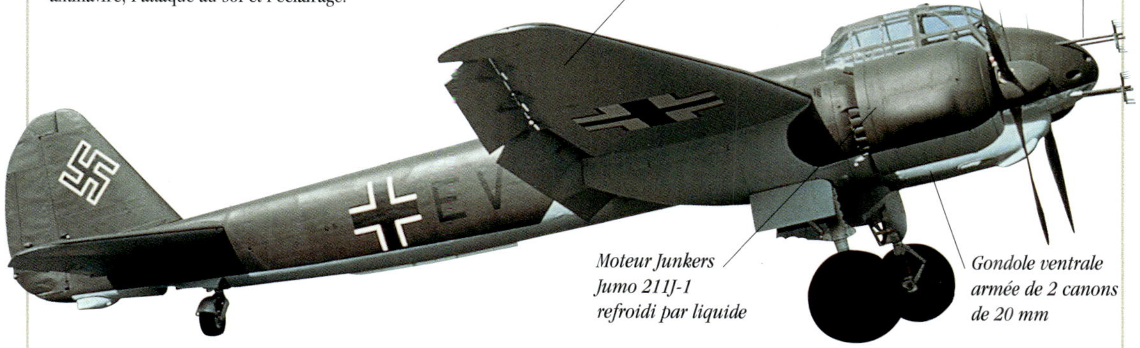

Mitsubishi Ki-21 « Sally »

Le Ki-21 Type 97 de bombardement lourd est le principal bombardier de l'armée de l'air japonaise au moment de Pearl Harbor. Il joue un rôle important tout au long de la guerre, bien qu'il soit devenu obsolète en 1945. Volant pour la première fois en 1937, il subit diverses modifications, notamment l'ajout d'une tourelle dorsale. Il est remplacé par le Ki-67 « Peggy ».

MOTEURS 2 Mitsubishi Ha.101 en étoile de 1 490 ch	
ENVERGURE 24,9 m	**LONGUEUR** 19,7 m
VITESSE MAX. 460 km/h	**ÉQUIPAGE** 7
ARMEMENT 1 mitrailleuse de 12,7 mm et 5 mitrailleuses de 7,7 mm ; charge offensive de 750 kg	

North American B-25J Mitchell

Bombardier moyen, le North American B-25 Mitchell effectue son premier vol en août 1940. En service au moment de Pearl Harbor, il est livré aux Soviétiques en 870 exemplaires. Certaines versions disposent d'un canon de 75 mm ou peuvent emporter des torpilles.

MOTEURS 2 Wright R-2600-26 Cyclone en étoile de 1 850 ch	
ENVERGURE 20,6 m	**LONGUEUR** 16,1 m
VITESSE MAX. 440 km/h	**ÉQUIPAGE** 6
ARMEMENT 13 mitrailleuses de 12,7 mm ; charge offensive de 1 800 kg	

Savoia-Marchetti SM.79-II Sparviero

MOTEURS 3 Piaggio P.XI-RC-40 en étoile de 1 000 ch	
ENVERGURE 21,2 m	**LONGUEUR** 16,2 m
VITESSE MAX. 455 km/h	**ÉQUIPAGE** 4
ARMEMENT 4 mitrailleuses Breda-SAFAT de 12,7 mm, 1 mitrailleuse de 7,7 mm ; charge offensive de 1 240 kg, ou 2 torpilles	

En dépit de sa configuration assez peu classique, le Savoia-Marchetti SM.79 est un bombardier moyen efficace, voire le meilleur bombardier-torpilleur basé à terre de la guerre. Apparu en 1934 sous la forme d'un avion commercial, cet appareil est utilisé par les nationalistes pendant la guerre d'Espagne. Il est employé par la suite en Méditerranée pour la lutte antinavire, la reconnaissance et le bombardement horizontal. Il coule plusieurs navires britanniques parmi lesquels le *Malaya* et l'*Argos*.

Short S.29 Stirling

Le Short Stirling est le premier bombardier quadrimoteur à servir dans la RAF. Malheureusement, sa trop courte envergure limite sa charge offensive ainsi que son plafond. Surclassé par le Lancaster et le Halifax, il sert dès 1943 d'avion de transport et de remorquage de planeurs.

MOTEURS 4 Bristol Hercules XI de 1 590 ch	
ENVERGURE 30,2 m	**LONGUEUR** 26,6 m
VITESSE MAX. 440 km/h	**ÉQUIPAGE** 7–8
ARMEMENT 8 mitrailleuses de 7,7 mm ; charge offensive de 6 350 kg	

Vickers Wellington X

Le bimoteur Vickers Wellington est un bombardier réputé pour sa capacité à encaisser des dommages importants grâce à sa construction géodésique conçue par l'inventeur de la bombe rebondissante, Barnes Wallis. Bombardier de nuit britannique le plus efficace avant l'apparition des quadrimoteurs lourds, le Wellington joue un rôle essentiel dans les attaques de nuit menées en 1941-1942. En 1941, il largue la première bombe Blockbuster de 1 880 kg sur Emden, et sert par la suite au transport, à l'entraînement et à la patrouille maritime.

MOTEURS 2 Bristol Hercules VI en étoile de 1 675 ch	
ENVERGURE 26,2 m	**LONGUEUR** 19,7 m
VITESSE MAX. 430 km/h	**ÉQUIPAGE** 6
ARMEMENT 6 mitrailleuses de 7,7 mm ; charge offensive de 2 720 kg	

AIRFORCE

5

GUERRE FROIDE ET CONFLITS LOCALISÉS

La guerre froide, cette confrontation entre l'Est et l'Ouest qui dure plus de quarante ans, est le moteur principal des progrès enregistrés dans la technologie aéronautique au lendemain de la Seconde Guerre mondiale. Les impératifs de défense nationale de l'âge nucléaire engendrent une compétition intense et sans merci. De remarquables progrès en résultent dans les domaines des cellules, des moteurs, de l'armement et de l'avionique. Pendant ce temps, des conflits armés localisés se déroulent en de nombreux endroits du monde, permettant aux aviations militaires de tester leurs dernières avancées technologiques. De la fin des années 1940 au début des années 1990, la puissance aérienne demeure l'un des principaux moyens de forcer la volonté de l'adversaire et de protéger les intérêts des États.

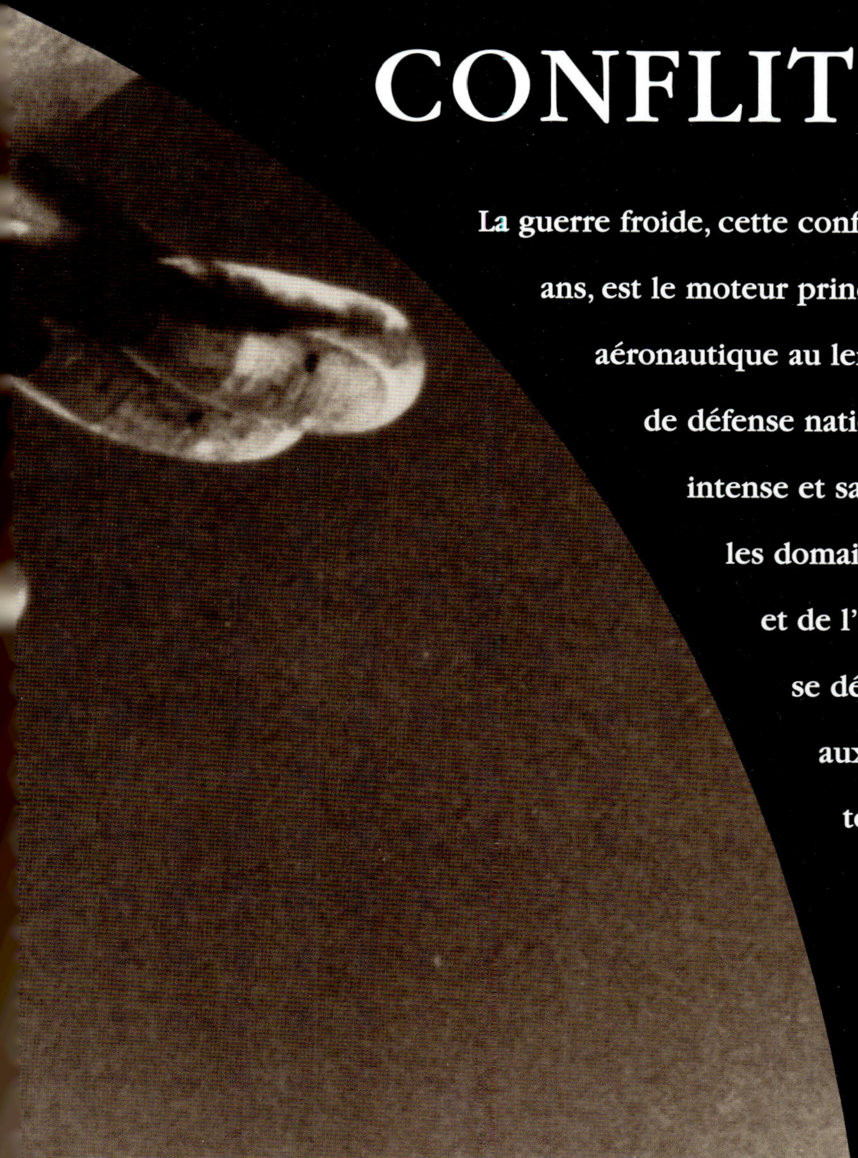

LE NORTH AMERICAN X-15
Peu après avoir été largué de son avion mère, un Boeing B-52, le X-15 à moteur-fusée, un avion expérimental à grande vitesse, se propulse dans la haute atmosphère. Le X-15, le plus rapide des aéronefs, atteint six fois la vitesse du son.

« Monter plus vite que vous ne l'avez jamais rêvé… Vous ne pourrez jamais imaginer un aussi extraordinaire sentiment de vitesse, tandis que vous grimpez dans l'azur. Dieu, quelle chevauchée ! »

CHUCK YEAGER, PILOTE D'ESSAI SUR UN BELL X-1

AU-DELÀ DU MUR DU SON

AU COURS DE L'APRÈS-GUERRE, DES PILOTES D'ESSAI, À BORD DE LEURS AVIONS À RÉACTION ET À MOTEUR-FUSÉE, PRENNENT DES RISQUES INSENSÉS POUR DÉPASSER LES LIMITES DU VOL À GRANDE VITESSE.

PREMIER AVION À RÉACTION BRITANNIQUE

Le chasseur-bombardier de Havilland D.H.112 Venom apparaît en 1949. Le constructeur britannique est l'un des pionniers de l'aviation à réaction, avec le Vampire de 1944 et le D.H.108 de 1946.

Les avions à réaction jouent un rôle marginal au cours de la Seconde Guerre mondiale, mais, à la fin du conflit, il apparaît que ce mode de propulsion est appelé à peser d'une manière décisive sur l'issue des conflits. Les appareils à moteurs à pistons ont atteint en effet les limites de leurs performances. En novembre 1945, un chasseur à réaction britannique, le Gloster Meteor, établit un nouveau record du monde officiel en parvenant à 975,46 km/h, montrant que les jets volent beaucoup plus vite et à des altitudes supérieures.

Le vol à réaction n'aurait pas connu une telle évolution si, au lendemain des hostilités, le monde n'avait été confronté à la guerre froide. Le profond sentiment de défiance qui se développe entre l'Union soviétique d'un côté et les États-Unis et les pays occidentaux de l'autre confère un caractère d'urgence au développement de la technologie aéronautique militaire. La Seconde Guerre mondiale a montré ce qu'un pays pouvait attendre de la maîtrise de l'air. Même les États officiellement en paix sont conduits à prendre des risques calculés avec la vie de leurs pilotes afin d'atteindre des niveaux de performances qui leur permettront de disposer de forces aériennes à la pointe du progrès. L'évolution des avions à réaction sera à la fois rapide, coûteuse et source d'émulation.

Les nouveaux héros

Dans cette course aux performances, les pilotes d'essai deviennent les nouveaux héros de l'aviation. N'ayant, la plupart du temps, aucune occupation guerrière et les courses ou les raids sur de longue

AVION À MOTEUR-FUSÉE EXPÉRIMENTAL

Le troisième Bell X-1, qui ne prend l'air qu'en 1951, est installé sous son avion mère, un Boeing B-50, qui doit l'emporter pour un vol expérimental depuis la base d'Edwards, en Californie. Le bombardier a été surélevé sur des vérins de manière que le X-1 puisse être hissé en dessous de sa soute à bombes. Le largage s'effectue à 6 000 m d'altitude.

distance n'étant plus à la mode – qui aurait été encore impressionné par un vol en solitaire au-dessus de l'Atlantique ? –, de jeunes aviateurs doués, ayant les nerfs suffisamment solides pour mettre leur vie en jeu, sont attirés par ces nouveaux horizons. Entre la fin des années 1940 et les années 1950, ils voleront plus vite que n'importe quel être humain auparavant, à bord d'appareils où la sécurité est une préoccupation secondaire. Les souffleries et les autres systèmes de simulation disponibles à cette époque ne permettent pas, en effet, aux ingénieurs de juger des défauts de leurs avions ou simplement des problèmes aérodynamiques qu'ils pourraient rencontrer en évoluant à des vitesses élevées. Les expérimentations doivent être menées grandeur nature, avec un pilote aux commandes.

JETS EN MER
Lockheed F-80 Shooting Star en service à bord d'un porte-avions de l'US Navy en 1946. À cette époque, la marine américaine procède aux tests de ces appareils en mer.

Les acteurs clés

Le développement des avions à réaction militaires est une aventure coûteuse, réclamant les technologies les plus avancées et, qui plus est, réservée à peu d'élus. Les Allemands, qui ont longtemps dominé ce secteur de pointe, ayant perdu la guerre, la Grande-Bretagne prend provisoirement la tête après 1945 avec les chasseurs Gloster Meteor et de Havilland Vampire. Les Britanniques ne disposent toutefois pas des ressources qui leur permettraient de se maintenir longtemps à un tel niveau, et, à la fin des années 1940, ils sont rejoints par le Dassault Ouragan français et le Saab.29 Tunnan suédois. En bonne logique, ce sont les États-Unis et l'Union soviétique qui consacrent le plus de ressources à l'aviation à réaction.

Les Américains s'intéressent à la propulsion à réaction sur le tard, laissant aux Allemands et aux Britanniques le soin d'effectuer des percées significatives dans ce domaine et s'engageant sur les bases ainsi définies. Leur premier chasseur à réaction, le Bell P-59 Airacomet, est construit autour du moteur imaginé par le Britannique Frank Whittle, produit sous licence par General Electric. Il vole en 1942 mais affiche des performances médiocres qui empêchent qu'il soit engagé au combat. Le Lockheed P-80 Shooting Star, conçu par l'ingénieur Kelly Johnson en 1943, dispose lui aussi d'un réacteur britannique, mais il est bientôt remotorisé avec un Allison J33 de conception entièrement américaine. Premier chasseur opérationnel aux États-Unis, le P-80 apparaît trop tard pour participer à la guerre et donne naissance au T-33 d'entraînement sur lequel une génération de pilotes de l'US Air Force et des forces aériennes de l'OTAN apprend à voler. L'Union soviétique utilise elle aussi la technologie britannique pour réaliser son MiG-15.

La conception des cellules

Tout aussi cruciaux sont les progrès accomplis dans le domaine des cellules, les Américains et les Soviétiques apprenant beaucoup des Allemands. Le Me 262 a été conçu avec une voilure à flèche modérée, mais les documents saisis par les Alliés montrent que les savants du IIIe Reich ont vu encore plus loin afin de réduire la traînée aux grandes vitesses. Ils n'ont toutefois pas osé utiliser des flèches plus accentuées parce qu'elles auraient engendré des phénomènes d'instabilité aux basses vitesses et qu'ils n'ont pas su résoudre le problème.

Les papiers découverts en Allemagne sont expédiés à North American qui, en 1945, travaille sur un chasseur à ailes droites, le XP-86. Ils produisent un effet radical en orientant le bureau d'études américain vers la réalisation d'un avion à ailes en flèche dont l'instabilité est corrigée par l'adoption de becs de bord d'attaque de voilure. Le résultat est le F-86 Sabre, qui commence à être produit en 1948. Son équivalent soviétique, le MiG-15, est lui aussi un chasseur à ailes en flèche s'inspirant des mêmes sources.

CLARENCE « KELLY » JOHNSON

UN INGÉNIEUR INNOVANT
Kelly Johnson posant à côté d'une maquette de Lockheed P-80 Shooting Star, conçu par les Skunk Works. *Le génie de Johnson tient à des innovations radicales combinées avec des solutions imaginatives.*

Ingénieur en aéronautique, Clarence « Kelly » Johnson (1910-1990) est engagé chez Lockheed en 1933, avec un diplôme de l'université du Michigan en poche. Devenu ingénieur en chef de cette société avant l'âge de 30 ans, il conçoit le chasseur P-38 et l'avion de ligne Constellation. En 1943, il est chargé du projet du chasseur à réaction P-80, qu'il mène à bien en sept mois seulement. Il doit son succès à une équipe réduite et unie qui travaille dans le secret absolu, sans aucun souci administratif. Il est l'initiateur des *Skunk Works*, ces bureaux d'études spécifiques à Lockheed qu'il définit comme « quelques braves gens capables de résoudre les problèmes très en avance en appliquant les méthodes les plus simples et les plus directes possible ». Parmi les autres avions développés par Johnson figurent le F-104 Starfighter, l'U-2 et le SR-71, ces deux derniers étant des machines de reconnaissance à haute altitude.

THUNDERJET À MOTEUR-FUSÉE
Republic F-84 Thunderjet catapulté vers le ciel grâce à des moteurs-fusées d'assistance au décollage. Ayant volé en 1946, le Thunderjet est le successeur du P-47 Thunderbolt à hélice, conçu par la même société et développé sous la houlette de la même équipe, conduite par Alexander Kartveli.

EXPÉRIENCE DANGEREUSE

Lors d'expériences menées à la base d'Edwards, des F-84 Thunderjet décollent depuis une plate-forme à missile, grâce à un moteur-fusée d'assistance largable, monté en dessous de l'empennage. Une ambulance attend à proximité du site afin de parer à tout imprévu. Des moteurs-fusées d'assistance au décollage seront utilisés sur le Dassault Mirage IVA, le bombardier nucléaire français mis en service au milieu des années 1960.

FRANCHIR LE MUR DU SON

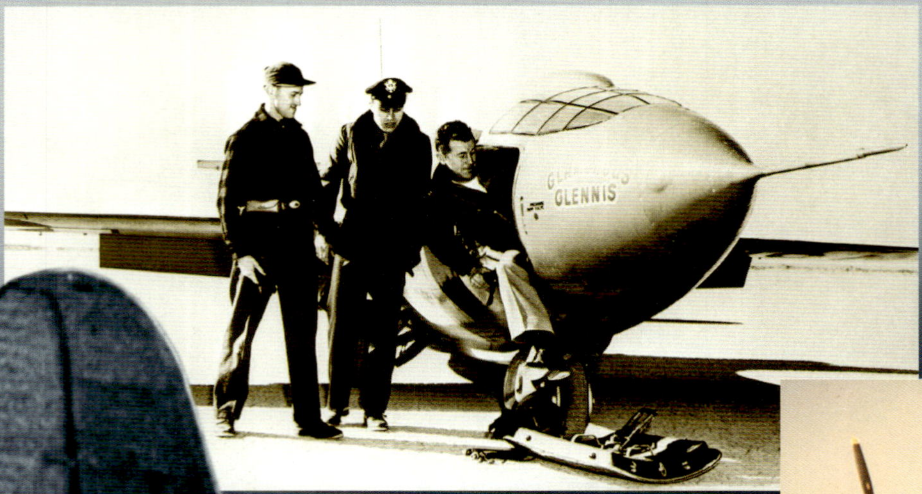

UN PASSAGE DIFFICILE
Yeager montre de quelle façon il entre dans le poste de pilotage du Bell X-1 Glamorous Glenny. *Pour les vols expérimentaux, le pilote est d'abord un simple passager, l'avion-fusée étant accroché en dessous de la soute à bombes d'un B-29 ou d'un B-50 qui l'emporte dans les airs.*

AVION MÈRE PRÊT
Le 14 octobtre 1947, jour où Yeager se prépare à franchir le mur du son, l'avion mère Boeing B-29 est prêt à décoller, le Bell X-1 monté dans sa soute à bombes. Les vols expérimentaux se déroulent tôt le matin, avant que la température ne monte.

LE MOMENT DE VÉRITÉ
Le Bell X-1 est largué à l'altitude de 6 000 m. Il pique pour gagner de la vitesse, avant que Yeager n'allume successivement les chambres de combustion. Le pilote parle d'un « moment de vérité, celui où le X-1 peut parfaitement bien exploser ».

Le 14 octobre 1947, un bruit comme il ne s'en est encore jamais produit sur terre se répand au-dessus des étendues désolées du désert de Mojave, en Californie : celui dû au franchissement du mur du son par un avion. L'appareil en question, un Bell X-1, a été confié à un pilote de chasse originaire de la Virginie, Chuck Yeager.

Yeager a failli ne pas prendre l'air ce jour-là. Deux jours auparavant, alors qu'il effectue une promenade à cheval, il est projeté sur une barrière et se casse deux côtes. Cela n'est pas assez pour dissuader cet aviateur de tenter le vol qui lui permettra peut-être de franchir le mur du son. L'entrée de Yeager dans le poste de pilotage du X-1 est déjà un véritable exploit vu son état physique ; il doit en effet emprunter une échelle pour atteindre l'avion-fusée, placé en dessous de la soute à bombes de son avion mère, un Boeing B-29, qui doit l'amener à l'altitude de largage. À l'équipement normal a été ajouté un morceau de manche à balai avec lequel il peut verrouiller et déverrouiller la porte derrière lui.

Lorsque le B-29 a atteint l'altitude de 6 000 m, le pilote demande à Yeager s'il se sent prêt : « Diable, oui ! » répond ce dernier. Ce qui suit est presque de la routine, l'aviateur comptant déjà neuf vols propulsés à son actif. Le B-29, ayant largué le X-1 comme une bombe, l'affaire commence vraiment. Yeager la décrit ainsi : « Le largage de l'avion-fusée me secoue dans mon siège ; dès que celui-ci a quitté la soute à bombes, la lumière du soleil m'éblouit. »

Yeager se met en piqué afin d'accroître sa vitesse et d'éviter le décrochage. Puis, une fois revenu en palier, il allume les quatre chambres de combustion coup sur coup. Plaqué dans son siège, il cabre l'appareil et monte dans les hautes couches de l'atmosphère.

À Mach 0,88, le X-1 commence à vibrer fortement, expérience que le pilote a déjà vécue auparavant et qui précède le moment où les gouvernes de profondeur deviennent inopérantes, donnant à tous ceux qui ont rencontré ce phénomène le sentiment que leur avion

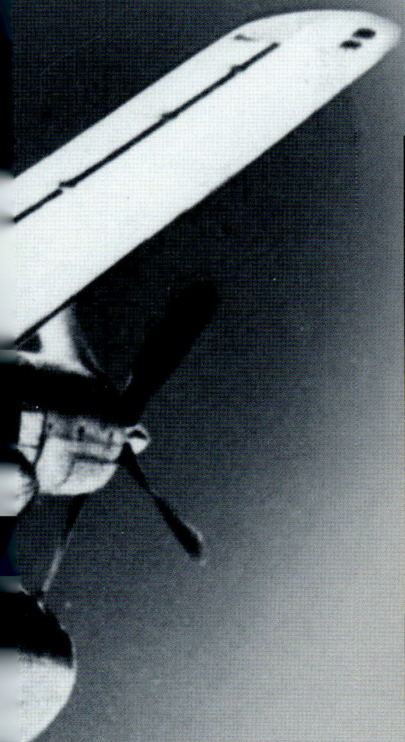

« Je n'en croyais pas mes yeux ! J'étais en vol supersonique ! Et j'avais l'impression d'être dans un siège de bébé, avec ma grand-mère à mes côtés, en train de siroter une limonade. »

Chuck Yeager,
lors du franchissement du mur du son

EN ROUTE VERS LE MUR DU SON
Photographié depuis un avion d'accompagnement, le Bell X-1 accélère vers sa vitesse supersonique. Le vol représenté ici se déroule en 1951, après que le Glamorous Glenny *a été repeint en blanc.*

n'ira jamais au-delà de la vitesse du son. Yeager est bien armé sur le plan technique pour affronter cet instant crucial et éviter la perte de contrôle : il dispose d'un compensateur de profondeur qu'il peut manœuvrer à son aise.

Le X-1 atteint l'altitude de 13 000 m, gagnant encore de la vitesse. « Je remarquais que plus j'allais vite, plus l'avion devenait stable », note Yeager. Vient alors le grand moment : « Soudain, l'aiguille du machmètre commence à bouger. Elle passe à Mach 0,965 puis parvient à sa butée. Je n'en croyais pas mes yeux ! J'étais en vol supersonique ! Et j'avais l'impression d'être dans un siège de bébé, avec ma grand-mère à mes côtés, en train de siroter une limonade. »

L'avion entame ensuite sa descente pour atterrir à Muroc, où Yeager n'est pas reçu en héros. Le secret qui entoure le programme du X-1 empêche toute manifestation de la sorte. Quelques bouteilles de bière sont vidées et quelques steaks avalés, rien de plus. Un pas décisif n'en a pas moins été franchi. Comme Yeager devait l'écrire plus tard : « La vraie barrière à franchir n'était pas dans le ciel, mais dans notre connaissance et notre expérience du vol supersonique. »

MACHMÈTRE
Le tableau de bord du X-1 comporte un machmètre qui permet de mesurer la vitesse de l'avion dans le domaine sonique. Celui employé sur le Glamorous Glenny *n'est gradué que jusqu'à Mach 1.*

Le F-86 et le MiG-15 ont été dessinés de manière à s'attaquer au problème du vol supersonique. À l'époque de leur conception, le mur du son est encore un domaine mal connu. Il a donné lieu à diverses spéculations, notamment celle selon laquelle il constituerait une barrière infranchissable. Personne n'ayant volé à de telles vitesses, cette conclusion apparaît plausible. Les pilotes qui ont atteint des seuils élevés à bord de leurs chasseurs à hélices pendant la guerre ont parlé de violentes turbulences. Une autre expérience déstabilisante constatée à des vitesses subsoniques importantes réside dans la perte de contrôle des appareils, qui semblent ne plus avoir de commandes de vol.

Le mur du son

Comme le vol supersonique est devenu aujourd'hui chose normale, il n'est guère facile de saisir l'anxiété que suscite l'accroissement continu des vitesses à la fin des années 1940. Aucun être humain ne s'est jamais aventuré jusque-là à bord d'un avion à réaction. Il est dès lors naturel de se demander si l'homme pourra physiquement supporter les contraintes qui lui sont liées ou quelles limites pourront atteindre les avions.

Ces interrogations sont alimentées par des accidents inexpliqués. Le chef pilote d'essai Aleksei Grintchik se tue en mai 1946 aux commandes du prototype du MiG-9 dont il a perdu le contrôle. L'affaire, qui concerne les chercheurs soviétiques, reste confidentielle, mais la mort, en septembre de la même année, de Geoffrey de Havilland, le fils de l'avionneur britannique et chef pilote d'essai de la firme, provoque la consternation. De Havilland est tué alors qu'il teste le D.H.108, un avion delta sans queue expérimental qui reprend le fuselage du Vampire. Comme l'appareil s'est désintégré en vol, la presse a tôt fait d'accuser l'invisible barrière que constitue le mur du son.

Le Bell X-1

Les rumeurs circulant autour du mur du son donnent un relief spécial aux expériences menées avec l'avion à moteur-fusée Bell X-1 à partir de 1946, à Muroc, près d'Edwards, en Californie. Le X-1 est un appareil purement expérimental conçu pour tester les effets du vol aux vitesses soniques. Parmi les dix-huit pilotes sélectionnés figurent Chalmers Slick Goodlin, de Bell, et le capitaine Charles Chuck Yeager, des US Army Air Forces. Ce dernier fait montre du caractère nécessaire pour aller le plus loin possible.

Vol après vol, Yeager amène le X-1 de plus en plus près du mur du son. À Mach 0,86, de violentes vibrations se produisent, « comme si l'avion était monté sur

Le Bell X-1

« Des quatre chambres s'échappe une langue de feu de 9 m. Dieu ! Le choc semble vous propulser dans le temps ! »

CHUCK YEAGER,
AU MOMENT OÙ IL LANCE SON MOTEUR-FUSÉE

« **QUICONQUE AURAIT EU** un peu de cervelle se serait demandé pourquoi diable il s'est mis dans une telle situation, attaché à l'intérieur d'une vraie bombe qui est sur le point d'être larguée depuis la soute d'un bombardier. » Telle est la description que Chuck Yeager donne de la situation dans laquelle il se trouve au moment où son avion-fusée est sur le point d'être largué du B-29 qui le transporte. Une vraie bombe est sans doute le terme qui convient le mieux pour décrire le X-1, un projectile piloté doté d'ailes. Conçu pour décoller, l'avion n'en est pas moins lâché dans les airs, de façon à accroître son autonomie de vol. Il aurait fallu dépenser tout le carburant pour gagner de l'altitude.

Le X-1 est un appareil strictement expérimental, conçu pour collecter des informations. Son développement commence en 1944, lorsque les US Army Air Forces et le NACA s'entendent pour explorer le domaine des hautes vitesses. L'équipe de Bell crée une cellule capable de supporter de grandes accélérations et les fatigues structurales intenses, le problème étant de réaliser une machine qui puisse résister aux vibrations exceptionnelles auxquelles les ingénieurs s'attendent. Une autre caractéristique réside dans son stabilisateur horizontal monobloc, c'est-à-dire qui peut être braqué d'un seul tenant, de manière à préserver le contrôle en tangage de l'appareil.

Le moteur-fusée est alimenté par un mélange d'alcool et d'oxygène, le LOX, qui doit être maintenu à une température de 182 °C. Comme il est entreposé dans un réservoir situé derrière le pilote, Yeager dira qu'il a volé « dans l'avion le plus froid jamais conçu ».

Le pilote a le choix entre allumer les chambres de combustion une par une, ou toutes d'un seul coup, dans ce dernier cas pour obtenir la poussée maximale du moteur. La plupart des vols effectués à bord du X-1 commencent à 6 000 m et peuvent monter jusqu'à 14 000 m. Quand l'expérience prend fin, le pilote coupe le moteur, vidange le carburant restant et se pose en vol plané. Les trois premiers X-1 atteignent finalement la vitesse de Mach 1,46.

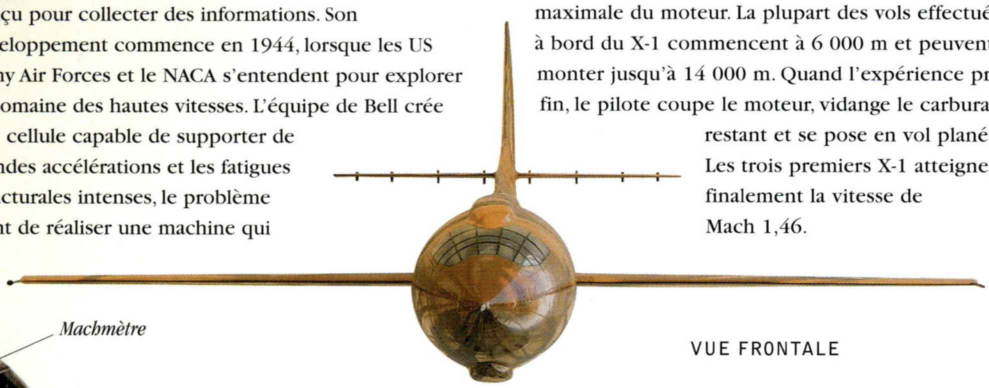

VUE FRONTALE

UN HABITACLE ÉTROIT
L'habitacle du Bell X-1, très étroit, offre au pilote un champ visuel limité. Tirer ou pousser le manche et contrôler l'avion en tangage reste possible jusqu'à Mach 0,94 ; au-delà, il faut utiliser le compensateur.

Caractéristiques

MOTEUR	moteur-fusée Reaction Motors XLR11-RM3
ENVERGURE	8,5 m
LONGUEUR	9,4 m
HAUTEUR	3,3 m
POIDS	5 555 kg
VITESSE MAX.	1 555 km/h

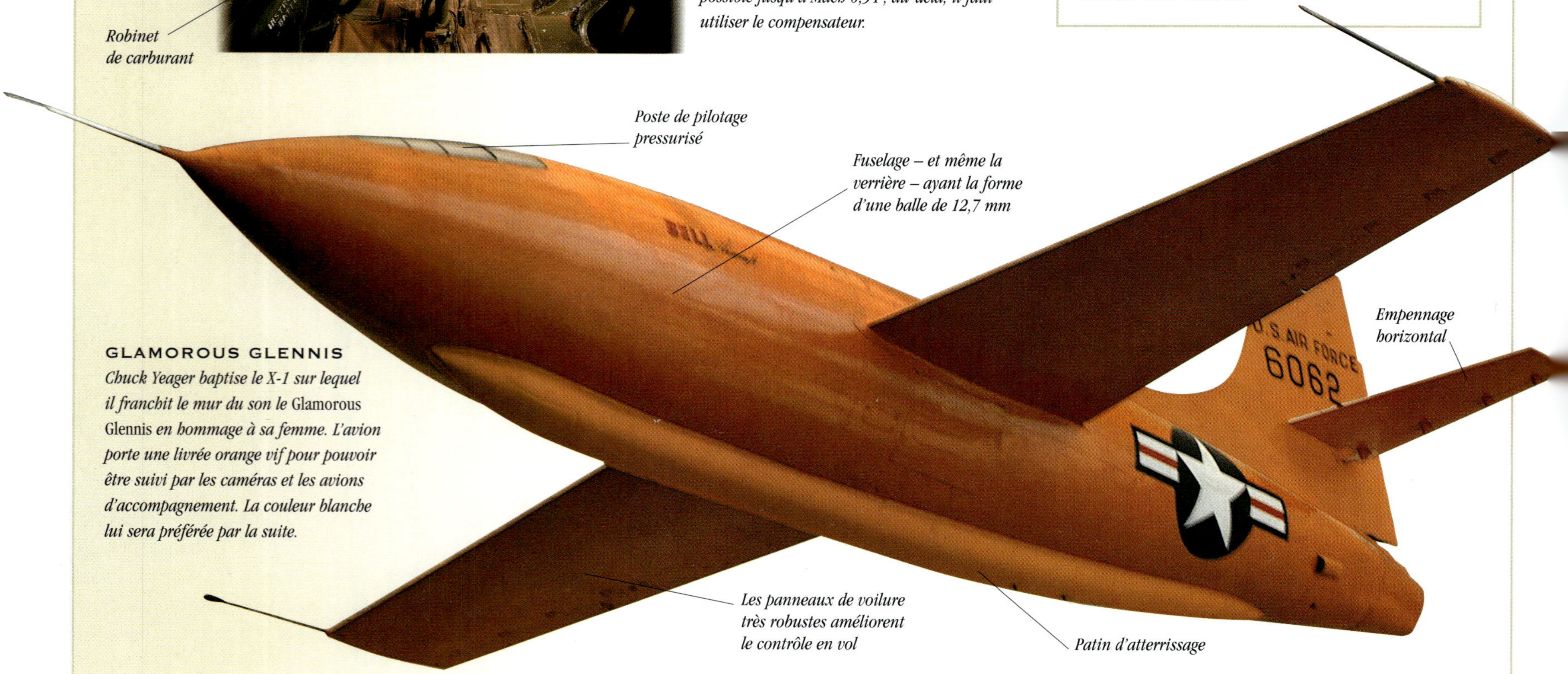

GLAMOROUS GLENNIS
Chuck Yeager baptise le X-1 sur lequel il franchit le mur du son le Glamorous Glennis *en hommage à sa femme. L'avion porte une livrée orange vif pour pouvoir être suivi par les caméras et les avions d'accompagnement. La couleur blanche lui sera préférée par la suite.*

VERSIONS PLUS VÉLOCES
Les Bell X-1A et X-1B sont des versions améliorées de l'avion-fusée expérimental X-1, produites de 1949 à 1962. Ils peuvent emporter plus de carburant que le modèle original et disposent d'un habitacle redessiné qui offre au pilote un meilleur champ visuel. À bord du X-1A, Yeager atteint la vitesse de Mach 2,44 en décembre 1953.

de mauvais amortisseurs et avançait sur une route pavée » ; à Mach 0,94, le contrôle en tangage devient impossible, comme si les gouvernes de profondeur étaient bloquées ; à Mach 0,96, l'affaire est bien près de tourner au désastre, le pare-brise de l'avion, qui évolue à quelque 13 000 m, s'étant couvert de glace et empêchant toute vue extérieure. Aussi Yeager est-il contraint d'effectuer un atterrissage en aveugle, sans disposer de l'instrumentation nécessaire, guidé par le pilote de l'avion d'accompagnement.

Enfin franchi...

Le 14 octobre 1947, le mur du son est franchi sans aucun incident, si facilement d'ailleurs que Yeager n'éprouve presque aucune sensation : « Cela aurait pu être une bosse sur une route, écrit-il, quelque chose qui donne le sentiment d'être passé à travers un trou pratiqué dans le mur du son. » La seule manière dont il apprend qu'il est parvenu à la barrière mythique est la consultation de ses instruments de vol et les informations qui lui sont transmises par les ingénieurs au sol.

Briser le mur du son n'est qu'un début. Les aviateurs regroupés à Edwards continuent d'aller plus loin dans les domaines de la vitesse et de l'altitude. Au début des années 1950, le Douglas D-558-2 Skyrocket, aux mains du pilote de l'US Navy Bill Bridgeman et du pilote d'essai du NACA Scott Crossfield, commence ses essais. D'une aérodynamique presque parfaite, cet appareil, avec ses ailes de faibles dimensions, atteint Mach 1,88, soit 1 990 km/h, en août 1951, et parvient à Mach 2 en novembre 1953. Animé par un esprit de compétition qui permet d'aller de l'avant, Yeager, à bord du X-1A, atteint Mach 2,44 en décembre.

Une quête périlleuse

Ces avions à moteur-fusée, qui repoussent de plus en plus loin les limites de la technologie aéronautique, continuent d'être très dangereux. Le Skyrocket subit un étrange phénomène qui l'engage dans une trajectoire oblique. Le Bell X-1 est soumis à des explosions mystérieuses qui engendrent des accidents fatals. Mais là ne réside pas le seul problème de cet avion et, comme le dit Yeager, « le X-1 peut vous tuer d'une douzaine de façons différentes ». Yeager survit lui-même à une totale perte de contrôle lors de son vol record en décembre 1953. En cette occasion, il pousse le X-1A à ses limites, de sorte que celui-ci tombe de 15 000 m avant qu'il ne puisse en rétablir le contrôle. Un autre pilote d'essai, Milburn Apt, est moins chanceux, en des circonstances similaires. En septembre 1956, alors qu'il amène le Bell X-2 à Mach 3,2, devenant ainsi le premier homme à dépasser les 3 200 km/h, son avion, privé de contrôle, part en vrille. Ayant sombré dans l'inconscience, Apt ne peut s'éjecter et trouve la mort dans l'appareil qui percute le sol peu de temps après.

CHUCK YEAGER

Charles Elwood « Chuck » Yeager naît en 1923 dans la ville de Hamlin, sur la Mud River, en Virginie occidentale. En 1941, à peine sorti du lycée, il s'engage dans l'aviation militaire et suit une formation de pilote de chasse. Il rejoint l'Europe en 1943 et est abattu au-dessus de la France, d'où il gagne l'Espagne puis l'Angleterre. De retour au combat, il prend part au débarquement en Normandie et, à bord de son Mustang, revendique treize victoires et demie, dont cinq en une seule journée. Parmi ses victimes figure un Messerschmitt Me 262.

Après la guerre, Yeager est engagé comme pilote d'essai à Wright Field, près de Dayton, dans l'Ohio, avant d'être intégré au programme du X-1, qui se déroule à Muroc. De cette façon, il devient le premier homme à franchir le mur du son, en octobre 1947. Quand son exploit est rendu public, il reçoit les hommages et les honneurs avec un calme comparable à celui qu'il ressent quand il se trouve dans le poste de pilotage d'un avion à moteur-fusée. Il bat un autre record de vitesse en 1953, atteignant Mach 2,44 sur le X-1A, mais il sait également tenir des rôles secondaires, en prenant parfois les commandes d'un appareil d'accompagnement.

Yeager est un cas à part parmi des pilotes qui, pour la plupart, ont suivi une formation universitaire. Pour cette raison, il n'est pas choisi pour figurer parmi les astronautes américains. Commandant d'une unité de chasse pendant la guerre du Vietnam, il quitte l'armée avec le grade de général en 1975.

L'HOMME « CASQUÉ »
Photographié ici en tenue de pilote, Yeager improvise son premier casque d'aviateur à partir d'un casque en cuir de footballeur dans lequel il a placé son masque à oxygène et ses écouteurs radio.

JACQUELINE AURIOL

L'aviatrice française Jacqueline Auriol (1917-2000) est l'une des rares femmes à s'être fait une place dans le monde éminemment masculin des pilotes d'essai. Quand elle apprend à piloter, à la fin des années 1940, Auriol est déjà, en quelque sorte, une célébrité. N'est-elle pas la belle-fille du président de la République Vincent Auriol ? Elle accroît sa réputation quand, en 1949, un hydravion à bord duquel elle se trouve s'abîme dans la Seine. Souffrant de blessures au visage, elle subit vingt-deux opérations.

N'ayant pas perdu la foi, Jacqueline Auriol continue de voler et reçoit même son brevet de pilote d'avions à réaction à l'issue d'un stage aux États-Unis. En mai 1951, elle atteint la vitesse de 820 km/h sur un Vampire, battant un record du monde féminin. Jusqu'en 1964, l'aviatrice américaine Jacqueline Cochran et elle se disputent le titre envié de « femme la plus rapide du monde », passant toutes deux le mur du son en 1953, la première sur un F-86 Sabre, la seconde sur un Dassault Mystère II. En 1959, la compétition évolue vers le domaine bisonique, Auriol décrochant son dernier record en juin 1963, lorsque, à bord d'un Mirage IIIR, elle dépasse la vitesse de 2 000 km/h. Cochran la battra l'année suivante.

L'AVIATRICE SUPERSONIQUE
La Française Jacqueline Auriol est l'une des figures de proue de l'aviation féminine d'après-guerre. Elle pose ici devant le Dassault Mirage IIIR à bord duquel elle a atteint la vitesse de 2 039 km/h en 1963.

Les avions à réaction supersoniques

Les avions à turboréacteur concurrencent bientôt les avions à moteur-fusée en matière de vitesse et de plafond. Piloté par George Welch, le prototype du F-86 Sabre franchit le mur du son en piqué dès avril 1948. Le F-100 Super Sabre, testé pour la première fois à la base d'Edwards en 1953, devient le premier chasseur à dépasser la vitesse de Mach 1 en vol horizontal. En 1958, le F-104 Starfighter parvient à 2 260 km/h et évolue à une altitude de 30 500 m. En fait, à la fin des années 1950, des performances bisoniques sont considérées comme normales pour les intercepteurs à la pointe du progrès, non seulement aux États-Unis mais aussi en Union soviétique, en France, avec le Mirage III, et en Grande-Bretagne, avec le P.1 Lightning.

Les turboréacteurs reçoivent bientôt des systèmes de postcombustion qui leur permettent, pour de courtes durées, en injectant du carburant dans leur tuyère, de bénéficier d'une plus grande poussée. De nouvelles cellules sont conçues de manière à réduire la traînée et à optimiser les performances. Le Mirage est doté d'une voilure en delta qui confère à cet avion de petites dimensions une impressionnante surface alaire, et le MiG-21 est un delta pourvu d'une queue. Le F-104, surnommé le « missile piloté », dis-

L'AILE EN DELTA
Un Dassault Mirage III servant au sein de la force aérienne suisse. La configuration delta sans queue, véritable marque de fabrique de Dassault, est l'une des solutions adoptées pour résoudre le problème du vol supersonique. Elle offre les mêmes avantages qu'une voilure en flèche en matière de vitesse, en même temps qu'une portance accrue.

pose, quant à lui, d'ailes de très petites dimensions, d'à peine 2,3 m de l'emplanture à l'extrémité.

La vie n'est guère facile pour les aviateurs appelés à voler sur des machines aussi puissantes et avancées. On estime qu'un pilote de chasse des années 1950 sur quatre a trouvé la mort dans un accident en vol. L'exemple du F-104, un avion qui ne pardonnait aucune faute de pilotage, est caractéristique. Livré à l'Allemagne fédérale, engagée dans le processus de reconstruction de sa force aérienne, il tue une centaine de pilotes en dix ans.

À la fin des années 1950, quelques pilotes d'essai américains et soviétiques triés sur le volet se préparent à vivre une nouvelle aventure, les uns comme astronautes, les autres comme cosmonautes. Tandis que le X-15, depuis la base d'Edwards, poursuit son programme de recherche à la limite de l'espace, atteignant Mach 6,7 et l'altitude de 108 000 m, l'âge héroïque de l'aviation à réaction s'achève. Celui de la conquête spatiale commence.

SIÈGES ÉJECTABLES

Les vitesses élevées qu'atteignent les avions à réaction font du parachute traditionnel une pièce de musée. Tout en développant des appareils de ce type, les Allemands s'intéressent de près aux sièges éjectables dont ils équipent le prototype du chasseur à réaction Heinkel He 280, en 1941. À la fin de la guerre, les Américains, ayant pris l'un de ces équipements, s'en servent pour en réaliser un autre de leur propre conception.

Les pilotes découvrent bientôt que le siège éjectable peut être aussi dangereux qu'il leur est nécessaire. Dès que la poignée d'éjection a été tirée, la verrière est larguée, tandis que le siège quitte l'avion en une demi-seconde, avec une vitesse suffisante pour éviter qu'il ne heurte l'empennage vertical au passage. Une accélération aussi rapide engendre des contraintes énormes sur le corps d'un pilote dont les bras et les jambes peuvent être arrachés au moment de l'éjection, nécessitant par la suite de terribles amputations. Sans doute n'est-il pas étonnant que les aviateurs des années 1950 préfèrent tenter de poser leur avion endommagé ou en panne plutôt que de l'abandonner, même au risque de trouver la mort. Aujourd'hui encore, les pilotes utilisent ce système en dernier ressort, alors même que les sièges Martin-Baker britanniques et Zevzda russes ont atteint un très haut niveau de sécurité. Attacher les bras et les jambes du pilote au siège permet de diminuer les risques de blessures. Enfin, ces dispositifs sont devenus beaucoup plus stables sur le plan aérodynamique.

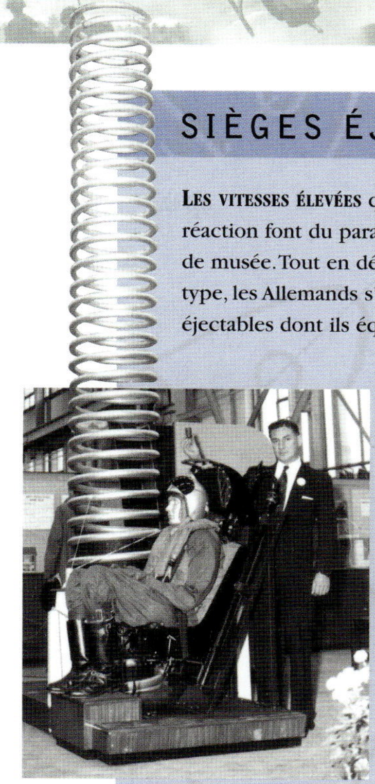

SIMULATION
Un technicien montre une cartouche contenant une charge qui permet d'envoyer dans les airs un siège éjectable, grâce à la pression d'un ressort.

ÉJECTION !
Un membre de l'équipage d'un chasseur s'éjecte lors d'un exercice. Le recours à une telle pratique, eu égard à sa violence, doit être rare.

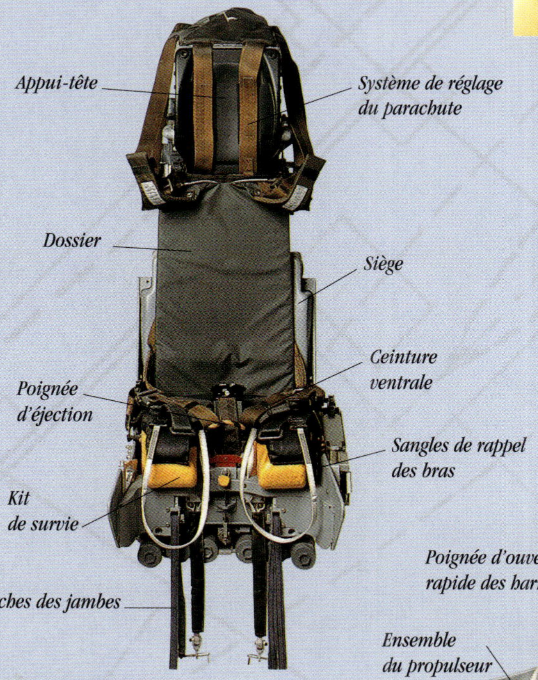

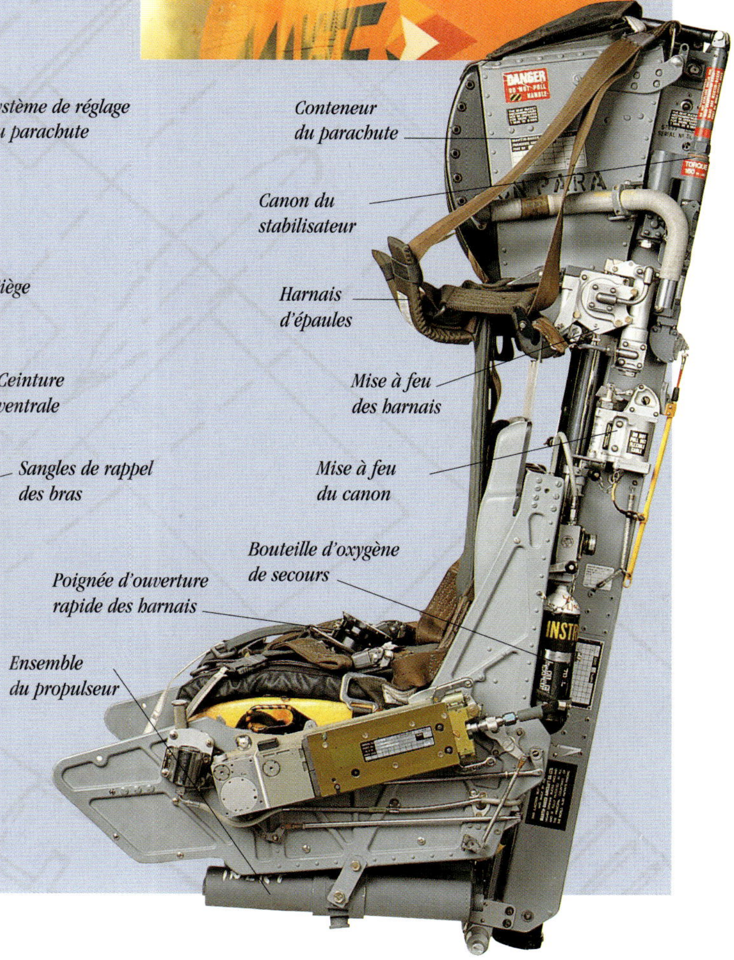

SIÈGE ÉJECTABLE
Siège éjectable Martin-Baker type 10A monté sur le Panavia Tornado. En une demi-seconde, la vitesse atteint 160 km/h.

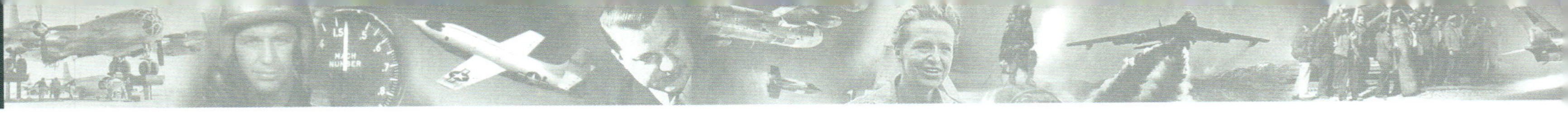

PREMIERS AVIONS DE COMBAT À RÉACTION

Même si les Allemands sont en tête du développement des avions à réaction pendant la guerre (voir pp. 254-255), les Britanniques les talonnent de très près. Après les essais réussis du Gloster E.28/39, ils construisent les premiers Meteor de série, dont quelques-uns volent dès 1945. Utilisant au départ des moteurs britanniques, les Américains réalisent d'abord l'Airacomet, puis le Shooting Star, tandis que les Français conçoivent le SO.6000 Triton. Nombre des premiers chasseurs à réaction ont deux propulseurs, les monoréacteurs affichant un niveau de performances insuffisant. Les avions de combat de l'après-guerre sont caractérisés par des ailes en flèche, une technique copiée sur les Allemands, permettant de réduire la traînée aux vitesses subsoniques. Les ingénieurs savent par ailleurs tirer avantage des progrès accomplis dans la technologie des moteurs dont la poussée a été nettement accrue.

INSPECTION D'UN MIG
Un MiG-15 dont le pilote s'est enfui de Corée du Nord est inspecté par des mécaniciens de l'US Air Force (voir pp. 280-281).

Bell P-59 Airacomet

Les Britanniques partagent leurs connaissances du vol à réaction avec les Américains en juin 1941, quand ils leur livrent un prototype d'une turbine à gaz Whittle. Bell conçoit le biréacteur P-59 qui devient, en octobre 1942, le premier chasseur à réaction américain.

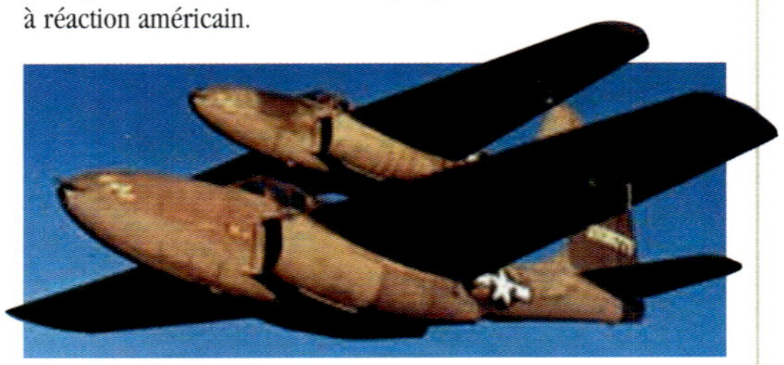

Moteurs 2 réacteurs General Electric J31-GE-3 de 907 kgp	
Envergure 13,9 m	**Longueur** 11,6 m
Vitesse max. 660 km/h	**Équipage** 1
Armement 1 canon M4 de 37 mm, 3 mitrailleuses de 12,7 mm	

Dassault Mystère IVA

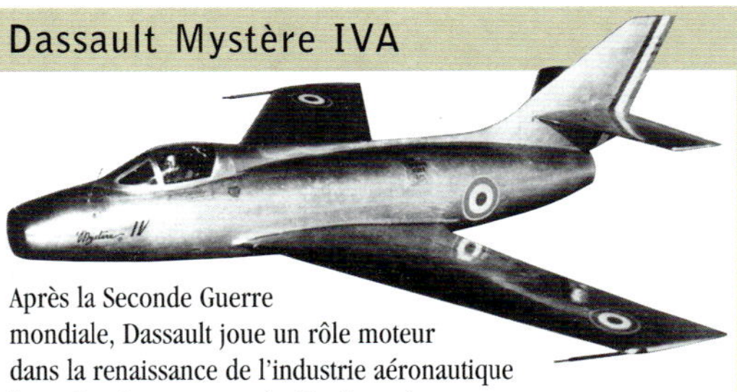

Après la Seconde Guerre mondiale, Dassault joue un rôle moteur dans la renaissance de l'industrie aéronautique française. Le prototype du Mystère vole en septembre 1952, et l'armée de l'air reçoit ses premiers IVA en 1955. L'année suivante, pendant la crise de Suez, des Mystère pilotés par des Français et des Israéliens affrontent l'aviation égyptienne.

Moteur réacteur Hispano-Suiza Tay 250A de 2 855 kgp	
Envergure 11,1 m	**Longueur** 12,9 m
Vitesse max. 1 115 km/h	**Équipage** 1
Armement 2 canons DEFA 551 de 30 mm ; 2 bombes de 450 kg ou 12 roquettes	

de Havilland D.H.100 Vampire

Deuxième chasseur à réaction britannique mis en service, le Vampire arrive trop tard pour participer à la Seconde Guerre mondiale. Son moteur et sa cellule étant conçus par la même société, leur intégration est accomplie, et l'avion, caractérisé par un fuselage bipoutre et une tuyère courte, est rapide et maniable. Il équipe la patrouille de voltige de la RAF.

Moteur réacteur de Havilland Goblin de 1 420 kgp	
Envergure 12,2 m	**Longueur** 9,4 m
Vitesse max. 870 km/h	**Équipage** 1
Armement 4 canons Hispano de 20 mm	

English Electric Canberra B Mk 2

Premier bombardier britannique, le Canberra (ici la version B Mk I) reprend le concept d'avion non armé à hautes performances capable, de cette façon, d'échapper aux intercepteurs ennemis, développé pendant la guerre avec le Mosquito. Mis en service dans la RAF en 1951, le Canberra est utilisé à Suez en 1956. Il est également produit sous licence aux États-Unis en vue d'être employé par l'US Air Force sous la désignation Martin B-57.

Moteurs 2 réacteurs Rolls-Royce Avon 101 de 2 950 kgp	
Envergure 19,5 m	**Longueur** 20 m
Vitesse max. 915 km/h	**Équipage** 3
Armement charge de bombes de 2 720 kg	

Gloster E.28/39

Le projet de construire un avion à réaction britannique devient une réalité en 1940, quand le ministère de l'Air passe commande d'un appareil ayant recours à la turbine à gaz développée par Frank Whittle. Le prototype, désigné E.28/39, effectue son vol initial le 15 mai 1941, ouvrant la voie au Meteor de série.

Moteur réacteur Power Jets W.1 de 390 kgp	
Envergure 8,8 m	**Longueur** 7,6 m
Vitesse max. 750 km/h	**Équipage** 1
Armement aucun	

Gloster Meteor F Mk 8

Le Meteor est le premier chasseur à réaction britannique, la version Meteor I entrant en action en juillet 1944 pour combattre les bombes volantes V1 ou dans des missions d'attaque au sol. Le Meteor F Mk 8 apparaît en 1950, remplaçant le F Mk 4 au sein du Fighter Command. Les Meteor F.8 de la Royal Australian Air Force sont les seuls chasseurs à réaction de conception britannique engagés au combat pendant la guerre de Corée.

Moteurs 2 réacteurs Rolls-Royce de 1 635 kgp
Envergure 11,3 m — **Longueur** 13,5 m
Vitesse max. 960 km/h — **Équipage** 1
Armement 4 canons Hispano de 20 mm

Grumman F9F-2 Panther

Fournisseur traditionnel de l'US Navy en avions de chasse, Grumman fait accomplir son premier vol au Panther, un appareil robuste, en 1947. Les premières machines de ce type sont livrées en 1949 et le Panther est le premier avion de combat américain à réaction engagé en Corée, principalement dans des missions d'attaque au sol.

Moteur réacteur Pratt & Whitney J42-2 de 2 270 kgp
Envergure 11,6 m — **Longueur** 11,4 m
Vitesse max. 925 km/h — **Équipage** 1
Armement 4 canons M3 de 20 mm ; charge de bombes de 907 kg

Iliouchine Il-28 « Beagle »

L'un des premiers bombardiers à réaction soviétiques, l'Il-28 entre en service en 1950. Propulsé par des réacteurs dérivés du Rolls-Royce britannique qui équipe le MiG-15, cet appareil reste dans l'ombre pendant des années, mais au moins 10 000 exemplaires en sont produits. Ils équipent les forces aériennes du pacte de Varsovie jusqu'en 1970 et servent notamment au torpillage et à la reconnaissance.

Moteurs 2 réacteurs Klimov VK-1 de 2 700 kgp
Envergure 21,5 m — **Longueur** 17,7 m
Vitesse max. 900 km/h — **Équipage** 3
Armement 2 canons de 23 mm de nez, 2 canons de 23 mm de queue ; charge de bombes de 3 000 kg

Lockheed P-80A Shooting Star

Premier chasseur à réaction américain opérationnel, le P-80 arrive trop tard en Europe pour participer à la Seconde Guerre mondiale. Conçu autour du réacteur de Havilland Goblin, il est équipé par la suite d'un moteur américain. Renommé F-80, il sert notamment pendant la guerre de Corée.

Moteur réacteur Allison J33-9 de 2 090 kgp
Envergure 11,9 m — **Longueur** 10,5 m
Vitesse max. 900 km/h — **Équipage** 1
Armement 6 mitrailleuses de 12,7 mm

McDonnell F2H-2 Banshee

L'US Navy passe commande de son premier chasseur à réaction à la nouvelle firme McDonnell en 1944, Douglas étant trop occupé à fabriquer des avions à moteurs à pistons. Ainsi apparaît le FH-1 Phantom qui, livré en 1945, se révèle sous-motorisé et sert finalement à l'entraînement. Avec des réacteurs améliorés, cette machine donne naissance au F2H Banshee, dont les livraisons commencent en mars 1949, battant le Grumman Panther de quelques mois. Le Banshee est employé en Corée comme chasseur-bombardier.

Moteurs 2 réacteurs Westinghouse de 1 474 kgp
Envergure 13,7 m — **Longueur** 12,2 m
Vitesse max. 855 km/h — **Équipage** 1
Armement 4 canons de 20 mm ; charge de bombes de 1 315 kg

Saab.29 Tunnan

Connu sous le surnom de « Tunnan », en raison de sa forme de tonneau, le Saab.29 est le premier chasseur à ailes en flèche produit en Europe occidentale au lendemain de la Seconde Guerre mondiale. Entré en service en 1951, il y demeure jusqu'en 1976 et bat plusieurs records de vitesse pendant les années 1950. Il est le seul avion suédois engagé au combat, à l'occasion de la crise du Congo belge de 1961, où 6 J.29B des Nations unies détruisent la force aérienne katangaise.

Moteur réacteur Svenska Flygmotor de 2 270 kgp
Envergure 11 m — **Longueur** 10,1 m
Vitesse max. 1 060 km/h — **Équipage** 1
Armement 4 canons de 20 mm ; charge de bombes de 990 kg

North American F-86A Sabre

Deuxième avion à réaction issu de North American, le Sabre, conçu en 1944, est influencé par la technologie allemande, comme le montrent ses ailes en flèche. En 1948, un F-86 dépasse la vitesse du son en piqué. En novembre 1950, quelques mois après le début de la guerre de Corée, les Américains se rendent compte que leurs appareils à réaction sont surclassés par les MiG-15 soviétiques. Aussi envoient-ils sur place des unités de Sabre à peine opérationnelles. Bien qu'inférieur au MiG-15, le Sabre, grâce à l'entraînement supérieur de ses pilotes, acquiert la maîtrise de l'air sur ce théâtre.

Moteur réacteur General Electric J47-GE-13 de 2 725 kgp
Envergure 11,3 m — **Longueur** 11,2 m
Vitesse max. 1 085 km/h — **Équipage** 1
Armement 6 mitrailleuses de 12,7 mm ; 2 bombes de 454 kg

Yakovlev Yak-15

En février 1945, les avionneurs soviétiques reçoivent pour instruction de développer des avions de chasse à réaction, mais aucun moteur de ce type n'est alors disponible. Comme l'armée rouge a pris des réacteurs allemands, Yakovlev remplace le moteur à pistons qui équipe le Yak-3 par l'un de ces engins et crée le Yak-15, de construction entièrement métallique.

Moteur réacteur RD-10 de 900 kgp
Envergure 9,2 m — **Longueur** 8,7 m
Vitesse max. 805 km/h — **Équipage** 1
Armement 2 canons de 23 mm

« Les ailes en flèche donnent une impression de vitesse, le fuselage poli, propre et brillant, les huit gros moteurs, de puissance et de pure efficacité fonctionnelle [...] Deux bombes thermonucléaires sont installées [dans la soute]. »

Peter George,
dans *Docteur Folamour*,
de Stanley Kubrick, 1964

LES COMBATTANTS DE LA GUERRE FROIDE

DEPUIS LA FIN DE LA SECONDE GUERRE MONDIALE, LES FORCES ARMÉES NUCLÉAIRES SE PRÉPARENT INTENSIVEMENT À UNE HYPOTHÉTIQUE TROISIÈME GUERRE MONDIALE.

Au plus fort de la guerre froide, de jour comme de nuit, environ 600 bombardiers américains porteurs de l'arme nucléaire se tiennent en alerte, réservoirs pleins, dispersés sur les bases du territoire des États-Unis ou de pays alliés. À proximité des avions, les équipages veillent en étudiant les rapports météo et les détails de la mission, en jouant aux cartes ou en regardant des films, théoriquement prêts à décoller à tout moment, dans les quinze minutes qui suivent l'ordre, avant que leur base ne soit anéantie par une attaque surprise des Soviétiques. Pour plus de sûreté, une force estimée entre douze et soixante-dix bombardiers nucléaires survole en permanence l'Atlantique ; les patrouilles parcourent 16 000 km et peuvent mettre le cap sur l'Union soviétique, si les événements l'exigent. Si l'alerte est confirmée, les B-52 ou les B-47 doivent voler bas, sous la couverture radar soviétique, en suivant le relief au plus près pour porter leur arme de destruction massive. C'est l'univers du Docteur Folamour, l'antihéros du cinéaste Stanley Kubrick, et de la « destruction mutuelle garantie », dans lequel le seul moyen rationnel de maintenir la paix consiste à entretenir une authentique menace d'annihilation instantanée. Les aviateurs sont les agents de cette éventuelle apocalypse.

Le largage des bombes atomiques sur Hiroshima et Nagasaki en 1945 a ouvert une nouvelle ère de la guerre dans

LOCKHEED U-2R
L'avion de reconnaissance à haute altitude Lockheed U-2 est un avion espion conçu pour survoler l'URSS pendant la guerre froide. Son altitude doit le mettre hors de portée des intercepteurs et des missiles soviétiques, mais deux appareils sont abattus dans les années 1960.

les airs. Dans les années 1950, les deux camps de la guerre froide possèdent « la bombe ». La mission principale dévolue aux forces aériennes de l'Est et de l'Ouest, de part et d'autre du rideau de fer, consiste à anticiper et intercepter une attaque nucléaire ennemie et à pénétrer les défenses aériennes adverses afin de porter à leur tour une attaque nucléaire. En 1948, l'US Air Force (USAF), indépendante, est créée pour remplacer les US Army Air Forces (USAAF). Au sein de cette armée, le Strategic Air Command (SAC) est institué et organisé pour gérer l'arme nucléaire, compte tenu de son importance.

Jusqu'au début des années 1960, c'est-à-dire avant l'introduction des missiles balistiques intercontinentaux (ICBM) et des satellites d'observation, la mission nucléaire est presque exclusivement confiée aux aviateurs. Des avions espions volant à très haute altitude surveillent les activités militaires de l'ennemi et prennent des photos de cibles potentielles et d'installations de défense aérienne. Des intercepteurs à réaction de pointe sont en alerte, prêts à s'élancer au-devant des bombardiers détectés. Ils sont dirigés par une chaîne de stations de radars d'alerte avancée, s'étendant du nord du Canada et du Groenland jusqu'en Grande-Bretagne ; elles fournissent des informations aux salles de contrôle enterrées. Cet ensemble est survolé par les bombardiers stratégiques. Les théoriciens de la guerre aérienne des années 1920 et 1930, qui ont vu dans les bombardiers une arme invincible capable de gagner une guerre à elle seule, semblent avoir été quelque peu contredits par le déroulement de la Seconde Guerre mondiale. Mais à l'âge de l'atome, et dans des circonstances imprévues, on doit reconnaître qu'ils avaient vu juste. Désormais, une force nucléaire peut, en principe, frapper avec assez de force pour mettre fin à un conflit en

DÉCOLLAGE ASSISTÉ

Un bombardier à réaction Boeing B-47 décolle avec l'aide de fusées. Cet appareil a besoin d'un supplément de poussée pour enlever sa charge de bombes et de carburant. Malgré son autonomie limitée, le ravitaillement en vol en fait un bombardier nucléaire intercontinental crédible.

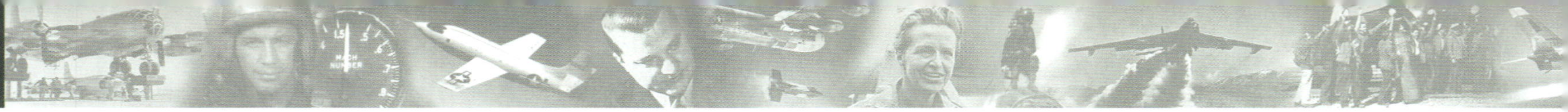

quelques jours : à eux seuls, quelques bombardiers sont, en effet, capables de traverser les défenses et de frapper avec une puissance destructrice suffisante.

Mais si, dès le début de la guerre froide, l'essentiel des dépenses militaires et des programmes des forces aériennes se porte sur la capacité nucléaire offensive et défensive, d'autres obligations sont confiées à l'aviation militaire et à ses équipages au fur et à mesure de l'apparition de crises et de conflits localisés classiques. La première de ces crises est le pont aérien de Berlin en 1948-1949 ; les transports aériens américain, britannique et français, déjà très sollicités, se retrouvent alors sous les feux de l'actualité, à une place occupée jusque-là par les chasseurs et les bombardiers.

TIMBRE SOUVENIR
Timbre émis par l'Allemagne fédérale, célébrant le pont aérien qui assura le ravitaillement de Berlin en vivres et en charbon durant l'hiver 1948-1949. Quelques années auparavant, les avions alliés avaient bombardé la ville.

Le pont aérien

Le pont aérien de Berlin est la plus grande opération de ravitaillement de l'histoire de l'aviation. Il a pour origine le partage a priori provisoire de l'Allemagne vaincue et de sa capitale en ruines, Berlin, entre les Alliés. Cette situation laisse aux puissances occidentales le contrôle de trois secteurs de Berlin, ville très profondément enclavée dans la zone d'occupation soviétique qui deviendra, plus tard, l'Allemagne de l'Est. Durant l'été 1948, les Soviétiques, qui entendent prendre le contrôle de la totalité de la capitale allemande, bloquent les corridors terrestres qui relient la ville à l'Allemagne de l'Ouest. La coupure de ce cordon ombilical signifie que les quelque 2,5 millions d'habitants de Berlin-Ouest, ne seront plus ravitaillés en nourriture et en charbon, jusqu'à acceptation de la férule communiste et le retrait des puissances occidentales. Or les Berlinois ont besoin de 4 500 tonnes de nourriture et de charbon par jour pour survivre en hiver. Lorsque le pont aérien commence, l'USAF dispose en Europe de 102 C-47 susceptibles chacun d'emporter 3 tonnes de fret : mathématiquement, la mise sur pied d'un pont aérien ne peut être que symbolique. Le gouverneur militaire américain en poste en Allemagne, le général Lucius Clay, affirme que le seul fait d'essayer le ferait passer pour « le type le plus cinglé du monde ». Mais le pont aérien se met en place peu à peu. Des C-54 Skymaster quadrimoteurs capables de transporter 10 tonnes de fret arrivent de régions aussi éloignées que l'Alaska ou Hawaii pour prêter main forte. S'y ajoutent les hydravions

« Le bruit des moteurs est une musique à nos oreilles. »

Un Berlinois anonyme
À L'ÉPOQUE DU PONT AÉRIEN

Sunderland de la RAF, qui se posent sur les eaux du lac Havel à Berlin, divers avions britanniques et même des Junkers 52 allemands récupérés par les Français.

De nouvelles pistes sont ouvertes à Tempelhof et Gatow pour absorber le surcroît de trafic. En septembre, le pont aérien dépasse confortablement ses objectifs minimaux. Mais, avec l'arrivée de l'hiver, les pilotes sont confrontés au mieux aux nuages bas et à la pluie, au pire au brouillard, au verglas et à la neige. Sous l'énorme pression déclenchée par ce blocus, alors que l'avenir des Berlinois dépend du succès ou de l'échec du pont aérien, le contrôle du trafic aérien, le vol aux instruments et l'organisation de la logistique deviennent des actes d'héroïsme. Le risque de feu ennemi est pratiquement nul – les Soviétiques ne feront pas de tentatives sérieuses pour intervenir –, mais conserver des vols très rapprochés est une prise de risque élevée. Au total, cinquante-quatre aviateurs alliés trouvent la mort lors du pont aérien. Contenir les pertes à ce niveau exige une discipline des plus rigoureuse de la part de tout navigant, contrôleur aérien et « rampant » chargés de maintenir les moyens totalement opérationnels.

FIN DU BLOCUS

Ces acclamations saluent en mai 1949 l'annonce de la levée du blocus de Berlin par les Soviétiques. Mais le pont aérien se poursuivra jusqu'à ce que les stocks aient atteint un niveau normal, soit jusqu'en septembre.

En février 1949, le pont aérien des Alliés (*Combined Airlift Task*) achemine 8 000 tonnes de marchandises par jour. Les Soviétiques comprennent que leur complot a échoué et lèvent le blocus terrestre en mai. Le pont aérien se poursuit jusqu'en septembre. À cette date, 277 000 mouvements d'avions sont enregistrés.

Dix mois après la fin du blocus de Berlin, une nouvelle crise de la guerre froide survient en Asie, quand la Corée du Nord communiste envahit la Corée du Sud. Une coalition, dirigée par les États-Unis et placée sous la bannière de l'ONU, intervient pour contenir l'agression. Les Chinois se joignent très tôt aux Nord-Coréens et des « volontaires » soviétiques pilotent des appareils de la force aérienne nord-coréenne. Si le conflit coréen est une véritable guerre, sans aucune ambiguïté, elle partage avec la crise de Berlin cette spécificité de l'affrontement aérien durant la guerre froide : le respect de règles tend à empêcher l'escalade vers la guerre proprement dite entre les grandes puissances. En Allemagne, les Soviétiques n'utilisent pas leurs chasseurs, ni leurs moyens antiaériens contre les appareils de transport alliés. En Corée, non seulement les Américains renoncent à employer l'arme atomique, mais ils interdisent à leurs pilotes d'attaquer les bases aériennes situées en territoire chinois d'où décollent les chasseurs ennemis.

LE SAUVEUR DU CIEL

Des enfants juchés sur un tas de ruines à Berlin-Ouest acclament un Douglas C-47 au début du pont aérien. Les C-47, qui ne peuvent transporter un tonnage suffisant pour ravitailler la ville, sont vite remplacés par les quadrimoteurs C-54 Skymaster.

La guerre de Corée

La première étape de l'engagement américain dans cette guerre représente une démonstration classique de l'importance de la puissance aérienne sur le champ de bataille moderne. L'avance des Nord-Coréens sur le terrain est d'abord arrêtée puis en partie repoussée

LE GÉANT LIVREUR

Des personnels de l'USAF et des civils déchargent une cargaison de farine de la soute d'un Douglas C-74 Globemaster à l'aéroport de Gatow, à Berlin.

COUP DE SABRE
Un chasseur North American F-86 Sabre tire en piqué des roquettes sur des cibles sur les champs de tir de Nellis, au Nevada, vers 1953. Les Sabre ne sont pas encore équipés de roquettes ni de missiles lorsqu'ils affrontent les MiG en Corée. Comme lors de la précédente guerre, les combats aériens sont livrés au canon, alors que les vitesses permises par les turboréacteurs sont très supérieures.

FRANCIS « GABBY » GABRESKI

FRANCIS « GABBY » GABRESKI (1919-2002) est l'un des sept pilotes ayant obtenu la distinction d'as à la fois lors de la Seconde Guerre mondiale et en Corée. Né dans une petite ville de Pennsylvanie, fils d'immigrés polonais, le jeune Gabreski se passionne pour le pilotage en 1932 quand il a l'occasion de voir James Doolittle disputer le Thompson Trophy avec le Geebee Sportster. En 1940, il s'engage dans l'Army Air Corps. Maladroit et nerveux, il est pratiquement refusé à l'école de pilotage, mais il se qualifie in extremis lors du contrôle de la dernière chance.

Transféré en Europe, il combat au sein d'un escadron polonais de la RAF avant de rejoindre le 56e groupe de chasse de l'USAF. Aux commandes de chasseurs P-47 Thunderbolt, il signe vingt-huit victoires avant d'être descendu et fait prisonnier à l'été 1944.

Gabreski a plus de 30 ans lorsque la guerre de Corée éclate. C'est l'occasion pour lui d'entamer une seconde carrière de pilote de chasse. Commandant le 51e Fighter-Interceptor Wing à Suwon, il est crédité de six MiG et demi abattus (dont un partagé avec un autre pilote). Comme beaucoup d'autres pilotes de la Seconde Guerre mondiale, Gabreski ne s'adapte pas aux techniques modernes comme les viseurs contrôlés par radar. Grand consommateur de chewing-gum, il engage le combat après avoir collé un morceau de gomme sur le pare-brise de son Sabre pour matérialiser sa ligne de mire. Son habileté naturelle a été son atout permanent.

DOUBLE AS
Gabreski sera invité à la Maison-Blanche, et, pourtant, il ne se départira jamais de son caractère de petit provincial passionné d'aviation.

grâce aux effets dévastateurs des attaques des bombardiers et des chasseurs-bombardiers employés en soutien rapproché et lors de missions d'interdiction. Les avions utilisés datent en majorité de la Seconde Guerre mondiale : Mustang pour l'attaque au sol, Corsair de l'US Navy opérant à partir des porte-avions, bombardiers B-26 et B-29 engagés aux côtés des F-80 Shooting Star à réaction pratiquement aussi âgés. En l'absence de toute opposition sérieuse, ces appareils bien maîtrisés occupent le ciel, mais quand la Chine intervient dans le conflit, elle introduit le MiG-15, avion à la pointe de la technique. La Corée devient alors le théâtre du premier conflit de l'ère du turboréacteur.

Jets contre jets

En novembre 1950, le lieutenant américain Russell J. Brown, aux commandes d'un F-80, abat un MiG-15 chinois : c'est la première victoire d'un avion à réaction sur un autre. Opérant à partir de bases intouchables, autour d'Andong, en Mandchourie chinoise, les MiG commencent à intercepter les bombardiers américains en mission et menacent la supériorité aérienne dont les Américains avaient bénéficié jusque-là. En décembre 1950, les États-Unis engagent le F-84 Thunderjet comme avion d'attaque au sol, et leur plus récent chasseur, le F-86 Sabre, face aux MiG. Les Sabre sont déployés lors de missions offensives pour attirer les chasseurs communistes au-dessus du fleuve Yalu, dans le nord-ouest de la Corée, et les empêcher d'intercepter les opérations de bombardement menées plus au sud.

Le conflit coréen présente de curieuses similitudes avec la Première Guerre mondiale. Comme sur le front occidental entre 1914 et 1918, le rôle principal de la force aérienne consiste à supporter les troupes au sol engagées dans une désespérante guerre d'usure. Une fois encore, les pilotes de chasse qui se battent pour la supériorité aérienne font les gros titres des journaux. Le duel entre les MiG-15 et les Sabre dans « l'allée des MiG », au-dessus du Yalu, entre dans la légende de la guerre aérienne au moment même où il se déroule.

Les noms des pilotes de MiG sont inconnus. Ces avions opèrent généralement en formations de plus de cinquante appareils. Les pilotes de Sabre, beaucoup moins nombreux, constituent une élite très consciente de son importance, agressive et impatiente de combattre, avec un goût affirmé de la compétition. Jamais depuis la Grande Guerre, le titre d'as – titulaire des fameuses cinq victoires – n'a revêtu une telle importance. Alors qu'il vient de signer sa cinquième victoire, le pilote Frederick « Boots » Blesse raconte qu'il a fait une prière : « Seigneur, si vous devez me rappeler à vous quand je survole cette zone, ne le faites pas aujourd'hui. Laissez-moi rentrer pour pouvoir dire à quelqu'un que j'ai eu le cinquième. » La concurrence pour le nombre de victoires n'existe pas seulement entre les pilotes, mais aussi entre les deux formations équipées de Sabre, les 4e et 51e groupes de chasse.

De nombreux pilotes américains sont des vétérans de la Seconde Guerre mondiale ; or, en 1941-1945, ils auraient été considérés comme trop vieux pour voler – l'âge moyen des pilotes en Corée étant d'environ 30 ans. L'as des as, le capitaine Joseph McConnell, correspond au profil du navigant classique de la guerre de Corée : 30 ans et ancien de la Seconde Guerre mondiale (quoique, à l'époque, navigateur sur B-24). Des as comme James Jabara et « Gabby » Gabreski sont d'anciens pilotes de chasse. Ils sont aussi impatients d'améliorer leur palmarès que les pilotes plus jeunes sont désireux de faire parler d'eux. Ils doivent effectuer

INTERVENTION RAPIDE
Des troupes de l'US Marine Corps sont déposées par un hélicoptère de transport Piasecki HRP-1 à deux rotors en tandem lors de la guerre de Corée. Le HRP-1, qui effectue son premier vol en 1947, est surnommé « la banane volante » en raison de la forme de son fuselage.

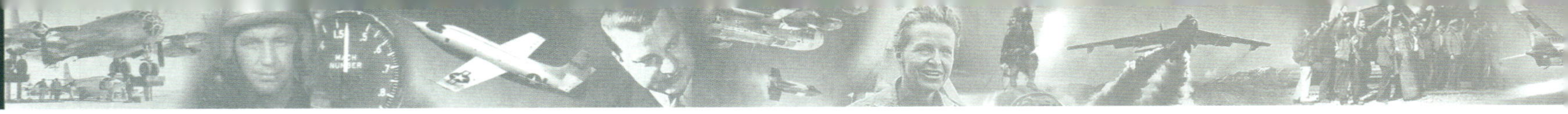

au maximum 100 missions pour démontrer leurs qualités avant d'être renvoyés aux États-Unis.

L'allée des MiG

Dans l'allée des MiG s'affrontent deux chasseurs à réaction de conception très comparable : le MiG et le Sabre. Mais les hommes qui les pilotent se distinguent par le type tactique et le style de combat, radicalement différents.

Le MiG-15 a un gros avantage : il peut évoluer à haute altitude. Volant à plus de 14 000 m et un peu au-dessous de Mach 1, les MiG-15 sont en fait hors de portée des Sabre. S'ils se maintiennent à cette altitude, ce qui est souvent le cas, les Sabre ne peuvent pas les engager. Lorsque les pilotes de MiG font preuve d'une plus grande agressivité, une partie d'entre eux quitte la formation et pique sur les Sabre en patrouille bien plus bas. Ils tentent des passes de tir sur les Américains avant d'effectuer une ressource et de mettre à profit leur taux de montée supérieur pour échapper à toute poursuite. Cette tactique est appelée par les Américains le *yo-yo*. Le *zoom and sun* en est une autre : les MiG jaillissent alors du soleil et repartent en montant dans sa direction.

Les pilotes de Sabre disposent d'un avion plus rapide que le MiG en palier et nettement plus efficace à des altitudes plus basses. S'ils peuvent engager un MiG en combat tournoyant, ils ont de fortes chances de vaincre. L'une des tactiques effectivement employées est le *jet stream* : seize Sabre abordent l'allée des MiG par sections de quatre à quelques minutes d'intervalle ; si les MiG sont tentés de piquer sur l'une des sections, les autres se précipitent pour contre-attaquer.

Les Sabre opèrent dans des conditions nettement désavantageuses du fait qu'ils se retrouvent très loin de leur base. Même avec des réservoirs supplémentaires, ils n'ont pas plus de vingt minutes d'autonomie en combat. Les MiG ne sont jamais à plus de quelques minutes de vol de leur base, située au-delà de la frontière chinoise. Les Sabre sont aussi constamment surclassés en nombre, combattant généralement à un contre trois ou quatre MiG. Mais ils prennent indiscutablement le dessus. Selon certaines estimations, 792 MiG ont été détruits en combat aérien contre 78 Sabre abattus, soit un rapport de 10 pour 1.

Le facteur clé est la formation des pilotes. Du côté soviétique, on compte d'excellents pilotes, mais ils sont très nettement minoritaires. La plupart des pilotes communistes, très bien formés au respect des consignes, manquent d'initiative ou d'agressivité au point de commettre des erreurs élémentaires en combat aérien. Les pilotes américains, quant à eux, ont envie de combattre, et nombreux sont ceux qui s'efforcent pendant des mois, sinon des années, de se faire muter d'un poste paisible aux États-Unis ou en Europe sur le front coréen. Manifestement, ils ont tous l'étoffe nécessaire, sinon plus, ce qui s'avère déterminant.

Le Mikoyan-Gourevitch MiG-15

« Ce chasseur était une voiture de course [...] un avion de toute première classe. »

Lieutenant-colonel Bruce Hinton,
premier pilote de Sabre vainqueur d'un MiG-15

Le MiG-15 est issu du bureau d'études soviétique dirigé par Artyem Mikoyan et Mikhaïl Gourevitch. L'avion vole pour la première fois en décembre 1947, deux mois après le premier vol du F-86 Sabre américain. Ces deux avions sont destinés à devenir les acteurs principaux de la lutte pour la suprématie aérienne au cours de la guerre de Corée (1950-1953). Si le Sabre et le MiG-15 se ressemblent au niveau de l'architecture générale avec leur voilure en flèche, ils diffèrent dans leur emploi. Le Sabre est un chasseur de supériorité aérienne, le MiG-15 est d'abord un intercepteur. Ce dernier est produit initialement pour défendre l'Union soviétique contre la menace de flottes de bombardiers américains pénétrant dans l'espace aérien soviétique à haute altitude. Ses concepteurs créent donc un avion capable d'atteindre un plafond pratique de 15 500 m avec un taux de montée de 2 750 m/min. Ils l'arment de canons lourds, préférables aux mitrailleuses pour détruire un bombardier, mais moins efficaces en combat aérien pur.

Les pilotes américains en Corée sont déçus de constater que les MiG-15 ont une marge de 900 m/min en montée sur leurs Sabre. De plus, les MiG-15 peuvent opérer à des altitudes que les Sabre sont incapables d'atteindre. Lorsqu'un pilote nord-coréen déserte avec un MiG-15 en 1953, c'est Chuck Yeager lui-même (premier homme à franchir le mur du son) qui ramène le MiG au Japon pour l'examiner. Il n'y trouve rien de révolutionnaire, seulement un avion agile, robuste, bien conçu et doté d'un moteur suffisamment puissant. L'as de la guerre de Corée, le capitaine James Jabara, constate aussi que le MiG-15 n'a rien de spécial et conclut : « Le F-86 est le meilleur chasseur à réaction du monde, suivi par le MiG. »

Caractéristiques

Moteur turboréacteur Klimov VK/1FA	
Envergure 9,6 m	
Longueur 11,3 m	
Poids 4 182kg	
Vitesse max. 1 074 km/h	**Équipage** 1
Armement 2 canons de 23 mm et 1 canon de 37 mm ; plus bombes ou roquettes non guidées	

VOL D'ESSAI
Une équipe de l'US Air Force procède au contrôle final d'un MiG-15 de fabrication russe avant un vol d'évaluation (à Okinawa en 1953). Cet avion est tombé aux mains des Américains grâce à un pilote nord-coréen déserteur.

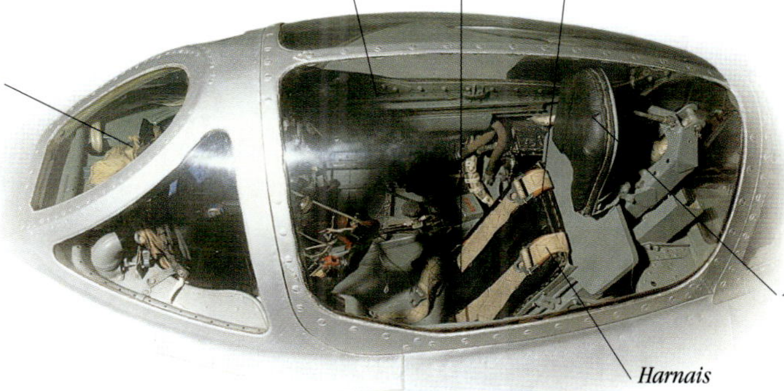

UNE IDÉE SIMPLE
Contrairement aux préférences américaines pour les chasseurs de pointe et les technologies complexes, les planificateurs de l'aviation soviétique privilégient les appareils simples produits en série. Le MiG-15 reflète cette philosophie par la simplicité de ses équipements embarqués.

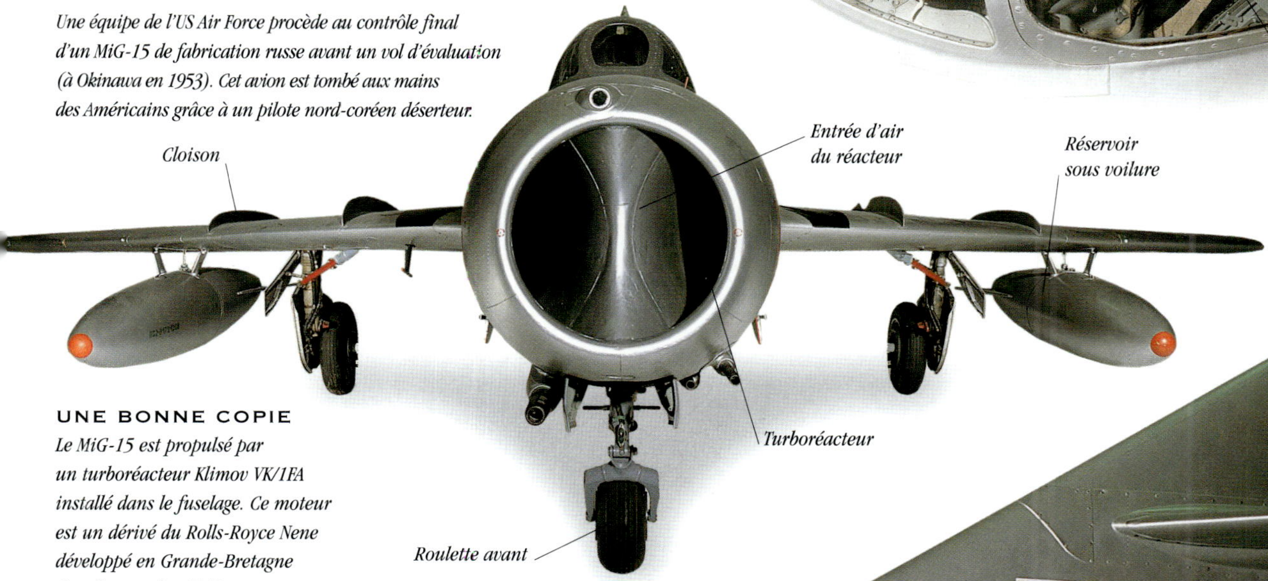

UNE BONNE COPIE
Le MiG-15 est propulsé par un turboréacteur Klimov VK/1FA installé dans le fuselage. Ce moteur est un dérivé du Rolls-Royce Nene développé en Grande-Bretagne dans les années 1940.

UN CHAMPION
Les pilotes américains sont impressionnés lorsqu'ils rencontrent pour la première fois le MiG-15 en Corée. Ses performances sont excellentes grâce à ses lignes pures, ses ailes à 35° en flèche et son puissant moteur logé dans le fuselage.

CHASSEUR DU PEUPLE
Le MiG-15 (ici une version d'entraînement) est le premier chasseur « du peuple soviétique » à voilure en flèche produit en grand nombre. Plusieurs milliers d'exemplaires en seront construits en Russie, mais aussi en Pologne et en Tchécoslovaquie.

Les hélicoptères militaires

Les combats entre chasseurs à réaction ne constituent pas la seule nouveauté de la guerre de Corée : l'extension de l'emploi de l'hélicoptère au cours de ce conflit en constitue une autre. Ces appareils ne sont pas utilisés à des fins offensives, mais ils se révèlent très vite indispensables, notamment en évacuant les blessés depuis le champ de bataille même. Les Sikorsky H-5, Bell H-13 et Hiller H-23 transportent les blessés dans des civières fixées aux flancs du fuselage. Soignés dans les plus brefs délais par les Mobile Army Surgical Hospitals (MASH, hôpitaux de campagne), les blessés voient leurs chances de survie considérablement augmenter. Beaucoup peuvent remercier les hélicoptères de leur avoir sauvé la vie. Nombreux aussi sont les aviateurs abattus qui doivent aux hélicoptères leur sauvetage, aux HO3S de l'US Navy et aux H-5 et H-19 de l'USAF qui assurent les missions de récupération dans les zones de combat, derrière les lignes communistes ou en mer.

Ces missions sanitaires ne représentent pas les seules utilisations de l'hélicoptère. Les appareils de transport H-19 acheminent des troupes et du matériel ; les hélicoptères servent aussi de postes de commandement volant, ainsi qu'à l'observation du champ de bataille.

Tandis que les Américains tirent parti de l'hélicoptère dans le cadre du combat classique, les Britanniques engagent une version du Sikorsky H-5, le Dragonfly, dans des opérations contre la guérilla communiste en Malaisie, préfigurant le rôle important que l'hélicoptère jouera en Algérie et au Vietnam.

La guerre de Corée, qui s'achève en 1953 par un cessez-le-feu, laisse le pays divisé comme avant le début du conflit. Le constat tiré de cette « guerre limitée » semble être que les forces aériennes, empê-

NAISSANCE DE L'HÉLICOPTÈRE

Le constructeur d'hélicoptères Igor Sikorsky a déclaré que « le concept d'un véhicule capable de se soulever verticalement et de se sustenter dans l'air sans avancer est probablement né en même temps que le rêve de voler chez l'homme ». Sikorsky fut, en 1908, l'un des premiers à s'intéresser à cette machine d'une complexité qui fut longtemps sous-estimée. Ce n'est qu'en 1924 que l'ingénieur français Étienne Oehmichen, aidé par Peugeot, réussit le premier à boucler un premier kilomètre en circuit fermé avec son hélicoptère n° 2. Mais il faut attendre encore des années avant de réaliser des vols soutenus et pilotés au moyen d'une voilure tournante.

Parmi tous les problèmes rencontrés par les concepteurs d'hélicoptères, le plus difficile à résoudre concerne le pilotage. Premièrement, le couple généré par les pales en rotation, équivalant aux ailes d'un avion, fait automatiquement pivoter l'hélicoptère dans le sens opposé à la rotation. En 1912, le chercheur russe Boris Youriev démontre que le couple peut être équilibré par une petite hélice verticale à la queue, mais ses travaux restent largement ignorés.

Même si l'hélicoptère ne tourne pas comme une toupie, il est difficile de concevoir comment on peut le faire monter et descendre, avancer et reculer, changer de direction et voler en stationnaire. Des avancées décisives en la matière sont réalisées par l'ingénieur argentin Raul Pateras de Pescara qui étudie la façon de faire varier cycliquement le pas de chaque pale, de telle sorte que l'hélicoptère peut être piloté dans toutes les directions. Ce « contrôle cyclique » permet de se diriger vers l'avant ou l'arrière, vers la gauche ou la droite.

Dans les années 1920, d'autres progrès dans le domaine des rotors sont dus à une invention de l'ingénieur espagnol Juan de La Cierva, l'autogire. Comme un avion, l'autogire est entraîné par une hélice, mais la sustentation est assurée par un rotor mis en rotation par le déplacement de l'appareil. Pour réaliser cet hybride, La Cierva a étudié à fond toutes les caractéristiques des rotors. La réussite de ses machines donne une nouvelle impulsion aux recherches dans le domaine des hélicoptères.

Dans la seconde moitié des années 1930, des chercheurs français, italiens, allemands et américains s'efforcent de produire un hélicoptère pratique. Outre les revendications des Français Dorand et Breguet, Heinrich Focke est généralement crédité du premier succès dans ce domaine avec son Fa.61 de 1936. Aux États-Unis, en 1939, Sikorsky reprend les expériences qu'il avait abandonnées quelque trente ans auparavant et réalise le VS-300. La production industrielle des hélicoptères démarre au cours de la Seconde Guerre mondiale.

Pour le grand public, Sikorsky est l'inventeur de l'hélicoptère. Son grand rêve avait été de voir l'hélicoptère remplacer l'automobile devant chaque maison américaine. Certes, cela ne s'est pas réalisé, mais les multiples applications des appareils à voilure tournante sont loin d'être décevantes.

LE PIONNIER OUBLIÉ

En novembre 1907, le Français Paul Cornu affirme sans preuve avoir réussi à s'élever du sol pendant quelques secondes avec son hélicoptère à deux rotors. Un moteur de 24 ch entraîne par courroie deux roues de bicyclette horizontales munies de palettes.

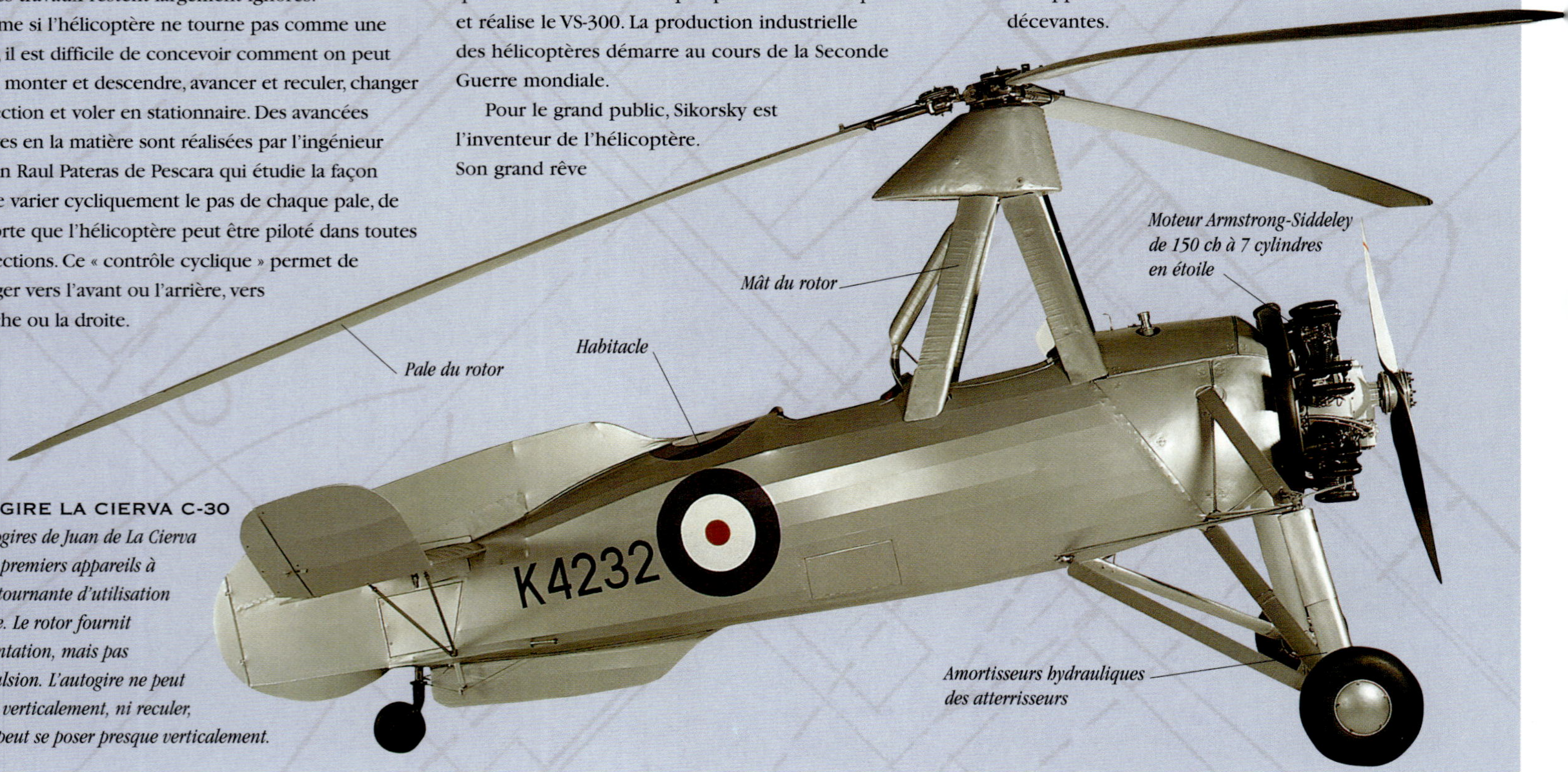

AUTOGIRE LA CIERVA C-30

Les autogires de Juan de La Cierva sont les premiers appareils à voilure tournante d'utilisation pratique. Le rotor fournit la sustentation, mais pas la propulsion. L'autogire ne peut décoller verticalement, ni reculer, mais il peut se poser presque verticalement.

LES PREMIERS HÉLICOPTÈRES

Vers la fin des années 1930, le constructeur allemand Heinrich Focke, cofondateur de la firme Focke-Wulf, est en tête dans le domaine du développement des hélicoptères. Ses appareils sont produits à des fins militaires au cours de la Seconde Guerre mondiale, mais peu d'appareils sont mis en service. Parallèlement, le VS-300 expérimental monorotor de Sikorsky mène au R-4 Hoverfly, produit pour l'US Army en 1942. Contrairement à son homologue allemand, le R-4 a l'occasion de prouver son utilité au combat. La société Bell aborde aussi l'hélicoptère pendant la guerre, et, en 1946, le très réussi Bell 47 devient le premier hélicoptère certifié pour un usage civil. Au début des années 1950, on compte quelque trente types d'hélicoptères en service comprenant des variantes du type Sikorsky de base avec un seul rotor horizontal et un rotor anticouple de queue, ainsi que des machines à deux rotors contrarotatifs et des hélicoptères dotés de petits éjecteurs en bout de pale qui n'ont pas besoin de rotor anticouple.

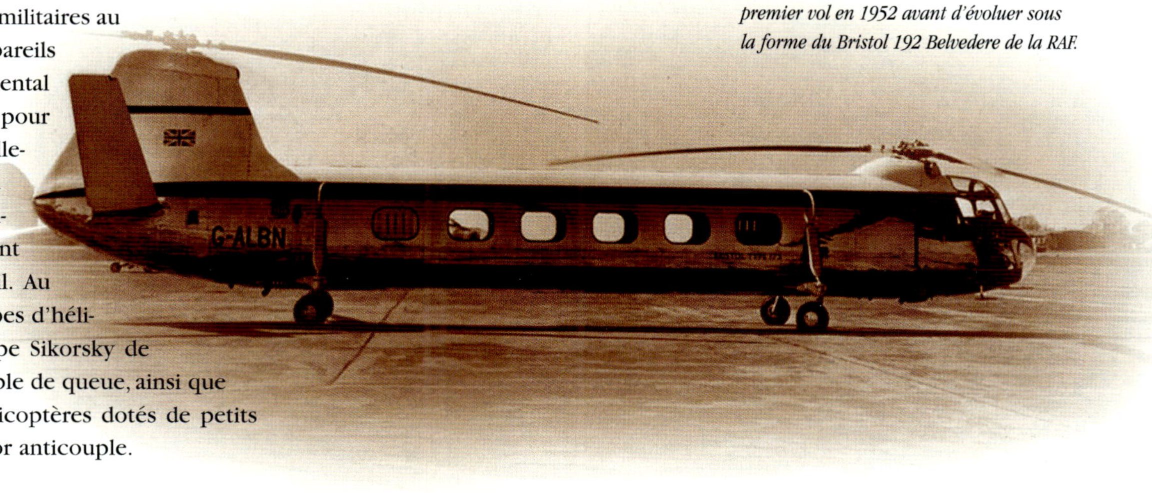

L'ANCÊTRE
Le prototype du Bristol 173 effectue son premier vol en 1952 avant d'évoluer sous la forme du Bristol 192 Belvedere de la RAF.

Autogire La Cierva C.8 Mk.IV

Le problème du vol au moyen d'une voilure tournante est résolu bien avant l'apparition du premier hélicoptère. En 1920, Juan de La Cierva commence à expérimenter ce type d'appareil, qu'il baptise « Autogiro ». Appelé aussi autogire, il possède un rotor passif qui ne permet pas le décollage vertical, mais son comportement se rapproche de celui de l'hélicoptère. Le 18 septembre 1928, un C.8L, un appareil à voilure tournante, réalise la première traversée de la Manche.

Moteur Armstrong-Siddeley Lynx IVC 7-cylindres en étoile de 200 ch

Diamètre du rotor 12,1 m — **Longueur** 8,7 m

Vitesse max. 160 km/h — **Équipage** 1

Passager 1

Fairey Jet Gyrodyne

Le Gyrodyne original vole pour la première fois en décembre 1947, combinant les caractéristiques de l'hélicoptère et de l'autogire. En 1948, il établit un nouveau record de vitesse pour appareil à voilure tournante à 200 km/h. Le Jet Gyrodyne de janvier 1954 est propulsé par éjection d'air, comprimé par le moteur, au bout des pales.

Moteur Alvis Leonides 9-cylindres en étoile de 525 ch

Diamètre du rotor 18,3 m — **Longueur** 7,6 m

Vitesse max. 225 km/h — **Équipage** 2

Passager 1

Focke-Achgelis Fa.61

Le Fa.61, premier hélicoptère totalement contrôlable, commence à voler en juin 1936. Malgré l'influence de l'autogire La Cierva, la nouvelle machine possède deux rotors qui lui donnent une bonne maniabilité. Après avoir établi plusieurs records du monde pour voilure tournante, l'appareil est piloté en février 1938 à l'intérieur de la Deutschlandhalle à Berlin par l'aviatrice Hanna Reitsch. Son apparente facilité de pilotage et sa manœuvrabilité impressionnent les spectateurs.

Moteur Bramo Sh.14a 7-cylindres en étoile de 160 ch

Diamètre des rotors 7 m — **Longueur** 7,3 m

Vitesse max. 100 km/h — **Équipage** 1

Passagers 0

Piasecki YH-16A Transporter

Comme Sikorsky, Frank Piasecki est un pionnier de l'hélicoptère en Amérique. Au milieu des années 1940, la firme produit une famille de machines birotors, dont l'actuel Boeing Chinook est un descendant direct. Une version améliorée du prototype de 1953, muni de turbines au lieu de moteurs à pistons, vole en 1955, mais le projet est abandonné.

Moteurs 2 turbines Allison YT-38-10 de 1 800 ch

Diamètre des rotors 25 m — **Longueur** 23,3 m

Vitesse max. 235 km/h — **Équipage** 3

Passagers 40 hommes de troupe

Sikorsky VS-300

En 1909, le jeune Igor Sikorsky tente sans succès de construire un hélicoptère. Il se tourne alors vers les avions géants et les hydravions. Trente ans plus tard, il revient à ses premières amours. Son VS-300, qui vole captif le 13 septembre 1939, est le premier hélicoptère américain réussi. Depuis, son nom est associé à l'hélicoptère moderne.

Moteur Lycoming 4-cylindres de 75 ch (premier vol captif)

Diamètre du rotor 8,5 m — **Longueur** 20,1 m

Vitesse max. 103 km/h — **Équipage** 1

Passagers 0

Sikorsky R-4 Hoverfly

Le VS-300 mène directement au premier hélicoptère construit en série dans le monde, le R-4 Hoverfly. Les essais du prototype de 1942, pour le compte de l'US Army Air Corps, débouchent sur une commande sans précédent de 100 appareils R-4B. Utilisé pendant la Seconde Guerre mondiale par les Alliés, l'Hoverfly démontre que l'hélicoptère est une machine viable.

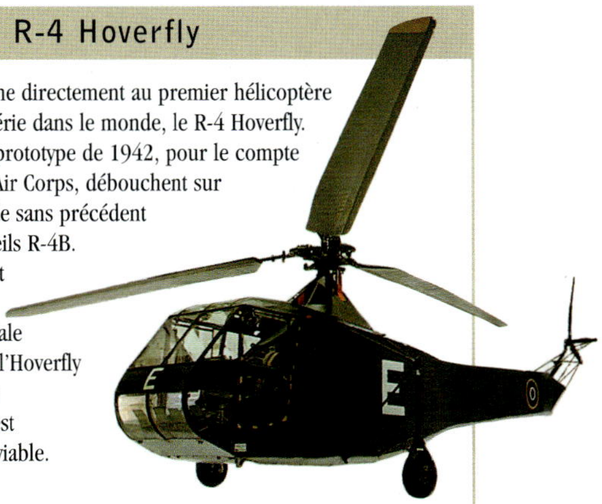

Moteur Warner R-550 Super Scarab en étoile de 180 ch

Diamètre du rotor 11,6 m — **Longueur** 10,7 m

Vitesse max. 120 km/h — **Équipage** 2

Passagers 0

chées par décision politique de mener des bombardements stratégiques à grande échelle, peuvent avoir un effet important, mais non décisif, sur le déroulement d'un conflit.

Les bombardiers nucléaires américains

Les lourdes pertes subies par les forces américaines et alliées en Corée et l'absence de victoire décisive sur le terrain conduisent les Américains à revoir leur politique de défense. La dissuasion nucléaire semble offrir un moyen plus efficace et moins coûteux pour freiner l'expansion communiste que les moyens militaires classiques. En conséquence, dans les années 1950, l'avion représente le principal (et, au début, l'unique) vecteur d'armes nucléaires dont dépend désormais la défense des États-Unis.

Les scientifiques spécialistes du nucléaire des deux côtés du rideau de fer n'ont pas de problèmes pour créer des bombes de plus en plus puissantes. La première bombe à hydrogène, qui explose en 1952 dans le Pacifique, est 500 fois plus puissante que celle qui avait détruit Hiroshima. Mais les États-Unis eux-mêmes, avec toutes leurs ressources, mettent un certain temps pour créer une force de bombardement intercontinentale à capacité nucléaire. En 1947, le potentiel de la force de frappe nucléaire du Strategic Air Command est limité à dix bombardiers B-29. Et il est généralement admis que le B-29 n'est pas à la hauteur de la tâche en matière de rayon d'action, d'altitude et de vitesse.

Le processus d'élaboration de son successeur à capacité nucléaire est retardé par l'indécision et la politique, marquée par des querelles concernant l'efficacité de ce type de bombardier et le rapport coût-efficacité. Boeing propose initialement le B-47, un

LE GÉANT ATOMIQUE
Un groupe de mécaniciens se tient sur l'empennage horizontal d'un bombardier nucléaire Convair B-36, l'un des plus grands avions de tous les temps. La hauteur de la dérive est celle d'un bâtiment de cinq étages.

> « J'estime que le B-36 peut être amené sur son objectif sans que l'ennemi le sache, jusqu'au largage des bombes. »
>
> **Général Curtiss LeMay,**
> commandant le Strategic Air Command

L'USINE VOLANTE
Le Convair (Consolidated) B-36 est propulsé par un ensemble mixte de turbopropulseurs à hélices propulsives et de turboréacteurs. L'équipage de quinze hommes se déplace sur un chariot dans un tunnel de l'avant à l'arrière et dispose de couchettes pour se reposer.

appareil à réaction qui fera école avec une voilure en flèche et des moteurs en nacelles suspendues sous les ailes. Considéré comme suffisamment rapide pour percer les défenses aériennes soviétiques et croisant à 890 km/h, il manque toutefois d'autonomie. Il doit donc être basé sur le territoire de pays alliés aux États-Unis ou être absolument ravitaillé en vol.

En quête d'un véritable bombardier intercontinental, l'USAF semble un moment s'intéresser à l'un des concepteurs américains parmi les plus imaginatifs, Jack Northrop. Depuis le début des années 1940, Northrop travaille sur le XB-35, une aile volante à hélices sans fuselage ni empennage. Il en propose une version à turboréacteurs, le YB-49, pour doter l'Amérique d'un bombardier nucléaire stratégique. Mais, après maintes discussions, l'Air Force choisit le Consolidated B-36, un avion remarquable avant tout par sa taille : « On a l'impression de piloter un immeuble », confiera un pilote. L'envergure du B-36, 70 m, fait plus de deux fois celle du B-17, et est même plus grande que celle de l'actuel Boeing 747. Matérialisation monumentale du passage à l'âge de la réaction, l'avion possède six moteurs à hélice propulsive et quatre turbines à réaction qui font trembler le sol au passage de l'appareil. Mis en service au côté du B-47, le B-36 apporte une solution provisoire au problème, en attendant que le Boeing B-52 prenne la relève comme socle de la force nucléaire américaine dans la seconde moitié des années 1950.

La réponse soviétique

Peu à peu, l'Union soviétique rattrape l'avance prise par les Occidentaux et est presque en mesure de les surpasser, ce qui inquiète les Américains. Rétrospectivement, il semble que la vision qu'ont les Américains de la puissance soviétique est souvent exagérée et que des rapports de renseignement erronés nourrissent une paranoïa injustifiée. C'est notamment le cas lors de la crise du *bomber gap* (fossé entre les bombardiers), survenue au milieu des années 1950 : une grande partie des Américains croit que l'Union soviétique est très en avance en matière de bombardement nucléaire stratégique. En réalité, les Soviétiques ont encore plus de difficultés que les États-Unis à mettre au point un bombardier nucléaire intercontinental crédible. L'Union soviétique fait exploser sa première bombe atomique en 1949. Celle-ci ne peut être utilisée contre les États-Unis que dans le cadre d'une mission suicide, puisque le bombardier soviétique, le Tupolev Tu-4 (copie du B-29), n'a pas l'autonomie nécessaire pour revenir à sa base. Ce n'est qu'en 1956, lors de la mise en service du Tu-95, que l'Union soviétique dispose d'un bombardier vraiment intercontinental, et il s'agit d'un appareil à turbopropulseurs à hélices.

FORCE DE DISSUASION
Cette image extraite d'un documentaire américain montre une flotte de B-36 en opération. Pour bien marquer le fait que la mission de la force nucléaire consiste à empêcher la guerre par la dissuasion, le B-36 est surnommé « Peacemaker » (faiseur de paix).

Les intercepteurs

La menace d'une destruction d'une ville par un avion au moyen d'une seule bombe incite naturellement les deux protagonistes de la guerre froide à développer rapidement des intercepteurs. Avec l'augmentation constante de la vitesse des bombardiers, il faut bien se rendre à cette évidence : dès l'instant où une incursion ennemie est détectée, un intercepteur ne dispose que d'un peu plus de dix minutes pour atteindre et détruire sa cible.

Les intercepteurs spécialisés conçus dans les années 1950 sont des plates-formes de missiles pilotées, conçues pour aller aussi vite que possible en ligne droite, monter le plus vite le plus haut possible, et munies d'équipements nécessaires pour être guidées depuis le sol. Le F-106 vole à plus de Mach 2, peut grimper à près de 12 000 m en une minute et, étant dépourvu de canons, est armé uniquement de missiles air-air.

Les appareils possédant ce niveau de performances et des systèmes électroniques aussi complexes atteignent des coûts exorbitants. La fabrication d'un F-106 coûte dix fois plus cher que celle d'un Sabre, et les dépenses de fonctionnement sont du même ordre. Pour les pays désireux de se maintenir au niveau des États-Unis et de l'Union Soviétique, le poids économique

LE TUPOLEV TU-95 BEAR
Mis en service en 1956, le bombardier nucléaire à turbopropulseurs Tupolev Tu-95 Bear permet aux Soviétiques de frapper pour la première fois le territoire américain.

Le Boeing B-52 Stratofortress

« Passer du B-47 au "Buff", c'était comme passer d'une voiture de sport à une limousine rallongée. »

Capitaine Gene Deatrick,
pilote d'essai dans les années 1950

Le Boeing B-52, surnommé le « Buff » (la grosse bête) par ses utilisateurs, est le seul avion militaire à avoir eu une carrière aussi longue de toute l'histoire de l'aviation. Mis en service pour la première fois par le Strategic Air Command américain en juin 1955, il est toujours employé en première ligne. Le B-52 a été spécifiquement conçu pour larguer des bombes nucléaires sur l'Union soviétique, mais il s'est révélé très polyvalent et capable de passer de la frappe à haute altitude à l'attaque à basse altitude, de servir de lanceur de missiles de croisière et d'être utilisé dans les conflits régionaux comme bombardier classique, doté d'une formidable puissance de destruction.

Le B-52 peut emporter une impressionnante charge de bombes en soute ou en conteneurs sous les ailes. La modification dite « Big Belly » (gros ventre) du B-52D, par exemple, permet de transporter 27 tonnes de bombes, près de cinq fois la capacité d'un « lourd » de la Seconde Guerre mondiale comme le Lancaster.

Le B-52 possède un avant-fuselage à deux ponts. Le pilote et le copilote sont logés au niveau supérieur, tandis que le navigateur et le radariste sont enfermés dans le « trou noir » inférieur. Les sièges de ces derniers s'éjectent vers le bas, perspective angoissante en cas de missions à basse altitude. L'opérateur de guerre électronique est assis dos vers l'avant à l'arrière du pont supérieur, à côté du mitrailleur qui contrôle la tourelle de queue télécommandée. Sur les premiers B-52, le mitrailleur, installé dans la tourelle de queue, était fortement secoué. Son transfert à l'avant (sur les versions plus récentes) rend les missions physiquement plus supportables.

Du fait que le B-52 était susceptible d'être attaqué principalement par des missiles, il ne possède pas d'armement défensif tous azimuts (ce qui permet de réduire l'équipage à six personnes). La menace est traitée par des systèmes de contre-mesures électroniques et des leurres qui bloquent ou perturbent les systèmes directeurs des missiles.

INTIMITÉ FORCÉE
Même s'il est surnommé la « Cadillac des airs », le B-52 offre peu d'espace intérieur, même dans le poste de pilotage. Une personne de taille moyenne ne peut se tenir debout à aucun endroit, et seuls les pilotes ont une vue sur l'extérieur.

UNE TRÈS HAUTE DÉRIVE
Si, avec les années, le B-52 a été perfectionné d'une version à l'autre et par modifications successives, l'une de ses caractéristiques inchangées reste la hauteur de son empennage vertical. Sur le B-52G (ci-dessous), la dérive est raccourcie d'environ 2,5 m.

CHARGE MORTELLE

Ce B-52 (ci-contre) est chargé de missiles de croisière qui se dirigent automatiquement vers leurs cibles par référence aux caractéristiques du relief. Ce système est très précis.

RÉPARATION MINUTE

Deux mécaniciens hautement qualifiés interviennent sur l'un des huit turboréacteurs d'un B-52.

CENTRE DE CONTRÔLE

La durée exceptionnelle de la carrière du B-52 est en partie due aux modernisations régulières de ses systèmes de navigation, des radars et des équipements de brouillage électronique.

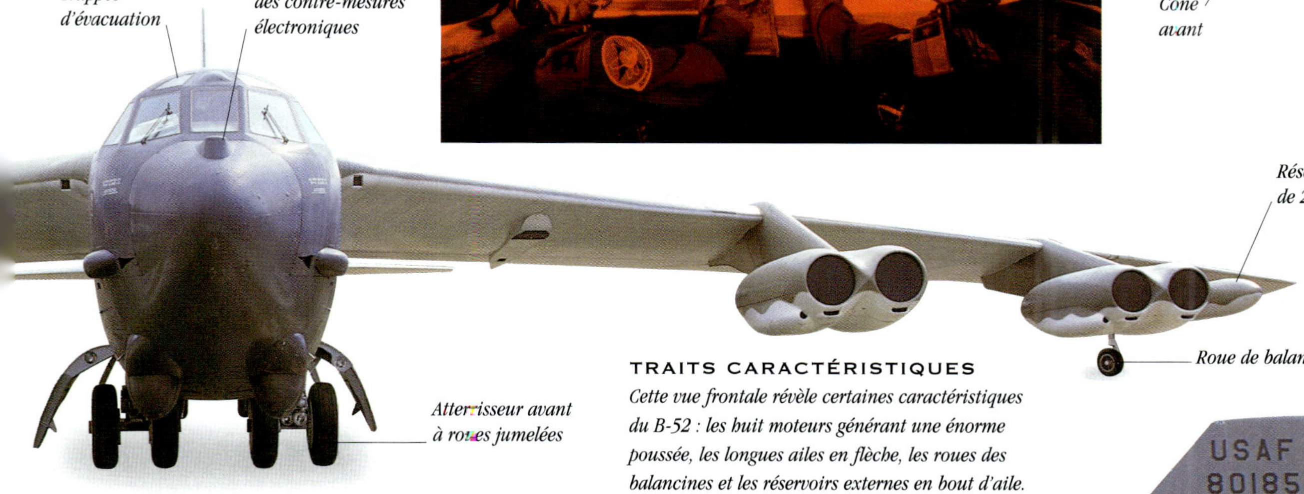

TRAITS CARACTÉRISTIQUES

Cette vue frontale révèle certaines caractéristiques du B-52 : les huit moteurs générant une énorme poussée, les longues ailes en flèche, les roues des balancines et les réservoirs externes en bout d'aile.

Caractéristiques (B-52G)

Moteurs 8 turboréacteurs Pratt et Whitney J57-43WB de 6 237 kgp	
Envergure 56,4 m	
Longueur 50,2 m	
Vitesse max. 1 046 km/h	**Équipage** 6
Armement 4 mitrailleuses de 13 mm de défense ; 9 tonnes de bombes ; 2 missiles AGM-28B Hound Dog ou 12 missiles AGM-69A SRAM	

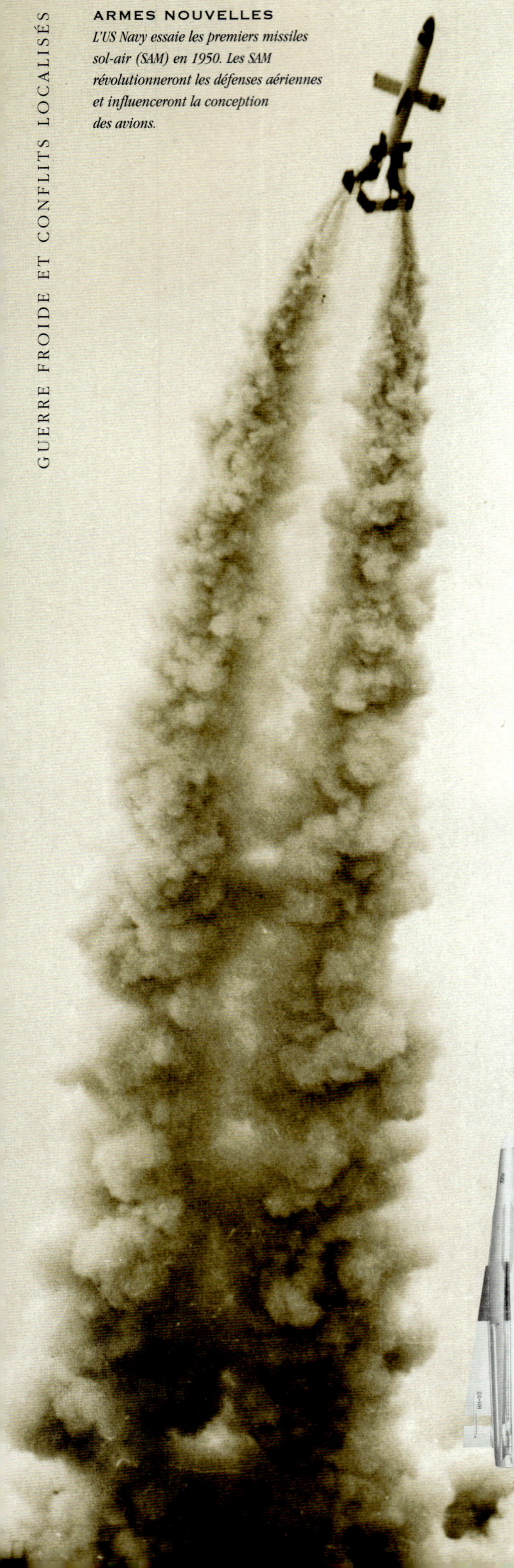

ARMES NOUVELLES
L'US Navy essaie les premiers missiles sol-air (SAM) en 1950. Les SAM révolutionneront les défenses aériennes et influenceront la conception des avions.

est dissuasif. Pourtant, la France, qui entend affirmer son indépendance vis-à-vis des États-Unis, se dote, dans les années 1950, d'avions de combat de pointe comme le Super Mystère et le Mirage III de la firme Dassault, et entreprend de mettre sur pied une force de dissuasion nucléaire indépendante au cours de la décennie suivante. Toujours dans les années 1950, la Grande-Bretagne s'engage aussi dans le développement d'une force de dissuasion nucléaire et produit des appareils d'attaque et de défense efficaces : les trois bombardiers « V » (Victor, Valiant et Vulcan) et les intercepteurs Hawker Hunter et English Electric Lightning. Mais, au moment de la mise en service du Lightning, en 1959, les conditions économiques contraignent la Grande-Bretagne à abandonner le développement de ces appareils.

> « J'étais un pilote aux commandes d'un avion et [...] l'endroit où je volais faisait de moi un espion. »
>
> FRANCIS GARY POWERS,
> INTERVIEWÉ APRÈS SON RETOUR AUX ÉTATS-UNIS

Les missiles

L'efficacité grandissante des missiles sol-air (SAM) à la fin des années 1950 déclenche une révision en profondeur des doctrines d'emploi de l'arme aérienne. Les forces de bombardement nucléaires ont été équipées pour percer des défenses ennemies grâce à leur vitesse et à leur altitude, mais dès lors que les SAM démontrent leur capacité à abattre des avions à très haute altitude, les bombardiers doivent être repensés de façon à pouvoir opérer à très basse altitude, au-dessous de la couverture des radars et du domaine de vol des missiles ennemis.

Les avions espions

En 1960, un avion espion U-2 est abattu au-dessus de Sverdlovsk, démontrant ainsi la capacité des missiles SAM soviétiques d'atteindre un avion volant à très haute altitude. L'U-2 est conçu pour opérer au-dessus de 21 000 m, altitude qu'on estime alors hors de portée des radars de guidage, des missiles sol-air et des intercepteurs soviétiques. À partir de 1956, la CIA ordonne aux U-2 de survoler régulièrement l'Union soviétique et de rapporter des photographies très précises de ses installations militaires. Mais, en mai 1960, un U-2, piloté par Francis Gary Powers, est déséquilibré par l'explosion rapprochée d'un SAM. Powers s'éjecte et saute en parachute sans avoir pu déclencher le système d'autodestruction de l'avion ; il refuse d'avaler la pastille de cyanure qui lui a été fournie s'il est capturé. Le leader soviétique Nikita Khrouchtchev tire de cet incident un maximum d'avantages diplomatiques en provoquant une conférence au plus haut niveau avec le président Eisenhower et les autres chefs de gouvernements

LES MISSILES AIR-AIR

LES MISSILES AIR-AIR GUIDÉS de première génération (AAM) sont étudiés dans les années 1940 et mis en service au milieu des années 1950. Ils sont guidés par radar ou par détecteur de chaleur. Les missiles guidés par radar, comme le Falcon et le Sparrow, sont conçus pour l'interception des bombardiers à haute altitude. Un radar embarqué à bord de l'intercepteur se verrouille sur la cible vers laquelle le missile est dirigé par la réflexion des ondes radar de l'intercepteur. Maintenir l'illumination de la cible par le radar pendant la course du missile signifie que l'intercepteur doit rester sur une trajectoire droite et horizontale, c'est-à-dire que ce type de missile est inutilisable pour le combat aérien entre chasseurs.

Au contraire, le missile Sidewinder attiré par la chaleur est du type « tire et oublie ». Dans un combat tournoyant classique, le pilote place son avion derrière celui de l'ennemi et tire le missile vers la tuyère, source de chaleur détectée par le capteur infrarouge du missile. Malgré leur efficacité, les missiles guidés par infrarouges présentent, jusqu'aux années 1970, quelques inconvénients : ils sont sans effet en tir frontal et peuvent se tromper de cible si une autre tuyère recoupe leur trajectoire.

Inévitablement, tous les missiles guidés suscitent des contre-mesures. Les radars peuvent être trompés ou saturés par des paillettes ; les autodirecteurs à infrarouges sont détournés par des leurres ou déstabilisés par des manœuvres brutales.

LE SPARROW GUIDÉ PAR RADAR
Un F-14A Tomcat de l'US Navy tire un AIM-7 Sparrow air-air guidé par radar. Le Sparrow, largement déployé par les forces américaines et de l'OTAN, peut détruire une cible située à plus de 16 km.

LES MISSILES FALCON
Un pilote montre la taille des missiles Falcon guidés par radar (à gauche) ou par infrarouges.

ESPION DU CIEL
Construit pour répondre à un programme commun CIA/USAF, le très secret avion espion Lockheed U-2 permet aux Américains d'obtenir de précieux renseignements jusqu'à l'arrivée des satellites de reconnaissance dans les années 1960.

PHOTO AÉRIENNE
L'efficacité du Lockheed U-2 dépend de la mise au point de caméras capables de photographier d'une altitude de 22 000 m. Cette caméra (ci-contre) est une Hycon B utilisée sur les U-2 au-dessus de Cuba fin 1962. L'image de droite montre les rampes de lancement des missiles à Cuba lors de la crise de 1963.

occidentaux. Powers est jugé pour espionnage et la guerre froide entre dans une période très troublée.

L'installation de missiles par les Soviétiques à Cuba déclenche une crise encore plus grave, qui place le monde au bord de la guerre nucléaire en 1962. En survolant l'île de Cuba, devenue un avant-poste du communisme, les U-2 qui décollent de la base d'Edwards photographient les préparatifs d'installation de missiles balistiques russes à moyenne portée sur l'île. Tandis que le gouvernement américain exige le retrait des missiles soviétiques, la force d'attaque nucléaire est mise en alerte rouge avec soixante-dix bombardiers B-52 maintenus en vol 24 heures sur 24. Avant même la fin de la crise, un autre U-2 est abattu par un SAM soviétique, cette fois au-dessus de Cuba. Son pilote sera la seule victime d'une crise qui aurait pu causer des millions de morts.

La mutation des arsenaux

La crise de Cuba se situe à une période de grands changements dans les arsenaux nucléaires. Les missiles balistiques intercontinentaux (ICBM) et les missiles embarqués à bord des sous-marins commencent à remplacer les bombardiers en tant que principaux vecteurs nucléaires, même si les avions constituent toujours une part importante dans l'armement nucléaire stratégique. L'obligation de pénétrer les défenses ennemies à basse altitude signifie que les chasseurs-bombardiers vont prendre de plus en plus d'importance au sein des forces nucléaires stratégiques diversifiées aux côtés des bombardiers lourds, et que l'intercepteur à haute altitude est dépassé. Les satellites assurent ensuite la majeure partie des missions de surveillance et de reconnaissance militaires, bien que le SR-71 Blackbird, mis en service en 1966, démontre que la vitesse et l'altitude peuvent permettre à un avion de défier encore n'importe quel système de défense à base de missiles.

Si la crise de Cuba précède une période de relative détente dans la guerre froide, la course aux armements nucléaires ne s'arrête pas pour autant. Mais, à partir du milieu des années 1960, les réalités du combat classique prennent le dessus sur l'éventualité d'une guerre nucléaire. Si les aviateurs continuent à maintenir l'état d'alerte en vue d'un éventuel conflit qui ne se produit pas, la guerre, bien « réelle », s'installe au Proche-Orient et en Asie du Sud-Est.

TOUCHÉ !
Gary Powers est jugé pour espionnage en Union soviétique après avoir été abattu en 1960. Il sera échangé contre un agent soviétique.

Le Lockheed SR-71 Blackbird

« J'ai décollé tard un après-midi d'hiver, cap à l'est où il faisait déjà nuit [...] on a jailli dans la lumière pour plonger dans le noir absolu. »

COLONEL JIM WADKINS, PILOTE DE SR-71

CRÉATION DES SKUNK WORKS et de l'ingénieur en chef Kelly Johnson, le SR-71 Blackbird peut être considéré comme l'avion le plus remarquable jamais construit. Conçu dans un secret absolu comme avion espion pour la CIA à la fin des années 1950, il introduit des innovations radicales dans presque tous les domaines, de la nature des matériaux utilisés pour la cellule et les moteurs jusqu'aux systèmes hydrauliques et au carburant. Le résultat donne l'avion à réaction piloté le plus rapide de l'Histoire, capable de voler à 30 000 m à trois fois la vitesse du son.

Lorsque, au début des années 1960, les pilotes d'essai découvrent les prototypes du Blackbird, sur la base de la CIA, à Groom Lake, au Nevada, ils sont frappés par sa silhouette et sa taille, son fuselage étroit et allongé et ses énormes nacelles-moteurs dans les ailes. Les moteurs sont en fait plus gros que le corps principal du fuselage. La peinture noire atténuant la réflexion des ondes radar recouvre un revêtement en alliage de titane. Ce matériau léger et résistant à l'échauffement, qui pose plusieurs problèmes aux ingénieurs de Lockheed, est très dur et trop cassant pour pouvoir être usiné par la plupart des machines-outils existantes, et il est très sensible à la contamination. Mais la détermination de Johnson à utiliser cet alliage de titane trouve finalement sa justification. Il résiste à l'échauffement causé par les vols à Mach 3, même si le revêtement du nez de l'avion se plisse sous l'effet de la chaleur. Les mécaniciens le retendent après les vols en utilisant un chalumeau, tâche que le colonel Jim Wadkins, pilote de SR-71, compare au « repassage d'une chemise ».

Mis en service en 1966, le SR-71 remplit parfaitement son rôle d'observateur de la planète qui avait présidé à sa conception. Lockheed avait proposé un programme ambitieux comprenant d'autres versions de l'avion, notamment un intercepteur à haute altitude dont le prototype avait reçu la désignation YF-12A. Le constructeur affirme que quatre-vingt-treize de ces avions armés de missiles air-air auraient été capables de défendre la totalité du territoire des États-Unis contre une attaque de bombardiers soviétiques. Mais, finalement, le gouvernement américain ne financera pas ce projet aussi ambitieux que coûteux.

RAVITAILLEMENT EN VOL

Pour éviter les explosions d'oxygène avec la vitesse, les réservoirs de carburant du SR-71 sont purgés à l'azote liquide avant d'être remplis (en haut). Le ravitaillement en vol (ci-dessus) permet d'étendre l'autonomie déjà impressionnante du SR-71.

ONDES DE DIAMANT

Au décollage du SR-71, des « ondes de diamant » se forment dans le dard de la postcombustion quand les ondes de choc s'y rencontrent, à la sortie des tuyères. Ces « diamants » très brillants sont dus à la combustion de carburant en dehors de la tuyère.

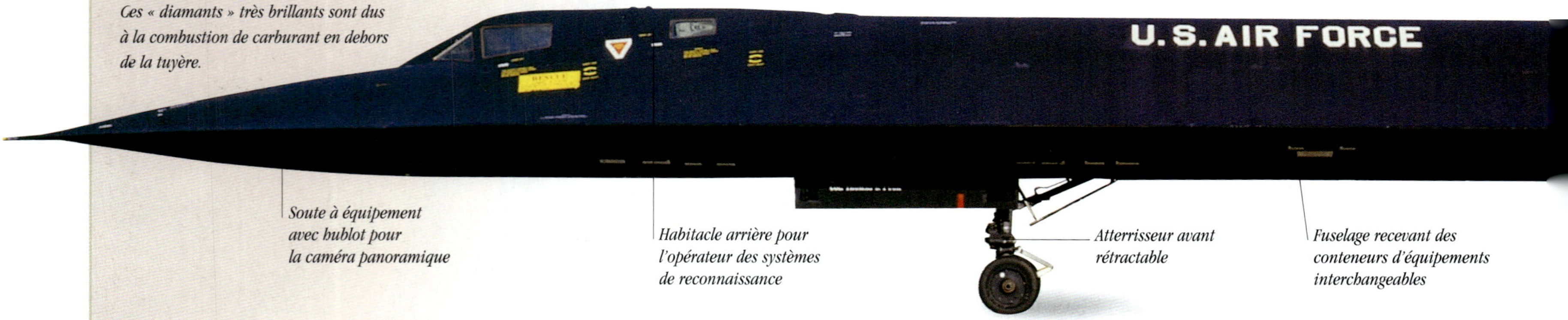

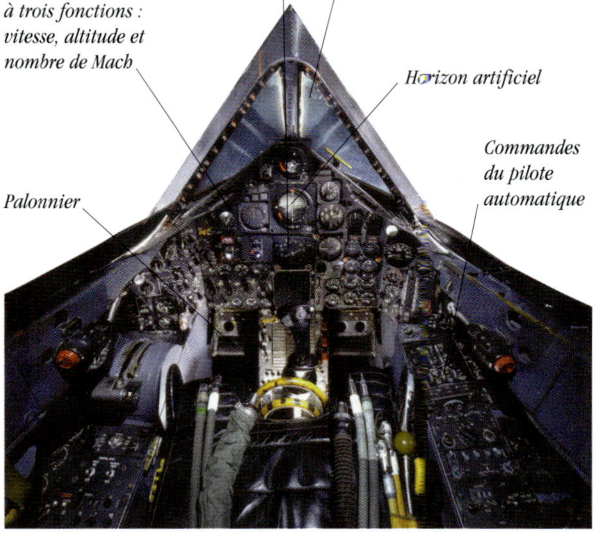

PILOTAGE AUTOMATIQUE
Le SR-71 possède un excellent pilote automatique installé sur la console de droite. Cet équipement est souvent utilisé en reconnaissance afin d'obtenir une stabilité maximale pour les capteurs (caméras).

FREINAGE D'URGENCE
Afin de réduire rapidement la vitesse à l'atterrissage, le SR-71 est équipé d'un parachute-frein. Le pilote de ce SR-71 (ci-dessus) a déployé le parachute alors que l'avion est encore en vol.

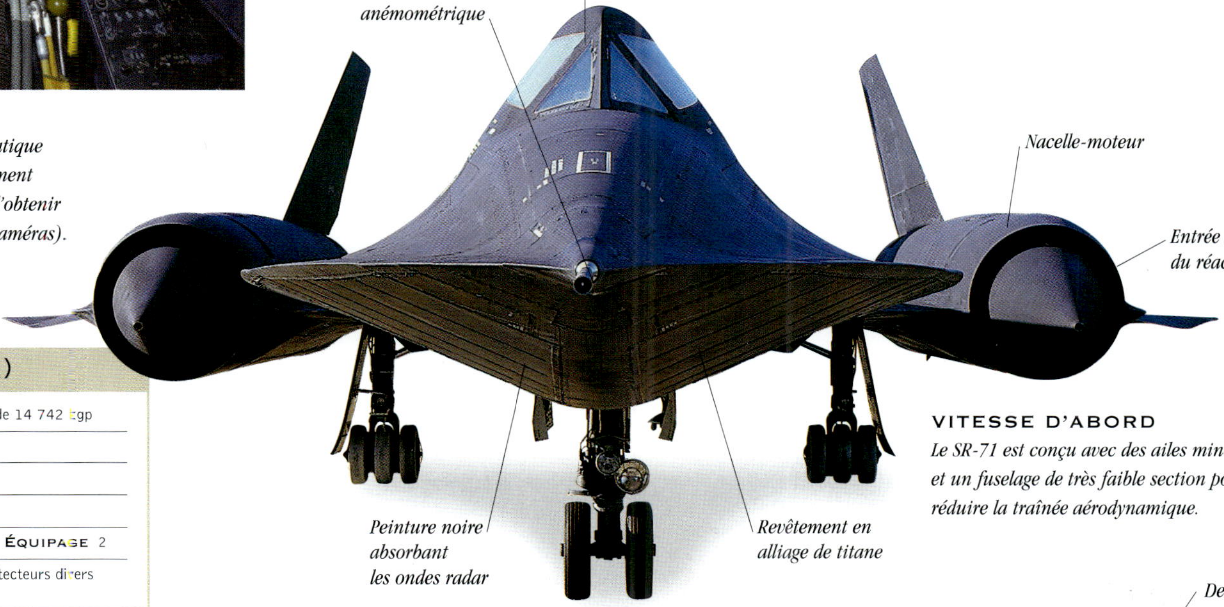

VITESSE D'ABORD
Le SR-71 est conçu avec des ailes minces et un fuselage de très faible section pour réduire la traînée aérodynamique.

Caractéristiques (SR-71A)

Moteurs	2 turbo/statoréacteurs P&W J58 de 14 742 kgp
Envergure	16,9 m
Longueur	32,7 m
Poids	30 618 kg
Vitesse max. 3 620 km/h (Mach 3,4)	**Équipage** 2
Charge utile	9 tonnes de capteurs et détecteurs divers

PLUS HAUT, PLUS VITE
Testé pour la première fois en 1964, le Blackbird est toujours l'avion à réaction volant le plus haut et le plus rapide de l'Histoire. Son surnom (le merle) vient de sa peinture noir mat qui facilite la dissipation de la chaleur et absorbe une partie des ondes radar ennemies.

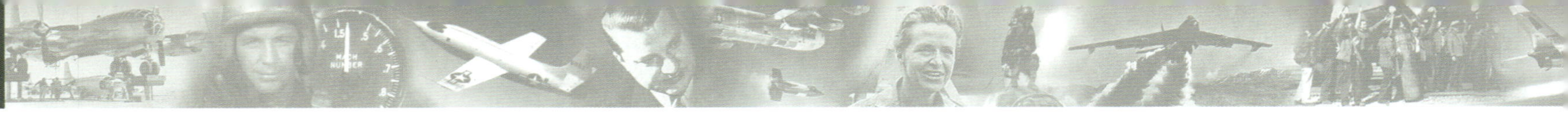

LES BOMBARDIERS NUCLÉAIRES AVANT 1970

DANS LA SECONDE MOITIÉ DES ANNÉES 1940, la première force de bombardiers nucléaires américains est constituée d'appareils conçus pour le bombardement stratégique de la Seconde Guerre mondiale. Mais, parallèlement, l'étude d'un bombardier nucléaire spécifique est lancée. Pour pénétrer les défenses aériennes ennemies, il faut voler le plus haut et le plus vite possible, ce que propose la propulsion par réaction, mais elle présente l'inconvénient d'un rayon d'action insuffisant. Les premières bombes atomiques sont, en outre, lourdes et encombrantes. Diverses solutions sont envisagées, dont le décollage assisté par fusée et le montage mixte de réacteurs et de moteurs à pistons. Par la suite, le problème de l'autonomie est résolu par l'abaissement des consommations des turboréacteurs et le ravitaillement en vol. À partir de 1957, l'apparition des missiles sol-air et l'augmentation des performances des intercepteurs obligent à repenser le problème. Les bombardiers doivent opérer à basse altitude pour essayer de passer « sous » les radars. Au même moment, les armements nucléaires deviennent plus petits. À la fin des années 1960, des avions d'attaque comme le chasseur F-111 sont préférés pour l'attaque à basse altitude, les ICBM (missiles intercontinentaux) devenant la composante principale de la dissuasion.

UN BEL AVENIR !
Le Boeing B-52 a connu une carrière assez courte comme vecteur nucléaire américain, mais il n'est pas encore au bout de celle de bombardier classique *(voir pp. 286-287).*

Avro 698 Vulcan B2

MOTEURS 4 réacteurs BS Olympus 301 de 10 000 kgp	
ENVERGURE 33,9 m	**LONGUEUR** 30,5 m
VITESSE MAX. 1 030 km/h	**ÉQUIPAGE** 5
ARMEMENT 21 bombes de 450 kg, bombes nucléaires ou 1 missile Blue Steel	

À partir du milieu des années 1950, le Vulcan, avec le Victor et le Valiant, fait partie des « bombardiers V », force de la dissuasion britannique. Il sert de vecteur à l'arme nucléaire à grand rayon d'action pendant presque tout son cycle de vie, d'abord avec des bombes, puis, après 1963, avec un missile à longue portée. En 1969, la dissuasion principale est confiée aux sous-marins nucléaires lanceurs d'engins. Le Vulcan est le premier quadriréacteur à aile delta, configuration qui combine une forte capacité de charge, une vitesse subsonique élevée en altitude et une grande autonomie.

Boeing B-47E Stratojet

Le B-47, l'un des premiers bombardiers à réaction mis en service par le Strategic Air Command américain, est classé comme un bombardier moyen, alors que son autonomie et sa charge de bombes en auraient fait un bombardier lourd quelques années auparavant. Pouvant être ravitaillé en vol et muni de réservoirs largables, le B-47 remplace le B-50, version améliorée du B-29 Superfortress. Plus de 200 B-47 volent de 1950 à 1966.

MOTEURS 6 turboréacteurs GE J47-GE-25 de 3 260 kgp	
ENVERGURE 35,4 m	**LONGUEUR** 32,6 m
VITESSE MAX. 980 km/h	**ÉQUIPAGE** 3
ARMEMENT 2 canons de 20 mm ; 9 tonnes de bombes	

Boeing B-50D

Le bombardier le plus puissant et le plus élaboré de la Seconde Guerre mondiale, le B-29, a largué des milliers de tonnes de bombes classiques et deux bombes atomiques sur le Japon. À la date de la reddition de ce pays, des commandes de milliers de B-29 sont annulées à l'exception de quelques unités d'un nouveau type, le B-29D, rebaptisé B-50. Celui-ci est chargé de soutenir la dissuasion nucléaire jusqu'à ce que de nouveaux avions plus rapides et à plus long rayon d'action soient mis en service. Le délai est plus long que prévu, et le B-50 reste en première ligne de 1948 à 1953.

MOTEURS 4 P & W Wasp Major R-4360 en étoile de 3 500 ch, refroidi par air	
ENVERGURE 43,1 m	**LONGUEUR** 30,2 m
VITESSE MAX. 610 km/h	**ÉQUIPAGE** 8
ARMEMENT 12 mitrailleuses de 12,7 mm en tourelles télécommandées ; 1 canon 20 mm en tourelle manuelle ; 9 080 kg de bombes	

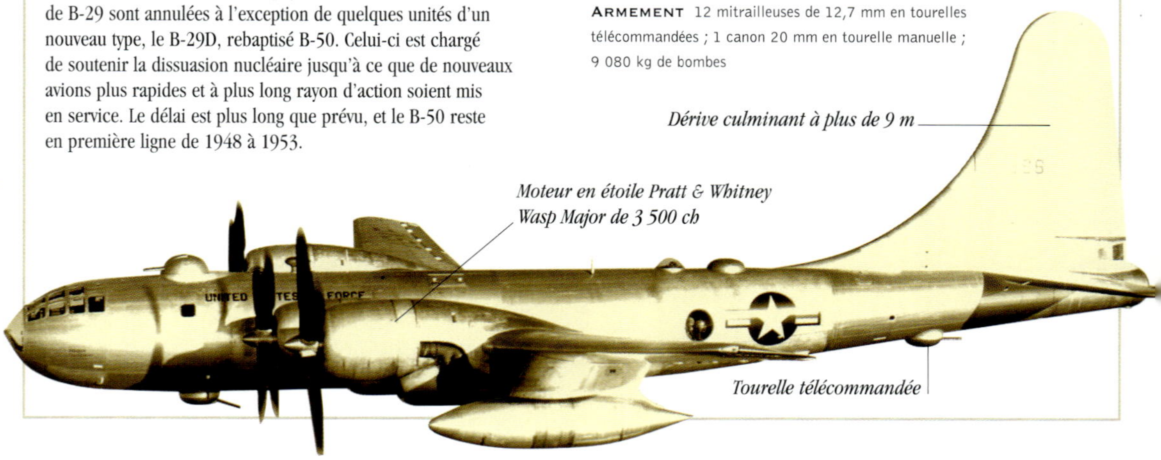

Convair B-36J

Le Convair B-36 est commandé en 1941, au moment où les États-Unis vont devoir attaquer l'Allemagne et le Japon depuis leur territoire. Le rythme de ses études dépend du cours de la guerre. En 1945, il est relancé parce que son autonomie de 16 000 km lui permet de porter une attaque nucléaire sur le nouvel ennemi potentiel, l'Union soviétique.

Moteurs 6 P & W Wasp Major R-4360-53 en étoile de 3 800 ch, refroidi par air

Envergure 70,2 m	**Longueur** 49,4 m
Vitesse max. 660 km/h	**Équipage** 15

Armement 16 canons 20 mm en 8 tourelles télécommandées ; 32,7 tonnes de bombes

Convair B-58 Hustler

Les États-Unis lancent l'étude de ce bombardier nucléaire supersonique en 1946. La charge offensive et la majeure partie du carburant sont transportées sous le fuselage dans une nacelle largable sur la cible, système qui permet au B-58 de voler plus vite et plus économiquement au retour. Le projet, repoussant les limites techniques de l'époque, subit des retards et est menacé d'abandon. L'avion n'entre en service qu'en 1961. À cette date, les missiles ont fait de tels progrès que le B-58 est devenu très vulnérable. Tous les Hustler sont déclassés en 1970.

Moteurs 4 turboréacteurs General Electric J79-GE-58 de 6 815 kgp avec réchauffe

Envergure 17,3 m	**Longueur** 29,5 m
Vitesse max. 2 200 km/h	**Équipage** 3

Armement 1 canon rotatif de 20 mm à l'arrière ; charge nucléaire et carburant en longue nacelle ventrale

Myasichtchev

Équivalent soviétique du B-52 et mis en service à peu près à la même époque, ce bombardier stratégique reste mal connu à l'Ouest pendant des années. Il est appelé « Bison » par le code de l'OTAN. Son efficacité, comme celle du B-52, est réduite par les progrès des missiles de défense et des intercepteurs, mais il n'est pas développé, comme l'appareil américain, sous la forme d'un bombardier tactique classique.

Moteurs 4 turboréacteurs Mikouline AM-3D de 8 700 kgp

Envergure 50,5 m	**Longueur** 47,2 m
Vitesse max. 1 000 km/h	**Équipage** 8

Armement 7 canons NR-23 de 23 mm en 2 tourelles télécommandées et 1 manuelle et dans le nez ; 15 tonnes de bombes

Tupolev Tu-16 « Badger »

La dépendance des Soviétiques aux turboréacteurs dérivés du Rolls-Royce « Nene » cesse avec la mise au point du très puissant Mikouline AM-3. Le Tu-16, appelé « Badger » à l'Ouest, est un bombardier moyen à long rayon d'action, équipé de deux moteurs de ce type. Il est mis en service en 1954 à peu près en même temps que le B-47 américain, qui doit utiliser six moteurs pour obtenir les mêmes performances. Des avions exportés sont utilisés opérationnellement par l'Indonésie et l'Égypte dans les années 1960 et 1970.

Moteurs 2 turboréacteurs Mikouline AM-3M 301 de 9 500 kgp

Envergure 32,9 m	**Longueur** 36,3 m
Vitesse max. 990 km/h	**Équipage** 6

Armement 7 canons NR-23 de 23 mm ; 6 tonnes de bombes ou 2 missiles air-sol

Tupolev Tu-95 « Bear »

En service au sein de la force aérienne soviétique à partir de 1955, le « Bear » est le seul bombardier stratégique de l'Histoire à être équipé de turbopropulseurs. C'est aussi le seul avion à hélices doté d'ailes en flèche auxquelles il doit sa vitesse et son économie. Le prototype est déjà plus rapide que tout autre appareil à hélice. Malgré la réduction de son efficacité due aux progrès des défenses antiaériennes (chasseurs et missiles), sa grande autonomie lui vaut d'être employé à des missions de patrouille maritime et de reconnaissance. Une version anti-sous-marine à long rayon d'action est développée pour la marine soviétique.

Moteurs 4 turbopropulseurs Kouznetsov NK-12M de 15 000 ch

Envergure 50,1 m	**Longueur** 46,2 m
Vitesse max. 905 km/h	**Équipage** 10

Armement 7 canons NR-23 de 23 mm en 3 tourelles et dans le nez ; 11 340 kg de bombes ou 1 missile AS-3 tiré à distance

LES INTERCEPTEURS DES ANNÉES 1950-1960

CONSIDÉRANT L'ÉVENTUALITÉ D'UNE TROISIÈME GUERRE MONDIALE, les stratèges concluent qu'elle débutera par des frappes aériennes nucléaires. Dans cette hypothèse, l'objet principal de l'avion de chasse consiste à intercepter les bombardiers ennemis avant qu'ils puissent effectuer leurs frappes, le succès dépendant surtout de la vitesse de la riposte. Les intercepteurs n'étant pas prévus pour engager les chasseurs ennemis, leur maniabilité n'est pas prioritaire. Ils sont étudiés pour accélérer et monter le plus vite possible, atteindre près de 14 000 m en moins d'une minute après le décollage, être dirigés vers les intrus par des contrôleurs au sol et tirer des missiles air-air guidés par radar. Une mission doit durer en moyenne une dizaine de minutes. De nombreux projets étudiés dans cette optique dans les années 1950 connaissent des problèmes, car la nouvelle technique de la turbine à réaction est poussée à ses limites. Quelques intercepteurs occidentaux, comme le F-106, sont dangereux sauf aux mains des pilotes les plus qualifiés. Comme à son habitude, l'Union soviétique préfère produire des appareils plus simples, plus rustiques et plus faciles à construire et à piloter.

« L'INTERCEPTEUR ABSOLU »
Un Convair F-106 se ravitaille auprès d'un KC-135 Stratotanker, tandis qu'un autre attend son tour. Le F-106 a été surnommé « The Ultimate Interceptor ».

Convair F-102 Delta Dagger

Si Convair réussit à produire en 1948 le premier avion à voilure en delta du monde, cet intercepteur supersonique tout temps pose un sérieux problème en n'atteignant pas Mach 1. Mais un programme de modifications accéléré, avec un nouveau dessin du fuselage pour réduire la traînée, permet au F-102 d'entrer en service trois ans plus tard, à la fin de 1956.

MOTEUR turboréacteur P & W J-57-P-23A de 7 800 kgp

ENVERGURE 11,6 m	**LONGUEUR** 20,8 m
VITESSE MAX. 1 330 km/h	**ÉQUIPAGE** 1

ARMEMENT 2 bombes nucléaires ou 6 missiles air-air guidés Falcon en soute interne

Convair F-106 Delta Dart

MOTEUR turboréacteur P & W J75-P-17 de 11 130 kgp

ENVERGURE 11,7 m	**LONGUEUR** 21,6 m
VITESSE MAX. 2 035 km/h	**ÉQUIPAGE** 1

ARMEMENT 1 roquette nucléaire Genie non guidée ; 4 missiles air-air classiques guidés Falcon en soute interne

Alors que les problèmes du F-102 sont en voie d'être résolus, une deuxième refonte, plus profonde, est lancée. Désigné initialement F-102B, l'avion, totalement différent, devient le F-106 avec un moteur plus puissant et un fuselage respectant la loi des aires avec une « taille de guêpe », indispensable au vol en supersonique. L'avion reçoit un système de conduite de tir plus élaboré comprenant une liaison automatique avec les systèmes de détection au sol. Le F-106 est mis en service en 1959.

English Electric Lightning F.1A

Le Lightning est le premier chasseur supersonique mis en service par la RAF et le premier appareil britannique supersonique. Le Lightning, capable d'atteindre l'altitude de 18 000 m, est équipé d'un radar qui permet au pilote de se « verrouiller » sur sa cible. Après 1974, les Phantom commencent à remplacer les Lightning.

MOTEURS 2 turboréacteurs Rolls-Royce 210 de 6 545 kgp

ENVERGURE 10,6 m	**LONGUEUR** 15,2 m
VITESSE MAX. 2 230 km/h	**ÉQUIPAGE** 1

ARMEMENT 2 canons Aden de 30 mm dans le fuselage ; 2 missiles guidés air-air Firestreak

Gloster Javelin F(AW).9

Le Javelin constitue le principal chasseur tout temps de la RAF de 1956 à 1964. C'est le premier avion de combat biréacteur à aile delta du monde, conçu pour l'interception des bombardiers à haute altitude et muni d'un équipement électronique tout temps. Après de nombreux problèmes de mise au point, l'appareil est finalement rendu fiable, mais plus assez véloce pour rattraper des bombardiers devenus plus rapides. Il est remplacé par le Lightning supersonique au début des années 1960.

MOTEURS 2 turboréacteurs Bristol Siddeley de 5 579 kgp

ENVERGURE 15,9 m	**LONGUEUR** 17,2 m
VITESSE MAX. 1 130 km/h	**ÉQUIPAGE** 2

ARMEMENT 4 canons Aden 30 mm dans la voilure ; 4 missiles guidés air-air Firestreak

Hawker Hunter F6

Principal intercepteur de la RAF de 1954 à 1960, le Hunter à aile en flèche remplace le Meteor et sert jusqu'à l'introduction du Lightning supersonique au début des années 1960. Plus de 1 100 sont exportés dans le monde, au service d'une vingtaine de forces aériennes.

MOTEUR turboréacteur Rolls-Royce Avon de 4 542 kgp

ENVERGURE 10,2 m	**LONGUEUR** 14 m
VITESSE MAX. 1 150 km/h	**ÉQUIPAGE** 1

ARMEMENT 4 canons Aden 30 mm en gondole ventrale démontable ; 454 kg de bombes sous la voilure

Lockheed F-104A Starfighter

Kelly Johnson de chez Lockheed, estimant que les appareils américains engagés en Corée sont trop lourds, « vend » le concept d'un chasseur léger à l'US Air Force et produit cet extraordinaire « missile piloté ». Quoique très rapide (il bat le record du monde de vitesse en 1958), le F-104 a une très faible autonomie et ses petites ailes le rendent peu maniable.

Moteur turboréacteur GE J79-GE-3 de 6 713 kgp

Envergure 6,7 m — **Longueur** 16,7 m

Vitesse max. 2 330 km/h — **Équipage** 1

Armement 1 canon rotatif M-61 de 20 mm dans le fuselage ; 2 missiles air-air Sidewinder en bout d'aile

McDonnell F-101B Voodoo

Le Voodoo est conçu initialement comme escorteur supersonique du bombardier B-36, mais, quand il est évident que le rayon d'action prévu ne sera pas obtenu, il est développé comme avion tactique capable de frappes nucléaires. De ce type découle le F-101B intercepteur tout temps, doté du plus récent radar de conduite de tir « collision course ». Cette version est mise en service en 1959 à plus de 400 exemplaires. Le pilotage de cet avion rapide et puissamment armé est cependant délicat, et près de 20 % des avions sont perdus dans des accidents. Il est déclassé en 1970.

Moteurs 2 turboréacteurs P & W J57-P-55 de 6 800 kgp

Envergure 12,1 m — **Longueur** 20,6 m

Vitesse max. 1 965 km/h — **Équipage** 2

Armement 3 missiles guidés air-air Falcon en soute ; 2 roquettes non guidées à tête nucléaire Genie2

Mikoyan-Gourevitch MiG-17 « Fresco »

Les problèmes de contrôle à haute vitesse qui avaient limité l'efficacité du MiG-15 sont en grande partie résolus sur le MiG-17, introduit en 1952. Contrairement aux prétentions du constructeur, les avions de série ne peuvent dépasser Mach 1 en vol horizontal. Au cours de la guerre du Vietnam (1961-1973) et malgré son retard technique dû à son âge, le MiG-17 se comporte bien face aux avions d'attaque américains lourdement chargés. Près de 8 000 MiG-17 toutes versions confondues ont été produits, dont une partie sous licence en Pologne, en Tchécoslovaquie et en Chine.

Moteur turboréacteur Klimov VK-1F de 3 380 kgp

Envergure 9,5 m — **Longueur** 11,1 m

Vitesse max. 1 145 km/h — **Équipage** 1

Armement 1 canon de 37 mm et 2 de 23 mm dans le nez

Mikoyan-Gourevitch MiG-19 « Farmer »

Premier chasseur supersonique soviétique produit en série, le MiG-19 a été, selon les sources, de très peu le premier au monde ou le deuxième après le F-100 américain. Quoi qu'il en soit, la force aérienne soviétique reçoit fin 1954 ses MiG-19 au moment où l'USAF prend en compte ses Super Sabre. Exporté dans de nombreux pays alliés de l'URSS, le MiG-19 combat au Vietnam, tandis qu'une version chinoise améliorée reste longtemps en production.

Moteurs 2 réacteurs Mikouline (Toumansky) AM-5 de 3 040 kgp

Envergure 9 m — **Longueur** 12,5 m

Vitesse max. 1 450 km/h — **Équipage** 1

Armement 3 canons de 30 mm et missiles ou roquettes

Saab J35A Draken

Dans les années 1960 et 1970, ce chasseur polyvalent à hautes performances est un élément clé du système de défense aérienne très moderne de la Suède. Le Draken possède une originale aile en double delta qui lui donne une bonne maniabilité et des performances exceptionnelles de décollage et d'atterrissage.

Moteur réacteur Svenska Flygmotor RM6B de 6 895 kgp

Envergure 9,4 m — **Longueur** 16 m

Vitesse max. 1 915 km/h — **Équipage** 1

Armement 2 canons Aden de 30 mm ; 4 missiles Sidewinder

Yakovlev Yak-28P « Firebar »

Le Yak-28 original est un avion d'attaque avec un navigateur-bombardier dans le nez vitré. Il est transformé en intercepteur tout temps par installation d'un habitacle biplace et d'un radar de navigation et de détection dans le nez. La soute à bombes interne devient un réservoir, et le Yak-28P acquiert une autonomie suffisante pour patrouiller la frontière arctique de l'URSS en cas d'attaque américaine par-dessus le pôle Nord. Plus de 400 exemplaires sont livrés à partir de 1962 et remplacés par la suite par les Sukhoi Su-27.

Moteurs 2 turboréacteurs Toumanski R-11F de 6 200 kgp

Envergure 11,6 m — **Longueur** 21,5 m

Vitesse max. 2 060 km/h (Mach 1,94) — **Équipage** 2

Armement 2 missiles guidés air-air AA-3 sous voilure

« La guerre du Vietnam est une époque à jamais associée au bruit de martèlement d'un hélicoptère ou à l'éclair jaune de l'explosion d'une bombe. »

John L. Pimlott,
historien militaire

LA PUISSANCE AÉRIENNE AU COMBAT

LES CONFLITS EN ASIE DU SUD-EST ET AU PROCHE-ORIENT RÉVÈLENT LE POTENTIEL ET LES LIMITES DE LA PUISSANCE AÉRIENNE À L'ÈRE DES MISSILES ET DE LA RÉACTION.

De janvier à mars 1968, plus de 5 000 marines et soldats de l'armée sud-vietnamienne sont assiégés par des forces communistes dans leur base de Khe Sanh, au Vietnam-du-Sud. Des moyens aériens, que seuls les pays les plus avancés techniquement peuvent déployer, sont mis en œuvre : des avions de transport Lockheed C-130 et Fairchild C-123 assurent le ravitaillement jour et nuit sous le feu de l'artillerie et des mortiers grâce à la piste autour de laquelle la base a été organisée. Trois fois par jour, de gros « essaims » d'hélicoptères de transport, escortés par des hélicoptères de combat et précédés par une vague d'avions d'attaque, s'aventurent au-dessus du territoire ennemi, en direction des avant-postes isolés tenus par les marines pour apporter le ravitaillement et évacuer les blessés. Les appareils d'attaque au sol matraquent les positions communistes autour du périmètre de défense avec des bombes explosives et de napalm – on compte environ 300 missions par jour, soit une toutes les cinq minutes. Les B-52 lâchent leur énorme charge de bombes à 11 000 m d'altitude, transformant des bandes de terrain en paysage lunaire.

Les opérations aériennes semblent souvent désespérées et désordonnées. Les conditions climatiques, comme souvent au Vietnam, sont défavorables à l'aviation. Des sources officielles de la marine américaine sur les combats de Khe Sanh rapportent : « Seuls ceux qui ont dû prendre le risque de voler au moment de la mousson peuvent vraiment comprendre la façon dont le ciel devient une maison de fous, quand un grand nombre d'avions se trouvent confinés sous un plafond très bas ». Les bombardements des pistes par l'artillerie et les mortiers atteignent une telle intensité que les appareils de transport doivent atterrir, rouler et redécoller sans s'arrêter, ou même larguer leurs charges par les grandes portes-cargos sans atterrir.

Pourtant, les opérations aériennes fonctionnent. Quatorze ans plus tôt, des troupes françaises assiégées par les forces viêt-congs dans des circonstances semblables à Diên Biên Phu avaient été défaites, catastrophe qui avait précipité l'abandon par la France de ses colonies du Sud-Est asiatique. Mais, contrairement aux prévisions des médias, Khe Sanh tient et sera délivré. La puissance aérienne fait la différence.

Si cette puissance est telle, pourquoi ne pourrait-elle pas permettre aux États-Unis de gagner cette guerre ? Les opérations aériennes américaines sont étonnantes tant en diversité qu'en nombre : des flottes d'hélicoptères de transport de troupes fournissent la mobilité à la « cavalerie de l'air » ; des avions de transport sont armés pour le combat, des appareils de reconnaissance, équipés des plus récents matériels de détection infrarouges et électroniques ; et des centaines d'avions de chasse et d'attaques ter-

PHANTOM EN GUERRE
Le McDonnell F-4 Phantom II est la référence des avions de combat occidentaux dans les années 1960. Pendant la guerre du Vietnam, il est utilisé par l'US Navy, les marines et l'USAF. Il est apte à remplir une grande variété de missions, y compris la reconnaissance et la guerre électronique.

DES TROUPES MOBILES

Des fantassins de la 1re US Cavalry Division sautent d'un hélicoptère Bell UH-1 pour effectuer une patrouille de reconnaissance au Vietnam-du-Sud en 1967. Les unités mobiles aérotransportées sont au centre des tactiques de combat américaines lors de la guerre du Vietnam. La mobilité offerte par les hélicoptères, ainsi que leur puissance de feu en soutien immédiat sont exploitées au maximum.

restres et embarquées transportent la guerre au Vietnam-du-Nord. Mais, en dépit de la bravoure et de la qualification des équipages de l'aviation américaine et de l'inventivité technique déployée dans l'adaptation des matériels aux spécificités du conflit, celui-ci est imprévisible, car l'ennemi est toujours là où on ne l'attend pas.

LA GRUE DU CIEL
Un Sikorsky CH-54 Tarbe participe à l'installation d'un point d'appui dans la jungle sud-vietnamienne. L'absence de fuselage permet au CH-54 de transporter toutes sortes de charges d'un format inhabituel.

Le Vietnam pose un problème aux responsables politiques américains, car il s'agit bien d'empêcher l'extension de la mainmise communiste sur le Vietnam-du-Sud, sans déclencher une escalade susceptible de mener à une vraie guerre avec la Chine ou l'Union soviétique. L'option suivante est donc retenue : le Vietnam-du-Nord, dont les chefs communistes sont considérés comme contrôlant la guérilla au sud, ne peut être envahi, mais pourrait, dans certaines limites, être bombardé. Les bombardements au nord constituent une possibilité intéressante du point de vue politique, car ils peuvent diminuer les pertes américaines et apparaissent relativement faciles à moduler : l'intensité peut en être augmentée ou diminuée par les décideurs politiques. Mais la volonté d'éviter toute escalade signifie que la destruction totale d'objectifs dans les principales villes du Vietnam-du-Nord et en périphérie est écartée. Dans ces conditions, la force stratégique aérienne n'a aucune chance de dissuader un ennemi résolu. À partir de 1965, les États-Unis sont contraints d'engager d'importantes forces terrestres au Vietnam et de les soutenir par des forces aériennes tactiques à une échelle jamais vue.

> « L'image de soixante hélicoptères volant en formation [...] au ras des arbres est inoubliable. »
>
> **LIEUTENANT GÉNÉRAL BERNARD W. ROGERS,**
> DÉCRIVANT L'OPÉRATION CEDAR FALLS, 1967

Des aviateurs américains sont déjà présents en nombre au Vietnam-du-Sud depuis le début des années 1960. Des pilotes d'hélicoptère accompagnent des troupes sud-vietnamiennes en opérations, et des équipages américains interviennent avec des avions de transport chargés de l'« agent orange » servant à défolier de larges zones forestières pour priver la guérilla d'abris et de camouflage. Lorsque les unités de l'armée et des marines arrivent pour constituer la force de combat principale à la place des Sud-Vietnamiens, l'aviation devient l'élément de base de la stratégie du haut commandement contre la guérilla. Sa doctrine repose sur le double concept de la puissance de feu et de la mobilité ; or l'aviation peut offrir les deux. Les hélicoptères doivent résoudre le problème de la fixation d'un ennemi insaisissable sur un terrain difficile, en déplaçant rapidement hommes et matériels de façon à attaquer la guérilla dès qu'elle se montre. Le feu venu du ciel doit alors détruire cet ennemi en agissant comme une artillerie mobile.

Le nombre des hélicoptères déployés au Vietnam est sans précédent. Les États-Unis s'inspirent – à une plus grande échelle – des missions françaises lors de la guerre d'Algérie. Les engins transportent de tout, y compris des canons lourds que peuvent soulever les Sikorsky Skycrane. Ils assurent le ravitaillement et l'équipement des points d'appui isolés en territoire incontrôlé. Ils évacuent les blessés, effectuent des missions de reconnaissance à basse altitude et servent de postes de commandement aéroportés. Mais les hélicoptères jouent aussi un rôle actif en attaquant l'ennemi au sol au canon et à la roquette, et en amenant les troupes alliées au contact comme une « cavalerie aéroportée ». Les opérations héliportées massives constituent un spectacle impressionnant : « La vision de soixante hélicoptères volant en formation vers Ben Suc au ras des arbres est une image que les témoins n'oublieront jamais [...] En moins d'une minute et demie, un bataillon d'infanterie complet, environ 420 hommes, était déposé sur le terrain... », déclare le général Bernard W. Rogers à propos de l'opération Cedar Falls de 1967.

NAPALM ET PHOSPHORE
Au cours de la guerre du Vietnam, les forces américaines généralisent l'utilisation des bombes au napalm et au phosphore, ce qui est vivement critiqué par l'opinion internationale.

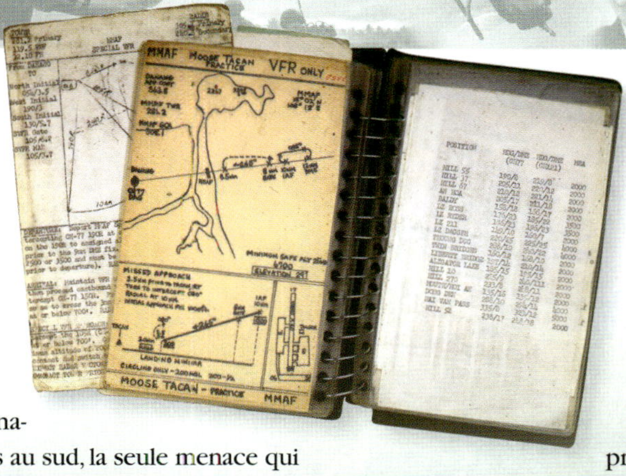

AIDE-MÉMOIRE
Sur son carnet comportant une check-list, un pilote d'hélicoptère de l'US Marine Corps a dessiné le croquis d'un terrain, et le détail des caps et des distances servant à la navigation.

Les avions nord-vietnamiens ne s'aventurant pas au sud, la seule menace qui guette les hélicoptères américains est celle du feu venu du sol. Lorsqu'une zone d'atterrissage d'hélicoptères est cernée de près par le Viêt-cong, la menace est considérable. Chacun des Bell UH-1, l'hélicoptère à tout faire de cette guerre, emporte un mitrailleur posté dans l'embrasure de la porte latérale grande ouverte, comme l'armée française avait appris à le faire en Algérie. La guerre des équipages d'hélicoptère est proche et personnelle comme le note le journaliste Frank Harvey : « Ils ne lancent pas des foudres impersonnelles de très haut dans le ciel comme les jets supersoniques. Ils descendent dans un grondement au contact des rizières et des trous individuels, tirant presque à bout portant […] Ils prennent des balles à travers les pare-brise en plastique et dans les pales des rotors. » L'arrivée des Bell AH-1 Cobra au Vietnam, en 1967, étend l'utilisation de l'hélicoptère au rôle de l'artillerie aéroportée. Une salve de roquettes lâchée par un hélicoptère de combat équivaut à un tir de barrage d'obusiers de 105 mm. L'hélicoptère de combat s'ajoute à un large éventail d'appareils dont l'armée peut se servir en soutien rapproché. La dépendance des troupes au sol au Vietnam a été souvent qualifiée d'excessive. L'infanterie qui rencontre la guérilla serait encouragée à renoncer à tout accrochage et à appeler d'urgence l'appui aérien pour combattre à sa place. On raconte que des chefs de section pris de panique appellent l'aviation pour éliminer un tireur isolé. Mais le désir d'éviter la bataille rangée terrestre est compréhensible, et l'avion est justement là pour être appelé. Au

TRAQUER ET DÉTRUIRE
Une vague d'hélicoptères de combat de la 1re US Cavalry Division aérienne survole une zone d'atterrissage dans la jungle sud-vietnamienne lors d'une mission appelée Search and Destroy *(traquer et détruire). Un bataillon complet peut être acheminé sur ses positions de combat. Un pilote a déclaré que les formations d'hélicoptères « avaient toujours l'air d'être élastiques car il n'y avait jamais deux appareils au même niveau ».*

plus fort de cette guerre, l'US Air Force, la Navy et les marines assurent une moyenne de 800 sorties en combat par jour. Des avions anciens à moteur à pistons, notamment le Skyraider A-1, se révèlent particulièrement efficaces dans l'attaque au sol, grâce à leur vitesse assez basse pour bien localiser les objectifs. Mais l'essentiel des missions de soutien rapproché est assuré par des « jets » à hautes performances comme les F-4 Phantom II et les F-100 Super Sabre.

Le bombardement lourd

Les B-52 constituent la force d'attaque la plus puissante déployée au Vietnam. Jusqu'à la fin de l'engagement américain dans ce conflit, ces bombardiers, essentiellement stratégiques, ont interdiction d'opérer sur le nord, en totale contradiction avec leur mission principale. Pendant la plus grande partie de la guerre, ils bombardent en masse les rizières et la jungle dans le but de détruire les pistes, les voies d'approvisionnement, les camps de base et les rassemblements de troupes communistes. Une extraordinaire inventivité est appliquée à la recherche des objectifs des B-52. Des avions sèment des dispositifs acoustiques et autres capteurs dans la brousse et les forêts que traverse la célèbre piste Ho Chi Minh conduisant troupes et approvisionnements du nord vers le sud. Lorsque des mouvements de troupes ou de transport sont détectés, des escadres de B-52 décollent de leur base de Guam, dans le Pacifique, et lâchent leurs bombes en dévastant à chaque fois des kilomètres carrés de terrain.

La disproportion entre la puissance aérienne déployée et les résultats n'a jamais été aussi flagrante que dans cette campagne. On admet généralement que le tonnage de bombes lâché sur la piste Ho Chi Minh est supérieur à celui de tous les fronts de la Seconde Guerre mondiale. Bien que ce calcul soit tout à fait hypothétique, il semble qu'il ait fallu en moyenne 100 tonnes de bombes pour tuer un seul combattant communiste.

Paradoxalement, les Américains disposent au Vietnam-du-Sud d'une puissance de feu excessive. Lorsque les opérations sont menées sur des zones reculées à très faible densité de peuplement, la gravité des dévastations causées par l'aviation américaine est pratiquement négligeable. Mais, lorsque les combats se déplacent vers les zones rurales plus peuplées, les dégâts collatéraux infligés aux non-combattants sont à l'origine de graves problèmes politiques, car l'opinion publique américaine finit par douter du bien-fondé de cette guerre. L'utilisation du napalm, déjà employé à la fin de la Seconde Guerre mondiale, est un sujet de controverses et de vives protestations. Pour les militaires américains, il s'agit d'une arme très efficace contre les troupes profondément enterrées dans des tunnels ou

Le Bell AH-1 Cobra

L'IDÉE DE L'HÉLICOPTÈRE D'ATTAQUE apparaît au début des années 1960, lorsque les militaires constatent la grande vulnérabilité des appareils de transport de troupes au feu venu du sol, notamment dans les opérations antiguérillas. Considérant qu'il est difficile d'engager des appareils à voilure fixe en même temps que des hélicoptères pour une même mission, on décide que la meilleure escorte pour l'hélicoptère est l'hélicoptère lui-même.

Au commencement de la guerre du Vietnam, les Américains utilisent l'UH-1 Iroquois (« Hury ») pour neutraliser le feu terrestre. Il s'agit simplement d'une version puissamment armée d'un transport de troupe. En l'occurrence, l'AH-1 Cobra ne représente qu'une petite avancée : environ 85 % de ses composants sont identiques à ceux du UH-1. Mais c'est le premier appareil à voilure tournante spécifiquement conçu comme un hélicoptère de combat, et, en tant que tel, il marque une étape dans l'évolution de l'hélicoptère.

Après leur premier vol en 1965, les AH-1 arrivent au Vietnam en 1967. Outre les missions d'escorte, ils sont aussi engagés dans les opérations de recherche et d'anéantissement, travaillant en duo avec les hélicoptères de reconnaissance OH-6 Cayuse dans des actions baptisées « Pink Team ». Couverts par un Cobra à environ 600 m, les hélicoptères de reconnaissance volent plus bas à la recherche des Viêt-congs. Lorsque l'ennemi ouvre le feu sur l'OH-6, le Cobra descend et sature la zone d'où proviennent les tirs. Après la guerre du Vietnam, l'AH-1 est adapté à un rôle antichars. Il est équipé de missiles guidés et d'un moteur plus puissant afin d'augmenter ses chances de survie sur le champ de bataille classique (où il doit affronter le feu des troupes, des avions ennemis et des missiles). Doté d'une avionique complète et moderne (comme des calculateurs de conduite de tir et des capteurs infrarouges pour le combat de nuit) dans les années 1980, le Cobra est devenu une machine extrêmement complexe.

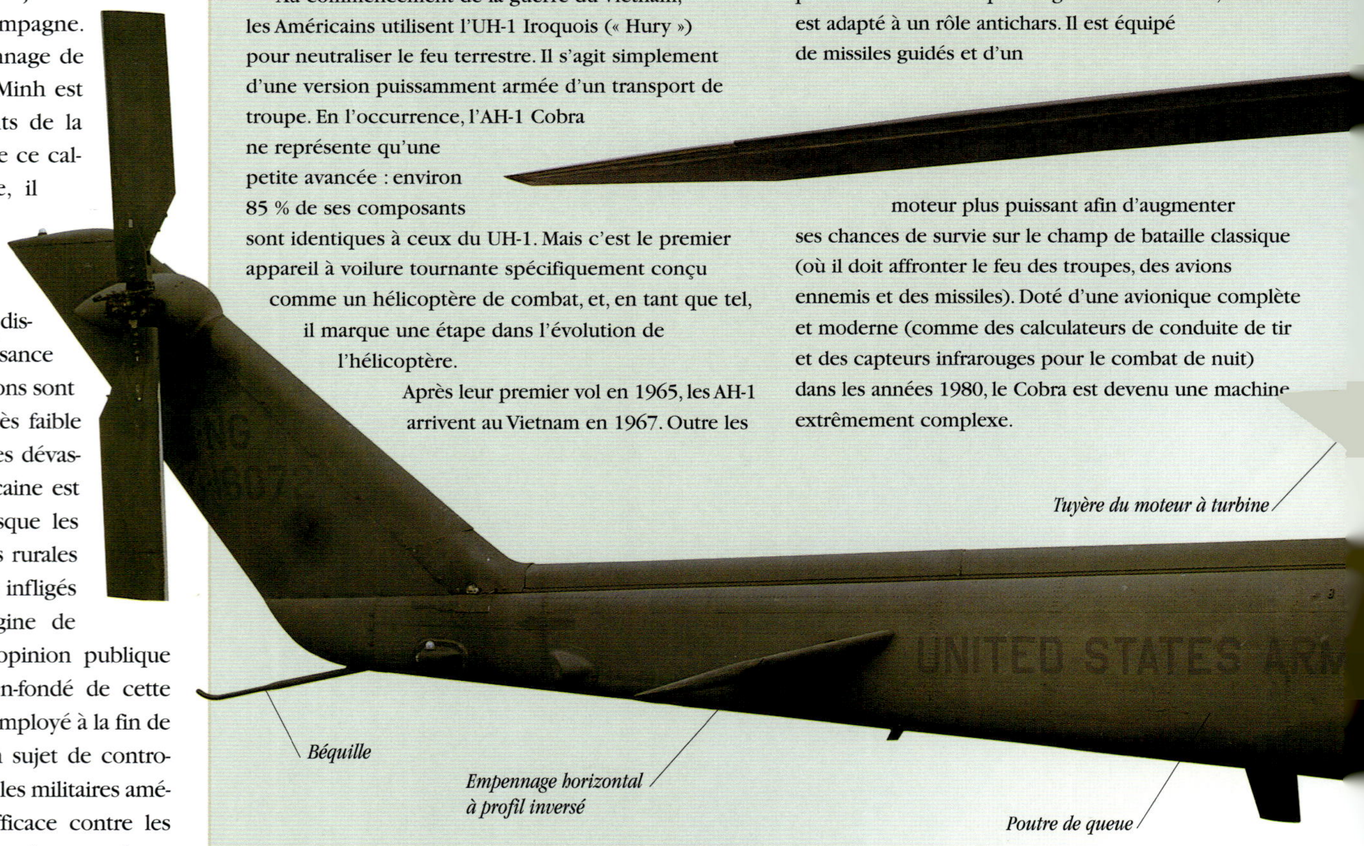

UNE PUISSANCE DE FEU

L'AH-1S possède une formidable puissance de destruction avec des missiles antichars et des roquettes, accrochés sous ses moignons d'ailes.

POSTE AVANT

Le siège du tireur est à l'avant ; le pilote est à l'arrière sur un siège surélevé. Le tireur dispose de plusieurs systèmes électroniques de visée et de conduite de tir.

ARTILLERIE VOLANTE

L'AH-1S dispose d'une impressionnante batterie d'armes installées à l'avant et sur les flancs de l'appareil. Un AH-1S ouvrant le feu de toutes ses armes rappelle « l'explosion d'une poudrière », selon les termes d'un témoin de la guerre du Vietnam.

CIBLE RÉDUITE

Le Cobra possède un fuselage profilé très étroit, n'étant ainsi pour l'ennemi qu'une très petite cible.

Caractéristiques (AH-1S)

MOTEUR turbopropulseur Textron Lycoming T53-L-703 de 1 800 ch

DIAMÈTRE DU ROTOR 14,6 m

LONGUEUR 13,9 m

POIDS 4 267 kg

VITESSE MAX. 282 km/h **ÉQUIPAGE** 2

ARMEMENT 1 canon triple tube M197 de 20 mm ; 4 points d'accrochage sous les supports latéraux ; 8 missiles BGM-71 TOW ; 2 pods de 7/19 roquettes à ailettes repliables des tranchées, jusqu'au jour où la photographie d'une fillette vietnamienne brûlée par le napalm devient l'image la plus diffusée du conflit.

Le tonnerre du ciel

De 1965 à 1968, une offensive aérienne contre le Vietnam-du-Nord se déroule parallèlement aux combats menés dans le Sud. Après un certain nombre de frappes de représailles contre le Nord, une offensive aérienne prolongée, connue sous le nom de code de « Rolling Thunder », est lancée en mars 1965. Elle est souvent décrite, à tort, comme une campagne de bombardements stratégiques. Conscient des risques d'escalade ou du jugement de l'opinion mondiale, le gouvernement américain fixe une série de limites à l'emploi de la puissance aérienne qui empêche d'atteindre le but essentiel du bombardement stratégique, à savoir la destruction des infrastructures industrielles et militaires de l'ennemi. Des régions entières du Vietnam-du-Nord sont déclarées « sanctuaires », c'est-à-dire interdites aux bombardiers, dont les villes principales, Hanoi et Haiphong, ainsi qu'une large zone située le long de la frontière chinoise. Même à l'intérieur des zones susceptibles d'être bombardées, des objectifs spécifiques sont interdits comme, par exemple, les installations portuaires et, au début, les systèmes de défense antiaérienne.

La campagne est menée non par les bombardiers stratégiques américains, mais par les avions d'assaut tactiques, les F-100, F-104 et F-105, lancés initialement sur des objectifs tels les ponts, les routes et les dépôts. Elle vise essentiellement à tarir le flot d'hommes et de matériels se déplaçant du nord vers le sud. Pourtant, le gouvernement américain persiste à croire qu'elle peut avoir une répercussion stratégique en infligeant suffisamment de dégâts, pour que les Nord-Vietnamiens cessent de soutenir la guerre au Sud. Les règles instituées lors de cette campagne sont périodiquement modifiées de façon à augmenter la pression : nouvelles cibles autorisées ou extension de la zone des bombardements. Une trêve est décrétée à l'occasion, afin de donner aux communistes le temps de la réflexion. Mais cette tentative échoue, car elle s'est fondée sur l'idée, fausse, qu'un gouvernement et un peuple bombardés réagissent en fonction d'une analyse rationnelle de ce que cela leur coûte, et non pas avec leurs tripes, avec un désir de vengeance.

Rolling Thunder s'avère une curieuse opération par laquelle les bombardements, essentiellement tactiques, servent des buts considérés comme stratégiques : la destruction des ponts pour miner la volonté de résistance d'un pays. La précision des règles d'engagement, qui met la vie des pilotes en danger et ruine l'efficacité des opérations aériennes, est en partie destinée à éviter que les États-Unis ne

DÉFENSES ANTIAÉRIENNES

Les SAM et l'artillerie antiaérienne nord-vietnamiens se complètent pour tendre un rideau de feu devant les avions américains. Les canons antiaériens sont redoutables à basse altitude et contraignent les Américains à voler plus haut, là où les SAM sont plus efficaces.

TRAVAIL D'ÉQUIPE

Lors des raids sur le Vietnam-du-Nord, les Américains forment des « équipes d'assaut » dans lesquelles le nombre des avions de soutien dépasse largement celui des appareils chargés de l'attaque des objectifs. Plus éloignés de l'action, les avions-citernes KC-135 ravitaillent les appareils de combat. Un avion de surveillance radar RC-121 sert de poste de commandement aéroporté et signale au plus tôt le décollage des MiG. Des EB-66B Destroyer, bourrés d'équipement de contre-mesures électronique, survolent à haute altitude la force d'attaque, escortés par des F-4. Les EB-66 sont destinés à brouiller les radars au sol en « aveuglant » les SAM et l'artillerie antiaérienne. En cas d'échec, des F-105 ou des F-4 Wild Weasel armés de missiles antiradars précèdent l'attaque pour détruire les radars et les batteries de SAM. Le noyau dur de l'attaque est constitué de vingt ou trente avions d'assaut armés de bombes et de missiles Bullpup, entourés par des F-4 chargés d'engager les MiG. Une centaine d'appareils peuvent être impliqués dans une seule mission.

FRAPPE DE THUD

Le Republic F-105 Thunderchief, surnommé par les pilotes le « Thud » (bruit sourd), est l'avion d'attaque au sol le plus employé au Vietnam. Rapide, robuste et bourré d'équipement électronique, il est chargé de pénétrer les défenses aériennes les mieux armées en emportant un chargement impressionnant de bombes et de missiles.

LE BULLPUP

Le Bullpup (bouledogue chiot) est le missile air-sol américain standard utilisé au début de la guerre du Vietnam. Il est guidé sur l'objectif par le navigateur, opérateur des systèmes d'armement de l'avion lanceur, au moyen d'une manette. Il est remplacé par des missiles autonomes « verrouillés » sur leur cible.

LES HÉLICOPTÈRES DE COMBAT

Le début de l'engagement total des États-Unis au Vietnam se situe au moment où se sont sensiblement accrus le nombre et la qualité des hélicoptères militaires américains. Le Chinook est déjà employé comme transport, et le Sikorsky Skycrane, qui vient d'apparaître, apporte une capacité nouvelle d'emport de charges lourdes, tandis que le premier hélicoptère d'attaque, le Bell Cobra, effectue ses essais opérationnels. Dans le contexte de la guerre, le scepticisme continue de régner dans l'armée sur la capacité des appareils à voilure tournante à participer aux combats, car ils sont considérés comme trop vulnérables au feu ennemi. Mais cette idée est vite abandonnée, l'expérience montrant en effet que les hélicoptères peuvent non seulement survivre à un feu adverse intense, mais le faire cesser eux-mêmes s'ils sont bien armés. L'hélicoptère de base reste le polyvalent « Huey », mais une spécialisation croissante apparaît avec, par exemple, le déploiement du Cayuse comme plate-forme d'observation.

COBRA ARMÉ
Les hélicoptères de combat Cobra (ici un AH-1T) montrent leur efficacité comme appareil d'appui rapproché au Vietnam (voir pp. 300-301).

Bell UH-1 Iroquois (« Huey »)

Ayant constaté l'efficacité de l'hélicoptère pour l'évacuation sanitaire en Corée, Bell étudie cette machine à turbine. Officiellement baptisé Iroquois, il est immédiatement surnommé « Huey » d'après sa désignation originale, HU-1. Au cours de la guerre du Vietnam, 2 000 Huey peuvent parfois sortir dans une même journée.

Moteur turbine Lycoming T53-L-11 de 1 100 ch
Diamètre du rotor 13,4 m **Longueur** 12,7 m
Vitesse max. 222 km/h **Équipage** 2
Passagers 3 porte-civières ou 7 hommes assis

Boeing-Vertol CH-47A Chinook

Le premier Chinook est une version agrandie du Vertol 107 ; il vole pour la première fois en 1961 en tant que Vertol 114. La variante de série initiale est le CH-47A, mis en service en 1961 pour devenir bientôt le partenaire indispensable, à grande capacité d'emport, du Huey. En 1999, plus de 800 Chinook ont été construits en différentes versions.

Moteurs 2 turbines Lycoming T55-1 de 2 200 ch
Diamètre du rotor 18 m **Longueur** 15,5 m
Vitesse max. 270 km/h **Équipage** 2-3
Passagers 50 hommes de troupe

Hughes OH-6A Cayuse

Au début des années 1960, Hughes est l'une des douze firmes qui planchent sur l'hélicoptère d'observation léger (LOH) de l'US Army. Surnommé « l'œuf volant », le Hughes 369 est déclaré vainqueur en mai 1965. Au Vietnam, le Cayuse remplit toutes sortes de missions, dont le réglage d'artillerie, l'escorte et la reconnaissance. Sa réussite est due en partie à la conception moderne de sa structure qui allie résistance et rigidité à un faible poids et une bonne aérodynamique.

Moteur turbine Allison T63-A de 317 ch
Diamètre du rotor 8 m **Longueur** 7,1 m
Vitesse max. 244 km/h **Équipage** 2
Passagers 4

Sikorsky CH-53D Sea Stallion

Déployé au Vietnam pour la première fois en 1967, le CH-53 est dérivé de l'amphibie Sikorsky S-65. Il emprunte le système de rotor du Skycrane pour offrir à l'US Marine Corps à la fois un hélicoptère d'assaut indispensable et un transport lourd. L'USAF modifie aussi ce type pour en faire le HH-53, leur principal appareil de sauvetage surnommé « Super Jolly ».

Moteurs 2 turbines General Electric T64-GE-413 de 3 925 ch
Diamètre du rotor 22 m **Longueur** 20,5 m
Vitesse max. 315 km/h **Équipage** 3
Passagers 63 hommes de troupe

Sikorsky CH-54A Tarhe

Le Sikorsky S-64A, qui vole pour la première fois en mai 1962, est le premier Skycrane. Son expérimentation réussie au Vietnam, sous la désignation militaire YCH-54A Tarhe (mot amérindien signifiant « grue »), se traduit par une importante commande. En 1965, le peu esthétique Skycrane est déclaré opérationnel. Il peut transporter des appareils endommagés, de l'artillerie et des blindés, aussi bien qu'un vaste conteneur aménagé en hôpital de campagne, casernement ou poste de commandement.

Moteurs 2 turbines Pratt & Whitney T73-P-1 de 4 500 ch
Diamètre du rotor 22 m **Longueur** 21,4 m
Vitesse max. 203 km/h **Équipage** 3-4
Passagers 87 hommes de troupe ou 9 tonnes de charge

Sikorsky H-34 Choctaw

Le H-34 Choctaw, mis en service dans l'US Army en 1962, est un dérivé du HSS-1 chasseur-destructeur de sous-marins de l'US Navy de 1954. En 1962, le Choctaw est déployé au Vietnam, où il sert aux liaisons d'état-major et à la recherche. Mais ce sont les marines qui deviennent les principaux utilisateurs de cet appareil en version UH-34 Seahorse, car l'armée l'estime trop vulnérable. Les derniers Choctaw de l'US Army sont retirés du service au début des années 1970.

Moteur moteur en étoile Wright R-1820 de 1 525 ch
Diamètre du rotor 17,1 m **Longueur** 14,3 m
Vitesse max. 196 km/h **Équipage** 2-3
Passagers 18 hommes de troupe

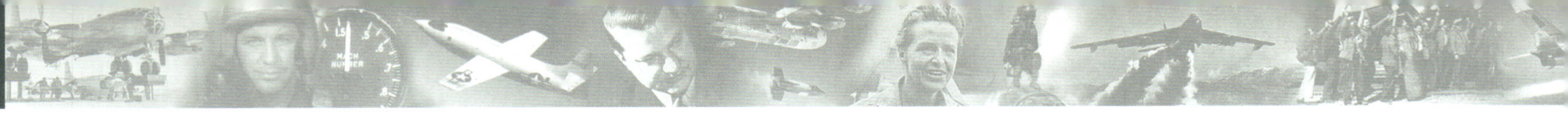

Le Mikoyan-Gourevitch MiG-21

Le MiG-21, ou « Fishbed » selon le nom de code de l'OTAN, a été conçu pour accomplir efficacement des tâches limitées.

Il est conçu juste après la guerre de Corée, époque où les militaires soviétiques estiment qu'il leur faut un intercepteur à court rayon d'action et un chasseur de supériorité aérienne de nouvelle génération. L'avion doit être rapide – capable de voler à Mach 2 – et très maniable. Il faut aussi qu'il soit simple, fiable, facile à entretenir et assez peu coûteux pour être construit en série.

L'avion, créé par le bureau d'études Mikoyan et Gourevitch, est un chasseur-bombardier et intercepteur classique sans raffinement excessif, voire dépouillé. En 1959, à l'époque où les États-Unis développent le F-4 Phantom – dont la masse exige deux moteurs et qui emporte un opérateur de systèmes électroniques pour exploiter sa panoplie d'équipements électroniques –, le MiG 21 est un monoplace monomoteur, léger, doté d'un simple radar, de deux missiles guidés par infrarouges et d'un canon. Lorsque les pilotes de F-4 rencontrent les MiG-21 pour la première fois au Vietnam-du-Nord, leur avantage en électronique et leur supplément de puissance ne se traduisent pas forcément par des victoires. En réalité, le MiG se montre plus agile ; il vire plus serré et son canon constitue un avantage absolu sur les chasseurs américains qui, au début, en sont dépourvus.

Avec le temps, l'évolution du MiG-21 le prive de sa légèreté et de sa simplicité initiales. Les versions les plus récentes ont un radar plus sophistiqué et un réservoir supplémentaire qui augmente l'autonomie. Le moteur est modifié pour permettre l'emport d'un plus grand nombre de missiles, ainsi que du carburant supplémentaire. Mais ses qualités d'avion bon marché, fiable et très performant subsistent. Plus de 13 000 MiG-21 ont été produits. Ils ont équipé plusieurs aviations du monde entier et combattu, outre au Vietnam, dans d'autres régions comme le Proche-Orient. De nombreux MiG-21 sont encore opérationnels au début de ce troisième millénaire.

« Il était magnifique à piloter, solide, simple et facile à produire en grande quantité… »

Ivan Rendall, à propos du MiG-21, extrait de *Rolling Thunder*, 1999

UN CHASSEUR TRÈS UTILISÉ
Depuis sa mise en service en 1959, le MiG-21 a été utilisé par plus de cinquante aviations. Ci-contre, un MiG-21 UTI de l'aviation yougoslave décollant d'une base du Kosovo en 1999.

EXERCICE DE COMBAT
Des pilotes soviétiques courent vers un alignement de MiG-21 lors d'un exercice d'alerte à Moscou en juillet 1965.

soient critiqués par le reste du monde pour cette campagne de bombardement que l'on estime responsable de la mort d'environ 50 000 Nord-Vietnamiens.

Le ministre de la Défense, Robert McNamara lui-même, bien qu'un des principaux architectes de la guerre, finit par admettre que « le tableau de la plus grande superpuissance du monde tuant ou blessant un millier de non-combattants par semaine, tout en essayant d'amener un minuscule pays arriéré à la reddition, pour un enjeu dont les mérites sont fortement critiqués, n'est guère flatteur ».

L'assimilation du Vietnam-du-Nord à un « pays arriéré » déplaît fortement aux aviateurs américains, surtout qu'elle survient au pire moment de Rolling Thunder. Décollant de bases situées au Vietnam-du-Sud et en Thaïlande et des porte-avions de la VIIe flotte croisant dans le golfe du Tonkin, les chasseurs-bombardiers doivent affronter les rideaux de feu de l'artillerie antiaérienne, les missiles sol-air SA-2 fournis par les Soviétiques et les chasseurs MiG-17 et MiG-21 basés en toute sécurité dans les « sanctuaires » autour de Hanoi. Cette défense antiaérienne communiste très moderne prélève naturellement son tribut. Les Américains perdent au total 998 appareils lors de cette campagne de trois ans, dont la majorité du fait de l'artillerie antiaérienne et des missiles sol-air (SAM). 56 appareils américains sont officiellement perdus en combat aérien contre 118 MiG abattus par les chasseurs. Même si ce rapport de pertes de deux à un reste admissible pour les Américains, on est loin des résultats obtenus sur le fleuve Yalu en Corée, lorsque dix MiG tombaient pour un avion à réaction américain.

La force d'assaut

Les principaux avions de l'opération Rolling Thunder sont le F-4 Phantom II, avion de supériorité aérienne, et le F-105 Thunderchief d'attaque au sol. Aucun de ces deux avions n'est parfaitement adapté aux missions qui lui sont attribuées au Vietnam. Le F-105 est un chasseur-bombardier de pénétration conçu pour porter la bombe nucléaire à travers les défenses antiaériennes soviétiques. Il n'est pas destiné aux frappes de précision sur des cibles telles que des ponts et des voies de chemins de fer. Le F-4 est un appareil puissant et polyvalent, mais ses concepteurs ne l'ont pas créé pour le combat aérien traditionnel. Il est prévu pour l'attaque des avions ennemis au moyen de missiles Sparrow guidés par radar au-delà de la portée visuelle, enchaînant avec des Sidewinder à guidage infrarouge à portée visuelle. Il ne possède pas de canons pour le combat rapproché classique.

Dès le début, le Phantom II ne peut tirer parti de ses avantages, dans la mesure où, selon la règle de combat en vigueur, une cible doit être visuellement identifiée avant l'attaque. Il s'ensuit que les MiG-17

Caractéristiques (MiG-21F-13)

Moteur	turboréacteur Toumansky avec réchauffe de 6 200 kgp
Envergure	7,15 m
Longueur	15,76 m
Vitesse max.	2 220 km/h — **Équipage** 1
Armement	1 canon de 30 mm ; 4 missiles air-air K-13 ; 4 bombes de 250 kg ou 4 missiles air-sol de 220 ou 325 mm

SIMPLEMENT EFFICACE
Conformément à la philosophie générale du MiG-21, l'habitacle est petit et ne comporte que les équipements essentiels.

AGILE ET RAPIDE
Malgré son moteur unique, le MiG-21 est particulièrement agile, avec peu d'équivalents en combat tournoyant. Pourtant, il est sujet au snaking *(instabilité en tangage et en lacet), cause d'extinction et de pompage du turboréacteur.*

LE STRICT MINIMUM
Le MiG-21 (ici, la version F-13) se caractérise par des dimensions relativement restreintes, une voilure en delta avec empennage horizontal en flèche et sa légèreté qui autorise l'emploi d'un seul moteur.

LES BOMBES INTELLIGENTES

Les bombes guidées sont apparues pendant la Seconde Guerre mondiale, lorsque les Allemands, comme les Américains, expérimentaient des systèmes de radioguidage associés aux bombes classiques. Ces systèmes ne sont pas sans efficacité, mais sont trop faciles à brouiller, et l'avion porteur reste trop vulnérable parce qu'il doit suivre la chute de la bombe.

À la fin des années 1950, des expériences sont menées avec des bombes guidées par des systèmes électro-optiques. La bombe planante Walleye de l'US Navy, utilisée au Vietnam pour la première fois en 1967, comporte une caméra logée dans le nez qui envoie une image à l'avion porteur. L'opérateur de guerre électronique peut verrouiller la bombe sur sa cible ou la guider jusqu'à l'impact.

Mais les armes intelligentes ne sont vraiment au point qu'avec le déploiement des bombes Paveway guidées par laser à partir de 1968. La cible est repérée avec un rayon laser et un système guide la bombe vers le reflet. L'avion lanceur n'étant pas lui-même le « désignateur » de la cible, il peut s'esquiver une fois sa bombe lancée.

PRÉCISION
Une bombe Paveway guidée par laser démontre sa précision lors d'un tir d'essai. Cette bombe requiert un autre avion ou un opérateur au sol pour repérer la cible en dirigeant sur elle un rayon laser ; le système de guidage de la bombe se charge du reste.

PAVEWAY À LASER
La bombe Paveway comprend des détecteurs d'acquisition et de verrouillage du rayon de lumière laser réfléchi par la cible préalablement repérée.

et MiG-21 peuvent s'approcher impunément jusqu'à ce que leur maniabilité et leurs canons leur donnent une bonne chance de vaincre. Les pilotes nord-vietnamiens font constamment preuve d'habileté et d'agressivité, mais les pilotes de Phantom apprennent bien vite à exploiter la puissance supérieure de leur appareil dans les manœuvres de combat. En 1967, quelques F-4 reçoivent des canons en nacelles sous les ailes ; les F-4E, dotés enfin d'armes intégrées, sont produits à la fin de 1968.

Initialement, les Américains emploient les tactiques de guerre nucléaire en pénétrant l'espace aérien nord-vietnamien à basse altitude pour se glisser sous la couverture radar. Mais ils s'aperçoivent bientôt que cette méthode expose trop les avions au feu des batteries antiaériennes. Ils adoptent une approche à plus haute altitude, en comptant sur les contre-mesures électroniques pour brouiller les radars chargés du guidage des missiles SA-2 et en utilisant quelques missiles Shrike pour neutraliser les sites de SAM. Les avions qui portent les Shrike, généralement des F-105, sont surnommés « Wild Weasel » (belette). Ils doivent voler en ligne droite jusqu'à ce qu'ils soient détectés par le radar d'une batterie de missiles SAM, puis tirer un missile Shrike qui se dirige sur la source d'émission du radar. En principe, cette action doit survenir avant le tir des SAM. Malgré le déploiement de toutes sortes de contre-mesures destinées à protéger les appareils américains, de nombreux pilotes estiment que leur survie est mieux assurée en apprenant à éviter les missiles par des manœuvres appropriées et grâce à la vitesse.

L'opération Rolling Thunder se termine officiellement au début du mois de novembre 1968, suite à l'accord des Nord-Vietnamiens de se joindre aux négociations de paix. À cette date, dans le cadre de cette campagne, les pilotes américains ont effectué quelque 300 000 sorties et lâché environ 860 000 tonnes de bombes. Des dégâts immenses ont été causés, notamment lorsque les Américains ont élargi le nombre de leurs cibles pour frapper les centrales électriques et les dépôts de carburant. Mais personne ne croit sérieusement que les communistes ont été « amenés à la table de négociation par les bombardements ». Pour des raisons finalement pas très évidentes, des centaines d'aviateurs américains ont été tués et des centaines d'autres sont retenus prisonniers dans des conditions très dures.

Le retrait des forces terrestres américaines du Vietnam débute en 1969, et les Américains commencent à transférer la responsabilité de la guerre aérienne aux Sud-Vietnamiens. Survient alors une période de calme jusqu'au printemps 1972, moment où l'armée nord-vietnamienne envahit le Vietnam-du-Sud. À cette époque, il est impossible, pour des raisons politiques, d'engager les troupes terrestres américaines dans la bataille, mais la puissance aérienne américaine est redéployée par esprit de vengeance, à la fois pour soutenir tactiquement l'armée sud-vietnamienne et s'attaquer à des objectifs au Vietnam-du-Nord.

Les armes autoguidées

Entre 1969 et 1972, de remarquables progrès sont enregistrés au sein des forces aériennes américaines, résultant en partie des réflexions consécutives à la décevante expérience du Vietnam. Il est généralement reconnu que les pilotes de chasse n'ont pas été correctement formés au combat tournoyant et que la confiance faite aux missiles a conduit à négliger certains grands principes du combat purement aérien. En mars 1969, l'US Navy crée son Post-Graduate Course in Fighter Weapons, Tactics, and Doctrine (« Perfectionnement en tir, tactique et doctrine ») sur la base aéronavale de Miramar en Californie, un stage plus connu sous le nom de programme « Top Gun ». Entre-temps, l'USAF se rééquipe en F-4E armés de canons de bord.

En 1972, les pilotes américains ne sont pas seulement bien préparés au combat aérien pur, mais ils sont aussi mieux armés pour l'attaque de cibles terrestres très petites. L'évolution des armes guidées est déjà bien amorcée au moment du déclenchement de la guerre du Vietnam. Mais l'introduction d'armes guidées par télévision et rayons laser représente une notable avancée. Pour la première fois dans l'histoire de l'aviation, on peut être pratiquement sûr que la cible (un pont ou un bâtiment) bombardée sera atteinte.

Cela dit, des compétences et des équipements perfectionnés n'auraient produit qu'une faible différence sans les changements propres à la nature du conflit et aux règles qui encadrent l'action des aviateurs américains. Avec l'invasion nord-vietnamienne, le combat classique se substitue à la guérilla, impliquant le déploiement de chars d'assaut et autres armements lourds qui représentent des cibles justifiant l'intervention de l'aviation.

> « Le SAM semble vous être personnellement destiné ; pour vous tuer… »
>
> **Général Robin Olds,** pilote de l'USAF au Vietnam

LA CRÉATION DE TOP GUN

Lors des combats menés au-dessus du Vietnam-du-Nord jusqu'à l'automne 1968, environ deux MiG nord-vietnamiens sont abattus pour la perte d'un chasseur américain. Ce rapport ne satisfait pas l'US Navy. Une enquête établit que les pilotes ne sont pas suffisamment formés au combat rapproché.

APRÈS LE COMBAT
De retour sur le porte-avions USS Constellation, *après avoir abattu trois MiG-17 en une seule sortie, le lieutenant Randall « Duke » Cunningham (au centre) raconte avec animation le combat du jour à ses collègues.*

INSIGNES
La formation au combat aérien moderne favorise la compétition entre pilotes, d'où le nom de Top Gun (sur le badge ci-dessous à droite) donné à la Fighter Weapons School de l'US Navy.

Elle recommande un nouveau programme d'entraînement au cours duquel les pilotes de chasse sont opposés à des avions semblables aux chasseurs ennemis, lors d'exercices de combat aérien pur. En 1969, l'école Top Gun est créée sur la base de Mirama, en Californie.

Très vite, l'efficacité au combat s'améliore. Le lieutenant Randall « Duke » Cunningham, pilote de l'US Navy, et son officier radariste, le lieutenant William Driscoll, ont déjà deux victoires à leur palmarès, lorsque, le 10 mai 1972, leur section de F-4 est attaquée par des MiG au-dessus du Vietnam-du-Nord. Alors que les Phantom II et les MiG entament un combat tournoyant, chaque pilote essayant de se placer dans la queue de l'adversaire, Cunningham abat deux avions ennemis avec des missiles Sidewinder. Mettant le cap vers la côte, il tombe sur un autre MiG-17 dont le pilote se montre agressif et tenace en « collant » au Phantom II dans toutes ses manœuvres évasives.

En réduisant brusquement les gaz et en sortant ses aérofreins, Cunningham se laisse dépasser par le MiG, se retrouve derrière lui et l'abat avec un Sidewinder. Avec cinq victoires, Cunningham et Driscoll sont les premiers as de la guerre du Vietnam. Dans les années 1970, le principe de Top Gun est appliqué par l'USAF dans sa Fighter Weapon School. La simulation de combat le plus proche possible de la réalité, qui apprend au pilote à mener son avion à ses limites, devient la norme. Il est évident, pour les pilotes de chasse actuels, que « vous combattez comme vous vous entraînez ».

VERSION HOLLYWOOD
En 1986, le film Top Gun *est tourné dans l'école des pilotes d'élite de l'US Navy. Il a connu un succès retentissant avec Tom Cruise en tête d'affiche, mais sa vraie vedette est le F-14 Tomcat.*

CHASSEUR FANTÔME
Conçu initialement pour l'US Navy mais adopté aussi par l'USAF, le F-4 Phantom II est un excellent avion par ses performances et ses équipements. La capacité des MiG-17, théoriquement inférieurs, à leur tenir tête en combat aérien provoque une surprise et aboutit à la création de l'école Top Gun.

UNE AVALANCHE DE BOMBES
Un B-52F largue sa charge de bombes sur le Vietnam-du-Sud en 1965. Le B-52F peut emporter 23 500 kg de bombes, capacité dépassée par celle de la variante « Big Belly » (gros ventre) du B-52D, qui sera portée à 27 tonnes.

« Les bombardiers sont cachés par les nuages. Le sifflement et l'explosion des bombes résonnent dans toute la forêt. »

Tran Mai Nam,
journaliste nord-vietnamien

SCÈNE DE DÉVASTATION
Le faubourg de Cholon, à Saigon, dévasté après l'offensive du Têt en 1968. De telles scènes sont souvent le fait de l'artillerie. Mais c'est l'emploi de la force aérienne qui canalise les sentiments antimilitaristes aux États-Unis, notamment les B-52, littéralement diabolisés par l'opinion.

Il suppose aussi la fourniture ininterrompue, sur une grande échelle, de carburant et de munitions pour soutenir les opérations. Les opérations aériennes américaines intenses, qui totalisent par exemple plus de 18 000 sorties d'avions conventionnels en mai 1972, infligent d'importants dommages aux forces nord-vietnamiennes infiltrées au sud. Parallèlement, les forces aériennes américaines sont lancées sur la quasi-totalité du territoire nord-vietnamien avec très peu de restrictions. Les A-7 Corsair de l'US Navy larguent des mines pour bloquer les ports nord-vietnamiens, points d'entrée des approvisionnements venant de Chine et d'Union soviétique. Toute la logistique est dévastée, depuis les dépôts de carburant et magasins jusqu'aux routes, voies ferroviaires et ponts. En octobre, les frappes aériennes sur le Nord, du nom de code « Linebacker », sont suspendues après une avancée dans les pourparlers de paix. Dès lors, les Nord-Vietnamiens doivent admettre qu'ils ne sont pas en mesure de conduire une guerre classique face à la puissance aérienne américaine.

Les bombes de Noël

La phase finale de l'engagement américain au Vietnam place les B-52 au centre des opérations. Ils ont déjà servi intensément durant les combats de 1972, mais dans la seconde moitié du mois de décembre, alors que les négociations échouent juste avant l'accord final, ils sont lâchés dans le cadre d'une énorme offensive contre Hanoi et Haiphong. Le président Nixon commente à sa façon le déclenchement de Linebacker II : « Les salauds n'ont encore jamais été bombardés comme ils vont l'être cette fois. »

Entre le 18 et le 29 décembre, plus de 15 000 tonnes de bombes sont larguées sur des objectifs situés dans les villes du Nord et en périphérie. Au plus fort de l'offensive, 120 B-52 attaquent la même nuit, soutenus par des chasseurs, des appareils d'attaque au sol, des avions de guerre électronique et des équipes de récupération en hélicoptères. Le but consiste à détruire les infrastructures militaires et industrielles nord-vietnamiennes, y compris les aérodromes, les sites de missiles, les casernes, les stations électriques et les gares de triage. Pour réussir des frappes de précision et tenir les pertes de civils dans des limites politiquement acceptables, les B-52 doivent suivre une trajectoire rectiligne et horizontale en dépit des volées de missiles SA-2 qui les accueillent. Inévitablement, les pertes sont lourdes (quinze B-52 sont abattus), et, tout aussi inévitablement, des bombes manquent leur cible, un hôpital est touché. Mais, dans l'ensemble, Linebacker II atteint son objectif : effectuer des destructions massives.

L'offensive de Noël est rapidement suivie d'un accord qui permet le retrait définitif des forces militaires américaines du Vietnam, mais rien ne prouve que ce bombardement a poussé les Nord-Vietnamiens au compromis. Ce n'est qu'une ultime démonstration de force destinée à atténuer l'humiliation des États-Unis incapables de gagner cette guerre et à avertir les communistes de ce qui les attend s'ils rompent les accords de paix. En réalité, la volonté de

PRÉCISION ET ALTITUDE

En 1972, des groupes de trois B-52 envoyés frapper les forces terrestres nord-vietnamiennes opérant au Vietnam-du-Sud larguent leurs bombes d'une altitude de 11 000 m, bien souvent au-dessus de la couche nuageuse. Si le guidage d'un bombardier, qui doit lâcher ses projectiles sur un point précis, défini par des coordonnées géographiques, est pratiqué depuis la Seconde Guerre mondiale, il faut encore aux équipages et aux contrôleurs au sol une grande compétence quand un retard de cinq secondes au largage se traduit par une erreur de 800 m par rapport à la cible visée. Les contrôleurs au sol qui suivent les B-52 au radar travaillent par équipes de trois, vérifiant et revérifiant réciproquement leurs calculs. Le B-52 de tête reçoit le décompte par la voix du contrôleur à la radio jusqu'au lâcher : « Cinq, quatre, trois, deux, un, top ! » Les navigateurs-bombardiers des deux autres appareils actionnent les déclencheurs après un nombre précis de secondes. Le largage des bombes est ressenti par une petite secousse de l'avion et traduit par une série de lampes qui s'éteignent à la chute de chacune des bombes. Ces dernières arrivent au sol une minute plus tard, alors que le B-52 a déjà pris son cap de retour. Seuls les pilotes peuvent apercevoir de brèves lueurs à travers les nuages qu'ils survolent. Rien de plus…

LE TROU NOIR
Le navigateur radariste d'un B-52 est responsable du largage des bombes. Il est installé sur le pont inférieur, dans le « trou noir » sans hublot, en dessous du pilote et du copilote.

LE VOL DE LA DERNIÈRE CHANCE
Le président Nixon (ci-dessus) programme le retrait définitif des forces américaines du Vietnam à partir de janvier 1973. Les États-Unis s'engagent à intervenir à nouveau si le Vietnam-du-Nord rompt les accords de paix. Mais la volonté de soutenir le Sud retombe rapidement. En mai 1975, lorsque les forces communistes occupent Saigon, une partie de la population cherche à fuir à bord des hélicoptères qui vont vers les porte-avions ancrés au large (ci-contre).

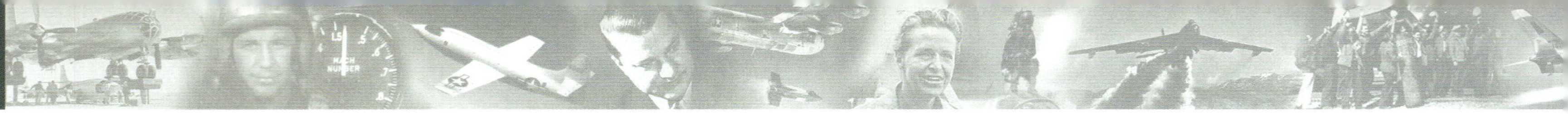

LES AVIONS DE COMBAT AVANT 1970

Les appareils déployés au Vietnam et au Proche-Orient dans les années 1960 et au début des années 1970 ont pour la plupart été conçus dans les années 1950. Certains ont connu une longue carrière, comme le Douglas Skyhawk, qui vole pour la première fois en 1954 et que les Argentins utilisent encore lors de la guerre des Malouines en 1982. Des avions comme le F-100 Super Sabre et le Dassault Super Mystère appartiennent à la première génération des chasseurs supersoniques, tandis que les F-4 Phantom et Mirage III, un peu plus récents, répondent à la nécessité d'atteindre Mach 2. Les Dassault Mystère et Mirage doivent leur réputation à la politique qui fait de la France le principal fournisseur d'armes d'Israël, dans les années précédant la guerre des Six Jours de 1967. Le Phantom, produit d'abord pour l'US Navy, devient probablement le meilleur chasseur de la décennie. Le Vought A-7 Corsair II, avion d'attaque destiné à succéder au Skyhawk, et le Grumman Intruder sont conçus dans les années 1960 et déployés pour la première fois au Vietnam. Tous deux sont encore en première ligne à l'époque de la guerre du Golfe en 1991.

LE CHASSEUR DU PACTE DE VARSOVIE

Le MiG-21 « Fishbed », chasseur tactique léger, est excellent en combat tournoyant. Son succès à l'exportation est dû à son prix relativement bas : le tiers de celui d'un Phantom II (voir pp. 304-305).

Dassault Mirage IIIC

Ce chasseur à aile delta est initialement commandé par l'armée de l'air française. Très réussi, il est exporté dans de nombreux pays, dont l'Argentine qui l'utilise contre les forces britanniques pendant la guerre des Malouines en 1982.

Moteur turboréacteur SNECMA Atar 9B de 6 000 kgp

Envergure 8,2 m — **Longueur** 15,5 m

Vitesse max. 2 350 km/h — **Équipage** 1

Armement 2 canons DEFA de 30 mm ; jusqu'à 1 360 kg de bombes, roquettes ou missiles

Dassault Super Mystère

Appelé initialement Mystère IV B, cet avion, qui est le premier avion conçu en Europe de l'Ouest à dépasser la vitesse du son, est rebaptisé Super Mystère. De conception totalement française, avec quelques similitudes avec le F-100 américain, il possède un moteur Atar développé en France et entre en service dans l'armée de l'air en 1957.

Moteur turboréacteur SNECMA Atar 101G-3 de 4 500 kgp

Envergure 10,5 m — **Longueur** 14 m

Vitesse max. 1 200 km/h — **Équipage** 1

Armement 2 canons DEFA de 30 mm ; 1 lance-roquettes escamotable de 35 munitions ; 900 kg de bombes ou de charges externes en pylônes

Douglas A-4D Skyhawk

Le premier avion d'attaque à réaction de l'US Navy étonne les Américains, habitués à de plus grosses machines, par sa petite taille et sa légèreté. Il est ainsi surnommé « la voiture de sport ». Le prototype est assez rapide pour battre le record mondial de vitesse sur 500 km. Mis en service par la Navy et les marines en 1956, il reste en première ligne pendant vingt ans.

Moteur turboréacteur Pratt & Whitney J52-6 de 3 856 kgp

Envergure 8,4 m — **Longueur** 12,2 m

Vitesse max. 1 102 km/h — **Équipage** 1

Armement 2 canons de 20 mm ; 3 720 kg de bombes

Grumman A-6E Intruder

Ce bombardier d'attaque tout temps de l'US Navy et de l'US Marine Corps est directement engagé au combat au Vietnam à partir de 1965. Le fuselage large permet de loger les équipements de navigation et d'attaque antiradars parmi les plus sophistiqués du monde, y compris un système d'appontage automatique. Les Intruder sont encore efficaces lors de la guerre du Golfe.

Moteurs 2 turboréacteurs P & W J52-8A de 4 218 kgp

Envergure 16,2 m — **Longueur** 16,7 m

Vitesse max. 1 037 km/h — **Équipage** 2

Armement jusqu'à 8 165 kg de bombes, roquettes ou missiles

McDonnell Douglas F-4J Phantom II

Le F-4, conçu comme chasseur de protection pour l'US Navy, est largement supersonique, possédant une grande capacité de carburant interne et un puissant armement de missiles guidés par radar. Les Phantom de la Navy et de l'Air Force combattent au Vietnam jusqu'en 1973. Selon ses équipements, cet avion peut remplir une grande variété de missions.

Moteurs 2 turboréacteurs GE J79-GE-10 de 8 120 kgp

Envergure 11,68 m — **Longueur** 17,7 m

Vitesse max. 2 414 km/h — **Équipage** 2

Armement 4 x AIM-9 Side4 missiles air-air AIM-9 Sidewinder et 4 AIM-7 Sparrow ou 7 257 kg de bombes

North American F-100D Super Sabre

Le prototype du Super Sabre franchit le mur du son dès son premier vol en 1953. Faisant appel à des alliages de titane à haute résistance, sa construction constitue un progrès radical dans la technique aéronautique. L'avion devient alors l'un des appareils tactiques les plus polyvalents de l'USAF et effectue plus de 360 000 sorties au Vietnam.

Moteur turboréacteur P & W J57-P-21A de 7 688 kgp

Envergure 11,9 m — **Longueur** 15 m

Vitesse max. 1 461 km/h — **Équipage** 1

Armement 4 canons M-39E de 20 mm dans le fuselage ; jusqu'à 3 193 kg de bombes, roquettes ou missiles

Republic F-105D Thunderchief

Firme responsable du Thunderbolt de la Seconde Guerre mondiale, Republic produit avec ce chasseur-bombardier le plus gros monoplace monomoteur de l'Histoire. Mis en service en 1959, cet avion effectue au Vietnam plus de missions entre 1966 et 1971 que tout autre appareil de l'USAF. Ses pertes sont élevées, et, à cause du coût de sa mise en œuvre, il est peu à peu déclassé.

MOTEUR turboréacteur P & W J75-P-19W de 11 113 kgp

ENVERGURE	10,7 m	**LONGUEUR**	19,6 m
VITESSE MAX.	2 237 km/h	**ÉQUIPAGE**	1

ARMEMENT 1 canon rotatif M-61 Vulcan de 20 mm ; 3 629 kg de bombes ; 2 722 kg de missiles sur pylônes

Vought A-7E Corsair II

Dérivé du Crusader, mais très différent, cet avion d'attaque léger sacrifie la vitesse à la capacité d'emport et à l'autonomie. Sa carrière a été exceptionnellement longue. Commandé par l'US Navy et l'USAF en 1966, il est encore en première ligne dans la Navy durant la guerre du Golfe en 1991.

MOTEUR turboréacteur double flux Allison TF41-A-2 de 6 804 kgp

ENVERGURE	11,8 m	**LONGUEUR**	14,1 m
VITESSE MAX.	1 123 km/h	**ÉQUIPAGE**	1

ARMEMENT 1 canon rotatif Vulcan M-61 de 20 mm jusqu'à 6 800 kg de bombes, roquettes ou missiles

Vought F-8U-1 Crusader

Chasseur de défense de l'US Navy à partir de 1957, le Crusader (ici, un appareil français F-8E FN) est plus rapide que le F-100 doté du même moteur. L'aile haute à incidence variable permet d'abaisser les vitesses de décollage et d'appontage pour opérer sur de petits porte-avions. Efficace, le F-8 est remplacé par le Phantom, plus moderne, mais plus coûteux.

MOTEUR turboréacteur P & W J57-P-4 de 7 327 kgp

ENVERGURE	10,9 m	**LONGUEUR**	16,5 m
VITESSE MAX.	1 630 km/h	**ÉQUIPAGE**	1

ARMEMENT 4 canons de 20 mm ; 2 missiles air-air Sidewinder ; 32 roquettes en conteneur ventral

l'Amérique de s'engager au Vietnam s'est dissoute. Lorsque les Nord-Vietnamiens envahissent le Sud en 1975, les États-Unis ne bougent pas. La dernière action de la force aérienne américaine au Vietnam consiste à évacuer les personnes qui se sont réfugiées sur le toit de l'ambassade américaine à Saigon, lorsque les chars communistes entrent dans la ville.

Non seulement l'emploi de la puissance aérienne, d'une ampleur impressionnante, n'a pas réussi à influencer de façon définitive le cours de la guerre du Vietnam, mais il est devenu un argument politique des opposants à cette guerre. Vingt ans plus tôt, la puissance aérienne s'était déployée en Corée avec d'énormes effets destructifs sans pour autant déclencher un profond malaise aux États-Unis.

L'utilisation de l'aviation par les Français en Algérie, de 1956 à 1962, notamment d'hélicoptères armés, a été suivie de près par les militaires américains au Vietnam. Pourtant, les leçons de ce conflit n'ont pas été retenues. Le succès des armes françaises sur le terrain n'a pas empêché la victoire diplomatique des défenseurs de l'indépendance algérienne.

La guerre des Six-Jours

En 1967, les Israéliens effectuent une exceptionnelle démonstration de l'usage offensif de la force aérienne au cours de la guerre des Six-Jours qui les oppose à leurs voisins arabes au Proche-Orient. L'armée de l'air israélienne est un corps d'élite conscient de sa valeur, mais doté d'un petit nombre d'appareils de combat. Ceux-ci sont exclusivement de construction française, majoritairement des Dassault Mirage III, Mystère, Super Mystère et Ouragan, et pour la plupart des chasseurs-bombardiers, car Israël ne dispose pas des ressources nécessaires pour posséder des appareils spécialisés. Pendant des années, l'aviation militaire israélienne a prévu d'acquérir la supériorité aérienne dès le début du conflit, en détruisant les appareils ennemis au sol, puis de profiter de la maîtrise du ciel pour apporter aux forces terrestres un soutien décisif. C'est une stratégie dont les objectifs, clairs et réalistes, requièrent un mépris total des conventions traditionnelles telles qu'une déclaration de guerre préalable.

Le matin du 5 juin 1967, très tôt, 196 avions israéliens, en patrouilles de quatre, se dirigent à basse altitude au-dessus de la Méditerranée et du Sinaï afin de lancer des frappes coordonnées sur dix aérodromes égyptiens. C'est l'attaque surprise la plus efficace depuis Pearl Harbor. Les pilotes israéliens observent un silence radio total et les appareils ne sont pas repérés par les radars égyptiens. Les chasseurs-bombardiers israéliens trouvent les avions égyptiens bien alignés sur leurs parkings. Après une première passe de bombardement, une seconde passe de mitraillage détruit les avions égyptiens immobilisés. Certains appareils sont armés de bombes spéciales qui, accélérées par des fusées, pénètrent le béton des pistes et creusent des cratères de 2 m de profondeur.

La plupart des 600 avions fournis à l'Égypte par les Soviétiques sont détruits au sol. Les rares appareils qui réussissent à engager le combat avec les Israéliens sont surclassés et abattus. L'offensive est menée plus bas que l'altitude minimale de guidage des missiles SAM par les radars, aussi le succès de la défense antiaérienne est-il limité. Une fois les Égyptiens hors de combat, les Israéliens se retournent vers les aérodromes situés en Irak, en Syrie et en Jordanie. La supériorité aérienne absolue est obtenue en dix heures. Au cours des jours suivants, l'aviation israélienne, disposant de la maîtrise de l'air, attaque les colonnes blindées arabes et les positions d'artillerie avec des résultats exceptionnels.

Le succès israélien

Avec la guerre des Six-Jours, le Mirage III devient momentanément l'avion le plus célèbre du monde, mais le succès des Israéliens n'est pas dû à une supériorité technique mais à une formation de pointe de ses pilotes. C'est aussi l'indice qu'une puissance

MARCEL DASSAULT

Marcel Dassault (1892-1986) est, entre autres, le constructeur des avions de combat Ouragan, Mystère et Mirage. Né Marcel Bloch, il est l'un des premiers diplômés de l'École supérieure d'aéronautique. Lors de la Première Guerre mondiale, avec Henry Potez, il met au point une hélice pour le chasseur SPAD et fonde une firme de constructions aéronautiques, la SEA, qui ne survit pas à la guerre. Marcel Bloch se tourne vers la fabrication de meubles avant de revenir à l'aviation en 1930 et de produire des appareils métalliques civils et militaires.

Après la défaite de la France en 1940, il refuse de travailler pour les Allemands, est arrêté par la Gestapo et déporté à Buchenwald. Ayant beaucoup souffert de l'antisémitisme, il décide, à son retour de déportation, de changer de nom et de religion, et de commencer une nouvelle vie. Il devient catholique et prend le nom de Dassault. Il crée un empire industriel centré sur l'aviation et l'électronique. Les avions à réaction qu'il produit placent la France à l'avant-garde du développement de l'aviation militaire. Il meurt peu de temps après le premier vol de l'avion de combat Rafale.

DU SPAD AU RAFALE

Des biplans de 1914 aux appareils supersoniques actuels : c'est ainsi que l'on pourrait résumer la longue carrière de Marcel Dassault.

aérienne peut être plus efficace sur un théâtre d'opérations où le ciel est généralement dégagé, où le terrain laisse les troupes exposées et sans possibilité de camouflage et où la majorité des combats se livre dans des zones où les populations civiles sont rares ou inexistantes. Et elle démontre combien l'efficacité militaire de l'avion peut bénéficier de l'absence de règles ou de limitations imposées par les politiques.

Après 1967, l'Union soviétique rééquipe l'Égypte en MiG et en SAM, tandis que les États-Unis deviennent les fournisseurs d'armes d'Israël, en livrant d'abord des Douglas A-4 Skyhawk, puis des McDonnell F-4 Phantom. C'est le début d'une longue période au cours de laquelle le Proche-Orient va périodiquement servir de terrain d'essais aux avions et systèmes de défense de la guerre froide les plus récents.

La guerre des électrons

Au cours de la guerre des Six-Jours, canons et bombes ont prévalu sur les missiles, la guerre électronique n'ayant joué qu'un rôle mineur. Mais, en 1973, lorsque les forces arabes et israéliennes s'affrontent de nouveau dans la guerre du Kippour, les missiles et les contre-mesures électroniques (ECM) qui leur sont opposées sont au cœur des systèmes antiaériens fournis par les Soviétiques. Parallèlement, les canons antiaériens pointés par radar infligent de lourdes pertes aux aviateurs israéliens hâtivement lancés dans des attaques contre les troupes égyptiennes qui ont traversé le canal de Suez et contre les forces syriennes avançant sur le plateau du Golan. Les Israéliens perdent quarante appareils dès les premières heures de la guerre, soit environ le dixième de leurs forces aériennes.

Si la qualification des pilotes israéliens garantit le maintien d'une suprématie absolue en combat purement aérien, ce n'est que lorsque les Américains livrent les plus récents équipements de contre-mesures pour leurs F-4 qu'ils sont en mesure de prendre le dessus sur les systèmes de défense aérienne à base de missiles et de canons, et, une fois de plus, de reprendre la supériorité aérienne sur l'Égypte et la Syrie.

L'intérêt pour les ADAV

L'attaque préventive d'Israël en 1967 a inquiété les stratèges militaires quant aux aérodromes. Le fait d'aligner les avions est une pratique habituelle dans toutes les aviations du monde. On assiste alors à une sorte de panique visant à réorganiser les bases aériennes, à disperser les avions et à créer des abris à l'épreuve des bombes. Pourtant, la dépendance des avions vis-à-vis des pistes en béton reste un point faible. Si les pistes sont endommagées, les appareils ne peuvent plus combattre.

Les craintes quant à la vulnérabilité des bases suscitent un intérêt nouveau envers les avions à décollage et atterrissage verticaux (ADAV), capables d'opérer depuis n'importe quel terrain plat. On a déjà assisté à

Le BAe Harrier

Le Harrier est le seul avion ADAC/ADAV (atterrissage et décollage courts et verticaux) réussi. Son concurrent le plus direct, le Yak-36 soviétique, peut décoller et atterrir verticalement, mais est incapable de décoller normalement sur piste courte. Cette distinction est importante, car le décollage vertical limite sérieusement la quantité d'armement que l'avion peut emporter. Il s'ensuit que la capacité de décollage court permet au Harrier d'étendre son rayon d'action et sa charge. En conséquence, le profil normal d'une mission de Harrier est du type ADAC/V, avec décollage court et atterrissage vertical.

Le secret de la réussite du Harrier est son réacteur Pegasus à poussée vectorielle, avec quatre tuyères orientables à la place d'une seule tuyère fixe comme sur les autres avions. Pour le décollage ou l'atterrissage vertical, les tuyères sont orientées vers le bas. Pour le décollage court, elles sont orientées en oblique, vers le bas et vers l'arrière, et vers l'arrière en vol normal. L'un des problèmes les plus difficiles à résoudre du Harrier a été le contrôle de l'appareil en phase de vol vertical, lorsque les gouvernes normales – gouvernail, ailerons et plan de profondeur – sont inopérantes. La solution consiste à installer dans la queue, le nez et les extrémités de l'aile des vannes d'air comprimé pour piloter en tangage, roulis et lacet lors du vol en stationnaire. Mais ce système de pilotage n'a rien de facile : un pilote de Harrier l'a comparé à de l'équilibrisme sur quatre tiges de bambou flexibles.

La version du Harrier de la Royal Navy, le Sea Harrier, est déclarée opérationnelle en 1980. Comme il est capable de décoller sur un pont de 180 m avec l'aide d'une rampe inclinée, des navires, jusque-là considérés comme tout juste bons pour les hélicoptères, sont capables de mettre en œuvre ces appareils à voilure fixe. Les pilotes de la marine ont également découvert que les tuyères orientables peuvent être utilisées pour produire de rapides décélérations ou d'autres manœuvres impossibles sur des appareils classiques.

Si le Harrier est trop lent pour se comporter comme un chasseur de supériorité aérienne de premier plan, British Aerospace et Boeing ont développé, dans les années 1990, le Harrier II Plus, un vrai chasseur ; cela montre que l'aviation militaire moderne croit toujours au concept ADAC/V.

Caractéristiques (GR.5)

Moteur	Rolls-Royce Pegasus 105 à poussée vectorielle à double flux de 9 865 kgp
Envergure	9,3 m
Longueur	14,4 m
Vitesse max.	1 064 km/h — **Équipage** 1
Armement	2 canons Arden de 25 mm ; 2 missiles air-air AIM-9L Sidewinder ; 4 173 kg d'armement et de charges extérieures

PREMIER VOL

Le Harrier effectue son premier vol en 1966, trois ans après le premier décollage en stationnaire de son prototype, le Hawker P.1127. Le Harrier de série est mis en service opérationnel dans la RAF en 1969.

UN VISEUR PRATIQUE

Le viseur tête haute de ce Sea Harrier de la Royal Navy (ci-contre) projette les principales informations de vol, telles que l'altitude et la vitesse, devant les yeux du pilote qui n'a plus besoin, en combat, de baisser la tête vers son tableau de bord.

APPONTAGE

Ce Sea Harrier va se poser sur un porte-hélicoptères. La capacité d'atterrir verticalement est particulièrement intéressante par mer forte. Un avion classique aurait, en effet, les pires difficultés à se poser sur un pont instable.

L'ARMEMENT

Le Harrier GR.5 comprend deux canons logés sous le fuselage et capables de tirer 3 500 coups par minute.

UN PARTENARIAT

Le Harrier GR.5 a été produit conjointement par British Aerospace (BAe) et McDonnell Douglas. Il intègre plusieurs développements importants, tels qu'une voilure allongée et une structure incorporant de la fibre de carbone.

quelques tentatives visant à créer des ADAV à voilure fixe viables. Au milieu des années 1950, plusieurs types d'engins expérimentaux ont été construits – notamment le Convair XFY-1 Pogo et le Ryan X-13 Vertijet. En raison de leur position verticale au sol, l'accès à bord n'est guère évident, et ils sont terriblement difficiles à poser, car le pilote doit effectuer une descente verticale en arrière avec les pieds plus hauts que la tête. La configuration insatisfaisante de ces avions conduit à expérimenter le montage de moteurs supplémentaires de sustentation sur des appareils conventionnels. Dassault équipe le Mirage III V de huit petits réacteurs pour le soulever verticalement avant qu'il ne vole de façon classique. Mais l'ajout de ces moteurs supplémentaires se répercute sur les performances de l'avion, qui sont moindres.

Jump Jet

La solution semble trouvée dans les années 1960 avec le British Aerospace Harrier, d'abord conçu par Hawker Siddeley. Il utilise le même turboréacteur pour décoller et atterrir, et pour voler à l'horizontale, grâce à des tuyères orientables qui dirigent la poussée soit vers le bas et le sol, soit vers l'arrière. Il peut aussi décoller

> « Je ne suis pas autorisé à dévoiler le nombre d'appareils engagés dans le raid, mais je les ai comptés et tous recomptés au retour. »
>
> **Brian Hanrahan,**
> extrait du compte rendu d'un raid de Harrier aux Malouines

depuis des pistes courtes ou du pont d'un bateau. Le rôle principal prévu à l'origine pour le Harrier est l'appui rapproché en intervenant depuis des bases camouflées situées juste en arrière du front. Mais son rôle lui est volé en partie par le développement des hélicoptères de combat qui sont destinés aux mêmes missions, et ne demandent aucune piste d'envol. Le Harrier se révèle particulièrement utile dans des circonstances très spécifiques, tel le combat tactique à courte distance de sa base, mais son emploi demeure marginal, car cet avion est d'une grande complexité et sa consommation en carburant très élevée, en cas d'utilisation en vol vertical, entre autres. Le décollage vertical est tout simplement incompatible avec les plus hauts niveaux de performances en vitesse, autonomie ou charge utile.

La guerre des Malouines

Le Harrier connaît son heure de gloire dans les spectaculaires rencontres aéronavales de la guerre des Malouines, consécutive à l'occupation par l'Argentine en 1982 des îles Malouines, ou Falkland, possessions britanniques. La Royal Navy est envoyée dans les tempêtes de l'Atlantique-Sud sans véritable porte-avions, ni avion de surveillance radar, déjà considéré comme un élément essentiel de la défense aérienne des flottes. Face à la flotte britannique, défendue par une vingtaine de Sea Harrier et de Harrier GR.3 de la RAF, les Argentins déploient des appareils de la génération des années 1960, principalement des Mirage III et des A-4 Skyhawk, plus une poignée de Super Étendard.

Au tout début du conflit, un Vulcan de la RAF devient le premier – et seul – élément de la force de dissuasion nucléaire britannique utilisé d'urgence pour un raid de 6 250 km aller et retour, destiné à bombarder une piste aux Malouines. Porté par des Super Étendard, un missile antinavires français classique, l'Exocet, se rend célèbre en coulant deux navires britanniques. Les Sea Harrier et GR.3, pilotés par des professionnels très entraînés, se révèlent efficaces face aux avions argentins employés en limite de rayon d'action. Mais leur capacité de maintenir constamment en l'air, et souvent dans les pires conditions climatiques, des patrouilles armées apparaît plus impressionnante encore que leurs performances en combat.

La principale leçon de la guerre des Malouines est, encore une fois, l'importance vitale de la guerre électronique et des techniques appliquées aux missiles.

C'est avant tout le missile Sidewinder qui a donné aux Sea Harrier l'avantage dans les combats aériens, car, depuis le milieu des années 1970, ce missile américain guidé par infrarouges est utilisable tous azimuts, c'est-à-dire qu'il n'est plus nécessaire de le tirer dans le secteur arrière de l'avion visé pour qu'il atteigne sa cible.

Par de nombreux aspects, la guerre des Malouines est un anachronisme. Dans les années 1980, la guerre aérienne est déjà entrée dans une nouvelle ère. Avec le recul du temps, les guerres du Vietnam et du Proche-Orient de 1967-1973 peuvent être considérées comme une phase de transition au cours de laquelle missiles, bombes intelligentes et confrontations très complexes entre systèmes de guidage et contre-mesures électroniques ont commencé à transformer la nature du combat aérien. Mais ce n'est qu'avec l'apparition d'une nouvelle génération d'avions de combat et d'attaque extraordinairement sophistiqués et coûteux, soutenus par des AWACS (systèmes aéroportés de détection lointaine) qu'un écart irrattrapable se creuse entre les partisans du développement technique et les autres.

DÉCOLLAGE EN FORCE
Un chasseur de supériorité aérienne Sea Harrier de la Royal Navy s'élance depuis le pont incliné du HMS Invincible. *La capacité de décollage court du Sea Harrier permet à la Royal Navy d'assurer la couverture aérienne de la flotte pendant la guerre des Malouines, bien qu'elle ne dispose pas de véritable porte-avions.*

GUERRE ET TECHNOLOGIE

DES AVIONS MILITAIRES DOTÉS D'ARMES DE PRÉCISION ET D'UNE ÉLECTRONIQUE ULTRAMODERNE DONNENT À LA FORCE AÉRIENNE UNE EFFICACITÉ SANS PRÉCÉDENT.

« L'avion de combat à réaction est l'un des grands symboles de la seconde moitié du XXe siècle, un symbole de réussite, d'excellence technique, d'ultramodernité et de puissance militaire. »

IVAN RENDALL,
EXTRAIT DE SON OUVRAGE *ROLLING THUNDER*

EN JUIN 1982, l'aviation militaire syrienne envoie ses MiG-21 et MiG-23 attaquer les forces aériennes israéliennes au-dessus de la plaine de la Bekaa, au Liban. Pendant trois jours, les combats sont intenses ; cinquante avions syriens sont abattus par les chasseurs F-15 et F-16 américains fournis aux Israéliens, alors qu'aucun appareil israélien n'est perdu en combat aérien pur. Le système de défense antiaérienne syrien, inefficace, n'abat qu'un seul appareil israélien piloté. Comme d'habitude, la compétence et l'allant des pilotes israéliens sont largement responsables de ce résultat, mais cela ne suffit pas à expliquer cette supériorité sans précédent. Le triomphe israélien traduit, en réalité, une avancée révolutionnaire de la technique et de l'électronique aéronautiques.

Dorénavant, l'électronique est le moteur du progrès aéronautique. Ce sont les équipements, les munitions guidées, les radars et les systèmes de contrôle qui font la valeur des avions ; évidemment, cela a des répercussions sur le coût de production.

Au milieu des années 1970, les premiers chasseurs modernes apparaissent, avec le F-14 Tomcat de l'US Navy et le F-15 Eagle de l'USAF. Ces avions, conçus sans considération de coût, sont des merveilles d'innovation technique. Dotés de moteurs extrêmement puissants, générant environ deux fois plus de poussée que les avions précédents, ils sont chargés d'équipements de détection et de calcul qui concourent à les porter à des niveaux de performance inouïs, tant dans le domaine du vol que dans celui du combat.

Le F-14, probablement le premier avion de combat moderne, possède une voilure à géométrie variable dont le degré de flèche est automatiquement réglé par le calculateur de façon à optimiser ses performances dans toutes les situations. Les deux

À BORD D'UN F-14 TOMCAT
La vision offerte depuis le poste de pilotage biplace d'un F-14 Tomcat de l'US Navy est totale sur 360°. La voilure à géométrie variable est ici en position de flèche maximale que le calculateur embarqué sélectionne automatiquement pour le vol supersonique.

LE TORNADO GR.1
Le Panavia Tornado est issu d'un partenariat entre la Grande-Bretagne, l'Allemagne et l'Italie. Cet avion de combat à voilure à géométrie variable atteignant Mach 2 a volé pour la première fois en 1974. La version GR.1 est un appareil d'interdiction et d'attaque.

membres de l'équipage sont assis sous une grande verrière en goutte d'eau qui leur donne une vision périphérique totale. Un système de visualisation tête haute (HUD) projette des informations sur la glace frontale, devant le pilote qui n'a plus besoin de quitter le ciel des yeux. Le Tomcat est pourtant conçu pour combattre bien au-delà de la portée visuelle. Armé de missiles guidés par radar, il peut engager un appareil ennemi à une distance de plus de 160 km. C'est aussi le premier chasseur équipé d'un radar capable de détecter à haute altitude un avion ennemi volant près du sol et de le distinguer des nombreux échos du relief.

Le Tomcat dispose de la précieuse capacité de détection et de tir vers le bas (*look-down/shoot-down*). Son radar peut identifier jusqu'à vingt-quatre avions ennemis et tirer simultanément six missiles Phoenix contre six cibles différentes. En outre, les calculateurs embarqués, qui intègrent des données fournies par les appareils de reconnaissance et les satellites, dotent le F-14 de l'accès aux informations générales secondaires concernant l'activité de tout le champ de bataille.

Une nouvelle génération de chasseurs

Si les F-14 et F-15 (voir pp. 320-321) sont des systèmes d'armes modernes d'une étonnante complexité, leur coût est très élevé. Le chasseur moderne suivant, le Lockheed Martin F-16, répond, quant à lui, à une demande d'appareil plus léger et moins cher, susceptible d'être produit en plus grand nombre et offrant une maniabilité supérieure en combat aérien pur. Bien qu'il ait fini par devenir aussi complexe et polyvalent, le F-16, qui apparaît initialement comme le plus agile des avions de combat, fixe de nouvelles normes dans le domaine des manœuvres, jusqu'à l'apparition du Mirage 2000.

L'histoire de l'aviation n'est qu'une longue suite de compromis entre stabilité et maniabilité : plus un avion est instable, plus il est agile. Les concepteurs du F-16 ont créé un avion intrinsèquement instable, mais dont le contrôle est assisté par une électronique ultramoderne. Doté de commandes électriques, ce dernier est pourvu de gouvernes gérées par un ordinateur qui calcule en permanence les meilleurs angles afin de le maintenir sous contrôle. Les limites aux évolutions en virage de tels avions sont d'ordre humain : elles sont fonction de la quantité de « g » qu'un pilote peut supporter sans perdre conscience.

À l'époque où le F/A-18 Hornet de l'US Navy est mis en production, seuls les Français et les Russes peuvent rivaliser. Le coût est l'un des grands problèmes ; même pour les Américains, des avions comme le F-14 et le F-15 sont très chers, comme leur armement : un missile Phoenix coûte environ 500 000 dollars. Seule la coopération internationale permet à l'Europe occidentale de demeurer dans la course. Un consortium britannique, italien et allemand produit le Panavia Tornado dans les années 1970, et l'Eurofighter au début du troisième millénaire. En France, Dassault produit le Mirage 2000 et le Rafale. Avec ces deux avions, les Français ont rejoint, et parfois dépassé, les Américains. Toutefois, le Mirage 2000 et le Rafale, conçus pour un pays finalement petit, n'ont pas l'autonomie des grosses machines américaines, tandis que la France, seule, ne peut produire d'armements aussi perfectionnés en grand nombre.

En combat, ce sont surtout des avions de fabrication américaine et soviétique qui s'affrontent. Les Russes produisent traditionnellement des appareils plus simples et plus robustes qui leur confèrent potentiellement l'avantage du nombre. Ce n'est que

AUX COMMANDES D'UN CHASSEUR MODERNE

Les concepteurs d'avions sont bien conscients du fait que la complexité des appareils modernes peut créer des contraintes excessives sur les pilotes, même les mieux entraînés. Le tableau de bord à affichage numérique, apparu pour la première fois sur le F-18 Hornet et installé a posteriori sur d'autres appareils, est destiné à fournir au pilote toutes les informations nécessaires sous une forme très accessible, afin qu'il réagisse le plus rapidement possible.

À la place des cadrans et des instruments autrefois rassemblés devant le pilote, le poste de pilotage moderne possède un système d'affichage tête haute (HUD) et, en général, trois écrans couleur multifonctions (MFD). Sur l'un d'entre eux, le pilote affiche les informations dont il a besoin : une carte à défilement comportant les objectifs et les paramètres du vol, les informations sur les menaces identifiées par les MRE (mesures de renseignements électroniques), etc. Le système HOTAS (mains sur manette et manche), introduit sur le F-15 Eagle, permet au pilote de répondre à une menace ou d'engager une cible sans lâcher le manche ni la manette des gaz. Grâce aux contacteurs et aux touches (sur le F-15 : neuf sur la manette et six sur le manche), ce dernier est en mesure d'accomplir ces tâches vitales que sont la désignation d'un objectif, la sélection et le tir d'une munition et le lâcher de leurres ou de paillettes de brouillage pour détourner les missiles. Bien qu'il exige une grande dextérité pour fonctionner, le système HOTAS garantit que, dans le feu de l'action, le pilote ne perd plus de précieuses secondes à rechercher les contacteurs nécessaires, tandis que l'affichage tête haute lui permet d'obtenir les informations essentielles sans quitter le ciel des yeux.

La réapparition des chasseurs monoplaces a été l'une des conséquences de ces dispositifs innovateurs. Depuis quelques années, la complexité de l'avionique et des systèmes d'armes de l'avion de combat moderne a exigé la présence de deux hommes à bord, mais les progrès accomplis dans la conception des postes de pilotage et l'emploi des calculateurs ont largement diminué cette contrainte.

COCKPIT DE F-16
Sur l'écran couleur multifonctions, le pilote peut lire les informations nécessaires en appuyant sur un bouton. Les touches des manettes et du manche lui permettent de tirer ou de mettre en œuvre ses contre-mesures sans lâcher les commandes.

CASQUE ET MASQUE
Le casque du pilote est allégé pour éviter les traumatismes aux vertèbres cervicales lors des manœuvres en combat. Le masque sert à la fois à l'alimentation en oxygène et aux communications vocales.

L'AFFICHAGE TÊTE HAUTE (HUD)
Un système « tête haute » projette des informations lumineuses devant les yeux du pilote, solution très appréciable au moment de l'atterrissage (ci-dessus).

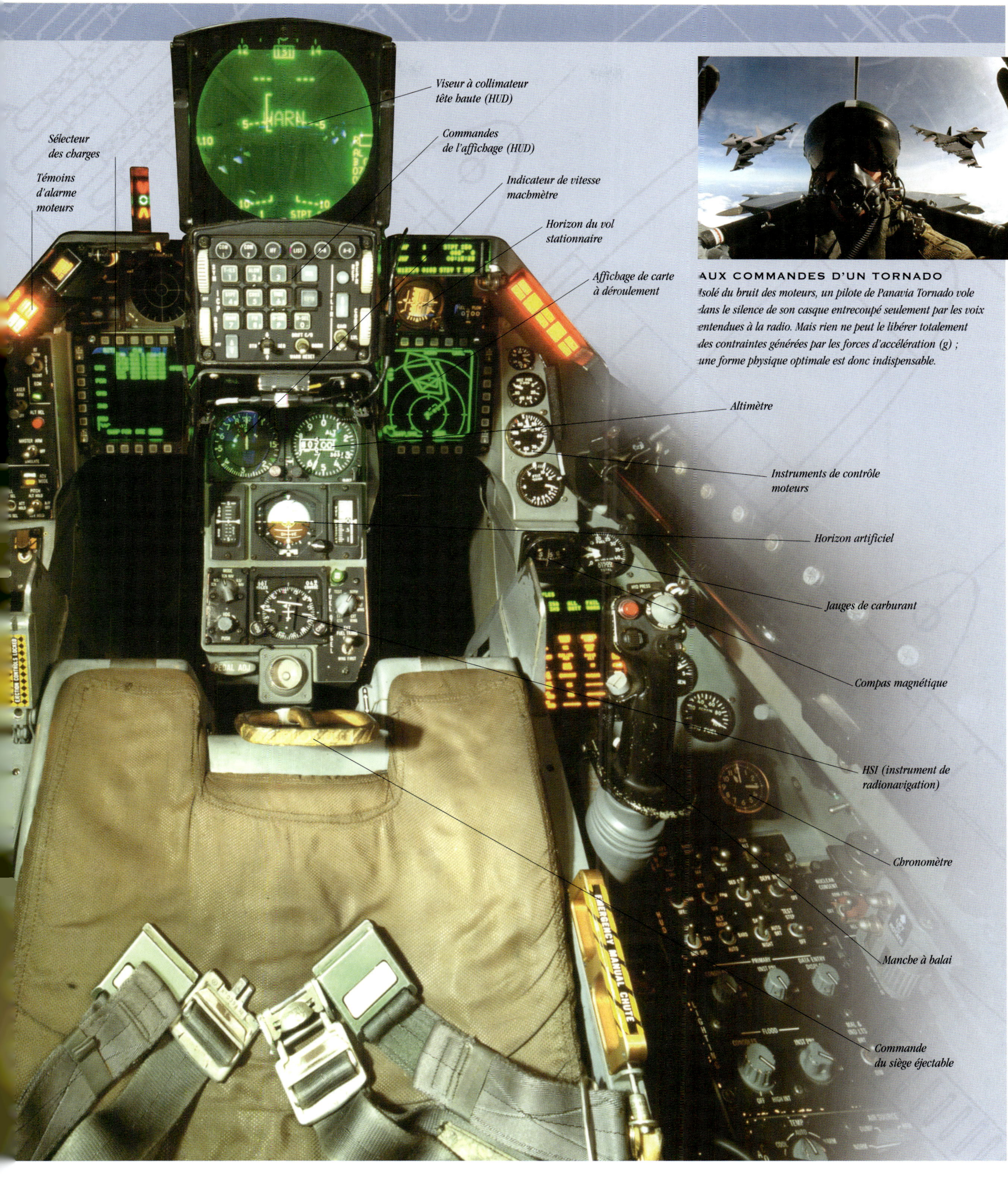

AUX COMMANDES D'UN TORNADO
Isolé du bruit des moteurs, un pilote de Panavia Tornado vole dans le silence de son casque entrecoupé seulement par les voix entendues à la radio. Mais rien ne peut le libérer totalement des contraintes générées par les forces d'accélération (g) ; une forme physique optimale est donc indispensable.

dans les années 1980, soit dix ans après les États-Unis, qu'ils présentent leurs premiers chasseurs vraiment modernes, le MiG-29 et le Sukhoi Su-27. Si ces avions, et leurs versions ultérieures, montrent à quel point les scientifiques et les ingénieurs russes peuvent être brillants, les problèmes fondamentaux subsistent. L'Union soviétique reste sérieusement distancée par l'Ouest dans le domaine des ordinateurs et de la micro-électronique. D'ailleurs, le coût de la course aux armements a beaucoup contribué à affaiblir et ruiner l'État soviétique jusqu'à son éclatement au début des années 1990.

Le pilote de combat moderne

Les contraintes imposées aux pilotes par ces appareils ne sont pas absolument nouvelles. D'un certain point de vue, les nouveaux avions s'inscrivent dans une tradition qui remonte au Spitfire de la Seconde Guerre mondiale et après : à cette époque, l'avion était considéré comme un prolongement du corps du pilote qui peut avoir l'impression de revêtir son avion comme une sorte d'armure en s'installant aux commandes. En outre, les qualités du pilote de chasse n'ont pas changé : agressivité naturelle, forme physique parfaite, vue exceptionnelle, sens de l'espace, conscience de la situation tactique, intelligence vive et sang-froid.

Sur plusieurs points, les pilotes de chasse actuels bénéficient d'avantages que leurs aînés leur auraient enviés. Les simulateurs de vol ont grandement réduit le taux d'accidents durant la formation. Globalement, la situation du pilote de chasse cesse d'être aussi risquée qu'elle l'avait été dans les années 1950 et 1960. À partir de 1970, le taux de pertes des pilotes de chasse par accident diminue de moitié tous les dix ans, grâce à la fiabilité supérieure des moteurs, à une meilleure ergonomie des appareils à réaction et à l'introduction de commandes contrôlées par ordinateur qui, dans une large mesure, compensent les fautes de pilotage. Des systèmes comme le radar de suivi de terrain liés au pilote automatique permettent aux avions de voler en supersonique à des altitudes aussi basses que 60 m, même sur terrain accidenté, avec une marge raisonnable de sécurité.

Cela dit, le pilote est soumis à des contraintes physiques très dures. Au début de l'aviation, les manœuvres à haute vitesse les plus risquées étaient celles qui soumettaient la cellule aux plus grands efforts. Sur les chasseurs modernes, le risque est lié aux contraintes physiologiques excessives. La force d'accélération la plus élevée supportable par un être humain sans qu'il s'expose au voile noir est d'environ 5 g ; or un pilote peut actuellement voler sur un avion capable d'encaisser 12 g en manœuvres. L'élément de base de la tenue de vol d'un pilote est une combinaison anti-g. Portée serrée au niveau de la ceinture et des jambes, elle « isole » la moitié inférieure du corps

Le McDonnell Douglas F-15 Eagle

Lorsque les Soviétiques dévoilent leur intercepteur MiG-25 en 1967, les experts de la défense américains élaborent un programme urgent de chasseur de supériorité aérienne doté de performances exceptionnelles et d'une agilité de même niveau. Le résultat est le F-15 Eagle, chasseur-intercepteur dont les matériaux légers et les puissants turboréacteurs à double flux Pratt & Whitney, spécifiquement développés, lui donnent un excellent rapport poussée/masse. En montée à la verticale, l'Eagle peut atteindre l'altitude de 8 850 m (celle de l'Everest) en moins d'une minute.

Les F-15, qui entrent en service en 1974, sont en majorité des monoplaces : les pilotes doivent donc effectuer l'identification des cibles, leur localisation et leur suivi, déployer les contre-mesures contre les missiles hostiles, ainsi que toutes les autres tâches inhérentes au combat moderne, tout en pilotant. Les concepteurs ont œuvré en vue de soulager le pilote, et de nombreuses innovations, comme le système mains sur manette et manche, sont devenues la règle sur les chasseurs modernes. Les modèles plus récents (F-15C et D) comportent des systèmes encore plus élaborés, dont le radar APG-70. Malgré une agilité en combat tournoyant inférieure à celle des avions plus petits et plus légers, la capacité unique du F-15 d'accélérer en vol vertical donne au pilote une possibilité d'esquive idéale en cas d'attaque. Aucun F-15 n'a été perdu en combat.

MISSION ACCOMPLIE
Le 27 juillet 1988, deux F-15 remplissent totalement le rôle d'intercepteur en rencontrant deux bombardiers à long rayon d'action Tu-95 Bear soviétiques au large des côtes orientales du Canada.

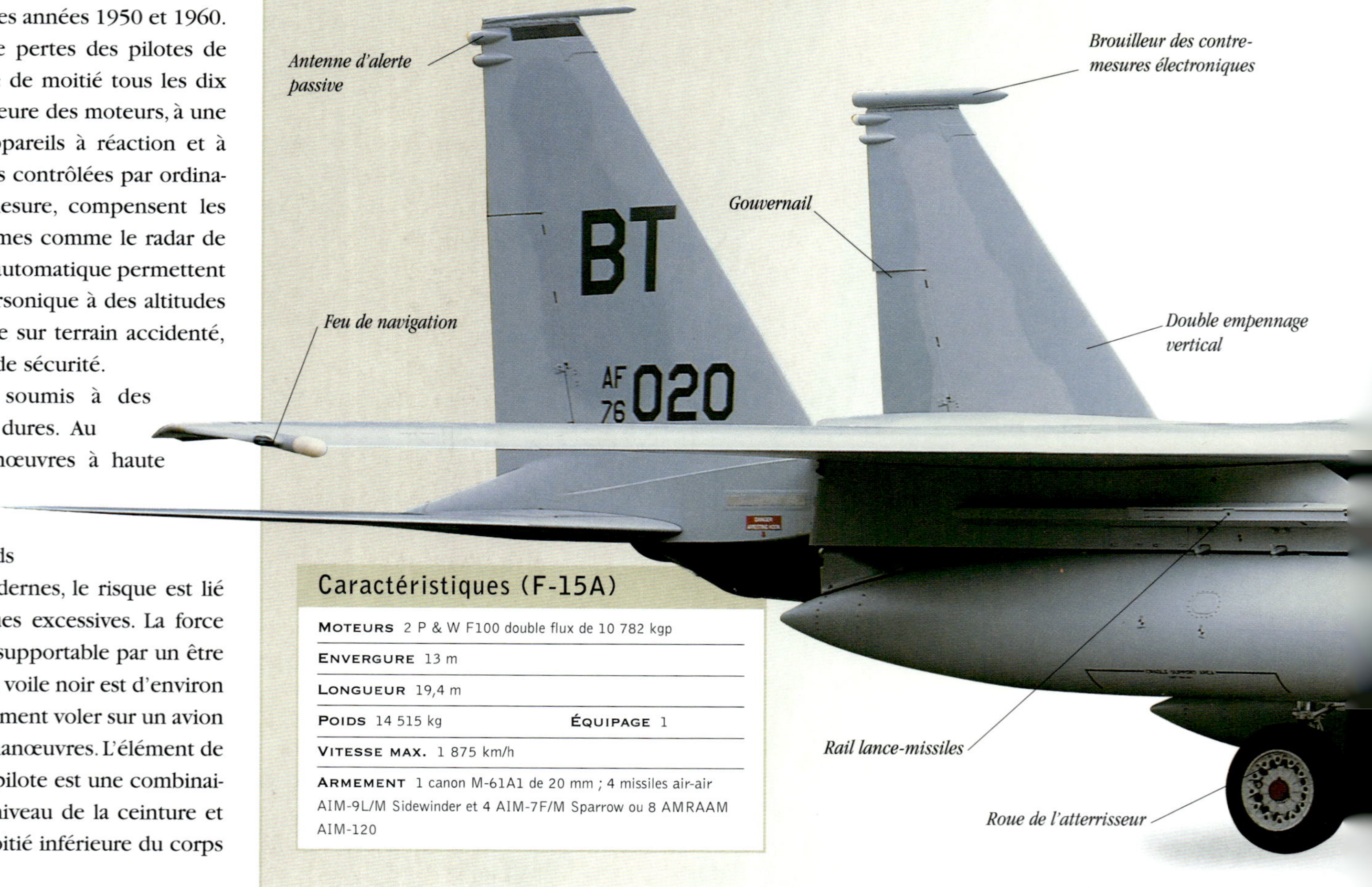

Caractéristiques (F-15A)

Moteurs 2 P & W F100 double flux de 10 782 kgp	
Envergure 13 m	
Longueur 19,4 m	
Poids 14 515 kg	**Équipage** 1
Vitesse max. 1 875 km/h	
Armement 1 canon M-61A1 de 20 mm ; 4 missiles air-air AIM-9L/M Sidewinder et 4 AIM-7F/M Sparrow ou 8 AMRAAM AIM-120	

POLYVALENCE

L'Eagle, conçu comme un intercepteur pur, est plus rentable comme avion de combat multirôle. Une version biplace, le F-15E, a été développée pour l'attaque au sol et la pénétration à basse altitude.

PILOTE D'EAGLE

Une formation de F-15 Eagle rentre à sa base après une sortie d'entraînement. Le pilote porte une tenue de vol complète avec casque rigide et appareil respiratoire. Un radar moderne fournit des données cartographiques à haute résolution par l'affichage tête haute. Le pilote identifie ainsi nettement ses objectifs, même s'ils sont très éloignés.

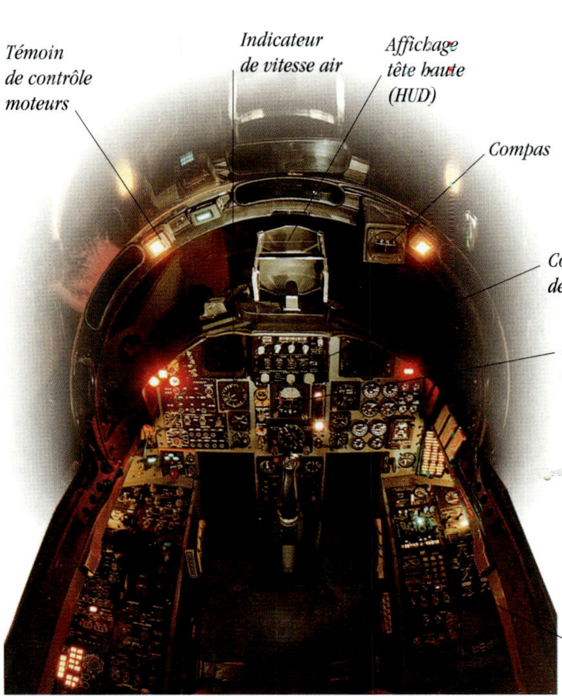

VERRIÈRE EN BULLE

Le F-15 est doté d'une verrière en bulle offrant une magnifique vision périphérique avec un affichage tête haute (HUD) et un système HOTAS (mains sur manette et manche). Ces innovations sont désormais la norme sur tous les avions de combat modernes.

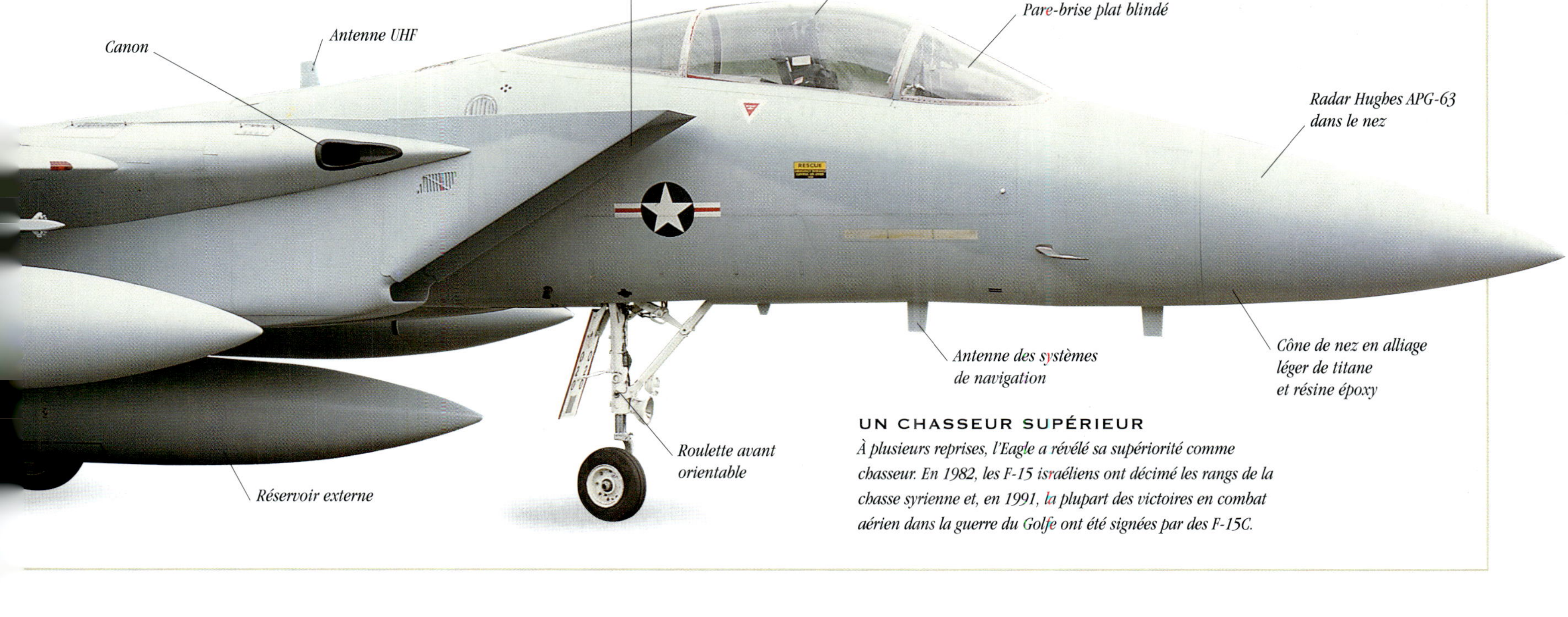

UN CHASSEUR SUPÉRIEUR

À plusieurs reprises, l'Eagle a révélé sa supériorité comme chasseur. En 1982, les F-15 israéliens ont décimé les rangs de la chasse syrienne et, en 1991, la plupart des victoires en combat aérien dans la guerre du Golfe ont été signées par des F-15C.

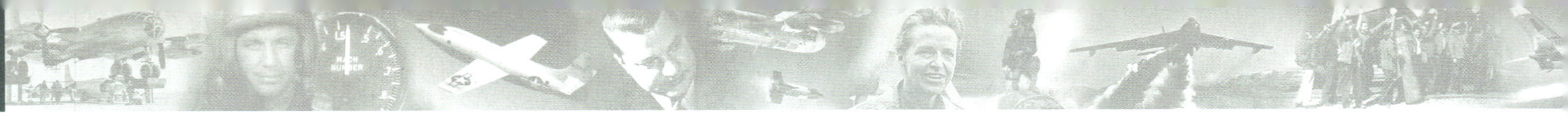

LES APPAREILS DE RECONNAISSANCE ET DE DÉTECTION LOINTAINE

DEPUIS LES ANNÉES 1950, alors que l'avion espion U-2 de la CIA était l'unique source de renseignements pendant la guerre froide, les satellites militaires ont partiellement remplacé les avions dans les missions de reconnaissance à haute altitude. En outre, les appareils de détection avancée (AEW) et de détection et de contrôle (AWACS) ont pris de plus en plus d'importance. En mer, les appareils AEW sont essentiels pour la défense de la flotte contre les sous-marins ou les attaques par avions lanceurs de missiles air-sol à longue portée. Les « yeux du ciel » aéroportés sont peu à peu devenus des centres de commandement et de direction de la bataille aérienne. Depuis 1991, le système J-STARS (radar synthétique aéroporté de détection et de poursuite d'objectifs) a été étendu au champ de bataille terrestre. Si la reconnaissance à haute altitude a fait naître des avions extrêmement avancés sur le plan technique, les systèmes AEW, AWACS et J-STARS n'ont demandé que l'adaptation d'appareils commerciaux ou de transport existants et l'installation des équipements électroniques et informatiques nécessaires.

ENCORE PLUS HAUT

Le SR-71B Blackbird de reconnaissance compte sur sa capacité à voler à Mach 3 et à une altitude très élevée pour échapper à la détection et aux défenses *(voir pp. 290-291).*

Boeing E-3A Sentry (AWACS)

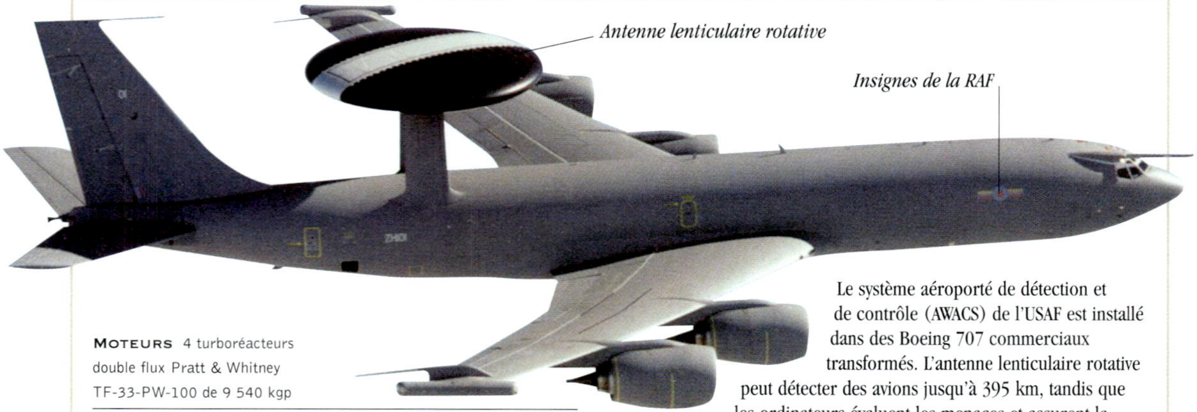

Le système aéroporté de détection et de contrôle (AWACS) de l'USAF est installé dans des Boeing 707 commerciaux transformés. L'antenne lenticulaire rotative peut détecter des avions jusqu'à 395 km, tandis que les ordinateurs évaluent les menaces et assurent la défense des avions alliés. Plus efficaces que les radars au sol, ces avions ont été utilisés offensivement lors de la guerre du Golfe de 1991.

MOTEURS 4 turboréacteurs double flux Pratt & Whitney TF-33-PW-100 de 9 540 kgp

ENVERGURE 44,4 m	**LONGUEUR** 46,6 m
VITESSE MAX. 853 km/h	**ÉQUIPAGE** 17

ARMEMENT aucun

Boeing E-8 J-STARS

Un programme combiné de l'US Army et de l'US Air Force, appelé *Joint Surveillance Target Attack Radar System*, a été conçu pour donner le même contrôle des objectifs au sol que l'AWACS pour l'espace aérien, avec un radar orienté vers le sol et en liaison avec les radars terrestres de l'avant de l'armée. Les prototypes ont servi lors de la guerre du Golfe et en Bosnie en 1997.

MOTEURS 4 turboréacteurs Pratt & Whitney JY3D-3B de 8 177 kgp

ENVERGURE 44,4 m	**LONGUEUR** 46,6 m
VITESSE MAX. 853 km/h	**ÉQUIPAGE** 18

ARMEMENT aucun

Breguet 1 150 Atlantique

Avion de patrouille maritime et de lutte anti-sous-marine à grand rayon d'action développé pour les pays européens appartenant à l'OTAN, l'Atlantique découle de l'Atlantic conçu, en France, par Breguet. Il est utilisé par la France, l'Allemagne, la Hollande et l'Italie. Tenant l'air pendant 18 heures, les équipages des Atlantique détectent les sous-marins à l'aide de leur radar et d'autres systèmes, et peuvent les détruire avec les armements embarqués.

MOTEURS 2 turbopropulseurs Rolls-Royce Tyne R Ty Mk 21 de 6 106 ch

ENVERGURE 36,3 m	**LONGUEUR** 31,8 m
VITESSE MAX. 657 km/h	**ÉQUIPAGE** 12

ARMEMENT 6 tonnes de missiles air-sol Exocet ou Martel, torpilles, charges de profondeur ou bombes

Grumman E-2C Hawkeye

Premier appareil de détection lointaine conçu comme tel et utilisé par l'US Navy, le Hawkeye remplace une série d'avions de lutte anti-sous-marine transformés pour ce rôle. Le grand disque rotatif du radar détecte les avions qui se rapprochent des flottes, et de puissants ordinateurs traitent les données pour diriger les avions alliés vers leurs ennemis, en liaison directe avec les calculateurs de tir embarqués.

MOTEURS 2 turbopropulseurs Allison T56-A-427 de 5 100 ch

ENVERGURE 24,6 m	**LONGUEUR** 17,6 m
VITESSE MAX. 626 km/h	**ÉQUIPAGE** 5

ARMEMENT aucun

Hawker Siddeley Nimrod MR.1/2

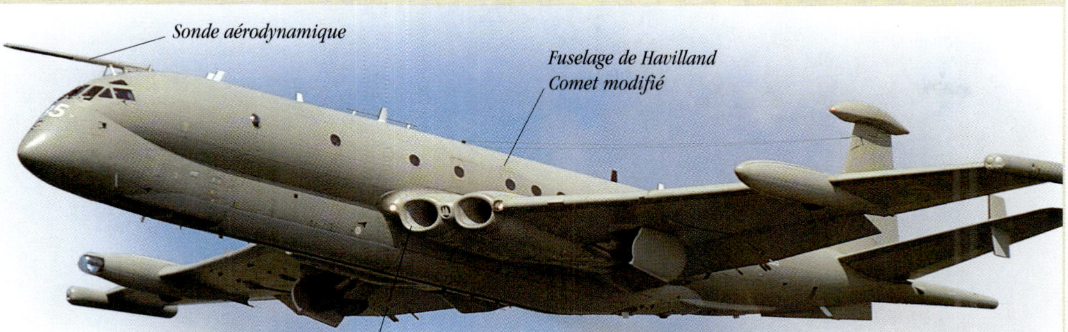

Le Nimrod est le premier appareil de reconnaissance et de lutte anti-sous-marine de la RAF. Mis en service en 1969, il découle du Havilland Comet, premier appareil commercial à réaction du monde. Le fuselage allongé comprend une vaste soute contenant les armements, et l'avion provenant d'un type civil se révèle confortable pour les équipages qui patrouillent jusqu'à 19 heures de suite avec ravitaillement en vol. Quelques avions ont été transformés pour recevoir uniquement des matériels de détection au service du renseignement électronique (ELINT).

Moteurs 4 turboréacteurs à double flux Rolls-Royce de 5 507 kgp	
Envergure 35 m	**Longueur** 39,3 m
Vitesse max. 927 km/h	**Équipage** 11
Armement 6 120 kg de missiles Harpoon air-sol, de torpilles, de charges de profondeur ou de mines ; 2 missiles air-air Sidewinder	

Lockheed P-3C Orion

L'Orion est l'appareil terrestre de patrouille maritime et de lutte anti-sous-marine de l'US Navy depuis 1961. Il découle du Lockheed Model 188 Electra, adapté par un raccourcissement du fuselage de 2,2 m et un aménagement d'une soute d'armements dans la partie inférieure du fuselage. Il peut servir à l'attaque des navires de surface et relayer l'information aux navires amis. Plus de 500 appareils ont été livrés. Comme le projet de son remplaçant a été annulé, sa carrière n'est pas prête de s'achever. Il a été fourni notamment à l'Australie, au Canada, à la Nouvelle-Zélande, au Japon et à l'Espagne.

Moteurs 4 turbopropulseurs Allison T56-A-14 de 4 910 ch	
Envergure 30,4 m	**Longueur** 35,6 m
Vitesse max. 761 km/h	**Équipage** 10
Armement plus de 9 tonnes de missiles air-sol Harpoon, torpilles, charges de profondeur ou mines en soute ou sur pylônes de voilure	

Lockheed U-2A

Cet avion espion à haute altitude, conçu dans les années 1950, est encore utilisé au XXIe siècle. Entre 1956 et 1960, l'U-2 a effectué plus de 30 missions de reconnaissance photographique au-dessus de l'URSS, en volant à 22 km de hauteur. En 1960, un U-2 a été abattu, et son pilote, jugé à Moscou. En 1962, les U-2 ont révélé la présence des missiles soviétiques à Cuba.

Moteur turboréacteur P & W J75-P-13B de 5 085 kgp	
Envergure 24,4 m	**Longueur** 15,6 m
Vitesse max. 795 km/h	**Équipage** 1
Armement aucun	

Myasischev M-55 Geofisika

L'équivalent soviétique de l'U-2 américain pour la reconnaissance à haute altitude a été développé dans les années 1970, et ses concepteurs le déclarent beaucoup plus stable. Le M-17 original a évolué en M-55 Geofizika que les Russes affirment utiliser à des fins météorologiques. Naturellement, les Américains disent la même chose de l'U-2.

Moteurs 2 turboréacteurs Aviadvigadel de 5 000 kgp	
Envergure 37,4 m	**Longueur** 22,8 m
Vitesse max. 750 km/h	**Équipage** 1
Armement aucun	

de façon à retenir le sang dans la partie supérieure du corps et le cerveau. Avec cet équipement et une excellente préparation physique, les pilotes peuvent résister à 10 g pendant une période relativement longue. Ils doivent parfois porter des combinaisons spatiales pressurisées pour voler à très haute altitude. La conception des casques intégraux a évolué de façon spectaculaire depuis la création des premiers modèles. Autrefois très lourds au point d'entraîner des traumatismes aux vertèbres cervicales, ils sont maintenant plus légers, tout en offrant la même protection. Aujourd'hui, tous les pilotes de chasse portent un masque qui sert aux communications radio et les alimente en oxygène. Les pilotes doivent apprendre à régler le débit d'oxygène et à identifier presque instantanément tout symptôme d'hypoxie – déficit d'oxygène au niveau du cerveau.

Outre les contraintes physiques fortes, piloter un chasseur monoplace moderne exige une activité mentale intense. L'accumulation de radars multimodes complexes, d'équipements de navigation et de conduite de tir infrarouges, de détecteurs et d'identificateurs de radars ennemis ou de missiles, et de liaisons avec l'avion AWACS (système aéroporté de détection lointaine), induit un flux d'informations difficilement assimilable sur le moment par un cerveau humain. Alors qu'il est dans l'obligation de traiter cette masse de données, le pilote doit aussi mettre en œuvre ses systèmes complexes de visée et de tir pour attaquer tout en déployant ses moyens de défense… tout en continuant de piloter son avion.

Les progrès des ordinateurs ont permis l'organisation et l'analyse des informations en provenance de diverses sources de telle sorte que le pilote reçoit les plus importantes sous une présentation graphique de plus en plus facile à exploiter. Actuellement, sur certains avions, le calculateur ou les contrôleurs aéroportés peuvent prendre les décisions relatives à la visée et au déclenchement du tir automatiquement, selon les instructions du pilote. La multiplication des systèmes automatiques complexes et la prolifération des engins sans pilote télécommandés (RPV), désormais susceptibles d'être armés, fait envisager jusqu'à la disparition des pilotes de combat.

La guerre du Golfe

En 1991, l'opération « Tempête du désert » révèle la puissance aérienne de la coalition internationale contre l'Irak, soutenue par de nombreux pays arabes et conduite par les États-Unis à la suite de l'invasion et de l'annexion du Koweït par l'Irak en août 1990. Ce conflit marque un tournant radical dans l'histoire du combat aérien, avec l'efficacité de la direction de la bataille par les contrôleurs aéroportés, l'utilité de la « furtivité » et les progrès réalisés dans le guidage des missiles et des bombes intelligentes.

Pendant cette guerre, quatre Boeing E-3 Sentry de surveillance radar aéroportée tiennent l'air en permanence, soit un pour chaque secteur du champ de bataille, sans compter un avion de réserve en soutien. Le E-3 est un Boeing 707 de transport commercial équipé d'installations radar à grande puissance et doté d'un grand pouvoir de discrimination. Des spécialistes très entraînés manipulent des rangées de consoles ; ils s'efforcent de surmonter la fatigue visuelle que génèrent les écrans et de garder une très forte concentration. Les contrôleurs doivent interpréter les données provenant de différentes sources, notamment les images de télévision transmises par les appareils sans pilote, ou drones, qui survolent les sites des missiles ennemis, et les traduire en une image cohérente du champ de bataille. Les contrôleurs des AWACS tiennent les pilotes informés de l'évolution de la situation minute par minute, soit au moyen de systèmes de transfert de données vers les ordinateurs embarqués, ou verbalement par transmission radio UHF. Ces contrôleurs ont pu orchestrer l'ensemble de la bataille, en assurant la cohérence des actions menées lors des 3 000 sorties quotidiennes des avions de la coalition.

Les informations fournies par les AWACS ont souvent permis aux chasseurs de la coalition d'attaquer des appareils irakiens avant de les avoir aperçus : certains pilotes irakiens ont été abattus par des missiles tirés d'avions qu'ils n'ont jamais vus et dont ils ignoraient jusqu'à la présence. Les abris des avions irakiens se sont révélés vulnérables aux bombes guidées lors des attaques d'aérodromes. La force aérienne irakienne, qui a très vite reconnu son impuissance, a renoncé à combattre et trouvé refuge en Iran. L'espace aérien irakien a été pénétré principalement par les mêmes groupements d'appareils déjà employés au Vietnam-du-Nord pour les mêmes missions, mais opérant avec des techniques beaucoup plus élaborées : des EF-111 spécialisés dans les contre-mesures électroniques pour brouiller les radars irakiens, des F-4 armés de missiles antiradars menant des missions type Wild Weasel de destruction des sites de missiles SAM irakiens, une masse d'avions d'attaque au sol et une majorité de F-15 en patrouille haute, chargés de la couverture aérienne.

La furtivité

Un avion n'a pas besoin du concours des autres pour pénétrer les défenses irakiennes. Le F-117, très peu visible par les radars et engagé dans les opérations de la guerre du Golfe, justifie les dépenses que sa conception a exigées. Indifférent aux radars, il n'a pas besoin de voler au ras du sol comme les autres appareils d'attaque modernes pour pénétrer les systèmes de défense aérienne, ni d'être accompagné par des chasseurs d'escorte, des avions de guerre électronique ou des appareils chargés de neutraliser les radars. Son pilote vole seul, dans l'obscurité, observant un silence radio total, les yeux fixés sur les écrans qui lui permettent de tracer sa route

Le Lockheed F-117 Nighthawk

En 1975, les Skunk Works (bureau d'études secret) de Lockheed entament l'étude d'un appareil furtif (indétectable par les radars). Les difficultés se multiplient, et les premiers F-117A ne sont livrés à l'USAF qu'en 1982. Son aspect hors du commun résulte de sa silhouette à facettes planes servant à réfracter et disperser les ondes radar, notamment à l'avant. On le surnomme d'ailleurs le « Bat Plane » (avion chauve-souris) ou « Stink Bug » (la punaise).

La cellule est recouverte d'une matière absorbant l'énergie des ondes radar, et les vitres du poste de pilotage d'un film d'or qui disperse l'énergie du radar dans la structure. Il possède même un très fin maillage sur les entrées d'air des compresseurs qui pourraient être détectés. Tous les armements et réservoirs sont internes pour garantir la furtivité. Il n'est pas équipé d'un radar qui dénoncerait sa position, mais utilise un « œil » à infrarouge passif, situé dans le nez, pour reconnaître le terrain vers l'avant. Le résultat est un avion aussi peu repérable par le radar qu'il est possible d'en concevoir aujourd'hui. La vision du pilote vers l'extérieur est très limitée, mais c'est d'une importance relative, car la vitesse subsonique de l'avion le rend inapte au combat diurne. Il n'attaque que de nuit, et son pilote ne regarde jamais vers l'extérieur, se concentrant sur les écrans multifonctions disposés devant lui.

La désignation F (*fighter*, chasseur) est étonnante, car le F-117A n'a pas de canons et, généralement, pas de missiles. Avion de pénétration nocturne, il est équipé d'armes intelligentes parmi les plus modernes et de systèmes de visée à haute précision. Bien que le F-117A soit un système d'armes complexe, mis en œuvre par un seul pilote qui a besoin d'une aide électronique pour approcher sa cible, ses frappes ont été extrêmement précises lors de la guerre du Golfe en 1991.

Les F-117A se sont imposés comme l'élément central de l'arsenal américain. Ils justifient l'énormité de leur coût (plus de 40 millions de dollars chacun) par la précision de leurs attaques et leur quasi-invulnérabilité – mais un appareil a été détruit par les Serbes au cours de la campagne du Kosovo en 1999.

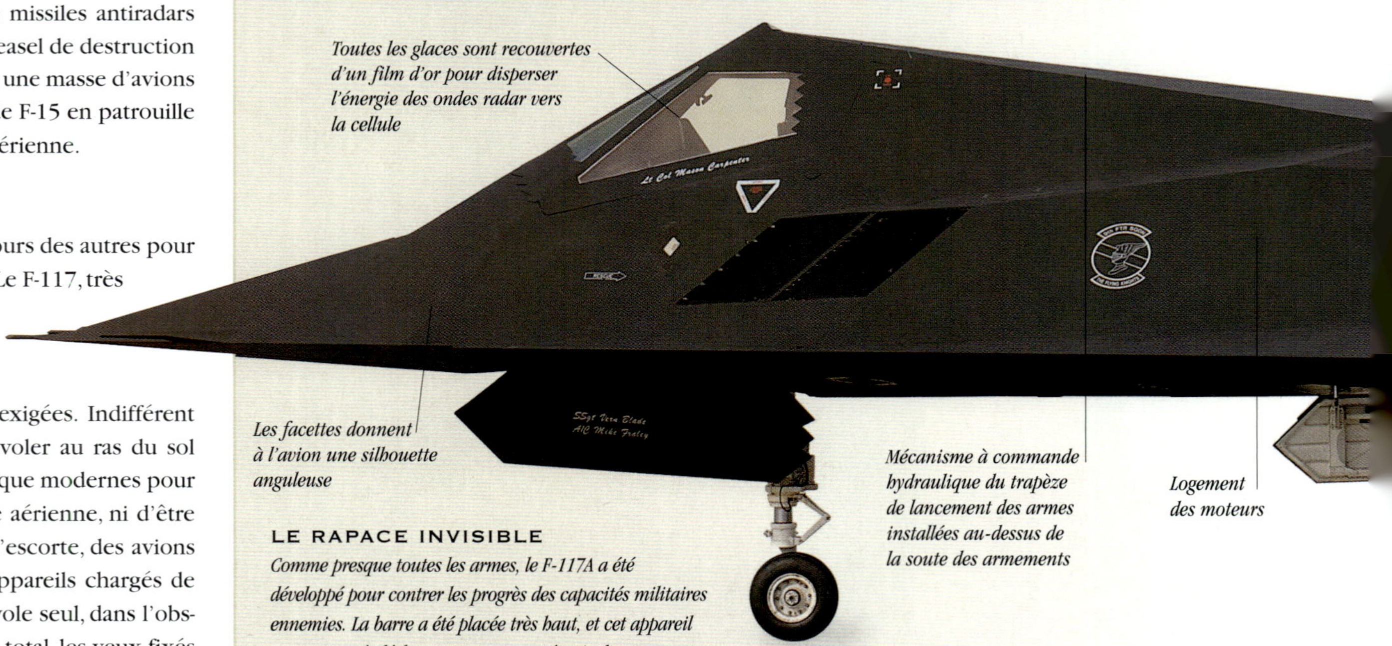

LE RAPACE INVISIBLE

Comme presque toutes les armes, le F-117A a été développé pour contrer les progrès des capacités militaires ennemies. La barre a été placée très haut, et cet appareil est parvenu à déclasser toute une catégorie d'armements : les défenses antiaériennes dirigées par radar.

RÉALITÉ VIRTUELLE

Le F-117 est équipé de systèmes de navigation et d'attaque très élaborés, intégrés à une chaîne d'avionique numérique qui améliore l'efficacité des missions et réduit la charge de travail du pilote : carte à déroulement, affichage tête haute et écran à imagerie à infrarouge.

« PUNAISES » DU DÉSERT

Dévoilé au public en 1988, le Nighthawk combat pour la première fois en 1991 lors de l'opération « Tempête du désert ». Opérant depuis leur base au Nevada et ravitaillés en vol, les F-117A, qui effectuent plus de 1 300 sorties, sont les seuls avions de la coalition à avoir bombardé Bagdad.

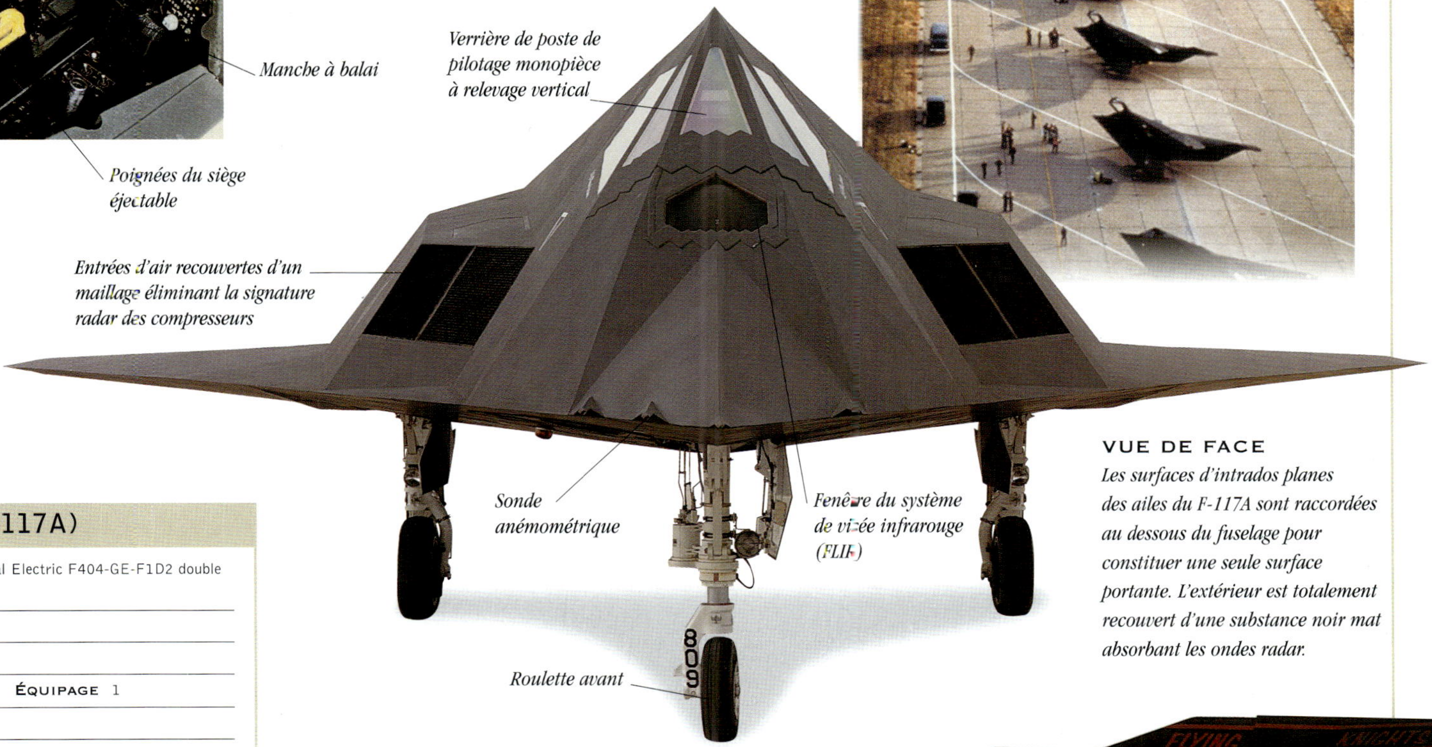

VUE DE FACE

Les surfaces d'intrados planes des ailes du F-117A sont raccordées au dessous du fuselage pour constituer une seule surface portante. L'extérieur est totalement recouvert d'une substance noir mat absorbant les ondes radar.

Caractéristiques (F-117A)

Moteurs 2 turboréacteurs General Electric F404-GE-F1D2 double flux sans réchauffe de 4 900 kgp

Envergure 13,2 m

Longueur 20,1 m

Poids 23 814 kg — **Équipage** 1

Vitesse max. 2 220 km/h

Armement 900 kg de bombes à laser plus lanceurs de munitions tactiques, de missiles et de bombes nucléaires

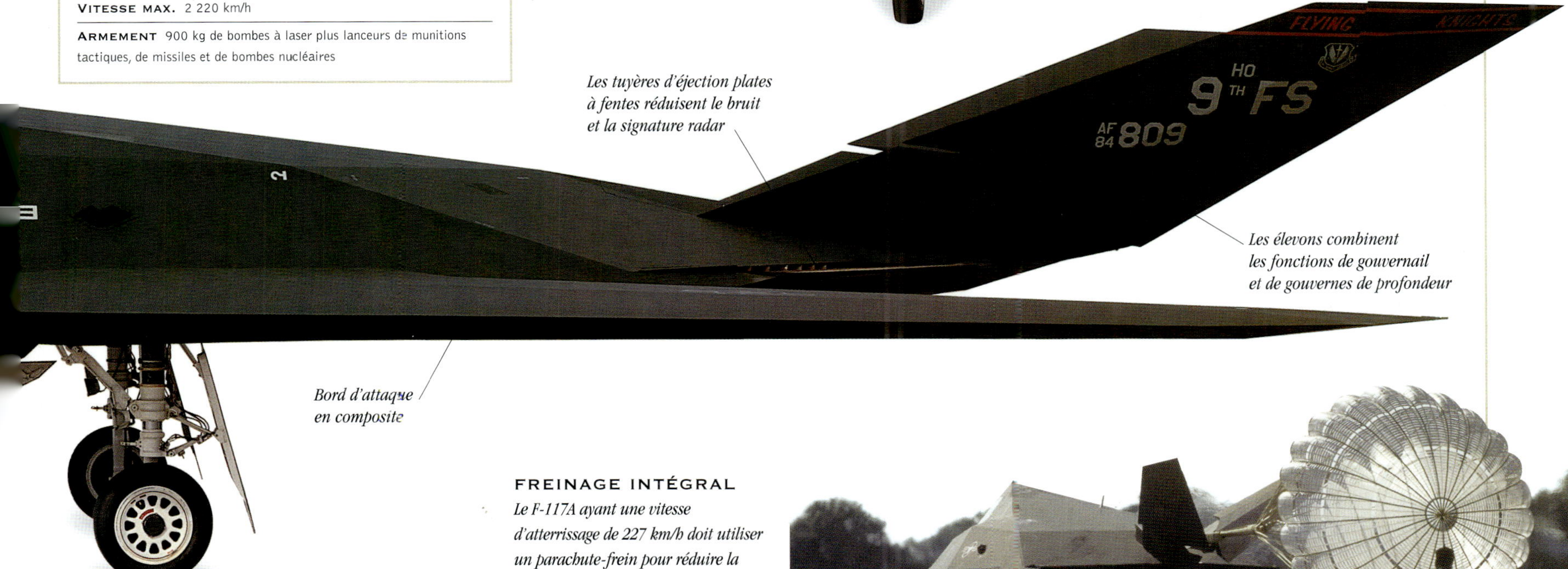

FREINAGE INTÉGRAL

Le F-117A ayant une vitesse d'atterrissage de 227 km/h doit utiliser un parachute-frein pour réduire la longueur de sa course à l'atterrissage.

au-dessus du territoire ennemi, de localiser et d'« éclairer » sa cible. Généralement, l'objectif est détruit, et le F-117 repart comme il était venu, invisible comme un spectre, laissant l'artillerie ennemie tirer en aveugle dans le ciel nocturne dans l'espoir vain de faire mouche par hasard.

La surface équivalente radar d'un avion – valeur de l'écho qu'il renvoie – dépend de sa silhouette. Comme le radar fonctionne par la réflexion des signaux qui atteignent l'avion et reviennent vers le récepteur, ce phénomène est éliminé sur le F-117 par l'effet des petites surfaces plates obliques qui dispersent les échos au lieu de les réfléchir. En outre, chaque élément de l'appareil, depuis le poste de pilotage jusqu'aux empennages verticaux, est conçu pour minimiser les réflexions des ondes radar. Une autre solution en faveur de la furtivité consiste à recouvrir la cellule d'une matière absorbant les signaux radar, peinture ou écailles susceptibles de transformer l'énergie des ondes radar en chaleur au lieu de la réfléchir.

Le F-117 dépend absolument de son invisibilité au radar pour sa survie au combat. Il est subsonique, pas très maniable, et manque même d'équipement de contre-mesures électroniques. Si des progrès dans la technique du radar ou toute autre méthode de détection parviennent à vaincre la furtivité du Nighthawk, il se retrouvera sans défense. Mais, au-dessus de l'Irak, il s'est remarquablement bien comporté, détruisant 30 % des objectifs prévus avec des armes de précision.

Les frappes chirurgicales

L'amélioration de la qualité des systèmes de guidage des bombes et des missiles intelligents est évidemment un facteur essentiel de la précision des attaques du F-117. Il n'existe pas de différence fondamentale entre les munitions utilisées pendant la guerre du Golfe et celles employées contre le Vietnam-du-Nord au début des années 1970. Mais les images des attaques de précision fournies aux médias et présentées effectivement pendant l'opération Tempête du désert ont beaucoup impressionné le public. Si des enquêtes effectuées ultérieurement ont montré que de nombreuses munitions ont eu une efficacité moindre que ce qui avait été supposé, les bombes et les missiles guidés par laser ou télévision et les missiles antiradars ont atteint ici une précision jamais égalée auparavant.

FRAPPE AU SOL

Livré pour la première fois à l'US Navy en 1981, le McDonnell Douglas F/A-18 Hornet est, comme sa désignation l'indique, un appareil polyvalent, à la fois engin agile de supériorité aérienne et puissant avion d'attaque au sol. Pendant la guerre du Golfe en 1991, les Hornet sont surtout utilisés dans l'attaque au sol.

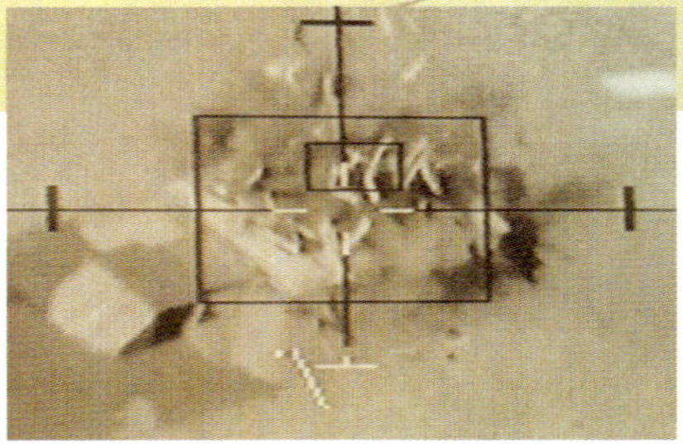

COUP DIRECT

Un missile à guidage laser frappe un dépôt de munitions en Irak lors de la guerre du Golfe en janvier 1991. Cette action est vue ici à travers le collimateur d'un appareil français.

La force aérienne contribue à l'obtention d'une victoire avec un minimum de pertes pour la coalition. Les « vieux » B-52 sont encore une fois engagés dans l'action, larguant d'impressionnants tonnages de bombes classiques sur les troupes irakiennes enterrées dans leurs tranchées dans le désert. Mais les dégâts décisifs sont dus aux nouvelles technologies. Deux Boeing-Northhrop Grumman E-8 J-STARS (*Joint Surveillance and Target Attack Radar System*, système de radar aéroporté assurant à la fois la détection et l'attaque d'objectifs terrestres) accomplissent sur le champ de bataille aéroterrestre la tâche assumée par les AWACS dans la bataille aérienne. Comme les AWACS E-3, les E-8 dérivent du Boeing 707. Les contrôleurs J-STARS sont en mesure d'observer chaque mouvement des forces irakiennes et de diriger des frappes sur les convois de blindés et de camions, les dépôts de carburant ou les emplacements d'artillerie. Les radars aéroportés offrent une imagerie d'une extraordinaire résolution au point de localiser individuellement chacun des véhicules à attaquer.

La panoplie des appareils d'attaque au sol à la disposition de la coalition va des hélicoptères armés AH-64 aux tueurs de chars A-10 Thunderbolt II « Warthog » et aux F-16 ou F-18 adaptés à ce type de mission. Associés aux J-STARS, tous ces engins sont mortels. Le 22 janvier 1991, soixante chars irakiens sont repérés en mouvement ; les frappes aériennes demandées en détruisent cinquante. En février, les J-STARS qui surveillent les convois bloqués sur les pistes de retour vers l'Irak et qui dirigent les F-18, vague après vague, détruisent les troupes irakiennes tentant de se replier au Koweït.

La victoire venue du ciel

Une force aérienne peut à elle seule gagner une guerre : c'est cela qu'a démontré la guerre du Golfe. Le chef d'état-major de l'USAF, le général Merrill A. McPeak, affirme qu'avec l'opération Tempête du désert, c'est « la première fois dans l'histoire de l'aviation qu'une armée en campagne a été défaite par la puissance aérienne ». Les avions ont été

SENTINELLE DU CIEL

L'avion de détection et d'alerte lointaine E-3 Sentry, essentiellement un Boeing 707 muni d'une antenne radar lenticulaire installée sur son dos, a été au centre des opérations de la coalition internationale dans la guerre du Golfe.

utilisés avec une efficacité maximale dans ce conflit, dans la mesure où l'Irak présentait une gamme d'objectifs relevant de l'action stratégique aérienne : centres de commandement et de contrôle, usines d'armements, sites de missiles et aérodromes. De même, sur le champ de bataille, les troupes qui occupaient des positions fixes et les chars qui évoluaient sur un terrain désertique constituaient des objectifs idéaux pour une attaque aérienne. Les conditions atmosphériques étaient aussi favorables, avec un ciel clair pratiquement garanti à tout moment. Mais il est néanmoins difficile de douter encore du potentiel futur de la puissance aérienne au vu d'un succès d'une telle ampleur.

Première arme utilisée

Dans la guerre du Golfe, la coalition n'a perdu que 200 hommes, alors qu'elle se battait contre les forces irakiennes, qui représentent une puissance de taille. Ce fait est un argument indéniable en faveur de la force aérienne en tant qu'option militaire. C'est pourquoi, en 1999, lorsque les responsables de l'OTAN sont persuadés que la Serbie doit évacuer le Kosovo, mais estiment qu'il s'agit d'une cause pour laquelle l'opinion occidentale n'est pas prête à voir mourir ses soldats, ils mènent la première, et jusqu'ici, la seule guerre exclusivement aérienne. Malgré quelques erreurs grossières, dont la plus délicate sur le plan diplomatique est le bombardement

CAP SUR LES TANKS
Le A-10 « Warthog » est un appareil spécifiquement conçu pour le soutien rapproché des forces terrestres et, notamment, l'attaque des blindés ennemis. Relativement lent, il peut survoler le champ de bataille longtemps et résister à un feu nourri venu du sol.

DESTRUCTION MASSIVE
Les attaques aériennes de la coalition contre les forces terrestres irakiennes (ci-dessous), lors de la guerre du Golfe, ont laissé un spectacle terrifiant après leur passage. En tentant de fuir Koweït City de nuit, les troupes irakiennes ont trouvé les routes bloquées par des mines larguées par les F/A-18, avant d'être détruites (à gauche) par les attaques dirigées par les contrôleurs des E-8 J-STARS équipés de radars air-sol.

BOMBARDIER FURTIF
La silhouette du Northrop B-2 présente des facettes obliques afin de réduire sa signature radar. La peinture absorbant les ondes radar est si fragile que les B-2 doivent être garés dans des hangars d'une propreté immaculée, à des taux d'humidité contrôlés.

de l'ambassade de Chine à Belgrade, les frappes aériennes font reculer les Serbes. L'OTAN gagne cette guerre limitée sans enregistrer une seule perte au combat. Pour les nations du monde les plus avancées sur le plan technique, l'avion est la première arme qu'elles utilisent dans un conflit.

Le 11 septembre 2001, l'attaque terroriste menée contre l'Amérique déclenche une succession d'événements dans lesquels la puissance aérienne occupe une place prépondérante. Les avions terrestres et embarqués que les États-Unis déploient sur l'Afghanistan dans une « guerre contre le terrorisme » se révèlent efficaces et réduisent au silence les critiques qui ont laissé entendre qu'une force terrestre suffisamment nombreuse pouvait atteindre les objectifs fixés par les Américains. Au contraire de l'Union soviétique en Afghanistan dans les années 1980, les États-Unis sont en mesure de venir à bout du gouvernement des Talibans et de détruire les bases d'Al-Qaeda en engageant un minimum de forces terrestres. Aucune résistance ne semble pouvoir être opposée à une force militaire apparemment capable de localiser avec précision toute cible mobile ou dissimulée, même le mieux possible, et d'y engager toutes sortes d'armes, allant des missiles de croisière aux appareils sans pilote, aux avions armés à voilure fixe et aux B-52.

Réussites et limites

Bien évidemment, les sceptiques vis-à-vis de la force aérienne avancèrent qu'il s'agissait là de conflits exceptionnellement unilatéraux. La campagne de l'OTAN au Kosovo a combattu un régime politiquement affaibli et dont la volonté de résistance était limitée. En Afghanistan, les forces locales d'opposition ont pu être rassemblées pour recréer un pouvoir politique.

Quand les États-Unis et la Grande-Bretagne envahirent l'Irak, en 2003, des pessimistes affirmèrent que, cette fois, ce serait différent. Les troupes terrestres engagées devaient subir une bataille difficile face à la Garde républicaine de Saddam Hussein. Une fois de plus, la puissance aérienne prouva sa supériorité absolue. L'attention des médias se focalisa sur le côté spectaculaire de l'opération « choc et effroi » – la destruction des palais de Saddam Hussein et des bureaux du gouvernement à Bagdad ; pourtant, l'essentiel de la puissance de feu aérienne était dirigé vers les troupes et les blindés irakiens. Une fois que le système de défense aérien de l'Irak fut démantelé, dès le début de l'invasion, les aviations anglaise et américaine opérèrent à leur guise. Chaque mouvement de troupe irakien était suivi – entre autres grâce à des drones Global Hawk –, et les frappes aériennes étaient précisément dirigées sur leurs cibles, même par conditions météorologiques défavorables. En réalité, les troupes alliées au sol obligeaient les forces irakiennes à combattre pour que l'aviation puisse les vaincre.

L'aviation a permis une victoire rapide durant la phase d'invasion ; toutefois, la suite des événements a montré ses limites. Face à une montée de l'insurrection et du terrorisme, son efficacité est restreinte – difficulté d'identification des cibles, pertes civiles imputables aux raids aériens. Quelle que soit la précision de l'arsenal, il y aura toujours des erreurs dues à un renseignement erroné, à un problème technique ou simplement à un mauvais jugement humain.

La prochaine génération

Au début du XXIe siècle, la majeure partie des forces aériennes mondiales sont toujours constituées de matériel conçu pour combattre durant la guerre froide, et ce à cause des délais nécessaires au développement de nouveaux avions. Par exemple, le bombardier furtif B-2 a été pensé pour pénétrer l'espace aérien soviétique en emportant une charge nucléaire. Le Lockheed Martin F-22 Raptor, mis en service en 2005 au sein de l'US Air Force, fut initialement conçu pour défier ses homologues soviétiques en combat aérien. La question de la pertinence du maintien de tels avions s'est posée, surtout devant leur coût – le programme du B-2 a atteint 45 milliards de dollars pour seulement vingt et un exemplaires construits.

Face à la menace diffuse d'un terrorisme international, les États-Unis envisagent d'utiliser l'aviation pour frapper un véhicule ou un bâtiment abritant l'un de leurs ennemis. Les satellites et drones occupent une place centrale dans ce projet de surveillance et de frappes vengeresses. Néanmoins, les chasseurs et bombardiers conventionnels continueront à être produits en grand nombre dans un futur proche. Quels que soient ses besoins en matière de défense, aucun pays revendiquant un certain statut ne peut se permettre de négliger ses forces aériennes tant la possession d'une aviation moderne est un symbole de supériorité technologique.

RAPTOR ET FALCON
Un F-22 Raptor, chasseur conçu pour le XXIe siècle, vole à la gauche d'un F-16 Falcon. Les différences entre les deux sont subtiles. Néanmoins, le F-22 est plus furtif grâce, notamment, à des éléments en matériaux composites. Il peut croiser à Mach 1,4 au lieu d'être supersonique par intermittence. Il est équipé de systèmes de poussée vectorielle pour accroître son agilité, et ses systèmes électroniques et ses calculateurs sont d'une étonnante complexité.

LES AVIONS SANS PILOTE

L'UTILITÉ DES DRONES – appelés aussi avions pilotés à distance (RPV) ou véhicules aériens non habités (UAV) – est évidente depuis le début des années 1980. Bien qu'ils puissent parfois être considérés commes des appareils jetables, les UAV peuvent effectuer des missions de reconnaissance à des altitudes dangereuses, considérées comme inacceptables pour des appareils classiques. « Pilotés » par une équipe technique au sol, ils retransmettent des images de télévision ou des données recueillies par exemple par radar ou capteurs infrarouges, en restant des heures au-dessus des positions ennemies. Lors de l'intervention américaine en Afghanistan en 2001-2002, les UAV RQ-1 Predator ont été utilisés pour la première fois dans des missions d'attaque afin de lancer des missiles air-sol Hellfire. En Afghanistan, des UAV RQ-4A Global Hawk ont été introduits pour des missions de reconnaissance tout temps.

RQ-1 PREDATOR
Le drone UAV General Atomics Predator a une longueur de 7,90 m et vole entre 134 et 224 km/h. Il est contrôlé par un opérateur pilote et trois opérateurs de capteurs depuis une station au sol.

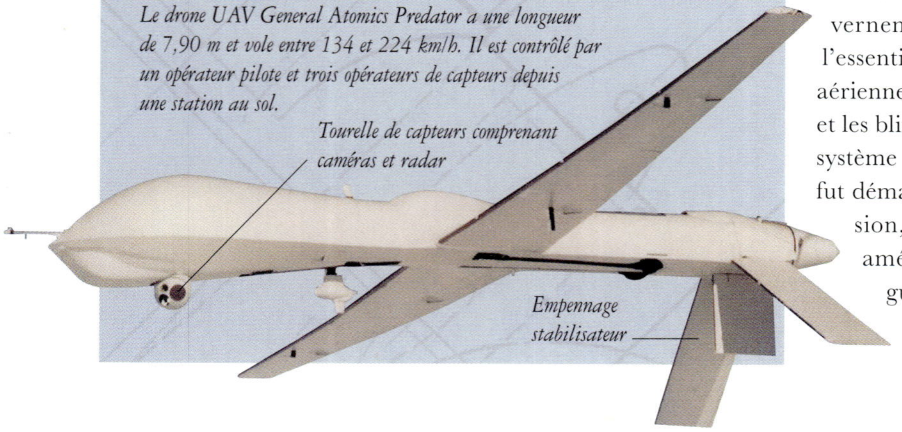

ED
ED
AF 87 392

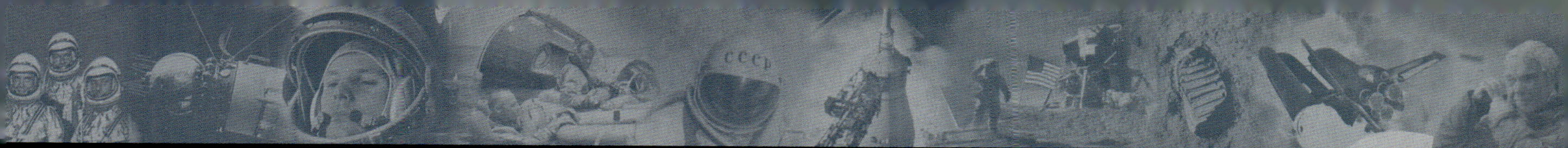

LA CONQUÊTE SPATIALE 6

ALORS QUE L'AÉRONAUTIQUE s'est développée grâce aux efforts d'individus passionnés et d'entrepreneurs, l'exploration de l'espace exige des moyens dont seuls les pays riches disposent. Les principes du vol dans l'espace apparaissent assez simples. Grâce à une poussée suffisamment puissante, n'importe quel objet peut théoriquement être mis en orbite. Mais, en pratique, des problèmes complexes se posent : il faut des fusées d'une puissance considérable, des véhicules spatiaux capables de supporter des contraintes et des températures extrêmes, des systèmes de contrôle et de communications d'une totale efficacité et des dispositifs d'assistance à la vie au-delà de l'atmosphère. Le voyage dans l'espace est devenu une réalité qui représente un exemple d'organisation, d'innovation technique et de courage individuel unique dans l'Histoire.

DIRECTION LA LUNE
Le 16 juillet 1969, la mission Apollo 11 s'élance vers la Lune. L'arrivée d'un engin habité sur la Lune est l'aboutissement d'un rêve qui a longtemps hanté les passionnés de fusées et de science-fiction, mais que les esprits les plus cartésiens ont tendance à considérer comme une fantaisie.

« D'abord, inévitablement, l'idée, le fantasme, le conte de fées. Puis l'évaluation scientifique. Finalement, le rêve devient réalité. »

Constantin Tsiolkovski,
théoricien de la conquête spatiale au moyen de fusées, 1926

L'AVENTURE LUNAIRE

EN UN DEMI-SIÈCLE, LA CONQUÊTE DE L'ESPACE PAR L'HOMME, OBSESSION DE QUELQUES RÊVEURS, S'EST TRANSFORMÉE EN UNE COMPÉTITION ACHARNÉE ENTRE LES DEUX RIVAUX DE LA GUERRE FROIDE.

En 1903, alors que les frères Wright frôlent le succès à Kitty Hawk, un instituteur russe inconnu, Constantin Tsiolkovski, publie un article intitulé « L'exploration de l'espace au moyen d'engins propulsés par réaction » dans un journal scientifique très confidentiel. Bien que le monde n'y prête aucune attention, Tsiolkovski a théoriquement résolu la question, qui est le problème de base du vol humain dans l'espace : comment propulser des êtres humains au-delà de l'atmosphère terrestre sans qu'ils meurent ? Le vol dans l'espace a une longue histoire. Au XVIIe siècle, lorsque la Lune et les planètes ont été reconnues depuis peu comme des corps mobiles dans l'espace, l'astronome Johannes Kepler imagine un voyage sur la Lune dans l'une des premières histoires de science-fiction, *Somnium*. Au XIXe siècle, le voyage sur la Lune est devenu un classique de la littérature fantastique. L'œuvre de Jules Verne a davantage d'influence : ses astronautes partent vers la Lune dans un obus tiré par un canon suffisamment long et puissant pour vaincre l'attraction terrestre.

LE PIONNIER RUSSE
Constantin Tsiolkovski a résolu bon nombre des problèmes du vol spatial en théorie, mais pas en pratique.

Tsiolkovski s'inspire du récit de Jules Verne pour commencer, dans les années 1880, ses recherches sur le voyage spatial. Il calcule que s'il est théoriquement possible de tirer un projectile dans l'espace au moyen d'un canon, l'opération ne peut s'effectuer sans soumettre les passagers à des forces auxquelles ils ne pourraient résister. Travaillant dans l'anonymat, Tsiolkovski conçoit la bonne solution : une fusée. Respectant la troisième loi de Newton sur le mouvement, loi selon laquelle toute action engendre une réaction égale et opposée, une fusée fonctionnera comme un système de propulsion à la fois dans l'atmosphère et au-delà. Tsiolkovski suggère aussi l'emploi de l'hydrogène et de l'oxygène liquides comme carburant, afin de faire fonctionner le moteur-fusée et de fournir la poussée nécessaire. Au début des années 1900, il conçoit des vaisseaux spatiaux. Cet homme est un visionnaire, car il les dote de tuyères orientables et de lanceurs à étages multiples, et étudie même un prototype de navette muni d'une voilure pour revenir en planant vers la Terre.

L'intérêt hors du commun de Tsiolkovski pour les fusées spatiales est partagé dans différents pays par un certain nombre d'individus qui, jusqu'aux années 1920, explorent le sujet sans se référer, ou très peu, aux travaux des autres chercheurs. En France, en 1912, un pionnier de l'aviation, Robert Esnault-Pelterie, donne des conférences sur les possibilités du voyage dans l'espace. Aux États-Unis, en 1909, le physicien Robert Goddard, récemment diplômé de la Clark University, calcule les vitesses minimales requises pour atteindre une orbite terrestre. Il poursuit des recherches sur les moteurs de fusée à carburant solide, et, en 1919, il éveille l'attention de la presse en affirmant qu'une fusée pourrait atteindre la Lune. Goddard ne parle pas de l'homme dans l'espace, mais, en 1923, l'ingénieur allemand Hermann Oberth publie *Der Rakete zu den Planetenraümen* (« La Fusée dans l'espace interplanétaire »), ouvrage où il affirme que l'homme peut voyager dans l'espace et où il livre les plans d'une fusée à deux étages à carburant liquide.

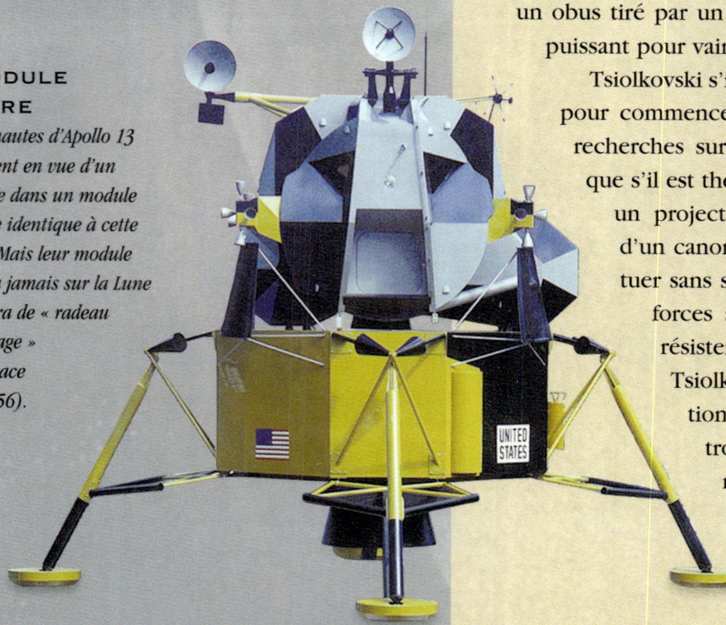

LE MODULE LUNAIRE
Les astronautes d'Apollo 13 s'entraînent en vue d'un alunissage dans un module d'exercice identique à cette réplique. Mais leur module n'arrivera jamais sur la Lune et il servira de « radeau de sauvetage » dans l'espace *(voir p. 356)*.

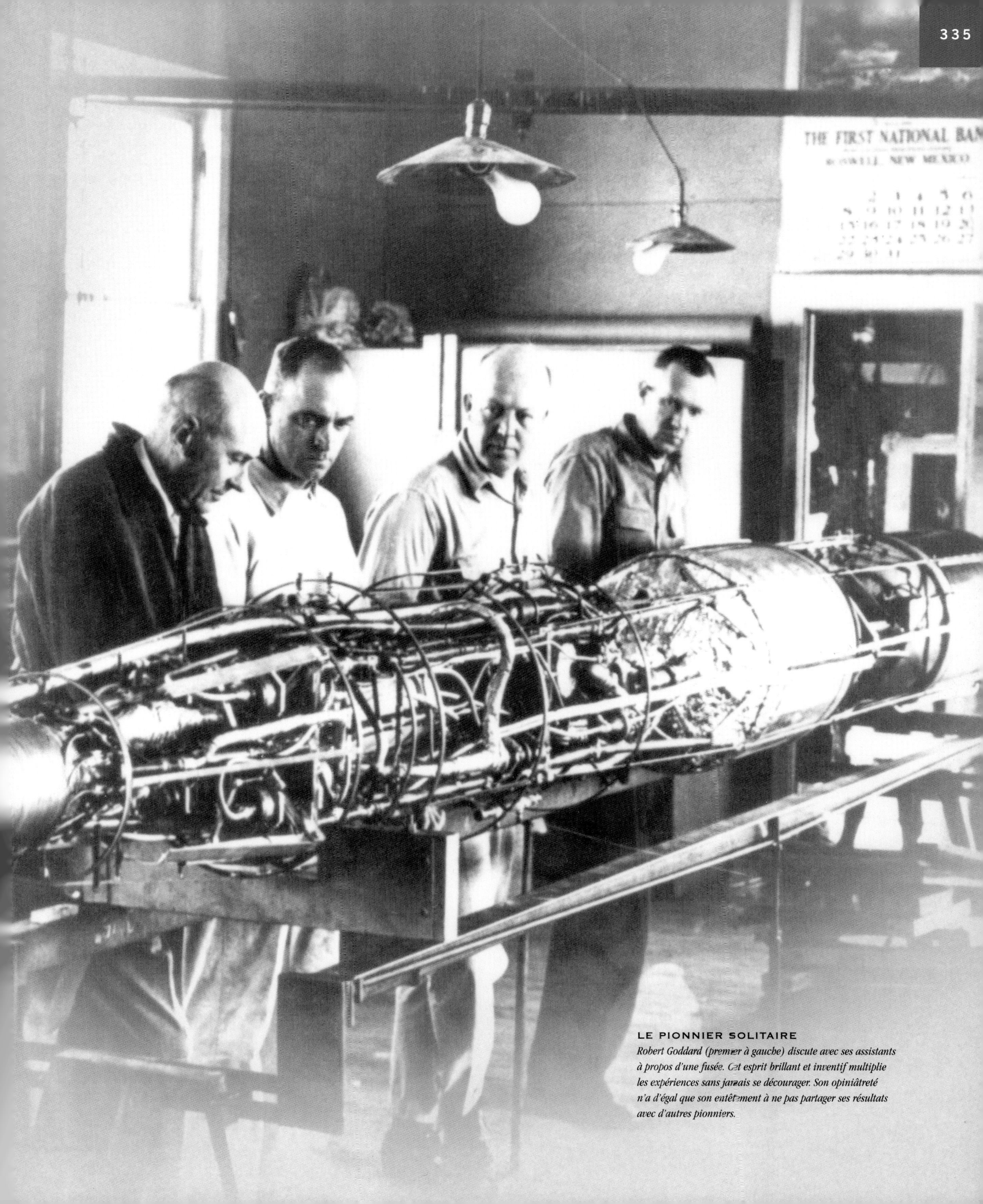

LE PIONNIER SOLITAIRE

Robert Goddard (premier à gauche) discute avec ses assistants à propos d'une fusée. Cet esprit brillant et inventif multiplie les expériences sans jamais se décourager. Son opiniâtreté n'a d'égal que son entêtement à ne pas partager ses résultats avec d'autres pionniers.

ROBERT GODDARD

Né à Worcester, Massachusetts, Robert Goddard (1882-1945) se nourrit d'ouvrages de science-fiction, et devient très vite un passionné acharné de la conquête spatiale. Il poursuit des recherches sur les moteurs-fusées en tant qu'étudiant, puis professeur à la Clark University. En 1926, il lance la première fusée propulsée par un propergol liquide. Les travaux de Goddard, qui éveillent l'attention de Lindbergh, bénéficient grâce à lui d'un financement de la Fondation Guggenheim. Goddard peut ainsi expérimenter des fusées plus importantes et plus rapides dans les années 1930 sur son site de Roswell, au Nouveau-Mexique.

UN GÉNIE SOLITAIRE
D'un caractère renfermé, Robert Goddard travaille souvent seul et garde le secret sur le détail de ses résultats. De ce fait, le développement pratique des fusées allemandes s'effectuera sans référence aucune à ses premiers travaux.

Dans les années 1920, la possibilité théorique d'envoyer des fusées dans l'espace a été démontrée, mais il s'agit encore d'un sujet plus apte à captiver l'imagination de rares passionnés que celle de la masse des scientifiques. Goddard, Oberth et le précurseur Tsiolkovski – admis au sein de l'Académie des sciences soviétique par le nouveau régime bolchevique en 1919 – font des émules, et des groupes de jeunes gens fondent des clubs et des associations d'amateurs de fusées en vue de la conquête de l'espace interplanétaire. Les récits de fiction fleurissent, de Buck Rodgers et Flash Gordon aux prophéties fantastiques du film de Fritz Lang de 1929, *Frau im Mond* (« Une femme sur la Lune »). Mais cette intrusion des fusées dans la littérature de fiction et les projets utopiques de colonies spatiales effraient davantage les esprits les plus compétents qu'ils ne les incitent à étudier sérieusement la question.

Pourtant, des progrès réels sont obtenus, au début surtout par Goddard. Sa première fusée propulsée par liquide, lancée en 1926, n'atteint que la modeste altitude de 12,5 m, mais, en 1930, il envoie une fusée à 600 m et, en 1935, à 2 300 m. À la California Institute of Technology (Caltech), dans la seconde moitié des années 1930, Theodore von Karman, professeur d'aéronautique, encourage les travaux d'expérimentateurs de fusées comme Frank Malina et John Parsons. Au cours de la décennie suivante, les travaux menés à la Caltech mènent, entre autres choses, au développement de fusées d'assistance au décollage pour les avions. Fondée en 1930 principalement par des auteurs de science-fiction, l'American Interplanetary Society devient, en 1934, l'American Rocket Society, qui se consacre aux expérimentations pratiques ; dans les années 1940, elle crée la société Reaction Motors Inc. qui construira le moteur de l'avion Bell X-1.

L'intérêt des militaires

Contrairement à ce que l'on pourrait penser, les États-Unis sont loin d'être en tête en ce qui concerne le développement des fusées. Tout au long des années 1920 et 1930, c'est en Union soviétique et, surtout, en Allemagne que l'exploration spatiale suscite le plus vif intérêt et que quelques responsables militaires finissent par considérer les armes lancées par fusée comme un moyen potentiel de gagner les guerres.

En Allemagne, le développement initial des fusées propulsées par des carburants liquides est dû en grande partie aux recherches du *Verein für Raumschiffahrt* (Société pour la navigation spatiale). En 1931-1932, sur le site de lancement de fusées dans la banlieue de Berlin, on procède à une centaine de lancements, atteignant l'altitude de 1 552 m. L'activité des membres de cette société est contrôlée par l'armée allemande, qui espère ainsi contourner les clauses militaires du traité de Versailles. Elle décide finalement de les recruter au sein de son propre programme d'armement, afin de mieux les surveiller, car elle se méfie de plus en plus de ces « parasites, charlatans et pseudo-scientifiques ». Le seul apparemment intéressé par cette proposition est le jeune Wernher von Braun. Il travaille pour l'armée en janvier 1933, au moment où Hitler devient chancelier.

RÉQUISITIONNÉE
La V-2 de von Braun est le point de départ des deux programmes américain et russe de fusées et de missiles après la Seconde Guerre mondiale. Cette V-2 a été transportée en Amérique.

Le développement d'une grosse fusée capable d'atteindre des objectifs éloignés exige sans cesse davantage de crédits. En 1936, von Braun a quatre-vingts personnes sous ses ordres, et un centre de recherche et développement est en construction à Peenemünde, sur un site isolé proche de la mer Baltique. Par la suite, il regroupe une usine de fusées, des pas de lancement et une usine d'oxygène liquide. En 1943, quelque 6 000 scientifiques, ingénieurs et techniciens y sont employés, outre les travailleurs engagés de force, les prisonniers de guerre et les déportés.

Le produit de cet effort est la fusée A-4. Cet engin, propulsé par carburants liquides, est tiré à la verticale et atteint l'altitude de 176 km. Rebaptisée par Joseph Goebbels, alors ministre de l'Information et de la Propagande, V-2 (V pour *Vergeltungswaffe*, ou arme de représailles), cette fusée est utilisée contre les Alliés à partir de l'été 1944. Si cette arme est loin de produire l'effet décisif escompté par les nazis – chaque V-2 lancée contre la Grande-Bretagne tue en moyenne 1,76 personne –, elle révèle aux alliés occidentaux et à l'Union soviétique l'existence d'une nouvelle technologie révolutionnaire. S'en emparer devient dès 1945 un objectif prioritaire pour les deux camps.

Au moment où la défaite de l'Allemagne devient inéluctable, la situation de von Braun apparaît très délicate. Il décide donc de se rendre aux troupes américaines, car il sait bien que le savoir qu'il partage avec son équipe représente une formidable monnaie d'échange. À la fin de 1945, von Braun et une partie de ses collaborateurs partent aux États-Unis, où ils vont devoir travailler pour leurs anciens ennemis comme « prisonniers de paix ». Au cours des années suivantes, environ 120 des 6 000 spécialistes de Peenemünde sont regroupés, créant par la suite une colonie d'expatriés à Huntsville, dans l'Alabama. Leur première tâche consiste à développer le premier missile nucléaire balistique américain, le Redstone, dont les essais de lancement débutent en 1953 à cap Canaveral, en Floride.

> « Un système d'arme raté, produit par des travailleurs forcés, la V-2 [...] a ouvert les portes de l'univers. »
>
> **Tom D. Crouch,**
> extrait de Aiming for the Stars, 2000

À cette époque, le développement des missiles à longue portée et le placement de satellites sur orbites terrestres sont devenus une priorité absolue pour les États-Unis et l'Union soviétique lancés en pleine guerre froide. La sécurité militaire et le prestige des systèmes

WERNHER VON BRAUN

NÉ DANS UNE FAMILLE de l'aristocratie terrienne de Prusse, Wernher von Braun (1912-1977) s'enthousiasme pour les fusées dans les années 1920. En 1932, il accepte de travailler pour l'armée allemande. Il a toujours prétendu n'avoir porté aucun intérêt aux études d'armements, mais exploité la « vache à lait militaire » afin de développer des fusées pour l'espace. Après avoir dirigé le programme nazi menant à la V-2, il réussit à la fin de la guerre à négocier le transfert de son équipe de base aux États-Unis, où il apparaît, dans les années 1950, comme un éminent partisan des voyages vers la Lune et Mars, en patronnant des spectacles télévisuels pour Disney et en signant des articles de fond dans le magazine *Collier's*. Son équipe joue un rôle déterminant dans le développement des missiles balistiques et le programme des fusées spatiales aux États-Unis.

UNE IMAGE NEUVE
Malgré ses activités sous le régime hitlérien, von Braun est considéré outre-Atlantique comme un éminent pionnier des fusées.

LE FILM DU LANCEMENT
Enregistré par une caméra de cinéma, le premier lancement d'essai d'une V-2 Bumper réquisitionnée aux Allemands a lieu à cap Canaveral le 24 juillet 1950. Si les partisans des fusées ont l'idée de l'exploration spatiale, les recherches dépendent d'abord de leur potentiel militaire.

L'ÉTAPE REDSTONE

La fusée Redstone de l'US Army, créée par l'équipe de Wernher von Braun à Huntsville, en Alabama, est un progrès logique inspiré de la V-2. D'abord conçue comme missile nucléaire, elle sera aussi un important lanceur spatial américain.

idéologiques concurrents sont mis entre parenthèses. Les Soviétiques peuvent compter sur une longue tradition de recherches en matière de fusées. Dès les années 1920, le régime soviétique décrète que la conquête spatiale est un objectif digne d'une société en quête d'un nouvel avenir. Les inventeurs soviétiques forment des clubs d'études de fusées, comme le MosGIRD, ou groupe de Moscou, spécialisé dans la propulsion par réaction. En 1932, ce dernier lance ses premières fusées, dont l'une atteint 400 m d'altitude.

Comme beaucoup d'autres clubs de lanceurs de l'Union soviétique, le groupe de Moscou est bientôt absorbé par l'appareil bureaucratique d'État. Le commandant en chef responsable des armements de l'armée rouge, le maréchal Toukhatchevski, est particulièrement intéressé par les fusées considérées comme une forme potentielle d'artillerie à très longue portée. En 1937, la plupart des spécialistes des fusées soviétiques travaillent pour Toukhatchevski, notamment Sergueï Korolev. Malheureusement, celui-ci fait partie des victimes de Staline, lors de la grande purge qui décime le corps des officiers de l'armée rouge. Korolev, à l'instar d'autres scientifiques, est accusé

> « Nous regardions, stupéfaits, comme un troupeau de moutons voyant une nouvelle barrière pour la première fois. »
>
> NIKITA KHROUCHTCHEV,
> EXAMEN DE LA FUSÉE DE KOROLEV PAR LE POLITBURO

SERGUEÏ PAVLOVITCH KOROLEV

NÉ EN UKRAINE, Sergueï Korolev (1906-1966) est un jeune diplômé en technique aéronautique de l'École technique supérieure de Moscou, lorsqu'il décide de fonder avec d'autres, en 1931, le MosGIRD. Ses talents sont reconnus par l'État soviétique et il prend la direction d'une équipe à l'Institut de recherches sur les fusées, sous les ordres du maréchal Toukhatchevski. En 1938, au moment des purges staliniennes, Korolev est arrêté, accusé de subversion et envoyé dans les terribles mines de la région de Kolyma. Comme d'autres, il est sauvé d'une mort certaine en étant rappelé au travail ; toujours prisonnier, il étudie des avions et un programme de fusées. Libéré en 1944, il dirige le développement des fusées soviétiques après la guerre. Il est notamment responsable du lancement du premier satellite et du premier vol habité dans l'espace. Il décède d'un cancer en 1966 ; sa mort est un coup sévère au programme spatial soviétique.

UN HÉROS SOVIÉTIQUE

Le génie créateur de Korolev était associé à une remarquable force de volonté et à un sixième sens qui lui permettait d'agir malgré la rigidité de la bureaucratie soviétique.

SPOUTNIK 1

VUE EXTÉRIEURE

UNE SPHÈRE SYMBOLIQUE
La seule mission du satellite consiste à faire connaître au monde ce triomphe de la technique soviétique. Son signal, transmis depuis son orbite, annonce le début de l'ère spatiale.

LE 4 OCTOBRE 1957 AU SOIR, le premier satellite artificiel de la Terre, Spoutnik 1, est lancé du cosmodrome de Baïkonour proche de Tyuratam, au Kazakhstan. Pour limiter les risques d'échec, les Soviétiques ont choisi un engin simple et d'un poids très inférieur à la masse maximale que la fusée R-7 peut lancer dans l'espace. Observant depuis un blockhaus le décollage de l'énorme fusée, Sergueï Korolev a peine à croire à sa réussite : « C'est vrai ? demande-t-il, avons-nous vraiment fait ça ? » Quand Spoutnik 1 tourne à 800 m de la Terre en émettant ses célèbres bip-bip, le peuple soviétique est euphorique. Quant à la réaction américaine, le futur président Lyndon B. Johnson se rappelle « le choc énorme ressenti en se rendant compte qu'il était possible qu'un autre pays disposât d'une supériorité technique sur notre grande nation ».

VUE ÉCLATÉE

DESCRIPTION
Spoutnik 1 est une sphère d'aluminium contenant deux émetteurs radio, des batteries à l'argent-zinc et un thermomètre. Il pèse environ 84 kg. Volant à 30 000 km/h, il fait le tour de la terre en 96 minutes environ.

sans fondement de subversion et envoyé au goulag. Les recherches soviétiques dans le domaine des fusées balistiques connaissent alors une éclipse.

À la fin de la Seconde Guerre mondiale, les Soviétiques contrôlent le site de production des V-2 de Nordhausen. Ils ont aussi fait prisonniers des spécialistes et des techniciens de second ordre qui ont travaillé sur le programme des fusées allemandes. Les informations recueillies sont exploitées par Korolev, récemment libéré du goulag, et par d'autres spécialistes, comme Valentin Glushko. Il s'agit de faire avancer le développement du programme des fusées soviétique à partir des connaissances acquises dans le domaine de l'artillerie, programme initié dès la Seconde Guerre mondiale. Au début des années 1950, les Soviétiques possèdent des moteurs-fusées capables de développer plus de 90 000 kgp, alors que le moteur du Redstone n'atteint que 35 000 kgp.

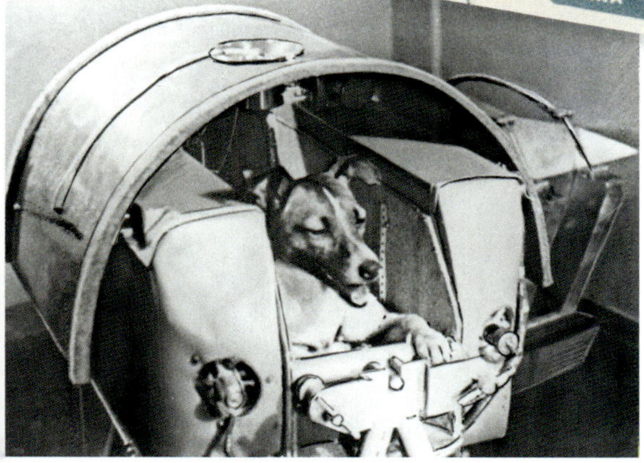

CHIEN CÉLESTE
La malheureuse chienne Laïka, première créature vivante mise sur une orbite terrestre, essaie sa nacelle spatiale. Elle paiera de sa vie sa célébrité mondiale en mourant dans le Spoutnik 2 surchauffé.

Le premier satellite

Tandis que les Américains concentrent l'essentiel de leurs énergies sur le développement d'une force à base de bombes nucléaires, les Soviétiques consacrent, à partir de 1952, la plus grande partie de leurs ressources à la construction d'un missile balistique intercontinental nucléaire (ICBM). L'objectif, tel qu'il est défini par le chef de la force aérienne soviétique, le maréchal Zhigarev, consiste à fabriquer « des fusées à longue portée fiables, capables de frapper le continent américain ». En 1955, une nouvelle base de lancement, le cosmodrome de Baïkonour, est construite dans la république soviétique du Kazakhstan. C'est là que les Soviétiques expérimentent une fusée qui va étonner le monde. En regroupant cinq moteurs-fusées, Korolev dote le R-7 Semyorka de près de 455 000 kgp. Avec une portée de 6 400 km, il devient le premier ICBM du monde, capable aussi d'envoyer une charge marchande de 1 tonne dans l'espace.

Après de nombreux contretemps, les essais de lancement du R-7 commencent en mai 1957. Les huit premières tentatives se traduisent par un échec total ou par une explosion peu après le décollage. Korolev est proche de la dépression nerveuse, lorsqu'un vol totalement réussi est effectué le 21 août 1957. Après la répétition de cette performance, le leader soviétique Nikita Khrouchtchev donne l'ordre de lancer un satellite. La mise en orbite de Spoutnik 1, le 4 octobre, a un effet considérable sur l'opinion mondiale. Les responsables soviétiques exigent immédiatement la répétition de cet exploit. Un mois après exactement, une petite chienne tourne en orbite autour de la Terre à bord de Spoutnik 2.

Tandis que la propagande soviétique se répand en louanges sur cette victoire, présentée comme une

SPOUTNIK 3
Lancé le 15 mai 1958, Spoutnik 3 est un vaisseau de forme conique de 3,57 par 1,73 m, pesant 1 327 kg. Il reçoit son énergie de panneaux solaires sertis à la base de son fuselage principal.

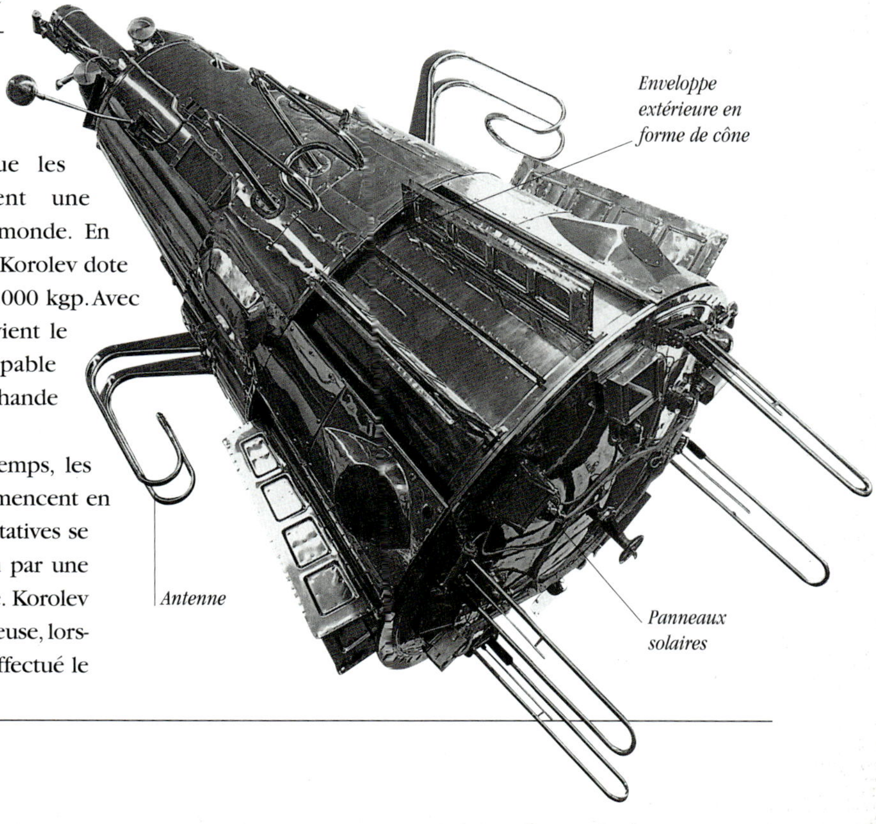

preuve de la supériorité du système communiste, les États-Unis s'attellent à la tâche afin de rattraper leur retard. L'URSS et les États-Unis annoncent tous deux le lancement d'un satellite pour l'Année internationale de géophysique de 1957-1958. Du côté américain, on travaille au développement d'un lanceur nommé Vanguard. Il n'est pas du tout comparable au R-7 soviétique en matière de poussée ou de charge marchande, mais son premier lancement, en décembre 1957, est attendu avec impatience comme une riposte obligatoire et urgente aux Spoutnik. Mais le Vanguard explose au décollage, explosion qui apparaît à un observateur « semblable à l'ouverture des portes de l'enfer ». Ravis, les Soviétiques demandent ironiquement si les Américains aimeraient bénéficier d'une aide technique réservée aux pays sous-développés.

Heureusement, le Vanguard n'est pas le seul lanceur de satellites développé par les États-Unis. L'équipe de Wernher von Braun à Huntsville, qui travaille pour l'armée, a mis au point une version plus puissante du Redstone, la fusée Jupiter-C, qui peut être adaptée au lancement d'un satellite.

Des rivalités entre les services ont abouti à l'abandon du programme de fusées à longue portée de l'armée. Mais, quand le choc du lancement des Spoutnik se produit, von Braun et son chef, le général John Medaris, sont prêts à aller de l'avant avec leur propre projet de lancement d'un satellite. La fusée Jupiter-C évolue sous la forme du lanceur Juno 1, tandis que le Jet Propulsion Laboratory, situé en Californie et dirigé par William Pickering, assure l'assemblage d'un satellite qui lui est destiné. Explorer I est lancé avec succès et mis en orbite le 31 janvier 1958. Contrairement au premier satellite soviétique, il contient des instruments scientifiques qui font progresser la connaissance humaine. Est notamment identifiée une zone d'absorption de radiations par le champ magnétique terrestre, appelée ceintures de Van Allen, d'après le nom d'un physicien de l'université de l'Iowa, James van Allen, qui a préparé les expériences confiées à Explorer I.

L'AVION DE L'ESPACE

L'avion à moteur-fusée North American X-15 peut s'élever à 108 km, altitude suffisante pour qualifier un vol spatial de suborbital. Mais il ne peut pas voler en orbite, et, s'il y était parvenu, il n'aurait pas pu rentrer dans l'atmosphère.

« D'une nation de 175 millions d'habitants, ils ont émergé [...] sept hommes de la même étoffe que Christophe Colomb... »

***Time Magazine*,**
après la première conférence de presse de Mercury 7

LES PREMIERS ASTRONAUTES AMÉRICAINS

En 1962, les hommes de Mercury 7 posent pour la photo officielle. De gauche à droite : Wally Schirra, Alan Shepard, Deke Slayton, Gus Grissom, John Glenn, Gordon Cooper et Scott Carpenter. Par leur sélection pour ce programme spatial, ils deviennent les hommes les plus célèbres du monde.

Mais la recherche scientifique ou technique et pratique, comme l'amélioration des communications, restera longtemps marginale par rapport à la motivation principale des programmes spatiaux soviétique et américain. La conquête de l'espace est une lutte de prestige entre deux superpuissances, chacune cherchant à prouver la supériorité de son système politico-économique au niveau astronautique. Les deux camps savent qu'aux yeux du monde, le vainqueur (au moins du premier round) sera celui qui enverra le premier homme dans l'espace. L'impératif du moment n'est pas un programme à long terme, ni des résultats pratiques, mais simplement d'envoyer un homme dans l'espace le plus tôt possible.

En 1958, les États-Unis concentrent leurs efforts sur trois programmes. Décidant que l'un des programmes doit

être sous contrôle civil, le président Eisenhower choisit de transformer la NACA, l'ancienne agence fédérale de recherches aéronautiques, en NASA (National Aeronautics and Space Administration). Les deuxième et troisième programmes dépendent de l'US Air Force : le deuxième doit continuer à développer des satellites de reconnaissance en partenariat avec la CIA, et le troisième est destiné à des applications militaires. L'armée reçoit toutefois l'ordre de se désengager de la conquête de l'espace, et, en 1960, l'équipe de von Braun est transférée de l'armée à la NASA et devient le George C. Marshall Space Flight Center.

La NACA a été le partenaire de l'USAF dans le programme de l'avion-fusée expérimental X-15, considéré par de nombreux ingénieurs comme une étape essentielle dans le cheminement vers la conquête de l'espace. Le X-15 peut voler presque aussi vite qu'un lanceur-fusée et atteindre les couches extrêmes de l'atmosphère. Les ingénieurs de la NACA ont déjà annoncé que la prochaine génération des avions « X » pourrait être mise en orbite et revenir se poser au sol. Totalement impliquée dans l'envoi d'un homme dans l'espace dans les plus brefs délais, la NASA est trop pressée pour vérifier si un appareil muni d'une voilure en est vraiment capable. Elle est toutefois disposée à soutenir le projet de von Braun visant à produire un lanceur géant dans un proche avenir. Il reste, à ce stade, à étudier une capsule spatiale et un programme de vols susceptible d'envoyer un Américain dans l'espace et de le faire revenir en utilisant la technologie des fusées existantes.

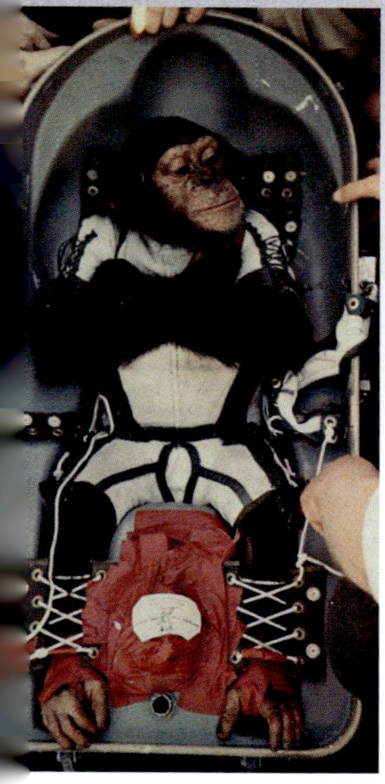

SINGE SPATIAL
En janvier 1961, la NASA envoie le chimpanzé Ham dans l'espace. Plus chanceux que la chienne soviétique Laïka, il survit à l'expérience.

Au moment de la création de la NASA, l'ingénieur Maxime Faget a déjà dessiné le véhicule adéquat. Assez petit et léger pour être envoyé en vol suborbital par un Redstone, il doit se présenter comme une capsule conique équipée de fusées destinées à le freiner lors sa rentrée dans l'atmosphère et dotée d'un bouclier antithermique protégeant sa base de la chaleur. La capsule devra se présenter base en avant et plongera dans l'océan freinée par des parachutes. En dépit de toutes ces contraintes, si elle permet à un Américain d'être le premier homme dans l'espace, elle sera utilisée.

Le recrutement du premier corps d'astronautes américains débute. On songe d'abord à des acrobates de cirque, considérés comme des candidats potentiels. Mais Eisenhower préfère faire appel à des pilotes d'essai militaires.

Mercury 7

Une procédure de sélection rigoureuse est mise en œuvre, afin de choisir les hommes chargés de représenter la puissance et la fierté des États-Unis. Les candidats doivent être titulaires de diplômes sanctionnant des études supérieures, être dans une forme physique et psychologique parfaite, et avoir un mode de vie et des qualités personnelles susceptibles d'en faire des héros pour l'Amérique. Les sept hommes seront mariés, père de famille et d'un âge compris entre 32 et 37 ans. Le projet auquel ils sont associés est baptisé Mercury, et ils constituent l'équipe Mercury 7.

Bien entendu, les astronautes de Mercury n'ont pas forcément les qualités souhaitées par les sélectionneurs. Le colonel des marines John Glenn, le plus âgé du groupe, ancien combattant de la Seconde Guerre mondiale et de la Corée, est un homme au comportement réservé et aux principes religieux affirmés. Alan Shepard et Walter Schirra sont des personnages plus libérés, ayant un sens de l'humour

L'ENTRAÎNEMENT SPATIAL

BALLET EN APESANTEUR
Les astronautes de Mercury expérimentent des phases d'apesanteur dans la soute d'un avion de transport. En suivant une trajectoire parabolique verticale, l'avion peut créer des conditions d'apesanteur pendant 45 secondes lorsqu'il atteint le sommet de la courbe.

EXERCICES EN MER
Les astronautes de Gemini affrontent un amerrissage, ou splash down, *moyen simple, mais très pratique de revenir sur Terre sans ailes.*

L'ENTRAÎNEMENT DES PREMIERS ASTRONAUTES américains consiste essentiellement à pratiquer des simulations répétées des situations vécues dans l'espace, comme les effets de l'apesanteur et des forces d'accélération g.

Pour se familiariser avec l'apesanteur, des astronautes prennent place dans un avion qui suit une courbe parabolique (en bosse), trajectoire qui génère brièvement des conditions de gravité zéro. Ils sont aussi lancés en rotation à l'extrémité du bras géant d'une centrifugeuse de l'US Navy à Joinsville, en Pennsylvanie, programmée par ordinateur pour recréer différentes valeurs de g susceptibles d'être éprouvées lors des diverses phases du vol spatial.

Dans d'autres exercices, les astronautes doivent rester pendant des heures dans un simulateur de cap Canaveral, couchés dans un siège sur le dos, face à une réplique de la console du vaisseau Mercury. Ils doivent accomplir tous les gestes de routine du vol et sont confrontés à des situations d'urgence.

Pilotes hautement confirmés, les astronautes sont tout d'abord mécontents d'un programme qui tend à leur faire jouer le rôle de « doublures » de systèmes automatiques. Ils souhaitent piloter leur vaisseau et non pas être maintenus dans une position de cobayes passifs servant uniquement à tester les effets du vol spatial sur le corps humain. Dès le début, les astronautes insistent pour avoir davantage de contrôle que les premiers cosmonautes soviétiques.

Ils auront bientôt l'occasion de jouer un rôle vital, car les systèmes automatiques sont loin d'être fiables à 100 %.

LE PREMIER HOMME DANS L'ESPACE

Quoique présenté au monde comme un triomphe absolu et sans incident de la technique soviétique, le premier vol humain a failli frôler la catastrophe.

Le matin du 12 avril 1961, le cosmonaute Iouri Gagarine s'installe dans l'espace resserré de la capsule du vaisseau Vostok tout en haut de son lanceur. Il y reste cinquante minutes en écoutant des chansons sentimentales russes, tandis que les opérations préparatoires du lancement s'achèvent. Les moteurs s'allument enfin et la force d'accélération s'accroît quand la fusée quitte son pas de tir. Quelques minutes plus tard, les moteurs s'éteignent et l'homme est sur orbite, pas du tout gêné par l'apesanteur et admiratif de ce qu'il peut voir. Lancé vers l'est au-dessus du Pacifique, il entre brusquement dans la nuit, survole l'Amérique du Sud et rencontre une nouvelle aube au-dessus de l'Atlantique.

Une heure et quinze minutes plus tard, au-dessus de l'Afrique, Gagarine entend et ressent l'allumage des rétrofusées signalant la rentrée dans l'atmosphère. Mais la capsule ne se sépare pas du reste du vaisseau, et le cosmonaute pirouette brusquement dans l'atmosphère. Cela dure dix minutes jusqu'à ce qu'un câble fonde, libérant la capsule.

Plongeant dans l'atmosphère, Gagarine entend un craquement lorsque le bouclier antithermique atteint sa température maximale, et il ressent une brusque décélération. Désormais, tout se passe bien. Selon le plan de vol, à 7 000 m d'altitude, la trappe de la capsule est larguée et le siège éjectable de Gagarine se déclenche. Il descend alors en parachute pour atterrir dans un champ labouré près de la ville de Saratov.

LE DÉBUT D'UNE AVENTURE

Le 12 avril 1961, Vostok 1 s'arrache du cosmodrome de Baïkonour : c'est le début des vols spatiaux habités. Le cosmonaute Iouri Gagarine n'effectue qu'une révolution autour de la Terre en 1 heure et 48 minutes.

SIMPLE PASSAGER

Gagarine est essentiellement un passager dans le vaisseau Vostok. Si les commandes sont verrouillées, une clé est placée dans une enveloppe scellée en cas d'urgence nécessitant une intervention humaine.

> « Le bruit [...] ressemblait à celui d'un avion. Puis la fusée s'est élevée doucement, régulièrement... »
>
> **Iouri Gagarine,** à propos de son premier vol

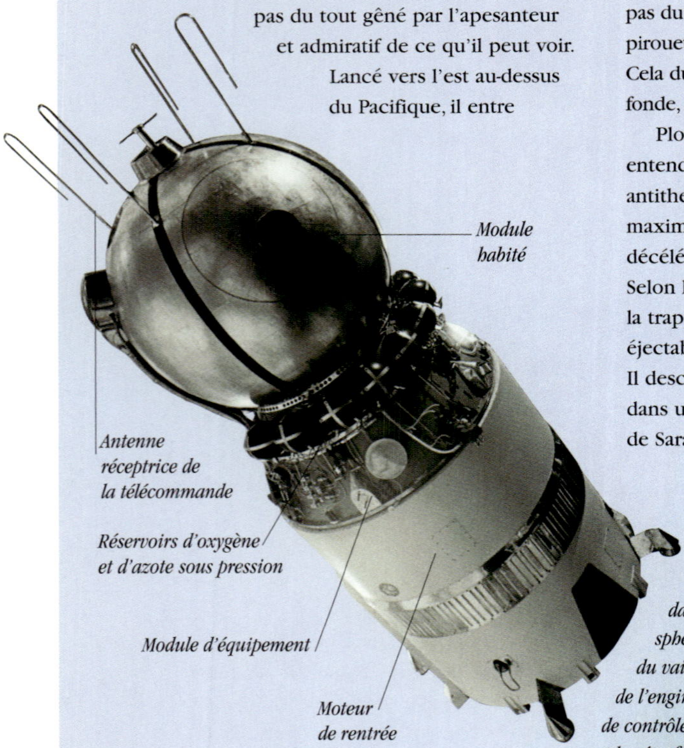

VOSTOK 1

Le cosmonaute voyage dans la petite capsule sphérique placée au sommet du vaisseau Vostok. Le reste de l'engin contient le système de contrôle de l'environnement et la rétrofusée chargée de décrocher le vaisseau de son orbite.

CINQ FUSÉES

Directement dérivé du R-7 qui avait lancé le premier satellite en 1957, le lanceur du Vostok mis en orbite regroupe cinq fusées allumées simultanément.

direct et un penchant pour les voitures de sport. La vie de famille de ces hommes ne ressemble pas toujours aux portraits publiés dans le magazine *Life*. Mais tous ont le courage et le patriotisme nécessaires à l'accomplissement de la tâche qui leur est confiée.

Les astronautes de Mercury vont devoir assumer des risques évidents. Le programme doit être accéléré – l'objectif initial est un premier vol habité prévu pour le milieu de l'année 1960 ; or la technologie des fusées est loin d'être fiable. Le programme prévoit un vol suborbital au moyen d'un lanceur Redstone suivi d'une mise en orbite grâce à un lanceur Atlas plus puissant. Mais, en juillet 1960, l'essai de lancement d'un Atlas coiffé d'une capsule Mercury se termine par une spectaculaire explosion juste après le départ. Au mois de novembre suivant, la combinaison Redstone-Mercury échoue lamentablement, avec un soulèvement de 15 cm au-dessus de la plate-forme de lancement avant la chute.

« Coiffé sur le poteau »

Les soucis de la NASA sont donc loin d'être terminés quand, le 31 janvier 1961, un chimpanzé nommé Ham est lancé avec succès dans l'espace, bien sanglé dans une capsule Mercury. L'événement ne se déroule pas parfaitement : Ham finit par amerrir à 210 km du point choisi et manque de se noyer avant d'être récupéré. Quant aux pilotes astronautes de Mercury, aussi fiers que compétents, ils ne sont guère flattés qu'on leur rappelle que le vol pour lequel ils s'entraînent vient d'être réussi par un singe. La NASA est prête pour un lancement humain au printemps ; elle décide toutefois de le décaler de mars à mai en vue de résoudre quelques petits problèmes mis en évidence par l'aventure de Ham. Ce léger retard est suffisant pour donner l'avantage aux Soviétiques.

Contrairement aux États-Unis où les projecteurs braqués sur le programme spatial sont aveuglants, l'Union soviétique agit dans le plus grand secret. Tout semble se dérouler comme une suite de réussites triomphales : chaque succès n'étant précédé d'aucune annonce, leur révélation n'en a que plus d'impact. Et le triomphe est bien réel. En janvier 1959, le vaisseau Luna 1 frôle la Lune à 6 500 km ; en septembre, le Luna 2 s'écrase sur le sol lunaire, après un vol hyberbolique, et, en octobre, le Luna 3 passe derrière le satellite de la Terre dont il photographie la face cachée. Les ratages existent, mais les Russes n'en disent mot… En octobre 1960, une tentative d'envoi d'un vaisseau inhabité vers Mars échoue. Puis survient la plus grande catastrophe de l'histoire de la conquête spatiale : sur son pas de tir de Baïkonour, un nouveau lanceur s'allume pour une raison inconnue au moment où il est inspecté par des officiers supérieurs, des ingénieurs et des techniciens ; plus de 100 personnes périssent dans les flammes.

Comme les Américains, les Soviétiques, qui s'acharnent à vouloir être les premiers à envoyer un homme dans l'espace, sélectionnent une équipe de futurs cosmonautes dans leur corps de pilotes de chasse. Les vingt cosmonautes soviétiques sont nettement plus jeunes que leurs collègues américains, leur âge allant de 24 à 34 ans. Contrairement à la gloire instantanée de Mercury 7, les cosmonautes sont inconnus du public, et leur existence est même tenue secrète. En conséquence, leur disparition ne constitue pas un problème. En mars 1961, le cosmonaute Valentin Bondarenko, âgé de 24 ans, effectue une série de tests qui prévoient le séjour dans un compartiment à oxygène pressurisé. Il dispose d'une plaque chauffante pour ses aliments. À la fin des tests, il pose par inadvertance un chiffon imbibé d'alcool sur la plaque chauffante et déclenche une énorme explosion dans une atmosphère remplie d'oxygène. Gravement brûlé, Bondarenko meurt peu de temps après.

Un tel événement, du fait de la discrétion dont font preuve les Soviétiques, ne freine pas la progression du programme spatial habité soviétique. À partir de mai 1960, ils commencent les essais de lancement de leur capsule spatiale Vostok en plaçant une véritable ménagerie en orbite : chiens, souris, rats, grenouilles et cochons d'Inde se succèdent dans l'espace. En avril 1961, ils sont prêts pour le vrai vol. Trois semaines seulement après la mort de Bondarenko, Gagarine tourne en orbite et devient, à l'époque, l'homme le plus célèbre du monde.

La motivation politique qui induit l'effort spatial soviétique ne fait aucun doute et démontre son efficacité. Dans tout le tiers-monde, où de nouvelles nations décolonisées accèdent à l'indépendance, les leaders et leurs peuples considèrent l'Union soviétique comme la puissance mondiale numéro un dans le domaine de la technique, et le communisme soviétique comme le régime de l'avenir. Les États-Unis se doivent de réagir, car la guerre froide s'intensifie en 1961, avec l'échec de l'expédition contre-révolutionnaire à Cuba (baie des Cochons) et la construction du mur de Berlin.

> « L'exploration entre dans une ère nouvelle. L'espace est notre grande nouvelle frontière. »
>
> **John F. Kennedy,**
> candidat à l'élection présidentielle en 1960

IOURI GAGARINE

Iouri Alekseïevitch Gagarine (1934-1968) naît dans une ferme collective près de Smolensk. Enfant, il survit à l'occupation nazie pendant la Seconde Guerre mondiale et aux difficultés du régime stalinien. Dans les années 1950, il fréquente un collège technique et envisage une carrière d'inspecteur d'usine. Mais il réussit à suivre des cours de pilotage dans l'armée et devient officier pilote en 1957. En mars 1960, à l'âge de 26 ans, il est retenu pour suivre l'entraînement des cosmonautes. Cette période n'a rien de plaisant. Jeune marié et père de famille – son deuxième enfant naît un mois avant son premier vol dans l'espace –, Gagarine vit dans un modeste appartement à Moscou et se rend tous les jours au centre d'entraînement situé en banlieue.

Lorsqu'il devient un véritable héros, son existence n'est plus qu'une succession de cérémonies publiques et de tournées officielles à l'étranger. Gagarine ne souhaite qu'une chose : redevenir pilote et cosmonaute. Son vœu se réalise en 1968 quand il reprend l'entraînement au vol spatial et le pilotage d'avions de chasse. Mais, en mars, il se tue en s'écrasant avec son MiG-15.

UN HÉROS SOURIANT
Élevé au grade de colonel de l'aviation soviétique, Iouri Gagarine se révèle un excellent ambassadeur de son pays. Cet homme efficace et charmant endosse facilement son costume de héros officiel.

OBJECTIF LUNE
Le 25 mai 1961, le président Kennedy déclare au Congrès que les États-Unis doivent s'engager à « envoyer un homme sur la Lune et à le faire revenir sain et sauf sur Terre » avant la fin de la décennie.

Dès lors que Gagarine est devenu le premier homme dans l'espace, la seule manière pour les Américains d'envisager la victoire est de se fixer un objectif plus ambitieux, mais suffisamment lointain pour leur laisser le temps de rattraper et de dépasser les Soviétiques. Le nouveau président, John F. Kennedy, décide de défier l'Union soviétique : le premier homme qui marchera sur la Lune sera américain. Son prédécesseur, Eisenhower, a reculé devant le coût d'un programme spatial habité à long terme, voyant dans le projet Mercury une fin plutôt qu'un point de départ. Kennedy n'est pas moins attentif au montant de l'addition, mais il est davantage enclin à parier sur un projet technologique audacieux, susceptible de restaurer le moral de l'Amérique et son prestige international. Le 25 mai 1961, il déclare devant le Congrès : « Je crois que ce pays doit s'engager dans la réalisation de cet objectif, avant la fin de cette décennie, qui consiste à envoyer un homme sur la Lune et à le faire revenir sain et sauf sur Terre. » Certains spécialistes américains estiment, compte tenu du délai octroyé, que le but ne sera probablement pas atteint. Mais le mouvement est lancé.

> « Qu'est-ce que vous attendez pour résoudre votre petit problème [...] et pour allumer cette chandelle ? »
>
> **Alan B. Shepard,**
> interrogeant le contrôle au sol avant le lancement de 1961

Lorsque Kennedy prononce son fameux discours devant le Congrès, les Américains ont déjà obtenu un résultat dont ils peuvent se réjouir, puisque le programme Mercury a connu son premier succès. Le 5 mai 1961, l'astronaute Alan B. Shepard est installé non sans peine à bord du Mercury 7 Freedom, placé tout en haut d'un lanceur Redstone. Là, assis dos vers le sol et face au ciel, il doit attendre quatre heures en raison des contretemps qui se succèdent. Or rien n'a été prévu pour soulager sa vessie, car le vol devait durer quinze minutes. Enfin, vers 9 heures 30, le compte à rebours commence. Des millions de citoyens américains suivent ces moments intenses à la radio ou à la télévision. Le Redstone se soulève enfin sur son pas de tir et traverse l'atmosphère. Il se sépare de la capsule, et Shepard atteint l'espace à 186 km d'altitude. Tout le pays entend sa voix relayée par la radio.

Après avoir eu la possibilité d'expérimenter le contrôle manuel du vaisseau spatial en tangage, en lacet et en roulis, si important pour les pilotes qui ne veulent pas être réduits au rôle de simple passager, Shepard réussit son retour sur la Terre et plonge dans l'Atlantique au large des Bermudes, à environ 480 km de son point de lancement en Floride.

PREMIÈRE AMÉRICAINE

Le 5 mai 1961, Alan B. Shepard devient le premier Américain de l'espace. Le lanceur Redstone (à gauche) n'est pas assez puissant pour placer le Mercury 7 Freedom en orbite. Shepard atteint l'altitude maximale de 186 km. Au cours de ses 15 minutes de vol, les expressions du visage de Shepard sont enregistrées par une caméra embarquée (en bas à gauche). Après être retombé dans l'Océan, Shepard est repêché par un hélicoptère de la marine (ci-dessous) et recueilli à bord de l'USS Lake Champlain.

Une compétition acharnée

La boucle d'un quart d'heure vécue par Shepard ne fait, cependant, que souligner le retard des Américains sur les Soviétiques : rien de comparable avec les 108 minutes du vol de Gagarine en orbite. Cela dit, les États-Unis marquent des points dans leur façon de se servir des médias. L'aventure américaine de la conquête de l'espace va se poursuivre comme elle a commencé : comme un grand spectacle télévisuel. Cette histoire pleine de rebondissements est vécue en direct par des millions de personnes du monde entier et montre, d'une certaine manière, la nation américaine sous un nouveau visage.

Au cours des deux années suivantes, les Américains comme les Soviétiques continuent leur programme de vol habité avec leurs vaisseaux Mercury et Vostok. Dans la foulée de Shepard avec un autre vol suborbital en juillet 1961, Virgil Grissom échappe d'un cheveu à la catastrophe lorsque sa trappe de secours se décroche après l'amerrissage. Grissom réussit à évacuer rapidement son habitacle rempli d'eau et s'en tire avec un bon bain, mais son vaisseau coule définitivement. Le mois suivant, le cosmonaute Gherman Titov reste en orbite pendant plus de 24 heures à bord de Vostok 2 – les Soviétiques numérotent leurs vaisseaux de façon croissante, tandis que tous les engins Mercury reçoivent le chiffre 7.

En 1962, les Américains, qui viennent enfin à bout des nombreux problèmes rencontrés avec le lanceur Atlas, sont prêts à mettre un astronaute en orbite.

INTÉRIEUR DE FRIENDSHIP 7

Comparé à une capsule soviétique Vostok, Friendship 7 de John Glenn est rempli de cadrans et de contacteurs afin de répondre, en partie, aux demandes insistantes des astronautes d'avoir à effectuer le plus possible d'opérations manuelles à bord de leurs vaisseaux.

MISE EN ORBITE

Le lanceur Atlas quitte le pas de tir de cap Canaveral le 20 février 1962 en emmenant dans sa pointe le Friendship 7 et John Glenn. Développé par l'US Air Force, le lanceur Atlas est nettement plus puissant que le Redstone. Glenn tourne trois fois autour de la Terre lors d'un vol de près de 5 heures.

Le 20 février, John Glenn décolle de cap Canaveral à bord de Friendship 7 au sommet d'une fusée Atlas au fonctionnement désormais fiabilisé.

Cette fois, il ne s'agit plus de suivre une trajectoire balistique dans l'espace, mais de parcourir une véritable orbite terrestre. Glenn tourne trois fois autour de la Terre lors d'un vol d'une durée de 4 heures et 55 minutes. C'est bien loin d'être un simple vol « pour voir ». Les systèmes automatiques génèrent quelques problèmes complexes : à un moment, le contrôle au sol commence à croire que le bouclier antithermique de la capsule s'est détaché. Lorsque Friendship 7 rentre dans l'atmosphère, toute l'Amérique retient son souffle. Glenn lui-même est pris d'une crise d'angoisse à la pensée que son vaisseau va brûler entièrement. Mais l'amerrissage s'effectue comme prévu, et une parade a lieu en son honneur à Broadway, considérée par certains comme la plus grandiose depuis celle réservée à Lindbergh.

Les Soviétiques continuent à pratiquer les vols spatiaux les plus longs, jusqu'à 5 jours moins une heure pour Valeri Bikovski dans Vostok 5 en juin 1963. Ils continuent aussi à marquer des points en politique. Tandis que Bikovski tourne autour de la Terre, une ancienne ouvrière du textile, Valentina Terechkova, est envoyée dans l'espace à bord de Vostok 6. Non seulement, les Soviétiques ont deux représentants en même temps dans l'espace (performance qu'ils réalisent pour la deuxième fois), mais l'un des deux est la première femme cosmonaute. Sur ce point, comme on le verra, ils ont vingt ans d'avance sur les États-Unis.

En mai 1963, Gordon Cooper effectue le plus long vol réalisé dans le cadre du programme Mercury, d'une durée de 34 heures et 20 minutes. C'est le sixième homme de Mercury 7 envoyé dans l'espace et le dernier de ce programme. Seul Deke Slayton n'est pas parti, retenu au sol par un problème cardiaque mineur. Slayton ira quand même dans l'espace en 1975.

Avec l'annonce d'un vol habité vers la Lune, le programme Mercury est devenu plus important : c'est, en fait, la première étape de la connaissance du vol humain dans l'espace. Mais il n'existe pas de lien direct entre les capsules Mercury et le voyage vers la Lune. La mission lunaire ne demande pas uniquement un lanceur beaucoup plus puissant, mais des vaisseaux dotés de systèmes de production d'énergie embarqués et de calculateurs capables de contrôler des manœuvres de précision, comme l'amarrage avec un autre vaisseau spatial. Il faut aussi que les astronautes soient entraînés à passer davantage de temps dans l'espace et à opérer à l'extérieur de leur vaisseau de telle façon qu'ils puissent se déplacer sur la Lune privée d'atmosphère. C'est dans le but de développer leurs capacités et leurs techniques que la NASA lance le projet Gemini, tandis que le

LE VAISSEAU GEMINI 4

Le vaisseau Gemini biplace représente un grand pas en avant par rapport aux capsules Mercury. Pesant 3 200 kg, il peut être contrôlé par ses pilotes pour certaines manœuvres compliquées dans l'espace. Des écoutilles s'ouvrent pour faciliter les sorties dans l'espace.

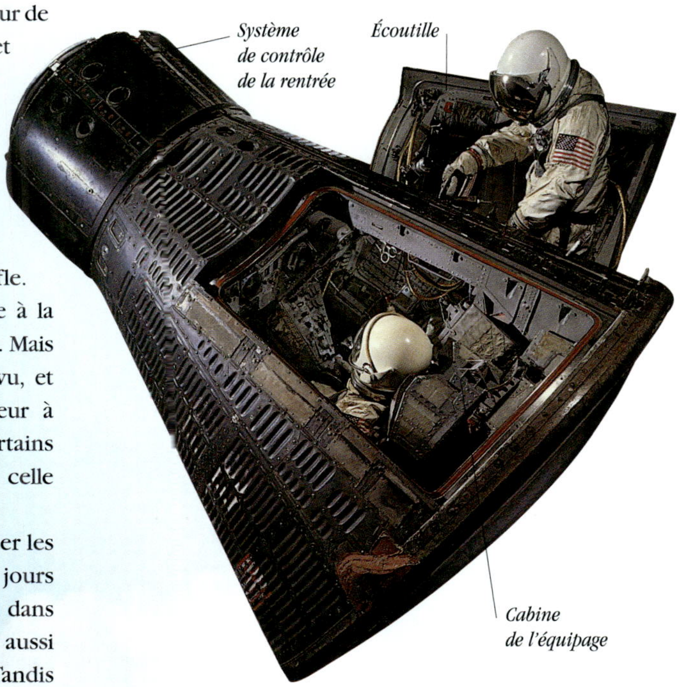

GLENN EN ORBITE

John Glenn se prépare à viser le Soleil au moyen d'un photomètre à l'occasion d'un des trois crépuscules observés pendant son voyage de 5 heures en février 1962. L'astronaute croit observer des lucioles pendant ce vol, mais ces « bestioles de l'espace » ne sont que des particules de glace détachées de la capsule.

MARCHER DANS L'ESPACE

« Je me suis senti tout rouge, blanc et bleu. »

EDWARD H. WHITE, PARLANT DE SA SORTIE SPATIALE DANS *LIFE*, EN JUIN 1965

SITUATION ÉLEVÉE

L'astronaute Ed White, pilote de la mission Gemini 4, flotte au-dessus de la Terre lors de sa sortie historique le 3 juin 1965. Il tient dans sa main droite le pistolet propulsif qui lui permet de se déplacer dans l'espace, tout en restant attaché au vaisseau Gemini par un cordon long de 8 m.

LA DÉTERMINATION DE L'UNION SOVIÉTIQUE à rester en tête dans la compétition spatiale oblige Sergueï Korolev à précipiter les sorties extravéhiculaires, ou marches dans l'espace, avant que la technique ne soit au point. Sachant que le nouveau projet Gemini américain mènera probablement à une sortie dans l'espace en 1965, Korolev étudie l'adaptation de son vaisseau Voskhod à cette possibilité. Du fait que les Soviétiques utilisent encore des tubes à vide au lieu de circuits transistorisés, l'intérieur de la cabine du Voskhod, rempli de lampes, ne peut être mis en communication avec l'espace. Un sas étanche gonflable est installé au-dessus de la principale écoutille du vaisseau. Un membre de l'équipage devra s'y glisser, refermer l'écoutille derrière lui et ouvrir la porte du sas pour flotter dans l'espace.

Le 18 mars 1965, le cosmonaute Alekseï Leonov sort comme prévu de Voskhod dans l'espace, relié au vaisseau par un cordon ombilical qui lui fournit l'air et lui permet de communiquer avec son collègue Pavel Belyayev qui reste aux commandes du vaisseau. Malheureusement, Leonov se retrouve dans l'incapacité de contrôler sa rotation, car son lien qui s'est entortillé se détord tout seul. Pire encore, quand il veut réintégrer le sas, il s'aperçoit que son scaphandre s'est gonflé et qu'il ne passe plus. Finalement, il parvient à le dégonfler pour se glisser dans le sas. Malgré toutes les péripéties

VOSKHOD 2
Le 18 mars 1965, les cosmonautes Alekseï Leonov et Pavel Belyayev sont lancés dans l'espace à bord de Voskhod 2 (en haut à droite). En orbite, Leonov sort du vaisseau pour effectuer la première marche dans l'espace (ci-dessus). Il a revêtu une combinaison pressurisée, et il porte des lunettes réfléchissantes sous son casque afin de se protéger du soleil.

du vol de Voskhod 2, qui se pose aussi dans une forêt à 3 200 km de l'endroit choisi, Leonov reste le premier « piéton » de l'espace.

La première sortie américaine est très différente de celle des cosmonautes. Le 3 juin 1965, l'astronaute Edward H. White sort en flottant par l'écoutille principale de son vaisseau Gemini 4. Contrairement à Leonov, White se déplace librement grâce à un système manuel. Ce dispositif comprend deux petites bouteilles de gaz comprimé qui, chassé par petites bouffées, donne une poussée suffisante pour propulser l'astronaute. Ce dernier est néanmoins attaché au vaisseau par un cordon ombilical. White est si heureux de sa sortie en apesanteur qu'il menace en plaisantant de ne pas réintégrer le vaisseau à la fin des dix minutes prévues.

White et son collègue James McDivitt séjournent 4 jours en orbite. C'est un record, supérieur au total de tous les vols américains précédents. Bien que les Soviétiques aient effectué des vols plus longs, on craint que les astronautes ne souffrent de problèmes à la suite d'un séjour aussi long en apesanteur. Lorsque White et McDivitt sont récupérés, après leur amerrissage, en pleine forme et heureux, un autre obstacle a été franchi, rendant les vols sur longue distance possibles.

programme à plus long terme visant la Lune, appelé Apollo, est accéléré.

En 1964, le programme spatial est devenu l'une des plus grandes entreprises de l'histoire des États-Unis. Pourtant, les Soviétiques donnent encore l'impression de maintenir leur avance.

Alors que la NASA se fixe comme objectif d'envoyer deux astronautes dans l'espace à bord d'un vaisseau Gemini, Korolev marque un point. En octobre 1964, il place trois hommes en orbite dans un vaisseau appelé Voskhod. C'est une aventure pleine de risques. Voskhod n'est rien de plus qu'une version améliorée de l'ancien vaisseau Vostok. Le seul moyen d'y loger trois hommes est de les faire naviguer sans combinaison spatiale ni siège éjectable. Mais Boris Yegarov, Vladimir Komorov et l'ingénieur d'études Constantin Feoktistov réussissent leur séjour de 1 journée dans l'espace et atterrissent dans leur capsule.

Les Soviétiques étant toujours très discrets sur l'évolution de leurs travaux, les Américains n'ont aucune idée des pressions que subit Korolev pour mener à bien la mission Voskhod 1. L'URSS vit une sérieuse crise politique. Khrouchtchev a mal géré la crise de Cuba (1962) et a dû retirer les fusées soviétiques, cédant aux injonctions américaines ; en outre, on lui reproche l'échec de sa politique agraire (1963). Le 15 octobre 1964, soit trois jours après la date du lancement de Voskhod 1, il est contraint de démissionner de son poste de Premier secrétaire du PCUS. Son successeur, Leonid Brejnev, est un partisan beaucoup moins enthousiaste que lui d'un programme spatial qu'il juge extravagant. Aux États-Unis, en revanche, après l'assassinat de Kennedy en 1963, Lyndon B. Johnson s'installe à la Maison-Blanche, s'engageant à poursuivre la politique spatiale de son prédécesseur. Tandis que l'effort américain en faveur de l'espace se concentre sur un unique but – envoyer un homme sur la Lune –, le programme soviétique manque de plus en plus de direction. En outre, le budget alloué à la conquête de l'espace étant revu à la baisse, les Soviétiques ne peuvent le dépenser à tort et à travers.

Pourtant, en mars 1965, ils semblent encore en avance sur la NASA, avec la première sortie dans l'espace qui se déroule au cours de la mission Voskhod 2. Il s'agit encore d'une improvisation à risque plutôt que d'une étape soigneusement préparée dans le cadre d'un programme clairement défini. La mort de Korolev en janvier 1966 – qui entraîne sa métamorphose immédiate d'ingénieur anonyme en héros soviétique encensé sur la place publique – constitue un coup dur supplémentaire. Avec leur expérience des fusées puissantes et des engins spatiaux, les Soviétiques ne sont absolument pas hors compétition dans la course à la Lune. Mais en 1965-1966, les États-Unis sont déjà les maîtres du jeu.

Pendant la phase de préparation des programmes Gemini et Apollo, la NASA attire de nouvelles recrues, car, cette fois, les intéressés hésitent moins à troquer leur statut de pilote d'essai contre celui d'astronaute. Le séjour dans l'espace avec un contrôle limité du vaisseau n'avait pas séduit les candidats potentiels habitués à piloter les chasseurs à réaction les plus modernes et les avions « X ». Désormais, outre une chance de mettre le pied sur la Lune, les pilotes ont la possibilité de contrôler vraiment les vaisseaux.

Les missions Gemini

La première mission Gemini habitée, Gemini 3, s'élance le 23 mars 1965. L'équipage est constitué de Gus Grissom, ancien de la première mission Mercury 7, et d'un petit nouveau, John Young. Le vaisseau qui les emporte est en deux éléments : le vaisseau proprement dit et un module de soutien contenant, entre autres, une réserve d'oxygène et du carburant pour les propulseurs. Ce dernier module doit être largué avant l'entrée dans l'atmosphère. Beaucoup plus grand qu'une capsule Mercury, Gemini 3 est envoyé dans l'espace par un Titan II, une fusée à deux étages donnant une poussée de 196 000 kg au décollage.

RENDEZ-VOUS SPATIAL
Les astronautes Wally Schirra et Tom Stafford à bord de Gemini 6 voient Gemini 7 sous cet angle, lors du premier rendez-vous de Gemini en orbite le 15 décembre 1965, phase de préparation essentielle à une éventuelle mission sur la Lune.

Le vaisseau est encore très petit pour deux hommes devant mener à bien une mission susceptible de durer des semaines. Assis côte à côte, chacun d'eux dispose d'un espace inférieur à celui d'une cabine téléphonique. Mais pour des pilotes, c'est aussi accueillant qu'un poste de pilotage de chasseur à hautes performances, avec des sièges éjectables et un ensemble complexe de commandes permettant aux pilotes de changer d'orbite et, par la suite, de s'amarrer dans l'espace à un autre vaisseau.

Toutes les missions Gemini ne se déroulent pas sans problème. Le but est d'apprendre, et la connaissance se nourrit d'erreurs. Le but principal du programme est de réussir un amarrage entre deux vaisseaux. Mais la mission Gemini 6 qui doit rejoindre un véhicule Agena non piloté est rappelée après que l'engin Agena a été détruit au moment du lancement. En décembre 1965, Gemini 6 est alors envoyé pour s'amarrer à Gemini 7. Les vaisseaux manœuvrent jusqu'à quelques dizaines de centimètres l'un de l'autre, et l'équipage de Gemini 7, Frank Borman et James Lovell, demeure en orbite pendant 2 semaines. Quatre mois plus tard, Gemini 8, piloté par Neil Armstrong et Dave Scott, effectue le premier amarrage dans l'espace en rejoignant un engin Agena. Mais, malgré cette réussite, tout ne se déroule pas parfaitement. Les vaisseaux réunis commencent à entrer en rotation. Le pilote arrive à stabiliser l'engin en activant les propulseurs conçus pour le retour vers la Terre. La méthode fonctionne, l'échec est évité, et les astronautes effectuent le premier amarrage dans l'espace.

En juillet 1966, un amarrage plus normal est réussi par Gemini 10, avec John Young et Michael Collins aux commandes. Ils réussissent non seulement l'approche et l'amarrage avec un engin Agena, mais ils accomplissent certaines manœuvres avec les deux vaisseaux accouplés.

Après des débuts prometteurs avec Gemini 4, évoluer dans l'espace n'est pas une opération qui se déroule sans heurt. Au cours de la mission Gemini 9, l'astronaute Gene Cernan, qui connaît de grosses difficultés en essayant de travailler à l'extérieur de son vaisseau spatial, doit renoncer à ses activités extra-véhiculaires. Mais, en novembre 1966, tous ces handicaps sont surmontés lors de la dernière mission Gemini, Gemini 12, quand Edwin « Buzz » Aldrin comptabilise cinq heures de « marche » dans l'espace sans aucun problème.

Le démarrage d'Apollo

La réussite finale du programme Gemini ouvre le chemin vers la Lune. Depuis longtemps, la NASA a établi le meilleur itinéraire à suivre. En 1959, Wernher von Braun a choisi d'appeler Saturn une nouvelle famille de lanceurs très puissants. Comme tous les pionniers des fusées de sa génération, von Braun a toujours affirmé qu'un lanceur à grande puissance serait obligatoire pour un vol habité vers la Lune, car le véhicule spatial devra être vaste et rempli d'une masse de carburant pour redécoller de la surface de la Lune lors du retour sur Terre. Mais lorsque le président Kennedy annonce son calendrier pour le programme lunaire, von Braun avoue sans ambiguïté que le développement de la fusée demandera trop de temps.

Il suggère à la place un plan qui prévoit l'utilisation de deux lanceurs Saturn plus petits. L'un propulserait l'équipage jusqu'à une orbite terrestre, tandis que l'autre emporterait le carburant. Ils se réuniraient en orbite et se dirigeraient vers la Lune. Ce schéma ne sera pas retenu. En 1962, la NASA opte pour un programme avec « rendez-vous » sur une orbite lunaire. Ce projet prévoit l'utilisation d'un vaisseau spatial comprenant un module de commande et de service (CSM) et un module lunaire (LM, ou Lem). Seul le module lunaire se posera sur la Lune avant de se relancer pour rejoindre le CSM sur une orbite lunaire et d'entamer son voyage de retour vers la Terre. L'avantage de ce plan tient au fait qu'il faudra relativement moins de carburant, d'où un vaisseau plus petit et plus léger, et, par conséquent, transporté par un lanceur moins puissant.

L'effort à déployer pour l'application de ce plan est gigantesque. Tandis que le Marshall Space Flight Center de von Braun coordonne les travaux de centaines de fournisseurs et de sous-traitants pour développer la famille des lanceurs Saturn, Grumman entreprend de construire un module lunaire, et North American s'attaque au problème posé par le module de commande. Les installations supplémentaires de la NASA, le Manned Spacecraft Center, installé à Houston, au Texas, depuis 1961 (aujourd'hui le Johnson Space Center), devient le centre nerveux des vols spatiaux américains à partir de 1965. Au milieu des années 1960, le budget de la NASA s'élève à plus de 5 milliards de dollars par an, et environ 500 000 personnes aux États-Unis travaillent en relation avec le programme spatial, dont 36 000 employées directement par la NASA.

Mais plusieurs facteurs conduisent à une impasse et à une grave négligence en matière de sécurité : North American s'avère ne pas être à la hauteur du projet, et la NASA ne prend pas assez en compte l'alimentation du vaisseau avec de l'oxygène pur, qui rend l'atmosphère intérieure à la pression normale hautement explosive. Les astronautes Gus Grissom, Ed White et Roger Chaffee le payent de leur vie. Le 27 janvier 1967, lors d'un essai au sol préparatoire

UN ÉQUIPAGE SACRIFIÉ

La mission Apollo 2 est la première étape tragique du programme spatial américain. Les membres de l'équipage Gus Grissom Ed White et Roger Chaffee, sont victimes de l'incendie du module de commande (à gauche) lors d'un essai au sol en janvier 1967.

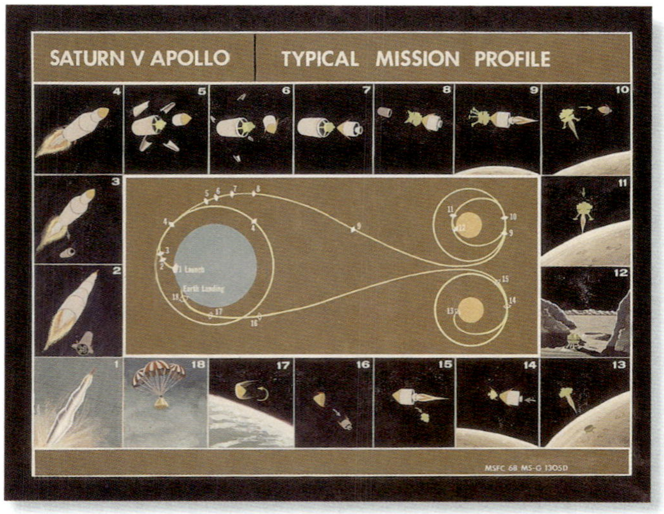

MISSION LUNAIRE TYPE

Cette représentation des diverses phases d'une mission Apollo-Saturn donne une explication graphique de la complexité de l'opération. La clé du programme de la mission se trouve dans l'utilisation d'un module lunaire pour atteindre le sol de la Lune puis redécoller à la rencontre du module de commande demeuré en orbite lunaire.

SATURN PREND LA ROUTE

Le transport des trois étages de la fusée géante Saturn 5 depuis les différentes usines jusqu'à cap Canaveral (rebaptisé cap Kennedy) est déjà un exploit en soi. Le deuxième étage, de 10 m de diamètre, doit être transporté sur un engin spécial jusqu'à la barge assurant le trajet maritime.

MONTAGE DE SATURN 5

Les trois étages du lanceur Saturn 5 sont réunis dans le hall d'assemblage à cap Kennedy. Avec ses 111 m, le lanceur est plus haut qu'un immeuble de 40 étages. La poussée du premier étage (à droite) est 100 fois celle du Redstone utilisé pour le premier vol spatial habité américain.

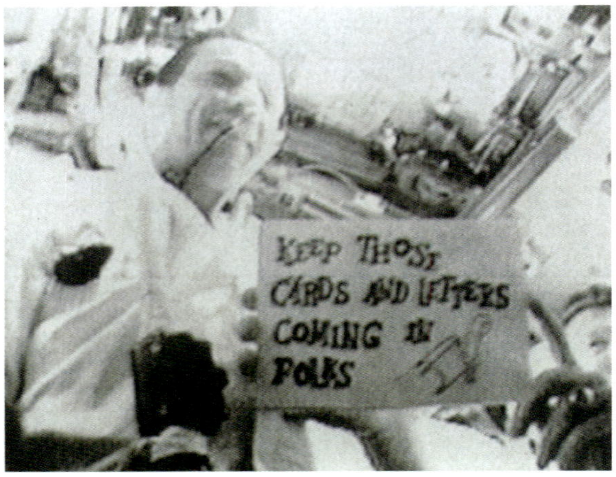

LE SOURIRE À LA CAMÉRA

Lors de la première mission Apollo habitée en octobre 1968, Walter Cunningham (à droite) montre un panneau : « Continuez de nous envoyer des cartes et des lettres » aux téléspectateurs qui peuvent observer brièvement les astronautes en orbite. Les autres membres de l'équipage sont Donn Eisele (à gauche) et Wally Schirra.

au premier vol habité d'Apollo, ils sont victimes d'un incendie instantané dans l'atmosphère d'oxygène pur pressurisé de leur module de commande. Le choc ressenti par la NASA met provisoirement un terme aux missions habitées et déclenche un réexamen approfondi du vaisseau Apollo, qui entraîne plus d'un millier de modifications.

Pourtant, l'année 1967 se termine bien pour l'agence spatiale avec la réussite du premier essai du lanceur Saturn 5. Cet engin étonnant, qui couronne glorieusement la carrière de von Braun, comprend trois étages. Le premier est propulsé par cinq moteurs F-1 utilisant un propergol constitué de kérosène et d'oxygène liquide. Les deux autres, dotés de moteurs J-2, brûlent un mélange d'oxygène et d'hydrogène liquides, propergol précisément préconisé par Tsiolkovski, le pionnier des fusées.

Les trois étages sont réunis dans l'immense hall d'assemblage de cap Canaveral sur une plate-forme complétée d'une tour de service haute de 115 m. La fusée, la plate-forme et la tour sont transportées sur un énorme véhicule chenillé jusqu'au pas de tir situé à 5 km. Le premier lancement, le 9 novembre 1967, étonne tous ceux qui y assistent. Les 3,4 millions kgp déclenchent une onde de choc semblable à un minitremblement de terre. L'astronaute Mike Collins raconte qu'il a cru « qu'un géant l'avait agrippé par le devant de sa chemise pour le secouer ». Il s'agit de l'objet le plus lourd jamais lancé dans le ciel et de la machine volante la plus puissante de toute l'Histoire. Et elle fonctionne.

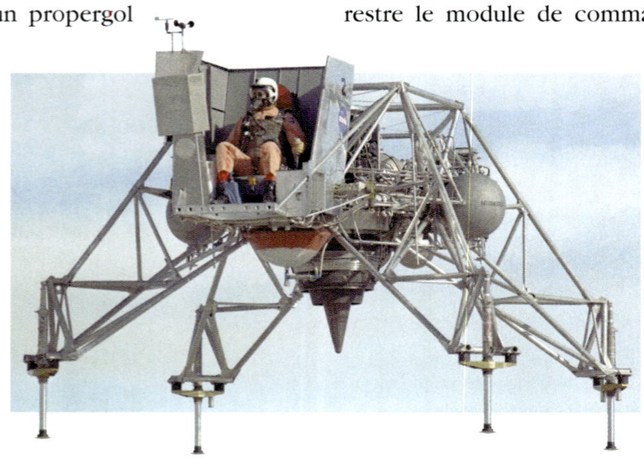

SIMULATEUR LUNAIRE

Les véhicules d'études en vue de l'alunissage sont conçus pour simuler la descente d'un module sur la Lune. Comme des châlits géants volants, ils peuvent être pilotés d'une hauteur de 500 m jusqu'au sol grâce à la poussée d'un ensemble de fusées. En 1967, ils servent à l'entraînement des astronautes.

Parallèlement aux missions Apollo-Saturn, la NASA explore la Lune avec des appareils automatiques, en partie pour préparer l'arrivée de l'homme. Cinq engins Surveyor se posent sur la Lune entre mai 1966 et janvier 1968, tandis que cinq vaisseaux Lunar Orbiter photographient la quasi-totalité de la surface de l'astre entre août 1966 et août 1967. Ces missions permettent à la NASA d'identifier les sites sur lesquels le module lunaire pourrait se poser en toute sécurité.

Les problèmes posés par l'incendie du module de commande d'Apollo 1 sont peu à peu résolus. Mais la construction du module lunaire connaît aussi des retards, ce qui n'a rien d'étonnant, car il comporte environ 1 million de pièces qui doivent être aussi parfaites que possible. Et le deuxième tir d'essai de Saturn 5, en avril 1968, révèle de sérieux « pépins », qui sont heureusement vite éliminés. Ce n'est qu'en octobre 1968 que les astronautes américains retournent dans l'espace, Apollo 7 plaçant en orbite terrestre le module de commande avec, à son bord, Wally Schirra, Donn Eisele et Walter Cunningham.

Du côté soviétique

Le programme Apollo avance méthodiquement vers son but. Aussi la NASA craint-elle en permanence que les Soviétiques, suite à des progrès soudains, n'envoie un homme sur la Lune. En février 1966, l'Union soviétique pose le Luna 9 sur la Lune, trois mois avant la première mission Surveyor américaine. On peut donc légitimement s'attendre qu'elle tente des « coups » semblables afin de précéder les États-Unis pour les deux « premières » suivantes : le premier homme en orbite autour de la Lune et le premier pas d'un homme sur la Lune.

Les Soviétiques sont, en fait, en train de planifier ces deux types de mission, même si leur programme spatial ne se compare plus depuis longtemps avec celui des États-Unis, tant en ampleur qu'en crédits. Le nouveau vaisseau inhabité Soyouz, mis en orbite pour la première fois en 1966, doit être l'engin de base d'un vaisseau circumlunaire, le Zond, qui sera lancé par une fusée Proton à trois étages. Soyouz doit ouvrir la voie à un vaisseau spatial capable d'emmener deux cosmonautes sur une orbite lunaire, d'où l'un d'eux descendra sur la surface de la Lune dans un module d'alunissage. Cette mission demanderait un lanceur bien plus puissant, la fusée N-1 à quatre étages. La grande différence entre le plan soviétique et son équivalent américain réside dans le fait que le cosmonaute devra effectuer une marche dans l'espace pour passer du vaisseau principal au module lunaire et en revenir.

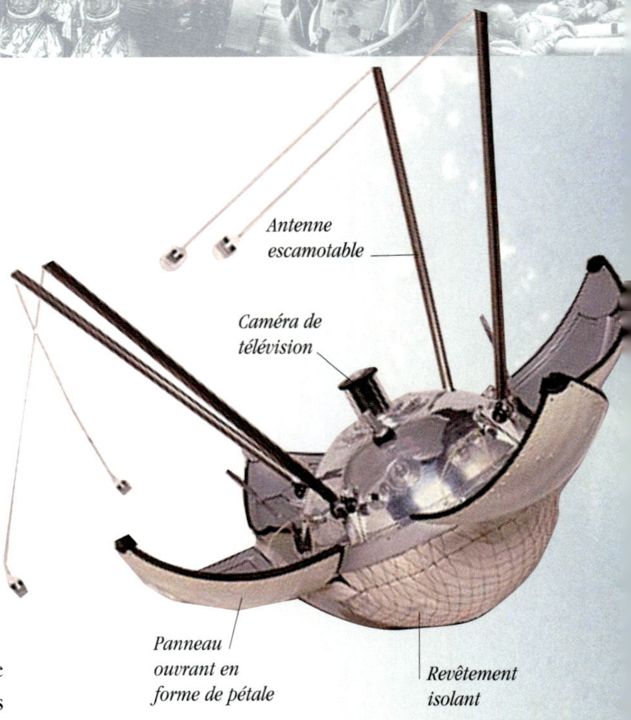

LUNA 9

En février 1966, le premier alunissage réussi est réalisé par un vaisseau automatique, le Luna 9. Cet exploit masque en fait les problèmes croissants rencontrés par les Soviétiques dans leur programme spatial soviétique.

Le gouvernement soviétique n'autorise pas le programme lunaire habité avant 1964. Les Américains y travaillant depuis quelque temps, les Soviétiques se retrouvent vite distancés. Les vols d'essai inhabités de Soyouz mettent en évidence des problèmes qui doivent être résolus avant toute tentative de vol habité. C'est l'échec. En avril 1967, le cosmonaute Vladimir Komarov, âgé de 40 ans, qui a survécu à la mission Voskhod d'octobre 1964, pleine de risques puisque les trois hommes devaient voler sans combinaison spatiale, est mis sur orbite à bord d'un Soyouz encore non fiabilisé. Il doit s'approcher d'un autre Soyouz et s'y amarrer, mais le deuxième lancement est rapidement annulé, car Komarov est dans une situation critique. Après un jour seulement passé dans l'espace, il reçoit l'ordre de revenir sur la Terre. Ne contrôlant plus totalement son vaisseau, Komarov a beaucoup de problèmes pour rentrer. Lorsqu'il réussit, le parachute de son engin ne se déploie pas et il s'écrase sur le sol à pleine vitesse. Il est le premier homme à mourir lors d'un vol spatial.

La mise en orbite lunaire

Après le décès de Komarov, les Soviétiques interrompent les vols spatiaux habités pendant dix-huit mois, une parenthèse presque contemporaine de celle des missions habitées américaines après l'incendie d'Apollo 1. Un cosmonaute repart dans l'espace une semaine après la mission Apollo 7, en octobre 1968. Il s'agit d'un vaisseau Soyouz habité conduit presque au contact d'un vaisseau inhabité sur une orbite terrestre.

À la même époque, le puissant lanceur N-1 – équivalent soviétique du Saturn 5 – est préparé pour un essai de lancement. Plus ennuyeux pour la NASA, en septembre 1968, un vaisseau spatial Zond inhabité, le Zond 5, est envoyé autour de la Lune et revient sur la Terre. Les cosmonautes Alekseï Leonov et Oleg Makarov commencent leur entraînement en vue d'un vol autour de la Lune, en espérant être les premiers à l'effectuer. Après la mort de Komarov, le fait que la fusée N-1 n'a jamais été essayée avec succès et le retour de Zond 5 d'une randonnée aussi lointaine, après laquelle aucun équipage n'aurait survécu, rendent les Soviétiques plus prudents. Un autre vol non habité, Zond 6, est prévu en novembre en vue d'augmenter les chances de retour des cosmonautes. Devant les hésitations des Soviétiques, les Américains foncent. La NASA a programmé, dans le sillage d'Apollo 7, une autre mission en orbite terrestre afin de tester le module lunaire et les procédures d'arrimage.

IMAGE CÉLESTE

Cette étonnante photo de la Terre vue d'une orbite lunaire, avec le sol lunaire en premier plan, a été prise par l'astronaute Bill Anders depuis le module Apollo 8 la veille de Noël 1968. Le cliché ci-dessous, montrant Apollo 8 rentrant dans l'atmosphère comme une météorite, a été pris d'un avion de poursuite.

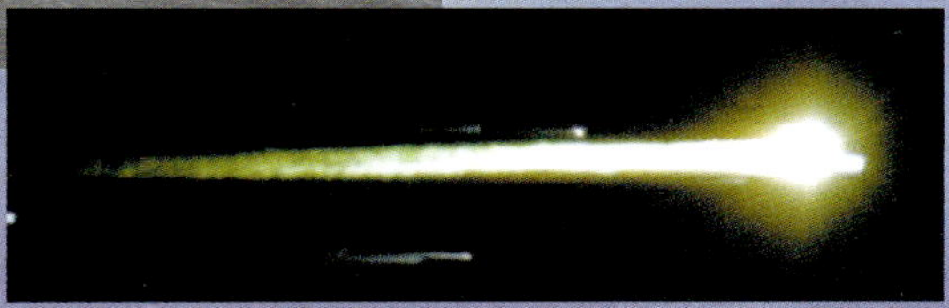

Apollo 9 partirait alors vers une orbite lunaire en effectuant toutes les procédures lors d'une ultime mission amputée seulement d'un véritable alunissage. Mais le désir de ne pas être doublé par l'Union soviétique est à l'origine d'une modification du programme. Du fait que le module lunaire d'Apollo 8 n'est pas disponible, la NASA décide de procéder directement à un vol habité en orbite lunaire.

Le 21 décembre 1968, Frank Borman, Jim Lovell et William Anders décollent à bord d'Apollo 8. Ils constituent le premier équipage propulsé par Saturn 5, car Apollo 7 avait été lancé par Saturn 1B. Secoués et malmenés par la puissance de ce lanceur, ils atteignent une orbite terrestre onze minutes après le décollage. Trois heures plus tard, le troisième étage du moteur J-2 est rallumé pour les lancer dans l'espace. Les premiers hommes quittant une orbite terrestre pour l'espace voient leur planète natale devenir de plus en plus petite au cours de ce voyage de 3 jours et d'une distance de 400 000 km.

Leur trajectoire dans l'espace est correcte et les communications avec le sol restent bonnes jusqu'à ce que le vaisseau disparaisse derrière la Lune. Une relance du moteur principal du module place alors le vaisseau sur une orbite lunaire où il tourne pendant 20 heures. L'événement est couvert par les médias déchaînés. Des millions de téléspectateurs restent devant leur poste, car des images en noir et blanc des astronautes et de la surface de la Lune défilant sous leur vaisseau sont diffusées en direct sur les écrans du monde entier. Ils entendent aussi l'équipage expri-

« Vue d'ici, la Terre est une grande oasis dans l'immensité de l'espace. »

JIM LOVELL,
ASTRONAUTE D'APOLLO 8 S'EXPRIMANT À LA TÉLÉVISION LE 24 DÉCEMBRE 1968

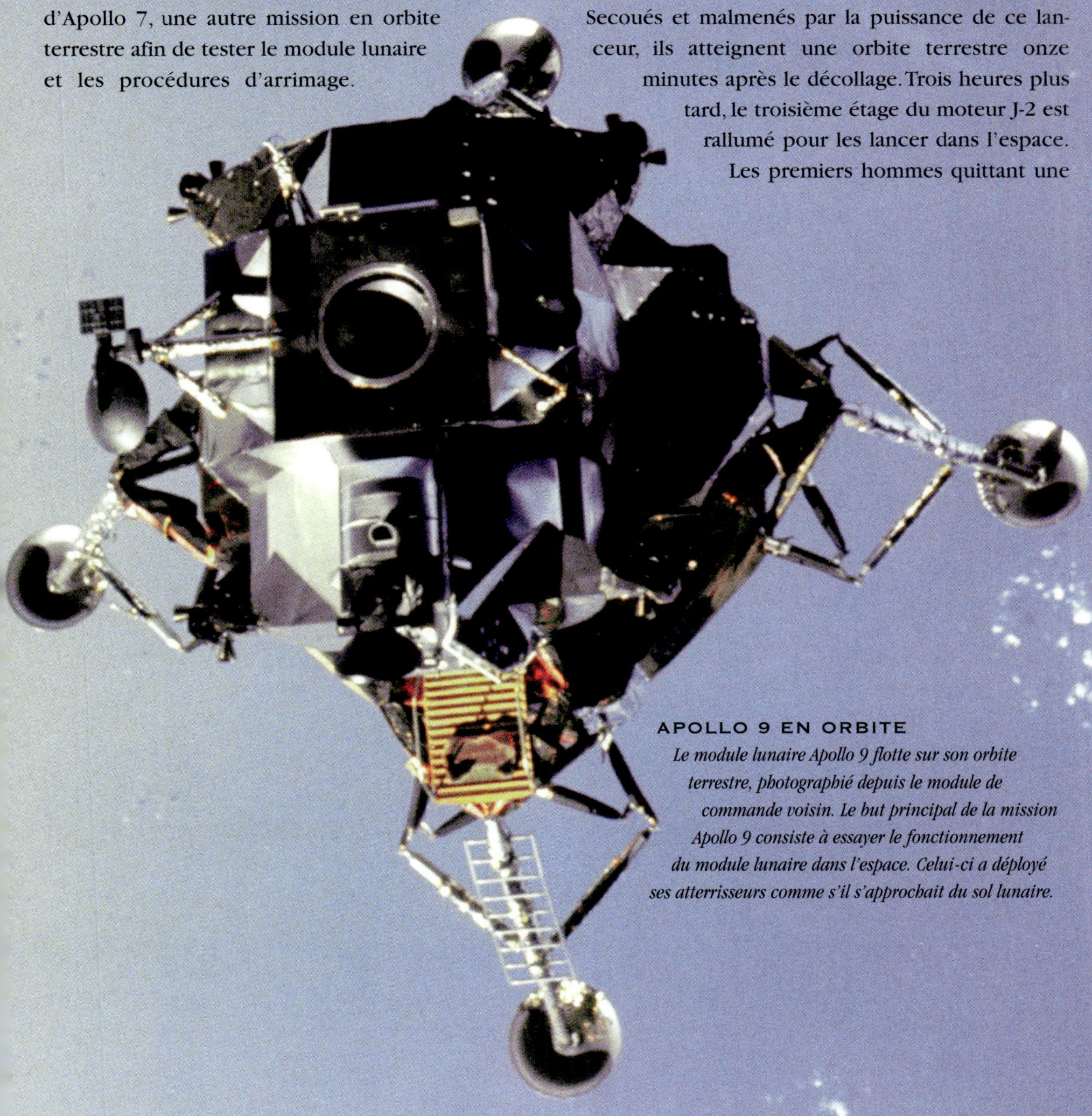

APOLLO 9 EN ORBITE

Le module lunaire Apollo 9 flotte sur son orbite terrestre, photographié depuis le module de commande voisin. Le but principal de la mission Apollo 9 consiste à essayer le fonctionnement du module lunaire dans l'espace. Celui-ci a déployé ses atterrisseurs comme s'il s'approchait du sol lunaire.

mer ses impressions de ce que Lovell décrit comme « la vaste solitude » de l'espace. Comme c'est la veille de Noël, tous les astronautes lisent des textes de la Genèse et Borman souhaite un joyeux Noël à « tous sur la bonne vieille Terre ». Apollo 8 revient alors sans problème et amerrit le 27 décembre, rapportant ce qui va devenir l'une des plus célèbres photos de l'Histoire : la boule bleue de la Terre au-dessus de l'horizon lunaire se découpant sur la noirceur de l'espace. Cette image a largement contribué à créer une nouvelle vision de la Terre, désormais considérée comme une superbe mais fragile planète dont la capacité à entretenir la vie au milieu d'un espace infini et inanimé est un miracle que l'humanité devrait respecter davantage.

SATURN 5 DÉCOLLE
Décollage de Saturn 5 séquence par séquence. Le premier étage brûle 150 000 l de propergol par minute.

Les États-Unis, seuls en piste

Après le triomphe d'Apollo 8, la conquête de l'espace n'a plus qu'un seul participant. Un vol circumlunaire soviétique serait désormais vain, et les chances qu'un Soviétique soit le premier homme à marcher sur la Lune s'évanouissent, car les essais de lancement de la fusée N-1 se traduisent par des échecs à répétition. Les Soviétiques poursuivent leur série d'exercices de rendez-vous et d'amarrages avec les vaisseaux Soyouz sur des orbites terrestres, tout en commençant à admettre qu'ils n'ont jamais voulu réellement aller sur la Lune.

UN PETIT PAS...
Consciente de l'importance d'une couverture télévisuelle, la NASA a préparé une caméra pour filmer la sortie de Neil Armstrong du module Eagle et sa descente de l'échelle jusqu'au sol de la Lune. Sous le coup de l'émotion, Armstrong déforme la phrase qu'il a prévu de dire : « That's one small step for man, one giant leap for mankind. » *(C'est un petit pas « pour homme », un bond de géant pour l'humanité.)*

Le moral au zénith, la NASA a maintenant pour objectif qu'un homme débarque sur la Lune. En mars 1969, la mission Apollo 9, assurée par l'équipage James McDivitt, David Scott et Russell Schweikart, place le module lunaire en orbite terrestre. Au mois de mai suivant, Apollo 10 répète cet exercice sur orbite lunaire. Le chef de la mission Thomas Stafford et le pilote Eugene Cernan amènent le module lunaire jusqu'à 15 000 m du sol lunaire, tandis que leur collègue, John Young, attend leur retour à bord du module de commande tournant en orbite. Une fois de plus, le trajet vers la Lune et le retour se déroulent sans problème.

Le grand moment

Tout semble désormais prêt pour l'arrivée d'un l'homme sur la Lune. Apollo 11 sera la mission qui réalisera l'objectif fixé par le président Kennedy, avec plus de cinq mois d'avance sur la fin de la décennie. L'équipage sera composé de Neil Armstrong, chef de la mission, d'Edwin « Buzz » Aldrin et de Michael Collins. Les équipages des mis-

LE MODULE LUNAIRE
Cette réplique montre l'intérieur du module lunaire avec lequel Neil Armstrong et Buzz Aldrin se sont posés sur la Lune. Ils étaient côte à côte, Armstrong à gauche et Aldrin à droite, chacun d'eux n'ayant qu'un champ de vision restreint depuis une fenêtre triangulaire.

« Ici des hommes de la planète Terre ont posé le pied pour la première fois sur la Lune, en juillet 1969. Nous sommes venus pacifiquement au nom de toute l'humanité. »

INSCRIPTION DE LA PLAQUE LAISSÉE PAR L'ÉQUIPAGE D'APOLLO 11 SUR LA LUNE

DES HOMMES SUR LA LUNE
Edwin « Buzz » Aldrin marche sur la Lune en juillet 1969. Sur sa visière – recouverte d'un film d'or pour protéger ses yeux du Soleil –, on peut voir les reflets du photographe, du commandant de la mission Neil Armstrong, et d'une jambe du module Eagle. Au-delà s'étend la plaine de poussière de la mer de la Tranquillité

sions Apollo doivent voler en respectant une stricte rotation, afin de minimiser les conflits éventuels pouvant opposer des équipes regroupant des personnalités notoirement compétitives. Le fait que l'équipe d'Armstrong soit désignée pour cette mission résulte donc du pur hasard et ne reflète pas une quelconque distinction qui les aurait distingués des autres astronautes. Collins, par exemple, en fait partie à cause d'un problème de vertèbres qui l'avait écarté de la mission Apollo 8 et d'un échange avec Jim Lovell prévu initialement pour Apollo 11.

Armstrong, Aldrin et Collins quittent le pas de tir 39A de cap Kennedy (anciennement Canaveral) le 16 juillet 1969. Au cours de leur voyage de 3 jours passés en orbite lunaire dans leur module de commande Columbia, ils ont tout le temps de jouir d'un spectacle étonnant. Pour Armstrong, le moment le plus spectaculaire est la traversée du cône d'ombre de la Lune avec l'éclipse du Soleil, et la vision d'une Lune gris bleuté éclairée par la lumière réfléchie par la Terre. Lorsqu'ils arrivent près de la Lune, Collins est davantage frappé par sa désolation : il la décrit comme un « tas de cailloux monotone » en complet contraste avec les « verdoyantes vallées » de la planète qu'ils ont laissée derrière eux.

L'alunissage a lieu le 20 juillet, mais pour l'Europe, l'Asie et l'Afrique, Armstrong ne marche pas sur la Lune avant le 21 juillet. L'alunissage ne se passe pas sans incidents. Armstrong et Aldrin s'installent dans le module lunaire Eagle, et, laissant Collins à sa veille solitaire ils se séparent du module de commande qui tourne à 100 km au-dessus de la surface de la Lune. Ils descendent alors sur une orbite située à 13 km d'altitude. La descente finale, freinée, de l'orbite au sol lunaire, est la phase la plus délicate de toute la

L'ÉQUIPAGE D'APOLLO 11

LE COMMANDANT DE LA MISSION Apollo 11, Neil Armstrong (né en 1930), grandit à Wapakoneta (Ohio) et apprend à piloter à l'âge de 15 ans. Il combat en Corée, à partir du porte-avions USS *Essex*, et devient l'un des meilleurs pilotes d'essai américains à Edwards Air Force Base, menant le X-15 à près de 6 500 km/h. Armstrong est affecté au programme spatial de la NASA en 1962, venant du projet Dyna-Soar de l'USAF concernant le vol d'avions au-delà de l'atmosphère. Il a déjà été dans l'espace une fois, lors de l'inconfortable mission Gemini 8 en 1966.

Buzz Aldrin (né en 1930), pilote du module lunaire (le LEM) de la mission, naît dans une famille de militaires, son père ayant volé à l'époque de Charles Lindbergh et de Jimmy Doolittle. Comme Armstrong, c'est un ancien de la Corée, mais au lieu de devenir pilote d'essai, il rédige une thèse de doctorat sur les rendez-vous en orbite au Massachusetts Institute of Technology (MIT). Aldrin est considéré comme un « battant », affichant une personnalité très extravertie. Il fait tout ce qu'il peut pour être le premier homme à sortir le LEM. Leur camarade, Michael Collins, a écrit plus tard qu'Aldrin « regrette de ne pas avoir été le premier homme sur la Lune plus qu'il n'apprécie d'avoir été le deuxième ».

Mike Collins (né en 1930) est également issu d'une famille de militaires : son père est général dans l'armée et son frère est colonel. Pilote d'essai à Edwards AFB, il fait une demande, acceptée en 1962, pour devenir astronaute de la NASA. Il semble avoir bien accepté le fait d'être le seul à n'avoir pas mis les pieds sur la Lune.

LES VOYAGEURS POUR LA LUNE
L'équipage d'Apollo 11 pose pour la photo officielle. De gauche à droite : Neil Armstrong, commandant de la mission, Mike Collins, pilote du module de commande, et Buzz Aldrin, pilote du LEM.

mission. Chaque mouvement est scrupuleusement surveillé par les contrôleurs de Houston, prêts à interrompre la descente à tout moment si tout ne se passe pas parfaitement. Les astronautes disposent d'assez de combustible pour faire fonctionner le moteur de descente pendant douze minutes. Malgré les soucis causés par la surcharge imposée à l'ordinateur embarqué qui pilote le module, la descente continue jusqu'au moment où Armstrong peut apercevoir le point d'alunissage : un champ de roches au bord d'un cratère. Reprenant le pilotage manuel, il cherche un endroit plus accueillant. Le module n'a plus que vingt secondes de fonctionnement quand Armstrong le pose au sol au milieu d'une tempête de poussière soulevée par le moteur, et il s'immobilise dans la mer de la Tranquillité. Armstrong prononce alors ces mots célèbres : « Houston, Eagle est posé », puis serre la main d'Aldrin.

Six heures passent avant qu'Armstrong n'ouvre l'écoutille et ne descende les barreaux de l'échelle jusqu'au sol lunaire. Il sait déjà ce qu'il va déclarer au monde entier : « un petit pas pour un homme, un bond de géant pour l'humanité ». Mais il s'emmêle et dit « un petit pas pour homme », phrase qui ne signifie rien mais qui traduit bien les fortes émotions qui l'animent. C'est sans importance, car un être humain se trouve sur la Lune sous le regard de quelque 600 millions de téléspectateurs.

RENDEZ-VOUS SUR ORBITE LUNAIRE
Avec une demi-Terre dans le lointain, l'étage de départ du module lunaire, avec les astronautes Neil Armstrong et Buzz Aldrin à son bord, s'approche du module de commande d'Apollo 11 (ci-dessous) piloté par Michael Collins.

Aldrin rejoint Armstrong pour une marche de deux heures et demie. Ils consacrent un peu de temps à installer du matériel scientifique et à collecter des échantillons de roches, tâches secondaires de cette mission dont le but premier est de marcher sur la Lune. Les astronautes plantent fièrement la bannière étoilée, complétant ce geste patriotique par la pose d'une plaque sur l'une des jambes du module de descente, où l'on peut lire, entre autres, cette phrase : « Nous sommes venus pacifiquement au nom de toute l'humanité. » Comme n'importe quel touriste sur un site pittoresque, ils se photographient mutuellement et appellent leur pays, parlant au président Nixon au moyen d'une liaison téléphonique spéciale.

De retour au module lunaire, les astronautes se rebranchent sur la réserve d'oxygène du vaisseau avant de se débarrasser de leur sac d'équipements dorsal et de leurs surbottes. Le lendemain, après une période de sommeil, la procédure de lancement vers le module de commande est enclenchée. L'allumage du moteur de l'étage de remontée du module les fait décoller. La moitié inférieure du module, l'étage de descente, est abandonnée. L'étage de remontée vient ensuite s'arrimer sur le module de commande, réunissant Armstrong et Aldrin avec Collins. Le voyage de retour vers la Terre, la rentrée dans l'atmosphère et l'amerrissage se déroulent comme prévu. Apollo 11 plonge dans le Pacifique au large d'Hawaï 8 jours, 3 heures et 9 minutes après le lancement. Seul l'amerrissage affiche 10 secondes de retard sur l'horaire théorique.

Avant le départ de la mission, des craintes avaient été émises quant à la possibilité que les astronautes rapportent avec eux des virus ou des bactéries lunaires susceptibles de représenter une menace pour la vie terrestre privée de défenses naturelles contre ces infections étrangères. En conséquence, l'équipage d'Apollo 11 est transporté à Houston dans un conteneur étanche, le Mobile Quarantine Facility (installation mobile de quarantaine). Les échantillons de roches lunaires rapportés sont aussi mis en quarantaine. Les astronautes sont enfin déclarés exempts de contamination le 10 août et catapultés de leur « prison » directement dans un bain de foule, dont la traditionnelle parade dans Broadway, et une épuisante tournée dans vingt-cinq pays en trente-cinq jours.

Maintenir le rythme

La NASA n'a pas l'intention de s'endormir sur ses lauriers. Elle dispose encore d'un parc de lanceurs Saturn 5 et de vaisseaux Apollo pour neuf autres missions. Et au-delà, on envisage une base lunaire permanente, une station spatiale et les premiers pas d'un homme sur Mars.

Néanmoins, l'euphorie du moment masque certaines difficultés à venir. De nombreux politiciens américains estiment que la conquête de la Lune est un aboutissement et non le point de départ vers d'autres projets. Des pressions s'exercent, visant à réduire le budget de la NASA, car l'économie américaine est ralentie et les finances du pays souffrent du coût de la guerre du Vietnam. Une crise nationale, empreinte de doute et d'autocritique, succède à l'optimisme des années 1960 qui a soutenu le programme spatial.

En dehors de la presse scientifique, les échantillons lunaires rapportés ne passionnent pas les médias. Ce désintérêt ne sert pas la cause de la NASA. Certes, les files d'attente s'allongent aux portes de la Smithsonian Institution, à Washington DC, pour contempler les cailloux lunaires exposés. Très certainement aussi, les géologues et les astronomes trouvent dans l'étude de ces roches de quoi nourrir leurs spéculations et leurs théories. Mais seules des traces de vie auraient pu faire la une des journaux et permettre à la NASA d'obtenir le soutien populaire qui lui manque.

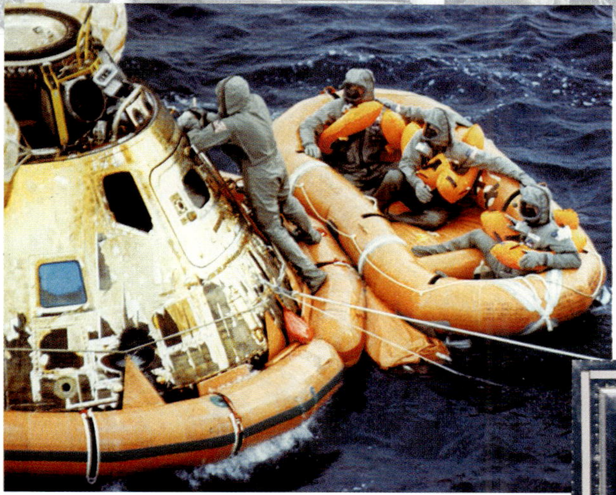

RETOUR TRIOMPHAL

Après l'amerrissage d'Apollo 11 dans le Pacifique (à gauche), Armstrong, Aldrin et Collins restent confinés en quarantaine dans un compartiment étanche où ils reçoivent la visite du président Nixon (ci-dessous). La parade sur Broadway (en bas) a été l'une des plus grandioses de tous les temps.

APOLLO 13

Apollo 13 vient de voyager pendant cinquante-six heures en direction de la Lune et se trouve à quelque 330 000 km de la Terre quand, au soir du 13 avril 1970, l'équipage entend un bruit inquiétant. Une explosion dans un réservoir d'oxygène a détruit le générateur d'électricité qui alimente les modules de commande et de service, et l'oxygène restant s'échappe dans l'espace. Pour James Lovell, commandant de la mission, Fred Haise et Jack Swigert, les chances de survie sont minces. Swigert doit être tenté de penser qu'il est le plus malchanceux des hommes, ayant échangé sa place, au dernier moment, avec Ken Mattingly, suspecté de couver une rougeole bénigne.

L'un des espoirs de revenir sur Terre dépend du module lunaire qui possède ses propres réserves d'oxygène, d'eau, d'énergie et son propre moteur. En passant dans le module lunaire, ils ont des chances de survivre. Le contrôle de la mission à Houston prépare un plan de vol visant à ramener les astronautes sains et saufs sur Terre, en leur faisant contourner la Lune. Mais ce trajet demande quatre jours, alors que le module lunaire n'en a que deux d'autonomie.

Travaillant de concert, les contrôleurs et l'équipage trouvent le moyen de couper certains équipements pour économiser l'électricité.

Et ils ont une idée de génie : ils inventent un système pour extraire l'oxyde de carbone exhalé par l'équipage dans l'atmosphère non ventilée du module. La petite cabine devient vite froide et humide, la température frôlant le zéro. Incapables de dormir, sans aliments chauds et presque sans eau, les trois astronautes tiennent bon. Sur Terre, leur retour est suivi par des centaines de millions de gens, des prières sont dites et des foules se massent devant les magasins de télévisions.

Au début de l'après-midi du 17 avril, Apollo 13 amerrit dans le Pacifique à 6 km seulement de son navire récupérateur. Retransmis en direct à la télévision, cet événement a dû être regardé par davantage de téléspectateurs que la marche sur la Lune. Le magazine *Newsweek* le qualifie comme la « plus grande opération de sauvetage de tous les temps ».

L'ÉQUIPAGE ORIGINAL
L'équipage prévu d'Apollo 13, de gauche à droite : Jim Lovell, Ken Mattingly et Fred Haise. Jack Swigert remplace Mattingly deux jours avant le lancement.

LE CONTRÔLE SUR TERRE
Le centre de contrôle des vols habités de Houston est utilisé pour toutes les missions Apollo. Lors de la mission Apollo 13, il y règne une tension extrême en prévision d'un drame éventuel. Les instructions des contrôleurs aident les astronautes à trouver des solutions pour assurer leur survie.

L'ÉPAVE DU MODULE
Le module de service d'Apollo 13 flotte dans l'espace. Le panneau explosé montre les piles à combustible, les réservoirs et autres composants. On le voit ici tel qu'il apparaît aux astronautes au moment de leur retour sur Terre.

Le 12 novembre 1969, la première mission complémentaire est effectuée par Apollo 12. Il s'agit d'une nouvelle démonstration époustouflante de prouesses techniques, surtout lorsque Pete Conrad et Alan Bean atterrissent à quelques centaines de mètres de leur cible, l'épave du vaisseau Surveyor 3. Mais leur mission est gâchée par le non-fonctionnement de la caméra qui doit retransmettre les images de leur marche sur la Lune. Pour la majorité des peuples du monde, sans images télévisuelles, l'événement est difficile à croire ou à imaginer.

Paradoxalement, c'est une mission ratée qui va ranimer l'intérêt du public. Le seul lancement habité vers la Lune qui n'atteint pas son but, Apollo 13, aurait pu devenir une tragédie sans la volonté et l'ingéniosité de l'équipage et des contrôleurs au sol de déjouer la fatalité. Cet épisode spatial touche davantage le cœur de millions d'hommes et de femmes que tous les exploits techniques inimaginables (voir encadré ci-contre).

Les ultimes missions

Bien qu'elle dispose du matériel nécessaire à d'autres alunissages, la NASA est obligée, du fait des contraintes budgétaires toujours plus sévères, de limiter le programme Apollo à quatre autres lancements après l'échec d'Apollo 13. L'accent est mis cette fois sur la recherche scientifique, même si un seul savant est envoyé sur la Lune, le géologue Harrison Schmitt, qui accompagne Gene Cernan dans le module lunaire lors de la mission Apollo 17.

Les techniques d'exploration lunaires progressent encore. Lors de la mission Apollo 14 en février 1971, le vétéran de Mercury 7, Alan Shepard, et son pilote de module lunaire, Ed Mitchell, sont pourvus du premier véhicule lunaire. Ce chariot à deux roues est destiné à transporter du matériel et des échantillons. En août 1971, Apollo 15 fait démarrer le Lunar Rover, la « Jeep lunaire », propulsé par des batteries. La zone d'exploration s'étend ainsi jusqu'à un rayon de 10 km autour du site de l'alunissage.

Les équipages des trois dernières missions Apollo peuvent effectuer des travaux bien plus importants sur la Lune grâce à des scaphandres pressurisés perfectionnés. Le total du temps consacré aux randonnées lunaires s'élève à chaque mission : il atteint vingt-deux heures avec Apollo 17. Rien n'est simple pour les astronautes qui opèrent dans les conditions de la gravité lunaire, six fois moins élevée que celle de la Terre. Harrison Schmitt raconte comment la simple opération qui consiste à monter sur le Lunar Rover devient une séquence complexe d'acrobaties comprenant un saut à pieds joints complété d'une rotation latérale, après quoi « vous attendez jusqu'à ce que vous retombiez lentement dans le siège, de préférence le bon ». Et ce n'est pas une formalité que de ramasser, comme l'ont fait Schmitt et Cernan, environ 115 kg d'échantillons de roches, lorsque le transfert d'une pelletée de matériaux dans un sac exige une concentration absolue.

LA JEEP LUNAIRE

Apollo 15 est la première mission équipée de la Jeep lunaire. Déployée après l'alunissage, cette voiturette électrique possède un moteur dans chaque roue. Elle comporte des antennes et des caméras qui assurent les liaisons entre les astronautes et le contrôleur de mission.

Apollo 17 est la dernière mission lunaire habitée. Après trois jours passés sur le sol de la Lune, Schmitt et Cernan repartent le 14 décembre 1972, en laissant derrière eux une plaque qui clôt le programme Apollo. On peut y lire : « Ici, l'homme a achevé sa première exploration de la Lune [...] Puisse l'esprit de paix avec lequel nous sommes venus se refléter dans l'existence de toute l'humanité. »

Alors que l'intérêt du public s'évanouit, les opposants à la conquête de l'espace s'expriment fortement. Nombreux sont les Américains qui critiquent la quantité d'argent et d'efforts dépensés pour un projet si éloigné des véritables préoccupations terrestres.

Pourtant, douze hommes ont marché sur la Lune. Ils ont rapporté 379 kg de roches lunaires à l'attention des géologues. Chaque mission a laissé sur la Lune du matériel scientifique qui contribue à mieux faire connaître la structure et l'histoire de notre satellite naturel. En outre, le programme Apollo a généré des progrès techniques dans de nombreux domaines, notamment dans celui des matériaux avec le Kevlar.

Plus qu'une somme d'innovations techniques et d'organisation, Apollo a été une aventure héroïque, affirmant la volonté humaine d'aller toujours plus loin.

AU REVOIR LA LUNE

Le retour est filmé par une caméra de télévision installée sur la Jeep lunaire. L'étage de montée du module lunaire Challenger s'élève de son étage de descente en emmenant les astronautes Gene Cernan et Harrison Schmitt vers leur rendez-vous avec Apollo 17 le 14 décembre 1972. Depuis cette date, aucun être humain n'est retourné sur la Lune.

« Atteindre les étoiles […] est un problème qui occupera des générations ; par conséquent, peu importent les progrès que l'on fait, il y a toujours le frisson du commencement. »

Robert Goddard,
lettre à H.G. Wells, 1932

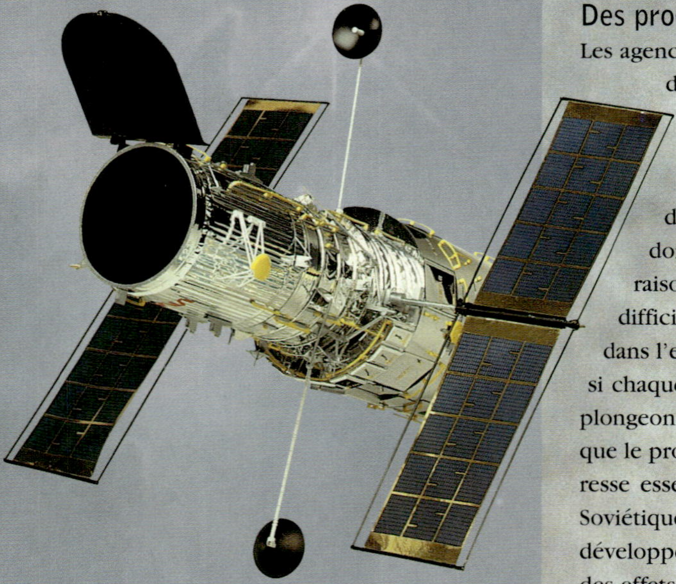

LE TÉLESCOPE HUBBLE
Le télescope spatial Hubble (HST), lancé en avril 1990 par une navette, est capable d'observer des corps célestes dix fois plus éloignés que ceux perçus par les plus puissants télescopes terrestres. En 1993, le HST a été réparé par des astronautes de la navette Endeavour.

LES NAVETTES SPATIALES

APRÈS LA CLÔTURE DU PROGRAMME APOLLO, L'INTÉRÊT POUR LES VOLS HABITÉS DANS L'ESPACE SE REPORTE SUR LES ENGINS RÉUTILISABLES ET LES STATIONS ORBITALES.

PILOTES DE NAVETTE
John Young, ancien des missions Apollo, et Robert Crippen sont aux commandes de la navette Columbia *lors de son premier vol dans l'espace le 12 avril 1981.*

Dans les années 1970, le contexte politique et économique n'est guère favorable aux vols habités dans l'espace. Aussi, les programmes doivent être revus et réorganisés. Les Américains et les Soviétiques ne sont plus dans le même état d'esprit de compétition. Les États-Unis, notamment, traversent une période de découragement et de démotivation, embourbés dans les conséquences désastreuses de la guerre du Vietnam et perturbés par l'affaire du Watergate. L'économie mondiale est également en crise après des décennies d'expansion continue. Une nouvelle exigence émerge : désormais, les efforts doivent se concentrer sur les applications pratiques et rentables des techniques spatiales. Par conséquent, l'utilisation croissante des satellites et les succès spectaculaires des sondes spatiales automatiques mènent nécessairement à une remise en cause globale des vols habités.

Des progrès pratiques

Les agences spatiales poursuivent leurs vols habités de manière moins intensive, sans pour autant abandonner, à plus long terme, l'idée de développer la présence humaine dans l'espace. La construction d'un véhicule spatial réutilisable paraît donc s'imposer pour réduire les coûts et en raison de son caractère pratique : on imagine difficilement augmenter le nombre des voyages dans l'espace jusqu'à une fréquence intéressante, si chaque retour sur Terre doit se terminer par un plongeon dans l'océan. Il n'est donc pas surprenant que le programme américain des vols habités s'intéresse essentiellement à la navette. Entre-temps, les Soviétiques se sont imposés dans les domaines du développement des stations spatiales et de l'étude des effets des séjours prolongés dans l'espace.

La station spatiale inhabitée sur orbite terrestre a déjà été envisagée par les tout premiers visionnaires de la conquête de l'espace. En 1923, le fervent promoteur des fusées, l'Allemand Hermann Oberth, décrit une « station d'observation » orbitale sur laquelle des astronautes, grâce à des « instruments puissants », pourraient observer de petits détails sur la Terre et, par exemple, signaler la présence des icebergs sur les océans afin que la catastrophe du Titanic ne se reproduise pas. Oberth imagine que ces informations pourraient être retransmises au moyen d'un code vers la Terre par un système de miroirs réfléchissant la lumière du Soleil.

Disciple d'Oberth, Wernher von Braun s'enthousiasme très tôt pour les stations spatiales, passion qui ne le quittera jamais. Dans les années 1950, il en dessine même des plans, et, dans la seconde moitié des années 1960, il soutient que cette idée s'inscrit dans le prolongement direct du programme lunaire.

Ce sont les Soviétiques qui placent les premiers en orbite un engin fonctionnel et qui vont contribuer de la façon la plus originale à l'exploration spatiale à la fin du XXe siècle. En 1969,

DÉCOLLAGE EN FORCE

Les deux propulseurs à propergol solide, sanglés sur l'énorme réservoir de combustible, délivrent chacun une poussée de 11,8 millions de newtons pour décoller le vaisseau de son pas de tir. Le potentiel d'utilisation de la navette est de 100 missions.

l'objectif d'être les premiers sur la Lune est hors de leur portée, et, comme ils ne veulent pas être les seconds, ils commencent à transformer le matériel prévu pour les vols habités vers la Lune en vue d'une autre utilisation. Leurs vaisseaux Soyouz effectuent une série de manœuvres et d'arrimages dans l'espace ; ils vont même placer simultanément trois vaisseaux en orbite. En juin 1970, l'équipage de Soyouz 9 établit un record de durée en orbite avec 18 jours. C'est un prélude au lancement de la première station spatiale, Salyout 1, le 9 avril 1971.

Des débuts peu convaincants

Salyout 1 est conçue pour accueillir trois cosmonautes qui doivent disposer d'une série d'appareils et d'instruments d'observation destinés à les occuper utilement à bord. En pratique, pas un cosmonaute ne pourra raconter son expérience lors de cette innovation spatiale. Le premier équipage envoyé à bord de Soyouz 10 s'arrime bien à Salyout 1, mais sans pouvoir pénétrer dans la station. L'équipage suivant, sur Soyouz 11, passe trois semaines à bord de Salyout 1, mais trouve la mort lors de son retour sur Terre à la suite de la brutale dépressurisation du module de descente.

Cette tragédie est suivie d'autres contretemps affectant le programme Salyout, si bien qu'il faut attendre juin 1974 pour qu'un équipage soviétique réussisse à atteindre une station orbitale (Salyout 3), à séjourner à bord un certain temps et à revenir sur Terre. À cette date, les États-Unis ont déjà réussi leur première expérience de station spatiale.

Après la réussite d'Apollo 11, les responsables du programme des vols habités américains ont toujours considéré les stations spatiales comme un élément de programme futur, avec le véhicule spatial réutilisable, l'objectif à plus long terme prévoyant des bases sur la Lune et sur Mars. L'obstacle principal reste le coût. Si la NASA présente les stations spatiales et le véhicule réutilisable comme les éléments complémentaires d'un ensemble cohérent, les contraintes budgétaires exigent qu'elle choisisse entre les deux. En conséquence, Skylab, station orbitale relativement peu coûteuse, employant des éléments matériels des vols vers la Lune, lancée le 14 mai 1973, reste unique. Pourtant, son succès incontestable n'insuffle pas un nouvel élan au développement des stations orbitales américaines.

DES VICTIMES DE L'ESPACE
Vladislav Volkov, Viktor Patsayev et Georgi Dobrovolsky, membres de l'équipage de Soyouz 11, meurent à la suite d'une dépressurisation de leur module de descente.

Les derniers astronautes américains quittent Skylab en février 1974. Au cours des sept années qui suivent, un seul équipage américain retourne dans l'espace. Il voyage à bord d'Apollo 18 dans le cadre du projet expérimental Apollo-Soyouz, opération très médiatisée de coopération internationale entre les deux adversaires de la guerre froide, désormais engagés dans une politique de détente. Les vaisseaux Apollo et Soyouz se réunissent dans l'espace le 17 juillet 1975. Les astronautes américains et soviétiques échangent cadeaux et propos amicaux, travaillent ensemble pendant deux jours et reviennent sur Terre.

Jusqu'au printemps 1981, les cosmonautes soviétiques occupent alors seuls l'espace. Une série de missions Salyout, civiles et militaires, est envoyée en orbite dans le cadre d'un programme qui, méthodiquement, s'attache à éliminer défauts et difficultés. Les premiers Salyout sont sommaires, inconfortables et ont une courte durée de vie. Le plus réussi, Salyout 4, habité par deux équipages pendant de longues périodes, est réputé avoir été froid et humide. Mais Salyout 6, lancé en septembre 1977, marque un progrès significatif. Ravitaillé en combustible par des vaisseaux automatiques, il peut, à plusieurs reprises, utiliser ses moteurs-fusées pour compenser ses pertes d'altitude et rester en orbite jusqu'en 1982. Son successeur, Salyout 7,

> « Tous les cosmonautes inexpérimentés militent pour l'allongement des vols spatiaux, mais pas les anciens des séjours de longue durée. »
>
> **Oleg Gazenko,** directeur de l'Institut russe des questions biomédicales

UNION APOLLO-SOYOUZ
Ces insignes célèbrent le rendez-vous spatial d'Apollo et de Soyouz en 1975, un chapitre sans précédent de la coopération entre les États-Unis et l'URSS.

APOLLO 18
Le module de commande et de service d'Apollo 18 est muni d'un adaptateur de connexion au vaisseau Soyouz 19 soviétique. Ce rendez-vous spatial a été la dernière mission Apollo.

SKYLAB

Première station spatiale américaine, Skylab est mise en œuvre alors que la NASA est soumise à de sévères restrictions budgétaires. La création d'une station spatiale par modification du troisième étage d'une fusée Saturn 5 coûte beaucoup moins cher que de concevoir un vaisseau à partir d'une feuille blanche. Pour souligner l'aspect pratique du projet, celui-ci reçoit le nom d'« atelier orbital ». Sont prévus des tests médicaux sur les effets de l'apesanteur, l'observation du Soleil et des étoiles, la photographie de la surface de la Terre et des expériences sur la possibilité d'éventuelles activités industrielles dans l'espace.

Skylab est mise en orbite le 14 mai 1973. L'équipage arrive onze jours plus tard à bord d'un module Apollo. En fait, l'aventure a démarré par un problème. Un accident survenu au cours de la montée en orbite prive Skylab de son bouclier thermique, et un seul des deux panneaux solaires fonctionne. L'équipage – Charles Conrad, Paul Weitz et Joseph Kerwin – est heureusement en mesure de réparer le dommage sur le vaisseau qui surchauffe rapidement, en passant un écran solaire par un sas.

L'équipage initial séjourne dans Skylab pendant 28 jours. Les deux équipages suivants y resteront respectivement pendant 59 et 84 jours. Skylab offre à peu près autant d'espace qu'une petite maison avec trois zones de repos, une cuisine et un coin repas, une salle de bains avec des toilettes à aspiration fonctionnant en apesanteur et une douche qui doit être aménagée dans un compartiment fermé pour éviter que l'eau ne flotte partout. Les astronautes sont soumis à un programme intensif d'expériences et de tests médicaux. Certains effets de l'absence de pesanteur sont curieux : par exemple, les membres de l'équipage de Skylab grandissent d'environ 2,5 cm pendant leur séjour, ce qui réjouit Conrad : « Enfin, je suis plus grand que ma femme. » Des exercices répétés maintiennent le tonus musculaire qui aurait tendance à se détériorer. Malgré leurs plaintes à propos de la surcharge de travail et des aliments sans goût, les astronautes ont le plaisir de voir le fantastique spectacle constamment changeant de la Terre pour se remonter le moral. Ils ont de la chance sur ce point, car, initialement, les ingénieurs n'avaient pas prévu de hublot.

SKYLAB EN ORBITE

Skylab, photographié sur son orbite depuis le module de commande et de service d'Apollo, a été créé par modification d'un troisième étage de fusée Saturn 5. Les occupants disposent donc d'un vaisseau assez spacieux.

INSIGNE DE SKYLAB

Skylab est considérée comme une très grande réussite. Le vaisseau est resté en orbite pendant six ans, mais il n'a été habité que durant 171 jours.

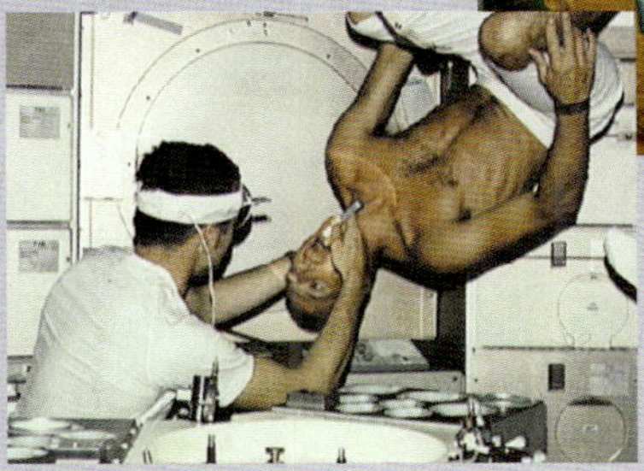

PETIT INTÉRIEUR

Skylab dispose d'une cuisine et d'un coin repas, ainsi que des installations pour effectuer des tests médicaux. L'apesanteur a des effets minimes sur la santé des astronautes, telle une gêne digestive après les repas.

SOYOUZ 19

Soyouz 19 est lancé d'Union soviétique sept heures avant le départ d'Apollo 18 aux États-Unis. Pour l'arrimage, Soyouz reste orienté vers Apollo et oscille pour suivre ses mouvements.

orbite de 1982 à 1991. Transférés vers ces stations spatiales par des vaisseaux Soyouz constamment et rapidement améliorés, les cosmonautes battent sans cesse des records de durée dans l'espace : en 1980, Valery Rumin et Leonid Popov restent en apesanteur pendant 185 jours. Les conditions de vie à bord des Salyout 6 et 7 sont bien meilleures que celles offertes par Salyout 4. Mais séjourner dans l'espace s'avère plus une épreuve d'endurance qu'une aventure passionnante – les comptes rendus des cosmonautes sur leurs vols de longue durée sont d'ailleurs empreints d'une grande nostalgie de la Terre. Néanmoins, l'Union soviétique a réussi à établir une présence humaine potentiellement permanente dans l'espace.

Des ailes pour l'espace

On peut considérer le début du programme américain de la navette spatiale, ou *Space Shuttle*, comme un retour en arrière, car il rejoint un axe de développement négligé à cause de la priorité absolue accordée au voyage vers la Lune. Von Braun avait toujours conservé à l'esprit le concept d'un vaisseau réutilisable, doté d'une voilure, et considéré comme essentiel à l'exploration de l'espace. De même, l'USAF avait réfléchi de façon très confidentielle à un avion capable de voler au-delà de l'atmosphère et de revenir, avant d'abandonner ce type de programme au début des années 1960. L'Air Force s'implique alors avec la NASA dans le développement de ce qui va être rapidement appelé le *Space Shuttle Orbiter* (navette spatiale orbitale) à partir de 1969. Dans un contexte de restrictions budgétaires et de remise en cause de techniques considérées comme superflues, la NASA vend l'idée de la navette aux politiciens en insistant sur son caractère économique et sa fiabilité. Le projet reçoit le feu vert en 1972, mais la NASA est dûment informée que le volet financier du programme sera placé sous haute surveillance.

Selon le concept initial, la navette doit être totalement réutilisable.

L'un des projets émanant de North American Rockwell concerne un engin piloté, doté d'une voilure qui conduirait l'orbiteur dans la haute atmosphère pour s'en séparer à 12 000 km/h et revenir sur Terre. Cette combinaison de deux appareils ailés laisse présager une utilisation économique, mais les coûts de développement promettent d'être énormes. La NASA est obligée de

PUISSANCE COMBINÉE

L'orbiteur de la navette est construit par International Rockwell, l'énorme réservoir externe de propergol liquide, par Martin Marietta, et les accélérateurs à poudre, par Thiokol. La poussée totale fournie par les trois moteurs principaux et les boosters atteint 30,4 millions de newtons.

CHALLENGER

Préoccupée d'obtenir l'adhésion du public au programme de la navette, la NASA annonce en 1985 qu'une enseignante sera choisie pour faire partie d'une mission. Plus de 11 000 demandes parviennent de tous les États américains. Christa McAuliffe, de Concord, New Hampshire, remporte le concours dans un battage publicitaire qui est un vrai triomphe pour les relations publiques de l'agence spatiale.

McAuliffe se joint à l'équipage pour une mission à bord de *Challenger*, programmée pour janvier 1986, en compagnie de Dick Scobee, commandant de la mission, Mike Smith, pilote de la navette, de Greg Jarvis, Judy Resnik, Ellison Onizuka et Ron McNair. Lorsque *Challenger* s'élève de son pas de tir à cap Canaveral le 28 janvier, elle entame son dixième vol. La catastrophe survient au bout de soixante-treize secondes. *Challenger* explose dans une gerbe de fumées et de flammes, et la cabine de l'équipage retombe dans la mer d'une altitude de 14 km environ.

La cause de l'accident est vite découverte : la défaillance d'un joint torique, dans l'un des propulseurs à poudre, qui a laissé passer les flammes à travers l'enveloppe d'un réservoir de propergol liquide. Il est également établi que ce problème de joint torique, déjà identifié, est particulièrement dangereux par temps froid. Or la température en ce matin du 28 janvier était au-dessous de 0 °C.

SOUS LES YEUX DE L'AMÉRIQUE
Des fragments de Challenger *émettent des torrents de fumée dans le bleu du ciel de cap Canaveral, après l'explosion de la navette le 28 janvier 1986.*

L'ÉQUIPAGE DE CHALLENGER
L'équipage de la navette Challenger *pose avec enthousiasme avant le vol fatal. L'enseignante Christa McAuliffe est la deuxième à partir de la gauche, au second rang.*

revenir à la solution d'un réservoir de combustible externe largable – ce qui permet de limiter les dimensions de l'orbiteur – et de boosters (propulseurs accélérateurs) à propergols solides récupérables.

En 1977, portée par un Boeing 747, la première navette, baptisée *Enterprise*, en hommage au vaisseau du feuilleton télévisé *Star Trek*, effectue, à Edwards Air Force Base, ses premiers vols expérimentaux non propulsés avec retour sur Terre en vol plané. Le premier vol spatial de la navette a été initialement fixé à 1979, mais des problèmes, notamment au niveau des moteurs principaux, se traduisent par des retards et des augmentations de dépenses de l'ordre de 1 milliard de dollars par rapport au budget d'origine. Pourtant, le 12 avril 1981, exactement vingt ans après le vol historique de Gagarine, la navette *Columbia* décolle de cap Canaveral, avec John Young et Robert Crippen aux commandes. Le début du voyage est un peu crispant : les astronautes s'aperçoivent, en effet, qu'une partie des tuiles de protection thermique, prévues pour empêcher le véhicule de brûler lors de sa rentrée dans l'atmosphère, s'est détachée. Mais *Columbia* rentre dans l'atmosphère terrestre sans accroc et plane en douceur jusqu'à son atterrissage sur la piste d'Edwards AFB. D'autres vols expérimentaux confirment la réussite de la navette, et, en novembre 1982, elle est déclarée opérationnelle.

Bien que la navette soit une réelle prouesse technique, elle rencontre bientôt de sérieux problèmes, car elle ne parvient ni à transformer les vols spatiaux en une opération de routine ni à « supprimer les coûts astronomiques de l'astronautique », pour reprendre les termes du président Richard Nixon. En effet, la navette n'est ni économique, ni facile à mettre en œuvre. La NASA avait calculé ses coûts sur la base de vingt-quatre vols par an. Or, même en faisant travailler ingénieurs et techniciens en heures supplémentaires, effectuer un lancement tous les deux mois semble difficile. Les coûts de la navette auraient dû être couverts par les recettes perçues de la part de clients demandeurs de lancements de satellites ou d'autres services. Mais, même en facturant seulement une partie des coûts de lancement, la navette est plus chère que les fusées Ariane de l'Agence européenne de l'espace.

La NASA continue de promouvoir la navette en la présentant comme le moyen de transport le plus sûr : un vaisseau de ligne spatial pour tous. Pour la première fois, des personnes sans qualification de pilote

LE COUPLE DE L'ANNÉE
Un Boeing 747 a été adapté au transport du vaisseau spatial depuis sa piste d'atterrissage d'Edwards Air Force Base, en Californie, à son site de lancement de cap Canaveral, en Floride. Les premiers vols d'essai plané de la navette ont été également effectués à partir d'un 747.

L'orbiteur de la navette spatiale

DÉBUT DE MISSION

La navette Columbia *sort lentement de son hangar pour gagner son pas de tir, où elle restera jusqu'à la fin du compte à rebours. Une mission moyenne d'une navette dure environ une semaine comme, par exemple, ce fut le cas pour l'entretien du télescope Hubble.*

La navette est un véhicule spatial issu de compromis imposés par des contraintes budgétaires. La NASA définit cette configuration de base en 1972 comme étant de loin la moins coûteuse à développer. L'orbiteur doit être un appareil à voilure en delta capable de planer jusqu'au sol après avoir réintégré l'atmosphère. Pour le décollage, on prévoit un réservoir externe de propergol liquide largable pour l'alimentation des moteurs principaux, et deux propulseurs additionnels à poudre sanglés sur le réservoir afin d'augmenter la poussée. Cet assemblage assez inélégant réduit les coûts de développement mais débouche sur un engin bien éloigné du rêve d'un avion à ailes classique capable d'aller dans l'espace et d'en revenir.

Outre les trois moteurs principaux, dont la mise au point apparaît comme un véritable défi technique, la navette est munie de deux moteurs de manœuvre supplémentaires et de quarante-quatre tuyères orientables. Pour la protéger des températures susceptibles d'atteindre 1 659 °C lors de la rentrée dans l'atmosphère à 30 000 km/h environ, le revêtement de l'orbiteur est recouvert de tuiles en silice. Il faut trois semaines à un opérateur pour coller quatre de ces tuiles.

« C'est un moment excitant [...]. Le véhicule tout entier commence à vibrer [...] rendant la lecture des instruments difficile. »

JAMES VOSS, ASTRONAUTE,
COMMENTANT LE DÉBUT D'UN DÉCOLLAGE

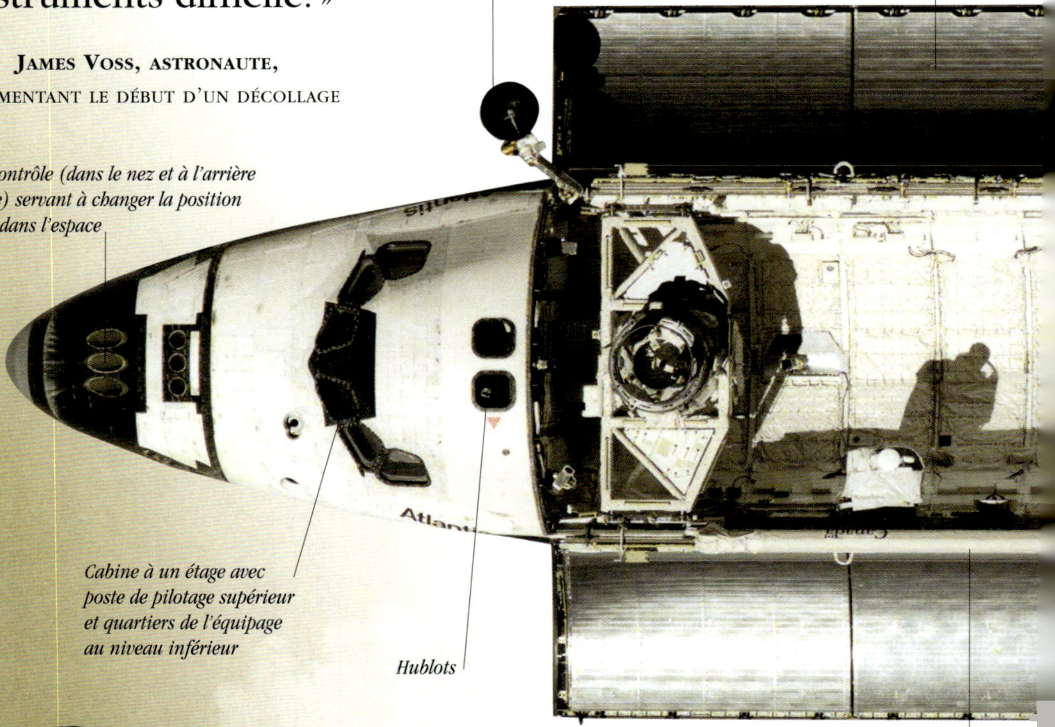

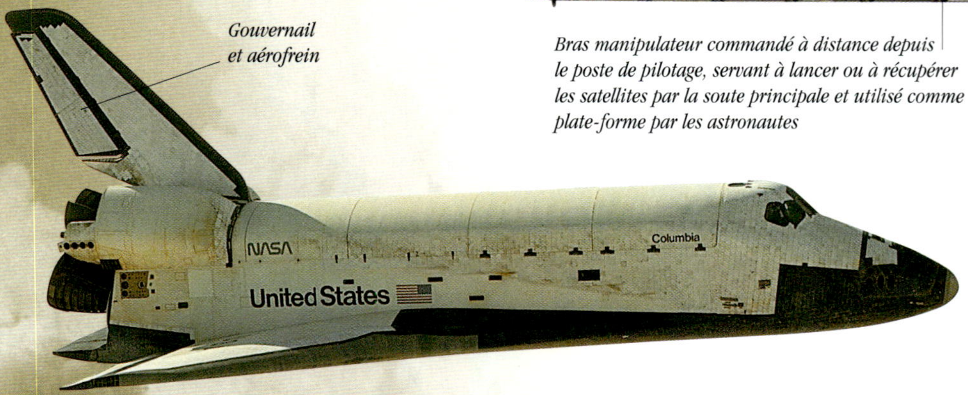

PREMIER VOL POUR COLUMBIA

Le 12 avril 1981, la navette spatiale Columbia *effectue son premier vol, qui dure un peu plus de 54 heures. Elle est conçue pour être lancée comme une fusée, manœuvrée comme un vaisseau spatial et revenir sur Terre comme un planeur, sa voilure en delta n'étant utile que lors de la phase de planement à l'atterrissage.*

Lancée pour la première fois le 12 avril 1981, la navette est une réussite de la technologie américaine. Décrite parfois comme un « camion de l'espace », elle est apparue comme un engin polyvalent, plaçant des satellites en orbite, servant de ministation et de laboratoire orbitaux, assurant des réparations dans l'espace et, finalement, participant à la construction et à l'exploitation des stations spatiales.

En 2002, les navettes ont déjà effectué plus de 100 missions, tout en devenant, grâce à des améliorations continuelles, des engins spatiaux toujours plus fiables et plus sûrs.

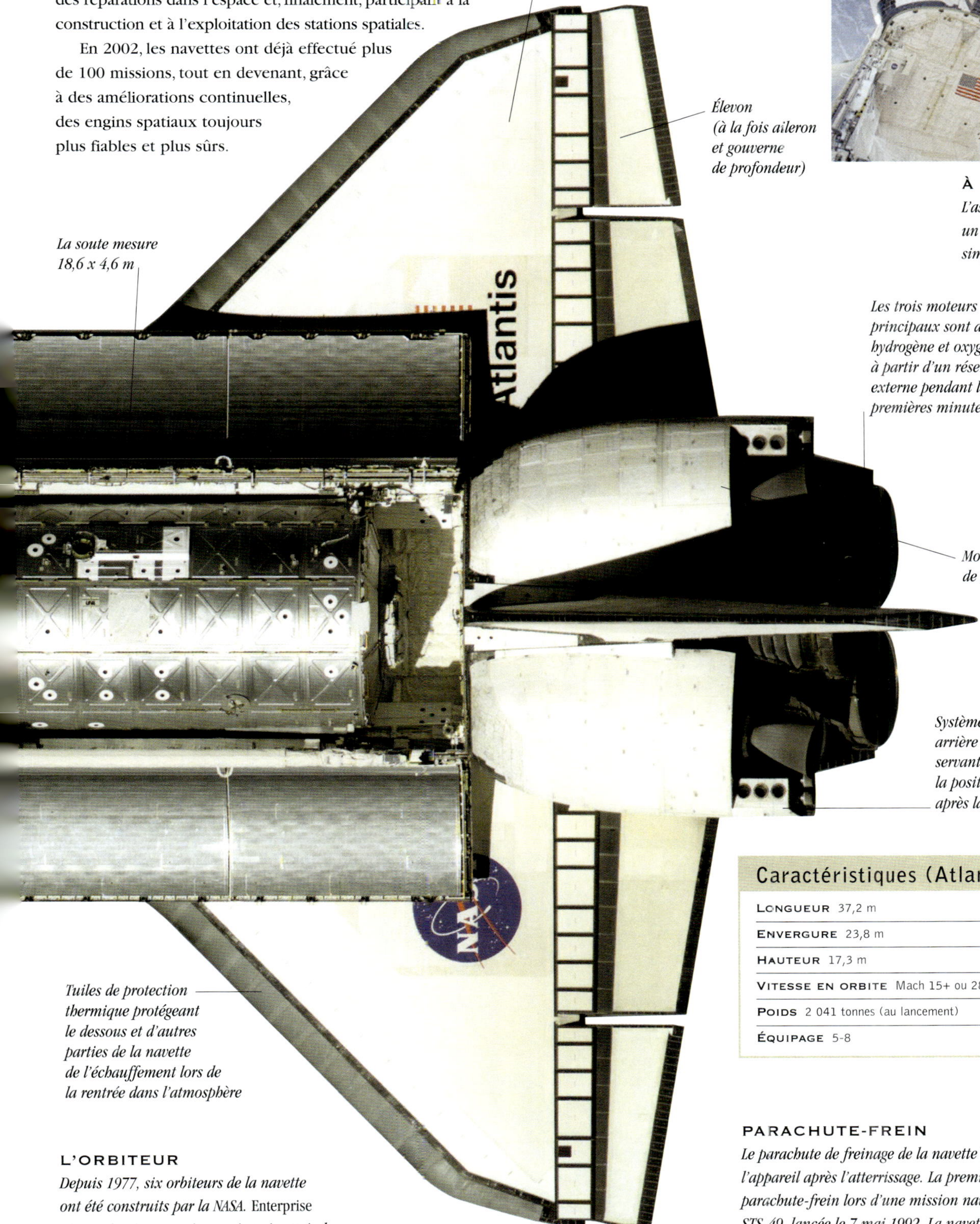

Les ailes ne servent que pour atterrir. Elles n'ont aucune fonction dans l'espace

Élevon (à la fois aileron et gouverne de profondeur)

La soute mesure 18,6 x 4,6 m

Les trois moteurs principaux sont alimentés en hydrogène et oxygène liquides à partir d'un réservoir externe pendant les huit premières minutes du vol

Moteurs du système de contrôle en orbite

Système de contrôle arrière à réaction servant à corriger la position de la navette après la mise sur orbite

Tuiles de protection thermique protégeant le dessous et d'autres parties de la navette de l'échauffement lors de la rentrée dans l'atmosphère

L'ORBITEUR

Depuis 1977, six orbiteurs de la navette ont été construits par la NASA. Enterprise *n'a servi qu'aux essais sans jamais atteindre l'espace.* Columbia *a précédé* Challenger, Discovery, Atlantis *(ici) et* Endeavour *(construite pour remplacer* Challenger *après la tragédie de 1986).*

À BOUT DE BRAS

L'astronaute Daniel Barry, relié à la navette Discovery *par un câble, effectue une sortie équipé d'un SAFER (assistance simplifiée à la récupération lors des activités extravéhiculaires).*

11 écrans vidéo, 5 ordinateurs et plus de 1 000 contacteurs constituent le MEDS

LE POSTE DE PILOTAGE

Dans la navette Atlantis, *le MEDS (système d'affichage électronique multifonction) de la NASA. Ce système, à la pointe du progrès, fait appel à une technologie usuelle sur de nombreux avions de ligne et renforce la sécurité de la navette en assurant de multiples fonctions d'affichage de secours.*

Caractéristiques (Atlantis)

LONGUEUR	37,2 m
ENVERGURE	23,8 m
HAUTEUR	17,3 m
VITESSE EN ORBITE	Mach 15+ ou 28 800 km/h
POIDS	2 041 tonnes (au lancement)
ÉQUIPAGE	5-8

PARACHUTE-FREIN

Le parachute de freinage de la navette Endeavour *ralentit l'appareil après l'atterrissage. La première utilisation d'un parachute-frein lors d'une mission navette a eu lieu avec STS-49, lancée le 7 mai 1992. La navette rejoint le sol comme un planeur et se pose à une vitesse d'environ 350 km/h.*

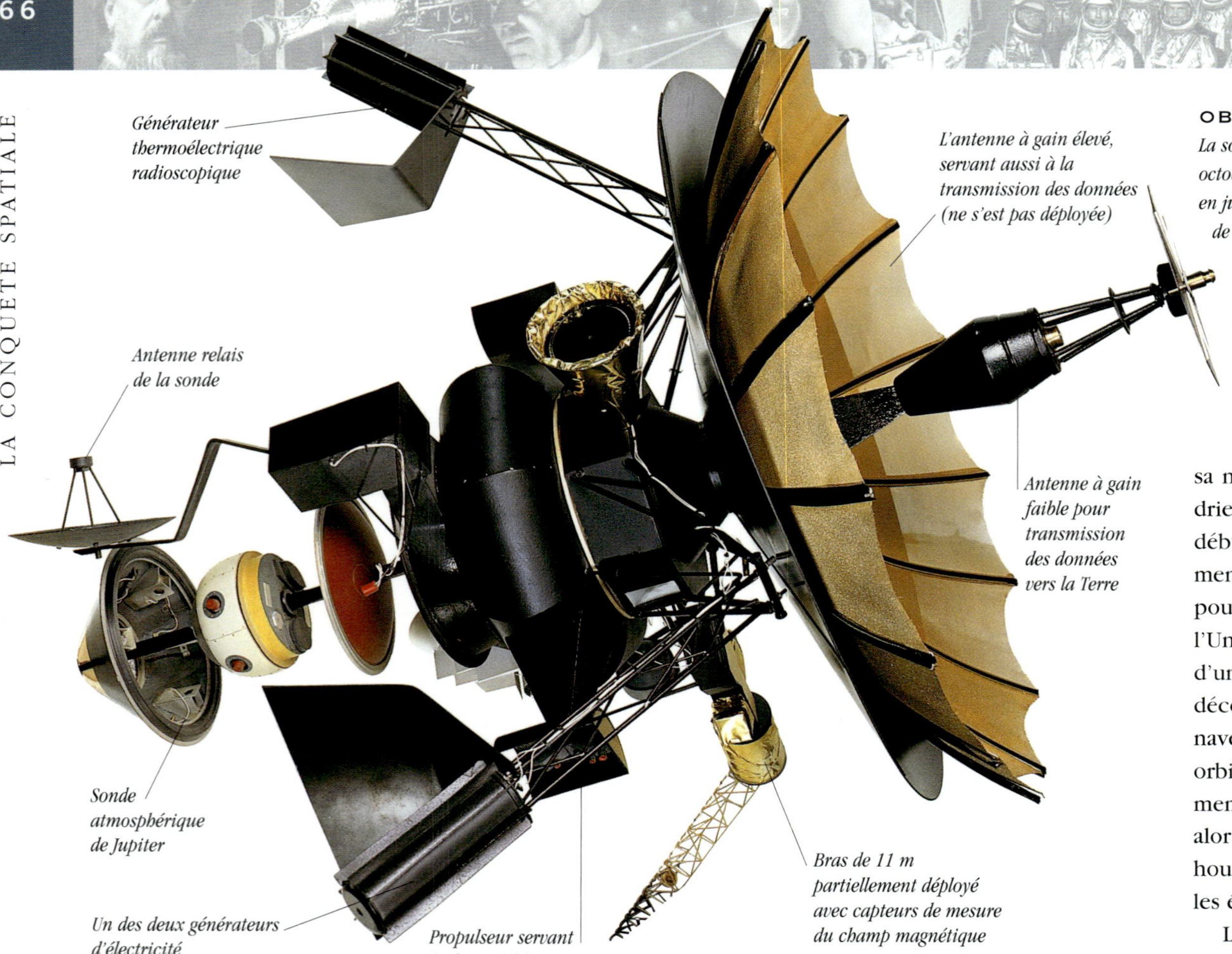

OBJECTIF JUPITER

La sonde spatiale Galileo *est lancée par la navette* Atlantis *en octobre 1989. Après un voyage de six ans, elle s'approche de Jupiter en juillet 1995. Tandis que la sonde principale reste en orbite de la planète, une sonde atmosphérique plus petite descend dans l'atmosphère de Jupiter et envoie des informations vers la Terre pendant cinquante-sept minutes avant d'être détruite par la pression des nuages de Jupiter. La qualité des informations fournies par* Galileo *et les autres sondes automatiques ont bouleversé la connaissance des planètes.*

peuvent voyager dans l'espace, d'abord des scientifiques ou des ingénieurs menant des expériences en apesanteur, puis des passagers sélectionnés, dont la présence à bord est susceptible de valoriser le programme. L'un d'eux, l'enseignante Christa McAuliffe, se trouve à bord de *Challenger* quand le lanceur explose le 28 janvier 1986. Une enquête est ouverte pour déterminer les causes de l'accident. La NASA vit alors ses heures les plus sombres. Après *Challenger*, l'USAF elle-même abandonne la navette au profit du lancement de ses satellites de reconnaissance et revient aux fusées non réutilisables.

Le rapport de la commission Rogers, constituée en vue d'enquêter sur l'accident de *Challenger*, conclut que la NASA a subi une telle pression pour respecter le calendrier des lancements de la navette que l'agence n'a plus accordé la priorité nécessaire aux contrôles de qualité et de sécurité. Tout en réaffirmant l'importance de la NASA et du programme spatial considérés comme « des symboles de fierté nationale et de supériorité technique », la commission recommande le retour aux contrôles de sécurité poussés avant toute reprise des lancements de la navette à une cadence plus raisonnable.

Le retour de la navette

La navette retourne vers l'espace en septembre 1988, et le programme établi prévoit un lancement toutes les six ou huit semaines. Cependant, la navette en tant que partie autofinancée d'une activité spatiale commerciale n'a plus lieu d'être. Elle va désormais transporter uniquement des charges spécifiquement conçues pour elle ou des équipements militaires spatiaux essentiels.

En outre, la navette n'est plus considérée comme le système de remplacement des lanceurs de satellites jetables. Les lanceurs traditionnels ont eux-mêmes connu des moments difficiles : en 1986, une fusée Titan de l'USAF explose huit secondes après son lancement, et un lanceur Delta de la NASA échoue au tout début d'un vol. Mais les fusées, qui sont encore bien présentes, vont désormais être utilisées parallèlement aux engins spatiaux réutilisables.

Les projets retardés par l'interruption des lancements de navettes comprennent la sonde spatiale *Galileo* (Galilée) destinée à voler vers Jupiter. Programmée pour être lancée en 1986, elle est déjà arrivée à cap Canaveral, lorsque se produit l'accident de *Challenger*. *Galileo* y reviendra en 1989 pour être lancée dans l'espace par la navette *Atlantis*.

Le télescope spatial Hubble (HST) attend aussi sa navette de lancement en 1986. Intégré au calendrier, le HST est mis en orbite en avril 1990. Au début, la mission apparaît comme un autre engagement coûteux pour la NASA. Le grand miroir conçu pour recueillir la lumière venant des confins de l'Univers ne fonctionne pas comme prévu en raison d'un défaut de polissage. Or de cette contrariété va découler un triomphal succès. En décembre 1993, la navette *Endeavour* va à la rencontre du HST en orbite et le récupère avec son bras manipulateur. Les membres de l'équipage de la navette effectuent alors un délicat travail de réparation. Leurs silhouettes en combinaison spatiale sont observées sur les écrans de télévision du monde entier.

Le HST va se révéler comme l'une des plus belles réussites scientifiques de la période contemporaine, en transmettant des images étonnantes de lointaines galaxies. Il n'y a plus lieu de s'interroger plus longtemps sur l'importance de la navette pour lancer et entretenir des satellites. Mais la vraie réussite des missions scientifiques, telles que la sonde *Galileo* et le télescope Hubble, remet en question la validité du programme des vols spatiaux habités, sinon comme service subsidiaire d'entretien des satellites automatiques.

Les buts permanents

L'objectif consistant à perpétuer les vols habités reste valable, du moins par intermittence, car les débats quant à leurs coûts élevés bloquent leur déroulement à intervalles réguliers. Les partisans des vols habités insistent sur deux points : les scientifiques envoyés dans l'espace peuvent se livrer à des expériences impossibles à contrôler à distance ; l'envoi d'êtres humains dans l'espace est en lui-même une expérience valable : lorsque John Glenn, âgé

LE RETOUR D'UN VÉTÉRAN

En 1998, le retour dans l'espace de John Glenn, âgé de 77 ans, est l'un des meilleurs coups publicitaires de la NASA. Glenn avait effectué sa première mission spatiale en 1962 à bord de Friendship 7.

MISSION DE RÉPARATION
En décembre 1993, la réparation du télescope spatial Hubble par les astronautes de la navette Endeavour *a été une éclatante démonstration de l'utilité de ce véhicule et de ses équipages pour la maintenance des satellites en orbite. On voit ici un astronaute soulevé par le bras robot de la navette, tandis que l'autre œuvre dans la soute.*

LA STATION MIR

En russe, mir *signifie à la fois paix et monde. La station spatiale portant ce nom a été lancée en 1986. Elle a été conçue avec six sas d'arrimage qui peuvent recevoir des modules spéciaux de recherche scientifique.*

de 77 ans, voyage dans la navette en 1998, ce vol est présenté comme un test sur les effets du séjour dans l'espace sur un organisme âgé, test dont toutes les personnes âgées pourraient profiter sur Terre. Et, au-delà de toute considération pratique, il reste que le sentiment d'une ultime frontière que l'on doit sans cesse repousser existe, et que le devoir d'explorer est bien là : si les humains sont capables d'aller sur Mars, comment pourraient-ils s'en abstenir ?

Le début des années 1980 coïncide avec une reprise de la tension entre les superpuissances qui soutiennent des programmes spatiaux prestigieux, comme elles l'ont déjà fait dans les années 1960. Le président Ronald Reagan s'engage non seulement dans l'Initiative de défense stratégique, destinée à militariser l'espace, mais il annonce également, en 1984, que les États-Unis auront en permanence une station spatiale habitée dans les dix ans à venir.

C'est, naturellement, s'engager sur un terrain déjà solidement occupé par l'Union soviétique. Le programme de la station spatiale soviétique a continué à progresser tout au long des années 1980 – pendant l'interruption du programme de la navette après l'accident de *Challenger*, les cosmonautes ont été les seuls humains dans l'espace. En février 1986, Salyout 7 est rejointe en orbite par une station orbitale de troisième génération, Mir. Dès lors que Mir est habitée, la Salyout vieillissante, inoccupée, est abandonnée sur son orbite jusqu'en 1991.

Mir est un progrès considérable par rapport aux Salyout. Conçue comme une station modulaire, elle offre des conditions de confort supérieures et des systèmes de soutien de la vie à bord plus perfection-

ARRIMAGE SUR ORBITE

La navette Atlantis, *arrimée à la station Mir, est photographiée depuis le vaisseau russe Soyouz-TM, en 1995. Les missions de la navette vers Mir ont préparé la collaboration pour la future station spatiale internationale (ISS).*

COOPÉRATION SPATIALE

Un insigne commémore la collaboration dans l'espace entre les États-Unis et la Russie après la chute de l'URSS.

LA VIE SUR MIR

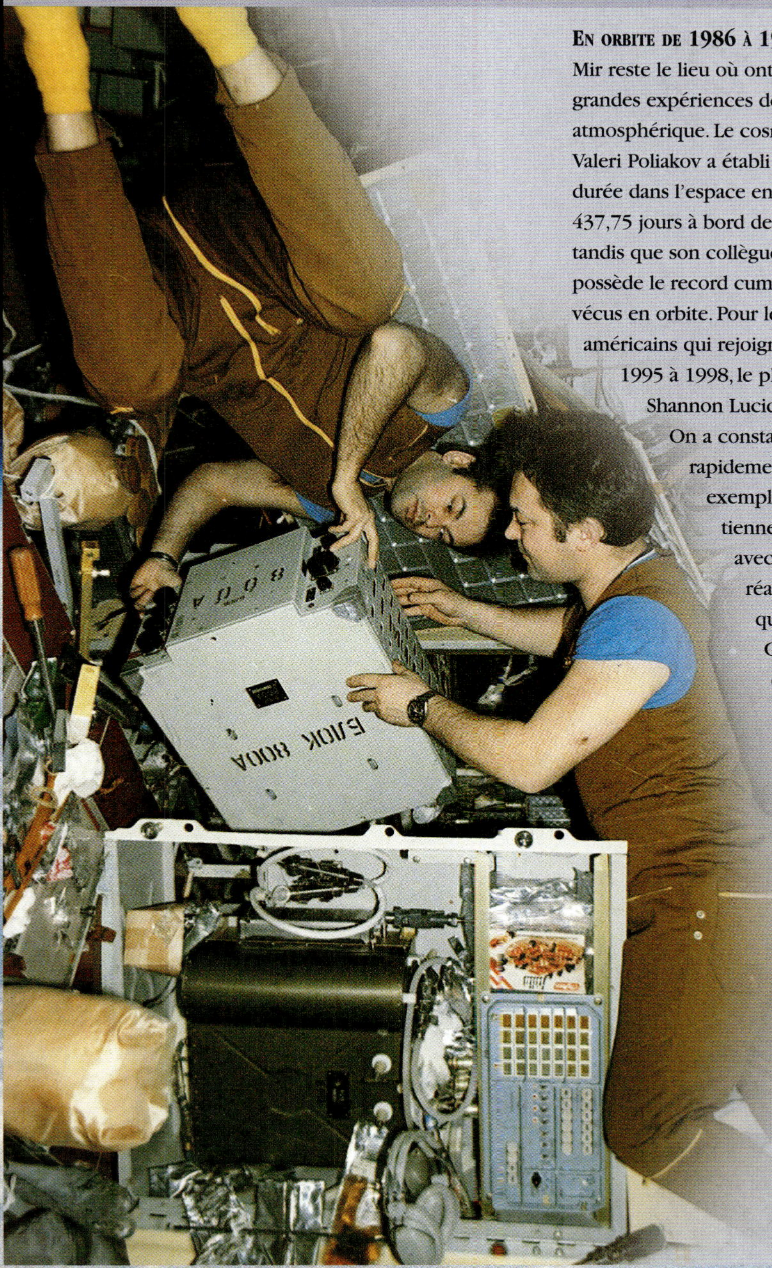

En orbite de 1986 à 1999, la station spatiale Mir reste le lieu où ont été conduites les plus grandes expériences de la vie extra-atmosphérique. Le cosmonaute et physicien russe Valeri Poliakov a établi le record mondial de durée dans l'espace en passant 437,75 jours à bord de Mir en 1994-1995, tandis que son collègue Sergueï Avdeyev possède le record cumulé avec 747,6 jours vécus en orbite. Pour les astronautes américains qui rejoignent les cosmonautes sur Mir de 1995 à 1998, le plus long séjour est effectué par Shannon Lucid, qui reste 188 jours en orbite.

On a constaté que le corps humain s'adapte rapidement à l'absence de pesanteur. Par exemple, le cœur, les veines et les artères tiennent compte de la facilité relative avec laquelle le sang circule. C'est la réadaptation aux conditions terrestres qui pose des problèmes plus graves. Certains cosmonautes s'aperçoivent qu'ils sont trop affaiblis pour marcher ou même pour se lever sans aide lors de leur retour, après des mois passés en apesanteur.

Pour contrer les effets perturbateurs causés par un environnement dans lequel le Soleil se lève et se couche seize fois par vingt-quatre heures, un strict emploi du temps, fondé sur le temps terrestre, est imposé, les cosmonautes étant réveillés chaque matin par une montre-bracelet à 8 heures, heure de Moscou. L'équipage dort dans des sacs de couchage flottants attachés à une paroi. Les mots « haut » et « bas » n'ont plus aucune signification : l'astronaute Jerry Linenger raconte qu'il dormait les pieds au plafond et la tête près du plancher.

L'espace de vie à bord est inévitablement restreint et la nostalgie de la famille et des amis affecte tous les équipages. Mir est de plus en plus encombrée d'objets apportés de la Terre, comme des livres et des cassettes vidéo. Pourtant, Lucid se rappelle les petits plaisirs de la vie en commun, par exemple les repas partagés par tout l'équipage flottant autour d'une table dans le bloc de base et le dessert spécial du dimanche. Par la suite, les Américains de Mir vivront des expériences plus éprouvantes causées par la détérioration de la station avec des pannes des systèmes, des coupures d'énergie et autres problèmes d'importance vitale.

VOLER OU FLOTTER
Chacune des tâches effectuées dans l'espace pose aux astronautes et aux cosmonautes des problèmes particuliers dus à l'apesanteur. Pour s'asseoir, par exemple, ils doivent se bloquer les pieds dans des arceaux fixés au plancher.

MIKE FOALE
À l'époque où Mike Foale, Américain d'origine britannique, séjourne sur Mir en 1997, la station est devenue sérieusement dangereuse.

SHANNON LUCID
En 1996, la biochimiste américaine Shannon Lucid passe 188 jours à bord de Mir, ce qui est un record. Le voyage a été prolongé en raison d'un problème de navette qui a retardé son retour.

nés, et permet d'arrimer des modules supplémentaires à l'élément central. Les modules additionnels expédiés vers Mir comprennent un observatoire d'astrophysique et des laboratoires de recherches en apesanteur sur la métallurgie et la cristallographie.

Les Soviétiques disposent également d'un vaisseau spatial habité très amélioré pour ravitailler Mir, le Soyouz-TM. Répliquant au programme de la navette spatiale américaine, les Soviétiques commencent à construire la navette Bouran en 1980. En 1988, elle est lancée en orbite par une puissante fusée Energyia à hydrogène et effectue son unique vol non habité. Elle est, en effet, abandonnée en raison de difficultés économiques et techniques et du peu d'intérêt que lui manifestent scientifiques et militaires.

Le 8 décembre 1991, l'État soviétique communiste finit par éclater.

Des budgets exsangues

Le personnel et les installations de programme spatial soviétique sont d'abord repris par la Fédération de Russie, bien que le cosmodrome de Baïkonour se trouve sur le territoire du Kazakhstan indépendant. Même si l'État qui succède à l'Union soviétique affiche sa volonté de poursuivre le programme spatial – ce qu'il fera sans doute dans une certaine mesure –, l'argent manque terriblement. Avec des budgets limités, sans commune mesure avec ceux de l'ère soviétique, les plans d'une station spatiale Mir 2 sont mis au panier et les fusées Bouran, démantelées.

Avant même la chute de l'Union soviétique, l'agence spatiale Glavkosmos, créée en 1985, doit trouver des fonds et propose de vendre des voyages vers Mir. Par exemple, le Japon achète 7 millions de dollars une place pour l'un de ses ressortissants.

Peu à peu, l'agence spatiale américaine envisage d'intégrer Mir à son propre programme afin de construire une nouvelle station spatiale, dans la mesure où la construction de la station spatiale Freedom, par le président Ronald Reagan, est abandonnée pour des questions de coût. Une issue semble être offerte par une coopération internationale avec le Canada, le Japon et les pays de l'Agence spatiale européenne. La participation de la Russie à ce consortium semble être une garantie de financement pour les chercheurs, ingénieurs et cosmonautes aux abois de l'ex-URSS, tandis que l'utilisation des installations russes permet aux Américains de faire des économies. L'entente des anciens rivaux de la guerre froide sur ce terrain se traduit par un bénéfice d'ordre politique, symbolisant l'aspiration à un nouvel ordre mondial.

La station spatiale internationale

> «Une station spatiale permettra d'accomplir d'énormes progrès dans la recherche scientifique, les communications, ainsi que dans la métallurgie et les médicaments...»
>
> **Président Ronald Reagan**
> Discours sur l'état de l'Union, 1984

L'ASSEMBLAGE DE LA STATION SPATIALE INTERNATIONALE commence le 20 novembre 1998, quand une fusée russe Proton, lancée de Baïkonour, au Kazakhstan, met un module Zarya en orbite. Il s'agit du premier des 100 éléments séparés qui constitueront la station internationale ISS. L'ISS mesurera 110 m sur 88 m et pèsera environ 455 tonnes. Un équipage de trois personnes a pris ses quartiers sur l'ISS en octobre 2000. L'effectif complet ultérieur s'élève à sept personnes, en majorité des scientifiques qui effectueront des expériences dans les six laboratoires très perfectionnés de l'ISS.

L'ISS a été décrite comme le projet scientifique international le plus complexe de l'Histoire. Seize pays sont impliqués : les États-Unis, la Russie, le Japon, le Brésil, le Canada, et onze membres de l'Agence spatiale européenne.

La recherche scientifique est la première mission de l'ISS. Elle comprend l'observation de la Terre et des étoiles, les travaux sur les cristaux et les métaux et l'étude du corps en apesanteur. Les difficultés rencontrées avec la navette spatiale et les coûts que cela impliquait ont conduit à abandonner certains aspects du projet ISS. La date d'achèvement, initialement prévue pour 2006, a été repoussée à 2011.

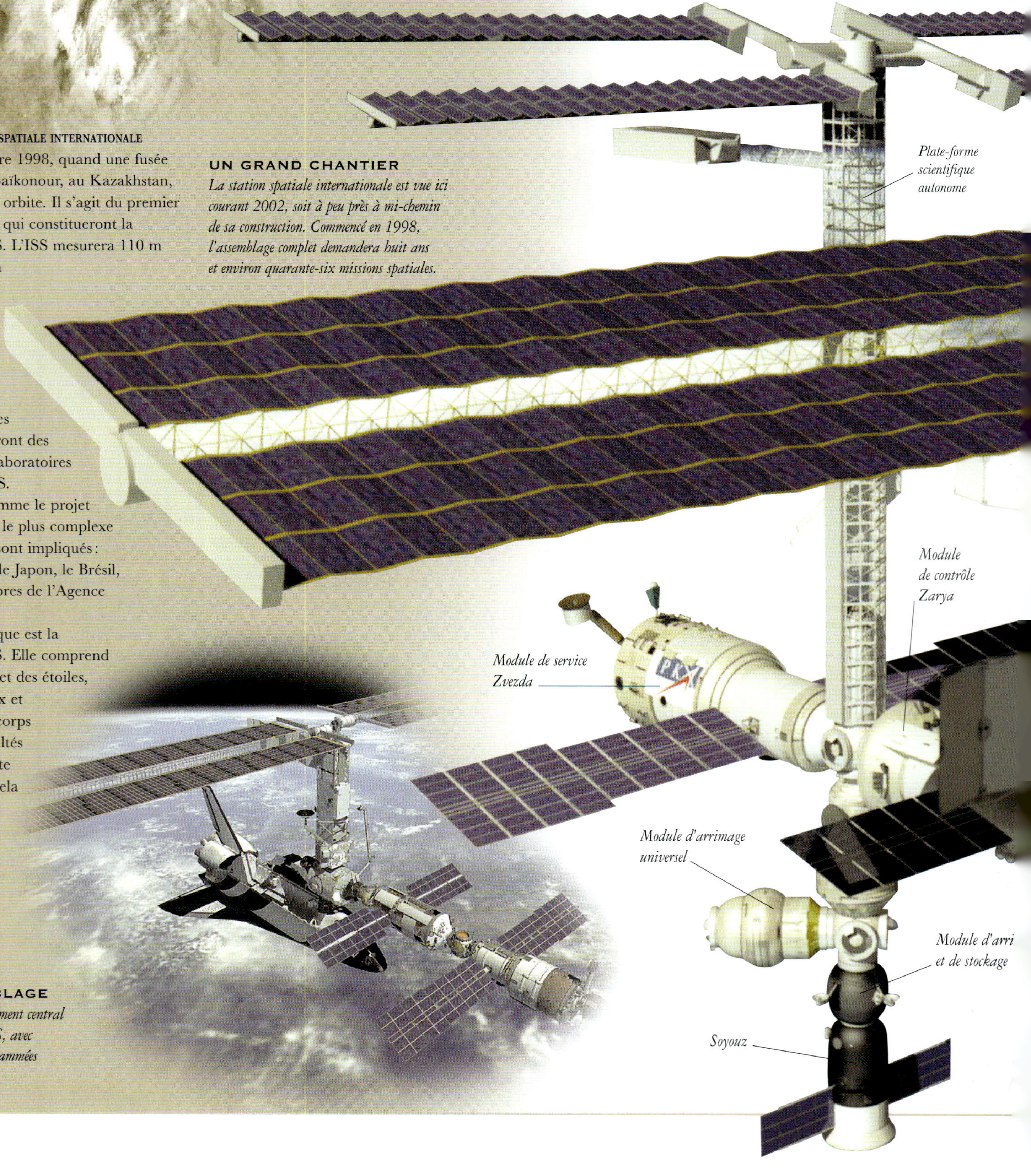

UN GRAND CHANTIER
La station spatiale internationale est vue ici courant 2002, soit à peu près à mi-chemin de sa construction. Commencé en 1998, l'assemblage complet demandera huit ans et environ quarante-six missions spatiales.

MISSION D'ASSEMBLAGE
La navette spatiale était un élément central du plan de construction de l'ISS, avec 36 missions d'assemblage programmées sur la durée du projet.

Caractéristiques

Dimensions	environ 110 x 88 m
Poids	environ 455 tonnes
Vitesse	28 000 km/h
Durée d'une orbite	90 min
Altitude	environ 350 km
Équipage	7

LABORATOIRE ORBITAL

Un module laboratoire américain, Destiny, est vu ici en cours de montage au Marshall Space Flight Center. Les expériences prévues dans l'espace comporteront la production de cristaux de protéines pour la recherche médicale.

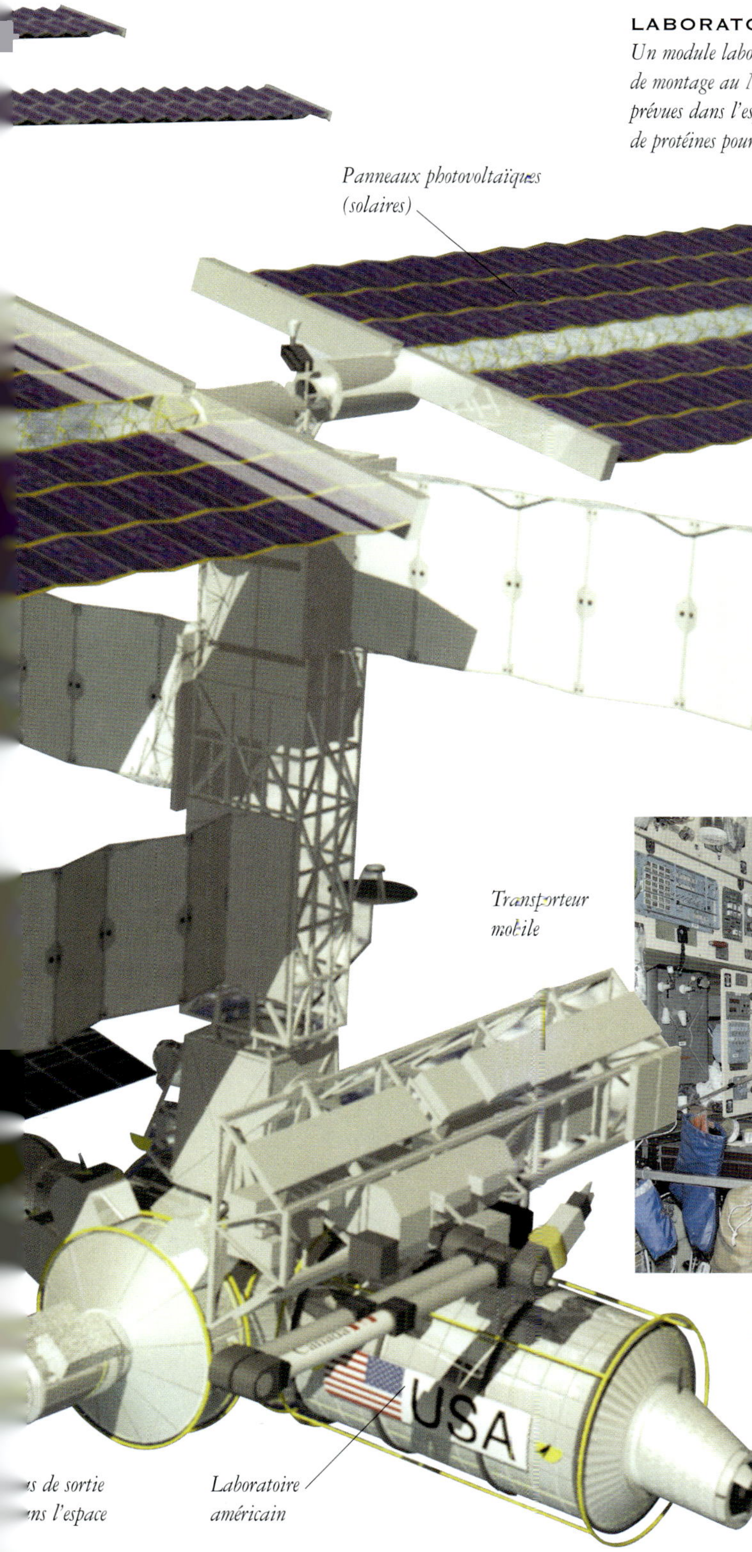

À L'INTÉRIEUR DE L'ISS

Le cosmonaute Iouri Usachev prépare un repas dans le module de service Zvezda de l'ISS. L'intérieur du module semble assez spacieux pour que l'équipage y vive et y travaille dans de bonnes conditions par rapport aux compartiments restreints des stations Mir.

En 1994, dans le cadre du projet de la station spatiale internationale, les Russes et les Américains entament donc une série de missions conjointes au cours desquelles les cosmonautes voyagent en navette. Les navettes s'arriment à la station Mir, et les astronautes américains séjournent à bord de la station spatiale russe. Pendant cinq ans, les anciens adversaires apprennent à travailler ensemble.

Le premier astronaute américain présent sur Mir est Norm Thagard. Il y passe 115 jours, de mars à juillet 1995, et le dernier est Andy Thomas, qui séjourne de janvier à juin 1998. C'est, selon les termes d'un responsable de la NASA, un processus critique qui consiste à « apprendre comment travailler avec un partenaire international afin de comprendre la manière russe de traiter les problèmes ». Mais c'est aussi un moyen de se rendre compte que la technique et le savoir-faire russes peuvent ne pas être aux normes auxquelles les Américains sont habitués.

À l'époque ou le programme commun américano-russe débute, Mir est en orbite depuis presque dix ans, et ses équipements, endommagés pour la plupart, doivent être remplacés. Le niveau de qualité globale du programme spatial russe au sol est également menacé par les restrictions budgétaires. La multiplication des problèmes posés par Mir introduit des risques sérieux pour la vie des astronautes et des cosmonautes. En juin 1997, un engin cargo entre en collision avec la station spatiale, perce son enveloppe et détruit une partie des panneaux solaires. Un mois après, la station est privée d'énergie électrique suite à la déconnexion accidentelle d'un câble par un membre de l'équipage. D'autres incidents surviennent la même année : pannes d'alimentation en oxygène, panne d'ordinateurs, fuite de réfrigérant et incendie qui enfume la station.

L'embrasement final de Mir

Malgré ces dangers, la NASA persiste dans son partenariat, jusqu'à ce que le programme Mir soit considéré comme achevé, à l'été 1998. Les Américains pressent alors les Soviétiques d'abandonner Mir et de les rejoindre dans le projet de la station spatiale internationale. Mais Mir occupe une place à part dans le cœur des Russes, et ils ne sont pas encore prêts à la quitter. Des cosmonautes continuent de l'occuper jusqu'en août 1999. Après leur départ, la station obtient même un sursis, quand un consortium d'hommes d'affaires occidentaux fait une offre d'achat pour la transformer en hôtel de l'espace. Quel que soit le sérieux de cette proposition, Mir est condamnée. En mars 2001, elle est redescendue par un engin de ravitaillement Progress jusqu'à ce qu'elle soit suffisamment proche de la Terre pour être décrochée de son orbite. Mir brûle dans l'atmosphère, et ses morceaux incandescents plongent dans le Pacifique au terme d'un voyage de plus de 3 milliards de kilomètres.

PREMIER TOURISTE

Le 28 avril 2001, Denis Tito, de Santa Monica, Californie, est le premier être humain qui paie de ses deniers un voyage dans l'espace. Ce touriste de l'espace, dont le billet pour un voyage aller et retour vers l'ISS aurait coûté 20 millions de dollars, quitte le pas de tir de Baïkonour, au Kazakhstan, à bord d'une fusée Soyouz-TM. Tito a d'abord espéré pouvoir s'offrir une visite de la station Mir, mais lorsque ce projet s'évanouit, en 2000, son ambition se reporte sur l'ISS. Les autorités russes, pressées d'exploiter cette nouvelle forme de tourisme, ne voient aucun inconvénient à satisfaire sa requête. Bien qu'hostile à cette exploitation de l'espace, la NASA n'y peut rien. Tito est évidemment ravi par son séjour de huit jours. À son retour, il se décrit comme « un homme sérieux qui avait un rêve et qui l'a réalisé malgré les pires difficultés ».

Confrontée à la présence inévitable de futurs touristes dans l'espace, la NASA lève son opposition au principe en février 2002. Au mois de mai suivant, le Sud-Africain Mark Shuttleworth est le deuxième passager payant des Russes.

Au moment où Mir disparaît du ciel, des éléments de la station spatiale internationale (ISS) ont déjà été assemblés en orbite, constituant une nouvelle plate-forme pour une présence permanente de l'homme dans l'espace. Le projet décolle vraiment, dans les deux acceptions du terme, lorsqu'une fusée russe Proton place le module Zarya (aurore) en orbite. Le deuxième module, Unity, est assemblé avec Zarya le mois suivant, après sa mise en orbite par la navette *Endeavour.* La prochaine étape est l'arrivée d'un équipage de trois personnes qui inaugurent l'occupation permanente de l'ISS en octobre 2000.

Le budget du programme ISS, fixé initialement à 17 milliards de dollars, est naturellement dépassé. Les estimations situent bientôt le coût entre 50 et 100 milliards.

Le 1er février 2003, le programme de la navette subit son second accident fatal quand *Columbia* se brise lors de son retour dans l'atmosphère. Les sept membres d'équipage sont tués. Une enquête révèle que de la mousse protectrice, arrachée du réservoir au décollage, a frappé le bord d'attaque de l'aile gauche de la navette, endommageant les tuiles de céramique chargées de protéger l'engin des températures extrêmes lors de la phase de retour.

> «J'ai vécu 60 ans sur Terre et passé 8 jours dans l'espace. Pour moi, j'ai eu deux vies différentes.»
>
> **Dennis Tito,**
> premier touriste de l'espace

Les navettes restantes sont bloquées au sol, tandis que toutes les solutions de sécurité sont étudiées. Les vols ne reprennent qu'en juillet 2005, avec la mission STS-114 de *Discovery.* Néanmoins, les problèmes perdurent : de la mousse se détache à nouveau au décollage. Bien que, cette fois, la navette n'ait subi aucun dommage, les vols sont à nouveau suspendus, et ce tant que le problème ne sera pas résolu. Le projet ISS vacille. Les vaisseaux russes Soyouz et Progress parviennent à maintenir la relève des équipages de deux pilotes, ainsi que les

VENTURESTAR

Conçu comme le successeur de la navette, le Lockheed Martin X-33 VentureStar devait être un véhicule spatial totalement réutilisable, essentiellement un avion capable d'aller dans l'espace et d'en revenir. Démarré à la fin des années 1990, le projet a rencontré des difficultés apparemment insolubles, avant d'être abandonné en 2001.

petits travaux de construction. Mais seule la navette a la capacité de transporter les principaux composants de la station spatiale.

Suite à la perte de *Columbia*, le président Bush tient à déclarer que la pérennité des vols spatiaux habités est assurée. La ligne officielle est la suivante : l'élan pour leur expansion et leur développement ne pourra être stoppé. Plusieurs observateurs pensent néanmoins que le programme de vols habités de la NASA souffre d'une absence de direction et d'un manque d'objectifs. La principale justification pour poursuivre les vols de navettes est la construction de l'ISS : mais si le but de l'ISS était uniquement de fournir du travail à la navette ? Le flottement ressenti prend fin en janvier 2004, quand le président Bush annonce sa « vision de l'exploration spatiale ». Il y aura un retour sur la Lune, pour y établir une base permanente, et bientôt un voyage vers Mars.

Nouvelle direction

Ces projets clairement définis sont bien accueillis par la NASA. Toutefois, la réduction du nombre de missions de la navette affectées à la construction de l'ISS apparaît vite comme une évidence. Même si elle implique une diminution des éléments constitutifs de la station spatiale, elle est nécessaire afin de réduire les coûts et récupérer des fonds pour le renouveau du programme lunaire.

Au début du XXIe siècle, quelques objectifs, fixés de longue date dans le programme spatial, n'ont pas encore été réalisés, mais demeurent toujours d'actualité, notamment un système de lancement totalement réutilisable. Une relance de ce concept, base initiale du programme de la navette, est intervenue en 1994 via une directive du président Bill Clinton. Elle a initié une nouvelle famille d'avions « X » expérimentaux, jointe à l'ambition de créer un « paquebot de l'espace » susceptible de transporter des voyageurs entre les bases terrestres et l'ISS, et de transformer l'économie du voyage spatial. Toutefois, depuis 2004, la NASA travaille au développement d'un véhicule d'exploration spatial (Crew Exploration Vehicle) pour gagner la Lune. Le remplacement de la navette n'apparaît donc plus comme une priorité. Quant au projet de paquebot de l'espace, il semble être abandonné aux entrepreneurs privés.

HYPER-X

Le Screamjet X-43A a été créé par Micro Craft pour la NASA, afin d'explorer la possibilité du vol hypersonique à des vitesses de l'ordre de Mach 10 en utilisant un moteur aérobie. L'un des emplois possibles de cet appareil pourrait être celui de lanceur spatial réutilisable.

Habité/inhabité

Beaucoup de scientifiques semblent sceptiques en ce qui concerne les avantages des vols habités par rapport à ceux n'accueillant pas de passagers. Le succès des vols de sondes et de satellites durant les cinquante premières années de l'ère spatiale est en effet impressionnant : ils ont apporté aux scientifiques une connaissance de l'Univers bien supérieure. Depuis les années 1960, les observatoires solaires, astronomiques et géophysiques en orbite autour de la Terre ont fourni une formidable quantité d'informations nouvelles sur des phénomènes tels que les trous noirs ou les éruptions du Soleil, et ce sans recours à des vols habités pilotés par des scientifiques astronautes. Les hommes ne sont pas forcément indispensables pour explorer le Système solaire, la réussite des robots explorateurs de planètes étant extraordinaire. Par exemple, grâce au programme Magellan de la NASA en 1989, nous avons une carte précise de la surface de Vénus, cachée par des nuages en permanence. Depuis la mission Viking en 1976, nous connaissons la surface de Mars en gros plan, et nous avons analysé le sol et l'atmosphère de la planète. Voyager 1 et 2 ont fourni de nouveaux aperçus de Saturne et, à distance, d'Uranus. En 1996, la sonde Galilée a rapporté de surprenantes révélations sur Jupiter et ses lunes. Ce procédé d'exploration inhabitée perdurera donc au XXIe siècle. De même, l'impact des satellites sur notre vie quotidienne est aujourd'hui incontestable. Ils ont, entre autres, révolutionné les communications, la météorologie, la cartographie et la navigation. Grâce aux satellites, un individu peut, à tout moment et avec précision, connaître sa localisation sur Terre et contacter n'importe qui partout dans le monde.

Ce n'est ni la recherche scientifique ni ses applications pratiques qui ont donné un nouvel élan aux vols spatiaux habités. En 2001, le tourisme spatial est devenu une réalité. Des individus suffisamment riches semblent prêts à payer une fortune pour un court séjour à bord de l'ISS. Le président Bush, dans le cadre de son projet d'un retour sur la Lune – prélude à un vol habité vers Mars –, espérait que, du coup, le Congrès serait prêt à payer le prix d'une aventure humaine dans l'espace. Le voyage dans l'espace a été un rêve enthousiasmant depuis l'époque des Tsielkovsky et des Goddard, et il l'est resté.

EXPLORATION PLANÉTAIRE

En bas, un engin de la NASA piloté à distance pour l'observation de Mars ; à droite, un orbiteur alimenté par une « longe », long câble générant un courant électrique lorsqu'il traverse le champ magnétique d'une planète.

UN MONDE PLUS PETIT

7

Jusqu'à la fin des années 1940, l'avion est un moyen de transport de plus en plus emprunté, mais il est encore marginal comparé au train ou au bateau. Pourtant, dès 1957, le nombre de voyageurs qui franchissent l'Atlantique en avion est supérieur à celui des passagers des paquebots. Le succès triomphal des avions de ligne à réaction, dans les dix ans qui suivent, donne une dimension nouvelle au trafic voyageurs. Le grand public peut désormais aller aux quatre coins du monde. Tex Boullioun, directeur de Boeing, déclare en 1983 : « Les grands sites touristiques sont désormais situés dans des lieux qui étaient auparavant inaccessibles par bateau ou par train. » Et tandis que le voyage en avion se banalise, des milliers de gens pilotent leur avion personnel ou de nouveaux types de machines volantes légères mais techniquement très élaborées.

EMBOUTEILLAGE AU DÉPART

En 2000, plus de 4 millions de voyageurs empruntent l'avion chaque jour. Avec les progrès techniques, l'avion est devenu un moyen de transport plus rapide, plus sûr, plus fiable et plus abordable.

L'AVION À LA PORTÉE DE TOUS

DANS LA SECONDE MOITIÉ DU XXE SIÈCLE, L'AVION PERMET À TOUS LES VOYAGEURS D'ATTEINDRE RAPIDEMENT TOUTES LES RÉGIONS DU GLOBE.

« L'avion moderne introduit une nouvelle dimension géographique […] Plus rien n'est loin désormais : le monde est petit et le monde est un. »

Wendell Willkie,
extrait de *One World*, 1943

Au début des années 1940, les grands patrons des compagnies aériennes et les constructeurs d'avions prennent conscience que le voyage aérien est à la veille de connaître une progression très importante. Le Boeing 307 Stratoliner à cabine pressurisée et moteurs turbocompressés, qui peut déjà voler au-dessus des perturbations, offre à ses passagers un niveau de confort encore inédit. Le millionnaire passionné d'aviation, Howard Hughes, a investi dans TWA, et, avec son codirecteur Jack Frye, il presse Lockheed de développer le Constellation, un avion de ligne quadrimoteur capable de transporter des passagers sans escale de l'est à l'ouest des États-Unis. Chez Douglas, le quadrimoteur DC-4 est prêt à succéder au bimoteur DC-3, et une variante pressurisée, le futur DC-6, est déjà en projet.

Mais c'est la guerre. Après l'attaque japonaise sur Pearl Harbor en décembre 1941, la production de tous les appareils civils est arrêtée, et les ressources sont affectées en totalité à la construction d'avions militaires. Avant même sa mise en service comme avion de ligne, le DC-4 devient le C-54 de transport militaire. Les travaux sur le Constellation sont interrompus, avant que les militaires ne l'acquièrent tardivement sous la désignation C-69. Comme les constructeurs, les compagnies aériennes sont mobilisées pour la guerre.

Même si effectivement l'aviation commerciale est mise entre parenthèses, la guerre entraîne, en réalité, une accélération rapide des progrès en cours. Si l'on enregistre des avancées techniques importantes en matière de navigation, de radar et de télécommunications, il s'agit avant tout d'un changement d'échelle.

LE DOUGLAS DC-4
Commercialisé comme « the First with Four » (le premier avec quatre moteurs), le DC-4 est une variante quadrimoteur du DC-3. Il peut transporter entre cinquante et quatre-vingts passagers et possède une autonomie suffisante pour effectuer une traversée transatlantique avec une seule escale. Il lui manque pourtant une cabine pressurisée pour pouvoir voler à haute altitude. Ci-dessous : une version militaire, le C-54 Skymaster.

JUMBO LE GÉANT

La taille du Boeing 747, mis en service en 1970, suffit à bouleverser l'échelle des voyages à longue distance. Capable d'accueillir trois ou quatre fois plus de passagers que les jets précédents, il inaugure l'ère du transport aérien de masse. Cette remarquable réussite technique va définitivement banaliser le transport par avion.

En 1941, les flottes aériennes commerciales américaines totalisent 322 appareils, pour la plupart des DC-3. Au cours des quatre années qui suivent, plus de 11 000 versions militaires du DC-3 sont construites, ainsi que 1 600 DC-4 de transport. Malgré un effondrement inévitable de la production à la fin du conflit, l'industrie est prête à fournir un marché commercial en expansion. Le développement d'un réseau aérien international est tout aussi important, avec des investissements massifs dans les infrastructures, notamment les pistes en béton utilisables par les grands quadrimoteurs. Lorsque la paix revient, les compagnies aériennes et leur personnel ont accumulé une expérience considérable dans le monde entier et sur les lignes transocéaniques.

Pendant la guerre, on a bien ressenti l'impression que l'aviation allait changer la vision que l'on avait du monde et que les distances allaient se rétrécir : « Il n'existe plus de régions reculées ; le monde est petit et le monde est un », déclarait l'homme politique américain Wendell Willkie (candidat républicain à l'élection présidentielle, en 1940).

En 1944, une conférence se tient à Chicago pour discuter des fondements politiques et administratifs d'une nouvelle ère du transport aérien international. Le représentant américain, Adolf Berle, voit dans cette conférence l'occasion de rédiger « la charte de l'ouverture du ciel ».

Mais les choses ne se passeront pas de cette façon. Les pays concernés ne sont pas prêts à abandonner le contrôle de leur espace aérien, ni à cesser de soutenir leurs compagnies nationales. Néanmoins, certains accords sont conclus qui permettront l'expansion du trafic aérien international.

L'intensification de la concurrence

L'industrie du transport aérien international est pourtant bien loin de ressembler à un modèle de libre concurrence. La plupart des compagnies aériennes reçoivent des aides gouvernementales, quand elles ne sont pas purement nationalisées, et la stricte régulation des itinéraires et des activités est la règle généralement acceptée. L'International Air Transport Association (IATA, Association internationale du transport aérien) fixe les tarifs et coordonne les horaires des différentes compagnies. Les États-Unis règnent sur l'aviation

CROISIÈRE STRATOSPHÉRIQUE
Le 377 Stratocruiser est le dernier avion de ligne à hélices de Boeing. Son nom rappelle qu'il possède une cabine pressurisée lui permettant de voler dans la stratosphère, au-dessus des perturbations atmosphériques. Malheureusement, ses moteurs tombent trop souvent en panne.

HOWARD ROBARD HUGHES

Lorsqu'il devient l'un des grands promoteurs du transport aérien de passagers, en entrant dans le capital de TWA en 1939, le millionnaire Howard Hughes (1905-1976) est déjà un aviateur légendaire. Après avoir investi sa fortune et son talent hors du commun dans le cinéma à Hollywood (il produit le film *Les Anges de l'enfer*, en 1930, sur l'héroïsme des combats aériens), Hughes se tourne en 1934 vers les avions de course. Il fonde Hughes Aircraft pour produire son propre appareil, le H-1, avec lequel il bat le record du monde de vitesse pour avions terrestres avec 563,7 km/h en 1935. Il signe d'autres exploits aéronautiques, dont un vol record autour du monde en 91 heures, aux commandes d'un Lockheed Super Electra en 1938.

Mais il est moins chanceux comme constructeur d'avions. Persuadé que le bois contreplaqué, et non l'aluminium, sera le matériau des avions futurs, Hughes propose un bombardier à structure en bois au War Department américain, qui le rejette, de même que le H-1 proposé comme chasseur.

UNE VIE EXTRAORDINAIRE
Howard Hughes, pilote audacieux, est moins compétent en technique pure. Vers la fin sa vie, ses lubies prennent le dessus sur ses dons innés, et il meurt oublié de tous.

Les forces du lobby de Hughes à Washington réussissent à empêcher un refus a priori de son projet suivant, un énorme hydravion à coque militaire. Le H-4 Hercules, construit majoritairement en peuplier, surnommé « Spruce Goose » (l'oie en pin de l'Oregon), possède huit moteurs, et son envergure de 97,5 m n'a jamais été dépassée. Un seul prototype est construit deux ans trop tard destiné à être utilisé comme prévu pour la guerre. Il décolle le 2 novembre 1947, piloté par Hughes, et s'élève… à 20 m sur moins de 1 mile (1,6 km).

À cette époque, la carrière aéronautique de Hughes est déjà virtuellement terminée. En 1946, il avait failli se tuer avec le XF-11, une version métallique de reconnaissance de son bombardier en bois D-2. Il pilote ensuite très rarement. Le contrôle de sa société lui échappe en 1953 et il quitte malgré lui une TWA en difficultés financières en 1960.

« SPRUCE GOOSE »
Le gigantesque hydravion H-4 Hercules de Howard Hughes est surnommé « Spruce Goose ». Il est conçu comme un appareil de transport militaire dont la charge marchande aurait permis de remplacer les cargos trop souvent victimes des sous-marins allemands dans l'Atlantique de 1940 à 1944.

mondiale, et, en 1951, davantage d'Américains empruntent l'avion que des trains de grande ligne. Mais les compagnies aériennes d'autres pays développés sont aussi très actives. Alors que l'Allemagne est totalement exclue de l'aéronautique mondiale et que la France et la Grande-Bretagne se consacrent essentiellement à établir des liaisons avec leurs colonies respectives, on assiste à quelques belles réussites, dont celles de la compagnie australienne Qantas, de la Suisse Swissair et de la Scandinave SAS.

L'expansion des activités aériennes internationales des États-Unis reproduit le modèle de « concurrence contrôlée » qui avait favorisé son développement intérieur dans les années 1930. Pan American perd le monopole des vols transocéaniques dont elle avait bénéficié avant 1940, et les lobbies de Washington s'occupent de la répartition du réseau ainsi libéré. En octobre 1945, c'est la compagnie American Overseas Airways qui assure le premier vol régulier transatlantique par appareil terrestre, entre Boston et Londres. Mais la concurrente mondiale numéro un de Pan American reste TWA qui a développé une florissante Intercontinental Division pendant la guerre. En 1950, la signification des initiales est judicieusement modifiée, et Transcontinental and Western Airlines devient Trans World Airlines.

La rivalité entre les compagnies est liée à une concurrence entre les constructeurs Lockheed et Douglas. TWA est associé au Constellation depuis le début, même si Pan American commence aussi ses activités après la guerre avec des Lockheed Constellation. En 1943, par un coup publicitaire savamment orchestré, Jack Frye et Howard Hughes pilotent le premier Constellation de Californie à Washington DC en moins de 7 heures sous les couleurs de TWA. La compagnie utilisera les différentes versions successives du Constellation tout au long des années 1950, des Super Constellation aux ultimes Starliner de 1957. En Europe, Air France

UNE LIGNE ÉLÉGANTE

Image symbolique : un Lockheed 1049 Super Constellation de TWA survole New York dans les années 1950. TWA est le premier à avoir demandé à Lockheed un grand appareil transcontinental à cabine pressurisée. L'avion créé par Kelly Johnson et les ingénieurs de Lockheed est un classique du genre, caractérisé par sa triple dérive. Voler à bord d'un Constellation est un grand moment de confort et d'élégance.

devient l'un des principaux utilisateurs mondiaux des Constellation.

Le voyage en avion à « l'âge d'or » des hélices ressemble de plus en plus aux images d'aisance et de glamour présentées par la publicité, et qui ne reflétaient pas vraiment jusque-là la réalité. Les turbulences sont survolées à haute altitude et l'isolation phonique réduit le bruit des moteurs dans la cabine. La durée des vols est progressivement réduite : la ligne San Francisco-New York, par exemple, qui demande 11 heures de vol sur les premiers Constellation, tombe à environ 8 heures avec un DC-7 au milieu des années 1950. Même si la tendance est de se concentrer sur les vols économiques, les avions à hélices disposent souvent de cabines spacieuses. De nombreux avions sont munis de sièges-couchettes, et le Stratocruiser a même au pont inférieur un salon et un bar accessibles par un escalier en colimaçon.

Pour ceux qui en ont les moyens, le voyage en avion conserve un air d'aventure. Les passagers des vols transatlantiques après 1945, avec les escales techniques pour ravitaillement sur des aérodromes perdus à Gander (Terre-Neuve) et Shannon (Irlande), ne considèrent pas que cette expérience est de tout repos. Les vols sont souvent retardés ou interrompus pour cause de mauvais temps, et la plupart des appareils subissent des pannes de moteurs. Si la technologie des postes de pilotage progresse rapidement et si les radars de bord se généralisent dans les années 1950, le pilotage demeure encore très physique.

Le temps des jets

Les appareils à moteurs à pistons des années 1940 et 1950 sont des machines très puissantes et leurs performances sont impressionnantes. Dans les années 1950, leur autonomie s'accroît sans cesse pour permettre des vols transocéaniques sans escale. Le DC-6B permet à SAS de proposer en 1954 les premiers vols réguliers transpolaires, en reliant l'Europe du Nord à la côte ouest américaine. En 1957, le Lockheed 1649 Starliner vole de Los Angeles à Londres sans escale en 19 heures. Cela dit, la technologie de ces avions rencontre ses limites.

Le transfert de la technique de la réaction à l'aviation commerciale ne s'opère pas sans difficulté. L'économie et la fiabilité sont les clés du transport de passagers ; or les premiers avions à réaction sont incapables de les garantir. Ils consomment d'énormes quantités de carburant et imposent des contraintes considérables aux personnels de maintenance. Il n'est donc pas étonnant que les compagnies et les constructeurs américains, très engagés avec leurs appareils à pistons, ignorent la réaction très longtemps après la guerre. En revanche, les Britanniques se retrouvent en tête dans la conception des turbines, après le retrait forcé de l'Allemagne de ce secteur. Ils ont alors tout intérêt à maintenir leur effort. Bientôt, ils montrent la voie à suivre, d'abord avec les turbopropulseurs, puis avec les turboréacteurs.

LES APPAREILS À HÉLICES APRÈS 1945

Après la Seconde Guerre mondiale, les avions à hélices à moteurs à pistons ne sont pas menacés jusqu'à la fin des années 1950. Les avions de ligne à hélices peuvent résister à la percée des avions à turbopropulseurs et à réaction pendant plus d'une décennie, non seulement en raison des problèmes liés au développement d'un avion à réaction fiable, mais parce que ce sont d'excellents avions. Très supérieurs aux avions de ligne d'avant 1940, des appareils comme le Constellation et le DC-7 peuvent effectuer des liaisons transcontinentales qui surclassent les services offerts par les paquebots et les trains. En 1957, les avions à hélices transportent au-dessus de l'Atlantique davantage de voyageurs que les paquebots. Les cabines pressurisées et les moteurs plus puissants et plus efficaces sont la clé de leur succès.

AMBASSADOR BRITANNIQUE

D'une capacité de trente sièges, l'un des appareils les plus élégants jamais construits, l'Airspeed Ambassador est mis en service en 1952. Il devait réanimer le réseau aérien civil du Royaume-Uni.

Boeing Model 377 Stratocruiser

Le Stratocruiser au profil bulbeux n'est pas vraiment rapide, et sa taille, son élégance et son volume évoquent l'avant-guerre. Sur le nouveau fuselage à deux ponts sont greffés les ailes, les moteurs et l'empennage du bombardier B-29 Superfortress. Comme d'habitude, Pan American en est le premier client, et le 377 entre en service en février 1949, mais ce n'est pas une réussite commerciale pour Boeing. Seuls 55 Boeing 377 seront construits en raison de leur coût d'exploitation élevé et de leur prix unitaire : 1,75 million de dollars contre 1 million pour les Lockheed Constellation et Douglas DC-6 concurrents.

Moteurs 4 P & W R-4160B Wasp Major 28-cylindres en étoile de 3 500 ch	
Envergure 43,1 m	**Longueur** 33,6 m
Vitesse de croisière 545 km/h	
Passagers 55-112	**Équipage** 5

Breguet 763 Deux-Ponts/Provence

La triste histoire du Deux-Ponts est caractéristique des premières tentatives de construire un avion de ligne après 1945. Le premier Deux-Ponts vole en février 1949, suite à une commande du gouvernement français portant sur 15 appareils. Pour augmenter son potentiel commercial, le deuxième avion reçoit des moteurs américains à la place des moteurs français du prototype. Malgré des essais prolongés par les militaires, aucun autre B-761 ne sera construit, mais 12 B-763 Provence améliorés seront exploités par Air France.

Moteurs 4 P & W R-2800 Double Wasp en étoile de 2 100 ch	
Envergure 41,7 m	**Longueur** 28,7 m
Vitesse de croisière 320 km/h	
Passagers 101	**Équipage** 4

Bristol Brabazon (type 167)

Le Bristol Brabazon est ainsi nommé en l'honneur de lord Brabazon qui dirige la commission chargée de recommander les types d'avions civils à construire par la Grande-Bretagne après la guerre. L'énorme Brabazon est en fait le moins réussi et le seul prototype construit qui vole pour la première fois le 4 septembre 1949. Il est propulsé par 8 moteurs en tandem attaquant 4 hélices contrarotatives. Malheureusement, il n'est pas lancé en production, et l'avion est ferraillé en 1953, après avoir volé moins de 400 heures.

Moteurs 8 Bristol Centaurus 18-cylindres en étoile de 2 500 ch	
Envergure 70,1 m	**Longueur** 54 m
Vitesse de croisière 402 km/h	
Passagers 100	**Équipage** 12

Convair 240 Convair-Liner

Concurrente directe du Martin 404, la famille des Convair de taille moyenne connaît un succès bien plus important. Le premier prototype du Convair 110 vole en 1946, mais il n'offre que 30 places. Le 240, agrandi et doté de moteurs plus puissants, vole en mars 1947. À la fin de la production, en 1958, le total des Convair 240 construits s'élève à 571 appareils, dont 176 civils et 395 militaires (C-131 et T-29).

Moteurs 2 P & W R-2800 Double Wasp 18-cylindres en étoile de 2 400 ch
Envergure 28 m — **Longueur** 22,3 m
Vitesse de croisière 430 km/h
Passagers 40 — **Équipage** 3-4

Douglas DC-6B

Le Douglas DC-6 est un développement logique du DC-4, la majeure partie de l'étude étant entreprise pour le compte des militaires américains qui souhaitent disposer d'un C-54 amélioré. Bien que la fin de la guerre soit intervenue avant l'achèvement de la version militaire, la première variante commerciale est un succès immédiat avec 175 avions construits. Le premier service de fret transatlantique de Pan Am est effectué par des DC-6. Bénéficiant de progrès constants en matière d'autonomie et de capacité menant jusqu'au DC-6C de 107 places, plus de 700 DC-6 sont construits jusqu'en 1958. Quelques appareils transportent encore du fret au XXIe siècle.

Moteur Double Wasp 18-cylindres en double étoile de 2 500 ch

Moteurs 4 P & W R-2800 Double Wasp 18-cylindres en étoile de 2 500 ch
Envergure 35,8 m — **Longueur** 32,2 m
Vitesse de croisière 495 km/h
Passagers 54-102 — **Équipage** 3

Douglas DC-7C « Seven Seas »

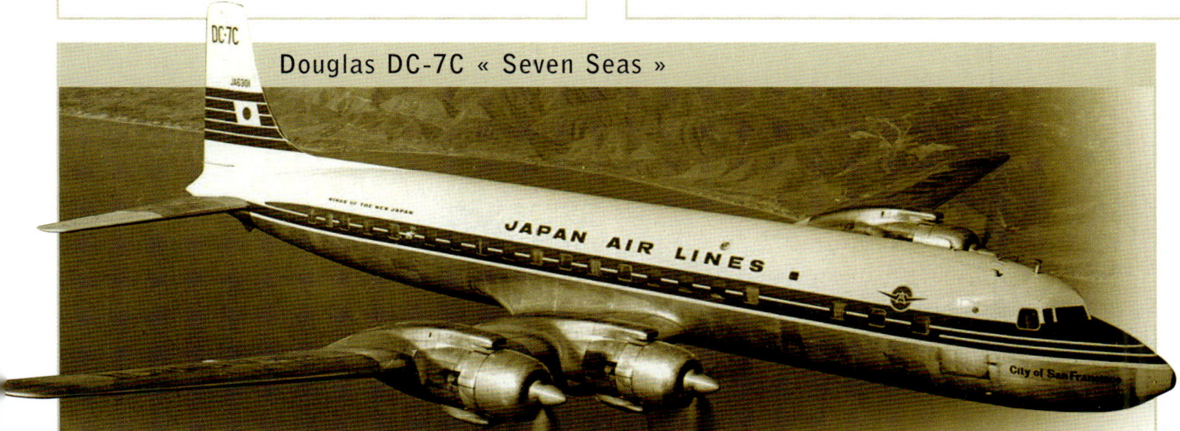

Après la guerre, l'intensité de la concurrence entre Douglas et Lockheed sur le marché des long-courriers produit quelques avions et moteurs remarquables. Le DC-7 est le dernier représentant d'une famille de quadrimoteurs à pistons apparue avec le DC-4. Doté de moteurs Wright Turbo Compound au rendement excellent, le premier DC-7 vole en mai 1953. La production est arrêtée fin 1958 après 338 machines produites, dont 128 de l'ultime version, le magnifique DC-7C que la BOAC exploite sous le nom de « Seven Seas ».

Moteurs 4 Wright R-3350 Turbo 18-cylindes en étoile de 3 400 ch
Envergure 38,8 m — **Longueur** 34,2 m
Vitesse de croisière 580 km/h
Passagers 65-105 — **Équipage** 7-8

Iliouchine Il-12 « Coach »

Conçu pour remplacer le Douglas DC-3 construit en Union soviétique sous la désignation Lisunov Li-2, l'Il-12 est produit en masse jusqu'à remplacer complètement son prédécesseur. Conçu en 1943, le premier vol d'un prototype malheureux a lieu le 15 août 1945. L'avion revu et corrigé, appelé « Coach » dans le code OTAN, entre enfin en service dans l'Aeroflot en août 1947. Il est aussi fourni en grand nombre aux pays adhérant au pacte de Varsovie dans ses deux versions, civile et militaire. La production cesse en 1949 en faveur du Il-14 amélioré (ci-dessous).

Moteurs 2 Shvetsov Ash-82FN 14-cylindres en étoile de 1 650 ch
Envergure 31,7 m — **Longueur** 21,3 m
Vitesse de croisière 350 km/h
Passagers 27-32 — **Équipage** 4-5

Lockheed 1049G Super Constellation

Considéré comme l'un des plus beaux avions de tous les temps, l'élégant L-49 est conçu dès 1939 pour être immédiatement réquisitionné à des fins militaires sous la désignation C-69. Après la guerre, le L-649 de 81 places devient le L-1049 au fuselage allongé accueillant 109 passagers.

Moteurs 4 Wright R-3350 Turbo 18-cylindres en étoile de 3 250 ch
Envergure 37,5 m — **Longueur** 34,7 m
Vitesse de croisière 525 km/h
Passagers 81-109 — **Équipage** 6

Martin 404 (4-0-4)

Le Martin 202 est le premier avion de ligne bimoteur de l'après-guerre à voler. En 1948, suite à un accident attribué à une faiblesse structurelle de la voilure, il est interdit de vol. Un 404 « Skyliner » amélioré et pressurisé fait oublier l'accident et devient un classique des années 1950. Les améliorations portent sur l'allongement du fuselage et des moteurs plus puissants qui lui donnent une vitesse de croisière supérieure de 160 km/h à celle du DC-3. Au total, 103 appareils sont construits entre 1951 et 1953, dont Eastern Airlines et Trans World Airlines (TWA) se partagent la majorité.

Moteurs 2 P & W R-2800 Double Wasp 18-cylindres en étoile de 2 400 ch
Envergure 28,4 m — **Longueur** 22,7 m
Vitesse de croisière 460 km/h
Passagers 34-42 — **Équipage** 3

LE PROTOTYPE DU COMET

Le prototype du de Havilland Comet effectue son premier vol en 1949. Premier appareil à réaction commercial mis en service dans le monde, le Comet subit plusieurs accidents graves dus à la fatigue du métal.

Le turbopropulseur utilise le jet de gaz brûlants pour faire tourner une hélice avec une puissance et une vitesse supérieures à celles d'un moteur à pistons, mais en consommant à l'époque beaucoup moins de carburant qu'un réacteur. Premier avion de ligne à turbopropulseurs, le Vickers Viscount de 1950 fonctionne sans vibrations et est plus silencieux que tout autre avion à moteurs à pistons. Malgré une capacité limitée à cinquante passagers, il est exploité avec profit par British European Airways dans les années 1950. La Grande-Bretagne produit ensuite le Bristol Britannia et le Vickers Vanguard à turbopropulseurs, plus grands, tandis que l'Amérique, très en retard, propose le Lockheed 188 Electra à turbines à hélices, appareil dont la réputation sera très affectée par une série d'accidents tragiques.

L'Union soviétique produit les avions à turbopropulseurs les plus remarquables. Le Tupolev Tu-114 est développé à partir du bombardier à long rayon d'action Tu-95. Mis en service par Aeroflot en 1957, le Tu-114 est le plus grand avion de ligne du monde, avant le Boeing 747. Il peut emmener 170 passagers sur 8 800 km sans escale, avec une vitesse de croisière d'environ 770 km/h. En 1959, un Tu-114 vole de Moscou à New York en 11 heures, et, dans les années 1960, des Tu-114 effectuent des vols réguliers sans escale entre la capitale soviétique et Cuba, le Canada, l'Afrique de l'Ouest, l'Inde et le Japon.

Le de Havilland Comet

L'avenir appartient à des moteurs à turbines à réaction. Dans ce domaine, c'est encore la Grande-Bretagne qui ouvre la voie. Le de Havilland Comet, qui commence ses essais en vol en 1949, est un pari audacieux sur la technique la plus moderne. Le président de la firme, sir Geoffrey de Havilland, ingénieur pionnier de l'aviation et créateur d'appareils pendant la Première Guerre mondiale, joue sa fortune sur la réussite du premier avion de ligne à réaction. Le Comet entre en service sur la ligne Londres-Johannesburg de la British Overseas Airways Corporation (BOAC) en 1952. Il connaît un succès immédiat auprès de la clientèle d'élite qu'il visait. Le nouvel avion de ligne est élégant, rapide et confortable. Les passagers se disputent les places offertes en nombre limité – l'avion n'a que trente-six sièges –, et les Comet sont bientôt exploités par d'autres compagnies, dont Air France. Le magazine économique américain *Fortune* déclare 1953 comme « l'année du couronnement et du Comet ».

Mais, en janvier 1954, un Comet en provenance de Rome explose à 9 000 m. Un autre accident, survenu précédemment en Inde, avait été mis sur le compte de la mousson. Les vols reprennent, mais, trois mois plus tard, un Comet se désintègre au-dessus de la Méditerranée. Tandis que les spécialistes en recherchent la cause, les Comet sont interdits de vol. Une longue enquête révèle enfin que l'avion souffre d'un défaut structurel au niveau des cadres de hublot. Quatre ans après, un type de Comet modifié reprend des vols commerciaux avec une capacité portée à soixante-douze places. Malgré ce retard, la BOAC devient la première compagnie aérienne assurant un service transatlantique régulier par avions à réaction (avec une escale à Gander), mais à cette date, l'avance technique et commerciale a été perdue.

> « À la vitesse d'un jet, vous pouviez faire le tour de la terre en 40 heures. Le monde se réduisait de moitié. »
>
> HAROLD MANSFIELD,
> EXTRAIT DE *BOEING, LE GÉANT*, 1960

Pendant l'interruption de vol du Comet, le seul avion de ligne à réaction exploité ailleurs dans le monde est le Tu-104 soviétique, autre production du bureau d'études d'Andreï Tupolev et autre retombée d'un programme de bombardier nucléaire. À partir de 1956, cet avion assure un certain nombre de services réguliers dont la ligne Moscou-Beijing (Pékin) par Irkoutsk avec un excellent taux de régularité. Mais la grande bénéficiaire des malheurs du Comet est l'industrie aéronautique américaine qui profite de l'occasion pour rattraper et même largement dépasser ses concurrentes étrangères.

La percée de Boeing

Jusqu'aux années 1950, la compétence de Boeing concerne les grands appareils militaires plus que les avions commerciaux. Mais, grâce à eux, elle va parvenir à une nouvelle étape avec l'avion de transport à réaction : le Boeing 707. Alors que Douglas, le constructeur le plus important du monde dans le domaine des avions de transport civils, partage le scepticisme de la plupart des compagnies aériennes américaines quant à la possibilité du transport de passagers par appareils à réaction, Boeing est déjà largement engagé dans le développement de gros avions militaires comme les bombardiers B-47 et B-52. Le patron de Boeing, Bill Allen, conclut que s'il peut produire un avion à réaction susceptible d'être vendu à la fois aux militaires de l'Air Force et aux compagnies civiles, l'opération peut être bénéficiaire.

En 1954, Boeing dévoile un prototype dénommé 367-8, le « Dash 80 ». Il a été d'abord conçu pour équiper l'USAF d'un avion-citerne capable de ravitailler la nouvelle flotte de bombardiers, rôle qu'il accomplira sous la désignation militaire KC-135. Boeing découvre qu'il doit proposer aux compagnies aériennes un avion nettement différent, ce qui augmente les coûts de développement, mais les commandes ne tardent pas à se multiplier. Il s'agit d'un appareil à quatre turboréacteurs dont l'autonomie et la charge marchande vont révolutionner le trafic long-courrier.

707 DOUBLE FLUX

Introduit en service régulier en 1958, le Boeing 707 est l'avion qui popularise le moteur à réaction pour les vols commerciaux. Ce 707 annonce clairement qu'il est équipé de réacteurs à double flux, technique généralisée après 1962.

Le Boeing 707 entre en service en octobre 1958, assurant les liaisons transatlantiques de la Pan Am entre Idlewild Airport, à New York, et Paris et Londres. Il transporte deux fois plus de passagers que le Comet nouvelle version, et nettement plus que le plus récent des appareils à hélice. Volant à 960 km/h, il est beaucoup plus rapide qu'un avion à moteurs à pistons ou même à turbopropulseurs. Résultat : les durées des vols long-courriers sont divisées par deux. Pourtant, le 707 n'est pas exempt de problèmes. Comme tous les premiers jets commerciaux, s'il est silencieux pour ses passagers, il est terriblement bruyant pour les populations riveraines des aéroports. En outre, le 707 commence sa carrière avec des moteurs inappropriés. Les turboréacteurs JT-3 doivent fonctionner avec une injection d'eau afin de donner leur poussée maximale au décollage ; leur consommation limite l'autonomie à environ 4 800 km. Les 707 reçoivent rapidement des turboréacteurs à double flux plus puissants et plus économiques, ainsi qu'une voilure agrandie. Le 707-320B à réacteurs à double flux, qui devient le type standard après 1962, possède une autonomie d'environ 7 200 km, certes très inférieure à celles des appareils long-courriers d'aujourd'hui, mais très bien adaptée aux liaisons intercontinentales du moment.

L'introduction du Boeing 707 à réaction révolutionne littéralement le transport aérien. Très vite, les passagers ne souhaitent plus voler dans des avions à hélices. Les exploitants d'appareils à turbopropulseurs commencent à présenter ceux-ci comme des avions « propulsés par des turbines », et Air France, qui vient d'acquérir des Skyliner neufs, doit les abandonner pour acheter à la hâte des Boeing 707.

Les autres constructeurs s'empressent de concurrencer Boeing sur le marché des avions à réaction. Douglas avait espéré coiffer le 707 avec son DC-8, mis en service onze mois seulement après le Boeing.

LE RÉSEAU DES JETS
Cette carte montre le réseau international de Pan Am dans les années 1960. Notez l'absence de lignes vers l'URSS et la Chine, pays non desservis par les lignes américaines.

La Caravelle (Sud-Aviation)

GRANDE CAPACITÉ

La Caravelle 12 peut accueillir jusqu'à 140 passagers (la première Caravelle offrait 52 sièges). La cabine (vue ici) est confortable et bien isolée des bruits extérieurs : la publicité disait qu'un murmure à l'arrière était entendu à l'avant.

Le mot le plus souvent associé à la Caravelle est « élégance ». En effet, nombreux sont les fanatiques d'aviation qui estiment que l'équipe dirigée par Pierre Satre à la société Sud-Est Aviation a créé l'un des plus beaux appareils jamais produits. La Caravelle symbolise bien la « période glamour » de l'aviation commerciale à réaction des années 1960.

En 1951, le gouvernement français décide de soutenir l'étude du premier avion de transport de passagers à réaction français. La demande porte sur un avion offrant une autonomie de 2 000 km et une capacité de soixante places environ. La France ne disposant pas alors d'un moteur suffisamment puissant pour propulser un bimoteur, l'équipe de Sud-Est propose initialement un triréacteur. Mais lorsque le turboréacteur Rolls-Royce Avon apparaît, la formule bimoteur est finalement reprise.

Le prototype de la Caravelle vole en 1955. À l'époque où les premières Caravelle entrent en service, en 1959, Sud-Est a fusionné avec Sud-Ouest pour constituer Sud-Aviation. Au début, les perspectives sont favorables à l'avion. Il s'agit du seul court-moyen-courrier à réaction sur le marché, et ses lignes élégantes plaisent beaucoup aux passagers. Les premières Caravelle sont livrées à Air France, à la compagnie SAS scandinave et à la Brésilienne Varig. En 1961, l'avion réussit à percer sur le marché nord-américain si nationaliste, en recueillant une commande de vingt appareils pour United Airlines, qui choisit la version améliorée, Caravelle VI. En outre, Douglas, qui doute de pouvoir concurrencer le Boeing 727, envisage sérieusement de construire la Caravelle sous licence. En 1962, Douglas signe un accord de production de Caravelle aux États-Unis.

C'est alors l'apogée de la carrière de l'avion. Les opérateurs américains cherchent désespérément un avion à réaction court-courrier, mais il s'avère que la Caravelle n'est pas assez rentable : ses coûts d'exploitation sont trop élevés par rapport à sa capacité. Lorsque le BAC 111 britannique arrive sur le marché au début des années 1960, il peut offrir un meilleur rapport passagers/charge marchande/consommation. Douglas, qui a choisi entre-temps de produire son propre avion, développe le très réussi DC-9, et Boeing suit avec le 737. Sur un marché très encombré, Caravelle n'a désormais plus sa place.

LA VEDETTE DES ANNÉES 1960

Bien que la production de Caravelle ait été arrêtée en 1972 (282 avions construits), il reste l'avion commercial à réaction le plus produit en Europe occidentale. Caravelle a ouvert la route menant au succès des avions Airbus.

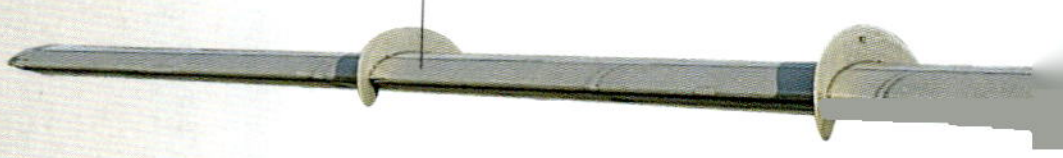

CONSTRUCTION DES PROTOTYPES
On voit ici le premier prototype de la Caravelle en construction (achevé en 1955). Au fond, on voit le nez et des éléments divers du second prototype.

SIMILITUDES
La société britannique de Havilland ayant fourni des informations à Sud-Est à propos du Comet, la Caravelle présente un poste de pilotage assez semblable (et un dessin de nez identique) à celui de l'avion anglais. Naturellement, l'instrumentation serait totalement dépassée sur un avion moderne.

MOTEURS EN QUEUE
La Caravelle est le premier appareil à réaction dont les moteurs sont installés en nacelles à la queue. Cette disposition offre certains avantages : voilure aérodynamiquement pure, réduction du bruit dans la cabine des passagers et risque d'incendie limité avec des moteurs éloignés des réservoirs.

Caractéristiques (Caravelle 12)

Moteurs 2 turboréacteurs double flux P & W JT8D-9 de 6 577 kgp	
Envergure 34,3 m	
Longueur 36,24 m	
Poids 31 800 kg	
Vitesse de croisière 785 km/h	
Équipage 3 (+ 4 en cabine)	**Passagers** 140

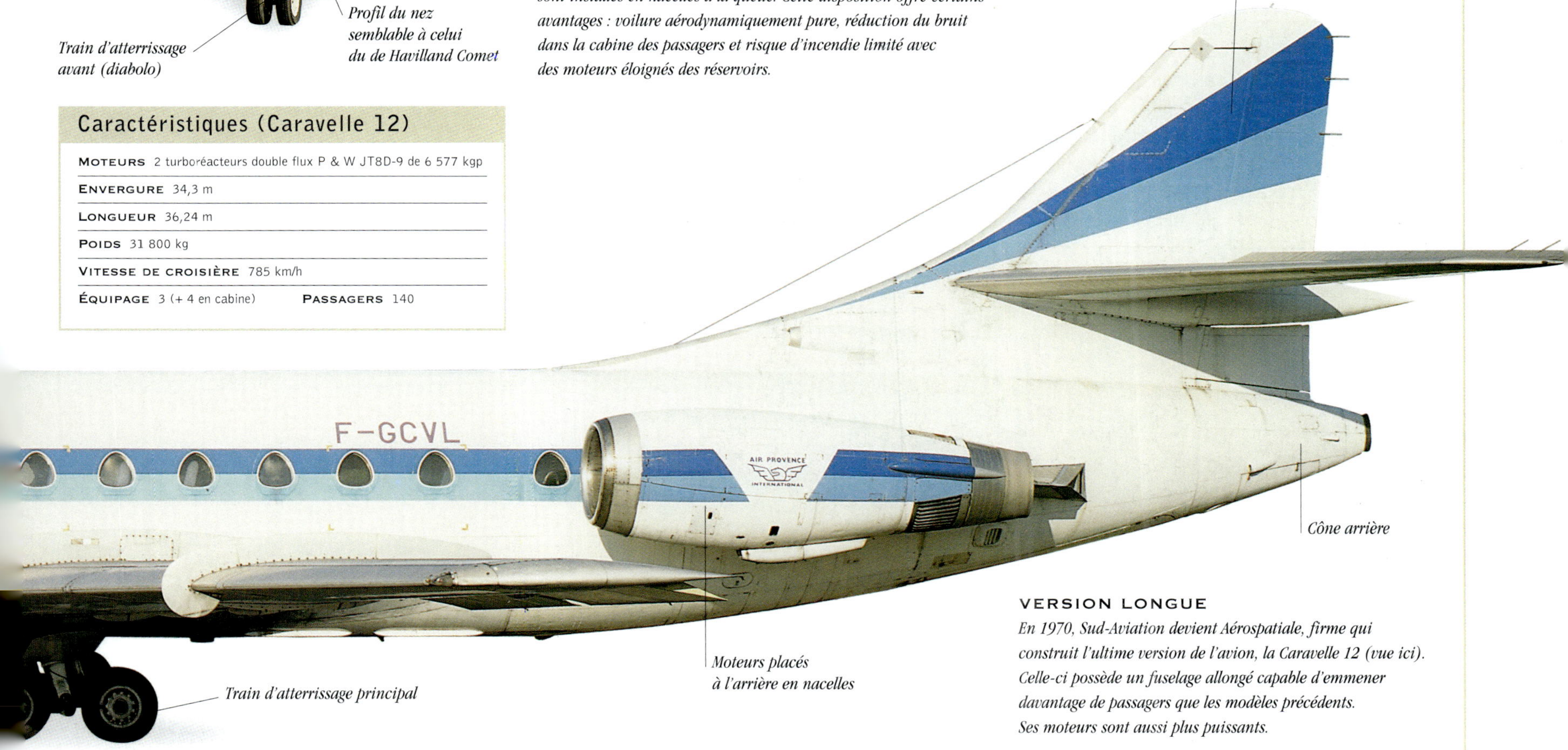

VERSION LONGUE
En 1970, Sud-Aviation devient Aérospatiale, firme qui construit l'ultime version de l'avion, la Caravelle 12 (vue ici). Celle-ci possède un fuselage allongé capable d'emmener davantage de passagers que les modèles précédents. Ses moteurs sont aussi plus puissants.

Mais des problèmes de production retardent le DC-8, et, à l'époque où tout rentre dans l'ordre, le 707 bénéficie d'une avance irrattrapable sur le marché. Parallèlement, le succès des grands avions à réaction suscite une demande en faveur d'appareils à réaction court-courriers plus petits, qui se révèle quantitativement plus importante. Pendant toutes les années 1960, Boeing continue de faire preuve de discernement en réussissant le trimoteur 727 et le bimoteur 737. Les constructeurs européens interviennent aussi avec des appareils comme la Caravelle et le très réussi British Aircraft Corporation BAC 111. En 1966, Douglas produit le très intéressant court-courrier DC-9, un retentissant succès commercial, mais qui survient trop tardivement pour sauver la firme, piégée par un manque de liquidités, d'une reprise par McDonnell l'année suivante.

LES SIRÈNES DU CIEL

Au tournant des années 1960-1970, le transport aérien fait un usage délirant du sex-appeal des hôtesses de l'air pour attirer la clientèle. On voit ici le personnel de cabine des Southwest Airlines dans une pose quelque peu suggestive.

Des distances raccourcies

Le risque de surcapacité avait été l'une des principales raisons de la méfiance des dirigeants de compagnies vis-à-vis des jets. Les nouveaux avions de ligne ont non seulement davantage de sièges, mais, en raison de la réduction des temps de vol, ils peuvent effectuer deux fois plus de rotations quotidiennes.

Cette possibilité représente une perspective économique alléchante, dans la mesure où le taux de remplissage maximal peut être garanti. En 1957, avant la mise en service des appareils à réaction, le nombre de passagers qui franchissent l'Atlantique en avion est supérieur pour la première fois au nombre de passagers transportés par les paquebots. La nouvelle motorisation et de profonds changements tarifaires attirent une nouvelle clientèle qui, sans les avions de ligne à réaction, n'aurait jamais existé.

Les avions de ligne antérieurs ont représenté une alternative au bateau et au train, offerte à des voyageurs qui auraient, en tout état de cause, effectué ces déplacements. Désormais, le grand public est tenté par des voyages auxquels il n'aurait même pas songé ou, du moins, qui ne l'auraient pas emmené aussi loin, tentation d'autant plus forte que le prix des billets devient plus abordable. L'augmentation du nombre de passagers-kilomètres sur les lignes long-courriers dans les dix premières années de l'ère de la réaction est étonnante : pour TWA, par exemple, le chiffre passe de 4,6 milliards en 1958 à 19,1 milliards en 1969, et pour Pan Am, de 3,8 milliards à 17,1 milliards. En fait, l'avion de ligne à réaction ne se borne pas à transformer le voyage, il bouleverse le monde. Comme le déclare le patron de Pan Am, Juan Trippe, l'un des premiers acheteurs du 707 : « D'un seul coup, nous avons rétréci la Terre. »

AVION MULTICOLORE

En 1965, Braniff repeint ses avions de couleurs vives pour pallier une image trop austère. L'opération attire des milliers de clients nouveaux. Cet avion, le DC-8 Flying Colors décoré par le peintre et sculpteur Alexander Calder, date de 1973.

La jet-set

L'augmentation du nombre de passagers exige inévitablement l'agrandissement des aéroports et l'amélioration de leurs services. Le contrôle de la navigation aérienne doit être perfectionné en fonction de l'encombrement du ciel. Heureusement, les systèmes embarqués font des progrès remarquables dans les années 1960 : en 1964, une Caravelle effectue le premier atterrissage automatique d'un vol régulier. Dans l'ensemble, les avions à réaction peuvent être crédités d'une augmentation de la sécurité et de la régularité, tout autant que du confort et de la vitesse. Les passagers sont surpris par le silence et la stabilité des avions de ligne. Dans la publicité du premier service régulier transcontinental à réaction aux États-Unis, en 1959, American Airlines souligne que « le bruit et les vibrations des moteurs, les deux facteurs qui contribuent le plus à la fatigue du voyage, ont été éliminés ».

L'expérience nouvelle du vol en avion à réaction s'inscrit alors dans le contexte plus large des années 1960, avec un bouillonnement de la culture dite populaire et une exaltation de la jeunesse, du sexe et des plaisirs. Il existe toujours une ambiance glamour sur les vols long-courriers, mais elle est bien loin de celle des avions à hélices à bord desquels des gens très chics sirotaient des cocktails. La presse invente l'expression « jet-set » pour désigner ces jeunes gens richissimes qui se retrouvent un soir à New York et le lendemain à Londres. La descente de l'échelle d'un 707 devient un cadre tout naturel pour photographier les vedettes, et les aéroports se transforment en zones d'accueil des célébrités populaires, phénomène qui atteint son apogée avec les étonnantes

STYLE FUTURISTE

L'aéroport Charles-de-Gaulle, près de Paris, fait partie des infrastructures d'une nouvelle génération, construites pour répondre à la croissance rapide du transport aérien qui coïncide avec l'arrivée des appareils à réaction. Son aspect futuriste souligne l'importance des aéroports dans l'évolution de l'architecture, sortes de cathédrales de la fin du XXe siècle, comme les grandes gares avaient été celles des années 1880.

scènes qui marquent l'arrivée des Beatles à Kennedy Airport, à New York, en février 1964.

Les compagnies aériennes veulent faire du voyage un moment excitant et divertissant. Les séduisantes « hôtesses de l'air » constituent l'une des clés du succès dans la bataille pour remplir les avions. La compagnie américaine Braniff saisit bien cette tendance en 1965, quand elle annonce « la fin des avions ennuyeux ». Tous ses appareils sont repeints selon l'un des sept schémas de couleurs vives imaginés par le peintre et sculpteur Alexander Calder, et la presse les surnomme la « flotte de bonbons à la gelée ». Les hôtesses sont habillées de façon suggestive par le maître de la mode italienne Emilio Pucci. L'accroche publicitaire de Braniff demande : « Votre femme sait-elle que vous volez avec nous ? » Lors d'une campagne de publicité en 1971, National Airlines sollicite l'attention des passagers potentiels avec la photo d'une jeune hôtesse et un slogan suggestif : « I'm Linda. Fly me » (Je suis Linda. « Envolez-moi »). Dans cet exemple, l'exploitation du sex-appeal atteint un paroxysme, mais toutes les compagnies estiment que le personnel de cabine doit être féminin, jeune et séduisant. C'est dans l'air du temps.

LES BEATLES EN AMÉRIQUE
À leur arrivée à Kennedy Airport, à New York, en février 1964 par le vol 101 de Pan Am, les Beatles sont attendus par des milliers de fans hystériques. La magie et la nouveauté du voyage en jet font des aéroports un décor idéal pour la célébration du culte des pop-stars.

LES PREMIERS AVIONS À TURBINES

L'ÉQUATION DE BASE DU TRANSPORT AÉRIEN est dépendante du rapport économique entre le nombre de passagers et les coûts d'exploitation. La technique de la turbine à réaction ne semble pas séduire initialement les compagnies, du fait de ses coûts élevés de consommation et de maintenance face à la faiblesse de la charge marchande. Les turbines à hélices sont développées dans l'immédiat après-guerre afin de concilier les avantages et le confort des avions à réaction avec des coûts d'exploitation inférieurs. Le Boeing 707 est capable d'emmener suffisamment de passagers à une vitesse assez rapide pour assurer sa rentabilité sur les longues distances. Sa réussite dans les années 1960 laisse encore de la place à des avions moins puissants capables d'utiliser des aéroports plus petits ou d'opérer sur des distances plus courtes où il est important de travailler économiquement à des vitesses inférieures. Le BAC 111, l'un des avions britanniques les mieux vendus, s'adresse à ce segment de marché, tout comme le Douglas DC-9 ; mais, une fois de plus, c'est Boeing qui définit le mieux ses avions en fonction des besoins des opérateurs avec ses 727 et 737.

CARAVELLE
La Caravelle est une référence – ses moteurs montés à l'arrière seront très imités – mais sa trop faible capacité rend l'avion peu rentable (voir pp. 384-385).

BAC 111

Le BAC 111, mis en service en 1965, découle d'un concept similaire à celui de la Caravelle de Sud-Aviation, premier court-courrier à réaction du monde. La caractéristique innovatrice de l'avion, copiée par Hunting (branche de BAC), est le montage en queue des deux moteurs.

Moteurs 2 turboréacteurs double flux Rolls-Royce Spey de 5 690 kgp	
Envergure 28,5 m	**Longueur** 32,6 m
Vitesse de croisière 870 km/h	
Passagers 97	**Équipage** 2

Boeing 707-120

Le développement du 707 est un pari de la part de Boeing. Déterminé à briser le monopole Douglas/Lockheed, Boeing engage la moitié de la valeur de la firme pour construire le premier appareil polyvalent de ligne en version civile et ravitailleur en vol militaire. En 1955, face à la vigoureuse concurrence du DC-8, les premiers 707-120 sont commandés par Pan Am.

Moteurs 4 turboréacteurs P & W JT3C-6 de 6 120 kgp	
Envergure 39,9 m	**Longueur** 40 m
Vitesse de croisière 920 km/h	
Passagers 121-179	**Équipage** 4

Boeing 727

Bien que Boeing ait construit un 707 court-courrier, l'avion ne peut emprunter les plus petits aéroports où les voyageurs exigent aussi la vitesse et le confort de l'avion à réaction. La réponse apparaît en 1963 sous la forme du triréacteur 727 à moteurs arrière et voilure complexe à volets multiples, associée à un fuselage aussi large que celui du 707. Le 727 connaît un immense succès, devenant l'avion à réaction le plus vendu au monde avec 1 831 exemplaires produits jusqu'en 1984.

Moteurs 3 turboréacteurs double flux P & W JT8D-17 de 7 260 kgp	
Envergure 32,9 m	**Longueur** 46,7 m
Vitesse de croisière 965 km/h	
Passagers 134-189	**Équipage** 3

Boeing 737-200

Avec son fuselage large et court et ses moteurs portés sous les ailes, le 737 (ici le prototype du 737-100) n'a pas l'élégance de ses concurrents court-courriers DC-9 et BAC 111, mais le style « gros jet » plaît aux passagers. La réussite du 737 dépasse de loin celle de tous ses prédécesseurs, et, en 2002, les commandes en faveur de la famille 737 ont dépassé le chiffre des 5 000.

Moteurs 2 P & W double flux JT8D-9A de 7 040 kgp	
Envergure 28,4 m	**Longueur** 30,5 m
Vitesse de croisière 925 km/h	
Passagers 115-130	**Équipage** 2

de Havilland D.H. 106 Comet 4B

Le premier avion de ligne à réaction est le Comet 1. En 1952, 10 appareils sont livrés à British Overseas Airways Corporation. Les durées de vols sont divisées par deux, mais plusieurs accidents graves clouent les Comet 1 au sol en 1954. Une longue enquête attribue la cause des accidents à la fatigue du métal, phénomène mal connu à l'époque. Le Comet 4 amélioré a une plus grande autonomie. Le 4 octobre 1958, deux Comet, un dans chaque sens, assurent les premiers services de passagers transatlantiques par appareils à réaction.

Moteurs 4 turboréacteurs R-R Avon de 4 760 kgp	
Envergure 35 m	**Longueur** 34 m
Vitesse de croisière 810 km/h	
Passagers 60-81	**Équipage** 4

Douglas DC-9

Concurrent sur le marché des court-moyen-courriers du BAC 111, apparu deux ans plus tôt, et du plus récent Boeing 737, le DC-9, vendu à plus de 2 200 exemplaires, connaît un succès commercial bien supérieur à celui de l'avion britannique. Cette réussite est due au fait que le DC-9, comme le 737, évolue sous la forme d'une famille étendue d'avions offrant les compromis autonomie/charge marchande les mieux adaptés à chaque opérateur. Le DC-9-10, etc., original de 1965, est développé jusqu'au DC-9-80 de 1977, qui lui-même évolue jusqu'à la série des McDonnell-Douglas MD-80.

Moteurs 2 turboréacteurs double flux P & W JT8D-5 de 5 450 kgp	
Envergure 27,3 m	**Longueur** 32,8 m
Vitesse de croisière 800 km/h	
Passagers 90	**Équipage** 2

Fokker F.27 Mk200 Friendship

Moteurs 2 turbopropulseurs Rolls-Royce Dart Mk 536 de 2 320 ch	
Envergure 29 m	**Longueur** 23,6 m
Vitesse de croisière 480 km/h	
Passagers 44	**Équipage** 2

Vers 1955, plusieurs constructeurs tentent de produire « le remplaçant du DC-3 ». Avec son F.27, Fokker n'est pas loin de réussir. Avec la production de l'Américain Fairchild, cet appareil est le plus construit des avions à turbopropulseurs en dehors de l'Union soviétique. Après son premier vol, le 24 novembre 1955, plus de 580 avions sont vendus à des utilisateurs civils et militaires, quand la production cesse au profit du type Fokker F.50 amélioré.

Iliouchine Il-18

Moteurs 4 turbopropulseurs Ivchenko AI-20M de 4 190 ch	
Envergure 37,4 m	**Longueur** 35,9 m
Vitesse de croisière 675 km/h	
Passagers 100-120	**Équipage** 4-5

Pendant toute la période de la guerre froide, les Soviétiques produisent des avions commerciaux copiés sur des types occidentaux. L'Il-18 ressemble au Lockheed Electra et au Vickers Vanguard. Mais, avec plus de 550 appareils construits, la production de l'Il-18 est supérieure à celle de ses homologues de l'Ouest. Le « Moskwa », comme le surnomme son constructeur, est exporté dans la plupart des pays du pacte de Varsovie, et il en reste un grand nombre en exploitation dans les pays de l'Europe centrale et orientale. Il en existe aussi une version militaire (Il-20).

Tupolev Tu-104A

L'arrivée du prototype de Tu-104 à London Airport le 22 mars 1956 révèle à l'Ouest le premier avion de ligne à réaction de l'Union soviétique. Avec les premiers Comet, alors interdits de vol, et le Boeing 707, qui ne sera pas mis en service avant deux ans, l'impact est immense. Développé à partir du bombardier moyen Tu-16 « Badger », le Tu-104 à 50 places entre en exploitation sur les lignes intérieures de l'URSS en septembre 1956. Le 104A amélioré, qui établit un certain nombre de records commerciaux, est la version la plus construite du Tu-104.

Moteurs 2 turboréacteurs Mikouline AM-3M de 9 710 kgp	
Envergure 34,5 m	**Longueur** 38,9 m
Vitesse de croisière 770 km/h	
Passagers 70	**Équipage** 4

Vickers Super VC10

Le VC10 est conçu en 1958 comme un nouveau long-courrier destiné à la BOAC. Pourtant très appréciée par les passagers, la série VC10 n'attire pas beaucoup de commandes, car elle est moins économique que les 707 et DC-8 concurrents. En 1968, les VC10 assurent tous les vols long-courriers de la BOAC, mais ils sont déclassés au début des années 1970 par l'arrivée du 747.

Moteurs 4 turboréacteurs double flux RR Conway de 10 205 kcp	
Envergure 44,6 m	**Longueur** 52,3 m
Vitesse de croisière 915 km/h	
Passagers 174	**Équipage** 9-11

Vickers Viscount 701

Le Viscount est le premier appareil à turbopropulseurs mis en service régulier et le premier avion de ligne britannique vendu en quantités significatives en Amérique du Nord. Le petit prototype à 32 places effectue son premier vol en 1948 pour être exploité par BEA en avril 1953. En tout, 444 exemplaires auront été construits, le dernier avion ayant été livré en 1964. Sa cabine pressurisée et dotée de l'air conditionné, sa course d'atterrissage relativement courte et ses turbines peu bruyantes et sans vibrations en font un avion apprécié des passagers et des compagnies.

Moteurs 4 turbines à hélice Rolls-Royce Dart 506 de 1 550 ch	
Envergure 28,6 m	**Longueur** 24,7 m
Vitesse de croisière 515 km/h	
Passagers 59	**Équipage** 3

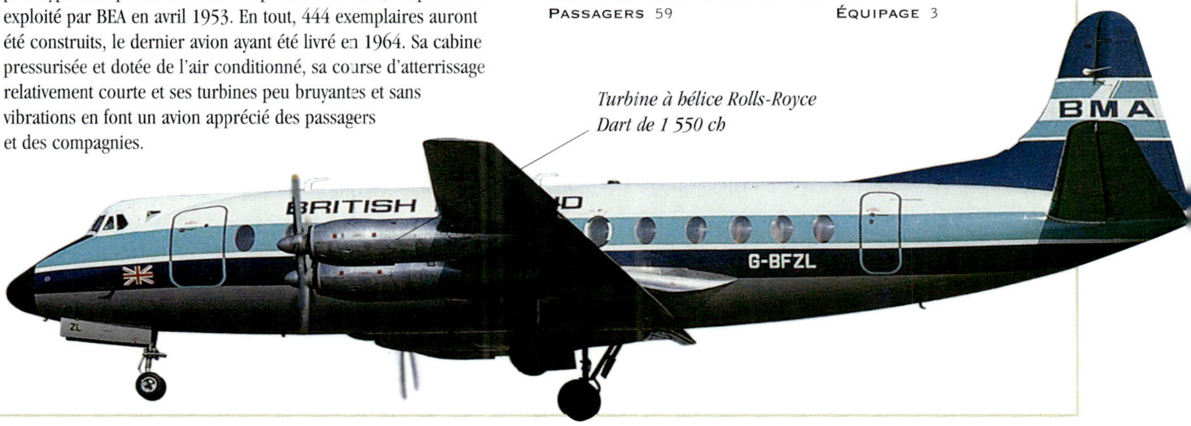

Le Concorde

DANS TOUTE L'HISTOIRE DE L'AÉRONAUTIQUE, il n'existait probablement rien de plus remarquable qu'un vol régulier de Concorde. Plus de 100 passagers, sans combinaison spéciale ni casque, volaient à près de 18 km de la Terre. Leur vitesse était supérieure à celle d'une balle de fusil.

Lorsque les gouvernements français et britannique signèrent en 1962 un accord visant à étudier et à construire un avion de transport supersonique, ils étaient convaincus que l'avenir de l'aviation civile passait par une augmentation des vitesses et le raccourcissement de la durée des vols. Le défi consistait à produire un avion de ligne capable de croiser à Mach 2 – une vitesse que les avions de combat ne maintiennent que sur une brève période. Une grande inventivité présida à l'étude du Concorde. Par exemple, du fait que que l'avion devait décoller et atterrir très cabré (queue basse), le nez fut articulé de telle sorte qu'il s'abaissait au cours de ces phases. Il était relevé par des vérins hydrauliques pour le vol en supersonique, et une visière se levait pour profiler le raccord du nez avec le pare-brise.

Le premier prototype ne vola pas avant mars 1969. L'avion de série sortit en 1973. Air France et British Airways mirent leurs premiers Concorde en service le même jour en 1976. Mais, à cette époque, les facteurs conditionnant le lancement d'un avion supersonique étaient terriblement défavorables. Les campagnes des mouvements écologistes (agitant le risque de niveaux de pollution et de bruit élevés) entraînèrent l'interdiction du Concorde sur la majorité des aéroports du monde. La montée des prix du pétrole dissuada également les acheteurs potentiels. En conséquence, pas plus de seize Concorde de série furent produits. Mais le Concorde créa son propre créneau d'avion de grand luxe, offrant une expérience de vol unique dans une vie. Nombreux sont ceux qui partagent l'opinion du pilote Christopher Orlebar : « Concorde est un rêve d'ingénieurs, un avion magnifique, loin devant tout […] ce que l'on a conçu depuis. »

DANS LE BON ORDRE
Ce technicien travaille dans la partie antérieure du fuselage du prototype Concorde 002 en 1968. Le 002 a été le premier Concorde assemblé en Grande-Bretagne.

> « On peut considérer le Concorde comme un miracle. »
>
> **BRIAN TRUBSHAW,**
> PILOTE D'ESSAI DE CONCORDE

ADMISSION D'AIR CONTRÔLÉE
Le Concorde était propulsé par quatre turboréacteurs Rolls-Royce/SNECMA Olympus. Ces moteurs comportaient un ingénieux système qui, indépendamment de la vitesse de l'avion, maintenait la vitesse de l'air à l'entrée des compresseurs à une vitesse inférieur à 483 km/h.

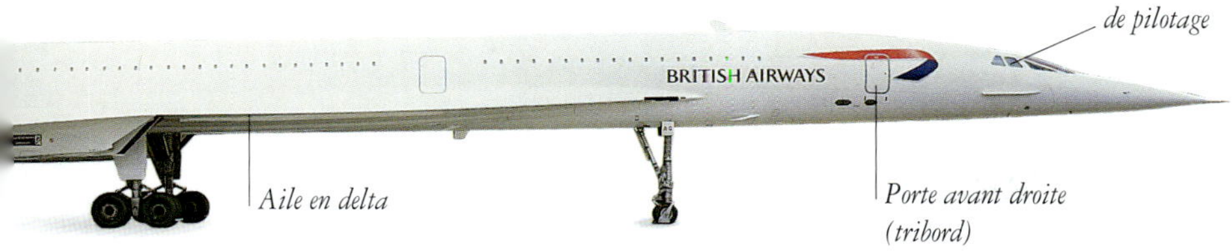

VUE DE PROFIL

UN EFFORT COMMUN

Chaque Concorde était construit avec British Aircraft Corporation (aujourd'hui British Aerospace) et Aérospatiale. Par exemple, les Britanniques construisaient la plus grande partie du fuselage et l'empennage vertical, les Français, les ailes et les gouvernes.

UNE PLACE SUPPLÉMENTAIRE

Le Concorde volait avec un équipage de trois personnes (pilote, copilote et, derrière eux, un mécanicien navigant chargé du contrôle des systèmes), mais il existait une quatrième place prévue derrière les pilotes. Malgré le niveau technique impressionnant du Concorde, son poste de pilotage apparaît aujourd'hui étrangement dépassé.

SOUS HAUTE SURVEILLANCE

Après le crash à proximité de Paris (où les 109 personnes à bord ainsi que quatre au sol ont trouvé la mort), la maintenance du Concorde a relevé de l'examen rigoureux. Des modifications ont aussi été apportées, incluant des pneus améliorés et l'ajout d'une

TOUT POUR LA VITESSE

Tous les éléments du Concorde étaient calculés en fonction du vol supersonique à haute altitude, notamment sa voilure en delta, son fuselage étroit et ses turboréacteurs Rolls-Royce/SNECMA à grande puissance. Les conséquences inévitables de ces choix étaient l'espace relativement restreint réservé aux passagers et les hauts niveaux de bruit et de pollution.

Caractéristiques

Moteur 4 turboréacteurs Rolls-Royce/SNECMA Olympus 593 Mk.610 à réchauffe de 17 259 kgp

Envergure 25,56 m

Longueur 61,70 m

Poids 79 t (à vide)

Vitesse maxi 2 179 km/h

Équipage 3 (ou 4) **Passagers** 128

Dans les années 1960, tout le monde, dans le secteur du transport aérien commercial, pense que l'avion à réaction supersonique sera la prochaine étape. L'histoire des avions de ligne montre que l'augmentation de la vitesse est une constante. Dans les années 1930, le DC-3 atteint 290 km/h. Dans les années 1940, les quadrimoteurs à hélices dépassent 480 km/h. Les appareils à turbopropulseurs volent à environ 640 km/h dans les années 1950, et le Boeing 707 amène ses passagers à 960 km/h dans les années 1960. Pourquoi cette accélération des vitesses cesserait-elle ? Il semble tout à fait plausible que, le choix leur étant offert, les voyageurs se prononceraient toujours pour la durée de vol la plus courte possible, donc pour l'avion le plus rapide. Comme dans le cas des avions subsoniques, il faut résoudre d'importants problèmes, notamment ceux relatifs aux ratios, déterminants du point de vue commercial, entre la consommation de carburant, la charge marchande et l'autonomie. Mais l'appareil de transport supersonique étant désigné comme le nouveau Graal de l'industrie aéronautique, les concepteurs et les ingénieurs se penchent sur leurs tables à dessin.

Une compétition supersonique

Trois projets de transport supersonique (SST) sont élaborés dans les années 1960 : le Concorde franco-anglais, le Tupolev Tu-144 soviétique et le Boeing 2707 américain. Ces études sont si coûteuses que seul l'argent public peut couvrir les dépenses. Boeing lui-même dépend d'un financement fédéral. Les projets franco-anglais et soviétiques progressent plus rapidement, mais les Américains sont plus ambitieux : ils visent une vitesse de Mach 3 (environ 3 200 km/h), tandis que leurs concurrents se limitent à Mach 2. Le Concorde et le Tu-144 se développent selon des plans à aile delta mince apparemment identiques, au point qu'à l'Ouest courent des rumeurs d'espionnage. En réalité, le nombre de solutions possibles au problème de la conception d'un SST est très limité, et il n'est guère surprenant que deux bureaux d'études, travaillant indépendamment l'un de l'autre, débouchent sur des formes similaires. Pas plus qu'il n'est étonnant que les trois SST aient un nez mobile pour améliorer la vision à l'atterrissage. Boeing cultive un concept radicalement différent avec une voilure à géométrie variable. L'avion n'est pas seulement prévu pour voler plus vite que ses concurrents, mais aussi pour emmener deux fois plus de passagers.

Le Tu-144 effectue son premier vol en décembre 1968, suivi par le Concorde en mars 1969. Entre-temps, l'idée de l'aile à géométrie variable du Boeing SST a dû être abandonnée et la capacité en passagers, fortement réduite.

Mais ces inconvénients sont peu importants face à la tempête politique qui menace maintenant tous les SST, susceptibles d'accroître le bruit et la pollution.

DELTA AU CHOIX
Diverses formes de voilure en delta proposées pour le Concorde sont exposées pour comparaison. La formule choisie, ici la plus éloignée sur la photo, présente une élégante courbure, complexe d'un point de vue aérodynamique, qui contraste avec le delta plus simple du supersonique soviétique.

LE SUPERSONIQUE DE BOEING
Le Boeing SST est conçu dans les années 1960, époque où le financement ne pose pas de problème pour les projets de prestige susceptibles de reculer les limites de la technique. Extraordinairement ambitieux, le SST est prévu initialement pour voler à Mach 3 avec 200 passagers.

Lorsque les premiers avions à réaction entrent en service, dans les années 1950, les normes réglementaires de bruit à New York sont dûment modifiées en fonction des nouveaux appareils. Mais, à la fin des années 1960, les temps ont changé. Il n'existe aucun moyen pour éliminer le bruit élevé au décollage et à l'atterrissage de moteurs calculés pour le vol supersonique. Les avions génèrent aussi un bang puissant au moment où ils atteignent la vitesse du son. Le courant écologique, en pleine expansion, déclare qu'ils vont détériorer la couche d'ozone.

Le rêve brisé

En 1971, l'économie américaine entre en récession. Harcelé par des associations de riverains de grands aéroports et par les mouvements écologistes, le Congrès américain coupe les crédits destinés au SST de Boeing. Quant au Concorde, il doit engager un combat acharné contre les protestataires. En 1973-1974, le triplement du prix du pétrole est un mauvais coup supplémentaire. Les SST consommant trop de carburant, leur exploitation ne peut pas être considérée comme viable d'un point du vue économique.

Le projet Tu-144 subit un revers dramatique au Salon de l'aéronautique de Paris, en juin 1973, quand l'un des supersoniques de Tupolev se désintègre au moment de la ressource après un piqué prononcé. Pourtant, les Soviétiques accélèrent la production, et l'avion est mis en service chez Aeroflot en 1975, initialement pour le transport du fret. Son exploitation ne se révèle ni rentable ni pratique. Après l'accident d'un autre Tu-144 en mai 1978, la production est arrêtée, ainsi que les vols supersoniques.

Le Concorde a davantage de succès. Il entre en service chez Air France et British Airways en 1976. Après un combat opiniâtre, il obtient enfin le droit d'atterrir à New York. Il réduit à 3 h 30 la durée de la traversée transatlantique, mais son exploitation ne peut être rentable qu'en fixant le prix du billet aller et retour à 60 000 francs (en 2000). Le Concorde est devenu une curiosité, la relique élégante du rêve perdu des vols supersoniques civils, et ce même avant la fin de son service commercial, le 24 octobre 2003.

En lieu et place du vol supersonique, la tendance dans le domaine du transport de passagers semble favoriser la taille et l'économie. Déjà, dans les années 1960, la multiplication des avions à réaction avait fait baisser les prix des billets. Si le nombre des voyageurs avait augmenté, ainsi que celui des voyages à grande distance, c'est parce qu'il était devenu plus rapide, plus facile et plus agréable de prendre l'avion, mais aussi parce que les prix étaient devenus plus abordables.

LE CONCURRENT MALCHANCEUX
Le Tupolev Tu-144 soviétique est le premier avion de ligne supersonique à voler. Le programme du Tu-144 est durement frappé quand un avion se désintègre en l'air lors du Salon aéronautique de Paris en 1973. En exploitation, il connaît les problèmes du Concorde, notamment une consommation excessive de carburant.

LA PERTE D'UN CONCORDE

Le Concorde affiche un taux de sécurité de 100 % jusqu'au 25 juin 2000, lorsqu'un appareil d'Air France s'écrase en feu au décollage de Roissy-Charles-de-Gaulle, tuant 109 personnes à bord et 4 au sol. Tous les Concorde sont interdits de vol. L'enquête dira plus tard qu'un pneu de l'appareil a heurté une bande métallique tombée sur la piste, dont les morceaux ont perforé le réservoir de voilure. Le kérosène a fui et pris feu. Les Concorde ont repris l'air en 2001 après des modifications portant sur la doublure de certains réservoirs par une couche de Kevlar, matériau dont sont faits les gilets pare-balles. Mais en dépit de ces améliorations, l'exploitation des Concorde cessa définitivement trois ans après le crash.

LE CONCORDE BRÛLE
Le pilote du Concorde d'Air France tente de diriger son appareil vers l'aéroport du Bourget, mais l'intensité de l'incendie ne lui laissera aucune chance.

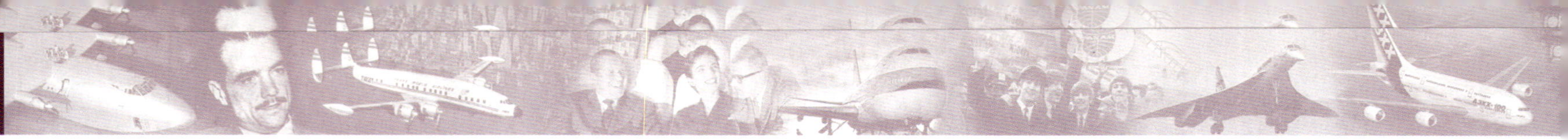

Les gros-porteurs

L'arrivée des Boeing 747 à fuselage élargi en 1970 accélère cette évolution. La réussite du 747 signifie que le voyage en avion va devenir un transport de masse. Les aéroports doivent allonger et renforcer leurs pistes, et réaménager leurs équipements de traitement des passagers et des bagages, vite saturés par 300 ou 400 personnes qui débarquent en même temps d'un seul avion. Les services traiteurs à bord doivent revoir à la hausse les quantités embarquées. Des hôtels doivent être construits pour répondre à l'afflux des voyageurs.

Le 747 représente moins une avancée technique extraordinaire qu'un progrès des moteurs et de l'audace commerciale. D'autres avions gros-porteurs apparaissent dans son sillage, quand d'autres constructeurs concurrents tentent de briser la domination croissante du marché par Boeing. Incapables de défier directement le géant Boeing, ils espèrent obtenir une part du marché en fournissant les compagnies pour lesquelles le 747 est précisément trop gros. McDonnell Douglas propose le DC-10, Lockheed, le TriStar, et un nouveau consortium de constructeurs européens, Airbus Industrie, construit l'Airbus A300. Les DC-10 et TriStar, qui sont des avions de ligne trimoteurs rivalisant sur le même segment de marché, rencontrent inévitablement des problèmes de commercialisation du fait qu'il n'y a pas de place pour deux appareils similaires. Lockheed, qui souffre davantage de cette confrontation, ne fabriquera plus jamais d'appareil commercial. En revanche, l'Airbus A300 est une avancée significative s'inscrivant dans une économie d'exploitation. Dans les

UN INTÉRIEUR SPACIEUX
L'immense volume de la cabine d'un 747 est une vision banale aujourd'hui, mais, à ses débuts, il étonne les passagers habitués aux cabines étroites à couloir central.

années 1980, Airbus Industrie est devenu le concurrent de Boeing le plus actif sur le marché mondial.

Une concurrence sans précédent

L'introduction des gros-porteurs à réaction ne se traduit pourtant pas par un succès immédiat. À partir de 1973, une récession économique freine l'augmentation du nombre de passagers juste au moment où la hausse du prix du pétrole élève les coûts d'exploitation des avions de ligne : un 747 brûle plus de 13 500 l de kérosène à l'heure. Les nouveaux 747 et DC-10 volent souvent aux trois quarts vides, donnant à leurs passagers l'impression de bénéficier temporairement d'un espace considérable. Certaines compagnies aux abois utilisent le volume vacant pour installer un piano-bar ou un restaurant volant. Mais, dès la fin de la récession, les compagnies recommencent à entasser les passagers, sacrifiant espace et confort aux prix bas.

Les difficiles années 1970 laissent quelques compagnies en mauvaise position financière. En 1975, TWA doit vendre quelques 747 à l'Iran afin de payer les salaires de ses employés. La dérégulation galopante de la fin des années 1970 est un autre coup porté aux plus anciens et plus importants transporteurs aériens. La libre concurrence (ou, du moins, une concurrence plus libre) sur les lignes aériennes mondiales fait encore baisser les prix, entraînant la faillite de compagnies comme Braniff dans les années 1980, puis de PanAm en 1991. Même en Europe, où le soutien gouvernemental aux compagnies nationales n'est pas interrompu, la montée en puissance des compagnies de charters réduit la part des transporteurs officiels. De petits opérateurs sont alors en mesure d'acquérir des appareils d'occasion parfaitement utilisables, car les grandes compagnies se sentent obligées de renouveler leurs flottes longtemps avant que les avions aient épuisé leur potentiel. Le transport aérien a cessé depuis longtemps d'être le domaine réservé de l'Europe et de l'Amérique du Nord, et des compagnies comme Singapore Airlines ou Cathay Pacific comptent désormais parmi les transporteurs les plus prestigieux.

À partir des années 1970, le voyage en avion à réaction étant devenu accessible à tous, il a perdu son excitante connotation d'exotisme et son parfum d'aventure. Le choix par le consortium européen du nom d'« Airbus » pour ses appareils traduit bien la notion de volume attachée désormais à la démocratisation du voyage aérien à l'époque des gros-porteurs. Certains passagers de 747 ne bénéficient même plus d'un hublot. De gros efforts sont accomplis pour distraire les passagers, leur faire oublier qu'ils sont en avion, en les isolant grâce à des spectacles et en les réduisant à l'état de consommateurs passifs de marchandises, de mets et de boissons détaxés. Un journaliste très critique va jusqu'à décrire le transport aérien moderne comme « la forme de transport de masse la plus contraignante depuis les bateaux négriers ».

L'influence des avions à réaction sur les changements économiques et sociaux d'un monde devenu soudain plus petit est indéniable. Dès le début des années 1960, par exemple, la construction d'un aéroport à Majorque transforme brusquement cette tranquille île méditerranéenne en un lieu très touristique. Ses rivages se couvrent alors rapidement

ÉCONOME COMME AIRBUS
Airbus Industrie bouleverse le marché avec l'A300 en 1974. Il s'agit du premier avion de ligne à grande capacité pourvu de deux moteurs et piloté par un équipage de deux personnes. L'exploitation de toutes ses versions est particulièrement économique.

L'USINE DU 747
La production en série d'un avion de la taille du 747 a posé d'énormes problèmes. Boeing a dû créer une nouvelle usine à Everett, au nord de Seattle, le plus grand bâtiment du monde en volume. La plupart des pièces du 747 sont fabriquées sur d'autres sites et expédiées à Everett pour l'assemblage final.

LE MOTEUR DU DC-10
Les turboréacteurs à double flux utilisés sur les gros-porteurs à fuselage large sont des machines extraordinaires. Un double flux de DC-10, comme celui-ci, peut délivrer plus de 25 tonnes de poussée, soit trois fois celle d'un moteur de Boeing 707 des années 1960. Ce gain de puissance permet d'augmenter la taille des avions et leur charge marchande.

LE PILOTAGE D'UN AVION MODERNE

Un avion de ligne moderne est normalement piloté à deux, un pilote et un copilote, ce dernier opérant comme navigateur et mécanicien navigant. L'effectif des équipages a été réduit grâce à l'utilisation d'ordinateurs et aux progrès des équipements de navigation et des instruments. Sur les plus récents avions de ligne, des écrans couleur de télévision ont remplacé les instruments à cadrans pour les indicateurs d'altitude, de vitesse air, d'assiette et autres données essentielles.

La navigation est parvenue à un très haut degré de précision. Elle repose encore en partie sur les balises de radioguidage, qui fournissent des points de repère sur les routes aériennes, mais celles-ci fonctionnent dorénavant en VHF. Le copilote règle un radiocompas sur chaque balise de la route à suivre. Les systèmes embarqués de navigation inertielle (INS) enregistrent tous les mouvements de l'avion avec une tolérance maximale d'environ 1,6 km sur les vols les plus longs, à condition que sa position soit intégrée avec précision au départ. Les aéroports les mieux équipés possèdent des VOR (radiophares omnidirectionnels en VHF) couplés à des DME (système de mesure de distance) qui permettent aux équipages de déterminer leur position en fonction du point de destination. Le système de positionnement par satellite GPS s'est récemment ajouté aux progrès des systèmes de navigation.

Lors de la plupart des vols, la tâche du pilote consiste à surveiller le fonctionnement du pilote automatique et des autres calculateurs embarqués. L'ILS embarqué (système d'atterrissage aux instruments), répondant aux signaux d'un émetteur à l'entrée de piste, informe le pilote de son altitude et de son alignement par rapport à la pente d'atterrissage idéale. L'ILS, couplé à un autopilote, peut effectuer un atterrissage automatique par mauvaise visibilité. Mais la sécurité repose toujours sur la vigilance, le jugement et l'habileté du pilote.

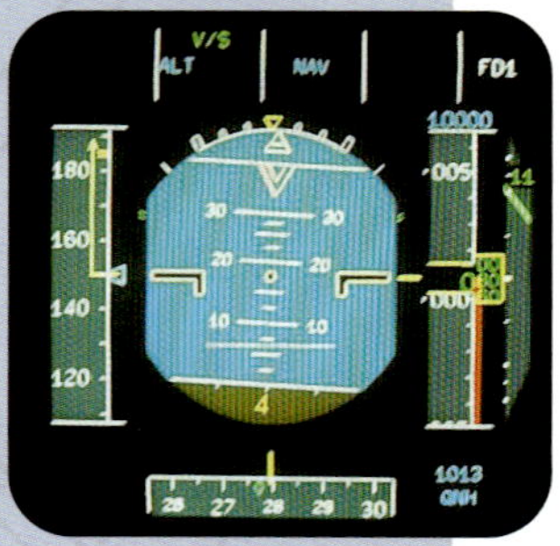

AFFICHAGES
Les systèmes d'instruments modernes comprennent des écrans multifonctions affichant les données de navigation (ci-contre) et les données de vol primaires dont un horizon artificiel (en dessous).

POSTE DE PILOTAGE D'UN A320
L'Airbus A320 est le premier avion de ligne doté de commandes électriques et d'un tableau de bord équipé de quelques écrans de télévision couleur à la place des douzaines d'instruments à cadrans et de jauges autrefois difficilement lisibles.

de constructions et d'hôtels réservés par les voyagistes. La même mutation frappe l'Algarve, au Portugal, les îles Canaries et certaines régions de la Grèce. Dans les années 1990, la baisse des prix sur les destinations lointaines a étendu le tourisme de masse à la Thaïlande et à Goa, au Sri Lanka et à la Gambie, en bouleversant la vie des populations indigènes.

Le tourisme devient aussi une activité économique dominante pour les grandes cités du monde : les centres historiques de Londres, Paris et New York deviennent autant de destinations à visiter que de lieux de vie ou de travail. Mais, aussi, des millions de musulmans peuvent accomplir le pèlerinage à La Mecque grâce à l'avion. En même temps, le transport de fret par avions à réaction a modifié les habitudes de consommation. Plus personne ne s'étonne de trouver des crustacés frais en provenance d'Afrique dans les supermarchés ou des légumes primeurs, des fruits et des fleurs venant d'Amérique du Sud en plein hiver.

Mais si les avions de ligne continuent à changer le monde, après 1970, le monde des avions lui-même évolue relativement peu. Les trente dernières années du XXe siècle n'apportent pas d'autre révolution en matière de vitesse ou de taille. Seuls les progrès des moteurs rendent les avions plus silencieux et moins gourmands en carburant et leur donnent une autonomie bien supérieure : le Boeing 747-400 peut parcourir près de 11 000 km avec plus de 400 passagers. Les progrès portent aussi sur l'avionique et les systèmes de navigation. À la fin des années 1980, l'Airbus A320 introduit les commandes électriques informatisées dans l'aviation civile, ainsi que l'affichage des paramètres du vol sur des écrans vidéo synthétiques. Le Boeing 777, mis en service en 1995, est le premier avion de ligne américain doté de commandes électriques.

Les perspectives du transport de passagers

Il est difficile de croire que les grands patrons des compagnies aériennes ou des firmes de construction des années 1990 partagent encore beaucoup de choses avec les fous de l'aviation, les bâtisseurs d'empires d'une époque révolue. Leur activité tend à devenir semblable à d'autres, dominées par les « gourous » du marketing et les gestionnaires, les yeux rivés sur le bilan. Les visionnaires, capables d'imaginer de nouveaux concepts d'avion, se font rares.

Beaucoup pensent que redéfinir la notion de vol supersonique ne serait pas, selon toute vraisemblance, la voie à suivre. L'augmentation de la taille des avions peut s'avérer économiquement viable. À partir du milieu des années 1990, Airbus lance le concept d'un super-jumbo, l'A3XX, capable de transporter entre 600 et 800 passagers. Renommé A380, avec une capacité limitée à 550 personnes, il effectue son premier vol en avril 2005 et puis est mis en service en octobre 2007. Face au succès de conception et de marketing de l'A380, Boeing lutte pour rattraper son retard en lançant le 787 Dreamliner, dont le premier vol a lieu en décembre 2009. L'argument de vente du 787 n'est pas sa vitesse ou sa taille, mais le fait qu'il soit peu gourmand en carburant.

Au début du XXIe siècle, les projections concernant le triplement en volume du trafic passagers, porté à environ 4 milliards de voyages par an vers 2020, doivent être abordées avec une certaine prudence. Plusieurs contraintes pourraient freiner ce développement, en particulier l'influence des avions sur le réchauffement climatique. Toutefois, cela ne signifie pas que le transport aérien de masse soit menacé : grande réussite de l'organisation et de la technique, il a apporté à l'humanité une mobilité inespérée, qui ne sera pas remise en cause.

AMÉNAGEMENTS INTÉRIEURS
La maquette de l'intérieur de l'Airbus A3XX géant à fuselage élargi donne une idée du confort auquel ses concepteurs aspiraient. L'expérience prouve que la place pour les jambes et les bars à bord peuvent, en pratique, être sacrifiés au profit du nombre maximal de passagers.

AIRBUS A3XX
Au cours des années 1990, Airbus fait le pari de donner un successeur au Boeing 747 vieillissant. Dénommé à l'origine A3XX, ce devait être le plus grand avion de ligne jamais construit, capable de transporter entre 600 et 800 passagers. L'A3XX a finalement évolué en A380. Représenté ici, l'A3XX diffère de l'A380 sur différents points, telles la forme des ailerons et du nez ou encore la taille des ailes.

LES AVIONS DE LIGNE MODERNES

L'introduction du Boeing 747 en 1970 marque le point de départ d'une ère nouvelle du transport aérien. La très forte concurrence qui caractérise le marché des avions de ligne a causé la disparition de quelques grands noms. Lockheed s'est retiré du secteur des avions de ligne après l'échec de son L-1011 TriStar opposé au DC-10, et Douglas lui-même est devenu McDonnell-Douglas avant d'être absorbé par Boeing. En Europe, Airbus Industrie s'est affirmé comme un concurrent crédible de Boeing en menaçant de rompre la domination de la firme de Seattle sur le marché mondial. Dès lors qu'il est admis que l'avenir n'appartient pas aux vols à vitesses supersoniques, les avions sont davantage soumis à un processus d'évolution que de révolution. Les turbines à réaction sont devenues plus puissantes, mais aussi plus économiques et plus silencieuses. L'avionique a fait d'énormes progrès avec les commandes électriques et tous les équipements relevant des applications de l'électronique.

AIR FORCE ONE
Air Force One *est un 747-200B modifié en fonction des exigences du président des États-Unis (voir pp. 394-395).*

Airbus A320-200

Visant le marché des avions de 150 places, le très moderne A320 vole pour la première fois en février 1987. Doté d'un poste de pilotage totalement informatisé et d'un système de commandes électriques, l'appareil sert de référence à tous les futurs avions de ligne. Sur la base de l'A320, Airbus développe trois autres avions, l'A319 (jusqu'à 120 passagers), l'A321 (jusqu'à 220 passagers) et le plus petit, l'A318.

Moteurs 2 turboréacteurs double flux CFM56-5A1 de 11 350 kgp	
Envergure 33,9 m	**Longueur** 37,6 m
Vitesse de croisière 900 km/h	
Passagers 150-179	**Équipage** 2

Airbus A330-200

Le programme combiné A330/A340 lancé en juin 1987 porte sur deux types dotés des mêmes voilure, fuselage, poste de pilotage et systèmes. Seuls diffèrent le nombre et le type des moteurs. Le premier à voler est le quadriréacteur long-courrier A340 en octobre 1991, suivi par le moyen-courrier bimoteur A330 en novembre 1992. Airbus offre aussi un grand choix de capacités et d'autonomie.

Moteurs 2 turboréacteurs Rolls-Royce Trent 768 de 30 870 kgp	
Envergure 60,3 m	**Longueur** 59 m
Vitesse de croisière 880 km/h	
Passagers 256-293	**Équipage** 2

Boeing 737-700

Après avoir réalisé une enquête auprès de ses clients, Boeing offre ses avions de « prochaine génération », une famille de 737 moyen-courriers (737-600 et autres) avec une nouvelle aile autorisant une vitesse de croisière supérieure et le montage de moteurs CFM International plus économiques donnant une autonomie supérieure. En janvier 2002, plus de 2 000 737 NG ont été commandés. Les 737-700 et 737-800 ont volé pour la première fois en 1997.

Moteurs 2 turboréacteurs double flux CFM-56-7B de 10 990 kgp	
Envergure 34,3 m	**Longueur** 33,6 m
Vitesse de croisière 850 km/h	
Passagers 126-149	**Équipage** 2

Boeing 757-300

Le 757 à fuselage étroit (un couloir central) a été développé parallèlement au 767 à fuselage large. Conçu pour remplacer le 727, le premier 757 vole en 1979, quelques mois après le premier 767. Bien qu'il soit proposé avec diverses motorisations, Pratt & Whitney ou Rolls-Royce, les ventes démarrent lentement, mais elles s'améliorent à la fin des années 1980, la version Rolls-Royce étant la plus demandée. Plus de 1 000 ont été livrés jusqu'au début de 2002.

Moteurs 2 turboréacteurs double flux RR RB211-535E4B de 19 750 kgp	
Envergure 38,1 m	**Longueur** 54,5 m
Vitesse de croisière 850 km/h	
Passagers 240-289	**Équipage** 2

Boeing 767

Le 767, développé comme un gros-porteur (2 couloirs) moyen-long-courrier parallèlement au 757 à fuselage étroit, vole pour la première fois en septembre 1981. Partageant le même poste de pilotage, un pilote instruit sur l'un peut piloter l'autre sans formation supplémentaire, d'où une économie considérable pour les compagnies équipées des deux avions. Le plus grand de la famille est le -400ER allongé (Extended Range, autonomie accrue) mis en service en septembre 2000. En décembre 2001, le nombre total des exemplaires commandés s'élevait à 933, dont 865 livrés au début de 2002.

Turboréacteur à double flux General Electric de 28 830 kgp

Moteurs 2 turboréacteurs double flux GE CF6-80C de 28 830 kgp	
Envergure 51,9 m	**Longueur** 61,4 m
Vitesse de croisière 850 km/h	
Passagers 245-375	**Équipage** 2

Boeing 777-300

Conçu pour offrir une capacité en sièges comprise entre celles du Boeing 767 et du réputé 747, le programme 777 est annoncé en octobre 1990. La conception innove sur plusieurs points. Il s'agit du premier appareil dessiné par des systèmes informatiques utilisant la visualisation en trois dimensions, qui éliminent la construction d'une maquette à l'échelle 1, et du premier Boeing doté de commandes électriques et d'un poste de pilotage informatisé moderne. United Airlines, premier client, met le 777 en service en juillet 1995. Au début de 2002, près de 400 appareils ont été commandés.

Moteurs 2 turboréacteurs double flux RR Trent 884 de 38 140 kgp	
Envergure 60,9 m	**Longueur** 73,9 m
Vitesse de croisière 905 km/h	
Passagers 368-550	**Équipage** 2

Douglas DC-10-30

Dernier de la lignée des Douglas Commercial, le triréacteur DC-10 est mis en service par American et United Airlines en août 1971. Malgré une concurrence directe avec le Lockheed TriStar et des accidents tragiques au début, le DC-10, notamment la version long-courrier -30, a davantage de succès. Lorsque la production cesse en 1989, 386 DC-10 civils ont été construits, plus 60 KC-10, avions-citernes pour l'USAF. Le DC-10 évolue sous la forme du MD-11.

Moteurs 3 turboréacteurs General Electric CF6-C1 de 23 840 kgp	
Envergure 50,4 m	**Longueur** 55,5 m
Vitesse de croisière 980 km/h	
Passagers 250-380	**Équipage** 3

Fokker F.50

Exploitant le succès remarquable du F.27, Fokker annonce le F.50 en novembre 1983. Sur la base du fuselage du F.27-500, l'avion offre de nouveaux moteurs, des hélices modernes à 6 pales, un poste de pilotage informatisé et d'autres améliorations. En mars 1996, Fokker disparaît pour cause de problèmes financiers après la livraison ou la commande d'environ 220 F.50.

Moteurs 2 turbopropulseurs Pratt & Whitney PW 125B de 2 250 ch	
Envergure 29 m	**Longueur** 25,3 m
Vitesse de croisière 530 km/h	
Passagers 58	**Équipage** 4

Iliouchine Il-96M

Quoique semblable à l'Il-86 précédent, l'Il-96 est pratiquement un type nouveau qui vole pour la première fois en septembre 1988. Équipés de réacteurs à double flux Soloviev PS-90, environ 15 avions sont produits avant l'arrivée de l'Il-96M en 1993. Avec un fuselage allongé, une avionique informatisée d'origine occidentale et des moteurs américains, la nouvelle version offre aussi une variante transport de fret, l'Il-96T. Malgré cet essai d'élargissement de son marché, l'avenir de l'Il-96 reste incertain. En 1999, plusieurs cellules invendues attendaient leurs moteurs à l'usine Iliouchine de Voronej.

Moteurs 4 turboréacteurs double flux P & W PW2337 de 16 800 kgp	
Envergure 60,1 m	**Longueur** 63,94 m
Vitesse de croisière 830 km/h	
Passagers 312-375	**Équipage** 2

Lockheed L-1011-500 TriStar

Dernier avion de ligne de Lockheed, le TriStar doit céder devant son rival, le DC-10, à cause de ses moteurs Rolls-Royce. Les coûts de développement excessifs du très moderne Rolls-Royce RB211 mettent Rolls-Royce en faillite en 1971, quatre mois après le premier vol du L-1011 en novembre 1970. Après la résolution des problèmes techniques et financiers du RB211, le TriStar est exploité par Eastern et TWA en avril 1972. Malgré l'introduction d'une version long-courrier, le -500, la production ne dépasse pas les 250 appareils.

Turboréacteur Rolls-Royce de 22 700 kgp

Fuselage raccourci pour le long-courrier -500

Envergure supérieure pour les lignes long-courriers

Moteurs 3 turboréacteurs double flux RR RB211-524 de 22 700 kgp	
Envergure 50,1 m	**Longueur** 50,1 m
Vitesse de croisière 960 km/h	
Passagers 246-330	**Équipage** 3

McDonnell-Douglas MD-11

Suite à la fusion McDonnell-Douglas, le DC-10 est relancé en décembre 1986 sous la forme du MD-11 modernisé, allongé et remotorisé. Offert en versions passagers, fret ou combinée, le premier MD-11 est livré en décembre 1990. La production se poursuit après le rachat de McDonnell-Douglas par Boeing en 1997.

Moteurs 3 turboréacteurs double flux P & W PW4460 de 27 240 kgp	
Envergure 51,7 m	**Longueur** 61,2 m
Vitesse de croisière 945 km/h	
Passagers 323-405	**Équipage** 2

McDonnell-Douglas MD-87

Le Douglas DC-9 série 10 original de 1965 devient le DC-9 série 80 en 1977, puis le MD-80 en 1983, après la fusion avec McDonnell. Il connaît un bon succès avec plus de 1 400 exemplaires livrés jusqu'en décembre 1999. Le MD-80-87, ou MD-87, possède un fuselage plus court. Le MD-90 est une version remotorisée du MD-80, dont la variante MD-95 est relancée sous la désignation Boeing 717.

Moteurs 2 turboréacteurs double flux P & W JT8D-217C de 9 080 kgp	
Envergure 32,9 m	**Longueur** 39,8 m
Vitesse de croisière 810 km/h	
Passagers 139	**Équipage** 2

Tupolev Tu-154

Au milieu des années 1990, le Tu-154 (environ 900 appareils construits) est l'appareil standard moyen-courrier de l'ex-URSS. Conçu au milieu des années 1960 et doté de la capacité d'opérer depuis les zones rurales les plus reculées de la Russie, le premier triréacteur 154 vole en octobre 1968. Le Tu-154M amélioré, qui apparaît en 1982, doté de moteurs plus économiques et plus silencieux, est fabriqué jusqu'à la fin des années 1990. Le type est actuellement en cours de remplacement par le biréacteur Tu-204.

Moteurs 3 turboréacteurs double flux Aviadvigatel de 10 610 kgp	
Envergure 37,6 m	**Longueur** 47,9 m
Vitesse de croisière 950 km/h	
Passagers 180	**Équipage** 3-4

« Il n'y avait pas eu d'intention délibérée, mais en concevant l'avion et en faisant tout leur possible pour apaiser ceux qui volaient à son bord […], ils avaient créé […] les conditions les plus infernales qui soient pour mourir. »

Julian Barnes
extrait de *Le Soleil en face*, 1987

DOUGLAS DC-10
En 1979, tous les Douglas DC-10 sont retenus au sol après un accident à Chicago qui a fait 271 victimes. Une porte de soute mal conçue est identifiée comme étant à l'origine d'un autre accident près de Paris en 1974, où 346 personnes trouvent la mort.

CIEL D'ANGOISSE

D'APRÈS LES STATISTIQUES, L'AVION EST LE MOYEN DE TRANSPORT LE PLUS SÛR SUR DE LONGUES DISTANCES. NÉANMOINS, LES ACCIDENTS D'AVION SUBSISTENT.

Le transport aérien a de tout temps eu conscience que son succès dépendait de sa capacité de convaincre le public de son haut niveau de sécurité. Cet objectif a toujours été difficile. Les grandes tragédies aériennes marquent si profondément la conscience du public – probablement parce qu'elles sont rares – que le fait de voler est très souvent associé à l'idée de mort violente et brutale. Or des règles visant à réduire le nombre des accidents d'avion ou des décès lié à l'aviation peuvent justement nuire à l'image du transport aérien considéré comme une activité normale, quotidienne et sûre. Plus les mesures en faveur de la sécurité des passagers sont efficaces, moins elles les rassurent. Il leur semble que le vol ne peut être vraiment sûr puisqu'on les fouille avant l'embarquement et que le personnel de cabine insiste sur le fonctionnement des masques à oxygène et attire l'attention sur l'empla-

cement des portes de secours. Pour les anxieux, ces conseils répétés « pour votre confort et votre sécurité » sont, en fait, très déstabilisants.

Pourtant, les chiffres parlent d'eux-mêmes. Malgré les fluctuations des statistiques d'accidents d'une année sur l'autre, le transport aérien commercial est toujours, et de loin, le transport le plus sûr sur de longues distances. En 1996, par exemple, année relativement sombre quant au nombre de décès dans l'aéronautique, 1 187 personnes au total ont été tuées lors de vols commerciaux dans le monde entier. Ce chiffre est à mettre en parallèle avec ceux, beaucoup plus désastreux, des personnes tuées dans un accident de la route : 40 000 morts sur le seul territoire des États-Unis, 8 000 en France, ou les 250 000 estimés pour l'ensemble du monde. Le niveau de sécurité du transport aérien n'est certes pas uniforme sur toute la planète : pour une année moyenne, les États-Unis afficheraient 1 décès pour 2 millions de passagers/heure, tandis que l'Afrique enregistrerait 13 morts pour 1 million de passagers/heure. Mais, même en Afrique, le risque d'être victime d'un accident sur une route menant à un aéroport est bien supérieur à celui du vol lui-même. Le risque de mourir par accident chaque fois que l'on embarque dans un avion de ligne a été calculé approximativement à 3 sur 1 million. En d'autres termes, et en poussant le raisonnement jusqu'au bout, si une personne prend l'avion une fois par jour, elle peut espérer vivre en moyenne sans problème pendant plus de 900 ans avant d'être victime d'un accident. (Le vol en avion léger entraîne des risques supérieurs : il est cinquante fois plus dangereux que le vol à bord d'un avion commercial.)

Les progrès en matière de sécurité ont été la condition nécessaire au développement du transport aérien de masse. Au début des années 1930, on compte 1 décès pour 7,6 millions de passagers/kilomètre enregistrées au États-Unis. Dans la seule période hivernale 1936-1937, certes exceptionnelle, il y eut 5 accidents graves en vingt-huit jours sur le sol américain. Transposé à notre époque des gros-porteurs, ce taux d'accident des années 1930 aurait entraîné un nombre de décès totalement inacceptable. Dans les années 1980, les compagnies aériennes exploitant les plus importantes destinations réduisent le taux de décès à 1 pour environ 4,8 millions de passagers/kilomètre. Néanmoins, les catastrophes aériennes ont été assez importantes ces dernières décennies, en raison de la très grande capacité des avions. 1985 reste l'année la plus désastreuse, avec 2 129 tués – 1 105 morts en trois accidents seulement. En 2005, une année plus noire que la moyenne pour l'aviation moderne, on compte 1 050 morts dans le monde. Ce chiffre est à mettre

LA CATASTROPHE DE LOCKERBIE
Une bombre dissimulée par des terroristes cause l'explosion d'un Boeing 747 de Pan Am au-dessus de la petite ville écossaise de Lockerbie, en décembre 1988. Malgré toutes les tentatives visant à l'augmentation de la sécurité dans les aéroports, il est toujours très difficile de prévenir l'introduction d'armes ou de bombes dans les avions de ligne.

en perspective avec celui de 1,2 milliard de vols passagers par an dans le monde. La majeure partie des grandes compagnies n'ont pas connu d'accident mortel depuis le début du XXIe siècle.

La sécurité du transport aérien est un triomphe de l'organisation et de la régulation, ainsi qu'un hommage au professionnalisme de tous les secteurs de l'aviation commerciale, depuis les constructeurs de cellules, de moteurs et de l'avionique, les équipes de maintenance au sol, les équipages de navigants, les personnels administratifs, jusqu'aux contrôleurs aériens. L'intensité du trafic que le contrôle aérien doit traiter a bien entendu augmenté de façon spectaculaire avec l'arrivée des avions à réaction. À la fin des années 1990, on compte jusqu'à 2 200 mouvements d'avions par jour au départ ou à l'arrivée de Charles-de-Gaulle à Roissy, qui reçoit plus de 48 millions de passagers par an. Les contrôleurs de l'aéroport O'Hare de Chicago, le plus grand du monde, doivent assurer la sécurité d'environ 70 millions de passagers par an. Pourtant, à l'exception de brefs moments d'inquiétude causés par des surcharges passagères de travail des contrôleurs, l'ensemble continue à fonctionner. Il en est de même du système des visites et contrôles périodiques destinés à garantir l'aptitude des avions à voler avec des moteurs au fonctionnement parfait et des cellules exemptes de défauts structurels. Si l'on considère la complexité des machines modernes – un Boeing 747 comporte environ 4,5 millions de pièces mobiles –, on peut s'étonner de la rareté des défaillances graves. Un avion de ligne à réaction demande dix heures de maintenance pour une heure de vol.

L'erreur humaine

Les êtres humains ne peuvent pas être conditionnés pour fonctionner aussi impeccablement qu'une machine. Les pilotes de ligne reçoivent évidemment une formation rigoureuse. Ils doivent subir des visites médicales obligatoires tous les six mois, et la durée des vols est limitée afin d'éviter d'atteindre des niveaux de stress et de fatigue dangereux. Pourtant, la faute de pilotage est encore reconnue comme une cause majeure dans près des trois quarts des accidents. Cela va de la simple erreur de lecture des instruments – par exemple, une mauvaise lecture de l'altimètre – à des réactions inappropriées en situation d'urgence, comme dans le cas de l'accident du Boeing 737 de British Midlands, dont l'équipage, après l'incendie d'un moteur, coupa l'autre qui fonctionnait toujours.

Les progrès accomplis dans l'équipement des postes de pilotage ont grandement accru l'assistance

LA PLUS GRANDE CATASTROPHE AÉRIENNE
Après la collision survenue entre deux Boeing 747 à l'aéroport de Tenerife en 1977, quelques survivants hagards tentent de secourir les blessés. Ce genre d'image, publiée par tous les médias du monde, a davantage d'impact que la diffusion des statistiques sécuritaires.

DES AÉROPORTS ENCOMBRÉS
Sur les aéroports à forte densité de trafic, les contrôleurs aériens ont pour mission de gérer les décollages et les atterrissages de façon à éviter tout risque de collision en vol comme au sol. Les avions de ligne décollent avec un très fort taux de montée afin d'atténuer rapidement le bruit des moteurs au-dessus des zones habitées environnantes.

aux pilotes et réduit la part du facteur humain. L'affichage des données de vol sur écrans, par exemple, devrait réduire à néant l'erreur de lecture des instruments. En même temps qu'une gamme complète d'aides à la navigation et de systèmes d'atterrissage aux instruments, il existe maintenant des systèmes qui avertissent le pilote de la trop grande proximité du sol, d'un décrochage imminent ou encore d'un risque de collision avec un autre appareil. Actuellement, si le pilote commet une erreur, la priorité est donnée à l'avionique pour la résoudre.

Les causes d'une catastrophe

Lorsqu'un accident se produit, il résulte la plupart du temps d'une conjonction de facteurs et non pas d'une cause unique. La plus grave catastrophe de l'aviation du XXe siècle survient en 1977 : deux Boeing 747, l'un aux couleurs de KLM et l'autre de Pan Am, entrent en collision au sol à Tenerife, aux îles Canaries, faisant 582 morts. L'accident se produit alors que la visibilité est mauvaise. Comme beaucoup d'aéroports, Tenerife n'a pas de radar de contrôle au sol, et les avions sur les pistes doivent être suivis par la seule observation visuelle, mais les deux 747 sont invisibles depuis la tour et l'un pour l'autre. L'équipage américain, comprenant mal l'anglais du contrôleur espagnol, tente de suivre ses instructions en cherchant la bonne bretelle de dégagement pour quitter la piste. Le pilote de la KLM, pressé et mal informé, est persuadé d'avoir l'autorisation de décoller, alors qu'il ne l'a pas : il accélère son avion et finit par heurter le 747 de Pan Am roulant sur la piste. Conditions atmosphériques défavorables, équipement de contrôle aérien pas aux normes, mauvaises communications et erreur d'un pilote : tout s'imbrique ici pour conduire à une catastrophe majeure.

LE CONTRÔLE AÉRIEN

UNE SALLE DE CONTRÔLE MODERNE
Si les ordinateurs ont aidé les contrôleurs à absorber l'augmentation du trafic, la sécurité aérienne dépend encore de la compétence et du sang-froid du contrôleur.

EN CE QUI CONCERNE LES PRINCIPES, le système d'organisation du trafic aérien conçu dans les années 1930 et 1940 reste valable à l'âge de la réaction. Avant de décoller, un pilote dépose un plan de vol, et il reçoit du contrôleur aérien l'autorisation de suivre une route bien déterminée, ainsi que le temps et l'altitude auxquels il doit survoler des points de repère. Chaque avion de ligne possède un émetteur de signaux, ou squawk, permettant l'identification de l'avion par le contrôleur et son suivi. Les contrôleurs vérifient que les appareils sont bien séparés horizontalement et verticalement, normalement à dix minutes d'intervalle au même niveau ou par 300 m d'écart en altitude.

Les centres de contrôle qui surveillent les routes aériennes couvrent de vastes espaces. Lorsqu'un avion de ligne approche de son point de destination, il est « passé » aux opérateurs du centre de contrôle d'approche. Ceux-ci le placent sur un circuit d'attente ou sur la trajectoire d'atterrissage. Les contrôleurs d'approche sont installés dans la tour de contrôle de l'aéroport, mais ils travaillent derrière des glaces teintées, car ils ne surveillent que leurs écrans radar. Les contrôleurs d'aérodrome, situés au sommet de la tour derrière des glaces claires, travaillent sur écran et en visuel pour gérer les avions au roulage et en phase de décollage et d'atterrissage. Ils prennent en charge les avions en finale et autorisent le toucher des roues.

IMPROBABLE COLLISION

Un Boeing 727 avec 135 personnes à bord tombe en feu, après avoir été heurté par un petit Cessna au-dessus de San Diego, en Californie, en septembre 1978. Pourtant, le temps était clair et le pilote du Cessna devait respecter les règles du vol à vue. L'accident a fait 135 morts dans le Boeing, deux dans le Cessna et 7 au sol.

Les risques imprévus

Certains risques encourus par les avions sont aussi vieux que l'aviation elle-même. En octobre 1960, par exemple, un Lockheed Electra décollant de Boston traverse un vol d'étourneaux très dense qui cause sa chute et la mort de soixante-deux personnes. La neige en train de fondre sur une piste est souvent la cause d'accidents célèbres, comme celui de Munich, qui tue une grande partie des joueurs de l'équipe de football de Manchester United en 1958. Le vol aux instruments a certes réduit le danger de voler par mauvais temps ou sous un plafond très bas, mais il est toujours plus sûr de voler quand on peut voir devant soi. C'est particulièrement vrai aux environs des aéroports les plus dangereux. Il arrive que les pilotes ne fassent pas confiance aux procédures d'atterrissage aux instruments, dans les zones où le contrôle aérien n'est pas très compétent et où les trajectoires imposent aux pilotes de passer très près du relief ou entre des collines ou des montagnes.

Si les avions doivent toujours éviter orages et typhons, les prévisions météorologiques ont beaucoup progressé, et les radars météo embarqués facilitent la tâche des pilotes. Les vents violents, notamment les courants rabattants parfois rencontrés dans les zones montagneuses, peuvent toujours être dangereux, même pour les avions modernes. Un avion uruguayen a été perdu dans les Andes en octobre 1972 dans ces conditions – cet accident a été très médiatisé quand on a su que des passagers avaient survécu en se livrant au cannibalisme. Le cisaillement du vent, brusque changement de direction ou de vitesse qui perturbe les différentes couches d'air quand elles se rencontrent dans les courants à haute altitude, peut faire perdre d'un seul coup à un avion plusieurs centaines de mètres d'altitude, expérience terrifiante, et potentiellement mortelle, pour les passagers.

CRASH DANS UNE RIVIÈRE

Les enquêteurs d'accidents aériens travaillent parfois dans des conditions difficiles. En janvier 2002, cet avion, exploité par la compagnie indonésienne Garuda, a dû atterrir en catastrophe dans la rivière Bengawan Solo à Klaten, au centre de Java. Les enquêteurs indonésiens inspectent l'épave et recherchent des débris dans la rivière.

Les collisions en vol

Les craintes relatives à ce type d'accident sont alimentées par d'effrayantes statistiques concernant le nombre de collisions évitées entre avions au voisinage des aéroports les plus fréquentés. La plus grave collision connue, entre un Boeing 747 saoudien et un Iliouchine Il-76 de Kazakh Airways, près de Delhi, en Inde, en 1996, a fait 350 victimes. Mais, même si quelque chose fonctionne mal, il faut beaucoup de malchance pour heurter un autre appareil dans un vaste espace tridimensionnel. Les tragiques accidents de l'époque des hélices, comme la collision d'un DC-7 de United Airlines et d'un Constellation de TWA au-dessus du Grand Canyon en 1956, et celle d'un Super Constellation de TWA et d'un DC-8 de United au-dessus de Staten Island en 1960, témoignent à la fois d'une défaillance du contrôle aérien et d'une extrême malchance. La présence d'avions privés et d'avions de ligne dans le même espace aérien crée le plus grand risque de collision, comme cela a été le cas en septembre 1978 : un 727 de Pacific Southwest Airlines a été heurté par un avion léger beaucoup plus lent au-dessus de San Diego, accident qui a fait 144 victimes.

Les pannes mécaniques

De graves défauts de conception ont pu échapper aux essais techniques les plus rigoureux, conduits par les constructeurs et les autorités responsables de la réglementation. En 1959-1960, par exemple, deux des Lockheed 188 Electra récemment mis en service s'écrasent à la suite de la rupture d'aile résultant d'une faiblesse dans les nacelles des moteurs.

La plus grande catastrophe aérienne américaine impliquant un seul avion, la chute d'un DC-10 à Chicago en mai 1979, qui fait 271 victimes, résulte de la rupture d'un boulon qui pro-

voque la séparation du moteur de son pylône d'attache. Tous les DC-10, qui sont alors soupçonnés de présenter le même problème, sont provisoirement interdits de vol. En 2000, le pneu d'un Concorde éclate à Roissy, révélant la dangereuse vulnérabilité des réservoirs de carburant (voir p. 393).

Les enquêtes consécutives aux accidents d'avion, qui permettent d'identifier ce type de défaut, sont un élément essentiel du système de sécurité. Il est peu d'actions humaines poursuivies avec autant de rigueur et de patience que la collecte et l'examen de tous les fragments d'une épave d'avion accidenté. Cette recherche est parfois conduite dans les conditions les plus difficiles. Lorsqu'un DC-9 de ValuJet s'écrase en Floride dans des marais infestés d'alligators, en mai 1996, il coule dans la boue, sans trace visible à la surface. Deux mois plus tard, le Boeing 747 du vol TWA 800 explose en vol au large de Long Island ; les enquêteurs doivent en chercher tous les morceaux au fond de l'Atlantique afin d'assembler de nouveau l'avion comme un puzzle géant. Mais, dans ces deux cas, il est possible de conclure : le DC-9 ValuJet transportait une cargaison

LES ENREGISTREURS, OU BOÎTES NOIRES

Les enregistreurs de vol sont obligatoires sur les avions de ligne depuis 1957. Appelés couramment « boîtes noires », ils sont en fait orange vif avec des bandes réfléchissantes. Au début, les boîtes contiennent un enregistreur de paramètres de vol : vitesse, altitude, caps suivis, etc. À partir de 1966, un enregistreur de conversations dans le poste de pilotage (CVR) est ajouté. Il s'agit normalement d'une bande magnétique en boucle d'une durée de trente minutes, auto-effaçante, qui conserve l'enregistrement des conversations pendant la demi-heure précédant un accident éventuel. La capacité des CVR à circuits imprimés a été portée à deux heures. Les boîtes noires sont théoriquement indestructibles. Aucune n'a été à ce jour détruite par l'impact d'un accident, et très peu ont été détériorées par le feu. En cas d'amerrissage, les plongeurs peuvent repérer les enregistreurs de vol au moyen d'une balise interne qui émet un signal ultrasonique.

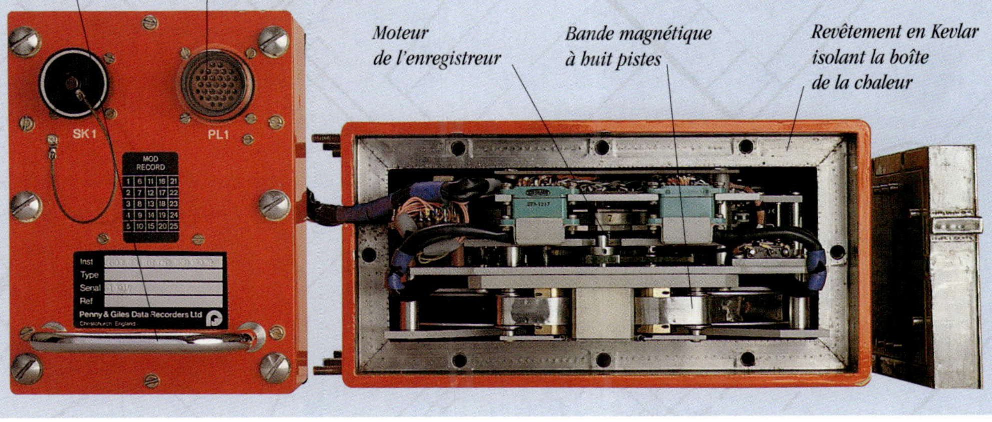

ENREGISTREUR DE VOL

Les boîtes noires sont installées dans la queue de l'avion et reliées aux microphones du poste de pilotage et aux instruments de vol par un câblage courant sur toute la longueur du fuselage.

FAIRE PARLER L'ÉPAVE

Cette partie de fuselage d'un Boeing 747 a été reconstituée à partir des fragments du vol 800 de TWA qui s'était abîmé dans l'Atlantique peu après son décollage de l'aéroport J. F. Kennedy, à New York, en août 1996. Des milliers de morceaux de l'avion ont été repêchés dans l'océan et patiemment réassemblés.

inflammable, et le 747 de TWA a subi une panne électrique qui a probablement mis le feu aux réservoirs.

L'importance des travaux des enquêteurs est bien soulignée par un exemple notoire, dans lequel leurs conclusions n'ont pas été suffisamment prises en compte. Un rapport sur un incident potentiellement grave impliquant un DC-10, à Detroit, en 1972, indique que la porte cargo de l'avion représente un risque du fait qu'elle peut apparaître comme correctement verrouillée alors qu'elle ne l'est pas. Deux ans après, un DC-10 reliant Paris à Londres s'écrase dans la forêt d'Ermenonville, tuant les 346 personnes présentes à bord. C'est le premier accident concernant un gros-porteur et la pire catastrophe aérienne à cette date. L'enquête révèle que la porte cargo n'a pas été verrouillée et qu'elle s'est brusquement ouverte à 3 500 m d'altitude. Un rapport officiel conclut par la suite que « les risques avaient été identifiés dix-neuf mois auparavant [...] mais qu'aucune mesure corrective n'avait été prise ».

Dans notre monde puissamment armé et profondément divisé, la cause d'une catastrophe aérienne peut être d'origine militaire. Certaines catastrophes peuvent être purement accidentelles, comme dans le cas de cet avion de ligne abattu en 2001 au-dessus de la mer Noire par un missile ukrainien hors de contrôle lors de manœuvres. Mais il est plus fréquent qu'elles soient délibérément commises dans un contexte de tension et de méfiance. En 1955, un Constellation d'El Al, qui a franchi par inadvertance le rideau de fer en Bulgarie, est abattu par des intercepteurs. En 1973, un Boeing 727 libyen, perdu au-dessus du désert du Sinaï, territoire égyptien alors occupé par Israël, est détruit en vol par des avions israéliens ; le nombre des victimes s'élève à 106. Dix ans plus tard, un 747 de Korean Air Lines s'égare inexplicablement dans l'espace aérien soviétique lors d'un vol de nuit entre Anchorage, en Alaska, et Séoul, en Corée du Sud : il est abattu par des missiles air-air tirés par un Sukhoi Su-15, et les 269 personnes à bord périssent. Au cours d'une période de tension extrême dans le Golfe en 1988, le croiseur américain USS *Vincennes* abat un Airbus d'Iran Air avec un missile SAM, tuant 286 personnes, après avoir apparemment interprété l'écho radar de l'avion de ligne régulier comme celui d'un chasseur en phase d'attaque.

Les détournements

Ce type d'action est rare de la part des forces armées régulières, si on les compare à celles des preneurs d'otages et des terroristes. Dès le début, les détournements sont encouragés par l'attitude fréquemment ambiguë de nombreux États à l'égard de leurs auteurs. Le phénomène commence dans les années 1950 lorsque des individus tentent de fuir l'Europe

DÉTOURNEMENT À DAWSON'S FIELD
Détourné par des terroristes palestiniens entre Bahreïn et Londres en septembre 1970, un Vickers VC-10 de BOAC est immobilisé sur la piste de Dawson's Field dans le désert de Jordanie en attendant l'issue des négociations qui décideront du sort des passagers, de l'équipage et de l'avion.

UNE DESTRUCTION SYMBOLIQUE
Les terroristes palestiniens commencent à détruire les avions détournés sur la piste de Dawson's Field – un Boeing 707 et un Douglas DC-8. Après le départ des passagers et de l'équipage, ils font exploser les avions, symboles de la technique occidentale et du capitalisme.

de l'Est sous la férule communiste : trois avions de ligne sont détournés de Tchécoslovaquie vers l'Allemagne de l'Ouest le même jour. Les pirates de l'air sont accueillis en héros à l'Ouest.

Au début des années 1960, le centre de la piraterie aérienne se déplace vers Cuba, récemment conquise par les troupes de Fidel Castro. En mai 1961, un homme armé d'un couteau et d'un pistolet donne l'ordre à un pilote, sur une liaison régulière entre Miami et Key West, de se rendre à La Havane. Il s'agit du premier détournement perpétré en Amérique. En réaction, le détournement d'avion devient un délit fédéral aux États-Unis et les autorités aéronautiques du monde entier s'entendent pour lutter contre cette pratique. Mais, en réalité, rien n'est fait. Jusqu'aux années 1970, l'embarquement à bord d'un avion partout dans le monde est une opération banale qui n'impose, s'il y a lieu, que les formalités habituelles de contrôle des passeports et les vérifications douanières.

Dans ces conditions laxistes, à la fin des années 1960, la piraterie aérienne s'étend de façon épidémique : 33 cas en 1968 et 91 en 1969. La plupart sont le fait d'individus déséquilibrés et dépourvus de motivations claires et rationnelles. Certains actes relèvent de la piraterie pure, comme dans le cas de cet homme enregistré sous le nom de D.B. Cooper sur un Boeing 727 dans l'État de Washington en 1971, qui saute en parachute avec une rançon de 200 000 dollars dans un sac et qu'on ne retrouvera jamais. Durant l'été 1968, le détournement d'avion prend des allures de terrorisme : des membres du Front populaire de libération de la Palestine détournent un avion d'El Al vers Alger et prennent les passagers israéliens en otages afin de négocier la libération d'Arabes prisonniers en Israël. Cette opération est une réussite pour les Palestiniens, mais elle signifie surtout que les États – et plus largement le monde capitaliste –, par ailleurs bien défendus, peuvent être attaqués avec un maximum d'impact sur les médias en matière de propagande. Au moment où le monde entre dans l'ère du terrorisme international, les avions de ligne et les aéroports se retrouvent en première ligne.

TRAVAIL DE PATIENCE
Les enquêteurs techniques ont dû entreprendre de patientes recherches après l'attentat de Lockerbie, en 1988. L'explosion s'étant produite à haute altitude, les morceaux de l'épave se sont répandus sur près de 2 200 km². Les indices recueillis ont permis de condamner deux Libyens.

Les actions terroristes

En 1970, trois types d'actions terroristes sont pratiqués : le détournement et la prise d'otages, l'attaque des passagers et des avions au sol, « inaugurée » à l'aéroport d'Athènes en décembre 1968, et le placement, à bord d'avions de ligne, de bombes réglées pour exploser en vol. Les groupes palestiniens étendent leurs attaques des cibles israéliennes à toutes les lignes occidentales, à la fois en raison du fait que les États-Unis s'affirment comme le plus solide soutien d'Israël au Proche-Orient et parce qu'ils ont appris à amalgamer leur cause personnelle à une lutte mondiale contre « l'impérialisme occidental ». En septembre 1970, une étonnante action terroriste est organisée, qui implique le détournement de quatre avions de ligne (le cinquième échoue). L'un des avions, un 747 de Pan Am, est détourné vers Le Caire, où il est détruit après le débarquement des passagers et de l'équipage. Les trois autres – un DC-8 de Swissair, un Boeing 707 de TWA et un VC-10 de BOAC – sont détournés vers la piste de Dawson's Field en Jordanie. Après d'interminables négociations, les otages sont débarqués, et les avions détruits par explosion. Les caméras des télévisions du monde entier filment ces images, qui disent bien toute la vulnérabilité de notre société occidentale.

Les mesures de sécurité

La réponse des gouvernements et des autorités aéronautiques à la montée de la piraterie aérienne et du terrorisme est hétérogène et souvent lente. Israël et sa compagnie El Al introduisent naturellement les mesures de sécurité les plus radicales et dénoncent la répugnance des autres pays et des compagnies à dépenser suffisamment d'argent, voire à imposer à leurs passagers les retards et les restrictions que la sécurité exige. Mais beaucoup d'actions sont néanmoins entreprises.

RETOUR D'ENTEBBE
À l'aéroport de Lod, la foule salue les soldats israéliens et les otages libérés après le raid mené sur Entebbe en juillet 1976. On voit à l'arrière-plan l'un des Hercules C-130 de transport utilisé dans ce raid.

Aux États-Unis, par exemple, les « contrôles pré-vol » de bagages sont finalement introduits en 1972. Des gardes armés sont présents à bord sur certains vols. La répétition de l'acte de D.B. Cooper, qui saute en parachute avec une rançon, est désormais impossible par un simple changement de conception qui empêche tout saut en parachute depuis un avion de ligne. En 1974, l'ICAO, autorité qui réglemente le transport aérien international, entérine des normes de sécurité standard minimales que toutes les compagnies doivent respecter (notamment contrôle des bagages transportés en soute et en cabine avec les passagers, mesures destinées à empêcher tout accès à bord non autorisé).

Israël et les gouvernements occidentaux adoptent vis-à-vis du détournement une attitude de plus en plus dure qui conduit à des moments dramatiques, pas forcément rassurants pour les passagers angoissés. En juillet 1976, les Israéliens envoient des parachutistes sur l'aéroport d'Entebbe, en Ouganda, où les terroristes palestiniens et allemands du groupe Baader-Meinhof retiennent les passagers juifs d'un Airbus d'Air France, avec la complicité du gouvernement ougandais d'Idi Amin Dada. Treize terroristes sont tués dans l'assaut. Trois otages sont également tués, mais les autres sont ramenés sains et saufs en Israël. En octobre 1977, un autre détournement mené conjointement par les Palestiniens et la « bande à Baader » se termine par un assaut de l'avion par les forces spéciales allemandes et britanniques à Mogadiscio, en Somalie, assaut qui se solde par la mort de trois terroristes et la libération des otages.

> « Ces images d'avions percutant les bâtiments, d'incendie, d'immenses structures qui s'effondrent, nous ont remplis d'incrédulité, d'une terrible tristesse et d'une froide et implacable colère… »
>
> **Président George W. Bush,**
> discours à la Nation, 11 septembre 2001

Un renforcement de la sécurité et une réponse plus musclée compliquent les choses pour les pirates et les terroristes, mais il reste encore trop de failles dans le système pour les dissuader totalement. En juin 1985, le vol TWA 847 est détourné par les terroristes islamiques du Hezbollah au Liban, qui assassinent un Américain à bord et détiennent 39 autres otages pendant 17 jours, tandis que les extrémistes sikhs font exploser un jumbo jet d'Air India au-dessus de l'Atlantique, tuant les 329 personnes à bord.

L'élimination des charges explosives, éventuellement cachées dans les bagages, semble relever du défi. Juste avant Noël 1988, un 747 de Pan Am volant de Francfort à New York via Londres-Heathrow explose à 9 400 m d'altitude au-dessus de la petite ville écossaise de Lockerbie, faisant 269 morts à bord et 11 au sol. Une bombe avait été placée dans la soute.

Le 11 septembre 2001

Pour quelques individus, ce triste catalogue de catastrophes et de tragédies est une source d'inspiration. Les extrémistes islamiques, tel Ousama Ben Laden, pensent, comme les Palestiniens en 1970, que les avions de ligne sont des cibles à la fois vulnérables et symboliques. En effet, l'avion ne représente-t-il pas le mieux la civilisation occidentale, lui qui a été si souvent le facteur essentiel de sa domination ? Dans les années 1990, le public américain apprend que le FBI a découvert un extraordinaire complot, ourdi pas les extrémistes islamiques, visant à détourner simultanément douze avions de ligne et à les détruire lors d'un holocauste aérien.

Le 11 septembre 2001, la terreur dans les airs atteint son paroxysme. Comme ils l'ont déjà fait ailleurs, les terroristes exploitent rigoureusement les faiblesses du système, en visant les vols intérieurs sur lesquels la sécurité est relativement plus laxiste, et en privilégiant, plutôt que les armes à feu, les armes blanches plus faciles à dissimuler aux contrôles. Ils exploitent aussi la réaction des équipages au détournement – ces derniers ont été formés à ne pas résister et à coopérer avec les terroristes – et la passivité angoissée, mais calme, des passagers. Personne n'a imaginé des terroristes entraînés au pilotage et capables de transformer des avions de ligne en missiles guidés. Sur les quatre appareils détournés, deux percutent chacun une des tours jumelles du World Trade Center de New York, et l'un s'abat sur le bâtiment du Pentagone à Washington DC. Le quatrième s'écrase dans un champ en Pennsylvanie, l'action des terroristes ayant été stoppée par des passagers et un équipage héroïques. Au moment où l'on comprend que ces détournements sont d'une nature différente, il est trop tard pour les contrer.

L'impact des événements du 11 septembre sur le transport aérien a été énorme mais bref. D'après les sondages, 40 % des Américains déclaraient, au lendemain des attaques, ne plus vouloir prendre l'avion. Les compagnies aériennes, déjà confrontées aux effets d'une dépression économique mondiale et à la hausse du prix du pétrole, frôlèrent la faillite. Mais des mesures de sécurité accrues et l'absence de nouvel accident leur permirent de regagner la confiance du public. Certes, la présence d'officiers de police armés sur les vols américains et le temps perdu lors des contrôles de sécurité à l'embarquement ne rassurent sans doute pas tout le monde ; néanmoins, aujourd'hui, les vols commerciaux sont aussi sécurisés que possible.

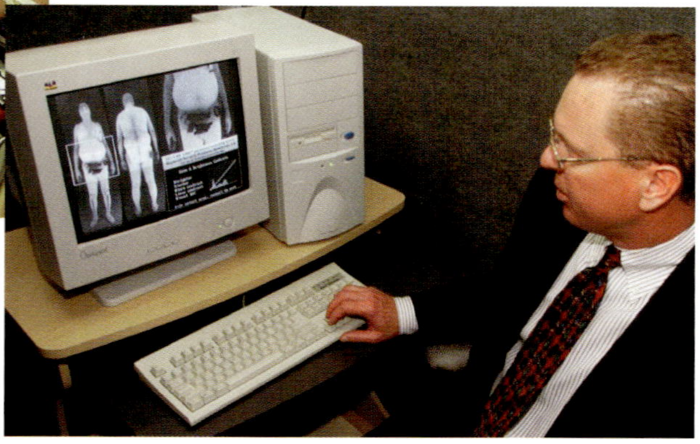

MESURES SÉCURITAIRES
À la suite des attentats terroristes du 11 septembre 2001, des mesures de sécurité spectaculaires sont prises sur tous les aéroports du monde. On voit ici des objets confisqués aux passagers à l'aéroport principal de Beijing (Pékin). À droite, un nouveau scanner est testé à l'aéroport d'Orlando.

TERREUR AU TRADE CENTER
Alors qu'une des tours jumelles brûle, un deuxième appareil se dirige vers l'autre tour. Utilisant les avions comme missiles pilotés et leur carburant comme charge militaire de destruction, les terroristes ont pu causer d'immenses dégâts, n'étant eux-mêmes porteurs que d'armes symboliques.

« Voler ! Vivre la vie d'un aviateur ! Comme eux, suivre les chemins du ciel d'un horizon à l'autre, au-dessus des rivières et des forêts... Ah, C'est la vraie vie ! »

Henri Mignet,
extrait de *L'Aviation de l'amateur*, 1934

PEGASUS XL SE MICROLIGHT
Les ultralégers sont souvent des deltaplanes motorisés, contrôlés par le gauchissement des ailes, mais certains possèdent des gouvernes comme un avion. Voler avec l'une de ces machines est une expérience qui n'est pas sans rappeler celle des pionniers de l'aviation.

L'AVIATION LÉGÈRE

CERTAINES PROUESSES AÉRONAUTIQUES RÉCENTES ONT ÉTÉ RÉALISÉES AU MOYEN D'AVIONS LÉGERS OU ULTRALÉGERS, VOIRE DE BALLONS LIBRES.

Le 14 décembre 1986, à 8 heures du matin, un ancien pilote de chasse, Dick Rutan, et son associée, Jeana Yeager, décollent de la base militaire d'Edwards, en Californie, dans l'intention d'effectuer un tour du monde sans escale ni ravitaillement en vol. Leur appareil à hélices, *Voyager*, a été conçu par le frère cadet de Dick Rutan, l'ingénieur en aéronautique Burt Rutan. Les pilotes doivent effectuer ce vol de 42 000 km à la vitesse moyenne de 175 km/h seulement, dans un poste de pilotage et une cabine dont la largeur n'excède pas 60 cm.

Voyager, construit en matériaux composite à basse densité et haute résistance, est si léger que la cellule ne pèse que 426 kg. Ce poids est pratiquement doublé par celui des deux moteurs, mais sans comparaison avec la charge de carburant : plus de 3 200 kg au décollage. L'aile mesure 34 m d'envergure – plus que celle d'un Boeing 727 –, mais sa corde n'atteint que 1 m, une forme donnant une portance maximale pour une traînée minimale. Comme les fuselages latéraux, elle est remplie de carburant.

Avant le vol, Dick Rutan déclare qu'il n'est pas impatient « d'être à l'intérieur de cette fragile structure en carbone, loin de chez lui, écoutant les moteurs en espérant qu'ils veuillent bien continuer à fonctionner ». *Voyager*, qui n'a encore jamais décollé avec le plein de carburant avant ce grand départ pour le tour du monde, s'envole de justesse, après avoir avalé la quasi-totalité des 4 500 m de la piste de la base aérienne d'Edwards, les extrémités des ailes remplies d'essence frottant sur le revêtement. L'appareil, extrêmement fragile avec ses pleins, n'aurait pas pu atterrir à pleine charge en cas de problème.

Rutan et Yeager bénéficient des équipements de vol les plus récents, dont un pilote automatique, un radar météo et les systèmes d'aide à la navigation les plus modernes, mais, une fois parvenus au-dessus du Pacifique, ils sont livrés à eux-mêmes, face à l'inconnu. Les conditions atmosphériques apparaissent comme le risque majeur, alors qu'ils doivent éviter des orages et un typhon. Au-dessus de l'Afrique, le cinquième jour, ils doivent monter jusqu'à 6 000 m pour survoler un front d'orage. Les deux pilotes souffrent d'hypoxie, parce qu'ils n'utilisent pas suffisamment leur réserve d'oxygène.

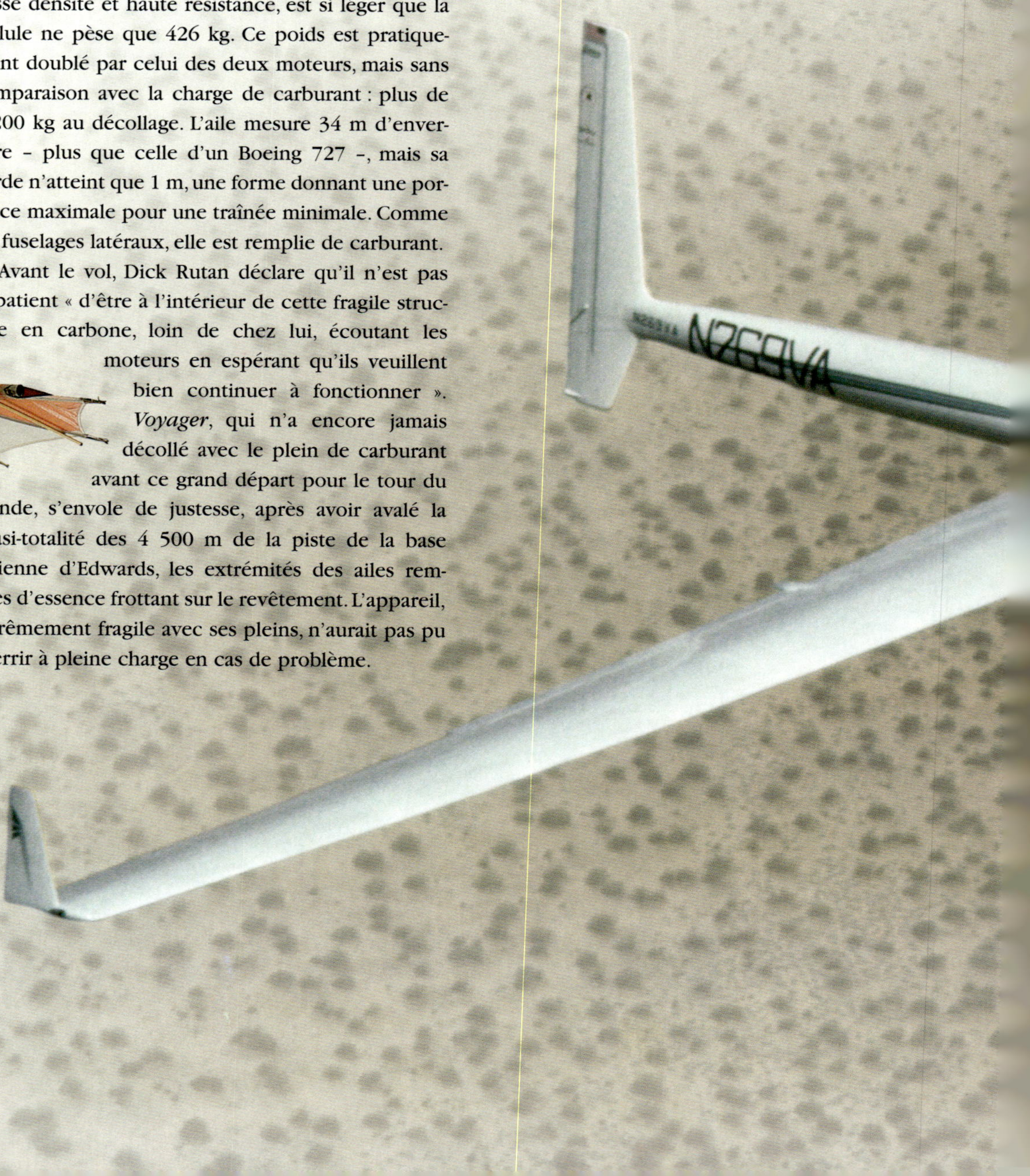

LES PILOTES DE VOYAGER
Jeana Yeager et Dick Rutan préparent Voyager, *appareil avec lequel ils effectuent un tour du monde sans escale ni ravitaillement, en décembre 1986. Leur vitesse, 175 km/h, est celle qui leur donne le maximum d'autonomie avec une consommation minimale. Bien qu'ils prennent les commandes à tour de rôle pour se reposer, la fatigue deviendra un vrai problème pendant ces neuf jours de vol.*

VOYAGER EN VOL
Comme les frères Wright, le concepteur de Voyager, *Burt Rutan, choisit de placer le stabilisateur et la gouverne de profondeur à l'avant plutôt qu'à la queue. Dans* Voyager, *ces plans canard sont étendus de façon à relier deux corps fuselés latéraux qui sont en fait des réservoirs. Au centre, le fuselage principal comporte un poste de pilotage et une minuscule cabine, ainsi que les deux moteurs, un groupe à hélice tractive et un groupe à hélice propulsive.*

GOSSAMER CONDOR

Créé en Californie par une équipe dirigée par le Dr Paul MacCready, le Gossamer Condor *est le premier appareil capable d'effectuer un vol soutenu et contrôlé au moyen de la seule force musculaire. Il remporte donc le prix Kremer en août 1977. Il est construit avec les matériaux les plus légers possibles, et son aile est conçue pour donner une portance maximale à très basse vitesse.*

Le pire moment se situe lors de la dernière nuit, lorsque le moteur s'arrête au-dessus du Pacifique, au nord du Mexique, et que l'appareil glisse en silence dans l'obscurité pendant cinq minutes avant de redémarrer. Le lendemain matin, ils atteignent Edwards, 9 jours, 3 minutes et 44 secondes après leur décollage et un voyage de 42 120 km. Il reste 48 kg de carburant dans les réservoirs.

Le retour des pionniers

À l'heure des gros-porteurs à réaction et des avions de combat à commandes électriques, le vol de *Voyager* semble appartenir au temps des pionniers, lorsque des individus passionnés pouvaient fabriquer des appareils novateurs dans de minuscules ateliers ou battre des records aux commandes de leur propre avion. Il démontre que l'esprit des frères Wright, d'Ader et de Lindbergh est toujours bien vivant, qu'il y a toujours des êtres doués et courageux qui considèrent le vol comme une aventure et qui recherchent des domaines inexplorés, négligés par les gros bataillons marchant vers le progrès.

PÉDALER POUR VOLER

Le Gossamer Albatross *décolle lors d'un vol d'essai. Il est mû par un pédalier actionné par le cycliste Bryan Allen, qui traversera la Manche en juin 1979. Contrairement aux rêves des pionniers partisans des ailes ttantes,* le Gossamer Albatross *rt de la force musculaire faire tourner une hélice.*

La dernière partie du xxe siècle connaît un retour à la fascination du « vol des oiseaux », qui avait inspiré les pionniers de l'aviation. La pratique du deltaplane, qui est de moins en moins marginale, permet à des milliers de gens de répéter effectivement les expériences d'Otto Lilienthal, tandis que le deltaplane équipé d'un moteur est un lointain descendant du planeur motorisé auquel travaillait Percy Pilcher au moment de sa mort en 1899. Dans les années 1970, le rêve de voler par la seule force musculaire devient même une réalité, après avoir été généralement considéré comme impossible.

Le vol musculaire

Dès 1680, le mathématicien italien Giovanni Borelli calcule que les muscles de l'homme ne peuvent fournir une force suffisante pour animer des ailes battantes semblables à celles des oiseaux. « Il est impossible, écrit-il, que l'homme puisse trouver le moyen de voler avec ses seules forces. » Jusqu'à une période récente, Borelli semble avoir eu raison. Plusieurs prix en espèces sont offerts jusque dans les années 1930 au premier qui réussira à effectuer un vol contrôlé sous l'effet de sa seule force musculaire, mais personne n'y parvient. Un athlète est capable de fournir une puissance de 0,4 ch pendant un temps limité. Le premier moteur aéronautique des Wright donnait 12 ch. La puissance musculaire paraît donc insuffisante.

En 1959, un industriel britannique, Henry Kremer, s'intéresse à l'avion mû par la force musculaire. Il crée un prix important destiné au premier homme capable de voler en effectuant un huit entre deux pylônes espacés d'au moins 800 m. Régulièrement révisé pour tenir compte de l'inflation, le prix stimule de nombreux chercheurs, mais personne ne peut y prétendre pendant dix-huit ans. Pourtant, en 1976, une équipe dirigée par un ingénieur en aéronautique, le Dr Paul MacCready, de Pasadena, en Californie, décide de s'attaquer au problème. Partant d'une feuille blanche, sans référence aux aéronefs propulsés existants, il construit le *Gossamer Condor*. L'engin est en tube d'aluminium plastifié ultraléger, et ses ailes, longues et étroites, sont rigidifiées par des câbles en acier inoxydable, le bord d'attaque étant renforcé par du carton ondulé et de la mousse de polystyrène. Curieusement, il présente certaines similitudes avec le Wright Flyer, avec un plan stabilisateur « canard » à l'avant et le contrôle du roulis par gauchissement. La puissance est transmise par pédalage.

À l'été 1977, l'équipe de MacCready est prête à s'attaquer au prix Kremer, qui s'élève alors à 50 000 livres. Le pilote est Bryan Allen, champion cycliste vélivole. Le 23 août 1977, à Shafter, en Californie, Allen fait faire au *Gossamer Condor* un parcours en huit de 2 015 m à la vitesse moyenne [illegible] 17,5 km/h. L'équipe de MacCready remporte le [illegible] grâce à l'extrême légèreté de son appareil – le pilote est plus lourd que la machine – et de son excellente conception qui maximise la portance et minimise la traînée. Lorsque Kramer créé un prix encore plus important pour la première traversée de la Manche – en souvenir de Blériot – dans un appareil à force musculaire, l'équipe de MacCready est encore la gagnante. Toujours avec Allen aux commandes, le 12 juin 1979, le *Gossamer Albatross* vole de Folkestone, en Angleterre, au cap Gris-Nez, en France, sur une distance de 35 km.

Par la suite, MacCready s'attelle à améliorer les performances de son aéroplane à force musculaire en cherchant l'aide du soleil. Grâce à des panneaux solaires placés sur l'aile, il peut générer assez d'électricité pour aider le pilote dans sa tâche épuisante. En juillet 1981, propulsé par la force combinée du courant électrique et des mollets du pilote Steve [illegible]cek, le *Solar Challenger* de MacCready parcourt [illegible] vol 216 km, de la proche banlieue de Paris jus[illegible]à Manston, dans le Kent, au sud de l'Angleterre.

ÉMULE DE DÉDALE

Selon la mythologie, le premier vol humain aurait été effectué par Dédale et son fils Icare pour s'échapper de Crète. En 1984, les professeurs et les étudiants du Massachusetts Institute of Technology (MIT) décident de construire un aéroplane afin de répéter cet exploit légendaire. Ils se fixent comme but d'atteindre la petite île de Santorin, à 118 km au nord de la Crète. Leur engin respecte une architecture bien établie : des matériaux ultralégers, une aile à grand allongement et une hélice entraînée par un pédalier. Il faut encore quatre ans, et des millions de dollars, pour créer un aéroplane susceptible de franchir la distance prévue. Le matin du 23 avril 1988, *Daedalus* décolle de la base aérienne de Héraklion, en Crète, avec à son bord le champion cycliste grec, Kanellos Kanellopoulos. Aidé par un vent portant bienveillant, il s'engage au-dessus de la mer à environ 32 km/h, volant à environ 5 m au-dessus des flots.

La traversée jusqu'à Santorin demande 3 heures et 54 minutes, et se déroule sans problème. Mais, au moment ultime où ils vont se poser sur une plage, une brusque rafale de vent de face casse l'appareil à quelques mètres du rivage. C'est un Kanellopoulos fou de joie qui émerge indemne pour fêter ce record de distance et d'endurance.

UNE AILE VOLANTE
Daedalus, *appareil mû par la force musculaire, qui parvient à relier la Crète à Santorin, est une création des enseignants et des étudiants du MIT.*

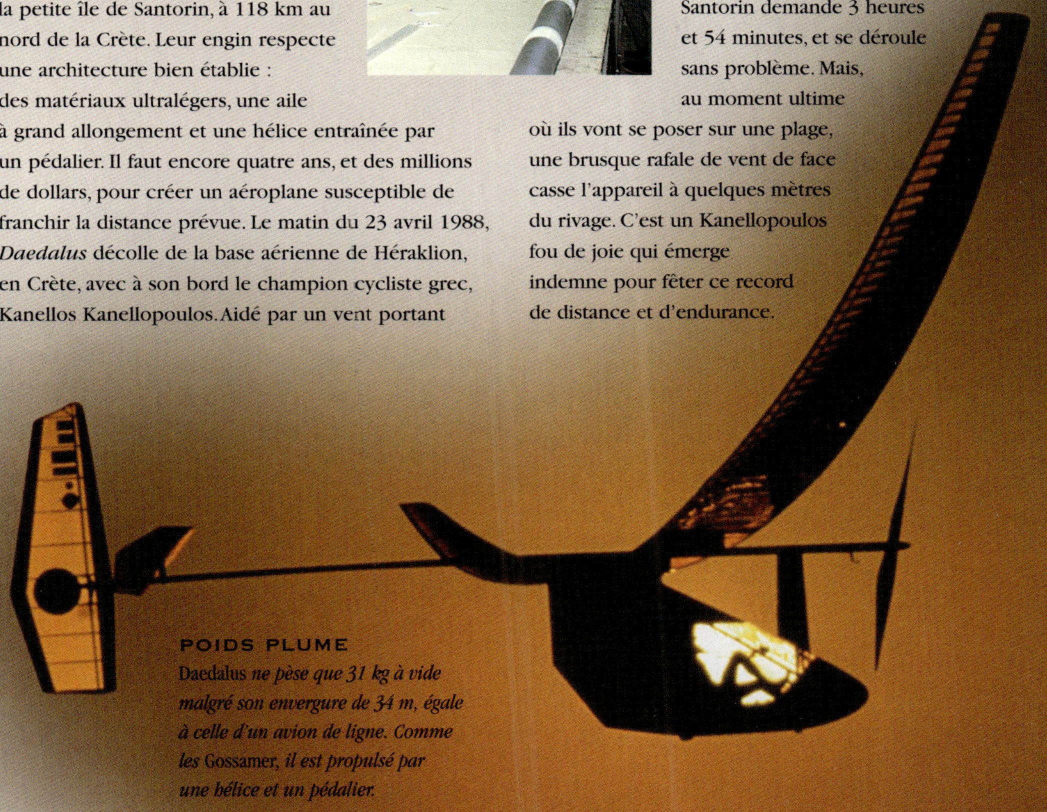

POIDS PLUME
Daedalus *ne pèse que 31 kg à vide malgré son envergure de 34 m, égale à celle d'un avion de ligne. Comme les* Gossamer, *il est propulsé par une hélice et un pédalier.*

LE TOUR DU MONDE EN 19 JOURS

BREITLING ORBITER 3
L'Orbiter 3 est le premier ballon à réussir un tour du monde sans escale. Le revêtement aluminisé de l'enveloppe d'aspect argenté est un isolant qui régularise la température du gaz à l'intérieur.

Le 20 mars 1999, Bertrand Piccard et Brian Jones sont les premiers hommes à réussir le tour du monde en ballon, lorsque le *Breitling Orbiter 3*, volant à la vitesse de 210 km/h, franchit la ligne d'arrivée imaginaire à 11 000 m au-dessus de l'Afrique occidentale.

Orbiter 3 est un ballon mixte gonflé à l'hélium et à l'air chaud, du type Rozier. La très haute enveloppe argentée est gonflée à l'hélium, alors que le sac conique du bas est gonflé par l'air chaud. Ce sac, qui sert de lest variable, permet aux aéronautes de gagner ou de perdre facilement de l'altitude. La nacelle n'a plus rien à voir avec le panier en osier de Pilâtre de Rozier. Elle ressemble beaucoup à une capsule spatiale, et est totalement pressurisée et remplie d'équipements relevant de la haute technologie.

Comme tous les candidats au premier tour du monde des années 1990, Piccard et Jones se servent des jet-streams, ces courants aériens rapides de haute altitude qui soufflent, de décembre à mars, vers l'est aux latitudes moyennes à des vitesses allant jusqu'à 320 km/h. Partant de Château-d'Oex, en Suisse, ils volent d'abord vers le sud en traversant l'Espagne pour rencontrer un jet-stream au-dessus de l'Afrique du Nord. Puis ils parviennent à trouver le bon courant susceptible de leur faire parcourir une route remarquablement directe vers l'est, à environ 20° au nord de l'équateur. La plus grande partie du voyage, qui se déroule au-dessus de 9 100 m, les soumet à des températures très basses.

Pour terminer ce voyage en apothéose, Piccard et Jones tentent de se poser près des pyramides de Gizeh, mais ils doivent atterrir dans le Sahara où ils attendent pendant des heures l'hélicoptère chargé de les recueillir. Leur épopée aérienne a duré 19 jours, 21 heures et 55 minutes.

À L'INTÉRIEUR
À l'intérieur de la nacelle d'Orbiter 3, la majeure partie de l'espace disponible est occupée par des équipements très modernes de communication et de navigation.

GLOBAL CHALLENGER
Steve Fossett, Richard Branson et Peter Lindstrand (de gauche à droite) posent devant leur ballon ICO Global Challenger à bord duquel ils échouent dans leur tour du monde en 1998. Fossett et Branson sont des amateurs fortunés qui risquent leur vie à plusieurs reprises dans des tentatives de tour du monde en ballon.

La force humaine assistée par des batteries devient un important axe de recherches qui mène à un appareil volant à plus de 50 km/h. Mais le vol musculaire est très exigeant, car il n'est l'apanage que de personnes en très grande forme physique et reste très tributaire des conditions atmosphériques : un vent un peu fort suffit pour détruire le fragile appareil.

Les ballons des records

À la fin du xxe siècle, une autre forme de vol attire aventuriers et chercheurs : le ballon. Si l'intérêt porté à la plus ancienne manière de voler n'a jamais totalement disparu, elle est depuis longtemps considérée comme une technique au sommet de son développement. Mais, en 1931, le physicien suisse Auguste Piccard invente une nacelle pressurisée qui permet aux aéronautes d'atteindre des altitudes jusque-là interdites. Les ascensions en ballon deviennent à la fois un moyen d'explorer les couches supérieures de l'atmosphère et un domaine où s'exerce la concurrence internationale pour battre des records d'altitude.

En 1935, le ballon américain *Explorer II*, monté par Albert Stevens et Orville Anderson, atteint l'altitude de 22 056 m, record qui ne sera pas battu pendant vingt ans.

Le vol en ballon sur de longues distances est plus intéressant d'un point de vue sportif, mais aussi médiatique. Tous les records établis par des pilotes d'avion dans les années 1920 et 1930 – première traversée transatlantique, premier vol transcontinental sans escale, etc. – peuvent encore être égalés par des plus-légers-que-l'air non motorisés. Dans les années 1970, la technique du ballon et, facteur déterminant, la connaissance des courants aériens et des phénomènes météorologiques ont progressé à un point tel que ce type de vol devient possible,

SOLAR CHALLENGER
L'application de l'énergie solaire au vol propulsé a été expérimentée sur des appareils comme Solar Challenger. *Cet aéroplane utilise le rayonnement solaire transformé en électricité en complément du pédalage effectué par le pilote. Ainsi, l'appareil peut voler plus vite et plus loin qu'avec le seul effort musculaire. Par la suite, des appareils fonctionnant uniquement avec l'énergie solaire ont été réalisés (voir p. 425).*

même s'il demeure très risqué. Les dix-sept premières tentatives de traversée de l'Atlantique en ballon échouent et font sept victimes. Mais, le 11 août 1978, Ben Abbruzzo, Maxie Anderson et Larry Newman, originaires d'Albuquerque, au Nouveau-Mexique, s'élèvent de Presque Isle, dans le Maine, en direction de la France, à bord d'un ballon gonflé à l'hélium, le *Double Eagle II*. Ils ont baptisé leur nacelle *Spirit of Albuquerque* en hommage au *Spirit of Saint Louis* de Lindbergh, et cherchent à atteindre l'aéroport de Paris-Le Bourget. Dans la soirée du 17 août, privés de lest et menacés par l'obscurité, ils se posent dans un champ près d'Évreux, à 96 km de leur but. Ils ont couvert 4 960 km en 137 heures et 6 minutes.

Au cours des vingt années qui suivent, d'autres records tombent : première traversée sans escale du continent nord-américain en 1981, première traversée en solitaire de l'Atlantique en ballon par Joseph Kittinger en 1984, première traversée en solitaire du Pacifique par Steve Fossett en 1995. Il ne reste plus que le tour du monde sans escale.

L'un des défis les plus coûteux, à la fin des années 1990, le tour du monde en ballon, se transforme en une bataille d'aventuriers millionnaires. Le financier américain Steve Fossett et l'homme d'affaires britannique Richard Branson prennent la tête de la compétition, Fossett effectuant la première de ses trois tentatives en solitaire en 1996. L'Américain fait partie de l'équipage de Branson lors de sa troisième tentative de tour du monde en 1998 qui, partant du Maroc, s'achève dans le Pacifique le jour de Noël. Mais ces personnages très médiatiques sont éclipsés par Bertrand Piccard (petit-fils de l'inventeur de la nacelle pressurisée) et Brian Jones, qui réussissent leur tour du monde en mars 1999 à bord du *Breitling Orbiter* (voir encadré p. 416).

Le vol amateur

Pour des milliers d'êtres humains, le pilotage est suffisamment passionnant pour qu'ils n'éprouvent pas le besoin de battre des records. Le vol à voile représente une intéressante pratique du pilotage, et communier en silence avec les courants aériens et les phénomènes atmosphériques séduit beaucoup d'amateurs peu attirés par le bruit des moteurs, qui préfèrent cette façon plus poétique de voler. Le développement du vol à voile sous la forme d'un sport technique et attachant commence dans les clubs allemands, dans les années 1920, et cette activité permet de former les pilotes de la future Luftwaffe. Les pla-

neurs apparaissent bientôt comme d'intéressantes machines pour l'essai de solutions aérodynamiques nouvelles, et ils seront même utilisés dans des opérations pendant la Seconde Guerre mondiale. Mais le vol sans moteur est probablement la forme la plus pure des activités aéronautiques, car ses applications commerciales ou militaires sont très marginales.

AVION OU AUTO ?
L'Aerocar de Molt Taylor, commercialisé dans les années 1950, est l'une des tentatives les plus achevées pour réaliser un avion abritable dans tous les garages privés. Il est vu ici en vol et sur route avec ses ailes repliées transportées par une remorque.

L'idée qui consiste à mettre le pilotage à la portée de millions de personnes est restée au stade du rêve. Dès 1924, le constructeur automobile Henry Ford envisage un avenir dans lequel les avions seraient produits dans des quantités semblables à celles des automobiles.

Dans les années 1930, Eugene Vidal, administrateur américain de l'aéronautique, est un fervent partisan de « l'avion du pauvre », une Ford Model T de l'air susceptible de faire évoluer l'aviation d'un « loisir de riches à un moyen utilitaire quotidien ou à une distraction abordable par le citoyen américain moyen ». À partir des années 1920, l'aviation privée pratiquée avec des avions légers devient un sport plus populaire et accessible à des personnes d'une aisance modeste. En fait, l'idée de l'avion garé devant chaque maison n'est jamais totalement abandonnée.

On connaît plusieurs tentatives visant à produire des automobiles volantes ou véhicules mixtes susceptibles d'être conduits sur route ou pilotés comme un avion. Le concept le plus achevé reste sans doute celui de l'Aerocar de Molt Taylor, produit dans les années 1950. Les surfaces portantes peuvent être repliées pour transformer l'avion en auto, et le moteur entraîne une hélice en mode avion et les roues en mode automobile. Cependant, le caractère hybride de l'Aerocar suppose trop de compromis pour que le véhicule soit vraiment performant dans ses deux utilisations.

On assiste aussi à diverses tentatives pour rendre l'aviation bon marché, la plus mémorable étant celle du Français Henri Mignet et de son Pou-du-Ciel. Présenté en 1933, ce minuscule avion est diffusé sous forme d'une liasse de plans permettant sa construction par un amateur. Avec environ trente jours de tra-

UN AVION TRÈS PRISÉ
Un Piper Cherokee volant au-dessus du désert de Californie. La série des Cherokee, dont le premier apparaît en 1960, est caractéristique des avions légers de ce constructeur, reconnus pour leur fiabilité et leur simplicité.

PAR LE TROU DU RIDEAU

L'un des vols les plus médiatisés, et réalisé avec un simple avion de tourisme, a été celui de Matthias Rust, un Allemand âgé de 19 ans, titulaire d'une cinquantaine d'heures de vol. En mai 1987, alors que la guerre froide est encore d'actualité, Rust décide de franchir le rideau de fer. Seul à bord d'un quadriplace Cessna, il décolle d'Helsinki, en Finlande, et vole vers l'est en direction de Moscou, ignorant totalement le système de défense aérienne de l'URSS, réputé infranchissable. Il semble que l'avion ait été trop lent pour être repéré. Rust frôle le Kremlin en guise de salut avant d'atterrir près du mausolée de Lénine sur la place Rouge. Sortant de son avion, il signe des autographes aux badauds présents sur les lieux avant d'être arrêté par la police. Son exploit, qui entraîne la démission du ministre soviétique de la Défense, est interprété comme un signe supplémentaire annonciateur de l'effondrement prochain du système communiste.

SUR LA PLACE ROUGE
Le Cessna de Matthias Rust, posé sur la place Rouge à Moscou après son vol depuis la Finlande. Le jeune étudiant allemand, qui a franchi les défenses aériennes soviétiques, est devenu une sorte de héros parmi les pilotes amateurs.

vail, le candidat aviateur peut disposer d'une machine capable d'atteindre 130 km/h, mais dont la vitesse d'atterrissage n'est que de 30 km/h. Le Pou-du-Ciel est accueilli avec enthousiasme. Malgré l'affirmation de Mignet selon laquelle « les risques sont absolument moindres » qu'en automobile, le nombre de morts causées par les accidents de Pou-du-Ciel entraîne une interdiction de vol par les autorités françaises.

L'aviation légère

S'il ne fait aucun doute qu'il existera toujours un marché pour les constructeurs amateurs, le genre d'avion privé le plus répandu est finalement l'avion léger produit en série. Celui-ci doit être facile à piloter, économique à utiliser, fiable et robuste, mais, en même temps, être capable d'une certaine vitesse et offrir une bonne maniabilité afin de satisfaire les aspirations du pilote amateur à en obtenir un plaisir certain. Les aéroclubs aidés par l'État se multiplient dans les années 1920 en Allemagne et en Grande-Bretagne, dans les années 1930 en France. En Angleterre, le de Havilland Moth de 1925 devient très vite l'avion favori des pilotes privés. Aux États-Unis, les trois firmes qui domineront l'industrie de l'aviation légère, Cessna, Beech et Piper, sont fondées entre 1927 et 1937, malgré la grande crise de 1929. Le premier Cessna A, même s'il est commercialisé comme « l'avion pour tous », ne peut être acquis par tous, surtout dans un contexte économique sombre. Piper connaît toutefois un succès considérable avec le Cub. Doté d'un équipement minimal, mais très économique – il n'a même pas d'indicateur de vitesse, ni de compas –, le Piper Cub prend la place des vétérans de l'époque des cascadeurs aériens, comme le Curtiss Jenny, pour devenir l'avion léger le plus vendu aux États-Unis dans les années 1930.

Dans les années 1950, Cessna et Beech, comme d'autres constructeurs, bénéficient de l'essor considérable du marché des avions privés. L'un des appareils les plus appréciés est le bien nommé Beechcraft Bonanza (Bonus). Parmi les réussites de Cessna, on retiendra l'omniprésent Cessna 172 de 1955. Piper domine longtemps la spécialité en terme de volume de production : lorsque la firme sort son 100 000e appareil en 1977, on calcule qu'elle a produit 10 % de tous les avions construits jusqu'à cette date dans le monde.

LE POU-DU-CIEL
Le Pou-du-ciel d'Henri Mignet connaît une brève popularité dans les années 1930. Mignet défend avec vigueur l'aviation populaire dans son livre à succès L'Aviation de l'amateur, *publié en 1934.*

Le bombardier Learjet

William Powell Lear développe un avion original, le Learjet 23, en partant du projet du chasseur-bombardier américano-suisse P-16 d'Aviation Corporation. Logiquement, étant donné ses origines militaires, lorsque le Learjet est présenté en 1964, il affiche des performances sans précédent pour un appareil privé. En 1965, un Learjet vole aller-retour de Los Angeles à New York en moins de 11 heures. Le Learjet 24 à huit places, introduit en 1966, effectue un tour du monde en 50 heures et 20 minutes. Tout en étant capables de parcourir de longues distances à grande vitesse, les Learjet peuvent voler à des altitudes supérieures même à celles des avions de ligne : en 1977, le Lear 25 est autorisé à voler jusqu'à 15 550 m.

Les premiers Learjet possèdent des réservoirs aux bouts des ailes, mais, dans les années 1970, ceux-ci font place à des ailettes réductrices de traînée. De plus, sur les modèles récents, des réacteurs à double flux remplacent les moteurs antérieurs.

Malgré l'augmentation de la concurrence sur le marché des avions d'affaires à réaction dans les années 1980 et 1990, les Learjet conservent leur suprématie grâce à des évolutions constantes. Par exemple, l'autonomie de certains modèles a été portée à 4 000 ou 5 000 km, et la capacité de six à neuf ou dix sièges.
Si la firme Learjet Corporation a changé souvent de mains (elle fait actuellement partie du groupe aéronautique Bombardier), l'avion Learjet reste un classique.

« [...] le Learjet n'est pas loin d'être le symbole absolu du prestige. »

T.A. Heppenheimer,
extrait de *A Brief History of Flight*, 2000

DES SYSTÈMES MODERNES
Le poste de pilotage étroit du Learjet 45 est rempli de systèmes de contrôle de vol d'une très grande précision. De plus, le grand pare-brise réchauffé électriquement offre aux pilotes un champ de vision de 220°.

UNE LIGNE RECONNAISSABLE
La vue de face caractéristique du Learjet 45 met en valeur ses deux réacteurs à double flux accolés à l'arrière du fuselage, son empennage horizontal placé en haut de la dérive et ses ailettes d'extrémité de voilure qui réduisent la traînée.

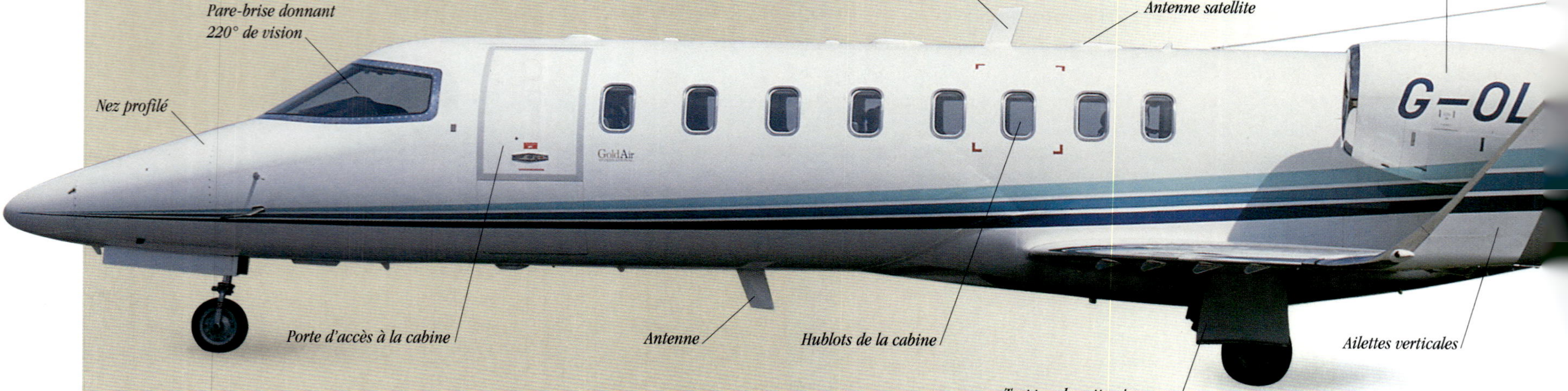

VOL LUXUEUX
Le Learjet 45 offre à ses neuf passagers des conditions de vol d'un luxe extrême : cabine spacieuse à plancher plat, sièges totalement inclinables, tablettes pliantes et écrans de télévision pivotants.

Caractéristiques

MOTEURS	2 réacteurs double flux AlliedSignal TFE731-20
ENVERGURE	14,57 m
LONGUEUR	17,6 m
POIDS	6 146 kg
VITESSE MAX.	865 km/h
ÉQUIPAGE	2
PASSAGERS	9

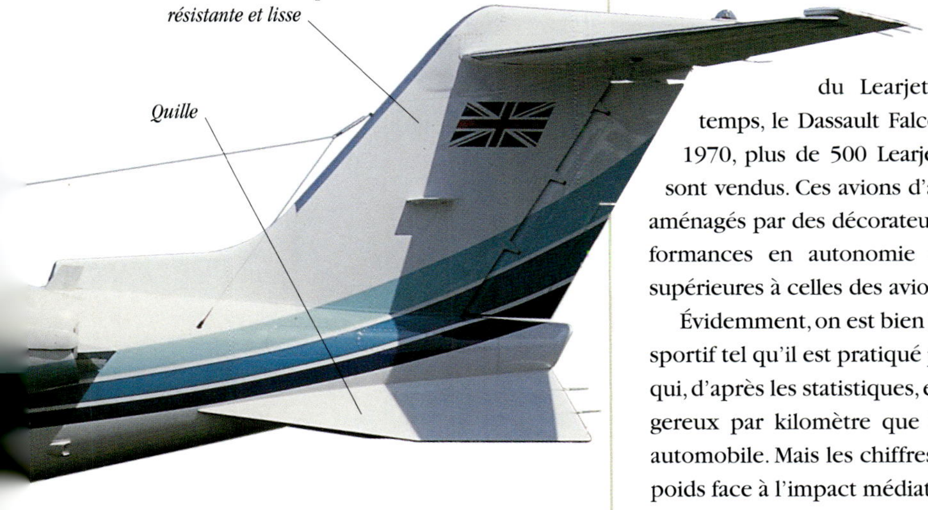

PRESTIGE ET VITESSE
Le profil aérodynamique du Learjet 45 a été étudié pour une efficacité maximale. La voilure en flèche à 13° en est un exemple.

Le secret du succès des avions légers est leur polyvalence. Leurs utilisations vont de la formation au pilotage à l'observation du champ de bataille, de l'épandage de produits de traitement agricoles au transport commercial léger, en passant par les loisirs sportifs et le tourisme.

Voler au bout du monde

Dans certaines contrées du monde parmi les moins accessibles, comme l'Alaska, le bassin de l'Amazone ou la Nouvelle-Guinée, les avions assurent le lien nécessaire entre les régions peuplées et constituent le seul moyen d'accéder aux zones sauvages dépourvues de pistes. Les pilotes qui posent leur Cessna sur les pistes de la jungle des monts Bismarck en Nouvelle-Guinée vivent probablement des situations aussi angoissantes et risquées que n'importe laquelle de l'histoire de l'aviation.

Accroître la complexité et augmenter la puissance des avions légers sont des constantes et répondent à une demande d'une catégorie bien identifiée d'acheteurs privés, prêts à payer le prix fort pour avoir les plus récentes techniques appliquées à l'aéronautique. Cette tendance s'est manifestée dans le domaine des jets privés. Destinés avant tout aux grands groupes d'affaires, mais achetés aussi par des personnes richissimes, les jets d'affaires, qui se sont multipliés depuis les années 1960, libèrent leurs propriétaires des contraintes des compagnies.

Signe extérieur de richesse

Le marché des avions d'affaires à réaction explose littéralement dans les années 1950, avec l'apparition du Learjet, qui devient le signe absolu de richesse, surpassant le yacht de grand luxe ou l'appartement de luxe à New York pour le glamour et le charme. Le principal concurrent du Learjet est, dans un premier temps, le Dassault Falcon. Au milieu des années 1970, plus de 500 Learjet et plus de 300 Falcon sont vendus. Ces avions d'affaires à réaction, parfois aménagés par des décorateurs de renom, ont des performances en autonomie et vitesse parfois supérieures à celles des avions de ligne.

Évidemment, on est bien loin ici du pilotage sportif tel qu'il est pratiqué par les amateurs et qui, d'après les statistiques, est bien moins dangereux par kilomètre que la conduite d'une automobile. Mais les chiffres n'ont que peu de poids face à l'impact médiatique des accidents impliquant des personnalités très connues, comme par exemple la mort de John F. Kennedy Jr aux commandes d'un Piper Saratoga en 1999.

Pourtant, les dangers potentiels encourus ne dissuadent pas les passionnés d'aviation, qu'il s'agisse de l'aviation légère ou du deltaplane. Celles et ceux qui ont soif d'aventure ont toujours estimé que le danger, générateur à l'occasion de poussées d'adrénaline, fait partie de l'attrait du vol. L'aviation est donc destinée à conserver sa double nature : elle est à la fois un secteur fondamental de l'économie mondiale, mais aussi un domaine de l'extrême où certains individus repoussent leurs limites.

WILLIAM LEAR

William Powell Lear (1902-1978), créateur du Learjet, naît à Hannibal, dans le Missouri. Dans un contexte familial quelque peu perturbé, il abandonne ses études secondaires, mais fait bientôt preuve d'un génie créatif en électronique. Il invente le premier récepteur de radio viable pour automobile en 1932. Puis il se tourne vers l'aviation et crée une série d'instruments de bord électroniques. En 1947, Lear produit le premier pilote automatique pour avions à réaction avec lequel il remporte le prestigieux Collier Trophy et devient riche. Après un séjour en Suisse dans les années 1950, il retourne aux États-Unis et fonde la Learjet Corporation en 1962. Le Learjet est un succès, mais Lear se révèle un mauvais gestionnaire. La firme est reprise par Gates Rubber Company en 1967. Par la suite, Lear gaspillera beaucoup de temps et d'argent à la conception de véhicules à vapeur respectueux de l'environnement, ainsi qu'à celle du malchanceux LearFan bi-turbopropulseur.

LE ROI LEAR
Dans les années 1960, le Learjet apporte la gloire à William Lear, qui peut alors obtenir des capitaux pour n'importe quel projet technique innovateur.

LA RÉFÉRENCE DES ANNÉES 1990
Les Gulfstream de la Gulfstream Aerospace Corporation ont des performances supérieures pour les jets d'affaires et des normes de sécurité dignes des meilleures compagnies.

L'AVIATION GÉNÉRALE

Les premiers aéroplanes sont des appareils privés, construits pour des sportifs ou de riches passionnés. L'expansion de l'aviation militaire, puis commerciale, entraîne l'apparition, autour de 1930, d'une catégorie distincte d'avions légers destinés au tourisme aérien ou à des tâches très particulières comme le traitement agricole ou le transport de passagers vers des régions inaccessibles. Pour s'imposer, ces avions doivent être bon marché, solides et relativement faciles à piloter. À la même époque, l'avion conçu pour la construction amateur commence à séduire une nouvelle catégorie de passionnés. L'aviation légère connaît après la Seconde Guerre mondiale une très forte expansion, dont les firmes Piper, Beech et Cessna sont les premières bénéficiaires. L'arrivée des avions privés à réaction dans les années 1960 introduit des appareils destinés aux grandes firmes et aux grandes fortunes, qui rivalisent désormais avec les avions de ligne en matière de raffinements techniques et de performances. Parallèlement, les deltaplanes et ultralégers motorisés introduisent de nouvelles pratiques dans le vol sportif.

LE LUXE ABSOLU

Le Learjet série 60 haut de gamme combine la voilure du Longhorn au fuselage et aux moteurs de la série 35, pour offrir la vitesse et l'autonomie les plus grandes de toute la famille des Learjet (*voir pp. 420-421*).

Beech Bonanza D35

Le Bonanza, avec son empennage « papillon » caractéristique, sa construction entièrement métallique et son train rétractable, a introduit en 1945 une nouvelle référence en matière d'avion léger. Mais personne n'aurait pu prévoir que 10 000 exemplaires verraient le jour et que sa production se poursuivrait jusqu'en 1982.

Moteur Continental E-185 6-cylindres à plat de 205 ch

Envergure 10 m — **Longueur** 7,7 m

Vitesse de croisière 280 km/h

Passagers 3 — **Équipage** 1

Cessna 172R Skyhawk

Version à train tricycle du très répandu Cessna 170, le premier quadriplace Cessna 172 vole en novembre 1955. Le succès est immédiat et il se prolonge jusqu'à nos jours avec plus de 42 000 exemplaires vendus, qui font du 172 l'avion léger le plus commercialisé du monde.

Moteur Lycoming Textron 10-360 4-cylindres à plat de 160 ch

Envergure 11 m — **Longueur** 8,3 m

Vitesse de croisière 225 km/h

Passagers 3 — **Équipage** 1

Cessna 340

Lorsque le 340 de Cessna est mis sur le marché en 1971, il se situe entre l'ancien Cessna 310 à 4-6 places et le Cessna 414/421 à 6-8 places. Avec une cabine pressurisée et un escalier d'accès intégré à la porte, l'avion est destiné aux hommes d'affaires. Le Cessna 335, plus léger et non pressurisé, est également produit en petit nombre à partir de 1979. 1 267 Cessna 340 sont construits jusqu'à la fin de sa production, en 1984.

Moteurs 2 Continental TS10-520 6-cylindres à plat turbo de 310 ch

Envergure 11,6 m — **Longueur** 10,5 m

Vitesse de croisière 425 km/h

Passagers 5 — **Équipage** 1

Dassault Mystère Falcon 900C

Dérivé du triréacteur Falcon 50 antérieur, en vue d'offrir une autonomie supérieure, le Falcon 90 est présenté au Salon de l'aéronautique de Paris en juin 1983. Le premier prototype vole en septembre 1984. Le second prototype vole sans escale de Paris à Little Rock, dans l'Arkansas. Les livraisons commencent en décembre 1986 avec plus de 180 commandes. Le type standard actuel est le Falcon 900C, mais une version dotée d'une autonomie supérieure, le 900EX, est lancée en octobre 1994.

Moteurs 3 réacteurs double flux Honeywell TFE731-5BR-1C de 2150 kgp

Envergure 19,3 m — **Longueur** 20,2 m

Vitesse de croisière 890 km/h

Passagers 8-15 — **Équipage** 2

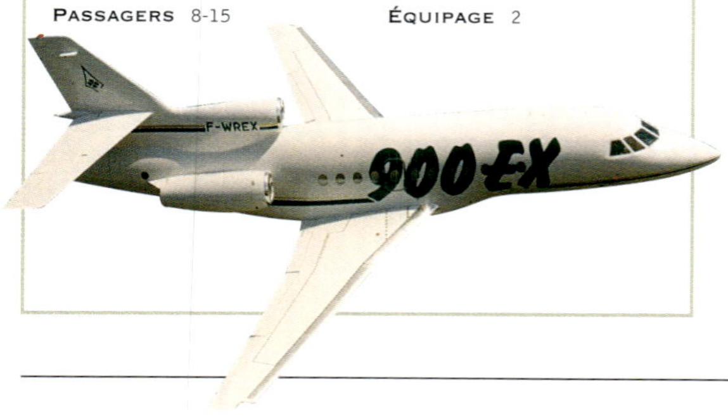

Eipper Quicksilver E (ultraléger)

Eipper Formance construit le planeur pendulaire Quicksilver, conçu en 1972 par Bob Lovejoy. Environ 2 000 exemplaires en ont été vendus, quand la production cesse en 1981. Équipé d'un moteur, l'appareil devient l'un des premiers ultralégers motorisés sans train d'atterrissage.

Moteur Rotax 503 à piston de 46 ch

Envergure 9,8 m — **Longueur** 5,5 m

Vitesse de croisière 65 km/h

Passagers 0 — **Équipage** 1

Europa XS

Au début des années 1990, Ivan Shaw fait un rêve. Il dessine un aéroplane, l'Europa, susceptible d'être construit par un amateur, garé à domicile et facile à transporter jusqu'au plus proche aérodrome en faisant le plein en cours de route. Réassemblé en moins de 5 minutes, il peut emporter deux personnes pour des vols de tourisme.

Moteur Rotax 912S de 80 ch

Envergure 8,3 m — **Longueur** 5,8 m

Vitesse de croisière 260 km/h

Passagers 1 — **Équipage** 1

Gulfstream Aerospace Gulfstream V-SP

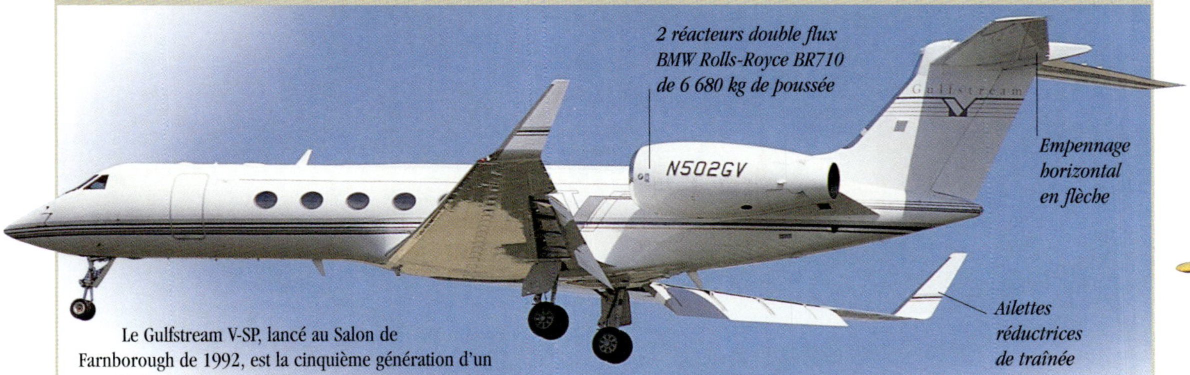

Le Gulfstream V-SP, lancé au Salon de Farnborough de 1992, est la cinquième génération d'un type d'avion d'affaires à grande autonomie, commencée avec le Grumman Gulfstream I de 1958. Cet appareil à réaction privé possède une voilure très moderne construite par Vought Aircraft et des moteurs BMW Rolls-Royce à faible consommation qui offrent une autonomie de près de 11 000 km. Plus de 200 Gulfstream V ont été vendus, et la dernière version, le V-SP prototype, a effectué son premier vol le 31 août 2001.

Moteurs 2 réacteurs double flux BMW Rolls-Royce BR710 de 6 680 kgp

Envergure 28,5 m — **Longueur** 29,4 m

Vitesse de croisière 850 km/h

Passagers 8 — **Équipage** 2

Piper PA-180-150 Super Cub

Plus puissant que tous ses prédécesseurs, le Super Cub, version finale du Piper J-3 Cub original de 1937, vole en novembre 1949. À la fin d'une production ininterrompue jusqu'en 1981, près de 7 500 avions ont été produits. La version la plus puissante, le PA-18-150, apparaît à la fin de 1954. Plusieurs milliers de Super Cub sont toujours utilisés par des pilotes privés dans le monde entier.

Moteur Lycoming 0-320 4-cylindres à plat de 150 ch

Envergure 10,7 m — **Longueur** 6,9 m

Vitesse de croisière 206 km/h

Passagers 1 — **Équipage** 1

Piper PA-46-350P Malibu Mirage

Le Piper Malibu à 6 places, qui vole pour la première fois en août 1982, survit aux lois sur la protection des consommateurs de la fin des années 1980, qui entraînent la disparition d'une partie de l'industrie de l'aviation générale américaine. Le modèle type, équipé d'un moteur Continental turbocompressé, offre la plupart des prestations des bimoteurs d'affaires plus coûteux, dont une cabine pressurisée et une porte à escalier intégré. Le Malibu Mirage, à moteur Lycoming de 350 ch, est produit depuis octobre 1988.

Moteur Lycoming Textron T10-540 6-cylindres à plat de 350 ch

Envergure 13,1 m — **Longueur** 8,7 m

Vitesse de croisière 400 km/h

Passagers 5 — **Équipage** 1

Robin DR 400/120

L'héritage du Jodel du Robin DR 400 est immédiatement révélé par ses ailes typiques aux extrémités relevées. La firme Robin remonte à 1957, quand Pierre Robin et Jean Delemontez (le « Del » de Jodel) s'associent pour développer le Jodel original, construit en bois. Les avions originaux évoluent jusqu'au DR 400, qui vole pour la première fois en juin 1972. Propulsé par des moteurs de diverses puissances, le DR 400 peut être biplace ou quadriplace. Plus de 1 200 exemplaires ont été construits.

Moteur Lycoming Textron 0-235 4-cylindres à plat de 112 ch

Envergure 8,7 m — **Longueur** 7 m

Vitesse de croisière 215 km/h

Passagers 1 (+ 2 enfants) — **Équipage** 1

Rutan Model 33 Vari-eze

La Rutan Aircraft Factory Inc., fondée en 1969 par les frères Burt et Dick Rutan, a produit des appareils extraordinaires, dont le plus célèbre reste le *Voyager* du tour du monde sans escale. Le premier Vari-eze à structure en composite et plan canard (empennage frontal) apparaît en 1975, suivi par un second prototype un an après. Cet avion à roulette avant rétractable et train principal fixe offre des performances hors du commun avec 100 ch seulement. Il est adopté avec enthousiasme par les constructeurs amateurs. En 1984, plus de 600 exemplaires ont déjà volé, alors que plus de 1 400 sont en chantier.

Moteur divers dont un Continental 0-200 4-cylindres à plat de 100 ch

Envergure 6,8 m — **Longueur** 4,3 m

Vitesse de croisière 310 km/h

Passagers 1 — **Équipage** 1

Slingsby T.67C Firefly

En 1981, le célèbre constructeur de planches à voile du Yorkshire achète la licence de fabrication du Fournier RF-6B français, qu'il produit sous le nom de Firefly. Grâce à son expérience de la résine renforcée de fibre de verre (GRP), l'avion refondu fait un large emploi de ce matériau dans sa structure. Il existe en versions civile et militaire.

Moteur Lycoming Textron 0-320 4-cylindres à plat de 160 ch

Envergure 10,6 m — **Longueur** 7,3 m

Vitesse de croisière 215 km/h

Passagers 0 — **Équipage** 2

Socata TB10 Tobago

Au milieu des années 1970, la firme française Socata conçoit une famille d'avions légers à 4 ou 5 places, destinée à remplacer l'excellent Rallye (né Morane-Saulnier). La série des TB, portant des noms de lieux des Caraïbes, va du TB9 Tampico Club à train fixe au TB21 Trinidad TC à train rentrant et moteur turbo. Le premier TB10 qui vole pour la première fois en février 1977 est le plus diffusé de la gamme avec un train fixe et un moteur plus puissant que celui du Tampico de base.

Moteur Lycoming Textron 0-360 4-cylindres à plat de 180 ch

Envergure 9,8 m — **Longueur** 7,7 m

Vitesse de croisière 240 km/h

Passagers 3 — **Équipage** 1

« Cette conquête de l'air finira par se révéler comme le plus grand et le plus glorieux triomphe de l'homme. »

Claude Grahame-White,
pionnier de l'aviation, 1914

L'AVIATION DE DEMAIN

APRÈS UN SIÈCLE AU COURS DUQUEL L'AVIATION A CHANGÉ LA FACE DU MONDE, IL EXISTE ENCORE DES DOMAINES DU VOL INEXPLORÉS.

L'AVION UNIVERSEL
Le Joint Strike Fighter (JSF), avion de combat standard, est destiné à donner à l'OTAN, au XXIe siècle, un avion d'attaque et de supériorité aérienne produit en série et relativement peu coûteux. Il est plus petit et plus polyvalent que le Lockheed Martin F-22 Raptor, auquel il ressemble sur certains points.

La mythologie grecque, si fascinante pour de nombreux pionniers de l'aviation, raconte que le fils de Dédale, Icare, mourut pour s'être trop approché du Soleil, qui fit fondre la cire retenant les plumes de ses ailes. En 2001, contrairement à la légende antique, une aile volante ultralégère de la NASA, baptisée *Helios,* vola jusqu'aux limites de l'atmosphère terrestre grâce à l'énergie solaire.

Helios, sans doute l'un des plus étonnants aéroplanes jamais construits, était « piloté » par un contrôleur au sol et volait à la modeste vitesse de 32 km/h. Sa voilure, d'une envergure de 75,25 m, supérieure à celle d'un Boeing 747, était revêtue de panneaux solaires fournissant une puissance électrique suffisante pour entraîner ses quatorze moteurs. Le stockage dans ses accumulateurs du courant électrique produit pendant le jour permettait le vol de nuit. Totalement respectueux de l'environnement, *Helios* était destiné à effectuer des vols de très longue durée aux limites de l'espace. Le 13 août 2001, il battit le record d'altitude pour un appareil à hélice en atteignant 29 511 m. À cette hauteur, l'atmosphère terrestre est semblable à celle de Mars, et les scientifiques de la NASA purent apprendre beaucoup sur la faisabilité d'une machine susceptible de croiser dans le ciel de la « planète rouge ». *Helios* pouvait assurer de nombreuses tâches confiées aux satellites, les communications et observations météorologiques, par exemple, mais pour un coût moins élevé. La NASA pensait qu'*Helios* pouvait voler pendant des mois, en fait jusqu'à usure totale de ses pièces, puisqu'il n'avait pas besoin d'être ravitaillé.

La brève carrière expérimentale d'*Helios* prit fin en juin 2003, lorsque l'on perdit son contrôle et qu'il s'abîma dans le Pacifique. Il demeure toutefois un élément clé des pistes que peut prendre l'aviation du XXIe siècle. Le développement des drones ne doit pas faire craindre une disparition des pilotes mais peut révolutionner certains domaines de l'aviation. En outre, l'utilisation de l'énergie solaire doit s'imposer comme une solution pour les concepteurs si la pollution des appareils conventionnels devient politiquement et socialement inacceptable.

Un si beau parcours

Helios était un magnifique exemple de la capacité permanente de l'aéronautique d'étonner au moyen d'exploits inattendus, relevant d'une innovation technologique souvent à l'œuvre au XXe siècle. Un retour sur le chemin parcouru par l'aviation au cours de ses cent premières années présente des perspectives vertigineuses. Les chiffres des performances atteintes par le matériel révèlent des progrès extraordinaires : par exemple, la vitesse passant des 75 km/h de Glen Curtis en 1909 au record de 640 km/h des années 1930, puis le mur du son franchi à la fin des années 1940, les avions à Mach 2 et Mach 3 des années 1960, vitesse culminant à Mach 6,7 (X-15, 1967) et à Mach 9,6 (X-43A, 2004).

Des progrès similaires sont enregistrés en distance, en altitude ou en charge marchande. Dans les années 1930-1940, les appareils à hélice pouvaient voler de 1 000 à 3 000 km ; à la fin des années 1950, les avions à réaction avaient un rayon d'action d'environ 6 000 km ; dans les années 1970, le Boeing 747 porta le record à plus 10 000 km ; au début du XXIe siècle, les appareils les plus récents peuvent transporter leurs passagers sur 14 000 à 18 000 km sans escale. Le Lockheed C-5 de transport, introduit à la fin des années 1960, qui peut emporter cent fois la charge d'un bombardier de la Première Guerre mondiale, est lui-même supplanté par l'Airbus Beluga, qui transporte des charges de plus de 50 tonnes.

LE GENTIL GÉANT
L'aile volante ultralégère Helios *de la NASA, pilotée à distance, traçait calmement sa route à l'allure de 32 km/h. Propulsée par l'énergie solaire, elle faisait partie d'une nouvelle espèce d'aéronefs respectueux de l'environnement. Elle était conçue pour soutenir des vols prolongés aux limites de l'atmosphère terrestre.*

LE DERNIER VOL DU CONCORDE

Le dernier vol commercial du Concorde eut lieu le 24 octobre 2003. Réussite technologique, les vols supersoniques furent un échec commercial, démontrant ainsi que le futur de l'aviation n'était pas forcément lié à une augmentation de la vitesse ou de la distance couverte.

Une innovation permanente

Une histoire générale de l'humanité au XXe siècle ne ferait allusion à l'aviation que de façon très incidente pendant les trois premières décennies. Certaines histoires résumées de la Première Guerre mondiale mentionnent à peine le rôle de l'aviation. Jusqu'à la fin des années 1930, l'aviation est une sorte de folie qui génère des héros, mais sans avoir d'effet sur l'existence de la majorité des peuples. C'est la Seconde Guerre mondiale qui place l'aviation au premier plan, en transformant l'art de la guerre. L'aviation commerciale prend le relais jusqu'à l'ère de la réaction, qui déclenche elle-même une évolution spectaculaire de la pratique des loisirs et des affaires. Même aux États-Unis, au début des années 1960, la moitié de la population n'a encore jamais pris l'avion. À la fin des années 1990, plus de 1 milliard de passagers volent annuellement dans le monde.

La question qui se pose au début du troisième millénaire demeure sans réponse : l'aviation a-t-elle encore des potentialités révolutionnaires, ou va-t-elle devenir, comme les chars dans le combat terrestre ou le chemin de fer dans le transport des voyageurs, un élément du paysage désormais figé (avec quelques progrès), mais privé de toute perspective d'expansion ou d'évolution spectaculaire ? Parallèlement à des expérimentations constantes, avec des approches innovantes en matière de technologie ou de commerce, il y a, dans certains aspects de l'aviation, une part de conservatisme : cette industrie ne voit pas l'intérêt d'engager des grosses dépenses et de prendre des riques importants pour l'innovation.

Durant un temps, les voyages supersoniques sont apparus comme une voie d'avenir. Il semblait évident que le transport aérien serait toujours plus rapide. Mais les déboires du Concorde et les très mauvais résultats de ses concurrents ont démontré que le prix de la vitesse était supérieur à celui que les passagers étaient prêts à payer (tant en matière de coût qu'en termes de pollution sonore ou environnementale). Au XXIe siècle, les technologies permettent de concevoir facilement un appareil susceptible d'évoluer à deux fois la vitesse du son avec 300 passagers à bord. Seulement personne ne s'attend à voir un tel avion entrer en service avant 2030 – si jamais il voit le jour.

L'échec du Boeing Sonic Cruiser constitue un autre exemple de ce type. Cet appareil révolutionnaire a été présenté en mars 2001 comme le futur du transport de passagers. Il devait pouvoir embarquer 300 voyageurs à une vitesse de croisière de Mach 0,98, juste en dessous de la vitesse du son, afin d'éviter le « bang sonique ». Avec un rayon d'action de 16 000 km, il était censé voler beaucoup plus longtemps que les autres longs-courriers. Mais les réactions négatives des compagnies aériennes mondiales forcèrent Boeing à abandonner son nouvel appareil : les patrons des compagnies préféraient de loin diminuer les coûts plutôt que d'augmenter la vitesse. Plus de sièges, des frais d'entretien et une consommation de carburant réduits sont aujourd'hui les arguments – certes moins innovants… – qui permettent de vendre des appareils.

L'importance de l'argent

Dans l'aéronautique militaire, la recherche de performances améliorées se heurte à des responsables politiques préoccupés par les coûts, qui ont tendance à douter de plus en plus de la nécessité de disposer d'avions très onéreux semblables à des jouets pour grands enfants. L'avance technique des États-Unis est telle qu'elle dissuade tout ennemi potentiel d'engager de coûteux investissements dans une aviation militaire à haute technologie. Il n'a pas échappé aux observateurs que la première attaque aérienne réussie contre l'Amérique a été effectuée par une poignée de jeunes musulmans dont les moyens techniques se limitaient à des couteaux, des ouvre-boîtes, et qui avaient une formation de pilote relative.

L'énormité des dépenses entraînées par le Lockheed Martin F-22 Raptor, le chasseur américain sophistiqué mis en service en 2005, a fait l'objet de vives polémiques. Le F-22 était conçu pour remplacer le F-15, afin de garantir la supériorité américaine sur les chasseurs des forces étrangères. Il représentait un progrès considérable par rapport à ses prédécesseurs et à ses concurrents, dans le domaine de la furtivité et par sa capacité à croiser en supersonique sans utiliser la postcombustion – alors que les appareils précédents ne pouvaient voler au-dessus de la vitesse du son que pendant de courtes périodes, en raison de la consommation de carburant.

BALEINE BLANCHE

L'extraordinaire Airbus Beluga est le plus grand avion de transport du monde en terme de volume. Il est constitué par une moitié inférieure de gros-porteur A300, surmontée d'une énorme soute de chargement. Le Beluga a été conçu pour acheminer des sections de fuselage d'Airbus d'une usine à l'autre.

LE SONIC CRUISER

En 2001, Boeing pense détenir un formidable atout avec le Sonic Cruiser, un appareil pouvant transporter des passagers à une vitesse proche de celle du son. Néanmoins, le Sonic Cruiser restera à l'état de projet, les clients de Boeing ne considérant pas la grande vitesse comme un atout majeur sur le marché du transport aérien.

Le coût du F-22 est bien évidemment très élevé. Le développement et la production de cet appareil auraient coûté 70 milliards de dollars. Moins de 200 exemplaires seront donc construits, ce qui porte leur prix unitaire à 350 millions de dollars environ.

Cet avion a été conçu au cours des années 1980, dans un contexte de guerre froide avec l'Union soviétique. Depuis la fin de ce conflit larvé, il est difficile d'envisager quel ennemi pourrait lutter contre des appareils aussi perfectionnés. Les Russes ont probablement la capacité et la volonté de rester à la pointe de la technologie – en s'appuyant sur des marchés extérieurs telles la Chine et l'Inde pour financer les projets de développement. Mais le Joint Strike Fighter, ou avion de combat commun, étudié pour être produit en série comme futur avion standard de l'OTAN, semble parfaitement adapté pour remplir d'autres rôles. C'est un compromis délibérément accepté entre le coût et la technique. La leçon que l'on peut en tirer est qu'à l'avenir les développements de l'aviation ne reposeront que sur ce qui est faisable technologiquement. À l'époque de la foi aveugle dans le progrès technique – époque qui s'est achevée à la fin des années 1970 –, on était convaincu que tout ce qui pouvait être fabriqué le serait. Au XXIe siècle, une logique plus utilitaire a pris le dessus. Si, dans l'aéronautique, un développement peut améliorer une fonction nécessaire pour un prix abordable, il verra le jour. Qu'ils soient financés par les gouvernements ou l'industrie, les nouveaux projets d'appareils ne respectant pas ces critères sont abandonnés.

L'exploration spatiale semble le seul domaine où les impératifs technologiques restent prédominants. C'est une frontière ouverte, au moins en théorie, avec des possibilités sans limites de réussites nouvelles. Si l'appareil idéal, capable de décoller sous sa seule puissance et d'atteindre l'espace, n'est pas encore réalisé, la navette et les stations spatiales ont déjà permis aux plus fortunés de s'offrir un séjour dans l'espace une fois dans leur vie.

UN TAXI POUR L'ESPACE

Représentation d'un Space Taxi réutilisable voyageant installé sur le dos de son « lanceur dérivé développable ». Conçu conjointement par Orbital Sciences et Northrop Grunman, ce « taxi » ne fut finalement pas retenu par la NASA pour son programme de remplacement de la navette.

L'aviation commerciale

Les prévisions relatives au transport de passagers varient selon les circonstances. En 2000, on annonçait 4 milliards de voyageurs pour l'année 2020, soit trois fois les chiffres actuels ; mais les attaques terroristes du 11 septembre 2001 (voir page 410), les épidémies et la mauvaise conjoncture économique ont produit une chute vertigineuse du trafic aérien. D'un seul coup s'imposa l'idée que le développement permanent de ce secteur pourrait cesser. En 2006 toutefois, le trafic mondial de passagers s'est accru en moyenne de 5 % et les compagnies aériennes ont commandé un nombre record d'avions.

Sans doute la croissance et l'avenir du transport aérien reposent-ils à présent, du moins potentiellement, sur les pays d'Asie les plus peuplés, notamment la Chine. En 2000, celle-ci disposait de 527 avions de lignes qui avaient transporté 67 millions de passagers. En 2005, ces chiffres sont passés respectivement à 863 engins et 138 millions de voyageurs. En 2006, les autorités chinoises ont fait savoir qu'elles prévoyaient d'augmenter leur flotte de 100 avions par an dans les cinq années à venir. Leur objectif vise à multiplier par deux le trafic aérien, ce qui placerait cette grande nation immédiatement derrière les États-Unis.

Airbus contre Boeing

Si le transport aérien poursuit sa spectaculaire expansion, on peut se demander quels avions seront utilisés pour sillonner le globe dans les prochaines décennies. Au cours des trente premières années de l'aviation commerciale à réaction, Boeing s'est imposé comme une société incontournable dans ce secteur. Mais l'irrésistible ascension d'Airbus Industrie a porté des coups très sévères à la grande firme américaine. En 2004, pour la première fois, la société européenne est parvenue à dépasser Boeing par ses ventes.

ESSAIS DE MOTEURS
Les réacteurs de l'A380 ont été soumis à des tests rigoureux tant dans les domaines de la consommation que des émissions de gaz, du niveau sonore et de la sécurité. Une des spécifications relatives à ce programme précise qu'ils doivent continuer à fonctionner même en cas d'ingestion d'un gros oiseau.

Conçu pour le marché

Le plus emblématique des projets d'Airbus est le très gros-porteur A380, qui a effectué son premier vol en avril 2005. Cet appareil, le plus volumineux jamais construit, peut emporter 550 passagers et vise à produire le même choc que le Boeing 747 trente ans auparavant. Ce projet montre à quel point l'Europe a progressé depuis le programme du Concorde, non pas en savoir-faire technologique, ce qui ne lui a jamais manqué, mais en réalisme commercial. L'A380 a été développé pour répondre parfaitement aux besoins de ses clients, offrant un coût d'exploitation inférieur de 20 % environ à celui du Boeing 747-400. Un soin tout particulier a été apporté à la réduction des servitudes que la mise en service de cet énorme appareil impose aux aéroports : l'A380 peut être accepté par presque tous les terminaux du monde. Les ingénieurs qui l'ont conçu ont aussi pensé aux problèmes d'environnement, s'appliquant à réduire les nuisances sonores. Pour toutes ces raisons, quelque 150 transporteurs ont passé commande du nouvel avion avant même son premier vol.

Boeing a répondu avec vigueur à cette initiative, trop tardivement peut-être, en proposant une version long-courrier de son 777 et, mieux encore, en

TRANSPORT ROUTIER
Un convoi transportant des éléments de l'A380 fabriqués en Grande-Bretagne, en France, en Allemagne et en Espagne, et débarqués sur un quai de la Garonne, se dirige vers Toulouse par la route. Il faut trois nuits pour qu'un tel convoi parvienne à destination.

lançant le 787 Dreamliner, qui devrait entrer en service avant la fin de la première décennie du XXIe siècle. En dépit de sa désignation quelque peu exotique, le Dreamliner (avion de ligne de rêve) constitue une parade intéressante à l'A380. Il est conçu pour relier sans escale ni correspondance des aéroports moyens dont le trafic n'est pas suffisant pour l'A380. Faisant appel aux matériaux légers et aux alliages d'aluminium, cet appareil promet d'être particulièrement économique en termes de consommation et de maintenance. Très silencieux, il affiche une distance franchissable de 15 700 km. Airbus a lancé un A350 présenté comme l'équivalent du 787 mais encore plus économique, qui entrera en service quelques années plus tard.

Processus industriel global

À l'évidence, le face-à-face entre Airbus et Boeing revêt la forme d'un combat quelque peu dépassé. La firme américaine s'est plainte du soutien financier apporté par les gouvernements européens à son concurrent. En réponse, Boeing a été accusé de recevoir de son côté des subventions cachées des autorités américaines sous forme de marchés militaires. Les programmes de l'A380 et du 787 indiquent pourtant que les modèles nationalistes étroits ne cadrent plus avec le contexte économique global de ce début du XXIe siècle. La coopération internationale est à la base du projet d'Airbus, qui se targue avec fierté d'avoir réuni toutes les compétences européennes en la matière. Mais le 787 aussi est bien loin d'être un programme 100 % américain. Les sociétés japonaises Kawasaki et Fuji y tiennent une place majeure : elles sont chargées de fabriquer la plus grande partie des ailes et du fuselage. Enfin, des compagnies coréennes, britanniques et françaises sont largement impliquées, y compris EADS, la maison mère d'Airbus.

ASSEMBLAGE D'A380
L'A380 est assemblé à Toulouse. Le hall dans lequel se déroule cette opération est un des plus grands bâtiments jamais construits dans le monde (il représente l'équivalent de vingt terrains de football). Son édification a pris quatre fois plus de temps que celle de la tour Eiffel.

Changements climatiques

Dans un avenir proche, le plus grand danger pour le transport aérien se rapporte aux menaces que cette activité fait peser sur l'environnement. En ce début du XXIe siècle, les gouvernements cherchent à combattre le réchauffement de la planète et prêtent l'oreille à leurs conseillers scientifiques, qui s'appliquent à les persuader que le trafic aérien joue un rôle primordial dans l'émission de gaz à effet de serre. Les constructeurs et les compagnies sont pourtant hostiles à une « taxe verte » qui accroîtrait les coûts et dissuaderait les voyageurs. En revanche, ils se montrent très sensibles à la notion d'économies de carburant qui, non seulement réduit la pollution, mais aussi diminue les coûts et donc augmente les profits. La faible consommation de carburant est l'argument principal de tous les constructeurs aujourd'hui. Néanmoins, les écologistes accentuent la pression en soulignant que si les dépenses de carburant restent basses, les voyages aériens seront moins chers donc beaucoup plus nombreux, au détriment de la qualité de l'atmosphère. Ces problèmes constituent des défis majeurs pour ceux qui réfléchissent aux formes futures du voyage aérien et aux technologies aéronautiques de l'avenir.

GLACE ET NEIGE
Comme les autres avions de ligne, l'A380 doit pouvoir opérer par temps froid. Ici, l'avion européen est soumis à des essais dans des conditions extrêmes de neige et de gel. Les essais en vol, menés par quatre appareils sur une période de plus d'un an, totaliseront plus de 2 500 heures.

ATTERRISSAGE SUR L'EAU
Un Airbus A380 roule à grande vitesse sur des bacs remplis d'eau, afin de vérifier que les moteurs se comportent bien en cas d'ingestion d'une quantité d'eau anormale.

Airbus A380

L'Airbus A380 a été conçu au début des années 1990 pour concurrencer et, si possible, remplacer le Boeing 747, les études aboutissant, en 1994, à l'A3XX. Les principaux participants à ce programme se trouvent en France, en Espagne, en Allemagne et en Grande-Bretagne. Un navire spécialement aménagé permet d'acheminer dans le port de Bordeaux les sections de fuselage produites à Hambourg et en territoire britannique, les ailes construites au pays de Galles et les pointes arrière venues d'usines espagnoles. De là, ces éléments sont transportés par la route jusqu'au centre d'assemblage de Toulouse.

Le fuselage de l'A380, de forme ovoïde, a été dessiné afin de réduire la traînée. L'avion fait largement appel à des matériaux composites tels que les thermoplastiques et le GLARE (alliage d'aluminium et de fibre de verre). Ses quatre moteurs, les plus puissants jamais utilisés sur un avion de ligne, sont très silencieux. D'une capacité de 550 sièges, l'appareil se révèle à la fois économique et assez peu polluant (il consomme 2,9 l de carburant par passager pour 100 km). Avec ses atterrisseurs comportant 22 roues, l'A380 peut emprunter la plupart des aéroports existants. En fait, ses dimensions extérieures n'excèdent pas celles du 747. Les terminaux qui l'accueilleront devront mettre à niveau leurs systèmes de manutention des bagages. L'espace disponible à bord de ce très gros-porteur peut permettre d'améliorer le confort des passagers, mais la configuration des cabines reste du ressort des compagnies aériennes.

SECTION DE NEZ

La partie inférieure de la pointe avant de l'A380 accueille la roulette de nez. Non pressurisée, ce caisson est séparé de la cabine et du poste de pilotage par une cloison. Le pare-brise est à l'épreuve des impacts susceptibles d'être provoqués par de gros oiseaux.

Caractéristiques

Moteurs	4 réacteurs Rolls-Royce Trent 970 ou Engine Alliance GP7270 de 31 000 kgp
Envergure	79,80 m
Longueur totale	72,90 m
Masse à vide	277 000 kg
Équipage	2 **Passagers** 555 (en 3 classes)
Vitesse de croisière	925 km/h (Mach 0,85)

FUSELAGE MASSIF

L'Airbus A380 est le plus volumineux avion de ligne du monde. Son fuselage massif comporte trois ponts : supérieur et principal pour les passagers, inférieur pour le fret et les bagages. Avec un volume supérieur de 49 % à celui du 747, il peut emporter théoriquement 853 personnes.

BOUTIQUE DE BORD

L'arrière de la cabine principale est ici représenté comme une boutique. Mais ce sont les compagnies qui définiront la configuration de chaque avion.

POSTE DE PILOTAGE

Le poste de pilotage biplace de l'A380 ressemble à celui des Airbus de la génération précédente. Il comporte notamment un système de gestion de vol Honeywell. Comme l'a affirmé le commandant Rosay à l'issue du premier vol de cet appareil : « Tout pilote d'Airbus se sentira immédiatement à l'aise dans cet avion. »

VOYAGE DE LUXE

Avec une surface de plancher de 310 m², l'A380 peut être aménagé pour transporter confortablement quelque 550 passagers.

MOTEURS ET ROUES

Le Trent 970 possède le plus grand diamètre de turbine de toute la lignée des moteurs Rolls-Royce. Le train de l'A380 comporte 22 roues : 2 séries de 6 dans le fuselage ; 2 séries de 4 dans les ailes ; une roulette de nez à 2 roues.

L'aviation militaire

En ce début du XXIe siècle, la puissance aérienne est perçue comme le facteur clef en matière de projection et de sécurité. Elle semble idéalement adaptée aux souhaits des démocraties occidentales hostiles au déploiement de forces terrestres avec tout ce qu'il suppose de pertes humaines. L'invasion de l'Irak, en 2003, par les forces américaines et britanniques, et l'occupation de ce pays, tout comme la menace d'attaques terroristes à l'échelle planétaire, ont dès lors guidé l'élaboration de tous les plans militaires. Bien sûr, les planificateurs courent toujours le risque de préparer la dernière guerre au lieu de la prochaine. Toutefois, les missions aériennes menées lors de l'opération « Iraqi Freedom » révèlent combien la technologie a été améliorée et perfectionnée depuis la guerre du Golfe de 1991, où elle avait déjà joué un rôle si important.

Des attaques aériennes « sans risques »

Les bombes guidées et les missiles avaient représenté à peine 10 % des munitions utilisées lors du conflit du Golfe, alors qu'elles comptent pour les deux tiers dans celui de 2003 en Irak. Le recours aux Joint Direct Attack Munitions (JDAM) s'est révélé en tous points crucial : le JDAM est une bombe dotée d'un système de guidage relié à un GPS (Global Positioning System) ou à une centrale de navigation inertielle. Une carte sur laquelle sont reportées les coordonnées d'un objectif au sol est chargée dans le système de guidage de l'engin qui, dès qu'il est largué, se dirige vers sa cible sans aucun besoin d'être contrôlé à distance. La précision d'une JDAM est de 10 m environ ; cette bombe peut être employée par mauvais temps quand les munitions guidées par faisceau laser ou par vidéo sont difficilement utilisables.

Un autre des facteurs clefs de la guerre de 2003 réside dans l'emploi des drones ou avions sans pilote, dont plus d'une centaine a été déployé. La plupart ont effectué des missions de reconnaissance, mais les Predator (des drones armés) ont été utilisés pour des attaques de précision avec des missiles Hellfire. La « frappe en temps réel », où des avions qui croisent au-dessus de la zone des combats peuvent être redirigés sur un objectif en quelques minutes seulement, s'est révélée tout à fait convaincante. Un bombardier B-1 est ainsi parvenu à toucher une habitation dans laquelle Saddam Hussein et ses fils avaient été signalés une douzaine de minutes auparavant par des agents de renseignements américains.

L'invasion de l'Irak a fait resurgir bien des problèmes connus, y compris celui des pertes civiles occasionnées par le manque de précision des attaques, par une mauvaise identification des objectifs, ou celui des pertes dues aux tirs amis. Mais l'efficacité de l'aviation alliée ne peut être contestée ; les forces irakiennes ont été paralysées parce que l'aviation anglo-américaine avait détruit leur propre aviation, leurs postes de commandement et leurs moyens de liaison. Malgré son coût élevé et des contraintes organisationnelles et technologiques pesantes, la puissance aérienne continue de faire la différence entre les grandes et les petites puissances en ce début du XXIe siècle.

MÉDAILLE DE LA CAMPAGNE D'IRAK
Même des opérations mettant en œuvre les plus hautes technologies comportent des risques pour les militaires. Parmi les récipiendaires de cette médaille figure un équipage qui a effectué des sorties pendant trente jours consécutifs lors de l'opération « Iraqi Freedom ».

EFFETS PSYCHOLOGIQUES
Lors de l'invasion de l'Irak, l'attention des médias a été polarisée sur les attaques de Bagdad par les missiles de croisière. Visant avec précision des objectifs comme les immeubles gouvernementaux, ces attaques ont eu également pour but de miner le moral et la volonté de combattre de l'ennemi.

Une utilité limitée

L'occupation qui a suivi la conquête de l'Irak montre cependant les limites de cette puissance aérienne. Opérant contre un ennemi invisible et insaisissable, noyé dans la population à laquelle il n'est aucunement question d'infliger des pertes, le recours à l'avion s'est révélé utile mais pas décisif. Il n'a pu

CHARS DÉTRUITS
Les forces blindées irakiennes sont restées sans défense face aux attaques aériennes extrêmement précises des Américains. Leur principal prédateur a été le Warthog, mais tous les avions armés de JDAM ou d'autres munitions guidées ont été employés contre les chars de Saddam Hussein.

LE WARTHOG
L'A-10 Thunderbolt II, plus connu sous le nom de Warthog, a contribué à la destruction de forces irakiennes en 2003 comme en 1991. Ayant volé pour la première fois en 1972, cet avion d'attaque devrait rester en service jusqu'en 2028, une longévité commune à de nombreux avions militaires.

empêcher les combats de rue, ni arrêter les actions terroristes. La guerre d'Irak confirme en ce sens le jugement de l'historien John Buckley, selon lequel « la puissance aérienne est une arme prédominante dans les conflits majeurs, mais [...] se révèle d'une utilité moindre dans les guerres de faible intensité où les considérations politiques entrent pour beaucoup ».

Les guerres du futur

Le département américain de la Défense peine à définir un plan crédible pour accroître l'efficacité de la puissance aérienne contre des « réseaux terroristes tentaculaires et globaux », mais aussi contre les « États voyous » devenus les principaux ennemis des États-Unis après 2001. Une force substantielle d'avions sans pilote pourrait jouer un rôle important en collectant des renseignements destinés à l'identification des objectifs. La destruction de ces derniers nécessite la mise en œuvre d'un nouveau bombardier capable d'atteindre n'importe quel endroit de la planète depuis les États-Unis. Cet appareil se joindrait aux B-1 et B-2 et à la petite force de B-52 encore en service pour mener des attaques de précision contre des pays avec lesquels les États-Unis ne sont pas en guerre, ou encore appuyer l'action de troupes terrestres étrangères, comme cela a été le cas lors de l'invasion de l'Afghanistan en 2001.

Néanmoins, la volonté des Américains d'utiliser le F-22 pour des missions de supériorité aérienne révèle que l'éventualité des combats n'a pas été oubliée. Les États-Unis ressentent la nécessité de devoir éventuellement faire face aux attaques des chasseurs Sukhoi en service en Chine et peut-être même, si un tournant historique venait à se produire, contre les Eurofighter de ses actuels alliés européens.

PATROUILLE DANS LE DÉSERT
Hélicoptères américains survolant le désert irakien lors d'une opération antiguérilla. En Irak, comme sur d'autres théâtres d'opérations, la puissance aérienne est confrontée à un véritable défi lorsqu'elle pratique ce type de mission : lutter contre un ennemi insaisissable n'est guère facile.

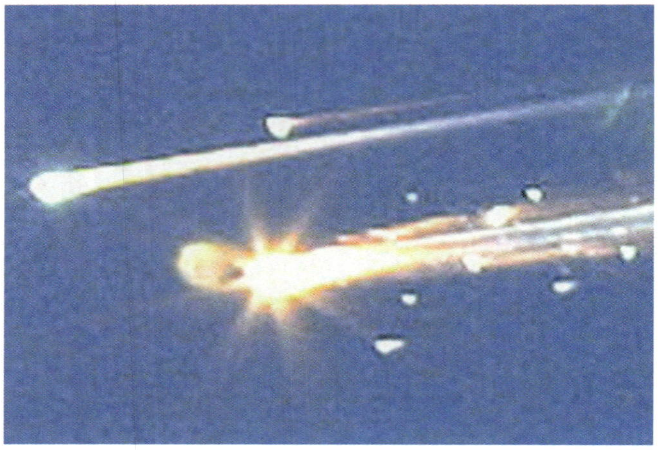

LA TRAGÉDIE DE COLUMBIA

La navette spatiale Columbia s'est désintégrée dans l'atmosphère terrestre le 1er février 2003, tuant les sept membres de son équipage. Ce désastre constitue non seulement un drame humain mais aussi un échec très sévère pour le programme habité de la NASA. La flotte des navettes s'est retrouvée clouée au sol pendant deux ans et demi à la suite de l'accident.

L'espace en suspens

En ces premières années du XXIe siècle, les vols spatiaux habités n'ont pas progressé aussi vite que prévu. Trente ans après que l'homme a marché sur la Lune, aucun signe tangible d'une reprise de ce type de voyages n'est encore perceptible, malgré les efforts d'enthousiastes comme l'ancien astronaute Buzz Aldrin, qui milite en faveur de missions vers Mars et au-delà. Par ailleurs, l'objectif pourtant simple d'envoyer vers la station spatiale internationale une navette et de la faire revenir sur terre n'a pu être rempli. Le désastre qui a frappé Columbia lors de sa rentrée dans l'atmosphère, le 1er février 2003, a porté un coup extrêmement dur à la NASA. Une fois de plus, l'agence spatiale américaine a été accusée de laxisme dans le domaine des procédures de contrôle. La poursuite des vols des navettes est encore remise en cause. Un risque certain plane sur l'avenir de la station internationale.

Une vision nouvelle

Les vols habités ont bien risqué d'être interrompus de manière définitive. La raison en est l'incapacité à définir un but suffisamment clair pour susciter puis garantir un soutien politique et financier constant à cette entreprise. Au cours des années 1960, les missions américaines et soviétiques avaient pour but de désigner un vainqueur dans la course à l'espace ; mais, une fois la compétition achevée, dans la décennie 1970-1980, ce ressort fondamental n'avait plus aucun sens.

Les doutes qui planaient sur le programme américain des vols habités ont été levés le 14 janvier 2004 lorsque George W. Bush a annoncé qu'il donnait à la NASA « un nouveau but et une vision pour les explorations futures ». Le président des États-Unis a ajouté : « Nous construirons de nouveaux vaisseaux afin d'emporter des hommes dans le cosmos, de poser à nouveau le pied sur la Lune et de préparer de nouveaux voyages au-delà de notre propre monde. » Les premières réactions ont révélé que la moitié des Américains se montraient sceptiques à l'égard de cette nouvelle politique, mais la NASA a réagi avec enthousiasme.

Faire reprendre du service aux navettes et achever la construction de la station spatiale ont été des préoccupations de première importance, mais le but principal restait de retourner sur la Lune.

Pendant les deux années qui ont suivi, la NASA a développé son concept de nouvelles missions lunaires. Prenant en compte les limitations en matière de coûts, elle a opté pour le recours aux technologies existantes. Cette démarche s'est traduite par le programme du Crew Exploration Vehicle qui combine des éléments de la navette spatiale et les techniques de l'antique projet Apollo. La capsule prévue sera semblable à celle d'Apollo, mais d'une taille plus importante pour accueillir quatre personnes au lieu de trois. Pour réduire les coûts, le vaisseau en question sera utilisé pour dix missions successives ; il sera lancé avec ce qui sert actuellement d'accélérateur à la navette comme premier étage de propulsion et possédera le moteur principal de la navette comme second étage de propulsion. Dans la perspective d'une expédition vers le satellite de la Terre, une autre fusée emportera un module lunaire et un module de service. La cabine dans laquelle se trouvera l'équipage rejoindra cet ensemble massif et le module de service se placera en orbite circumlunaire. Les astronautes monteront alors dans le module lunaire pour effectuer leur descente, laissant le module de service sans personne à bord. L'élément de remontée du module lunaire permettra à l'équipage de regagner le module de service une fois son séjour sur la Lune achevé. Dès son retour dans l'atmosphère terrestre, des parachutes ralentiront la descente de la cabine.

MÉDAILLON COMMÉMORATIF

Ce médaillon porte les noms des sept astronautes qui ont pris part à la première mission de la navette spatiale, en juillet 2005, après le drame de 2003 : Eileen Collins, Jim Kelly, Soichi Noguchi, Steve Robinson, Wandi Lawrence, Charlie Camarda et Andy Thomas.

En direction de Mars

La NASA a prévu de revenir sur la Lune en 2018 et d'y établir une base permanente peu de temps après, en utilisant des ressources telles que la glace que le

LE RETOUR DE LA NAVETTE

Le premier tir d'une navette après le drame de Columbia intervient le 21 juillet 2005, avec le lancement de Discovery depuis le centre spatial Kennedy. Cette mission a montré que les problèmes rencontrés en 2003 n'avaient pas été résolus.

BOUCLIER À CHALEUR ET CRATÈRES SUR MARS

Ce cliché a été transmis par Mars Rover Opportunity, qui a atteint la planète rouge en janvier 2004. Il montre le bouclier thermique de ce vaisseau spatial qui, largué pendant la descente, a creusé un imposant cratère dans le sol rouge.

MARS ROVER

L'exploration de la surface de Mars par des robots appelés « Mars Rover » a permis de mieux comprendre la planète rouge. L'expérience montre que des atterrissages de vaisseaux habités sont parfaitement possibles dans ce cas.

satellite de la Terre, apparemment stérile, semble receler en son sein. Le voyage en direction de Mars n'a pas encore fait l'objet d'une date précise. Mais comme le nouveau vaisseau spatial utilisera du méthane comme carburant, il pourra se ravitailler dans l'atmosphère très riche en gaz de ce type lorsqu'il aura atteint la planète rouge. L'exploration de la surface de cette dernière a pris une tournure très active avec la mission Mars Rover, en 2004.

Quelle concurrence ?

Si l'on considère l'histoire de l'exploration spatiale, certains doutent de la volonté de soutenir cette « nouvelle vision » dans les décennies à venir. Ce qui serait nécessaire pour amener les États à s intéresser aux voyages habités est sans aucun doute une nouvelle course à la conquête de l'espace. L'Union soviétique ayant disparu, qui pourrait rivaliser avec les Américains dans une compétition dont l'objectif serait Mars ? La Chine se positionne bien. En octobre 2003, ce pays est devenu le troisième à avoir expédié un homme au-delà de l'atmosphère. Un pilote âgé de trente-huit ans, Yang Liwei, a effectué à quatorze reprises le tour de la Terre à bord d'une version extrapolée du Soyouz russe. Les Chinois se trouvent encore bien évidemment très loin derrière les Américains en matière technique, mais leur fierté nationaliste constitue leur meilleure motivation dans cette entreprise. L'administration spatiale chinoise a centré sa propagande sur le fait qu'elle entend « devenir une des premières au monde dans l'exploration spatiale habitée ». Avec les vastes ressources que lui procure son économie en pleine expansion et grâce à son puissant système de gouvernement, la Chine de ce nouveau millénaire a la possibilité de surprendre le monde entier dans le domaine spatial. Quant à l'Agence spatiale européenne (ESA), elle envisage une nouvelle mission vers Mars avec le programme *Aurora*, qui prévoit d'envoyer un Européen sur la Lune en 2024 et sur Mars en 2030.

L'espace devient privé

En ce commencement du troisième millénaire, il est difficile de concevoir que des voyages vers la Lune ou vers Mars puissent affecter la vie des personnes, hormis dans le cadre d'un scénario catastrophe où l'humanité serait contrainte de fuir la Terre dévastée par un cataclysme naturel ou d'origine humaine. Durant les quarante-quatre années où des vols dans l'espace ont été effectués, à peine plus de 450 personnes ont quitté l'atmosphère terrestre. La possibilité que d'autres puissent goûter à cette expérience ne peut venir que du développement de vaisseaux habités dont le financement reviendra à des entreprises privées.

MARS ORBITER

Le satellite Mars Reconnaissance Orbiter, qui tourne autour de la planète rouge depuis mars 2006, a pour tâche d'identifier des sites d'atterrissage pour les futures missions spatiales. Il devrait se maintenir en orbite pendant plus de quatre ans.

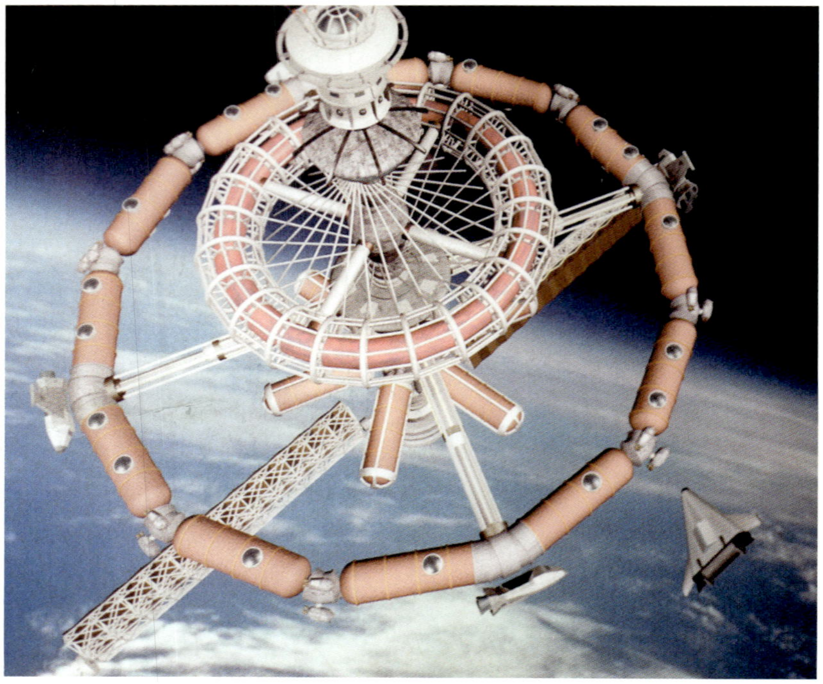

HÔTEL SPATIAL
Dans les années 1990, le groupe Space island a conçu le projet d'hôtel spatial orbital construit à partir d'éléments de réservoirs de navette spatiale. Si le tourisme dans l'espace se développe, de telles idées pourraient bien déboucher sur des réalisations concrètes.

Le tourisme spatial

Le fait que la conquête de l'espace se soit déroulée dans un contexte de compétition, lié à la Guerre froide entre les États-Unis et l'Union soviétique, explique qu'elle ait été financée par les gouvernements et non par des entreprises privées : son objectif principal a été le prestige national des États concernés.

Bien que les activités à caractère commercial jouent un rôle important dans le financement des tirs de satellites, la privatisation de l'espace habité n'a commencé qu'avec le vol historique de Dennis Tito, premier touriste du cosmos, en 2001 (voir page 372). Celui-ci a pu séjourner dans la station internationale uniquement parce que la Russie post-communiste avait désespérément besoin de fonds pour alimenter son programme spatial. En réclamant quelques millions de dollars à des hommes d'affaires très riches pour un séjour dans l'espace, les Russes ont trouvé un bon moyen de financer leurs projets.

Le concept de tourisme spatial que suppose ce type de voyage est à la fois complexe et coûteux. Des mois d'entraînement sont en effet nécessaires pour que les passagers payants soient formés au métier d'astronaute et puissent séjourner dans une station orbitale. Si le tourisme spatial s'oriente dans cette direction, la station internationale pourrait fort bien devenir une sorte d'hôtel où des hommes et des femmes pourraient passer des vacances hors du commun en bénéficiant d'une vue spectaculaire. Il serait réservé aux individus les plus riches, ayant du temps et de l'argent à dépenser. Le niveau limité de telles entreprises montre bien que cette vision du tourisme spatial ne représentera jamais qu'une faible part par rapport aux programmes gouvernementaux.

La X Foundation

Cette approche a été complètement bouleversée par le développement du premier véhicule spatial construit sur fonds privés. Une telle avancée a été stimulée par l'institution de prix récompensant en monnaie sonnante et trébuchante les initiateurs de nouveaux projets – un facteur qui a joué un rôle de première grandeur lors des débuts de l'aviation. À l'instar de ce qui s'est passé pour Blériot et sa traversée de la Manche, en 1909, et pour Lindbergh et son vol New York-Paris, en 1927, une récompense a été proposée en 1996 à la première personne qui réaliserait un vaisseau spatial réutilisable. La X Foundation a mis en jeu un prix de 10 millions de dollars destiné à celui qui serait capable d'atteindre 100 km d'altitude, deux fois de suite, dans le même véhicule en quinze jours. La date limite avait été fixée au 1er janvier 2005.

Vingt-six équipes pleines d'espoir ont décidé de concourir tant en Argentine, qu'au Canada, en Grande-Bretagne, aux États-Unis et en Russie. C'est l'ingénieur américain Burt Rutan qui a trouvé la meilleure solution en termes d'innovation et de faisabilité. Mettant l'accent sur le paramètre clef de la sécurité, Rutan a identifié deux points susceptibles de présenter un risque important : le lancement dans l'espace et la rentrée de l'engin dans l'atmosphère terrestre. Pour éviter tout problème avec le premier, il a prévu de faire transporter son vaisseau à haute altitude, accroché sous le ventre d'un avion. Pour la phase de rentrée, il a équipé celui-ci de poutres repliables qui doivent se déplier et ralentir l'appareil alors qu'il plonge vers la Terre, évitant ainsi le problème de l'échauffement extrême qui se produit à ce moment-là. Avec ce dispositif, il n'est plus nécessaire de calculer un angle extrêmement précis pour faire entrer l'appareil dans l'atmosphère.

Le SpaceShipOne

Le véhicule porteur de Rutan, le *White Knight* (chevalier blanc), a effectué son premier vol au cours de l'été 2002 et les premiers essais du vaisseau spatial *SpaceShipOne* se sont déroulés l'année suivante. L'engin fit sa première incursion dans l'espace le 21 juin 2004, avec Mike Melvill aux commandes. Le moteur-fusée, à carburant solide (caoutchouc HTPB) et comburant liquide (protoxyde d'azote), s'est allumé après que l'appareil a été largué par l'avion mère. Puis celui-ci a accéléré vers le haut et atteint la vitesse de Mach 2,9.

Le propulseur s'est éteint une minute plus tard et le *SpaceShipOne* a ralenti. Se trouvant ensuite soumis à la force de gravitation, il a amorcé sa descente vers la Terre. Ayant effectué sa rentrée dans l'atmosphère sans aucune difficulté, il s'est posé sur son site d'atterrissage, dans le désert de Mojave. Un vaisseau spatial réutilisable venait de faire ses preuves. D'autres vols se sont déroulés le 29 septembre et le 4 octobre, permettant à Rutan de décrocher la récompense promise.

La ruée vers l'espace

Le *SpaceShipOne* était seulement un vaisseau expérimental, mais le succès qu'il a obtenu a immédiatement conduit à l'élaboration de projets d'exploitation commerciale. L'homme d'affaires britanniques Richard Branson a passé un accord avec Rutan afin que Virgin Galactic devienne la première compagnie spatiale viable. Le projet est de proposer des voyages dans le cosmos sur des dérivés du *SpaceShipOne* pour un prix d'environ 200 000 dollars. Cette initiative ne doit pas à proprement parler démocratiser les séjours dans l'espace, mais elle n'est guère coûteuse par rapport aux 20 millions dépensés par Dennis Tito quelque temps plus tôt. Après les contrôles médicaux nécessaires, la préparation physique et technique devrait être réduite à fort peu de choses. En outre, les passagers ne devraient pas avoir besoin de porter de combinaison spatiale. L'expérience de l'apesanteur ne devrait pas dépasser quelques minutes. Richard Branson est persuadé que les clients ne manqueront pas. Virgin Galactic permettra d'offrir une des plus belles expériences jamais proposées dans l'histoire de l'humanité.

Comme bon nombre d'entreprises spatiales privées ont fait leur apparition, attirer des clients ne sera pas une mince affaire. En 2006, des projets plus classiques tels l'Altaris Spaceship et le Canadian Arrow font concurrence au Virgin Galactic, en se fondant sur des technologies déjà testées avec succès et visant à reprendre les méthodes grâce auxquelles l'astronaute Alan Shepard a été placé en orbite en 1962. Rutan travaille quant à lui sur un concept qui permettrait de faire évoluer son *SpaceShipOne* en appareil capable de transporter des passagers jusqu'à une station spatiale et de les ramener sur la Terre. Le mouvement vers une expansion rapide des voyages spatiaux semble irréversible. Le développement par la NASA de vaisseaux habités a été chaotique et hésitant car le financement vient du contribuable. Les entrepreneurs privés, pour leur part, n'ont pas à expliquer pourquoi ils sont décidés à investir dans les voyages spatiaux. Il leur suffit seulement d'avoir les fonds nécessaires.

LE SPACESHIPONE
Premier véhicule spatial réutilisable, le SpaceShipOne *de Burt Rutan se prépare à atterrir dans le désert de Mojave. La configuration de l'appareil peut être modifiée en fonction des différentes phases de vol.*

LE WHITE KNIGHT
Le lanceur White Knight *transportant* SpaceShipOne *sous son ventre. Avec ses deux moteurs à postcombustion et son envergure de 25 m, cet appareil peut atteindre l'altitude de 15 250 m.*

L'ARROW
*De conception canadienne, l'*Arrow *est une fusée classique à deux étages. La cabine qui transporte les passagers est conçue pour amerrir à l'issue du voyage.*

BURT RUTAN

Né dans l'Orégon en 1943 et élevé en Californie, Burt Rutan est un des ingénieurs aéronautiques américains les plus originaux. Ingénieur d'essais pour le compte de l'US Air Force, il crée sa propre entreprise en 1970 et développe des avions pour les constructeurs amateurs tels que le très innovant Vari-eze. En 1982, il installe sa compagnie, la Scaled Composites, dans le désert de Mojave et, quatre ans plus tard, connaît une célébrité mondiale en créant le *Voyager*, qui effectua le premier vol autour du monde sans escale et sans ravitaillement en vol. Avant de se lancer dans le projet SpaceShipOne, avec lequel il remporte le prix X Foundation, Rutan a conçu une vingtaine d'avions expérimentaux. Il trouve aussi le temps de réaliser le *GlobalFlyer*, à bord duquel Steve Fossett bat des records de vol en 2005-2006 (voir page 438).

BURT RUTAN
Burt Rutan lors d'une conférence au musée de l'Air et de l'Espace de Washington, en 2005.

Et à présent ?

Lorsque, en 2004, le président Bush déclare que « l'être humain est tourné vers le cosmos », il fixe des objectifs ambitieux. Un retour sur la Lune semble tout à fait probable et il est même possible que les hommes posent le pied sur Mars au cours de ce siècle. Le reste est pure spéculation.

Quelques visionnaires ont prédit des migrations humaines massives vers d'autres mondes. En 1926, le russe Constantin Tsiolkovski, père de l'astronautique moderne, décrivit la colonisation de planètes sur une grande échelle, « la population du système solaire [...] atteignant cent millions de fois celle de la Terre ». Le pionnier américain des fusées, Robert Goddard, affirmait que lorsque le Soleil serait sur le point de s'éteindre, la vie humaine serait perpétuée par une migration interstellaire à la recherche d'une planète habitable. Plus récemment, le physicien Stephen Hawking prédisait un départ plus précoce, en soulignant que « l'humanité ne survivrait pas dans les mille ans à venir, à moins de se répandre dans l'espace ».

À de telles visions s'opposent nos connaissances scientifiques actuelles : celles concernant le temps nécessaire, même en allant très vite, pour gagner les étoiles les plus proches, et celles concernant l'hostilité du milieu spatial pour l'être humain, partout dans le système solaire à l'exception de la Terre. Ceux qui ont effectué de longs séjours dans l'espace ont cruellement ressenti l'absence de sensations olfactives, sonores et visuelles. Comme l'a dit avec une grande simplicité le cosmonaute russe Vladimir Lyakhov, « la Terre est l'endroit où nous rêvons toujours de revenir, c'est notre foyer ».

L'EUROFIGHTER

Le premier Eurofighter Typhoon de série a été livré en 2003. Cet avion de combat naturellement instable affiche une agilité hors du commun, grâce notamment aux matériaux légers qui entrent dans sa construction. Il peut croiser à des vitesses supersoniques sans allumage de la postcombustion.

La guerre à distance

Certains scénarios de la guerre aérienne du futur apparaissent aussi irréels que les projets de colonisation interstellaires. Le concept d'une flotte d'avions sans pilote patrouillant au-dessus de la planète, prête à tuer les ennemis des États-Unis partout dans le monde d'une simple pression sur un bouton, ressemble à de la science-fiction. Il n'en constitue pas moins le cœur des plans de guerre les plus récents du Pentagone. Les drones tels que le Global Hawk semblent devoir remplacer les avions de reconnaissance à haute altitude comme le SR-71 ou l'U-2, principalement parce qu'ils peuvent accomplir des missions d'une trentaine d'heures, au-delà de l'endurance de n'importe quel équipage humain.

Le combat semble devenir lui aussi, de façon tout aussi irrésistible, le domaine d'application des machines sans pilote. Dans les premières années du XXIe siècle, le Predator a été utilisé pour des attaques au sol. Plusieurs drones armés, conçus à cette fin, sont en cours de développement aux États-Unis et en Europe. Les principaux, soumis à la sélection de l'US Air Force et de l'US Navy, sont le Northrop X-45 et le Northrop-Grumman X-47, réalisés dans le cadre du programme J-UCAS (Joint Unmanned Combat Air Systems). Sukhoi, Dassault et d'autres constructeurs procèdent

EN SOLITAIRE AUTOUR DU MONDE

AU DÉBUT DU XXIe SIÈCLE, l'aventurier millionnaire Steve Fossett inscrit son nom dans les annales de l'aviation lorsqu'il se lance dans un voyage en solitaire sans escale et sans ravitaillement en vol autour du monde. L'avion de l'exploit est le *Global Flyer*, conçu par la firme Scaled Composites de Burt Rutan, avec le soutien financier de Richard Branson, le célèbre créateur de Virgin. Fabriqué en matériaux composites (fibre de carbone et résine époxy), le *Global Flyer* est un appareil très léger qui décolle de Salinas (Kansas) le 28 février 2005. Bien qu'il ait perdu un peu de carburant au début, Fossett poursuit son vol, poussé par des vents favorables. Évoluant à haute altitude, il boucle son voyage de 36 817 km en 67 heures, atterrissant à Salinas le 3 mars. En février 2006, sur le même avion, il a effectué en 42 469 km le vol le plus long de tous les temps, après avoir atterri à Bornemourth, en Grande-Bretagne.

VOYAGEUR SOLITAIRE

Âgé de soixante ans au moment de son vol en solitaire, Steve Fossett a aussi effectué le tour du monde en ballon et en bateau.

LE GLOBAL FLYER

Proche de celui du Voyager *de Burt Rutan (voir pp. 412-413), la cellule bipoutre du* Global Flyer *contient des réservoirs de carburant qui alimentent un réacteur monté derrière le poste de pilotage.*

HÉLICOPTÈRE SANS PILOTE
Des hélicoptères sans pilote commandés à distance ont été utilisés dans les opérations menées par les Américains en Irak, en 2005. Ils peuvent être employés pour des missions de communication, de reconnaissance et de ravitaillement.

à l'étude de machines de ce genre. Cependant, les avions pilotés continueront à assurer la plupart des missions de combat. En fait, une des premières fonctions des drones armés consistera à neutraliser les défenses antiaériennes : ainsi, les appareils classiques pourront pénétrer dans l'espace aérien qui ne sera plus protégé.

Des avancées progressives

Le développement des avions militaires pilotés ne sera probablement pas spectaculaire dans un futur proche. Les chasseurs en cours de réalisation ou sur le point d'entrer en service, parmi lesquels le F-22, l'Eurofighter Typhoon, le Dassault Rafale et le Joint Strike Fighter, resteront sans doute à la pointe du progrès pendant longtemps. Le bombardier B-52, entré en service au milieu des années 1950, semble devoir continuer à voler pendant une durée indéterminée. De même en ce qui concerne l'aviation commerciale, aucun constructeur n'a entrepris de construire des appareils encore plus massifs que l'A380 ou des engins capables de dépasser le mur du son. Les progrès consistent à maintenir les coûts les plus bas possibles et à réduire la consommation en carburant de façon à répondre aux souhaits des protecteurs de l'environnement. Dans un avenir assez proche, des avions de ligne sans pilote pourront sans doute être conçus, mais les voyageurs préféreront sans doute la présence rassurante d'un équipage.

L'imagination de l'homme est parfois bien plus limitée que son inventivité technologique. Par exemple, les pionniers du vol que furent les frères Wright étaient persuadés que les avions ne dépasseraient jamais une taille modeste ; ils auraient été fascinés par les dimensions de l'A380. Les progrès qui ont été accomplis au cours du XXe siècle dans le domaine de l'aviation défient tout simplement l'imagination. Tout au long de ce siècle, l'optimisme s'est allié au rêve du vol pour soutenir cette extraordinaire entreprise. Lorsque le pionnier américain Octave Chanute parlait de l'avenir de la conquête de l'air, en 1894, il demandait à ses lecteurs d'espérer : « que l'avènement des machines volantes [...] permettrait d'apporter uniquement de bonnes choses au monde, qu'il abolirait les distances, rendrait toutes les parties de la planète accessibles, rapprocherait les hommes les uns des autres, ferait avancer la civilisation et hâterait la venue d'une ère dans laquelle la paix et la concorde régneraient entre les êtres humains ». Une partie de ces prédictions s'est vérifiée, mais certainement pas la plus optimiste. Le vol n'en reste pas moins un achèvement quelque peu magique dans lequel l'imagination et la technologie se combinent harmonieusement, tout comme l'esthétique et la fonctionnalité forment un accord parfait dans les plus grands projets aéronautiques. L'avion devait inévitablement devenir un outil commercial et guerrier, mais au cœur même de l'aviation subsiste toujours la même aspiration que l'aviateur et poète célèbre John Magee a exprimé avec les mots suivants : « S'affranchir des lourdes contraintes terrestres [...] et toucher le visage de Dieu. »

LE GLOBAL HAWK
Un des drones américains les plus connus est le Global Hawk, appareil de reconnaissance à haute altitude dont la longueur atteint 13,40 m, l'envergure 35,40 m et la vitesse dépasse 600 km/h.

GLOSSAIRE

AAM (missile air-air)
Missile (projectile autopropulsé) tiré d'un avion vers un autre avion et guidé par radar ou par le rayonnement infrarouge.

ADAC
Avion à décollage et atterrissage courts (en anglais : STOL).

ADAV
Avion à décollage et atterrissage verticaux (en anglais : VTOL).

Aérodynamique
Science qui étudie les effets du déplacement d'un solide dans l'air ou dans un gaz.

Aéronautique
Science de la navigation aérienne et ensemble des techniques de construction d'appareils volants.

Aéronaute
Pilote d'un plus-léger-que-l'air, notamment d'un ballon.

Aileron
Surface mobile placée au bord de fuite de l'aile et vers son extrémité, commandée par l'inclinaison latérale du manche à balai, et servant à contrôler le roulis (l'inclinaison de l'avion).

Ailette
Petite surface verticale fixe placée à l'extrémité d'une aile pour stabiliser l'écoulement de l'air et réduire la traînée (en anglais : *winglet).*

Aile volante
Appareil constitué d'une aile en flèche, dépourvu de fuselage distinct et d'empennage horizontal, et conçu pour obtenir une traînée minimale.

Alaire, surface
Surface des plans porteurs.

Altimètre
Instrument de mesure de l'altitude d'un avion.

Amphibie, appareil
Avion pouvant indifféremment se poser sur terre ou sur l'eau.

Angle d'incidence
Angle formé par la corde de l'aile et la direction du flux d'air.

Antigravité ou anti-g, combinaison
Tenue de vol spéciale portée dans les avions rapides, destinée à contrer les effets des accélérations sur la circulation du sang.

Artificiel, horizon
Instrument de vol primaire indiquant la position de l'avion par rapport à l'horizon.

Assiette
Position de l'avion par rapport au sol ou au flux d'air.

Astronaute
Personne effectuant un voyage dans l'espace. Les Russes utilisent le mot cosmonaute.

Autogire
Appareil volant équipé d'une voilure tournante libre (rotor) qui assure la sustentation et d'une hélice tractrice.

AWACS (*Airborne Warning and Control System*)
Système aéroporté de surveillance et de contrôle installé dans un Boeing modifié (E-3 Sentry) pourvu d'une antenne radar rotative et d'équipements de surveillance météo, de contrôle aérien, de commandement et de transmission.

Boîte noire
Petit coffret, généralement jaune ou orange vif, contenant un équipement électronique qui enregistre tous les paramètres du vol.

Bord d'attaque
Partie frontale arrondie d'une aile ou d'une pale de rotor qui pénètre dans l'air.

Bord de fuite
Partie arrière profilée assurant un écoulement optimal du flux d'air, qui permet la portance.

Cabane
Ensemble de mâts reliant le fuselage à la partie centrale de la voilure supérieure (avions parasol et biplans).

Cantilever (aile)
Aile en porte à faux sans mâts ni haubans.

Capot-moteur
Panneaux amovibles protégeant le moteur.

Cellule
Ensemble du fuselage et de la voilure (se dit aussi planeur), à l'exclusion des moteurs et des équipements.

Centrale de navigation à inertie
Système de navigation embarqué autonome donnant en permanence la position de l'avion, fonctionnant au moyen de gyroscopes.

Charge marchande
Charge transportable payante (passagers ou marchandises) par un avion.

Charge utile
Charge transportable par un avion (personnes, équipements, carburant, armements).

Cheval-vapeur
Unité de puissance définie au *XIX*ᵉ siècle par James Watt et donnée comme la puissance nécessaire pour soulever 76 kg à 1 m en 1 seconde. Le cheval-vapeur (ch) vaut en France 75 kg/m/s.

Commandes électriques
Système de contrôle des gouvernes au moyen de l'électronique, de moteurs électriques et de vérins hydroélectriques remplaçant des liaisons mécaniques assistées.

Compresseur
Machine qui augmente la pression de l'air à l'entrée d'un moteur pour en augmenter la puissance.

Couple
Valeur d'une force en fonction de son application. Force de rotation d'un moteur appliquée à une hélice.

ANATOMIE D'UN AVION

MONOPLAN
Cet avion moderne comprend un fuselage auquel sont fixés les ailes, l'empennage, le train d'atterrissage et le groupe motopropulseur.

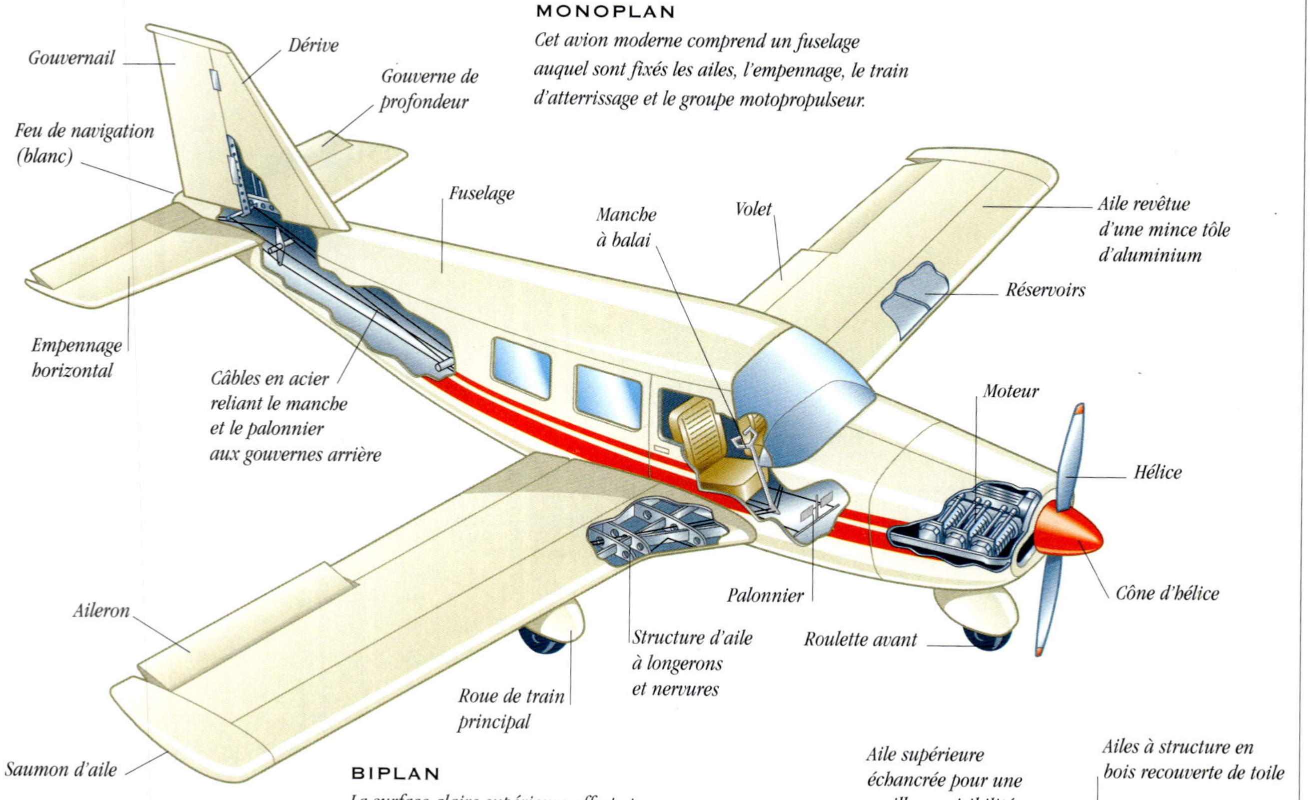

BIPLAN
La surface alaire supérieure offerte par une double voilure permettait d'avoir une meilleure portance malgré la faible puissance des moteurs. Les anciens biplans pouvaient avoir un moteur tracteur (à l'avant) ou propulseur (à l'arrière).

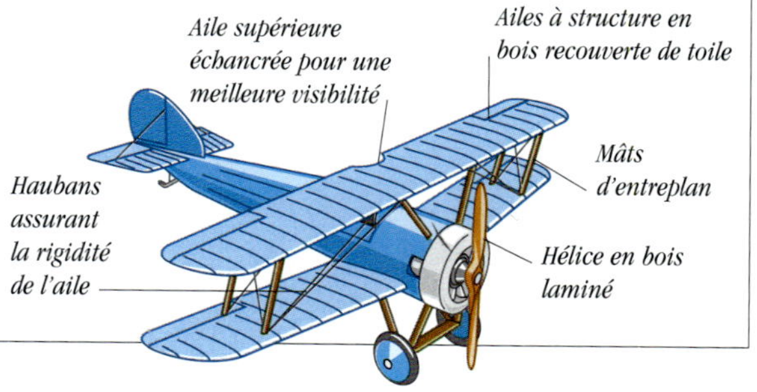

PLAN PORTEUR

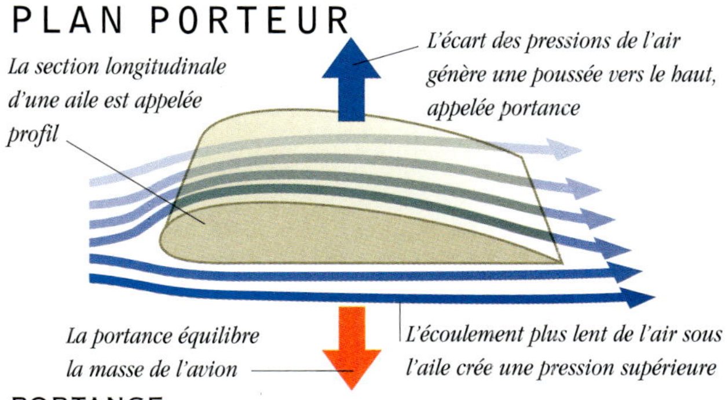

PORTANCE

Au-dessus de l'aile convexe en déplacement, l'air doit s'écouler plus vite qu'au-dessous. La pression de cet air est inférieure à celle de l'air plus lent, ce qui tend à soulever l'aile.

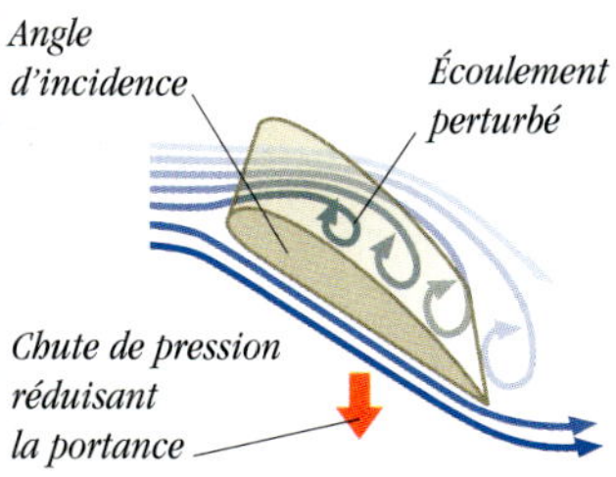

DÉCROCHAGE

Lorsque l'angle d'incidence est trop fort, l'écoulement de l'air « décroche » du dessus de l'aile ; la portance disparaît aussitôt.

Décrochage
Voir encadré *Plan porteur.*

Dérive
Surface fixe verticale, placée à la queue ou à l'extrémité de la voilure, assurant la stabilité de l'avion
.

Dérive, indicateur de
Instrument donnant l'angle de dérive ou l'écart angulaire dû au vent entre la route théorique d'un avion et sa direction réelle.

Dièdre, voilure en
Implantation oblique des ailes, dont les extrémités sont plus hautes ou plus basses que les racines, destinée à améliorer la stabilité.

Dirigeable
Ballon équipé de propulseurs.

Drone
Avion piloté à distance utilisé à des fins militaires, dont la reconnaissance. Appelé aussi aéronef sans pilote ou avion télécommandé.

Élevon
Gouverne placée au bord de fuite d'une voilure en delta contrôlant le roulis (inclinaison) et le tangage (profondeur).

Empennage
Ensemble des surfaces fixes et mobiles placées à la queue d'un avion.

Enveloppe
Poche en toile étanche d'un ballon contenant le gaz ou l'air chaud.

Étoile, moteur en
Voir encadré *Moteurs à pistons*, p. 442.

Flèche, voilure en
Implantation oblique des ailes dans le plan horizontal pour réduire la traînée aérodynamique à grande vitesse.

Flèche variable
Voir *Géométrie variable.*

Furtif, avion
Appareil conçu pour être difficilement détectable par les radars et/ou les capteurs infrarouges.

Fuselage
Corps principal d'un avion portant les ailes et l'empennage.

Fuselage large
Voir *Gros-porteur.*

Gauchissement
Système inventé par les frères Wright pour assurer le contrôle latéral de leur biplan par la déformation des extrémités d'aile au moyen de câbles. Ce système a été remplacé par les ailerons.

g
Accélération ou décélération subies par un avion et son contenu lors des évolutions, mesurées en multiples ou fractions de l'accélération (ou gravité) terrestre, laquelle est de 1 g.

Géométrie variable
Ailes pivotantes à angle de flèche variable selon la vitesse. Voir encadré *Formes de voilure*, p. 431.

Gouvernail
Surface verticale mobile articulée à l'arrière de la dérive pour contrôler le lacet (trajectoire horizontale).

Gouverne papillon
Empennage en V dont les gouvernes combinent les fonctions de gouvernail et de profondeur.

Gouvernes
Parties oscillantes de la voilure et de l'empennage modifiant l'écoulement de l'air au bord de fuite (ailerons, gouvernail, profondeur) pour contrôler le roulis, la profondeur et le lacet.

Gros-porteur
Avion à grande capacité.

Habitacle
Poste de l'équipage (utilisé pour les petits appareils ou les avions de combat).

Hélice
Appareil rotatif comprenant un moyeu central et des pales profilées qui chassent l'air de l'avant vers l'arrière en créant une poussée qui propulse l'avion.

Hélicoptère
Voir encadré *Hélicoptère*, p. 443.

HOTAS *(Hands on Throttle and Stick*, ou mains sur manette et manche)
Système de regroupement des commandes principales des systèmes sur le manche et la manette des gaz.

Hydravion
Aéronef opérant depuis un plan d'eau, à coque ou à flotteurs.

Hypersonique
Vitesse de déplacement égale ou supérieure à Mach 5, soit cinq fois la vitesse du son.

Hypoxie
Ensemble des malaises physiques résultant de la sous-oxygénation à haute altitude dans un habitacle non pressurisé.

Inclinaison latérale
Position d'un avion ayant une aile plus haute que l'autre. Pour virer sans perdre d'altitude, le pilote doit combiner le contrôle en roulis, le contrôle en lacet et le contrôle en profondeur. *Voir encadré* Commandes de base, *ci-contre.*

Intelligente, arme
Munition guidée avec précision vers sa cible par laser ou ondes radar ou, plus récemment, par les satellites du GPS (système de positionnement global).

Jet-stream
Courant aérien rapide à haute altitude.

J-STARS *(Joint Surveillance Target Attack Radar System)*
Système de radar de détection et de poursuite de cibles au sol utilisant un Boeing (E-8) aménagé qui détecte, identifie et poursuit des cibles terrestres et relaie les informations aux postes de commandement aériens et terrestres.

Lacet
Voir encadré Commandes de base, *ci-dessous.*

Longeron
Pièce principale de structure disposée longitudinalement.

Look down/Shoot down, capacité
Capacité de détection et de tir vers le bas d'un avion volant à haute altitude et doté d'un radar de détection moderne capable de distinguer un avion volant très bas au milieu des échos du relief.

Mach, nombre de
Rapport de la vitesse de l'avion à celle du son dans un milieu donné. Mach 2 est égal à deux fois la vitesse du son.

Manche à balai
Levier vertical articulé à sa base et servant à contrôler le roulis (par déplacement latéral) et la profondeur ou tangage (par déplacement longitudinal).

Manette des gaz
Levier commandant le débit du carburant ou des gaz admis dans le moteur pour contrôler son régime et sa puissance.

COMMANDES DE BASE

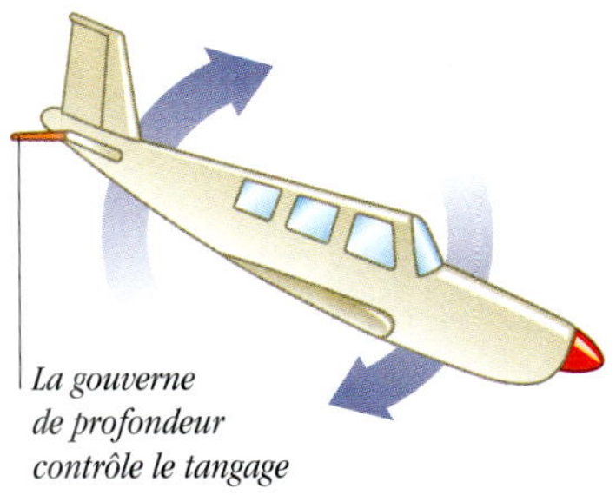

TANGAGE

Pour monter ou descendre, le pilote tire ou pousse sur le manche qui abaisse ou relève la gouverne de profondeur de l'empennage horizontal. L'avion pivote autour de son axe transversal, en axe de tangage.

ROULIS OU INCLINAISON

Pour incliner l'avion, le pilote déplace latéralement le manche qui relève un aileron d'un côté et abaisse l'autre. L'avion pivote autour de son axe longitudinal, également appelé axe de roulis.

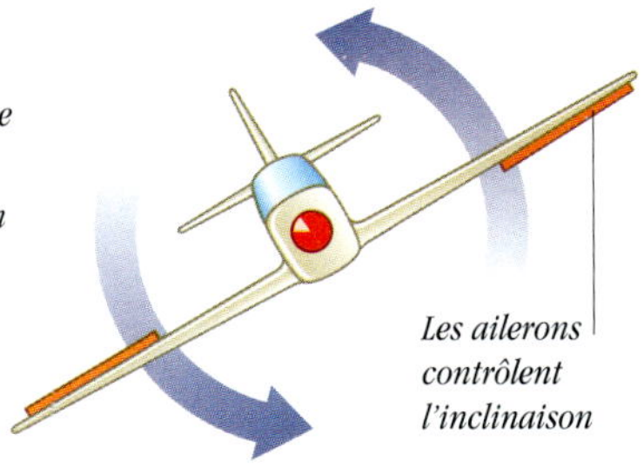

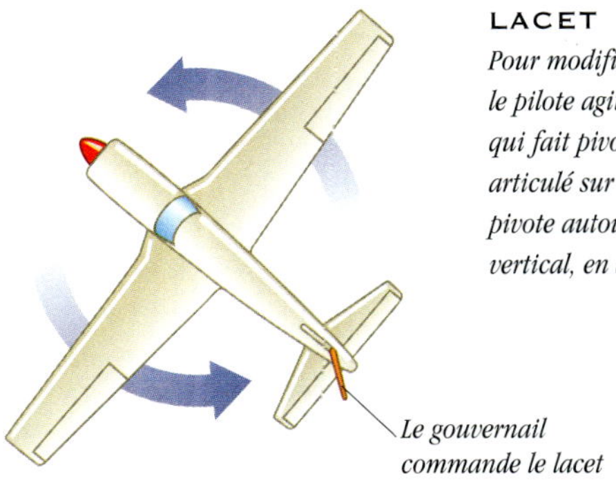

LACET

Pour modifier son cap, le pilote agit sur le palonnier qui fait pivoter le gouvernail articulé sur la dérive. L'avion pivote autour de son axe vertical, en axe de lacet.

Monocoque
Structure comportant peu ou pas de renforts internes et dont la résistance est donnée par les formes du revêtement externe dit travaillant.

Monoplan
Avion ayant un seul plan de voilure.

Multifonction, écran (MFD)
Écran capable d'afficher sur la planche de bord plusieurs données de vol : par exemple, cap, altitude et consommations.

Mur du son
Appellation imagée du seuil franchi par un avion qui dépasse la vitesse du son en émettant un puissant claquement causé par la variation soudaine de la pression de l'air autour de l'avion.

NACA (*National Advisory Committee on Aeronautics*)
Comité consultatif national pour l'aéronautique (américain), devenu NASA.

NACA, capot
Capotage annulaire réducteur de traînée pour moteurs en étoile dont le profil a été défini par le NACA.

Nacelle
Panier ou habitacle (cabine) occupé par les passagers d'un ballon ou enveloppe profilée contenant des moteurs, de l'armement, des réservoirs, etc., portés à l'extérieur de l'avion.

NASA (*National Aeronautics and Space Administration*)
Créée en 1958, agence gouvernementale américaine char-gée de gérer les vols spatiaux et les recherches aéronautiques civils.

Ornithoptère
Aéroplane à ailes battantes.

Paillettes
Minces feuilles d'aluminium larguées par un avion pour brouiller les radars.

Pendulaire, planeur
Voilure en toile triangulaire contrôlée par les mouvements du pilote.

Pilote automatique
Système mécanique ou électronique qui stabilise automatiquement un avion sur ses trois axes, le ramène sur sa trajectoire normale après une turbulence et qui peut être programmé pour que l'avion suive une route préétablie.

Pistons, moteur à
Voir encadré ci-contre.

Pitot, tube de
Petit tube ouvert à une extrémité et généralement placé dans le bord d'attaque d'une aile servant à mesurer la vitesse par rapport à l'air par des mesures de pression.

Planeur
Aéroplane léger capable de voler sans moteur.

Plan porteur
Surface dont le profil génère une poussée verticale de bas en haut, ou portance, lorsqu'il est placé dans un courant d'air.

Portance
Force verticale agissant sur la voilure vers le haut.

Postcombustion
Voir *Réchauffe*.

Poste de pilotage
Compartiment réservé à l'équipage comprenant tous les systèmes de contrôle de l'avion. Terme réservé aux grands avions et aux vaisseaux spatiaux.

Poussée
Force générée par un réacteur ou un moteur-fusée qui propulse l'appareil dans la direction opposée à celle de l'éjection des gaz.

Pressurisation
Système qui permet une mise sous pression voisine de la pression atmosphérique d'une cabine ou d'un poste de pilotage à haute altitude.

Profilage aérodynamique
Étude d'une forme de voilure

MOTEURS À PISTONS

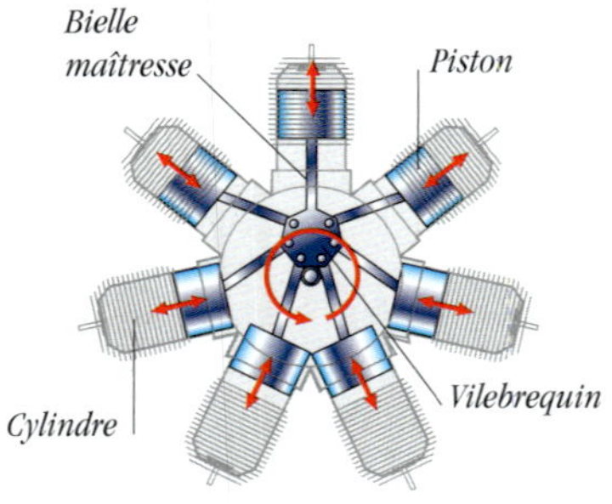

MOTEUR EN ÉTOILE
Un moteur en étoile possède un nombre de cylindres impair disposés radialement par rapport au vilebrequin. La bielle maîtresse tourillonne sur le vilebrequin et les bielles secondaires sont articulées sur la bielle maîtresse. L'hélice est calée à l'extrémité du vilebrequin.

MOTEUR ROTATIF
De type en étoile, le moteur rotatif possède un vilebrequin fixe autour duquel tournent l'hélice et les cylindres qui sont mieux refroidis et qui régularisent la rotation.

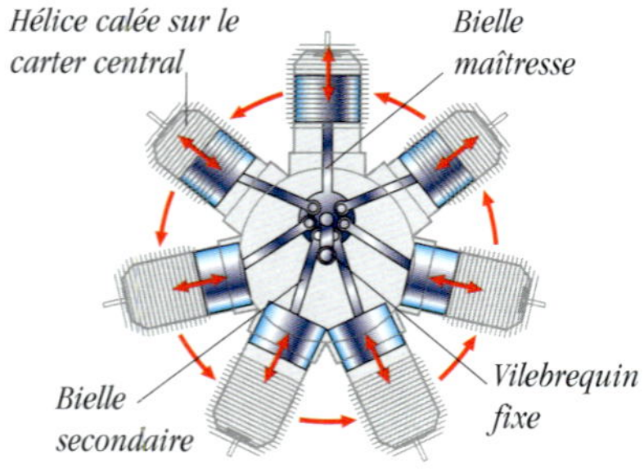

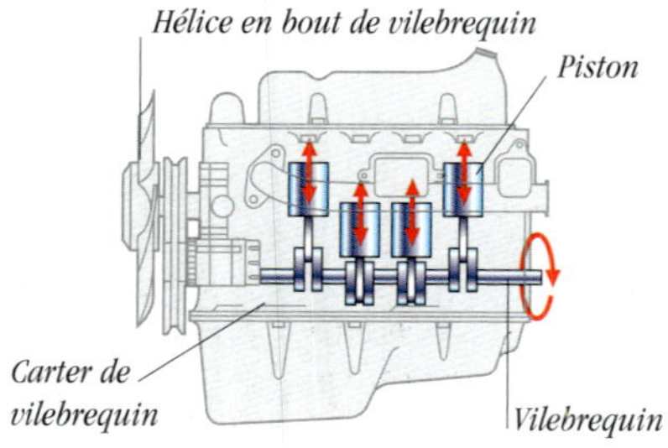

MOTEUR EN LIGNE
Dans un moteur en ligne, les cylindres sont alignés dans le même plan vertical et les pistons se déplacent parallèlement en attaquant un vilebrequin plus long.

MOTEUR EN V
Les deux rangées de cylindres en ligne forment un angle dont le sommet est l'axe du vilebrequin entraîné par des couples de bielles.

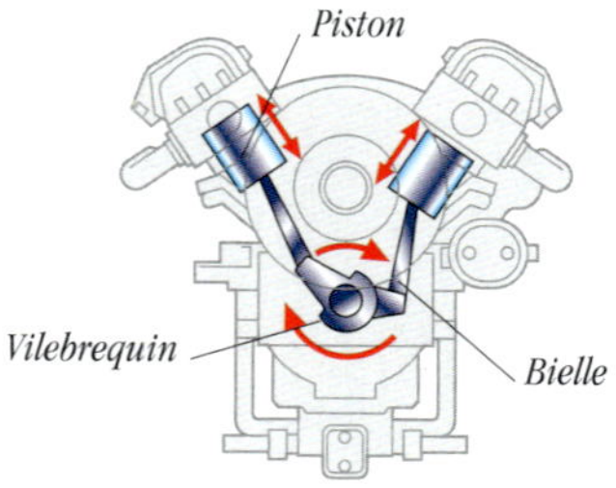

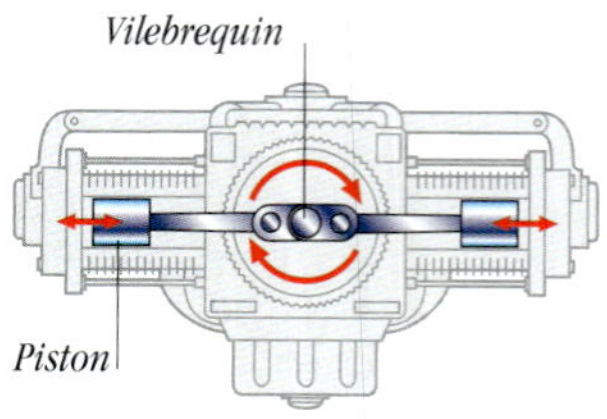

MOTEUR À PLAT À CYLINDRES OPPOSÉS
Appelé aussi moteur boxer, ce groupe possède deux rangées de cylindres en ligne placés à l'horizontale et opposés. Ce type est le plus répandu en aviation.

MOTEURS À TURBINE

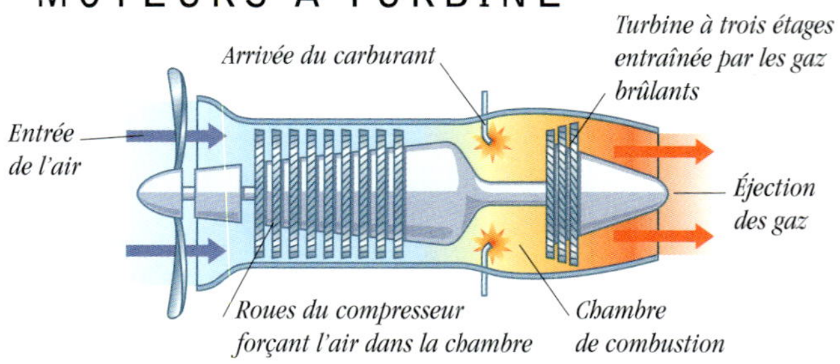

TURBOPROPULSEUR
Les roues à ailettes du compresseur forcent l'air dans la chambre de combustion, où le carburant enflammé le chauffe et le dilate. L'expansion chasse les gaz dans la tuyère, où une turbine fait tourner une hélice.

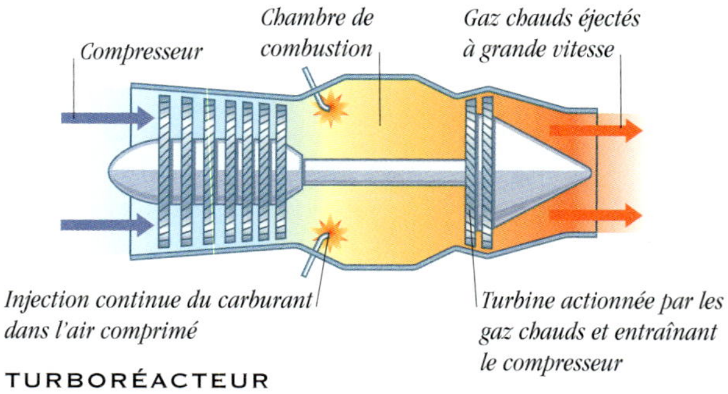

TURBORÉACTEUR
Les turbines à réaction fonctionnent par éjection vers l'arrière des gaz brûlants dont la pression repousse le moteur vers l'avant par réaction.

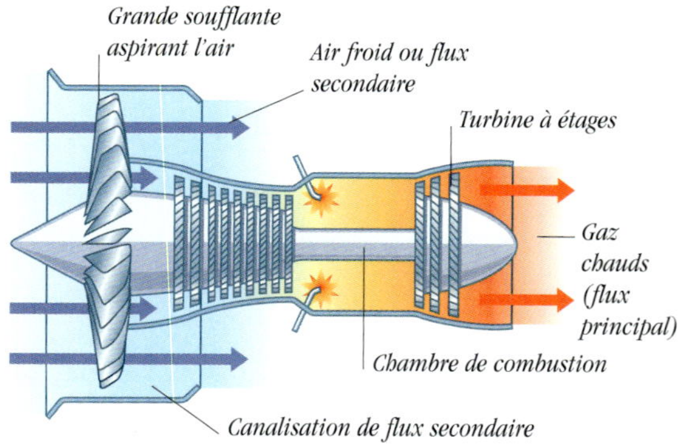

RÉACTEUR À DOUBLE FLUX
Ce type de turbomoteur est plus silencieux et plus économique que les turboréacteurs et turbopropulseurs classiques aux vitesses des avions de ligne (subsoniques).

V

W

X

Y

Z

REMERCIEMENTS

Dorling Kindersley tient à remercier : pour leur aide dans le domaine de l'iconographie : British Airways ; Cindy Dawson de l'Imperial War Museum, Duxford ; l'Imperial War Museum, Londres ; Michel Thourin and Philippe Gras du musée de l'Air et de l'Espace, Paris-Le Bourget ; Ray Thomas d'Aces High Ltd. ; Sarah Hanna de l'Old Flying Machine Company ; JU-AIR, Air Force Centre Dübendorf ; Lincolnshire Aviation Heritage Centre ; pour leur aide dans le domaine éditorial : Sean O'Connor, John Mapps, Peter Frances et Georgina Garner ; Jane Parker, pour l'index ; Liz Bowers (coordination) et David Parry (conservateur) de l'Imperial War Museum, Londres ; Chris Savill pour ses recherches iconographiques complémentaires ; Ellen Nanney et Robyn Bissette de la Smithsonian Institution, et le service des Archives du National Air and Space Museum pour leur patience, leur application et leur efficacité.

Citations

Tous les efforts possibles ont été faits pour identifier les détenteurs des copyrights.
Les éditeurs s'efforceront de rectifier dans les futures éditions toute erreur ou omission qui viendrait à être portée à leur connaissance :
p. 108 : extrait de *West With the Night* de Beryl Markham avec l'autorisation de Virago Press de la part de l'auteur ; p. 152 : extrait de *Corsairville* de Graham Coster avec l'autorisation de Penguin Books de la part de l'auteur ; pp. 191 et 213 : extrait de *Going Solo* de Roald Dahl avec l'autorisation de David Higham Associates de la part de l'auteur ; p. 402, extrait de *Staring at the Sun* de Julian Barnes reproduit avec l'autorisation de PFD de la part de l'auteur.

Crédits photographiques

Abréviations :
d : à droite ; g : à gauche ; c : au centre, h : en haut ; b : en bas.
AB : Austin Brown/Aviation Picture Library ; DK : DK Picture Library ; DFRC : Dryden Flight Research Center Photo Collection ; HG : Hulton Getty Archive ; IWM : Imperial War Museum ; JSC : Johnson Space Center ; LOC : Library de Congress, Washington, DC ; MEPL : Mary Evans Picture Library ; MSFC : Marshall Space Flight Center ; MUS : musée de l'Air et de l'Espace/Le Bourget ; NASM : National Air and Space Museum, Smithsonian Institution ; SS : Science & Society Picture Library.

1 DK : Martin Cameron. 2/3 MUS (MC 11631), courtoisie NASM (90-15729). 4/5 Aviation Images : John Dibbs. 5 HG : Archive Photos ca ; Image Bank/Getty Images : Andy Caulfield bc ; IWM : (C5422) c ; (Q27633) hcb ; NASA : JSC (S69-39962) bca ; NASM : (SI 71-2699) cb ; (SI A-4384-C) hg. 6/7 HG : Topical Press. 8/9 NASM : (SI A-4387-C-Q). NASM : (85-10844) c ; (SI 86-12762) cd ; (SI 87-17029) cg. 10 DK : Peter Chadwick bg ; NASM : Photozincograph reproduit de Christopher Hatton Turner, Astra Castra, Chapman and Hall (Londres) 1865, frontispice (NASM 9A00238) hg. 10/11 NASM : (SI 87-17029). 11 HG : hc ; SS : Science Museum bd. 12 AB : Science Museum bc, bcd ; DK : Mike Dunning hd. John J Ide Collection, courtoisie NASM (SI 96-16071) hg. 13 MEPL : hc ; NASM : (SI 85-3941) cd ; (SI A-32051-A) bd. 14 AB : musée de l'Air cgb ; Philip Jarret : h ; SS : Science Museum bc. 15 AB : Science Museum bd ; NASM : (SI 97-15315) h. 16 HG : hg. 16/17 NASM : (SI A-30908-A). 17 Sherman Fairchild Collection de Aeronautical Photographs, NASM (SI 2001-1004) bd. 18 NASM : (SI A-18792) bg ; (SI A-18800) h ; (SI A-18841) bcg ; (SI A-18862) bc. 19 NASM : (SI 93-4212) bd ; (SI A-38877) hd. 20 DK : bg ; National Air and Space Museum, Smithsonian Institution : (SI 85-6235) hg ; (SI A-43268) hc. 20/21 NASM : (SI 85-10844). 22 HG : Library de Congress bg ; NASM : (SI 85-11473) hd. 23 NASM : (SI 78-159) bc ; (SI 86-9864) hc ; (SI 97-16784) bd ; (SI A-43056-A) hd. 24 NASM : (SI 93-15834) cgb (SI A-41898-E) bd. 25 AB : h ; NASM : (SI A-41898-D) bc ; (SI A-41898-E) bd. 26 LOC : (LC-W861-22) hcb ; NASM : (SI A-4814-H) hg. 26/27 NASM : (SI A-26767-B) b. 27 LOC : (LC-USZ62) hcb ; (LC-W861-23) cg ; NASM : (SI 9A00038) bd ; photo Eric F. Long, © 1997 NASM (SI 97-16653) hc. 28 NASM : (SI 7A43009) cg ; (SI 88-6579) bd ; (SI A-38383-B) c. 28/29 DK : Martin Cameron b 29 DK : Martin Cameron c. 30 AB : Bibliothèque nationale, Paris hg ; The John Stroud Collection cb ; NASM : (SI 95-8347) bcd. 31 HG : Illustrated London News h ; Popperfoto : bd. 32 Aspect Picture Library : Derek Bayes bc. 32 National Air and Space Museum, Smithsonian Institution : (NASM 00158570) bg. 32/33 NASM : (SI 88-16089) h. 33 NASM : (SI 93-7192) bd. 34 NASM : (SI A-3173) hc ; Library de Congress, courtoisie NASM (SI A-42869-A) c. 34/35 NASM : (SI A-42689-D). 35 NASM : cc ; (SI A-43148-B) hc ; (SI A-8678-A) cda. 36 NASM : (SI 88-8142) hd ; (SI A-44339) bd ; SS : Science Museum c, bg. 37 AB : The John Stroud Collection bg, bc ; Corbis : Bettmann bd ; HG : hd ; SS : Science Museum hg, c. 38 DK : Martin Cameron bg ; NASM : (SI 80-12292) cda ; TRH Pictures : Science Museum hg. 38/39 NASM : (SI 86-12762). 40 Offentliche Kunstsammlung, Bâle : *Hommage à Blériot*, 1914, Robert Delaunay (Inv. Nr. G 1962.6), photo Martin Buhler c ; HG : Topical Press Agency bg ; NASM : (SI 80-12296) hg. 41 HG : Daily Mirror b ; SS : Science Museum hd. 42 AB : The John Stroud Collection hg, hd. 42/43 DK : Dave King b. 43 DK : Dave King hc, cb ; SS : Science Museum hg. 44 NASM : (SI 78-11939) hg ; (SI 95-2260) hcb ; SS : Science Museum bc. 45 NASM : (SI 87-10389). 46 AB : The John Stroud Collection c ; SS : Science Museum bg. 46/47 AB : The John Stroud Collection h. 47 NASM : (SI 77-9038) cb ; (SI 89-21352) hd ; (SI A-3491) bd. 48 NASM : (SI 72-11124) hg ; (SI 80-4128). 49 b. 50 NASM : (SI 80-14849) bg ; (SI A-47151) hg. 51 NASM : (SI 72-10099) hc ; (SI 73-4023) bd. 52 NASM : (NASM 00163377) bg ; (SI A-33652-E) bc. 52/53 AB : The John Stroud Collection h. 53 DK : Peter Chadwick cd. 54 Roger B Whitman Early Aviators Photograph Collection, courtoisie NASM (NASM 2B30296) hg. 54/55 TRH Pictures : musée de l'Air/55 b. 55 Hammer Collection, courtoisie NASM (SI 91-17327) hg ; Roger B Whitman Early Aviation Photograph Collection, courtoisie NASM (SI 00180433) cd. 56 NASM : (NASM 00105150) hg ; Quadrant Picture Library : The Flight Collection b. 57 NASM : (SI 90-3800-A) cd ; Peter Newark's Pictures : bc ; TRH Pictures : hd. 58 Advertising Archives. 59 NASM : (NASM 00144974) hc ; Poster Collection, NASM (SI 98-20413) bd. 60 DK : musée de l'Air et de l'Espace/Gary Ombler cd ; MUS : (11723) hg. 60/61 DK : musée de l'Air et de l'Espace/Gary Ombler b. 61 DK : musée de l'Air et de l'Espace/Gary Ombler ca, cb ; MUS : (11694) hc ; (11698) hg. 62 United Technologies Corp., courtoisie NASM (SI 83-16525). 63 NASM : (SI 83-16519) hd ; (SI 90-2793) cda ; (SI 90-3716) bd . James Dietz, Breakthrough Over Kiev (1989) NASM (SI 90-2792) hg. 64 DK : Martin Cameron c, bd ; HG : cd ; NASM : (SI A-5186-E) cg ; L'Aerophile Collection, Library of Congress, courtoisie NASM (SI 2001-11633) hd ; Quadrant Picture Library : The Flight Collection bg. 65 AB : cg bg ; Corbis : National Aviation Museum hg ; HG : c ; NASM : (NASM 00158541) hd ; (SI 86-9865) bd ; L'Aerophile Collection, Library of Congress, courtoisie NASM (SI 2001-11569) cd. 66 IWM : (Q27633). 67 Illustrated London News Picture Library : Postcard. *Dueling in Cloudland* , CH Davis © The Sphere, Valentine's Series (ref.4500) c ; NASM : (NASM 00090721) cd ; Riverside Keystone Mast Collection, University de California, courtoisie NASM (NASM 9A00062) cg. 68 AB : bg ; NASM : (SI 80-3101) c ; Poster Collection, NASM (NASM 98-20430) hg. 69 Riverside Keystone Mast Collection, courtoisie NASM (NASM 9A00062). 70 DK : IWM/Gary Ombler ca ; IWM : (HU 64358) hg ; (Q12288) bg ; World War I Photography Collection (Driggs), courtoisie NASM (NASM 9A-00225) hc. 71 AB : c, cd ; IWM, Duxford bg ; musée de l'Air cg ; The John Stroud Collection bd ; Corbis : Bettmann hd. 72 IWM : (Q23779) bc ; (Q33847) h. 73 DK : IWMs/Gary Ombler cd ; IWM : (Q65882) bc ; LOC : (Z29597) bcd ; Robert Soubiran Collection, courtoisie NASM (NASM Videodisc No 2B-25828) hd. 74 DK : Gary Ombler bg ; Mike Dunning c. 75 IWM : (Q69447) b ; Philip Jarret : RAF Museum, Hendon hd. 76 IWM : (Q10331) hc. 76/77 DK : Gary Ombler b. 77 DK : Dave King cda ; Gary Ombler cdb ; Martin Cameron tl ; IWM : (Q12018) hd. 78 IWM : (Q58391) hd. 78/79 IWM : (E(AUS) 2875) b. 79 DK : IWM hd ; Peter Newark's Pictures : c. 80 IWM : (Q114172) c ; Philip Jarret : bg ; Peter Newark's Pictures : hg. 81 Illustrated London News Picture Library : carte postale *Dueling in Cloudland,* C.H. Davis © The Sphere, Valentine's Series (ref.4500). 82 DK : IWM/Gary Ombler cd ; IWM : (Q63129) c ; (Q63147) hc ; Smithsonian Institution Libraries, courtoisie NASM (SI 2001-7669) hcb. 83 IWM : (Q69593) hd ; IWM, courtoisie NASM (NASM 9A00057) b. 84 Robert Soubiran Collection NASM (SI A-48746-A) hg. 84/85 IWM : (Q12050). 85 DK : IWM/Gary Ombler hd. 86 DK : RAF Museum, Hendon b ; NASM : (NASM 00167741) hc. 87 NASM : (SI 96-16296) cd ; Phillips Petroleum Company, courtoisie NASM (SI 98-20424) b. 88 DK : Gary Ombler ch, b ; IWM : (Q63153) hg. 89 DK : Gary Ombler cga ; IWM : (Q66377) hd. 90 IWM : (Q10918) cd ; NASM : (SI 76-13317) cg ; (SI 98-15058) b ; SI 86-5656) hc. 91 IWM : (Q63127) hg ; NASM : (SI A-53691) bd. 92 Corbis : Museum de Flight c ; Hugh Cowin : cg, cd ; Shell Companies Foundation Inc., courtoisie NASM (1A16565) hd ; Quadrant Picture Library : The Flight Collection bg, bd. 93 AB : hg, hd, bd ; Hugh Cowin : cg. NASM : (SI 85-11071) cd ; photo Mark Avino NASM (SI 86-12092) bc ; Quadrant Picture Library : The Flight Collection c, bg. 94 NASM : (SI 88-11874) c ; photo Eric F. Long, © 1994 NASM (SI 94-2230) bg ; Peter Newark's Pictures : hg. 95 NASM : (NASM 00090721). 96 DK : IWM/Gary Ombler hg ; Douglas H. Robinson, University de Texas, Dallas, courtoisie NASM (NASM 9A00051) c ; IWM, courtoisie NASM (NASM 9A00050) bg. 97 DK : IWM/Gary Ombler cd, cb ; IWM : (H (am) 2185) cg. NASM : (NASM 00105510) b. 98 NASM : (NASM 9A00063). 99 Deutsches Museum Munich : cg ; (NASM Videodisc No. 2A-02002) hg ; Krainik Lighter-than-Air collection NASM (NASM Videodisc No. 7A47185) bd. 100 IWM : (Q12033). 101 Philip Jarret : c ; NASM : (SI 81-1136) hd. 102 IWM : (HU 68240) bc ; (Q20637) hd ; NASM : (SI 90-8270) cgb. 103 Philip Jarret : hd. 104 AB : cd ; CMS : MAP cg ; Hugh Cowin : c, bg, bd ; NASM : (SI 83-16519) hd. 105 CMS : MAP hd, cd ; Hugh Cowin : hg, bg, bd. 106 HG : Archive Photos. 107 NASM : (NASM 00145060) cdd ; (SI 92-15635) cd ; (SI 96-15030) cg ; (SI A-4463) cgg. 108 (SI 85-14508) hc ; photo Dane Penland, NASM (SI 80-2092) bg ; Poster Collection, NASM (SI 98-20396) hg. 109 NASM : (SI A-4463). 110 NASM : (SI 86-4482) d ; (SI 93-7758) hg ; Ted Wilbur, courtoisie NASM (SI 92-6534) bg. 111 NASM : (SI 88-17783) cd ; (SI 94-12) hd ; (SI 97-15205) bd. 112 HG : bg ; Topical Press Agency c. NASM : (SI 83-390) hg ; (SI 92-16996) bd. 113 NASM : (NASM 7B01562) bd ; (SI 76-15516) cd ; photo Mark Avino, NASM (SI 97-15335) h. 114 AB : bg. Poster Collection, NASM (SI 98-20132) bc ; Topham Picturepoint : hd ; Associated Press, Paris hc. 115 NASM : (SI 89-147) arrière-plan ; (SI 95-8335) cdb ; (SI A-1954) hg ; (SI A-32862-A) bc. 116 Nathaniel L. Dewell Collection, courtoisie NASM (SI 92-16282) c. 116/117 NASM : (NASM 00138183) b. 117 NASM : (SI 80-3912) bd ; photo Richard Kuyli, NASM (SI 85-2016) hd. 118 NASM : (SI A-42065-A) h ; photo Dane Penland, NASM (SI 79-763) bg ; photo Eric F. Long, © 2001 NASM (SI2001-136) cb. 119 NASM : (82-11095) hd ; (SI 78-1771) bg ; (SI A-14405) cg ; (SI A-4819-A) bd. 120 AB : c, bc ; NASM : (NASM 00154982) hd ; (SI 86-4482) cd ; SS : Science Museum bd. 121 AB : bg ; The John Stroud Collection hd ; Hugh Cowin : cd ; photo Dane Penland NASM (SI 79-763) c ; photo Dane Penland, © 1980 NASM (SI 80-2082) cg ; photo Eric F. Long NASM (SI 79-831) hg ; Quadrant Picture Library : The Flight Collection bd. 122 DK : Dave Rudkin hd ; Unisys Corporation, courtoisie NASM (SI 81-879) bg. 123 NASM : (SI 75-5419) b. 124 WideWorld Photos, Los Angeles, courtoisie NASM (NASM 00170182) c. 124/125 LOC : Underwood & Underwood (LC-USZ62-105052). 126 AB : The John Stroud Collection hd ; The John Stroud Collection/Air Canada hc ; HG : Keystone hg. 126/127 DK : Science Museum/Mike Dunning b. 127 DK : Steve Gorton hc ; TRH Pictures : cg. 128 AB : cd ; Hugh Cowin : cg, bg, bd ; NASM : (SI 75-14898) hd ; (SI A-43352) c. 129 Hugh Cowin : hg, cg, bg ; NASM : SI (93-15838) bd ; SS : Science Museum hc. 130 AB : c ; NASM : (SI 73-4032) bg. 131 NASM : (NASM 2A34118) hd ; Lufthansa Archiv, courtoisie NASM (SI 80-14394) b. 132 Boeing Air Transport System, courtoisie NASM (SI 90-5378) c ; Poster Collection, NASM (SI 98-20283) hg ; TRH Pictures : MacDonnell Douglas bg. 133 NASM : (SI 96-15030). 134 Lufthansa, courtoisie NASM (NASM 2A32385) b ; Poster Collection, NASM (SI 98-20181) hd. 135 HG : Topical Press Agency hg ; NASM : (SI 76-2425-A) cd ; Poster Collection, NASM (SI 98-20199) bd. 136 NASM : (SI 77-5844) bg ; courtoisie de United Airlines : hg. 136/137 (NASM 00058404) h. 137 HG : Topical Press Agency/E. Bacon hd ; TRH Pictures : bd. 138 Corbis : Bettmann cgb, bg. 139 Corbis : Bettmann hg ; courtoisie TWA, NASM (NASM 2A38566) b. 140 NASM : (NASM 2A33759) hc ; (SI 78-1484) c ; (SI 91-14177) hg. 140/141 DK : Gary Ombler b. 141 DK : Gary Ombler hc ; NASM : (SI 92-16279) hdb. 142 United Air Lines *via* NASM (SI 2000-9721) bg. 142 TRH Pictures : Lufthansa c. 143 HG : London Express. 144 NASM : (SI 83-9838). 145 AB : The John Stroud Collection hd ; HG : Archive Photos bg ; NASM : (TMS-A19710687022) cd. 146 NASM : (SI 77-5801) cgb ; (SI 82-6659) hc ; SS : Science Museum bc. 147 NASM : (SI 97-15046) h ; (SI A-11037-L) bd. 148 Hugh Cowin : hd. 148 DK : Gary Ombler c ; Robert Hunt Library : hg. 148/149 DK : Gary Ombler b. 149 Corbis : Museum de Flight bd ; DK : Gary Ombler hc ; Robert Hunt Library : c ; NASM : (SI 76-3137) cg. 150 AB : cd ; The John Stroud Collection bg ; NASM : (NASM 2A34132) hd ; TRH Pictures : cg, bd. 151 AB : The John Stroud Collection hg, hd ; Hugh Cowin : cd ; NASM : (SI 89-1) cg ; Quadrant Picture Library : The Flight Collection bd ; SS : Science Museum bg. 152 IWM : (DXP 92-46-31) bg ; NASM : (SI 85-19406) c ; Poster Collection, NASM (SI 98-20245) hg. 153 NASM : (SI 92-15635). 154 NASM : (NASM 00105620) c ; (SI 88-6826) hd. 155 « International Newsreel » photo (ref. 36469E), courtoisie NASM (SI 74-1039) hd ; Poster Collection, NASM (SI 98-20504) bd ; SI A-945-A) bg. 156 HG : Lambert/Archive Photos bg ; NASM : (SI 77-15140) c. 157 NASM : (SI 73-8701) hg ; (SI 73-8702) c ; photo Arthur Coford Jr, *via* US Air Force, courtoisie NASM (SI 98-15068) hgb. 158 NASM : (SI 89-9947) cd ; Acme Newspapers Inc., courtoisie NASM (SI 88-17651) h ; Poster Collection, NASM (SI 98-20488) cg ; Poster Collection, NASM (SI 98-20490) c. 159 NASM : (NASM 9A00217) b ; (SI 79-10994) hd ; (SI 90-14359) hg ; TIME-Warner Corporation, courtoisie NASM (NASM 2B27470) cd. 160 HG : Fox Photos ca ; NASM : (SI 80-17077) bg ; Poster Collection, NASA (SI 98-20242) hcg ; 160/161 TRH Pictures : Archives and Special Collections, University of Miami Library, Coral Gables, Floride b. 161 NASM : (NASM 2A33098) bd ; (SI 80-9016) hd. 162 NASM : (NASM 1A14330) hg ; Boeing Archives, courtoisie NASM (SI 75-12105) b. 163 HG : Topical Press Agency bd. 163 Poster Collection, NASM (SI 98-20248) hc. 164 AB : bd ; © The Boeing Company : cg ; Hugh Cowin : bg, bc ; HG : Topical Press Agency hd. 165 Corbis : Underwood & Underwood hd ; Hugh Cowin : hg, cg, cd ; Quadrant Picture Library : AJ Jackson Collection bd ; © Igor I Sikorsky Historical Archives : bg, bc. 166 Foto Saporetti : c ; Peter Newark's Pictures : hg ; courtoisie de US Air Force Museum : bg. 167 Boeing Airplane Company, courtoisie NASM (SI 00145060). 168 NASM : (NASM 00169975) b ; (NASM 2A45822) hc ; (SI A-31261-A) hg. 169 NASM : (SI 78-7047) hd ; (SI 87-15135) bd ; Museo Aeronautico Caproni, Milan, Italie, courtoisie NASM (NASM 2B01247) c ; Rudy Arnold Photo Collection (RA-95) NASM cdb ; TRH Pictures : hg. 170 HG : US Air Force hd ; NASM : (SI 86-12543) c. 171 HG : General Photographic Agency cd ; NASM : (SI A-43567-A) c. 172 NASM : (SI 95-2267) hg. 172/173 NASM : (NASM 9A00085). 173 Philip Jarret : hd ; NASM : (SI 83-15030) bd. 174 AB : The John Stroud Collection bd ; Hugh Cowin : cg, c, cd, bc ; HG : Topical Press Agency hd. 175 AB : hc ; Corbis : bc ; Bettmann bg ; Hugh Cowin : hg, hd, cd, bd ; Quadrant Picture Library : The Flight Collection cg. 176 MEPL : hc. 176/177 WideWorld Photos Inc., courtoisie NASM (NASM 00146018) : 177 b. 177 Hugh Cowin : hc. Peter Newark's Pictures : cd. 178 AB : The John Stroud Collection hc ; Corbis : Bettmann c ; HG : bg. 178/179 DK : Gary Ombler b. 179 DK : Gary Ombler hg, hd, c. 180 NASM : (NASM 1B08865) bg ; (NASM 7A27834) c. 181 Hulton Getty Archive. 182 MEPL : hd ; Robert Hunt Library : bg. 183 AKG London : bg ; Peter Newark's Pictures : hd, cd. 184 Peter Newark's Pictures. 185 DK : Dave King hd ; Ronald Grant Archive : bd ; Warren M Bodie, *via* NASM (SI 84-10658) c. 186/187 IWM : (C5422). 187 HG : cd ; NASM : (NASM 7A27846) cgg ; (SI 85-7275) cg ; US Air Force, courtoisie NASM (SI A-45879-F) cdd. 188 IWM : (LDP 304) hg ; NASM : (NASM 7A37803) bg. 188/189 NASM : (NASM 7A27846). 189 Topham Picturepoint : hc. 190 MEPL : Unsere Wehrmacht. 191 AB : The John Stroud Collection hd ; MEPL : Signal, January 1941 bg. 192 DK : Gary Ombler c ; Peter Newark's Pictures : hc. 192/193 DK : Gary Ombler b. 193 DK : Gary Ombler hg, c ; NASM : (SI 74-2974) hc ; TRH Pictures : hd. 194 IWM : (HU 63656). 195 IWM : (CBI 35851) hd ; (COL 196) bd. 196 Corbis : Yevgeny Khaldei bg ; IWM : (NYF 72692) hc. 197 DK : Airbourne Forces Museum, Aldershot/Dave Rudkin bd ; HG : hd ; IWM : (HH541) bg. 198 DK : musée de l'Air et de l'Espace/Gary Ombler c, 199 b. 198 MUS : (14391) hc. 198/199 DK : musée de l'Air et de l'Espace/Gary Ombler b. 199 AB : hd ; DK : musée de l'Air et de l'Espace/Gary Ombler hc ; MUS : (42942) bd. 200 HG : Archive Photos/Robert F Sargent bg ; IWM : (C4571) bc ; Royal Air Force Museum, Hendon : (P100408) c. 201 IWM : (TR 1411) hd ; musée de l'Air et de l'Espace, courtoisie NASM (SI 76-2767) bd. 202 AB : hd, bd ; Hugh Cowin : cg, bg ; Quadrant Picture Library : The Flight Collection cd.

203 AB : hg, bd ; CMS : hd ; Hugh Cowin : cd ; US Navy, courtoisie NASM (NASM 00057582) bg ; Royal Air Force Museum, Hendon : Charles E Brown cg. 204 Hugh Cowin : cd, bd ; NASM : (SI 1B-14679) c ; (SI 71-338) bg ; William Green, courtoisie NASM (SI 91-7990) h. 205 Hugh Cowin : hg ; Republic Aviation Corp. photo, courtoisie NASM (NASM 7A37803) bg ; US Air Force, courtoisie NASM (SI 85-17696) bd ; US Navy, courtoisie NASM (NASM 7A35628) c ; Royal Air Force Museum, Hendon : hd. 206 HG : Fox Photos bg ; IWM : (COL 30) cd ; Public Record Office : Roy Nockolds hg 207 NASM : (SI 85-7275). 208 HG : b ; IWM : (CH13680) hg ; courtoisie de The Museum de World War II : hc. 209 Corbis : Bettmann bd ; HG : hg. 210 AB : hg ; Corbis : Hulton-Deutsch Collection c. 210/211 DK : Gary Ombler b. 211 DK : Gary Ombler hd, c ; HG : Topical Press Agency hg ; Popperfoto : hcb. 212 Camera Press : IWM bg. 213 AB : The John Stroud Collection. 214 Dungarvan Museum, Ireland : cg ; HG : Picture Post/Haywood Magee b ; NASM : (NASM 2B34210) hc. 215 DK : IWM/Gary Ombler hg, bg ; HG : bd. 216 DK : IWM/Gary Ombler hd ; HG : Fox Photos bg. 216/217 NASM : (SI 86-13283) b. 217 DK : IWM/Andy Crawford cd ; IWM, courtoisie NASM (SI 75-15871) cg ; courtoisie de The Museum de World War II : hc. 218 Photo Eric F. Long, © 2000 NASM (SI 2000-9387) bg ; Peter Newark's Pictures : hg. 218/219 HG. 219 US Navy, courtoisie NASM (NASM 9A00154) hg. 220 Corbis : Hulton-Deutsch Collection hc, cg ; HG : b. 221 AB : cd ; Hugh Cowin : c, bc ; IWM : (TR 26) bg ; US Navy, courtoisie NASM (SI A-4127) cg ; Quadrant Picture Library : The Flight Collection/Aeroplane hd ; Royal Air Force Museum, Hendon : bd. 222 Corbis : Bettmann hg ; HG : b ; courtoisie de The Museum de World War II : cg. 223 Hugh Cowin : hd ; IWM : (HU 63027) bd ; photo Dane Penland, NASM (SI 80-2093) cd ; RAF Museum, Hendon/Charles E Brown, courtoisie NASM (SI 83-4524) hg. 224 Corbis : Bettmann b ; courtoisie de The Museum de World War II : hcd. 225 HG : MPI bc ; NASM : (NASM 9A00199) hd. 226 HG : c. 226 US Navy, courtoisie NASM (SI 90-4357) hc. 226/227 US Navy, courtoisie NASM (NASM 2B34012).227 RG Smith, Douglas SBD-3 © NASM , don de MPB Corporation (SI 95-8196) cd. 228 Corbis : hd, cg ; Hulton-Deutsch Collection hg ; DK : Gary Ombler c.228/229 DK : Gary Ombler b. 229 DK : Gary Ombler hc, cg. 230 NASM : (SI 85-7301). 231 US Navy, courtoisie NASM (SI 91-18760) hg ; US Navy, courtoisie NASM (NASM 9A00174) c. 232 Corbis : Bettmann g. ; HG : MPI hc ; courtoisie de The Museum de World War II : hdb. 233 Corbis : Bettmann hd ; US Navy, courtoisie NASM (NASM 9A00165) cd. 234 HG : Topical Press Agency/JA Hampton cd ; Robert Hunt Library : hd ; NASM : (NASM 1A29949) bd. 235 AB : cd ; NASM : hg ; photo Rudy Arnold, courtoisie NASM (NASM 7A25896) bd ; TRH Pictures : cg. 236 AB : bg ; DK : IWM/Gary Ombler hg ; HG : Keystone c. 237 US Air Force, courtoisie NASM (SI A-15879-F). 238 DK : IWM/Gary Ombler bg ; HG : c. 239 HG : hd ; IWM : (CH 10801) cb ; (CL 3399) bd. 240 DK : Gary Ombler cg ; TRH Pictures : hg. 240/241 DK : Gary Ombler b. 241 DK : Gary Ombler hd ; HG : bd ; Picture Post hg, hc. 242 IWM : hg ; courtoisie de Norman Groom : bg. 242/243 IWM : (CH11641) c. 243 IWM : (C 3371) bd. 244 NASM : (NASM 1B21835) h ; (SI 74-3069) bg. 245 HG : cg ; IWM : (CH 9687) arrière-plan ; (HU 69915) bg ; (IWMFLM 2338) bcg ; (IWMFLM 2339) bc ; (IWMFLM 2340) bcd ; (IWMFLM 2342) bd ; (TR 1127) hd ; 245 Peter Newark's Pictures : cd. 246 DK : IWM/Gary Ombler hg. 246/247 HG : b. 247 Boeing Airplane Company, courtoisie HG (SI 86-13281) hd. 248 DK : Gary Ombler c ; Topham Picturepoint : hg. 248/249 DK : Gary Ombler b. 249 DK : Gary Ombler cg ; US Air Force, courtoisie NASM (SI 97-17239) cd ; US Air Force, courtoisie NASM (SI 2001-2047) hd. 249 Popperfoto : hc. 250 NASM : (NASM 7A04843). 251 DK : IWM/Andy Crawford cd ; Boeing Airplane Company, courtoisie NASM (NASM 7A04716) bd ; Wright/McCook Field Still Photograph Collection (WF-223205) NASM bg. 252 US Air Force, courtoisie NASM (SI 97-17480) bg ; US Air Force, courtoisie NASM (SI 99-15473) c. 253 NASM : (SI 77-6797) bd ; US Air Force, courtoisie NASM (SI 98-15407) h. 254 Hugh Cowin : cg, c. ; DK : Gary Ombler cd ; HG : hd ; photo Dale Hrabak, © 1979 NASM (SI 79-4623) bd ; Warren M Brodie, *via* NASM (SI 84-10658) bg ; SS : Science Museum bc. 255 HG : Keystone Features/Fred Ramage hg ; NASM : (SI 87-9656) bd. 256 DK : IWM/Andy Crawford bg ; US Air Force, courtoisie NASM (SI A-38635) bd. 257 IWM : (S-8018). 258 AB : John Dibbs cg ; Aviation Images : John Dibbs cd ; IWM : (COL 185) bd ; (TR 168) hd ; TRH Pictures : bg. 259 The All Transport Media Picture Library : Charles E Brown bd ; AB : hg ; Aviation Images : John Dibbs cg ; CMS : MAP bg ; Corbis : cd ; DIZ Munchen SV-Bilderdienst : Presse-Hoffman hd. 260/261 NASM : (SI 71-2699). 261 Corbis : Bettmann cd ; George Hall cdd ; NASM : (SI 87-6747) cgg ; Boeing Airplane Company, courtoisie NASM (SI 72-7758) cg. 262 Aviation Images : Mark Wagner hg ; DK : Gary Ombler bg. 262/263 NASM : (SI 87-6747. 264 NASM : (SI 94-7714) bg ; US Navy, courtoisie NASM (SI 99-40502) hc. 265 Corbis : Hulton-Deutsch Collection b ; NASM : Rudy Arnold Photo Collection, courtoisie NASM (SI 2001-5328) hg. 266 Corbis : Bettmann hg ; NASM : (SI 79-14868). 266/267 NASM : (SI 86-1008). 267 Photo Mark Avino and Eric F Long, © 2001 NASM (SI 2001-1353) bc ; US Air Force, courtoisie NASM (SI 97-17485) c. 268 Photo Eric F. Long, © 1998 NASM (SI 98-16048) b ; photo Mark Avino et Eric F. Long, © 2001 NASM cd ; photo Mark Avino et Eric F. Long, © 2001 NASM (SI 2001-134) cg ; US Air Force, courtoisie NASM (SI 81-12615) hg 269 Corbis : Bettmann bd, t. 270 NASM : (SI 97-15068) bc ; The Polestar Group, HelioColor, courtoisie NASM (NASM 00032959) h. 271 DK : Steve Gorton bc, bd ; HG : Keystone/Douglas Miller hg ; courtoisie de Martin-Baker Aircraft Company Limited : cd. 272 Hugh Cowin : cg, c ; US Air Force, courtoisie NASM (USAF 84055AC) hd ; Royal Air Force Museum, Hendon : cd, bg ; SS : Science Museum bd. 273 AB : hg ; Hugh Cowin : tc, c, cd, bd ; Jakob Dahlgaard Kristensen : Airliners.net hd ; NASM : (C-20208) cg ; photo Carolyn Russo, ©1996 NASM (NASM 9A00350) bg. 274 Boeing Airplane Co., courtoisie NASM (SI 98-15162) hg ; US Air Force, courtoisie NASM (SI 92-1117) bg. 274/275 Boeing Airplane Company, courtoisie NASM (SI 72-7758). 276/277 Corbis : Bettmann b. 276 HG : Keystone cga. 277 HG : Keystone hc, bd. 278 Boeing Airplane Company, courtoisie NASM (SI 80-5653). 279 Corbis : Bettmann hc ; HG : Archive Photos bd. 280 AB : hc. 280/281 DK : Gary Ombler b. 281 AB : br ; Corbis : Museum de Flight tl ; DK : Gary Ombler tr, cg. 282 DK : Mike Dunning bd ; HG : Hauser, Paris cd. 283 AB : RAF Museum, Hendon bd ; Hugh Cowin : hd, c, c, bg ; HG : Topical Press Agency/Brooke cg ; © Igor I Sikorsky Historical Archives : bc. 284 Corbis : Lake County Museum bcg ; US Air Force, courtoisie NASM (NASM 9A00365) h. 285 Corbis : Bettmann hd ; Tony Rogers : Airliners.net bd. 286 DK : Gary Ombler c ; HG : US Airforce/Archive Photos hg. 286/287 DK : Gary Ombler b 287 Corbis : George Hall hg, hd, hcb ; DK : Gary Ombler cg. 288 Corbis : Bettmann l ; Military Picture Library : cd ; NASM : (NASM 7B14999) bc. 289 HG : Keystone cd ; courtoisie de Lockheed Martin Aeronautics Company, Palmdale : h ; NASM : (NASM 9A00030) cd ; photo Eric F. Long, © 1999 NASM (SI 99-15007) cg. 290 Courtoisie de Lockheed Martin Aeronautics Company, Palmdale : hd ; Tony Landis cd ; NASA : (EC92-1284) cgb ; (EC94-42883-4) hg. 290/291 DK : Gary Ombler b. 291 DK : Gary Ombler c ; courtoisie de Lockheed Martin Aeronautics Company, Palmdale : hd ; photo Eric F. Long, © 2001 NASM (SI 2001-650) hg. 292 AB : hd ; Hugh Cowin : c, bd ; NASA : (E-1044) bg 293 AB : b ; Hugh Cowin : hd, cg, cd ; Boeing Historical Archives, courtoisie NASM (SI 90-16864) hg. 294 AB : bg ; Aviation Images : bd ; Corbis : George Hall hd, c ; Hugh Cowin : cg ; Royal Air Force Museum, Hendon : cd. 295 AB : cg, bg ; Hugh Cowin : cd, bd ; NASM : (SI A-4113-G) hg ; US Air Force, courtoisie NASM (NASM 1B20632) hd. 296 Corbis : Bettmann hg ; NASM : (NASM 9A00278) bg. 296/297 Corbis : Bettmann. 298 HG : bg ; photo Lt. Col. SF Watson (US Army), NASM (NASM 9A00343) hc. 299 HG : Archive Photos/Patrick Christain b ; photo Eric F. Long, © 2002 NASM (SI-2002-2216) hc. 300 TRH Pictures : Bell hc. 300/301 DK : Gary Ombler b. 301 DK : Gary Ombler hd, cg ; TRH Pictures : Bell hg. 302 HG : Central Press bg ; NASM : (NASM 7B12043) cd ; courtoisie de Fairchild *via* NASM (NASM 7B12049) hd. 303 AB : hd, c, bd ; Corbis : George Hall cd ; © Igor I Sikorsky Historical Archives : bg, bc ; Skip Robinson : Airliners.net cg. 304 Agence France Presse : Vuk Brankovic cd ; Aviation Images : Mark Wagner hg ; TRH Pictures : bg. 304/305 DK : Gary Ombler b. 305 DK : Gary Ombler c ; TRH Pictures : E Nevill hg. 306 Military Picture Library : David Hunter hc, ca ; William F. Bennett cg. 307 Corbis : George Hall b ; Ronald Grant Archive : cd ; courtoisie de H.J. Saunder Insignia Inc. : hc ; courtoisie de US Navy : hg. 308 Corbis : Tim Page bg ; HG : US Air Force/Archive Photos h. 309 Corbis : cb ; Bettmann br ; NASM : (NASM 7A05825) hdb. 310 AB : hd, c ; © The Boeing Company : cd ; NASA : (EC62-144) bd ; NASM : (NASM 9A00499) bc ; courtoisie de Northrop Grumman : bg ; Quadrant Picture Library : The Flight Collection/Graham Laughton cg. 311 AB : bg ; Corbis : hg ; HG : Keystone bd ; NASM : (SI 89-5947) cg. 312 AB : British Aerospace hc. 312/313 DK : b. 313 The All Transport Media Picture Library : hg ; Corbis : Military Picture Library/Robin Adshead hd ; DK : c ; Military Picture Library : Robert Kravitz hcb. 314/315 Military Picture Library : Robert Kravitz. 316 Aviation Images : Mark Wagner hg. 316 Corbis : Military Picture Library/Robin Adshead bg. 316/317 Corbis : George Hall.318 Corbis : Montgomery ; Don s., USN (Ret.) bc ; Military Picture Library : John Skliros c. 319 Military Picture Library : Martin McKenzie et Mike Green hd ; photo Eric F. Long, © 2001 NASM (SI 2001-1822) g. 320 © The Boeing Company : hc ; TRH Pictures : US Air Force/Department of Defense hcb. 320/321 DK : Gary Ombler b. 321 Corbis : AeroGraphics Inc. hg ; DK : Gary Ombler cd ; TRH Pictures : McDonnell Douglas hd, cg. 322 AB : bg ; Hugh Cowin : cg, bd ; NASA : (EC94-42883-4) hd ; courtoisie de Northrop Grumman : cd. 323 AB : hg, bc ; Corbis : George Hall cg ; Lockheed Martin, courtoisie NASM (SI 93-13704) bg. 324 Corbis : AeroGraphics Inc. hc. 324/325 DK : Lockheed Martin/Gary Ombler b. 325 Aviation Images : Mark Wagner bd ; DK : Lockheed Martin/Gary Ombler hg, c ; HG : MPI hd. 326 Agence France Presse : hcb ; Aviation Images : John Dibbs bg ; © The Boeing Company : hc. 327 Associated Press AP : Laurent Rebours c ; Corbis : b ; courtoisie de US Air Force : hd. 328 Hugh Cowin : bg ; courtoisie de US Air Force : hg. 329 Courtoisie de Lockheed Martin Aeronautics Company, Palmdale. 330 Aviation Images : Mark Wagner cg ; Corbis : AeroGraphics Inc. hd ; Hugh Cowin : c ; NASA : (EC92-10061-10) bd ; (ECN-2092) cd ; (ECN-33403-2) bg. 331 AB : bc ; Aviation Images : Mark Wagner hd, cg, bd ; Corbis : tc ; Military Picture Library cd ; NASA : (EC96-43830-12) hg 332/333 NASA : JSC (S69-39962). 333 Corbis : Baldwin H. Ward & Kathryn C. Ward c ; HG : MPI cd. 334 MEPL : hg ; NASA : Stennis (00-068D-01) bg ; Novosti (Londres) : c. 334/335 Corbis : Baldwin H. Ward & Kathryn C. Ward. 336 NASM : (SI 79-13155) cg ; © 1940 National Geographic Collection, courtoisie NASM (SI A-840) hg. 336/337 NASA : Kennedy Space Center (66P-0631. 337 NASA : MSFC (MSFC-6407244) bd. 338 Corbis : Bettmann bd ; NASA : MSFC (MSFC-5800669) g. 339 Corbis : Bettmann bg ; Hulton Getty Archive : Blank Archives/Archive Photos bga ; Novosti (Londres) : hg, hd, bd. 340 NASA : Dryden Flight Research Center (ECN-225) h ; Langley Research Center (L-1989-00361) bg. 341 Corbis : Bettmann hd, cl ; NASA : JSC (S65-39907) c. 342 Corbis : Bettmann cl ; Roger Ressmeyer bg ; Novosti (Londres) : hd, bd. 343 Corbis : Bettmann bg ; Rykoff Collection cdb ; HG : Keystone cd. 344 NASA : JSC (S61-01928) cg ; JSC (S88-31378) cbg ; Kennedy Space Center (7IP-0263) bg ; photo Eric F. Long © 2001 NASM (SI 2001-1831) cd. 345 NASA : JSC (S62-00304) bd ; Kennedy Space Center (62PC-0011) h ; NASM : (99035 NOVA) hd. 346/347 NASA : JSC (S65-30432). 347 HG : Central Press cg ; NASA : JSC (S65-63221) bc ; Novosti (Londres) : hg. 348 HG : Keystone Features bd ; NASA : JSC (S67-21295) hc ; Kennedy Space Center (67PC-0016) hd ; MSFC (MSFC-9903826) bg. 349 NASA : MSFC (MSFC-6754387) c, (MSFC-6761894) bd. 350 DK : hd. 350 NASA : (ECN-1606) c ; JSC (S68-50713) hg. 351 NASA : (1995-02406) hdb ; JSC (AS09-21-3181) b ; JSC (S68-55809) hc. 352 NASA : JSC (S69-39957-39963) h ; JSC (S69-42583) c. 352/353 NASA : Langley Research Center (EL-2001-00427).353 NASA : JSC (S69-31740) bd ; Kennedy Space Center (69PC-0435) c ; photo Eric F. Long, © 2001 NASM (SI 2001-2974) hc. 354 NASA : JSC (AS11-37-5445) bd ; JSC (AS11-44-6642) h. 355 NASA : JSC (69-HC-916) bd ; JSC (S69-21365) hdb ; JSC (S69-21698) hc. 356 NASA : JSC (AS13-59-8500) bg ; JSC (S69-60662) hca ; JSC (S69-62224) hc ; JSC (S70-35139) cb. 357 NASA : JSC (S72-55422 & S72-55421) bg ; MSFC (MSFC-7022489) h. 358 DK : Space and Rocket Center, Alabama/Bob Gunthany bg ; NASA : Hubble Space Telescope Center (PR95-44D) hg ; JSC (S79-31775) ca. 358/359 Corbis. 360 NASA : JSC (S74-17843) cgb ; JSC (S75-20361) cga ; Novosti (Londres) : hcd. 360/361 DK : b. 361 NASA : JSC (S73-20236) cd ; JSC (S73-23952) cg ; JSC (S74-17843) hd ; JSC (SL2-02-157) c. 362 NASA : Kennedy Space Center (96PC-0997). 363 NASA : (EC01-0129-17) bg ; JSC (S85-46260) hc ; JSC (S86-38989) hd ; NASM : (SI 5/27) cg. 364 DK : NASA bd ; NASA/Finley Holiday Films bg. 364 NASA : Kennedy Space Center (KSC-02PD-0043) hg. 364/365 NASA : (ISS01-E-6128) c 365 NASA : (STS100-S-020) bd ; (STS105-343-010) hd. Photo Eric F. Long et Mark Avino, © 2001 NASM (SI 2001-2277) cr. 366 DK : Andy Crawford hl ; NASA : JSC (S98-04614) br ; JSC (STS061-98-050) bc. 367 NASA : JSC (STS061-98-050). 368 NASA : JSC (S94-36965) bcg ; JSC (S87-45890) hc ; JSC (STS071-S-072) bg ; MSFC (MSFC-9705006) hd ; Novosti (Londres) : hg. 368/369 NASA : MSFC (MSFC-9613399). 370 NASA : (STS088-703-032) hg ; MSFC (MSFC-0101424) bc. 370/371 NASA : MSFC (MSFC-9503941). 371 NASA : (STS104-E-5121) bc ; MSFC (MSFC-9706217) hc. 372 Courtoisie de Lockheed Martin Aeronautics Company, Palmdale : b ; Popperfoto : Reuters/RTV hg. 373 NASA : (Mars Exploration) bd, MSFC (MSFC-9906385) bda ; (ED99-45243-01) hd. 374/375 Image Bank/Getty Images : Andy Caulfield. 375 Corbis : Bryn Colton/Assignment Photographers cg ; Dewitt Jones cgg ; James A Sugar cd ; NASA : (ED01-0209-6) cdd. 376 Advertising Archives : hg ; TRH Pictures : bg. 376/377 Corbis : Dewitt Jones. 378 Corbis : Alain le Garsmeur bg ; Bettmann bc ; HG : c. 379 AB : The John Stroud Collection h ; courtoisie de Lufthansa AG : bd ; TRH Pictures : cb. 380 AB : Stephen Piercey Collection hd ; © The Boeing Company : cd ; Hugh Cowin : bc, bd. 381 AB : hg, bd ; The John Stroud Collection : hd, cd ; Hugh Cowin : cg ; courtoisie de Lockheed Martin Aeronautics Company, Palmdale : bg. 382 HG : Topical Press/J.A. Hampton hg. 383 AB : Pan American hcb ; Corbis : Bettmann b. 384 Agence France Presse : Archives cg ; AB : The John Stroud Collection hg. 385 DK : Gary Ombler hd. 384/385 DK : Gary Omblerb. 385 DK : Gary Ombler hd, cg ; TRH Pictures : James H Stevens hg. 386 Corbis : Carl & Ann Purcell bg ; courtoisie de Southwest Airlines, Texas : hc. 387 Associated Press AP : hd ; Corbis : Yann Arthus-Bertrand b. 388 AB : cg, bd ; © The Boeing Company : c, cd, bg ; TRH Pictures : hd. 389 AB : hd, cg, bg, bd ; © The Boeing Company : hg ; Hugh Cowin : cd. 390 Agence France Presse : Martyn Hayhow cd ; Popperfoto : Reuters/Jean-Paul Pelissier hg ; Royal Aeronautical Society : cg. 390/391 DK : Gary Ombler b. 391 DK : Gary Ombler hg, hd, cd ; Rex Features : cg. 392 Hulton Getty Archive : Cenhdal Press bg. 392/393 Corbis : Bettmann h. 393 Corbis : Bettmann b ; Popperfoto : Reuters/Andras Kisgely cd. 394 AB : hg ; Corbis : Bettmann c ; Quadrant Picture Library : The Flight Collection hd. 394/395 DK : Gary Ombler b. 395 AB : Boeing hd ; DK : Gary Ombler hg ; Richard Leeney c. 396 Corbis : George Hall b ; Quadrant Picture Library : The Flight Collection/Tony Hobbs hcb. 397 HG : Keystone/Alan Band bd ; TRH Pictures : hd. 398 Airbus Industrie : bg ; DK : Dave Rudkin cg. 399 Popperfoto : Reuters hc, c, hdb. 400 AB : c ; © The Boeing Company : cd, bg, bd ; Hugh Cowin : cg ; US Air Force courtoisie NASM (NASM 9A00007) hd. 401 AB : hd, cg, cd, bc, bd ; © The Boeing Company : hg, hc ; NASA : (EC95-43247-4) bg. 402 Courtoisie de McDonnell Douglas : bg ; Science Photo Library : Jerry Mason hg. 402/403 Corbis : Bryn Colton/Assignment Photographers. 404 Katz/Frank Spooner Pictures : hg ; Popperfoto : Reuters cd. 404/405 FPG International/Getty Images : John Neubauer. 406 Agence France Presse : bg ; Corbis : Bettmann hg. 407 Agence France Presse : Matt Campbell b ; DK : Peter Chadwick cd. 408 Popperfoto : cg ; TRH Pictures : United Press International b. 409 Corbis : Bryn Colton/Assignment Photographers hc ; David Rubinger bd. 410 Agence France Presse : Frederic J Brown cgb ; Popperfoto : Reuters/Joe Skipper bc. 411 Agence France Presse : Seth McCallister. 412 Corbis : Bill Ross hg ; DK : Gary Kevin bg. 412/413 Corbis : James A Sugar. 413 Corbis : James A Sugar hc. 414 NASM : (SI 2001-10543) bg ; 414/415 TRH Pictures. 415 Corbis : Charles O'Rear cd ; TRH Pictures : Mike Smith, The Daedalus Project hc. 416 Agence France Presse : Abdelhak Senna hd ; Breitling Orbiter II bc ; © Breitling SA, Courtoisie NASM (NASM 9A-00019) hg. 417 Courtoisie d'AeroVironment Inc. 418 Corbis : Morton Beebe h ; Museum of Flight cgb, bg. 419 Popperfoto : Reuters/Nikolai Ignatiev cd ; Ray Buckland : bc. 420 AB : John Wendover cg, b ; courtoisie de Bombardier Learjet : cd ; TRH Pictures : Learjet hg. 421 Courtoisie de Bombardier Learjet : hg ; Corbis bd ; NASM : (NASM 2B16292) cd. 422 AB ; cg, c, cd, bc, bd ; Hugh Cowin : bg ; TRH Pictures : Learjet hd. 423 AB : hg, hd, cg, c, cd, bg, bd. 424 Corbis : Forrest J. Ackerman Collection hg ; courtoisie de The Joint Strike Fighter Program bg. 424/425 NASA : (ED01-0209-6). 426 Empics/AP/Jeff Christensen hg ; Agence France Presse : Wolfgang Kumm bg. 427 © The Boeing Company hd ; Getty Images News Service : NASA bg. 428 aviation-images.com hd ; AIRBUS b. 429 AIRBUS. 430-431 AIRBUS. 432 Empics/AP/JEROME DELAY bg ; Empics/AP/Andrew Milligan bd. 432-433 aviation-images.com. 433 Empics/AP/MURAD SEZER h ; Empics/AP/ANJA NIEDRINGHAUS b. 434 Empics/AP/DR. SCOTT LIEBERMAN h ; NASA cd ; NASA/KCS bd. 435 NASA/JPL. 436 Empics/AP/THE SPACE ISLAND GROUP hg ; X-Prize Foundation b. 437 Canadian Arrow hd ; Empics/AP/JIM CAMPBELL cg ; Empics/AP/HARAZ N. GHANBARI bd. 438 Eurofighter GmbH hg ; Virgin Atlantic Global Flyer cg, cd, b. 439 Northrop Grumman.

Pages de garde : DK : Gary Ombler.

Couverture : première : HG : Archive Photos ; dernière : The Image Bank/Getty Images : Luis Castaneda Inc. ; dos : Skyscan.